Chemistry
A World of Choices

대학기초화학

Chemistry: A World of Choices, 2/e

1 2 3 4 5 6 7 8 9 10 BH 20 09 08 07 06 05 04

Original : Chemistry : A World of Choices, 2/e
By Paul B. Kelter, James D. Carr and Andrew Scott
ISBN 007-231590-3

This book is exclusively distributed in Book' s Hill Publishing Co.

When ordering this title, please use ISBN 89-5526-187-X

Printed in Korea

Second Edition

PAUL B. KELTER/JAMES D. CARR/ANDREW SCOTT 원저

Chemistry
A World of Choices

대학기초화학

화학교재편찬위원회 역

McGraw Hill

북스힐

역자 머리말

21세기를 맞아 현대 과학은 더욱 급속도로 발전해 나가고 있으며, 화학도 예외는 아니다. 화학은 자연과학의 중심이 되는 기초과학이며, 생활에 밀접한 관련을 가지는 학문이기도 하다. 따라서 화학은 더 이상 화학 전공자나 관련 분야 종사자들만의 학문이 아니라 모든 사람들의 삶의 일부가 되고 있다. 최근 이러한 화학의 전반적인 내용을 다룬 화학 비전공자들을 위한 도서가 많이 출간되고 있다. 이 책은 미국 노스캐롤라이나대학교 교수인 Paul Kelter 등 3인이 저술한 Chemistry: A World of Choices 2판(2003)을 우리말로 번역한 것이다. 이 책은 우주의 기원에서부터 결합, 에너지, 기체, 물의 성질, 산과 염기 등 화학의 기본 개념에서부터 산성비, 수질 오염, 대기 오염, 지구, 식품화학 등 응용 분야에 이르기까지 폭넓은 분야를 다루고 있다. 아울러 많은 자료 사진과 칼라 인쇄로 학습의 이해를 돕고, 각 단원의 끝에 문제를 통해 복습의 기회를 제공하고 있다. 이 책은 화학에 관심이 있는 대학 1학년 학생들의 교양 화학 강의에 활용하면 매우 유용할 것으로 생각된다.

이 책의 번역자들은 번역서에 원저자의 의도가 잘 담겨지도록 노력하였지만, 여러 사람이 함께 번역함으로써 간혹 용어상의 혼란이나 오역 또는 불충분한 번역 부분이 있으리라 생각된다. 이러한 부분에 대해서는 많은 지적을 부탁한다.

이 책에서는 가능한 한 우리말과 영어를 혼용하지 않고 우리말 용어를 살리며 영어를 괄호 안으로 넣어 이해를 도왔다. 가능한 한 화합물명도 우리말로 적고 괄호 안에 영어명을 함께 기록하였다. 학술용어는 《대한화학회 화학술어집》 제4판(1993)에 수록된 용어를 사용하였으며, 여기에 수록되지 않은 용어는 이우영 저 《영한한영 최신화학용어사전》 제6판(1990)을 참고하여 번역하였다.

이 책을 출판함에 있어 여러 조언과 충고를 해주신 많은 분들께 감사드리며, 이 책을 출판하는 데 적극적으로 지원해주신 북스힐의 조승식 사장님과 편집부 직원 여러분께 감사를 드린다.

2004년 8월

역자 일동

원저자 머리말

우리는 화학이 중심 역할을 하고 있는 선택의 세계어서 살고 있다. 화학은 우리 사회에서 매우 중요한 부분이다. 현대 의약품은 화학의 결과물이다. 컴퓨터 칩도 마찬가지이다. 여러 제품에 사용되는 금속의 제련도 화학의 결과물이다. 우리는 화학 과정을 통하여 플라스틱을 생산한다. 또한 화학을 통하여 모든 식량의 생산량을 증가시키고 있다. 그런데 이렇게 유용한 화학이 환경에 압박을 가하고 있다. 따라서 이러한 문제를 이해하고 역점을 두어 다루어야 한다. 우리는 위험과 이익의 세계, 즉 선택의 세계에 살고 있다. 그리고 화학을 통해 우리는 이러한 선택을 잘 할 수 있는 도움을 받을 수 있다.

이 책은 우리가 매일 하게 되는 개인적 또는 사회적 결정과 관련하여 화학에서의 생각이 어떠한지를 이해하고자 하며 생각하는 것을 좋아하는 학생들을 위하여 쓰게 되었다. 화학이 해볼 만한 주제인 한, 그것은 또한 이해할 만하고 지극히 중요한 것이다.

이 책은 화학을 이해하는 것을 중심 배경으로 하는 흥미롭고 시사적인 내용에 초점을 맞추었다. 또한 올바른 질문을 하여 의미 있는 선택을 할 수 있는 답을 얻을 수 있도록 할 것이다.

차 례

PRELUDE

도 입

수녀 사라가 스카이 매스터슨에게 노래한다.
"내 사랑이 찾아올 때 나는 알게 되리…"
스카이가 낮은 소리로 화답하는 노래를 한다.
"내 사랑은 내게 놀라움으로 다가올 것이며…
내 사랑, 나는 운명에 맡기려 하고… 화학에…"
사라 수녀(좀 날카롭게)
"화학이라구요?"
스카이(크게 만족하며)
"그렇소, 화학이요."

- 데이먼 러년 (Damon Runyon) 이 지은 책을 기초로 만든 1950년 브로드웨이 뮤지컬 "아가씨와 건달들"에서 -

P.1 왜 우리는 화학을 이해해야 할 필요가 있는가?
P.2 어떻게 화학을 찾을 것인가?
P.3 우리 시대의 화학기술 : 위험성과 혜택
P.4 화학정보 : 어디에서 찾을 것이며, 얼마나 정확한 것인가?

여러분이 예상한 바와 같이 스카이 매스터슨과 수녀 사라는 사랑에 빠져 주제가를 부르고 그들 사이의 '화학(chemistry)'에 의해 더 행복하게 지내게 되었다. 결국 이 뮤지컬은 러브 스토리이다. 하지만 인생은 브로드웨이 뮤지컬 같지 않다. 인생이라고 하는 것은 뮤지컬보다 훨씬 더 흥미진진하며 화학작용에 의해 많은 일들이 벌어지지만 불행하게도 항상 해피엔딩으로 끝나지는 않는다.

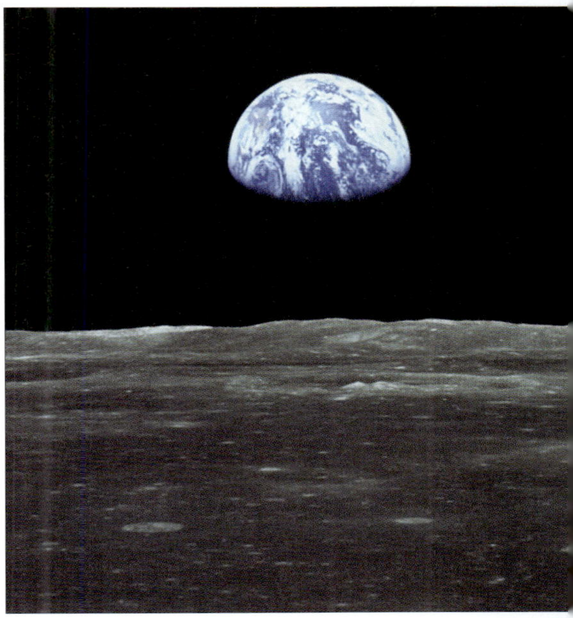

일상생활에서 무엇이 우리를 사랑에 빠지도록 하는 것일까? 다른 누군가에게 매력을 느끼게 하는 것은 과연 무엇일까? 왜 우리는 사회적인 매력과 적개심을 "화학"의 탓으로 돌리고 있는가? 물질적인 관점에서 보면 다른 사람이 우리를 보고 느끼는 감정이나 우리가 다른 사람들을 보고 느끼는 감정은 화학 작용에 의한 것이다. 즉, 사람들 사이의 상호작용은 우리 몸 안의 화학작용에 의한 것이다. 눈과 신경 내에서 일어나는 화학반응에 의해 볼 수 있고 느낄 수 있으며, 뇌 속의 화학 반응에 의하여 사람들에게

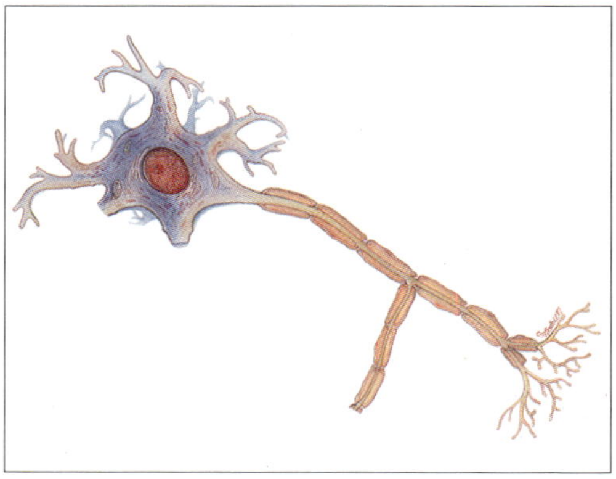 

그림에 나타나 있는 것과 같이 인간의 신경계는 많은 양의 신경세포인 뉴런(neuron)으로 이루어져 있다. 뉴런은 뇌에 정보를 전달한다. 우리의 생각, 감정 그리고 느낌이 이러한 신경세포를 통하여 전달된다. 뉴런은 화학 물질을 이용하여 신호를 전달한다. 예를 들어 누군가에 대하여 사랑의 감정을 느끼는 순간 나트륨 이온과 칼륨 이온은 세포벽을 통하여 전달되면서 수밀리 초(ms) 동안 100 밀리볼트(mV)의 전기를 생성하게 된다. 이러한 과정은 낭만적이지는 않지만 실제로 일어나는 일이다. 사회적인 활동에서 오는 신경 화학적 과정은 더욱더 복잡하며 이해하기 어렵다. 그러나 우리가 아는 모든 생물학적 현상의 중심에는 화학이 있는 것이다.

어떻게 말해야 할지를 결정할 수 있다.

화학자들과 생화학자들은 우리가 보고 말하고 다른 사람과 접촉하는 것과 관련된 기본적인 화학 반응에 대하여 어느 정도 잘 알고 있긴 하지만 왜 어떤 관계는 계속 발전해 나가고 어떤 관계는 시드는가를 결정하는 특별한 '화학'에 관한 것은 거의 이해하지 못하고 있다. 그러한 것에 대한 섬세하고 신비로운 해답을 내리는 것은 참으로 흥미롭다. 왜냐하면 세상에 관하여 알기 위하여 고민하는 것은 매우 인간적이며, 결국 우리가 과학이라고 부르는 것을 하는 것은 매우 인간적인 일을 다루는 학문이라고 말할 수 있는 것이다.

'사랑'이라고 하는 것은 매우 과학적인 과정을 통해 연구할 수 있다. 우리가 누군가를 만났을 때 심리학자들은 우리가 무엇을 생각할 것인가에 대해 연구할 것이다. 인류학자들은 사람들이 서로의 짝을 선택하는 데 있어서의 인종적인 성향에 관하여 연구를 하지만 화학자들은 우리가 사랑하는 사람을 보았을 때, 우리 몸에 어떤 변화가 생겼는가에 관심을 가질 것이다.

여러 해 동안 화학자들은 곤충들의 성적인 상호작용을 조절해 주는 화학적인 신호를 관찰해 왔으며 이러한 물질을 페로몬(pheromone)이라 하였다. 이 물질은 한 종의 일원에 의해 생성되어 다른 일원에게 영향을 준다. 예를 들어 한 암컷 나방으로부터 방출되는 봄비콜(bombykol)이라는 페로몬 단 한 분자가 어떤 경우에는 수컷 나방의 반응을 이끌어낼 수 있으며 이것은 대단한 화학 작용의 결과라 할 수 있다. 이러한 페로몬들은 포유류에서도 나름대로 작용을 하는 것으로 알려져 있다.

이러한 연구로부터 인간도 사회적인 상호작용에 영향을 주는 페로몬과 같은 물질을 만들어 낼 것이라고 생각된다. 그러나 이러한 가능성은 아직 의문의 여지가 많고 많은 논란의 대상이 되고 있다. 2000년 9월 인간의 페로몬 작용과 관련이 있을 것으로 생각되는 첫 번째 유전자가 발견되었다. 현재 인간의 감정과 행동에 관련된 화학반응을 연구하는 데 아직 초기단계에 있지만 이러한 논쟁은 화학을 재미있게 만드는 이유 중의 하나라고 할 수 있다. 화학자들은 계속적으로 세상에 대하여 배우며 끊임없이 우리 생활의 모든 측면에 영향을 끼치는 화합물들을 발견을 하면서 그 길을 더듬어 가고 있다.

P.1 왜 우리는 화학을 이해해야 할 필요가 있는가?

사랑과 매력에 대한 화학적인 연구는 우리를 어디로 인도할 것인가? 우리를 포함한 세상이 어떻게 작동하는지에 관하여 분명히 더 많이 알게 될 것이고, 어떤 과학적인 연구에서는 그것 자체로 충분한 보상이 될 것이다. 그러나 많은 경우에 있어서 새로운 화학적 이해는 매우 중요한 실용적인 분야에 적용될 수 있다. 곤충의 페로몬의 경우, 지금은 그 페로몬을 분리하고 제조할 수 있을 뿐만 아니라 곤충의 번식을 조절하는 데에도 사용하고 있다 (그림 P.1). 이러한 과학적인 지식을 실용적인 목적으로 사용하는 것을 **기술** (technology)이라 한다.

우리는 매일 생활의 질을 크게 향상시켜 주는 수많은 과학 기술적 진보의 혜택을 받고 있지만, 비타민이 강화된 우유 한 잔을 마시기 위하여 화학을 이해해야 할 필요가 있을까? 꼭 그렇지는 않다. 합성섬유로 된 운동복이 땀을 잘 흡수하기 위하여 어떻게 디자인되었는가를 안다고 해서 더 잘 뛰게 될까? 아마도 아닐 것이다. 그러나 화학에 관한 지식이 우리의 일상생활에 아주 유용할 때가 있다.

인간이 느끼는 매력에 관한 화학적 연구가 향후에 새로운 기술을 창출할 수 있을지에 대해서는 논란의 여지가 많다. 이러한 논란 중 중요한 몇 가지 예로는 인간의 생식을 조절하는 피임약들, 유전공학 및 식품가공 등이 있으며, 이들에 대하여 이해하고, 사용 또는 복용할 것인지에 대한 결정을 내리려고 한다면, 화학을 꼭 알아야 할 것이다. 화학과 기술, 그리고 인간의 생명 사이의 긴밀하고 피할 수 없는 연결

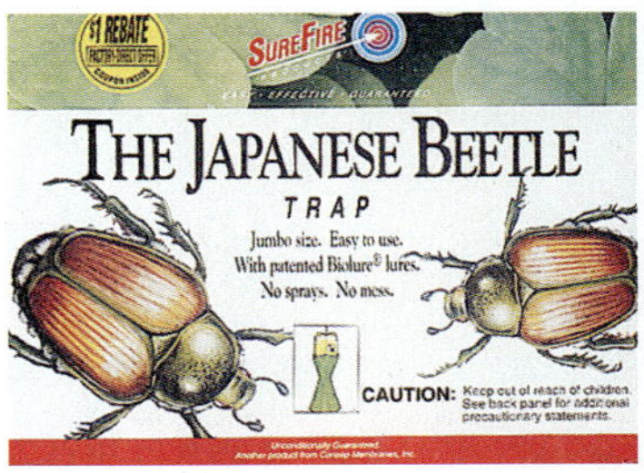

그림 P.1 이 트랩은 곤충의 페로몬을 이용하여 이들을 유인하여 잡는 데 사용된다. 이 트랩은 주변 식물이나 흙 또는 다른 살아있는 생명체에 위험을 주지 않고 선택적으로 곤충을 잡도록 되어 있다.

성이야말로 화학을 이해해야 할 근본적인 이유라 할 수 있다. 화학과 일상생활과의 연결성에 관한 것이 바로 이 책의 주제라고 할 수 있다.

화학은 무엇에 관한 것인가?

더 진도를 나가지 전에 화학이란 말이 뜻하는 바가 무엇인지, 과학 자체가 무엇인지 간단하게 짚고 넘어가야겠다. **화학** (chemistry)은 모든 물질 (substance)에 대한 연구이다. 물질의 조성, 그 물질들이 나타내는 성질, 그들이 다른 물질과 일으키는 반응들을 포함한다. 하나의 물질과 또 다른 물질 간의 상호작용을 **화학반응** (chemical reaction)이라고 부르며 그 물질을 **화학물질** (chemical)이라고 한다. 화학은 종종 물질에 관한 체계적인 연구라고 정의된다. 이것은 공간을 차지하고 질량을 갖는 모든 물질에 관한 모든 연구를 뜻한다. 다르게 표현하자면 화학은 거의 모든 것들에 대한 연구라 할 수 있는데, 이는 우리가 보고 만지고 느끼는 모든 것들은 물질로 이루어져 있기 때문이다. 이러한 묘사는 과학에 대한 정의도 포함한다. 즉, 물리적 세상과 어떻게 이것이 작동하는지에 관한 체계적인 연구이다.

다른 행성과 별들처럼 지구 전체는 화학물질로 이루어져 있다(그림 P.2). 지구상의 모든 생명체는 화학물질로 이루어져 있고 화학반응이 우리가 아는 모든 일들에 관여하고 있다. 즉, 어떠한 일을 하던 어

그림 P.2 화학은 바로 우주에 관한 연구이다. 지구를 비롯한 기타 행성 및 그들의 위성, 태양 그리고 모든 별들은 화학물질로 이루어져 있다. 위의 그림은 별들을 생성시키는 기체 상태의 물질을 보여주고 있다. 지구와 달도 약 40억 년 전에 이러한 물질로부터 생성되었다. 이들이 서로 다른 모습을 보여 주는 이유는 물리와 화학의 문제이다.

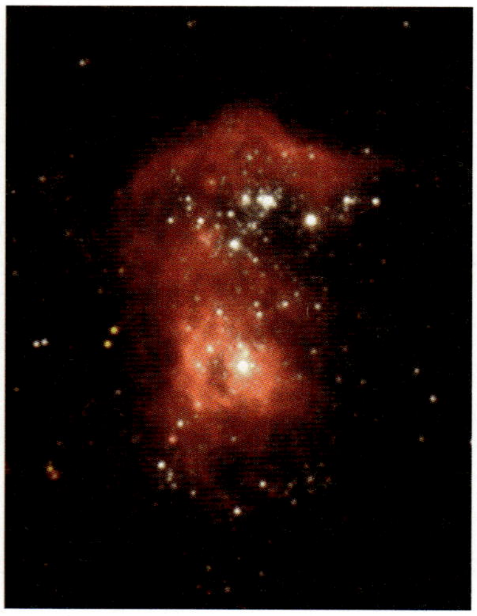

떠한 생각을 하던 어떠한 의견을 내든 간에 화학반응이 관여하고 있다. 우리가 만드는 모든 물질과 기계들은 지구상에 존재하는 화합물로 이루어져 있으며, 종종 이들은 어떤 필요성에 맞추어 화학반응에 의해 변형된다.

따라서 화학은 태양과 별, 지구, 바다, 생명체 그리고 일상생활 속의 모든 물질과 기계들에 관한 학문이다. 그리고 이 모든 것을 완전히 이해하기 위하여 화학을 이해할 필요가 있다.

선택하기 : 인간의 활동이 어떻게 세계의 화학에 영향을 미치는가?

이 세상이 우리를 유지시키고 우리가 이용하는 화합물들로 이루어져 있지만 이것은 또한 우리의 선택이 필요한 세계이기도 하다. 일생 동안 우리는 화학적 세상을 어떻게 느끼고 어떻게 조작할 것인가를 결정하는 선택을 하게 된다. 무엇을 먹을지를 결정하는 순간, 그것이 우리의 몸의 일부가 되기도 하고 활동에 필요한 에너지를 생산하는 화학물질이 되기도 한다. 무엇을 입을지를 선택하는 순간, 안락함과 따뜻함, 보호 그리고 원하는 모습을 주는 화학물질을 고르는 것이다. 교통수단을 선택할 때, 연료인 화합물과 그 결과로 인하여 주변 환경으로 되돌아가는 물질, 그리고 우리의 몸에 영향을 줄 화학물질을 선택하는 것이다. 자전거를 타는 것은 차를 타는 것에 비해 엄청나게 다른 화학적 영향을 줄 것이다. 어디에 살지를 정할 때도 식물과 관련된 화학에 둘러싸일 것인지 또는 벽돌과 콘크리트의 화학에 둘러싸일 것인지를 결정하는 것이다. 즉, 도시의 화학적 환경에서 호흡할 것인가, 교외나 시골의 화학적 환경에서 호흡할 것인가를 결정하는 것이다(그림 P.3). 인생은 일련의 화학적 선택이다!

기업이나 정부와 같은 커다란 조직체도 화학적 선택을 한다. 그들은 환경으로부터 원료 물질을 취하고 이 물질이 어떻게 사용될 것인지를 선택한다. 그리고 어떠한 폐기물을 환경으로 방출하고 어떤 것을 재사용할지를 선택한다.

의료행위는 신체의 병적 화학상태를 건강한 화학상태로 바꾸는 일이다. 약의 목적은 합성의약품이나 천연치료제 중 어떤 것을 사용하든 우리 몸의 화학적 현상을 조절하는 데 있다. 아플 때 약의 필요 여부 및 어떤 치료약을 선택할 것인가는 식생활이나 운동량, 흡연 여부에 의해 크게 영향을 받는다. 따라서 화학적 선택은 병이 걸렸을 때 나을 수도 있을 뿐만 아니라 건강을 유지할 수도 있고 병을 낫게 할 수도 있다.

A

B

그림 P.3 비록 우리가 완전히 인식하지 못한다 할지라도 의식주에 관련된 우리들의 선택이 생활에 관련된 화학적 현상에 영향을 준다. **A.** 대도시의 생활에서 우리의 몸은 많은 양의 오염에 노출되어 있다. 차를 몰고 시내를 다니면 많은 오염물질을 더욱 생성시키게 된다. 자전거를 타는 것은 운동도 되고 환경에도 도움을 주지만 우리의 폐는 대기오염에 더 많이 노출될지도 모른다. **B.** 시골생활은 대도시보다 생활의 편리함은 덜하지만, 공기는 깨끗하다. 자동차의 배기가스는 순식간에 사라져 버린다. 하지만 다른 위험에 노출되어 있을 수 있다. 우리가 마시는 물은 어떠한가? 농업이나 공업용수에 의하여 오염된 지하수로부터 보호받을 수 있는 장치가 있는가?

많은 사람들은 대부분 화학적 지식이 거의 없으며 그들의 선택이 화학과 어떤 관련이 있는지조차도 의식하지 못한 채 선택을 한다. 어느 정도의 화학에 대한 적절한 지식은 타당한 선택을 하는 데 큰 도움을 줄 수 있다. 반면에 화학적 무지는 위험한 선택을 할 수 있는 확률을 크게 한다. 화학적 지식은 우리로 하여금 화합물들의 장점, 단점과 위험성에 대해서 인식하게 해주며, 위험과 혜택 간의 균형이 상황에 따라서는 좀더 복잡한 함수 관계를 가지는 것도 알게 한다.

화학을 이해함으로써 적은 양 있을 때는 인간에게 이로운 화합물이 많은 양일 때 매우 위험하고 치명적일 수 있다는 것을 알 수 있다. 예를 들면, 소금은 생명 유지에 꼭 필요함에도 불구하고, 장기간 동안 초과량을 섭취할 경우에는 고혈압과 심장병의 위험을 증가시킨다. 그리고 아주 많은 양을 섭취하게 되면 몇 분 내에 죽을 수도 있다. 콜레스테롤이 우리의 몸에 필수적인 물질이지만 과량을 섭취했을 경우에는 건강을 해치는 화합물이라는 것을 쉽게 알 수 있으며, 왜 오존이 대기의 상층부에 있을 때에는 우리에게 혜택을 주지만(태양의 위험한 방사선 차단) 가까운 거리에서는 해로운 물질(자극적이고 위험한 공해물질)인지를 이해할 수 있게 된다. 이 책에서는 화학적 지식이 어떻게 우리가 일생 동안 하는 화학적 선택과 긴밀한 관계를 가질 수 있는가를 보여주는 여러 상황들을 소개할 것이다. 바라건대 더욱 현명한 선택을 할 수 있도록 도움이 되었으면 하며 우리 내부 및 주변의 모든 것을 이루는 일련의 화학적인 것들이 매우 환상적이고 재미있도록 느끼게 하는 것도 화학을 배우는 목적 중의 하나라고 할 수 있다.

P.2 어떻게 화학을 찾을 것인가?

화학연구의 실제

다른 과학자들처럼 화학자들도 관찰과 측정을 한다. 이러한 관찰과 측정은 계획된 조건 내에서 수행되기도 하고 자연적으로 진행되기도 한다. 어떤 계획된 조건하에서 이루어지는 관찰을 **실험** (experiment)이라고 한다. 그러나 단순한 관찰에 의하여 복잡한 자연의 여러 가지 현상을 규명하기 어렵기 때문에 대부분의 화학자들은 실험실 내에서 많은 현상들을 관찰하고 측정한다. 한 예로 어떤 반응에 있어서 생성된 새로운 화합물은 무엇인지, 이 반응이 얼마나 빨리 일어났는지, 생성된 부산물은 무엇인지 또는 이 반응 동안 얼마나 많은 에너지의 변화가 일어났는지 등에 대하여 규명하려고 한다. 이러한 일련의 일들은 원자 및 분자 수준에서 무엇이 진행되고 있는지를 이해하기 위하여 종종 복잡한 장비들을 필요로 한다. 화학을 이해하고자 하는 근본적인 이유는 일상생활에서 쉽게 관찰되는 일들이 어떠한 화학반응에 의하여 이루어지는가를 설명하고자 하는 것이다. 여러 현상을 규명하기 위하여 화학자들이 사용하고 있는 접근방법에 정해진 공식이 있는 것은 아니지만, 대체로 다음과 같은 일반적인 양상을 가지고 있다.

1. **문제점의 기술** (State the problem) : 무엇을 알고 싶은지 혹은 무엇을 하고 싶은지를 명확하게 한다.
2. **실험구상** (Design experiments) : 정확한 실험과 관찰이 이루어질 수 있도록 실험장비와 시약을 준비한다,
3. **자료 수집** (Gather data) : 관찰과 측정을 하여 결과를 기록하는 과정이다. 과학자들은 예측된 결과뿐만 아니라 예상치 못한 결과들도 빠짐없이 기록한다. 그래서 어떤 실험이 처음에 예상하였던 것을 확인시켜 줄 때 만족을 얻게 된다. 그러나 예상치 못한 결과는 때로 매우 중대한 새로운 발견이 될 수도 있으며, 무엇인가 다른 일이 일어나고 있다는 것을 알게 되면 더욱 커다란 흥분을 느끼게 된다.
4. **자료 해석** (Interpret the data) : 실험 결과가 자연 현상에 관하여 무엇을 나타내는 것인지 알아내는 것이다.
5. **향후 계획 수립** (Plan future work) : 이것은 대개의 경우 1단계로 되돌아가는 것을 의미한다. 즉 새로운 문제들을 조사하거나 반복하는 것이다. 반복을 하는 것은 매우 중요하며 실험 결과에 대하여 확신을 가기 위해서는 재현성이 있어야 한다.
6. **결과 발표** (Publish your results) : 과학자들은 항상 실험결과를 다른 과학자들이 읽고 논평하고 확인할 수 있도록 매우 명확하게 표현하여야 한다. 과학의 역사 속에는 이미 발표된 결과가 다른 과학자에 의해 확신을 얻지 못하고 실수가 발견되어 취소되는 예들이 많이 있다. 결국, 논문 결과를 발표하는 것은 지식을 전파할 뿐 아니라 그 결과가 재현성이 있는가를 검증할 수 있는 것으로도 중요하다.

실험의 목표는 어떤 특정한 **가설** (hypothesis)을 검증하기 위한 것이다. 가설은 실험에 의하여 어떠한 일들이 일어날 것인지 예측하는 것이며 왜 이런 현상들이 일어나는지에 대한 설명이다. 가설은 추측이 아니며 관여된 물질에 관하여 우리들이 알고 있는 모든 지식으로

부터 나오는 것이다. 때로는 가설이 참이라는 것을 증명하는 것은 불가능하다고 말하곤 한다. 즉, 그 말은 가설이 거짓이라는 것을 검증하는 것이 최선의 길이라는 것을 뜻한다. 그러므로 이를 위한 가장 좋은 실험적 검증 방법은 예측하는 것이 실제로는 일어나지 않는다는 것을 보여 주도록 설계하는 것이다.

이러한 실험에서도 살아남은 가설은 신뢰성을 얻게 되고 궁극적으로는 일련의 물리적 증거들을 모두 설명할 수 있는 개념, 즉 법칙이 되는 것이다. 과학자들은 이러한 법칙들의 근원이 되는 현상들을 이해하려고 노력한다. 이러한 일련의 현상들에 관한 설명을 **이론**(theory)이라고 부르며 과학자들의 궁극적인 목표는 전 우주에서 일어나는 모든 현상들을 완벽하게 나타낼 수 있는 **과학 법칙** (scientific law)을 발견하는 데 있다.

방금 논의한 것이 **과학적 방법**(scientific method)이다. 우리는 자연현상을 관찰하고 의문을 갖고 그 해답을 찾아가면서 많은 것에 대하여 배운다. 과학자들이 해야 할 일은 적절한 의문을 찾아내고 거기에 맞는 실험 방법을 계획하는 일이다. 과학을 하는 데 있어서 무엇보다도 중요한 것은 실험의 결과가 예측했던 것과 다르더라도 이를 받아들이는 것이다. 새로운 증거로부터 기존의 이론을 재고하는 것이야말로 과학적 지식의 발전에 커다란 도움을 준다.

자연으로부터 무엇인가를 배운다는 것이 항상 쉬운 것만은 아니다. 그릇된 생각을 버리고 자연이 보여주는 사물에 대한 시각을 지속적으로 변화시켜 나가야 하는 것이다(그림 P.4). 또한 모든 과학적 방법이 항상 자연에 대한 궁금증으로부터 해답을 찾아내도록 하는 것은 아니므로, 실패와 성공을 거듭하면서 여러가지 과학적 방법을 반복적으로 시도하여야 한다. 질문하고 관찰하며 가설을 실험하고 새로운 질문을 해야 하며, 새로운 가설을 세우고 더 많은 실험을 행해야 한다. 우리가 인간인 이상 실수는 할 수 있으며, 예상했던 결과가 반복되지 않은 것을 발견하였을 때는 그 잘못을 고칠 수 있다.

과학적인 방법을 적용해 나가게 되면 항상 의문에 대한 답을 구해 나가기 때문에 세상에 관하여 이해의 폭을 더욱 넓혀 나갈 것이다. 과거의 의문점들에 대한 답을 얻는 것보다도 더 빠른 속도로 새로운 의문이 제기되기 때문에 더 많이 알고자 하는 욕구는 항상 존재한다. 따라서 과학은 의문과 발견이 꼬리를 물고 끊임없이 반복되는 매우 흥미로운 분야이다. 이와 같은 과정을 통하여 자연에 관하여 더 많이 배우게 될수록 우리가 모르는 현상들이 얼마나 많은지를 깨닫게 된다.

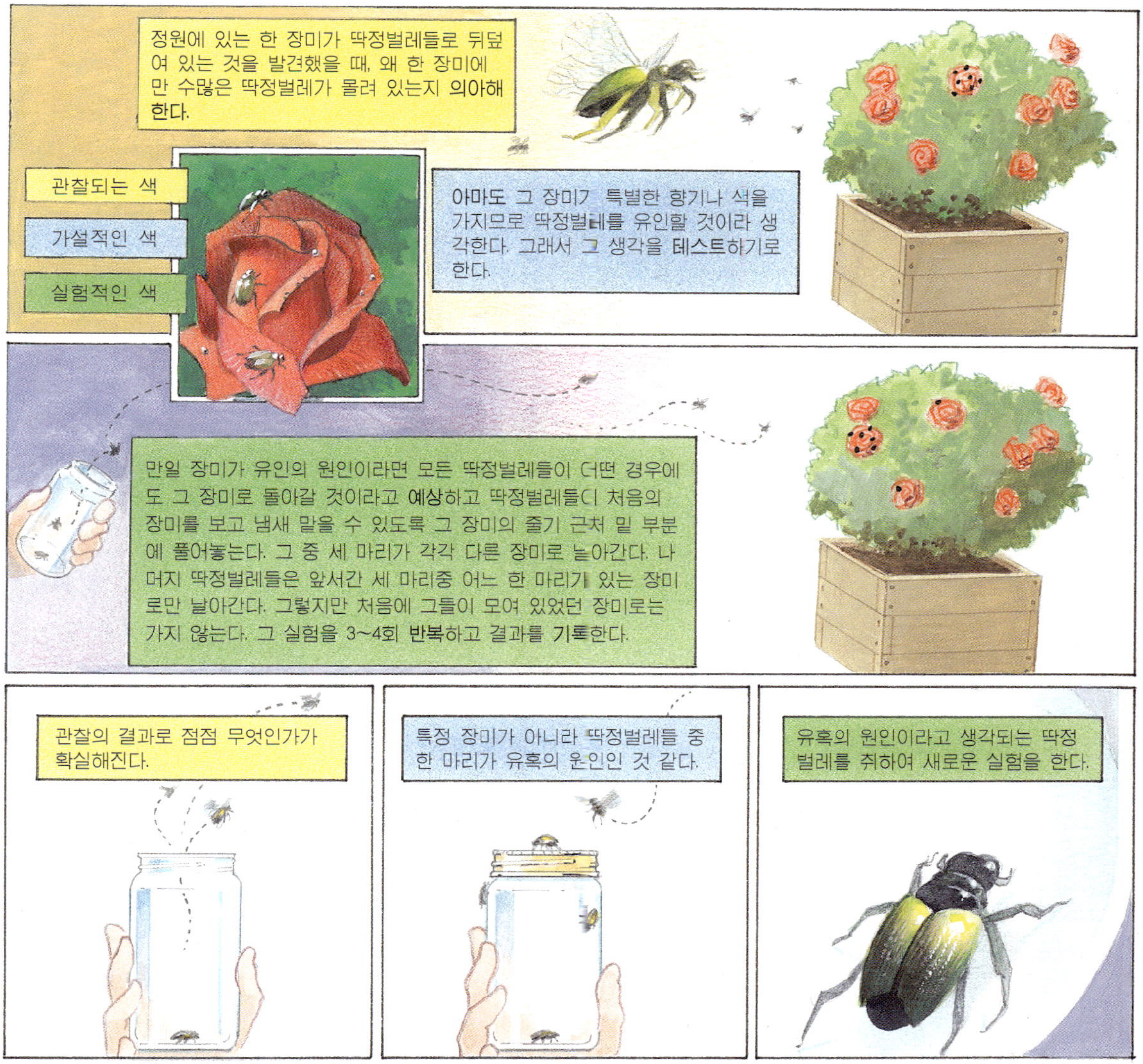

그림 P.4 과학은 실험실에 있는 전문적인 과학자들에게만 국한된 활동이 아니다. 이것은 매우 인간적인 노력이며 흥미를 가지는 모든 사람들에게 열려 있다.

많은 과학자들은 19세기 말이 되면 자연에 관하여 거의 완벽하게 이해하게 되므로 더 이상 발견되어야 할 중요한 것이 남아 있지 않을 것이라고 믿고 있었다. 그러나 오늘날 이러한 낙관론이 잘못되었다는 것을 인정하고 있다. 20세기에 있어서의 가장 중요한 과학적인 발견의 하나는 정말 자연에 관하여 잘 모른다는 것을 깨달게 된 것이다. 현대과학은 물질에 관한 가장 근원적인 특성으로부터 의식과 생각의 원리까지 신비로 가득 차 있다.

과학자들도 우리들과 같은 사람이다

과학자들도 다른 사람들처럼 개인적으로 사회적으로 스트레스를 받고 있다. 대부분의 과학자들에게 있어서 과학 자체가 가장 중요한 관심사이지만 그들도 모두 남들이 인정해 주기를 바라고 있다. 저명한 학술회의에 초대되기를 바라기도 하며 많은 연구비를 받기를 희망하기도 한다. 과학자들의 연구에 있어서 합리성이라는 것은 절대적인 개념이지만, 누구든 최고가 되고자 하는 욕심이 있기 때문에 때로는 거짓을 말하고, 험담하고, 시기하는 등 일반인들처럼 어리석은 실수를 하기도 한다.

과학자들은 완전하지 않다. 하지만 과학이라는 것은 적절히 이용만 된다면 다른 어떤 분야보다도 합리적이다. 또한 과학적인 사고방식은 무언가에 대한 진실에 도달하는 데 가장 좋은 방법 중 하나라고 할 수 있다. 과학을 통해 진실에 도달하기 가장 좋은 이유는 모든 사람에게 열려있다는 데 있다. 어떠한 연구결과를 논문에 발표하거나 토론함으로써 사람들은 그 연구를 수행한 과학자들이 자연으로부터 무엇을 찾아내고자 했는지, 혹은 그들이 어떻게 새로운 지식을 응용하는지를 알 수 있다. 모든 사람들은 그들의 결론에 자유롭게 도전할 수 있으며 그들의 잘못을 지적할 수 있다. 이 과정에서 가장 신뢰할 수 있는 것은 주의 깊게 행한 실험들이다. 이렇게 자유롭고 열린 과학은 생각과 말의 자유가 얼마나 중요한지를 잘 나타내주고 있다.

긴 안목으로 보아 과학은 스스로를 고쳐나가는 놀라운 힘을 가지고 있다. 다시 말하면, 실수와 속임수는 도전받지 않은 채 영원히 유지되기 어렵다. 왜냐하면 새로이 발견된 어떠한 원리도 과학적 원리로 받아들여지기 전까지 여러 사람들에 의해 끊임없이 도전받고 검증되는 과정을 되풀이하기 때문이다. 과학적 방법의 이러한 특성을 받아들이지 않을 경우에는 더 이상 과학자라고 일컬어지지 않을 것이며, 결국 명예를 잃게 될 것이다. 과학에 있어서 확신과 존경을 얻기 위해서 우리는 우리의 결과가 비판 능력이 강한 과학자들로부터 평가받도록 해야 한다. 이러한 과학의 가장 중요한 특징은 다음과 같은 매우 간단한 말로 요약될 수 있다. '과학에서의 오류는 언젠가는 수정된다.'

과학적 방법이 과학자들과 일반인을 갈라놓는 심오하고 신비스러운 비밀이 아니라는 사실을 이제는 이해하게 되었으리라 생각한다. 매일매일의 생각 속에서 과학적 방법을 이해하고 사용하도록 하는 것이 필자의 목적이다. 이 책에서 소개하는 과학자들의 결과에 관하여 독자들 스스로 의문을 갖도록 최대한 노력하였다. 과학적 방법을 어떻게 적용하는가를 배우게 된다면 과거의 잘못을 바로 잡고 미래의 실수를 예방할 수 있는 능력이 배양될 것이다.

P.3 우리 시대의 화학기술 : 위험성과 혜택

앞에서 과학자들이 어떻게 자연에 관하여 배워나가는지에 관하여 주목하였다. 자연에 관하여 연구하는 주된 이유 중의 하나는 호기심 때문이다. 그리고 또 다른 중요한 이유는 우리의 실생활을 향상시키기 위해 자연을 어떻게 적용하여야 하는지를 알아내기 위해서이다(그림 P.5 A, B, C, D). 과학과 기술은 늘 함께 발전되었고, 종종 동일한 연구자에 의하여 연구되기도 하였지만, 그 목적 자체는 서로 다르다. 과학은 지식을 목적으로 하지만 기술은 배운 것을 응용하는 것을 주목적으로 한다. 이 책에서는 어떻게 과학적인 지식이 기술과 우리 일상생활에 직접적인 영향을 주는가에 대해 보여주고자 한다.

A.금속제련

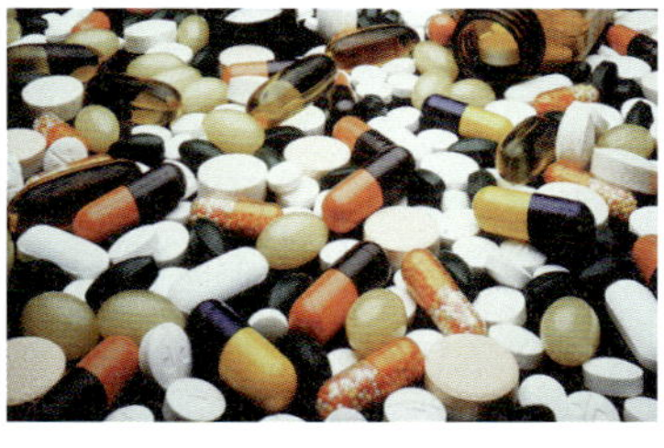

B. 약

C.컴퓨터 칩

D.우주복

그림 P.5 과학기술은 사회에 이러한 진보를 가져다 준다. 그렇지만 이러한 혜택 중 몇몇은 위험성도 내포하고 있다.

현대에 와서 화학적 기술의 이용은 커다란 사업을 창출한다. 1999년에 한 학술기관에서 화학에 관한 연구와 개발에 쓴 돈이 약 9억 1,500만 달러였으며, 화학 관련 기업에서 사용한 연구비는 약 50억 달러였다. 이렇게 많은 돈이 화학 연구에 쓰인다는 사실은 적어도 몇몇 사람에게는 화학이 엄청난 이익을 가져다 줄 것이라고 기대하고 있다는 의미다. 화학을 산업적으로 적용하는 예로는 신약, 살충제, 비료, 합성 수지, 섬유, 페인트, 화장품, 인공 감미료 등의 연구개발을 생각할 수 있으며, 이러한 노력의 결과는 우리 주위에 얼마든지 찾아볼 수 있고 우리 삶의 질을 향상시키고 있다. 이러한 말들이 마치 새로운 다이어트 광고처럼 환상적으로 들리지만 여기에는 그렇게 좋은 면만 있는 것은 아니다. 현대 사회에서의 화학의 이용은 마치 양날을 가진 칼과 같다.

화학으로부터 혜택을 입을 때에는 항상 위험성이 따른다. 화학 공장에서 사용되는 공정에서 많은 양의 해로운 산업폐기물이 생기게 되며, 이들에 의해 토양, 물, 공기가 오염될 수 있다. 또한 이들은 다른 화학물질과 화합하여 대기를 오염시키고 산성비를 내리게 한다. 살충제와 비료는 땅 속으로 스며들어가 결국 물을 오염시킨다. 이러한 몇 가지 예로부터 화학기술은 항상 위험성이 내포되어 있다는 것을 알 수 있다. 이러한 위험성의 정도는 혜택의 정도에 대비하여 평가된다. 어떠한 과정의 장점과 단점을 저울질하는 작업을 일컬어 **위험성-이득 분석** (risk-benefit analysis)이라고 한다. 우리는 화학을 적용하는 데 있어서 혜택이 위험성보다 더 큰지 또는 그 반대인지를 결정하여 선택해야 한다.

또 다른 형태의 위험성 분석법은 위험을 피하는 데 드는 비용을 분석하고 가능한 재정적인 지원을 파악하는 것이다. 이와 같은 방법을 **비용-이득 분석** (cost-benefit analysis)이라고 한다. 공공기관이나 정부기관이 환경에 영향을 주는 어떤 독성물질의 허용치를 결정할 때 비용-이득 분석이 그 역할을 할 수 있다.

위험성 분석 및 이득평가

우리의 선택에 따라 그로 인한 결과가 결정된다. 최선의 선택을 하기 위해 이러한 선택으로부터 무엇을 얻을 것 (이득)이며 또한 무엇을 잃을 것 (위험성)인지를 고려해야 한다. 매일매일의 생활 속에서 항상 위험성-이득 분석을 기초로 하여 선택을 하고 있다. 예컨대 저녁 식사 후에 케이크 한 쪽을 더 먹을 것인가? 위험은 무엇인가? 여분의 약

400 cal가 문제일 것이다. 설탕이 졸음을 촉진할 수도 있고 지나치게 활동적으로 만들지도 모른다. 지방이 증가한다면 심장병의 위험을 증가시킬지도 모른다. 무엇이 이익인가? 케이크의 맛과 감촉이 우리에게 기쁨을 줄 것이고 늘어난 열량에 대한 죄책감 때문에 운동에 대한 의욕이 샘솟게 될 것이다. 이런 관점에서 생각한다면 위험보다는 이익이 크다고 할 수 있다.

화학적 선택에서의 위험성-이득 분석은 케이크를 먹을 것인가에 대한 평가에서처럼 단순히 '예' 혹은 '아니오'라고 대답하기가 훨씬 어렵지만, 적용되는 원리는 동일하다. 이 책을 통하여 화학과 사회의 관계에서 유발되는 많은 문제들을 위험성-이득 분석 및 비용-이득 분석을 사용한 위험성 평가라는 관점에서 고찰하게 될 것이다. 이러한 문제들의 평가를 위하여 꼭 알아두어야 할 몇 가지 일들은 다음과 같다.

- 단지 과학만이 관련되어 있는 문제는 존재하지 않는다. 경제, 인구통계학, 정치와 같은 사회적인 관심이 또한 관련되어 있다. 따라서 과학적인 문제와 관련된 위험성 평가는 항상 과학과 사회의 상호작용을 고려하여야만 한다.
- 화학공정은 안전한 백신을 합성하는 일처럼 이롭고 해가 없는 일로부터 화학무기를 생산하는 일처럼 분명히 원하지 않는 일들로 구분할 수 있다. 그러나 대개의 일들이 이 중간영역에 위치하기 때문에 단순 평가가 힘들다.
- 어느 한 집단에게는 이익을 주는 일들이 다른 종류의 사람들에게는 위험을 주는 일일 수가 있다. 예를 들어 화학공정은 공장에서 일을 하는 노동자들에게는 일자리를 주는 면에서 이익이지만, 반면에 공장 폐기물에 의해 땅과 물이 오염된 환경에 처한 사람들에게는 같은 화학도 단지 위험으로만 생각될 것이다.
- 위험과 이익을 직접적으로 비교할 때, 직접 비교할 수 있는 형태로 비교하여야 한다. 예를 들어, 생명을 구할 것인지 생명을 잃을 것인지가 적절한 비교일 것이다. 또한 새로운 로봇을 사용한 공정 시스템에 의하여 절약된 시간과 이러한 시스템을 만드는 동안에 허비한 시간 등이 적절한 비교이다. 그러나, 자동차 매연 감소 장치를 설치하는 데 드는 추가비용과 자동차 배기가스에서 방출되는 오염물질의 양의 직접 비교는 적절하지 않다. 왜냐하면 비용과 물질의 양을 직접 비교한다는 것은 사과와 양말을 비교하는 것과 같기 때문이다.

우리가 사용하는 화학공정은 항상 위험성과 혜택의 측면에서 평가되어야 한다. 이 책을 공부하는 과정 동안 이러한 판단에 관하여 많은 생각을 하게 될 것이다.

P.4 화학정보 : 어디에서 찾을 것이며, 얼마나 정확한 것인가?

과학적 방법에 있어서 가장 중요한 과정 중 하나는 결과를 발표함으로써 다른 과학자들로 하여금 그 사실을 알게 하고, 결과에 대하여 의견을 제시하게 하고, 정확성을 검증하도록 하는 것이라는 것을 명심해야만 한다. 따라서 모든 과학자들의 연구의 가장 핵심이 되는 부분은 전문화된 문헌에 연구논문을 게재하여 새로운 정보를 널리 알리는 것이다.

우리는 정보의 시대에 살고 있다. 그림 P.6 A와 B는 1907~2000년에 매년 발간된 과학저널의 수가 기하학적으로 증가하고 있음을 보여주고 있다. 그후 이러한 폭발적 성장세는 둔화되었지만, 양적으로는 엄청난 양의 정보들이 축적되고 생산되고 있으므로 요즈음에는 지나치게 많을 정도의 정보들을 접하게 된다.

그림 P.6 금세기에 연간 발행된 화학문헌의 수는 1907년 8천 개 미만에서 2000년 50만 개 이상으로 늘어났다. **A.** 저자 중 한 사람이 1910년, 1920년 등에 발간된 모든 화학 관련 문헌들의 초록과 같이 서 있다. **B.** 20세기에 발간된 과학문헌의 증가율이 크다. 1, 2차 세계대전 때 논문 생산성이 떨어진 것을 볼 수 있다.

A

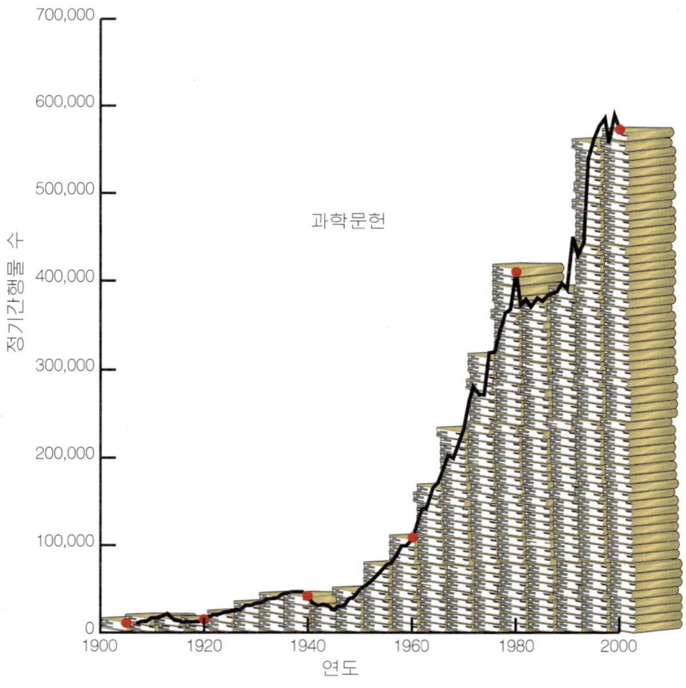

B

화학자들도 과학문헌 중에서 극히 작은 부분을 읽는다. 그렇다면 일반인들은 어떻게 빠르게 발전하는 시대에 뒤떨어지지 않게 정확한 과학적 정보를 접할 수 있을까? 과학정보를 얻는 데 있어서 무엇보다도 중요한 원칙이 있다. 정보라고 하는 것은 직접 연구하려고 하는 사람으로부터 가까울수록 그 정보는 더욱 정확하고 세밀할 것이다.

1988년 어느 저녁 뉴스와 신문에서 레틴-A가 노화를 방지하는 피부크림이라고 소개되었다. 레틴-A가 주름살을 제거해준다고 보도되었고 엄청난 수요가 촉발되었다. 검증되지 않은 낙관적인 뉴스 보도에 근원이 된 연구 결과는 조나단 바이스 박사에 의하여 *Journal of the American Medical Association* (*JAMA*)에 발표된 바 있었다. 바이스 박사의 연구의 목적은 햇빛에 손상된 피부에 대한 레틴-A의 효과에 관한 것이었다. 40명의 사람을 대상으로 실험한 결과 레틴-A의 임상시험의 결과로 37명에게서 어느 정도의 피부염이 발생하였다. 또한 환자들은 피부가 따갑고 쑤시고, 심한 가려움증을 호소하기도 하였다. 이러한 증상들은 처음 바른 후 2주에서 3달 가량 지속되었고, 레틴-A의 사용 빈도를 줄이자 완화되었다. 이러한 염증 발생 이후에 많은 환자들은 주름살이 줄어드는 등 피부상태가 많이 향상되었다. 뉴스에서 발표한 것은 바이스 박사의 실제 연구결과에 비하여 훨씬 과장된 것이었다.

바이스 박사와 공동 저자들은 *JAMA* 보고서에서 연구에 사용된 환자들의 수가 너무 적기 때문에 더 많은 연구가 필요하다고 밝혔었다. 그러나 뉴스 보도에서는 그 치료의 주의점과 부정적인 측면은 보도되지 않았다. 최초의 연구 논문으로부터 대중매체로 넘어갈수록 전달되는 과정에서 무엇인가를 빠뜨리게 되며 이것은 마치 아이들의 말 전달 놀이와 흡사하다. 그 말은 가면 갈수록 처음과 동떨어진 이야기가 된다.

과학에 있어서 네 가지 단계의 정보가 있다.

- 1단계 : 전문가들을 위하여 기술된 보고서 (1차 문헌)
- 2단계 : 과학과 관련된 대중을 위한 보고서 (2차 문헌)
- 3단계 : 일반인을 위한 다양한 내용을 다루는 간행물 (일반 간행물)
- 4단계 : 모든 사람들을 위한 라디오나 TV를 통한 짧은 보도 (대중매체)

각 단계로 내려갈수록 정보는 점점 더 그 전 단계에 비하여 덜 상세

	단계	예
	1 단계 1차 정보인 전문학술지로서 연구결과를 기술하며 그 분야의 전문가들을 위하여 작성된다.	Analytical Chemistry Journal of Organic Chemistry Electrochemical ACTA 대한화학회지
	2 단계 2차 정보로서 주로 전문가들이 쓴 기사를 소개하는 일반 과학 잡지. 주독자는 과학 관련 지식이 어느 정도 있는 사람들이다.	Scientific American Science News Discover 과학동아, 뉴턴
	3 단계 과학 관련 집필진이 있는 일반 잡지 또는 신문, 기사 중 일부만이 과학 관련 기사이며 일반 대중을 위한 것이다.	National Geographic The New York Times The Los Angeles Times 중앙일보
	4 단계 상업 TV 및 지역신문들로서 일반적으로 지면과 시간상의 제약 때문에 일반적으로 매우 희석된 기사만을 취급한다.	TV 뉴스, 신문

그림 P.7 정보가 압축되고 단순화될수록 더 많은 사람들에게 도달되고 영향을 끼칠 수 있다.

해지고 덜 전문적이 된다. 그렇지만 이것이 꼭 나쁜 것은 아니다. 왜냐하면 모든 사람이 이해할 수 있는 방법으로 결과를 표현하는 것도 중요하기 때문이다. 하지만 레틴-A의 예에서 보는 바와 같이 단순화하려는 시도와 선택적 인용은 잘못된 보도를 이끌어 내기 십상이다. 과학에 관한 보도에 대해 정말 관심이 있다면 그 정보에 관한 최초의 논문 또는 그 논문에 좀더 가까운 정보를 조회하는 것이 안전하다.

우리가 어디로부터 정보를 얻는가 하는 것은 우리의 시간과 원하는 정보의 질에 달려있다. 대부분은 1차 문헌을 조사하기 위한 시간이나 필요성을 가지고 있지 않다. 하지만 대중매체에만 전적으로 의존하면 그 상세함과 질이 떨어지게 된다. 그래서 그러한 타협으로 2차 문헌이나 일반적인 다양한 매체로 기울게 된다. 이 책을 통하여 우리는 수많은 1차, 2차 문헌 및 일반 간행물들을 참조한 것을 보게 될 것이다.

화학의 중요성, 즉 일상생활에서의 화학의 역할 및 그것을 알아내기 위해 사용되는 방법에 대한 소개는 이것으로 줄인다. 이제 우리의 생활에 어떤 화합물들이 어떻게 영향을 주는지 상세하게 고찰할 준비를 하여야만 한다. 1장에서는 우리 주변과 우리 내부에 존재하는 화합물들의 근원에 대하여 고찰할 것이다.

연습문제

1. 다음을 정의하라.
a. 과학(science)
b. 물질(matter)
c. 화학(chemistry)
d. 위험성-이득 분석(risk-benefit analysis)
e. 1차 정보(primary source of information)
f. 2차 정보(secondary source of information)

2. 다음이 위험성과 이익을 직접적으로 비교하기에 적절한지를 판단하고 그 이유를 말하라.
a. 비용 절감과 비용 소비
b. 강의 산성도와 죽은 물고기의 수
c. 저급 석탄에 의해 대기 중으로 방출되는 이산화황의 농도와 고급 석탄을 사용하는 비용
d. 산업에 의한 오염을 통제하는 비용과 이러한 통제를 하지 않는 경우에 부과되는 벌금

3. 선탠의 이로운 점과 해로운 점을 나열하고 할 가치가 있는지 판단하라.

4. 과학적 방법은 원칙적으로 특정한 단계를 밟아야 한다. 과학적 방법의 단계를 나열해 보라. 책을 덮고 커피 한 잔과 함께 휴식을 가진 후 돌아와 과학적 방법의 단계에 대한 또 다른 목록을 작성하라. 이러한 두 개의 목록은 서로 다른가? 만일 그렇다면 과학적 방법이 미리 정해져 있고 순서가 정해진 단계로 이루어졌다는 것에 대하여 어떻게 결론을 내릴 것인가?

5. 장기간의 무중력 상태가 우주비행사의 골 밀도에 미치는 영향에 대해서 조사하였다. 7일간의 우주여행에서 어떤 남성 우주비행사가 약간의 칼슘을 잃어버렸다는 것을 발견한 후, 그 연구는 무중력 상태에서 장기간의 생활은 골 밀도에 많은 영향을 끼칠 것이라고 결론지어졌다. 이러한 결론은 유효한가? 이 실험을 더욱 의미 있도록 하기 위하여 할 수 있는 일은 무엇인가? 왜 이러한 식의 연구가 이루어져서는 안 되는가?

6. 다음 정보들을 각 단계로 구분하라.
a. The Washington Post
b. 대전일보
c. Journal of the American Chemical Society
d. 행복이 가득한 집
e. Popular Mechanics

7. 오늘 당신이 접촉한 화학 관련 물질이나 화학과정을 몇 가지 나열하라.

8. 그림 P.4에 나오는 관찰과 실험들을 계속해 보라. 정원 실험에 있어서 중요한 과학적 과정이 빠져 있는가?

CHAPTER

기원

1

모든 전통은 훨씬 더 유서 깊게 성장한다. 그것의 기원은 멀리 떨어질수록 더욱 혼란스러워진다. 대대로, 계속해서 그 전통에서 비롯된 위엄이 증가한다. 전통은 결국 신성시되고 경외심을 불러일으킨다.

- 니체, "인간적인, 너무나 인간적인" -

지구는 우리의 아름다운 고향이다. 우리가 지구에서 살아가는 동안, 우리는 아름다운 지상의 경치와 바다 그리고 하늘을 만끽할 수 있다. 비행기를 타면, 넓은 전망, 해안선의 곡면, 뒤섞여 반복되는 농토, 산악의 장엄함 그리고 웅장한 도시를 볼 수 있다. 이러한 우리의 고향 지구가 어두운 우주 안에서 영롱한 보석처럼 빛나고 있는 모습은 더 이상 낯설지 않다. 이러한 아름다움은 지구상의 화학물질과 이들 사이의 상호작용 때문이다.

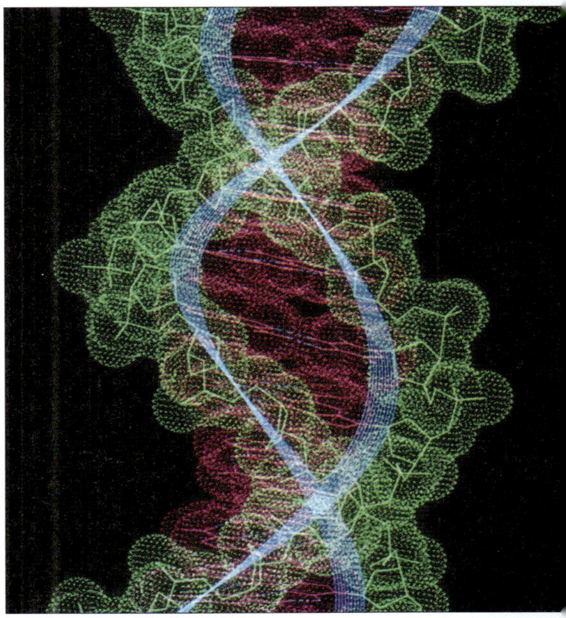

서론에서 강조한 것처럼, 우리가 보고 만지고 혹은 느낄 수 있는 모든 것들은 물질의 조합 또는 이들의 활동 산물이다. 물질이란 우주 안에서 손으로 만질 수 있는 대상, 즉 화학, 생물학, 물리학, 지질학의 연구 대상이다. 이 장에서는 물질의 생성과 근원을 좀더 구체적으로 다룰 것이다.

모든 인류 문명은 우주와 물질의 창조에 관한 멋진 고대 설화를 가지고 있다. 이 장에서 우리는 과학적인 관찰에 근거한 창조의 시나리오를 기술하려고 한다. 이것은 완전하거나 완벽하지는 않지만 우주의 기원에 대한 우리의 이해를 정리해줄 것이다. 아무도 목격하지 못한 사건에 대한 기술이므로 많은 의문점과 논쟁거리가 있는 것은 당연하다. 그러나 이것은 현존하는 과학적 증거에 기초한 가장 정확한 것이다.

지구의 아름다움을 찬미하는 것은 어떤 점에서는 화학의 아름다움을 찬미하는 것이다.

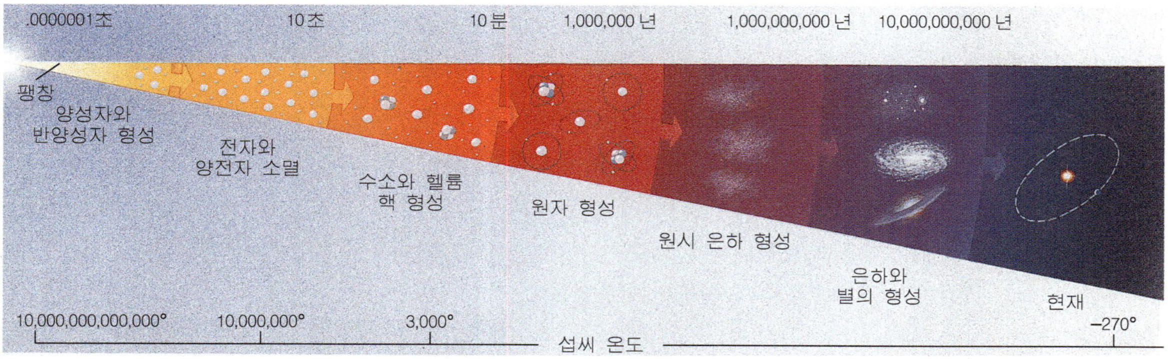

그림 1.1 대폭발에서 현재에 이르는 우주의 역사에서 중요한 사건들

1.1 물질의 기원

우주는 상상할 수 없을 만큼 광대하며, 아직도 계속 팽창하고 있다는 사실은 우리를 더 놀라게 한다. 이는 우주가 과거에는 지금보다 훨씬 작았음을 뜻한다. 확실한 근거를 가지고 많은 과학자들은 지금도 팽창하고 있는 우주의 기원이 **대폭발** (Big Bang)이라는 격렬한 사건과 함께 약 120~150억 년 전이라고 동의한다. 이러한 놀라운 생각은 우리가 우주에 관해서 현재 알고 있는 것과 물리학에 대한 지식을 바탕으로 시간을 거꾸로 거슬러 올라간 결과 도출된 것이다. 우주의 기원에 관한 이러한 가설의 전개는 단지 이론적 추측에 의해 얻어진 것이 아니라, 수리물리학의 엄밀한 적용으로 인하여 얻어진 것이다. 이것은 대폭발이 일어난 시간, 폭발에 의한 팽창을 겪은 공간, 에너지 그

리고 물질, 빛의 속도에 가까운 팽창, 냉각 그리고 지나온 변화를 우리리에게 제시해준다 (그림 1.1).

자연에 대한 신뢰성 있는 진술을 할 수 있는 과학자의 능력은 대개 어떤 대상을 측정하고, 정량화하고, 또 그렇게 함으로써 얻어진 기본적인 관계식에서 무언가를 발견하고 정의하는 능력에 달려있다. 우주의 기원에 대한 연구보다 더 명백해야 할 것은 없다. 과학자들은 얼마나 빠르고 느린지, 얼마나 크고 작은지, 얼마나 뜨겁고 차가운지, 얼마나 강하고 약한지와 같은 물음에 정확한 대답을 하여야만 한다. 그리고 이러한 정보를 공유하기 위해서는, 표준 측정 단위를 정하여 국제적 과학단체에서 사용하여야만 한다. 이러한 방법으로 가설은 많은 과학자들에 의해 검증되고 수정된다. 이 장에서 이러한 표준 단위가 일부 소개될 것이다. 실제로 기초 단위는 7개에 불과하며 이들로부터 다른 모든 단위들이 유도된다. 이들을 SI 단위라고 부른다. 표 1.1에 이들 중 3개의 단위들이 실려있는데, 관련 단위들은 이들 기본 단위들로부터 유도된 것이다.

물질과 에너지

대폭발 직후 우주는 무한히 작고, 상상할 수 없을 정도로 고온이었다. 물질과 에너지가 연속적으로 상호변환이 일어났기 때문에, 우리가 물질이라고 생각하는 것과 에너지 사이에는 실제적인 구별이 없었을 것이다.

물질 (matter)은 우주의 물리적 원료로서 공간을 차지하고 질량을 갖는다. 이에 비해 **에너지** (energy)는 좀더 미묘한 현상인데, "일을 할 수 있는 능력"이라고 정의할 수 있다 (5장에서 자세히 설명할 것이

표 1.1 측정단위

물리적 양	단위	약자
기본 단위		
질량	킬로그램	kg
길이	미터	m
시간	초	s
관련 단위		
부피	세제곱미터	m^3
밀도	세제곱미터당 킬로그램	kg/m^3
속도	초당 미터	m/s
힘	뉴턴($kg \cdot m/s^2$)	N
에너지	줄($N \cdot m$)	J

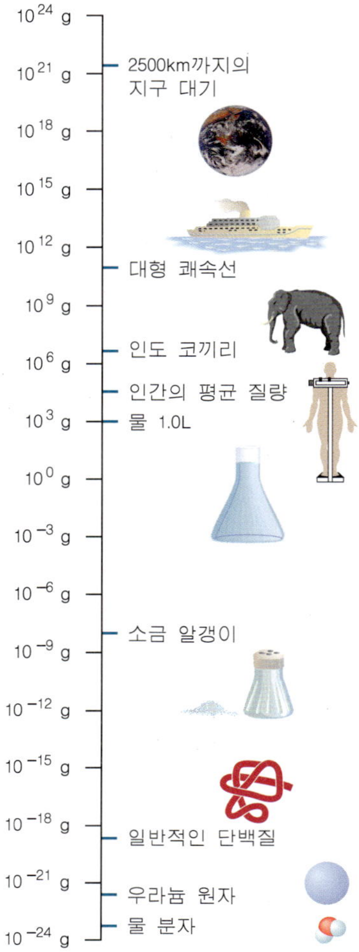

그림 1.2 과학적 표기법을 이용하여 그램으로 표기한 질량. 1 g은 1 / 1000 kg이다.

다). 에너지는 태양으로부터 오는 빛이나 촛불에서 오는 열처럼 물리적 계의 근본적인 성질로 어떤 것을 변화시킬 수 있는 것이다.

물질과 에너지 사이의 상세한 관계는 아인슈타인 (Albert Einstein)의 유명한 공식인 $E=mc^2$에 의해서 구체화되었다. 여기서 E는 에너지 (J 단위)를, m은 질량 (kg 단위)을, c는 빛의 속도 (3억 m/s)를 의미한다. 이 방정식은 질량과 그에 해당하는 에너지의 양 (혹은 반대)을 나타낸다.

이 방정식에서 c값의 제곱이 들어있는 것을 볼 수 있는데, 그 결과 총 17자릿수를 갖는 숫자가 되며 그 중 16자리는 0으로 되어 있다. 여기서 여러분은 과학자들이 우주를 측정할 때 측정값들이 매우 크거나 작아서 생기는 또 다른 어려움을 알게 된다. 과학적 표기법 (scientific notation)이라는 표기법에서

$$300,000,000\text{은} \quad 3 \times 10^8$$

으로 표시한다. 여기서 소숫점을 8자리 왼쪽으로 옮기고 ($\times 10^8$) 정확한 숫자 (3)만을 나타낸다. c^2값은 9×10^{16}이 된다. 그림 1.2는 매우 작은 숫자에서부터 매우 큰 숫자에 이르는 어떤 측정값에 과학적 표현법을 어떻게 적용하는지 보여준다.

물질은 질량을 가지고 있으므로 아인슈타인의 공식으로 표현되는 양에 해당하는 에너지를 가지고 있다. 물질이 가지는 에너지는 매우 크다. 간단한 예를 들어보자. $E=mc^2$를 사용하여 계산하면 단 1 g의 물질을 변환하였을 때 9×10^{13} J의 매우 큰 에너지가 방출된다는 것을 알 수 있다. 만약 이 정도 에너지를 도시의 한 블록만한 크기의 얼음덩어리에 가한다면 그 얼음은 즉시 녹아 끓는 물이 될 것이다(그림 1.3). 물질이 함유하고 있는 에너지의 작은 부분만을 방출시켜 핵폭탄이나 원자력 발전에 실제로 사용하지만 이것은 매우 특별한 조건에서만 가능하다.

대폭발 이후 백만 분의 1초 동안 아주 독특한 환경이 조성되었다. 이때 우주의 온도는 약 10조℃ 정도였다. 이 온도와 대폭발 조건에서는 물질과 에너지의 상호변환이 잘 이루어졌다. 처음에는 빛과 같은 복사에너지가 물질보다 많았다. 그러나 우주가 팽창하고 냉각됨에 따라 에너지가 변환하여 물질의 양이 증가하기 시작하였다. 물질이 어떤 형태를 취했고, 그 다음엔 무슨 일이 일어났는지를 알아내기 위해서 오늘날 나타나 있는 물질의 형상을 고려할 필요가 있다.

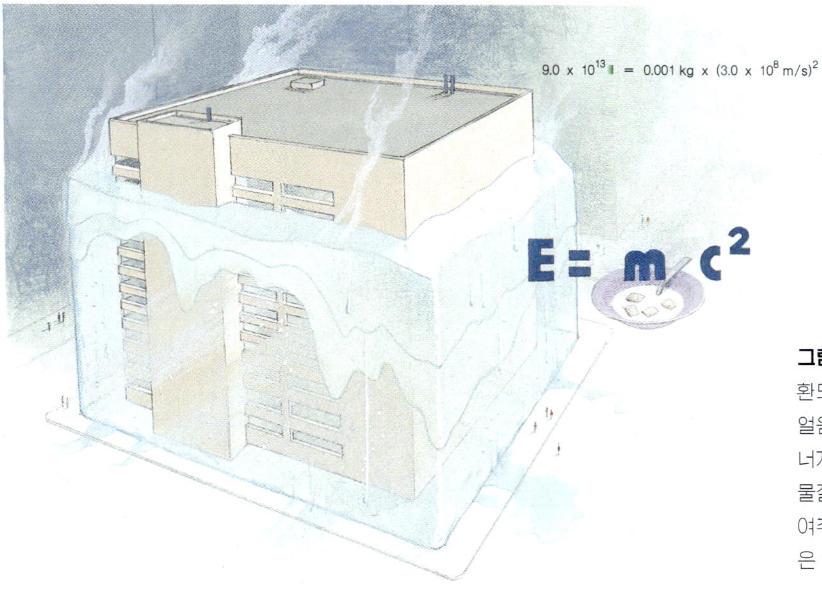

그림 1.3 1 g의 물질이 에너지로 변환되면 도시의 한 블럭만한 크기의 얼음덩어리를 끓게 만들 수 있는 에너지를 방출하게 된다. 이러한 예는 물질이 내포하고 있는 에너지를 보여주는 것이다. 그러나 이러한 변환은 실제적으로 불가능하다.

우리는 어떻게 이것을 알 수 있는가?

우리가 우주의 기원은 논의할 때, 학생들은 항상 "그 자리에 없었던 우리가 어떻게 그런 일이 일어났는지 알 수 있을까요?"라고 질문한다. 이러한 물음에 대한 가장 확실하고 정직한 대답은 "우리는 완벽한 증명은 할 수 없으나 증거에 대한 합리적 고찰로 시나리오를 만들 수 있다."라는 것이어야 한다. 과학이론은 자료와 관찰결과를 통합할 뿐만 아니라 앞으로 일어날 관찰의 결과까지도 명확히 예측할 수 있음을 명심하라. 이론을 뒷받침하는 모든 새로운 관측결과로부터 우리는 그 기초 개념이 옳다는 것을 깨달을 수 있다(우리가 아는 것이 바로 그 방법이다). 이렇게 하여 과학이 진보되는 것이다.

문제는 어떻게 우리가 관찰할 수 없는 사건(직접적 증거를 통해)에 대한 것을 알 수 있는가 하는 것이다. 이러한 사건을 이해하는 열쇠는 바로 간접적 증거이다. 이것은 우리가 목격하지 못했지만 사건에 대한 실질적인 증거를 제공하는 실마리를 살펴보는 것이다. 이러한 증거는 우리가 관측 혹은 측정할 수 있는 물질의 거동으로 해석된다(그림 1.4).

우리는 일상적으로 간접적 증거에서 정보를 추론한다. 예를 들어 날달걀을 끓는 물에 20분간 넣는다고 하자. 달걀이 여전히 날 것인지 아니면 삶아졌는지 어떻게 알 수 있을까? 여러분은 실제로 달걀의 내부를 보았는가? 물론 아닐 것이다. 그러나 여러분은 많은 축적된 경험

A

C

그림 1.4 간접적 증거의 중요성. **A.** 간접적 증거는 우리가 물리적으로 직접 경험할 수 있는 것과 우리가 알고 있는 물질과 에너지의 거동 방법에 기인한다. 만약 비슷한 사건을 직접 경험하는 것이 불가능하다면, 우리는 우리가 알고 있는 물질과 에너지에 관한 이러한 지식을 바탕으로 우리의 추측을 정당화하는 모형을 만들 수 있다. **B.** 운석류의 충격에 의해 생성된 분화구의 생성을 설명하는 컴퓨터 모의실험이다. **C.** 미국 애리조나에 있는 운석공의 사진이다. 이것은 약 5만 년 전 직경이 약 50 m인 운석이 지구와 충돌하여 만들어진 것으로 추정된다.

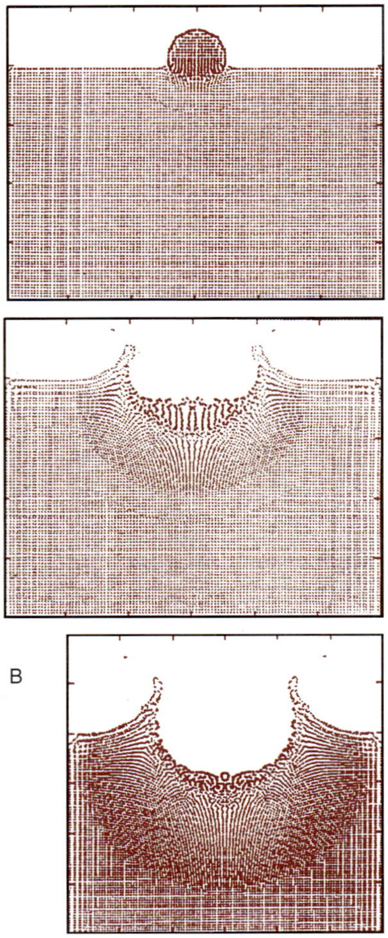

B

으로 직접 일어났는지 볼 수 없는 것을 추론하게 된다. 우주의 기원을 연구하는 과학자들에게는 단순히 내부를 들여다 보는 것과 같이 직접적이지는 않지만 축적된 증거가 있다. 우리의 기원를 설명하는 가장 훌륭한 과학적 모형은 서로 다른 많은 간접적 증거들에 많이 의존하는 것이다. 별빛과 별의 밝기가 그 예이다.

아원자 입자

모든 물질은 세 가지 중요한 입자인 **양성자**(proton), **중성자**(neutron), **전자**(electron)가 벽돌처럼 쌓여서 만들어진다. 이들을 **아원자 입자**(subatomic particle)라 한다. 여기서 입자란 말 그대로 작은 알맹이란 뜻이다. 이 입자들의 가장 중요한 특징은 질량, 크기, 전하이다.

입자의 **질량**(mass)은 그것이 물질을 얼마나 가지고 있는가 하는 척도이다. 질량은 무게와 다른 것이지만 우리는 종종 이 둘을 바꾸어 쓸 수도 있다. 물체의 **무게**(weight)는 그 물체에 가해진 중력이 얼마나 센가에 좌우된다. 예로 달의 중력은 지구보다 작기 때문에 달 표면

예제 1.1 질량-에너지 전환

문 제 원자력 발전소에서는 우라늄과 같은 연료가 다른 원소와 작은 질량을 갖는 입자로 변환된다. 우라늄 1.000 kg이 다른 원소 0.999 kg으로 전환될 때 방출되는 에너지를 계산하라.

풀 이 에너지로 변환되는 질량은 $1.000-0.999=0.001$ kg, 과학적 표기법으로는 1×10^{-3} kg이다. 소수점을 오른쪽으로 세 자리 옮기면 지수는 음수가 된다. 아인슈타인의 방정식(식 1)에 숫자를 대입하고(식 2), 빛의 속도를 제곱하여(식 3), 단위와 지수를 정리하여(식 4) 풀면 된다.

$$E=mc^2 \quad \text{(식 1)}$$

$$E=(1\times10^{-3}\,\text{kg})\times(3.00\times10^{8}\,\text{m/s})^2 \quad \text{(식 2)}$$

$$E=(1\times10^{-3}\,\text{kg})\times(9.00\times10^{16}\,\text{m}^2/\text{s}^2) \quad \text{(식 3)}$$

$$E=(1\times9.00)\times(10^{-3}\times10^{16})\times(\text{kg}\cdot\text{m}^2/\text{s}^2) \quad \text{(식 4)}$$

$$E=9\times10^{13}\,\text{J}$$

확 인 1 g은 0.001 kg이다. 곱하기를 할 때 10의 지수는 서로 더하여 최종값 $10^{(-3+16)}=10^{13}$이 되도록 한다. 표 1.1에서 J은 N · m이므로 N에 kg · m/s^{2}을 대입하여 식 4에서 보는 바와 같이 최종적으로 kg · m^2/s^2 가 된다. 4장에서 단위의 변환에 대하여 좀더 자세히 배우게 될 것이다.

에서 우주비행사의 무게는 지구에서보다 작다. 그러나 우주비행사의 신체를 구성하고 있는 물질의 양은 그가 있는 장소에 무관하기 때문에 질량은 변함이 없다. 이러한 차이점에도 불구하고 질량의 단위인 그램(g)은 항상 무게를 나타내는 단위로도 사용된다. 우리의 측정이 지구 표면에서 이루어지는 한 이 때문에 혼동은 생기지 않는다. 이는 지구상에 있는 물체의 무게는 질량에 비례하기 때문이다.

우리가 머리카락의 두께를 미터로 나타내지 않는 것과 마찬가지로, 원자 내 입자는 실생활에서 보는 물체들에 비해 너무 작기 때문에 우리는 cm나 g과 같은 일상의 단위로 이것들을 측정지 않는다. 양성자, 중성자, 전자 등으로 이루어진 원자의 질량은 **원자질량단위**(atomic mass unit, amu)로 나타낸다. 1 g은 6×10^{23} amu로 구성되므로 amu는 실제로는 매우 작은 질량의 단위이다.

양성자와 중성자의 질량은 1 amu에 매우 가까우므로 두 입자의 질량을 같게 취급할 수 있다. 전자의 질량은 이들 두 입자에 비해 훨씬 작다. 전자의 질량은 대략 0.00055 amu이다(그림 1.5).

원자 척도에서 거리는 흔히 피코미터(pm)로 나타낸다. 1 pm는 1×10^{-12} m이다. 양성자와 중성자의 크기는 비슷하며 그 반경은 약 0.001 pm이다. 전자의 크기는 훨씬 작아서 크기를 논하는 것이 별 의미가 없다. 그러나 전자의 영향력은 전 우주에 나타난다.

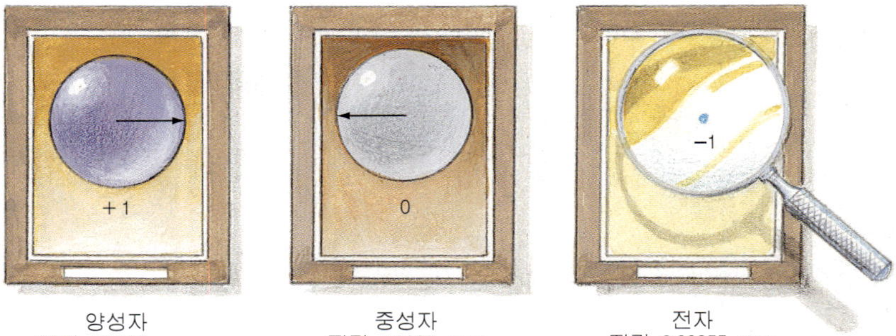

그림 1.5 아원자 입자들인 양성자, 중성자, 전자를 나타내는 그림과 그들의 중요한 특징. 전자는 믿기 어려울 만큼 작아서 반지름을 표시할 수 없다. 그러나 전자는 원자 내에서 양성자나 중성자보다 훨씬 큰 공간에서 움직이고 있다. 수소 원자에서 전자구름은 약 30 pm의 반경을 갖는다.

전하와 전기적 힘

세 번째로 중요한 아원자 입자의 성질은 그들이 갖고 있는 전하의 형태이다. 여러분은 이미 양전기와 음전기의 두 형태의 전하가 있다는 것을 알고 있을 것이다. 양성자는 양전하 (임의로 +1의 값이라 생각하자)를 갖는 반면 전자는 동일한 양의 음전하 (−1로 표시하자)를 갖는다. 양성자와 전자의 양과 음의 전하는 일상생활에서 우리가 만나는 더 큰 양전하와 음전하의 근원이 된다. 건전지의 음극단자는 양극단자에 비해 더 많은 전자를 갖고 있으므로 음으로 표시한다. 휴대용 전등을 켜면 전자는 전지의 음극에서 전구의 필라멘트를 통해 전지의 양극으로 흐른다.

중성자는 그 이름처럼 전기적으로 중성이며 전하를 띠지 않는다. 이러한 이유로 재미있는 화학의 드라마에서 중성자는 기여도가 크지 않게 된다. 앞으로 보게 되겠지만, 화학이란 대부분 전기적인 하전에서 생성되는 양성자와 전자의 상호작용이다.

하전된 입자의 움직임이 다른 하전입자의 존재에 영향을 받기 때문에 전하가 화학반응에서 일어나는 일에 주요한 영향력을 행사한다. 이러한 영향력을 우리는 힘이라 부르며 이 경우 전기적 힘이 정확한 표현이다. 같은 전하를 띤 입자들은 상대방을 밀어낸다. 반대 전하를 띤 입자들은 상대방을 잡아당긴다. 이러한 인력과 반발력은 모든 잡아당김과 밀어냄의 원인이며 화학반응이 일어나게 만드는 것이다(그림 1.6).

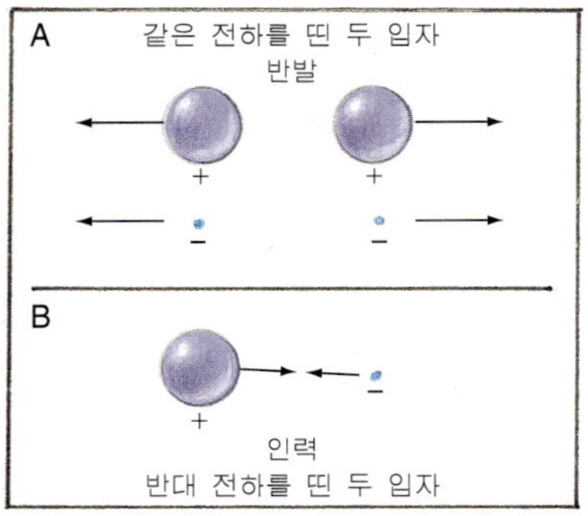

그림 1.6 **A.** 같은 전하를 갖는 물체는 전기적 힘에 의해 서로를 밀어낸다. **B.** 반대 전하를 갖는 물체는 전기적 힘에 의해 서로를 잡아당긴다.

어떤 물체를 그것에 작용하고 있는 힘과 반대방향으로 움직이기 위해서는 에너지가 필요하다. 이러한 생각은 화학반응에 작용하는 에너지를 이해하는 데 중요하다. 음전하를 띤 전자를 양전하를 띤 양성자

예제 1.2 질량 대 무게

문 제 목성에서의 중력은 지구의 2.54배이다. 이러한 사실을 가지고 지구 표면에서 무게 80 kg인 사람이 목성 표면에서 무게를 잰다면 얼마인지를 예측하여라. 또 이 사람의 질량은 목성 표면에서 얼마인가?

풀 이 목성의 중력은 지구의 2.54배이므로 목성에서 그 사람의 무게는 80 kg × 2.54 = 203.2 kg이 된다. 그러나 질량은 동일하다. 질량은 물질의 양을 측정하는 것이므로 지구와 목성의 표면에서 같은 값을 갖는다.

확 인 계산된 무게는 지구에서보다 목성에서 큰 값을 갖는다. 이것은 목성이 지구보다 더 무겁기 때문에 당연한 일이다. 따라서 중력에 의한 끌어당김이 크면 무게는 커지게 된다.

로부터 멀어지게 하기 위해서는 에너지를 주어야 한다. 두 전자를 붙이기 위해서도 그러하며 두 양성자를 붙이기 위해서도 그렇다. 이러한 생각은 5장에서 보다 자세히 탐구하게 될 것이다.

기본적 힘

전기적 힘은 우주에서 작용하고 있는 4가지 **기본적 힘**(fundamental force) 중의 하나이다. 보다 적절하게는 **전자기력**(electromagnetic force)이라 해야 한다. 왜냐하면 이것은 전기적인 인력과 반발력뿐 아니라 자기적 성질에 기인하기 때문이다.

우리는 또한 보다 친숙한 기본적 힘인 **중력**(gravity)을 언급하였다. 중력은 질량을 가지는 모든 물체가 다른 것들을 잡아당기는 원인이 되며 따라서 이는 반발력과는 관련이 없다.

다른 두 개의 기본적 힘은 원자핵에서 양성자와 중성자를 서로 붙여주는 **강한 핵력**(strong nuclear force)과 어떤 아원자 입자의 미묘한 변환에 관여하는 **약한 핵력**(weak nuclear force)이다.

이들 네 개의 힘은 물질에서 일어나는 모든 변화와 잡아당기고 밀어내는 현상을 일어나게 한다.

1.2 원자의 기원

원자(atom)는 원소의 특징이 나타나 있는 물질의 기본 입자이다. 지구상에는 자연적으로 발생한 92종의 **원소**(element)들이 있으며, 이들로부터 모든 다른 물질들이 만들어진다. 어떤 원소를 구성하는 원자는 양성자 수를 가지고 그 특징을 정의한다(그림 1.7). 철이나 구리와 같은 몇몇 원소의 이름은 우리에게 친숙하나 루티튬, 터븀 같은 것들은 생소할 것이다. 원자 구조의 기본 원리를 3개의 다른 원자들

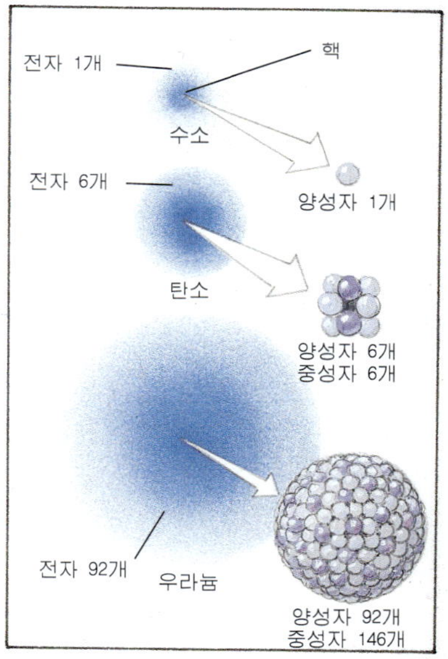

그림 1.7 원자구조의 기본 원리에 따라 그린 3가지 원자(수소, 탄소, 우라늄)의 구조. 실제 전자구름 속에 있는 수소 원자의 핵은 너무 작아서 이 그림의 크기로는 그릴 수 없다. 만약 수소 원자의 크기가 잠실경기장만하다면 핵은 완두콩알만한 크기이며 훨씬 더 작은 전자가 이 나머지 공간을 점유하며 움직이고 있다.

을 예로 들어 그림 1.7에 나타내었다.

중심의 **핵** (nucleus)에는 양성자와 중성자들이 뭉쳐 있으며 전자는 핵 주위의 정해진 공간을 움직이고 있다. 이러한 전자의 움직임은 작은 파리가 큰 방안을 윙윙거리며 사람들을 괴롭히는 것처럼 상당한 공간을 차지한다. 이것이 바로 원자를 그릴 때 전자 그 자체를 그리지 않고 핵 주변에 **전자구름** (electron cloud)을 나타내는 이유이다.

원소를 구성하는 원자 내의 양성자 수가 변하지 않는다고 해도, 중성자 수는 변할 수 있다. 예를 들어 양성자 하나를 갖는 원자를 수소라고 한다. 하지만 다른 형태의 수소도 존재한다. 단지 가장 흔한 수소 원자는 핵에 중성자를 갖지 않는다. 이에 비해 덜 흔한 것은 무거운 수소들인데, 핵에 한 개의 중성자를 갖는 것 (중수소, deuterium)과 두 개의 중성자를 갖는 것 (삼중수소, tritium)이 바로 그것이다. 중성자의 수가 다른 동일한 원소들을 **동위원소** (isotope)라고 부른다. 수소의 동위원소들은 나중에 더 자세히 공부하게 될 것이다.

이러한 모든 원소들과 원자들은 어디서 온 것일까? 최초의 그 근원은 대폭발이었으며 이후에는 초신성이라 불리는 덜 강한 폭발이었다. 우선 우리는 대폭발의 직후에 생성된 양성자, 중성자, 전자들이 어떻게 결합하여 현재의 우주를 구성하는 원자들을 만들게 되었는지를 알아볼 필요가 있다. 원자의 유래에 대한 근본적인 원리는 간단명료하다. 가장 작고 간단한 원자가 처음 생기고, 큰 원자들은 이들 간단한 원자들이 결합되어 만들어진 것이다.

가벼운 원소들의 기원

대폭발 이후 우주가 식으면서 최초의 에너지와 물질의 혼란상태에서 양성자, 중성자, 전자들이 나타났다. 언급한 것처럼, 하나의 양성자는 수소 원자의 핵을 이룬다. 대폭발 후 2분 정도 지난 후, 우주에 있는 수소 약 1/4이 결합하여 두 개의 양성자와 두 개의 중성자를 가진 헬륨핵을 만들게 되었다. 이러한 과정은 **핵융합** (nuclear fusion)의 예이다. 실제로 헬륨핵의 중성자들은 수소 원자핵으로부터 만들어졌고, 핵융합 동안 입자들 간의 상호변환이 일어날 수 있다 (이 경우 양성자가 중성자로 변환). 원자핵이 변화되어 원자 자신을 만드는 반응은 **핵반응** (nuclear reaction)의 특수한 과정이다. 14장에서 핵화학에 대하여 보다 자세히 살펴보게 될 것이다.

작은 원자핵들이 융합되어 큰 원자를 만들 때, 막대한 양의 에너지가 방출된다. 이것은 수소폭탄의 폭발력이 나타나는 과정과 동일한 것이다. 실제로 수소핵을 이루는 물질의 아주 작은 부분이 에너지로 변환되므로 그 결과 생성된 핵과 입자들의 총 질량은 핵융합이 일어나기 전의 질량보다 아주 조금 작다. 융합과정에서 이전에 존재하던 양성자들로부터 2개의 중성자가 생성되며 **양전자**(positron)라 부르는 입자가 방출된다. 양전자는 음전기 대신에 양전기를 갖는 전자이다. 비록 이 생소한 생성물들과 이것을 방출하는 동위원소들이 의학진단 분야에서 매우 중요한 역할을 하고는 있으나 현재의 화학에서 기여하는 바는 없다.

오늘날 우주에서 자연적으로 발견되는 거의 대부분의 다른 원자들은 핵융합 반응으로 생겨났는데, 이때 가벼운 원자들이 서로 결합하여 보다 무거운 새로운 원자들을 만들게 된다. 어떤 원자의 동위원소들은 핵붕괴와 같은 일련의 과정에 의해 만들어졌다. 핵융합은 대폭발 몇 분 이후와 같은 상황이지만 별의 내부처럼 매우 높은 에너지가 존재하는 경우에만 일어난다.

적어도 처음 10억 년 동안 우주에서는 수소와 헬륨의 핵이 가장 존재비가 많은 원자핵들이었다. 처음 50만 년 동안, 전자와 결합되지 않은 핵들만이 존재하였으며 그 이후 우주의 온도가 1만 도까지 내려갔을 때 비로소 전자들이 핵들과 결합하여 수소와 헬륨 원자들을 만들게 되었다. 그 이전에는 전자들과 핵들이 너무 많은 에너지를 갖고 있어서 서로 결합할 수 없는 상황이었다. 에너지는 전자와 핵 사이의 인력을 방해한다는 것을 기억하자.

원자번호와 질량수

화학 공부를 하면서 배우게 되겠지만 서로 다른 원자들의 거동과 본질은 원자핵의 구조와 직접적으로 관련되어 있다. 그림 1.8에 나타나 있는 것처럼, 화학자들은 이를 특별한 화학기호로 만들어 원자를 구별하는 데 이용한다. 각 원자는 원소를 표시하는 1~2개의 문자로 된 기호로 나타낸다(수소는 H, 헬륨은 He 등). 이러한 기호는 두 개의 숫자 뒤쪽에 쓰기도 한다.

$${}^{\text{질량수}}_{\text{원자번호}}\mathrm{X}$$

여기서 아래첨자는 그 원소의 **원자번호**(atomic number)라 하며 핵 속에 있는 양성자 수를 의미한다. 위첨자는 **질량수**

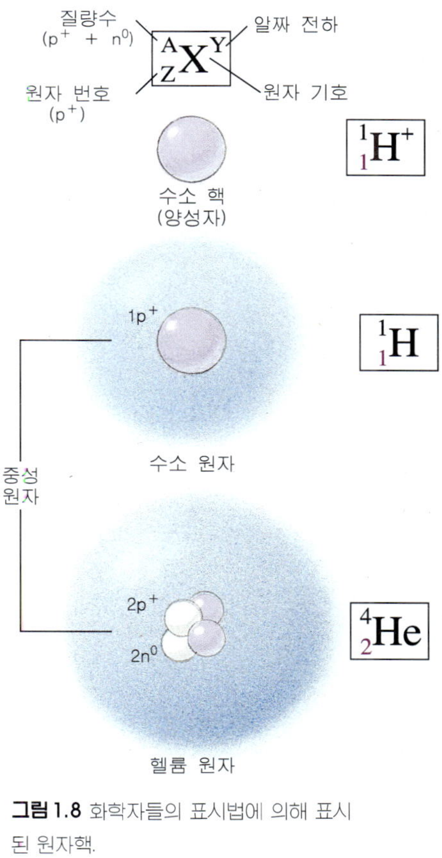

그림 1.8 화학자들의 표시법에 의해 표시된 원자핵.

(mass number)로, 양성자 수와 중성자 수를 합한 값이다. 이 책의 뒷부분에 있는 원소 주기율표에 각 원소의 원자번호, 원소 이름 및 원소 기호를 나타내었다.

특정한 원소를 구성하는 모든 원자(혹은 핵)는 동일한 원자번호를 가져야 한다. 이는 원자 내의 양성자 수는 원자의 종류를 정의한다는 뜻이다. 예를 들어 모든 수소 원자는 핵에 하나의 양성자를 가지며 따라서 원자번호는 1이다. 또 모든 탄소 원자는 핵에 6개의 양성자를 가지며 원자번호는 6이다. 어떤 한 원소의 원자들은 서로 다른 중성자 수를 가질 수 있다. 자연계에서 몇몇 원소들은 한 개의 동위원소로만 존재하지만 다른 것들은 5~10개까지의 여러 동위원소를 갖는다. 핵이 양성자 1개와 중성자 1개로 된 수소의 동위원소인 중수소는 질량수가 2이며 화학자들은 이것을 $^{2}_{1}H$로 나타낸다. 8개의 중성자를 가진 탄소의 동위원소는 탄소-14라고 하며 $^{14}_{6}C$로 나타낸다. 아래첨자 6은 양성자 수를 의미하는 원자번호이고 위첨자 14는 양성자 수에 중성자 수를 더한 질량수이다.

별과 은하

전자가 수소와 헬륨의 핵에 결합되어 수소 원자와 헬륨 원자가 생성된 대폭발 후 약 50만 년 동안 우주의 모든 것들은 상대적으로 평온해졌다. 대폭발 후 약 10억 년 동안에도 큰 변화는 없었다. 이때 중력의 효과(물질을 구성하는 입자들 간의 인력)로 인하여 존재하는 물질들이 잡아당겨져 더 큰 덩어리가 되었다. 이렇게 하여 물질의 축적이 더욱 커짐에 따라 증가된 중력적인 인력 때문에 더 많은 물질이 모여졌다.

덩어리들이 만들어지면서 그 안에 있는 물질을 이루는 입자의 충돌빈도가 증가하게 되고 이로 인해 그들의 온도는 증가하기 시작하였다. 마침내 이 덩어리들의 부분온도가 원자에 속한 전자가 빠져나가기에 충분할 정도로 상승하게 되어 핵(거의 대부분 수소와 헬륨의 핵) 사이의 핵융합 반응이 시작되었다. 이러한 핵융합 반응은 엄청난 에너지를 방출하게 되고 여기에 관여한 물질들이 별을 생성하게 된다(그림 1.9). 별은 본질적으로 거대한 핵융합 반응로인 셈이며 이 핵융합은 별이 방출하는 빛과 열을 만들어낸다.

대폭발 후 수십억 년 동안 셀 수 없을 만큼의 새로운 별들이 전 우주에서 타오르고 있었으며 이 별들은 은하라고 부르는 별들의 집합체가 되었다. 이 시점에서 우주는 지금 우리가 살고 있는 곳과 비슷해지

그림 1.9 미국 항공우주국(NASA)의 허블 망원경으로 촬영한 사진. 별이 탄생할 때 기체상 물질의 집단이 모여 열이 증가한다.

그림 1.10 M31은 우리의 은하계와 가장 가까운 은하이다.

기 시작했을 것이다. 즉 무수한 은하와 별들의 밝은 불빛으로 점찍힌 끝없이 보이는 어두운 공간이 되었을 것이다(그림 1.10). 태양은 현재 나이가 약 50억 년이며 아직도 약 71%의 수소와 27%의 헬륨 및 미량의 다른 원소들로 구성되어 있다. 또 태양은 50억 년 동안 변함없이 붉게 타오르고 있는데, 이것은 핵융합에 의해 수소가 헬륨으로 변하면서 나타나는 현상이다. 따라서 태양의 수소 공급은 앞으로도 매우 오랫동안 지속되고 태양은 계속 빛날 것이다(그림 1.11).

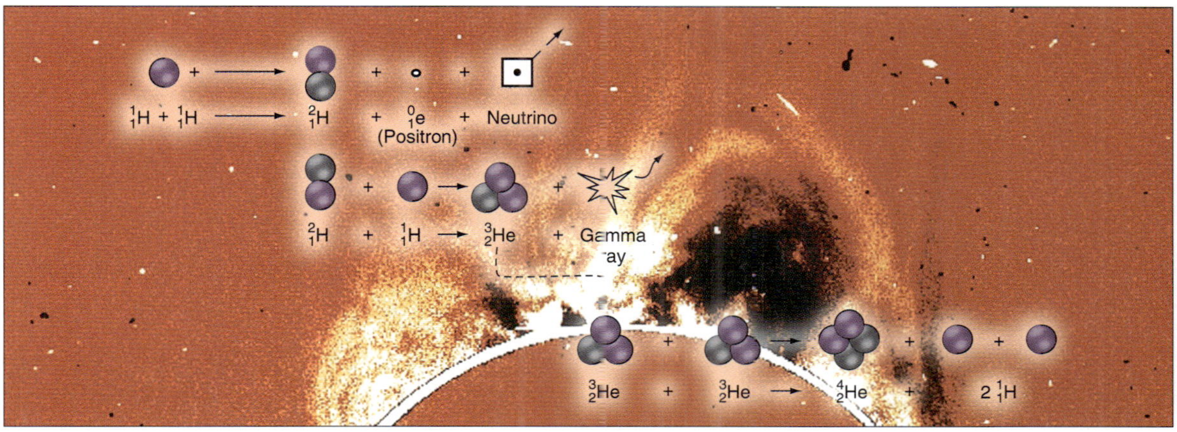

그림 1.11 태양은 수십억 년 동안 빛나고 있으며 이러한 현상은 수십억 년 더 지속될 것으로 예상된다. 지구의 전 역사 동안 태양은 내부의 핵융합 반응에서 방출된 에너지를 영원히 제공할 것이다.

그림 1.12 초신성의 폭발은 별이 만들어낸 원자들을 우주공간으로 뿌린다.

무거운 원소들의 기원

지금까지는 최초에 생성된 수소와 헬륨 두 원소들의 기원을 살펴보았다. 다른 원소의 큰 원자들도 역시 별들 혹은 일부 별들의 폭발적인 사멸과정에서 상이한 핵융합 반응에 의해 만들어진다. 수소가 서서히 헬륨으로 변환되는 오랜 시간이 흐른 후, 별들은 크기와 구조가 변해서 다른 융합반응을 가능하게 만들었다. 헬륨 원자핵은 융합하여 리튬 또는 베릴륨 원자핵을 만들 수도 있고, 베릴륨과 다른 헬륨의 핵은 융합해서 6개의 양성자와 6개의 중성자를 가진 탄소의 핵을 만들 수 있다. 다시 탄소 핵과 수소 핵의 융합은 7개의 양성자와 6개의 중성자를 가진 질소 핵을 만들 수 있다. 이러한 방법으로 별들의 생존 후기에 다양한 종류의 상이한 핵들이 생성될 수 있으며 그 과정에서 에너지가 방출된다.

철 (원자번호 26)보다 더 무거운 원자핵이 융합하여 더 무거운 핵을 만드는 과정은 에너지를 방출하지 않고, 대신 에너지를 흡수한다. 그럼에도 불구하고, 헬륨과 다른 가벼운 핵들의 융합은 충분한 양의 에너지를 방출하여 별의 진화과정에서 계속적으로 에너지를 방출하고 온도와 크기가 극적으로 변할지라도 빛나게 한다.

그러나 궁극적으로는 별의 연료공급원인 가벼운 원자핵들은 소진된다. 이 시점에서 별빛은 사라지며 종말을 맞게 되는데 이것은 그 별의 크기와 구성에 좌우된다. 어떤 별들은 서서히 식어 희미해지다가 그냥 사라져버린다. 그러나 다른 것들은 보다 극적인 상황을 만들 수도 있다. 중력이 융합반응에 의한 에너지 방출 때문에 생긴 외부압력을 더 이상 적절히 저항할 수 없게 되면 모든 물질이 급격히 안쪽으로 끌리게 되고 결국 별 전체는 파괴된다. 그대로 초기의 파괴는 격렬한 반향이 뒤따르고, 물질의 대부분은 바깥쪽으로 분출된다. 이것이 바로 초신성의 폭발이다 (그림 1.12).

초신성의 폭발로 별이 생성한 원자핵들 (전자와 다른 아원자 입자들도 함께)은 우주공간 밖으로 뿌려진다. 초신성의 폭발로 인한 막대한 양의 에너지는 새로운 원소들을 만드는 부가적인 핵융합 반응을 일으킨다. 그러나 그때 외부 공간의 낮은 에너지를 갖는 구간 밖에서 전자는 핵과 결합하여 중성원자를 형성한다. 처음 핵융합에 의해 생성된 일부 핵들은 불안정한 상태에 있었는데, 이는 이들이 다른 핵들로 쪼개질 (붕괴될) 수 있다는 것을 뜻한다. 이러한 불안정한 핵들을 방사성 동위원소라 부른다. 방사성 동위원소의 핵들은 붕괴되어 안정하거나 혹은 불안정한 다른 원자핵들을 형성한다. 결국 일련의 붕괴

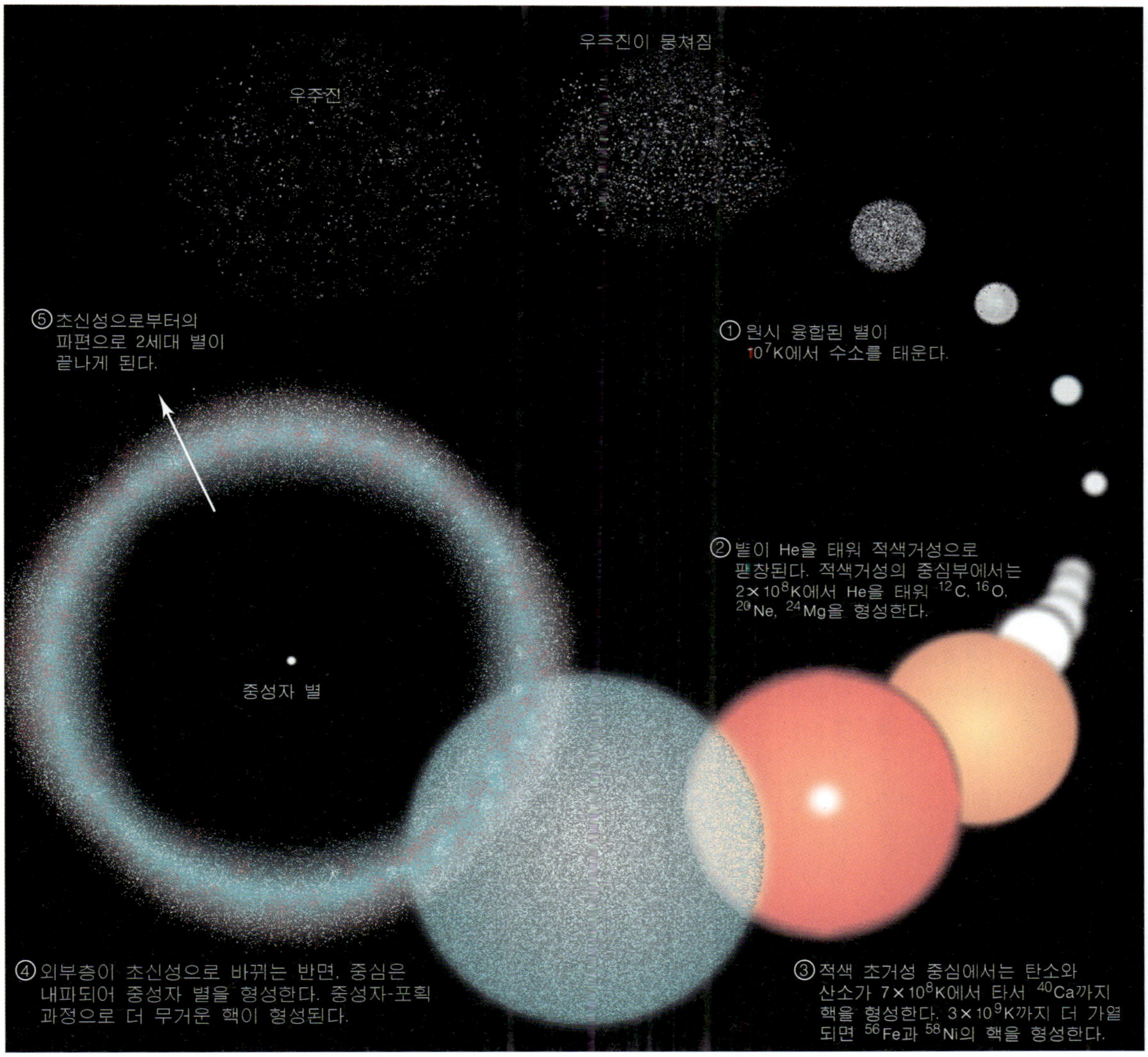

그림 1.13 별의 진화는 새로운 원소를 만들어낸다.

로 인하여 안정하고 수명이 긴 원자들이 남게 된다.

초신성들로부터 뿌려진 원자들은 결국 다른 별들로 가거나 별들 사이의 공간에서 다른 원자들과 뒤섞여 새로운 별을 만들었다. 따라서, 2세대의 별들이 탄생되고 뒤이어 3세대 등등으로 되었다 (그림 1.13). 각 세대마다 새로운 융합반응이 일어나서, 다른 더 큰 원자들이 생성될 수 있다. 태양은 아마도 2세대 혹은 3세대에 속하는 별일 것이다.

따라서 대폭발 여파로 어떤 별들의 사멸을 동반한 초신성 폭발과정에서 별들의 용광로에서 또는 다른 큰 원자핵의 붕괴로 인하여 자연계에 존재하는 모든 원자들 즉 지구에서 발견된 92가지의 상이한 종류

예제 1.3 양성자, 중성자, 전자, 원소기호

문 제 뒤 표지의 표를 참조하여 아래의 빈칸을 채우시오.

	원소기호	원소	양성자	중성자
a.	$^{15}_{7}N$	______	______	______
b.	$^{239}_{94}$____	______	______	______
c.	$^{—}_{—}$____	W	______	110
d.	$^{55}_{25}$____	______	______	______

풀 이 원소기호의 위첨자(수소를 제외하고는 항상 아래첨자보다 크다)는 질량수이며 이것은 핵을 구성하는 양성자와 중성자의 개수를 합한 것과 같다. 원자번호는 아래첨자이며(항상 위첨자보다 작다), 이것은 원자가 가지고 있는 양성자의 수와 같다.

a. $^{15}_{7}N$

원 소 : **N**은 **질소**이다

양성자 : 양성자의 수는 원자번호와 같은 **7**이다.

중성자 : 질량수(15)에서 원자번호(7)를 뺀 값, 즉 15−7＝**8**이다.

b. $^{239}_{94}Pu$

원 소 : 원자번호가 94인 원소는 **플루토늄(Pu)**이다.

양성자 : 양성자의 수는 원자번호와 같은 **94**이다.

중성자 : 질량수(239)에서 원자번호(94)를 뺀 값, 즉 239−94＝**145**이다.

c. $^{184}_{74}W$

원 소 : **W**는 **텅스텐**이다.

양성자 : 주기율표에서 보면 텅스텐의 원자번호는 **74**이다. 이것이 양성자의 수와 같다.

중성자 : 중성자의 수는 주어져 있다. 주어진 중성자의 수(110)에 양성자의 수(74)를 더해서 질량수를 구할 수 있다. 즉 110＋74＝**184**이다.

d. $^{55}_{25}Mn$

원 소 : 원자번호가 25인 원소는 **망가니즈(Mn)**이다.

양성자 : 양성자의 수는 원자번호와 같은 **25**이다.

중성자 : 질량수(55)에서 원자번호(25)를 뺀 값, 즉 55−25＝**30**이다.

확 인 질량수는 양성자의 수와 중성자의 수를 합한 값과 같다. 각 원소는 다른 동위원소가 존재하기 때문에, 이 예제들의 중성자의 수는 확인되어야 한다. 주기율표의 원소기호 아래에 표시된 원자질량은 실제로 그 원소의 서로 다른 질량을 갖는 동위원소들의 질량의 평균값이다.

의 원자들이 생성되었다(14장). 이것이 지구상에 있는 모든 원자와 여러분의 몸을 구성하는 모든 원자들의 역사이다. 진실로 우리는 별의 먼지에 의해 만들어진 별들의 자손인 것이다.

새로운 원자들이 적어도 90억 년 동안 생성되었음에도 불구하고 아직도 원자들을 만든 많은 재료들이 존재하고 있다. 이들은 바로 수소와 헬륨인데 이들은 앞으로도 오랫동안 존재할 것이다. 현재까지도 우주에 있는 원자의 92.7%(은하에는 적어도 70% 이상)가 수소 원자이며 7.2%가 헬륨이다. 결국 우리가 알고 있는 다른 원소들은 약 0.1% 정도에 불과하다. 우주는 앞으로도 오랜 시간 동안 지속될 것이다.

1.3 지구와 태양계의 기원

지금까지 우주 내에 존재하는 원자들의 생성 유래를 논의하였으나 그것들의 물리적 형태를 고려하지는 않았다. **물질의 상태**(state of matter)에는 세 가지가 있다(1.14). **고체**(solid, ***s***)는 명확한 형태와 부피를 가진 물질로서 나무토막이나 돌 조각 등이 이에 해당한다. **액체**(liquid, ***l***)의 좋은 예는 물로, 이것은 명확한 부피를 가지나 명확한 형태가 없는 물질이다. 액체는 어디에 담는가에 따라 그 형태가 변한다. **기체**(gas, ***g***)는 공기처럼 형태와 부피가 명확하지 않다. 기체는 담겨있는 어떠한 용기든 가득 채울 수 있다. 예를 들어 단단한 탱크 안에 들어있는 헬륨은 풍선을 채우고 있는 그것에 비해 훨씬 크게 압축

그림 1.14 물질의 세 가지 형태. 고체, 액체, 기체

표 1.2 밀도

물질	밀도(g/cm^3)
수소	0.000089
산소	0.0014
코르크	0.24
소나무	0.35~0.50
에테르	0.71
물	1.00
사염화탄소	1.6
식염	2.16
이산화규소	2.6
알루미늄	2.70
철	7.8
구리	8.9
니켈	8.9
은	10.5
납	11.3
수은	13.5
금	19.3
오스뮴	22.61

되어 있다. 태양과 같은 별들은 뜨거운 기체로 된 구형체이다. 내부의 강렬한 열은 원자들이 계속 유리된 상태에서 움직일 수 있는 에너지를 공급한다. 이제 지구와 더 나아가 태양계의 다른 행성들의 형성을 고려할 때에, 기체상의 물질이 냉각되고 응축됨에 따라 무슨 일이 일어났는지를 알아볼 필요가 있다.

천문학자들은 태양과 행성들이 서서히 회전하는 거대한 기체와 먼지에서 생성되었다고 추측하고 있다. 대부분의 물질들은 중력에 의해 안쪽으로 모여 태양이 형성되었고, 나머지 적은 양의 기체와 먼지들이 모여 행성들이 만들어졌다. 이러한 일은 약 46억 년 전에 일어났다는 증거들이 있다.

기체가 식어감에 따라 원자들이 따로 떨어져 있도록 하는 에너지를 상실하여 원자들이 서로 붙어서 액체와 고체가 형성되었다. 갓 태어난 지구를 구성하는 대부분의 물질들은 여전히 매우 뜨거운 상태였으며 액체 형태이었다. 밀도가 큰 원소들(주로 용융된 철과 니켈)은 지구의 중심으로 가라앉기 시작하였으며, 반면에 규소나 산소와 같이 밀도가 작은 원소로 이루어진 물질들은 표면으로 떠오르게 되었다. **밀도**(density)는 주어진 부피에 대한 질량의 관계를 나타내는 물질의 성질이다(kg/m^3 혹은 g/cm^3). 시료의 밀도가 높을수록, 같은 부피에 물질이 더 많이 밀집된다. 표 1.2는 몇몇 물질의 밀도를 나타낸 것이다. 물질들의 밀도가 서로 다르기 때문에 지구가 식으면서 다른 층들을 형성하게 되었다(그림 1.15). 지구의 평균 밀도는 5.52 g/cm^3이다.

지구 표면의 용융된 물질들은 마침내 식어서 고체가 되어 지각의 바위들을 형성하게 되었다. 오늘날 지구상에서 발견된 가장 오래된

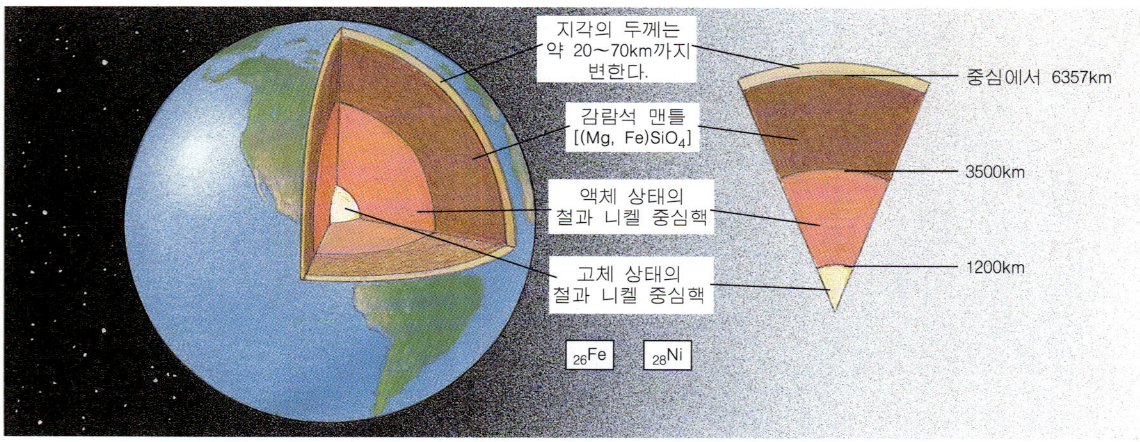

그림 1.15 지구 조성과 내부구조

암석은 40억 년 이상된 것들이다. 이러한 시간이 흘렀음에도, 지구의 내부는 아직 매우 뜨거우며 많은 부분이 아직도 액체상태이다. 가장 중심부에는 철과 니켈로 구성된 고체상의 핵이 있다. 중심 핵이 고체인 이유는 엄청난 압력이 원자들을 꼼짝 못하도록 묶고 있기 때문이다. 따라서 이들 원자들은 높은 온도에도 불구하고 더 이상 바깥쪽의 액체로 된 핵과는 달리 움직일 수 없게 되어 있다. 압력은 중심부(고체)와 바깥부분(액체)에 있는 철과 니켈의 물질상태에만 영향을 미칠 뿐 밀도에는 영향을 주지 못한다. 최근 연구결과에 의하면, 지구 중심의 고체 철로 된 핵은 맨틀보다 약간 빨리 회전한다고 한다. 바깥쪽의 액체 핵은 두 고체층들의 윤활제와 같은 역할을 한다.

초기 지구의 대기 구성에 대해서는 많은 논쟁이 있다. 시작은 수소와 헬륨으로 구성된 매우 적은 양의 대기가 있었고 이들은 지구와 이들 기체 간의 약한 중력 때문에 붙들려 있기보다는 공간으로 계속 흩어지고 있었을 것이다. 이후 화산활동이 다량의 여러 기체를 뿜어내어 원시대기를 형성하였을 것으로 보인다. 또 다른 이론은 지구와 혜성과의 잦은 충돌로 다량의 물과 기체들이 들어오게 되고 이들이 초기 지구의 바다와 대기를 만들게 되었다는 것이다. 지구의 시작 당시에는 지표가 너무 뜨거워 지표의 물은 즉시 증발해 버리기 때문에, 바다나 물로 된 표면이 없었을 것으로 보인다. 그러나 지구가 냉각되어 다량의 비가 내리면서 바다와 강, 하천이 생겨났다.

1.4 분자와 이온의 형성

지구의 생성 이후, 생명체가 나타나는 표면의 상태는 극적으로 변하였다. 단 92종 원소의 원자들이 서로 반응하여 많은 종류의 **화합물**(compound)을 형성하였다. 화합물은 둘 이상의 원소들이 화학결합에 의해 형성된 화학물질이다. 지구상에 있는 대부분의 화학물질은 원소들이 특정하게 조합된 화합물이다(그림 1.16).

원소 — 한 종류의 원자만 포함한다.
화합물 — 화학적으로 결합된 다른 종류의 원자를 포함한다.
혼합물 — 화학적으로 연결되지 않는 물질들의 혼합체이다.

이제 우리는 화학의 진정한 중심부에 접근하게 되었다. **화학**(chemistry)은 원자들이 서로 반응하여 새로운 조합을 만드는 방법을 연구하는 학문이다. 이러한 반응은 앞서 논의한 핵반응이라 부르는

그림 1.16 우리는 고대인의 붉은 침대장식물에서 화학적 활동에 대한 증거를 볼 수 있다. 철은 대기 중의 산소와 반응하여 화합물을 만드는데 이것이 지표 어디에서나 볼 수 있는 녹이다.

그림 1.17 원소, 화합물, 혼합물

새로운 원소들이 생성되는 원자의 융합과 매우 다른 것이다. 보통의 화학반응에서는 원자의 핵들은 반응하지 않으며 핵 주변의 전자들이 재배치된다. 이러한 전자들의 상호작용이 원자들 사이의 **화학결합**(chemical bond)을 만들며 이러한 원자들의 어우러짐은 몇몇 종류의 인력에 기인한다. 화학은 우리가 원자라고 알고 있는 입자들 그리고 이들로부터 파생된 분자들과 이온들이 가지는 전자들의 재배치에 관한 것이다.

오늘날 지구상에서 화학반응에 이용되는 원자들이 지구의 시작 때부터 반응해온 원자와 동일하다는 사실은 바로 화학변화가 일어나는 동안 원자핵들이 그들의 동일성을 계속 유지한다는 것을 의미한다. 옛날 공룡의 일부분이었던 탄소 원자가 지금 남산의 소나무에 있으며 백두산의 폭발로 인해 내린 빗속의 황 원자는 지금 여러분의 머리카락에 있다. 또 여러분이 다음 순간 들이키게 될 호흡 속의 아르곤 원자는 징키스칸이나 세종대왕이 숨쉬었던 것일 수 있다(그림 1.18). 대폭발, 별, 그리고 초신성의 폭발은 지구를 구성하는 원자들을 만들었다. 전반적으로 보면 이에 뒤이어 진행된 화학변화는 생성된 원자

그림 1.18 지구상 물질의 놀라운 순환은 계속된다.

들이 새로운 원자핵을 생성하거나 파괴하기보다는 그들의 전자를 재배치하는 쪽으로 진행되고 있다.

분자

분자 (molecule)란 두 개 이상의 원자들이 전자를 공유함으로써 서로 연결되어 만들어진 고유한 입자이다. 여기서 전자들은 한 개의 원자에 속하지 않으며 분자를 이루는 여러 원자들의 핵 주변에 차 있게 된다. 분자 내에 있는 핵들은 전자들을 공유하는 상호인력에 의해 화학적으로 결합되어 있다 (그림 1.19). 전자를 공유함으로써 만들어지는 화학결합을 **공유결합** (covalent bond)이라 한다.

분자가 갖고 있는 공유결합은 서로 다른 분자들 사이에서 존재하는 약한 인력에 비해 매우 강하다. 이 힘은 분자를 고유한 입자의 거동을 갖도록 한다. 공유결합이 강하다는 의미는 핵들과 이들 핵들이 공유하고 있는 전자들 사이에 작용하는 인력을 끊는 데 많은 에너지가 필요하다는 뜻이다. 이러한 음전하를 띤 공유전자들을 전기적인 풀로 생각할 수 있으며 이는 양전하를 띤 모든 핵을 서로 붙잡아 둘 수 있게 된다.

가장 간단한 분자는 수소 분자로, 두 개의 수소 원자 (가장 간단한 원자)들이 전자를 공유함으로써 결합되어 있다 (그림 1.20). 수소 분자는 H_2로 표시한다. 이것은 그 이름 대신에 분자를 이루는 원자의 종류와 수를 원소기호를 이용하여 나타낸 것이다. 두 개의 독립된 수소 원자들이 적절한 온도와 압력하에서 만나면, 그들이 갖고 있는 전자를 핵 사이에 공유하여 공유결합을 만드는 화학반응이 진행될 수 있다. 이러한 결합, 즉 분자는 굳은 구조가 아니고, 진동하는 동적인 조

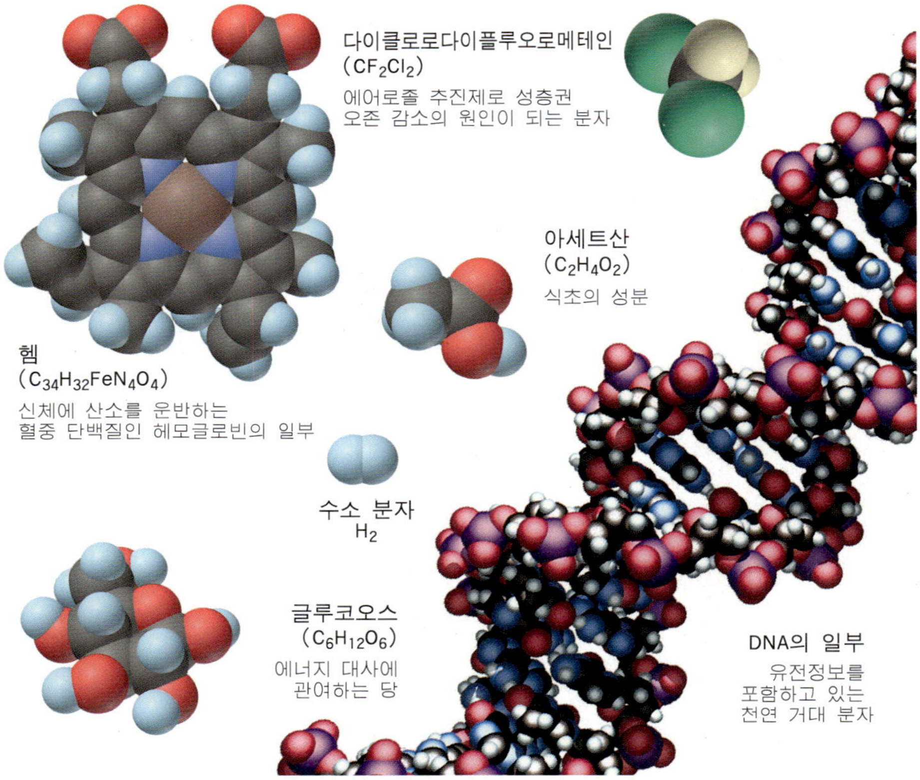

그림 1.19 잘 알려진 몇몇 분자들. 가장 간단한 수소 분자에서부터 가장 복잡한 DNA(여기서는 일부분만 나타내었다)까지 나열하였다. 모든 분자들이 갖는 공통된 특징은 전자를 공유하는 공유결합된 두 개 이상의 원자를 갖고 있는 것이다.

합체를 형성하게 된다. 그리하여 핵들은 서로 가까워지기도 하고 멀어지기도 하며 진동하게 되는데, 최적의 핵간 거리의 평균치를 H—H 결합의 결합길이(bond length)라고 한다. 핵들이 최적거리보다 가까워지도록 움직이게 되면 전기적 반발력이 생겨서 이들을 밀어내게 된다. 만약 핵들이 움직여 최적거리보다 멀어지면 공유된 전자에서 비롯된 핵 간의 인력이 이들을 다시 잡아당기게 된다. 공유결합에 참여한 핵들의 가까워짐과 멀어짐이 계속 반복되기 때문에 이러한 결합은 단단한 막대기와 같은 모형보다는 진동하는 용수철로 형상화하는 것이 적당하다.

화학자들이 화학반응을 시킬 때에는 보통 열을 가한다. 어떤 것에 열이 가해지면, 이를 구성하는 입자들은 보다 빨리 움직이게 되고 결국 서로 간에 보다 강렬한 충돌이 일어나는데, 이것은 이들의 결합을 보다 강렬하게 진동시킨다. 만약 충돌이 충분할 만큼 강력하게 발생한다면(또는 기술적으로 표현하여 충분한 에너지를 갖고 일어난다면) 이는 갖고 있는 화학결합을 파괴하고 새로운 화학결합을 형성하도록 한다. 이것이 바로 화학 실험실에 분젠 버너가 설치되어 있는 이

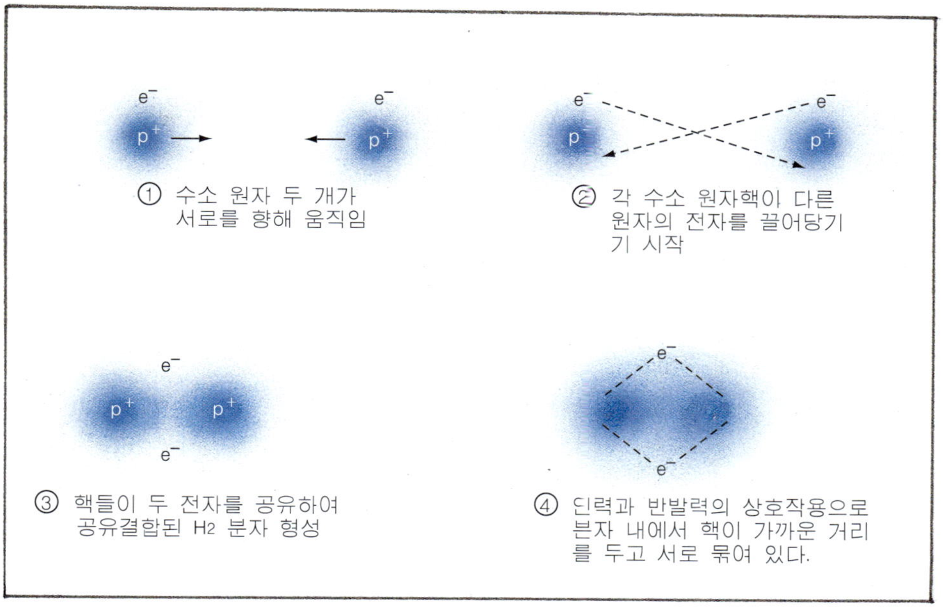

그림 1.20 가장 간단한 수소 분자의 생성. 여기서 두 개의 수소 원자는 그들의 전자를 서로 공유함으로써 결합한다. 전자를 공유함으로써 핵들이 연결되는 화학적 결합이 공유결합이다.

유 중 하나이다. 화학반응은 존재하고 있던 화학결합을 끊고 새로운 결합을 만드는 과정이며 이때 전자의 재배치가 결합을 끊고 만드는 주된 과정이 되는 것이다.

수소 분자 (H_2)는 한 가지 원소로 이루어진 분자라는 것을 주목하도록 하라 (그림 1.21A). 그러나 생성된 대부분의 분자들은 일산화탄소 (CO, 그림 1.21B)처럼 서로 다른 원소들 사이의 결합을 갖고 있는 화합물 분자이다. 보다 복잡한 화합물 분자 내에서 서로 다른 이웃한 원자들은 서로 다른 길이와 세기를 갖는 결합으로 연결되어 있다. 결합들의 정밀한 길이와 세기는 관여된 원소들과 그 분자의 화학적 주변 환경에 따라 달라진다.

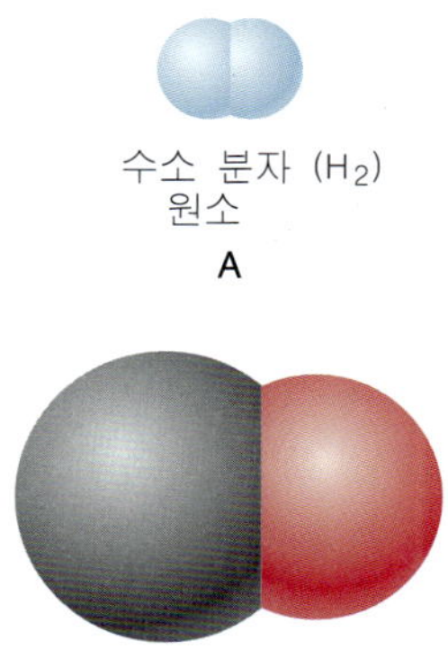

그림 1.21 **A.** 수소 분자는 한 가지 원소만으로 구성되어 있다. **B.** 일산화탄소는 두 가지 원소(탄소와 산소)로 구성되어 있다. 일산화탄소는 수소 분자와는 달리 다른 구성물로 되어 있기 때문에 화합물이다.

이온

전자의 재배치에 의해서 화합물이 형성되는 다른 방법이 있다. 이들 원소의 원자들이 서로 마주치게 될 때, 하나 이상의 전자가 한쪽 원자에서 다른 쪽으로 이동할 수 있다. 이러한 일은 둘 중 한 원자의 핵이 다른 것보다 전자에 강한 인력을 가지고 있을 때 일어나게 된다. 이 결과 생성된 입자를 **이온** (ion)이라 하는데, 이온은 전하의 균형이 잡혀 있지 않다. 양전기를 띤 이온은 전자를 잃어버린 결과 생성된 것이고, 음전기를 띤 이온은 전자를 얻음으로써 생성된 것이다. 이온들 사이의 인력은 이러한 전기적 불균형 때문에 생기게 되며 이러한 인

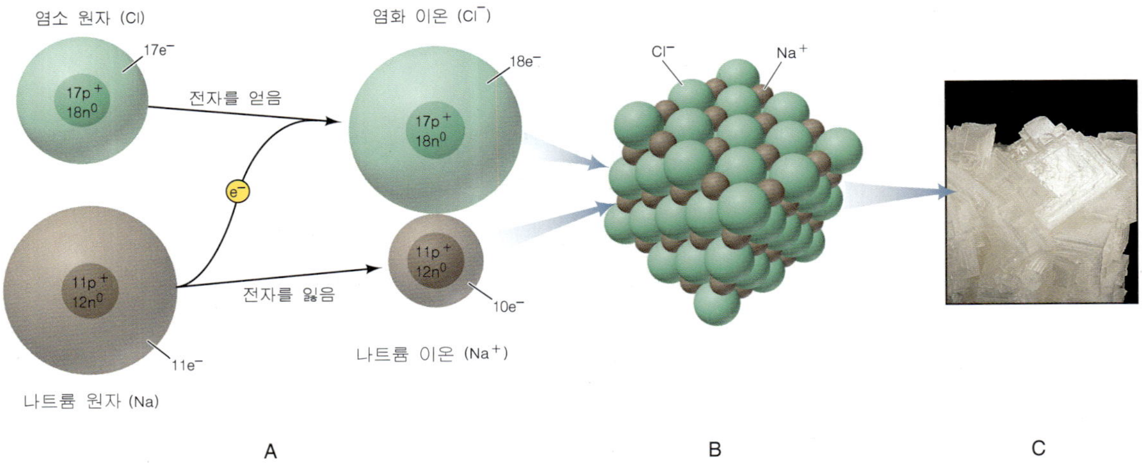

그림 1.22 식염인 염화나트륨(**C**)은 나트륨 원자와 염소 원자가 각각 전자를 잃고 얻음으로써 이온이 되어 형성된다(**A**). 서로 반대로 하전된 이온들은 서로를 잡아당겨서 조밀하게 뭉치게 된다(**B**). 이것을 이온결합이라 한다.

력을 **이온결합**(ionic bond)이라고 한다. 이온결합은 공유결합과 같은 정도의 세기를 갖는다.

이온결합은 한 원자핵에 있는 양전하가 다른 원자에서 전자를 잡아당길 수 있을 정도로 강한 경우에 생긴다. 예로 나트륨과 염소는 반응하여 그림 1.22에서 볼 수 있는 것처럼 염화나트륨(NaCl, 식염)을 만든다. 이 반응이 일어나는 동안 각 나트륨 원자에서 전자가 하나 떨어져 나와 염소 원자에 첨가된다. 이렇게 되면 나트륨 원자는 +1의 전하를 갖는 나트륨 이온으로 바뀌게 되는데, 이것은 양성자의 수가 전자 수보다 하나 더 많음을 뜻한다. 한편 각 염소 원자들은 −1의 전하를 갖는 염화 이온(chloride ion)으로 변하며 이것은 전자의 수가 양성자 수보다 하나 더 많음을 의미한다. 나트륨 이온의 화학기호는 Na^+이며 염화 이온은 Cl^-이다. 하나의 + 혹은 − 기호는 +1, −1을 의미하며 더 큰 전하를 갖는 경우는 Ca^{2+} 또는 P^{3-}처럼 숫자를 함께 쓴다.

서로 반대로 하전된 나트륨 이온과 염소의 이온은 서로를 잡아당기게 되는데, 적당한 조건하에서 이들은 그림 1.22에 나타난 것과 같은 규칙적인 결정구조를 형성한다. 고체상의 결정성 화합물인 염화나트륨을 형성하는 이온결합은 강한 결합이다. 그러나 이 염은 물에 녹을 경우 쉽게 파괴된다. 이렇게 된 이온들은 분리되어 물 속에서 표류하게 된다. 양이온과 음이온은 물 분자로 이루어진 자루에 둘러 싸여 있지만 자유이온처럼 움직이며 사실상 독립적으로 존재하게 된다. 바다에는 많은 양의 소금이 녹아있으며 (이외에도 다른 이온성 화합물도 있다) 이것이 바로 바닷물이 짠맛을 내는 원인이다. 많은 암석들은 이

예제 1.4 나트륨과 염화 이온의 아원자 구조

문 제 나트륨 이온($^{23}Na^{+}$)과 염화 이온($^{35}Cl^{-}$)의 양성자, 중성자, 전자의 개수를 확인하라.

풀 이 나트륨 이온의 +1의 전하는 이 이온이 양성자가 전자보다 하나 더 많음을 뜻한다(원자가전자를 하나 잃었다). 책 뒤쪽에 있는 주기율표를 참조하여 나트륨의 원자번호(양성자 수)를 확인한다. 나트륨의 원자번호가 11이므로 11개의 양성자를 가지고 있다. 전하가 +1이므로 전자의 개수는 10이다. 중성자의 개수는 질량수(23)에서 양성자 수(11)를 뺀 12이다. 비슷한 방법을 염화 이온에 적용하면, 양성자의 수는 17, 중성자는 18, 전자는 18개이다.

확 인 Na^{+}와 같이 양전하를 갖는 이온은 전자보다 양성자의 수가 많다(11개의 양성자와 10개의 전자). 반면에 Cl^{-}와 같은 음전하를 띤 이온은 양성자의 수가 전자의 수보다 적다(17개의 양성자와 18개의 전자).

온이 고체 결정구조에 갇혀있는 이온성 화합물을 함유하고 있다.

예제 1.4와 1.5에서 여러분은 이온에서 양성자, 중성자, 전자를 세는 방법을 보강하게 될 것이다. 2장에서 알게 되겠지만, 전자의 수가 특히 중요한데, 이는 이것을 통해 원자, 이온, 분자의 화학적 거동을 예측할 수 있기 때문이다.

초기부터 지구에는 자연계에 존재하는 기본 원소로부터 파생된 많은 종류의 이온들과 분자들이 있었다. 아마도 이러한 화학적 복잡한 중 가장 놀라운 결과는 바로 생명 그 자체일 것이다.

1.5 지구 생명의 기원

앞에서 원자의 유래와 이들로 구성된 지구의 유래 그리고 원자가 결합하여 분자 혹은 이온으로 된 화합물을 만드는 방법을 알아보았다. 원자, 분자 및 이온은 화학에서 단순한 재료물질이다. 인간과 같은 살아있는 생명체는 이러한 재료 물질로 구성되어 있으나 과연 어떻게 이런 과정이 가능하게 될까? 또 어떻게 하여 초기 지구를 구성하고 있었던 간단한 화학물질들이 난해한 생명화학을 생기게 했을까?

생명의 기원은 엄청난 관심과 논쟁을 일으키는 연구 주제이다. 그럼에도 불구하고, 과학자들은 의문을 제기하고 증거를 고찰하며 실험을 수행하여 어떤 이론이 가장 증거와 잘 일치하는가를 확립하여, 새로운 증거들이 제시되면 계속 이론을 수정하여 정교하게 만든다.

현재 지구에서 발견되는 생명체는 원래 지구에 존재하였던 것으로부터 파생된 것이라고 일반적으로 생각한다. 그러나 이러한 생각을 일

예제 1.5 이온이 갖는 양성자, 중성자, 전자의 수

문 제 다음 표의 빈칸을 채워라.

	기호	양성자	중성자	전자	전하
a.	${}^{14}_{7}N^{3-}$	____	____	____	____
b.	${}^{\_}_{\_}\_\_^{\_}$	34	45	36	____
c.	${}^{\_}_{\_}F^{-}$	____	10	____	−1
d.	${}^{52}_{24}\_\_^{3+}$	____	____	____	____

풀 이

a. ${}^{14}_{7}N^{3-}$: 이것은 질화 이온(nitride ion)이라고 하는 질소의 이온이다.

양성자 : 양성자의 수는 원자번호와 같은 **7**이다.

중성자 : 질량수(14)에서 원자번호(7)를 뺀 값, 즉 14−7이다.

전　자 : 전하가 −3이므로 전자보다 양성자가 3개 적음을 뜻한다. 따라서 양성자보다 전자가 3개 많다. 즉 전자의 수 = 7+3 = **10**이다.

전　하 : 전하는 **−3**으로 주어져 있다.

b. ${}^{79}_{34}Se^{2-}$: 이것은 셀레늄의 이온이다.

양성자 : 양성자의 수가 **34**로 주어져 있으므로 이 값을 주기율표의 원자번호와 비교하면 이 원소가 **셀레늄**(Se)임을 알 수 있다.

중성자 : 중성자의 수는 주어져 있다. 질량수는 양성자 수(34)와 중성자 수(45)를 합한 값이므로 34+45 = **79**이다. 이 값은 원소기호의 왼쪽 위첨자가 되어야 한다.

전　자 : 전자의 개수는 36으로 주어져 있다.

전　하 : 34개의 양성자와 36개의 전자가 있으므로 2개의 전자가 많음을 알 수 있다. 따라서 전하는 **−2**이다.

c. ${}^{19}_{9}F^{-}$: 이것은 플루오린화 이온(fluoride ion)이라는 플루오린의 이온이다.

양성자 : 주기율표에서 플루오린의 원자번호는 **9**이다. 따라서 양성자 수는 9이다. 원자번호는 원소기호 왼쪽의 아래첨자로 써야 한다.

중성자 : 중성자의 수는 주어져 있다. 질량수는 양성자 수(9)와 중성자 수(10)를 합한 값이므로 9+10 = **19**이다. 이 숫자는 원소기호의 왼쪽 위첨자로 써야 한다.

전　자 : 전하가 −1이므로 전자의 수가 양성자보다 하나 더 많음을 알 수 있다. 즉 전자의 수는 9+1 = **10**이다.

전　하 : 전하는 **−1**로 주어져 있다.

d. ${}^{52}_{24}Cr^{3+}$: 이것은 크로뮴의 이온이다.

양성자 : 원자번호(원소기호의 왼쪽 아래첨자)는 양성자의 수와 같은 **24**이다. 주기율표를 보면 이 값은 크로뮴(Cr)에 해당함을 알 수 있다.

중성자 : 질량수(52)에서 원자번호(24)를 뺀 값, 즉 52−24 = **28**이다.

전　자 : 전하가 +3이므로 양성자의 수가 전자보다 3개 많다. 따라서 양성자 수는 전자수에 3을 더한 값과 같아야 한다. 수식으로 쓰면 24(양성자의 수) = 전자의 수+3, 즉 전자 수는 24−3 = **21**이다.

전　하 : 전하는 **+3**으로 주어져 있다.

증할 만한 직접적인 증거는 없다. 일부 과학자들은 지구상의 최초 생명체는 단세포 유기체인 외계생물(colonist)이거나 또는 적어도 운석이나 혜성에서 지구로 온 원료 물질이 생명으로 진화되었다고 주장한다(그림 1.23). 어디서 어떻게 하여 생명이 최초로 시작되었는지는 아마도 단순한 화학물질들의 상호작용에 기인하였을 것이다. 어떻게 그것이 시작되었는가에 대한 설명은 화학자들이 갖고 있는 가장 재미있는 도전거리 중 하나이다.

생명이란?

생명의 기원을 논의하는 데 있어서 우리가 말하는 생명이 무엇인지를 명백하게 하는 것이 필요하다. 불행하게도, 생명이라는 것은 쉽게 정의할 수 있는 것이 아니다. 그러나 일부 사람들은, 지구상에서 발견되는 살아있는 생명체는 복잡한 화학적 조합체이며, 자신과 같은 다른 화학적 조합체를 만들 수 있는 것이라고 주장한다.

우리가 알고 있는 모든 살아있는 유기체는 이러한 화학적 정의에 잘 부합되며, 유기화학이라는 화학의 한 분야(탄소의 화학)에 기초를 두고 있다. 탄소의 화학이라는 것은 그 구조의 가장 중요한 부분이 탄소를 가지고 있는 화합물의 화학이라는 의미이다. 우리는 또한 지구상의 모든 생명체가 DNA라고 하는 화학물질로 구성된 유전자가 관여하는 기본적 화학과정에 의해 유지된다는 것을 알고 있다. 유전자는 단백질이라는 복잡한 분자생성을 관장하고, 이 단백질은 생명체의 모든 화학반응을 통제한다. 이러한 생명체의 화학적 기초는 16장에서 고찰하게 될 것이다. 꼭 같은 주된 화학과정이 지구상의 모든 생명체—박테리아에서부터 사람에 이르기까지—같이 일어난다는 사실은 지상의 모든 생명체가 공통적인 기원을 갖고 있다는 것을 암시하는 중요한 증거이다. 다시 말하면, 지구상의 모든 생명체는 약 40억 년 전 지구상에 나타났을 때 지금 우리가 생명체라고 말하는 어떠한 것보다 훨씬 간단한 구조를 갖고 있었던 동일한 고대 생명체로부터 파생되었다는 것이다.

그림 1.23 과학자들은 태양계의 단세포 외계생물이 운석에 의해 지구에 왔다고 생각한다.

생명체를 향한 재창조의 단계

1951년 미국 시카고 대학교에서 유레이(Urey)와 그의 학생인 밀러(Miller)는 '생명체의 가장 기본적인 화학물질이 무생물에서 만들어질 수가 있는가'에 대한 일련의 실험을 수행하였다. 그들은 초기 지구의 대양의 조건인 물과 대기에 주성분이었을 것으로 추정되는 메테인(CH_4), 암모니아(NH_3), 수소(H_2) 기체를 혼합하였다. 그리고 이 간단한 혼합물을 밀폐된 플라스크와 튜브 안에서 가열하여 수증기가 계속적으로 실험장치를 통해 순환되도록 하였다(그림 1.24). 기체 혼합물을 방전시켜 대기상의 번개를 모의하였으며, 한편 가열과 냉각으로 수증기가 모의 대양과 대기 사이에 계속적으로 순환하도록 하였다. 약 1주일 후, 원래 무색이었던 물은 진한 적갈색으로 변하였다. 실험장치를 분석하기 위해 열었을 때, 많은 양의 매우 복잡한 분자들이 물에 녹아 있고 증기에 혼합되어 있었다. 이들 화합물 중의 다량은 단백

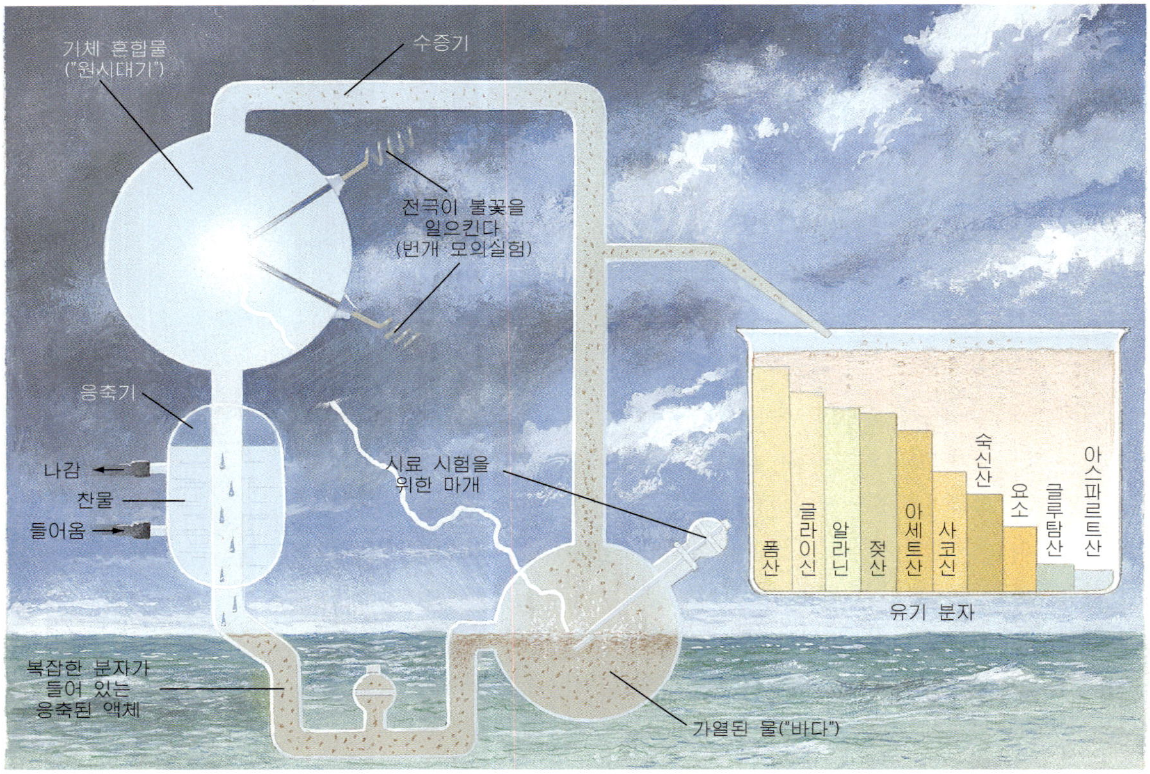

그림 1.24 밀러와 유레이가 고대 지구의 물과 대기로부터 진행되었을 화학현상을 모의실험하기 위해 사용한 실험장치의 그림. 열은 물을 증발시켜 실험장치 내에서 순환하도록 한다. 전기방전은 대기중의 물, 메테인, 암모니아, 수소의 혼합물에 번개가 치는 것과 같은 효과를 준다. 냉각장치에 의해 기체 혼합물이 냉각되는 것은 빗방울이 대양으로 되돌아와 다시 열에 의해 순환되는 것에 해당한다. 며칠 후, 간단한 시료로부터 생명체에서 발견되는 다양한 종류의 매우 중요한 화학물질들이 얻어졌다.

질의 기본 재료인 몇 가지 아미노산을 포함한 현재의 생물체를 구성하는 물질들이었다.

밀러와 유레이의 실험은 생명체의 가장 기초적인 화합물들이 초기 지구의 상태를 모사한 환경으로 믿어지는 조건하에서 잘 만들어질 수 있다는 것을 극적으로 보여주었다. 이 실험은 생명체가 지구상의 자발적인 화학반응에 의해 유래되었다는 것을 뒷받침하는 확고한 자료가 되었다. 뒤이은 많은 유사한 실험(때로 초기 지구의 대기에 있었을 것으로 추정되는 다른 구성을 이용하여)들은 이와 동일하거나 유사한 생명의 근본 화학물질 혼합물들을 생성하였다.

그러나 밀러와 유레이의 실험에서 합성된 많은 것들을 포함해서 생명체에서 가장 기본적인 많은 화학물질들이 우주공간에서도 검출된다는 것도 매우 중요한 의미를 갖는다. 머치슨(Murchison) 운석에서는 중요한 아미노산을 포함하여 밀러와 유레이의 실험에서 만들어진 것과 매우 유사한 유기 화합물의 혼합물이 발견되었다. 이러한 발견들은 생명체가 지구가 아닌 다른 곳에서 유래되었다는 가능성을 제시하고 있다. 모의 실험결과를 종합해 보면, 생명체의 기초 물질 중 일부는 우주 전역에서 만들어질 수 있으며, 초기 지구에서 더 풍부했다는 것을 알 수 있다.

물론 생명체의 기초 물질이 생성되는 것은 생명체 자체가 생성되는 것과는 매우 다르다. 아직까지 어느 누구도 초기 지구와 비슷한 조건하에서 가장 간단한 생명체조차도 만드는 데 성공한 바가 없다. 이것은 누구도 생명의 근원 물질을 낳게 되는 화학물질들의 정확한 구성과 조건을 모르기 때문에 놀랄 만한 것은 아니다.

현재 최대의 관심은 모든 현대 생명체의 주요 화학물질인 리보핵산(ribonucleic acid, RNA)에 집중되어 있다 (16장에서 논의될 것이다). 현재 화학자들은 어떻게 **RNA**가 자발적으로 나타나서 자신을 복제하는 데 관여하게 되었는지를 설명하는 데 매우 접근해있는 상태다. 이러한 원시 화학물질이 그럴듯한 일련의 단계를 통해 재창출되었고, 이것이 현재의 생명체와 동일한 화학적 논리를 갖는 단순한 유기 생명체의 근원이 되었을 것으로 보인다.

그러나 생명의 유래에 관한 연구는 다양한 과학자들이 논쟁을 벌이는, 많은 논란거리가 남아 있는 분야이다. 현재까지 누구도 어떻게 생명체가 시작되었는지를 정확히 알지 못한다. 그래서 이 분야는 계속적으로 과학적 연구가 필요하다.

1.6 화학의 기원

생명체의 기원에 관한 과학적인 설명에 의하면,

- 우주 내의 물리적인 과정들에 의해 원자가 탄생되었다.
- 원자들은 서로 반응하여 분자와 이온을 만들었다.
- 원자, 분자, 이온들이 반응하여 간단한 생명체가 처음 창조되었다.
- 생명체의 화학과정은 우리와 같은 현재의 생명체를 만들도록 진화시켰다(우리를 창조하고 지속시키고 있는 화학을 생각하고 다룰 수 있는, 사고할 수 있는 존재).

이러한 시각으로 보면, 과학으로서의 화학의 유래 역시 화학에 의존하며 또한 화학의 일부분이기도 하다. 이것들은 인간의 두뇌 활동을 유지시키고 실험실습을 할 수 있도록 만들어주며 또 다른 사람들의 축적된 지식을 서로 나눌 수 있는 사회단체를 만들 수 있도록 해주는 화학의 일부분이다.

원자라는 존재를 알기 오래 전부터 사람들은 화학을 하고 있었다. 그들은 불을 밝히고 음식을 만들고 열을 사용하여 광석으로부터 금속을 얻었으며 녹은 금속들을 섞어 새로운 합금을 만들었다. 또 주변의 나무와 바위들의 화학적 성질에 호기심을 가졌다. 그들은 자신들이 살고 있는 세상을 이해하기 위해서 예전의 4원소(흙, 공기, 물, 불) 이론과 같은 이론을 발전시켰다. 비록 우리가 현재 4개가 아닌 92개의 원소라고 부르는 기본 물질을 알아냈지만, 사람들의 이러한 생각은 전혀 틀린 것이 아니었다.

인간의 역사가 석기시대에서 청동기, 철기 그리고 현재로 이어오는 동안 호기심을 가진 사람들의 수는 점점 증가하였고, 이들은 그들이 마주하게 되는 많은 종류의 물질들의 성질을 탐구하였다. 그들이 습득한 것으로부터 실용적인 것을 발견하였을 때 이것은 새로운 기술이 되었다. 불을 사용하기 시작한 것은 현대와 같은 삶의 방식이 가능하도록 한 많은 기술혁신을 낳게 된 화학기술 진보의 첫 번째 단계였다. 우리는 이제 새로운 원소를 직접 만들 수 있는 단계에 도달하게 되었다. 별들이 하고 있는 연금술을 흉내낼 수도 있고, 비록 납에서 금을 얻는 것이 아니라 우라늄(원자번호 92)으로 플루토늄(원자번호 94)을 만드는 것이지만 드디어 고대 연금술사들이 꿈꾸었던 원소 변환도 할 수 있게 되었다.

화학은 일부 과학자 집단만을 위한 학문이 아니다. 어떻게 보면 우리 모두는 화학자라고 할 수 있다. 우리가 살고 있는 세상은 화학물질로 이루어져 있기 때문에 언제나 화학을 접하고 있는 것이다. 우리가 발생한 화학물질로부터 시작하여 화학물질들 간의 계속되는 상호작용들이 우리의 미래와도 밀접하게 서로 엮어져 있는 것이다.

연습문제

1. 철 원자의 원자번호는 26이고 질량수는 56이다. 중성자의 개수는 몇 개인가?

2. 플루토늄 원자 (원자번호 94) 가 분열되어 생긴 생성물 중 하나가 크립톤 (원자번호 54) 이라면 다른 한 원소는 무엇인가?

3. 14개의 중성자를 갖는 규소가 되기 위해서는 몇 개의 헬륨 원자가 융합되어야 하는가? 또 이러한 변환은 에너지를 방출하는가, 아니면 필요로 하는가?

4. 질량이 0.142 kg인 야구공이 에너지로 변환된다면 얼마만한 에너지를 방출하겠는가?

5. 수소 원자가 야구공만한 크기를 갖는다고 가정할 때 실제 수소 원자와 동일한 균형을 갖기 위해서는 핵의 크기가 얼마 정도이어야 하는가?

6. 수소 원자를 이용하여 1 cm의 선을 그으려고 한다. 얼마나 많은 수소 원자가 필요하겠는가?

7. 만약 전자의 질량이 1 g이라면 실제 수소 원자와 동일한 균형을 갖기 위해서는 수소 원자의 질량은 얼마가 되어야 하는가?

8. 붕소(원자번호 5)는 두 개의 다른 동위원소로 구성되어 있고 평균 원자질량은 약 10.8이다. 두 동위원소가 갖는 합당한 질량수를 추측해 보라. 어떤 동위원소가 더 풍부하게 존재하는가?

9. 다음 원소들이 갖는 양성자, 중성자의 개수는 얼마인가?

a. ${}^{91}Zr$ b. ${}^{73}Ge$ c. ${}^{24}Mg^{2+}$
d. ${}^{209}Bi$ e. ${}^{35}Cl^{7+}$ f. ${}^{65}Zn^{2+}$

10. 다음의 원소들이 갖는 양성자, 중성자, 전자의 개수는 얼마인가?

a. ${}^{56}Fe^{6+}$ b. ${}^{40}K^{+}$ c. ${}^{19}F^{-}$
d. ${}^{14}N^{3-}$ e. ${}^{127}I^{-}$ f. ${}^{127}I^{7+}$

11. 공유결합과 이온결합의 차이는?

12. 질병진단에 사용되는 동위원소 2개를 써라.

13. 별의 생성을 기술하고, 왜 별들이 빛과 열을 방출하는지 설명하라.

14. 빅뱅의 초기, 우주가 생성될 때 일어난 중요한 화학적 사건은?

15. C-12와 C-13은 탄소의 안전한 동위원소이다. C-12의 양성자, 중성자, 전자의 수를 써라.

16. 근육질인 사람과 근육이 적고 체지방이 35%인 사람이 수영을 할 때 누가 쉽게 잘 뜨겠는가? 이유는?

17. 아래의 빈칸을 채우라.

	원소기호	양성자	중성자	전자	전하
a	${}^{125}_{53}I^{-}$	—	—	—	
b	${}^{-}_{-}\underline{\quad}^{5+}$	35	55	—	+5
c	${}^{137}_{-}\underline{\quad}^{-}$	56	—	54	—
d	${}^{62}_{29}Cu^{2+}$	—	—	—	—
e	${}^{51}_{23}\underline{\quad}^{5+}$	—	—	—	—
f	${}^{-}_{-}N_i^{-}$	—	31	—	+2

CHAPTER

관계 2

"매력적인 두 물질(연금약액과 금)을 써서 인간이 늙거나 죽지 않도록 인체를 순화시킬 수 있다. 이 물질들을 찾아서 자신을 강화시키는 것은 화려한 불꽃이 꺼지지 않도록 기름을 부어주는 것과 같다."

- 갈홍(중국의 물리학자이자 철학자), AD 320년 -

금은 완벽한 물질이다. 따라서 이것을 만들어 낸다면 완벽을 창조한 것이 될 것이다. 우리의 조상들은 이러한 금을 섭취할 경우 영원히 살게 된다고 생각했다. 기초 금속들을 금으로 변화시키려는 욕망은 2000년 이상에 걸쳐 화학 연구를 발전시키는 추진력이 되었다. 화학 연구는 B.C. 600년경부터 A.D. 1600년경까지, 특히 그리스와 중동 지방 그리고 중국에서 활발히 진행되었다. 금을 생산하고자 하는 욕망은 그 사회의 화학적 노력을 연결한 공통의 주요 요소이었다.

그 당시 그 곳에서는 왜 그러한 관심이 일어나게 되었을까? 가장 중요한 것 중 하나는 과학과 사회 사이의 친밀한 유대관계라고 할 수 있다. 화학적인 사고의 기원과 발달을 이해하기 위해서는 사회 자체의 기원과 발달 측면을 살펴보아야만 할 것이다.

마지막 빙하기가 끝날 무렵인 B.C. 8000년경, 지구의 여러 지역에서 기후가 점점 온화해졌다. 이 시기에 인류 역사상 매우 중요한 발전이 이루어졌다. 비옥한 반원지역(Fertile Crescent)이라고 알려진 중동 지방에 경작할 수 있는 밀과 보리의 종자가 처음 나타났다. 이러한 농업의 발전이 문화에 끼치는 영향은 상당히 중요하다고 할 수 있다.

마지막 빙하기 말까지는 세계 인구의 거의 대부분이 식량을 찾아 끊임없이 이동을 해야 하는 유목민이었다. 스스로가 사냥꾼이 되어 몇 주마다 자신의 가족들과 소유물 등을 챙겨서 이동해야만 한다고 상상해 보라. 자기 자신과 자신에게 속해 있는 25명의 가까운 이웃들과 함께 먹고 살아야 한다면 일 년 동안 250평방 마일의 땅이 필요할 것이다. 또한 1에이커의 땅에서 가족을 일 년 동안 먹여 살리기에 충분한 양의 밀과 보리를 경작한다고 상상해 보자. 정착하여 집을 지어야만 한다. 만약 수원지가 있고 그것을 잘 다스릴 줄만 안다면 가족이 필요한 곡식을 생산해 낼 수 있을지도 모른다. 그렇게 되면 사용한 나머지를 물물교환할 수 있게 되는 것이다. 이런 일이 중동 지방에서 가장 먼저 일어난 것이다. 씨를 뿌리고 곡식을 수확하는 능력은 삶의 형태를 완전히 변화시켜 놓았다. 유목민의 삶에서 조직적인 농촌마을이 중심이 되는 사회로 바뀌게 된 것이다. 이러한 정착은 결국 농업과 관계된 여러 가지 화학기술의 발전을 초래하였다. 그것은 주로 도기류와 유약, 색소와 비료의 사용, 심지어 곡식을 발효시켜 술을 만드는 일 등과 같이 천연 자원을 어떻게 다루어야 할지를 이해하는 것이었다.

또한 자원을 개발함에 따라 생산품을 다른 정착지의 자원들과 교환하기 위한 무역항로가 중요시되었으며 결국, 세계 경제 활동의 중심지가 그리스, 그 중에서 초기에는 이오니아, 나중에는 아테네가 되었다. 이 지역은 아시아, 이집트 그리고 유럽을 연결하는 무역 항로 체계의 중심이었다(지도 참고). 국가가 상대적으로 안정해지고 번영하게 되면 그것이 반영될 기회가 나타난다. 철학자들은 삶의 본질과 세계에 관하여 사색을 하게 되었다. 당시 영향력 있는 사상가로는 소크라테스와 그의 제자 플라톤 그리고 플라톤의 제자인 아리스토텔레스 등이 있었는데 이들은 모두 그리스 출신이다. 그들의 관계를 한 단계

BC 8000년에 이미 비옥한 반원지역(Fertile Crescent) 주변은 세계 최초의 농부들의 고향이었다. 고대 도시 여리고는 매우 비옥한 땅, 온화한 기후, 풍부한 물을 가지고 있었다. 밭에서는 일 년에 두세 차례 밀과 보리를 거둘 수 있었다. 따라서 농부들뿐만 아니라 상인들이 식량을 소금이나 보석으로 물물교환하였다.

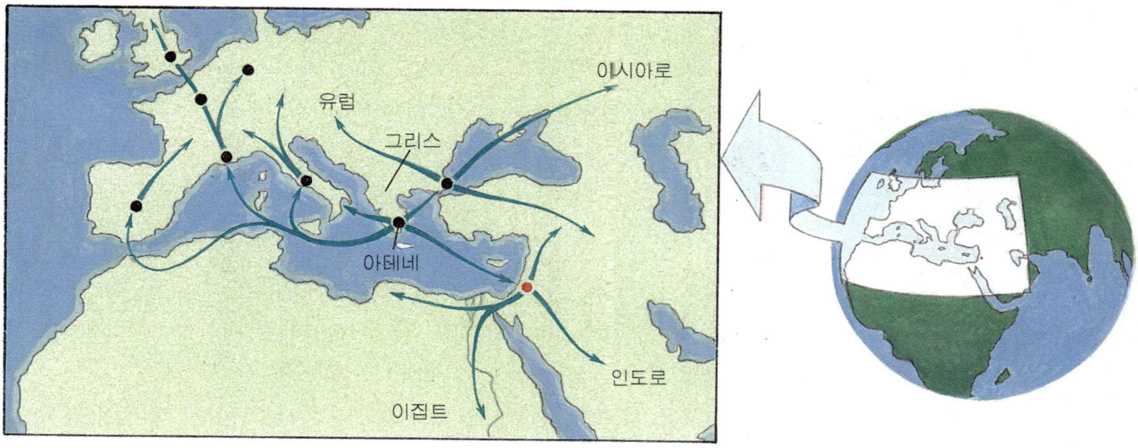

2000년 전 무역항로 덕분에 상품과 사상의 교역이 가능해졌다.

더 나아가 살펴보면 비록 32년의 짧은 수명을 누렸지만 여러 나라를 정복하고 그리스, 이집트, 메소포타미아, 페르시아, 인도 등 여러 문명 사이에 과학적 이해의 상호작용을 허용한 아리스토텔레스의 제자인 알렉산더 대왕을 들 수 있다. 특히, 인도와의 관계는 이미 세계에 대한 이해가 잘 되어 있는 중국과 상호작용을 할 수 있는 기회를 제공하였다. 이로 인해 세계의 대부분이 최초로 고대의 화학과 관련된 목표와 해결 과정에 대한 이해를 공유하기 시작하였다. 흥미롭게도 수세기 동안 내려온 생각은 금을 만들어 금속의 형태로 "완벽"을 창조하자는 것이었다. 이러한 생각은 연금술이라고 하는 철학적 사고와 연결되었다.

2.1 연금술과 현대 화학의 관계

다른 물질을 금으로 바꾸려는 노력은 어리석은가?

지난 200년 이상에 걸쳐 현대 화학자들은 한 원소의 원자가 다른 원소의 원자로 변하는 화학반응은 일어날 수 없다고 믿고 있다. 그러나 약 2000년 전에는 다른 물질로부터 금을 생산해낼 수 있다는 생각이 완벽하게 합리적이라고 생각하였다. 이 장의 처음에서 인용했듯이, 4세기의 학자였던 갈홍은 연금술에 관한 최고의 중국인 권위자였다. 그는 "기초" 물질을 금으로 변화시키는 시도를 정당화하였고 이 과정을 **변환**이라고 불렀다. 기록에 의하면 자연세계에서 이러한 변환의 예를 많이 발견할 수 있다고 말하였다. "모충이 나방으로 변하고, 뱀은

용으로 변하며, 굴이 개구리로 되고, 썩은 풀은 변하여 반딧불이가 되며, 늙은 곰은 여우가 된다." 이 말은 우리에게는 우스운 소리로 들릴지 모르나, 여기에는 그럴듯한 이유가 있다. 생물이든 무생물이든, 물질은 시간이 지남에 따라 변하기 때문이다. 인간도 역시 성장하고 늙고 약해지며, 대부분의 물질도 여러 가지 이유에 의해 그 가치가 떨어진다. 갈홍이 알아낸 중요한 사실은 구리를 아연과 결합시켜 놋쇠를 만들고, 철을 달구어 강철을 만들고, 광석으로부터 은을 뽑아내는 일 등을 할 수 있는 인간이야말로 이 모든 변화의 지배자라는 것이다. 그렇다면 금을 만드는 일은 왜 가능하지 않은 것일까?

연금술(alchemy)은 본질적으로 하나의 철학이다. 이 철학은 결국 인간만이 노력하여 이상적인 삶, 즉 아픔이나 고통 또는 죽음이 없는 삶을 얻을 수 있다는 생각이다. 이것은 화학을 한 가지 물질을 다른 물질로 바꿀 수 있는 도구로 인식하고 있기 때문에 화학으로 이상을 이룰 수 있다는 믿음인 것이다. 연금술사는 단순히 금을 생산함으로써 부를 얻으려는 탐욕스러운 미치광이가 아니다. 오히려 그들은 모든 가능한 이해력을 동원하여 이 철학적 목표인 완벽을 이루고자 노력하였다. 이러한 노력은 수백 년 동안 계속된 많은 문화들의 공통적인 철학이다(그림 2.1). 이러한 연금술사들의 작업은 화학적 변화의 현대적 이해를 정립하는 데 기초가 되었다.

금을 만들려는 시도는 여러 가지 외형적 착오에 의해 혼란스러워졌

그림 2.1 금 제조에 관한 4세기(AD) 연금술사의 책에서 재구성했다. 클레오파트라라는 연금술사가 사용한 식과 장치이다.

다. 금처럼 보이는 것, 금처럼 느껴지는 것, 금과 같은 무게를 갖는 것, 그리고 금과 같은 전도도를 갖는 것들은 쉽게 금이라고 믿게 되기 때문이다(그림 2.2). 또한 연금술사들을 당혹스럽게 한 것은 물질의 성질에 대한 불완전한 이해였다. 15세기의 연금술사인 트레비산(Bernard Trevisan)은 금을 만드는 데 필요한 기초 물질의 비밀을 찾는 것에 그의 삶과 막대한 재산을 바쳤다. 그러나 그는 죽어가면서 "금을 만들기 위해서는 금과 함께 출발하는 것이다."라는 비밀을 깨달았을 뿐이다.

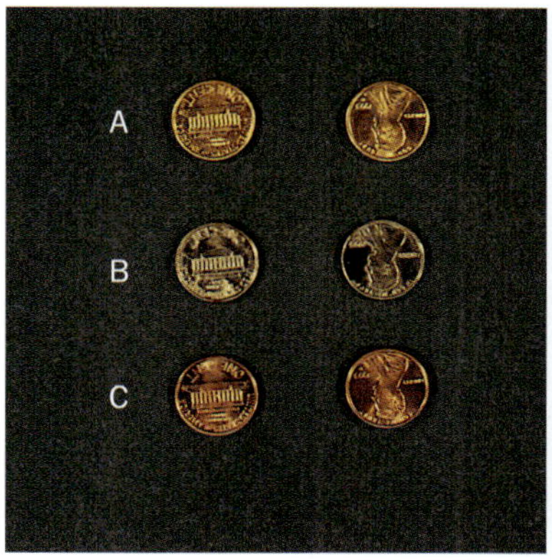

그림 2.2 여기에 있는 세 개의 주화를 자세히 살펴보라. 어떻게 보이는가? 대부분 사람들은 A는 구리로 된 동전이고 B는 은화이며 C는 금화인 것 같다고 말할 것이다. 실제로 A는 구리 동전이지만 B는 백동이라고 알려진 아연과 구리의 혼합물을 화학적으로 도금한 동전이며, C는 더 가열하여 놋쇠로 된 동전이다. 금화와 실제 금의 차이를 설명할 수 있겠는가?

"화학"이란 단어의 다양한 기원

합리적이고 세심한 자연 관찰에 의하여 변환에 대한 비법을 얻어냈으나 이 비법들은 그렇게 합리적이지 못하였다. 그러한 것 중에 하나는 한 생물이 생명을 다하면, 그 몸은 점령에 의하여 씨를 남기고 여러 가지 변화를 일으켜 마침내 완벽해진다는 것이다. 완벽의 금속 동의어가 바로 금이다. 그러므로 기본 금속의 성질을 없애기 위해서는 출발 금속을 "죽이는 일"이 우선적으로 필요하다. 금속의 성질을 가장 잘 나타내는 것은 색깔이다. 따라서 금속을 죽인다는 것은 색깔을 검정색으로 만든다는 것을 의미한다(모든 색을 흡수). 검다는 표현은 이집트 말로 khem이다. 이것이 화학(chemistry)의 어원 중에 하나가 된다. 그러나 주조 또는 금속의 주물이란 말 역시 그리스어로 cheo이므로 이 또한 화학의 어원 중 하나가 될 수 있다. 중국에서도 "금을 만드는 주스"라는 뜻으로 chin-I라는 표현을 쓴다.

어원이 무엇이든지 그 말은 화학 과학이라는 이름이 되었다. 중국 철학과 변환의 지식이 페르시아(지금 이란 지역의 고대 이름)와 같은 중동의 많은 나라를 거쳐 서구에 전해진 것으로 알려져 있다. 아라비아의 정관사 "al"이 중국식 이름 "chin-I"에 덧붙여져 alchemy (연금술)란 단어의 기원이 되었다.

비록 연금술사들이 다른 물질로부터 사실상 금을 만들지 못했다고 할지라도 그들의 실험에 의하여 여러 가지 화합물을 이해하게 되었다. 영국 철학자 베이컨(Francis Bacon, 1561~1626)은 연금술을 자기 아들들에게 자신의 포도원 어딘가에 금을 묻어두었다고 말한 사람에 비유하였다. 아들들은 땅을 파서 금을 발견하지 못했지만 포도 뿌리를 덮고 있던 흙무더기를 헤쳐 놓아 포도 수확을 많이 할 수 있었다. 화학자에게 있어서 수확은 증류, 발효, 부패 등의 과정에 대한 실질적인 지식과 안티몬, 비스무트, 아연, 비소, 코발트, 인 등 원소의 발견이다(그림 2.3).

그림 2.3 연금술사의 초상화. 영국인 라이트(Hoseph Wright)가 그린 것이다. 어떤 이들은 이 그림의 주제가 독일 연금술사인 브란트(Hennig Brand)가 1669년에 발견한 인의 빛으로 실험실을 밝히는 것이라고 한다. 그림에 있는 기구는 오늘날 물질을 분리하는 증류 과정에 사용된다.

2.2 현대 화학의 출현

원소의 재구성

실제로 현대의 과학인 화학은 18세기 말에 추진력을 얻어 시작되었다. 철학이 철학자에게 남은 것처럼, 추구한 이상은 물질 그 자체에 대한 더 나은 이해였다. 그러나 한 가지 철학적 중요한 관점이 논쟁을 일으켰는데, 그것은 모든 물질이 특성을 가진 몇 개의 필수적인 "원소(element)"에 의해 구성된다는 생각이었다. 어떤 물질이든지 이러한 몇몇 원소들의 조합에 의해 나타난다는 것이다. 고대 그리스 철학자들은 이 원소들이 흙, 공기, 물, 불이라고 생각하였다. 전 생애를 실험에 쏟아 부은 연금술사들은 처음 눈으로 관찰한 것 이상으로 많은 것이 화학에 있다는 것을 발견하였다. 그 당시 화학을 연구하는 사람들의 주된 관심 대상은 금이 아니라 공기였다.

호기심, 주의 깊은 관찰, 실험 및 발표(문서 교류)로 공기가 무엇으로 구성되어 있는지를 완전하게 설명할 수 있게 되었으며, 과학적 과정을 받아들이는 발전을 이루게 되었다. 발견 과정은 1756년 공기가 두 가지 이상의 기체로 구성되어 있다는 것을 발견한 스코틀랜드인 블랙(Joseph Black)에 의해 시작되었다. 이것은 결코 쉬운 일이 아니었다. 약 1750년대까지 공기는 하나의 물질로 이루어져 있다고 생각하였기 때문이다. 그는 공기는 석회수를 뿌옇게 바꾸는 '혼합 공기"라고 하는 특정 성분을 포함하고 있다고 했다. 이 기체가 오늘날의 이산화탄소이다. 1766년 캐번디시 (Henry Cavendish)는 "가연성 기체(수소)"를 발견했다. 그리고 1772년 블랙의 학생이었던 러더퍼드(Daniel Rutherford)는 공기의 또 다른 구성 성분인 "유독한 공기"가 있다고 보고하였다. 이것은 나중에 질소 기체로 밝혀졌는데, 이는 공기의 중요한 구성 성분이다.

아마도 공기의 구성 성분 중 가장 흥미로운 것은 산소일 것이다. 그것의 발견이나 그 자체의 중요성을 밝히다 보면 다음의 세 이름과 관련이 있음을 알 수 있다. 즉, 셸레 (Karl Scheele, 스웨덴), 프리스틀리 (Joseph Priestley, 영국), 그리고 라부아지에 (Antoine Lavoisier, 프랑스)이다. 사실상 처음으로 "타는 공기"라고 불리는 산소를 제조하고 설명한 사람은 1771년 셸레였는데, 그가 산소를 "타는 공기"라고 부르게 된 이유는 무언가를 태울 때 그것이 쉽게 같이 타기 때문이다. 그는 이 실험에 대한 원고를 출판사에 보냈으나 출판업자는 이것의 출판을 수년간 지연시켰다. 따라서 이 실험이 출판되어 공개되었을 때는 이미 다른 사람들도 같은 실험을 했고 그 결과를 발표하였으며, 이 발견은 큰 신뢰를 얻고 있었다.

프리스틀리는 산소의 발견으로 많은 인기를 얻었다. 닫힌 용기 안에서 지금 산화수은이라고 부르는 붉은 오렌지색의 물질을 큰 돋보기로 태양빛을 모아 가열하면 기체가 발생하면서 순수한 수은이 방울형태로 떨어지는 것을 관찰할 수 있다. 다른 사람들도 수은 산화물을 분해하여 순수한 수은을 얻을 수 있었으나 아무도 기체가 발생하는 것을 관찰하지는 못하였다. 프리스틀리는 기체를 포집하여 그 모습을 주의 깊게 관찰하였다. 그는 이 새로운 기체 속에서 목재가 연기를 내면서 타는 것과 초가 순식간에 불꽃을 내면서 타오르는 것을 발견하였다. 쥐들도 이 기체 안에 놓이면 매우 활동적으로 움직였으며 프리스틀리 자신도 직접 이 기체를 흡입하여 보았고 그 때의 느낌을 매우 "편안하고 상쾌하다."라고 표현했다. 그는 1774년 이 실험을 발표하였다.

18세기 후반 유명한 과학자들 가운데 특히 프랑스 화학자인 라부아지에는 "현대 화학의 아버지"라 불린다. 그는 매우 신중하게 관찰하고 체계적으로 접근했을 뿐만 아니라, 측정하고자 하는 물질의 양 또한 매우 정확히 측정하였다. 그는 연소란 공기 중에서 연료가 산소와

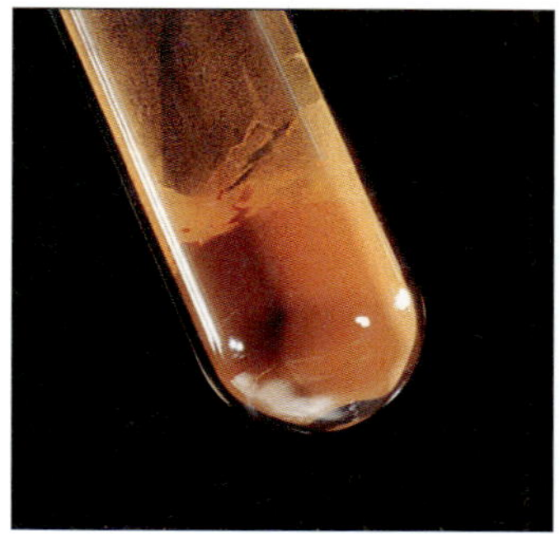

A. 가열 전

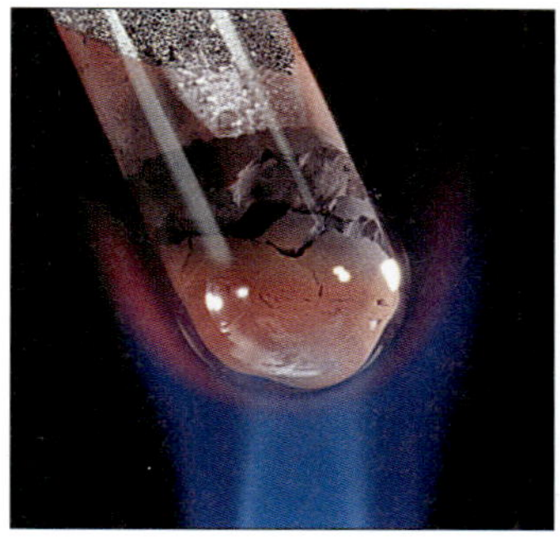

B. 가열 중

C. 가열 후

그림 2.4 **A.**HgO라고 알려진 거칠고 붉은색의 물질인 산화수은(II). **B.**프리스틀리는 이 물질을 가열하면 물질 C로 분해된다는 사실을 밝혔다. **C.**원소 수은과 기체 산소. 그는 수은이 산소와 반응하여 산화수은(II)이 된다고 하였다.

일으키는 반응이라고 확신했다.

모든 것의 무게를 매우 신중하게 측정하면서 실험하였기 때문에, 그는 금속이 산화물 형태로 산화될 때 그 무게가 증가하며, 동시에 공기의 무게는 감소한다는 것을 설명할 수 있었다(그림 2.5). 금속 산화물을 숯(탄소)과 함께 가열하면 이산화탄소가 형성되면서 산소가 제거되므로 무게가 감소하며, 이산화탄소의 무게는 숯과 산소의 무게를 합한 것과 같다. 예를 들어 주석 1.00 g이 산소 0.27 g과 반응하면 산화주석 1.27 g이 생긴다. 또한 이 산화주석을 탄소와 반응시키면 주석 1.00 g을 회수할 수 있다.

우리는 물질에서 일어나는 일이 너무 당연한 일이기 때문에 라부아지에의 **질량보존법칙**(law of conservation of mass)이 화학 실험에 얼마나 중요한지를 지나쳐버리기 쉽다. 질량보존법칙이란 화학반응이 일어나는 동안 비록 물질의 형태는 변할지라도 물질은 창조되거나 소멸되지 않고 질량, 즉 물질은 보존된다는 것이다. 화학계에 들어오고 나가는 물질의 양을 정확히 측정하여야 한다는 라부아지에의 강조로 화학 실험법이 급격히 바뀌었다.

그 다음으로 중요한 발전 단계는, 1799년 스페인의 보헤미안 화학교수인 프루스트(Joseph Louis Proust)로부터 비롯되었다. 그는 물질이 모여서 화합물 형태로 될 때 그들의 혼합 비율이 질량 면에서 항상 일정하다는 것을 발견하여 발표하였다. 이 **일정성분비법칙**(law of definite proportions)은 물질이 일관성 있고 예측 가능하게 반응한다는 것뿐만 아니라, 수학적인 정확성까지 내포한다는 사실을 의미한다. 따라서 앞의 예로부터 주석 1.00 g은 항상 정확히 산소 0.27 g과 반응하여 산화주석을 만들며, 마그네슘 2.30 g은 항상 정확히 산소 1.51 g과 반응하여 산화마그네슘이 된다는 것이다.

그림 2.5 라부아지에의 실험장치. **A.** 공기 중에서 수은을 가열하면 수은과 산소의 화합물이 생성된다(수은 산화물 또는 금속회). **B.** 물통 안의 종 모양으로 된 병 안에 물이 증가하므로 산소의 부피를 측정할 수 있다. 라부아지에는 반대 과정으로 산화 수은을 가열할 때 산소가 방출되는 부피는 수은을 가열할 때 없어지는 산소의 양과 같다는 것을 증명했다(종 모양 안의 물 높이가 내려간다).

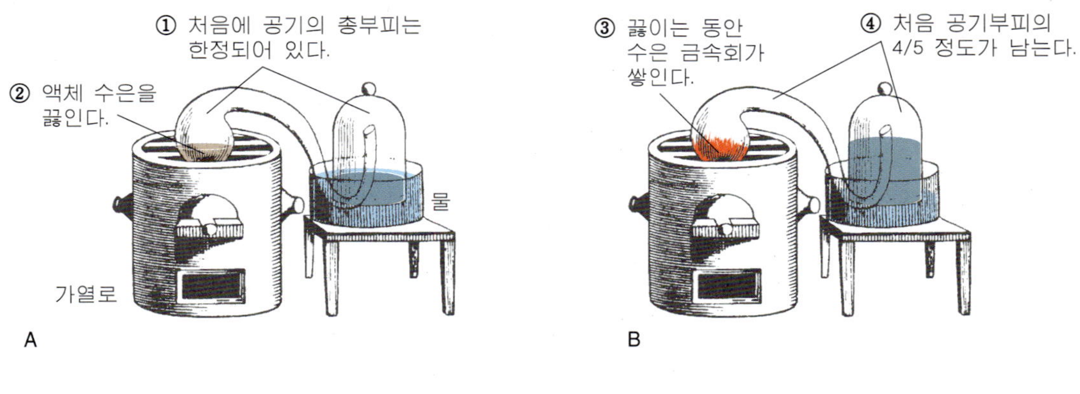

원자론

18세기 말까지 다양한 물질과 물질의 성질에 대한 방대한 자료들이 수집되었다. 그 당시 화학자들이 직면한 문제는 이 모든 것들을 이해하는 것이었다. 물질세계에 존재하는 어떤 근본적인 질서가 점점 명료해지는 것 같았다. 일정성분비법칙이 그랬듯이 질량보존법칙이 이 개념을 뒷받침했다.

돌턴(John Dalton, 1766~1844)은 개혁적인 생각을 제안한 사람은 아니었다. 그는 삶의 대부분을 영국 맨체스터에서 보내며 스스로 독학한 수학자이자 과학자였고 철학자였다. 화학에 끼친 돌턴의 가장 주목할 만한 공헌은 일반 과학적 발견이었다. 그는 화합물이 구성원소의 질량에 의한 일정비로 이루어져 있다는 것을 알았다. 어떤 특정한 화합물이더라도 질량의 성분비는 항상 같다는 것을 알고 있었던 것이다. 물은 질량비로 11%의 수소와 89%의 산소로 이루어져 있다. 다른 사람들도 같은 사실을 알았지만 돌턴은 생각을 더 발전시켜 나갔다. 그는 같은 쌍의 원소는 다른 비율로 결합될 수 있고 매우 다른 성질을 가진 화합물을 형성한다는 것을 깨달았다. 이를 **배수비례법칙**(law of multiple proportions)이라 한다. 예를 들어 탄소와 산소는 두 가지 다른 화합물을 형성할 수 있으며, 그 하나는 탄소 42.9%와 산소 57.1%로 이루어진 것이고, 또 다른 하나는 탄소 27.3%와 산소 72.7%로 이루어진 것이다. 이 두 화합물 중 일산화탄소(CO, carbon monoxide)는 동물에게 유독한 반면, 이산화탄소(CO_2, carbon dioxide)는 우리가 매일 숨쉴 때 내뿜는 무해한 기체이다. 이 화합물들의 이름은 그 차이점을 분명하게 해준다. CO는 탄소 원자 한 개와 산소 원자 한 개(mono = 1)로 이루어진 분자로 구성되어 있다. CO_2는 탄소 원자 한 개와 산소 원자 두 개(di = 2)로 이루어진 분자로 구

예제 2.1 질량보존법칙

문 제 마그네슘은 산소와 반응 시 접착력이 크고 매우 높은 온도에서 녹는 산화마그네슘을 형성하는 경금속이다. 구조적으로 단단하면서도 가벼운 물질, 즉 항공기, 자동차 엔진, 카메라, 여행가방 등에 금속합금으로 사용된다. 마그네슘 2.30 g은 산소와 반응하여 3.81 g의 산화마그네슘을 생성한다. 마그네슘과 반응한 산소의 양은 얼마인가?

풀 이 화학반응에서 질량은 생성되거나 소멸되지 않기 때문에 무게의 증가량은 반응한 산소의 양이다.

$$3.81\,g - 2.30\,g = \mathbf{1.51\,g} \text{ (반응한 산소량)}$$

검 토 마그네슘 2.30 g과 산소 1.51 g의 합계는 산화마그네슘의 무게 3.81 g이다.

$$2.30\,g + 1.51\,g = 3.81\,g$$

예제 2.2 **일정성분비법칙**

문 제 메테인 시료에 탄소 12.0 g과 수소 4.03 g이 포함되어 있다. 만약 다른 시료 메테인이 탄소 30.0 g을 포함하고 있다면 이 시료에는 수소가 얼마나 포함되어 있을까?

풀 이 원소들의 질량 비율은 일정하다. 탄소의 총질량이 2.5배 증가했다면 수소도 같은 비율로 증가한다.

수소의 g수 = $4.03 \times 2.5 = \mathbf{10.1\,g}$

검 토 두 예에서 탄소와 수소는 원칙적으로 같은 비율이다.

$$\frac{12.0}{4.03} = \mathbf{2.98} \quad \text{그리고} \quad \frac{30.0}{10.1} = \mathbf{2.97}$$

성되어 있다 (그림 2.6 참조).

돌턴의 혁명적인 생각은 무엇인가? 실제로 원자라고 부르는 보이지 않는 작은 물질이 자연계에 존재한다는 것은 이미 오래 전 고대 그리스 철학자의 생각이었다. 돌턴은 이런 원자가 어떤 철학적 개념이 아니라 일정한 질량과 독특한 물리적 특성을 갖는 입자인 물리적 실체로 존재한다는 것을 새로이 제시하였다. 돌턴이 제안한 것은 질량보존법칙이나 일정성분비법칙과 배수비례법칙과 같이 원소와 화합물 간의 차이점을 설명해주는 원자의 "현대적" 이론이다. 돌턴의 **원자이론** (atomic theory)은 다음과 같다.

- 모든 물질은 원자로 구성되어 있다. 원자는 원소라고 하는 보이지 않는 작은 입자로 창조되거나 파괴되지 않는다 (실제 원자는

그림 2.6 어떤 원소들이 결합하여 화합물을 형성하기 위한 방법에는 근본적인 규칙이 존재한다. 정량적으로 측정하면 원소들이 일정한 성분비로 결합한다는 것을 알 수 있다. 돌턴은 두 원소가 두 가지 이상의 화합물을 형성할 수 있다는 것을 깨달았다. A.수소와 산소 그리고 B.탄소와 산소는 서로 다른 비율로 두 가지 이상의 화합물을 형성할 수 있다.

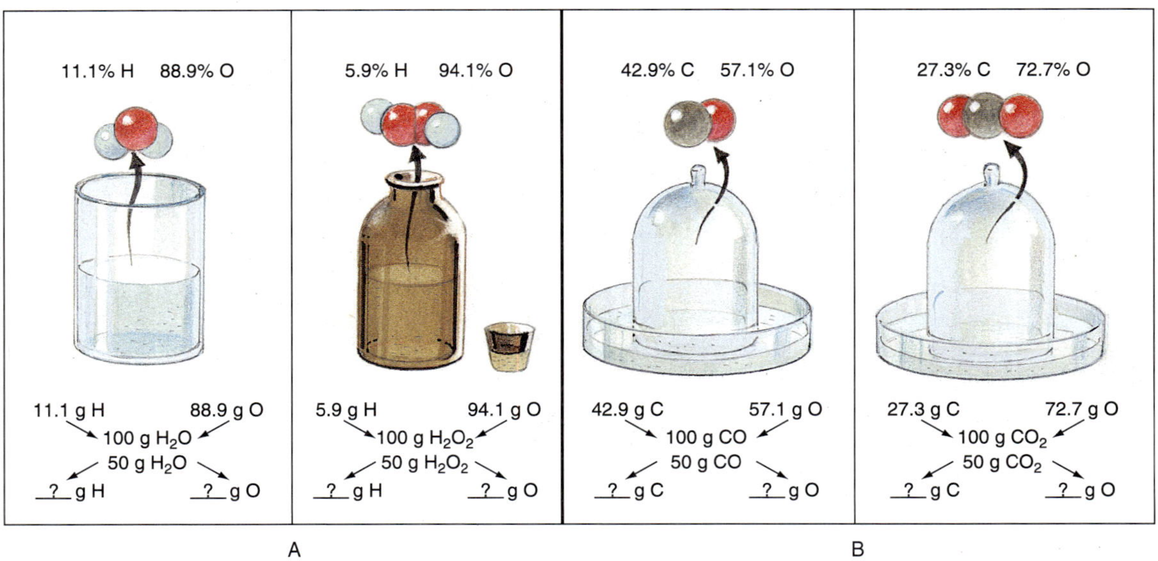

더 작은 아원자 입자로 쪼갤 수 있다. 그러나 원소의 특성을 나타내는 것은 원자이다).

- 한 원소의 모든 원자는 동일한 질량과 성질을 가지며 다른 원자로 이루어진 원자들의 질량이나 성질과는 다르다(현재는 중성자 수의 차이에 의해 다양한 질량을 갖는 동위원소가 발견되었다).
- 한 원소의 원자는 다른 원소의 원자로 전환될 수 없다(핵반응에서는 일어날 수 있지만 화학반응에서는 결코 일어날 수 없다).
- 화합물은 두 가지 이상의 원소들이 특정 비율로 화학적 결합을 한 것이다.

화학기호

돌턴은 원자와 화합물을 묘사하기 위해 원형 기호로 구성된 속기언어를 만들었으며(그림 2.7), 이것은 더 간단한 것으로 바뀌었다. 현재 사용하는 원소나 화합물의 명명, 기호 등은 1820년 스웨덴의 베르셀리우스(Jons Jakob Berzelius)에 의해 고안되었다. 그는 원소기호를 원소의 라틴 이름의 첫 글자와 특징적인 두 번째 글자를 사용하여 하나 또는 두 개의 문자로 표기하였다. 첫 번째 문자는 항상 대문자로 쓰고 두 번째는 소문자를 사용했다. 라틴어를 쓰게 된 이유는 18세기 중반 당시 과학적 중심이 되는 네 나라(독일, 프랑스, 영국, 스웨덴)의 화학자들이 라틴어를 공통언어로 사용하였기 때문이다. 많은 원소

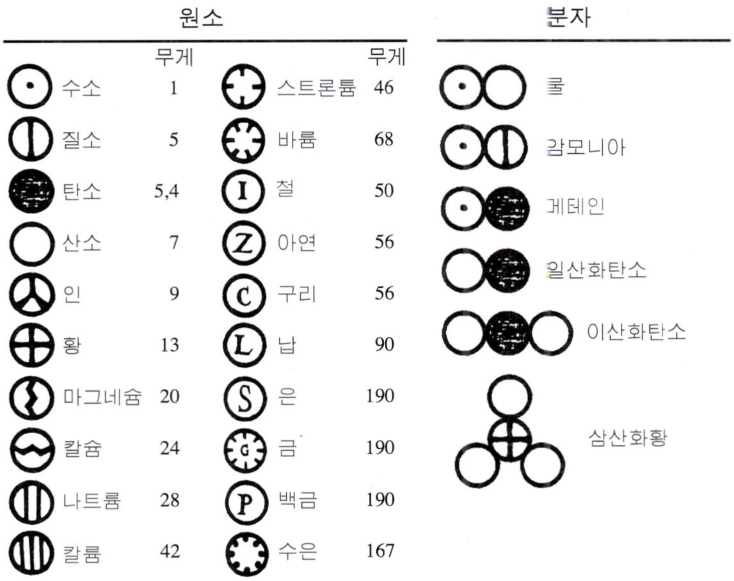

그림 2.7 돌턴은 원형 기호를 사용하여 원소를 표현했고, 그들의 결합을 화합물(분자)로 나타내었다. 이러한 기호는 문맥 안에서 다른 기호들보다 사용이 매우 어렵다는 것이 곧 증명되었다. 화합물과 화학반응은 기호로 쓰기가 매우 힘들었기 때문에 베르셀리우스는 어떤 인쇄기에서도 쉽게 인쇄가 가능한 문자기호로 대체할 필요성을 강력하게 주장하였다. 흥미로운 것은 돌턴의 기호가 분자들의 현대적 공간 채움 모형과 놀랄 만큼 유사하게 나타난다는 것이다. 하지만, 돌턴에 의해 제안된 무게는 현대의 값과 일치하는 것도 많지만 종종 반 또는 두 배 이상 더 크거나 작은 값을 갖는 경우도 있는 점을 유념해야 한다.

들이 영어에서도 라틴어와 같은 이름을 갖고 있어 그 기호를 배우기가 쉽다. 예를 들어, 수소(hydrogen)의 기호는 H, 염소(chlorine)는 Cl, 칼슘(calcium)은 Ca이다. 어떤 영어식 이름은 라틴식 이름과 전혀 달라서 기호를 사용하는 데 문제점이 있기도 하다. 예를 들면, sodium → Na(natrium), iron → Fe(ferrum), potassium → K(kalium) 등이 그러하다. 모든 원소의 이름과 현대적 기호를 이 책의 뒤에 실었다.

화학식

화학자들은 화학식을 써서 화합물에 존재하는 원소나 성분비를 나타낸다. 화합물을 식으로 쓸 때, 그것을 이루는 모든 원소의 기호를 함께 쓴다. 예를 들면, 질소와 산소의 화합물은 NO이고, 수소와 염소는 HCl이다. 만약 원자의 존재비가 1:1이 아닌 경우에는 아래첨자의 숫자를 사용하여 존재 비율을 나타낸다. 탄소 원자 1개와 산소 원자 2개를 포함하는 화합물은 CO_2(이산화탄소)라고 쓰며, 철 원자 1개와 염소 원자 3개를 포함하는 화합물은 $FeCl_3$라고 쓴다.

원자나 원자단이 전자를 잃거나 얻음으로써 만들어지는 이온은 첨자나 적당한 기호를 통하여 전하를 표시해 주어야 한다. 예를 들면, Na^+는 나트륨 이온이고, Ca^{2+}는 칼슘 이온이며 Cl^-는 염화 이온이다. 다원자 이온(공유결합으로 이루어진 여러 개의 원자를 포함)의 예로는 황산 이온(SO_4^{2-}), 수산화 이온(OH^-), 암모늄 이온(NH_4^+) 등이 있다. 이러한 이온들은 황산칼슘($CaSO_4$), 염화암모늄(NH_4Cl), 수산화칼슘[$Ca(OH)_2$]과 같이 화합물에 포함되어 있을 수도 있다. 아래첨자의 수가 그 앞의 단원자만을 가리키는 것이 아니며 그 앞의 원자단을 설명하고자 할 때 괄호를 사용한다는 점에 주의하라.

예제 2.3

화합물의 식 쓰기

문제 다음과 같이 결합한 화합물의 식을 쓰시오.

a. 탄소 원자 1개와 수소 원자 4개

b. 탄소 원자 1개, 플루오린 원자 2개와 염소 원자 2개

풀이 원자들의 수는 분자당 1개 이상의 원자를 갖는 원소의 바로 뒤에 아래첨자로 쓴다. 숫자는 항상 수식할 기호의 바로 뒤에 온다. 숫자 1은 생략하여 쓰지 않으며, 2부터 숫자를 쓰기 시작한다. 책 뒤에 원소의 기호가 실려있다.

a. CH_4 메테인(천연가스 또는 늪가스)의 분자식이다.

b. CF_2Cl_2 이것은 프레온 12로서 한때 냉매로 사용하였다(대중매체에서는 종종 CFC, 즉 chlorofluorocarbon으로 부른다).

검토 식을 쓸 때 어떤 원자를 앞에 쓰는지에 대해서는 특이하지만 항상 명백하지는 않는 규칙이 있다. 메테인은 절대 "H_4C"라고 쓰지 않는다. 교과서를 통한 경험은 어떤 주요 규칙에 따르지를 알려주는 안내자가 될 것이다.

다원자 이온은 원자단이라 하는데 화합물에 물을 가하더라도 이 원자들은 같이 있기 때문이다. NaOH를 물에 녹이면 두 가지 이온이 생성된다. 하나는 양전하를 띤 Na^{+}이고, 다른 하나는 다원자 이온인 OH^{-}이다. 동일한 방식으로 $Cu(NO_3)_2$에 물을 가하면 구리 이온 (Cu^{2+})과 두 개의 질산 이온 (NO_3^{-})이 생긴다. 질소와 산소가 원자단을 이루고 있다. 표 2.1의 다원자 이온은 반드시 기억하여야 한다. $Cu(NO_3)_2$를 살펴보며 몇 개의 산소, 질소, 구리가 포함되어 있는지 알아보자. 각 종류의 원자가 식이 나타내는 대로 존재한다. 즉, 산소 원자가 6개 있다. 각 질산 이온에 질소 원자가 1개 있으므로 화합물에는 질소 원자가 2개 있다. 구리는 이온 형태로 1개 있다.

표 2.1 다원자 이온

식	이름
NH_4^{+}	암모늄
OH^{-}	수산화
CN^{-}	사이안화
NO_3^{-}	질산
NO_2^{-}	아질산
SO_4^{2-}	황산
SO_3^{2-}	아황산
CO_3^{2-}	탄산
HCO_3^{-}	탄산수소
ClO^{-}	하이포아염소산
ClO_2^{-}	아염소산
ClO_3^{-}	염소산
ClO_4^{-}	과염소산
PO_4^{3-}	인산
HPO_4^{2-}	인산수소
$H_2PO_4^{-}$	인산이수소

원자질량

돌턴과 화학자들은 상대적인 원자의 무게를 밝혀내기 위한 많은 시도를 하였다. 원소 각각의 원자 질량을 측정하기 위하여 다양한 화합물의 조성을 주의 깊게 분석하였다. 가장 큰 장애물은 수소, 산소, 질소, 염소와 같은 많은 원자가 한 원소를 두 원자씩 포함하는 분자로 존재할 수 있다는 것을 알게 된 훨씬 후에야 해결되었다. 또한, 물이 한 개의 산소 원자당 두 개의 수소 원자를 가지고 있다는 것을 오랜

예제 2.4 화합물 내의 원자

문 제 인산암모늄 $[(NH_4)_3PO_4]$은 중요한 비료이다. 이 식에는 각 원자가 몇 개씩 있는가?

풀 이 괄호는 아래첨자가 나타내는 배수만큼의 원자가 있음을 나타낸다. 즉, 여기서는 3배수의 원자가 있다.

a. 수소 원자 : 암모늄 이온 화학식 하나당 4개의 수소 원자가 있으므로 화합물에 $3 \times 4 = 12$개의 수소 원자가 있다.

b. 질소 원자 : 암모늄 이온 화학식 하나당 1개의 질소가 있으므로 이 화합물에는 질소 원자가 3개 있다.

c. 인 원자 : 화학식에는 단지 1개의 인 원자가 있다.

d. 산소 원자 : 산소 원자 4개에는 괄호가 없으므로 총 4개의 산소 원자가 있다.

예제 2.5 화합물 내의 다원자 이온

문 제 철 이온이 2개, 황산 이온이 3개인 화합물의 식은 (표 2.1 참조)?

풀 이 철이 2개이므로 "Fe_2"이며, 황산 이온이 세 개이므로 괄호 안에 "$(SO_4)_3$"라고 쓴다. 따라서 화학식은 $Fe_2(SO_4)_3$이다. 3장에서 주기율표 안의 원소의 위치에 대하여 공부하면 철과 황산 이온의 결합이 왜 이러한 화학식으로 표현되는지 알게 될 것이다.

예제 2.6 이온 또는 전하가 없는 물질은?

문 제 이온은 생체에서 중요하다. 책의 서두에서 뇌의 운동은 부분적으로 세포벽을 통한 이온 교환에 의한 것이라는 것을 알았다. 다음 중 어느 것이 이온인가?

a. K^+ b. SO_3^{2-} c. SO_3 d. Sb

풀 이
a. K^+와 b. SO_3^{2-}가 전하를 띠고 있으므로 이온이다.
c. SO_3는 전하가 없으므로 중성화합물이다. 이 기체는 산성비의 원인이다.
d. 중성원소 안티모니이다.

기간에 걸쳐 상상한 끝에 밝혀내었다. 1828년, 베르셀리우스에 의해 정확한 원자 질량에 관한 표가 처음으로 완성되었고 원자들이 어떻게 결합을 이루는지에 대해 더욱 잘 이해할 수 있게 되었다.

현대의 원자 질량 값은 표준물질로 탄소(6개의 양성자와 중성자를 포함)의 동위원소를 사용한다. 이 "탄소-12" 동위원소의 질량은 정확히 12 원자 질량 단위(12.000…)로 정해졌다. 원자 질량 단위(atomic mass unit, amu)는 탄소-12의 원자 질량을 12로 기준 삼은 것이다.

어떤 원소들은 후에 활발한 연구에 의해 원자 질량이 크게 바뀐 것도 있다. 예를 들면, 1828년 베르셀리우스는 나트륨(Na)의 원자 질량을 46.62, 칼륨(K)의 원자 질량을 78.51이라고 정한 반면, 현재는 이들을 각각 22.99 amu와 39.10 amu라고 정하고 있는 것이다. 이와 같은 불일치는 베르셀리우스가 이러한 원소들과 산소 사이에 형성된 화합물을 분석하면서 그 화학식을 NaO와 KO라고 생각했기 때문에 일어났다. 그러나 지금은 이들 화합물의 실제 화학식이 Na_2O와 K_2O라는 것을 잘 알고 있다. 따라서 이러한 현재의 정확한 화학식을 통해 베르셀리우스의 값을 2로 나누면 23.31과 39.26이 얻어지며 그가 정한 값이 현대 값과 매우 잘 일치한다고 할 수 있다. 이런 식으로 잘못된 해석들을 19세기 화학자들은 믿었으나 1850년경에 드디어 모두 분류하여 정리되었다. 원자 질량의 현대 값을 표 2.2에 제시하였다. 이것을 이 교재 전반에 걸쳐 사용할 것이다.

원자 질량의 결정은 알다시피 원소들을 이미 알려진 주기율표(그림 2.13 참조)로 체계화시키는 큰 요인이 되었다. 이같이 구성된 원소의 목록은 화학적 발견이나 수학적 정보의 귀중한 발견물이다. 그러나 만약 우리가 그 주기적 구조를 이해한다면 그 귀중한 발견물인 금과 수소, 탄소 등을 얻을 수도 있을 것이다.

표 2.2 원소

원소명	기호	원자 번호	원자 질량†	원소명	기호	원자 번호	원자 질량†
가돌리늄	Gd	64	157.3	산소	O	8	16.00
갈륨	Ga	31	69.72	세륨	Ce	58	140.1
구리	Cu	29	63.55	세슘	Cs	55	132.9
규소	Si	14	28.09	셀레늄	Se	34	78.96
금	Au	79	197.0	소듐/나트륨	Na	11	22.99
나이오븀/니오븀	Nb	41	92.91	수소	H	1	1.008
납	Pb	82	207.2	수은	Hg	80	200.6
네오디뮴	Nd	60	144.2	스칸듐	Sc	21	44.96
네온	Ne	10	20.18	스트론튬	Sr	38	87.62
넵투늄	Np	93	(237)	시보귬	Sg	106	(263)
노벨륨	No	102	(259)	아르곤	Ar	18	39.95
니켈	Ni	28	58.69	아메리슘	Am	95	(243)
더브늄	Db	105	(262)	아스타틴	At	85	(210)
디스프로슘	Dy	66	162.5	아연	Zn	30	65.39
라돈	Rn	86	(222)	아이오딘	I	53	126.9
라듐	Ra	88	(226)	아인슈타이늄	Es	99	(252)
란타넘(란탄)	La	57	138.9	악티늄	Ac	89	(227)
러더포듐	Rf	104	(261)	안티모니	Sb	51	121.8
레늄	Re	75	186.2	알루미늄	Al	13	26.98
로듐	Rh	45	102.9	어븀	Er	68	167.3
로렌슘	Lr	103	(262)	염소	Cl	17	35.45
루비듐	Rb	37	85.47	오스뮴	Os	76	190.2
루테늄	Ru	44	101.1	우라늄	U	92	238.0
루테튬	Lu	71	175.0	유로퓸	Eu	63	152.0
리튬	Li	3	6.941	은	Ag	47	107.9
마그네슘	Mg	12	24.31	이리듐	Ir	77	192.2
마이트너륨	Mt	109	(268)	이터븀	Yb	70	173.0
망가니즈(망간)	Mn	25	54.94	이트륨	Y	39	88.91
멘델레븀	Md	101	(258)	인	P	15	30.97
몰리브데넘	Mo	42	95.94	인듐	In	49	114.8
바나듐	V	23	50.94	저마늄/게르마늄	Ge	32	72.61
바륨	Ba	56	137.3	제논/크세논	Xe	54	131.3
백금	Pt	78	195.1	주석	Sn	50	118.7
버클륨	Bk	97	(247)	지르코늄	Zr	40	91.22
베릴륨	Be	4	9.012	질소	N	7	14.01
보륨	Bh	107	(267)	철	Fe	26	55.85
붕소	B	5	10.81	카드뮴	Cd	48	112.4
브로민	Br	35	79.90	칼슘	Ca	20	40.08
비소	As	33	74.92	캘리포늄	Cf	98	(251)
비스무트	Bi	83	209.0	코발트	Co	27	58.93
사마륨	Sm	62	150.4	퀴륨	Cm	96	(247)

† 모든 원자 질량은 유효숫자 4개로 나타내었다. 괄호 안에 있는 값은 가장 안정한 방사성 동위원소의 질량수이다.

표 2.2(계속) 원소

원소명	기호	원자 번호	원자 질량†	원소명	기호	원자 번호	원자 질량†
크로뮴	Cr	24	52.00	포타슘/칼륨	K	19	39.10
크립톤	Kr	36	83.80	폴로늄	Po	84	(209)
타이타늄/티타늄	Ti	22	47.88	프라세오디뮴	Pr	59	140.9
탄소	C	6	12.01	프랑슘	Fr	87	(223)
탄탈럼	Ta	73	180.9	프로메튬	Pm	61	(145)
탈륨	Tl	81	204.4	프로탁티늄	Pa	91	(231)
터븀/테르븀	Tb	65	158.9	플루오린	F	9	19.00
텅스텐	W	74	183.9	플루토늄	Pu	94	(242)
테크네튬	Tc	43	(98)	하슘	Hs	108	(269)
텔루륨	Te	52	127.6	하프늄	Hf	72	178.5
토륨	Th	90	232.0	헬륨	He	2	4.003
툴륨	Tm	69	168.9	홀뮴	Ho	67	164.9
팔라듐	Pd	46	106.4	황	S	16	32.07
페르뮴	Fm	100	(257)				

2.3 주기적 의미 : 주기율표에 원소 넣기

무엇이 주기적으로 행동한다는 것은 어떤 관점이나 성질이 인식 가능한 형태로 반복되는 것을 의미한다. 계절은 매년 규칙적으로 반복되기 때문에 주기적이라고 말할 수 있다. 그네나 추 등도 계속하여 규칙적으로 앞뒤로 움직이기 때문에 주기적으로 움직인다고 할 수 있다. 심지어 원소들 역시 주기적인 행동양식을 보여주기 때문에 무리(족)로 나눌 수 있다. 이것은 원자의 구조와 원자의 행동 사이를 연결시킨 직접적인 결과이다.

행동양식

발견되는 원소들의 수가 증가하고 원자 질량 값이 확실해짐에 따라 과학자들은 원소들의 특성 가운데 주기적인 관계를 발견하기 시작했다. 마구 뒤섞어 놓은 카드를 같은 짝으로 맞출 수 있는 것처럼 (그림 2.8) 비슷하거나 조직적으로 변하는 특성을 가진 원소들을 함께 묶어 분류할 수 있다. 리튬, 나트륨, 칼륨, 루비듐, 세슘이 그 예이다.

[Li, Na, K, Rb, Cs]

이들은 물리적, 화학적 특성이 매우 비슷하다. 다섯 원소는 모두 연하고 금속성이며 반응성이 큰 원소들로, 각각 물과 격렬하게 반응한

그림 2.8 딜러로부터 카드를 받으면 같은 패와 숫자에 따라 분류하여 주기적인 관계를 확립한다.

다. 이들 각 원자들은 염소 기체 (Cl_2) 한 분자의 반과 결합하여 흰색의 가용성 염을 만든다. 우리가 알고 있는 식용 소금 (NaCl)이 그 예이다. 그러나 다섯 원소는 서로 두드러지게 다른 것이 있다. 바로 원자 질량이 확실히 다르다는 것이다. 이와 유사한 방법으로 다른 원소들을 묶을 수 있다.

[Mg, Ca, Sr, Ba] [O, S, Se, Te] [F, Cl, Br, I]

1829년 되버라이너 (Wolfgang Doebereiner)는 세 원소 무리 (triad)에서 중간원소의 원자 질량은 이 무리의 가벼운 원소와 무거운 원소의 질량의 평균값에 해당한다고 하였다.

예를 들어 황 (S), 셀레늄 (Se), 텔루륨 (Te)을 보면 황 32.07 amu, 셀레늄 78.96 amu, 텔루륨 127.60 amu로 셀레늄의 질량은 황과 텔루륨 질량의 합의 반과 거의 같다.

$$\frac{32.07 + 127.60}{2} = \frac{159.67}{2} = \mathbf{79.84\ amu}$$

이러한 세 원소 무리가 밝혀졌으나 이러한 관계에서는 어떤 특성이 나타나지 않는 예외적인 경우도 대단히 많다. 예를 들면 산소, 황, 셀레늄은 기본적인 주기성을 형성하는 실마리가 있음에드 불구하고 이러한 관계에 적용되지 않는다.

1864년 뉴랜즈 (John Newlands)는 원자 질량이 증가하는 순서로 원소들을 배열할 때, 매 여덟 번째 원소마다 유사한 화학적 특성이 나타남을 발견하였다. 그는 그것을 "옥타브 법칙 (law of octaves)"이라고 불렀는데, 그처럼 음악적 등급에 관계된 것 같았던 그의 제안은 크게 비웃음을 샀다.

독일인인 마이어 (Julius Lothar Meyer, 1830～1895)와 러시아인

A

B

그림 2.9 마이어(A)와 멘델레예프(B)의 초상화. 마이어와 멘델레예프는 원소의 주기성을 이해하는 데 중요한 역할을 했다.

멘델레예프(Dimitry Mendeleev, 1834~1907)는 화학적 주기성의 미스테리를 푸는 데 중심적인 역할을 했다. 마이어는 원소들의 물리적 특성에 관심을 두었으며 특히 밀도와 관계된 특성을 집중적으로 연구하였다. 그는 원소들을 원자 질량에 따라 나열할 때 반복되는 원소들의 성질을 확인하였으며 그가 관찰한 형태를 설명하기 위해 몇 가지를 제안하였다. 이에 반하여 멘델레예프는 화학적 특성에 더욱 관심을 기울였으며 특히 원소들이 산소, 수소, 염소와 결합하는 방법에 대한 연구에 몰두하였다. 마침내 그는 원소들이 원자 질량에 따라 배열될 때 원소들의 화학적 특성이 반복됨을 발견할 수 있었다.

행동양식에 기초를 둔 예측

마이어(그림 2.9A)는 화학적 연구가 뛰어난 나라 중의 하나인 독일에서도 선두적인 역할을 하던 화학자였기 때문에 주기성에 대한 그의 연구는 멘델레예프의 연구에 비해 즉각적인 주목을 받았다. 그러나 멘델레예프(그림 2.9B)는 당시 화학적 연구가 매우 미미하거나 거의 없던 러시아 출신이었다. 그렇지만 결국 멘델레예프가 역사적으로 더 큰 영예를 얻었다.

화학적 주기성 발견의 주요 인물로 마이어보다 더욱 위대한 자리를 차지한 멘델레예프에 대해 살펴보자. 화학적 주기성에 대한 그의 연구는 이미 그 당시 수용된 몇몇 원소에 대한 부정확한 원자량을 수정했을 뿐만 아니라 아직 발견조차 되지 않은 원소인 저마늄, 갈륨, 테크네튬, 스칸듐 등의 존재와 성질까지 예측하였다. 이러한 대담한 연구는 초기에는 무모해 보이기까지 했다. 이미 발견된 한 원소에 대해서도 그것의 성질을 측정하기란 매우 어려운 일이다. 그러나 원소의 존재 여부가 증명되기도 전에 화학적 반응성과 물리적 성질을 예측한다는 것은 거의 광기에 가까운 믿음을 뛰어넘는 것이다. 그러나 그로부터 4년 후 멘델레예프가 처음 예측하였던 원소가 실제로 발견되었으며 측정된 성질이 멘델레예프가 예측하였던 것과 거의 완벽하게 일치하였기 때문에 멘델레예프의 "광기"는 이제 천재성으로 인식되었고 모든 화학자들은 그의 주기성을 재빨리 수용하게 되었다. 표 2.3은 멘델레예프가 "에카규소(ekasilicon)"라고 불렀으며, 지금은 저마늄이라 부르고 있는 원소의 성질에 대해 예측한 것을 요약한 것이다.

멘델레예프의 통찰력을 인정하기 위해서는 그 당시 알려진 63개의 원소들에 대한 자료가 발표되어 있다는 것을 알아야만 한다. 원자 질량은 하나의 두드러진 특성이며, 원소를 수적으로 배열하기 위하여

표 2.3 멘델레예프의 에카규소와 저마늄에 대한 비교

에카규소(Ek)	저마늄(Ge)
1871년 예측	1886년 발견
원자량 = 72	원자량 = 72.6
밀도 = 5.5 g/cm^3	밀도 = 5.47 g/cm^3
색깔 : 지저분한 회색	색깔 : 회백색
공기 중에서 연소 시 흰색 고체인 EkO_2 형성	공기 중에서 연소 시 흰색 고체인 GeO_2 형성
EkO_2의 밀도 = 4.7 g/cm^3	GeO_2의 밀도 = 4.703 g/cm^3
고온 가열 시 산화물 변화 없음	고온 가열 시 산화물 변화 없음
수증기를 분해 않음	수증기를 분해 않음
$EkCl_4$는 액체일 것임	$GeCl_4$는 액체임
$EkCl_4$의 밀도는 1.9 g/cm^{3}일 것임	$GeCl_4$의 밀도는 1.887 g/cm^{3}일 것임
$EkCl_4$의 끓는점은 100℃보다 낮을 것임	$GeCl_4$의 끓는점 = 86℃

그들의 원자 질량을 사용하였다. 또한 각각의 원소는 특정한 물리적 성질과 특징적인 반응으로 다른 원소들과 결합한다. 원소들 가운데 특히 흥미로운 것은 어떤 무리의 원소들은 유사한 특징을 공유한다는 것이다. 계속하여 카드놀이의 예를 들면 같은 하트 모양끼리 묶는 것과 같다. 카드는 수적으로 정렬되며 수는 같은 패끼리 반복되는데 이것은 멘델레예프가 생각하는 것과 본질적으로 같다(그림 2.10). 그는 주기율표 내에 특정 질량과 특정 성질을 지니는 원소가 필요한 자리

그림 2.10 1872년 멘델레예프에 의해 발표된 주기율표의 일부. 그의 원본은 여기에 나타낸 것처럼 족이 수직이 아니라 수평으로 실려 있다. 여기에서는 현대 주기율표에서 사용하는 방향으로 바꾸어 놓았다. 숫자는 멘델레예프가 계산한 원자량이다.

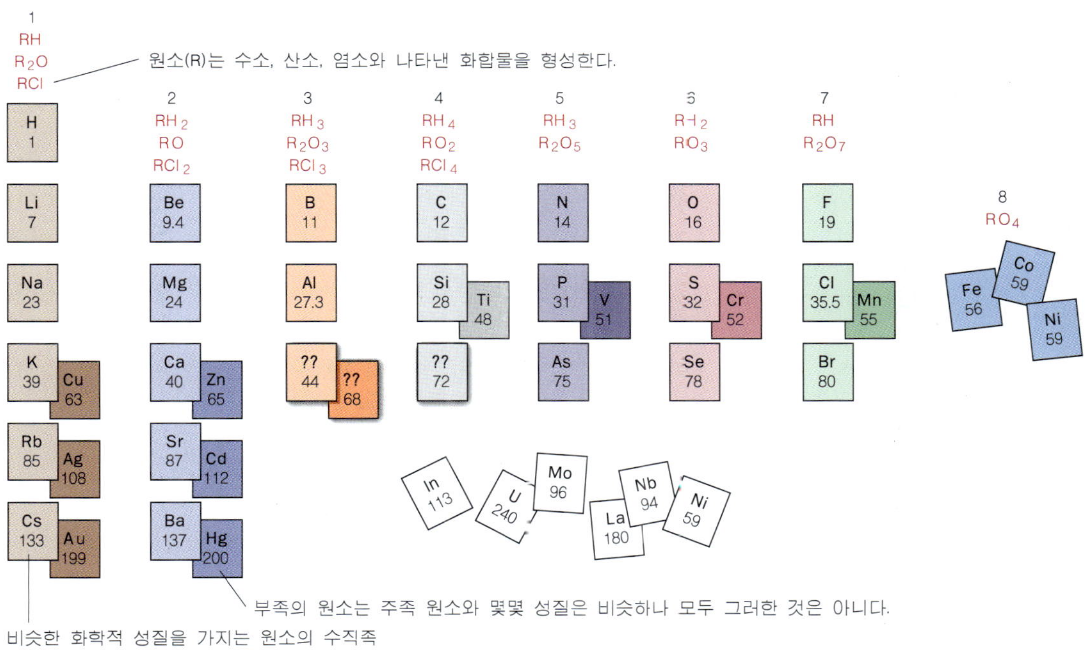

가 있을 경우 비록 그런 원소가 알려져 있지 않을지라도 빈칸으로 남겨 두었다.

멘델레예프는 이전의 뉴랜즈처럼 매 여덟 번째 원소마다 화학적 성질이 비슷하다는 것을 이미 알고 있었다. 당시 비활성 기체원소인 8족 원소 헬륨(He), 네온(Ne), 아르곤(Ar), 크립톤(Kr), 제논(Xe), 라돈(Rn)은 알려져 있지 않았다. 처음의 18개 원소들은 그 유사성이 매우 강하게 나타나지만, 그 후에는 이상한 경우가 발생하였다. 멘델레예프는 구리(Cu), 은(Ag), 금(Au)이 리튬(Li)과 나트륨(Na)을 포함하는 첫 번째 족에 속한다고 주장하였다. 이들 원소들은 나트륨이 Na_2O와 NaCl를 형성한다는 면에서, 그 행동양식이 일치한다고 생각하여 두 개의 구리, 은, 금 원자들이 각각 한 개의 산소 원자와 Cu_2O, Ag_2O, Au_2O로 결합되고, 한 개의 구리, 은, 금 원자는 각각 한 개의 염소 원자가 결합하여 CuCl, AgCl, AuCl을 만든다는 것이다. 그러나 구리, 은, 금은 나트륨이나 나트륨과 같은 족에 속하는 다른 원소들에 비하여 반응성이 훨씬 적다(화학반응이 잘 일어나지 않는다). 나트륨과 같은 족에 속하는 원소들은 물과 매우 격렬하게 반응하지만, 구리, 은, 금은 물과 전혀 반응하지 않는다. 이러한 차이 때문에 주기율표상에서 원소를 A와 B라고 하는 부족으로 분리하게 되었다.

멘델레예프는 몇 개의 와일드 카드를 가지고 있었다. 그 당시 3B족에 속하여만 하는 몇 가지 원소가 발견되어 심각한 혼란이 야기되었다. 그것은 모두 란타넘과 비슷하여 그들 사이의 구별이 힘들었다. 다행스럽게 1827년 멘델레예프가 그의 연구결과를 발표할 때에는 이 원소 중 발견된 것이 없었다. 20년에 걸친 연구 끝에 멘델레예프는 단지 한 가지 원소만이 있을 것이라고 예측하였으나 13개의 원소가 발견되었다. 1937년에야 14번째 원소가 발견되었다. 현대 주기율표에 이 원소들은 란타넘 계열과 악티늄 계열로 분류되어 수록되어 있다.

또 다른 놀랄 만한 일이 1894~1898년에 일어났는데 아르곤, 크립톤, 네온, 제논이 전혀 반응성이 없는 공기의 성분으로 발견된 것이다. 이들 원소의 원자량은 7A족과 1A족 사이에 속하는 것으로 제안되었다. 새로운 족이 발견된 것이다. 이러한 기체들은 비활성 기체라고 알려졌으며 (현대 화학기술에 의해 특별히 도움을 받지 않으면) 어떤 다른 원소들과도 반응을 하지 않는다. 멘델레예프는 이러한 원소를 예측할 수는 없었으나 이 원소들이 그의 주기율표에 자리잡는 것을 볼 때까지 살았으며, 아마도 매우 즐거워하였을 것이다. 그림 2.11은 각각의 원소에 대한 원자번호와 질량을 나타낸 원소의 주기율표이다.

- 금속(주족)
- 금속(전이 원소)
- 금속(내부 전이 원소)
- 준금속
- 비금속

주족 원소 / 전이 원소 / 주족 원소

주기 번호	1A (1)	2A (2)	3B (3)	4B (4)	5B (5)	6B (6)	7B (7)	8B (8)	8B (9)	8B (10)	1B (11)	2B (12)	3A (13)	4A (14)	5A (15)	6A (16)	7A (17)	8A (18)
1	1 **H** 1.008																	2 **He** 4.003
2	3 **Li** 6.941	4 **Be** 9.012											5 **B** 10.81	6 **C** 12.01	7 **N** 14.01	8 **O** 16.00	9 **F** 19.00	10 **Ne** 20.18
3	11 **Na** 22.99	12 **Mg** 24.31											13 **Al** 26.98	14 **Si** 28.09	15 **P** 30.97	16 **S** 32.07	17 **Cl** 35.45	18 **Ar** 39.95
4	19 **K** 39.10	20 **Ca** 40.08	21 **Sc** 44.96	22 **Ti** 47.88	23 **V** 50.94	24 **Cr** 52.00	25 **Mn** 54.94	26 **Fe** 55.85	27 **Co** 58.93	28 **Ni** 58.69	29 **Cu** 63.55	30 **Zn** 65.39	31 **Ga** 69.72	32 **Ge** 72.61	33 **As** 74.92	34 **Se** 78.96	35 **Br** 79.90	36 **Kr** 83.80
5	37 **Rb** 85.47	38 **Sr** 87.62	39 **Y** 88.91	40 **Zr** 91.22	41 **Nb** 92.91	42 **Mo** 95.94	43 **Tc** (98)	44 **Ru** 101.1	45 **Rh** 102.9	46 **Pd** 106.4	47 **Ag** 107.9	48 **Cd** 112.4	49 **In** 114.8	50 **Sn** 118.7	51 **Sb** 121.8	52 **Te** 127.6	53 **I** 126.9	54 **Xe** 131.3
6	55 **Cs** 132.9	56 **Ba** 137.3	57 **La** 138.9	72 **Hf** 178.5	73 **Ta** 180.9	74 **W** 183.9	75 **Re** 186.2	76 **Os** 190.2	77 **Ir** 192.2	78 **Pt** 195.1	79 **Au** 197.0	80 **Hg** 200.6	81 **Tl** 204.4	82 **Pb** 207.2	83 **Bi** 209.0	84 **Po** (209)	85 **At** (210)	86 **Rn** (222)
7	87 **Fr** (223)	88 **Ra** (226)	89 **Ac** (227)	104 **Rf** (261)	105 **Db** (262)	106 **Sg** (263)	107 **Bh** (267)	108 **Hs** (269)	109 **Mt** (268)	110 (269)	111 (272)	112 (285)		114 (289)				

내부 전이 원소

6	란타넘 계열	58 **Ce** 140.1	59 **Pr** 140.9	60 **Nd** 144.2	61 **Pm** (145)	62 **Sm** 150.4	63 **Eu** 152.0	64 **Gd** 157.3	65 **Tb** 158.9	66 **Dy** 162.5	67 **Ho** 164.9	68 **Er** 167.3	69 **Tm** 168.9	70 **Yb** 173.0	71 **Lu** 175.0
7	악티늄 계열	90 **Th** 232.0	91 **Pa** (231)	92 **U** 238.0	93 **Np** (237)	94 **Pu** (242)	95 **Am** (243)	96 **Cm** (247)	97 **Bk** (247)	98 **Cf** (251)	99 **Es** (252)	100 **Fm** (257)	101 **Md** (258)	102 **No** (259)	103 **Lr** (262)

그림 2.11 A와 B 부족을 표시한 주기율표. 화학적으로 비활성인 기체는 오른쪽 끝의 8A에 있다. 란타넘 계열과 악티늄 계열은 주기율표의 하단에 위치한다. 이 표는 지구에서 자연적으로 산출되는 91개의 원소와 실험실에서간 발견된 원소들을 모두 나타낸 것이다.

마지막 장애물 : 원자번호의 도입

주기율표가 발전됨에 따라 원소들에 관한 다양한 지식이 축적되고 주기율표의 기본 구조도 그 모양을 갖추게 되었으나 활발한 연구는 계속되었다. 멘델레예프와 마이어는 주기율표 내에서 원소들의 순서를 정하기 위하여 원소들의 원자 질량에 의존하였다. 몇몇 원소들은 (원자 질량적 관점에서) 순서가 잘못 놓여져 화학적인 성질에 의해 정확한 위치에 재배치해야 하는 어려움이 있었다.

퍼즐의 모든 조각은 1914년 영국 맨체스터(100년 전 돌턴이 연구했던 도시)의 모즐리(Henry Gwyn Jeffreys Moseley)에 의해 완성되었다. 그는 원소들이 고에너지 전자와 충돌할 때 X선을 방출한다는 것을 알았다. 그는 각 원소의 X선이 서로 다를 것이라고 생각하고, 이

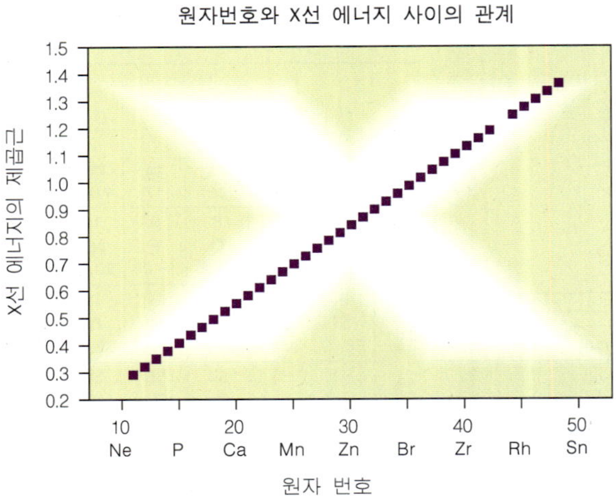

그림 2.12 모즐리의 X선 방출에너지와 원자번호의 상호관계는 일직선으로 나타난다. 43번이 빠져있는 이유는 그 원소가 모즐리 시대에는 알려지지 않았기 때문이다.

를 일종의 X선 "지문"이라고 생각하였다. 서로 다른 원소들의 X선을 연구한 결과 그는 새로운 형태를 발견하게 되었다. X선 에너지는 서로 구별될 뿐만 아니라 수학적으로 원자 질량과 관계가 있었다. 그것은 그가 원소들의 원자번호(atomic number)라 부르던 것에 비례하여 증가하였다(그림 2.12). 그가 사용했던 원자번호는 주기율표 안에서의 원소의 위치였다. 따라서 수소는 1, 헬륨은 2번이다. 사실 이것은 각 원소의 원자핵에 있는 양성자 수이다.

원소를 원자 질량이 아니라 원자번호순으로 배열하다 보면 멘델레예프가 측정한 체계적인 성질에 더 잘 맞는다. 예를 들면 코발트와 니켈의 경우 멘델레예프는 원래 유사한 질량을 가질 것이며 각각은 적절한 위치를 발견할 거라고 생각한 반면, 원자번호를 사용한 모즐리는 란타넘 계열 원소들의 위치에 이들을 놓았다. 이 해석은 유용하지는 않지만 멋진 발상이었다.

여러 사람들의 세심한 연구결과 그림 2.13에 나타낸 것과 같이 원소들을 체계적으로 정리한 **주기율표**(periodic table)의 현대적 형태를 얻게 되었다. 우리가 **족**(group)이라고 부르는 것은 수직으로 배열되는데, 같은 족의 원소들은 서로 화학적 성질과 반응성이 비슷하다. 수평줄은 **주기**(period)라고 하며, 특별한 화학적 반응성이 줄의 각 위치에 의해 나타난다. 표는 A와 B로 세분되는데 "A"는 **주족**(main-group)이라고 하며 그 원소들을 주족 원소라 한다. "B"는 주기율표의 중앙에 위치하고 있으며 **전이 원소**(transition element)라 한다. 주기율표를 읽는 방법은 맨 윗주기의 왼쪽에서 오른쪽으로 읽은 다음, 그 아랫주기의 왼쪽으로 넘어가 역시 왼쪽에서 오른쪽으로 읽으면 된다. 원자번호 1~56은 이런 식으로 읽으면 되고, 57번 원소부터는 란타넘 계열(57~70은 내부전이원소라고 함)이라고 하여 밑에 따로 떼어놓는다. 그리고 71~88은 다시 표로 돌아가 찾으면 되고 89~102는 란타넘 계열 밑의 악티늄 계열로 내려와 찾으면 된다. 다음으로 104~112는 표로 돌아가면 찾을 수 있다. 그림 2.11과 2.13에서 볼 수 있듯이 IUPAC은 A족과 B족 대신 1~18족으로 분류하는 것을 권장하고 있다.

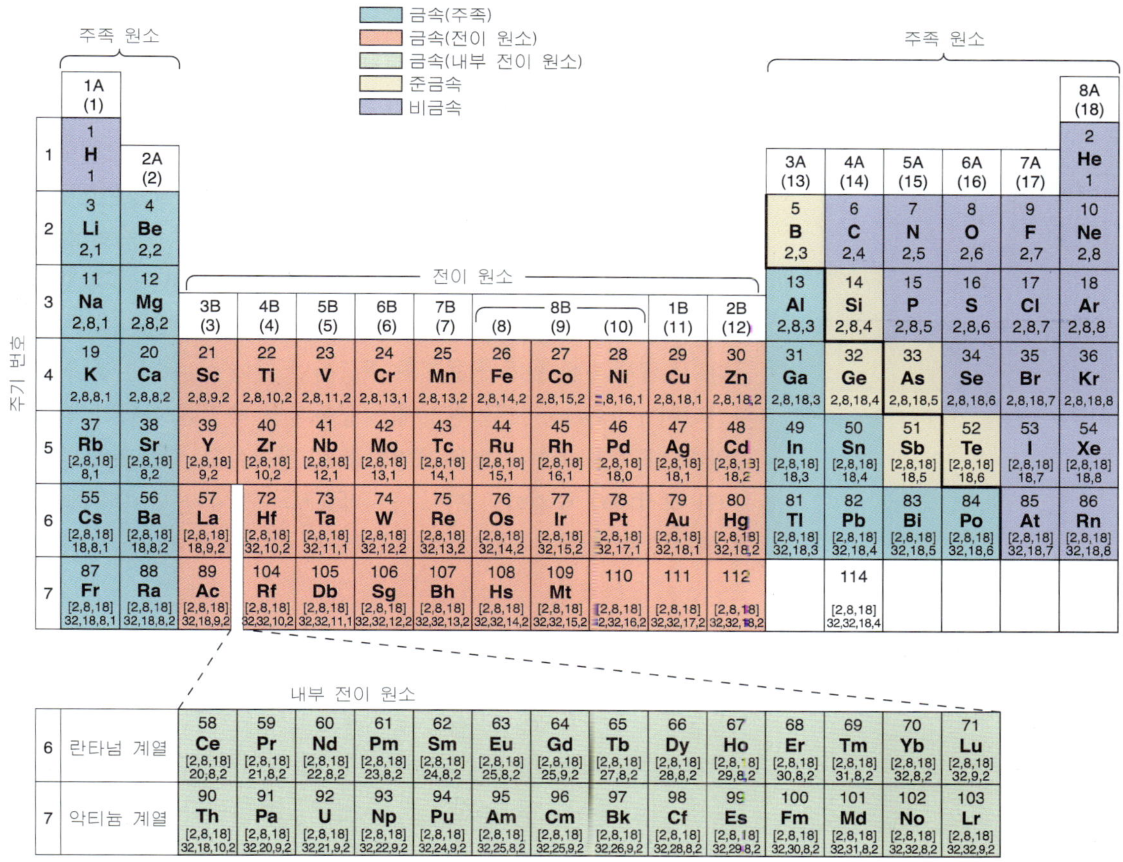

그림 2.13 원소의 주기율표. 이 표에 원자들의 주기적 성질을 결정하는 주요 요인인 전자 배치를 나타내었다. 각 원자의 질량을 알려면 표 2.2와 그림 2.11을 참조하라.

2.4 주기율표에서의 전자규칙

지금까지는 주기율표의 구조 뒤에 있는 규칙 몇 가지만을 논의하였다. 같은 족 원소들은 일반적으로 화학적 반응성이 비슷하다. 즉, 그들은 대체로 같은 종류의 반응에 관여하는 경향이 있다. 하지만 어떤 면에서는 주기율표의 구조가 비논리적인 것처럼 보일 수도 있다. 1에서 112까지 원자번호 순서를 볼 때, 1주기에는 2개의 원자만이 있고, 2주기와 3주기에는 8개, 그리고 4, 5주기에는 각각 18개의 원자들이 있다. 그리고 왜 란타넘 계열과 악티늄 계열로 뛰어넘어가야 하는가?

외관상 비논리적으로 보이는 이러한 특성은 원자 나 전자들의 배열 때문이다. 그림 2.13의 주기율표에 전자 배치라는 일련의 숫자를 볼 수 있다. 원소들 사이에 주기적으로 나타나는 규칙을 찾기 위해서 과학자들은 원자의 내부구조와 외부행동 사이의 관계에 대하여 깊이 연구하여야 했다.

그림 2.14 러더퍼드는 작지만 질량이 큰 중심핵에 양전하가 집중되어 있는 원자모형을 제안하였다.

원자모형

문제를 연구하는 동안 과학자들은 무엇이 일어나는지를 시각적으로 볼 수 있게 하려고 노력한다. 그들의 생각을 시험하려고 실제를 최대로 단순화하여 나타낸 **모형**(model)을 개발한다. 돌턴의 원자모형은 원자는 쪼갤 수 없는 독특한 입자라는 것이다. 이 모형은 각 원소의 물리적 성질과 화학적 성질을 확인하는 데 몇 세대 동안의 화학자들이 에너지를 집중시켰다는 점에서 유용하였다. 하지만 원자모형으로는 원소들이 왜 그렇게 행동하는가에 대해 아무 설명도 할 수가 없었다. 19세기 말에 원자가 물질의 최종적인 것이 아니라는 것이 더욱 확실해지게 되었다. 모든 원소에는 공통적인 특정한 아원자 입자가 있었다. 맨 처음 발견된 것은 음전하를 띤 전자이고, 다음으로 양전하를 띤 양성자가 발견되었으며, 마지막으로 중성자가 발견되었다. 반대 전하를 띤 입자로 채워져 있는 원자를 설명하기 위해서는 새로운 모형이 필요하였다.

1911년 물리학자인 러더퍼드(Ernest Rutherford, 그림 2.14)는 작지만 무거운 중심핵에 모든 양전하가 집중되어 있고, 전자들은 비교적 넓은 바깥 주변을 차지하는 원자모형을 제안하였다. 덴마크의 물리학자 보어(Niels Bohr)는 이 모형을 더 발전시켰다. 그는 작은 위성들이 지구 궤도를 도는 것처럼 전자들이 핵 주위를 도는 것으로 생각했다. 여러분이 여러 로고에서 종종 본 원자력의 상징이 바로 보어 모형이다. 이 모형은 사실 매우 간략하게 나타낸 것이다. 더 실제적인 그림은 이론 물리학에 대한 깊은 이해가 있어야 한다. 더 많이 이해하기 위해서 이론 물리학을 알아야 하지만 너무 깊은 지식을 이해할 필요는 없다.

에너지 준위

원자의 보어 모형에서 획기적인 것은 원자핵을 둘러싸고 있는 전자들이 어떤 **에너지 준위**(energy level)에 한정되었다는 인식이다. 낮은 에너지 준위의 전자들은 원자핵에 가까이 있다. 이들은 확실히 높은 에너지 준위의 전자보다 더 낮은 에너지를 가진다. 더 낮은 에너지 준위의 전자들은 원자핵 주위에 있으므로 더 작은 부피의 공간을 차지한다. 밖으로 더 멀리 있고 에너지가 더 높은 전자들은 더 큰 부피를 차지한다. 전자에 의해 채워진 에너지 단계를 **전자껍질**(electron shell)이라고도 한다.

특정 수의 전자들만이 각 에너지 준위(각각의 껍질)를 채울 수 있다. 가장 안쪽 준위를 1로 시작해서 각 껍질에 번호를 붙이면, 각 껍질에 있는 전자의 최대수는 껍질 수의 제곱에 2를 곱해 계산할 수 있다. 각 준위당 전자의 최대수는

$$n \times n \times 2 = \mathbf{2n^2}$$

이다. 이것은 각 에너지 준위에서 전자의 최대수를 의미한다.

첫 번째 에너지 준위 $(n = 1) : 1 \times 1 \times 2 = \mathbf{2}$
두 번째 에너지 준위 $(n = 2) : 2 \times 2 \times 2 = \mathbf{8}$

첫 번째와 두 번째 에너지 준위가 모두 채워진 원소는 모두 10개의 전자를 가진 네온이다.

이제 어떤 에너지 준위에서 가능한 전자들의 최대수를 알 수 있다. 마이어와 멘델레예프에 의해서 인식된 것과 같이, 원소들의 주기성은 전자들이 에너지 준위를 채우는 방법과 긴밀하게 관련되어 있다. 첫 번째 껍질은 두 개의 전자에 의해서 채워진다. 따라서 수소(전자 1개)와 헬륨(전자 2개)은 첫 번째 준위에 들어가 있어 주기율표의 완전한 첫 번째 주기를 구성한다(그림 2.13). 그리고 다음 껍질(전자 8개 수용)이 채워지기 시작하고 다 채우게 되면 두 번째 주기를 완성한다. 다음은 두 번째 주기에 속한 8개 원소들의 전자 배열이다.

Li (2,1) Be (2,2) B (2,3) C (2,4) N (2,5) O (2,6) F (2,7) Ne (2,8)

한 원소의 **전자 배열** (electron configuration)은 특정한 원소의 원자들의 각 에너지 준위에 얼마나 많은 전자들이 있는지를 간단하게 나타낸 것이다. 세 번째 주기 배치는 더 복잡하지만, 논리적인 규칙이 있다.

전자 배치를 시각화하는 공통된 방법 중 하나는 다른 직경의 원으로 전자 껍질을 나타내며 이러한 에너지 준위에 있는 전자를 점이나 십자로 표현하는 도식을 이용하는 것이다(그림 2.15).

이러한 도식은 매우 유용하지만, 너무 그대로 사용하지 않도록 주의해야 한다. 그것은 실제의 정확한 그림을 나타내는 것이 아니다. 단순하게 원자 안에 있는 전자 배열의 궤적을 보여주는 유용한 방법이다.

이제 에너지 준위와 전자 배치에 대해서 알게 되었으므로 주기율표의 논리성을 잘 인식할 수 있게 되었다. 주기율표의 7개 주족 중 하나를 선택하고 그 족에 있는 각 원소의 전자 배치를 조사해보라. 이들 원소는 모두 가장 높은 에너지 준위(최외각)에 같은 전자 수를 가지는 일관성이 있음을 발견하게 될 것이다. 실제로 이들 최외각 전자의

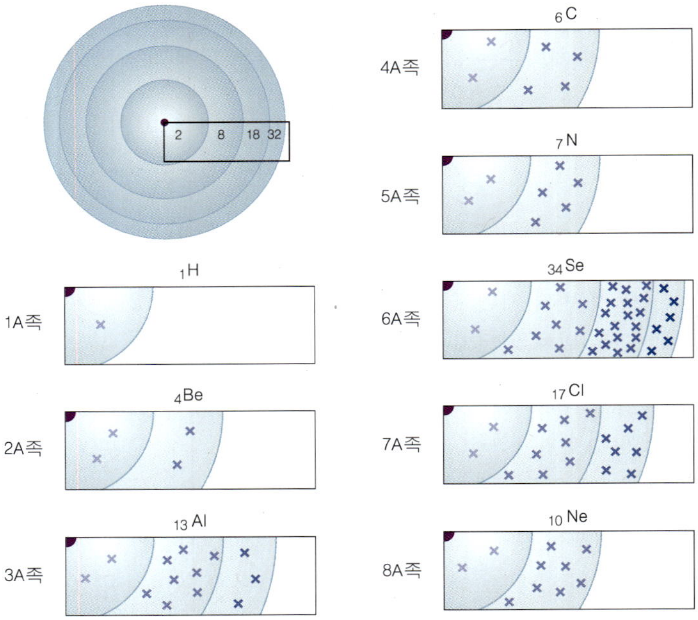

그림 2.15 원자 안에 있는 전자를 나타내기 위해서 전자를 모두 단면에 있는 것으로 제한시켜 보자. 이 모형은 실제 원자 내의 위치를 정확히 나타내는 것이 아니다. 같은 주기에서 1A 족에서 8A 족으로 이동함에 따라 최외각 전자 수가 하나씩 증가해 언제나 전자의 수는 족수와 일치한다.

예제 2.7 에너지 준위의 계산

문 제 악티늄 계열 중 우라늄 원소는 4개의 전자껍질이 모두 차 있다. 우라늄의 세 번째와 네 번째 껍질에 있는 전자의 수를 계산하라.

풀 이 껍질들이 모두 차 있기 때문에, 각 껍질에 대한 가능한 전자의 최대수를 계산한다. 에너지 준위의 수를 n이라 할 때 식 $2n^2$을 이용하면

세 번째 에너지 준위 $(n=3): 2\times3^2=2\times9=\mathbf{18}$
네 번째 에너지 준위 $(n=4): 2\times4^2=2\times16=\mathbf{32}$

세 번째 에너지 준위는 18개이고 네 번째 에너지 준위는 32개이다.

약 150년 동안, 우라늄은 원자량이 가장 큰 원자(원자량 238)였다. 우라늄은 방사능을 나타내는 최초의 원소였고 그것의 행동에 대한 연구는 원자 에너지의 개발과 함께 매우 제한을 받았다.

검 토 에너지 단계들은 공간의 3차원 부피와 관련되어 있어 원자핵으로부터 더 멀리 떨어질수록 전자의 수가 증가할 것을 예측할 수 있다.

수는 주족의 번호와 같다. 따라서 1A족의 원소는 최외각 에너지 준위에 하나의 전자가, 2A족의 원소는 최외각 에너지 준위에 2개의 전자가, 7A족 원소는 최외각에 7개의 전자가 있다. 최외각 에너지 준위는 원자의 반응성과 관련된 원자가껍질이다. **원자가전자**(valence electron)라고 하는 이 최외각의 전자들은 원소의 반응성과 직접 관련이 있다.

이제 남은 족인 8A족을 보기로 하자. 족의 수는 원자가전자의 수와

같다는 규칙이 헬륨을 제외한 이 족 원소들에게도 적용된다. 최외각 전자의 수와 주족의 번호를 연결하는 규칙은 같은 주족의 원소들이 매우 유사한 반응성을 갖게 되는 이유를 설명한다. 화학적 반응도 전자의 재배열과 관련된 기본적인 과정이라고 이미 강조하였다. 원자의 최외각 전자들은 다른 원자나 분자, 이온에 가장 직접적으로 노출되므로, 같은 수의 최외각 전자를 가진 원자들은 같은 종류의 화학반응에 참여하는 경향이 있다.

주기율표의 구조와 원자의 구조 사이에 있는 첫 번째 관계는 원소들이 원자번호순으로 배열한다는 것이다. 족의 형태와 원소의 전자배치 사이에 있는 두 번째 관계는 실제보다 기본적인데, 그것에 대해서는 아직 논의하지 않았다.

에너지 준위와 주기 수

주기율표와 전자 배치 사이의 결정적인 관계를 발견하기 위해서 주기율표에서 몇 개의 주기를 가로질러 보자. 1주기 원소들(수소와 헬륨)은 단 하나의 에너지 준위를, 2주기 원소들(리튬, 베릴륨, 붕소 등)은 두 개의 에너지 준위를, 3주기 원소들(나트륨, 마그네슘, 알루미늄 등)은 세 개의 에너지 준위를 가지고 있는 것을 발견하게 될 것이다. 따라서 원소 주기의 수는 그 원소의 원자에서 전자를 채운 껍질의 수와 같다는 규칙이 성립한다. 이 규칙의 분명한 예외는 란타넘 계열과 악티늄 계열인데(전자구조의 이유에 대해 여기서 설명할 필요는 없다), 란타넘 계열은 6주기 중간에 끼워 넣은 것으로 간주하고 악티늄 계열은 7주기의 확장으로 간주해야 한다(이것은 그림 2.13에 화살표로 나타나 있다). 그림 2.16의 주기율표에 적절한 곳에 삽입된 란타넘 계열과 악티늄 계열이 나타나 있다. 이 형태는 너무 커서 일반적으로 사용하기에 불편하다.

주기의 수와 채워진 에너지 준위의 수 사이의 관계를 나타내는 다

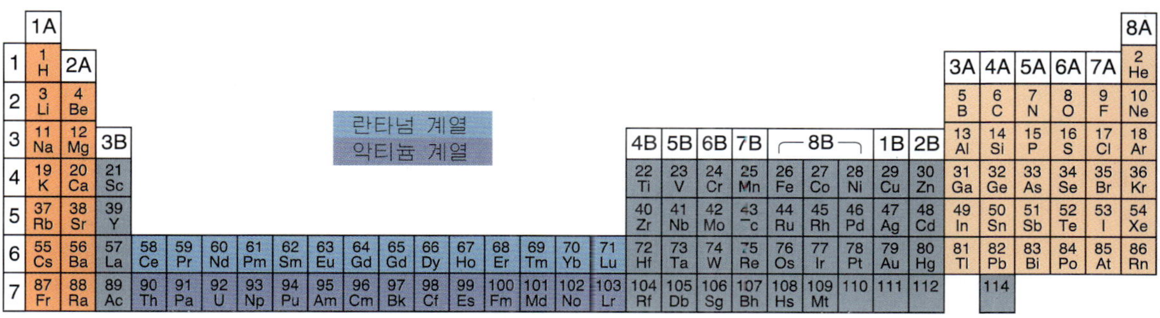

그림 2.16 전자 배치에 따라 적당한 위치에 란타넘 계열과 악티늄 계열을 삽입한 주기율표

예제 2.8 전자

문 제 그림 2.13에 있는 3A족 원소들을 보라. 붕소에는 최외각 껍질($n = 2$)에 3개의 전자가 있다. 알루미늄, 갈륨, 인듐, 탈륨은 모두 최외각 껍질에 3개의 전자가 있지만 아래로 내려가면서 최외각 껍질이 큰 n값 3, 4, 5, 6을 가진다. 최외각 껍질에 5개 전자가 있는 원소와 이들의 n값을 써라.

풀 이 주족의 숫자는 최외각 껍질에 있는 전자 수의 열쇠가 되므로 **5A**족을 구성하는 원소에 대해서 조사한다. 전자 배치에 주어진 전자의 수를 셈으로써 전자껍질의 수를 결정할 수 있다. 각 원소의 이름에 대해 표 2.2를 확인하라.

질소($n=2$) **인($n=3$)** **비소($n=4$)**
안티모니($n=5$) **비스무트($n=6$)**

검 토 $n=1$인 준위에는 최대 2개의 전자가 있기 때문에 원소들은 적어도 2개의 에너지 준위를 가져야 한다. 5A족의 열을 따라 아래쪽으로 보면 원자가가 5이다. 전자 배치는 준위의 수를 나타낸다. 예를 들어, 비스무트는(2, 8, 18, 32, 18, 5) 전자 배치를 이루고 있기 때문에 $n=6$이다. 뒤에서 언급하겠지만, 이 5A족은 같은 족 내에서 다양한 형태를 갖는다. 질소는 기체(N_2은 공기 중의 78%를 구성)인 반면 다른 원소들은 모두 고체이다. 비스무트는 펩토 비스몰(Pepto Bismol)과 같이 복통을 치료하는 데 일반적으로 사용하는 매우 밀도가 큰 금속이다.

른 방법이 있다. 원자번호가 증가하는 순서로 주기율표를 전체적으로 살펴보자. 새 주기로 뛰어넘을 때마다 이전 원자보다 하나 더 채워진 에너지 준위를 갖는 원자로 넘어가는 것을 발견할 것이다. 그래서 한 주기에서 다른 주기로 이동하는 것은 그 다음 더 높은 에너지 껍질에 있는 외각 전자를 가진 원자들로 이동하는 것에 해당한다.

주기율표를 짜면 서로 다른 원소들이 참여하는 화학반응의 형태와 그들이 나타내는 반응성의 정도를 확실히 예견할 수 있다. 화학적 주기성의 법칙을 발견함에 있어서 전자를 발견하기 전인 19세기 말에 연구에 몰두한 멘델레예프, 마이어와 다른 과학자들은 한 원자의 전자 배치가 원소의 화학적 반응성을 결정한다는 중심적인 화학적 진리의 발견에 대한 기초를 모르고 있었다.

예제 2.9 원소와 원소의 족 찾기

문 제 다음 전자 배치에 해당하는 원소와 그 원소의 족을 찾아라.

a. (2,8,5) b. (2,8,18,8,2) c. (2,8,6) d. (2,7)

풀 이

a. 이 원소는 전자가 15개 있다($2+8+5=15$). 따라서 원소 인(P)이며 원자번호는 15이다. 최외각에 5개의 전자가 있으므로 5A족에 속한다.

b. 38개의 전자가 있으므로 스트론튬(Sr)이며, 원자번호는 38이다.

c. 황(S)이고, 원자번호는 16이며, 노란 고체이다. 6A족이다.

d. 플루오린(F)으로, 원자번호는 9이다. 반응성이 큰 노란색 기체이며 7A족이다.

오비탈

그림 2.15에 있는 것과 같은, 에너지 준위에 있는 전자 그림을 너무 고지식하게 생각하지 말아야 한다고 앞에서 말하였다. 그 주된 이유는 전자들이 지구 주위를 돌고 있는 위성과 같이 규칙적인 궤도에서 원자핵을 중심으로 돌고 있지 않기 때문이다. 이러한 모양은 원자의 전자들이 서로 다른 불연속적인 에너지를 갖는다는 생각을 하도록 할 것이다. 이 모양은 공간에서 움직이는 전자의 실제 모양을 의미하지 않는다. 그렇다면 전자들은 실제로 어떻게 움직이고 원자핵 주위의 비교적 넓고 개방된 공간을 채울 수 있는가? 사실 아무도 확실하게 알 수 없다. 여러 증거에 의하면 전자들은 특수한 공간 영역에서 파장으로 움직인다.

전자들이 움직이는 공간 영역은 **오비탈**(orbital, 궤도함수)이라고 한다. 행성의 궤도와 다르게 오비탈은 구(그림 2.17A), 아령 모양(그림 2.17B), 또는 특이한 모양(그림 2.17C)으로 3차원 공간을 차지한다. 오비탈은 일반적으로 네 가지 형태로 *s*, *p*, *d*, *f* 오비탈이 있다.

각각의 오비탈은 최대 2개의 전자를 수용할 수 있어서, 각 껍질은 전자들의 최대수를 만족시키기 위해서 충분한 오비탈을 가지고 있어야 한다. 각 오비탈의 모양과 배향은 일정한 에너지 준위에 얼마나 많은 전자가 채워지는지를 결정한다. 다음과 같이 뚜렷한 형태가 나타난다(붉은색 수는 가능한 전자의 최대수임).

그림 2.17 원자핵 주위에서 전자가 발견되는 공간 영역인 *s*, *p*, *d* 오비탈의 일반적인 모양(*f* 오비탈은 그리기에 너무 어렵다).

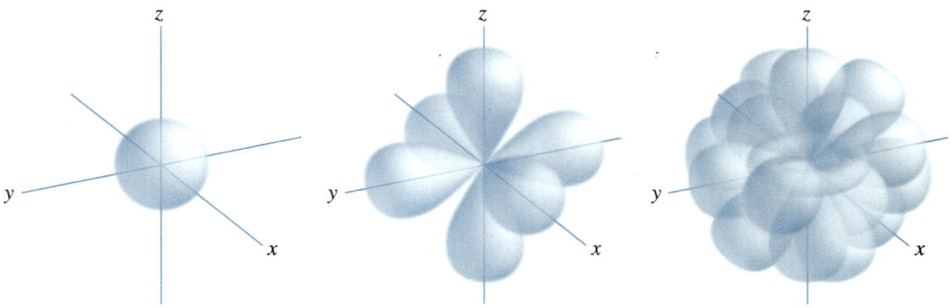

A
***s* 오비탈**
2개의 전자가 있음
(1A족과 2A족의 맨 바깥 오비탈)

B
***p* 오비탈**
3쌍의 로브에 각각 2개의 전자가 있음 =6개의 전자
(3A족에서 8A족까지의 맨 바깥 오비탈)

C
***d* 오비탈**
5세트의 로브에 각각 2개의 전자가 있음 =10개의 전자
(원자번호 21 이상인 원소에서 발견)

예제 2.10 전자 모형의 이상적인 값

문 제 1A족 원소가 최외각 전자를 잃어 +1의 양전하를 띤 이온이 될 때 어떤 현상이 일어나는지 주기율표 하단을 따라가며 설명하라. 이러한 경향의 영향은?

풀 이 2주기의 Li(2,**1**)에서 에너지 준위가 2인 최외각 전자는 핵에 매우 가깝다. 양전하를 띠고 있는 핵의 음전하에 대한 인력이 세기 때문에 Li^+ 이온이 형성되려면 상당한 에너지가 필요하다. Na(2,8,**1**)은 중간에 10개의 전자가 있으며 원자가전자가 핵에서 상당히 떨어져 있으므로, 핵에 양성자가 11개 있지만 최외각 전자를 Li보다 쉽게 잃는다.

이러한 경향은 족의 하단으로 계속된다. 따라서 Cs(2,8,8,18,18,**1**)은 전자를 쉽게 잃는다. 그렇기 때문에 빛의 세기를 측정하는 광튜브 제조에 이용한다. 세슘은 전자를 쉽게 잃기 때문에 다른 금속과 같이 이용된다. 세슘 검출기 표면에 빛을 비추면 세슘 원자가 이온화되고, 방출된 전자는 전자 회로로 가서 빛의 세기를 검출할 수 있다.

검 토 1A족 원소의 반응성은 족의 하단으로 갈수록 증가한다. 이것은 원자가전자가 핵에서 멀기 때문이다.

2

첫 번째 껍질 : 2개의 전자, **하나의 오비탈** (하나의 *s*)

2 + 6

두 번째 껍질 : 8개의 전자, **4개의 오비탈** (하나의 *s* + 3개의 *p*)

2 + 6 + 10

세 번째 껍질 : 18개의 전자, **9개의 오비탈** (하나의 *s* + 3개의 *p* + 5개의 *d*)

2 + 6 + 10 + 14

네 번째 껍질 : 32개의 전자, **16개의 오비탈** (하나의 *s* + 3개의 *p* + 5개의 *d* + 7개의 *f*)

모든 *s* 오비탈들과 같이 한 가지 형태의 서로 다른 준위의 오비탈들은 그림 2.17A에 나타낸 것처럼 모두 같은 모양을 나타내지만 에너지 준위가 증가함에 따라 부피가 증가한다(그림 2.18). 각 에너지 준위는 하나의 *s* 오비탈을 가진다. 두 번째 준위의 껍질은 하나의 *s* 오비탈뿐만 아니라 세 개의 *p* 오비탈을 가지며, 세 번째 준위에는 하나의 *s*와 세 개의 *p*뿐만 아니라 다섯 개의 *d* 오비탈을, 네 번째 준위의 껍질은 하나의 *s* 오비탈과 세 개의 *p* 오비탈, 다섯 개의 *d* 오비탈뿐만 아니라 일곱 개의 *f* 오비탈을 가진다. 이 오비탈들은 1*s* ; 2*s*, 2*p* ; 3*s*, 3*p*, 3*d* 등으로 어떤 껍질에 들어있는가에 따라 번호를 붙인다.

이제 남은 질문은 오비탈이란 무엇인가 하는 것이다. 전자에 의해 채워질 수 있는 오비탈은 물질적인 것이 아니라는 것을 인식하는 것이 중요하다. 그것은 전자에 의해 채워지도록 원자 주위에 존재하는 비어있는 상자나 풍선이 아니다. 오비탈은 전자들이 발견될 공간영역을 수학적으로 서술한 것이기 때문에 물리적인 실체가 없다. 정말로 존재하는 것은 "껍질"을 차지하는 전자들 그 자체이다.

처음에 이것을 이해하기가 매우 어려우므로 일상의 생활에서 예를 들어보기로 하자. 항공 관제사들과 조종사들은 종종 항공기 항로에 대해 이야기한다. 그러면, 항로를 따라 비행할 때 창 밖 하늘로 어떤 길이 보이겠는가? 그렇지 않다. 항로는 조종사들과 그들이 운행하는 항공기를 목적지까지 인도하는 좌표의 배열을 말하는 것이다. 그것은 어떤 순간에 항공기를 가장 잘 발견할 수 있는 공간을 나타낸다. 마찬가지로 전자 오비탈은 전자를 발견할 수 있는 공간영역이다. 어떤 순간에 채워진 오비탈의 경계 안에서 전자를 발견할 확률은 90% 정도이다.

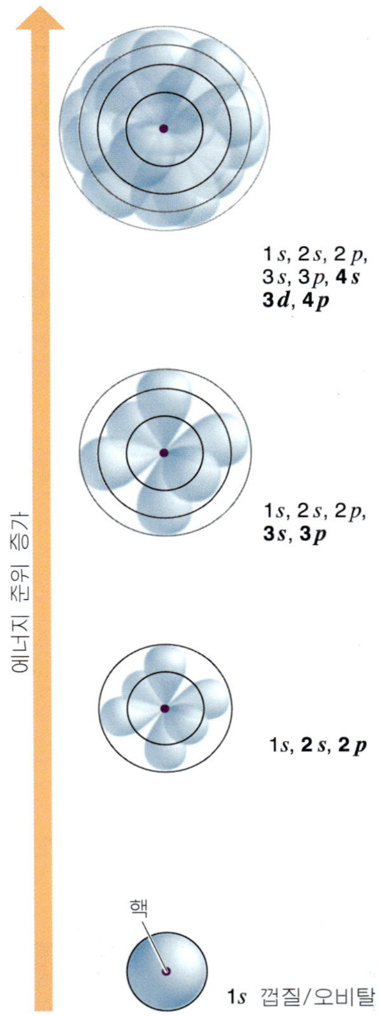

그림 2.18 가장 낮은 에너지의 오비탈은 직경이 가장 작은 것(그림 맨 아래에 있는 s 오비탈)이다. 더 높은 에너지의 오비탈에 전자가 더해짐에 따라 s 껍질과 p 오비탈의 부피가 증가한다. 그림의 아래에서 위로 올라가면서 핵에서 더 멀리 떨어진 오비탈에 전자가 더해짐에 따라 원자의 부피가 점차 증가하는 것을 볼 수 있다.

2.5 주기율표 여행

원자 질량 → 주기성 → 원자번호 → 전자 배치 → 전자 오비탈의 관계가 만들어졌다. 이제 원소의 중요한 특징과 반응성에 집중하면서 주기율표 여행을 떠나보기로 하자. 더 자세한 여행을 위해 표를 조감하는 것으로부터 시작하자. 그림 2.19에서, 상단에는 앞에서 논의한 족과 주기를 볼 수 있으며 또한 표가 세 부분으로 나뉘어 있음을 알게 된다.

- 철, 나트륨, 수은과 같은 보라색 부분의 원소들은 **금속**(metal)이라고 부르는 원소이다. 이 원소들은 빛나며 두들기면 형태가 변하고 전기를 통할 수 있는 등 금속의 특징을 가지고 있다. 금속들은 양이온을 형성하는 경향이 있다.
- 산소, 수소, 질소를 포함하는 자주색 부분의 원소는 **비금속**(nonmetal)이다. 이 원소들은 음이온을 형성하는 경향이 있어 금속과 이온 결합을 형성하며, 다른 비금속들과 공유결합을 형성한다. 비금속들은 전기를 통하지 않는다.
- 표에서 비스듬하게 놓은 연녹색 부분은 규소, 저마늄 등을 포함하고 있는 부분으로, 금속이나 비금속으로 분류하기가 어렵다. 이들은 금속과 비금속의 특성을 모두 나타낸다. 따라서 **준금속**(semimetal 또는 metalloid)이라고 한다.

1A족

1A족을 따라 아래로 내려가며 그 안에 있는 원소를 살펴보기로 하

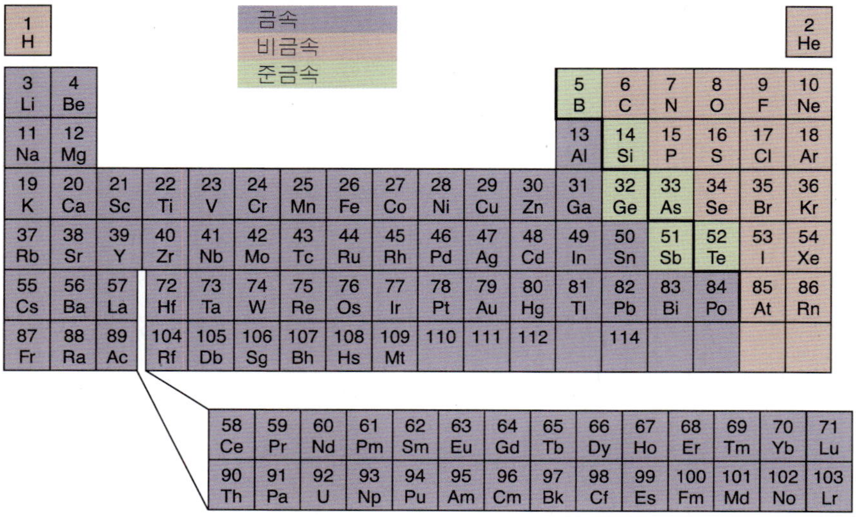

그림 2.19 금속(보라색)은 주기율표의 왼쪽에서, 비금속(자주색)은 오른쪽 상단구석에서 발견할 수 있다. 준금속은 금속과 비금속 사이에 대각선으로 놓여 있다.

자. 멘델레예프의 연구에 기초하여 이 원소들은 공통된 성질을 가진다는 것을 알고 있다. 1A족 금속 중 가장 위에 있는 리튬(Li)은 물과 반응한다. 물과 반응한다는 것은 물과 화학적으로 상호작용하여 새로운 물질을 형성한다는 것을 의미함을 기억하라. 나트륨(Na)도 물과 반응하는데, 반응이 더 격렬하다. 칼륨(K)은 물을 가하면 불꽃을 내며 폭발하는데, 엄밀하게 말하면 칼륨 자체가 아니고 반응하여 발생하는 수소 기체가 불꽃을 내는 것이다(그림 2.20). 1A족 원소들은 모두 부드러운 금속으로 녹는점이 비교적 낮다. 예를 들어, 세슘(Cs)은 뜨거운 여름날에 버터가 녹는 것처럼 녹는다. 1A족 원소들은 물을 가하면 반응하여 알칼리(염기성) 용액(특징적으로 쓴맛이 있고 미끄러우며 부식성이 있고 산과 반응)을 형성하므로 알칼리 금속(alkali metal)이라고도 한다.

그림 2.20 1A족 금속은 물과 매우 격렬하게 반응한다.

그림 2.21에 보이는 바와 같이 1A족의 전자적 구조의 공통된 특징은 각 원소의 원자들이 최외각 에너지 준위(원자가전자)에 하나의 전자만을 가지고 있다는 것이다. 방금 논의한 것처럼 원자의 최외각 전자, 즉 원자가전자는 화학반응이 일어나는 동안 다른 원자의 원자가 전자와 반응하므로 가장 중요하다. 내부 전자들(core electrons)은 화학반응에 의하여 일어나는 전자의 재배치에서 직접적으로 관여하지 않는다. 1A족 원소들은 이 최외각 전자를 잃어 +1의 전하를 띠는 이온을 형성하는 경향이 있다. 이 이온은 더 안정한 전자 배치를 나타낸다.

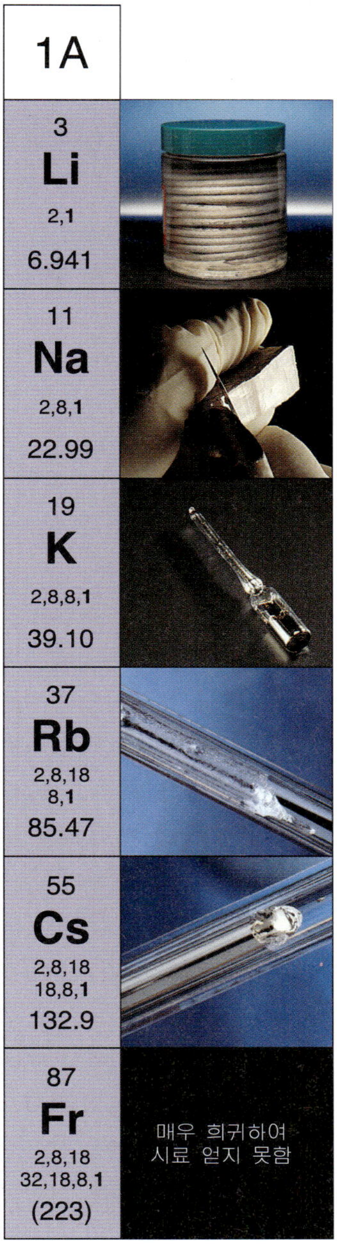

그림 2.21 1A족 (에너지 준위 배치를 나타내었다.)

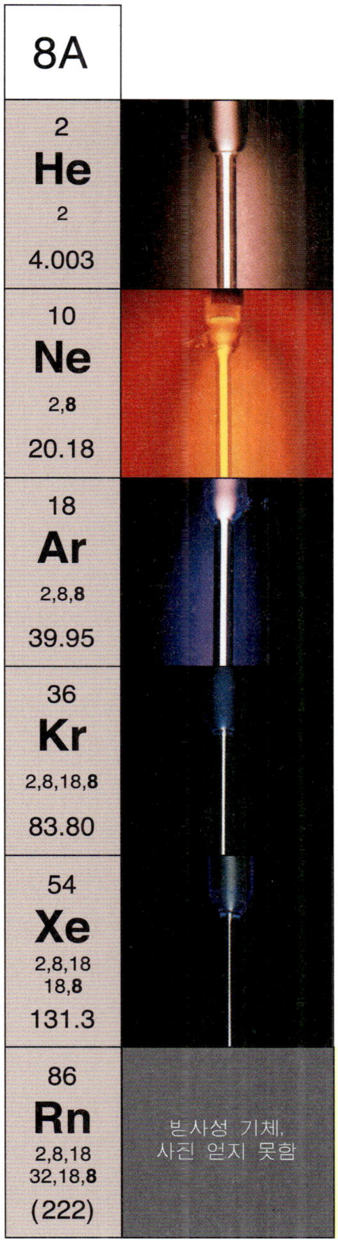

그림 2.22 8A족 (에너지 준위 배치를 나타내었다.)

8A족

8A족을 살펴보자. 8A족의 원소는 헬륨, 네온, 아르곤, 크립톤, 제논, 라돈의 비활성 기체 (inert gas 또는 noble gas)이다. 이 원소들은

일반적으로 다른 원자와 결합하지 않아 모두 개개의 원자 형태로 존재하며 일상 온도와 압력에서 기체이다. 화학반응성은 전자 배치로 결정된다고 앞서 강조하였다. 그렇다면 비활성 기체의 전자 배치에 대해서는 무엇이 특별한가? 두 개의 원자가전자를 가지고 있는 헬륨을 제외하고는 모두 8개의 원자가전자를 가진다. 헬륨 원자의 두 원자가전자는 $1s$ 오비탈을 완전히 채운다. 즉, 첫 번째 에너지 준위를 완전히 채운다. 따라서 첫 번째 에너지 준위를 채우기에 충분한 원자가전자가 있거나 8개의 원자가전자를 가지고 있다는 것은 안정한 전자 배치를 하고 있는 것임에 틀림없다. 안정하므로 화학반응에 의해 변화되지 않을 것이라는 의미이다. 원자의 최외각에 8개의 전자가 있을 때 **옥텟**(octet)을 이룬다고 말한다. 이것은 특별히 안정한 배열로 주로 화학반응의 결과이다.

비활성 기체의 원자가전자 배치가 매우 안정한 이유를 설명하지 못하더라도 그 발견은 매우 중요한 것이다. 실제로 화학자들은 이러한 특별한 전자 배치가 왜 안정한지를 설명할 수 있다. 옥텟을 이루는 원자로부터 전자를 하나 제거하거나 하나를 더하는 데 많은 에너지가 필요하다는 점에서 옥텟은 안정하다.

예를 들어, 나트륨에는 $n = 3$인 준위에 하나의 전자가, $n = 2$인 준위에는 8개의 전자가 있다. $n = 3$인 전자를 제거하는 데는 490 kJ/mol의 에너지만이 필요하다. 반면에 $n = 2$인 전자 중에서 하나를 제거하는 데는 4560 kJ/mol의 에너지가 필요하다. 네온에 있는 $n = 2$인 8개의 전자 중 하나를 제거하는 데는 2080 kJ/mol이 필요하다. 플루오린에 전자 하나를 더해 옥텟을 형성할 때에는 322 kJ/mol을 방출한다.

이 책의 마지막에 도달할 때쯤이면 안정한 에너지 배열들에 대해 그 의미를 충분히 인식하게 될 것이다. 그동안 비활성 기체의 최외각 전자 배열이 매우 안정한 배열을 나타낸다는 것을 인식하는 것이 중요하다. 이것이 이들 기체가 화학적으로 비활성인 이유이다. 실험적으로 확인된 비활성 기체의 안정도는 왜 비활성 기체 이외의 원소들이 화학반응에 관여하는지의 이유를 고려할 때 매우 중요하다.

그림 2.23 7A족(에너지 준위 배치를 나타내었다.)

7A족

8A족의 왼쪽 편으로 고개를 돌려 7개의 원자가전자가 있는 7A족을 살펴보기로 하자(그림 2.23). 이 원소들은 최외각에 전자 하나를 받아들여 이온을 형성하는 경향이 있다. 따라서 7A족이 형성한 이온

예제 2.11 **1A족**

문 제 하나의 나트륨 원자(그림 2.21의 Na) 안에는 양성자, 중성자, 전자가 각각 몇 개 있는가? 하나의 나트륨 이온 안에는 어떠한가?

풀 이 Na은 양성자, 즉 양전하의 수를 나타내는 원자번호가 11이다. 원자는 전기적으로 중성이므로, Na 원자는 또한 11개의 전자를 가져야 한다. 원자 질량 23(원자 질량 22.99에서 반올림함)은 양성자 수와 중성자 수의 합이다. 따라서 중성자는 $23 - 11 = 12$이다. 단 하나의 원자가전자가 있으므로 Na은 이 전자를 잃어 10개의 전자가 있는 이온(Na^+)을 형성한다. 이 때 두 개의 전자 껍질이 채워진 배열을 형성한다. 핵은 아무런 영향을 받지 않기 때문에 11개의 양성자와 12개의 중성자는 아무런 변화 없이 남아 있게 된다.

검 토 원소에 얼마나 많은 원자가전자가 있는지를 알기 위해서 그림 2.13의 전자 배치를 확인할 수 있다. 원자번호가 낮으면 낮을수록 원자는 전자를 받아들이기보다 더 잘 잃는다.
Na과 Na^+을 대조함으로써 원자와 이온은 별개의 것이라는 사실이 명확해진다. 나트륨(고체 금속)은 위험할 정도로 반응성이 크다. 식용 소금의 구성물인 나트륨 이온은 체내에서 중요한 기능을 한다. 고농도의 나트륨 이온이 혈청 내에 존재한다.

들은 전형적으로 -1의 전하를 띤다. 이 족에서 가장 중요한 원소는 플루오린, 염소, 브로민, 아이오딘이다. 일상 온도와 압력에서 이 원소들은 이원자 분자(같은 원소인 원자 두 개로 만들어진 분자)인 F_2, Cl_2, Br_2, I_2로 존재한다. 상온과 상압에서 플루오린와 염소는 기체로, 브로민은 액체로, 아이오딘은 고체로 존재한다. 이 원소들은 반응성이 큰 비금속이다. 플루오린은 7A 족에서 가장 반응성이 크며, 실제로 모든 비금속들 중에서 화학적으로 반응성이 가장 크다.

여기에서 생각할 것이 있다. 7A족 원소들은 1A족 원소들과 격렬히 반응하여 비율이 1:1인 화합물을 형성한다. 원자가전자를 계산($7 + 1 = 8$)하면 비활성 기체 원소에서 발견되는 원자가전자의 수인 옥텟을 더 확실하게 설명할 수 있다. 예를 들어, 염소(7A)와 나트륨(1A)은 반응하여 소금(NaCl)을 형성한다. 7A족 원소들은 종종 자연에서 염으로 발견되는데, 염은 이들이 1A족 원소와 반응하였을 때 형성된다. 염을 나타내는 그리스어는 hals로, 이 때문에 7A족 원소들을 총칭할 때 할로젠(halogen)이라고 한다. 염화나트륨을 지질학자들은 종종 암염(halite)이라고도 부른다. 염화나트륨과 같이 단 두 원소로만 구성된 화합물을 이성분 화합물(binary compound)이라 한다.

2A족

주기율표에서 반대편에 위치해 있는 1A족과 7A족은 서로 1:1의 비율로 격렬하게 반응하는 원소들이다. 그러면 이제 1A족에서 2A족으로 한 걸음 옮겨보자.

그림 2.24 2A족 (에너지 준위 배치를 나타내었다.)

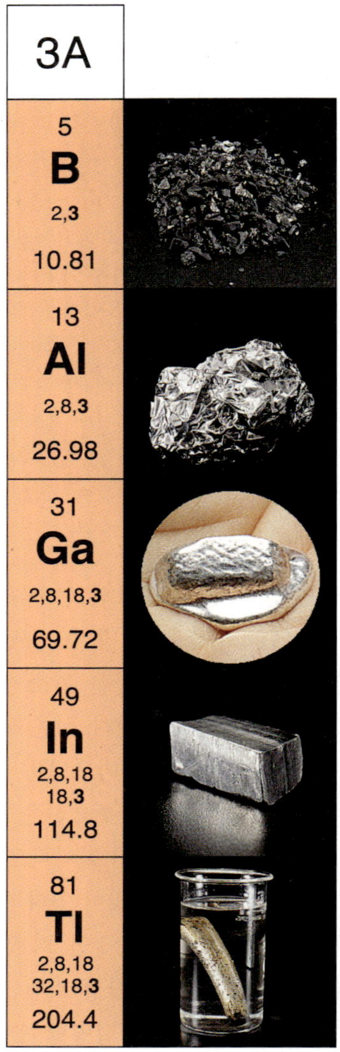

그림 2.25 3A족 (에너지 준위 배치를 나타내었다.)

2A족은 최외각에 전자가 두 개만 있는 원소들이다 (그림 2.24). 이들은 두 개의 원자가전자를 공유하기도 하고 내어주기도 한다. 2A족 원소들은 7A족 원소들과 반응하여 1:2의 비율 ($2+7+7=16$, 두 개의 옥텟)로 화합물을 형성한다. 예를 들어 칼슘은 염소와 반응하여

눈이나 도로 위에 빙판을 녹이는 $CaCl_2$를 형성한다.

1A족 원소들이 반응성이 큰 금속임을 기억하라. 2A족 원소는 1A족 원소들만큼 격렬하게 반응하지는 않지만 2A족 원소 역시 산소나 물과 반응을 하기 때문에 반응성이 큰 금속이다. 예를 들어 칼륨은 물을 가할 때 불꽃이 만들어지는 반면, 칼슘은 아주 서서히 반응하며 수소 기체 방울을 형성한다. 이들 금속의 산소화합물(산화물이라고 함)은 물에 가할 때 알칼리 용액을 형성하므로 이들을 알칼리 토금속(alkaline earth metal)이라 부른다. 토(earth)라는 말은 연금술사들이 모든 금속 산화물을 부를 때 사용하였다.

3A족

3A족에 잠깐 들러 이 족에서 가장 중요한 원소인 알루미늄(Al)을 살펴보자. 보크사이트(bauxite)로 잘 알려진 알루미늄 광석은 자연계

예제 2.12 원자 내 에너지 변화 설명

문 제 다음 중 어느 것이 더 많은 에너지를 필요로 하는가?

a. 칼륨 원자(K)와 칼륨 이온(K^+)으로부터 전자 하나를 제거할 때

b. 나트륨 원자(Na)와 네온 원자(Ne)로부터 전자 하나를 제거할 때

c. 나트륨 원자와 염소 원자(Cl)로부터 전자 하나를 제거할 때

풀 이

a. 그림 2.13을 보면, 칼륨 이온은 칼륨 원자에서 $n = 4$인 원자가전자를 잃어 형성된다는 것을 식별할 수 있을 것이다. 이렇게 되면 $n = 3$인 옥텟인 2,8,8의 전자 배열을 만든다. 전자를 더 잃으려면 더 많은 에너지가 필요하다. $n = 4$인 전자를 처음 잃는 것은 옥텟을 형성하므로 적은 에너지가 필요하다.

b. a에서처럼 핵심은 원자가 옥텟을 형성하는가, 옥텟을 파괴하는가이다. 옥텟을 형성하는 과정은 옥텟을 파괴하는 것보다 더 적은 에너지를 필요로 한다. 이것은 나트륨 원자(2,8,1)로부터 전자 한 개를 제거하는 것이 네온(2,8)에서 전자 하나를 제거하는 것보다 더 적은 에너지를 필요로 한다는 것을 의미한다.

c. 나트륨(2,8,1)에서 전자 한 개를 제거하면 옥텟을 형성하지만, 염소(2,8,7)에서 전자 한 개를 제거하면 옥텟을 만족시키지 못한다. 그러므로 나트륨보다 염소로부터 전자를 제거하는 데 더 많은 에너지가 필요하다.

예제 2.13 8A족

문 제 우주에서 수소 다음으로 많은 헬륨이 지구에는 왜 희박한지를 설명하라.

풀 이 헬륨은 비활성 기체로 반응에 참여하지 않는다. 따라서, 물에서 쉽게 발견되는 수소와는 달리 헬륨은 바위나 지구의 어느 고체와도 결합하지 않는다. 초기 지구에서 존재했던 헬륨은 대기 중에 있었다. 헬륨은 원자질량이 작은 원소로 밀도가 매우 낮아 공기 중에서 위로 떠오른다. 이것이 헬륨으로 채워진 풍선이 나는 이유이다. 초기 대기 중에 있던 다량의 헬륨이 외계로 달아났다. 즉, 지구로부터 증발되어버린 것이다. 오늘날 존재하는 헬륨은 지구 내부 깊은 곳에서 우라늄이나 유사 원소의 방사성 붕괴에 의해 형성된 것이다.

에서 가장 풍부하다. 알루미늄은 캔, 포일 등으로 사용된다(그림 2.25). 뒤에 나오는 4장이나 13장의 재활용과 화학수학에서 알루미늄에 대해 다시 논의하기로 한다.

그림 2.26 4A족(에너지준위 배치를 나타내었다.)

4A족

모든 원소들 중 가장 중요한 원소인 탄소를 포함하는 4A족을 살펴보기로 하자. 우리는 탄소를 왜 그리 특별하다고 생각할까? 한마디로 생명이기 때문이다.

탄소는 모든 생명체의 기본이 되는 원소이다. 탄소 없이는 뼈, 혈액, 근육, 피부, 뇌도 존재할 수 없으며 나무, 풀, 호랑이, 나비 등 우리가 알고 있는 모든 생물들 역시 존재할 수 없다. 탄소 원자는 긴 사슬이나 작은 고리로 연결될 수 있기 때문에 생명체에서 가장 중심을 차지한다. 탄소 화학은 대단히 중요하고 다양하므로 유기화학이라는 화학의 한 분야로 연구가 이루어지고 있다. 6장에서 유기화학을 탐구하고 탄소 화합물의 특성을 자세하게 공부하게 될 것이다.

살아 있는 유기물질이 죽으면 화학적으로 분해된다. 적당한 환경이 주어지고 수백만 년이 지나면, 이러한 유기물은 석탄, 석유, 천연가스가 된다. 따라서 탄소는 또한 기름, 플라스틱, 약품, 연료 등의 생성물을 포함하는 석유산업의 기초가 된다.

식물에서는 이산화탄소(CO_2)가 화학적으로 물과 결합하여 대기 중으로 산소 기체(O_2)를 방출하고 당이라 하는, 탄소를 포함하는 화학물질을 만들어낸다. 이 반응은 태양 에너지로 인해 일어나므로 광합성(photosynthesis)이라 한다. 이것이 탄소가 식물로 들어가고 또한 간접적으로 인간을 포함하는 동물로 들어가는 메커니즘이다. 우리에게 탄소를 공급하는 음식은 식물성 물질(직접적 원천)이거나 동물성 물질(간접적 원천 : 먹이사슬을 따라 식물로부터 탄소를 얻어냄)이다. 인간을 포함해서 동물은 광합성의 역과정을 수행함으로써 음식으로부터 에너지를 얻을 수 있다. 이러한 에너지 방출 과정을 호흡(respiration)이라고 하는데, 호흡과정에서 산소는 음식물과 (간접적으로) 결합하여 이산화탄소와 물, 그리고 우리에게 필요한 에너지를 내어놓는다.

규소 또한 4A족에서 매우 중요한 원소이다. 이것은 지각에서 산소 다음으로 풍부하다. 지각의 3/4 이상이 실리카(SiO_2)와 규산 이온(SiO_4^{4-})을 포함하는 화합물로 되어 있다. 실리카는 모래의 기본 구성 물질로 유리 제품의 주성분이다. 규산염들은 암석과 점토에서 발

예제 2.14 **4A족**

문 제 탄소화규소(카보런덤)는 규소 원자와 탄소 원자가 같은 수로 이루어진 화합물이다. 이것은 다이아몬드만큼 단단해 강철을 갈거나 날카롭게 하는 데 사용된다. 카보런덤 중 규소의 질량 분율은 얼마인가?

풀 이 탄소와 규소의 원자 질량은 각각 12.01과 28.09이다. 비율을 따질 때 질량 단위는 그리 중요하지 않다. 단지 같은 질량 단위를 가지면 된다. 각 원자 하나씩의 질량을 더하면 12.01+28.09=40.01이다. 존재하는 규소의 분율을 계산하기 위해서는 규소의 질량 부분을 전체로 나누면 된다.

$$\frac{28.09}{40.10} = 0.7005,\ 즉\ 70.05\%$$

두 종류의 원자의 수는 같지만, 규소 질량은 탄소 질량의 두 배보다 더 많다.

견된다. 규소는 또한 3장에서 논의하게 될 반도체 산업의 기초가 된다. 다른 족에서와 마찬가지로 4A족 원소들은 족의 하단으로 내려갈수록 금속의 특성이 강해진다. 규소 아래의 4A족에 반도체에 사용되는 준금속인 저마늄 (Ge)과 금속인 주석 (Sn)과 납 (Pb)이 있다.

5A족

5A족으로 옮겨 중요한 원소인 질소를 보자. 질소 분자 (N_2)는 공기의 주성분으로 부피의 78%를 차지한다. 질소는 매우 반응성이 적은 분자이지만 수소 분자 (H_2)와 결합하여 암모니아 (NH_3)를 형성한다.

예제 2.15 **5A족**

문 제 아래의 비율을 사용해서 산소와 질소의 여러 다른 화합물의 식을 써라.

	질소(N)	산소(O)
a.	1	1
b.	2	1
c.	1	2
d.	2	4

풀 이

a. **NO.** 산화질소(nitric oxide)는 번개가 치는 동안 형성되어 땅 속으로 들어가 천연 비료의 역할을 한다. 식에서 질소를 먼저 썼는데, 그것은 주기율표에서 질소가 금속 부분에 가까이 있기 때문이다. 식에서 어떤 원소가 단 하나의 원자만 있을 때, "1"은 쓰지 않는다.

b. **N_2O.** 아산화질소(nitrous oxide)는 보통 "웃음 기체(laughing gas)"라고 부르는 치과 마취제이다. 또한 거품 크림의 추진제로 이용된다.

c. **NO_2.** 이산화질소(NO_2)는 분명히 좋은 물질이 아니다. 자동차 배출가스의 성분인 이 유해한 갈황색 기체는 대기오염의 원인이 된다. b와 c의 예는 첨자의 위치가 얼마나 결정적인가를 보이고 있다. 첨자 2는 그것이 한정하는 원소 다음에 위치하여야 한다.

d. **N_2O_4.** 이 화합물은 사산화이질소(dinitrogen tetroxide)로 알려져 있다. 질소와 산소의 비가 같은 1:2의 비율임에도 불구하고 NO_2와 같지가 않다. 두 개 이상의 원자를 가지는 각 원소는 반드시 첨자로 숫자를 나타내야 한다.

검 토 NO_2 두 분자가 반응하여 다음과 같이 N_2O_4 한 분자를 만들 수 있다.

$$2NO_2 \longrightarrow N_2O_4$$

두 물질 모두 물과 반응하여 산성 용액을 만든다.

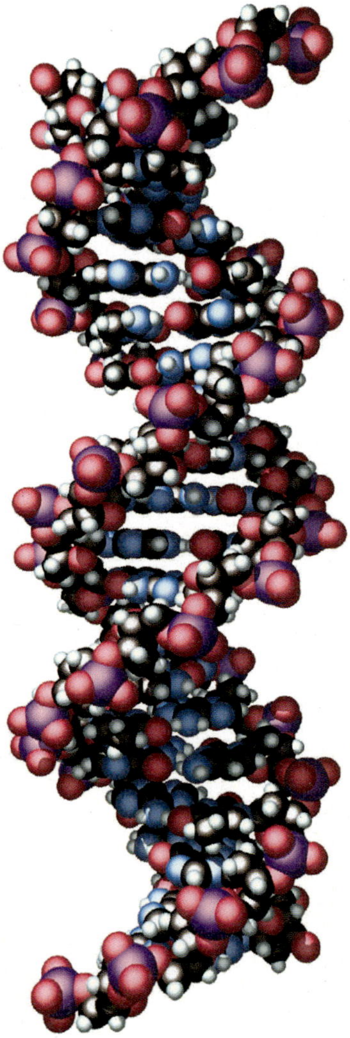

그림 2.27 유전자의 본질인 DNA의 이중 나선. DNA 분자는 탄소(검정), 수소(연파랑), 질소(진한 파랑), 인(보라), 산소(빨강)의 다섯 원자로만 구성되어 있으나 생명 화학의 대부분을 조절한다. 한 세대에서 다음 세대로 유전적 특성을 전달하는 것이 바로 DNA이다.

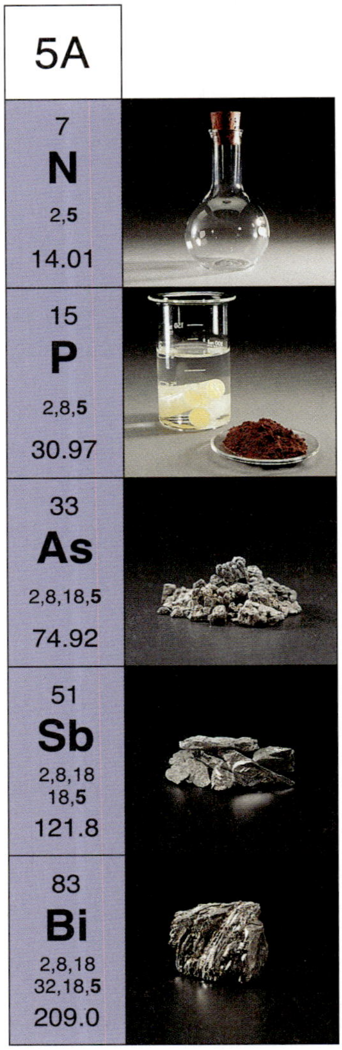

그림 2.28 5A족(에너지 준위 배치를 나타내었다.)

그림 2.29 6A족(에너지 준위 배치를 나타내었다.)

이 과정은 공업적으로는 하버-보시(Haber-Bosch) 법으로, 천연적으로는 질소고정 박테리아의 도움으로 이루어진다. 암모니아는 화학비료의 제조 등 많은 공업적 과정에 사용된다. 질소와 같은 족 원소인 인(phosphorus)은 탄소, 수소, 산소와 함께 거의 모든 생물 형태의 유전 물질을 형성하는 데옥시리보핵산(deoxyribonucleic acid, DNA)의 기본 성분이다(그림 2.27). 질소는 또한 대부분의 생명 화학에 작용하는 화학물질인 단백질에 필수적인 부분이다.

질소와 마찬가지로 흙 속에는 뿌리를 통해 식물 안으로 들어가는 중요한 영양성분인 인이 부족하기 때문에 인도 비료에 사용된다. 인은 인산 이온이 센물에 있는 칼슘과 결합하기 때문에 $Na_5P_3O_{10}$과 같은 세탁용 세제에 필수적인 구성요소이다. 이러한 방법으로 칼슘 이온을 제거함으로써, 센물 사용으로 파이프와 가정용품에 생길 수 있는 칼슘 침전물의 형성을 막을 수 있다. 세제가 자연환경에 들어갔을 때 호수와 강의 부영양화가 일어나기 때문에 인이 들어간 세제의 사용이 감소하고 있다. 5A족을 그림 2.28에 나타내었다.

6A족

이 여행의 종착역은 6A족이다 (그림 2.29). 이 족에서 가장 중요한 원소는 산소이다. 산소 분자 (O_2)는 공기 부피의 약 21%를 차지한다. 과학자들은 O_2는 화학적으로 활성이므로 지구의 식물들처럼 끊임없이 산소를 재생시키는 생명체가 있는 곳에서만 존재한다고 생각한다. 외계 생명체를 연구하는 천문학자들은 먼 행성에서 산소 분자를 발견하면 현재나 과거에 생명이 존재했다는 증거로 간주한다. 산소는 또한 대기 상층권과 우리가 숨쉬는 공기에서도 자주 오존 (O_3) 형태로 발견된다. 화학적으로 매우 반응성이 큰 오존은 잠재적으로 유해한 자외선 방사를 여과하기 때문에 상층 대기에서 중요한 구성요소이다 (오존에 대해서는 12장에서 더 자세하게 다루기로 한다). 하지만 오존은 지표 대기 오염을 일으키는 위험한 물질로, 폐, 눈, 비강, 인후에 자극을 준다. 여름철 대도시에서는 "오존 경계"가 발령된다. 오존의 농도가 너무 높으면 천식과 같이 폐에 문제가 있는 사람들은 오존에 노출되는 것을 최소화하도록 실내에 머무를 것을 권고받는다.

황은 6족에서 또 다른 중요한 원소이다. 노란색 고체로, 공업화학에서 중요한 황산 (H_2SO_4)을 만들 때 사용하며, 비료 제조에도 사용

예제 2.16 **6A족**

문 제 황은 산소와 반응하여 황과 산소가 거의 같은 질량으로 이루어진 화합물을 만든다.

a. 이 화합물의 분자식은 무엇인가?

b. 이 화합물은 산소와 더 반응하여 산소 원자가 하나 더 있는 화합물을 형성한다. 이 화합물의 식은 무엇인가?

풀 이

a. 황 원자 각각의 질량은 약 32 amu이고 산소 원자 질량은 16 amu이다. 같은 질량이 되기 위해서는 각각의 황에 대하여 산소는 2개 ($2\times16=32$)가 있어야 하므로, 이 화합물은 이산화황 (SO_2)이다.

b. 산소 원자가 하나 더 있으면 삼산화황 (SO_3)이다. 공장 굴뚝에서 나오는 황과 산소의 화합물이 어떻게 물과 반응하여 산성비로 알려진 문제의 원인이 되는지, 9장에서 더 배우게 될 것이다.

한다. 또 많은 황 함유 화합물들은 의약품에 사용된다. 단백질에서 전략적으로 위치한 황 원자들은 단백질 기능을 위해 필요한 모양으로 분자를 고정시키는 역할을 한다.

전이 원소

이제까지 주기율표의 주족을 살펴보았다. 이 족들은 주족임을 나타내는 A라는 글자가 붙어 있다(1A, 5A 등). 전이 원소는 주기율표의 2A족과 3A족 사이에 위치한 금속들이다. 전이 금속은 1B에서 8B까지 족번호 끝에 B가 있다(순서가 이상하다고 고심할 필요는 없다). 이 원소들은 높은 녹는점(실온에서 액체로 존재하는 수은은 예외), 높은 밀도, 경도, 전기전도성의 전형적인 금속의 성질을 가지고 있다. 가장 잘 알려진 전이 금속인 철, 구리, 니켈, 아연은 건물에서 주화까지 상업적인 물품에 사용된다. 그 밖에 좀 덜 알려진 전이 금속인 팔라듐 역시 매우 중요한데, 예를 들면 팔라듐은 배가가스 중 유독한 탄소와 수소가 연소된 배기가스를 더 양호한 이산화탄소와 물로 전환시키는 자동차 촉매변환기로 사용된다.

주기율표의 하단에는 내부 전이 원소(란타넘 계열과 악티늄 계열)가 위치하고 있다. 이들은 대부분 매우 희귀하다. 이들 중 가장 잘 알려진 것은 우라늄과 플루토늄으로, 발전소, 우주선, 군사용 운반수단의 핵연료와 핵미사일의 폭약으로 사용된다. 이들 원소들의 대부분은 자연에서 얻지 못하고 대개 학술적 연구의 목적으로 합성하여 만든 것이다. 원자번호가 92보다 큰 원소는 모두 자연에 존재하는 원자를 중성자나 다른 원자와 충돌시켜 만든다. 이렇게 새롭게 만든 무거운 원소의 명명이 약간 문제가 되고 있다.

간단히 주기율표 여행을 마치면서, 살펴본 것을 기억해보자. 주기율표는 전자 구조와 화학적 성질 및 물리학적 성질 양쪽 모두를 기초로 하여 족으로 구분되었다. 원소들은 족의 위에서 아래로 갈수록 더 금속적이다. 우리는 모든 원소의 족도 살펴보았는데 어떤 것은 반응성이 매우 큰 금속(1A족과 2A족)이고, 어떤 것은 6A족에 있는 산소나 할로젠(7A족) 같은 반응성이 매우 큰 비금속이었다. 어떤 것은 화학적으로 비활성(8A)족이며, 어떤 것들은 생명체의 기초를 형성한다(질소, 탄소, 수소, 산소, 인, 황). 일부 매우 특수한 원소들과 과학, 공학, 생명의 작은 역할을 하는 것들도 살펴보았다.

우리는 이 한 장을 통해 약 2000년의 긴 역사를 살펴보았다. 현대 화학적 사고의 근원과 기체의 발견, 원자론, 원소의 주기적 배열 등을 다루었다. 이 장을 "관계"라고 이름 붙인 것은 현대 화학이 실험, 정보, 오해의 수정을 통해 세상에 관한 식견을 얻은 수많은 사람들의 업적에 의해 고대의 지식과 관계되기 때문이다. 그것은 우리가 매일 경험하는 외부 세계와 원자의 내부 세계 사이에서 그들이 발견한 모든 관계에 관한 것이다.

연습문제

1. 글루코오스의 분자식은 $C_6H_{12}O_6$이다. 글루코오스는 산화되어 인체에 에너지를 공급한다. 다음 식에 의하면, 몇 개의 탄소, 수소 그리고 산소가 글루코오스 분자 1개가 산화되어 생성된 물질에 있는가?

$$C_6H_{12}O_6 + 6O_2 \longrightarrow 6CO_2 + 6H_2O$$

2. NO와 NO_2 화합물의 화학적 성질은 유사하겠는가, 아니면 다르겠는가? 그 이유는 무엇인가?

3. 다음 화합물에는 각 원소가 몇 개씩 있는가?

a. $CaCl_2$ b. H_3PO_4 c. $Na_2Cr_2O_7$ d. H_2O

4. 탄소와 질소가 다른 이유는?

5. 클로로폼 시료에 탄소 12.0 g, 염소 106.4 g, 수소 1.01 g이 함유되어 있다. 또 다른 클로로폼 시료에 탄소가 30.0 g 들어 있다면, 이 시료에는 염소와 수소가 몇 g씩 함유되어 있는가?

6. 인과 염소로 이루어진 이성분화합물이 두 가지 있다. 하나에는 인 1 g당 염소 3.43 g이, 다른 하나에는 인 1 g당 염소 5.72 g이 함유되어 있다. 이 두 화합물의 화학식은?

7. 모래는 SiO_2이고 진흙은 $Al_2Si_2O_7$이다. 이 두 화합물이 지각에 있는 규소(Si)의 대부분을 차지한다. 각 물질에 들어있는 규소의 함량은 몇 %인가?

8. 다음 원자 세트로 이루어진 화합물의 식은?

a. 탄소 1원자와 수소 4원자
b. 인 1원자와 플루오린 5원자
c. 수소 2원자, 황 1원자와 산소 4원자
d. 철 2원자와 산소 3원자

9. 다음 원소의 각 껍질에 있는 전자의 수는?

a. Li b. N c. Si d. Ca

10. 다음 원소의 전자 배치를 이용하여 각 원소의 족을 알아보아라.

a. Be(2,2) b. Al(2,8,3)
c. Cl(2,8,7) d. Kr(2,8,18,8)

11. $n = 2$인 에너지 준위(껍질)는 전자를 8개 채울 수 있다. 몇 개의 오비탈이 이 껍질을 이루고 있는가?

12. 다음 각 원소의 p 오비탈에는 몇 개의 전자가 있는가?

a. Be b. C c. Ne d. Al

13. 다음 전자 배치를 하고 있는 원소와 그 원소가 속한 족은?

a. 2,3 b. 2,8,2 c. 2,8,8,2 d. 2,8,18,4

14. 다음 이온과 같은 전자 배치를 하고 있는 비활성기체는 무엇인가?

a. Na^+ b. Li^+ c. S^{2-} 이온

15. 다음 원소의 전자가 채우고 있는 껍질의 수는?

a. 수소 b. 리튬 c. 나트륨 d. 칼륨 e. 루비듐

16. 다음 원소가 속한 족의 이름은?

a. Co b. F c. Xe d. Ca e. K f. Pr

17. 전이 금속의 성질과 용도에 대하여 설명해보아라.

18. 나트륨 원자와 나트륨 이온 중 어느 것이 더 크겠는가? 그 이유는 무엇인가?

19. +3, +2, +1, −1, −2, −3의 전하를 띠는 이온은 무엇인가? 어느 이온이 아르곤과 같은 전자 배치를 하고 있는가?

20. 칼슘 원자가 몇 개의 전자를 잃어야 옥텟을 이루는가? 옥텟을 이루는 전자의 n값은 무엇인가? 산소와 형성하는 화합물의 식은 무엇이겠는가?

CHAPTER

결합

3

행복을 위하여 우리는 많은 달콤한 결합을 형성해야 한다.

- 마르셀 프루스트, 회상된 과거 (Marcel Proust, The Past Recaptured) -

대학생활에는 과제물, 시험, 화학 교재 등 우리를 압박하는 것들이 여러 가지 있다. 시간은 매우 빠르게 흘러가지만, 때로 압박이 너무 강해서 우리는 종종 세계가 매우 빠르게 변하고 있다는 것을 잊게 된다. 이 변화를 가장 잘 반영하는 것은 컴퓨터가 우리 일상생활에 엮여 있는 것이다.

컴퓨터는 우리 세계의 본질을 바꾸어 놓았다. 컴퓨터로 그려진 기상예보, 인공위성에서 보낸 디지털 사진, 학교의 컴퓨터실 · 화학실험실에서 컴퓨터로 이루어지는 자료수집은 이제 일상적인 것이 되었다. 현금자동지급기, 식료품점에서의 스캐너, 대형 컴퓨터망을 이용한 현금카드 결제는 우리 문화의 주요한 일부분이다.

우리는 수십억 개의 전자회로를 규소로 이루어진 작은 컴퓨터 칩 위에 놓을 만큼 소형화할 수 있게 되었다. 전자는 금으로 그려진 도선을 따라 예측 가능한 방법으로 이동한다. 전자들은 칩 위에서 길을 잃거나 마더보드의 플라스틱 코팅으로 흐르지 않는다. 우리가 작성한 영어 과제물은 정보를 저장할 수 있는 산화철(Fe_2O_3)로 이루어진 플로피 디스크에 저장된다.

왜 전자는 금속을 통해 이동할 수 있지만 대부분의 플라스틱으로는 이동할 수 없을까? 왜 Fe_2O_3는 정보를 저장할 수 있을까? 어떻게 수십억 개의 회로를 손톱만한

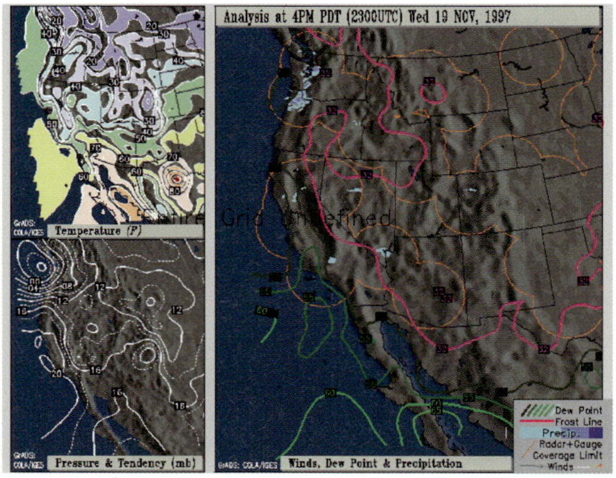

컴퓨터로 조정되는 네트워크로 상품과 서비스를 빨리 얻을 수 있다.

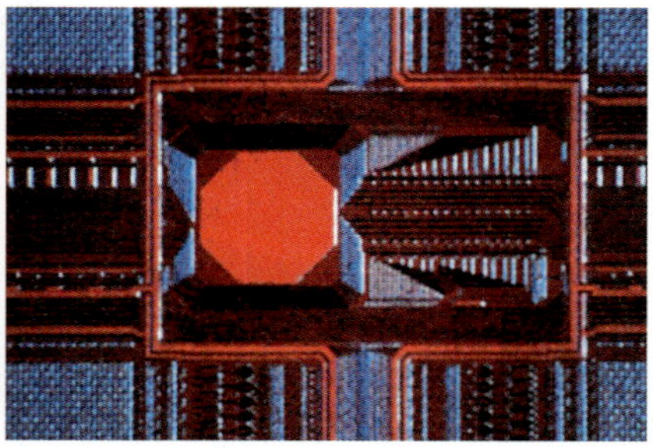

회로가 얼마나 복잡한지를 보여주기 위하여 컴퓨터 칩의 부분을 300 배로 확대하였다.

크기의 컴퓨터 칩에 새길 수 있을까? 이것은 모두 원자가 결합하여 화합물을 형성하는 방법과 관계가 있다. 원자들이 상호작용하여 분자나 이온같이 일정한 군을 형성하는 것을 **결합**(bonding)이라고 한다. 결합의 기본 원리를 이해하는 것은 컴퓨터에서 필수적인 물질의 용도를 설명하는 데 도움을 준다. 또한 물의 특별한 성질(7장), 유기 화합물의 반응(6장), 비누와 세제가 주방용품을 세척하는 원리(7장)와 같은, 다른 많은 것들을 이해하는 데에도 도움이 된다. 먼저 기본적인 것부터 이야기하기로 하자.

3.1 결합의 원리

원자는 왜 서로 결합하는가(그림 3.1)? 원자의 핵 주위에서 전자 배치, 특히 최외각 전자의 배치가 화학결합의 주요 요소이다. 전자의 배열과 재배열을 고려하기 위하여 다음 사실을 기억하여야 한다.

- 음전하를 띠는 전자와 양전하를 띠는 핵 사이에는 인력이 작용한다.
- 전자들 사이에는 반발력이 작용한다.
- 핵 사이에는 반발력이 작용한다.

모든 화학결합은 전자와 핵 사이의 이러한 상호작용을 한 가지 또는 다른 방법으로 반영한 것이다. 다른 것끼리(−/+)는 서로 끌어당기고 같은 것끼리[(−/−), (+/+)]는 밀친다고 기억하면 된다.

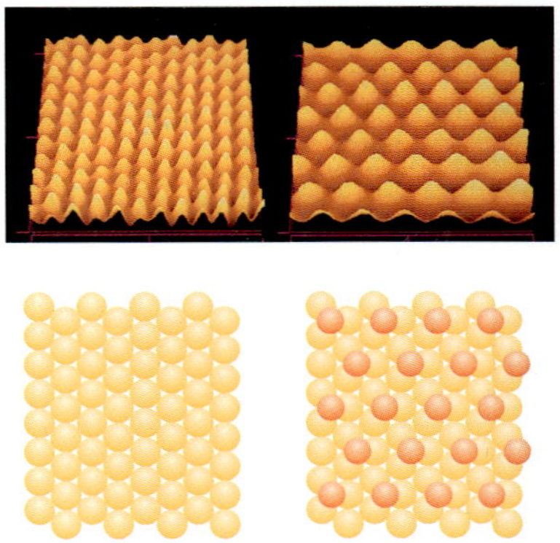

그림 3.1 최신 방법인 주사터널현미경으로 찍은 금의 사진. 구리 단일층을 덮기 전과 후의 금 표면을 볼 수 있다. 두 원자가 서로 비껴서 정돈됨을 주목하라.

안정성의 덫

이상하게 보일지도 모르겠지만 화학결합을 이해하는 가장 의미 있는 단서는 일반적으로 화학결합을 하지 않는 비활성 기체를 살펴봄으로써 찾을 수 있다. 왜 비활성 기체(8A족)의 원자들은 화학반응에 참여하지 않는 것일까? 답은, 이들은 이미 매우 안정적이고 균형 잡힌 전자배열을 하고 있기 때문에 전자들이 더 이상 재배열될 이유가 없기 때문이다.

원자가 서로 충돌할 때 충돌에 의한 충격으로 전자들은 새로운 배열을 하게 된다. 만일 (잘 일어나지는 않지만) 이 때 전자들이 원래 배열보다 더 안정한 배열을 하게 되면 전자는 이 배열을 유지하게 된다.

비활성 기체 원자의 전자들은 이미 매우 안정한 배열을 하고 있어서 더 이상의 재배열에 참여하지 않는다. 화학반응을 하는 동안 다른 형태의 원자들이 비활성 기체의 안정한 전자배열과 조금 더 비슷하게 배열되어 유지되는 것이다. 이것이 화학과 결합의 중요한 원칙의 하나이다. 화학반응은 주기율표에서 가장 가까운 비활성 기체의 전자배열을 가지려는 원자의 성향에 의해 주로 진행된다.

일반화학 교재에서는 대개 원자들이 (일반적으로 전자가 안정한 옥텟를 갖는) 가장 가까운 비활성 기체의 전자배치를 "얻기 위하여" 반응한다고 이 원칙을 설명한다. 하지만 이 말은 오해를 일으킬 수 있다. 이것은 마치 원자가 어떤 일을 시도할 수 있는 능력이 있다는 것을 암시한다. 하지만 그렇지 않다. 원자는 생각할 수 없는 입자이다. 불규칙하게 움직일 때 전자는 재배열되어 가장 안정한 배열을 유지하게

그림 3.2 낙엽은 환경의 영향을 받아 놓이게 된다. 낙엽들이 구석에 모이고 바위가 튀어나온 곳에 걸려있다.

되는 것이다. 일상에서의 비유로 바람에 의하여 구석이나 움푹한 곳에 모인 낙엽을 생각해보자 (그림 3.2). 낙엽들은 움푹한 곳이나 구석을 "찾기 위하여" 움직였을까? 물론 아니다. 낙엽들은 바람에 쓸려서 그곳에 놓였기 때문에 그러한 곳에 쌓여있는 것이다.

비활성 기체의 전자배치는 안정함에 틀림없다. 안정하다는 말은 변화에 저항적이어서 화학반응에 의해 변하지 않는다는 것을 말한다. 8A족을 제외한 원자들은 전자를 얻거나 잃거나 혹은 공유함으로써 비활성 기체의 전자배열을 하게 된다.

3.2 결합의 유형

이온 결합-전자 이동

비활성 기체와 비슷한 전자 배열을 가지려는 원자의 성향을 알아볼 수 있는 가장 간단한 방법은 이온 결합을 다시 살펴보는 것이다. 1장에서, 나트륨 원자에서 염소 원자로 전자 하나가 이동하면서 나트륨 이온과 염화 이온 사이에 형성된 이온 결합에 대해 알아보았다(그림 3.3A). 이제 왜 이러한 일이 일어났는지 이해할 수 있을 것이다. 나트륨 원자가 전자 하나를 잃을 때 화학적으로 안정한 비활성 기체인 네온의 안정한 전자배열(2, 8)을 가지는 나트륨 이온이 된다. 나트륨 원자가 내놓은 전자가 염소 원자로 이동되면 아르곤의 안정한 전자배열(2, 8, 8)을 갖는 염화 이온이 만들어진다. 두 이온은 모두 최외각 전자가 안정한 옥텟 배열을 한다.

염화리튬의 형성(그림 3.3B)은 비활성 기체의 안정한 전자배치를 얻는 것이 반드시 최외각 전자가 8개가 되는 것을 뜻하지는 않는다는 것을 보여준다. 리튬 원자는 외각전자를 염화 이온에 주어 헬륨의 안정한 전자배치(2)를 갖는 리튬 이온이 된다.

그림 3.3C는 마그네슘 원자가 염소와 반응할 때 무슨 일이 일어나

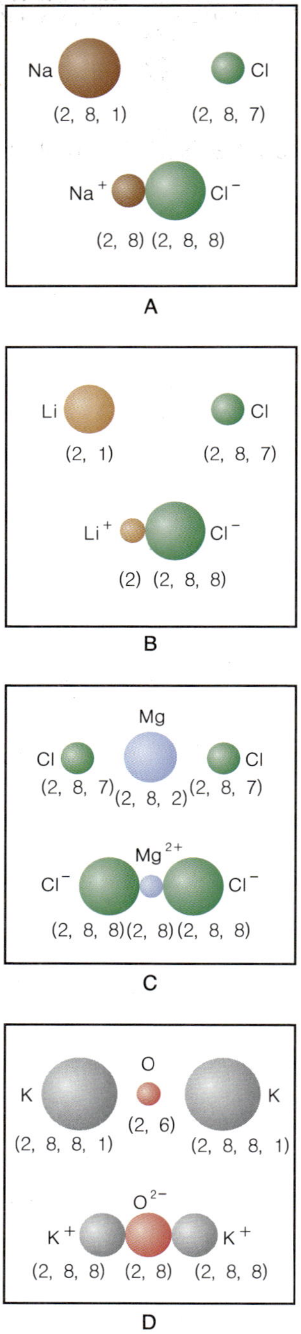

그림 3.3 A.염화나트륨 B.염화리튬 C.염화마그네슘 D.산화칼륨의 이온 결합. 비금속이 전자를 얻으면 크기가 커지고 금속이 전자를 잃으면 크기가 작아짐을 주목하라.

는지를 보여준다. 마그네슘 원자가 네온의 안정한 전자배치(2, 8)를 갖기 위해서는 전자 두 개를 잃어야 한다. 이것은 각 마그네슘이 2가의 Mg^{2+}를 형성하여 하나가 아닌 두 개의 염소 원자들과 반응한다는 뜻이다. 따라서 염화마그네슘의 화학식은 $MgCl_2$가 되며, 염화마그네슘 결정은 하나의 마그네슘 이온과 두 염화 이온을 가지고 있다.

산화칼륨은 어떻게 될까(그림 3.3D)? 이 때 각 칼륨 이온은 전자 하나를 잃어 K^+ 이온이 되고(전자배치 2, 8, 8), 각 산소 원자는(두 개의 서로 다른 칼륨 이온으로부터) 두 개의 전자를 얻어 산화 이온 O^{2-}을 형성한다(전자배치 2, 8). 따라서 산화칼륨의 화학식은 K_2O이다.

3가 이온도 역시 가능하다. 이온 화합물을 형성할 때 예를 들어 알루미늄 원자는 전자 세 개를 잃어 Al^{3+} 이온을 형성하여 네온의 안정한 전자배열(2, 8)을 한다.

이제 왜 화합물이 구성 원자를 일정한 비율로 가지고 있는가를 파악하여야 한다. 다른 결합의 원칙은 다음과 같다. 화합물을 형성할 때 원자의 비는 원자의 전자배열에 따라 결정된다. 전자배열을 바꿈으로써 원자는 가장 가까이 있는 비활성 기체의 전자배열이 되려 한다.

이온 결합물의 경우 이온은 전체 화합물이 전기적으로 중성이 되도록 결합된다. 따라서 1가의 양이온과 음이온은 1 : 1의 비율로 결합한다. 가장 잘 알려진 예는 소금 NaCl이다(그림 3.3A). 2가의 양이온과 1가의 음이온은 1 : 2로 결합하므로 Mg^{2+}는 Cl^-와 결합하여 $MgCl_2$

예제 3.1 이온 화합물 형성

문 제 원자가 이온을 형성할 때 어떤 전하를 갖는가에 대한 이해를 바탕으로 하여 다음의 원자의 짝들이 결합하였을 때 화합물의 화학식을 예측하라.

a. Ba과 F b. Ca과 O c. K과 P

풀 이

a. $\mathbf{BaF_2}$ 바륨은 2A족으로 전자 두 개를 잃어서 Ba^{2+}를 이룬다. 플루오린은 7A족으로 전자 하나를 얻어 옥텟을 이루어 F^-가 된다. 전기적으로 중성을 이루기 위해 플루오린 두 개가 바륨 하나와 결합하여 BaF_2가 된다. $(+2)+2(-1)=0$

b. **CaO** 칼슘은 2A족으로 Ca^{2+}를 만든다. 산소는 6A족으로 O^{2-}가 된다. 전기적으로 중성을 이루기 위해 산소 하나가 칼슘 하나와 결합하여 CaO가 된다. $(+2)+(-2)=0$

c. $\mathbf{K_3P}$ 이 문제는 칼륨이 항상 K^+를 만들지만 인은 다양하게 전자를 얻을 수 있으므로(전자배열에 관한 이유는 여기서 다루지 않는다) 재미있는 문제이다. P^{3-}가 일반적인 이온으로서 전기적으로 중성을 이루기 위하여 K_3P가 된다. $3(+1)+1(-3)=0$

확 인 양이온을 형성하는 원소는 금속인 Ba, Ca, K이다. 주기표 중간에 있는 전이 금속을 무시하면 이 세 가지 원소는 교재 뒷장에 있는 주기표의 주족 원소의 왼쪽에 위치한다. 음이온을 형성하는 원소는 F, O, P로 모두 비금속이다.

(그림 3.3C)를 형성한다. 앞으로 볼 수 있듯이 공유결합으로 이루어진 화합물도 역시 전기적으로 중성이다. 따라서 '화합물은 전기적으로 중성이다.' 라는 것이 화학의 일반적인 법칙이다.

이온 결합은 금속이 비금속과 결합하여 화합물을 형성할 때 많이 발견된다. 이온 화합물에서 금속이 양이온을 형성하며 비금속이 음이온을 형성한다. 일반적으로 이온결합 화합물의 두 원자는 주기율표에서 서로 반대쪽에 위치한다. 주기율표의 왼쪽에 위치하는 원소에서 형성된 이온은 비활성 기체의 전자배열을 가지기 위해서는 전자를 잃어야 하기 때문에 양이온이 되기 쉽다. 주기율표의 오른쪽에 있는 원소에서 형성되는 이온은 비활성 기체의 전자배열을 가지기 위해서는 전자를 얻어야 하기 때문에 음이온이 되기 쉽다.

화학에서 반응성의 가장 근본적인 법칙은 전자가 가장 안정한 배열을 가지도록 정돈된다는 것이다. 원자가 (일반적으로 안정한 8개의 최외각 전자 배열을 갖는) 가장 가까운 비활성 기체의 전자배열을 가지도록 반응하는 것은 매우 중요하면서 일반적으로 일어나는 경향이다. 하지만 이것이 항상 맞는 것은 아니다. 이 책의 뒷부분에서 비활성 기체의 전자배열을 갖지 않는 경우를 보게 될 것이다. 이러한 원자들은 다른 안정한 배열을 갖는다.

공유결합 – 전자의 공유

원자들이 결합하는 또 다른 방식은 원자들이 전자를 공유하는 공유결합이다. 이 방식의 결합도 역시 1장에서 소개되었는데, 많은 경우에 전자배열이 비활성 기체의 안정한 배열을 가지려고 한다는 것으로 설명할 수 있다.

가장 간단한 분자인 수소 분자를 생각해보자. 그림 3.4A는 어떻게 수소 분자의 각 수소 원자가 하나가 아니라 두 개의 전자를 가짐으로써 안정한 헬륨의 전자배열을 가지게 되는가를 보여준다.

물의 경우 (그림 3.4B) 각 수소 원자는 두 개의 전자를 공유하며(헬륨의 안정한 전자배열을 닮음), 산소는 8개의 외각전자를 가져 (산소에 가장 가까이 있는 비활성 기체인) 네온의 전자배열을 닮는다.

원자 내에서의 전자는 한 오비탈에 한 개 또는 한 쌍으로 들어갈 수 있음을 기억하라. 각 오비탈에는 최대 두 개의 전자가 들어갈 수 있어 전자가 하나 또는 쌍으로 배치되지만 세 개 이상은 가능하지 않다.

공유결합은 비금속끼리 결합할 때 형성된다. 비금속은 주기율표에서 오른쪽 윗부분에 위치한다.

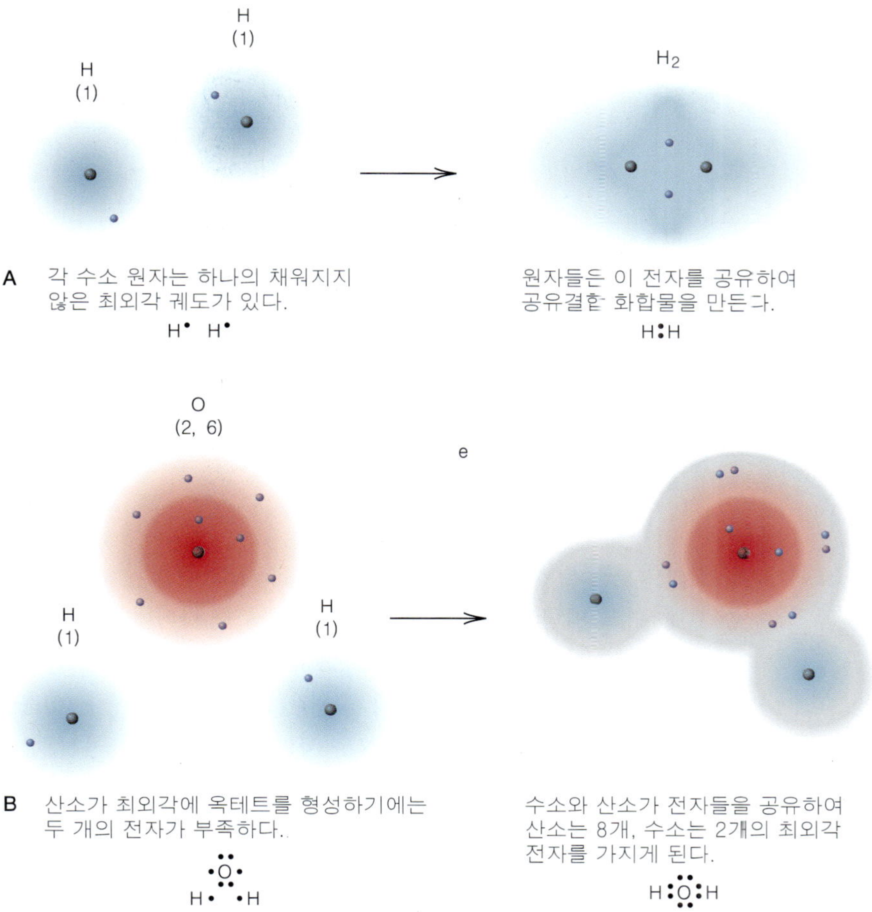

그림 3.4 A. 수소 B. 물 분자에서의 공유결합

3.3 화합물의 표현

전자가 하나 또는 쌍으로 움직인다는 사실로부터 화합물 내에서 전자 배열을 표시하는 매우 간단한 방법이 고안되었다. 1916년 루이스에 의해 발전된 이 방법은 원소 기호로 핵과 내부 전자를 표현하고 점으로 원자의 원자가전자를 나타낸다. 점은 각 원자에 전자가 어떻게 배열되어 있는가에 따라 하나 또는 쌍으로 표시된다. 그림 3.5A는 수소에서 네온까지 원소의 **루이스 구조**(Lewis structure)를 나타낸 것이다.

루이스 구조

루이스 구조는 원자가 가장 가까운 비활성 기체의 원자가전자의 수(일반적으로 8개)를 가지도록 화합물에서 전자가 배열되는 것을 알기

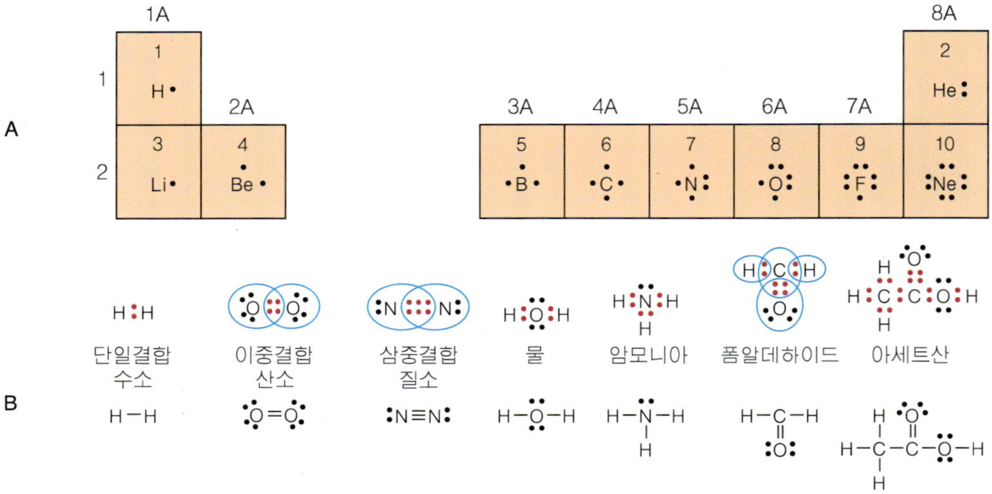

그림 3.5 A. 수소부터 네온까지 원소들의 원자 루이스 구조 B. 분자들의 루이스 구조 공유결합은 점과 선으로 표시한다. 모든 분자의 각 원자는 비활성 기체의 안정한 전자배치를 하는 것에 주목하라.

쉽게 보여주는 방법이다. 그림 3.5B에 수소, 산소, 질소, 물, 암모니아, 폼알데하이드, 에탄산(아세트산)의 루이스 구조를 나타내었다.

공유된 전자쌍은 하나의 공유결합으로 간주된다. 따라서 (CH_2O 분자의 탄소와 산소와 같이) 네 개의 공유전자를 갖는 원자들은 **이중결합**(double bond)으로 묶여있다. (N_2에서의 질소와 같이) 여섯 개의 공유전자를 갖는 원자들은 **삼중결합**(triple bond)으로 결합되어 있다.

때로는 점을 모두 그리는 대신에 선을 사용하여 공유 전자쌍을 나타낸다. 그림 3.5B에 분자 구조를 그리는 다른 방법도 소개하였다. 때로는 관심 있는 분자에 적절하고 구조를 잘 나타낼 수 있도록 루이스 구조식에 선과 점을 섞어서 그린다. 루이스 구조에서 결합에 참여하지 않는 전자쌍을 **비공유전자쌍**(lone pair)이라고 부른다. 예를 들어 암모니아의 구조에서 비공유전자쌍을 볼 수 있다.

실제 분자들은 특정한 삼차원 구조를 가진다. 대부분은 평면이 아니다. 그림 3.6에서 몇 가지 간단한 분자의 실제 삼차원 구조에 대한 감을 얻을 수 있다. 분자의 모양은 어떻게 이들이 상호작용하고 반응하는지 결정하는 데 중요한 역할을 한다. 이 교재의 뒷부분에서 몇 가지 예를 살펴볼 것이다. 비교하기 위하여 그림 3.6에 화합물의 간단한 구조식도 그려놓았다. **구조식**(structural formula)은 분자 내의 원자와 결합의 배치를 보여주는 간략한 그림이다.

이온의 형성도 루이스 구조식으로 나타낼 수 있다. 여기에서는 루이스 구조식이 전자의 공유보다는 원자가전자를 얻고 잃는 것을 나타낸다.

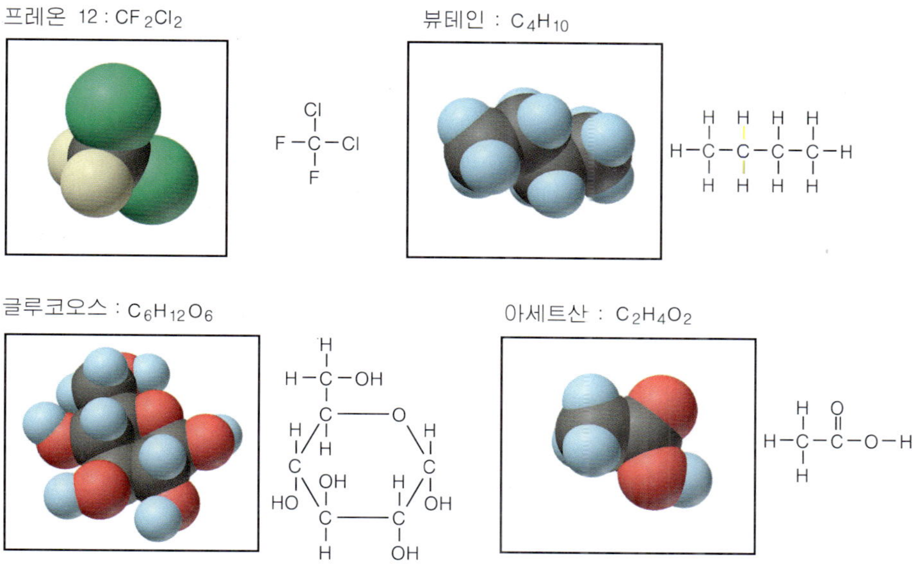

그림 3.6 몇 가지 물질의 간단한 구조식과 구조모형. 모형으로부터 분자의 모습에 대한 감각을 익힐 수 있다. 각 선은 공유된 전자쌍을 나타낸다. 그림 3.5B의 루이스 구조와는 달리 결합에 관여하지 않은 전자들은 생략하였다. 이것은 구조식을 쓸 때의 관례이다. 그림에서 나타나 있지 않다고 해서 전자들이 있다는 사실을 잊어서는 안 된다.

원자가

전자배열 때문에 각 원소의 원자들은, 항상 그런 것은 아니지만, 일정한 수의 공유결합이나 이온결합에 참여한다. 예를 들어 4A족인 탄소나 규소 원자는 일반적으로 네 개의 공유결합을 형성한다. 이것은 최외각에 있는 네 개의 전자가 다른 원자에서 나온 전자들과 결합하여 공유전자쌍을 형성하기 때문이다. 따라서 탄소 원자는 새로 네 개의 전자를 받아서 네 개의 결합을 형성함으로써 안정한 옥텟을 형성한다. 비슷한 이유로 산소는 일반적으로 두 개의 공유결합을, 수소와 플루오린은 한 개의 공유결합을 형성한다. 질소는 세 개, 황은 두 개, 7A족인 할로젠 원소들은 한 개의 결합을 형성한다. 그러나 어떤 경우에는 결합은 단일결합이 아니라 이중결합이나 삼중결합 같은 다중결합의 한 결합을 의미하기도 한다. 그림 3.3에서 볼 수 있는 이온 화합물에서는 형성된 이온 결합의 수가 이온의 전하와 관계가 있음을 알 수 있다.

이산화규소는 수조 개의 규소 원자와 정확히 그 수의 두 배인 산소 원자가 (꽉 들어찬 삼차원 배열로) 큰 격자에 들어가 있는 좋은 예이다. 이 격자는 이온성이 아니라 각 규소–산소 결합이 공유결합이며 이산화규소는 **망상 공유결합 화합물**(network covalent compound)이라고 한다. 대부분이 광물인 이러한 화합물들은 매우 단단하고 녹는점과 끓는점이 매우 높다. 이산화규소(녹는점 2230℃)와 이산화탄소(녹는점 (–56.6℃)를 비교해보라.

한 원자가 가질 수 있는 결합의 수를 원자의 **원자가**(valence)라고 한다. 원자가는 가장 가까이 있는 비활성 기체의 안정한 최외각 전자 배열을 하기 위해 얻거나 잃는 전자의 수(둘 중 더 작은 수)와 같다. 우리가 언급한 화학반응의 원칙은 다음과 같다. 화학식은 원자의 원자가를 생각하면 쉽게 알아낼 수 있다.

서로 다른 원자들이 어떻게 상호작용하는가를 생각할 때 고려할 네 가지 원칙은 다음과 같다.

1. 원자들은 화학반응에서 더 안정한 전자배열을 하려고 한다.
2. 원자가 화합물을 형성하려는 경향은 원자의 최외각 전자의 배열에 의해 결정된다.
3. 화학반응으로 생긴 화합물은 전체적으로 보면 전기적으로 중성이다.
4. 원자가 형성하는 결합의 수와 그 결과 형성된 화합물의 화학식은 원자의 원자가와 관련이 있다.

예제 3.2

루이스 구조-공유결합 화합물

문 제 다음 분자의 루이스 구조와 구조식을 그려라.

a. HF 플루오린화수소는 유리 에칭과 반도체 집적회로 제조에 사용된다.

b. CH_4 메테인은 늪에서 발생하는 기체로 천연가스의 한 형태이다.

c. CO_2 이산화탄소는 대기의 중요한 구성인자로, 식물이 자라는 데 필요한 탄소의 공급원이다.

풀 이

a. 그림 3.5에서 볼 수 있듯이 수소는 1A족에 속하며 원자가전자 하나를 가지고 있다. 플루오린은 7A족에 속하며 원자가전자 일곱 개를 가진다. 수소와 플루오린은 짝짓지 않은 전자들 사이에 결합 하나를 형성하고 3개의 비공유전자쌍이 남는다. 반응은 루이스 구조로 다음과 같이 나타낼 수 있다.

플루오린화수소의 구조식은 간단히 H−F로 표시한다.

b. 네 수소의 원자가전자 하나씩이 탄소(4A족)의 짝짓지 않은 네 개의 전자와 네 개의 단일결합을 형성한다. 비공유전자쌍은 남아있지 않아 루이스 구조식과 구조식은 같다.

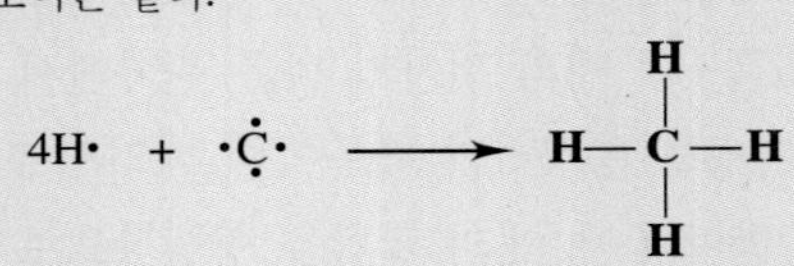

c. 산소는 여섯 개의 원자가전자를 가진 6A족 원소이다. 짝짓지 않은 전자 두 개가 탄소의 짝짓지 않은 두 개의 전자들과 짝을 이루어 각 산소 원자는 탄소와 이중결합을 이룬다.

이산화탄소의 구조식은 간단히 O=C=O로 쓴다.

확 인 문제는 형성된 화합물의 전자의 재배열이 더 안정한 구조를 이루었는가이다. 수소의 안정한 배열은 최외각에 두 전자를 갖는 비활성 기체인 헬륨과 비슷하다. 이 배치는 a. 플루오린화수소와 b. 메테인에서 이루어졌다. 더 큰 원자의 안정한 전자배치는 옥텟을 이루는 것이다. a. 플루오린화수소에서의 플루오린, b. 메테인에서의 탄소, c. 이산화탄소에서의 산소와 탄소는 네온과 같이 모두 안정한 옥텟을 이루었다. 이산화탄소에서 탄소는 이중결합을 하여 옥텟을 이룬다.

예제 3.3 루이스 구조 – 이온과 다원자 이온

문 제 다음 이온과 다원자 이온의 루이스 구조를 그려라.

a. Cs^+　　b. Cl^-　　c. CN^-
d. NH_4^+　　e. S^{2-}　　f. NO_3^-

풀 이

a. 세슘(Cs)은 1A족 금속이다. 최외각에 원자가전자 하나가 있으며 이온이 형성될 때 전자를 잃는다.

$$Cs\cdot \longrightarrow Cs^+ + e^-$$

b. 염소(Cl)는 7A족 비금속이다. 최외각에 일곱 개의 원자가전자가 있으므로, 이온이 형성될 때 전자 하나를 얻는다.

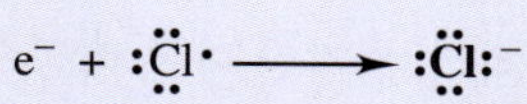

c. 탄소(C)는 4A족이므로 4개의 원자가전자가 있으며, 질소(N)는 5A족이므로 5개의 원자가전자가 있다. 이들 사이의 결합은 3중 공유결합이다. 질소는 이 결과로 안정한 옥텟을 형성한다. 그러나 탄소는 여전히 전자 하나가 부족하므로 옥텟이 되기 위해 전자 하나를 얻어서 −1의 전하를 갖는 다원자 이온을 형성한다.

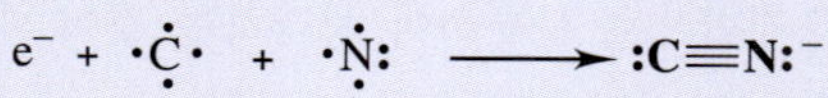

d. 네 수소 원자의 전자 하나씩이 질소와 단일결합을 형성한다. 이 과정에서 질소는 전자 하나를 내주고 +1의 다원자 이온을 형성한다.

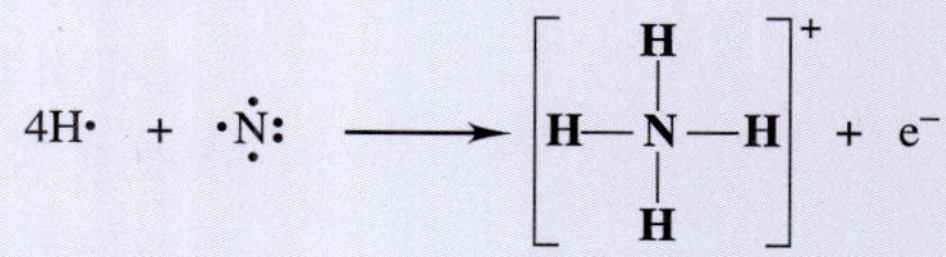

e. 황(S)은 6A족의 비금속이다. 최외각에 여섯 개의 원자가전자가 있으며 이온이 형성될 때 전자 두 개를 얻는다

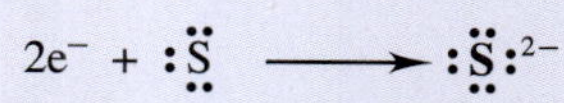

f. 질소는 5A족으로 5개의 원자가전자가 있다. 산소(O)는 6A족이며 최외각에 여섯 개의 전자가 있다. 질소와 산소 사이에는 단일결합 또는 이중결합이 존재하며 산소 하나를 제외하면 모두 안정한 옥텟을 이룬다. 이 산소는 전자 하나를 외부에서 받는다.

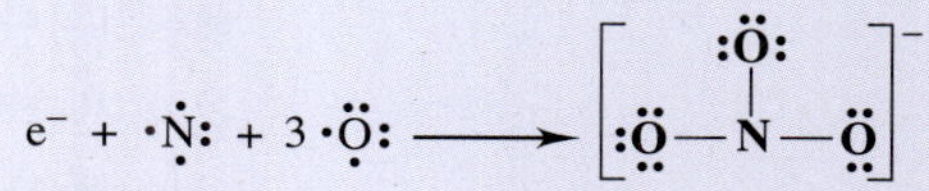

확 인 여기에서 보인 경우들에서 원자는 안정한 전자배열을 한다. 세슘과 염소의 경우 두 이온들이 결합하여 염화세슘(CsCl)의 이온성 화합물을 형성할 수 있다.

3.4 결합력

3.3절에서는 화합물의 형성에서 결합의 두 종류인 이온결합과 공유결합에 대해 논의하였다. "이온결합을 할지 공유결합을 할지 원자가 어떻게 아는가?"라는 질문을 자주 듣는다. 앞서 말했듯이 원자는 아무것도 모르며, 상호작용하여 가장 안정한 에너지 상태로 간다.

금속이 비금속과 반응할 때 가장 에너지가 낮은 상태는 일반적으로 전자가 이동되어 이온결합 화합물을 만들 때이다. 또 비금속이 다른 비금속과 반응할 때 가장 에너지가 안정한 상태는 전자를 공유하여 공유결합 화합물이 생성될 때이다. 형성된 화합물의 성질이 화합물을 유지하는 결합에 따라 좌우되기 때문에 이러한 구분은 중요하다. 공유결합은 분자를 형성한다. 분자 화합물들은 2개 내지 수천 개의 원자로 만들어진 분자들로 이루어져있다. 그러나 어떤 화합물들에서는 이온성 고체를 포함해서 수십억 개의 이온들이 삼차원 격자를 이루고 서로 결합되어 있다.

분자 화합물과 격자 화합물의 가장 명백한 차이는 물리적 성질이다. 분자 화합물들은 부드럽고 비교적 낮은 온도에서 녹거나 끓는다. 결정격자를 이루고 있는 화합물들은 딱딱하고 매우 높은 온도에서 녹고, 그보다 훨씬 높은 온도에서 끓는다. 화합물의 **녹는점**(melting point)은 고체 형태의 화합물이 액체로 되는 온도이다. 또한 화합물의 **끓는점**(boiling point)은 액체가 끓어 기체로 변하는 온도이다. 표 3.1에 주기율표의 두 주기의 원소들과 염소와의 화합물들의 녹는점과 끓는점을 나타내었다. 비금속인 염소와 금속과의 화합물들의 녹는점과 끓는점이 매우 높은 것을 주목하라. 하지만 다른 비금속과의 화합물들은 녹는점과 끓는점이 매우 낮다. 알루미늄과 염소의 화합물은 재미있는 중간적 성질을 갖는다. 많은 경우 이 물질은 이온결합 화합물처럼 행동하지만 어떤 면에서는 공유결합 화합물처럼 행동한다. 자연은 우리가 간단히 분류하는 것보다 훨씬 더 다양하게 존재한다. 실제로 결합의 형태는 다양하고 연속적이지만 경험 많은 화학자들에게도 화학결합을 이온결합과 공유결합으로 분류하여 생각하는 것이 매우 유용하다. 이제 물질의 화학적, 물리적 성질을 설명하기 위하여 화학결합을 좀더 깊이 살펴보기로 한다.

표 3.1 이온 결합과 공유결합의 비교

족*	1A	2A	3A	4A	5A	6A	7A
2주기 원소와 형성한 염소 화합물							
	LiCl	**Be**Cl_2	**B**Cl_3	**C**Cl_4	**N**Cl_3	**O**Cl_2	Cl**F**
녹는점(℃)	614	405	−107.3	−23	<−40	−20	−154
끓는점(℃)	1325	520	12.5	76.8	<71 (폭발)	3.8 (폭발)	−100.8
3주기 원소와 형성한 염소 화합물							
	NaCl	**Mg**Cl_2	**Al**Cl_3	**Si**Cl_4	**P**Cl_3	**S**Cl_2	$\mathbf{Cl_2}$
녹는점(℃)	801	708	192†	−70	−112	−78	−101
끓는점(℃)	1413	1412	183 (180℃에서 승화)	57.6	75.5	59 (분해)	−34.6

*굵은 글씨로 쓴 원소가 표 위에 있는 족에 속한다. 염소는 7A족 원소이다.

† $AlCl_3$가 녹으면 이온성 고체에서 공유결합성 액체인 Al_2Cl_6로 변한다. 이 결합의 변화 때문에 녹는점과 끓는점 사이의 관계가 특이하다.

전기음성도

결합을 형성하는 원자가 결합된 다른 짝으로부터 전자를 끌어당기는 능력을 **전기음성도** (electronegativity)라는 수로 표시한다. 전기음성도가 클수록 원자가 전자를 끌어당기는 능력이 좋은 것이다. 그림 3.7과 3.8을 보면 비금속이 금속보다 전기음성도가 크고, 주기율표의 위에 있는 원소가 아래쪽에 있는 원소보다 전기음성도가 큼을 알 수 있다. (전기음성도는 비활성 기체에서는 정의되지 않는다.) 이 경향을 기초로 하면 플루오린이 전기음성도가 가장 큰 원소이다. 이것은 플루오린이 화합물을 형성할 때 전자를 가장 잘 끌어당긴다는 뜻이다.

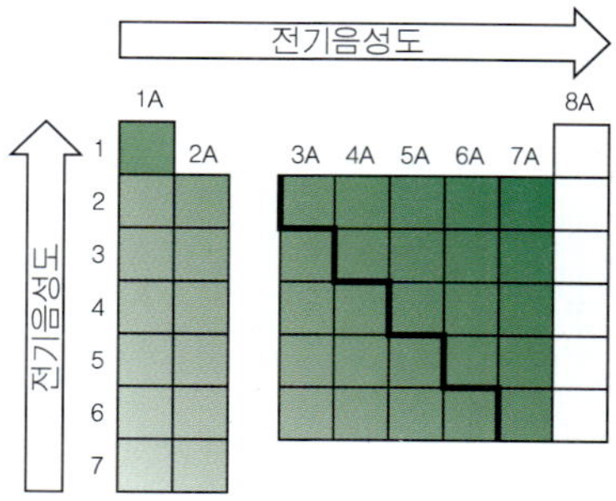

그림 3.7 전형원소의 전기음성도 경향을 보여주는 주기율표의 일부

이온결합 화합물들은 결정을 끊기 위해서 온도가 높아야 하기 때문에 녹는점과 끓는점이 높다. 반면에 공유결합 화합물들은 분자들 사이의 인력을 극복하는 데 비교적 적은 에너지를 사용하므로 녹는점과 끓는점이 훨씬 낮다. 예를 들어 염화나트륨 (NaCl)과 아세트산 (CH_3COOH)은 화학식량이 거의 비슷하지만 NaCl은 이온성 화합물이고 CH_3COOH은 공유결합 화합물이므로 성질은 매우 다르다.

NaCl :	녹는점 601°C	끓는점 1413°C
CH_3COOH :	녹는점 −93.35°C	끓는점 56.2°C

표 3.1은 주기율표의 두 주기에 있는 원소와 염소와의 화합물들의

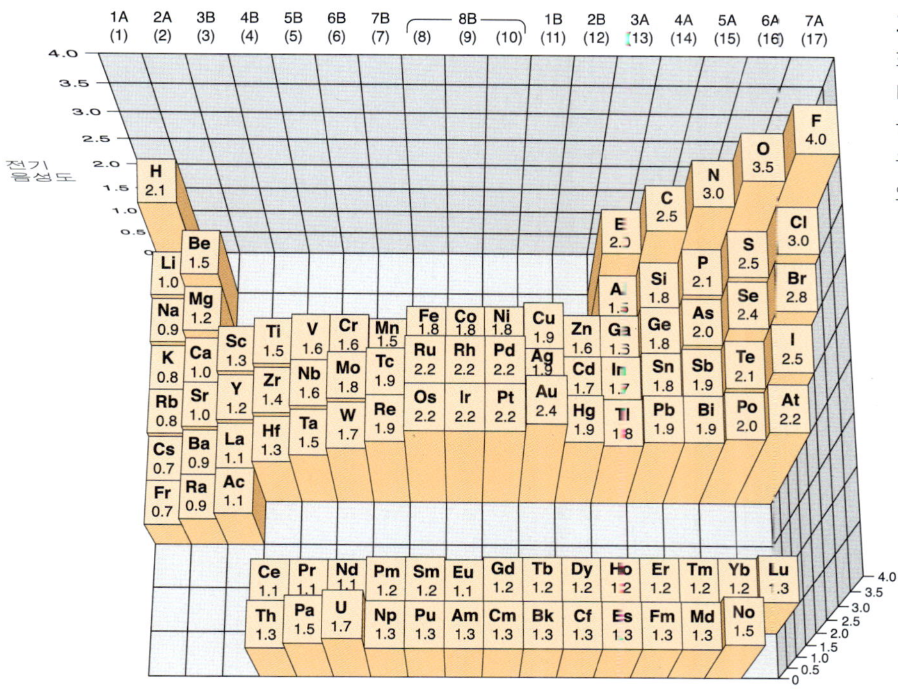

그림 3.8 전기음성도가 큰 원소들은 화합결합에서 전자를 많이 끌어당긴다. 같은 족에서 전기음성도는 주기율표의 아래로 갈수록 감소하며, 같은 주기에서 전기음성도는 왼쪽에서 오른쪽으로 갈수록 감소한다.

녹는점과 끓는점을 비교한 것이다. 주기율표의 왼쪽에 있는 금속과는 이온결합을 형성하고, 오른쪽에 있는 비금속과는 공유결합을 형성한다. 표 3.1에서, 한쪽에서 다른 쪽으로 이동할 때 숫자의 변화를 주목하라. 염화붕소(BCl_3)와 염화알루미늄($AlCl_3$)이 재미있는 경우인데, 이 원소들은 준금속이다.

공유결합은 전자쌍으로 이루어진다. 일반적으로 결합되는 원자들은 전자를 하나씩을 내놓아 쌍을 이룬다. 하지만 항상 그러한 것은 아니다. 비공유전자쌍이 하나 있는 NH_3 분자와 중심 붕소 원자에 전자가 6개밖에 없는 BF_3 분자가 만났을 때를 생각해보자.

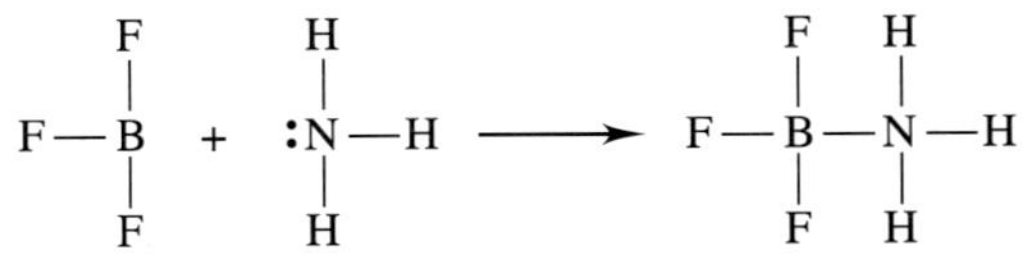

생성물의 붕소-질소 결합은 일반적인 공유결합이지만 두 전자는 모두 질소로부터 나온 것이다. 이러한 경우처럼 한 원자로부터 전자 두 개가 모두 나와서 결합하는 것을 배위 공유결합이라고 한다.

예제 3.4 전기음성도와 결합 I

문 제 전기음성도의 차이가 큰 서로 다른 두 원자로 이루어진 이원자 화합물을 형성하기 위하여 어떤 두 원자를 고르면 되겠는가? 이 화합물의 화학식은 무엇인가? 형성된 결합의 성질은 어떻겠는가? 이 화합물에서 원자를 묶는 힘은 무엇이겠는가?

풀 이 가장 전기음성도가 큰 원소는 플루오린으로 4.0이다(그림 3.8). 가장 전기음성도가 작은 것은 세슘과 프랑슘으로 둘 다 0.7이다. 프랑슘은 별로 많이 존재하지 않으므로 일반적으로 플루오린화세슘(CsF)이 가장 전기음성도 차이가 큰 화합물이다. 이것은 이온 결합의 한 예이다. 이온을 묶는 힘은 정전기적 힘이라고 한다.

확 인 1A족인 세슘은 +1의 이온을 형성하고 7A족인 플루오린은 −1의 이온을 형성한다. Cs^+와 F^-의 결합은 CsF이 된다. 세슘 이온의 양전하는 플루오린화 이온의 음전하를 끌어당긴다.

예제 3.5 전기음성도와 결합 II

문 제 전기음성도가 2.5로 중간 정도인 탄소는 수백만 개의 다른 유기 화합물의 구성원소이다. 탄소가 a. 전기음성도가 좀더 큰 원소 b. 전기음성도가 더 작은 원소와 결합된 공유결합성 물질을 생각해 보라.

풀 이 a. CCl_4 사염화탄소는 드라이클리닝과 소화기에서 사용된다.

b. CH_4 메테인은 늪기체이다.

검 토 C의 전기음성도는 2.5로 Cl (3.0)보다 작지만 H (2.1)보다 크다.

극성 공유결합-전자의 불균등 공유

원자들이 공유결합되어 있을 때 두 원자가 같을 때에만 결합 내의 전자들이 균등하게 공유된다. 이것은 전자의 균등한 공유는 O_2, O_3, H_2, Cl_2와 같이 같은 원소로 이루어진 공유결합 화합물에서만 일어난다는 의미이다. 화합물에 존재하는 많은 공유결합에서 전자는 서로 다른 원자들 사이에 불균등하게 공유된다. 이렇게 되는 이유는 각 원자의 구조가 서로 다르고, 양성자와 전자의 수가 서로 다르기 때문이다. 이러한 차이는 어떤 원자가 다른 원자보다 공유된 전자를 더 잘 끌어당긴다는 것을 의미한다.

전기음성도가 약간 다른 두 원자가 공유결합을 이르고 있을 때 결합은 전자의 불균일한 분포로 인하여 극성을 띤다. 극성을 띤다는 것은 전자를 더 잘 끌어들이는 원자 주위로 음전하를 띠는 부분을 가지고, 전자를 덜 끌어들이는 원자 중심으로 양전하를 띠는 부분을 가진다는 말이다. 이렇게 전자를 불균등하게 공유하는 결합을 **극성 공유결합**(polar covalent bond)이라고 한다.

극성 공유결합에서 각 극의 부분전하는 그리스 문자 δ(델타)로 표시하고 그 뒤에 전하에 따라 플러스 또는 마이너스 기호를 붙여 δ^+, δ^-로 나타낸다. 그림 3.9에는 몇 가지 일반적인 극성 공유결합을 표시하였다. 염화수소는 극성 공유결합의 좋은 예이다. 극성 결합에 의하여 유지되는 분자의 δ^+, δ^- 부분들은 분자들이 참여하는 화학반응에 큰 영향을 미친다.

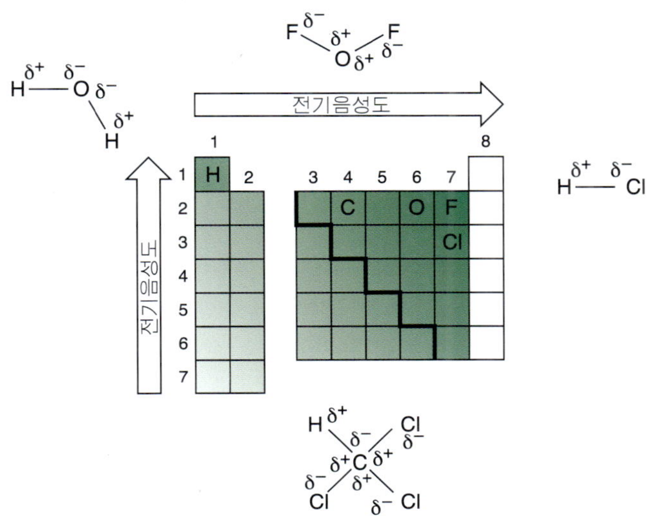

그림 3.9 극성 공유결합을 가지고 있는 몇 가지 분자들

극성 분자와 비극성 분자

분자 내의 극성 공유결합은 때로 분자 내의 양전하와 음전하의 중심이 서로 다르게 위치하게 한다. 이러한 분자를 **극성 분자**(polar molecule)라고 한다. 극성 분자들은 비극성 분자들과 뚜렷이 다르게 행동한다. 7장에서 다루겠지만 물(H_2O)은 가장 극성인 분자 중의 하나로, 독특한 그 특징 때문에 지구에서 생물이 발전한 방향이 결정되었다. 물이 극성 분자라는 극적인 예는 **끓는점**(boiling point)이 100°C라는 것이다. 물이 끓을 때 열에너지에 의해 물 분자들 사이의 인력이 끊어진다. 물 분자의 부분전하는 한 분자 내의 산소와 수소 사이의 인력뿐만 아니라 분자들 사이의 인력으로도 작용한다(그림 3.10). 비극성 분자에서는 분자 간 인력이 훨씬 더 약하다. 물이 극성이 아니어서 서로 잘 끌리지 못하였다면 물 분자들을 떨어뜨리는 데 필요한 에너지도 훨씬 적게 들었을 것이고 물의 끓는점도 낮아졌을 것이다. 끓는점이 낮으면 지구상의 물은 기체의 형태(수증기)로 증발해 있을 것이다. 물이 극성이기 때문에 지구에는 바다, 강, 호수가 존재하고 그 때문에 생물이 존재한다.

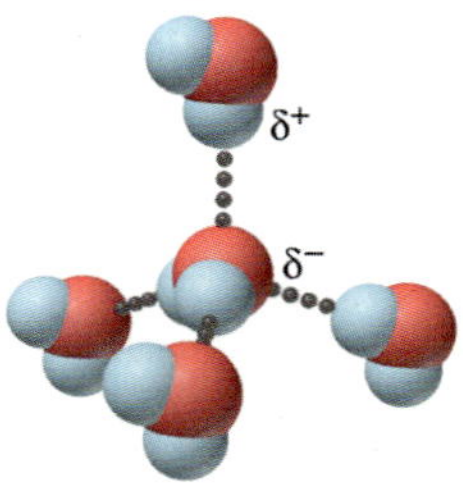

그림 3.10 물은 물 분자 사이의 인력으로 끓는점이 비교적 높다.

지금까지 다룬 공유결합 물질은 굉장히 작은 분자들이다. 4장에서 보듯이 우유병에 쓰이는 폴리에틸렌, 단백질, 녹말 같은 물질들은 수천 개의 원자로 이루어진 공유결합 물질이다. 다이아몬드, 석영, 카보런덤, 규소 원소와 같이 훨씬 더 큰 공유결합 물질도 있다. 이러한 물질은 실제로는 분자를 형성하는 것이 아니다. 다이아몬드 안에 있는 모든 탄소 원자는 큰 그물망 모양으로 서로 공유결합되어 있다(그림 3.11). 서로 다른 다이아몬드 분자들이 포개져있는 것이 아니다. 이 "망상 공유결합 고체"들은 녹는점이 높고 화학적으로 안정하다는 공통된 성질을 갖는다.

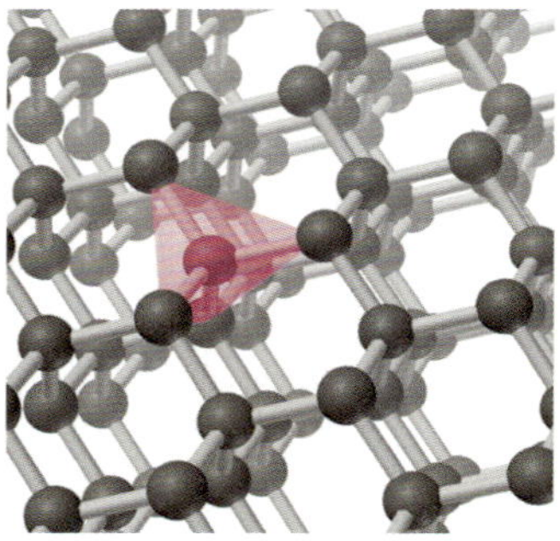

그림 3.11 다이아몬드의 탄소 원자는 각 원자를 둘러싼 정사면체의 꼭지점에 위치한, 이웃한 네 개의 원자들과 결합한다. 한 다이아몬드에 있는 모든 원자들은 큰 망상으로 공유결합 되어있다.

금속결합–전자의 바다

금속 내에서 금속 원자의 결합은 지금까지 우리가 다루었던 결합의 형태와는 다소 다르다. **금속결합**(metallic bonding)에서는 원자의 최외각 전자들이 금속 구조 전체에 걸쳐서 공유한다. 즉, 최외각 전자들은 공유결합에서처럼 특정 쌍에 공유되거나 한 원자에서 다른 원자로 이동하지 않는다. 대신에 전자들은 한 원자에서 다른 원자로 자유롭게 이동한다. 전자는 수백만 개의 원자에 똑같이 속해 있다.

금속의 구조를 보여주는 좋은 방법은 금속의 핵과 내부 전자로 이루어진 "핵심"이 자유롭게 이동할 수 있는 최외각 전자의 바다 위에서 가능한 한 잘 쌓여있는 것을 상상하는 것이다(그림 3.12). 금속 안에서 이 전자의 바다는 금속 원소들이 좋은 전기전도체인 이유를 설명해준다. 전류는 단순히 말하면 한 장소에서 다른 장소로의 전자의 흐름이다. 구리선과 같은 금속 조각의 한 끝이 음으로 대전되고 다른 끝이 양으로 대전되면, 전자는 전류 내에서 음의 끝에서 양의 끝으로 금속을 따라 흐를 것이다. 거의 모든 전기선은 구리선이지만 컴퓨터 부품을 붙이는 전기접촉은 부식을 막기 위해 금으로 도금되어 있다.

지금까지 이온결합, 공유결합, 금속결합의 세 종류의 화학결합을 살펴보았다. 이러한 결합들은 생물과 무생물들에서 발견할 수 있다. 결합의 종류를 세 가지의 서로 다른 결합으로 나누어도 실제로 이들은 모두 전자들이 본래의 원자에서 떠나서 다른 원자와의 결합에 사용된다는 점에서 서로 관련이 있다.

이제 우리는 화학결합을 이해하는 데 합리적인 출발을 시작하였다. 결합은 화합물이라는 큰 물질로 원자가 결합하는 것이다. 우리가 모든 원소의 이름을 부르는 것처럼 수백만 가지의 화합물의 이름을 붙일 수 있다. 이온결합 화합물은 공유결합 화합물과 약간 다른 명명법을 사용하며 유기 화합물들은 완전히 다른 명명법을 사용한다. 이 교재의 나머지 부분을 이해하기 위하여 우리가 다룰 물질의 이름을 어떻게 붙이는지에 대하여 이야기할 필요가 있다. 이 이름 붙이는 법칙을 화합물 명명법(chemical nomenclature)이라고 한다.

금속 결합

그림 3.12 나트륨에서의 금속결합. 많은 나트륨 원자가 같이 모여있다. 나트륨 금속의 핵과 내부전자들은 서로 가까이 위치해있고 움직일 수 있는 최외각 전자들이 바다처럼 둘러싸고 있다.

3.5 이름의 의미, 화학 명명법

이름에는 어떤 의미가 있는가? 한국에서는 성이 먼저 온다. 미국에서는 이름이 먼저 오고 성이 나중에 온다. 멕시코에서는 아이의 이름에 부모의 성을 모두 쓴다.

세계적으로 각 문화는 가족사와 연결을 유지하는 고유의 방법을 가지고 있다. 우리는 가족들의 이름에서 가족에 대한 정보를 얻는다. 같은 방법으로 화합물의 이름에서 화합물에 대한 정보를 알 수 있다. 중요한 차이점은 이름에서는 사람의 행동에 대해 알 수 없다는 것이다. (예를 들어 이름이 록키라고 해서 권투선수일 필요는 없다. 학교 선생님일 수도 있다). 그러나 화합물의 이름을 알면 화합물의 조성에 대하여 매우 많은 것을 알 수 있다. 조성과 결합을 이해하면 행동에 대하여 많은 것을 알 수 있다. 어떤 화합물의 이름은 매우 길고 복잡하다. 그러나 우선 하나의 성과 하나의 이름을 가지는 기본적인 물질부터 시작해 보자. 어떤 화합물이 두 원소로 이루어져있다면 **이성분 화합물**(binary compound)이라고 부른다.

이성분 염

이성분 염(binary salt)은 두 원소로 이루어진 화합물의 예이다. 이들은 양전하를 띤 이온과 음전하를 띤 이온으로 이루어진 이온성 화합물이다. 양전하를 띤 이온을 **양이온**(cation), 음전하를 띤 이온을 **음이온**(anion)이라고 한다.

염화나트륨(NaCl)은 음식을 양념하는 데 사용되는 소금으로 가장 잘 알려진 염이다. 양이온은 나트륨 이온(Na^+)이고 음이온은 염화 이온(Cl^-)이다. 플루오린화칼슘(CaF_2)도 이성분 염이다. 양이온은 칼슘 이온(Ca^{2+})이고 음이온은 플루오린화 이온(F^-)이다.

이성분 염의 우리말 이름에서 양이온의 이름이 나중에 나오며, 원소의 이름은 그냥 사용한다. 위의 예에서 나트륨이나 칼슘이다. 음이온은 화합물의 이름에서 먼저 쓰는데, 원소의 이름에 '−화'를 붙인다. 염소로부터 염화, 플루오린으로부터 플루오린화라고 한다. 그러면 리튬과 산소로 이루어진 염의 이름은 어떻게 될까? "산화리튬"이라고 쓸 수 있다.

나트륨은 항상 +1의 산화상태라는 +1의 전하를 갖는 이온을 만든다. **산화**(oxidation)란 하나 이상의 전자를 잃는 과정을 말하며, 따라서 나트륨은 이온이 될 때 산화된다. 칼슘은 항상 +2의 산화상태인 +2의 전하를 띤 이온을 만든다.

1B~8B족의 많은 전이금속들은 환경에 따라 서로 다른 산화상태의 이온을 형성할 수 있다. 예를 들어 철 원자는 각각 +2와 +3의 산화상태인 Fe^{2+}와 Fe^{3+}이온을 형성할 수 있다. 철 이온이 들어있는 화합물의 이름을 붙일 때는 철 이온이 어느 상태에 있는지 표시하는 방법이 필요하다. 이것은 다음과 같이 로마자로 표시한다.

Fe^{2+}는 철(II), Fe^{3+}는 철(III)

따라서 염화철(III)이라는 화합물은 Fe^{3+} 이온을 가지며 화학식은 $FeCl_3$이다. 이 화학식을 예측할 수 있을까? 염화 이온은 항상 Cl^-이기 때문에 전체적으로 전기적 중성인 화합물을 형성하기 위하여서는 철(III)의 +3 전하를 맞추기 위해 3개의 염화 이온이 필요하다.

산화구리(II)는 Cu^{2+}를 가지고 있고 산화 이온은 항상 O^{2-}이므로 화학식은 CuO이다.

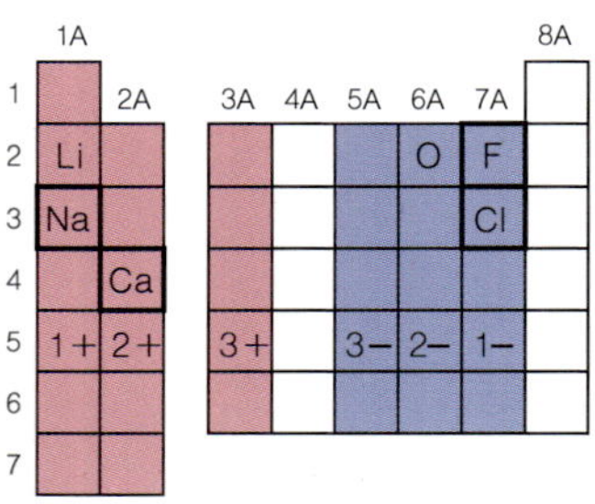

양이온(+)		음이온(−)	
+1	리튬	산화	−2
+1	나트륨	염화	−1
+2	칼슘	플루오린화	−1

그림 3.13 양이온과 음이온의 표

다원자 이온을 가진 염

다원자 이온은 2장에서 다루었다(표 2.1). 다원자 음이온이나 양이온을 가진 화합물을 이름 붙일 때 다원자 이온의 전체 이름을 사용한다. 예를 들면 다음과 같다.

$Ca(OH)_2$는 수산화칼슘이고 NH_4Cl은 염화암모늄이다.

이성분 공유화합물

이성분 공유화합물은 서로 다른 원자를 가지는 공유결합으로 이루어진 화합물이다. 이 화합물들은 일반적으로 두 비금속 원소로 이루어진다 일반적으로 전기음성도가 더 큰 원소 이름부터 시작한다. 예를 들어 CS_2는 이황화탄소로, 황부터 이름을 시작한다. 전기음성도가 더 큰 원소는 항상은 아니지만 주기율표에서 더 오른쪽에 있는 원소이다. 그 다음 다른 원소의 이름을 붙인다. 때로는 표 3.2에 있는 접두사를 원소의 숫자에 따라 붙이기도 한다.

화합물에서 두 번째 원소의 원자가 하나뿐인 경우에 만 하나를 뜻할 때 "일"이라는 접두어를 붙이고 다른 경우에는 원자가 하나뿐일 때 원소의 이름만 적는다. 탄소와 수소로 이루어진 유기 화합물의 명명법은 6장의 특별한 명명법을 따른다.

이런 체계적인 방법으로 이름 붙이지 않는 화합물도 많다. 예를 들어 표 3.2에 있는 B_5H_9는 펜타보레인, Si_3H_9는 트라이실레인이라고 부른다. 또한 일산화이수소라고 부를 수 있는 화합물은 실제로 항상 물이라고 부른다.

이름에서 화학식 구하기

화합물의 이름에서 화학식을 알아내는 방법은 화합물을 구성하는 원소의 이름을 포함하는 화학적 이름을 인식하는 것이다. 접두어나 숫

표 3.2 화학명명법에서 주로 사용되는 접두어

접두어	값	예	화합물명
일(mono)	1	CO	일산화탄소(carbon monoxide)
이(di)	2	SO_2	이산화황(sulfur dioxide)
삼(tri)	3	NI_3	삼아이오딘화질소(nitrogen triiodide)
사(tetra)	4	CCl_4	사염화탄소(carbon tetrachloride)
오(penta)	5	PCl_3	오염화인(phosphorous pentachloride)
육(hexa)	6	Si_2Cl_6	육염화이규소(disillicon hexachloride)
칠(hepta)	7	IF_7	칠플루오린화아이오딘(iodine heptafluoride)
팔(octa)	8	Si_3H_8	팔수소화삼규소(trisilicon octahydride)
구(nona)	9	B_5H_9	구수소화오붕소(pentaboron nonahydride)
십(deca)	10	P_4O_{10}	십산화사인(tetraphosphorus decoxide)

예제 3.6 이성분 염의 명명법

문 제 다음 이성분 염을 명명하라. 타이타늄과 철은 전이원소로 여러 산화상태의 이온을 형성하여 반응한다. 타당한 산화상태를 알아내어 로마자로 산화상태를 표시하라(힌트 : 음이온의 전하를 먼저 결정하고 화합물이 중성임을 이용한다).

a. KCl b. TiO_2 c. Fe_2O_3

풀 이

a. 칼륨은 1A족 원소로 이 염의 금속이며 나중에 쓴다. 염소는 음이온이므로 염화라고 쓴다. 따라서 이 화합물의 이름은 염화칼륨이다. 저염소금에 사용된다.
b. 타이타늄은 4B족 금속으로 지표에 니켈이나 구리보다 더 많다. 타이타늄은 산소와 결합할 경우에도 여러 가지 산화상태로 존재한다. 예를 들어 TiO에서는 Ti^{2+}, Ti_2O_3에서는 Ti^{3+}, TiO_2에서는 Ti^{4+}이다. 여러 가지 산화상태가 가능하므로 어느 상태인지 알아야 한다. 따라서 이름에는 산화상태를 로마자를 써서 산화타이타늄(IV)로 써야하며 페인트와 종이에 흰 염료로 사용된다.
c. 철은 8B족 금속이다. 대부분의 전이금속들은 둘 이상의 산화상태를 가진다. 철의 여러 산화상태 때문에 로마 숫자로 산화상태를 표시해야 한다. 이 화합물의 이름은 산화철(III)으로 가장 좋은 철광석이며 철로 된 공구들이 습기에 노출될 때 생기는 녹이다.

예제 3.7 다원자이온이 있는 화합물

문 제 다음 화합물의 이름을 써라.

a. $BaSO_4$ b. $Fe(OH)_3$ c. $(NH_4)_2Cr_2O_7$

풀 이 이성분 염의 이름처럼 음이온을 먼저 쓰고 양이온을 쓴다. 여기서 중요한 것은 다원자이온의 전하를 아는 것이다. 필요하면 암기하라. 이것이 다른 원자의 전하를 결정한다.

a. 황산 이온은 −2의 전하를 가진다. 바륨은 2A족 금속으로 화합물에서는 항상 +2의 전하를 가진다. 결합된 화합물의 이름은 황산바륨이다. 위장이나 소장의 엑스선 촬영을 하는 환자에게 먹여 그 내장의 구조를 투시한다.
b. 수산화 이온은 −1의 전하를 갖는다. 세 개의 음이온이 있기 때문에 전체 음전하는 $-1 \times 3 = -3$이다. 따라서 철 이온은 +3의 양전하를 갖는다. 이것은 전이금속에서는 합리적이다. 이 화합물은 수산화철(III)이며 물의 정화와 붉은색 염료에서 사용된다.
c. 이 경우 두 가지 다원자 이온이 사용되었다. 화학식이 길어서 어려워보이지만 각 이온의 전하가 한 가지밖에 가능하지 않기 때문에 이름은 어렵지 않다. 암모늄 이온은 +1, 중크롬산 이온은 −2의 전하를 갖는다. 이 화합물의 이름은 중크롬산암모늄이다. 이 화합물은 사진제판과 불꽃제조에 사용된다.

자는 원자의 수를 나타낸다. 이 지식을 이용하여 화학식을 알 수 있다.

예를 들어 질소화마그네슘의 화학식을 결정해보자. 마그네슘은 2A족이며 따라서 전자 두 개를 잃어 Mg^{2+} 이온이 된다. 질소는 5A족이며 전자 3개를 얻어 N^{3-}가 된다. Mg^{2+}가 N^{3-}와 결합하는 가장 간단한 방법은 마그네슘 이온에 의하여 생긴 +6의 전하가 두 질소화 이온에 의한 −6과 중화되는 Mg_3N_2이다. 다음 교차법을 사용하여 화학식을 얻을 수 있다.

1. 각 이온들의 전하를 계산한다.
2. 이 값을 서로 다른 원소에 준다 (교차).
3. 이 값을 화학식에서 첨자로 사용한다.

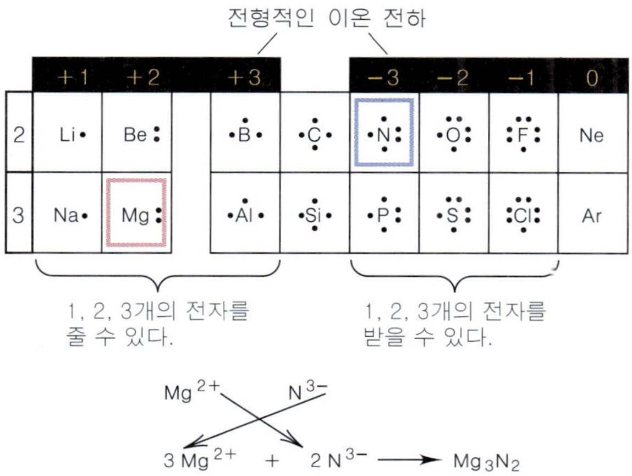

여기서 할 일은 관련된 원자의 원자가를 계산하여 교차하는 것이다. 공유결합성 화합물도 이온을 형성하지는 않더라도 이온결합성 화합물과 같은 원자가의 법칙을 따라 같은 방법을 이용한다. 다원자로 이루어진 이온의 원자가는 양이온이건 음이온이건 그 이온의 전하와 같다. 그러나 여기서 경고할 것은 이 교차법이 대부분의 경우에 맞지만 항상 올바른 화학식을 주는 것은 아니라는 것이다.

명명하는 능력을 개발하는 가장 좋은 방법은 가능한 한 자주 책에서 보는 화학식을 명명하고 화학식을 적는 것이다. 화합물을 아는 것은 사람을 아는 것과 같다. 자주 볼 때마다 더 친근해진다.

예제 3.8 이성분 공유화합물의 명명법

문 제 다음 화합물의 이름을 써라.

a. CO_2　　b. P_2O_5　　c. BrF_3

풀 이 왜 원소들이 주어진 순서로 되어 있는지 알려면 전기음성도에 대한 지식이 필수적이다.

a. 탄소가 산소보다 전기음성도가 작기 때문에 산소보다 앞에 적는다. 이름은 이산화탄소로, 공기의 한 성분이며 식물이 자라기 위하여 필요하다.

b. 산소가 전기음성도가 더 크고 다섯 개의 산소가 두 개의 인과 결합하기 때문에 오산화이인이다. 실제 화학식은 P_4O_{10}이지만 가장 간단한 비인 P_2O_5가 주로 쓰인다. 이 화합물은 인이 포함된 물질이 탈 때 생성된다.

c. 플루오린은 전기음성도가 가장 큰 물질이므로 같은 7A족인 브로민보다 뒤에 위치한다. 플루오린 3개와 브로민 1개를 가진 이 화합물은 삼플루오린화브로민이다. 이 물질은 다른 플루오린화물의 용매로 사용된다.

예제 3.9 **이름으로부터 화학식 결정**

문제 다음 각 화합물의 식을 써라.

a. 염화나트륨
b. 플루오린화칼슘
c. 질산철(Ⅲ)

풀이 우리말로 된 화학식의 처음은 비금속이나 원자단으로 이루어진 음이온, 두 번째 부분은 금속으로 된 양이온을 나타낸다. 다음 할 일은 양이온과 음이온의 산화상태를 결정하는 것이다. 양이온과 음이온이 여러 산화상태가 가능하면 어느 것이 옳은 것인지 결정하여야 한다.

a. 나트륨은 1A족 금속이므로 Na^+로 존재한다. 따라서 염소의 산화상태는 -1, 즉 Cl^-이다. 중성인 화합물의 식은 NaCl이다.
b. 플루오린화칼슘의 두 원소는 Ca^{2+}와 F^-의 한 산화상태로만 존재한다. 따라서 화학식은 CaF_2이며 강철을 만들 때 다량 사용된다.
c. 이 화합물은 3가의 철(Fe^{3+})을 가지고 질산 음이온은 -1의 산화상태로 존재하므로, 전기적 중성인 화합물을 만들려면 질산 이온 3개와 철 이온 1개가 결합하여야 한다. 따라서 화학식은 $Fe(NO_3)_3$이며 이 화합물은 실크 같은 옷감에 염료가 결합하는 것을 도와준다.

정리

컴퓨터의 구조와 기능에는 이온성 화합물, 공유결합 화합물, 금속 화합물들이 이용된다. 화학결합은 데이터를 저장하는 능력(Fe_2O_3), 전기를 흐르게 하는 능력(구리와 금), 컴퓨터 논리의 기초인 수학적 연산(규소에 기반한 반도체)에 직접 관계가 있다. 이 장에서 우리는 화학결합의 본질과 화합물의 이름을 짓는 기본 법칙에 대하여 알아보았다. 이제 현대 화학을 연구하기 위해 필요한 화학의 단어들과 원칙들에 대하여 충분히 배웠다. 계속해서 재활용의 중요성과 다른 중요한 화학 법칙들에 대하여 배워나가도록 하자.

연습문제

1. 다음 원자들이 비활성 기체의 전자 배치를 가지기 위해서는 얼마나 많은 전자를 잃거나 얻어야하겠는가? Li, P, I, O, Mg, B, H

2. 이온 결합과 공유결합 물질 사이의 차이점에 대해 기술하라. 전형적인 화합물을 나타내고 각 결합을 잘 형성할 것 같은 화합물의 종류도 써라.

3. 왜 NaCl 에서 각 나트륨 원자 주위에는 여섯 개의 염소 원자가 있는 반면 CsCl에서는 각 세슘 원자 주위에 8개의 염소 원자가 있는지 논해 보아라.

4. 다음 원소들 중 어느 것이 이온화합물에서 양이온이 되겠는가? 또 음이온이 되는 것은 어느 것이겠는가?
a. Na b. Cl c. P d. S e. Mg
f. Fe g. Cu h. Sr i. La j. F

5. 어떤 종류의 원자들의 결합이 공유결합을 형성하겠는가?

6. 어떤 종류의 원자들의 결합이 이온결합을 형성하겠는가?

7. 다음 각 물질에서 가장 중요한 결합이 무엇인지 밝혀보아라.
a. KCl b. SO_2 c. HNO_3 d. MgO

8. 다음 각 물질에서 가장 중요한 결합은 무엇이겠는가?
a. Cu b. $CaCO_3$ c. RbBr

9. 어느 원소가 가장 전자를 쉽게 잃겠는가?

10. 왜 1A족은 전자 하나를 쉽게 잃는가?

11. 원자와 그로부터 만들어지는 이온의 상대적인 크기에 대하여 써라.

12. 다음 각 물질을 크기가 커지는 순서로 나열하라.
a. Ca Sr
b. Na Al
c. Na K Na^+
d. P^{3-} Cl^- Ca^{2+}

13. 다음 각 이온의 루이스 점 구조를 그려라.
a. Na^+ b. Br^- c. Cl^- d. OH^- e. CN^-

14. 다음 각 분자의 루이스 점 구조를 그려라.
a. H_2O b. NH_3 c. HCl d. CH_2O

15. 다음 각 다원자 이온의 루이스 점 구조를 그려라.
a. CO_3^{2-} b. NO_3^- c. NH_4^+ d. SO_4^{2-}

16. 다음 화학식을 갖는 분자의 가능한 루이스 점 구조식을 모두 그려라.
a. $C_3H_6Cl_2$ b. C_4H_{10} c. C_3H_6 d. $C_2H_6O_2$

17. 다음 화학식을 갖는 분자의 가능한 루이스 점 구조식을 모두 그려라.
a. C_2H_6O b. C_3H_7F c. $C_2H_4Cl_2$ d. C_3H_4

18. 다음 각 원자의 루이스 점 구조식을 그려라.
a. Li b. C c. F d. N e. O

19. P, S, 그리고 Cl과 이들 아래에 있는 비금속 원소들은 종종 다섯 개 이상의 원자와 결합을 형성한다. 다음 각 화합물의 루이스 점 구조식을 그려라.
a. PCl_5 b. SF_6 c. ClF_5

20. 구조화학자들은 B_2H_6의 구조가 두 수소 원자가 두 붕소 원자 사이에서 공유되어 있음을 알고 놀랐다. 이 화합물의 전자 점 구조를 그려라.

21. 다음 원자들을 한 번씩만 사용하여 세 가지 안정한 분자를 만들어라.
H, H, Cl, Cl, Cl, Cl, N, Br, O, C, I, F

22. 다음 화합물의 루이스 선 구조식을 그려라.
NaCl, LiCl, $MgCl_2$, K_2O, $AlCl_3$

23. 전자의 배치를 고려하여 다음 분자에서 올바른 x값을 구하여라.
CCl_x, $CHCl_x$, CH_xCl_x

24. 다음 화합물 중 어느 것이 공유결합성이고 어느 것이 이온결합성인가?
HCl, NaCl, CCl_4

25. 단일 공유결합에는 몇 개의 전자가 있는가?

26. 다음 각 원자는 몇 개의 공유결합을 형성하는가?
H, B, C, N, S, I, He

27. CCl_5 분자는 가능한가, 가능하지 않은가? 그 이유는 무엇인가?

28. H, Na, C, B, Cl, Ar, Mg, N, Br 원자 중 공유결합을 형성하지 않는 원자들은 무엇인가?

29. 다음 각 분자의 루이스 구조식을 그려라.
BF_3, H_2O_2, KBr, H_2S

30. 중성인 칼슘과 염소의 루이스 구조를 그려라. 전자를 이동시켜 올바른 이온을 표시하여 염화칼슘의 루이스 구조를 그려라. 또 이동한 전자를 표시하여라.

31. NaCl과 포도당($C_6H_{12}O_6$) 중 어느 것이 녹는점이 더 높겠는가? 그 이유는 무엇인가?

32. 칼슘과 플루오린 사이의 화합물의 화학식을 예측하라. 어느 형태의 결합이 이루어지겠는가?

33. 나트륨과 산소의 화합물의 화학식을 예측하라. 어느 형태의 결합이 이루어지겠는가?

34. 염소와 한 개의 탄소 사이의 화합물의 화학식을 예측해 보아라. 어느 형태의 결합이 이루어지겠는가?

35. 사이안화수소(HCN) 분자의 전자 점 구조식을 그려라.

36. 클로로폼($CHCl_3$) 분자의 전자 점 구조식을 그려라.

37. 규소 1000개당 1개가 비소이면 100 그램의 규소당 몇 그램의 비소가 들어가겠는가?

38. 다음의 짝 중 어느 원자가 전기음성도가 더 큰가?
a. Na 또는 C
b. P 또는 O
c. H 또는 He
d. Cl 또는 F

39. HCl 분자에서 공유결합의 전자들은 H와 Cl 중 어느 쪽에 더 가까이 있겠는가? 그 이유는 무엇인가?

40. 극성 결합을 할 수 있는 이원자 분자의 예를 두 쌍만 들어보라. 비극성 이원자분자의 예도 두 쌍만 들어라.

41. δ^+, δ^-를 포함하는 분자를 하나 그려라. 부분전하가 없는 분자도 하나 그려라.

42. 물이 왜 부테인 C_4H_{10}보다 끓는점이 높은지 설명해 보아라.

43. 전기 전도체를 만들 필요가 있다. 주기율표의 어느 원소를 고르겠는가? 그 이유는 무엇인가?

44. 다음의 이온으로 이루어진 이온성 화합물의 화학식을 써라.
a. K^+와 SO_4^{2-} b. Mg^{2+}와 NO_3^-
c. Fe^{3+}와 O^{2-} d. Li^+와 PO_4^{3-}

45. 다음의 이온으로 이루어진 이온성 화합물의 화학식을 써라.
a. Ca^{2+}와 PO_4^{3-} b. K^+, Al^{3+}와 SO_4^{2-}
c. K^+와 $Cr_2O_7^{2-}$

46. 다음 화합물을 명명하라.
a. Cl_2O b. SO_3 c. N_2O_3

47. 다음 화합물의 화학식을 써라.
a. 염화구리(I) b. 산화주석(IV)
c. 사산화이질소 d. 황산암모늄

48. 다음을 명명하거나 화학식을 써라.
a. BF_3 b. $CaCO_3$
c. 아질산나트륨 d. 이황화탄소

49. 다음의 화학식을 써라.
a. 탄산칼륨 b. 브로민화철(III)
c. 질산나트륨 d. 산화코발트(III)
e. 이산화탄소

50. 다음의 화학식을 써라.
a. 산화칼슘 b. 황산철(III)
c. 일산화이질소 d. 탄산칼슘
e. 염화철(II)

CHAPTER

재활용

4

인간은 죽게 되지만, 탄소는 그렇지 않다. 인간의 죽음과 함께 탄소의 운명이 끝나는 것은 아니다. 흙으로 돌아가서, 식물이 언젠가는 다시 그 탄소를 섭취해서 탄소는 또다시 식물과 동물의 삶의 순환과정으로 유입된다.

- 브로노스키, "원자, 그리고 우주의 일대기"에서 -

"화학을 통해 더 나은 생활을 위한 보다 좋은 것들"은 근래 어느 화학회사의 슬로건이었다. 이러한 슬로건은 환경에 행해진 여러 화학적인 가능성을 시험하는 과정에서 인간에 의해 만들어진 수많은 생산품을 보면 이해가 된다. 현대 의약품, 농약, 컴퓨터, 텔레비전, 라디오, 직물, 도료, 자동차, 장난감, 심지어는 책이나 신문도 화학기술의 산물이다. 현대 화학에 의해 이루어진 세상의 변화는 대부분 사람들에게 좋은 것으로 받아들여진다. 나쁜 점은 이러한 생산품들 상당수가 용도를 다한 후에도 그대로 존재하여 쓰레기로 된다는 점이다. 미국에서는 1인당 하루 쓰레기가 거의 2kg 정도 생긴다. 이것을 미국의 전 인구수인 2억 7천만으로 곱하면, 하루에 5억 kg의 쓰레기를 만들어내고 있는 셈이다.

지금까지 사용한 처리법은 땅에 커다란 구멍(landfill이라고 부름)을 뚫고 묻어버리거나, 과량의 산소를 불어넣어 거의 완전 연소 조건에서 태워버리는 것이었다. 그러나 장소 부족, 공기 오염, 천연자원의 고갈로 인해 이러한 통상적인 처리방법은 더 이상 좋은 방법이 되지 못한다는 것이 명확해졌다. 지구 천연자원을 회수하여 다시 사용하는 **재활용**(recycling)은 생산품으로 꽉 찬 우리의 생활방식을 생각할 때 어느 때보다 중요해지고 있다. 앞으로 알게 되겠지만, 화학은 재활용 과정에서 중추적인 역할을 담당한다.

우리는 잉여 생산물을 쓰레기 매립장에 묻는다. 지구 자원이 한정된 양이라는 것을 인식하기 시작함에 따라 재활용을 시도하게 되었다.

이 장에서는 두 가지 학습목표가 있다. 첫째는 화학이 재활용 과정에서 어떻게 중추적인 역할을 하는가를 보이는 것이다. 다음으로는 서언에서 소개된 명제, 즉 과학 기술과 개인의 상호관계, 또한 사회적 동의라는 관점에서 보다 심도 있게 논의하게 될 것이다. 재활용은 이러한 목표에 대한 아주 적합한 예가 된다. 이제 우리 공동의 거주지인 지구를 상호 연계된 복잡한 화학적 순환계의 관점에서 생각해 보자.

4.1 자연의 재활용: 물질적으로 닫힌 계이나 에너지상으로는 열린 계인 지구

지구의 모든 것은 원자로 되어 있고, 이들 원자는 대부분 분자나 이온을 구성하고 있다. 이러한 원자의 대부분은 지구상에서 수십억 년간 존재해왔다. 우리는 목적에 맞게 그것들을 물리적, 화학적으로 조작할 수 있지만, 적어도 다른 천체의 물질을 사용하기 전까지는 지구에 존재하는 것만이 우리가 사용할 수 있는 것이다. 물질의 관점으로 보아 지구는 실질적으로 **닫힌 계**(closed system)이다. 이것은 다른 곳에서 물질을 받을 수도 없고, 또한 잃어버리지도 않는다는 것을 말한다. 우주로부터 상당한 양의 물질을 얻는 경우는 운석의 경우뿐이다. 그리고 여기에 있었던 물질만이 머물러 있다. 드문 예외로 지구를 영원히 떠나가는 우주선이나, 어느 정도의 대기 기체가 우주로 방출되는 정도가 있다.

그러나 에너지 면으로 보아서는 닫힌 계가 아니다. 지구는 태양으로부터 지속적으로 에너지를 받고 있으며, 빛과 열의 형태로 우주로 에너지를 방출하고 있다. 따라서 에너지는 끊임없이 지구의 대기와

그림 4.1 지구는 실질적으로 물질적으로는 닫힌 계이나 에너지상으로는 열린 계이다. 태양 에너지는 지구 표면으로 유입되어, 1/3 가량은 직접 반사되고, 나머지는 흡수된 후, 다시 방출된다. 이렇게 들어오고 나가는 에너지의 흐름은 물질순환과 연계되어 있으며, 화학물질은 화학적 변화의 순환과정을 밟게 된다. 이러한 물질순환에는 생명을 유지하는 데 필요한 화학과정도 포함된다.

표면을 통해 흘러 다니고 있다(그림 4.1). 이렇게 유입되는 에너지로 인해 지구의 물질이 섞이고, 따라서 생명을 유지하는 데 필요한 반응을 포함한 많은 흥미로운 화학반응이 일어나게 된다.

지구에서 생명체가 존재할 수 있는 것은 지구 표면에서의 에너지 흐름이 물질적으로 닫혀 있으나 에너지상으로는 열린 계에서 여러 가지 **물질순환**을 일으키기 때문이다. 이러한 순환은 물질과 에너지의 변환이다. 가장 간단한 것은 화학적 변화가 아닌 단지 물리적 상태의 변화(고체, 액체, 기체의 상태 변화)이다. 물의 순환은 중요한 예이다(그림 4.2). 물의 순환과정에서는 태양 에너지가 바다, 하천, 호수로부터 액체상태의 물을 증발시켜 대기 중에 기체상의 물(증기)을 만들고, 이러한 기체상의 물이 냉각되어 구름(아주 작은 액체상의 물방울로 구성됨)이 되며, 이것은 비라는 액체 형태로 지구상으로 되돌아오게 된다. 고체상(얼음 및 눈)과 액체나 기체상의 물 사이의 순환 또한 물의 순환과정에서 일어난다.

다양한 다른 물질의 순환은 복잡한 화학적 변화를 수반하는데, 특정한 원자가 다양한 화학적 형태를 거치면서 순환하게 된다. 예를 들어 **탄소순환**(carbon cycle)과정은 다양한 화학적 형태를 지닌 탄소 원

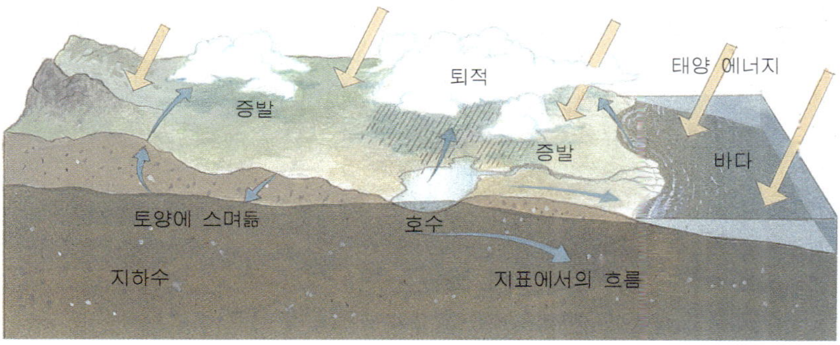

그림 4.2 물의 순환(파랑색 화살표)은 태양으로부터 유입된 에너지의 흐름(노랑색 화살표) 때문에 이루어진다.

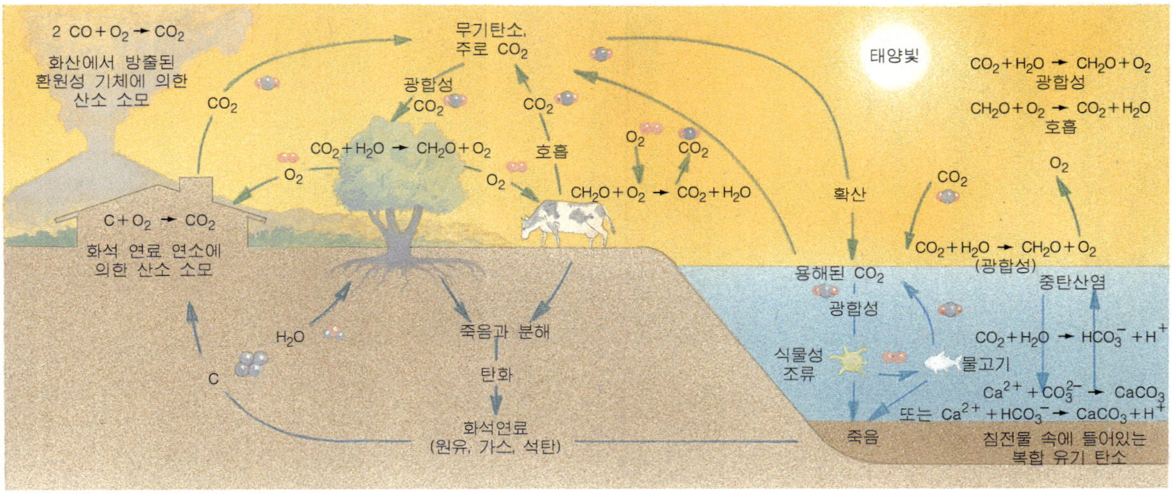

그림 4.3 탄소의 순환

그림 4.4 광합성과 호흡. 이 둘은 생명체의 가장 근본적인 화학적 순환 과정을 만든다(CH_2O는 광합성 생성물인 탄수화물을 나타낸다).

자의 재활용을 수반한다(그림 4.3). 이 과정은 질소, 황, 인의 순환과정 등 다른 순환과정과 조화를 이루면서 일어난다.

많은 물질의 순환이 서로 겹쳐져 있으며, 어떤 순환 성분이 다른 순환으로 유입되곤 한다. 이러한 화학적 순환의 가장 기본적인 것 중 하나를 그림 4.4에 나타내었다. 식물은 태양의 에너지를 이용하여 광합성이라는 과정에서 물과 이산화탄소를 당과 산소 기체로 변화시킨다. 이러한 당은 동식물의 호흡이라는 과정에서 간접적으로 산소와 재결합되어 에너지를 방출하며 또한 물과 이산화탄소를 재생산하게 된다. 이것은 동물과 식물이 성장하고 태양 에너지를 모든 활동에 사용할 수 있도록 하는 가장 기본적인 화학적 순환과정이다.

4.2 화학반응식 소개

여러분은 수학에서 계산식을 다루어 본 적이 있을 것이다. 보이는 형태가 다른 경우는 있을지 모르나, 계산식에서 한쪽에 나타나는 양은 반드시 다른 쪽에 나타나는 양과 같아야 한다. 2장에서 화학반응에 의해 원자는 창조되거나 소멸되지 않는다는 것을 배웠다. 이는 **질량보존법칙** (law of conservation of mass)의 직접적인 결과이다. 화학반응식의 한쪽에 나타나는 모든 원자는 어떤 다른 형태로 다시 배열되어 있을 수는 있지만, 반드시 다른 쪽에 나타나 있어야 한다. 이를 호흡 과정에서 일어나는 화학반응을 예로 들어 설명해본다.

호흡

글루코오스(포도당)는 탄소 원자 6개, 수소 원자 12개, 산소 원자 6개로 된 분자로 분자식은 $C_6H_{12}O_6$이다(그림 4.5). 이것은 혈당이라고도 하는데, 우리 체내의 혈액을 통해 운반되는 당의 주된 형태이기 때문이다. 글루코오스는 **탄수화물**(carbohydrate)의 일종인데, 탄수화물은 탄소, 수소, 산소로 이루어진 화합물로서 인체의 주된 에너지 공급원이다. 글루코오스가 산소와 결합하면, 화학반응이 일어나 이산화탄소와 물이 생성되며 많은 양의 에너지를 방출한다. 이 반응은 글루코오스를 직접적으로 공기 중에서 연소(산소와 결합)시켜도 일어난다. 우리 체내에서는 이같은 전체 반응이 숨쉴 때 간접적인 방법으로 일어나는데, 이 과정을 **호흡**(respiration)이라 부른다.

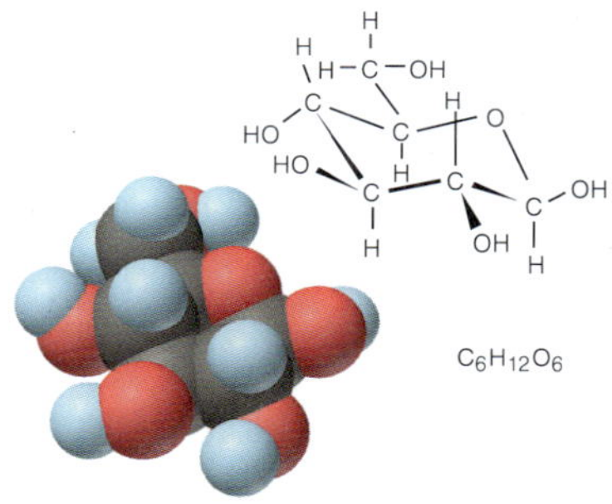

그림 4.5 글루코오스

글루코오스와 산소의 반응에서 본 바와 같이 **화학반응**(chemical reaction)은 하나 이상의 순물질의 원자 재배치로 인해 다른 하나 이상의 순물질을 만들어 내는 것을 말한다. 그림 4.6에 보인 바와 같이

그림 4.6 화학반응은 화학적 변화를 수반한다. A.설탕(고체)에 황산(액체)을 가하면 탄소(다른 고체)로 변하며 증기(기체)가 발생한다. 이 과정에서 반응물은 색과 상태가 변한다. B.두 액체가 반응하여 고체인 나일론 66을 생성한다. C.우주왕복선 엔도버에서 액체 수소와 액체 산소의 연소반응에 의해 에너지가 방출되고 있다. 두 연료(55만 갤런에 해당)는 왕복선 하부의 커다란 외부 탱크에 들어 있다.

화학반응식에서 괄호 안의 글자는 그 물질이 존재하는 상태를 나타낸다.

(s) = 고체(solid)
(l) = 액체(liquid)
(g) = 기체(gas)
(aq) = 수용액(aqueous), 물에 녹아있다는 의미

화학반응에 의해 관찰될 수 있는 결과는 색이나 상태(즉, 새로운 고체, 액체, 기체의 생성)의 변화가 될 수 있다. 반응한 화학물질은 더 뜨거워지거나 혹은 차가워질 수도 있고, 빛이나 열의 형태로 에너지를 내놓을 수도 있다. 그러나 때로는 어떠한 반응이 일어났는지 직접적인 관찰로는 판단이 어려운 경우도 있다.

화학에서는 화학반응에서 무엇이 일어나는가를 나타내기 위해 **화학반응식**(chemical equation)이라는 간단한 표시법을 사용한다. 화학반응식에서는 화합물이나 원소의 이름 대신에 화학식을 사용한다. 화살표의 왼쪽에는 **반응물**(reactants, 출발물질)을 나열하고, 오른쪽에는 **생성물**(products, 결과물질)을 쓴다. 화살표는 단순히 반응의 진행을 나타내며, (생성물을) 생성한다는 뜻이다. 호흡의 전체 과정을 화학반응식으로 나타내면 다음과 같다.

$$\underset{\text{글루코오스}}{C_6H_{12}O_6(s)} + \underset{\text{산소}}{6O_2(g)} \longrightarrow \underset{\text{이산화탄소}}{6CO_2(g)} + \underset{\text{물}}{6H_2O(l)}$$

산소, 이산화탄소, 물 앞에 쓰인 6은 6개의 분자를 의미한다. 따라서 호흡과정의 반응식은, '1분자의 $C_6H_{12}O_6$가 6분자의 O_2와 반응해서 6분자의 CO_2와 6분자의 H_2O를 생성한다.'는 뜻이다(여기서는 반응물과 생성물의 이름을 밑에 적어 놓았으나, 보통의 경우는 적지 않는다). 또한 반응물과 생성물의 상태를 표시해 놓았다. 반응식은 문자로 나타낼 수 없는 것을 표시하지는 않지만, 문자로 적는 경우보다 화학반응의 모든 상세한 점을 보다 간략하게 그리고 양의 관점에서 정확하게 나타낼 수 있다(그림 4.7).

각 화학반응은 반응물의 모든 원자가 생성물에 모두 존재해야 한다

글루코오스 분자 한 개는 산소 분자 여섯 개와 반응하여 이산화탄소와 물 분자를 각각 여섯 개씩 생성한다.

$$C_6H_{12}O_6 + 6O_2 \longrightarrow 6CO_2 + 6H_2O$$

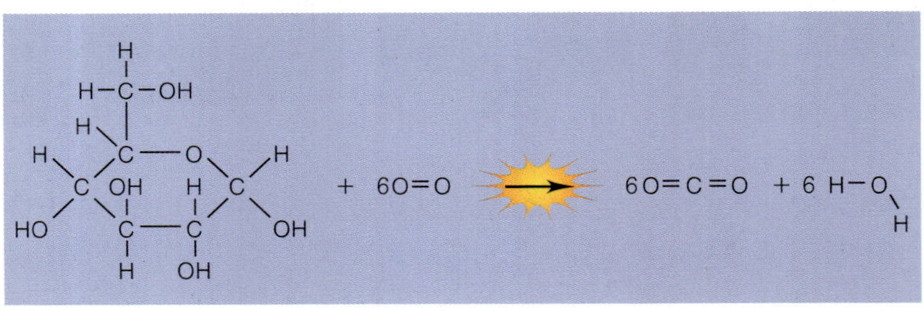

그림 4.7 호흡과정을 기술하는 세 가지 방법. 문자에 의한 설명, 화학반응식, 구조식을 사용한 화학반응식

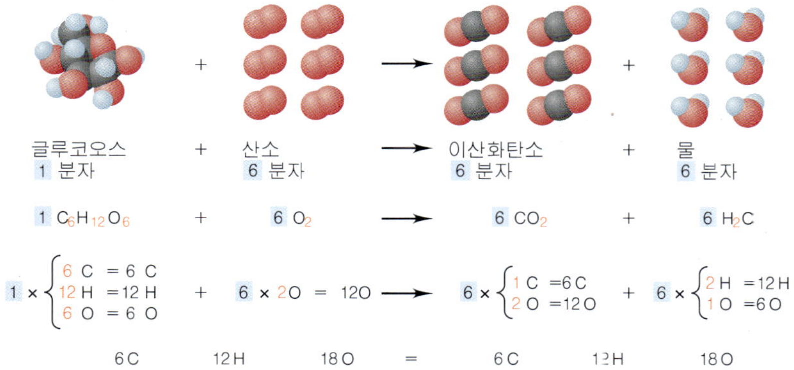

그림 4.8 호흡과정에서의 원자 개수 계산

는 관점에서 보면 물질적으로 닫힌 작은 계이다. 화학반응 중에 원자는 생성되거나 소멸되지 않으며, 단순히 재배열될 뿐이다. 반응 중에 원자가 창조되거나 소멸되지 않는다는 것을 확인하기 위해서는 우선 반응에 참여하는 모든 원자를 그림으로 표현해서 상황을 시각적으로 나타내볼 수 있을 것이다(그림 4.8). 보다 빠른 방법은 특정한 화합물의 분자 수(O_2의 경우에는 6)를 아래첨자(O_2의 경우 2)로 나타낸 바와 같이 화합물에서 각 종류의 원자 수로 곱하는 것이다. 처음이나 식의 중간에서 숫자가 쓰여 있지 않으면 이것은 실제로 쓸 필요가 없는 1을 의미한다. 호흡 반응식에서 반응식 양쪽의 각 원자의 개수를 검토하는 것을 다음에 나타내었다.

반응물(왼쪽)

- 탄소($C_6H_{12}O_6$ 한 개로부터) =1×6 C =**6 C 원자**
- 수소($C_6H_{12}O_6$ 한 개로부터) =1×12 H =**12 H 원자**
  - [산소($C_6H_{12}O_6$ 한 개로부터) =1×6 O =6 O 원자]
  - [산소(O_2 여섯 개로부터) =6×2 O =12 O 원자]
- 전체 산소 =6+12 =**18 O 원자**

생성물(오른쪽)

- 탄소(CO_2 여섯 개로부터) = 6×1 C =**6 C 원자**
- 수소(H_2O 여섯 개로부터) = 6×2 H =**12 H 원자**
  - [산소(CO_2 여섯 개로부터) =6×2 O =12 O 원자]
  - [산소(H_2O 여섯 개로부터) =6×1 O =6 O 원자]
- 전체 산소 =12+6 =**18 O 원자**

반응식의 양쪽에서 각 원소의 원자 개수는 같다. 이 경우 식이 균형을 이루고 있다고 말한다. 자연계에서 일어나는 모든 반응은 균형반응식(balanced equation)으로 나타낼 수가 있고 이러한 반응만 일어날 수 있다. 때로 반응 중에 무엇이 일어나는가를 단순히 정성적으로 나타내기 위해 불균형반응식을 사용하기도 한다(반응하거나 생성되는 비율을 고려하지 않고, 반응물 및 생성물의 이름이나 화학식만 나열한다).

질량보존법칙은 화학반응에서 원자는 생성되거나 소멸되지 않는다는 것이다. 화학반응에서 반응물의 모든 원자(모든 전자를 포함해서)는 생성물에도 존재하게 된다. 따라서 생성물의 질량은 반응물의 질량과 항상 같게 된다.

실제 현실

화학반응식은 에너지의 흡수나 방출을 수반하면서 반응물의 원자들을 다른 물질(생성물)로 재구성하는 것으로 요약할 수 있다. 상당히 간단한 것으로 보이지만, 실제로 일어나는 여러 가지를 빠뜨리고 있다. 화학자는 특정한 화학반응을 반응식으로 적게 되며, 반응식은 반응물이 일련의 생성물로 완전히 변환되는 과정으로 표시한다. 그러나 실제로는 이렇게 간단하지 않다. 흥미 있는 주된 반응 외에도 대부분의 화학반응은 원하지 않는 생성물을 만드는 부반응을 수반한다. 예를 들어, 제초제 2,4,5-T(월남전에서 고엽제로 사용된 Agent Orange의 한 구성성분)의 생산 시에 부반응에 의해 흔히 다이옥신이라고 하는 2,3,7,8-테트라클로로다이벤조다이옥신(2,3,7,8-tetrachlorodiben-zodioxin)이 소량 만들어진다.

또한 반응은 때로는 완결되지 못한다. 이는 반응물의 얼마가 항상 원래의 반응하지 않은 형태로 남아 있다는 뜻이다. 반응조건, 예를 들어 반응물의 농도, 온도, 압력 등이 변화하면, 만들어지는 생성물에서 큰 변화를 초래할 수 있다는 것을 인식하는 것이 매우 중요하다. 한 예로서, 수소와 질소가 반응해서 암모니아가 생성되는 반응을 보자.

$$3H_2(g) + N_2(g) \longrightarrow 2NH_3(g)$$

1999년에는 전 세계에서 총 200억 kg의 암모니아가 생산되어 주로 비료로 사용되었다. 압력이 높아지면 반응물을 암모니아로 변화시키는 데 유리하다. 높은 온도에서는 반응이 신속하게 일어나지만 암모니아 생성의 완결도는 낮아진다. 수소의 가격이 질소보다 훨씬 비싸기 때문에, 과량의 질소를 사용하여 더 비싼 수소의 낭비를 막는다.

그림 4.9 화학반응식은 요리책의 '전' '후' 그림과 비슷하다. 이것은 출발물질과 최종 물질을 나타낸다. 그러나 사이에 있는 어수선한 현실에 대해서는 어떠한 것도 보여주지 않는다.

많은 물질을 생산할 경우 경제성이 강조되므로, 온도, 압력, 혼합물의 조성을 조절하여 생산을 최적화한다.

또 하나는 겉으로 보기에 단순하게 한 단계 반응으로 적는 반응이 실제로는 다양한 화학 **중간체**(최종 생성물이 생성되기 전에 생성되어 반응하는 물질)를 생성하는 상호 연관된 여러 단계의 반응에 의해서 진행될 수도 있다는 것이다.

따라서 화학반응식은 구성물을 한쪽에 단정하게 쌓아 놓고, 다른 쪽에는 최종 만들어진 요리를 보여주는 요리책의 그림과 상당히 비슷하다. 이 그림은 구성물을 간결한 한 단계를 통해 요리로 변환시킬 수 있다는 것을 암시할 수도 있다. 그러나 현실적으로는 많은 중간단계(야채를 씻고 껍질을 벗기는 일, 고기를 써는 일, 지방을 제거하는 일 등)가 필요하며, 원하지 않는 폐기물(부산물)이 많이 버려진다(벗긴 야채 껍질 및 지방 등, 그림 4.9).

잘 알려진 예는 산소 원소의 또 다른 분자형태인 오존(O_3)의 분해이다. 이 분해는 두 단계로 일어난다. 1단계에서는 오존에서의 산소–산소 결합이 끊어져서 보통 산소(O_2)와 산소 원자를 만든다.

$$O_3 \longrightarrow O_2 + O \qquad \text{(1단계)}$$

산소 원자가 다른 오존 분자와 반응하는 2단계에서는 2분자의 보통 산소를 생성한다.

$$O + O_3 \longrightarrow 2O_2 \qquad \text{(2단계)}$$

전체 효과는 두 반응의 합이다.

$$\begin{array}{rrcl} & O_3 & \longrightarrow & O_2 + O \\ + & O + O_3 & \longrightarrow & 2O_2 \\ \hline & 2O_3 & \longrightarrow & 3O_2 \end{array}$$

예제 4.1 균형반응식

문 제 다음에서 어느 것이 균형반응식인가?

a. 용접에 쓰이는 테르밋(thermite) 반응

$$Fe_2O_3 + 2Al \longrightarrow 2Fe + Al_2O_3$$

b. 불꽃놀이에 쓰이는 기체 생성기

$$S + KClO_4 \longrightarrow SO_2 + KCl$$

c. 알루미늄 생산의 전체 과정

$$2Al_2O_3 + 3C \longrightarrow 4Al + 3CO_2$$

d. 비료에 쓰이는 인산의 생산

$$Ca_3(PO_4)_2 + 5H_2SO_4 \longrightarrow 3CaSO_4 + 2H_3PO_4$$

두 개 이상의 원소가 괄호 속에 포함되어 있는 경우에는 각 양은 괄호 바로 밖의 첨자에 해당하는 수만큼을 곱해주어야 한다는 것에 주의하라. d에서 $(PO_4)_2$는 원자를 헤아리는 관점에서는 P_2O_8으로 해석할 수 있으나, 실제 구조는 $(PO_4)_2$가 보다 잘 나타내고 있다.

풀 이 질량보존법칙의 중요한 결론은 화학반응이 일어날 때, 질량은 창조되지도 소멸되지도 않는다는 것이다. 모든 원자를 모두 고려하여야 한다. 생성물쪽(오른쪽)의 원자의 수는 반응물쪽(왼쪽)의 원자 수와 같아야 한다. 이런 점에서 질량, 즉 물질은 보존된다.

반응원자	생성원자	
a. 2 Fe, 3 O, 2 Al	2 Fe, 3 O, 2 Al	(균형)
b. 1 S, 1 K, 1 Cl, **4 O**	1 S, 1 K, 1 Cl, **2 O**	**(불균형)**
c. 4 Al, 6 O, 3 C	4 Al, 6 O, 3 C	(균형)
d. 3 Ca, 2 P, **28 O**, **10 H**, **5 S**	3 Ca, 2 P, **20 O**, **6 H**, **3 S**	**(불균형)**

산소 원자(빨강색 표기)는 **중간체 화학종**(intermediate species)이며 생성되지만 곧 반응하므로, 최종 생성물이 아니다.

광합성

생명체의 가장 기본적인 화학반응은 **광합성**(photosynthesis)일 것이다. 광합성에서는 살아있는 식물에 태양 에너지가 전달되면 이산화탄소와 물을 글루코오스와 같은 당으로 변화시키고 산소 기체를 방출한다. 전체로 보아 이는 호흡의 역과정이며, 호흡과정에서 에너지의 원천으로 사용되는 당을 실제 만들어내는 과정이다. 또한 이 과정은 우리 체내에서 호흡과정이 일어나기 위한 숨쉬는 데 필요한 산소를 만들어 내는 과정이다(그림 4.4).

광합성의 전체 반응은 다음에 표시한 간단한 화학반응식으로 나타낼 수 있다.

$$6CO_2(g) + 6H_2O(l) \xrightarrow{\text{태양 에너지}} C_6H_{12}O_6(s) + 6O_2(g)$$

이산화탄소 물 글루코오스 산소

이 반응이 일어나기 위해서는 (태양에서 공급하는) 에너지가 필요하다. 그러나 대개 에너지는 화학반응식에 '반응물'로 포함되지 않는다. 때로 에너지를 나타낸 경우도 있기는 하지만, 반응물과 생성물은 단지 실제로 반응에 참여하는 원자, 분자, 이온을 말한다. 보통 수반되는 에너지의 변화는 5장에서 소개되는 방식으로 반응식 다음에 적는다. 그러나 화살표 위에 "태양 에너지"와 같이 적는 것이 허용되는데, 반응이 일어나는 데 필요한 특정한 조건을 가끔 이러한 방식으로 적기 때문이다.

광합성의 전체 반응식은 매우 간단하나, 이렇게 요약할 수 있는 화학적 변화는 실제로는 100가지 이상의, 놀라울 정도로 복잡한 일련의 반응을 거쳐 일어난다. 호흡과정은 광합성 과정의 역반응으로 출발물질을 재생산하는데, 이 역시 많은 화학적 단계를 거쳐 일어난다.

$$C_6H_{12}O_6(s) + 6O_2(g) \longrightarrow 6CO_2(g) + 6H_2O(l)$$

전체 반응식은 역이지만, 광합성과 호흡은 관여하는 각 화학적 단계가 직접적으로 반대로 진행되어 일어나는 것은 아니다. 호흡과 광합성의 예는 화학반응식으로 요약하여 나타낼 수 있는 화학적 과정의 단순성(전체) 및 복잡성(상세한 부분)을 보여주고 있다.

지구상의 인간이 존재하는 데는 광합성-호흡 순환과정, 탄소순환과정, 질소순환과정 등과 같은 물질의 순환이 매우 중요하다. 지금까지 우리는 이러한 자연계의 순환과정을 급격하게 방해하는 방식으로 물질을 이용해 왔다. 자연적으로 천천히 분해할 물질을 태우고 있고, 서서히 일어나는 지질학적 과정을 통해 다시 나타나는 데 몇천 년이 필요한 물질을 지하에서 채굴해내고 있다. 또 이용한 물질은 재사용하거나 처음 발견된 형태로 지구로 돌려보내는 대신에 땅에 묻거나 바다 밑에 마구 버리고 있다.

화학적으로 조화를 이루며 살기 위해서는 우리의 닫힌 계에서 물질 순환의 자연적 방식에 부합되는 방법으로 물질을 사용하는 것을 배워야 한다. 따라서 우리가 사용한 물질을 물질순환과정으로 돌려보내는 것, 즉 재활용하는 방법을 배울 필요가 있다. 재활용 산업과 기술의 발달로 우리는 이 도전을 수용할 수 있게 되었으며, 삶의 화학적 현실을 이해하기 시작하였다.

그림 4.10

A. 알루미늄은 공업적 용도로 많이 사용된다. 강하면서도 가벼우므로 건축재료로 선호된다.

B. 알루미늄은 알루미늄 포일을 포함한 많은 공업용, 가정용 생산품에 쓰인다.

재활용의 범위를 이해하기 위해서 원료 물질로부터 어떻게 특정한 생산품을 만들고, 이것들을 어떻게 사용하며, 또 어떻게 성공적으로 재활용하는가를 검토해 보기로 하자. 이렇게 함으로써 화학반응식의 유용성을 깨닫고, 이러한 화학반응식을 잘 이용하기 위해 필요한 화학에서의 계산방법에 대해 더 배우게 될 것이다. 보다 심도 있는 재활용을 이해하기 위해 검토해야 할 생산품에는 어떤 것이 있을까? 많은 사람이 알루미늄 캔의 재활용에 관여하므로 알루미늄의 활용과 재활용에 대해 살펴보기로 하자(그림 4.10).

4.3 알루미늄의 용도 및 재활용

어떤 생산품이라도 충분한 시간과 비용을 들이면 재활용이 가능하다. 그러나 가장 관심있는 물질은 우리가 가장 많이 사용하고, 처리하기에 실용적인 것이다. 이런 것에 속하는 것은 네 가지 종류가 있다. 알루미늄, 유리, 플라스틱, 종이이다. 어떠한 물질이건 재활용되기 전에 원료 물질로부터 우선 가공되고 어떠한 생산품으로 창조되어야 한다. 우리가 생산품(알루미늄 캔)의 제조를 알아볼 때, 화학반응식과 수학을 사용하여 제조과정을 이해하는 것이 보다 더 중요해질 것이다.

캔의 제조 : 화학양론의 소개

알루미늄은 3A족에 속하는 원소로서 지표면에서 규소와 산소 다음으로 세 번째로 풍부한 원소이다. 참치 캔, 자전거 부품, 전투용 탱크에 이르기까지 여러 생산품에서 사용된다. 알루미늄은 상당히 반응성이 크기 때문에 자연계에서 순수한 원소 상태로는 발견되지 않는다. 화합물 안에 결합된 상태인 **보크사이트**(buxite)로 존재하는데, 이는 수화된 산화알루미늄(실제로 Al_2O_3가 일정하지 않은 양의 물과 결합되어 있음)과 철, 규소, 타이타늄 같은 금속 산화물의 결정상태 혼합물이다.

알루미늄이 생산되는 방법은 미국 과학자인 찰스 마틴 홀(Charles Martin Hall)과 프랑스 과학자인 에루(Paul Heroult)의 이름을 따라 명명되었다. 이들 두 과학자는 1886년에 독립적으로 현재 **홀-에루 공정**(Hall-Heroult process)이라고 하는 방법을 고안하였다. 산화알루미늄은 2030℃에서 녹는데, 이것을 용융된 크리욜라이트(Cryolite, Na_3AlF_6)가 있는 그릇에 넣는다. 얻어진 액체의 녹는점은 약 1000℃가 된다. 그림 4.11과 같이 탄소막대를 용융된 혼합물에 넣고 전기를

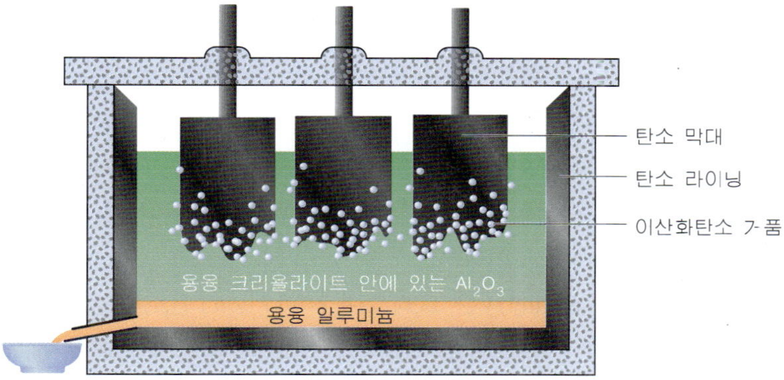

그림 4.11 이 그림은 알루미늄 생산을 위한 홀-에루 공정의 구성을 나타낸 것이다.

막대를 통해 흘려주어 에너지를 공급하면 막대 자체와 용융된 혼합물 간에 화학반응이 일어난다. 전체 반응식은 다음과 같다.

$$2Al_2O_3(l) + 3C(s) \longrightarrow 4Al(l) + 3CO_2(g)$$

알루미늄은 용융된 반응물보다 밀도가 높기 때문에, 용융된 알루미늄은 탱크의 바닥에 가라앉게 되며 이산화탄소 거품이 방출된다. 탄소 막대가 반응의 결과로 소모되어 줄어들게 되므로, 때때로 교환해주어야 한다. 이 공정에서 얻어지는 알루미늄은 99% 이상의 순도를 가지며 특별한 용도를 위해서는 더 정제하여 99.9995% 이상의 순도까지도 만들 수 있다.

알루미늄은 풍부하고 비교적 제법이 쉬워 재료로 사용하기에 좋다. 보크사이트를 쉽게 얻을 수 있으므로 알루미늄의 재활용에 대해 신경 쓸 필요가 없다는 주장이 있다. 그러나 알루미늄을 정제하는 데 필요한 에너지의 양이 막대하므로, 재활용은 필요하다. 실제로 1000 kg (1 t)의 알루미늄을 보크사이트로부터 얻어내는 데는 석탄 120,000 kg으로 만들어낼 수 있는 에너지가 필요하다. 1989년에 미국 내에서만 860억 개의 알루미늄 캔이 사용되었으며, 그 중 60% (약 520억 개)가 재활용되었다. 1998년까지는 1020억 개 이상의 알루미늄 캔이 생산되어, 약 560억 개(56%)가 재활용되었다. 재활용된 비율은 지난 10년간 비교적 일정하였고, 알루미늄 캔에 적립금을 받고 있는 지방의 회수율(80%)은 그렇지 않은 지방의 회수율(46%)보다 상당히 높았다.

다음 질문에 따라 보다 이해하기 쉬운 방법으로 계산해 보자.

- 알루미늄 캔 한 개를 만들기 위해서는 얼마만큼의 산화알루미늄이 필요한가?

· 알루미늄 캔 한 개를 만들기 위해서는 얼마만큼의 에너지가 필요한가?

이 질문의 답은 홀-에루 반응식에서 얻을 수 있다. 반응식으로부터 답을 얻기 위해서는 기본적인 **화학양론**(stoichiometry)에 대해 알아야 한다. 화학양론은 화학반응에 관련된 양, 특히 반응물과 생성물의 양 사이의 관계에 대한 것이다.

영어의 stoichiometry는 그리스어 *stoicheon*(원소라는 의미)과 *metron*(재다, 측정하다의 뜻)에서 만들어진 말이다. 이는 화학과정에서 사용되거나 생성된 물질의 상대적 양을 결정한다는 의미이다. 화학양론은 단순히 화학자에게만 흥미있는 것이 아니다. 물질은 비용을 의미한다. 어떤 공정은 부산물을 생성하는데, 이들 부산물이 오염을 유발하는 경우에는 이 오염을 피하거나 방지하기 위해 더 많은 비용이 필요하다. 물질의 공급, 공해, 오염 등 어려운 사회적 문제가 일어나는데, 이는 흔히 사회적 선택의 문제와 연계되어 있다. 이러한 사회적 문제를 해결하는 것은 화학의 범위를 넘어서지만, 화학적 지식이 기본적으로 요구된다.

원자량과 화학식량

화학양론은 질량보존법칙 및 일정성분비법칙에 근거를 두고 있다. 이들로부터 화학반응식의 반응물 쪽 원자 수와 질량을 이용해서 반응식에서 생성물 쪽의 원자 수와 질량을 결정할 수 있다. 화학반응식은 화합물뿐만 아니라 각개 원소를 나타내므로, 이것들을 측정하는 특별한 단위가 필요하게 된다. 각 화합물의 **화학식 단위**(formula unit)는 화합물의 원자를 화합물의 화학식에서 나타내는 것만큼의 양을 나타낸다.

공유결합 화합물에서 화학식 단위는 분자라는 의미가 있다. 그러나 이온성 물질에서는 분자로 이루어져 있지 않다. 예를 들어 염화나트륨(NaCl) 분자라는 말을 사용할 수 없다. 따라서 화학식 단위라는 것은 어떤 형태의 화합물에도 적용될 수 있는 일반적인 용어이다. Al_2O_3의 화학식 단위의 질량을 계산하기 위해서는 알루미늄과 산소 원자의 질량을 알 필요가 있다.

1장에서 각 원자의 질량을 **원자 질량 단위**(atomic mass unit, amu)로 나타낼 수 있음을 배웠다. 양성자와 중성자가 약 1 amu의 질량을 갖고 있고, 전자는 단지 0.00055 amu의 질량을 가지므로 원자의 질량은 핵에 있는 양성자와 중성자의 질량을 더한 것과 같다. 전자의 작은 질량은 무시할 수가 있다. 이것은 원자나 그 원자로부터 만들어진 이온은 화학적 계산의 경우에는 동일한 질량을 갖는다는 의미이다. 그러나 각 원자에 대해 중성자의 개수가 달라서 상이한 질량을 갖는 여러 동위원소가 존재한다. 다행히도 여러 동위원소의 존재하는 비율은 거의 일정하다. 이것은 원소의 각 원자의 평균질량을 사용해도 된다는 말이다. 이 값을 원소의 **상대원자질량**(relative atomic mass) 혹은 **원자질량**(atomic mass)이라 부른다. 표 2.2에는 모든 원소의 원자질량을 나열해 놓았다. 화학적 계산을 할 경우에는 자주 이것을 참조할 필요가 있을 것이다.

자연계에 존재하는 원소 중에서 20개(Be, F, Na, Al, P, Sc, Mn, Co, As, Y, Nb, Rh, I, Cs, Pr, Tb, Ho, Tm, Au, Bi)는 한 종류의 동위원소만 존재한다. 그러므로 이들 원소 각각의 몰질량은 원자량이 표시하는 만큼의 그램(g) 수가 된다. 그러나 이들을 제외한 모든 원소는 둘 이상의 동위원소가 존재하며, 각 원소의 여러 동위원소 사이의 비율(분포율)은 대개 거의 일정하다. 그러므로 이들의 원자질량은 여러 동위원소의 평균질량값이다. 예를 들어, 염소 원자 Cl은 두 개의 동위원소 ^{35}Cl(질량 : 34.968852 amu, 분포율 : 0.7577)와 ^{37}Cl(질량 : 36.965903 amu, 분포율 : 0.2423)가 자연계에 존재한다. 그러므로 평균값은 다음과 같다.

$$\text{원자질량} = 0.7577(34.968852\ \text{amu}) + 0.2423(36.965903\ \text{amu})$$
$$= 26.496 + 8.957 = 335.453\ \text{amu}$$

통계청이 발표한 가구당 평균자녀수가 1.7명이라고 해서 실제로 1.7명의 자녀를 둔 가정이 없듯이, 질량이 35.453 amu인 염소 원자는 없으며, 이 값은 단지 계산을 위한 평균질량값이다.

각 원자가 원자질량을 갖고 있듯이, 각 화합물은 **화학식량**(formula mass)을 갖게 되는데, 이것은 화학식에서 모든 원자의 원자질량을 더한 것이다. 즉, 화학식량은 화학식 단위의 질량이다. 만일 화학식 단위가 공유결합성 화합물의 분자에서 원자의 수를 나타내는 경우라면, 이 화합물의 화학식량은 **분자질량**(molecular mass)이 된다. 그러나 분자질량은 이온성 화합물의 경우에는 분자의 개념을 적용할 수 없는 까닭에 사용할 수가 없다.

이러한 정의를 염두에 두면, Al_2O_3의 화학식량을 계산할 준비가 다 된 것이다.

Al 원자질량 26.98 amu
O 평균 원자 질량 16.00 amu*

산화알루미늄 (Al_2O_3)은 화학식에 2개의 알루미늄 원자와 3개의 산소 원자를 갖고 있다. 따라서 전체 질량은 다음과 같다.

$2 \times 26.98\,amu + 3 \times 16.00\,amu = 101.96\,amu$ (Al_2O_3 화학식 단위당)
(따라서 화학식량 = 101.96 amu)

정확히 할 필요가 없을 경우에 반올림하면 102 amu가 된다.

알루미늄 생산에서 또 다른 반응물인 탄소의 원자질량은 12.01 amu 이다.

표 2.2의 원자질량값을 사용하면, 화학반응의 생성물의 총질량은 반응물의 총질량과 같아야 한다는 것을 알게 된다(원자질량 표를 만드는 과정에서 반올림의 결과로 약간의 불일치가 있을 수 있다).

예제 4.2의 계산에서 질량이 원자질량으로 주어졌다면 알루미늄의 질량은 주어진 산화알루미늄의 질량으로부터 유도할 수 있다. 보다 구체적으로 말하면, 204 amu의 Al_2O_3는 108 amu의 알루미늄을 만들어낸다. 이러한 질량은 반응에 관여한 여러 원자와 분자의 정수비를 나타낸다. 산화알루미늄의 '반쪽의 분자'가 탄소 '3/4의 원자'와 반응해서 알루미늄 원자 하나를 만들어 내지는 않는다. 그러나 실험실과 공장에서는 원자질량 단위로 질량을 측정할 수 있는 장비를 갖추고 있지 않다. 대신에 물질의 무게를 재는 기기를 사용하여 결과를 g 단위로 얻는다. 알루미늄 캔을 만드는 데 필요한 알루미늄의 양을 의미 있게 말하기 위해서는 전체 원자, 분자, 이온의 정확한 숫자를 '셈할' 수 있는 실제적이고 실용적인 질량 단위가 필요하다. 이러한 화학적 계산에서 기본적인 단위로 몰(mol)을 사용한다.

몰의 계산

앞서 말했듯이 질량을 측정하기 위해 화학자가 사용하는 기기는 원자량 단위를 사용하는 것이 아니라 그램(혹은 킬로그램, 혹은 밀리그램)으로 표시한다. 일단 홀-에루 반응과 같은 특정한 반응에 대해 균형화학반응식을 적은 다음에는, 그 반응식에 있는 원자, 분자, 이온의 실제 개수를 어떻게 그램으로 나타내는 화학물질의 질량으로 바꿀 수

* amu는 질량의 상대적 측정 값이다. 한 종류의 원자가 다른 종류의 원자에 비해 얼마나 더 많은 질량을 갖는가를 말한다. 산소(16 amu)는 헬륨(4 amu)보다 4배 정도 무겁다. amu를 사용하는 것은 1.66×10^{-27} kg인 실제 질량을 사용하는 것보다 훨씬 쉽다.

예제 4.2 **화학식량**

문 제 알루미늄, 탄소, 산소의 원자량을 사용해서 이산화탄소의 화학식량을 계산하고, 홀-에루 반응식의 생성물의 총질량을 계산하라. 반응식의 양쪽의 질량을 비교하라. 화학에서 측정되는 질량의 정확도의 수준에서 질량보존법칙에 대해 어떠한 결론을 내릴 수 있는가?

풀 이 Al_2O_3의 화학식량은 101.96이고, 알루미늄, 탄소, 산소의 원자량은 각각 26.98, 12.01, 16.00 amu이다. CO_2의 화학식량은 다음과 같다.

$$\begin{aligned} 1\text{C 원자} &= 1 \times 12.01\,\text{amu} = 12.01\,\text{amu} \\ 2\text{O 원자} &= 2 \times 16.00\,\text{amu} = \underline{32.00\,\text{amu}} \\ &= 44.01\,\text{amu} \end{aligned}$$

따라서 CO_2의 화학식량은 44.01이다.
알루미늄 생산의 반응식은

$$2Al_2O_3 + 3C \longrightarrow 4Al + 3CO_2$$

양변의 질량을 합하면

$$\begin{array}{llll} \mathbf{2Al_2O_3} & \mathbf{+\ 3C} & \longrightarrow \mathbf{4Al} & \mathbf{+\ 3CO_2} \\ 2(101.96\,\text{amu}) & +\ 3(12.01\,\text{amu}) & \longrightarrow 4(26.98\,\text{amu}) & +\ 3(44.01\,\text{amu}) \\ 203.92\,\text{amu} & +\ 36.03\,\text{amu} & \longrightarrow 107.92\,\text{amu} & +\ 132.03\,\text{amu} \end{array}$$

따라서 전체로는

$$\mathbf{239.95\,amu \longrightarrow 239.95\,amu}$$

질량보존법칙에 의하면 물질의 총질량은 화학변화 동안에 변하지 않는다. 따라서 이 법칙을 사용해서 화학 반응식이 균형이 맞추어져 있는지를 확인할 수 있다.

확 인 화학양론에 의해 이 반응식은 균형이 맞추어져 있음을 알 수 있다. 반응물의 질량의 합은 생성물의 합과 같다.

있을까? 이를 위해서는, 반응식에 나타난 원자질량 및 화학식량을 그램으로 변환시킬 필요가 있다. 따라서 1 g은 몇 amu에 해당하는지를 알아야 한다.

1장에서 1그램에는 6.02×10^{23} amu (602,000,000,000,000,000,000,000 amu)가 존재한다는 것을 배웠다. 이 사실을 이용하면 원소의 원자질량을 써서 원자의 개수를 '셈할' 수 있다. 예를 들어, 평균적으로 탄소 원자 하나의 질량은 12.01 amu이다. 만약 탄소 12.01 g을 측정한다면, 탄소 6.02×10^{23}개의 원자를 측정한 것이다. 수학적으로는 다음과 같다.

$$12.01\,\cancel{\text{g}} \times \frac{6.02 \times 10^{23}\,\cancel{\text{amu}}}{1\,\cancel{\text{g}}} \times \frac{1\text{ 탄소 원자}}{12.01\,\text{amu}} = 6.02 \times 10^{23}\text{ 탄소 원자}$$

1 g에 대해 6.02×10^{23} amu의 비를 **변환인자**(conversion factor)로 사용해 왔다. 양은 변하지 않으나, 측정하는 방법은 바뀐다. 어떤 원소의 원자질량을 사용해서 그 원소의 6.02×10^{23}개의 원자를 만드는가를 알 수 있다. 산소 원자 16.00 g의 경우에는 산소 원자에 해당하는 것으로 바꾸면, 다음의 결과를 얻는다.

$$16.00\,\cancel{\text{g}} \times \frac{6.02 \times 10^{23}\,\cancel{\text{amu}}}{1\,\cancel{\text{g}}} \times \frac{1\text{산소 원자}}{16.00\text{amu}} = 6.02 \times 10^{23}\text{ 산소 원자}$$

그림 4.12 몇 가지 흔한 원소 및 화합물 1 mol의 양 : 왼쪽부터 탄산칼슘, 산소(풍선의 용량), 구리, 물

화학자는 물질의 양을 **몰**(mole, mol로 단축해 사용)이라는 단위를 사용해서 계산하는 것이 편리하다는 것을 알았다. 1 mol은 12 g의 탄소-12에 존재하는 원자의 수, 즉 6.02×10^{23}개와 같은 양으로 정의한다(그림 4.12). 실제 사용에서는 어떤 원소이건 간에 몰을 그램으로 나타내면 amu 단위의 원자질량과 같다. 염소 원자 한 개가 35.45 amu이므로 1 mol은 35.45 g이 된다.

이렇게 엄청난 수인 6.02×10^{23}은 **아보가드로 수**(Avogadro's number : 이탈리아의 물리학자인 Amedeo Avogadro의 이름을 따서)라고 알려져 있다. 수에 이름이 붙은 것을 보고 놀랄 필요는 없다. 예를 들어, 12는 다스(dozen)라고 부른다. 몰은 '화학자의 다스'에 해당하는 것으로, 원자나 분자, 이온의 기본적인 창조 양이 된다. 화학자에게 몰이 유용한 이유는 간단하다. 원자 질량 단위로 주어지는 어떤 것(원자, 이온, 분자)이라도 이런 것들의 질량을 안다면, 이러한 것 1 mol의 질량을 g으로 나타낼 경우 자동적으로 같은 수로서 나타낼 수 있다는 것을 알 수 있다. 즉, 1 g에는 1 mol의 amu가 들어있다는 것을 염두에 두면 된다.

몰은 같은 수의 원자, 분자, 이온을 포함하는 여러 화학물질의 질량을 계산할 수 있게 해준다는 점에서 매우 중요하다. 여러 화학물질의 동일한 질량을 측정하기는 쉬운 일이나, 탄소와 황은 원자질량이 같지 않은 까닭에 탄소 10 g의 원자 수는 황 10 g의 원자 수와 같지 않다(탄소는 12.01 amu이며 황은 32.07 amu이다). 탄소 12.01 g과 황 32.07 g에서는 서로 같은 수의 원자가 존재한다(각각 6.02×10^{23}개).

화학반응에 참여하는 반응물의 원자, 분자, 이온은 일정한 비로 반

예제 4.3 **그램을 원자의 개수로 환산**

문 제 알루미늄 16.0 g에는 몇 개의 알루미늄 원자가 존재하는가?

풀 이 알루미늄의 원자량은 26.98 amu이다. 따라서, 알루미늄 26.98 g에는 1 mol의 알루미늄 원자가 존재한다. 다른 질량과 비례관계로

16.0 g의 알루미늄에는 $\frac{16.0}{26.98} = 0.593$ mol의 알루미늄 원자가 있게 되며

$0.593\text{ mol} \times (6.02 \times 10^{23})$ Al 원자 $=$ **3.57×10^{23} 원자**

다른 말로 하면 손에 들고 있는 음료 캔에는 약 357,000,000,000,000,000,000,000개의 알루미늄 원자가 존재한다.

검 토 원자 대 원자의 개수비는 원래의 그램 대 그램의 비와 같다.

$$\frac{16.0\text{g Al}}{27\text{g Al}} = \frac{3.57 \times 10^{23}}{6.02 \times 10^{23}}$$

$$0.59 = 0.59$$

응하게 된다. 몰을 사용함으로써, 적절한 비를 계산하는 것이 아주 용이해진다.

- 1 mol의 어떤 것 $= 6.02 \times 10^{23}$개의 어떤 것
- 탄소 원자 1 mol $= 6.02 \times 10^{23}$개의 탄소 원자
- 알루미늄 원자 1 mol $= 6.02 \times 10^{23}$개의 알루미늄 원자
- 산화알루미늄 1 mol= 산화알루미늄 6.02×10^{23}개의 화학식 단위
- 인절미 1 mol= 6.02×10^{23}개의 인절미

다음의 예는 몰과 그램을 사용하는 방법을 익히는 데 도움을 줄 것이다.

Fe_2O_3의 화학식량은 159.70 g인데 이것은 특히 **그램화학식량**(gram formula mass)이라고 부른다. 또한 **몰질량**(molar mass)이라고도 부르는데, 어떤 원소나 화합물 1 mol을 그램으로 나타낸 것이다. 예제 4.4를 풀려면, amu로 측정된 산화철(Ⅲ)의 양을 알아낸 뒤 상응하는 그

어떤 기본적인 실체(특정한 원자, 분자, 이온) 1 mol의 질량(지구상의 무게)은 원자질량 단위로 나타낸 하나의 실체의 질량과 같은 수로 나타낼 수 있다. 단지 다른 점은 원자질량 단위가 아닌 그램으로 나타내는 것이다.
- 탄소-12 원자 하나의 질량은 12 amu이다. 따라서 탄소-12 1 mol은 12 g이다.
- 물 분자 하나의 질량은 18 amu이다. 따라서 물 1 mol은 18 g이다.

예제 4.4 화학식량을 사용하는 연습

문 제 알루미늄을 사용하는 반응 중 하나는 테르밋 반응이다. 이것은 강력한 열을 발생하는 반응으로서 알루미늄 분말과 산화철(III)의 반응에서 용융된 철을 생성한다.

$$Fe_2O_3 + 2Al \longrightarrow 2Fe + Al_2O_3$$

이 반응은 미래 우주정거장을 만들 때, 조각을 용접하는 경우 열의 공급원으로 우주에서 사용될 수 있을 것이다. 그림 4.13에서 보듯이 반응은 매우 격렬하며, 고온을 만들어 낸다. 그러나 이것은 적당량의 산화철과 알루미늄이 존재할 경우에만 일어난다. 적당량을 알아내는 첫 번째 단계는 알루미늄과 산화철의 화학식량을 계산하는 것이다. 알루미늄의 화학식량은 원자질량(26.98)과 같은데, 왜냐면 알루미늄은 결합하지 않은 원소로 존재하기 때문이다. 산화철(III)의 화학식량을 계산하라.

풀 이 산화철의 화학식량은 예제 4.2에서와 같이 계산할 수 있다. 즉, 존재하는 원자의 원자량을 각각 찾고, 화학식 Fe_2O_3에 포함된 원자 수를 곱하여 계산한다.

$$2\text{Fe 원자} = 2 \times 55.85\,\text{amu} = 111.70\,\text{amu}$$
$$3\text{O 원자} = 3 \times 16.00\,\text{amu} = 48.00\,\text{amu}$$

Fe_2O_3의 화학식량 = **159.7 amu**

이것은 Fe_2O_3 1 mol의 질량이 159.7 g이라는 것을 의미한다.

그림 4.13 테르밋 반응

램으로 변환해야 한다. 화학자는 계산을 용이하게 하기 위해 단위(차원)를 상쇄하는 방법을 사용하는데, 예제 4.5에서 그 사용 예를 볼 수 있다. 이 방법은 **차원분석**(dimensional analysis)이라고 한다.

수치적 풀이를 요구하는 모든 문제의 답을 어림해 보는 훈련을 하면, 문제풀이에 실제적인 도움을 얻을 수 있다.

주어진 순물질의 그램과 몰은 상호변환이 가능하다. 그러나 한 물질의 그램이나 몰로부터 다른 물질의 상응하는 그램이나 몰로의 변환을 신속하게 하려면 화학반응식을 고려해야 한다. 이 단계에서 화학양론이 필요하다.

화학양론의 문제를 푸는 유용한 전략이 그림 4.14에 단순하게 지도의 형태로 요약되어 있다. 이것은 몰이 화학계산에서 필수적인 양임

예제 4.5 몰에서 그램으로 변환

문 제 다음을 그램 질량으로 바꾸어라.

a. 물 35.2 mol
b. $K_2Cr_2O_7$ 0.0430 mol
c. CCl_4 9.18×10^{-8} mol

풀 이 문제를 풀기 위해서는 각 물질의 그램 화학식량(몰질량)을 알아야 한다.

a. 물의 몰질량은

$$2 \times \frac{1.01\,g\ H}{1\,mol\ H} + 1 \times \frac{16\,g\ O}{1\,mol\ O} = 18.02\,g/mol\ H_2O$$

따라서 몰당 18.02 g이므로 다음과 같이 적을 수 있다.

$$\frac{18.02\,g\ H_2O}{1\,mol\ H_2O}$$

물 35.2 mol의 질량을 계산하기 위해서는 몰질량을 변환인자로 사용하여 곱하면 된다. 도중에 '물의 몰(mol H_2O)'에 해당하는 차원 단위를 약분하여 지워버릴 수 있다.

$$35.2\,\cancel{mol\ H_2O} \times \frac{18.02\,g\ H_2O}{1\,\cancel{mol\ H_2O}} = \mathbf{634\,g\ H_2O}$$

b. $K_2Cr_2O_7$의 몰질량은

$$(2 \times 39.10) + (2 \times 52.00) + (7 \times 16.00)$$
$$= \frac{294.20\,g\ K_2Cr_2O_7}{1\,mol\ K_2Cr_2O_7}$$

따라서

$$0.0430\,\cancel{mol\ K_2Cr_2O_7} \times \frac{294.20\,g\ K_2Cr_2O_7}{1\,\cancel{mol\ K_2Cr_2O_7}}$$
$$= \mathbf{12.6\,g\ K_2Cr_2O_7}$$

위에서 분자와 분모에 모든 분자를 완전히 다 적은 것을 주목하라. 이렇게 하면 약분에 의한 상쇄가 실수 없이 가능하다.

c. CCl_4의 몰질량은 $12.01 + (4 \times 35.45) = 153.8\,g/mol$이다. 이 시점에서 화합물 이름이 아닌 측정 단위만을 사용하여 변환인자를 더 단순하게 하는 것이 어떻게 가능한가를 보일 수 있는데, 그 결과는 같다. 그러나 일반적인 규칙으로는 변환인자를 적을 때, 화합물 이름을 포함해야 한다.

$$9.18 \times 10^{-8}\,\cancel{mol}\ CCl_4 \times \frac{153.8\,g}{1\,\cancel{mol}} = \mathbf{1.41 \times 10^{-5}\,g\ CCl_4}$$

확 인 답에 일리가 있는가? 답이 의미가 있는가를 결정하는 열쇠는 문제를 실제 산수적으로 풀기 전에 어떠한 답을 예상할 수 있는가를 결정하는 것이다. 예를 들어, 문제 a에서는 물 35.2 mol의 질량을 알아내는 것을 묻고 있다. 대략 얼마가 될 것인가? 1 mol, 즉 18 g의 물은 한 숟가락 정도가 된다. 따라서 35 숟가락의 물은 634 g(= 634 mL)이다. 이러한 계산은 정확한 답을 주지는 않지만, 심각한 실수를 하였는지를 쉽게 알아낼 수 있게 해준다.

그림 4.14 몰의 다리 건너기

예제 4.6 그램에서 몰로의 변환

문 제 다음의 경우 알루미늄 몇 mol이 존재하는가?
a. 15.4 g의 알루미늄 캔
b. 3.30 나노그램(ng)의 산화알루미늄 시료

풀 이 대부분의 화학양론 문제를 푸는 첫 단계는 각 물질의 원자량을 결정하는 것이다. 알루미늄의 원자량은 주기율표에서 직접 읽을 수 있으며, 그램으로 변환할 수 있다. 이 경우는 26.98 g/mol이다. 산화알루미늄의 몰질량을 계산할 수 있다.

Al_2O_3의 몰질량
$$=(2\times 26.98)+(3\times 16.00)=101.96\text{ g/mol}$$

차원분석을 통해서, 다음과 같은 답을 얻을 수 있다.

$$\text{a. mol Al}=\frac{1\text{ mol Al}}{26.98\,\cancel{\text{g Al}}}\times 15.4\,\cancel{\text{g Al}}=0.571\text{ mol Al}$$

$$\text{b. mol Al}=\frac{1\text{ mol Al}_2\text{O}_3}{101.96\,\cancel{\text{g Al}_2\text{O}_3}}\times 3.30\,\cancel{\text{ng Al}_2\text{O}_3}\times\frac{1\times 10^{-9}\,\cancel{\text{g Al}_2\text{O}_3}}{1\,\cancel{\text{ng Al}_2\text{O}_3}}\times\frac{2\text{ mol Al}}{1\,\cancel{\text{mol Al}_2\text{O}_3}}$$
$$=6.47\times 10^{-11}\text{ mol Al}$$

을 알려준다. 지도를 이용하면서, 우리는 다리에 해당하는 변환인자를 사용하여 원하는 곳에 도달할 수가 있다. 몰질량을 사용하면 질량에서 몰로 혹은 그 반대로의 변환을 할 수 있다. 아보가드로 수를 이용하면 몰로부터 입자 수를 계산하거나 혹은 그 반대의 계산을 할 수 있다. 질량에서 입자 수로 직접 갈 수 있는 다리는 없다는 것을 유의하라. 따라서 보다 우회적인 경로를 이용해야 한다. 그림 4.14의 몰 지도를 예제 4.7을 푸는 데 사용할 것이다.

화학양론적 계산

우리가 관심을 갖는 문제는 "얼마나 많은 산화알루미늄이 알루미늄 캔 하나를 만드는 데 필요한가?"이다. 답은 홀-에루 반응식에서 찾을 수 있다.

화학반응식은 반응물이 반응하고, 생성물을 생성하는 비율을 말해준다. 이것은 실제 반응하거나 생성되는 원자, 분자, 이온의 개수를 나

예제 4.7 원자개수에서 질량으로의 변환

문 제 알루미늄 원자 7.5×10^{27}개의 질량을 그램으로 나타내어라.

풀 이 문제를 풀기 위해 세 가지 중요한 관점을 생각한다. 어디로부터 왔으며, 어디로 가려 하고, 어떻게 거기에 도달할 것인가? 이것이 (그림 4.14와 같은) 지도가 필요한 이유이다.

1. 어디로 가는가? 다른 말로는, 무엇을 배우고자 하는가? 이 문제에서는, 알루미늄의 질량을 결정하는 것이다.
2. 어디에서 오는가? 알루미늄의 원자 수가 주어져 있다.
3. 그 곳에 어떻게 갈 수 있는가? 이 경우 "그 곳"은 알루미늄의 질량이다. 원자(입자) 수로부터 시작하라. 몰에 도착하기 위해 아보가드로 수를 사용하고, 질량에 도착하기 위해 몰질량을 사용하라. 이 경로를 여행하는 것(그리고 돌아오는 것)이 우리의 몰지도상에서 가능하다.

(a) Al의 질량 $=7.5\times10^{27}\cancel{\text{atoms}}\ \text{Al}$

$$\times\frac{1\ \cancel{\text{mol Al}}}{6.02\times10^{23}\ \cancel{\text{atoms Al}}}\times\frac{26.98\ \text{g Al}}{1\ \cancel{\text{mol Al}}}$$

$$=3.36\times10^{5}\ \text{g Al}$$

확 인 이 답이 일리가 있는가? 이것은 알루미늄 1×10^4 mol보다 약간 더 크다. 알루미늄은 몰당 27 g의 질량을 가지므로, 최종 답은 27×10^4 g보다 약간 크게 된다. 이것은 2.7×10^5 g이므로, 얻은 답은 이것보다 약간 더 크다. 답이 확인이 되었다.

때로는 문제의 대략의 답을 문제를 풀기 전에 어림해 보아야 한다. 이렇게 하면, 얻어진 답이 "일리가 있는지" 즉시 알 수 있게 된다.

타내는 것으로 생각할 수 있다. 그러나 일반적으로 반응물이나 생성물의 몰수를 가리킨다. 이것은 반응하는 물질의 질량을 직접적으로 나타내지는 않는다.

다음 반응의 적절한 해석은 아래와 같다.

$$2Al_2O_3+3C \longrightarrow 4Al+3CO_2$$

"탄소 3 mol과 반응해서 알루미늄 4 mol과 이산화탄소 3 mol을 만들기 위해서는 Al_2O_3 2 mol이 필요하다." 이 반응에서 Al_2O_3 2 mol은 알루미늄 4 mol을 만든다. 또한 탄소 3 mol은 CO_2 3 mol을 생성한다. 알루미늄 4 mol이 만들어질 때마다 CO_2 3 mol이 생성된다. 즉, 몰-몰 비율을 얻는다. 몰-몰 비율을 얻는 가장 간단한 방법은 다음과 같이 몰수를 화학물질 아래에 적는 것이다.

$$\begin{array}{cccc} 2\,Al_2O_3 & +\,3C & \longrightarrow & 4Al\,+\,3CO_2 \\ 2\text{ mol} & 3\text{ mol} & \longrightarrow & 4\text{ mol}\quad 3\text{ mol} \end{array}$$

화학양론 문제를 풀 경우, 몰-몰 비를 표현하는 다른 방법은 볼드이다. 다음은 홀-에루 반응에서의 몰-몰 변환인자이다.

표 4.1 홀-에루 반응에서의 변환인자

산화알루미늄	탄소	알루미늄	이산화탄소
$\frac{2\,\text{mol Al}_2\text{O}_3}{3\,\text{mol C}}$	$\frac{3\,\text{mol C}}{2\,\text{mol Al}_2\text{O}_3}$	$\frac{4\,\text{mol Al}}{3\,\text{mol CO}_2}$	$\frac{3\,\text{mol CO}_2}{4\,\text{mol Al}}$
$\frac{2\,\text{mol Al}_2\text{O}_3}{4\,\text{mol Al}}$	$\frac{3\,\text{mol C}}{4\,\text{mol Al}}$	$\frac{4\,\text{mol Al}}{2\,\text{mol Al}_2\text{O}_3}$	$\frac{3\,\text{mol CO}_2}{2\,\text{mol Al}_2\text{O}_3}$
$\frac{2\,\text{mol Al}_2\text{O}_3}{3\,\text{mol CO}_2}$	$\frac{3\,\text{mol C}}{3\,\text{mol CO}_2}$	$\frac{4\,\text{mol Al}}{3\,\text{mol C}}$	$\frac{3\,\text{mol CO}_2}{3\,\text{mol C}}$

$$\frac{4\,\text{mol Al}}{2\,\text{mol Al}_2\text{O}_3}$$

이것은 "반응에서 Al_2O_3 2mol당 알루미늄 4mol이 존재 한다."고 읽을 수 있다. 표 4.1에 이 반응식의 모든 가능한 변환인자를 열거하였다.

이제 질문 "한 개의 알루미늄 캔을 만들기 위해서는 얼마만큼의 산화알루미늄이 (그램으로) 필요한가?"에 답할 수 있는 모든 준비가 다 되었다. 보통 알루미늄 캔은 16g이며 알루미늄 100%로 되어있다고 가정하자. 화학반응식은 반응하는 물질 간의 몰-몰 비를 나타내고 있다. 따라서 우선 16g의 알루미늄이 몇 mol에 해당하는가를 알아보기로 하자.

균형반응식과 해당하는 몰-몰 비는 다음과 같이 요약할 수 있다.

$$\begin{array}{cccc} 2\text{Al}_2\text{O}_3 + 3\text{C} & \longrightarrow & 4\text{Al} + 3\text{CO}_2 \\ 2\text{ mol} \quad 3\text{ mol} & \longrightarrow & 4\text{ mol} \quad 3\text{ mol} \end{array}$$

이러한 화학양론 문제를 푸는 일반적 방법은 답에 드달하기 위해 해야 할 변환을 요약 정리하는 것이다. 그 다음은 답을 얻기 위해 적당한 변환인자를 사용한다. 산화알루미늄의 질량을 결정하는 데는 알루미늄 16g에 변환인자를 곱하여 알루미늄의 질량을 그램에서 몰수로 바꾸고, 결과에 변환인자를 곱하여 알루미늄 몰수에서 Al_2O_3의 몰수로 바꾼 후, 끝으로 변환인자를 곱하여 산화알루미늄의 몰수를 그램으로 변환하면 된다. 실제 계산에 필요한 요식도를 다음과 같이 나타내었다.

$$16\,\text{g Al} \xrightarrow{\frac{1\,\text{mol Al}}{26.98\,\text{g}}} \text{mol Al} \xrightarrow{\frac{1\,\text{mol Al}_2\text{O}_3}{2\,\text{mol Al}}} \text{mol Al}_2\text{O}_3 \xrightarrow{\frac{101.96\,\text{g Al}_2\text{O}_3}{1\,\text{mol Al}_2\text{O}_3}} 30\text{g Al}_2\text{O}_3$$

예제 4.8 **몰-몰 변환인자**

문 제 알루미늄의 공업적 생산에서 용융된 혼합물에 존재하는 물과 플루오린화알루미늄(AlF_3)이 반응하는 부반응이 일어난다. 이 부반응의 균형반응식은 다음과 같다.

$$2AlF_3 + 3H_2O \longrightarrow Al_2O_3 + 6HF$$

생성된 플루오린화수소산(HF)은 반드시 '중화' 시켜야 한다. 이렇게 해야 공장 근처의 농작물에 공장 배기가스에 의한 피해를 막을 수 있다.
다음의 변환인자 중 어떤 것이 부반응 반응식으로 맞는지 결정하여라.

a. $\dfrac{2\,\text{mol AlF}_3}{6\,\text{mol HF}}$ b. $\dfrac{3\,\text{mol Al}_2\text{O}_3}{1\,\text{mol H}_2\text{O}}$ c. $\dfrac{6\,\text{mol H}_2\text{O}}{3\,\text{mol HF}}$

d. $\dfrac{1\,\text{mol Al}_2\text{O}_3}{2\,\text{mol AlF}_3}$ e. $\dfrac{2\,\text{mol HF}}{6\,\text{mol AlF}_3}$

풀 이 변환인자를 사용하는 가장 중요한 규칙은 원자, 분자, 혹은 이온과 함께 따라다니는 반응식에서의 숫자이다. 이것은 "2"는 AlF_3와 같이 다니고, "3"은 물과 같이 다니며, "1"은 Al_2O_3와 함께 따라다닌다 것을 의미한다. 이러한 숫자의 하나를 변화시키면 반응식의 균형이 깨어진다. 이런 사실로부터 맞는 변환인자는 a와 d인 것을 알 수 있다.

예제 4.9 **수요 충족**

문 제 1년간 1,010억 개의 알루미늄 캔이 생산되었는데 그 무게가 1.56×10^9kg이었다. 1년간의 알루미늄 캔 수요를 충족시키기 위해 얼마나 많은 산화알루미늄이 필요하겠는가? kg과 톤으로 답하라.

풀 이 하나의 캔을 만드는 데 필요한 Al_2O_3의 양을 알고 있으므로, Al_2O_3 일 년 공급량 전체를 알기 위해서는 그 양에 1010억을 곱하기만 하면 된다. kg과 톤으로 바꾸어야 한다. 이것은 다음과 같이 쓸 수 있다.

Al_2O_3 kg의 수

$$= \frac{30\,\cancel{\text{g Al}_2\text{O}_3}}{1\,\text{캔}} \times \frac{1.01 \times 10^{11}\,\text{캔}}{1\,\text{년}} \times \frac{1\,\text{kg Al}_2\text{O}_3}{1000\,\cancel{\text{g Al}_2\text{O}_3}}$$

$$= 3.0 \times 10^9\,\text{kg/년}$$

이것을 톤으로 변환시키자.

Al_2O_3 톤 수

$$= 3.0 \times 10^9\,\text{kg Al}_2\text{O}_3 \times \frac{1\,\text{t Al}_2\text{O}_3}{1000\,\text{kg Al}_2\text{O}_3}$$

$$= 3.0 \times 10^6\,\text{t Al}_2\text{O}_3/\text{년}$$

올바른 변환인자의 사용에 익숙해지는 데 다소 시간이 걸리겠지만 노력할 가치가 있다. 한번 방법에 익숙해지면 대부분의 화학양론 문제는 매우 단순해진다. 뒤에서 화학양론 문제를 푸는 이 접근방법에 대한 많은 세부사항을 알 수 있을 것이다. 그리고 책을 읽어감에 따라 더 많은 연습을 하게 될 것이다.

화학양론 문제들을 푸는 데는 여러 방법이 있다. 어떤 방법을 사용하든 문제 해결의 마지막 단계는, 다시 확인한 후 그 해답이 사리에 맞는지 결정하는 것이다. 여기에서 30g이란 답이 사리에 맞는가? 산화알루미늄은 알루미늄보다 더 무겁다. 따라서 알루미늄 캔을 만들기 위해 산화알루미늄이 16g 이상 필요하다는 것은 사리에 맞다. 16g 보다 적은 양의 산화알루미늄으로 16g의 알루미늄 캔을 만들 수 있다는 대답을 얻었다면 뭔가 틀렸다는 것을 알 것이다.

보크사이트는 알루미늄을 만드는 데 필요한 광물인데, 포함하고 있는 Al_2O_3양은 50%가 못 된다. 다시 말해 알루미늄 캔을 만드는 데는 굉장히 많은 양의 보크사이트 광물이 필요하며 이 양은 실제로 계산한 양보다도 많다. 이것을 생각하여 보면 재활용은 그럴듯한 선택으로 보인다. 그 외에도 또한 자원의 재생성이나 자원의 부존량 같은 다른 요인도 생각해야 한다. 나무는 재배할 수 있으나, 알루미늄은 재배할 수 없다.

또 다른 결정적 요인은, 새로운 알루미늄 캔을 생산할 때 필요한 에너지와 만들어져 있는 캔을 재활용할 때의 에너지를 비교하면, 재활용할 때 에너지가 훨씬 적게 필요하다는 것이다. 재활용에 필요한 에너지 비용과 새로이 만들 때 필요한 에너지 비용을 자세히 계산하여 비교하지는 않았지만, 이러한 분석에 필요한 중요한 계산 방법을 이미 배워 알고 있다.

예제 4.10 알루미늄 캔 하나를 생산하는 데 필요한 에너지

문 제 J(Joule)는 Systeme Internationale(SI)에서 규정한 에너지 단위이다. 약 280,000MJ로 1000kg의 알루미늄을 생산할 수 있다(1MJ=1×10^{6}J). 16g의 알루미늄 캔을 만드는 데 15.4g의 알루미늄이 필요하다면 캔 1개를 만드는 데 필요한 에너지는 얼마일까?

풀 이 이 문제는 화학양론에 대해 논의를 시작했을 때 나온 문제 중의 하나이다. 각 단계를 지도로 나타내는 전략을 이용할 수 있으며, 원하는 단위로 끝나도록 분자들을 배열한 단일 방정식으로 바꾸어 주면 된다.

$$\frac{2.8\times10^5\ \text{MJ}}{1000\,\text{kg Al}} \xrightarrow{\frac{1\ \text{kg Al}}{1000\ \text{Al}}} \frac{\text{MJ}}{\text{g Al}} \xrightarrow{\frac{15.4\ \text{g Al}}{1\text{캔 Al}}} \frac{\text{MJ}}{\text{캔 Al}} \xrightarrow{\frac{1\times10^6\text{J}}{1\ \text{MJ}}} \frac{\text{J}}{\text{캔 Al}}$$

$$\text{J/캔} = \frac{2.8\times10^5\ \cancel{\text{MJ}}}{1000\ \cancel{\text{kg Al}}} \times \frac{1\ \cancel{\text{kg Al}}}{1000\,\text{g}\ \cancel{\text{Al}}} \times \frac{15.4\ \cancel{\text{g Al}}}{1\,\text{can}} \times \frac{1\times10^6\text{J}}{1\ \cancel{\text{MJ}}} = 4.3\times10^6\,\text{J/캔}$$

확 인 계산한 값이 굉장히 큰 숫자처럼 보이는데, 어느 정도인지 알아볼 필요가 있다. 1 J은 작은 에너지 단위이다. 4.3×10^{6}J은 큰 바나나 한 개나 더블 치즈버거를 소화해서 나오는 에너지이며, 알루미늄 콜라 캔 절반 정도 양의 휘발유를 태우면 나오는 에너지이기도 하다.

4.4 재활용 과정

여러분은 이미 재활용이 인간의 발명품이 아니라는 것을 알고 있을 것이다. 재활용이란 자연이 지구상의 원자들을 여러 다른 형태를 통하여 자동적으로 순환시키는 과정인 것이다. 또한 사람들은 생태학적인 문제가 야기되기 훨씬 이전부터 재활용을 이용하여 왔다. 수세기 동안 농부들은 쟁기질을 하여 작물의 잔여물들을 분해시키고 땅을 비옥하게 하여 작물들을 생장할 수 있게 하였다. 또한 농부는 동물의 배설물을 비료로 사용하기도 하였다.

만약 당신이 정원을 가꾼다면 같은 목적으로 나뭇잎이나 잔디를 깎아 쌓아 놓을 것이다.

이런 것들을 **퇴비**라고 하며 영양분을 흙에 되돌리는 재활용의 한

예 제 4.11 **기저귀의 에너지 비용**

문 제 2000년형 자동차는 휘발유 1 갤런으로 32 마일을 주행할 수 있다. 종이 기저귀 하나를 만들기 위해 휘발유 0.25 L에 해당하는 에너지가 필요하다면, 이 자동차는 종이 기저귀 1년 공급량(1000개의 기저귀)과 같은 에너지를 이용하여 몇 마일을 주행할 수 있을까? 1 gal=3.785 L이다.

1000 기저귀 = ? 마일

풀 이 가능한 방법 하나를 아래에 나타내었다.

$$\text{mile/년} = \frac{32\,\text{mile}}{1\,\cancel{\text{gallon}}} \times \frac{1\,\cancel{\text{gallon}}}{3.785\,\cancel{\text{L}}} \times \frac{0.25\,\cancel{\text{L}}}{\cancel{\text{기저귀}}\,1\text{개}} \times \frac{\cancel{\text{기저귀}}\,1000\,\text{개}}{1\text{년}}$$

$$= 2114, \text{ 반올림 하면 } 2100\,\text{mile/년}$$

그림 4.15 퇴비 제조

방법이다(그림 4.15).

이 과정에서 흙으로 되돌아간 물질들은 박테리아와 곰팡이에 의해 분해된다. 이 과정에서 식물 성장에 필요한 영양분이 되는 화학물질이 생성된다. 따라서 재활용이란 망가지기 쉬운 세상을 유지하는 자연과 인간의 전통적인 방법인 것이다. 단 두 세기 동안 산업화로 인해 생활양식이 발달함에 따라 재활용이 일시적으로 잊혀졌었다. 그러나 산업화된 국가에서도 재활용이 완전히 사라지지 않았으며, 요즘은 재활용의 중요성을 다시금 깨닫고 있다.

재활용은 어떻게 이루어지는가?

재활용의 목적은 미래에 사용하기 위하여 가능한 한 많은 물질을 회수하는 것이다. 일반적으로 재활용 단계는 다음과 같다.

- 집이나 사무실 또는 공장과 그 밖의 재활용 센터에서 쓰레기를 수거한다.
- 쓰레기 중에서 다시 재활용할 수 있는 것을 분리한다. 이 일은 집이나 시청 재활용 센터 혹은 재활용 공장에서 이루어질 수 있다.
- 라벨, 음식 등을 제거하기 위해 깨끗이 씻는다.
- 다시 사용할 수 있도록 물질을 처리한다.

그림 4.16은 이 과정을 보여준다.

그림 4.16 많은 지역 공동체는 주민들이 분류된 쓰레기를 가져올 수 있는 재활용 센터를 운영한다. 유리, 신문, 알루미늄, 플라스틱은 처리를 용이하게 하기 위해 큰 쓰레기통에 따로 분리된다.

알루미늄 재활용

알루미늄 콜라 캔은 순수한 알루미늄으로 만들지 않는다. 그것은 알루미늄, 마그네슘, 망가니즈, 철, 규소, 구리의 혼합물로 만든다. 여러 금속 원소들이 균일하게 섞인 것을 합금이라 한다. 캔의 뚜껑으로 사용되는 **합금**(alloy)은 본체보다 더 많은 마그네슘을 포함하고 있다. 캔이 만들어진 다음에 그 캔 안쪽에 얇은 플라스틱 코팅을 하게 된다. 그렇게 함으로써 캔의 금속이 그 안에 있는 음료와 반응하지 않는 것이다. 상표명과 다른 라벨 정보는 바깥쪽에 인쇄한다. 따라서 재활용될 캔에는 알루미늄 한 가지만 있는 것이 아니라 많은 화학제품들이 있다.

알루미늄을 재활용하는 것은 알루미늄 캔을 단지 용광로에 넣고 용해된 금속을 새 캔으로 냉각하는 것처럼 단순한 것이 아니다. 왜냐하면 캔을 이루고 있는 각 물질들은 반드시 따로 처리하여야 하기 때문이다. 이런 복잡함에도 불구하고 캔의 재활용은 보크사이트 광석으로부터 알루미늄 캔을 제조하기 위해 필요한 에너지의 10%도 사용하지 않는다. 물론 재활용에 필요한 캔은 기본적으로 무료로 얻을 수 있다.

캔을 재활용하기 위해서는 말려야 한다. 습기는 재활용 과정에서 생성되는 용해된 알루미늄과 접촉했을 때 폭발하기 때문이다. 캔은 페인트와 플라스틱을 제거하는 "래커 제거"용광로에서 녹인다. 이 과정에서 새 캔의 본체에 필요한 혼합물보다 더 많은 마그네슘을 포함한 혼합물을 얻는다. 이것은 캔의 뚜껑(총무게 중 25% 차지)이 본체보다 비교적 더 많은 마그네슘을 가진 합금으로 만들어졌기 때문이다. 따라서 소량의 알루미늄을 더 가하여야 한다. 그리고 나서 녹은 알루미늄－마그네슘 합금으로 새 캔을 만든다(그림 4.17).

은의 재활용 : 산화와 환원

경제적인 이유나 안전상의 이유로 많은 산업체나 대학의 화학실험실에서는 은과 같은 물질을 재활용한다. 은은 킬로그램당 가격이 수백 달러이므로 재활용을 통해 돈을 절약할 수 있다. 안전한 재활용은 독성이 있는 은과 같은 물질들이 호수나 강으로 흘러들어가 여러 종류의 살아 있는 유기물 속에 들어가는 것을 막는 것이다.

은의 재활용은 용액 안에 있는 은 이온을 은 금속으로 변환시키는 것이다. 재활용 방법 중 하나로, 구리 금속 조각을 은 용액에 넣는 방법이 있다. 구리 금속은 은보다 반응성이 좋다. 즉, 구리의 최외각 전자가 은보다 쉽게 떨어져 나간다. 구리 금속의 전자가 이온으로 옮겨져 구리 금속은 구리 이온이 되고 은 이온은 은 원자로 바뀌게 된다. 그림 4.18에 이 과정을 나타내었다. 다음 식은 이 과정이 어떻게 일어나는가를 요약한 것이다.

그림 4.17 알루미늄의 재활용

그림 4.18 구리 금속을 용액에 넣음으로써 은 이온을 포함하는 용액으로부터 은 금속을 회수할 수 있다. 몇 분 안에 상당한 양의 은 금속이 형성되고 용액 안에 푸른 빛깔의 구리 이온(Cu^{2+})이 형성된다.

$2Ag^{+}(aq)$	+	$Cu(s)$	$\longrightarrow$	$2Ag(s)$	+	$Cu^{2+}(aq)$
용액 속 은 이온		고체 구리		고체 은		용액 속 구리 이온

이 반응은 한 화학종으로부터 다른 화학종으로 전자만이 옮겨 가는 아주 간단한 반응이다.

이런 반응을 **산화-환원반응**(reduction/oxidation reaction, redox reaction)이라고 한다. **환원**(reduction)은 일반적으로 전자를 얻는 반응을 말하며, **산화**(oxidation)는 전자를 잃는 반응을 말한다. 다소 혼란스러운 것은 많은 산화반응에 산소가 포함되지 않는다는 것이다. 우리가 산화라고 부르는 것은 역사적인 이유 때문인데, 처음 집중적으로 연구된 산화-환원반응에서 산소가 전자를 받아들이는 원소였기 때문이다.

두 개의 반쪽 반응(산화와 환원 반응)과 전체 산화-환원반응을 다음과 같이 나타낼 수 있다.

Cu	$\longrightarrow$	$Cu^{2+} + 2e^{-}$	산화
$2Ag^{+} + 2e^{-}$	$\longrightarrow$	$2Ag$	환원
$2Ag^{+} + Cu$	$\longrightarrow$	$2Ag + Cu^{2+}$	산화-환원반응

전체 반응식으로부터 은 이온 2 mol과 구리 금속 1 mol이 반응하면, 2 mol의 은 금속과 1 mol의 구리 이온이 생성된다는 것을 알 수 있다. 변환인자는 다음과 같다.

$$\frac{2\,\text{mol Ag}}{1\,\text{mol Cu}}$$

예제 4.12 **은의 환원**

문 제 은 이온 310g을 완전히 환원하기 위해 필요한 구리의 양은 얼마인가? 부반응은 없다고 가정하라.

풀 이 몰-몰 관계가 물질의 양을 연결하는 다리라는 것을 기억하라. 따라서 우리의 요령은 Ag의 그램을 Ag의 몰수로 바꾼 다음, 이것을 이용하여 구리의 몰수와 그램 수를 알아내는 것이다.

$$\text{g Cu} = 310\,\text{g Ag} \times \frac{1\,\text{mol Ag}}{107.9\,\text{g Ag}} \times \frac{1\,\text{mol Cu}}{2\,\text{mol Ag}} \times \frac{63.55\,\text{g Cu}}{1\,\text{mol Cu}} = 91.3\,\text{g Cu}$$

활동도계열

무엇이 환경에 가장 좋은 것인가를 생각해 볼 때, 그 해답을 쉽고 명확하게 찾기란 어렵다. 예를 들어 은의 회수과정을 보면, 은의 생성과 동시에 구리가 이온으로 변하는 딜레마에 빠지게 된다. 구리 이온 역시 자유로이 버릴 수 없는 위험한 중금속(heavy metal)이다.

따라서 은을 회수하기 위해 구리를 사용하지 않고, 대신에 아연이나 알루미늄을 사용한다. 이들은 구리에 비해 값도 싸고, 보다 환경친화적이다. 은 이온 용액에 구리같이 좀더 반응성이 좋은 금속을 가함으로써 은을 회수할 수 있다는 것을 알았다. 마찬가지로, 구리 이온의 용액에 아연과 같이 구리보다 더 반응성이 좋은 금속의 원자를 가함으로써 구리 금속을 회수하는 것도 가능하다. 금속의 상대적인 반응성을 표 4.2에 나타내었다. **활동도 계열**(reactivity series)은 반응성 순서로 금속을 정렬시킨 것이다. 금속이 반응할 때 금속들은 바깥쪽 전자를 잃고 이온이 된다. 그래서 활동도 계열은 얼마나 쉽게 금속 원자가 바깥전자를 잃고 이온이 되는가에 따라 금속을 정렬한 것이다.

표 4.2는 아연이 구리보다 더 반응성이 좋다는 것을 보여준다. 따라서 아연 원자는 구리 원자보다 더 쉽게 전자를 잃음으로써 반응한다. 이것은 구리 이온 용액에 아연 원자를 더했을 때 아연 원자의 바깥쪽 전자가 구리 이온으로 이동하게 된다는 것을 의미하며, 따라서 구리 금속이 형성되는 것이다(그림 4.19). 이 산화-환원반응의 전체 반응식은 다음과 같다.

$$\text{Zn}(s) + \text{Cu}^{2+}(aq) \longrightarrow \text{Zn}^{2+}(aq) + \text{Cu}(s)$$

아연과 구리 원자 중 어느 것이 바깥쪽 전자를 갖는지 "경쟁"하는 상황을 생각해 보자. 반응성이 작은 원자가 결국 바깥쪽 전자를 가지

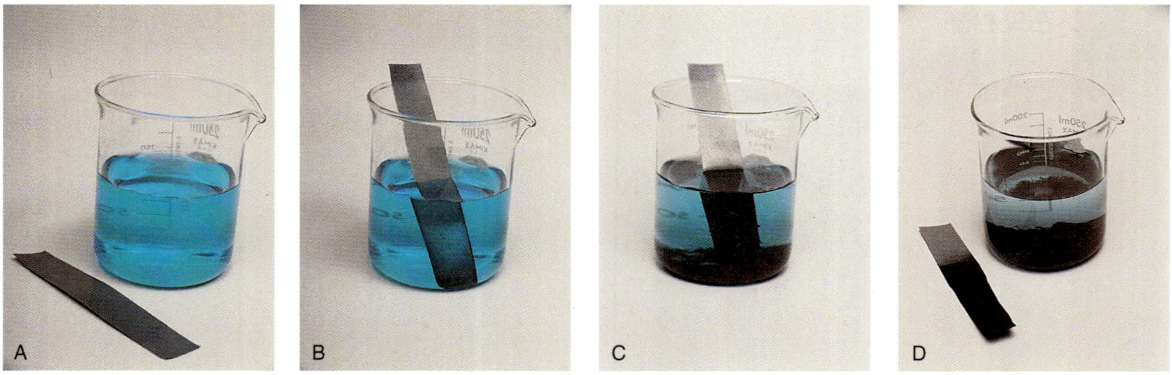

그림 4.19 금속 아연판(A)을 구리 이온 용액 안에 넣는다(B, C). 아연은 아연 이온(Zn^{2+})으로 산화되고, 구리 이온은 구리 금속으로 환원된다(D). 금속은 비커 밑바닥에 가라앉는다. 구리 이온의 파란색이 많이 없어졌으며, 아연 금속판은 녹았기 때문에 크기가 조금 작아진 것을 볼 수 있다.

표 4.2 금속의 활동도 계열

	이온	원자, 분자	
치환하기	K^+	K	물과 반응하는
어려운	Ca^{2+}	Ca	금속들
이온들	Na^+	Na	
	Mg^{2+}	Mg	
	Al^{3+}	Al	
	Zn^{2+}	Zn	산과 반응하는
	Fe^{2+}	Fe	금속들
	Ni^{2+}	Ni	
	Pb^{2+}	Pb	
치환하기	H_3O^+	H_2	반응성이
쉬운	Cu^{2+}	Cu	매우 안 좋은
이온들	Ag^+	Ag	금속들
	Au^{3+}	Au	

게 된다. 왜냐하면 금속의 반응성은 얼마나 쉽게 다른 화학물질에 전자를 줌으로써 바깥쪽 전자를 잃는가에 따라 결정되기 때문이다. 구리가 표 4.2에서 은 위쪽에 있기 때문에 은 이온을 환원시킬 것이다. 이와 같이 아연도 구리 위쪽에 있으므로 구리 이온을 환원시킬 것이다. 따라서 은 이온을 환원시키는 아연의 능력에 관해 무엇을 예견할 수 있을까? 앞에서 얘기한 것처럼 이런 이유로 아연은 상업적으로 은을 회수하는 데 사용된다. 더구나 아연은 구리보다 훨씬 가격이 싸고, 심각한 환경문제도 일으키지 않는다.

플라스틱 재활용

플라스틱을 재활용하는 과정에는 단 한 가지 방법만 있는 것이 아니다. 그 방법은 플라스틱의 종류와 재활용 회사에 따라 다양하다. 많이 이루어지는 재활용 중 하나가 폴리테레프탈산 에틸렌, 즉 PET중합

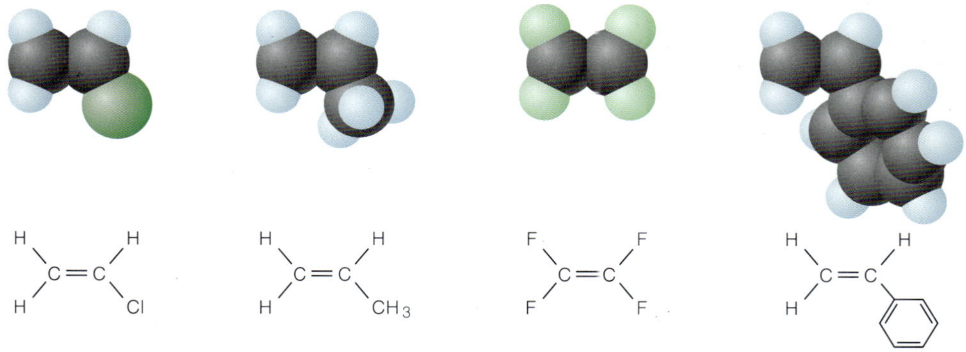

단량체:	염화비닐 (vinyl chloride)	프로펜 (propene)	테트라플루오로에틸렌 (tetrafluoroethylene)	스타이렌 (styrene)
중합체:	폴리염화비닐(PVC)	폴리프로필렌(PP)	티플론(PTFE)	폴리스타이렌(스타이로폼)
용도:	물 파이프 주택 외벽 신용카드 비옷 신발	카펫 뒤판 의료 기구 전자 제품 장난감 가정용품	주방용품 전기절연체	커피잔 단열재 자동차 계기 및 패널판

그림 4.20 단량체와 중합체

체로 만들어진 음료수 병을 재활용하는 것이다. **중합체**(polymer)는 많은 수의 단위 화합물(**단량체**, 그림 4.20)이 화학적 결합에 의해 함께 연결되어 만들어지는 화학물질이다. 그림 4.21에 일반적인 원칙을 설명하였다. 모든 **플라스틱**은 한 종류 이상이 합성된 중합체이다.

PET병의 재활용 과정은, 밑에 부착되어 있는 다른 종류의 플라스틱으로 만든 바닥부분과 PET병을 분리하는 것에서 시작된다. 마개(보통 폴리프로필렌으로 만듦), 접착제와 라벨은 그 다음에 제거된다. 남아 있는 PET는 녹인 다음, 담요나 스웨터 제조업자에게 PET 섬유로 판매한다(그림 4.22A).

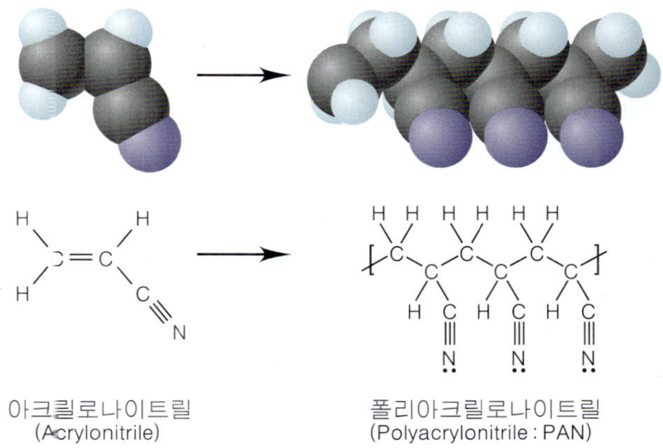

그림 4.21 아크릴로나이트릴 단량체는 상업적으로 융단이나 니트웨어에 사용되는, 올론으로 잘 알려진 폴리아크릴로나이트릴을 만든다. 그림 4.20에서 나타낸 단량체에서의 탄소 원자들 사이에 이중결합은 두 개의 단일 결합으로 바뀌어, 단량체와 단량체를 연결하여 사슬을 형성한다.

재활용 플라스틱의 사용

침실용 300×360cm 되는 양질의 카펫을 만들기 위해서는 약 480개의 2L들이 플라스틱 병이 필요하다. 35개의 병에서 나오는 플라스틱은 1개의 침낭을 만드는 데 들어가는 화섬면으로 바꿀 수 있다. 그림 4.22 B와 C에서 볼 수 있는 것과 같이 재활용된 플라스틱의 용도

A. 재킷

B. 병

C. 충전재

그림 4.22 재활용된 플라스틱은 모든 소비 제품에 사용된다.

는 많다. 미국연방식품의약청(FDA)은 재활용된 플라스틱 그릇을 음식물을 담는 데 사용하는 것을 금지하여 왔으나 2001년 6월에는 식품 회사의 허가요청을 고려해 보겠다고 하였다. FDA의 식품첨가제 안전과에서는 안전성 여부에 대한 관심사와 식품회사가 요청한 시안들을 홈페이지에 보여주고 있다.

4.5 재활용의 현재 실태

"종이 봉투에 드릴까요, 비닐(플라스틱) 봉지에 드릴까요?" 우리는 계산대에서 이런 질문을 받고 대답해 왔다. 종이라고 대답한 사람은 환경적으로 지각있는 소비자이고 플라스틱이라고 대답한 사람은 주의 없는 사람이라고 생각하게 될 것이다. 하지만 플라스틱이 생태학적으로 의식 있는 사람들에 의해 꼭 회피될 필요는 없다. 쓰레기 매립장 공간의 대부분은 종이가 차지한다. 심각한 문제는, 플라스틱이나 종이, 그 밖의 무엇이건 간에 쓰레기를 버릴 수 있는 공간이 점차 없어진다는 것이다. 재활용에 대한 결정은 그것이 좋건 나쁘건, 쓰레기 매립장이나 천연 자원이 충분한가 하는 요인에 의해 영향을 받는다. 경제성, 과학기술 그리고 공공 정책 또한 재활용 정책에 중요한 요인들이다.

알루미늄 재활용의 실태

알루미늄 재활용은 미국에서 활발하게 실행되고 있으며, 재활용에 종사하는 일반인들에게는 매년 수억 달러가 지불되었다. 알루미늄 재활용은 또한 전국적으로 만여 개의 재활용 시설이 있기 때문에 비교적 용이하다. 앞에서 언급했듯이 알루미늄을 재활용하는 데 쓰이는 에너지는 보크사이트 광석에서 알루미늄 캔을 만드는 데 드는 에너지의 10%도 안 되기 때문에 알루미늄 산업체는 재활용을 하려 한다. 재활용을 함으로써 에너지를 절약하는 것은 양질의 생산품을 만들 수 있으면서도 돈을 절약하는 것이다. 점점 더 많은 지방정부들이 재활용을 의무화함에 따라 알루미늄 재활용 산업은 빠르게 성장할 것으로 보인다. 다른 상품의 재활용, 특히 플라스틱이 점점 더 일반화됨에 따라 알루미늄 재활용은 어느 선에서 정착될 것이다. 아무튼 알루미늄 재활용은 경제적으로 유리하기 때문에 재활용 과정은 우리 생활양식의 한 부분으로 받아들여지고 있다.

플라스틱 재활용 실태

플라스틱 재활용은 알루미늄에 비하여 두드러진 대조를 보인다. 재활용되는 중합체에는 다양한 종류의 중합체가 있다. 플라스틱 재활용 또한 역사가 짧고 불과 10년 전부터 시작되었다. 플라스틱 그릇은 비교적 가볍고, 수집통의 많은 공간을 차지하기 때문에 수집과정이 그다지 효과적이지 못하다. 각 자치단체는 보통 폴리테레프탈산 에틸렌("#1", PET)과 고밀도 폴리에틸렌("#2" HDPE)을 처리하는 재활용 프로그램만 운영하기 때문에, 2000년 재활용된 총 플라스틱 병은 345,000톤 정도이다.

결국 재활용은 현대 사회의 필요부분으로 자리잡기 시작한 듯하다. 표 4.3은 재활용의 장점과 단점에 대하여 요약하였다. 재활용은 경제적으로 볼 때 타당하다. 이것은 에너지와 천연자원을 절약한다. 앞에서 지적한 바와 같이 특히 흥미로운 것은 재활용이란 자연이 움직이는 것과 동일하다는 것이다.

우리는 물건에 대하여 끝없는 욕구를 가지고 있다. 그러나 자원은 무한하지 않다. 우리는 이 불가피한 사실을 인식하기 시작했고, 화학, 정치, 경제의 조화를 통하여 이를 극복하고자 행동하기 시작했다.

표 4.3 재활용의 장단점

물 질	재활용의 장점	재활용의 단점
종이	어느 다른 재활용된 물질의 재활용보다 매립지 공간을 더 절약한다. 공기와 물 오염을 줄인다. 신문과 판지의 공급이 풍부하다. 분류 비용이 낮다. 종이 재활용 공장이 발전한다.	혼합된 종이의 판매가 어렵고, 질이 떨어지며, 무한정 재활용할 수 없다. 레이저 프린트나 복사 잉크 제거가 어렵다. 잉크 제거 공장 설비 비용이 비싸다.
플라스틱	공기오염을 줄인다. 석유와 가스가 보존된다.	PET나 HDPE만이 다량으로 재활용된다. 무한정 재활용할 수 없고, 일반적으로 음식용기로도 사용할 수 없다. 분류하기 어렵고, 자동 분류에 비용이 많이 들어 가며, 많은 공간을 차지하여 과다한 수거 비용이 든다. 새 플라스틱이 값이 더 쌀 수 있다. 몇몇 플라스틱은 깨끗이 하기가 어렵다.
유리그릇	재활용될 수 있는 그릇의 90%가 버려진 유리로 만들어진다. 무한정 재활용될 수 있으며, 음식 그릇으로 재활용될 수 있다. 라벨과 접착제는 용광로에서 타 없어진다. 무색과 갈색 유리 시장이 안전하다.	그릇은 분류하는 동안 깨진다. 깨진 그릇은 다시 이용하기 어렵고, 분류를 하더라도 색에 따라 분류해야만 한다. 미가공 유리 시장이 열악하다. 종종 사용할 수 없는 유리로 인해 오염된다.
금속 캔	오염을 줄인다. 광석을 보존하고, 무한정 재활용할 수 있다. 음식그릇으로 재활용할 수 있다. 오물과 오염물이 용광로에서 타 없어진다. 자석으로 분류하기 쉽다. 파쇠를 사용하기 위한 철 공장이 이미 설비되어 있다. 재활용 캔 시장이 튼튼하다.	없음.
알루미늄 캔과 포일	재활용하는 데 새 생산품 에너지의 10%도 사용되지 않는다. 오염을 줄인다. 광석을 보존하고, 무한정 재활용될 수 있다. 음식 그릇으로 재활용될 수 있다. 오물과 오염물은 용광로에서 타 없어진다. 수집과 처리 과정의 체계가 잘 발달되어 있다. 재활용 캔 시장이 튼튼하다.	공간을 많이 차지하여 수거비용이 비싸다.

4.6 녹색화학

재활용은 어떤 부분에서는 성공적이라고 말할 수 있다. 빈통을 버리기에 앞서 재활용이 가능할까 하는 생각을 먼저 하게 되었기 때문이다. 그러나 새 천년에는 새로운 발상을 할 수도 있는데, '나중에 쓰레기가 될 것을 꼭 만들어야 하느냐?'는 것이다. 천연자원을 보호하기 위해서는 미리 생산과정에서부터 뭔가 다른 시도를 하는 것이 필요하지 아닐까?

환경보호를 위해서는 제품이 처음 만들어질 때부터 환경을 고려하여야 한다는 것이 **녹색화학**(Green Chemistry)의 개념이고, **환경친화적인** 화학이라야 한다는 것에 그 철학을 두고 있다. 그러면 공기나 물 그리고 모든 생명체에 별 영향이 없을 것이고 지저분한 쓰레기가 없기 때문에 치울 필요도 없을 것임은 분명하다. 결코 쉽지 않을 것이지만 어느 나라나 환경오염이 중대한 문제이기 때문에 노력하는 중이다. 사실 화학이 끼친 환경오염은 상당한 실정이다. 미국 환경청은 녹색화학의 목적을 '화학제품의 디자인, 제조, 사용 과정에서 유해한 물질의 발생을 없애거나 줄이는 화학기술을 개발하는 것'이라고 말하고 있다.

앞으로는 합성농약, 굴뚝산업의 배출가스, 핵 폐기물 같은 자연적이지 않은 오염원이 환경에 미치는 영향에 대하여 공부하게 될 것이다. 환경규제법으로 정부나 학교, 기업체는 오염물질을 줄이기 위하여 여러 노력을 하고 있는 중이며 녹색화학은 그 중심에 있다. 녹색화학의 한 방법은 미국 스탠포드대학교 화학과 트로스트(Barry Trost) 교수가 제안한 **원자경제론**(Atom Economy)이다. 이는 어떤 것을 효율적으로 이용한다는 것은 쓰레기가 없어야 한다는 것으로, 화학적 의미로는 반응물에 있는 모든 원자가 생성물에 있어야 하고 부산물이 없어야 효율적이라는 것이다. 원자경제론은 환경친화적이고, 부산물은 처리 비용이 들어가므로 부산물이 없다면 경제적으로도 유리하다.

여섯 가지 녹색화학 원칙을 나열하여 보았다.

(1) 예방이 후처리보다 낫다.

(2) 원자경제론을 극대화하는 것이 유리하다.

(3) 보다 안전한 물질로 화합물을 제조하는 것이 유해한 물질로부터 제조하는 것보다 유리하다.

(4) 유해한 용매를 덜 사용하는 것이 바람직하다.

(5) 화합물 제조 시 에너지를 덜 사용하는 것이 바람직하다.

(6) 유용하지 않은 생성물은 빨리 처리하여야 환경보호에 유리하다.

녹색화학은 아직 초기 단계이지만 몇몇 성공사례는 있다. 보통 세탁용매로 쓰이는 퍼클로로에틸렌(perchloroethylene), C_2Cl_4 대신에 액체 이산화탄소를 세탁용매로 쓰면 훨씬 환경친화적이며 용매를 재생하기도 쉽고, 옷에서 용매 냄새도 나지 않는다. 화학회사로 그 규모가 세계적으로 매우 큰 듀퐁사에서는 나일론 제조법을 개량하여 에너지 소비량, 물과 공기 사용량을 줄였으며 제조 시 발생하는 부생성물을 전량 재활용하고 있다. 실제로 많은 화학회사도 이 같은 의식을 갖고 환경친화적 화학제품을 생산하기 위하여 부단히 노력하고 있다.

연습문제

1. 다음의 단어나 용어를 정의하라.

a. 닫힌 계　b. 호흡　c. 화학반응
d. 화학 반응식　e. 광합성　f. 보크사이트
g. 몰(mole)　h. 플라스틱　i. 중합체

2. 다음 중 어느 것이 화학 반응식인지 알아보아라.

a. 도끼로 나무를 자르는 것(나무만을 생각한다.)
b. 차가 녹슒
c. 이산화탄소와 석회의 결합으로 인한 석회석 생성
d. 석회 조각상의 분쇄

3. 다음 중 어느 것이 균형 화학 반응식인가?

a. $AgNO_3 + KBr \longrightarrow AgBr + KNO_3$

b. 대리석이나 석회석($CaCO_3$)에 황산을 가해 황산 칼슘($CaSO_4$)을 생성

$$CaCO_3 + H_2SO_4 \longrightarrow Ca^{2+} + SO_4^{2-} + H_2O + CO_2$$

c. 열주머니에서 열을 발생시키는 발열반응

$$2Fe + 3O_2 \longrightarrow 2Fe_2O_3$$

d. 필름현상에서 영상을 고착시키는 반응

$$AgBr + S_2O_3^{2-} \longrightarrow Ag(S_2O_3)_2 + Br^-$$

e. 발효 과정

$$C_6H_{12}O_6 \longrightarrow C_2H_5OH + CO_2$$

4. 자동차 촉매 변환장치는 백금, 팔라듐, 로듐과 같은 귀금속을 사용한다. 이런 자동차의 촉매는 공기에 방출되는 탄화수소, 일산화탄소, 질소 산화물 등을 제거한다. 세계적으로 생산이 증가함에 따라, 촉매 생산자는 이런 촉매를 만드는 데 사용되는 귀금속을 더 많이 재활용해야 한다는 압력을 받고 있다. 자동차에 사용하기 위해 9200 kg의 팔라듐이 팔렸다면 이 양을 몰로 환산하면 얼마나 되겠는가?

5. 물 3.5×10^{22} 분자의 질량은 그램 단위로 얼마인가?

6. 과산화루비듐(Rb_2O_2)시료 0.85 g이 있다. 몰로 바꾸어라.

7. 1,000 kg의 알루미늄을 뽑아내는 데 필요한 에너지를 생산하려면 대략 124,300 kg의 석탄이 필요하다. 알루미늄 캔 하나를 생산하는 데 16 g의 알루미늄이 필요하다면 알루미늄 캔 12개를 만드는 데 필요한 석탄은 몇 kg인가?

8. 다음 반응식에서 에탄올 118.0 g이 연소될 때 발생하는 수증기는 몇 그램인가?

$$C_2H_6O(l) + 3O_2(g) \longrightarrow 2CO_2(g) + 3H_2O(g)$$

9. 올해 한 회사는 950만 개의 참치캔을 판매할 계획을 세웠다. 참치를 제외한 캔의 질량은 8.0 g이다. 모든 참치를 담을 수 있는 충분한 캔을 만들려면 얼마나 많은 산화알루미늄(Al_2O_3)이 필요한가? kg과 t으로 나타내어라(1 t = 1000 kg).

$$2Al_2O_3 + 3C \longrightarrow 4Al + 3CO_2$$

10. 실험실에서 6 mol의 은을 재활용하고자 한다. 150 g의 구리가 있을 때 몇 그램의 은을 회수할 수 있는가? 모든 은 이온을 재활용하기 위해 구리는 충분한가?

$$2Ag^+ + Cu \longrightarrow 2Ag + Cu^{2+}$$

11. "지구는 자연적인 재활용계이다."라는 문장을 뒷받침하기 위하여, 지구에서 일어나는 현상 중 광합성, 호흡(작용) 이외에 어떤 것이 있는지 말해 보아라.

CHAPTER

화학반응에서 에너지의 역할

5

내가 원하는 것은
오직 차가운 밤 공기와는 멀리 떨어진
어딘가에 있는 방과 하나의 커다란 의자.
아, 얼마나 사랑스러운가!
내가 먹을 많은 초콜릿과
얼굴과 손과 발을 따뜻이 해줄 많은 석탄.
아, 얼마나 사랑스러운가!

- A.러너와 F.로우의 "마이 페어 레이디"에서 엘리자 두리틀의 대사 -

추운 날 밖에 오랫동안 있다가 집에 들어가 몸을 따뜻이 데우면 기분이 좋아진다. 추위에 떨었던 우리가 주로 찾는 곳은 가스나 나무로 불을 지핀 벽난로 앞이나, 증기나 더운물을 채워 순환시키는 방열 난로 곁, 지하에 있는 화로에서 더운 공기가 나오는 통풍기 옆의 의자일 것이다. 또는 부엌에 가서 수프가 끓고 있는 화덕 옆의 의자에 앉아 따뜻한 수프를 맛보고 난 후에 전자레인지에 뜨거운 코코아 한 잔을 데우기도 할 것이다.

우리 몸을 따뜻하게 하는 이 모든 방법은 우리의 안락과 생존을 위해서 어떻게 에너지를 제어하는가를 보여주는 예이다. 집에서는 대부분 가정용 기구를 작동시키기 위해 전기 에너지를 사용하고, 물을 데우기 위해 천연가스를 태워 방출된 에너지를 이용한다. 에너지는 기계들이 작동하도록 열과 빛과 동력을 제공한다. 에너지란 무엇이며, 어디서 얻고, 사용 후 어디로 가는지, 어떻게 효율적으로 사용하는지 생각해보자.

궁극적으로 대부분의 에너지는 태양에서 온다. 핵에너지만이 예외이다. 태양 에너지는 태양에서 직접 흘러오는 에너지로, 일광욕을 즐길 수도 있고 혹은 정교한 다른 방

추운 겨울날에는 환한 햇살만으로 우리 몸을 따뜻하게 할 수 없다. 격한 운동은 우리를 잠깐은 덥게 할 수 있겠지만 결국에는 불이 있는 따뜻한 실내로 들어가야 한다.

법으로 이용되기도 한다. 장작불에서 에너지가 나오는 것은 나무가 햇빛의 영향으로 자라서 태양 에너지를 저장했다가 결국 불로 내놓는 것이다. 화석연료(석탄, 석유, 천연가스 등)는 옛날에 햇빛 속에서 자란 나무가 수백만 년 동안 화석연료로 변화된 것이다. 수력발전도 태양 빛이 바다에서 물을 증발시키고 증발된 물이 비가 되어 산 위에 떨어진 후 다시 흘러 바다로 가는 동안 에너지를 내놓는 것이다. 태양은 인간의 출생과 성장 등을 포함하여 지구상의 거의 모든 일을 일어나게 하는 에너지의 근원이다. 에너지는 태양에서 지구로 흘러와 지구상의 모든 중요한 화학을 일으킨다. 태양에 의해 직접 작동되지 않는 화학적 과정도 관련된 화학물질을 통한 에너지의 흐름, 즉 분산에 의해 작동된다. 화학이라는 연극에서 물질 입자들이 연기자들이지만, 이 연기자들을 움직이는 것은 에너지이다. 에너지의 흐름으로 모든 일들이 일어난다.

5.1 에너지란 무엇인가?

일상생활에서 우리는 **에너지**(energy)라는 용어를 많이 사용한다. 어떤 일을 할 때 "에너지가 부족해." 또는 "에너지가 넘쳐."라고 말한다. 음식이나 휘발유 또는 전기와 같은 것을 에너지원이라고 한다.

차를 적게 타거나 방에서 나갈 때 전기 불을 끄면서 에너지를 절약한다고 말한다. 또 운동할 때에도 에너지를 사용하는 것을 알고 있다. 우리는 에너지 공급원에 대한 자원과 안정성에 대하여 국가적인 논쟁을 하고 있다. 에너지 과소비가 환경을 손상시키는 것에 대하여 걱정을 하고, 풍부한 에너지 자원으로 알려진 석유를 얻기 위해 국가들 사이에 전쟁이 일어나기도 한다. 에너지 개발에 대한 인류의 탐구는 엄청난 부를 이루기도 하고, 삶의 많은 부분을 바꾸기도 하였으며, 수많은 죽음의 원인이 되기도 하였다.

그렇다면 에너지란 무엇인가? 실제로 에너지에 대한 정의를 내리기 전에 두 가지 사실을 알아둘 필요가 있다.

첫째, 에너지는 결코 생성되거나 소멸되지 않는다는 것이다. 단지, 한 장소에서 다른 장소로 이동할 뿐이다. 이것을 **에너지보존법칙**(law of conservation of energy)이라고 하는데 **열역학 제1법칙**(first law of thermodynamics)으로도 잘 알려져 있다. 에너지 보존의 법칙은 에너지가 필요한 과정이라고 말할 때는 한 장소로부터 다른 장소로 필요한 에너지가 옮겨져야 함을 의미한다. 예를 들면, 막대 사탕에 있는 에너지는 당신의 몸 안에서 신진대사의 작용으로 나오게 되며, 운동을 할 때 근육에 필요한 에너지로 전달되어 몸을 움직일 수 있게 한 다음 최종적으로 열로 발산된다.

둘째, 에너지는 일반적 의미의 물질이 아니라 물리적 계와 연관된 어떤 성질이다. 야구나 축구시합에서 관중들 사이에서 일어나는 흥분 같은 것과 비교될 수 있는 것으로 에너지를 생각할 수 있다. 우리가 그것을 지적할 수도, 집어낼 수도, 크기나 모양이나 색깔을 확인할 수 없지만 그것은 언제나 거기에 있고 그것이 포함된 어떤 계에 강한 영향을 미친다.

일할 수 있는 능력으로서의 에너지

과학 사전을 찾아보면 **에너지**(energy)를 "일할 수 있는 능력" 또는 "일하거나 열을 이동시킬 수 있는 능력"으로 정의하고 있다. 이러한 정의로는 **일**(work)이 무엇을 의미하는가를 정확히 알 수가 없다.

사전을 더 찾아보면 일은 "힘과 그 힘이 작용하는 거리의 곱"이라고 정의된 것을 접할 것이다. 이것은 어떤 물건을 움직이는 데 물리적 힘이 사용되면 일을 한 것이 된다는 것을 의미한다. 그러한 생각은 다음의 예를 통해 더욱 분명하게 할 수 있다.

지면으로부터 돌을 들어올리는 데는 에너지가 필요한데, "일을 한다"고 보통 말하는 것과 같은 느낌이다. 분명한 것은 돌을 위로 들어

불꽃의 따스함은 우리가 연소라고 알고 있는 화학반응에서 유래한다.

태양 에너지는 햇빛으로 지구에 전달된다. 햇빛은 지구를 따뜻하게 하며, 동식물이 살아가는 데 꼭 필요하다.

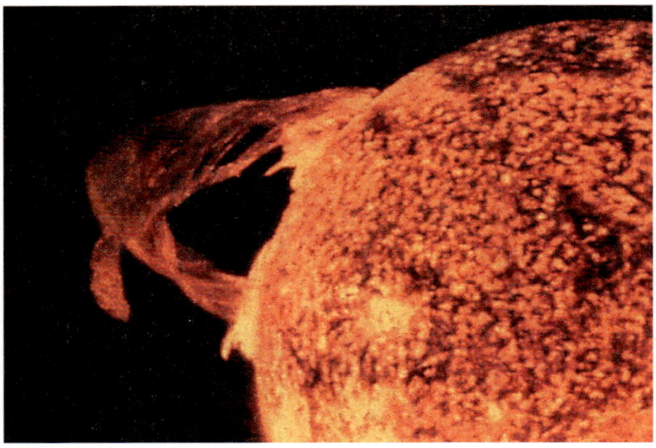

태양의 불꽃은 태양 에너지의 장엄한 연출이다.

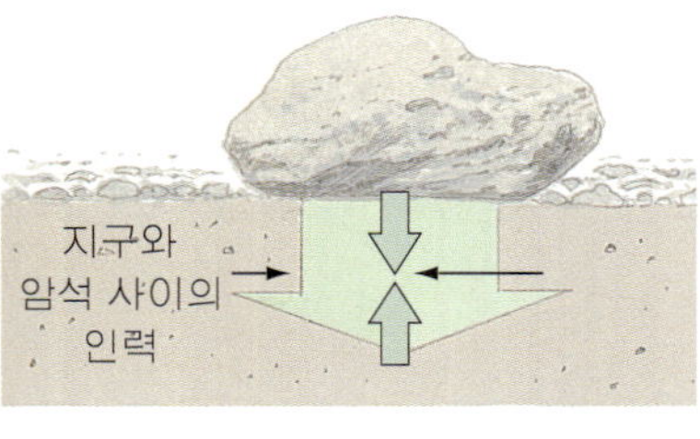

그림 5.1 모든 물체는 중력에 의해 서로 끌린다.

올리는 데 물리적 힘을 사용하게 된다는 점인데 왜 그렇게 해야만 할까? 그것은 우리가 중력이라는 다른 물리적 힘과 싸워야 하기 때문인데, 이 중력은 돌과 지면이 서로 끌어당기도록 하는 것이다.중력은 자연의 기본적인 힘 중 하나로 일과 에너지가 무엇인가를 이해하는 데 실마리가 된다. 엄밀하게 과학적 의미에서 일을 한다는 것은 기본적으로 당기는 힘에 반대로 무엇인가를 움직이는 것이다. 그렇게 하기 위해서 우리는 또 다른 기본적 힘을 사용해서 한 힘이 다른 힘에 대항하도록 해야 한다(그림 5.1).

이 상황을 (1) 우리와 (2) 돌과 지구의 나머지의 두 가지 물리적 계로 나누어 보자. 만일 우리가 돌을 들어올리면(그림 5.2) 에너지가 우리 몸으로부터 돌과 지구의 다른 부분으로 구성된 계로 옮겨갔다고 말한다. 즉, 돌의 에너지는 증가하는 반면 우리 몸 속에 있는 에너지는 감소하게 된다. 계 내에서 어떤 변화가 기본적 힘에 반대되는 방향으로 일어나면 계의 에너지는 증가하게 된다. 중력의 힘에 반하여 돌을 위로 들어올리면 돌의 위치에 따른 에너지는 증가한다. 사물의 위치 배열에 의하여 결정되는 에너지를 **위치 에너지**(potential energy)라 한다.

만약 돌을 놓아버리면 중력에 의해 떨어지기 시작한다(그림 5.2). 돌이 떨어지면 지표면 위의 높이가 감소하여 그것이 가지고 있던 위치 에너지를 잃게 된다. 위치 에너지가 운동 에너지라는 다른 형태의 에너지로 변하는 것이다. **운동 에너지**(kinetic energy)는 또한 움직임의 에너지(the energy of movement)로 알려져 있다. 움직이는 것은 어떤 것이라도 얼마간의 운동 에너지를 가지고 있으며 이 운동 에너지의 양은 물체의 질량과 움직임이 얼마나 빠른가에 달려 있다. 돌을 떨어뜨리면 위치 에너지는 잃게 되지만 이에 해당하는 양의 운동 에너지를 얻게 된다. 바꾸어 말하면, 위치 에너지는 운동 에너지로 계속해서 전환된다. 공기 저항의 영향을 무시하게 되면 바닥에 돌이 떨어지기 전의 순간에 돌이 가지고 있던 위치 에너지의 대부분은 운동 에

그림 5.2 돌을 들어올렸다 떨어뜨릴 때 에너지 변화의 성질

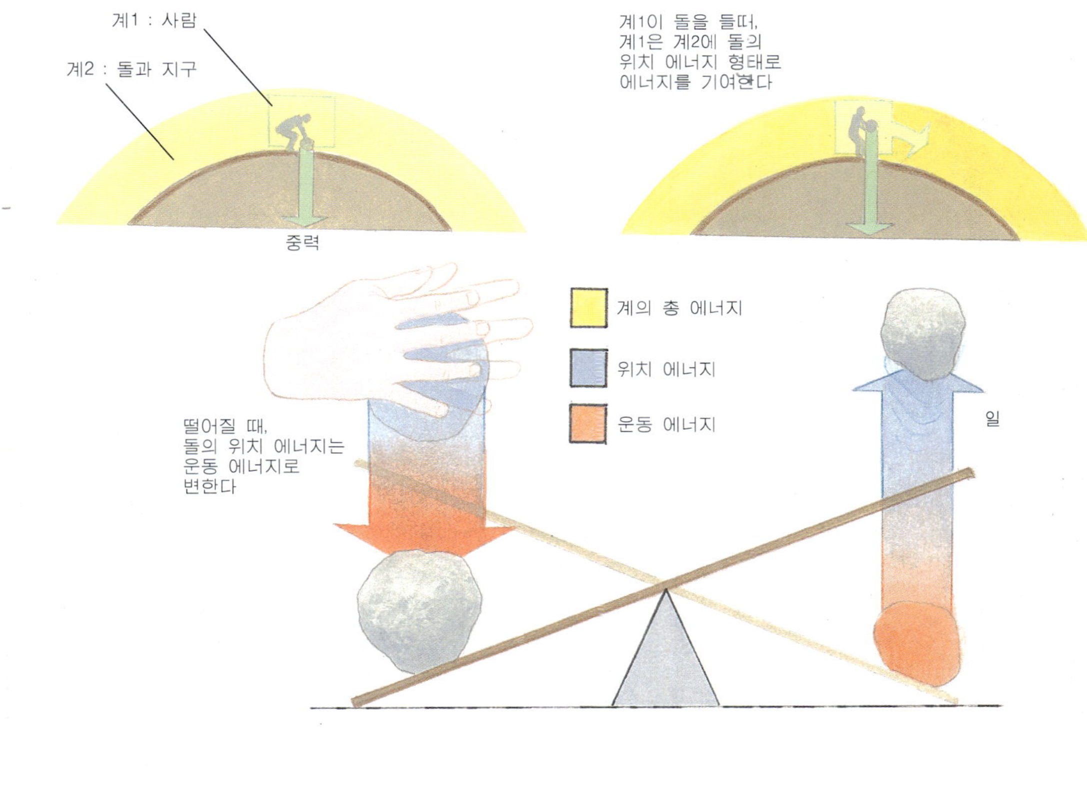

너지 형태로 될 것이다. 만약 돌이 바닥에 떨어져 멈추게 되면 운동 에너지를 잃게 되는데 그 에너지는 소멸되지 않고 바닥에서 작은 열로 나타나게 된다.

이제까지 에너지를 많이 이해할 수 있게 되었으나 좀더 깊이 들어가 보자. 에너지는 일을 할 수 있는 능력(기본적인 힘에 역행해서 운동하게 한다)이라고 하였다. 또한 에너지의 근본적인 두 가지 형태는 위치 에너지(물체의 위치에 저장)와 운동 에너지(운동과 연관)라고 하였다. 이러한 사실들을 연결시키기 위하여 지구상에 있는 돌의 위치, 또는 돌의 움직임이 일을 하는 데 사용될 수 있다는 것을 보이도록 하였다.

그림 5.2를 보자. 그리고 돌이 땅바닥을 치는 대신에 나무 판자를 치면 어떤 일이 일어날까 생각해 보자. 그림에 있는 또 다른 돌이 위로 튕겨 올라갈 것이다. 따라서 떨어지는 돌의 움직임은 제2의 돌을 위로 올리기 때문에 일을 하게 된다.

그림 5.2에서 움직이는 것은 실질적인 '일을 할 수 있는 능력'을 가지고 있다는 것을 알았다. 운동 에너지는 일을 할 수 있는 능력을 지니고 있음을 알았으나, 물체가 바닥으로부터 들어올려진 후 정지 상태일 때 돌에 저장된 위치 에너지는 어떻게 일을 할 수 있을까? 이 위치 에너지가 두 번째 돌을 위로 들어올리는 일을 한 운동 에너지로 전환된 것이다.

위치 에너지(potentiel energy)는 일을 할 수 있는 능력이나 잠재력 때문에 그러한 이름을 갖게 되었다. 영문 표기에서 potential은 '잠재적인', '가능성 있는'이라는 뜻이다. 이 모든 것이 화학에서 어떻게 작용할까? 중력을 전기력으로 바꾸면 답은 분명해진다. 화학물질은 서로 반대로 하전된 입자들로 구성되어 있으며, 각각의 위치에는 어떤 양의 위치 에너지가 내재되어 있다. 전자가 원자핵으로부터 멀리 떨어져 나감에 따라 위치에 내재된 위치 에너지는 증가한다. 왜냐하면 반대로 하전된 핵과 전자 사이의 인력에 반대되기 때문이다. 원자핵 쪽으로 전자가 움직여갈 때 전자의 위치 에너지는 감소한다. 두 전자가 서로 가까이 접근하면 위치 에너지는 증가하고 전자 사이의 반발력 때문에 서로 떨어지면 위치 에너지는 감소한다. 두 전자가 가까이에서 함께 운동을 하면 위치 에너지가 증가한다. 마찬가지로 두 핵이 서로 가까이 접근하면 위치 에너지는 증가하고, 떨어지면 위치 에너지는 감소한다. 전자, 원자, 분자, 이온들은 항상 움직이고 있다. 따라서 모든 화학적 입자들은 운동 에너지를 지니고 있다.

화학물질 내에서 에너지는 입자들이 운동하거나 서로 충돌함에 따라 운동 에너지와 위치 에너지 사이에서 항상 전환이 이루어지고 있다.

화학 반응은 에너지 변화를 수반한다. 이것은 반응이 진행되는 동안 화학물질들이 에너지를 흡수하거나 방출하는 것을 의미한다. 2장에서 1A족 금속은 물과 반응하는 것을 논의하였다. 그림 5.3은 물과 칼륨(K)의 다음 반응을 보여주고 있다.

$$2K(s) + 2H_2O(l) \longrightarrow 2KOH(aq) + H_2(g)$$

그림 5.3 칼륨(K)은 물(H_2O)과 혼합하면 격렬한 반응을 일으킨다.

이 반응은 에너지의 방출을 나타내고 있는데, 이러한 에너지 변화는 관련된 화학물질 내에서 전자와 핵의 상대적인 위치와 운동의 변화 때문이다. 나무의 연소와 같은 화학반응에 의해 방출되는 에너지는 화학물질의 전자와 원자핵의 배열 위치나 운동의 변화에 의해 생기는 것이다. 화학물질이 에너지를 흡수하면 에너지는 화학물질 내에서 전자나 핵의 재배열된 위치나 운동의 형태로 잡혀 있게 된다.

역사적으로 중요한 에너지 전환의 한 예를 보도록 하자. 대부분 자연적인 불은 산소가 수소와 탄소를 포함하는 화합물과 높은 온도에서 반응한 결과로 나타난다. 이 반응을 연소라고 한다.

표 5.1은 연소하는 동안 열 에너지를 방출하는 전형적인 물질의 몇 가지 예를 보여주고 있다. 어떤 연료가 연소되더라도 반응생성물은 이산화탄소와 물이 되는데 생성물 분자는 연소되기 전 반응물 분자보다 더 뜨겁다. 이것이 의미하는 사실은 기체 생성분자는 저온에서보다 더 빠르게 움직인다는 것이다. 또한 분자들은 무질서한 운동을 하는 가운데 진동과 회전운동을 한다.

6장에서 보게 되겠지만, 나무는 주로 탄소 원자들의 개수에 차이를 갖는 복잡하게 혼합된 분자인 셀룰로오스로 구성되어 있다. 셀룰로오스에 있는 수소 원자의 수는 산소 원자 수의 두 배이며 산소 원자의

표 5.1 연소 중 열 에너지를 내는 대표적 물질들

물 질	화학식
천연가스	CH_4
프로페인(propane)	C_3H_8
뷰테인(butane)	C_4H_{10}
에탄올	C_2H_6O
휘발유	C_8H_{18}
파라핀	$C_{21}H_{44}$
밀랍	$C_{30}H_{60}O_2$
나무	$C_{6000}H_{10002}O_{5001}$

나무를 태울 때 나오는 불꽃은 탄소와 수소를 포함하는 화합물과 산소 사이의 높은 온도에서의 반응 결과 나오는 것이다.

수는 탄소 원자의 수보다 항상 조금 적다. 그럼에도 불구하고 C, H, O 원자를 포함한 연료의 형태에 속하게 된다.

나무가 연소하는 반응에 대한 일반적인 식은 다음과 같다.

$$C_{6000}H_{10002}O_{5001} + 6000\ O_2 \longrightarrow 6000\ CO_2 + 5001\ H_2O$$

파라핀 양초(탄소와 수소 원자만을 포함)의 연소에 대한 식은 다음과 같다.

$$C_{21}H_{44} + 32\ O_2 \longrightarrow 21\ CO_2 + 22\ H_2O$$

모든 경우, 에너지는 연소반응에 의해 방출되는데 그 이유는 화학물질의 전자와 핵이 반응이 진행됨에 따라 낮은 에너지 배열상태로 옮겨가기 때문이다. 따라서 불로 몸을 따뜻하게 녹일 때 열을 방출하는 전자와 핵에 대하여 고마움을 느껴야 한다. 석유 회사들이 에너지원으로 사용할 새로운 석유 공급원을 탐색할 때 실제로는 전자와 핵의 특별한 에너지를 찾는 것과 같다. 이러한 에너지는 지표 아래에 수천 년간 매장되어 그들 에너지의 일부를 난방을 하거나 기계의 동력으로 사용하기 위하여 기다려온 셈이다.

5.2 에너지는 여러 형태로 나타난다

열(Heat)

열 에너지는 사실 **운동** 에너지이다. 이것은 원자나 이온, 분자와 같은 입자의 운동 때문에 물질이 소유하고 있는 에너지이다. 물질의 **온도**(temperature)는 입자의 평균 운동 에너지의 척도이다. 열과 온도는 같은 것이 아니다. 예를 들면 붉게 달군 동전은 따뜻한 목욕물보다 온도가 높지만 물 속에 더 많은 열이 포함되어 있다. 비록 붉게 달군 동전의 원자들의 평균 운동 에너지는 목욕물의 분자들의 평균 운동 에너지보다 높지만, 동전의 원자보다 물 분자의 수가 훨씬 많기 때문에 물 속에 더 많은 열이 있다. 일상생활에서의 비슷한 관계를 비교하면 이해에 도움이 될 것이다. 차 한 대에 타고 있는 네 명의 회사중역의 평균 재산은 축구장의 관중들의 평균 재산보다 훨씬 많을 것이다. 그러나 관중들의 재산을 다 합치면 중역의 재산을 합친 것보다 훨씬 많을 것이다.

일반적으로 온도는 한 물체가 다른 물체와 비교해서 상대적으로 더 뜨거운지 차가운지를 나타내는 것이다. 따라서 여러분은 82℉가 41℉보다 더 덥게 느껴진다고 말할 수 있다. 하지만 82가 41보다 두 배이기 때문에 당신이 두 배 더 더운 것은 아니다. 같은 말로 바깥이 3℃라 해서 1℃보다 세 배 더 더운 것은 아니다. 우리가 평균 에너지를 수학적으로 비교하려면 섭씨척도도 화씨척도도 유용한 것이 아니다.

계의 평균 운동 에너지와 직접 관련되는 온도척도로 **켈빈**(Kelvin) 척도가 있다. 이 온도척도는 일기예보나 오븐 온도의 측정과 같은 일반적인 상황보다는 주로 과학적인 연구의 온도에 이용된다. 원자나 분자나 이온이 완전히 정지하고 있는 물질은 0 K, 즉 **절대영도**가 된다. 온도 100 K인 액체는 같은 물질이 50 K에서 가지는 에너지의 두 배를 가진다.

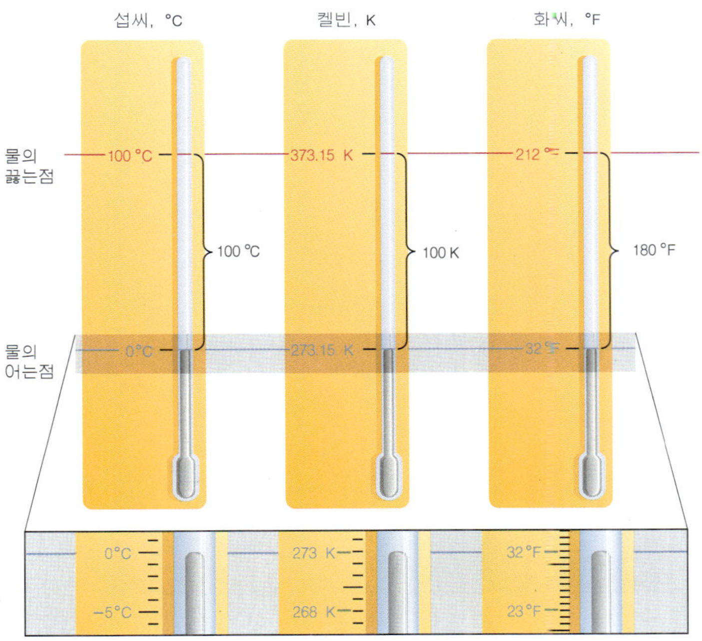

그림 5.4 절대 온도로 알려진 켈빈 척도는 과학적인 일에 선호된다.

섭씨척도는 세계 대부분의 나라에서 가장 흔히 사용된다. 섭씨 1도의 크기는 정확하게 1K의 크기와 같다. 그러나 두 척도는 출발점이 다르다. 즉, 0K는 −273.15℃이다. 따라서 섭씨로 되어 있는 온도를 켈빈으로 전환시키려면 섭씨온도에 273.15도를 더해주어야 한다(그림 5.4).

세 온도척도 사이에서 온도 변환에 사용되는 공식은 다음과 같다.

$$T_C = 5/9 \times (T_F - 32°)$$
$$T_K = T_C + 273.15$$

화씨에서 섭씨로, 또 섭씨에서 켈빈으로 변환하는 공식을 유도할 수 있는가?

빛(Light)

빛은 **전자기 스펙트럼**으로 알려진 특정한 파장으로 구성된 **전자기 복사선**(electromagnetic radiation)의 가시적 형태이다(그림 5.5). 화학물질에 의해서 빛이 흡수될 때 빛은 전자를 더 에너지가 높은 궤도함수 쪽으로 옮겨가도록 만든다. 따라서 빛은 에너지의 형태에서 우리가 예상할 수 있듯이 원자핵으로부터 전자가 더 멀리 떨어지게 만든다. 다른 전자기 복사선도 비슷한 방법으로 화학물질에 에너지를 주게 되는데 X-선과 같이 에너지가 큰(진동수가 많은) 복사선이면 더 극적으로 내부에 혼란을 야기시킨다. 이러한 혼란은 낮은 에너지의 경우에도 아주 유용할 수 있는데, 예를 들면 음식을 요리하는 데 사용되는 마이크로파 복사선과 같은 것이다.

전자가 높은 에너지 궤도함수에서 낮은 에너지 궤도함수로 떨어지

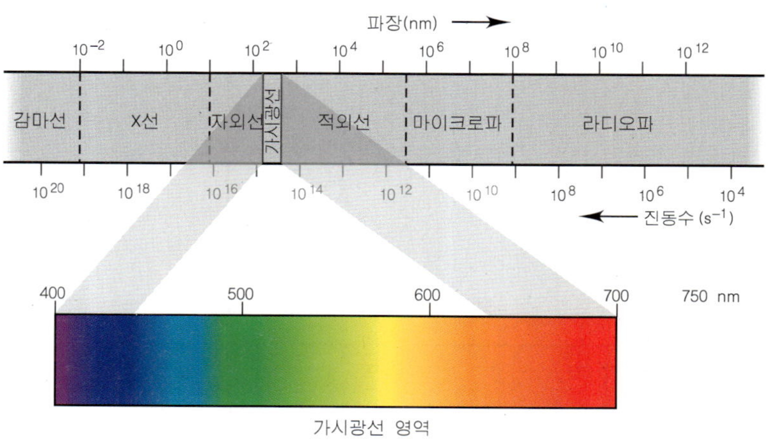

그림 5.5 전자기 스펙트럼은 우주에서 발견되는 에너지의 범위를 나타낸다. 가시영역은 에너지 범위 중 단지 작은 부분에 속한다. 우리 눈이 가시영역에만 반응하므로 가시영역은 매우 중요하다. 가시영역보다 강력한 것은 자외선, X-선, 감마선 영역이다. 가시영역보다 덜 강력하지만 중요한 영역은 적외선, 마이크로파, 라디오파 영역이다. 에너지, 진동수, 파장 사이의 일반적인 관계에 유의하라.

예제 5.1 **온도 변환 연습**

문제

a. 쾌청한 가을날 온도가 17°C이다. 화씨(°F) 온도로는 얼마인가?

b. 미국 북부에서는 추운 날 −40°C로 온도가 내려가는 것을 볼 수 있다.

i. °F와 K로 변환하여라.

ii. 379°F가 −40°C보다 얼마나 더 따뜻한지 결정하는 것은 가능한가?

풀이

a. 변환식을 사용하면,

$$°F = (9/5 \times °C) + 32$$
$$= (9/5 \times 17) + 32 = 62.6 = 63\,°F$$

b. i. $T_F = 9/5T_C + 32$

$$= 1.8(-40) + 32 = (-72) + 32 = -40\,°F$$
$$T_K = 273.15 + T_C = 273.15 + (-40)$$
$$= 233.15 = 233\,K$$

ii. 켈빈 온도를 사용하여 실제로 뜨거운 정도를 측정하는 것을 배웠다.

섭씨 온도를 거쳐 켈빈 온도를 구하는 것이 가장 쉽다.

$$T_C = 5/9\,(T_F - 32) = 5/9\,(379 - 32)$$
$$= 5/9\,(347) = 192.8 = 193\,°C$$
$$T_K = T_C + 273.2 = 192.8 + 273.2 = 466\,K$$

최종값은 465K로 233K보다 두 배 뜨겁다. 여기에서 마지막 답을 적을 때, 계산을 할 때는 소수점 이하도 하였지만, 반올림한 값을 썼음을 주목하라. 현재 대부분의 경우 섭씨 온도를 사용하고 있으며, 과학적인 계산 시는 켈빈을 이용하기 때문에 이후 이 책에서도 °C와 K를 쓰도록 한다.

면 두 궤도함수 사이의 에너지 차이는 빛의 형태로 나올 수 있다. 이것이 폭죽 속의 화학물질이 현란한 빛의 색깔을 보여줄 때 일어나는 현상이다. 우리가 불꽃놀이의 아름다움을 찬탄할 때 우리는 낮은 에너지 궤도함수로 옮겨가는 전자가 방출하는(즉, 폭발에 의해서 임시로 높은 에너지 궤도함수로 밀려 올라간 전자가 낮은 이너지로 떨어지면서 방출하는) 빛을 찬탄하는 것이다.

폭죽은 보통 빠르게 타는 화약에 의해서 점화된다. 이것이 폭죽에 혼합하여 첨가해둔 금속 원자들을 높은 온도까지 가열한다. 마그네슘이나 철과 같은 금속은 이렇게 높은 온도에서는 공기 중에서 연소하여 빛나는 백색 빛과 열로 에너지를 방출하게 된다.

$$2\,Mg + O_2 \longrightarrow 2\,MgO$$
$$3\,Fe + 2\,O_2 \longrightarrow Fe_3O_4$$

입자들이 더 뜨거워지면 질수록 더 많은 빛을 내놓게 된다. 이것을 백열이라 한다. 폭죽 제조 회사들이 다양한 색깔의 폭죽을 얻는 방법은 원자방출을 이용한 것이다. 즉, 전자가 높은 에너지 궤도함수로 여기되었다가 바로 빛의 형태로 에너지를 방출하는 능력을 이용하는 것이다. 스트론튬은 종종 폭죽에 붉은색을 내기 위해서 첨가된다. 이 경

그림 5.6 폭죽의 화려한 빛은 불타는 마그네슘, 철 및 기타 금속 때문이다. 다양한 불꽃색을 내기 위해서 다른 원소들이 첨가되기도 한다.

우 스트론튬 원자의 전자가 어느 정도의 열 에너지를 흡수하면 거의 즉각적으로 빛의 형태로 에너지를 방출한다. 스트론튬 원자가 보통보다 더 많은 에너지를 가지고 있을 때를 Sr*로 나타내면

Sr ⟶ Sr* 열을 필요로 한다.
Sr* ⟶ Sr 주로 붉은색 빛으로 빛 에너지가 방출된다.

다른 원소들은 다른 특징적인 색깔을 낸다. 폭죽에서 나트륨은 노란색을 내는 데, 바륨은 녹색을 내는 데, 구리는 푸른색을 내는 데 각각 사용된다.

에너지의 다른 형태들

운동 에너지와 위치 에너지는 에너지의 두 가지 기본 형태이다. 여러분은 과학시간에 여러 가지 다른 형태의 에너지에 대해서 들었을 것이다. 이들 중 풍력 에너지, 전기 에너지, 핵 에너지, 마이크로파 에너지 등을 생각할 수 있다. 실제 이 모든 것들은 자세히 조사해 보면 운동 에너지와 위치 에너지가 그렇게 나타난 것이다. 예를 들어, 풍력 에너지는 공기 중의 분자들의 전반적 운동(운동 에너지)의 결과이다. 바람이라는 공기의 움직임은 태양 에너지가 지구와 대기의 각 부분을 다른 정도로 가열하기 때문에 생긴다. 전기 에너지는 전기적으로 하전된 입자의 운동 때문에 생기는데, 이는 이들 입자들이 전기장 속에 있게 되면 그들의 위치 에너지와 운동 에너지가 상호 변환을 일으키기 때문이다. 핵 에너지는 원자핵 속에 있는 위치 에너지의 변화가 일어날 때 방출된다(그림 5.7).

에너지 논쟁은 때로 아주 복잡하게 보이는데 이는 에너지를 석탄, 석유, 가스, 핵, 나무, 빛, 바람, 파도 등의 형태로 선택하도록 요구하기 때문에 그렇게 보인다. 실제는 여러 가지 에너지원으로부터 어떻게 운동 에너지 혹은 위치 에너지가 방출되고 이용되는가에 대한 선택과 관련된 것이다.

5.3 에너지 나오기와 에너지 들어가기

화학반응과 같은 어떤 과정이 에너지를 내어 놓으면 **자유에너지 감소**(exergonic)라 하고 에너지를 흡수하면 **자유에너지 증가**(endergonic)라 한다. 기술적으로는 이 용어가 옳지만 별로 쓰이지 않고 주로 **발열**(exothermic)과 **흡열**(endothermic)이라는 용어를 쓴다. 이들은 화학반응 시 열 에너지만이 나왔다 들어갔다 함을 암시한다. 그 이유는

그림 5.7 A. 대기의 기류를 이용하여 전기를 생산하는 풍차 들판

그림 5.7 B. 원자 반응의 힘을 제어하여 전기를 생산하는 원자력 발전소

그림 5.7 C. 전류는 최종 생성물일 수도, 힘일 수도 있다.

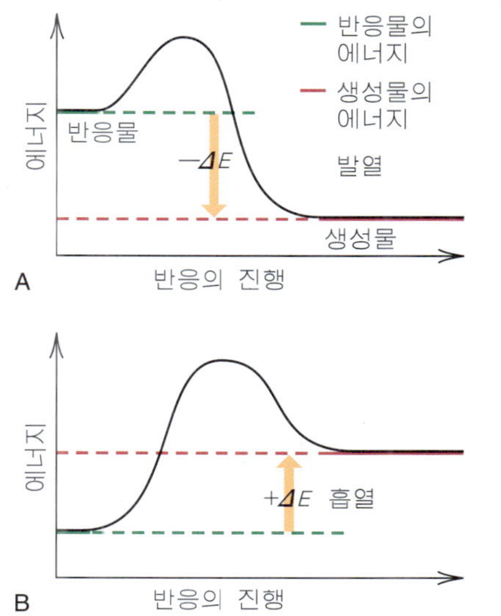

그림 5.8 발열반응(A)과 흡열반응(B)의 에너지 프로필 곡선. 발열반응에서는 반응계로부터 순에너지 손실이 있다. 흡열반응에서는 에너지를 얻는다. 어떤 화학 반응에서도 우주의 에너지는 일정하다.

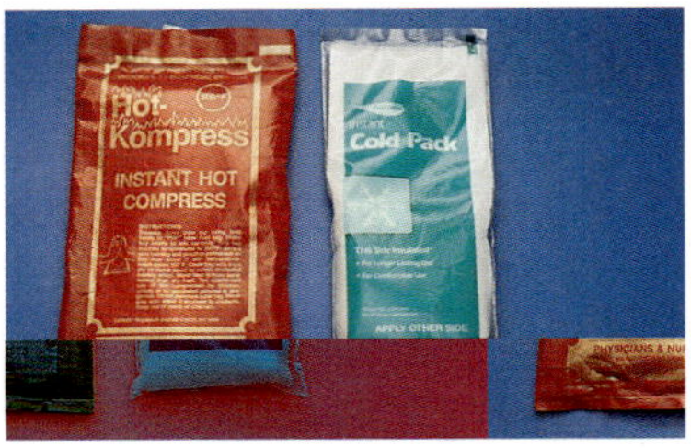

그림 5.9 화학적 열 찜질팩과 냉 찜질팩은 열을 방출하거나 흡수하는 화학반응의 결과 온도를 변화시킨다.

화학반응과 연관된 에너지 변화가 주로 열로 나타나기 때문이며, 열로 나타나지 않고 빛으로 나타난다 하여도 열 에너지를 정량적으로 바꿀 수 있기 때문이다.

화학반응이 일어날 때, 화학물질은 에너지를 내어 놓거나 흡수하게 된다. 화학물질의 에너지 용량의 변화를 추적할 수 있다면 그림 5.8에 있는 것과 같은 곡선을 그리게 될 것이다. 에너지를 방출하는 반응(그림 5.8A)은 **발열반응**(exothermic reaction)이라 하고 에너지를 흡수하는 반응(그림 5.8B)은 **흡열반응**(endothermic reaction)이라 한다. 실제 활용되는 흡열반응과 발열반응의 좋은 예는 야영자나 도보 여행객이 추운 날 몸을 데우거나 발목이 삐었을 때 부상 부위를 식히는 데 사용하는 열 찜질팩이나 냉 찜질팩과 같은 것들이다(그림 5.9).

어떤 종류의 열 찜질팩은 쇳가루와 소금과 물을 다른 내용물과 함께 작은 플라스틱 봉지에 채워 넣어 이 봉지를 두 번째 봉지로 둘러싼 것이다. 바깥쪽 봉지는 산소가 통하지 못하도록 되어 있고 안에 있는 봉지는 공기 중에 산소가 쉽게 통할 수 있도록 되어 있다. 바깥 봉지를 제거하면 산소가 철과 접촉하게 되어 수 시간에 걸쳐서 다음 반응과 같이 산화된다.

$$4\,Fe + 3\,O_2 \longrightarrow 2\,Fe_2O_3$$

이 반응은 발열반응이다. 산화철(Ⅲ) 1 mol이 생길 때마다 826 kJ의 열이 나오고 몸을 따뜻하게 해준다.

냉 찜질팩의 한 가지는 염화암모늄의 흡열 용해를 이용한 것이다. 이 팩에 고체 염화암모늄 내용물이 별도의 봉지에 들어 있는 소량의 물과 함께 봉지에 채워져 있다. 고체 염화암모늄은 물과 섞이면 염화암모늄이 물에 녹는 흡열 과정이 시작된다. 이렇게 해서 주위에서 열을 흡수하게 되고, 이 팩이 이용되는 신체 부분의 어디라도 더 차가워지게 만든다.

에너지 변화의 언어

화학 반응에서 에너지가 열로서 들어가거나 나올 때, 우리는 이 에너지 변화를 ΔH 기호 다음에 숫자를 써서 나타낸다. 여기서 "Δ"는 변화를 의미하고 "H"는 열량이라 생각할 수 있다. $\Delta H°$값은 25 °C, 1 기압인 표준 상태에서 얻어진 값을 말한다. 발열반응과 관련된 ΔH값은 언제나 음수가 되는데 이는 그 화학물질이 그들이 반응을 시작할 때 가진 에너지보다 더 작은 에너지를 가지기 때문이다. 예를 들면, 나사(NASA)의 우주선은 수소와 산소가 결합하여 물이 되는 발열반응에 의해서 동력을 공급받는다. 이 반응에서 물 1L가 생길 때 1,600만 J의 에너지가 방출되고, 이것은 방정식과 그 에너지 변화를 이용하여 다음과 같이 요약할 수 있다.

$$2\,H_2(g) + O_2(g) \longrightarrow 2\,H_2O(l) \qquad \Delta H = -15.87 \times 10^6\,J/L$$

생성물 1L의 물은

$$1000\,g\ H_2O \times \frac{1\,mol\ H_2O}{18.02\,g\ H_2O} = 55.5\,mol\ H_2O$$

$$\Delta H = \frac{-15.87 \times 10^6\,J}{L} \times \frac{1\,L}{55.5\,mol} \times \frac{1\,kJ}{10^3\,J}$$

$$= \frac{-286\,kJ}{mol}$$

따라서 $\Delta H = -2.86 \times 10^5\,J/mol = -286\,kJ/mol$이다.

흡열반응의 H값은 언제나 양수이다. 왜냐하면 화학물질이 언제나 반응이 시작될 때보다 더 많은 에너지를 가지고 반응이 끝나기 때문이다.

에너지 단위들

우리는 언제나 에너지 단위들을 사용하며, 칼로리를 견소함으로써 체중 감량을 할 수 있다고도 이야기한다. 에어컨의 효율을 비교할 때는 에어컨이 소모하는 영국 열량 단위(British Thermal Unit, Btu)의 수를 이야기한다. 그러나 국제적으로 채택된 에너지 단위는 줄(J)이다. 이것은 보다 널리 사용되는 칼로리(cal)와는 다르다. 이들 단위들은 다음과 같이 상호 변환된다.

$$1\,cal = 4.184\,J$$
$$1\,kcal = 1000\,cal = 4184\,J\ (4.184\,kJ)$$
$$1\,Btu = 1054.5\,J$$

단위들을 상호 변환시킬 때, 칼로리는 줄보다 크고, Btu는 칼로리보다 훨씬 더 크다는 것을 기억하라. 에너지 변화를 이야기할 때 우리는 주로 J이나 kJ을 사용할 것이다.

화학 공부의 많은 부분은 화학물질이 반응할 때 생기는 에너지 변화에 관련된 것인데, 이것은 에너지 생성에 돈이 들고 많은 산업적 화학공정에 정확한 에너지 조절이 요구되기 때문이다. 덧붙여, 많은 소비자 상품이 그 자체로 에너지 교환에 근거한 것들이다. 즉 장난감이나 계산기 등을 작동시키는 건전지와 같은 것이다. 핵심적인 것만 말

예제 5.2 **줄 대 칼로리**

문 제 미국에서 시리얼통에 적혀 있는 에너지를 살펴보면 "Cal"로 되어 있음을 볼 수 있다. 실제로는 "kcal"임을 의미한다. 대문자 C는 종종 kcal를 의미하는 칼로리 단위로 쓰인다. 30g의 콘플레이크가 들어있는 조그만 상자에 120Cal라고 쓰여 있다면 이것은 실제로는 120kcal이다. 영국에서는 kcal나 kJ을 모두 사용하여 에너지 양을 표시해 놓기 때문에 이러한 혼란이 없다. 120 Cal라고 쓰여있는 30 g의 콘플레이크 한 상자는 몇 J인가?

풀 이 1cal는 4.184 J이다. 그러므로 1kcal는 4.184kJ이고, 따라서 120kcal는 502kJ (120kcal × 4.184kJ/kcal)이다.

하면 화학반응에 수반되는 에너지 변화는 화학 결합이 깨어질 때 들어온 에너지와 화학결합이 생길 때 나간 에너지와의 차이에 좌우된다. 이 장의 다음 절에서 이 화학의 중심적 개념을 더 자세히 보게 될 것이다.

5.4 결합의 형성과 파괴

계에서 어떤 화학적 변화가 일어날 때 에너지가 방출되거나 흡수된다고 이야기했다. 다른 말로 하면, 에너지는 주위로부터 화학물질 속으로 또는 화학물질에서 주위로 이동한다. 핵융합이나 핵분열과 같은 핵 과정의 예외 말고는, 이러한 에너지 이동은 화학반응의 결과이다. 즉 전자들의 재배열에 의해서 생기는 원자, 분자, 이온들이 재구성된 결과이다. 이동된 에너지의 양은 어떤 화학물질들이 서로 반응하는지 또 반응하는 화학물질의 양이 얼마나 되는지에 따라 좌우된다. 어떤 화학반응이 에너지를 방출할 것인지 흡수할 것인지를, 또 얼마나 많은 에너지가 이동될 것인가를 무엇이 결정하는지 이해하기 위해서, 우리는 의미 있고 재미 있는 반응을 살펴보도록 하자. 과산화수소의 분해가 여기에 아주 잘 맞는 반응이다.

과산화수소와의 만남

과산화수소 (H_2O_2)는 그림 5.10에 보이는 것처럼 두 개의 산소 원자와 두 개의 수소 원자가 서로 결합된 분자들이 모여 있는 것이다. 순수한 과산화수소는 상온에서 진한 점성의 액체이다. 약국에서 우리가 살 수 있는 물같이 깨끗한 과산화수소는 순수한 과산화수소가 아니고 3% 과산화수소 수용액이다. 과산화수소의 끓는점은 152.2℃인데 몰질량(34 g/mol)이 작은 액체로서는 대단히 높은 것이다. 끓는점

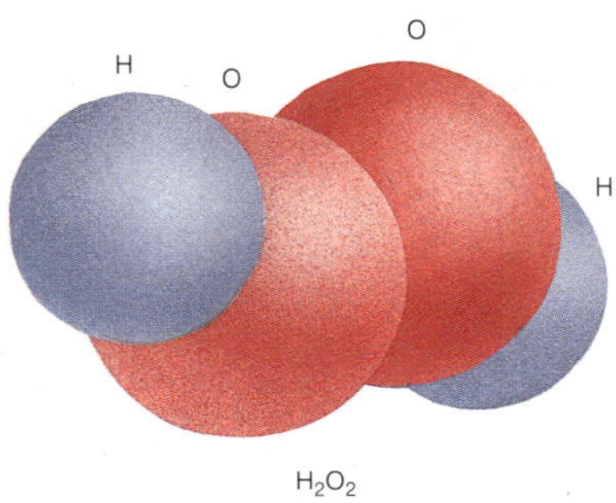

그림 5.10 과산화수소의 분자구조

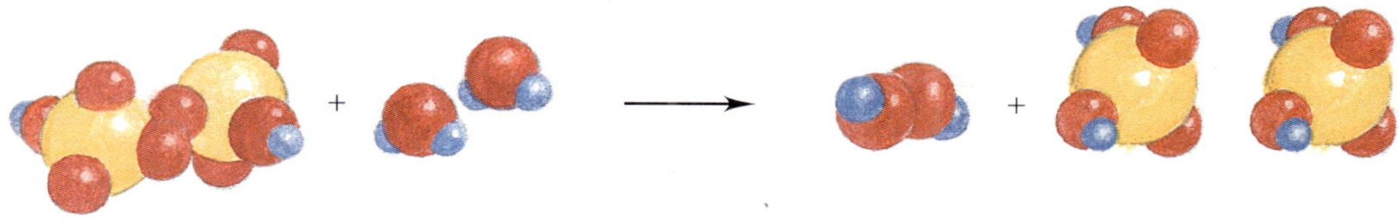

$H_2S_2O_8$ + 2 H_2O ⟶ H_2O_2 + 2 H_2SO_4

이 그렇게 높다는 것은 과산화수소 분자들 사이의 인력이 상대적으로 매우 강하다는 것이며 이들을 서로 떼어놓으려면 비교적 높은 에너지가 요구된다는 것을 의미한다. 과산화수소 분자들 사이의 인력은 물의 높은 끓는점(100℃)을 가지게 하는 힘(수소결합)과 같은 종류의 힘이다.

과산화수소는 여러 가지 방법으로 만들 수 있는데, 그 중 하나는 **과산화이황산**(peroxodisulfuric acid, $H_2S_2O_8$)을 물과 반응시키는 것이다.

$$\underset{\text{과산화이황산}}{H_2S_2O_8(aq)} + \underset{\text{물}}{2\,H_2O(l)} \longrightarrow \underset{\text{과산화수소}}{H_2O_2(aq)} + \underset{\text{황산}}{2\,H_2SO_4(aq)}$$

$$\Delta H = -99.1\ \text{kJ/mol}\ H_2O_2$$

위 반응에서 과산화수소 생성물은 반응용액을 끓여서 과산화수소가 끓어 나오면 응축시켜서 분리한다. 이러한 정제 방법이 **증류**(distillation)의 한 예이다.

과산화수소의 중요성

과산화수소는 두 가지 중요한 이유 때문에 용도가 다양하다. 첫째, 이것은 반응성이 대단히 크다. 둘째, 여러 가지 방법으로 반응한다. 과산화수소의 묽은 용액(3%)은 소독제나 머리카락 표백제로 사용할 수 있다. 과산화수소는 또한 시간이 지남에 따라 화학적으로 분해된다. 분해반응 생성물은 물과 산소로, 반응식은 다음과 같다.

$$2\,H_2O_2(aq) \longrightarrow 2\,H_2O(l) + O_2(g)$$
$$\Delta H = -98\ \text{kJ/mol}\ (\text{과산화수소 분해})$$

H_2O_2 1 g당 방출되는 에너지는 다음과 같다.

$$\frac{98\ \text{kJ}}{1\ \text{mol}\ H_2O_2} \times \frac{1\ \text{mol}\ H_2O_2}{34.0\ \text{g}\ H_2O_2} = 2.9\ \text{kJ/g}\ H_2O_2$$

이 양은 콘플레이크 한 그릇에 있는 열량을 소화해서 이용할 수 있는 에너지인 502 kJ/30 g = 16 kJ/g와 비교된다. 비록 과산화수소의 분해로 방출되는 1 g당 에너지가 더 작지만, 이것은 비교적 분자질량이 작아서 로켓 연료로 유용하다.

이러한 과산화수소의 분해반응은 보통 대단히 느려서 반응의 진행을 알아챌 수 없다. 그러나 빛을 비쳐주면 반응이 빨라진다. 따라서 과산화수소는 종종 갈색이나 불투명한 병 속에 넣어 판매된다. 그러나 아주 특정한 조건하에서 이 반응은 폭발적으로 빠르게 일어나도록 만들 수 있다.

세계 제 2차 대전이 끝날 무렵에, 독일은 과산화수소와 하이드라진의 폭발적 반응을 메서슈미트 로켓 전투기의 동력으로 이용하였다.

$$2\,H_2O_2\,(l) + N_2H_4\,(l) \longrightarrow 4\,H_2O\,(l) + N_2\,(g)$$
$$\Delta H = -812\ \text{kJ}$$

1950년대 중반부터, 과산화수소는 미군에서 어뢰의 추진제로 사용되었다. 과산화수소를 유용한 연료로 만드는 두 가지 사실은 그것이 반응할 때 많은 에너지가 방출된다는 것과 반응 생성물이 기체를 포함하고 있다는 점이다.

에너지 변화량을 어떻게 측정할 수 있는가?

반응에 수반되는 에너지 변화는 **열량계**(calorimeter)라는 계기를 사용하여 직접 측정할 수 있다(그림 5.11). 열량계는 그 속에서 화학반응이 일어나도록 만든 닫힌 통인데, 반응에서 생긴 에너지를 받거나 그것에 에너지를 줄 수 있는 물과 같은 어떤 열원으로 채워져 있다. 열원에서의 온도 변화를 엄밀하게 측정하면 화학반응과 관련된 에너지 변화를 계산할 수 있다.

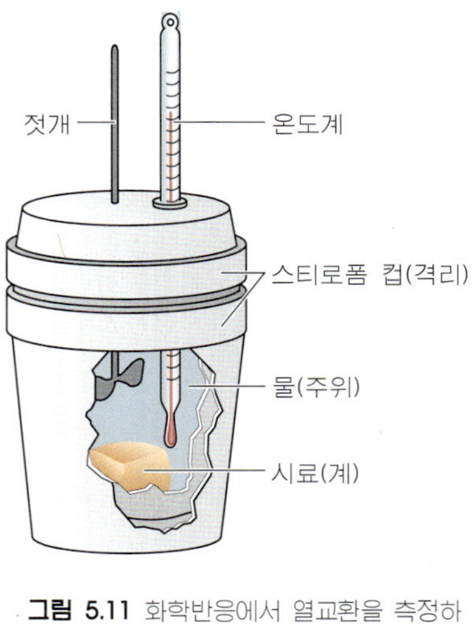

그림 5.11 화학반응에서 열교환을 측정하기 위하여 열량계가 사용된다.

어떤 반응과 관련된 총 에너지 변화는 화학반응 중에 생기거나 끊어지는 화학 결합의 종류와 수에 좌우된다. 과산화수소의 분해는 그림 5.12에서 요약한 모든 결합생성 및 결합파괴의 결과로 생각할 수 있다. 화학자들은 거의 모든 종류의 결합에 대해 결합생성 또는 결합파괴와 관련된 에너지 변화들을 이미 측정해 두었으며 우리는 이러한 값들을 이용하여 반응에 수반되는 에너지 변화를 계산할 수 있다.

결합의 생성이나 파괴에 수반된 에너지 변화는 두 가지 기본적 사실로 요약할 수 있다.

- 결합의 파괴는 흡열 과정이다. 이 과정은 에너지를 요구한다.
- 결합의 생성은 발열 과정이다. 이 과정은 에너지를 방출한다.

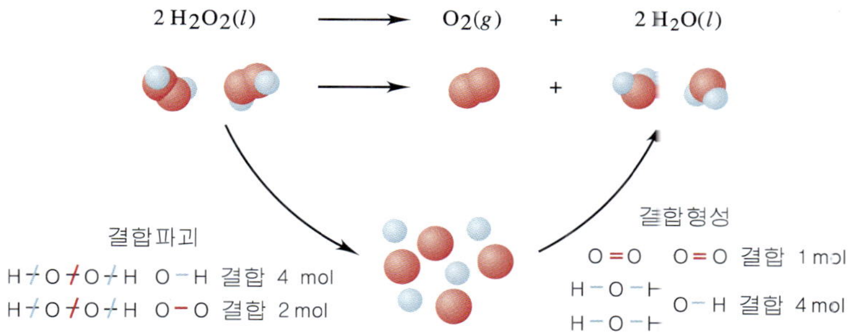

그림 5.12 과산화수소의 이러한 분해는 결합파괴 및 결합생성 과정을 필요로 한다.

표 5.2는 다양한 종류의 결합들의 평균 **결합 에너지**(bond energy)를 나열한 것이다. 이 값들은 관련된 화학결합에 대해 kJ/mol로 나타내었다. 만일 결합을 파괴하려면 언급된 양의 에너지가 그 화학물질에 흡수되어야 하고, 결합이 생성되면 언급된 양의 에너지가 방출된다. 표 5.2를 사용해서 과산화수소 2 mol에 있는 모든 결합을 깨는 데 필요한 에너지를 아래와 같이 계산할 수 있다.

$$2\,H_2O_2\,(aq) \longrightarrow 2\,H_2O\,(l) + O_2\,(g)$$

$$\text{O}-\text{H 결합 } 4\text{ mol} \times 460\text{ kJ/mol} = +1840\text{ kJ}$$

$$\text{O}-\text{O 결합 } 2\text{ mol} \times 145\text{ kJ/mol} = +\ \ 290\text{ kJ}$$

$$\text{총계} = +2130\text{ kJ}$$

과산화수소가 분해될 때 새로 생기는 결합은 두 개의 물 분자와 한 개의 산소 분자 내에 있는 것들이다. 과산화수소 2 mol이 분해되면, 물 2 mol과 산소 1 mol이 생길 것이다.

우리는 이러한 결합이 생기는 동안에 방출되는 에너지를 다음과 같이 계산할 수 있다.

$$\text{O}-\text{H 결합 } 4\text{ mol} \times 460\text{ kJ/mol} = -1840\text{ kJ}$$

$$\text{O}=\text{O 결합 } 1\text{ mol} \times 494\text{ kJ/mol} = -\ \ 494\text{ kJ}$$

$$\text{총계} = -2334\text{ kJ}$$

과산화수소 2 mol이 분해되면서 생기는 총 에너지 변화는 계산한 두 값의 합이 된다.

$$\text{총 흡수된 에너지} = +2130\text{ kJ (흡열)}$$

$$\text{총 방출된 에너지} = -2334\text{ kJ (발열)}$$

$$\text{알짜 에너지 변화}(\Delta H) = -\ \ 204\text{ kJ (발열)}$$

이 값은 −102 kJ/mol에 상응하는 값이다. 이 예에서 2 mol을 사용했는데 이는 모든 결합 에너지 값이 표 5.2에 있는 값의 정수배가 되

표 5.2 평균 결합에너지*

2원자 분자(정확한 값)

H−H	432.0	F−F	154.8	O=O	493.6
H−F	565	Cl−Cl	239.7	N=O	607
H−Cl	428.0	Br−Br	190.0	N≡N	942.7
H−Br	362.3	I−I	149.0	C≡O	1071
H−I	294.6				

단일 공유 결합(평균값)

H−C	415	C−C	345	Si−Si	220	N−N	165	O−O	145
H−N	390	C−N	305	Si−F	565	N−O	200	O−Si	450
H−O	460	C−O	360	Si−Cl	380	N−F	285	O−P	335
H−Si	315	C−Si	290	Si−Br	310	N−Cl	200	O−F	190
H−P	320	C−P	265	Si−N	320	N−Br	243	O−Cl	220
H−S	365	C−S	270	Sn−Sn	145	N−I	159	O−Br	200
H−Te	240	C−F	485	Sn−Cl	325	P−P	200	S−S	250
		C−Cl	325			P−F	490	S−F	285
		C−Br	285			P−Cl	325	S−Cl	255
		C−I	215			P−Br	265	Se−Se	170
						P−I	185		
						As−Cl	320		

다중 공유 결합(평균값)

C=C	615		N=N	420	C≡C	835
C=N	615		N=O	605	C≡N	890
C=O	750	805 †	O=P	545		
C=S	575		O=S	515		

* kJ/mol 단위

† CO_2의 C=O 결합 에너지

도록 하기 위해서이다. 이 반응의 실험적 측정값 ΔH가 −98 kJ/mol인 데 비해 결합 에너지 값으로부터 −102 kJ/mol이 된다고 예측한 것을 기억하라. 이 값들은 하나는 측정값이고 또 다른 것은 많은 화합물의 평균값에 근거한 예상값이라는 것을 생각하면 대단히 근접된 값이다.

이제 우리는 에너지는 무엇인가 하는 것에 대한 감을 가지게 되었고 화학반응에서 에너지 변화량을 측정할 줄도 알게 되었다. 그러나 화학을 거의 다섯 장이나 공부한 후에도, 우리는 아직도 왜 화학반응이 일어나는지를 알지 못하고 있다. 이제 이 중심적 논점으로 우리의 관심을 돌려본다.

예제 5.3 **결합에너지**

문 제 염소 분자와 수소 분자가 반응하여 염화수소를 형성하는 반응이 있다. 이 반응에 대한 반응식은 다음과 같다.

$$H_2(g) + Cl_2(g) \longrightarrow 2\,HCl(g)$$

표 5.2의 결합 에너지 값을 사용하여 HCl 2 mol을 형성하는 데 방출된 에너지 양을 결정하라.

풀 이 존재하는 결합을 끊는 데 필요한 에너지는,

$$\text{H}-\text{H 결합 } 1\,\text{mol} \times 432\,\text{kJ/mol} = 432\,\text{kJ}$$
$$\text{Cl}-\text{Cl 결합 } 1\,\text{mol} \times 240\,\text{kJ/mol} = 240\,\text{kJ}$$
$$\text{합} = +672\,\text{kJ}$$

새로운 결합을 형성하는 동안에 방출하는 에너지는

$$\text{H}-\text{Cl 결합 } 2\,\text{mol} \times 428\,\text{kJ/mol} = 856\,\text{kJ}$$

알짜 에너지 변화 값은 결합을 깨뜨리고 결합을 이루는 데 포함된 에너지 변화의 합이다.

결합 파괴 : +672 kJ(흡열반응)
결합 생성 : −856 kJ(발열반응)
알짜 에너지 변화 = −184 kJ/HCl 2 mol
= −92 kJ/mol HCl

그러므로 이 반응은 전체적으로 발열반응이다.

5.5 왜 화학반응이 일어나는가?

화학반응이 일어나는 이유는 아주 분명하다. 이것을 이해하기 위해서 파리가 든 병을 이용할 수 있다. 커다란 방 가운데 놓인 병 속에 파리 몇 마리를 가두었다고 가정해 보자. 병 속에 어떤 화학적 유인물이나 빛의 변화가 없으면, 파리들은 이용 가능한 공간 내에서 때로 방향을 바꾸면서 임의의 방향으로 날아다닐 것이다. 병 뚜껑을 들어내면 파리들은 필연적으로 병 밖으로 흩어져 나갈 것이며 일단 병 밖으로 나가면 다시는 병 속으로 모여들지는 않을 것이다.

공간에서의 임의적인 비행으로 파리는 뚜껑 열린 병 박으로 흩어지게 되는데, 이는 병 안보다 병 밖이 이용할 수 있는 공간이 더 넓기 때문이다. 달리 말하면, 파리가 흩어지는 것은 흩어지는 방법의 수가 병 속으로 모이게 하는 방법의 수보다 많기 때문이다. 이제 우리가 발견하게 되겠지만, 이 단순한 일상의 상황이 모든 화학의 길잡이 원리를 나타내고 있다.

자발성과 엔트로피

일반적으로, 물체를 흩어 놓는 방법의 수가 서로 모아 놓는 방법의 수보다 훨씬 많다. 물질의 입자도 물체이고, 따라서 이러한 경향을 다른 말로 표현하면 물체를 무질서하게 만드는 것이 질서 정연하게 만드는 것보다 더 쉽다는 것이다.

정돈된(질서 있는) 것은 쉽게 흩어지려(무질서하게 되려) 하는데,

그림 5.13 공간에서 일정한 방향 없이 흩어져 나가는 분산은 화학반응을 일으키는 원동력이다. 화학반응은 물질과 에너지가 분산되는 쪽으로 진행된다. 이것이 열역학 제2법칙이다.

이를 모를 학생은 거의 없다. 따라서 왜 어떤 화학반응이 그들이 일어나는 방향으로 자연적으로 일어나느냐 하는 이유는 그 반응의 결과로 그들의 입자들이 더 많이 흩어지기(더 무질서하게 되기) 때문이다. 어떤 종류의 반응이 입자의 분산이 증가되는 결과를 나타내는가?

기체 분자는 물질이 다른 집합 상태에 있는 분자들보다 훨씬 더 흩어져 있다. 그 결과, 고체나 액체가 반응에서 기체가 되는 반응은 기체의 분산으로, 정방향으로 진행될 것이다. "정방향으로의 진행"에서 우리가 의미하는 것은 생성물의 분산이 그 역반응을 아주 어렵게 하는데, 역반응을 하려면 생성물이 다시 모여야 되며 이는 파리가 병 속으로 다시 모여들기 어려운 것과 같다. 반응은 분산이 최대로 이루어지는 방향으로 진행되려는 경향이 있는데 이는 분산보다 농축을 수반하는 그 반대 과정이 매우 일어나기 어렵기 때문이다. 여기서 중크롬산암모늄[$(NH_4)_2Cr_2O_7$]의 분해과정을 예로 들어보면

$$(NH_4)_2Cr_2O_7(s) \longrightarrow N_2(g) + 4\,H_2O(g) + Cr_2O_3(s)$$
$$\Delta H = -315\ \text{kJ/mol}\,[\text{반응한 } (NH_4)_2Cr_2O_7]$$

위 반응물 1 mol에 대해서 5 mol의 기체(질소 1 mol과 수증기 4 mol)를 포함한 총 6 mol의 물질이 생긴다. 이것은 처음 존재한 물질들이 반응 후 상당히 많이 분산된다는 것을 의미한다.

중크롬산암모늄이 분해될 때 무엇인가 또 다른 것이 일어난다. 즉 에너지가 방출된다. 이것이 어떻게 입자의 분산에 영향을 미칠까? 열이 주위(이 경우 공기 속으로)로 방출될 때, 가열된 공기 분자는 에너지를 얻은 결과로 더 빨리 움직이게 된다(온도란 입자의 평균 운동에너지를 반영한 것임을 기억하라). 에너지를 얻은 공기 분자들은 더욱 분산되고, 공기 분자들이 서로 끊임없이 충돌하여 에너지를 외부로 분산시킨다. 에너지 분산이 자발적으로 일어나는 반응과 관련된 또

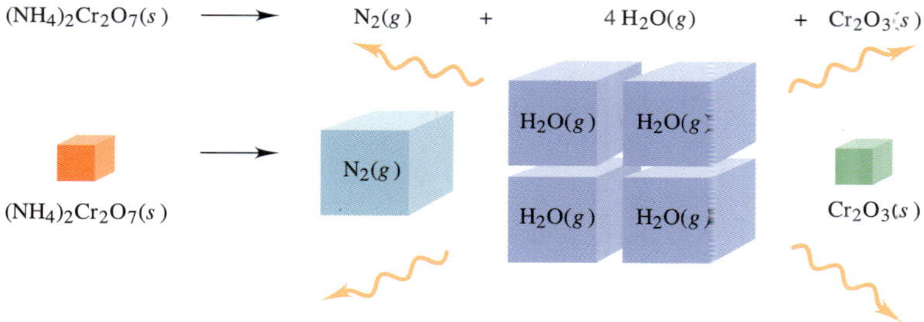

중크롬산암모늄은 분해되어 세 개의 다른 물질이 된다.

하나의 중요한 이유이다.

에너지와 물질이 분산되려는 경향(질서에서 무질서로 나아가려는 경향)은 우주의 **엔트로피**(entropy)가 증가하려는 경향의 결과이다. 엔트로피는 엄밀하게 수학적으로 정의될 수 있지만, 엔트로피를 우리가 논의하는 계 내의 무질서로 생각하면 된다. 이렇게 에너지와 물질이 분산되는 화학반응은 **자발적**(spontaneous) 반응이 된다. 그러나 이것은 그 반응이 즉각적으로 일어날 수 있다는 것을, 혹은 언젠가 일어난다는 것을 반드시 의미하는 것은 아니다. 이것이 의미하는 것은 그들이 화학적으로 일어날 수 있다는 것이다.

중크롬산암모늄의 분해반응은 잘 일어나는 반응인데 이는 이 반응에서 물질의 물리적 분산과 열에너지의 분산이 수반되기 때문이다. 그러나 자발적 반응에서 반드시 물질과 에너지가 모두 다 분산되어야 하는 것은 아니다. 전반적 경향이 응집보다는 분산 쪽이면 충분한 것이다. 따라서, 물질이 덜 분산되는 반응이라도 물질의 응집효과를 극복할 만한 충분한 에너지 분산이 수반되면 자발적 반응이 될 수 있으며 그 역의 경우도 마찬가지다.

비자발적 일의 발생

대단히 많은 반응이 자발적이지만, 물을 분해하여 수소와 산소로 쪼개는 것과 같은 몇몇의 반응들은 **비자발적**(nonspontaneous) 반응이다. 이러한 반응은, 다른 자발적 반응과 짝을 맞추어 비자발적 반응이 진행될 수 있도록 한다. 축구공은 결코 저절로 공기 중으로 떠올라 골대 사이로 가지는 않을 것이다. 그러나 만일 우리가 축구공을 흔들리는 다리와 발과 짝을 맞추면 축구공은 그렇지 않았으면 비자발적이었을 행동을 하게 된다.

보다 엄밀한 화학적 예로 전지 내에 있는 화학반응으로부터 방출되는 에너지를 물을 깨는 동력으로 사용하는 경우인 물의 **전기분해**

그림 5.14 질산암모늄과 수산화바륨의 반응은 플라스크를 나무조각에 얼어붙게 할 정도로 차갑게 된다.

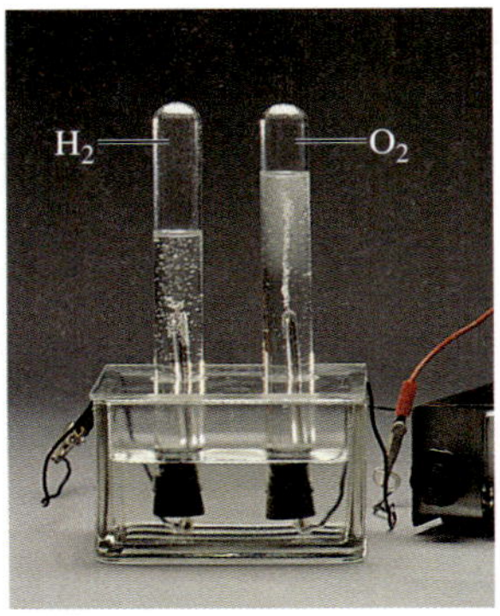

그림 5.15 물은 전기분해될 수 있다(전기 에너지에 의해 쪼개진다). 위 실험장치에서 산소는 오른쪽에, 수소는 왼쪽에 모인다.

(electrolysis)를 생각해 보자(그림 5.15). 물의 전기분해에 대한 식은 다음과 같다.

$$2\,H_2O\,(l) \longrightarrow 2\,H_2\,(g) + O_2\,(g)\,\Delta H = +286\,\text{kJ/mol}\ (\text{전기분해된 물})$$

첫눈에 무엇인가 빠진 것을 알 수 있다. 왜냐하면 이 비자발적 반응은 분명히 2 mol의 액체가 분산되어서 3 mol의 기체가 생기는 과정을 수반하고 있기 때문이다(그림 5.16). 그러나 두 가지 분산 기준이 있다는 것을 기억하라. 하나는 물질이고 다른 하나는 에너지이다. 물질의 분산에서 얻은 이점을 상쇄할 만한 에너지 농축(분산의 반대)이 있을 수 있으며 그 역도 가능하다.

비자발적 과정을 일으킬 때라도 우리가 하는 것은 물질과 에너지의 자발적인 분산에 의해서 그 진행이 전체적으로 추진된다는 것임을 다시 한 번 강조한다. 예를 들면, 전기분해 반응은 건전지 내에서의 발열반응이 방출시키는 에너지의 분산에 의해 추진되는 것이다. 전기분해 과정에만 초점을 맞추는 대신 건전지와 전기분해 반응을 전체로 한 계를 생각하면 결국 전체 계의 엔트로피가 증가하는 것을 알게 될 것이다. 따라서 비자발적 반응도 다른 과정과 결합하여 자발적인 것으로 만들 수 있다. 즉, 비자발적 반응과 자발적 반응을 결합하여 전체적으로 자발적이 되게 하는 것이다.

결론적으로, 자발적 화학반응은 물질과 에너지의 분산에 의해서 정방향으로 진행된다. 이 두 가지 영향의 효과가 바로 주요인이 된다. 물질과 에너지의 분산과 농축의 혼합을 수반하는 화학반응과 다른 물리적 과정들은, 우주의 물질과 에너지가 더 분산된 상태로 끝난다면, 자발적인 것이 될 수 있다.

지속적이고 불가피한 물질과 에너지의 분산은 우주의 **엔트로피** 증가로 알려져 있다. 계의 엔트로피는, 물질과 에너지의 분산에 내재된

그림 5.16 물질과 에너지의 전반적인 분산.

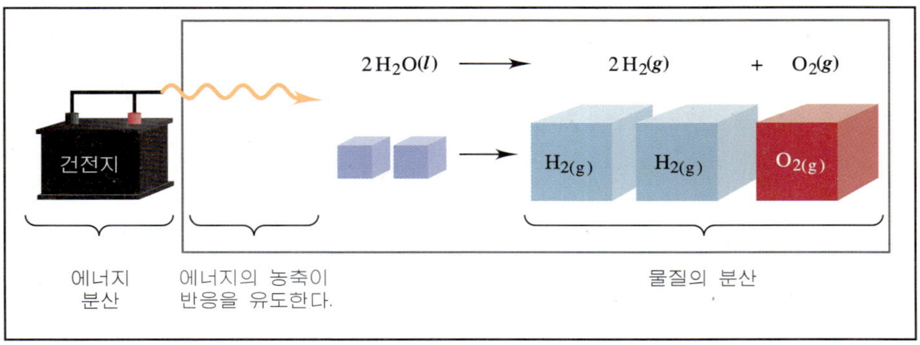

예제 5.4 **반응의 자발성**

문 제 고체상태의 수산화바륨 수화물[$Ba(OH)_2 \cdot 8H_2O$]과 고체상태의 질산암모늄(NH_4NO_3)은 냉각팩으로 사용되는데 이는 반응 중 생긴 용액이 아주 차갑게 느껴지기 때문이다. 차가운 느낌은 흡열반응의 결과이다. 즉 열을 흡수한다. 반응식은 아래와 같다. 반응에서 생긴 물은 용매로 작용하고 암모니아는 이 물에 녹는다.

$$Ba(OH)_2 \cdot 8\,H_2O(s) + 2\,NH_4NO_3(s) \longrightarrow Ba(NO_3)_2(s) + 2\,NH_3(aq) + 10\,H_2O(l)$$

$$\Delta H = +63.3\text{ kJ/mol } Ba(OH)_2 \cdot 8\,H_2O \text{ 반응}$$

이 반응이 자발적인 반응이라는 사실을 증명할 수 있는가?

풀 이 이 반응은 흡열반응이다(팩에 손을 대면 차가움을 느낀다. 이것은 차가운 팩에 당신의 손에 있던 열을 빼앗겼기 때문이다). 이것은 에너지의 분산이 이 반응을 자발적이지 못하도록 만든다는 뜻이다. 그러나 3 mol의 고체 반응물이 반응하여 1 mol의 고체와 12 mol의 액체가 생긴다. 그래서 반응은 실질적 물질의 분산을 수반하고 이것 때문에 이 반응은 자발적 반응이 된다.

에너지를 흡수하는 계가 따뜻하기보다 차갑게 느껴지는 것은 우리의 직관에 반대되는 것이다. 계는 팩을 만지는 우리 손을 포함한 주위로부터 에너지를 가져간다. 그 결과 우리는 손이 차다고 느끼는 것이다.

본질적 무질서의 척도로 생각할 수 있다. 우주의 엔트로피는 그것이 증가하는 방법이 감소하는 방법보다 더 많기 때문에 증가된다. 우주에서 엔트로피 증가의 피할 수 없는 경향은 **열역학 제2법칙**(second law of thermodynamics)으로 알려져 있다.

이제 우리는 왜 반응이 일어나는지에 대한 감이 생겼으며 두 종류의 반응, 즉 자발적 반응과 비자발적 반응이 있다는 것을 알게 되었다. 비자발적 반응도 일어나게 할 수 있는데 이는 비자발적 반응을 자발적 반응과 짝을 지어, 짝지은 전체 과정이 자발적 반응이 되게 하여 반응이 일어나게 하는 것이다.

중크롬산암모늄 분해반응과 화학적 냉각팩 등, 두 가지 자발적 반응의 예를 들었다. 그러나 이 두 자발적 반응 사이에는 중요한 차이점이 있다. 냉각팩의 반응은 섞기만 하면 일어나는 데 비해 중크롬산암모늄의 분해는 그것을 가열해야 일어난다. 따라서, 전체적으로 에너지를 방출하는 반응이 일어나기 전에 중크롬산암모늄에 불꽃의 열과 같은 것으로 얼마간의 에너지를 먼저 공급해 주어야 한다. 왜 추가적 에너지 투입이 필요한가, 그 이유를 알기 위해서는 **화학반응 속도론**(chemical kinetics)이라는 화학이론의 한 분야를 살펴보아야 한다.

5.6 화학반응 속도론의 소개

앞 절에서 과산화수소의 분해와 같은 어떤 반응들은 그 자체만으로 진행되는 것을 알았다. 그러나 중크롬산암모늄의 분해와 같은 또 다

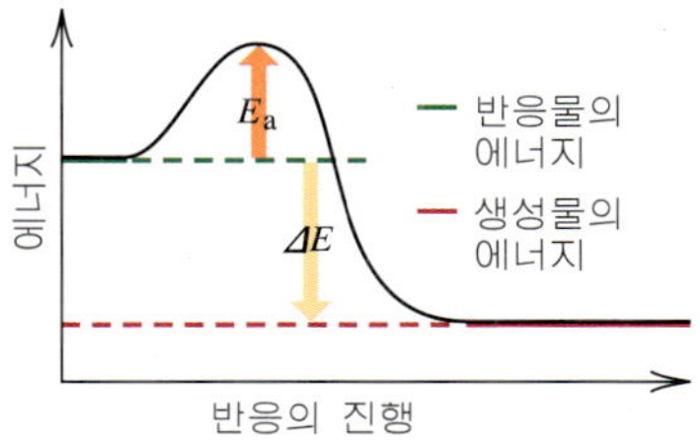

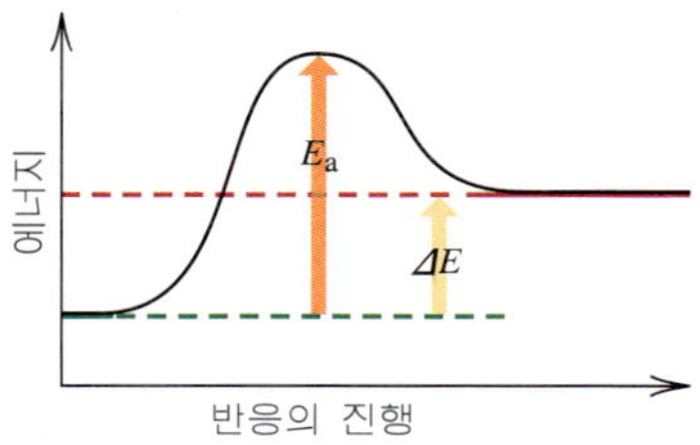

E_a = 활성화 에너지

그림 5.17 모든 반응은 반응물의 에너지 증가에 의해서 시작되고 에너지 감소로 끝난다. 전반적으로 발열반응의 생성물은 반응물보다 더 작은 에너지를 가지고 흡열반응의 생성물은 반응물보다 더 많은 에너지를 가진다.

른 반응들은 자발적 반응이라고 부르기는 하지만 여분의 에너지가 공급될 때까지는 반응이 진행되지 않는다. 이러한 차이는 활성화 에너지라고 알려진 각 반응에 수반된 에너지 장벽의 크기의 차이에 기인한 것이다.

활성화 에너지의 성질

과산화수소의 분해를 다룰 때 그 반응이 비록 발열반응이지만, 결합형성으로 더 많은 에너지가 방출되기 전에 얼마간의 에너지가 결합을 깨기 위해서 필요하다고 하였다. 따라서 나중에 많은 에너지를 얻기 위하여 먼저 약간의 에너지를 공급하여야 한다.

발열 및 흡열 화학반응 중 화학물질의 에너지 양을 나타내는 도표를 보자(그림 5.17). 이 도표는 이미 본 것이지만 지금까지는 우리의 관심을 처음과 마지막 에너지 수준에만 초점을 맞추었었다. 이제 반응이 진행되는 동안에 무엇이 일어나는가 보자. 처음에는 화학물질의 에너지 양이, 반응이 최종적으로 에너지를 방출하거나 흡수하는 것에 관계없이 증가한다. 이 초기의 에너지 증가는 반응물질을 도표에 있는 에너지 언덕의 꼭대기까지 끌고 가는데, 이를 반응의 **활성화 에너지**(activation energy, E_a)라 한다. 이것이 새로운 결합이 생기기 전에 반응물질에 존재하는 결합을 깨는 데 넣어주어야 할 에너지이다.

모든 화학반응에는 활성화 에너지가 있다. 그래서 모든 화학반응은 전자를 재배열하고 화학결합을 깨기 위한 얼마간의 초기에너지 공급이 필요하다. 그리고 나면 화학물질의 에너지양은 새로운 결합이 형성되면서 떨어진다. 이 에너지 수준이 얼마나 멀리까지 떨어지느냐가 그 반응이 발열반응(에너지를 내놓는)이 되는냐 또는 흡열반응(에너지를 받아들이는)이 되느냐를 결정하는 것이다. 또한 뒤에 알게 되겠지만, 적당한 물질을 첨가하면 어떤 반응의 활성화 에너지는 낮아지고, 반응의 속도는 증가된다. 그러나 반응의 생성물이나 에너지 변화를 바꾸지는 않는다.

화학물질이 반응하도록 활성화시키는 데 필요한 에너지는 어디서 오는 것일까? 그것은 관련된 원자나 분자나 이온들의 **충돌**(collision)에서 생긴다. 어떤 반응에서는 실온과 압력에서 생기는 충돌이 활성화 에너지를 공급해서 반응을 시작하기에 충분한 힘을 만드는 반면, 다른 경우에는 충돌이 필요한 활성화 에너지를 공급하기에 충분할 만큼 활성을 지닐 때까지, 화학물질을 가열해 주어야 한다(입자들이 더 빨리 움직이게 하도록).

A B C D

그림 5.18 중크롬산암모늄 화산. A.고체 중크롬산암모늄(무한정 안정하다) B.타고 있는 성냥이 에너지를 준다. C.성냥으로부터의 에너지가 반응을 시작하게 한다. D.생성물의 최종 부피는 중크롬산암모늄의 원래 부피보다 훨씬 크다.

우리가 성냥으로 무엇인가에 불을 붙일 때마다 반응을 시작하는 데 필요한 활성화 에너지를 화학물질에 공급한다. 성냥의 열은 그 물질의 여러 분자들을 공기 중의 산소와 결합하게 한다. 결과적 연소반응은 성냥의 열로부터 시작되어 성냥이 넣어준 것보다 훨씬 많은 에너지를 방출하고 더 많은 분자들이 반응하게 한다. 성냥은 몇몇 분자들을 좀더 빨리 움직이도록 만들어 화학반응이 신속히 시작되도록 한다. 활성화 에너지의 아주 훌륭한 예는 앞서 논의했던 중크롬산암모늄의 분해이다. 이 반응은 매우 큰 발열 반응이지만 그림 5.18에서 보듯이, 반응이 일어나기에 필요한 활성화 에너지가 공급되지 않으면 반응하지 않은 채 남아있다.

성냥(프로페인 토치나 분젠버너)은 분해가 일어나는 데 필요한 에너지를 공급한다. 활성화 에너지의 크기는 반응에 따라 달라진다. 그러나 약간 다른 빠른 경로를 통해서 활성화 에너지를 낮추어 반응을 일으키는 방법이 있다.

녹스는 것은 느린 반응의 예이다.

반응속도에 영향을 미치는 요인들

화학반응의 속도는 **반응속도**(reaction rate)로 알려져 있다. 이것은 단순히 얼마나 빨리 반응물이 소비되고 생성물이 생기는지를 측정하는 것이다. 예를 들어, **과산화수소**의 분해를 다시 생각해보자.

$$2\,H_2O_2\,(aq) \longrightarrow 2\,H_2O(l) + O_2\,(g)$$

$$\Delta H = -98\ \text{kJ/mol 과산화수소}$$

이 반응의 속도는 분당 반응한(또는 초당 반응한) H_2O_2의 몰수로 측정한다. 그러나 이것은 분당 생성된 H_2O의 몰수로, 또는 초당 생성된 O_2의 몰수로 측정할 수도 있다.

화학반응의 **속도**(rate)와 속도에 영향을 미치는 요인에 대한 연구는 **화학반응속도론**(chemical kinetics)이라고 한다. 화학반응속도론에 관

폭발은 빠른 반응의 예이다. 반응속도란 용어는 반응의 빠르기를 일컫는 말이다.

심을 가지는 것은 많은 실제적 이유 때문이다. 예를 들어, 약이 처방될 때 복용량은 약이 몸의 특정 부위에서 얼마나 빨리 작용하고 얼마나 빨리 파괴되는가에 따라 어느 정도 결정된다. 플라스틱 생산에서, 만일 관련된 반응의 속도를 증가시킬 수 있는 방법이 발견되면, 화학적 생산공정에서 수백만 달러의 비용을 절감할 수 있다.

반응속도에 미치는 온도의 영향

만일 에너지가 입자의 속도를 증가시키지 않고 결합을 깨는 데 들어가면, 물질은 온도를 증가시키지 않고 에너지를 얻을 수 있다. 앞서 이야기한 수산화바륨 · 염화암모늄 화학적 냉각팩은 에너지가 들어감으로써 실제로 온도가 내려가는 예이다. 그러나 물질이 열을 받고 그 에너지가 물질에 있는 입자의 속도를 증가시키는 데 사용되면 물질의 온도가 올라간다. 열을 잃으면 온도는 내려간다.

반응의 온도를 증가시키면 반응속도도 증가하며 온도를 낮추면 반응속도가 늦어지는 것이 일반적 법칙이다. 유용한 규칙 중 하나는 반

예제 5.5 연소 에너지

문 제 여러 탄소화합물이 연소될 때 몰당 배출되는 열량을 나타내었다. 방출된 CO_2의 몰당 열량을 결정하여 이같은 방법으로 도식화하라. 여러분이 본 경향에 대하여 어떤 일반화가 가능한가?

화합물	ΔH(kJ/mol)
CH_4	882
C_2H_6	1541
C_3H_8	2202
C_8H_{18}	5450
C_2H_5OH	1371
$C_6H_{12}O_6$	2816
C_6H_6	3273
CH_3COOH	876
HCOOH	263

풀 이 각 ΔH를 분자에 있는 탄소 원자의 수로 나누고 이 값을 그 화합물에 있는 탄소의 산화수에 대한 그래프로 나타내어라. 결론은 연료에 있는 탄소의 산화수가 적을수록 연소 시에 많은 에너지가 방출되었다. 메테인은 가장 가능한 낮은 탄소의 산화수를 가지므로 가장 큰 이점이 많다.

그래프를 외삽하면 +4의 산화수를 가진 이산화탄소에 대하여 방출된 에너지가 0인 것에 주목하라.

화합물	ΔH (kJ/mol)	ΔH/C 원자	탄소의 산화수
CH_4	882	882	−4.00
C_2H_6	1541	771	−3.00
C_3H_8	2202	734	−2.67
C_8H_{18}	5450	681	−2.25
C_2H_5OH	1371	685	−2.00
$C_6H_{12}O_6$	2816	469	0.00
C_6H_6	3273	545	−1.00
CH_3COOH	876	438	0.00
HCOOH	263	263	+2.00

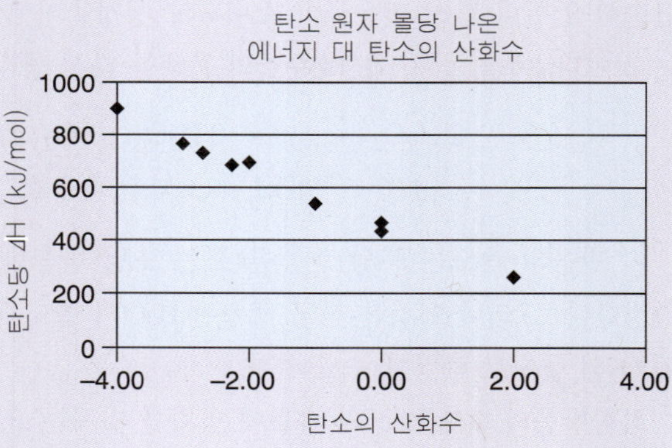

응온도가 10°C 증가할 때마다 반응속도가 대략 두 배가 된다는 것이다. 이 온도의 효과는 쉽게 이해할 수 있는데, 고온에서는 반응물이 좀더 빨리 움직이게 되고 따라서 이들 사이의 충돌이 보다 힘차게 된다. 그래서 온도가 올라가면 충돌 중 상당한 비율이 반응의 활성화 에너지와 같거나 더 큰 에너지를 가지게 되고 반응은 더 빨리 진행된다.

반응속도에 미치는 농도의 영향

한 화학물질의 **농도**(concentration)는 그 화학물질의 입자(원자, 분자, 이온)가 주어진 부피 내에 얼마나 많이 있는가에 대한 척도이다. 예를 들면, 농도는 mol/L로 측정될 수 있다.

화합물의 농도가 증가하면, 다른 입자와 충돌하여 반응에 이용될 수 있는 화학물질의 입자들이 주어진 부피 내에 더 많이 포함되고, 따라서 반응은 더 일어나기 쉽다. 그래서 또 다른 일반 규칙은, 반응물질의 농도를 증가시키면 반응속도가 증가하고, 반응물질의 농도를 감소시키면 반응속도도 감소된다는 것이다.

실용되고 있는 화학반응속도론의 가장 놀랄 만한 예 중의 하나는 **아이오딘 시계**(iodine clock)반응이란 것인데 이것은 반응속도에 미치는 농도의 효과를 이용한 것이다. 이 반응은 50년 전에 휴버트 알리아(Hubert Alyea)에 의해서 대중화되었다. 사람들은 애정을 가지고, 또 실제로도 그러했지만, 그를 세계 최고의 화학 시범자라고 인정했다. 이 반응에서는 아이오딘산 이온(IO_3^-)이 아황산수소 이온(HSO_3^-)과 결합하여 녹말용액에서 흑청색 색깔을 내는 아이오딘를 생성한다. 이 반응과정에는 여러 단계가 있는데 이것들은 다음과 같이 전체 반응식으로 요약할 수 있다.

그림 5.19 비커의 농도 변화 때문에 반응이 비커에서 비커로 경주하듯 나타나게 된다. 아이오딘 시계는 화학반응속도론의 완벽한 예이다. 제일 위의 사진은 혼합 전의 반응물이다.

$$2\,IO_3^-\,(aq) + 5\,HSO_3^-\,(aq) \longrightarrow I_2\,(aq) + 5\,SO_4^{2-}\,(aq) + 3\,H^+\,(aq) + H_2O\,(l)$$

그림 5.19는 이 반응의 반응물 중 하나가 다른 비커에서 다른 농도로 존재하면 어떤 일이 일어나는가 보여준다. 왼쪽에서 오른쪽으로 가면서, 아황산수소 이온의 초기 농도가 그 전 비커 농도의 반이 된다. 따라서 반응속도가 그 전 비커 빠르기의 반이 된다. 일련의 비커를 통해서 색깔은 일정한 간격을 두고 변한다. 그래서 아이오딘 시계라고 부른다.

반응속도에 미치는 촉매의 영향

그 자체로는 매우 느리게 진행되는 많은 화학반응들이, 소량의 다른 화학물질을 첨가하면 갑자기 매우 빠르게(폭발적인 경우까지) 진행되기도 한다. 만일 첨가 내용물이 반응 중에 실제로 소모되지 않으면(그래서 반응의 끝에 변하지 않고 다시 회수될 수 있으면), 그것을 그 반응의 **촉매**(catalyst)라고 한다. 촉매는 반응에 참가하여 특정 반응의 속도를 증가시키지만 자신은 변하지 않고 회수되는 물질로 정의된다. 촉매의 각 원자, 분자, 이온이 특정 반응을 수천~수백만 배까지 촉진시킬 수 있다. 촉매는 반응 중에 일시적으로 변화될 수 있지만 반응의 끝에는 언제나 원래의 형태로 돌아와 촉매 사이클에서 반복적으로 사용될 수 있게 된다. 이것이 매우 적은 양의 촉매가 반응속도를 놀랄 만큼 많이 증가시키는 이유이다.

자동차에는 **촉매전환기**(catalytic converter)가 부착되어 있는데(그림 5.20), 여기에는 배기가스의 반응을 촉진시킬 수 있는 촉매가 들어 있다. 이 반응에서는 촉매가 없을 때 방출되는 물질보다 오염이 덜되는 물질을 생산한다. 또한 산업에서 중요한 많은 화학적 반응들이 촉매의 도움 없이는 경제성이 있는 속도로 진행되지 않는다(촉매전환기가 어떻게 작동하는지에 대한 세부사항들은 12장에서 논의할 것이다.).

촉매는 반응의 활성화 에너지를 낮추는 작용을 한다. 따라서 촉매가 존재하면, 촉매가 없었을 때에 비해서 반응물질 사이의 충돌이 더

그림 5.20 촉매전환기는 엔진에서 나오는 배기가스 내의 반응을 촉진시킨다. 연소가 촉진되어 반응에서 더 많은 입자들이 소모된다. 그 결과 대기 중으로 오염물질이 더 적게 방출된다.

A

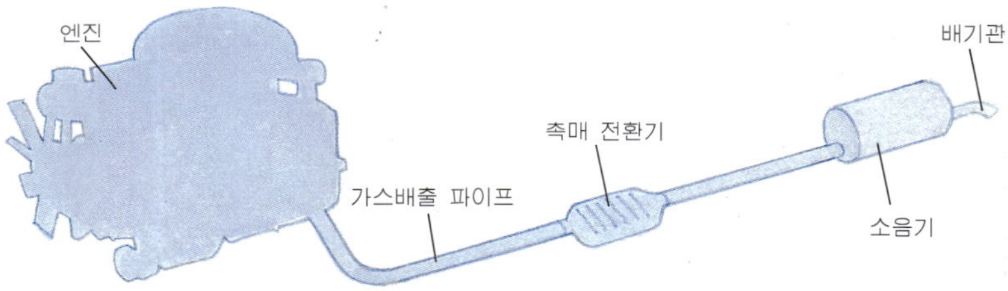

B

많이 생겨 반응을 시작하기에 충분한 에너지를 가지게 된다. 촉매가 이러한 효과를 나타내는 것은 반응이 진행되는 대체 경로(혹은 **메커니즘**)를 열기 때문이다. 반응이 진행되는 동안 전자들이 어떻게 재배열되는가 하는 세부사항은 다르지만 반응의 결과는 같을 것이다. 촉매는 반응의 속도를 10억 배 이상 증가시킬 수 있다. 다라서 촉매는 놀랄 만큼 효과적이고도 중요한 화학적 변화의 자극제가 된다.

우리의 몸은 언제나 천연 생물학적 촉매에 의지하고 있다. 이 생물학적 촉매를 **효소**(enzyme)라고 부른다. 효소들은 **단백질**(protein) 분자들인데, 우리 몸에서 작용하는 특정한 화학반응을 가속시킬 능력이 있다. 예를 들면, 침에는 음식 분자를 더 작은 분자로 쪼개는 것을 촉진시켜 소화작용이라고 부르는 과정을 시작하게 하는 효소가 포함되어 있다. 우리의 간세포에는 음식에서 방출된 화학물질을 처리하고, 독성화학물질을 무해한 생성물로 바꾸는 효소가 포함되어 있다. 일반적으로 몸의 모든 세포의 조작은 수천 개의 서로 다른 효소 분자의 활성에 의해 좌우된다. 16장에서 효소에 관해 더 많이 언급할 것이다.

5.7 왜 이 모든 것을 알아야 하나?

이제 화학반응이 일어나면, 왜 그리고 어떻게 에너지가 변화하는지를 알았다. 이 장을 마치기 위하여 이 장에서 배운 것에 대한 실질적인 중요성을 간단히 언급하도록 하겠다.

여러분이 에너지가 무엇인지, 어떻게 화학반응이 물질과 에너지의 상호작용에 의해서 영향을 받는지 이해하는 것이 왜 중요한가에 대해서는 여러 가지 이유가 있다. 첫 번째 관심사항은 **과학적 어휘능력**, 즉 과학적 용어와 과정을 이해하는 것에 관한 것이다. 많은 과학적 용어와 개념들이 날마다 의사결정과 토론 등에서 사용되고 있다. 에너지가 그러한 용어 중의 하나이다. 간단히 말해, 여러분을 과학적 문맹이 되지 않도록 하려는 것은, 에너지와 같은 과학적 용어와 에너지의 용도에 대해서 여러분이 배우기를 바라기 때문이다. 왜냐하면 이러한 의사결정이나 논의에 여러분이 관여되어 있을 때 여러분 자신이 하는 말의 의미를 알고 있는 것이 매우 중요하기 때문이다. 두 번째 이유는 보다 실제적인 것이다. 여러분은 개인적이든 사회적이든 정치적이든 간에 에너지에 관련된 많은 선택 중에서 올바른 선택을 해야 할 경우가 있다. 이러한 선택에 수반된 자료와 개념을 이해하면 여러분의 선택의 중요성을 이해하는 데, 또 여러분을 위해서 적절한 선택을 하는 데 도움이 될 것이다.

여러분이 언젠가 직면하게 될 에너지와 관련된 질문을 몇 가지 제시하면서 이 장을 마치고자 한다. 아마 좀더 공부하기 전에는 그것들에 대답할 수 없을 것이다. 그러나 질문을 훑어보면 답에 대한 감은 잡을 수 있을 것이다.

- 나는 점심을 걸렀다. 그것을 보충하기 위해 저녁에 얼마나 더 먹어야 할까?(혹은 만일 정상적인 양만 먹는다면 체중이 얼마나 줄어들까?)
- 가소홀은 휘발유만큼 효율적으로 연소될까? 만일 우리가 가소홀에서 에탄올의 비율을 바꾸면 어떻게 될까?
- 100 g의 팝콘을 소화하면 얼마나 많은 에너지가 공급되며 10 km의 길을 뛴다면 에너지가 더 필요할까? 팝콘이 다 사용된 후 우리 몸은 어떻게 에너지를 얻을까?
- 1991년 걸프전에서 쿠웨이트 유전이 파괴되었을 때 얼마나 많은 에너지가 소실되었는가?
- 집의 지붕 공간에 더 많은 단열재를 넣는 것이 효과적인 일일까?
- 실내를 난방하기 위해서는 무엇이 가장 좋은 연료일까? 전기일까, 가스일까?
- 파도와 바람과 햇빛을 에너지원으로 개발하는 것을 지지해야 하는가? 아니면 그것들은 비실용적인 시간의 낭비인가?

우리는 이러한 종류의 질문을 분석하고 해답하는 능력을 키우기 위하여 에너지에 관해 배우는 것이다.

연습문제

1. 에너지가 요구되는 과정과 활동을 다섯 가지 기록하라(본문에 기록된 것과 다른 것).

2. 정상적인 체온은 98.6°F이다. 섭씨온도(°C)로는 얼마인가? 에너지 교환과 관련하여, 이 사실이 우리 몸에서 일어나는 화학반응에 대해 어떤 의미가 있는가?

3. 가정에서 성냥으로 사용하는 염소산 칼륨은 360℃에서 분해된다. 염소산 칼륨 성냥이 점화되는 온도는 몇 도인가?

4. 물이 형성되는 방정식은 아래와 같다. 표 5.2의 결합에너지 목록을 사용하여 반응에서 결합이 끊어지는 데 필요한 에너지는 얼마인지 구하라. 2mol의 물 분자에서 결합이 형성되는 동안 얼마나 많은 에너지가 방출되었는가? 4mol의 H_2O가 형성되는 반응에 의해 방출되는 총 에너지는 얼마인가?(모두 kJ로 답하라.)

$$2\,H_2(g) + O_2(g) \longrightarrow 2\,H_2O(l)$$

5. 결합에너지 표(표 5.2)를 사용하여 다음 반응이 발열 반응인지 흡열 반응인지 결정하라.

$$N_2(g) + 2\,H_2(g) \longrightarrow N_2H_4(g)$$

반응물	생성물
1mol N≡N 결합	1mol N−N 결합
2mol H−H 결합	4mol N−H 결합

6. 화학반응이 일어나는 이유를 두 가지 들어라.

7. 자발적 반응과 비자발적 반응 사이의 차이점은 무엇인가? 여기서 H_2O_2가 왜 유용한가? 빛에너지가 반응 속도를 높일 수 있다는 것을 알고 있는 상태에서, 가게에서 구매하는 H_2O_2가 왜 갈색병에 저장되어 있는지를 밝혀라.

8. 열역학 제2법칙은 무엇인가?

9. 화학반응속도론이란 무엇을 연구하는 분야인가? 왜 우리는 화학반응속도론에 관심을 가져야 하는가? 예를 들어 설명해보라.

10. 결합 에너지 값을 사용하여 1mol의 SO_2와 산소를 반응시켜 SO_3가 될 때 에너지 변화량을 계산하라.

11. 1mol의 아세틸렌(C_2H_2)이 연소할 때 방출되는 에너지의 양을 결합 에너지 값을 사용하여 계산하라.

12. 광합성을 통해 이산화탄소와 물이 반응하여 포도당($C_6H_{12}O_6$)과 산소가 생성된다. 1mol의 포도당이 형성되는 데 관련된 에너지 변화량을 계산하라. 자연계에서 이 에너지의 근원은 무엇인가?

CHAPTER

6

탄소에 의한 창조 - 분자 구조의 중요성 -

"사람들은 풀을 먹을 수 있다."
이 말은 경솔하고, 돌이킬 수 없으며, 주워담지 못할 말이다.

- 프랑스 혁명 초기에 프랑스 재무부 장관이었던 조제프 프랑수아 플롱의 말에 대해 토마스 칼라일이 한 말. 플롱은 교수형을 당했다. -

많은 사람들이 시리얼 (cereal) 한 그릇으로 하루를 시작한다. 시리얼은 대부분 녹말로 만들어졌으며, 녹말은 여러 개의 글루코오스 분자들이 서로 연결되어 이루어진 것이다. 소들은 셀룰로오스로 된 풀을 먹음으로써 하루를 시작하는데, 이 또한 여러 개의 글루코오스 분자들이 서로 연결되어 이루어진 것이다. 왜 우리는 소처럼 풀을 먹을 수 없을까? 풀을 먹게 되면 잔디를 깎을 필요도 없으며, 또한 그 풀은 유용한 음식물이 될 수도 있다.

그 답은 그림 6.1에 있는 글루코오스의 두 가지 형태의 화학적 구조에 나타난 미묘한 차이에서 찾을 수 있다. 녹말을 이루는 글루코오스 분자들은 α-글루코오스인 반면, 셀룰로오스를 이루는 글루코오스 분자들은 β-글루코오스이다. 사람의 소화기관에는 효소가 있는데, 이 효소들은 녹말에 있는 α-글루코오스 분자들 사이의 결합을 끊어 글루코오스를 방출하여 우리의 장에서 피 속으로 흡수되게 해준다. 하지만 이런 효소들은 셀룰로오스를 자를 수 없다. 왜냐하면 셀룰로오스에 있는 β-글루코오스 분자의 3차원 구조가 녹말에 있는 α-글루코오스 분자의 3차원 구조와 다르기 때문이다. 소의 장에는 셀룰라아제 (cellulase)라는 효소를 가진 박테리아가 있는데, 셀룰라아제는 셀룰로오스를 분해하여 글루코오스로 만들 수 있다. 장에 있는 미생물 덕분에 소들은 셀룰로오스

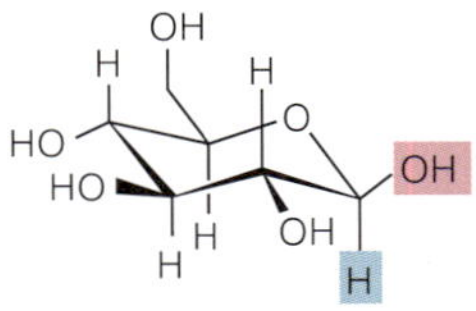

β-글루코오스

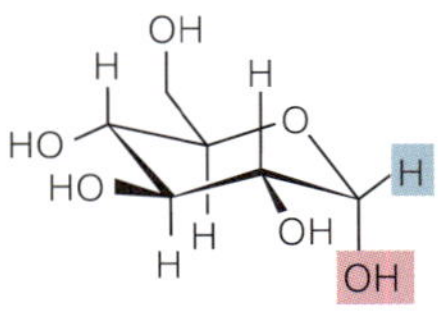

α-글루코오스

그림 6.1 *α*-글루코오스와 *β*-글루코오스의 차이는 1번 탄소의 배열에 있음을 주목하라.

나 녹말을 모두 섭취할 수 있지만, 사람들은 녹말만을 섭취할 수 있다.

풀은 사람에게 필요한 글루코오스로 되어 있음에도 불구하고 사람이 풀로부터 영양분을 얻을 수 없는 것은 분자구조(molecular structure)의 중요성을 보여주는 좋은 예라고 할 수 있다. 이것은 탄소를 함유하고 있는 화합물의 화학인 **유기화학**(organic chemis-try)의 한 예이다. 유기 화합물의 다양한 구조는 우리의 삶에 지대한 영향을 주고 있다. 이제 분자구조의 일반적인 중요성을 알기 위하여 유기화학을 공부하기로 한다.

6.1 유기화학 입문

유기 (organic)라는 말은 본래 "생물체로부터 얻은 것"을 의미한다. 생물체 내의 화합물을 분석하였을 때 화학자들은 이 화합물의 대부분이 탄소 원자들의 사슬로 되어 있는 화합물임을 발견하였다. 따라서 유기화학 (organic chemistry)은 탄소를 포함하는 생체 화합물의 화학이 되었다. 오늘날 유기화학은 인간의 현대 생활방식과 관계된 플라스틱이나 합성섬유와 같은 넓은 범위의 합성 탄소 화합물을 포함한다. 때로 유기화학을 "탄소를 포함하는 화합물의 화학"으로 단순히 정의하는 것을 볼 것이다. 이것은 사실에 가깝기는 하지만 약간 부정확하다. 예를 들어 주성분이 탄산칼슘 ($CaCO_3$)인 석회석을 보면, 생물체의 껍질 성분으로 존재하지만 일반적으로는 유기 화합물로 취급하지

왜 사람들은 풀을 먹을 수 없는가? 답은 구조에 있다.

않는다. 마찬가지로 이산화탄소(CO_2)는 생물체가 호흡할 때 항상 몸으로부터 나오지만 유기 화합물로 취급하지 않는다. 그러나 이러한 작은 문제 때문에 유기화학을 말할 때 탄소를 함유하는 대부분의 화합물에 관한 화학을 나타낸다는 기본적 사실을 흐리게 해서는 안 된다.

생명체 중의 유기 분자

인간을 포함한 생명체는 물 분자의 바다에서 상호작용하는, 주로 유기 화합물로 구성된 거대한 기계이다. 몸 속에서 가장 많은 양을 차지하는 물은 유기물이 아니지만 우리 몸을 구성하는 대부분의 다른 물질들은 탄소를 기본으로 한 유기 화합물이다. 세포의 외부막(피부)을 만드는 분자들은 유기 화합물이다. 유전자를 포함하는 세포 내 유전물질도 유기 화합물이다. 세포 내에서 모든 화학적 활성에 촉매 역할을 하는 효소들도 유기 화합물이다. 몸의 각 세포로 산소와 영양분을 전달하고, 몸의 각 부분에 있는 세포로부터 쓸모 없는 폐기물을 운반하는 혈액의 주성분 역시 대부분 유기 화합물이다. 근육, 지방, 피부도 유기 화합물에 기초를 두고 있으며, 뼈는 단단한 무기물이 그 안에 파묻힌 유기 화합물의 골격으로 형성되어 있다.

우리가 먹는 음식물, 입는 옷, 일상생활에서 유용하게 사용하는 플라스틱, 그리고 승용차에 사용하는 연료 등은 모두 유기 화합물이거나 유기 화합물로 만들어졌다. 질병을 유발하는 미생물과 이와 싸우는 데 사용되는 약품들도 유기 화합물이다. 생명은 유기화학에 의해 유지되고, 유기화학에 의해 위협받으며, 유기화학에 의해 흥미로워진다.

유기화학의 원리

1500만 종 이상의 유기 화합물들이 알려져 있으며, 또한 매일 새로운 많은 화합물들이 발견되고 만들어진다. 알려진 화합물의 90% 이상이 유기 화합물이다. 주제를 대략적으로 이해하기 위해서 대단히 많은 것을 알아야 하는 것처럼 느낄 수 있다. 어떻게 넓은 유기화학을 체계화할 수 있을까? 두 개의 주요한 생각을 항상 유념하자.

- **구조가 기능을 나타낸다.** 이 말은 단순히 분자의 3차원적 구조가 화학적 의미에서 무엇을 할 수 있는가를 결정한다는 의미이다. 따라서 분자 내에 존재하는 원자들의 형태와 원자들이 배열된 전체 모양이 분자가 관여하는 화학적 상호작용과 반응성을 나타낸다. 어떻게 이 원리가 사람이 곡물은 먹을 수 있지만 풀은 먹을 수 없는 이유가 되는가를 이미 앞에서 보았다.

- **유기분자들은 체계적이고, 반복적이며, 예상할 수 있는 방법으로 다룰 수 있다.** 유기 화합물은 비슷한 화학적 성질을 가진 화합물의 족으로 분류할 수 있다. 따라서 같은 족에 있는 한 화합물의 반응성을 알면, 그 족의 다른 화합물들의 반응성에 대해서도 이해할 수 있게 된다. 이와 유사하게 같은 족에 속한 화합물을 변형시키는 방법을 발견한다는 것은 일반적으로 같은 방법으로 같은 족의 다른 화합물에도 적용시킬 수 있다는 것이다.

구조가 기능을 나타낸다는 생각은 이 장의 주된 화학적 주제가 될 것이다. 어떻게 구조가 기능을 나타내는가를 알기 위하여 먼저 구조를 공부할 필요가 있다. 어떻게 유기 화합물 분자들의 구조를 예측할 수 있을까?

6.2 탄소의 성질과 화합물의 3차원 구조

모든 유기 화합물들 중에서 가장 간단한 것은 천연가스의 주성분인 **메테인**(CH_4)이다. 메테인이 공기 중의 산소와 반응하여 연소하면 열이 발생한다. 사람들은 이 열을 겨울철 난방에 이용한다. 또한 메테인은 다양한 자연현상에 의해서도 생성된다. 지구상에 있는 소들은 풀을 먹고 부산물로 연간 6천만 톤 이상의 메테인 가스를 생산한다. 메테인은 또한 목성, 토성, 천왕성, 해왕성의 대기에서도 발견된다. 메테인은 탄소와 수소로만 만들어진 **탄화수소**(hydrocarbon)라고 하는 유기 화합물의 한 계열에서 가장 간단한 화합물이다. 따라서 메테인 분자의 성질과 작용을 이해하는 것은 복잡한 유기 화합물들의 이해를 돕는 확고한 토대가 된다.

3차원 분자

메테인 분자의 중심 원자는 탄소 원자이다(그림 6.2 참조). 주기율표에서 탄소는 4A족에 속하므로 4개의 원자가전자를 갖는다. 3장에서 원자들이 화합물을 형성할 때 원자가전자의 수가 주기율표에서 그

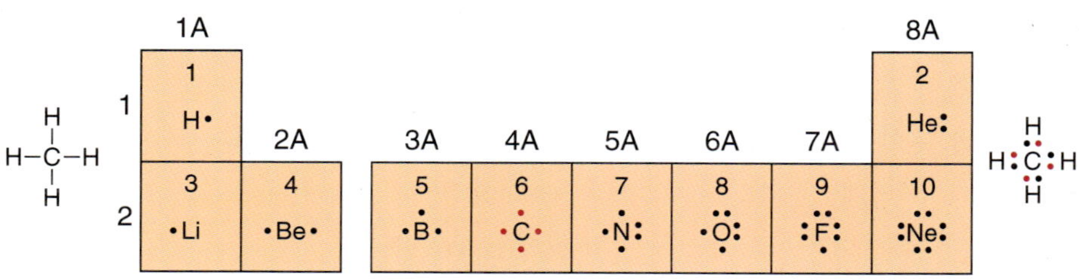

그림 6.2 탄소는 주기율표에서 4A족에 속한다.

원자에 가장 가까운 비활성 기체의 전자배치와 같은 전자배치를 갖는 방법으로 결합한다는 것을 공부하였다. 탄소 원자는 다른 원자들과 4개의 공유결합을 만들어 비활성 기체인 네온과 같은 전자배치가 된다. 메테인에서 이들 다른 원자들은 4개의 수소 원자이다. 이와 동시에 수소 원자는 안정한 헬륨 원자의 전자배치 상태로 된다. 그러므로 메테인 분자에 포함된 모든 원자의 전자배치는 안정한 최외각 전자배치를 하고 있으며, 어느 원자에도 홀전자는 없다.

유기 화합물은 각 결합전자쌍을 선이나 점을 사용하여 나타내는 2차원적 구조인 루이스 구조로 나타낼 수 있다. 하지만 이것은 화학의 세계가 실제로는 3차원이라는 사실을 무시한 것이다. 원래 원자나 분자는 평평한 2차원적 물질이 아니고, 더 복잡하고 흥미로운 3차원적인 모양을 갖는다. 분자의 3차원적 모양은 이 분자와 다른 분자 사이에 어떠한 화학반응과 상호작용에 관여할 수 있는지를 결정하며, 궁극적으로 사람의 몸과 같이 보다 큰 3차원적 구조를 만든다. 따라서 화학은 3차원에서 일어나며, 3차원적으로 생각하고, 화합물을 3차원 구조로 나타내는 것을 배워야 한다.

메테인의 3차원 구조

메테인 분자는 3차원적으로 어떻게 보일까? 메테인을 나타내기 위해서는 똑같은 부피로 공기가 채워진 4개의 고무풍선이 필요하다. 1개의 고무풍선은 두 원자들 사이에 공유결합을 형성한 1개의 전자쌍을 나타낸다. 전자들은 음전하를 띠며, 같은 전하는 서로 밀어내므로 메테인의 중심에 있는 탄소 원자 주위에 있는 4개의 전자쌍은 서로 간에 밀어내어 3차원 구조에서 가능한 한 멀리 떨어져 있으려고 한다. 전자들의 거동에 대한 이러한 생각 또는 "모형"을 **원자가전자쌍 반발 모형**(Valence Shell Electron Pair Repulsion model) 또는 **VSEPR**이라 한다.

VSEPR 개념을 시각적으로 나타내기 위해 같은 크기로 공기를 넣은 4개의 고무풍선의 끝을 모아 묶어보면 그림 6.3A에 나타낸 것과 같이 보일 것이다. 이 고무풍선들의 중심에 탄소 원자가 있고, 고무풍선의 끝에 수소 원자가 있다고 생각하자. 그림 6.3B에 나타낸 것과 같이 수소 원자들은 109.5°의 각도로 결합한 **사면체**(tetrahedron)의 꼭지점에 존재한다. 원자들 사이의 각을 **결합각**(bond angle)이라 부른다.

이것이 유기화학의 중심 개념이다. 탄소 원자가 4개의 다른 원자와 결합할 때, 그 구조는 중심에 탄소 원자가 위치한 정사면체 모양을 취한다.

A

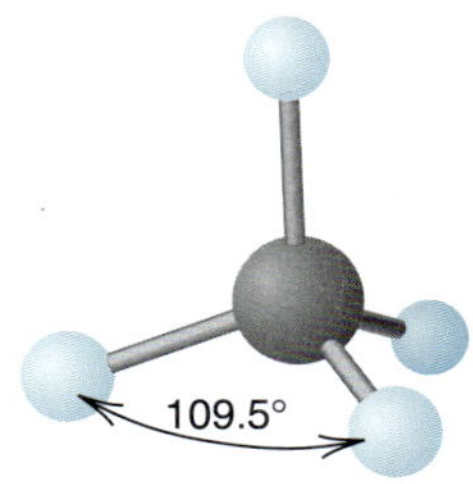

B

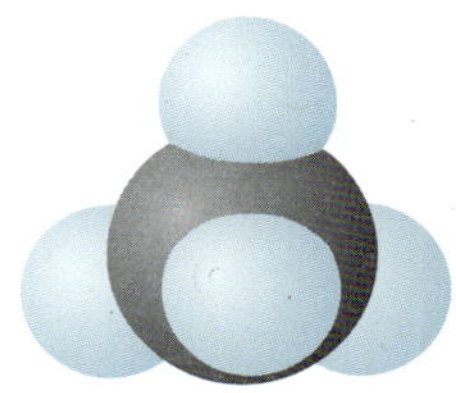

C

그림 6.3 풍선들은 분자의 3차원 구조를 이해하는 데 도움을 준다. **A.** 묶여 있는 4개의 풍선 중심에 탄소가 있는 사면체 모양을 나타낸다. **B.** 공-막대(ball and stick) 모형으로 나타낸 메테인 분자(검은 공은 탄소, 푸른 공은 수소 원자). 원자들을 연결하는 막대기는 화학결합을 나타낸다. **C.** 공간채움(space-filling) 모형은 실제 분자 내에서 전자들에 의해 점유된 공간의 부피를 나타낸다.

표 6.1 첫 10개의 가지 없는 알케인들

이 름	탄소 개수	분자식	구조식
메테인 (Methane)	1	CH_4	CH_4
에테인 (Ethane)	2	C_2H_6	CH_3CH_3
프로페인 (Propane)	3	C_3H_8	$CH_3CH_2CH_3$
뷰테인 (Butane)	4	C_4H_{10}	$CH_3CH_2CH_2CH_3$
펜테인 (Pentane)	5	C_5H_{12}	$CH_3(CH_2)_3CH_3$
헥세인 (Hexane)	6	C_6H_{14}	$CH_3(CH_2)_4CH_3$
헵테인 (Heptane)	7	C_7H_{16}	$CH_3(CH_2)_5CH_3$
옥테인 (Octane)	8	C_8H_{18}	$CH_3(CH_2)_6CH_3$
노네인 (Nonane)	9	C_9H_{20}	$CH_3(CH_2)_7CH_3$
데케인 (Decane)	10	$C_{10}H_{22}$	$CH_3(CH_2)_8CH_3$

알케인

메테인은 알케인 (alkane)으로 알려진 일련의 탄화수소 화합물들 중에서 가장 간단한 화합물이다. 알케인족에서 처음 10개를 표 6.1에 나타내었다. 알케인은 같은 일반식을 가지며, 유사한 화학적 특징을 갖는 **동족 계열**(homologous series)을 형성한다. 표 6.1에 나타낸 알케인들은 C_nH_{2n+2}의 일반식을 갖는다.

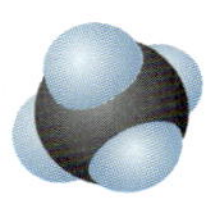

메테인

알케인에서 각 탄소 원자 주위의 결합들은 앞에서 설명한 메테인 분자와 같이 사면체적으로 배열된다. 이것은 탄소-탄소 사슬이 3차원적으로는 '지그재그 (zigzag)' 형으로 존재하며, 분자는 그림 6.4에서 나타낸 것과 같이 3차원 구조를 갖는다.

알케인은 석유화학 공업에서 다양한 유기물질들을 생산하는 데 원료로 사용되는 원유의 주성분이다.

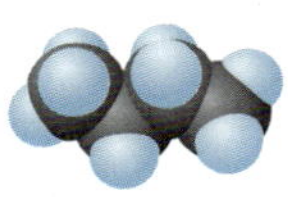

뷰테인

유기 화합물들은 탄소와 그 화합물의 화학에 모든 기초를 두고 있다. 그러나 유기 화합물 분자들 중에서 가장 흥미롭고 반응적인 부분은 탄소와 수소 이외의 원자가 어느 부분에 위치하느냐 하는 것이다. 특별히 산소와 질소 원자는 유기 화합물에 보편적으로 존재하는 원자이다. 그러므로 탄소뿐만 아니라 산소와 질소의 화합물에 관하여 몇 가지를 알아야 한다.

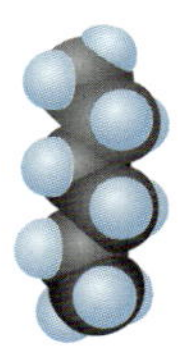

헥세인

그림 6.4 알케인족의 메테인, 뷰테인, 헥세인의 3차원 구조

암모니아 (NH_3)는 탄소가 없기 때문에 **무기** (inorganic : 유기가 아님을 의미) 화합물이다. 그러나 암모니아 분자는 유기시약과 반응하는 많은 유기 공정에 포함된다. 암모니아의 루이스 구조는 다음과 같다.

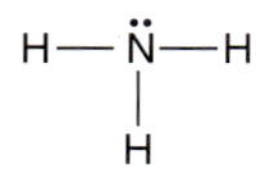

예제 6.1 분자의 모양

문 제 암모니아 분자의 모양을 예측하라.

풀 이 이런 모양에 관한 문제를 풀기 위한 열쇠는 중심 원자 주위의 결합된 원자 수와 고립 전자쌍의 수를 세는 것이다. 암모니아에서 질소 원자는 세 개의 다른 원자와 결합하고 있으며, 하나의 고립 전자쌍을 가지고 있다. 그러므로 암모니아의 모양을 나타내는 데 모두 4개의 풍선이 필요하다. 고립 전자쌍의 전자구름을 나타내는 1개의 고무풍선과 수소 원자들과의 결합을 형성하는 전자들의 구름을 나타내는 다른 3개의 고무풍선이다. 메테인에서와 마찬가지로 전자구름은 상호 반발에 의해 가능한 한 멀리 떨어지려고 하여 전자쌍들이 정사면체 모양을 만든다(그림 6.5). 중심 질소 원자 주위에 3개의 원자만이 존재하므로 분자 모양은 삼각피라미드(trigonal pyramidal)가 된다. 그런데 고립 전자쌍은 질소와 수소 원자 사이에 결합을 형성한 전자구름보다 자유롭게 움직일 수 있다. 그러므로 그림 6.6에서와 같이 고립 전자쌍은 약간 더 다른 전자쌍을 밀어낸다. 결과적으로 암모니아 분자에서 결합 사이의 각(결합각, bond angle)은 107°가 된다.

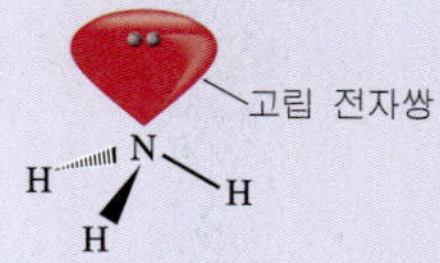

그림 6.5 고립 전자쌍

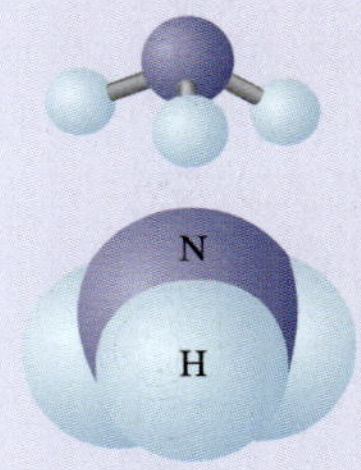

그림 6.6 암모니아는 3개의 공유 전자쌍과 1개의 고립 전자쌍을 갖는다.

암모니아 분자는 비공유 전자쌍 또는 **고립 전자쌍**(lone pair)이라고 하는 자유 전자쌍을 가지고 있다. 고립 전자쌍은 암모니아 분자 내에 있는 원자들 사이의 결합에 포함되지 않은 전자쌍이다. 그러나 이 전자쌍은 암모니아가 다른 화학물질과 반응할 때 매우 중요한 역할을 한다. 반응이 진행되는 동안 고립 전자쌍은 암모니아 분자에 있는 질소 원자와 다른 화합물 중 한 원자 사이에 새로운 결합을 형성하는 데 사용된다.

이중결합의 구조

탄소 원자는 항상 네 쌍의 전자에 의해 둘러싸여 있지만, 네 개의 다른 원자들과 따로 4개의 단일결합만을 하는 것은 아니다. 탄소 원자는 산소, 질소, 황, 인 그리고 다른 탄소 원자와 **이중결합**(double bond)을 형성할 수 있다. 하나의 이중결합에서는 네 개의 전자(두 전자쌍)가 두 원자 사이에 공유된다.

폼알데하이드(formaldehyde, CH_2O)는 이중결합을 가진 간단한 유기 화합물 분자의 한 예이다. 폼알데하이드는 플라스틱이나 여러 가지 고분자 화합물을 만들 때 출발물질로 사용되며 공업적으로 석유 가스로부터 얻은 메테인과 수증기 또는 산소의 반응으로 만들어진다.

예제 6.2 물의 구조

문 제 물의 3차원 구조를 설명하여라.

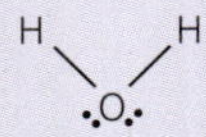

풀 이 중심 산소 원자 주위를 둘러싼 원자의 수와 고립 전자쌍의 수는 몇 개인가? 두 개의 결합된 수소 원자가 있고 두 개의 고립 전자쌍이 있다. 이들은 전체 4개의 분리된 전자쌍을 만든다(그림 6.7A). 비공유 전자쌍은 결합 전자쌍을 약간 더 밀어내므로 물 분자를 구성하는 세 개의 원자는 구부러진 형(V형)으로 나열된다(그림 6.7B). 분자의 구조를 그릴 때는 일반적으로 고립 전자쌍은 나타내지 않으나 그것이 물 분자가 구부러진 형태로 그려지는 이유임을 알아야 한다.

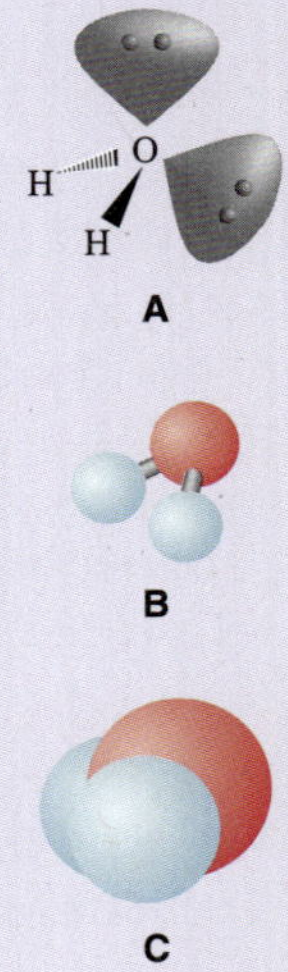

그림 6.7 물의 VSEPR 모형은 산소 원자에 존재하는 비공유 전자쌍이 공유 전자쌍을 밀어내어 물 분자를 V형으로 만드는 것을 나타낸다.

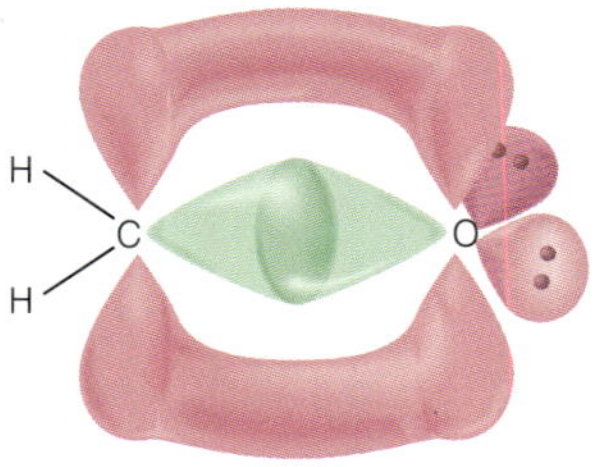

그림 6.8 폼알데하이드 분자가 가지고 있는 이중결합에서 이중결합을 형성하는 전자쌍의 하나는 탄소-산소 평면의 위와 아래의 전자구름에 존재한다.

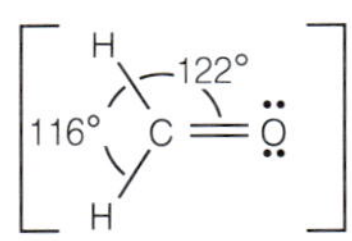

폼알데하이드의 분자 구조

폼알데하이드의 탄소 원자는 네 쌍의 공유 전자쌍으로 둘러싸여 있지만 이들 중 두 쌍은 산소 원자와 이중결합을 형성한다. 이 두 전자쌍 중 하나는 직접 탄소와 산소 원자 사이의 결합을 형성한다. 나머지 한 쌍은 결합 전자쌍의 위와 아래에서 발견된다(그림 6.8 참조). 폼알데하이드의 중심 원자라 할 수 있는 탄소 원자에는 세 개의 다른 원자들이 결합되어 있고, 고립 전자쌍은 없으므로 폼알데하이드의 분자 모형을 만드는 데는 3개의 고무풍선만 있으면 된다. 고무풍선 3개의 끝을 서로 묶어 놓으면 어떤 모양이 될까? 그림 6.9는 폼알데하이드 분자를 구성하고 있는 원자들을 고무풍선과 겹쳐 놓은 모양을 보여준다. 4개의 원자들이 같은 평면에 놓여 있으므로 분자는 평면모양이다. 그 모양은 3차원 구조에서 평면삼각형(trigonal planar)이며, 결합각은 각각 112° (H－C＝O의 결합각)와 116° (H－C－H의 결합각)이다.

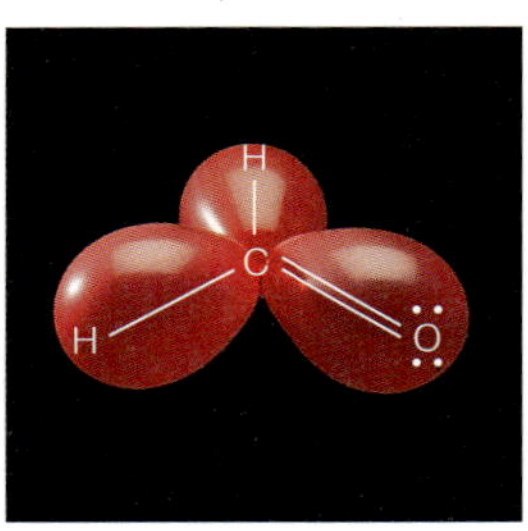

그림 6.9 폼알데하이드 분자에 있는 3개의 원자들 사이의 결합에서 전자쌍들은 서로 밀어내어 삼각형 모양의 평면분자를 형성한다.

표 6.2 알켄의 처음 5가지의 이름과 조성식

이 름	분자식	구조식
에텐 (Ethene)	C_2H_4	$H_2C=CH_2$
프로펜 (Propene)	C_3H_6	$H_2C=CHCH_3$
1-뷰텐 (1-Butene)	C_4H_8	$H_2C=CHCH_2CH_3$
1-펜텐 (1-Pentene)	C_5H_{10}	$H_2C=CH(CH_2)_2CH_3$
1-헥센 (1-Hexene)	C_6H_{12}	$H_2C=CH(CH_2)_3CH_3$

알켄

표 6.1에 나타낸 알케인의 C—C 결합 중 하나가 탄소-탄소 이중결합으로 바뀔 때 **알켄** (alkene)이라는 다른 동족계열이 만들어진다. 첫 번째 탄소와 두 번째 탄소 사이에 이중결합을 갖는 알켄계열 (*n*-알켄이라 부름)의 처음 다섯 가지를 표 6.2에 나타내었다. 이 알켄들은 일반식 C_nH_{2n}을 갖는다.

알켄은 원유의 주성분인 알케인으로부터 쉽게 만들 수 있다. 가장 간단한 알켄인 에텐 (에틸렌이라고도 함)은 여러 다른 유기 화합물을 만드는 데 사용되는 매우 중요한 물질이다.

알켄은 탄소 골격에 결합할 수 있는 최대의 수소 개수보다 적은 양을 가지고 있기 때문에 **불포화** (unsaturated) 탄화수소이다. 알케인은 **포화** (saturated) 탄화수소이며, 알켄에 수소를 첨가함으로써 만들 수 있다. 알켄을 알케인으로 바꾸는 이런 '수소화' 반응은 **첨가반응** (addition reaction)의 한 예이다.

- 포화 탄화수소에는 C=C 이중결합이 없다.
- 불포화 탄화수소에는 하나 이상의 C=C 이중결합이 존재한다.

이중결합을 갖는 식물성 기름에 수소화 반응을 통해 수소를 첨가시키면 빵을 구울 때 사용되는 쇼트닝과 같은 식품에 사용하는 포화 지방이 된다. 여기에 대해서는 17장에서 다시 공부하기로 한다.

알카인

한 단계 나아가서 또 다른 유기 화합물 분자인 **에타인** (ethyne, 아세틸렌, C_2H_2)에 대해 알아보자. 아세틸렌은 금속용접에 사용하는 아세틸렌 토치의 연료이다. 이 화합물은 **삼중결합** (triple bond)을 가지고

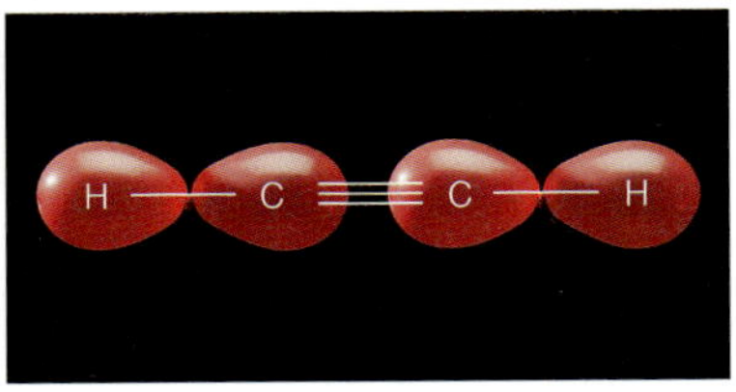

그림 6.10 아세틸렌에 있는 것과 같은 삼중결합에서, 삼중결합을 만드는 두 개의 전자쌍은 중심 전자쌍의 위아래와 좌우의 전자구름을 점유한다.

있다. 각 탄소 원자는 4쌍의 공유 전자쌍으로 둘러싸여 있는데, 이 중 3쌍은 두 개의 탄소 원자 사이를 삼중결합으로 연결하고 있다. 이 분자의 루이스 구조는 다음과 같다.

$$H-C\equiv C-H$$

그림 6.10에서 보는 바와 같이 아세틸렌의 3차원 모양은 직선형이다. 이 모양을 나타내기 위해서는 4개의 고무풍선을 사용하면 된다. 즉, 2개의 고무풍선은 각 탄소 원자 사이의 결합을 나타내고, 다른 2개는 탄소 원자와 수소 원자 사이의 결합을 나타낸다. 두 개의 풍선이 얼마나 떨어져 있는가? 두 고무풍선은 직선의 끝 방향, 즉 180° 떨어져 있게 된다. 따라서 탄소 원자가 2개의 다른 원자와만 결합할 때에는 직선형이 된다. 아세틸렌은 대칭이므로 각 탄소 원자는 분리하여 볼 수 있고 중심원자로 생각할 수 있다. 아세틸렌은 C_nH_{2n-2}의 일반식을 갖는 **알카인** (alkyne)이라는 동족계열 중 가장 간단한 분자이다. 몇 가지 다른 알카인들을 표 6.3에 나타내었다.

지금까지 분자들의 모양에 대한 여러 가지를 배웠다. VSEPR 모형은 화합물의 3차원 구조에 의한 분자모형을 예측하는 방법이었다. 어떠한 특이한 모양도 VSEPR 모형으로 설명할 수 있다.

석유화학은 유기화학 중에서 중요한 부분이다 (13장 참조). 석유는 자동차의 연료로서 주로 사용된다. 조금 뒤에 화학적 성질에 구조가 얼마나 중요한지에 대해 알게 되겠지만, 옥탄가 부분에서 아주 작은 구조적 차이가 분자 거동에서 다르게 작용함을 이해하게 될 것이다.

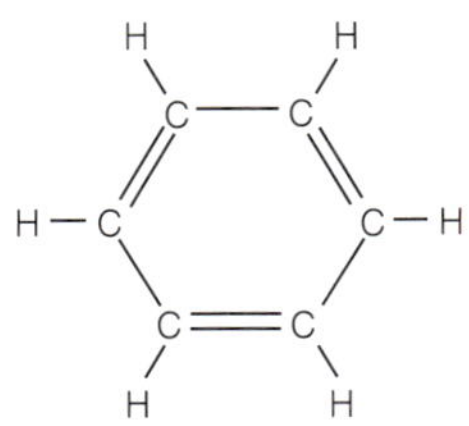

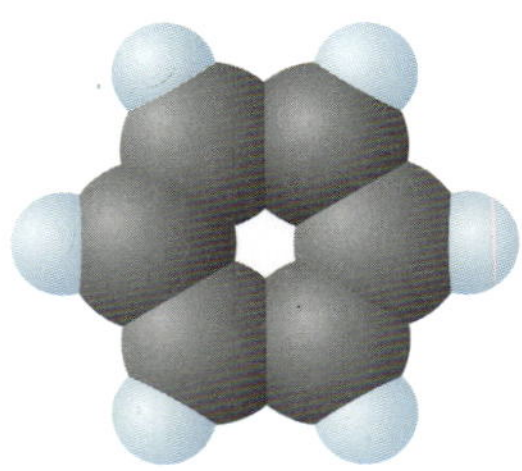

그림 6.11 VSEPR 모형은 3차원 구조에서 벤젠이 평면이라는 정확한 결론에 도달한다.

벤젠고리의 소개

이제 매우 단순하고 중요한 분자의 구조를 어떻게 예측하는가에 대해 알아보자. 많은 중요한 분자들의 구조적 근본이 되는 것은 벤젠고리 (C_6H_6)이다. 그림 6.11에 나타낸 **벤젠** (benzene)은 나일론과 폴리스타이렌 (polystyrene)의 제조에 사용되는 중요한 공업적 화합물이

표 6.3 몇 가지 알카인의 이름과 분자식

이 름	분자식	구조식
에타인 (Ethyne, acetylene)	C_2H_2	$HC\equiv CH$
프로파인 (Propyne)	C_3H_4	$HC\equiv CCH_3$
1-뷰타인 (1-Bytyne)	C_4H_6	$HC\equiv CCH_2CH_3$
1-펜타인 (1-Pentyne)	C_5H_8	$HC\equiv C(CH_2)_2CH_3$

다. 벤젠은 또한 휘발유의 성분이며, 한때 많은 반응공정에서 용매로 사용되었다. 최근 용도가 현저히 감소하였는데, 그 이유는 벤젠이 발암물질로 확인되었기 때문이다.

화합물 C_6H_6은 1825년 영국의 화학자 마이클 패러데이(Michael Faraday)가 발견하였으며, 1834년에 그 구조가 규명되었다. 수년 동안 그 구조를 규명함에 있어 커다란 어려움이 있었다. 왜냐하면 탄소 원자 6개를 가진 화합물은 6개보다 많은 수소 원자를 가질 것으로 예상되기 때문이다. 벤젠은 수소 원자가 모자랄 때 예상되는 반응을 일으키지 않았다. 탄소 원자 6개는 모두 화학적으로 동등하다는 것이 확실하였으며, 1865년 독일의 화학자 케쿨레(August Kekule)가 분자는 탄소 원자 6개로 만들어진 고리이고, 이중결합과 단일결합이 하나 건너 하나씩 존재하며, 각각의 탄소에는 수소가 한 개씩 결합되어 있다고 제안할 때까지 아무도 이것을 설명하지 못하였다. 케쿨레는 후에 말하기를 벤젠의 구조를 꿈 속에서 보았는데, 뱀이 자신의 꼬리를 물고 굴렁쇠와 같이 구르는 꿈을 꾸었다고 하였다.

고리에 있는 각 탄소 원자는 세 개의 다른 원자(탄소 원자 2개와

표 6.4 옥테인(C_8H_{18})의 구조 이성질체들

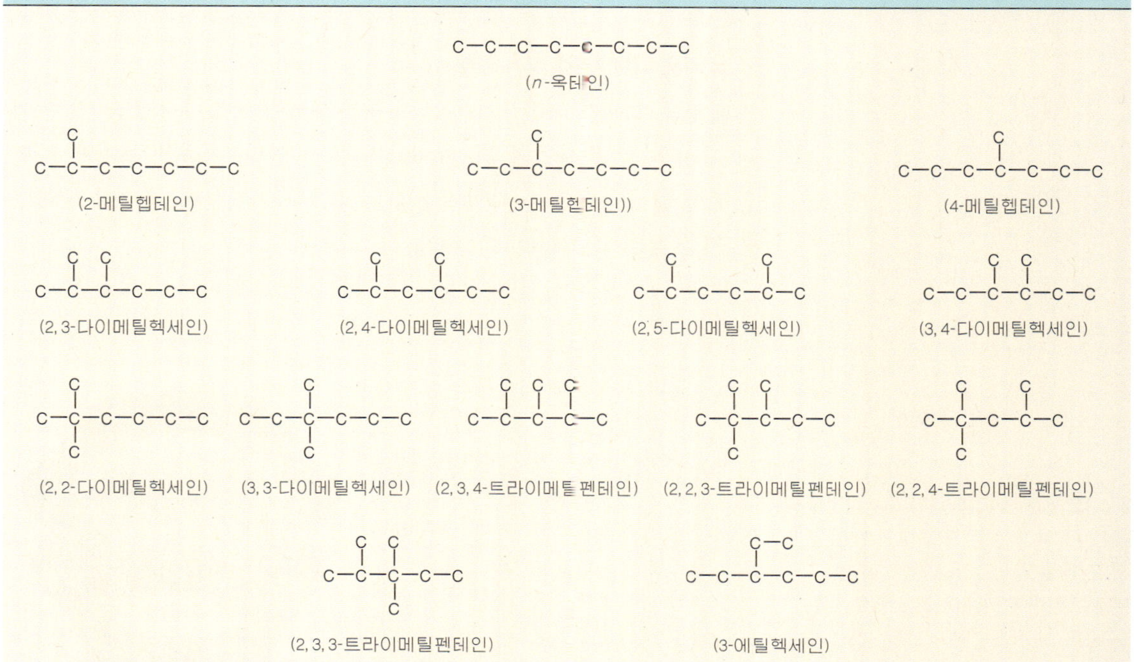

수소 원자 1개)와 결합되어 있으며, 고립 전자쌍은 없다. 앞의 폼알데하이드에 대한 구조를 기초로 하여 종이 위에 평면으로 놓일 수 있는 삼각평면을 갖는 분자의 조각을 예상할 수 있어야 한다.

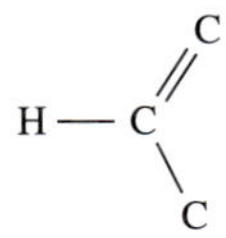

벤젠에 있는 탄소 원자와 수소 원자가 모두 같은 평면 위에 놓여 있다는 것은 벤젠이 3차원적으로 **평면**(planar) 분자라는 것을 의미한다(그림 6.12).

앞에서 논의한 폼알데하이드 분자와 같이 탄소 원자 사이에 그리는 이중결합은 평면의 위와 아래에 놓여진 전자를 의미한다. 따라서 벤젠 분자의 핵들은 모두 같은 평면에 있지만, 평면의 위아래에 고리 모양의 전자구름이 있다. 모든 전자가 동등한 에너지를 가지고 있으므로 벤젠은 그림 6.12의 A와 B에 나타낸 두 구조식 중 하나로 나타내거나 전자들이 고리의 위와 아래에서 회전하는 모양의 단일 구조로 나타낼 수 있다. 모든 탄소-탄소 결합의 길이와 세기 및 특성이 같기 때문에 고리로 나타낸 구조가 보다 정확하다.

표 6.5에 나열한 화합물들은 분자 내에 적어도 한 개의 벤젠고리를 가지고 있는 몇 가지 중요한 화합물들이다.

유기화학에서의 작용기들

대부분의 유기 화합물들은 탄화수소 골격에 질소나 산소와 같은 여러 가지 다른 원자들의 기(group)가 붙어 있다. 이들은 분자에 특별한 기능을 줄 수 있는 화학반응성을 제공하기 때문에 골격에 붙어있는 기를 **작용기**(functional group)라고 한다.

탄화수소 골격에 어떤 작용기가 결합하는가에 따라 새로운 일련의

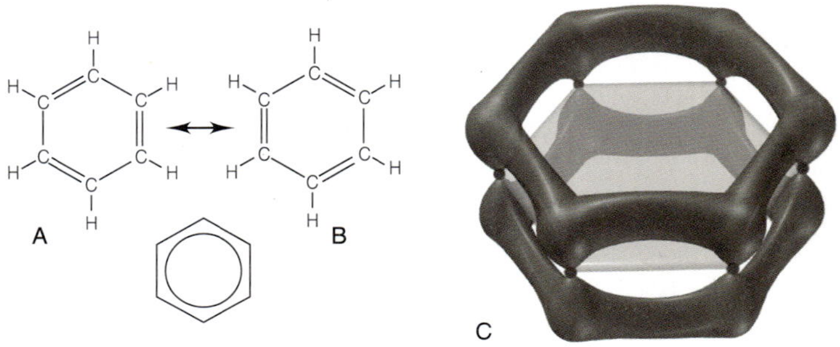

그림 6.12 벤젠 고리를 나타내는 방법들. 그림의 왼쪽에 있는 두 구조(A와 B)는 화학적으로 동일하다. 그러나 벤젠 고리는 흔히 분자의 평면 위와 아래에 고리와 같은 전자구름을 나타내는 원이 그려진 하나의 구조(C)로 나타낸다.

표 6.5 벤젠이 관련된 화합물들

물질	구조	용도
벤젠 (benzene)	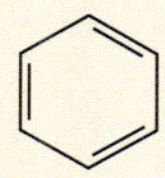	나일론과 폴리스타이렌 제조
톨루엔 (toluene)	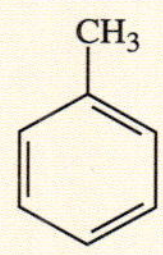	페인트 용매
페놀 (phenol)	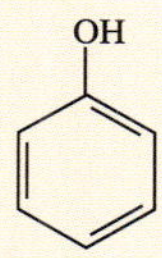	살균소독제, 접착제와 섬유 제조
p-다이클로로벤젠 (*p*-dichlorobenzene)	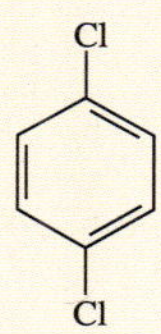	새로운 좀약
아스피린 (aspirin)	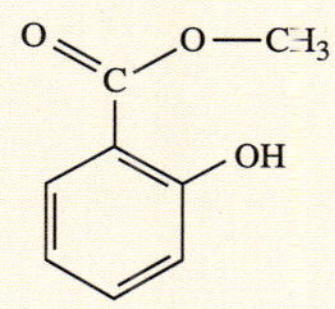	진통제
나프탈렌 (naphthalene)	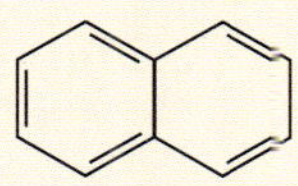	이전에 사용하던 좀약
폴리스타이렌 (polystyrene)	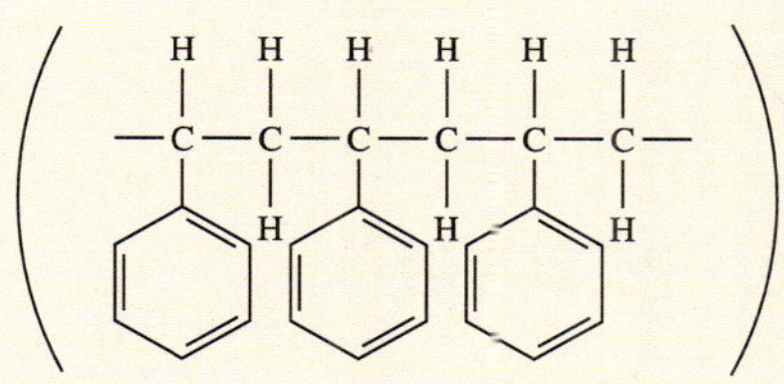	플라스틱
트라이나이트로톨루엔 (trinitrotoluene, TNT)	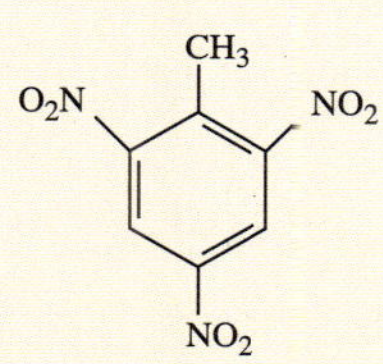	폭약

표 6.5(계속) 벤젠이 관련된 화합물들

물질	구조	용도
사카린 (saccharin)	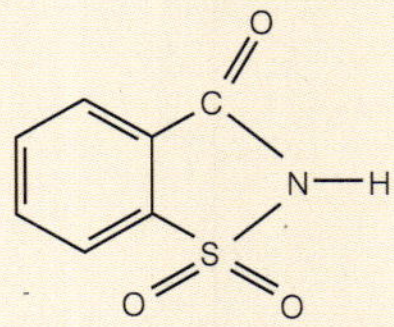	인공감미료
2,4 - 디(2,4 - D)	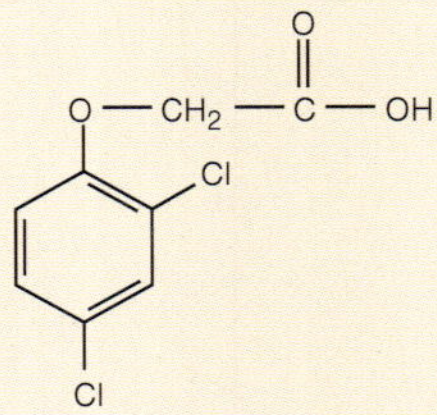	제초제
폴리테레프탈산에틸렌 (polyethyleneterephthalate, PET)	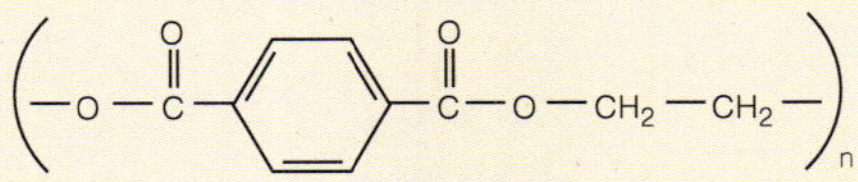	플라스틱류

관련 화합물이 만들어지며, 이 화합물들은 그 작용기에 의한 특징을 모두 가지게 된다. 예를 들어 수산기 (−OH)를 가진 분자를 알코올이라 한다. 가장 널리 알려진 알코올은 에탄올로, 알코올 음료에 들어있는 성분 중 하나이다.

유기 화합물에서 볼 수 있는 주요 작용기들을 표 6.6에 나타내었다. 곧 이런 작용기들에 대해 공부하게 될 것이다. 그리고 이 책의 다른 곳에 나와 있는 화합물의 구조나 응용에서 이런 작용기들을 여러 번 보게 될 것이다.

6.3 구조의 영향

이 절에서는 화합물의 구조가 그들의 화학적 활성에 어떤 영향을 주는지, 그에 대한 몇 가지 흥미로운 점들을 공부하고자 한다.

물의 성질에 대한 구조적 효과

예제 6.2로부터 물 분자 내의 원자들은 구부러진 모양으로 결합하고 있다는 것을 알았다. 또한 3장에서 원소의 주기적 성질로부터 산소 원자는 전자를 자기 쪽으로 끌어당기는 성질이 있으므로 물의 경우 수소 원자로부터 전자를 끌어당긴다는 것을 알게 되었다. 따라서 수

표 6.6 주요 작용기들

구 조	기	예	이 름	용 도
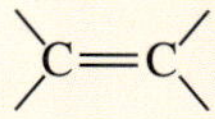	알켄(Alkene)	$CH_2{=}CH_2$	에틸렌	해열제 ; 폴리에틸렌의 제조
$-C\equiv C-$	알카인(Alkyne)	$HC\equiv CH$	아세틸렌	용접 ; 절단 ; 납땜
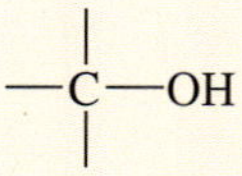	알코올(Alcohol)	CH_3CH_2OH	에탄올	술 ; 공업적 용매
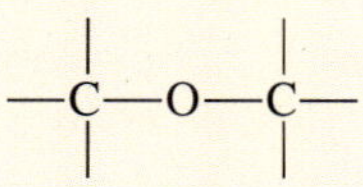	에터(Ether)	$CH_3CH_2OCH_2CH_3$	다이에틸 에터	공업적 용매
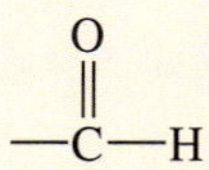	알데하이드 (Aldehyde)	$CH_2{=}O$	폼알데하이드	살균제 ; 화합물 제조
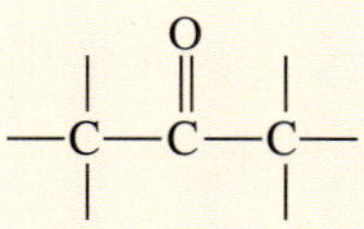	케톤(Ketone)	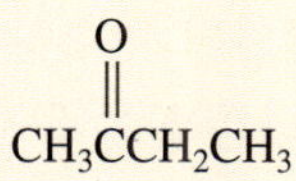	메틸 에틸 케톤	합성고무 산업 용매
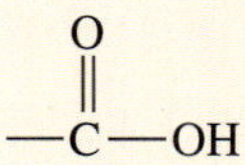	카복실산 (Carboxylic acid)	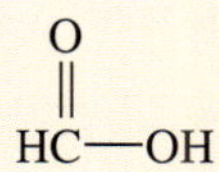	폼산	섬유 생산 ; 살충제 ; 전기도금
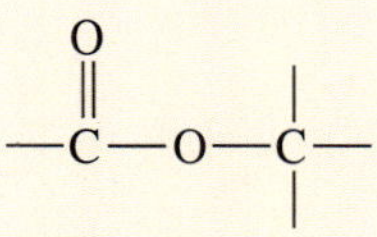	에스터(Ester)	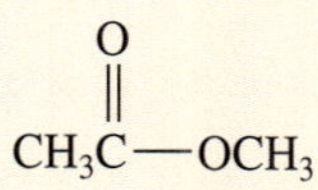	아세트산메틸	페인트 제거제 ; 약품 생산
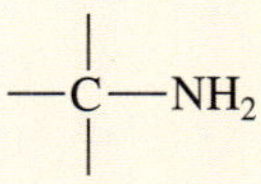	아민(Amine)	$CH_3(CH_2)_3NH_2$	뷰틸아민	고무 생산 ; 살충제
$-C\equiv N$	나이트릴(Nitrile)	$CH_3C\equiv N$	아세토나이트릴	산업 용매 ; 약품 생산
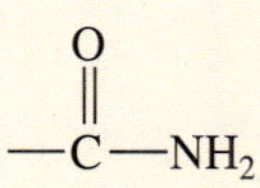	아마이드(Amide)	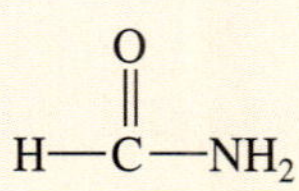	폼아마이드	종이 생산, 접착제 ; 산업용매
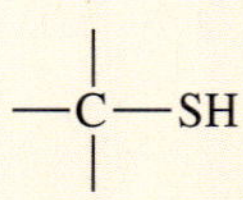	싸이올(Thiol)	$CH_3CH_2CH_2SH$	프로판싸이올	제초제 ; 방향제 ; 독가스

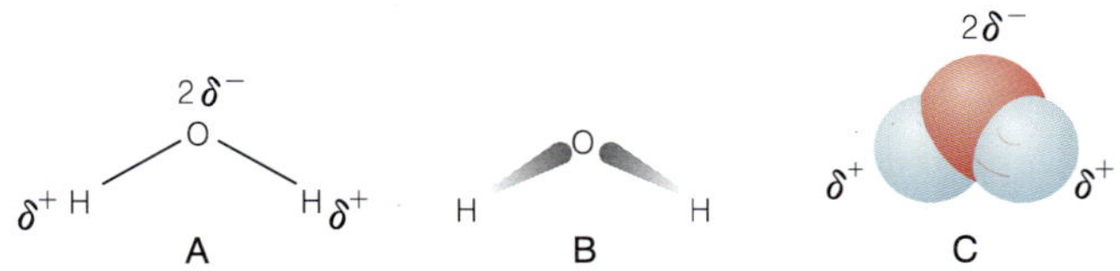

그림 6.13 물의 구조

그림 6.14 물은 각 수소 원자가 부분적인 양전하(δ^+)를 띠고, 산소 원자가 부분적인 음전하($2\delta^-$)를 띠는 극성 분자이다. 물이 직선형 분자라면 전체적으로 비극성이 될 것이다. 코끼리 두 마리가 나무의 양쪽에서 끄는 것과 같아서 두 극성 공유결합의 효과가 상쇄되기 때문이다.

소 원자와 산소 원자는 전자쌍을 공유하지만 동등하게 공유하지는 않는다. 다시 말하면 원자들은 극성 공유결합을 하고 있어, 수소 원자는 부분적인 양전하(δ^+)를 띠며, 산소 원자는 부분적인 음전하(δ^-)를 띤다. 이 모양을 그림 6.13에 나타내었다. 전체적으로 물 분자는 극성 공유결합에서 전자의 비대칭 분포 때문에 분자의 한 끝은 부분적인 양전하를 띠고, 다른 끝은 음전하를 띠는 **극성**(polar)이다.

만약 물이 직선형이라면 어떻게 되었을까? 그림 6.14에 나타낸 것과 같이 만약 물이 직선형 분자라면 전하의 두 극은 서로 상쇄될 것이다. 똑같은 코끼리 두 마리가 나무 그루터기에 끈으로 묶인 뒤 서로 반대쪽으로 움직인다고 할 때의 효과와 같다. 나무 그루터기는 움직이지 않을 것이다.

물은 전자구조와 3차원적 분자 모양 때문에 극성 분자이다. 이것이 물의 성질에 여러 가지 영향을 미친다는 것은 하찮은 일이 아니다. 부분적인 양전하를 띠는 수소 원자는 이웃의 물 분자에 있는 부분적인 음전하를 띤 산소 원자에 쉽게 끌린다. 마찬가지로 물에 있는 수소 원자의 부분적인 양전하는 산소나 질소 같은 다른 분자의 부분적인 음전하를 끌어당긴다. 이러한 인력은 탄소 원자와 수소 원자로 되어 있는 유기 화합물과 물 사이에는 없다. 1차적인 효과는 물 분자가 다른 물 분자와 상호작용하여 그림 6.15에 나타낸 것과 같은 **분자간 힘**(intermolecular force)이라는 확장된 3차원적인 그물모양의 구조를 형성한다. 이러한 특별한 분자간 힘은 수소 원자가 중심적 역할을 하기 때문에 **수소결합**(hydrogen bond)이라 한다. "결합"이라는 말을 썼지만 이 힘은 공유결합이나 이온결합보다는 대단히 약한 일시적인 상호작용에 불과하다. 그럼에도 불구하고 이 수소결합을 끊는 데 상당한 에너지가 필요하다. 물이 녹거나 끓을 때 수소결합이 깨어지는데,

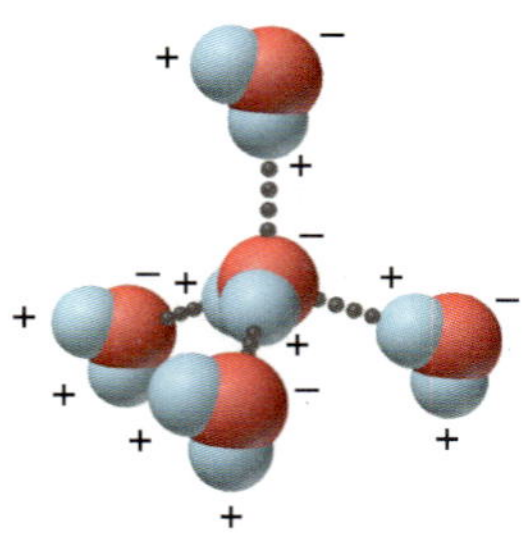

그림 6.15 물 분자의 극성으로 분자가 서로 상호작용한다. 그것은 반대 전하를 띤 구역이 서로를 끌어당기기 때문이다.

이러한 현상으로 물이 분자간 수소결합이 만들어지지 않는 같은 크기의 다른 분자들과 비교하여 녹는점과 끓는점이 높은 이유를 설명할 수 있다. 7장에서 이러한 물의 구조와 성질에 대해 자세하게 설명할 것이다. 물에 대해 이러한 설명을 늘어놓는 목적은 구조가 기능을 나타낸다는 점을 반복 설명하기 위한 것이다. 7장에서는 물과 많은 유기화합물 분자의 상호작용을 볼 수 있다.

물은 굽은 모양과 수소와 산소 원자 사이의 공유 전자쌍의 치우침 때문에 극성 분자이다. 물 분자는 수소결합이라는 분자간 힘에 의해 분자간에 연결되어 있기 때문에 다른 물 분자와 함께 존재하게 된다.

반면 기름은 물과 구조가 매우 다르다. 지하에서 퍼올린 원유나 식물성 기름에 있는 분자는 탄화수소가 주성분이다. 원유는 수천 종의 다른 분자들을 포함한다. 여섯 개의 탄소사슬을 가진 헥세인은 원유 중 가장 풍부한 화합물에 속한다(산지에 따라 함량이 다르지만, 원유 중 약 2%이다). 광유(mineral oil)는 원유를 잘 정제한 것으로 10~16개의 탄소 사슬로 되어 있다.

탄소 원자와 수소 원자는 거의 같은 정도로 결합 전자쌍을 끌어당긴다. 즉, 두 종류의 원자는 **전기음성도**(electronegativity)가 비슷하다. 더욱이 탄소 원자와 탄소 원자 사이의 결합은 두 원자의 전기음성도가 같으므로 완전히 비극성이다. 따라서 헥세인과 같은 탄화수소는 극성 분자가 아니며, 수소결합과 같은 강한 분자간 인력에 의해 끌리지 않는다.

요약하면 물 분자는 극성 분자이므로 다른 물 분자에 강하게 끌린다. 물 분자는 비극성 분자인 기름 분자에는 인력이 작용되지 않는다. 이것이 물과 기름이 섞이지 않는 이유이다. 만약 물과 기름을 섞으려 한다면, 물 분자는 그들 사이의 인력으로 곧바로 다시 회합하고, 기름 분자 역시 기름 분자간의 인력으로 모여져서 층을 이룰 것이다.

다양한 극성을 가진 화합물을 포함하는 여러 형태의 기름이 있다. 예를 들어, 식물성 기름은 **지방산**(fatty acid)이라는 분자(그림 6.16 참조)를 포함하는데, 지방산은 커다란 비극성 부분과 작은 극성 부분을 가지고 있다. 원유에서 분리해 낸 휘발유에는 사-이클로헥세인(C_6H_{12})과 같은 비극성 분자도 있고, 에탄올과 같은 극성 분자도 포함되어 있다.

비슷한 것은 비슷한 것을 녹인다.

물과 기름이 섞이지 않는 현상은 "비슷한 것은 비슷한 것을 녹인

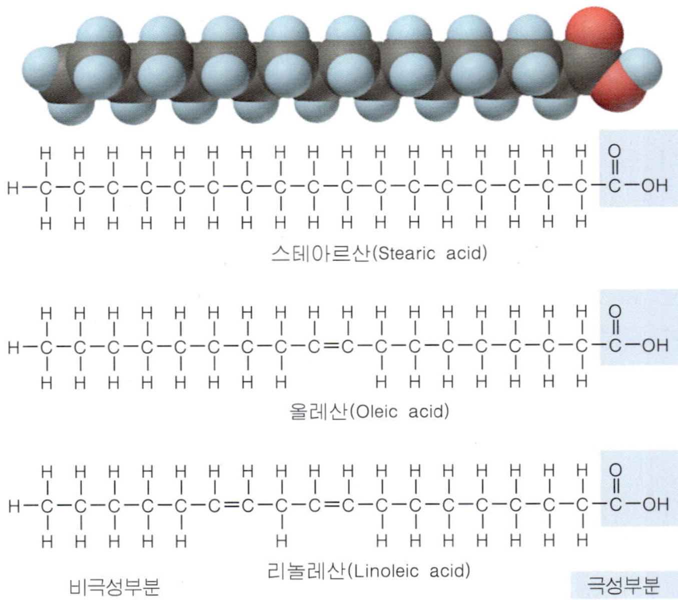

그림 6.16
천연에서 발견되는 몇 가지 지방산들

다"는 중요한 법칙을 설명해 준다. 이 말이 의미하는 것은 어떤 화합물 분자가 다른 화합물 분자와 구조적으로 비슷할 때 서로 상호작용을 하여 섞일 수 있다는 것이다. 따라서 극성 분자인 물은 극성 물질을 녹여 섞이게 된다. 이와 비슷하게 기름과 같은 비극성 물질은 다른 비극성 물질과만 섞인다.

이 법칙에 의하여 많은 물질의 현상을 설명할 수 있다. 오리의 깃털은 물과 절대 섞이지 않는 비극성 물질인 밀랍으로 얇게 덮여 있으므로 물에 젖지 않는다. 오리의 깃털에 물이 묻었을 때 스며들어 깃털을

그림 6.17 극성 분자와 비극성 분자는 서로 섞이지 않는다. 이러한 현상 때문에 오리는 깨끗한 물에서 건강하게 생활할 수 있다. 만약 물이 기름으로 오염되면 오리는 적응하지 못하고 죽는다. 오리가 기름으로 오염된 물에서 구출되었을 때 기름을 닦으면서 기름이 오리에게 얼마나 해로운지를 알 것이다. "원래의 자연을 더럽히는 것은 어리석은 자의 행위이다"라는 말이 삶의 지혜로 다가올 것이다.

적시지 않고, 방울방울 떨어지는 것을 보았을 것이다. 그 이유가 바로 얇은 밀랍막으로 덮여있기 때문이다. 반면에, 기름은 비극성이고 밀랍으로 된 물질과 대단히 잘 섞이기 때문에 물새에게 손상을 주는 오염 물질이다. 기름으로 오염된 물에서 오리는 매우 빠르게 기름에 젖는다. 비누나 세제로 오리의 몸에 묻은 기름을 닦아내면 오리에 묻은 기름뿐만 아니라 깃털을 보호하고 있던 밀납까지도 제거되어 살갗으로 물이 스며들고 깃털도 쉽게 젖게 된다. 기름과 물이 섞이지 않는데 어떻게 비누나 세제가 오리나 접시 또는 사람의 몸에서 기름이나 그리스를 쉽게 닦아낼 수 있을까? 이는 매우 흥미로운 질이다. 이것에 대해서는 7장에서 다시 공부할 것이다.

휘발유에 산소를 함유한 화합물의 사용

휘발유에 존재하는 화합물 중 대부분은 탄소와 수소로만 구성된 탄화수소이다. 그런데 자동차에 의해 발생되는 오염물의 양을 줄이기 위해 산소를 포함하고 있는 화합물을 5～20% 정도 휘발유에 첨가하는 경우가 있다. 이때 두 종류의 화합물이 보통 사용되는데, 그 중 하나는 메탄올이나 에탄올과 같은 알코올이며, 다른 하나는 MTBE (methyl *t*-butyl ether)나 ETBE (ethyl *t*-butyl ether)와 같은 에터이다. 이들 화합물의 화학식, 산소 함유 백분율 및 옥탄가를 표 6.7에 나타내었다. 이들 화합물은 모두 잘 연소하며, 탈 때 많은 에너지를 내고, 배기가스에 일산화탄소를 거의 방출시키지 않는다.

에탄올 (ethanol)은 석유 중에 있는 에틸렌과 물의 반응으로 만들어진다.

$$H_2C{=}CH_2(g) + H_2O(l) \longrightarrow CH_3{-}CH_2{-}OH(l)$$

또한 설탕과 전분을 효모로 발효시킬 때 포도당을 거쳐 만들어진다.

$$C_6H_{12}O_6(s) \longrightarrow 2C_2H_5OH(l) + 2CO_2(g)$$

알코올을 만드는 위의 두 반응은 모두 잘 진행된다. 하지만 에탄올

표 6.7 산소 첨가제

화합물	화학식	% 산소	옥탄가
메탄올(methanol)	$CH_3{-}OH$	(16/32)100=50.0	110
에탄올(ethanol)	$C_2H_5{-}OH$	(16/46)100=34.8	110
MTBE	$CH_3{-}O{-}C_4H_9$	(16/88)100=18.2	109
ETBE	$C_2H_5{-}O{-}C_4H_9$	(16/102)100=15.7	111

을 자동차 연료로 사용할 경우 알코올로부터 물을 제거하는 것이 곤란하다. 에탄올은 잉여 농산물이나 감자 껍질, 귤 껍질 같은 값이 저렴한 물질들로부터 생산할 수 있다. 또한 폐지로부터 연료로 사용될 수 있는 에탄올을 만드는 방법도 개발되고 있다. 이 과정에는 폐지 중에 있는 셀룰로오스를 먼저 포도당으로 변환하는 단계가 필요하다. 셀룰로오스의 β-다당류를 분해하여 쉽게 발효되는 포도당으로 만드는 일은 박테리아가 수행한다.

메탄올은 휘발성이 커서 너무 쉽게 증발하므로 연료 첨가제로 사용되지 않는다. 그러므로 메탄올을 휘발유에 첨가할 경우에는 MTBE로 만들어 첨가한다. 메탄올은 대부분 적당한 촉매하에서 일산화탄소와 수소를 반응시켜 얻는다.

$$C(s) + H_2O(g) \longrightarrow CO(g) + H_2(g)$$
$$CO(g) + 2H_2(g) \longrightarrow CH_3OH(l)$$

이들 화합물의 밀도와 휘발유의 밀도를 산소 함유 화합물 중 산소의 백분율과 결합시켜 고려하면 휘발유 100 L가 2.7%의 산소를 함유하기 위해서는 에탄올 7.39 L가 필요하다는 계산이 나온다. MTBE와 ETBE로 같은 산소 함량을 얻기 위해서는 휘발유 100갤런에 각각 15.15 L와 17.32 L를 섞어야 한다. 2000년 3월 미국 정부는 자동차 연

예제 6.3 비타민 섭취에 대한 구조적 영향

문 제 비타민은 우리 몸에 필수적인 물질이지만, 우리 몸에서는 생산할 수 없다. 비타민 A는 눈에 보이는 영상을 뇌로 전달하도록 돕는 물질이며, 눈의 각막에 습기를 유지시켜 주는 역할도 한다. 비타민 C는 혈액을 만드는 역할을 하고 감기로부터 암에 이르기까지 질병을 예방하며 면역계를 활성화시키는 등, 인체의 건강을 유지시켜주는 기능을 한다.

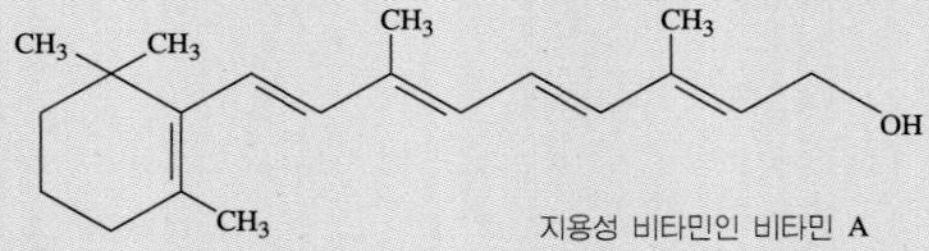

지용성 비타민인 비타민 A

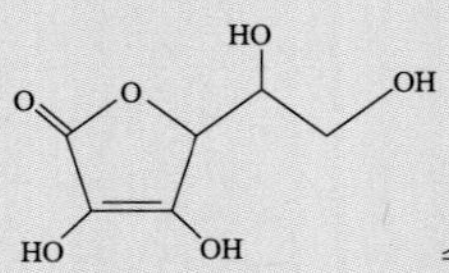

수용성 비타민인 비타민 C

비타민 A를 과량 섭취하는 것은 우리 몸에 해롭지만 과량의 비타민 C를 복용하는 것은 몸에 해를 끼치지 않으며 건강에 도움을 주기도 한다. 극성과 용해도의 개념을 사용하여 이 차이점에 대해 설명하라. 힌트 : 지방 분자는 한쪽 끝에 작은 극성 원자단이 결합되어 있는 긴 비극성 탄화수소 사슬의 화합물이다.

풀 이 비타민 C는 여러 개의 $-OH$기를 가지고 있어 극성 분자이므로 물 분자와 분자간 상호작용으로 섞인다. 즉, 비타민 C는 물에 녹는다. 따라서 과량의 비타민 C를 섭취했을 경우, 과량은 소변으로 쉽게 배설되고 몸의 지방질이 많은 기관에는 축적되지 않는다. 반면에 비타민 A는 비극성 화합물이므로 지방에 용해된다. 따라서 과량의 비타민 A를 먹으면 과량이 지방조직에 축적되어 몸에 해롭다.

료에 MTBE의 사용을 금지시켰다. MTBE 휘발유는 저장탱크에서 새어나와 지표수로 들어가면 휘발유에 있는 탄화수소보다 더 완벽히 물에 녹는다. 이렇게 되면 MTBE의 지독한 냄새 때문에 더 이상 물을 마실 수 없게 된다.

휘발유는 쉽게 증발되어야만 연료 증기가 연소된다. 그러나 너무 휘발성이 크면 차를 사용하지 않을 때에도 연료가 휘발되고 말 것이다. 이렇게 되면 공기가 오염된다. 휘발유는 낮은 온도에서보다 높은 온도에서 휘발성이 더 크므로, 여름철보다 겨울철에 저장성이 좋다. 또한 지역적인 차이도 있다.

최근 미국 환경보호국은 여름철 휘발유는 표준상태에서 증기압이 9 psi (pounds per square inch)가 되어야 하고, 겨울철에는 14 psi가 되어야 한다고 규정하고 있다. 증기압에 대해서는 7장에서 깊이 있게 공부할 것이지만, 작은 분자들이 큰 분자보다 더 휘발성이 크고, 높은 증기압을 가진 화합물이 낮은 증기압의 화합물보다 쉽게 증발됨을 알아둘 필요가 있다.

이러한 사실과 연관된 것의 하나는, 뷰테인 (butane 증기압 약 50 psi)과 같은 작은 분자는 여름철 연료보다는 겨울철 연료로 사용하기에 적합하다는 것이다. 석유회사는 여름철에 휘발유를 생산하는 동안 축적되는 뷰테인으로 무엇을 할까? 뷰테인을 조금 변형하여 증기압 4 psi인 ETBE의 뷰틸 부분을 만든다.

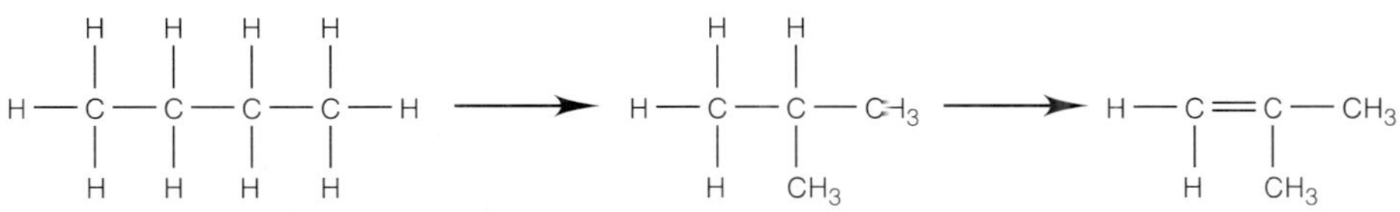

n-뷰테인(*n*-butane) 아이소뷰테인(isobutane) 아이소부텐(isobutene)

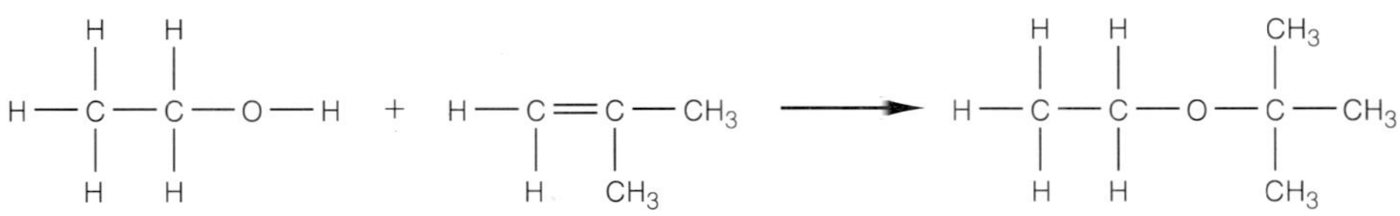

에탄올(ethanol) 아이소부텐(isobutene) ETBE

사람들이 1년간 사용하는 휘발유의 양은 놀랄 만하다. 1999년 1년간 미국의 휘발유 소비량은 약 1640억 갤런이었다. 이 중 약 140억 갤런은 가소홀 (gasohol, 10% 에탄올 / 90% 휘발유)이다. 따라서 이 속에 14억 갤런의 에탄올이 포함되어 있다. 차량의 연료로 사람들이 사

예제 6.4 **연료용 에탄올을 만들기 위한 옥수수 경작**

문 제 에탄올 약 2.5 갤런은 옥수수 1 부셸(bushel)로부터 얻어진다. 옥수수의 수확이 에이크당 150 부셸이라면, 내년에 연료로 사용될 에탄올을 만드는 데 필요한 옥수수를 재배할 수 있는 경작지는 몇 평방마일인가? (평방마일은 640 에이크)

풀 이 면적

$$=1.4\times10^9\ \text{갤런}\times\frac{1\ \text{부셸}}{2.5\ \text{갤런}}\times\frac{1\ \text{에이크}}{150\ \text{부셸}}\times\frac{1\ \text{평방마일}}{640\ \text{에이크}}$$

$$=5.8\times10^3\text{평방마일}$$

이것은 대략 한 변이 76 마일인 정사각형 면적이다.

예제 6.5 **에탄올 생산**

문 제 1998년에 8020만 에이크에 심어진 옥수수로부터 에이크당 127 부셸의 평균수확을 거두었다. 연습 6.4의 정보를 이용하여, 에탄올 생산에 이용되는 지역의 백분율을 계산하라. 옥수수로부터 에탄올 생산의 증가가 가능하다고 생각하는가?

풀 이 에탄올을 만드는 데 필요한 면적

$$=1.4\times10^9\ \text{갤런}\times\frac{1\ \text{부셸}}{2.5\ \text{갤런}}\times\frac{1\ \text{에이커}}{127\ \text{부셸}}$$

$$=4.4\times10^6\ \text{에이커}$$

에탄올 생산을 위해 옥수수를 경작할 백분율

$$=\frac{4.4\times10^6\text{에이커}}{80.2\times10^6\ \text{에이커}}\times100\%=5.5\%$$

용하는 에탄올 1 갤런의 생산가는 수입해야 하는 화석 연료 1 갤런보다 적다. 실제로 현재 자동차 연료에 1 갤런의 에탄올의 섞으면 0.25 갤런의 화석 연료를 저축하는 효과가 있다. 에너지를 값으로 환산하는 것은 대단히 어려운 문제다. 왜냐하면 석유, 알코올, 옥수수를 운반하는 데 필요한 에너지도 계산해야만 하기 때문이다. 곡식이 자라는 데 필요한 태양 에너지는 계산하지 않지만 가축의 사료, 건조, 운반에 드는 모든 비용은 계산에 포함해야 한다.

인간생활을 지속시켜 주는 데 유기 화합물은 인간과 기계의 에너지원으로서 또한 필수적이다. 그러나 약간의 유기 화합물은 생물체와 매우 다른 방식으로 상호작용한다. 매우 넓고 다양한 유기 화합물의 작용을 설명하기 위하여 몇 가지 종류의 화합물을 살펴보기로 하자.

화학전의 독가스들

1940년대 초 독일에서 발명된 소만(Soman, $C_7FH_{16}O_2P$)은 제 2차 세계 대전에 사용된 액체 '신경가스'이다. 소만은 상온, 상압에서는 액체이지만 급속히 기화되므로 신경가스라고 한다. 소만이 전쟁에서 실제로 사용되었다는 증거는 없지만, 근육의 활동성을 조절하는 신경세포들 사이에 과도한 자극을 줌으로써 사람을 죽이거나 해치는 신경가스에 포함되는 것은 사실이다. 보고에 따르면 소만을 사람에게 살포하였을 때 다음과 같은 현상이 일어난다고 한다. "말초 신경계와 중추신경계가 스스로 자극을 가하여 파괴된다. 이 과도한 자극은 과격한 근육활동과 몸의 다양한 기관의 기능저하를 일으킨다. 가장 심한 영향을 받는 곳은 뇌로, 뇌는 신체가 기능을 정지하기 전에 그 기능이 정지된다."

러시아, 독일, 영국, 미국 등 많은 나라들이 과거 70년간 이와 비슷한 화학무기를 연구하였다. 화학무기가 사용된 가장 최근의 한 예는 1988년 3월 16일 이라크의 고원지대인 할라바(Halabja)에서 발생한 수천 명의 크루드 족의 악명 높은 대학살이다. 또 다른 사건으로 1995년 일본 도쿄에서 한 종교단체의 회원이 혼잡한 통근 지하철 안에서 죽음과 상처를 일으키는 신경가스 '사린(Sarin)'을 살포한 것이 있다. 소만과 사린의 구조의 유사성을 살펴보자.

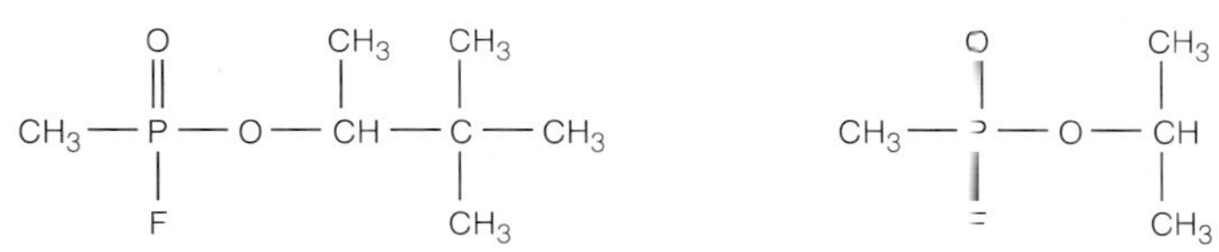

소만(Soman) 사린(Sarin)

소위 신경가스라고 부르는 화학약품은 어떻게 인체에 손상을 줄까? 인체의 화학적 구조가 이러한 기능을 가능하게 한다. 우리 몸 안에서 신경세포는 **신경전달물질**(neurotransmitter)이라고 하는 화학물질들을 배출함으로써 다른 신경세포들과 상호작용을 한다. 신경전달물질은 시냅스(synapse)라고 알려진 두 개의 인접한 신경세포 사이에 있는 작은 간극을 통해 확산되어 다음 신경세포막의 표면에 있는 특정한 **수용체**(receptor)에 결합한다. 신경전달물질의 결합은 신경세포의 축을 통해서 신경 충격의 전달을 자극하거나 억제하는 일련의 화학작용으로 시작된다(그림 6.18). 신경전달물질의 구조는 신경전달물질이 신경세포 표면에 있는 수용체 결합 부위에 잘 부착함으로써 그 기능을 발휘한다.

가장 중요한 신경전달물질 중 하나는 **아세틸콜린**(acetylcholine)인데, 그 구조를 그림 6.19에 나타내었다. 신경전달 작용이 원활하게 되기 위해서는 아세틸콜린과 같은 신경전달물질을 방출한 후 바로 다른 물질

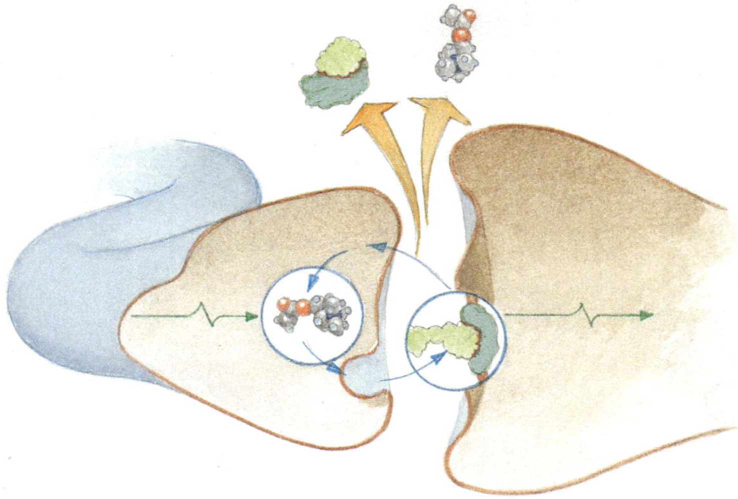

그림 6.18 우리 몸 안에서 신경세포는 신경전달물질을 통하여 시냅스를 가로질러 상호작용한다.

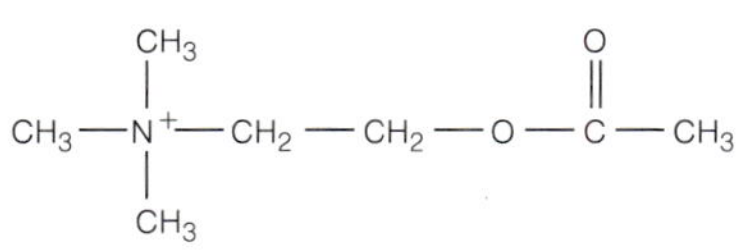

그림 6.19 아세틸콜린 (Acetylcholine)

로 분해되는 것이 매우 중요하다. 아세틸콜린의 경우 아세틸콜린에스테라아제 (acetylcholinesterase)라는 효소에 의해 분해가 촉진된다.

아세틸콜린이 결합하는 효소의 자리는 음전하를 가지며 아세틸콜린은 양전하 (양이온)를 가지고 있는 것을 주목하라. 많은 신경가스들은 아세틸콜린보다 아세틸콜린에스테라아제의 결합 부위에 더 효과적으로 결합할 수 있는 양이온을 형성하기 때문에 효과를 나타낸다. 그래서 정상적인 반응을 촉진하는 반응 부위를 감소시켜 아세틸콜린의 촉진을 유도한다. 결국 신경가스는 과도하게 자극하고 근육은 격렬하게 수축시킴으로써 생명에 위험한 문제를 야기한다. 이러한 모든 현상이 일어나는 것은 신경약품의 화학구조가 수용체에 쉽게 결합하기 때문이다.

이러한 방법으로 작용하는 신경약품 (아세틸콜린에스테라아제 억제제로 잘 알려짐)에는 살충제로 사용되는 **유기인산** (organophosphate) 화합물이 있다. 이들은 인간에게 별다른 해를 주지 않고, 소량으로 곤충이나 해충을 죽이는 데 사용할 수 있다.

호르몬 흉내를 내는 오염물

무엇이 여자를 여자답게, 남자를 남자답게 만드는 것일까? 어떤 사람들은 생물학적, 화학적 요인 외에도 사회적인 요인도 있다고 말한다. 그러나 여기서는 이 문제를 논의하기 위해 생물학과 화학, 즉 '과학' 에 국한하고자 한다.

우리 몸에는 **호르몬** (hormone, "역설하다"라는 의미를 지닌 그리스

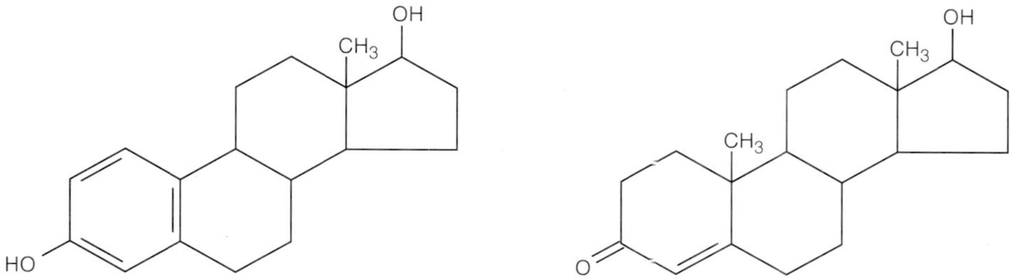

에스트라다이올(Estradiol)
(여성 호르몬)

테스토스테론(Testosterone)
(남성 호르몬)

그림 6.20 에스트라다이올과 테스토스테론

어 horman에서 유래)이라고 알려진 화학물질이 들어있다. 각 호르몬은 간장, 신장, 난소, 고환과 같은 기관에서 방출되어 피를 통해 이동하여 다른 기관조직의 세포에 영향을 주거나 결합한다. 호르몬은 그들의 화학적 구조로 인해 '목표' 세포에 결합할 수 있고 적절한 '메시지'를 전달할 수 있는 '메시지 전달 분자'이다.

에스트라다이올(에스트로젠의 일종)과 **테스토스테론**(안드로젠의 일종)(그림 6.20)은 임신한 여자의 태반과 부신 및 생식선(여성의 난소와 남성의 고환)에서 분비되는 성호르몬이다.

이들은 성 기관을 비롯한 가슴, 정액, 남성의 수염의 발달과 가슴, 엉덩이, 여성의 허벅지에 대한 지방조직 축적과 같은 육체적 성적 특성을 조절한다. 또한 에스트로젠은 뇌의 기능에도 관여한다고 밝혀지고 있다. 일반적으로 에스트라다이올은 '여성 호르몬'으로, 테스토스테론은 '남성 호르몬'으로 알려져 있지만, 두 호르몬 모두 남성과 여성에 존재한다. 그러나 각각의 성에 존재하는 상대적인 양은 다르다. 즉, 여성에게는 여성 호르몬이, 남성에게는 남성 호르몬이 더 많이 존재한다. 여성의 몸 속에 있는 에스트로젠은 테스토스테론과 같은 남성 호르몬으로부터 만들어진다.

화학물질의 인위적인 조작으로 인해, 자연계의 호르몬 균형에 새로운 문제점이 등장했다. 오염물질로서 자연에 노출된 일련의 화학물질은 식별하기에는 그 구조가 에스트로젠의 구조와 머우 다르지만(그림 6.21), 천연 에스트로젠의 효과를 흉내낼 수 있는 것으로 알려져 있다. 이런 오염물질은 **환경 에스트로젠**(environmental estrogen) 또는 "성전환 물질"로 알려져 있다. 후자의 용어는 수컷에게 암컷의 특징이 나타나게 하고, 정상적인 암컷의 특징을 과도하게 자극하는 그들의 능력을 강조한다. 예를 들면, 미국 플로리다의 오염된 수로에 있는 수컷 악어가 난소처럼 보이는 구조를 갖게 되었고, 또한 암컷 악어

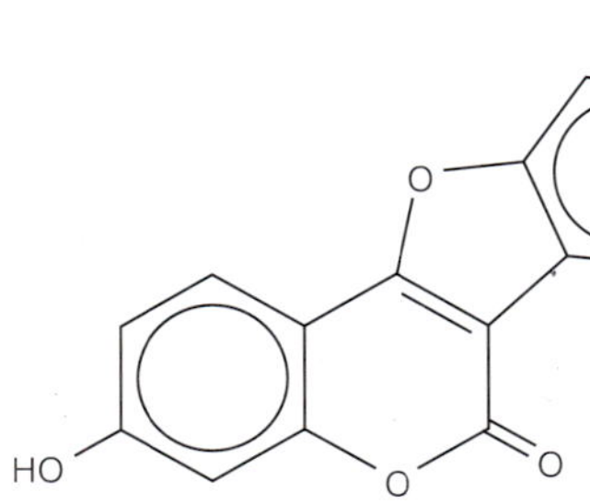

쿠메스트롤(Coumestrol)

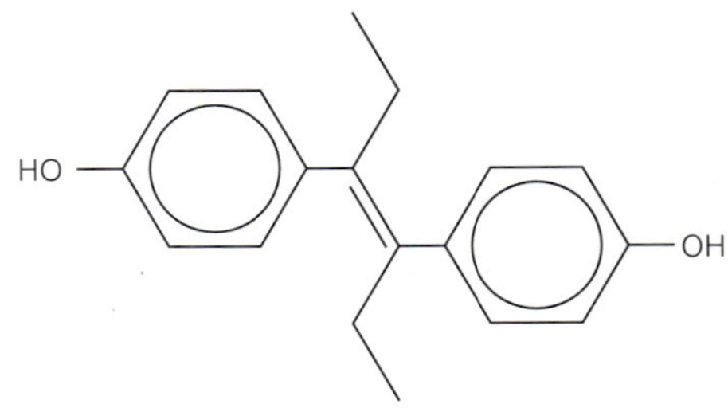

다이에틸스틸베스트롤(Diethystilbestrol)

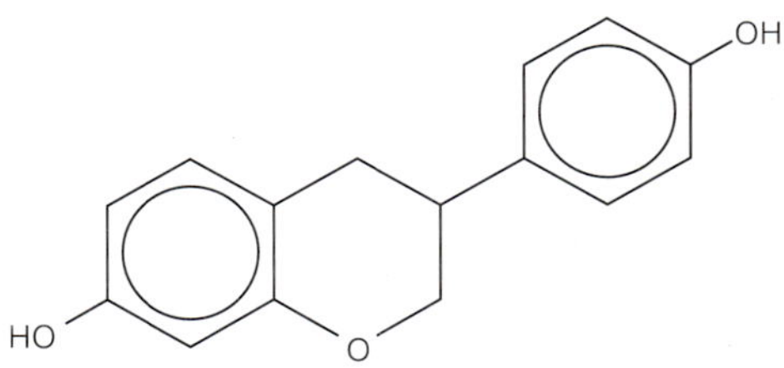

에쿠올(Equol)

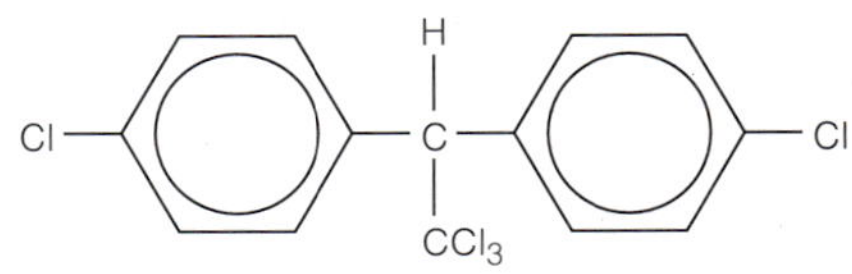

DDT

그림 6.21 여러 가지 성전환 물질이 에스트로젠을 흉내내는 것으로 알려져 있다. 그 이유는 아직 밝혀지지 않았다.

는 평소보다 더 많은 알을 생산하게 되었다. 독수리, 거북과 팬더에서도 비슷한 "성전환" 효과가 있다. 인간들도 이러한 영향을 받을 수 있다는 징후가 있다.

환경 에스트로젠들이 에스트로젠을 흉내낼 수 있는 것은 무엇 때문일까? 아무도 확실히는 알 수 없지만, 이들의 구조적 특성이 정상적인 에스트로젠이 관여하는 천연 수용체 분자에 부착할 수 있는 능력 때문이라고 믿고 있다. 에스트로젠 수용체들은 그곳에 에스트로젠 분자가 부착되면 에스트로젠의 화학적 효능을 발휘하는 표적세포의 분자들이다.

에스트라다이올과 테스토스테론은 **스테로이드** (steroid), 즉 생체의 발달과 특성을 조절하는 넓은 의미로서 분자의 두 가지 예이다. 다음 절에서는 스테로이드가 관여된 다른 문제점에 관하여 생각해보기로 하자.

스테로이드의 사용과 남용

"스테로이드 (steroid)"라는 단어는 운동선수들이 사용하는 능력을 향상시키는 약이나, 또는 어두운 곳에서 남몰래 투여하는 약물을 떠올리게 한다. 앞으로 논의하고자 하는 것처럼 스테로이드가 널리 남용되고 있기 때문에 이러한 생각을 하게 된다. 이미 언급한 바와 같이, 많은 스테로이드는 우리 몸이 적절한 활동을 하는 데에 필수적인 천연 화학약품이다. 에스트라다이올, 테스토스테론, 콜레스테롤, 비타민 D 및 코티손(cortisone, 소염제)은 건강한 신체에는 적당량이 자연적으로 형성되는 스테로이드이다.

일반적으로 "스테로이드"라고 부르는 화합물의 구조를 그림 6.22에 나타내었다. 스테로이드는 17개의 탄소 원소를 포함하고 있는 다환계(multiringed system) 공통 골격을 갖는다. 그림 6.23에서 보여주는 구조의 차이를 보면 여성인지 남성인지를 결정해주는 극적인 현상이 그들의 화학적 작용기의 차이점에서 나오는 것임을 알 수 있다. 중요한 남성 호르몬인 테스토스테론과 그 효과를 모방할 수 있는 스테로이드가 운동선수들에 의해서 남용되는 주요한 스테로이드이다. 테스토스테론의 한 가지 효과는 신체 근육세포의 수를 증가시키고, 골격을 증가시키는 것이다. 신체에서 새로운 조직을 생성하는 화학공정을 **동화작용**(anabolism)이라고 하므로 테스토스테론은 **동화 스테로이드**(anabolic steroid)로 널리 알려져 있다. 많은 남녀 선수들은 테스토스테론 유도체나 그 밖의 테스토스테론을 섭취하여 경쟁에서 이기려고 한다. 이것이 진짜 경기력을 향상시킬지는 확실하지 않지만, 분명히 근육의 증가와 무거운 뼈를 발달시킨다. 인공 테스토스테론 유도체들이 천연 테스토스테론보다 운동선수에 의해 더 많이 남용된다. 예제 6.6이 여기에 대한 여러분의 이해를 도와줄 것이다.

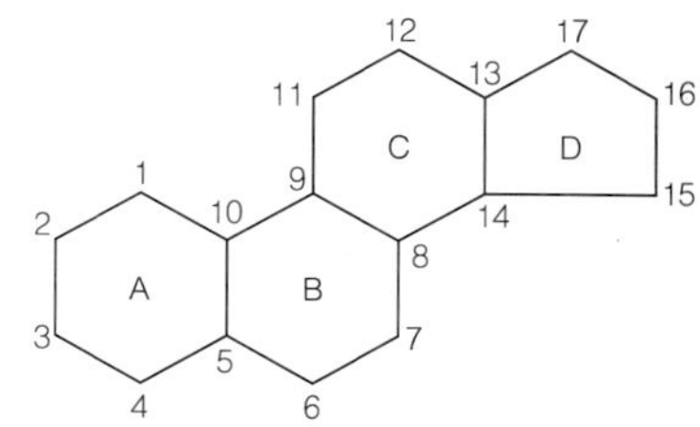

그림 6.22 스테로이드는 17원자 고리계인 공통된 골격을 가지고 있다. 스테로이드 구조에서 많은 차이는 17번 탄소에서 일어난다.

그림 6.23 그림 6.22에 있는 스테로이드의 기본 구조와 이들 화합물의 분자구조를 비교해 보라.

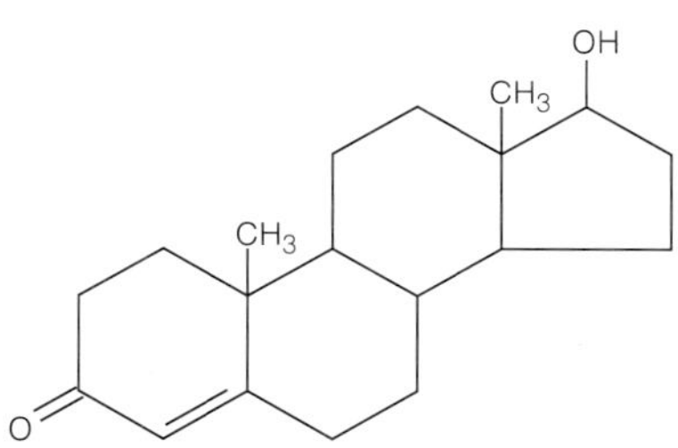

테스토스테론(Testosterone)

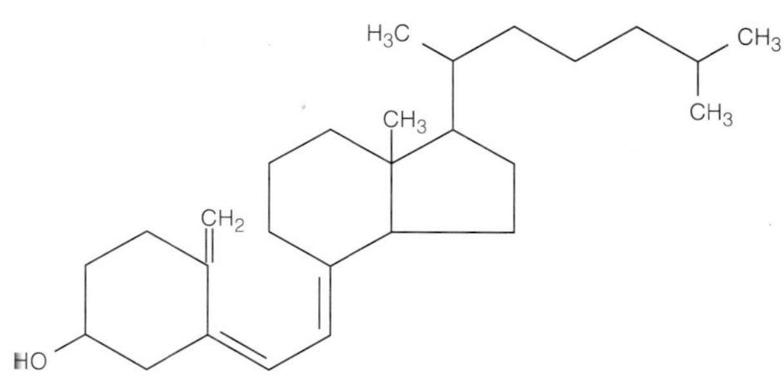

비타민 D_3(Vitamin D_3)

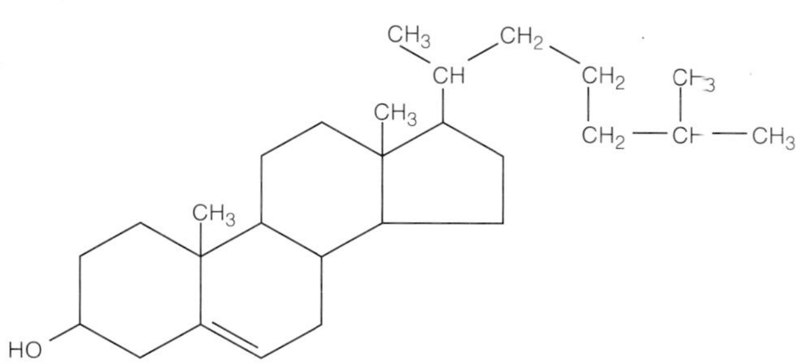

콜레스테롤(Cholesterol)

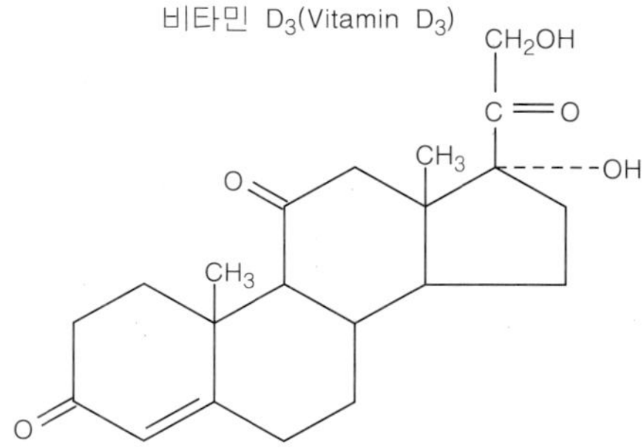

코티손(Cortisone)

예제 6.6 테스토스테론의 변형

문 제 테스토스테론이 부족한 사람들을 치료하기 위해 의사들이 사용하는 테스토스테론 유사 분자들의 이름과 구조가 표 6.8에 나와 있다.
이 분자들은 테스토스테론과 어떻게 다른가? 그들은 테스토스테론보다 지방에 더 잘 녹을 것 같은가, 아니면 덜 녹을 것 같은가? 왜 운동선수들은 천연 테스토스테론보다도 여기에 나와 있는 테스토스테론 유도체를 사용(우리는 남용이라고 말한다)하는 것을 좋아한다고 생각하는가?

풀 이 표에 있는 분자들은 17번 탄소 원자에 붙어 있는 산소 원자에 연결된 화학단의 테스토스테론과는 다르다. 이러한 화학단은 비극성이어서 천연 테스토스테론보다 지방에 훨씬 잘 녹는다. 이것은 천연 테스토스테론보다 훨씬 오래 몸 안에 머물러 있어 근육증대에 더욱 지속적인 효과를 나타내도록 한다는 것을 의미한다. 선수들은 합성 테스토스테론의 화학적 구조가 더욱더 큰 효과를 나타내기 때문에 차라리 천연 테스토스테론보다 합성 테스토스테론을 선택한다.

스테로이드 남용의 결과

운동경기에서 속임수의 부도덕성을 고려하지 않는다면, 스테로이드를 복용하여 근육을 강화시키는 것이 합리적인 방법이라고 생각할 수도 있다. 그러나 이러한 물질들의 남용은 의학적으로 매우 심각한 결과를 일으킨다. 동화 스테로이드는 간 손상, 남녀 모두의 불임, 공격성, 흥분 등의 심각한 부작용을 일으킬 수 있다. 그러나 경기수행에서 동화스테로이드의 효과와 신체에 주는 장기적인 해로운 효과는 양쪽 모두가 아직도 상당 부분 불확실하다.

선택의 세계

동화작용을 하는 스테로이드인 테스토스테론 유도체들은 많은 화학적 논쟁을 제기한다. 이러한 화학물질들은 유용하게 사용될 수도 있지만 부도덕적이거나 해롭게 사용될 수도 있다. 그것들은 암이나 알츠하이머병과 같은 질병을 치료하는 데 쓰일 수도 있으나, 운동선수가 약물로 사용할 수 있으며, 신체에 영구적인 손상을 입힐 수 있다. 또한 위험한 상황에서 받는 고통으로부터 사용자의 몸을 보호해 준다. 만약 이러한 화학물질을 처음으로 개발했던 과학자가 그 좋은 용도 때문에 찬사를 받았다면, 그들은 또한 남용될 수 있다는 사실 때문에 비난을 받아야만 할까? 일반적으로 이런 화학물질 때문에 화학이 찬사를 받거나, 비난 받아야 할까? 이 화학물질을 사용하는 방법을 선택할 권리는 누구에게 있는 것일까? 과학자들인가, 의사들인가, 아니면 실제로 신체에 영향을 받는 사람들인가? 화학적 발견이 '좋은' 면에서 '나쁜' 면으로 어떻게 변할 수 있는 것일까? 그리고 어떤 것이 좋고 나쁜 것인지는 누가 결정하는 것일까?

표 6.8 호르몬 요법에 사용되는 알킬화된 스테로이드와 테스토스테론 에스테르들

이름	화학구조	안드로겐 결핍증에 대한 투여량
메탄드로스테놀론 (methandrostenolone)	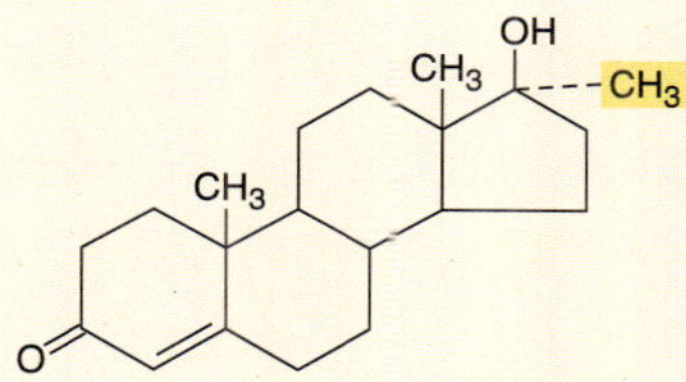	골다공증에 하루 2.5~5 mg
메틸테스토스테론 (methyltestosterone)	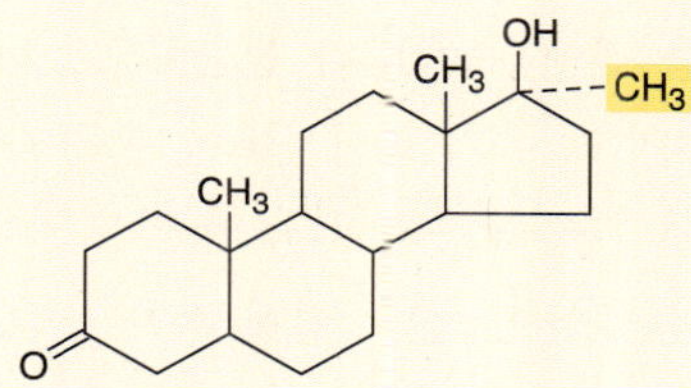	남성의 호르몬 치환 치료로 하루에 10~50 mg
옥시메톨론 (oxymetholone)	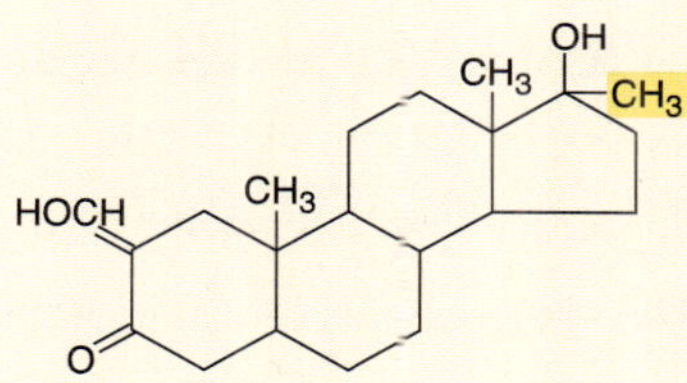	빈혈에 하루 1~5 mg/kg
테스토스테론 (testosterone)	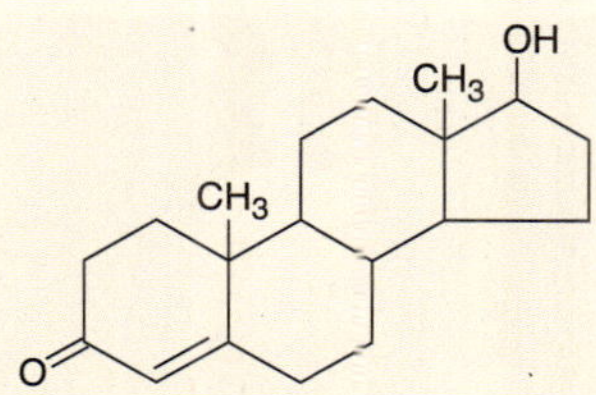	주 3회 10~50 mg
에난트산 테스토스테론 (testosterone enathate)	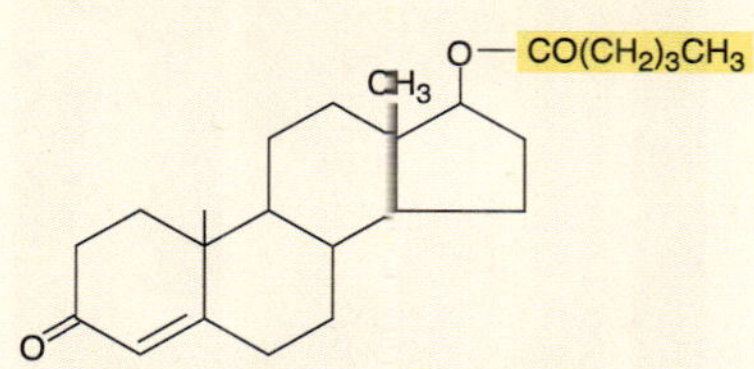	매 2~4주에 50~400 mg
펜프로피온산 산드롤론 (sandrolone phenpropionate)	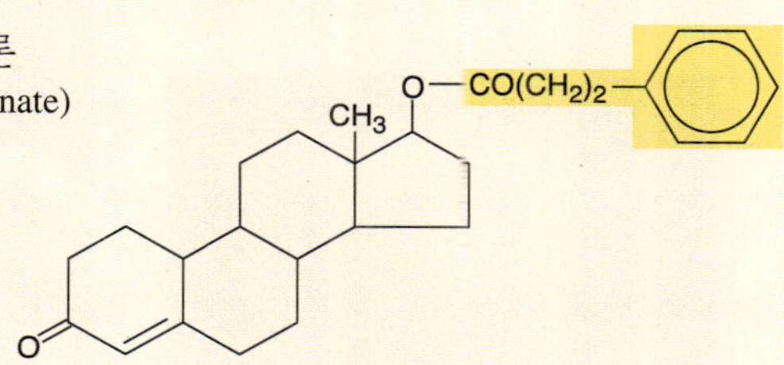	유방암에 매주 50~100 mg

6.4 합성 고분자–우리의 삶을 변화시키는 구조들

인간의 삶의 형태는 혼합물로부터 순수한 물질을 분리하고, 이들 물질을 고분자라고 부르는 긴 화학적 구조를 가지도록 서로 연결하여 새로운 방법으로 이용하는 능력에 의해 크게 변화되어 왔다. 플라스틱은 현대 공업화학이 만들어낸 새로운 고분자의 가장 명료한 예이다. 지금 당장 주위를 둘러보면 플라스틱이 사용된 물건 수십 개를 찾을 수 있을 것이다. 이러한 모든 플라스틱은 유기 화합물이다. 플라스틱은 전분(starch)과 셀룰로오스(cellulose)와 같은 천연 유기고분자가 아니라 유기 화학자들이 원유에서 얻은 간단한 출발물질로부터 제조한 합성 고분자이다. 합성 고분자의 세계에는 플라스틱 외에도 더 많은 것들이 있다. 현재 많은 옷감, 자동차 타이어, 기타 줄, 우주복, 영화필름에 사용되는 합성 섬유들은 모두 고분자이다(그림 6.24).

고분자 – 사슬에서 결합 형성

4장에서 설명한 바와 같이 고분자는 단량체(monomer)라고 하는 많은 작은 분자들을 화학적으로 결합시켜 만든다. 고분자를 뜻하는 영어 단어 polymer는 그리스어의 poly(많음)와 meros(부분)에서 유

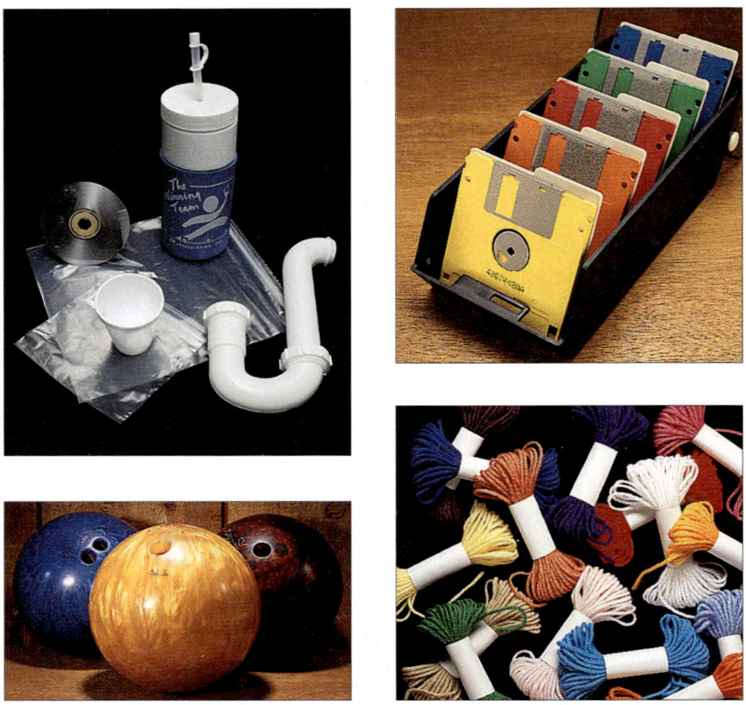

그림 6.24 합성 고분자로 만든 여러 가지 제품들

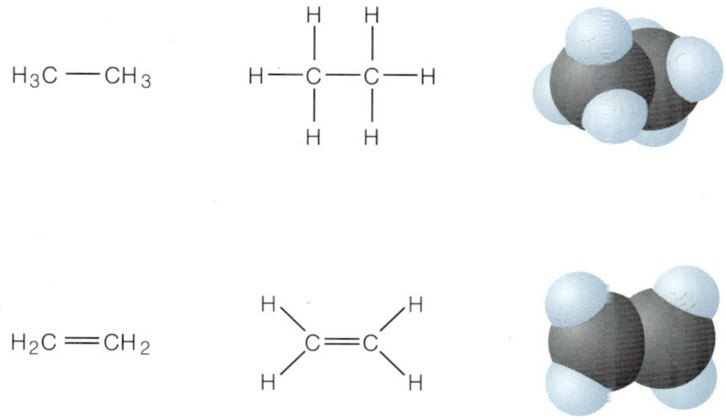

그림 6.25 에테인(ethane)과 에텐(ethene)의 3가지 다른 표현

래되었다. 모노(mono)는 하나를 의미한다. 그래서 고분자는 단량체인 각 부분들이 많이 모여 구성된다.

화학 고분자를 만드는 첫 번째 단계는 모여서 서로 결합되어 긴 사슬이나 가지가 달린 망상을 형성할 수 있는 적당한 단량체를 찾는 것이다. 그러나 제품의 다양성에도 불구하고, 대부분의 합성 고분자는 몇몇 소수의 원소로 이루어져 있다. 탄소는 고분자의 기본 골격을 형성하는 주요한 원소이며, 수소, 질소, 산소, 염소, 플루오린, 황 등이 대부분의 고분자에 들어 있는 화학적 기본 구성 성분이다.

생물계는 앞서 언급한 당, 셀룰로오스, 단백질, DNA 등 천연 고분자로 이루어져 있다. 16장과 17장에서 이러한 천연 고분자들을 더 자세히 살펴볼 것이다. 과거 100년 동안 공업 화학자들에 의해 다양한 합성 고분자가 생산되었다.

가장 간단한 합성 고분자들은 첨가 중합반응이란 공정으로 여러 개의 작은 분자들을 연결하여 만들어진다. **첨가 중합반응**(addition polymerization)은 다음 단계를 포함한다. (a) 반응을 시키기 위해 반응 **개시제**(initiator)를 첨가하고, (b) **촉매**(catalyst)를 넣어 반응속도를 증가시키고, (c) 적절한 때에 반응을 멈추게 하는 **저해제**(inhibitor)를 넣어준다. 가장 간단한 첨가 중합반응은 에텐(ethene)이라고도 하는 에틸렌(ethylene, C_2H_4)을 단량체로 사용하여 그림 6.26과 같이 긴 사슬형태의 **폴리에틸렌**(polyethylene)을 만드는 것이다.

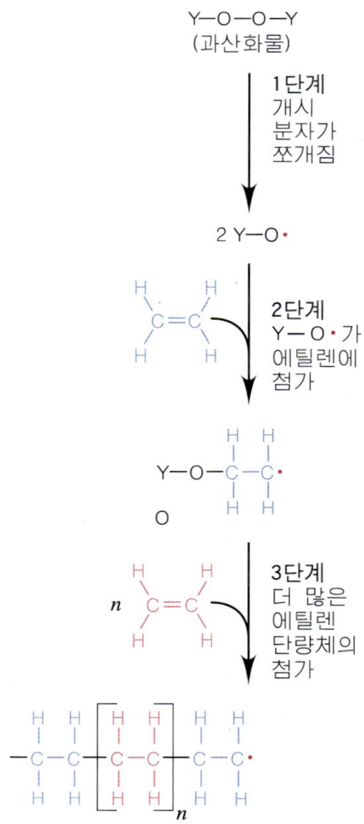

그림 6.26 폴리에틸렌은 각 에틸렌 분자가 서로 결합되어 형성된, 용도가 다양한 고분자이다.

그림 6.26에서 보는 바와 같이 에틸렌 분자는 탄소-탄소 이중결합을 포함한다. 탄소에 더 많은 수소를 결합시킬 수 있기 때문에 하나 이상의 탄소-탄소 이중결합을 포함하는 분자들을 불포화(unsaturated)되었다고 한다. 폴리에틸렌을 만드는 중합반응에서 에틸렌 한 분자당 2개의 전자가 유리되어 단량체들을 연결시키는 결합에 사용되어 이

중결합이 단일결합으로 변한다. 그 결과 고분자는 어떠한 탄소-탄소 이중결합은 갖지 않고 단일결합만을 갖는다.

폴리에틸렌의 사슬 길이는 수천의 단량체 단위로부터 수백만까지 이를 수 있다. 사슬이 어떠한 가지도 갖지 않을 때 이들은 아주 촘촘히 충진된 고밀도 폴리에틸렌(HDPE)을 만든다. 가지가 많이 있으면 느슨하게 충진된 저밀도 폴리에틸렌(LDPE)을 만든다. HDPE와 LDPE는 모두 장난감이나 병 등을 만드는 데 사용되는 단단한 고체이다.

지난 150년 동안 유기 화학자들은 유기 화합물의 반응에 대해 연구해왔다. 원하는 새로운 화합물을 만들기 위해 반응을 어떻게 시킬지에 대해서는 우리가 알고 있는 지식을 통해 새로운 유기 화합물의 합성법을 표준화하였다. 우리는 단지 두 가지 타입의 반응만을 다룰 것이다.

알코올은 카복실산(carboxylic acid)과 반응할 때 알코올의 H와 카복실산의 OH가 결합하여 물을 형성하고 알코올의 산소가 카복실산의 탄소에 결합하여 에스터(ester)라고 부르는 큰 분자가 된다. 많은 에스터들은 과일이나 꽃의 향과 같은 좋은 냄새를 가지고 있다.

$$\underset{\text{카복실산}}{R-COOH} + \underset{\text{알코올}}{HO-R'} \longrightarrow \underset{\text{에스터}}{R-COO-R'} + H_2O$$

비슷한 방법으로 카복실산은 아민(amine)과 반응할 때 아민의 H 원자 중 하나가 카복실산의 OH와 결합하여 물을 형성하면서 아마이드(amide)라고 하는 더 큰 분자를 형성한다. 이런 반응이 일어날 때 아민의 N은 카복실산의 작용기인 C와 결합한다.

$$\underset{\text{카복실산}}{R-COOH} + \underset{\text{아민}}{H_2N-R'} \longrightarrow \underset{\text{아마이드}}{R-CO-NHR'} \longrightarrow H_2O$$

에스터와 아마이드의 형성은 많은 현대 섬유산업의 기초가 된다는 사실을 곧 알게 될 것이다.

가능성의 확대

화학의 중심 원리는 구조의 작은 변화가 성질의 큰 변화를 유도할 수 있다는 것이다. 에틸렌의 수소 원자 중 하나를 염소 원자로 치환하면 염화비닐(vinyl chloride)이라고도 하는 클로로에텐(chloroethene)을 얻는다(표 6.9). 이것은 표 6.9에서와 같이 폴리염화비닐, 즉 PVC

표 6.9 몇 가지 일반적인 단량체의 중합

단량체	중합체	용 도
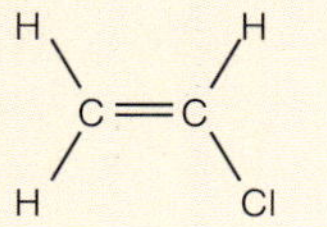 염화비닐 Vinyl chloride	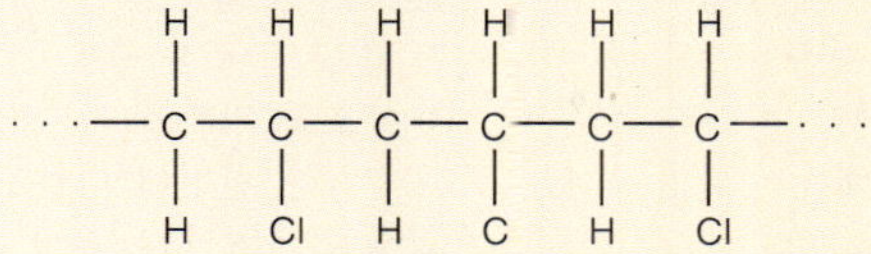 폴리염화비닐 Poly(vinyl chloride), PVC	옥내 배관, 장난감, 플라스틱 랩, 비닐 판자
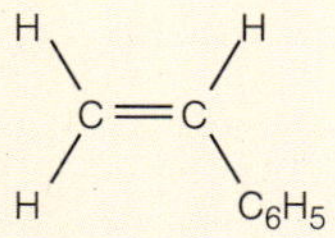 스타이렌 Styrene	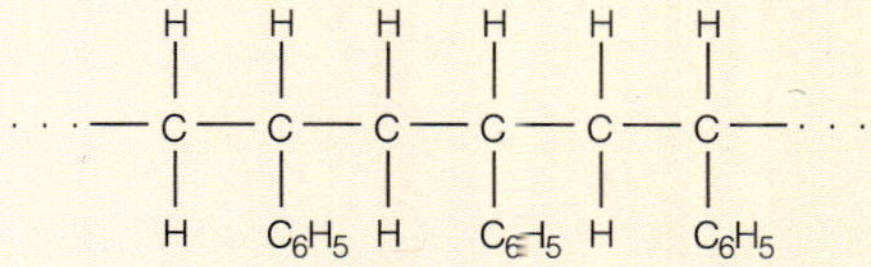 폴리스타이렌 Polystyrene	옥내외 카펫 충전재
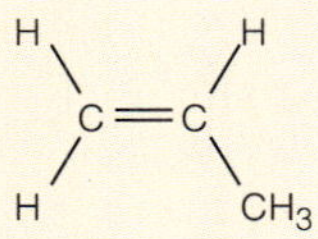 프로필렌 Propylene	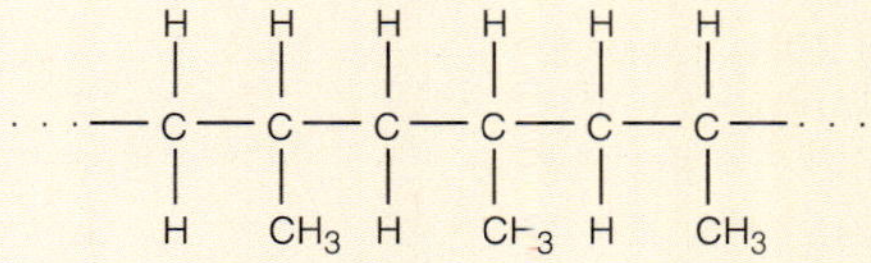 폴리프로필렌 Polypropylene	옥내외 깔개에 포함되어 있음
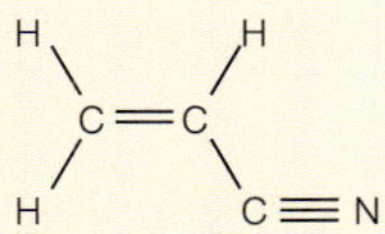 아크릴로나이트릴 Acrylonitrile	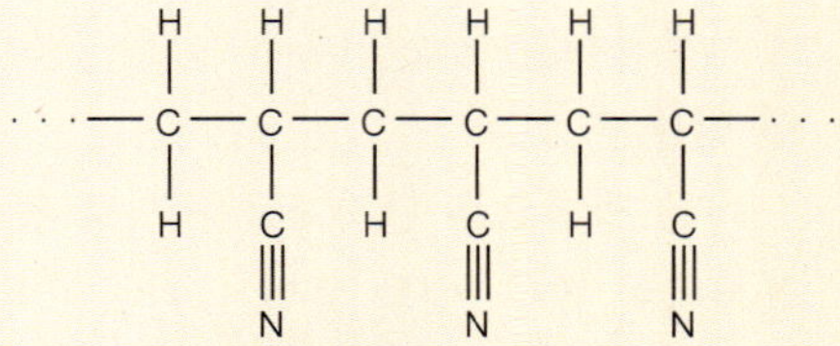 폴리아크릴로나이트릴 Polyacrylonitrile	오를론(orlon), 아크릴론 의복, 털실, 가발

로 중합될 수 있다. PVC는 폴리에틸렌보다 더욱 탄력이 있어 송수관이나 비닐하우스 측면 같은 제품에 사용된다. 에틸렌에 하나 이상의 수소 원자를 다른 작용기로 치환하면 표 6.9의 아랫부분에 나타낸 것과 같은 다른 유용한 중합체를 형성할 수 있는 단량체를 얻을 수 있다. 어떤 단량체든지 동시에 두 개의 탄소를 증가시키는 부가 중합반응(addition polymerization)이 여전히 필요하다고 보여진다. 에틸렌-

예제 6.7 포화 대 불포화 지방

문 제 '포화', '불포화' 지방에 대해서 들었을 것이다. 의사들은 섭취하는 음식에서 불포화 지방의 양을 늘이고, 포화 지방의 양을 줄이라고 충고한다. 이러한 두 종류 지방의 기본적인 구조의 차이점에 대해서 말할 수 있는가? 또한 다불포화 지방(polyunsaturated fat)과 단불포화 지방(monounsaturated fat) 사이의 차이점은 무엇인가?

풀 이 포화 지방은 탄소 원자가 단일 결합으로만 연결된 반면, 불포화 지방은 탄소-탄소 이중결합을 포함한다. 단불포화 지방은 분자당 하나의 탄소-탄소 이중결합을 포함하는 반면에 다불포화 지방은 분자당 많은 이중결합을 포함한다(poly = 다수, mono = 하나). 트랜스(trans) 이중결합이라는 지방의 구조적 특징은 건강에 또한 영향을 주게 된다(6.5절). 17장에서 지방의 구조와 습성에 대해서 공부할 것이다.

예제 6.8 스티로폼

문 제 포장에 사용되는 스티로폼 조각은 폴리스타이렌으로부터 만드는데, 폴리스타이렌 내에 함유된 기체로 인해 부피가 늘어나 있어 포장에 유용하다. 고분자 안의 기체는 차가 충돌할 때 에어백이 운전자를 보호하는 것과 같은 방법으로 충격을 흡수하고 분산시켜 충격을 덜 느끼도록 포장된 물건을 보호한다. 전형적인 스티로폼 조각의 무게는 0.040 g이다. 폴리스타이렌(PS) 단량체(C_8H_8)의 무게는 몰당 104 g이다. 첨가중합반응에 의해서 얼마나 많은 결합들이 형성되는지 알기 위해 스티로폼 조각 안에 들어 있는 스타이렌 분자(단량체)의 수를 계산하라(1 mol에는 6.02×10^{23}개의 분자가 있음을 기억하라).

풀 이

$$\frac{\text{폴리스타이렌 } 0.040\,\text{g}}{\text{조각}} \times \frac{1\,\text{g 스타이렌}}{\text{폴리스타이렌 } 1\,\text{g}} \times \frac{\text{스타이렌 } 1\,\text{mol}}{\text{스타이렌 } 104\,\text{g}} \times \frac{6.02 \times 10^{23}\ \text{분자}}{\text{스타이렌 } 1\,\text{mol}}$$

$$= 2.3 \times 10^{20}\ \text{분자의 스타이렌/조각}$$

그림 6.27 단량체가 화학적으로 결합됨에 따라 물 분자가 빠져 나와 형성되는 축합 중합반응은 나일론을 형성하는 과정이다.

폴리에틸렌 변환을 이용하면, 각 용도에 적합한 다양한 화학적 구조를 만들 수 있다.

다른 방법으로 단량체들을 서로 결합함으로써 만들어지는 합성고분자들이 많다. 예를 들면 나일론은 천연 중합체인 비단과 비슷하게 만들려는 의도로 고안, 제조되었다. 그것은 두 개의 다른 단량체가 반응하여 중합체를 형성한다. 각 단량체의 반응은 중합체 사슬 길이를 증가시키면서 물 분자를 유리시킨다. 물이나 다른 작은 분자가 유리되는 이러한 중합반응을 **축합 중합반응**(condensation polymerization)이라고 한다. 글루코오스는 식물체에서 축합반응을 통해 녹말로 중합된다. 우리 몸 안에서 단백질은 아미노산이라고 하는 적절한 단량체들의 축합 중합반응을 통해 형성된다. 그림 6.27은 반응하여 나일론 고분자를 만드는 두 액체의 표면으로부터 나일론이 나오는 것을 보여준다. 이상과 같은 간단한 소개가 고분자 형성에 관련된 화학적 구조적 원리를 이해하는 데 도움이 되기를 기대해 본다.

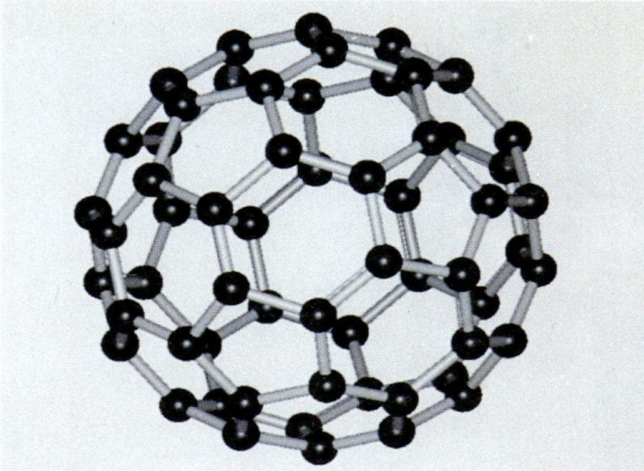

그림 6.28 C_{60} 풀러렌은 축구공 모양이다. 왜 '버키볼(bucky ball)'이라는 애칭이 생겼는지는 쉽게 이해할 수 있을 것이다.

그림 6.29 건축가 버크민스터 풀러에 의해 설계된 측지 돔

버키볼(Buckyball) –아름다운 구조를 가진 재미있고 유용성이 큰 분자

지금쯤이면 유기 화합물이 많은 다른 형태와 크기로 나온다는 것을 알겠지만, 그렇다고 하더라도 어떤 화합물들이 축구공 형태라는 것을 알게 된다면 상당히 놀랄 것이다. 축구공 형태인 버크민스터풀러렌(Buckminsterfullerene), 또는 버키볼(Buckyball)을 포함하는 **풀러렌**(fullerene)이라고 알려져 있는 환상적인 분자의 구조가 그림 6.28에 나와 있다. 이러한 환상적인 탄소에 기초한 구조들은 《사이언티픽 아메리칸(Scientific American)》지가 1991년 10월호에서 이름을 붙인 "풀러렌 동물원(Fullerene Zoo)"의 구성원들이다. 이것들이 여기에 포함된 것은 전혀 색다르고 흥미있는 것이기 때문이다. 이 분자들 중에서 가장 잘 알려진 것은 1985년 헬륨 기류하에서 흑연조각에 고강도 레이저를 쏘아서 만든 흑연(연필심으로 사용되는 고형 탄소)에서 처음으로 확인된 C_{60}이다. 그 직후, C_{60}은 굴뚝이나 장작과 같은 것으로부터 불완전 연소한 그을음에서 확인되었다.

풀러렌 동물원의 구성원은 축구공 모양의 버크민스터풀러렌으로부터 유도된 탄소 원자의 분자들이다. 이 이름은 현재 풀러렌이라고 알려진 화학물질과 상당히 유사한 최단선의 유명한 둥근 천장 건물의 건축가 버크민스터 풀러(Buckminster Fuller)의 이름을 따서 명명된 것이다(그림 6.29). 버크민스터풀러렌은 아주 흔하고 그을음 속에 항상 존재하지만 다음 이유들 때문에 대단히 흥미롭다.

- 버크민스터풀러렌은 탄소 원자의 매우 안정한 형태로 새로 발견되었다(그림 6.30 참조).

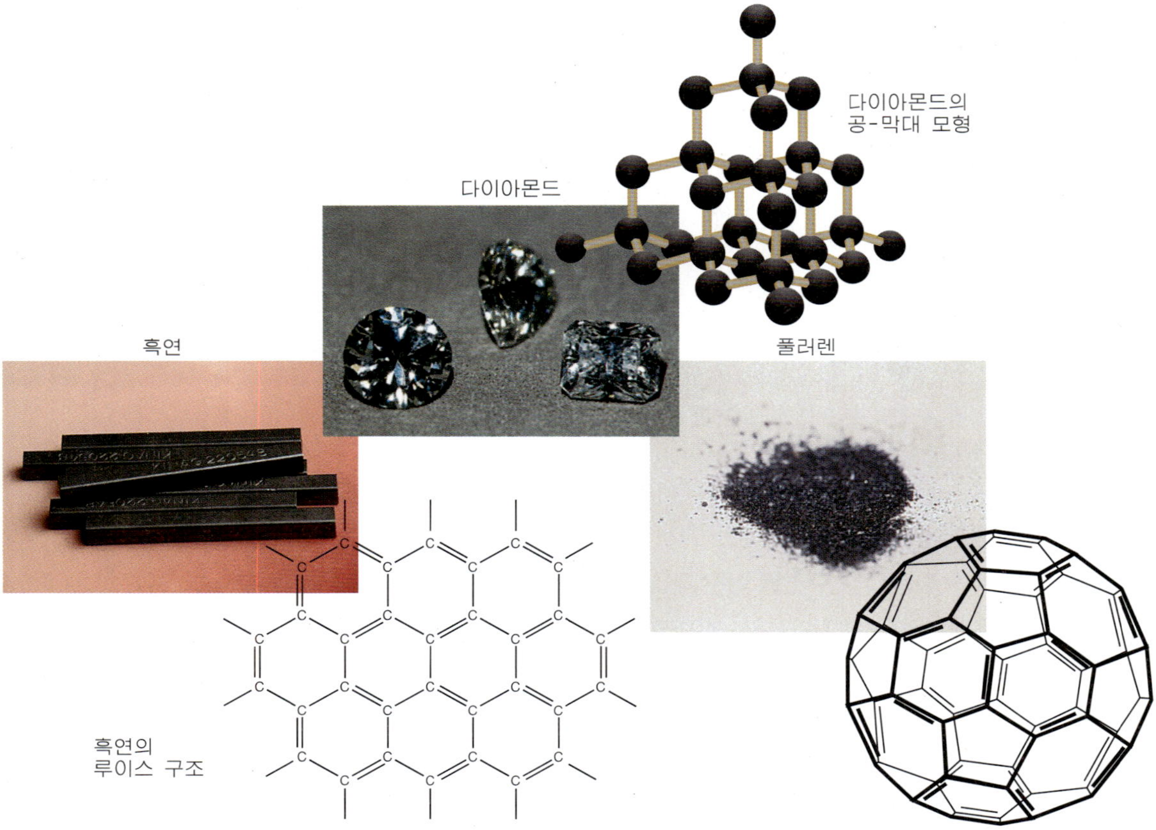

그림 6.30 다이아몬드, 흑연, 풀러렌은 모두 원소 형태의 탄소로 이루어져 있다. 다른 배열의 화학결합이 서로 다른 성질을 갖게 한다. 1 캐럿의 다이아몬드와 같은 무게의 흑연봉의 가격을 비교해 보라.

- C_{60}이나 다른 풀러렌들은 신체 내의 특정 부위에 약을 수송하는 담체, 미세전기 부품 등 많은 다른 방면으로의 개발이 가능하다.
- 관 모양을 포함한 다양한 풀러렌들이 현재 발견되고, 또한 제조되고 있다. 현재 화학자들은 어린이가 장난감 가게에서 놀이를 하는 것과 같이 풀러렌을 가지고 연구하고 있다.
- 현재의 연구는 몸 속으로의 약물 전달, 전기의 변환과 저장, 바이러스의 재생산을 멈추게 하는 HIV 관련 연구 등 버키볼과 나노튜브를 포함하는 관련된 화합물의 응용에 초점이 맞추어져 있다.

6.5 입체 이성질체

이 장 전체를 통해 다른 화합물들의 구조를 비교함으로써 화학적 구조의 중요성을 강조하였다. 그러면 글루코오스와 같은 화합물이면서 다른 형태를 갖는 것들은 얼마나 다른 성질을 갖는가에 대해 알아보자. 먹을 수 있는 전분 속의 α-글루코오스 분자는 먹을 수 없는 셀룰로오스 속의 β-글루코오스와 중심 탄소 원자 주위의 결합 배열만 다를 뿐이다. 구성 원자들은 서로 같지만 옥탄가에서 공부한 것과 같은 구조적 이성질체는 아니다. α-글루코오스와 β-글르코오스는 3차원 구조적 배열이 서로 다르다. 글루코오스의 이런 두 가지 형태는 **입체 이성질체**(stereoisomer : 같은 배열로 결합된 원자들을 갖지만 공간에서의 배열이 서로 다른 이성질체)의 예이다.

광학 이성질체

화학자들은 당신이 우주의 생명체(외계인)가 아니라 인간이라는 것을 어떻게 설명할 수 있을까? 참으로 무례한 질문이 아닐 수 없다. 그러나 만약에 그것이 실제 질문이라면 화학자들이 할 첫 번째 일 중 하나는 사람 몸 속에 있는 단백질을 형성하기 위해 중합된 아미노산(amino acid)이라 부르는 화합물을 조사하는 일일 것이다. 여기에 나타낸 알라닌(alanine)이라는 아미노산의 두 가지 형을 보라.

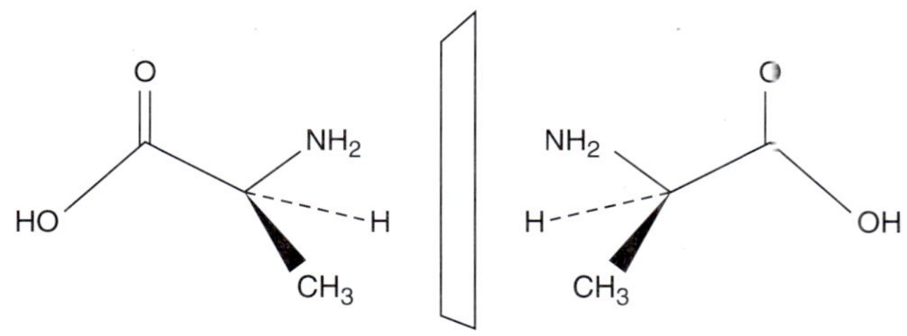

알라닌의 두 가지 형태의 차이는 그들이 서로 거울상이라는 것이다. 이것은 서로가 거울상의 관계에 있는 오른손과 왼손이 서로 겹칠 수 없듯이 두 가지 형태의 알라닌도 서로 겹칠 수 없다는 의미이다.

만약 화학자들이 당신의 단백질 속의 알라닌 분자가 오른쪽에 있는 "D-" 형태라는 것을 발견한다면 그들은 당신을 아주 이상하게 볼 것이다. 왜냐하면 당신이 인간이 아니라는 명백한 증거를 얻었기 때문이다. 지구상의 모든 생명체가 가지고 있는 단백질 속 알라닌 분자들은 모두 왼쪽에 있는 "L-" 형태이다. 단백질 속에는 정확히 20가지의 아미노산이 있으며, 예외 없이 그들은 모두 L-형태를 취하고 있다.

서로 겹칠 수 없는 거울상의 관계를 갖는 이성질체들을 **광학 이성질체**(optical isomer)라 부른다. 이런 이름은 각 이성질체의 순수한 용액 속을 편광(plane-polarized light)이 통과할 때 이 광선이 다른 방향으로 회전할 것이라는 사실로부터 유래된 것이다(그림 6.31 참조). 광학 이성질 현상이 화학자나 우주 사냥꾼들에게 흥미로운 것만은 아

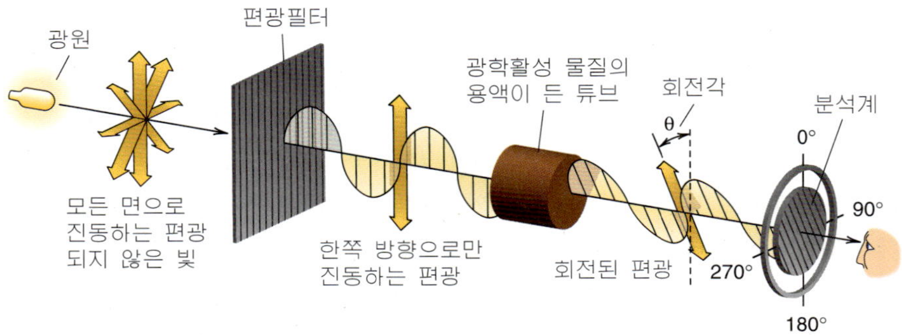

그림 6.31 편광기가 용액을 통해 편광을 보낸다. 다른 광학 이성질체들은 빛이 지나갈 때 다른 방향으로 회전시킨다.

니다. 이것은 1950년대에 탈리도마이드라는 약의 이야기를 통하여 잘 알려지게 되었다. 미국 외 많은 나라에서 탈리도마이드는 임신 초기에 흔히 나타나는 입덧을 없애는 약으로 사용되었다. D-와 L-광학 이성질체 모두가 들어있는 이 약은 입덧에는 효과가 있지만 태아 성장에는 매우 심각한 문제를 야기시킨다. 화학적 구조에 있어서 미미한 차이 때문에 장애를 가진 많은 탈리도마이드 베이비가 태어났다. 이런 비극을 막기 위하여, 3-D 구조를 가진 이성질체만이 몸 속에서 표적화합물에 결합되어 바람직한 효과를 낼 수 있는 활성이 있는 입체 이성질체만을 가지는 약을 만들기 위해 많은 노력을 기울이고 있다.

기하 이성질체

시스와 트랜스 지방산에 대한 논쟁에 대해 들어본 적이 있는가? 이들은 입체 이성질체의 한 형태로 초점이 맞추어진 중요한 논쟁거리이다. 그림 6.16에 나타낸 올레산(oleic acid)과 리놀레산(linoleic acid)은 천연 지방산의 예이며, 둘 다 이중결합의 같은 쪽에 수소 원자가 결합되어 있다. C=C 이중결합 주위로는 어떠한 회전도 불가능하다. 따라서 이중결합의 같은 쪽에 결합된 두 개의 수소는 언제나 같은 쪽에 있게 된다. 다른 가능성은 수소 원자들이 서로 이중결합의 반대쪽에 존재하는 것이다. 이중결합의 같은 쪽에 두 개의 원자나 작용기가 존재할 때 시스(cis) 형태라고 한다. 이중결합의 반대쪽에 존재할 때 트랜스(trans) 형태라고 한다.

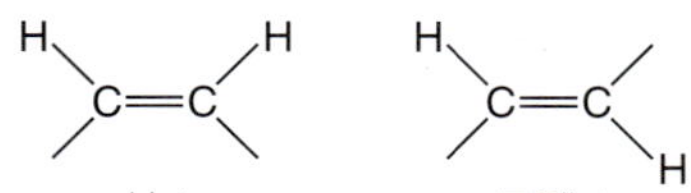

단지 이런 모습의 차이(하나는 시스, 다른 하나는 트랜스)를 갖는 분자들을 **기하 이성질체**(geometric isomer)라고 부른다.

버터 대용품으로 많이 쓰이는 식물성 스프레드의 가공 중에 몇 가지 트랜스 이중결합이 식물성 기름의 지방산에서 형성되는데, 이는 염려스러운 일이다. 몇몇 과학자들이 이런 트랜스 지방산의 섭취가 우리의 건강을 해칠 수 있다는 증거를 가지고 있다고 주장한다는 것을 예제 6.7에서 언급하였다. 논쟁은 진행 중에 있지만 이런 미묘한 구조적 차이가 실제 우리들에게 병을 유발시킬 것이라는 생각은 화학적 구조의 중요성을 이야기할 수 있는 또 다른 예이다.

연습문제

1. 유기화학을 정의하라.

2. 다음 분자들을 유기물과 무기물로 분류하라. H_2O, $CH_3CH_2NH_2$, $CH_3CH_2CH_3$, NH_3, H_3PO_4.

3. 파스타의 전분 분자는 α-결합인가 β-결합인가? 이것이 왜 중요한가?

4. 탄화수소를 정의하라.

5. 안정한 분자로 존재할 수 없는 것은 어느 것인가? 이유를 설명하라.
$CH_2{=}CH_2$ $\quad CH_3{=}C{=}CH_3$ $\quad CH_3{=}C(CH_3)_2{-}CH_3$

6. 벤젠 고리에서 이중결합의 전자들은 어디에 위치해 있는가?

7. C_5H_{12}의 모든 가능한 구조 이성질체들을 루이스 점 구조로 나타내어라.

8. C_5H_{10}의 모든 가능한 구조 이성질체들을 루이스 점 구조로 나타내어라.

9. 다음 분자들을 포화와 불포화로 구분하라. CH_4, C_4H_{10}, C_4H_8, C_4H_6

10. 할론(halons)이라고 부르는 화합물들은 불을 끌 때 사용된다. 할론 중 하나는 $C_2F_4Br_2$의 조성식을 가지고 있다. 이들 화합물의 두 가지 다른 구조 이성질체를 그려라.

11. 프레온(freons)이라는 화합물들은 불을 끌 때 사용된다. 프레온 중 하나는 $C_2F_3Cl_3$의 조성식을 가지고 있다. 이들 화합물의 두 가지 다른 구조 이성질체를 그려라.

12. a. 만약 구조 내에 고리나 다중결합이 없다면 1～10개의 탄소 원자를 갖는 탄화수소에는 얼마나 많은 수소 원자들이 있어야 하는가?
b. 만약 하나의 이중결합이 있다면 수소 원자 몇 개가 있어야 하는가?
c. 만약 하나의 삼중결합이 있다면 수소 원자 몇 개가 있어야 하는가?
d. 화합물에 하나의 고리가 있다면 수소 원자 몇 개가 있어야 하는가?

13. 포화 탄화수소, 하나의 이중결합을 갖는 탄화수소, 하나의 삼중결합을 갖는 탄화수소, 하나의 고리를 갖는 탄화수소에서 수소 원자의 수를 나타내어라. 두 개의 이중결합에 대해서도 하라.

14. 다음 각 화합물들의 각 분자 내에는 탄소-탄소 이중결합 몇 개가 있어야 하는가?
a. C_3H_8 b. C_6H_8 c. $C_{10}H_8$

15. 다음 각 분자에서 작용기의 이름은 무엇인가?
a. $CH_3-CH{=}CH_2$
b. CH_3-CH_2-OH
c. $CH_3-CH_2-CH_2-\overset{\overset{\displaystyle O}{\|}}{C}-OH$

16. 폼알데하이드(CH_2O)의 분자 모양을 설명하라.

17. 언제나 CH_3COOH로 표현되는 아세트산의 루이스 구조를 그려라.

18. 불포화 분자란 무엇을 의미하는가?

19. $C_3H_8O_2$의 조성식을 갖는 분자의 두 가지 타당한 구조를 그려라.

20. 아민이면서 세 개의 탄소를 갖는 화합물의 구조를 그려라.

21. C_3H_4의 구조를 예측하라.

22. 홈 그릴용 프로페인(C_3H_8)은 20 파운드의 프로페인을 넣은 통으로 판매된다. 이것은 프로페인 몇 몰에 해당하는가?

23. 질소가 홀수 개 있지 않다면 C, H, N, O를 갖는 유기 화합물은 항상 분자량이 짝수라는 사실을 증명하라.

24. 문제 25의 답에서 예로 든 화합물들을 전자점 구조로 그려라.

25. 다음 화합물에서 하나 이상의 다른 원자가 결합된 각 원자의 분자 기하구조를 나타내어라.

CH_3COOH, C_2H_3Cl, C_4H_{10}, $CH_3-C\equiv C-H$.

26. 위 25번 문제에서 각 화합물의 결합각은 얼마인가?

27. 하나는 알코올이고 다른 하나는 에터인 C_2H_6O의 두 가지 이성질체를 그려라.

28. 물과 CH_3OH 사이의 수소결합을 그려라.

29. 왜 휘발유는 물과 섞이지 않는지 설명하라.

30. 에스트라다이올과 테스토스테론의 구조적 차이는 무엇인가?

31. 콜레스테롤은 왜 스테로이드로 분류되는가?

32. ETBE 같은 탄소 화합물은 −2의 산화수를 가진다고 가정하자. (그리고 연소 시 탄소 1몰당 680 kJ이 나온다.) ETBE 1 mol의 연소에 의해 나오는 열량을 계산하라.

33. 다음 반응에 의해 형성되는 에스터의 조성식을 써라.
a. 에틸알코올과 아세트산
b. 부틸알코올(C_4H_9-OH)과 벤조산(C_6H_5COOH)

34. 아스피린과 상록수 오일의 구조와 조성식을 찾아보라. 어떤 알코올과 산이 반응하여 이런 두 개의 에스터를 형성하는가?

35. 에스터는 산 존재하에서 물과의 반응을 통해서 그들의 구성 성분인 산과 알코올로 되돌아 갈 수 있다. 이런 정보를 이용하여 왜 오래된 아스피린이 들어있는 병들에서는 식초 냄새 같은 것이 나는지 설명하라.

36. 다음 분자들을 극성과 비극성으로 구분하라.
a. CH_3Cl　　b. C_2H_6
c. *cis*-$C_2H_2Cl_2$　　d. *trans*-$C_2H_2Cl_2$
e. CH_2C_{12}

37. 약은 극성 또는 비극성의 형태로 복용할 수 있다. 몸은 대부분 물로 이루어진 피와 비극성 지방으로 이루어진 세포막으로 되어있다. 약을 몸 속의 약의 수용체로 이동시키는 데 버크민스터풀러렌을 사용하는 것에 대해 어떻게 생각하는가?

38. 모든 탄소가 연결되어 있으며 구의 모양을 형성하는 버크민스터풀러렌에서 탄소의 기하구조는 무엇인가?

39. CH_3OH와 $CH_3CH_2\overset{\overset{\large O}{||}}{C}OH$의 반응으로부터 얻어지는 분자를 그려라. 이 물질은 어떤 부류의 화합물인가?

40. 옷이나 다른 용도를 위한 털실(Dacron과 같은)을 만드는 데 사용되는 물질인 폴리에스터는 에틸렌글라이콜($HO-CH_2-CH_2-OH$)와 테레프탈산($HOOC-C_6H_4-COOH$)의 반응으로 얻어진다. 반응에 의해 형성되는 분자를 그려라. 다크론은 각 폴리머 분자당 수백 개의 단량체를 가진다.

41. 1.00 kg의 에틸렌글라이콜과 테레프탈산의 반응을 통해 몇 그램의 다크론을 만들 수 있는가? 조성식은 문제 40을 참조하라.

42. 나일론 6,6은 아디프산($HOOC-(CH_2)_4-COOH$)와 헥사메틸렌다이아민($H_2N-(CH_2)_6-NH_2$)으로부터 만들어진다. 나일론 4,4를 만들기 위한 두 개의 단량체는 무엇인지 예측하라.

43. 시스와 트랜스가 의미하는 것을 그리고 설명하라.

44. 다음 설명은 무엇을 정의한 것인가?
a. 같은 분자식을 갖지만 다른 구조를 취하는 분자
b. 많은 수의 동일한 작은 분자들로부터 만들어지는 분자
c. 불포화 자리에서 사슬의 반대쪽에 수소 원자를 갖는 불포화 지방산

45. 각 질문에 대해 정확한 단어, 숫자, 표시, 반응 등으로 답하라.
a. 유기산과 알코올이 반응할 때 무엇이 생성되는가?
b. 전형적인 유기 화합물에서 다음의 각 원소들은 얼마나 많은 결합을 하는가?
C______　H______　O______　N______
c. 아미드를 형성하기 위해 서로 반응하는 두 가지 작용기는 무엇인가?

46. 세 개의 글루코오스 분자들은 축합되어 트라이사카라이드(trisaccharide)를 형성한다. 트라이사카라이드의 분자량을 계산하라.

47. 분자량 20,000을 갖는 폴리에틸렌을 만들기 위해서는 몇 개의 단량체가 필요한지 계산하라.

48. CH_3COOH, $C_6H_{12}O_6$, C_4H_{10}에서 탄소의 산화수를 계산하라.

49. 79.9%의 탄소와 20.1%의 수소를 갖는 탄화수소의 조성식은 무엇인가?

50. 83.2%의 탄소와 16.8%의 수소를 갖는 탄화수소의 조성식은 무엇인가?

51. 59.96%의 탄소, 26.63%의 산소, 13.41%의 수소로 이루어진 에테르의 조성식은 무엇인가?

52. 60.0 g의 다이에틸에테르를 연소시키면 몇 mol의 이산화탄소가 생성되는지 계산하라.

53. 유기 화합물에 산소 원자나 수소 원자가 첨가될 때 탄소의 산화수에 미치는 영향에 대해 논의하라.

54. 다음 각 화합물에서 탄소의 질량 백분율을 계산하라.

a. CH_3-O-H 메틸알코올(메탄올)

b. CH_3-CH_2-O-H 에틸알코올(에탄올)

c. $CH_3-CH_2-O-CH_2-CH_3$ 다이에틸에터

d. $\begin{array}{c} \qquad\qquad\qquad\quad CH_3 \\ \qquad\qquad\qquad\quad | \\ CH_3-CH_2-O-C-CH_3 \\ \qquad\qquad\qquad\quad | \\ \qquad\qquad\qquad\quad CH_3 \end{array}$ 에틸 *t*-뷰틸에터(ETBE)

55. 운동경기에서 스테로이드의 사용이 허용되어야 한다고 생각하는가? 이유는 무엇인가? 아니라면 그 이유는 무엇인가?

56. 자동차 연료로서 산화제(곡식에서 얻은 에탄올)의 사용에 대해 논의하라.

CHAPTER

물의 성질

7

"… 물, 물, 어디에나, 마실 한 방울의 물도 없다 …
그리고 지독한 갈증으로 모든 사람들의 혀는, 완전히 말라버렸다 :
우리는 검댕이로 목이 메인 것처럼 말도 할 수 없었다 … "

- "노수부의 노래", 새뮤얼 콜리지 1798 -

물을 마시지 않으면 수일 내에 심한 탈수 현상이 나타난다.
… 심한 갈증으로 입술과 혀가 마르고,
심박수와 호흡이 증가하고, 현기증, 혼란이 일어나고, 결국에는 혼수상태에 빠진다.

- 미국 의학협회 의학백과사전 -

고대 항해사의 문제는, 배가 바다의 한가운데 있을 때 주위에 있는 소금물을 먹을 수 없어 갈증으로 죽어가는 것이었다. 이 문제는 오늘날 우리의 문제이기도 하다. 우리에게는 많은 물이 있기는 하나 여러 다른 물질이 녹아있어 마실 수 없다. 인류의 건강을 지속하기 위해서 이용 가능한 물의 양과 질 모두 현재와 미래의 문젯거리가 되고 있다. 과거의 역사에서나 오늘날에도 물은 우리의 삶에서 중요한 역할을 하고 있다.

우리의 생명을 유지하기 위해서는 물이 필수적이다. 살아있는 생명체에서의 거의 모든 화학 작용은 세포 안에 있는 수용액에서 일어난다. 우리의 일상생활에는 늘 물이 필요하며 물을 사용한다. 하루의 생활을 생각해보자. 잠에서 깨어나면 곧 물을 마시고 싶어진다. 그 물은 음료수일 수도 있고 커피나 차일 수도 있다. 또한 비누 또는 세제라는 특별한 화학제품과 물을 이용해 얼굴을 씻는다. 그리고 물과 치약을 혼합하여 이를 닦는다. 매끼 먹는 식사에도 많은 물이 포함되어 있고, 다른 음식 자체

고대에는 매우 열악한 조건에서 항해를 했기 때문에 목적지에 닿기도 전에 선원들이 모두 죽기도 했다.

에도, 식사할 때 마시는 음료에도 물이 많이 포함되어 있다. 많은 음식들은 끓는 물로 요리를 하고, 어떤 음식은 물의 고체 형태인 얼음으로 차게 보관한다. 식사 후 물과 세제로 설거지를 하고, 옷을 포함한 모든 종류의 물건을 물로 세탁한다. 밖에 외출을 나갔을 때 소나기를 만날 수 있다. 소나기는 강이나 호수 또는 바다에서 증발한 물이 구름이 되어서 다시 땅으로 떨어지는 것이다. 떨어지는 물의 힘으로 수력 발전소의 터빈을 회전시켜 전기를 만든다. 물은 가열되어 가스나 핵, 화력 발전소의 터빈을 돌릴 수증기로 변환된다. 찬물은 기계의 과열을 막기 위한 공업용 다목적 냉각제로 사용된다. 바다나 호수 또는 강은 운송 시스템과 휴양 시설로 사용될 수 있다. 물은 또한 불을 끄는 데 사용되는 등 매일 우리에게 도움을 주고 있다. 이러한 예들은 일상생활에서 가장 분명한 물의 용도 중 몇 가지일 뿐이다. 물은 고체상, 액체상, 또는 기체상으로 이동하며, 매우 다양한 방법으로 전 지구적인 순환을 한다.

이 장에서는 물의 성질과 용도를 살펴볼 것이다. 물이 자연계에서 순환과정의 한 부분이 되도록 보존함으로써 물 사용량의 증가와 인구 증가의 압력에 어떻게 대처해나가야 할지 생각해보자. 불행하게도 우리에게는 물이 많이 있으나 물에 다른 여러 화학 물질이 녹아있기 때문에 마실 수가 없다. 물은 지구상의 모든 생명체에게 절대적으로 필요하다. 인간은 물을 마시지 않으면 단 며칠밖에 살 수 없다. 사람들은 음식이나 음료수를 통해서 하루에 2리터 가량의 물을 마신

바다는 지구상에 있는 물의 95% 이상을 담고 있다. 나머지는 호수, 강, 지하수, 눈, 얼음 및 대기의 수증기이다.

다. 동물뿐 아니라 식물도 물이 필요하기 때문에, 농업은 물의 주요 사용처가 된다. 대부분의 제조공장에도 물이 사용된다. 우리가 사용한 물의 양을 계산해 보면, 미국의 각 개인이 쓰는 물은 매일 700 L나 된다.

물은 중심에 있는 산소 원자에 두 개의 수소 원자가 각각 연결된 간단한 분자이다. 우리는 메테인 (CH_4)이나 암모니아 (NH_3)와 같이 중심 원자에 수소가 결합된 몇 가지 다른 간단한 물질에 대해서도 잘 알고 있다. 이러한 물질들은 실온에서는 기체로 존재한다. 물은 메테인이나 암모니아와 비슷한 분자량을 가지고 있지만 실온에서 액체로 존재한다. 6장에서는 이러한 다른 화합물과 물의 성질 사이의 물리적인 차이를 가져오는 구조적인 차이점 (모양)에 대해 토론하였다. 물이 105°의 결합각을 갖는 'V자 모양'임을 보여주기 위해 VSEPR 모형을 사용하였다. V자 모양과 함께 수소와 산소 사이의 전기음성도의 차이를 고려하면 다른 물 분자와 수소결합을 형성할 수 있는 극성분자로 되어 있음을 알 수 있다. 지난 마지막 장의 주제 중 하나는 "구조가 기능을 좌우한다"이다. 즉, 이 작은 물 분자의 행동은 그 모양과 극성에 의해 좌우된다는 것이다. 그림 7.1은 세 가지 방법으로 물 분자를 나타낸 것이다. 물 분자들은 집합체로 되어 있으며 이들은 수소 결합을 통해 상호 작용하고 있다. 액체 물은 각 물 분자들의 집합체로서, 4개의 서로 이웃한 물 분자와 수소 결합을 형성하고 있다 (그림 7.2).

이 장에서는 우리가 살고 있는 세상의 물에 관해 논의할 것이다. 먼저, 물의 물리적 성질을 논의하며, 7.3절에서 논의할 물의 구조와 관련하여 이해할 수 있는 물의 용도에 대해 논의한다.

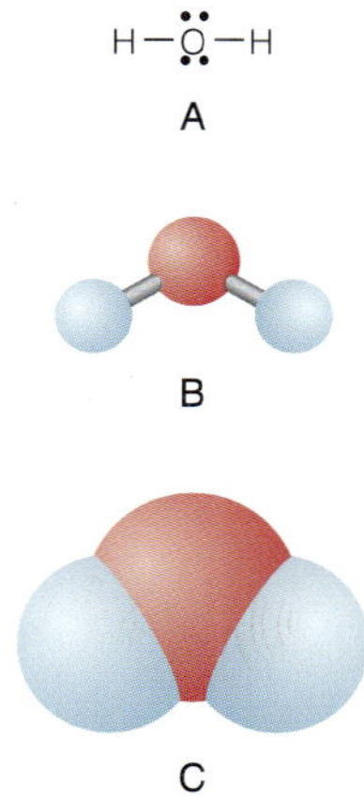

그림 7.1 물 분자는 여러 가지 방법으로 나타낼 수 있다. 루이스 (Lewis) 구조인 **A**는 전자쌍들이 중심의 O 원자에 두 개의 수소 원자가 결합하고 있음을 보여준다. 공과 막대기 모형인 **B**는 분자모양을 나타내지만 원자들이 실제보다 훨씬 더 멀리 떨어져 있는 것으로 표시되었다. 공간 채움 모형인 **C**는 원자들이 굽은 모양으로 서로 가까이 결합하고 있는 것을 좀더 현실적으로 보여주고 있다.

7.1 물 – 많은 면에서 예외적이다

1912년 4월 14일 저녁, 대서양을 횡단하던 타이타닉호가 뉴펀드랜드 해안의 빙산에 부딪혀 침몰하여 1,522명이 사망하였다. 우리는 물의 성질을 매우 잘 알고 있기 때문에 거대한 빙산의 형태라도 물에 뜬다는 것을 이해할 수 있다. 그러나 거의 모든 고체물질들이 얼었을 때 액체 속에 가라앉는데 반하여 물은 거의 유일하게 액체 위에 뜨는 독특한 성질을 갖고 있다. 고체 형태에서 물질의 밀도가 액체 형태일 때의 밀도보다 항상 더 높기 때문이다. 그러면 왜 얼음은 액체 형태의 물보다 밀도가 낮은 것일까?

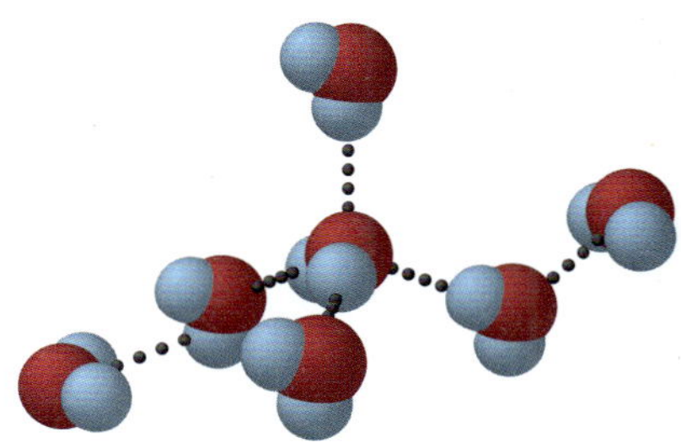

그림 7.2 물 분자의 수소 결합 능력. 물은 두 개의 O–H 결합과 두 개의 비결합 전자쌍을 가지고 있기 때문에 한 개의 물 분자는 4개의 H 결합에 참여할 수 있으며, 그림과 같이 H_2O 분자 주위에 사면체적으로 배열된다.

우리는 고체 (얼음), 액체 (물), 기체 (수증기)의 물의 세 가지 상태 모두에 대하여 잘 알고 있다. 얼음에서 구조는 완전히 수소 결합으로 되어 있다. 산소의 전자가 사면체의 기하학적 형태로 배열되어 있기 때문에 각각의 물 분자를 둘러싸고 있는 4개의 수소 결합은 사면체의 각 꼭지점을 향하여 위치한다. 이러한 형태는 얼음 구조가 많은 빈 공간들을 갖도록 한다. 얼음에 열을 가하면 얼음이 녹기 시작하는데, 이것은 몇 개의 수소 결합들이 깨어져 구조가 허물어지는 것을 의미한다. 따라서 같은 분자 수의 액체 상태의 물은 고체상태인 얼음이 차지하는 공간보다 작은 공간을 차지하므로 액체 상태인 물의 밀도는 얼음의 밀도보다 더 크다. 밀도가 작은 고체는 밀도가 더 큰 액체 위에 뜨게 되므로 얼음이 물 위에 뜨는 것이다. 때로 이와 같은 평범한 관찰의 중요성이 간과되는 경우가 있다. 냉장고에서 만든 육면체 얼음덩이가 음료수에 뜬다는 사실은 그리 중요하지 않다. 그러나 얼음이 얼어 호수 위에 떠 있는 것은 매우 중요하다. 만약 얼음이 물에 가라앉는다면 호수는 바닥에서부터 얼 것이고 물고기는 겨울을 나는 동안 살아남을 수 없을 것이다. 대신에 물 위에 있는 얼음층이 절연체로 작용하여 얼음층 밑에 남아있는 물의 열 손실을 막아 추운 북부 지방의 긴 겨울 동안에 얼음 밑에서 물이 얼지 않고 액체로 남아 있도록 해준다.

어는점(Freezing Point)

물이 안정한 상태에서 액체와 고체가 함께 존재할 수 있는 유일한 온도가 있다. 이 온도는 0°C로 물의 **어는점** (freezing point)이면서 **녹**

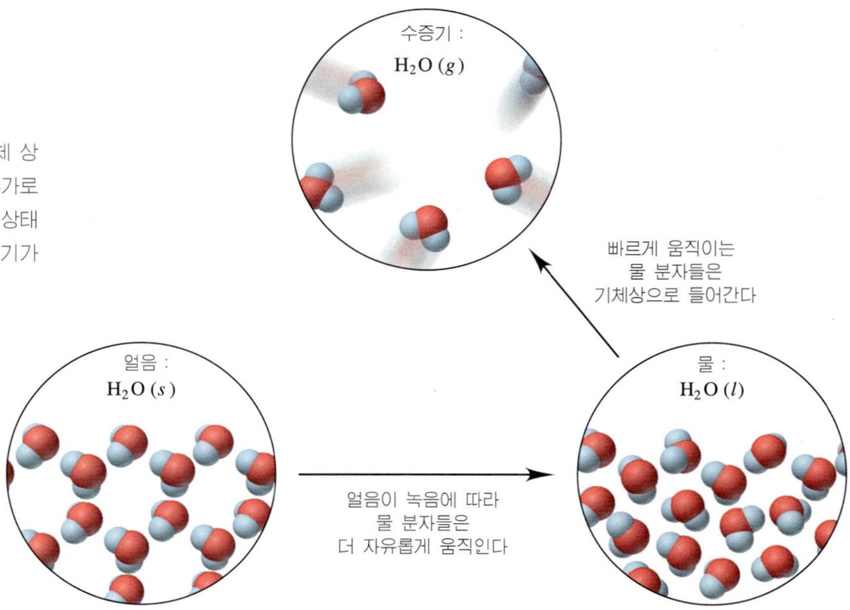

열을 가하면 얼음이 녹는다. 녹은 액체 상태의 물은 얼음보다 덜 규칙적이다. 추가로 더 많은 열을 가하면 물 분자는 액체 상태보다 덜 규칙적인 기체 상태의 수증기가 되어 액체를 떠난다.

는점 (melting point)이다. 얼음이 녹는 온도는 물이 어는 온도와 같다. 화학자들이 사용하는 화학식을 사용하여 나타내면 $H_2O(l) \rightarrow H_2O(s)$로 되는 바로 그 온도에서 $H_2O(s) \rightarrow H_2O(l)$가 일어난다. 실제로, 얼음의 녹는점은 대기압에 따라 아주 조금씩 변한다. 이 변화는 매우 작아서 (0.5 기압에서 녹는점은 0.005°C) 보통 대기압의 수십 배의 큰 압력이 가해지기 전까지는 고려할 필요가 없다.

겨울철에 화산이 폭발하는 동안 물은 고체, 액체, 기체의 세 가지 모든 상태로 존재한다.

얼음을 음료에 넣었을 때 실제로 일어나는 현상은 얼음이 따뜻한 음료의 열을 빼앗아 얼음을 녹는점 (0°C)까지 데우는 것이다. 일반적으로 음료가 충분히 차갑게 되지 않기 때문에 얼음이 바로 녹게 된다. 얼음이 녹는 과정은 열을 필요로 하며, 이 열은 대부분 음료로부터 끌어내므로 음료는 더 냉각된다. 칵테일과 같은 몇몇 합성주의 경우에는 많은 양의 얼음을 넣고 흔든 다음 얼음이 녹아서 술이 묽게 되기 전에 얼음을 걸러 낸다. 이렇게 함으로써 얼음이 녹는점까지 데워져서 충분히 냉각되고 술은 최대의 농도를 유지한다.

대부분의 사람들은 물이 얼 때 열이 방출된다는 것을 알지 못한다. 그러나 얼음을 녹이기 위해 열을 가해야 한다는 것은 잘 알고 있다. 달리 설명하면 물을 얼게 하기 위해서는 열이 제거되어야 한다는 의미이다. 이 말은 어는 동안에 열이 방출된다는 것과 같은 말이다.

0°C에서 일정한 양의 얼음을 녹이기 위해 필요한 열량을 **융해열** (heat of fusion)이라고 부른다. 얼음의 융해열은 334 J/g, 즉 6.01 kJ/mol이다.

끓는점 (Boiling Point)

0°C의 얼음과 물 혼합물에 열을 가하면 얼음이 모두 녹기 전까지는 혼합물의 온도가 올라가지 않는다. 그러나 더 많은 열을 가하면 액체 상태인 물의 온도가 올라간다. 이때 더 많은 수소결합이 깨어져서 일부 분자들이 수증기가 되어 액체상을 떠난다.

$$H_2O(l) \rightarrow H_2O(g)$$

수증기는 항상 고체 상태나 액체 상태의 물과 접촉하고 있으며, 존재하는 수증기의 양을 예측할 수 있다. 이것을 '평형증기압'이라 부르며 물과 물 주위의 온도에 따라 달라진다. **평형** (equilibrium)이란 말은 물 분자가 액체에서 수증기로 가는 것과 동시에 같은 수의 물 분자가 수증기에서 물로 가는 동적인 상황을 나타낸다. 표 7.2와 그림 7.3은 물의 온도와 증기압력 사이의 관계를 나타낸 것으로, 온도가 증가할수

예제 7.1 물은 얼마나 많이 존재하는가?

문 제 표 7.1에 있는 자료를 이용하여 지구상에 있는 물 분자의 수를 계산하라.

표 7.1 지구상의 물의 근원

근 원	전체 중의 %	부 피(L)
바다	97.33	1.348×10^{21}
염호	0.008	1.05×10^{17}
극지방의 빙하	2.04	2.8×10^{19}
지하수	0.61	8.45×10^{18}
호수	0.009	1.25×10^{17}
토양 습기	0.005	6.9×10^{16}
대기 중의 수증기	0.001	1.35×10^{16}
강	0.0001	1.5×10^{15}
전체	100.0	1.385×10^{21}

풀 이 표 7.1의 자료를 보면 지구상의 물이 1.385×10^{21} L임을 알 수 있다. 이 자료로부터, 리터를 밀리리터로, 물의 질량으로(밀도를 이용해서), 몰수로(분자량을 이용해서), 마지막으로 분자 수로(아보가드로 수를 이용하여) 차례대로 변환시킬 수 있다.

$$H_2O\text{ 분자 수} = 1.385 \times 10^{21}\,\text{L} \times \frac{1000\,\text{g}}{1\,\text{L}} \times \frac{1\,\text{mol}}{18.0\,\text{g}} \times \frac{6.02 \times 10^{23}\text{ 분자}}{1\,\text{mol}}$$

$$= 4.63 \times 10^{46}\text{개 분자}$$

예제 7.2 얼음으로 병 깨뜨리기

문 제 0℃에서 액체 상태인 물의 밀도는 $0.998\,\text{g/cm}^3$이고 얼음의 밀도는 $0.9168\,\text{g/cm}^3$이다. 위의 내용을 이용하여, 물을 가득 채운 유리병을 뚜껑을 단단히 채워 얼리면 왜 깨지는지 그 이유를 설명하라.

풀 이 병의 물이 얼면 밀도가 감소한다. 그러나 질량은 일정하게 유지되므로 부피는 증가한다.

$$\text{액체의 질량} = \text{고체의 질량}$$

$$\text{밀도} = \frac{\text{질량}}{\text{부피}}$$

$$\text{질량} = \text{밀도} \times \text{부피}$$

따라서

$$\text{액체의 밀도} \times \text{액체의 부피} = \text{고체의 밀도} \times \text{고체의 부피}$$

고체의 부피에 대해 다시 풀면

$$\text{고체의 부피} = \text{액체의 부피} \times \frac{\text{액체의 밀도}}{\text{고체의 밀도}}$$

$$= \text{액체의 부피} \times \frac{0.9998}{0.9168}$$

$$= \text{액체의 부피} \times 1.090$$

다시 말하면, 얼음은 액체일 때보다 약 9% 정도 더 큰 부피를 차지하게 될 것이다. 이것은 대부분의 단단한 용기를 깨뜨리기에 충분한 힘을 발생시킨다.

표 7.2 물의 온도와 증기압력 사이의 관계

온 도(℃)	물의 증기압력(torr)	온 도(℃)	물의 증기압력(torr)
고체 상태인 물(얼음)			
−40	0.097	−10	1.95
−30	0.28	−5	3.01
−20	0.78	0	4.58
−15	1.24		
액체 상태인 물			
−15	1.44	80	355.1
−10	2.15	90	525.8
−5	3.16	100	760.0
0	4.58	110	1,074.6
5	6.54	120	1,489.1
10	9.21	130	2,026.1
15	12.79	140	2,710.9
20	17.54	150	3,570.5
30	31.82	200	11,659.2
40	55.32	250	29,817.8
50	92.51	300	64,432.8
60	149.4	350	124,001.6
70	233.7	374	165,467.2

록 증기압력도 증가하는 것을 보여주고 있다. 온도가 끓는점에 도달하면 물의 증기압력은 열린 용기의 외부 대기압력에 도달하게 된다.

마지막 두 문장에서 중요한 사실을 주목해보자. 앞에서 열린 용기 속에 들어있는 액체의 끓는점을 정의할 때, 물의 증기압력이 물 주위

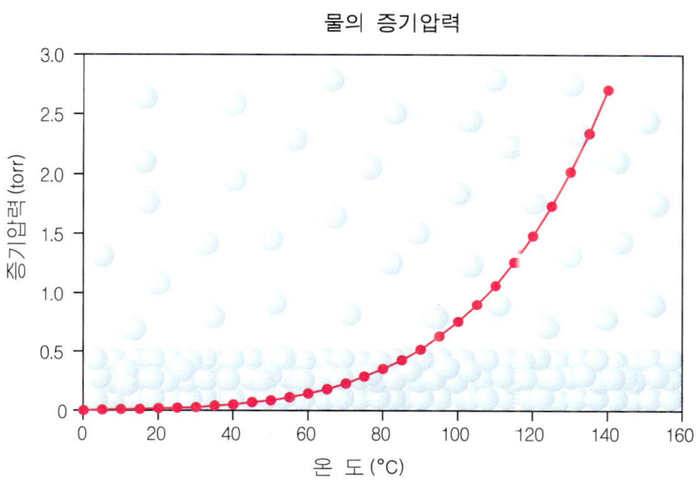

그림 7.3 물의 끓는점은 외부 압력의 변화에 따라 급격히 변한다. 이것은 온도가 증가함에 따라 증기압력이 증가하기 때문이다. 끓는점은 증기압력과 가해준 압력이 같은 온도이다. 이 그래프는 여러 온도에서의 증기압력을 보여주고 있다. 1기압(760 torr)에서 물의 끓는점은 100 °C이다. 0.5기압에서는 81 °C이며, 2.0기압과 3.0기압에서는 훨씬 더 높다. 표 7.2에 여러 온도에서의 증기압력이 나타나 있다.

일정량의 물을 끓이는 데 필요한 열량을 증발열(heat of vaporization)이라 하는데 100°C에서 물의 증발열은 2257 kJ/g, 즉 40.67 kJ/mol이다

의 대기압력과 같아지게 되는 온도라고 정의하였다. 그것은 어떠한 방법으로 대기의 압력을 낮추면 **끓는점**(boiling point) 또한 낮아지게 된다는 것을 의미한다. 즉, 주위의 압력이 낮을 때 끓는 물은 뜨겁지 않다. 이것은 높은 산에서 물을 끓일 때 분명해진다.

해수면에서 물은 100°C에서 끓는다. 고도가 높은 곳에서의 대기압력은 해수면에서보다 낮으므로 물은 해수면에서보다 낮은 온도에서 끓는다. 대기압력이 해수면에서의 대략 61%에 불과한 산에서 물은 87°C에서 끓는다. 고도가 높은 곳에서 끓는 물은 뜨겁지 않기 때문에 해변에서보다 산에서 계란을 삶는 데 시간이 더 오래 걸린다.

압력솥(높은 압력의 환경을 만듦)에서 끓는 물은 낮은 압력의 환경에 비해 물의 증발에 대하여 반대의 효과를 보여준다(그림 7.4). 열린 용기에서 무엇인가가 끓을 때 주위의 압력은 방 안의 공기 압력과 같다. 그러나 압력솥과 같은 완전히 밀폐된 용기 속에서 물이 끓기 시작할 때 압력은 정상 대기압보다 두 배 이상 증가한다. 밀폐된 용기 속의 끓는 물의 온도는 보통 용기 속의 온도보다 높다. 따라서 압력솥 안의 음식이 더 빨리 익는다. 압력솥에는 압력솥의 압력이 보통 주변의 압력보다 두 배가 될 때 증기가 새어 나올 수 있는 안전밸브가 있다. 이런 밸브가 없으면 압력은 점점 높아지게 되고 압력솥은 폭발할 수 있다. 밀폐된 용기 속에 있는 액체를 가열하는 것은 위험하다. 화학 실험실에서 밀폐된 상태로 가열되는 기구들은 어떤 이유로든지 간에 '폭탄'과 같다.

승화(sublimation)는 고체가 직접 기체로 변환되는 과정을 말한다. 예로서, 물의 승화 과정은 다음과 같이 나타낸다.

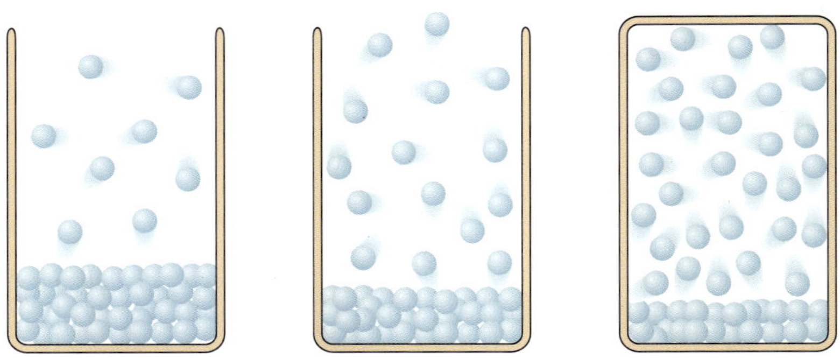

그림 7.4 푸른 거품 방울은 물 분자를 나타낸다. 액체 상태의 물 분자는 용기 바닥에 밀집되어 있다. 수증기 분자들은 기체상으로 존재하며 서로 멀리 떨어져 있다. 온도가 높아질수록 기체상으로 존재하는 물 분자의 수도 많아진다. 열린 용기에서 기체상의 물 분자는 주위의 공기로 달아날 수 있다. 그러나 닫힌 용기에 들어 있는 기체상의 물 분자는 갇혀 있어서 주위의 공기로 달아날 수 없다. 따라서 물 분자가 기체상으로 됨에 따라 압력이 증가하게 되고 더 많은 공간이 필요하게 된다. 이것이 물의 끓는 온도를 상승시킨다.

$$H_2O(s) \rightarrow H_2O(g)$$

이 승화는 녹는점 아래의 온도에서 일어나며, 고체의 증기압이 작지만 0은 아니기 때문에 일어난다. 그러면 승화는 발열반응인가 아니면 흡열반응인가? 그 이유는 무엇일까?

지금까지 승화와 함께 어는점, 끓는점과 같은 여러 특성들을 논의하였다. 또한 얼 때, 녹을 때, 끓을 때의 에너지 변화를 살펴보았다. 만약 물에서의 에너지 변화를 자세히 살펴보게 되면 지구상에서 일어나고 있는 몇 가지 흔히 볼 수 있는(또한 흔치 않은 몇 가지의) 변화과정들을 설명할 수 있다.

비열(Specific Heat)

호수에서 수영을 해보면 더운 여름이라 해도 물이 공기보다 다소 시원하다는 것을 알 수 있다. 북쪽 지방에 사는 극히 일부 사람들은 겨울에 호수로 수영하러 가는데 그들은 물이 주변 공기보다 따뜻하다는 것을 알고 있다. 커다란 호수를 데우는 데는 많은 태양열이 필요하다. 반대로 호수의 물을 냉각시키려면 많은 열을 제거해야 한다. 이것이 호수가 낮에는 주변 공기보다 시원하고, 밤에는 따뜻한 이유이다. 호수의 물 온도는 공기보다 훨씬 느리게 변한다. 왜 이런 일이 일어나는 것일까? 이것은 **비열** (specific heat)과 관계가 있으며, 비열은 어떤 물질 1 g의 온도를 1°C (또는 1 K) 올리는 데 필요한 열의 양이다. 물의 비열은 4.184 J/gK이다. 또한 어떤 물질 1 mol을 1°C 올리는 데 필요한 열을 몰열용량(molar heat capacity)이라 한다. 표 7.3에 물과 몇 가지 물질의 비열과 몰열용량을 나타내었다.

1.000 cal = 4.184 J이다. 따라서 물의 비열은 1.000 cal/g °C이다.

원소나 분자의 비열을 응용하는 실제적 예로 달걀을 요리하는 것을 생각해보자. 알루미늄으로 만든 냄비는 냄비 안의 물보다 훨씬 작은 비열을 갖는다. 이는 비교적 작은 열로 알루미늄 냄비의 온도를 크게 증가시킬 수 있음을 의미한다. 뜨거운 금속 그릇은 급속히 열을 내부의 물에 전달한다. 물과 냄비의 최종 온도가 같다고 하더라도 풍로에서 전달된 열의 대부분은 물에 전달된다. 따라서 알루미늄이나 철, 구리 등으로 된 금속 그릇을 이용하여 요리할 때의 알짜 효과는 그릇 속의 물이 풍로에서 전달된 대부분의 열을 받는다는 것이다.

일정량의 물을 가열하는 데 필요한 전체 열량을 계산하는 식은 물의 질량 × 온도변화량(섭씨) × 비열이다. 이것 역시 다른 풀이 과정에서와 같이 차원 분석 문제임을 주목하라.

표 7.3 몇 가지 물질의 비열과 몰열용량

물 질	비열 (J/g K)	몰열용량 (J/mol K)*	화학식량
물 (액체)	4.184	75.3	18.0
얼음 (물)	2.05	36.9	18.0
수증기	1.84	33.1	18.0
에탄올	2.4	112	46.0
에틸렌 글라이콜	2.4	148	62.0
리튬	3.6	24.9	6.94
알루미늄	0.88	23.7	27.0
구리	0.38	24.1	63.5
금	0.13	26.0	197.0
수은 (고체)	0.14	27.8	200.6
아르곤 (고체)	0.65	25.9	39.9
질소 (고체)	1.63	45.7	28.0

* 이 단위에 해당하는 값은 1 mol (6.02×10^{23}개의 원자 혹은 분자)을 1 K 올리는 데 필요한 열이다.

열용량 (Heat Capacity)

물의 비열은 어떤 다른 물질보다 크다. 이는 알코올과 같은 화합물이나 금속의 온도를 올리는 것보다 물의 온도를 높이는 데 더 많은 열을 가해주어야 한다는 것을 의미한다. 물의 질량에 물의 비열을 곱한 것을 물의 **열용량**(heat capacity)이라 한다. 예제 7.3에서, 욕조에 담긴 뜨거운 물의 열용량이 209 kJ이라면 이 물의 온도를 1°C (즉, 1 K) 올리는 데 209 kJ이 필요하다는 뜻이다. 무게가 250 g인 컵에 담긴 물

예제 7.3 목욕물 데우기

문 제 50 L의 수돗물을 목욕하기에 적당한 온도로 데우는 데 필요한 열량을 계산하라. 수돗물의 온도와 목욕하기에 적당한 물의 온도는 임의로 정하여 계산하라.

풀 이 우선 물 50 L의 질량을 결정한다. 물 1 L의 질량은 1 kg, 즉 1000 g이므로 물 50 L의 질량은 50,000 g, 즉 5.00×10^4 g이다. 수돗물의 온도는 지역마다 다르고 적당한 목욕물의 온도도 개인차가 있으므로 적당한 보정을 하기로 하고, 여기에서는 수돗물의 온도를 10 °C, 적당한 목욕물의 온도를 45 °C로 생각하기로 한다. 이에 온도 상승은 35 °C (45 − 10)이다. 이 변화량은 35 K와 같다.

그러므로 필요한 열은

$$\frac{4.184\ \text{J}}{\text{g K}} \times 5.00 \times 10^4\ \text{g} \times 35\ \text{K} = 7.3 \times 10^6\ \text{J}$$

즉 7.3×10^3 kJ이다.

이러한 문제에 대한 답을 확인하는 방법은 단위를 상쇄시켜 원하는 최종 단위가 얻어지는지를 확인하는 것이다. 이 예제의 계산에서 원하는 단위가 나왔는가?

5장으로 되돌아가서, 이 예제에서 계산된 양의 에너지를 얇은 곡물 조각에 설탕을 입힌 시리얼의 열량으로 환산할 수 있다. 이것은 재미있는 결과이기는 하나 그다지 실용적이지는 않다. 이 장의 뒤쪽에서 이 에너지를 좀더 의미있는, 즉 이만큼의 열을 얻는 데 얼마나 많은 천연가스를 태워야 하는가와 관련지어 설명할 것이다.

예 제 7.4 **생각 속에서의 동전**

문 제 표 7.3에서 보는 바와 같이, 모든 물질은 고유의 비열을 갖는다. 금속 구리의 비열은 0.38 J/gK이다. 빨갛게 달구어진 구리 동전($T = 600℃$, 질량 = 3.15 g)과 앞의 예제에서 다루었던 목욕물을 생각해보자. 구리 동전과 목욕물을 상온(25℃)으로 냉각시키면 열을 방출한다. 어떤 것이 더 많은 열을 포함하고 있겠는가?

풀 이 이 문제에서는 0.38 J/gK의 비열을 갖는 구리 조각의 열의 변화를 묻고 있다.

뜨거운 동전이 잃은 열

$$= \frac{0.38\,\text{J}}{\text{g K}} \times 3.15\,\text{g} \times (600-25℃)$$

$$= 690\,\text{J}$$

이를 목욕물의 열량 4.2×10^6 J($4.184 \times 5.00 \times 10^4 \times 20$)과 비교해보면, 동전이 훨씬 뜨거워도(또는 더 높은 온도라 하더라도), 훨씬 작은 열을 포함하고 있음을 알 수 있다.

의 열용량은 4.184 J/gK × 250 g = 1050 J/K, 즉 1.05 kJ/K이다. 비열은 변하지 않는다. 많은 양의 물을 데우는 데는 적은 양보다 더 많은 열이 필요할 뿐이다. 호수와 같이 많은 양의 물을 데우는 데는 그만큼 많은 양의 열이 필요하다. 이런 이유로 호수는 더운 여름 내내 시원하고, 바다는 호수보다 온도 변화가 더 적은 것이다.

이러한 예를 통해 열과 온도는 관련이 있지만, 같은 의미는 아님을 알 수 있다. 열변화량을 알아내려면 비열 및 물질의 질량과 온도변화량을 알아야 한다.

용해열과 기화열(Heat of Fusion and Vaporization)

더운 날 달리기를 하면 땀을 많이 흘리게 된다. 땀은 대부분 물로 이루어져 있으며, 체온이 너무 올라가는 것을 막는 역할을 한다. 뜨거워진 피부 위에 얇은 물 층이 연속적으로 형성되는데 이 물이 땀으로 증발되면서 우리의 몸을 냉각시킨다. 물을 증발시키는 데 필요한 열은 운동을 하는 사람의 몸으로부터 공급된다. 그 결과 몸이 식게 되는 것이다.

물을 **증발**(evaporation)시키기 위해서는 많은 열이 필요하다. 25 ℃에서 1 g의 액체 상태의 물을 수증기로 증발시키기 위해서는 2.44 kJ이 필요하다. 이를 **증발열**(heat of vaporization)이라 한다.

기체 상태의 물이나 증기가 다시 액체 상태의 물로 응축되면 같은 양의 증발열이 방출된다. 끓는 물과 증기의 온도는 모두 100 ℃이지만, 증기에 데일 때가 끓는 물에 데일 때보다 훨씬 큰 화상을 입게 된다. 그 이유는 증기가 액체 물로 응축될 때 훨씬 많은 열이 피부로 전달되기 때문이다.

예제 7.5 **목욕물을 데우는 데 가스가 얼마나 필요할까?**

문 제 천연가스(메테인, CH_4)가 탈 때 몰당 882 kJ의 열이 방출된다. 어떤 용기에 120 g의 메테인 가스가 들어있다. 이 양의 메테인 가스로 예제 7.3의 목욕물을 45℃로 데우는 데 충분한가?

풀 이 예제 7.3에서 목욕물을 데우는 데 7.3×10^3 kJ이 필요함을 알았다. 메테인이 몰당 882 kJ의 열을 낼 수 있으므로, 필요한 메테인의 몰수를 계산해보면 다음과 같다.

$$7.3\times10^3\,\text{kJ}\times\frac{1\,\text{mol 메테인}}{882\,\text{kJ}}=8.3\,\text{mol 메테인}$$

$$\text{메테인의 g수}=8.3\,\text{mol 메테인}\times\frac{130\,\text{g 메테인}}{1\,\text{mol 메테인}}$$

$$=130\,\text{g 메테인}$$

그러므로 목욕물을 45°C까지 데우는 데 메테인이 부족함을 알 수 있다. 다른 방법으로, 다음과 같이 하나의 방정식으로 전체의 문제를 풀 수도 있다.

$$7.3\times10^3\,\text{kJ}\times\frac{1\,\text{mol 메테인}}{882\,\text{kJ}}\times\frac{16.0\,\text{g 메테인}}{1\,\text{mol 메테인}}$$

$$=130\,\text{g 메테인}$$

잘 생각하기 : 메테인을 연소시켜 얻은 모든 열 에너지가 실제로 목욕물을 데우는 데 사용된다고 가정하는 것이 타당한가? 열은 목욕물을 데우는 것 외에 다른 곳으로 갈까?

예제 7.6 **융해열**

문 제 22°C의 물 250 g을 0°C로 냉각시키는 데 필요한 얼음의 양을 계산하라. 냉각되는 액체 물에서 열을 흡수하여 얼음이 녹게 됨을 주목하라.

풀 이 이 문제는 두 부분으로 나누어 볼 수 있다. 첫째로, 어는점까지 온도가 낮아지기 위해 물에서 얼마만큼의 열을 빼앗아야 하는가 하는 것이다.

1. 물이 냉각될 때 방출되는 열

$$\frac{4.184\,\text{J}}{\text{g K}}\times250\,\text{g}\times22\,\text{K}=2.3\times10^4\,\text{J}$$

이 문제의 두 번째 부분은 이 열량(2.3×10^4 J)을 흡수하는 데 필요한 얼음의 양을 결정하는 것이다. 이를 위해 얼음이 0°C의 물로 녹을 때 얼음이 흡수하는 열량인 물의 융해열을 사용한다. 물의 융해열은 333 J/g이다.

2. 1 g의 얼음을 녹이는 데 333 J이 필요하다. 물의 냉각에 필요한 열 2.3×10^4 J을 333 J/g으로 나누면 필요한 얼음의 양을 알 수 있다.

$$\text{얼음의 질량}=\frac{2.3\times10^4\,\text{J}}{333\,\text{J/g}}=69\,\text{g}$$

이는 69 g의 얼음이 녹는 데 필요한 열을 물 250 g이 22 °C에서 0°C로 냉각되며 공급해 줄 수 있음을 의미한다.

이번 장에서 물의 순환과 관련된 내용은 온도 변화와 상 변화를 수반하는 순수한 물의 에너지 변화에 초점을 두었다. 그러나 지구상의 대부분의 물에는 물질이 녹아 있다. 예를 들면, 바다의 소금물에는 염화나트륨과 다른 화합물들이 녹아 있다. 지하에서 뽑아 올린 물 속에는 칼슘이나 마그네슘과 같은 금속 이온이 들어 있으며, 도시의 정수처리 시스템이나 단물화 처리를 하지 않고 지하수를 그대로 사용하는 가정에서는 이들 금속 이온을 함께 먹게 된다. 다음 절에서는 매우 많은 물질이 물에 쉽게 녹는 이유와 이와는 반대로 원유 속에 녹아 있는 대부분의 물질은 왜 물에 녹지 않는지에 대하여 논의한다.

7.2 만능 용매

물은 흔히 '만능 용매'라고 불린다. 만능 용매가 무엇이든 녹이는 액체라면 "어떤 용기에 만능 용매를 보관할 것인가?"는 오래된 수수께끼였다. 이것은 실제로 매우 순수한 물을 저장할 때 생기는 현실적인 문제이다. 물은 아주 좋은 용매여서 물을 저장하는 용기를 소량 녹인다. 따라서 그것 때문에 물의 순도를 잃는다. 매우 순수한 물을 장기간 저장하는 것은 매우 어렵다. 그러면 여기서 사용되는 몇 가지 용어를 정의하기로 하자.

용해 (dissolve)한다는 것은 한 물질 (**용질**, solute)의 분자나 이온이 다른 물질 (**용매**, solvent)의 분자들 사이에 균일하게 섞인다는 것을 의미한다. 용매는 최종 용액 (균일 혼합물)에서 더 많은 양으로 존재하는 것을 말한다.

일반적으로, 작은 분자는 큰 분자보다 잘 용해되고 극성분자는 비극성분자보다 (물에서) 잘 용해된다. 따라서 메탄올은 헥사데케인 ($C_{16}H_{34}$)보다 물에서 더 잘 용해되며, 실제로 헥사데케인은 물에 용해되지 않는다. 메탄올과 같은 수소결합 분자들은 무엇보다도 물에 잘 용해된다. 반면에 물과 같이 극성인 수소결합 분자들은 사염화탄소(CCl_4)와 같은 비극성 용매에서는 거의 용해되지 않지만 탄화수소 (hydrocarbons)는 비극성 용매에서 매우 잘 용해된다

이미 알고 있는 바와 같이, 물은 작고 극성이 매우 큰 분자로서 수소결합에 의해 붙들려 액체 형태로 존재한다. 수소결합에 대한 극성과 경향은 물이 설탕이나 알코올과 같은 다른 극성인 수소결합 분자 화합물을 용해하는 것을 유리하게 한다. 극성이 작고, 수소결합의 경향이 작은 화합물일수록 물에서 잘 용해되지 않는다. "비슷한 것은 비슷한 것을 용해한다"는 것을 기억하라. 알코올은 탄소에 결합된 O－H기를 가지고 있고 설탕도 여러 개의 O－H기들을 가지고 있다. 그 결과, 알코올과 설탕은 둘 다 물에 잘 용해된다.

비슷한 것은 비슷한 것을 용해한다

용매와 용질이 모두 액체일 때, 용매와 용질은 어떤 비율로도 서로 용해할 수 있다. 흔히 볼 수 있는 좋은 예로서 알코올 (에탄올 또는 에

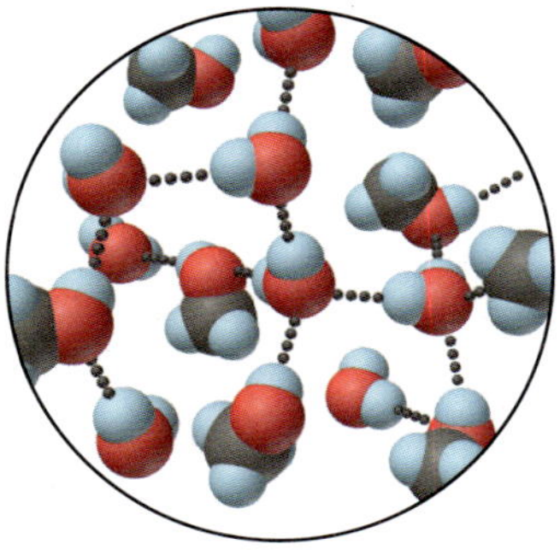

그림 7.5 비슷한 것은 비슷한 것을 녹인다. 그림의 아래에 있는 메틸알코올(CH_3OH)은 위쪽에 있는 물(H_2O)에 용해된다. 그 이유는 두 분자가 가지고 있는 OH 결합이 비슷하기 때문이다. 혼합물의 부피는 혼합하기 전에 물과 알코올의 부피를 더한 것보다 작다.

틸알코올)을 들 수 있다. 어떠한 양의 알코올이든 물의 양에 관계없이 용해되고, 어떠한 양의 물이든 알코올의 양에 관계없이 용해된다(그림 7.5). 이러한 두 물질 사이의 용해도를 무한히 녹는다고 말한다.

알코올 분자에서 탄소 원자들의 사슬 길이가 증가됨에 따라 물에서의 용해도는 감소한다(표 7.4 참조). 알코올에서의 탄소사슬이 더 길어짐에 따라 분자의 수소결합 부분이 상대적으로 덜 중요하게 되고 알코올의 극성이 감소하므로 용해도는 작아진다. 이것을 다른 방법으로 생각하면 탄소사슬이 길어짐에 따라 분자는 점점 더 탄화수소처럼 행동하고, 알코올과 같은 행동은 하지 않는다고 말할 수 있다. 이들 긴 사슬 알코올보다도 극성이 더 작은 분자들은 더욱더 낮은 용해도를 가진다. 예를 들면, 벤젠의 용해도는 약 1.8 g/L이고 다른 많은 화합물은 이보다도 훨씬 더 적게 용해된다.

발전소는 발전과정에서 발생되는 잉여의 열을 제거하는 데 막대한 양의 물을 사용한다. 이 물은 냉각탑을 지나는 공기에 열을 전달함으로써 냉각된다. 그리고 강물은 발전소에서 사용한 폐열을 제거하는 데 사용된다. 물 속의 생물체들이 생존할 수 있게 하기 위하여 물 속에 충분한 산소가 용해되어 있어야 하므로, 폐열을 나르는 물이 다시 강으로 되돌아오기 전에 냉각수를 냉각시켜야 한다. 이것이 완전하게 이루어지지 않으면 강은 매우 따뜻해지고 열공해의 피해를 입게 된다.

용해도

물 속에 들어있는 *n*-헥실알코올(1-헥산올) 용액에서 $C_6H_{13}OH$는 용질이고 물은 용매이다. 물에서 용질의 농도가 최대에 도달했을 때, 물 1리터당 1-헥산올은 5.9 g이다. 이 양 이상으로 첨가한 헥산올은 밀도가 크기 때문에 용해되지 않고 용액의 바닥에 가라앉는다. 이와 같은 상황에서 용액은 포화되었다고 말한다. 용액은 균일하기 때문에

표 7.4 물에서의 몇 가지 알코올의 용해도

알코올	용해도(g/L)	알코올 이름
CH_3OH	무한	메틸알코올(메탄올)
C_2H_5OH	무한	에틸알코올(에탄올)
C_3H_7OH	무한	*n*-프로필알코올(1-프로판올)
C_4H_9OH	79	*n*-부틸알코올(1-뷰탄올)
$C_5H_{11}OH$	27	*n*-펜틸알코올(1-펜탄올)
$C_6H_{13}OH$	5.9	*n*-헥실알코올(1-헥산올)
$C_7H_{15}OH$	0.9	*n*-헵틸알코올(1-헵탄올)

예제 7.7 **용해될까?**

문제 극성에 관한 지식을 바탕으로 하여(혼동되는 사람은 6장을 다시 공부하라) 에틸렌 글라이콜($C_2H_6O_2$)과 벤젠(C_6H_6) 중에서 어느 것이 물에 더 잘 녹을 것인가를 예측하라.

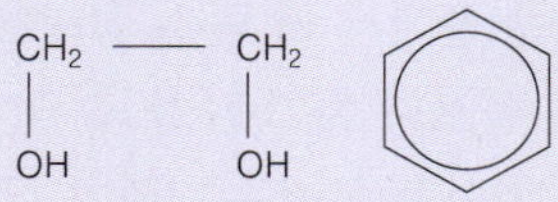

풀이 문제 풀이의 열쇠는 분자들의 극성과 수소결합 능력이 얼마나 많이 일어날 수 있는가를 예측하는 것이다. 에틸렌 글라이콜은 극성을 띠고 수소결합을 하지만 벤젠은 그렇지 않다. 두 분자의 3차원적인 구조는 극성에 대한 예측을 확신시켜준다. 에틸렌 글라이콜은 물과 혼합하여 부동액을 만든다. 벤젠은 실험실이나 화학공업에서 사용하는 중요한 용매로서, 다른 비극성 물질을 용해하는 용매이다.

예제 7.8 **포화용액**

문제 물 25 mL에 포화용액을 형성할 수 있는 $C_6H_{13}OH$의 양은 얼마인가?

풀이 다음과 같이 생각하자. *n*-헥실알코올, 즉 1-헥산올의 용해도는 5.9 g/L이므로 물 1 mL당 0.0059 g의 1-헥산올이 들어 있다. 25 mL 내에 들어 있는 양을 구하기 위해 25를 곱한다.

헥산올의 질량

$$= 25\,\text{mL} \times \frac{1\,\text{L 용액}}{1000\,\text{mL}} \times \frac{5.9\,\text{g 1-헥산올}}{\text{L 용액}} = 0.15\,\text{g}$$

원하는 단위가 얻어졌는지를 확인하라. 이것은 풀이가 옳게 해결되었다는 좋은 증거이다.

일정한 양의 용액 속에 들어있는 용질의 양을 계산할 수 있다. 용액이 포화되었을 때, 용질의 양을 계산하려면 용해도와 용액의 부피만 알면 된다.

포화는 온도에 관계된다. 이것을 확인하기 위하여 "차가운 차와 뜨거운 차, 어느 것에서 설탕이 더 잘 녹는가?"라는 질문에 대해 스스로 답해 보기 바란다. 염화나트륨(소금)의 물에 대한 용해도는 0°C에서 0.357 g/mL이고 100°C일 때 0.391 g/mL로 별로 차이가 없다. 세탁소다로 알려진 탄산나트륨·10수화물($Na_2CO_3 \cdot 10H_2O$)은 0°C의 물에 약 0.22 g/mL 정도 녹을 수 있지만 100°C에서 용해도는 거의 20배인 4.2 g/mL로 증가한다.

기체 용질

이산화탄소, 산소, 질소와 같은 기체들이 물에 용해되는 것은 물고기와 수중식물의 생존 면에서 보면 다행스럽다. 물 속에 공기방울을 불어넣거나 물을 공기 중에 뿌리면 공기에 들어 있는 질소와 산소 분

발전소에서는 발전과정에서 발생되는 잉여의 열을 제거하는 데 막대한 양의 물을 사용한다. 이 물은 냉각탑을 지나는 공기에 열을 전달함으로써 냉각된다. 발전소에서 사용한 폐열을 제거하는 데 강물이 사용된다. 물 속의 생물체들이 생존하려면 물 속에 충분한 산소가 녹아 있어야 하므로, 폐열을 나르는 물이 다시 강으로 되돌아오기 전에 냉각수를 냉각시켜야 한다. 이것이 완전하게 이루어지지 않으면 강은 매우 따뜻해지고 열 공해의 피해를 입게 된다.

자의 일부가 물에 용해된다. 이들 기체의 용해도는 그리 크지 않고 물의 온도에 의존하고, 액체 주위의 공간에 존재하는 기체의 압력에 의존한다. 공기와 접촉하고 있는 물은 산소보다 질소가 약 두 배 정도 더 많이 용해된다. 그 이유는 질소의 용해도가 산소 용해도의 절반 정도이지만 공기 중에서 질소가 산소보다 약 네 배가 많기 때문이다. 기체들은 뜨거운 물에서보다 차가운 물에서 더 높은 용해도를 가진다. 이것은 많은 물고기들이 따뜻한 물보다 차가운 물 속에서 더 잘 살 수 있는 이유 중의 하나이다. 즉, 차가운 물에는 산소가 더 많이 녹아 있기 때문이다.

이온 용질

부엌에서 시간을 보낸 사람은 누구나 소금, 베이킹 소다, 타타르산 크림 (cream of tartar)이 모두 물에 잘 용해된다는 것을 안다. 이들 이온성 화합물들은 모두 염이라고 하며, 물에 매우 잘 용해된다고 이미 언급한 다른 물질들과는 아주 다른 형태를 보인다. 몇몇 이온 화합물들은 물에 매우 잘 녹지만 그렇지 않은 것도 있다. 물에 녹는 물질들은 물에 녹아 전기를 전도한다. 그러한 용질들을 **전해질** (electrolyte)이라고 한다. 15.3절에서 전해질에 대하여 더 논의하게 될 것이다. 염화나트륨(소금)은 물에 잘 녹는 이온성 화합물의 대표적인 예이다. 고체결정 상태의 염화나트륨(NaCl)은 나트륨 이온과 염화 이온이 서로 잡아당기고 있는 거대한 집합체이다. NaCl이 용해될 때 그 이온들은 분해된다. 이 과정은 에너지를 필요로 한다. 그 다음에 이온들은 물 분자들에 의해 둘러싸이게 된다(그림 7.6과 7.7). 이 후자의 과정은

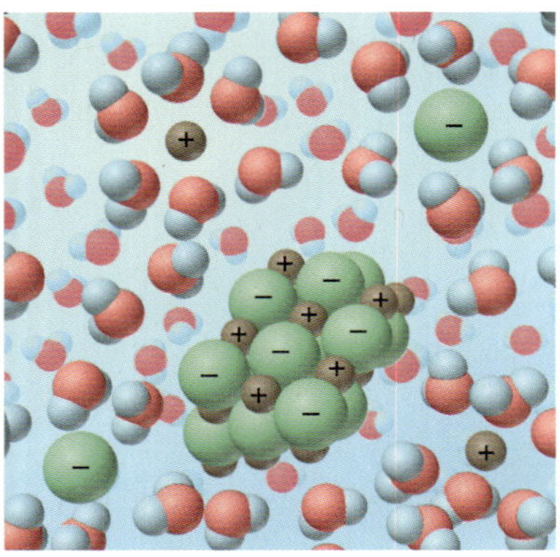

그림 7.7 물에서 염화나트륨이 용해하는 모형. 물 분자의 산소는 부분적으로 음전하를 띠고 수소는 부분적으로 양전하를 띤다. 그러므로 음이온(염화 이온)은 물 분자의 양의 말단에 끌리게 되고 양이온(나트륨 이온)은 물 분자의 다른 음의 말단에 끌리게 된다.

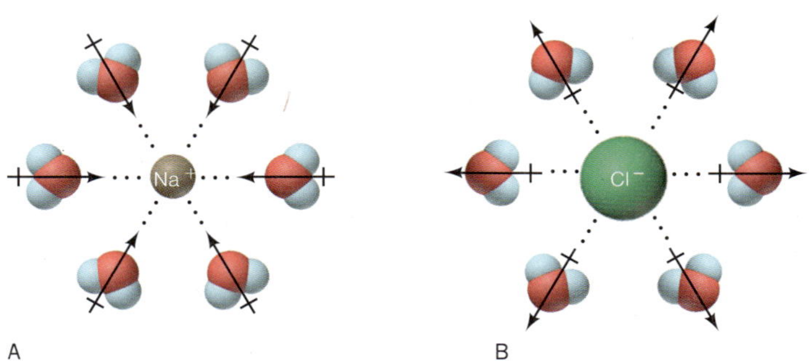

그림 7.6 물 분자의 전자들은 산소 원자의 주변에 집중되어 있다. 이 결과 산소 원자는 부분적으로 음전하를 띠게 되고 수소 원자는 부분적으로 양전하를 띤 상태가 된다. 따라서 염화나트륨이 물에 용해될 때 Cl^- 음이온은 물 분자의 수소 말단 부분에 끌리게 되고 Na^+ 양이온은 음의 말단인 산소에 끌리게 된다.

계를 더 안정하게 만들므로 에너지를 방출한다. 두 과정의 알짜 에너지 변화를 비교해보면 염이 이온들로 분해될 때 필요한 에너지보다 이온들이 물과 반응할 때 더 많은 에너지가 방출된다. 그러므로 염화나트륨이 용해되는 과정은 에너지 측면에서 유리하게 일어난다.

석회석 ($CaCO_3$)과 석고 ($CaSO_4 \cdot 2H_2O$)는 둘 다 이온성 화합물이지만 이온이 물과 반응할 때 방출되는 에너지보다 화합물을 쪼개는데 필요한 에너지가 더 많이 필요하기 때문에 물에서는 거의 용해되지 않는다. 이 두 화합물의 용해는 에너지 측면에서 불리하다. 어떤 염은 물에 매우 잘 녹는 반면에, 다른 염들은 물에 거의 녹지 않는데 그 염들을 불용성 염이라고 부른다.

화합물의 용해도는 특정 금속 이온의 포함여부와는 아무런 관계가 없다. 예로서, 칼슘 이온을 포함하는 탄산칼슘과 황산칼슘은 불용성이지만 중탄산칼슘은 가용성이다. 중탄산칼슘의 높은 용해도 때문에 센물 (hard water)이라고 부르는 물에는 칼슘 이온이 들어 있다.

고대 선원들 주위를 둘러싸고 있던 바닷물은 마시기에는 해로운 높은 농도의 용해된 이온 화합물 (특히 염화나트륨)들을 함유하고 있었고 지금도 마찬가지이다. 오랫동안 육지에 비가 내려서 여러 가지 가용성 물질들이 녹아, 바다로 흘러들어 갔기 때문에 바닷물에는 염분이 있다.

이온성 화합물은 증발하지 않고 바다에 그대로 남는다. 매우 긴 시간 후에 바다에 용해된 물질들의 농도는 표 7.5에 나타낸 것과 같이 되었다.

표 7.5 바닷물 속에 이온으로 존재하는 주요 원소

원소	백만분율 (ppm)	몰농도 (M)
Cl (Cl^-로)	18,980	0.53
Na (Na^+로)	10,561	0.46
Mg (Mg^{2+}로)	1,272	0.053
S (SO_4^{2-}로)	884	0.028
Ca (Ca^{2+}로)	400	0.010
K (K^+로)	380	0.010
Br (Br^-로)	65	0.0008
C (HCO_3^-로)	28	0.0023

7.3 물의 경도

농촌의 우물에서 퍼 올린 물에 비누를 넣으면, 회색의 미끈미끈한 불용성 생성물이 형성된다. 이 생성물은 욕조 둘레에 띠로 나타난다. 또 합성세제로 세탁할 때는 생기지 않으나 비누로 세탁할 때는 세탁 후 옷에 생기는 얼룩의 원인이 되기도 한다. 이런 종류의 물은 또한 주전자나 수도관의 내부에 암석 같은 침전물을 만든다. 이런 좋지 않은 특징들을 일으키는 물을 **센물**(hard water)이라 한다. 이런 일을 전혀 일으키지 않는 물은 **단물**(soft water)이라 한다.

소화(slake, 消和)는 물을 가해주는 것을 말한다. 따라서 소석회(slake lime, 消石灰)는 수산화칼슘을 말하며, 이것은 산화칼슘에 물을 가하여 만든 것이다.

센물은 많은 칼슘(때로는 마그네슘이나 철)이 용해되어 있는 물이다. 이 hard라는 이름은 이 물을 가열하면 암석과 같은 딱딱한 물질이 침전되기 때문에 부르게 되었다. 물의 경도(hardness)는 물에 녹아 있는 중탄산칼슘[$Ca(HCO_3)_2$] 때문에 생긴다. 중탄산칼슘이 용해하면 Ca^{2+} 이온과 중탄산 이온(HCO_3^-)이 생성된다. 중탄산칼슘은 보통 약간의 산이 존재할 때 물과 석회석($CaCO_3$, 탄산칼슘)이 반응하여 생긴다.

$$CaCO_3 + H^+ \rightarrow Ca^{2+} + HCO_3^-$$

또한, 물 속에 산이 존재하지 않을 때는 물 스스로가 산으로 작용하여 아주 적은 양의 석회석을 용해시킨다. 탄산칼슘은 먼저 물과 반응하여 수소 이온을 받아들이고, 그 다음 물에 녹아 수산화 이온을 방출하므로 염기로 행동한다.

$$CaCO_3 + H_2O \rightarrow Ca^{2+} + HCO_3^- + OH^-$$

물 속의 Ca^{2+} 이온을 제거하면 단물이 될 수 있다. 이것은 비누와 칼슘 이온의 반응으로 생긴 불용성 물질이 일으키는 문제들을 없애준다. 사람들은 또한 칼슘 이온과 상호작용하지 않는 세제를 사용함으로써 센물의 문제를 해결할 수 있다. 동시에 두 가지 문제를 논의하게 될 것이다.

비누와 세제

먼저, 다른 세척제들의 용도에 대해 논의하자. 비누는 동물이나 식물의 지방을 수산화나트륨(NaOH)이나 수산화칼륨(KOH) (또는 이 두 가지의 혼합물)과 반응시킨 생성물이다. 이 반응을 **비누화**(saponification)라고 한다. 이것은 지방이나 식물성 기름 분자에 있는 3개의

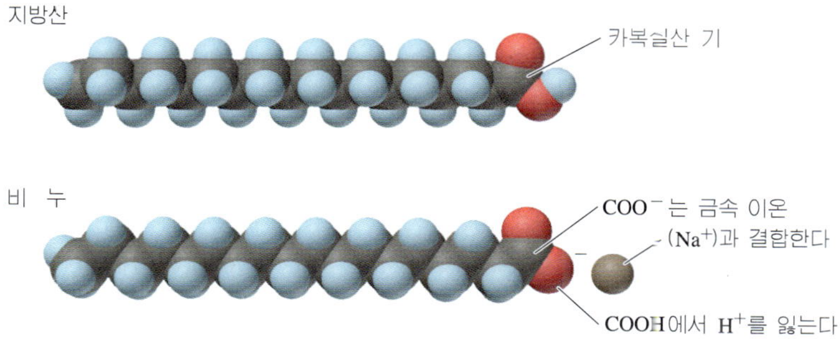

그림 7.8 지방산 (여기서는 스테아르산)의 긴 탄화수소 사슬은 비누에서도 똑같이 남아있다. 단지 말단의 카복실산이 변한다.

C−O결합이 끊어져서 3개의 지방산 음이온인 글리세린 한 분자가 형성되어 생긴다. 비누이기 위해서는 염으로 존재해야 하는데 비누는 보통 지방산의 나트륨 또는 칼륨 염이다.

지방산은 대부분이 굽은 단일결합의 긴 탄소 원자 사슬을 가지고 있으나, 때로는 이중결합도 있고, 탄소 원자의 나머지 원자가는 수소 원자로 채워져 있다. 지방산이 산의 특성을 갖는 것은 말단에 카복실산 기 (carboxylic acid group)라고 부르는 다음의 원자단 때문이다 (표 6.6 참조).

$$\overset{\displaystyle O}{\overset{||}{-C}}-OH \text{ (흔히 } -COOH\text{라 쓴다)}$$

비누에서는 H^+가 카복실산 기에서 떨어져 나가고, 남은 −1의 하전된 음이온 ($-COO^-$)이 나트륨 이온과 같은 금속 이온과 이온결합을 한다 (그림 7.8).

비누와 칼슘의 반응은 단순히 나트륨을 칼슘으로 교환하는 것이다. 칼슘은 +2의 전하를 가지고 있고, 비누의 음이온은 단지 −1의 전하를 가지고 있으므로, 2개의 비누 음이온이 한 개의 칼슘 이온과 반응하여 불용성의 칼슘 비누를 만든다.

$$Ca^{2+} + 2NaC_{18}H_{35}O_2 \longrightarrow Ca(C_{18}H_{35}O_2)_2 + 2Na^+ \quad (7.1)$$

비누가 물에 용해하는 특이한 방법 때문에 효과적인 세탁제가 된다. 비누의 긴 탄소사슬은 물에 잘 녹지 않지만 한쪽 말단의 음이온은 물에 세게 끌려서 이온성 결합, 극성결합 및 수소결합을 형성한다. 이때 비누 분자는 물에서 녹으려는 것과 물에 녹지 않으려는 두 가지 작용이 동시에 일어나도록 강요받는다. 이러한 두 작용을 만족시키기 위해서 비누 분자들은 **미셀** (micelle)이라고 부르는 분자 덩어리를 만

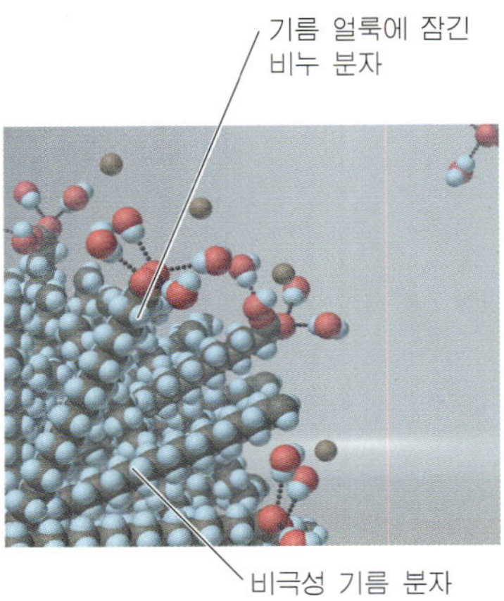

그림 7.9 미셀은 공간의 내부에 긴 탄화 수소 사슬을 갖고 바깥쪽에는 이온의 머리 기를 갖고 있는 많은 비누 또는 세제 분자들의 집합체이다.

든다 (그림 7.9). 미셀은 여러 분자들의 긴 탄소사슬이 물에서 먼 안쪽으로 배열하고 바깥쪽에 이온성 기를 갖는 작은 영역이 형성된 것이다. 이온성 작용기는 물이 있는 바깥쪽으로 위치하지만 비극성 부분들은 가능한 물에서 멀리 떨어진 곳에 위치하려 한다. 비누는 손이나 옷의 기름때를 씻어내 준다. 이것은 비극성인 기름이 미셀의 내부에서 용해되고, 전체의 미셀은 물에 뜨게 되어 배수구로 씻겨나간다.

1A족 금속들은 가용성 비누를 형성하지만, 다른 족의 금속들은 불용성 비누를 형성한다. 그러므로, 센물에 비누를 가하면 칼슘 이온은 불용성의 칼슘 비누를 형성하여, 용액의 바깥으로 나와서(식 7.1) 접촉하는 모든 물질에 달라붙는다.

합성 **세제** (detergent)도 미셀을 생성하고, 비누와 같은 방법으로 기름때를 지운다. 그러나 비누와는 달리, 세제의 칼슘염들은 가용성이어서 세제를 센물에 가하더라도 불용성의 물질이 형성되지 않는다. 합성 세제는 여러 가지 구조가 있으나 다음의 것이 매우 흔하다.

$$CH_3-CH_2-CH_2-CH_2-CH_2-CH_2-CH_2-CH_2-CH_2-CH_2-CH_2-CH_2-SO_3^-Na^+$$

황산라우릴나트륨 (sodium laurly sulfate)

비누와 세제는 비슷하며, 그 차이점은 비누 분자는 나트륨이 결합한 산소 원자에 탄소가 결합했다는 것이고, 세제는 그 위치에 황을 가지고 있다는 것이다. 그러한 작은 차이가 비누의 칼슘염이 물에서는 불용성이지만 세제의 칼슘염은 가용성이 되도록 하는 데 충분히 기여한다.

단물화

물의 단물화는 칼슘, 마그네슘, 철 이온 등의 경도 이온 (hardness-ion)을 물에서 제거하는 것이며, 여러 가지 방법에 의해 이루어질 수 있다.

증류

빗물은 금속 이온을 포함하고 있지 않으므로 아주 단물 (soft)이다. 오랜 세월 동안 사람들은 센물의 문제를 해결하기 위해서 물통에 빗물을 모아 비누로 세탁을 했다. 빗물은 실제로 증류수의 형태이다. **증류** (distillation)는 단물을 만드는 가장 오래된 방법으로, 나트륨과 같은 경도를 나타내지 않는 이온들까지 제거한다. 물을 끓여서 발생한 증기는 운반하여 응축시키면 다시 액체로 되는데 이 증류된 물을 깨끗한 용기에 모은다. 빗물도 이와 유사하게 형성되는데, 물이 지구의 표면에서 증발하여 공중으로 상승하고, 찬 공기에 의해 응축하여 액체로 되어, 지구로 떨어지는 것이다.

이온 교환

7.1절에서 언급한 바와 같이, 많은 양의 물을 끓이는 데 필요한 에너지의 양은 매우 크므로 증류에 의한 단물화는 특별한 환경이 아니고는 비용이 매우 많이 든다. 게다가 이렇게 순수한 물을 필요로 하는 일반적인 용도는 그리 많지 않다. 오히려 가정에서 사용하는 물은 보통 정수기를 통해 물 속의 칼슘 이온을 나트륨 이온으로 치환하여 단물로 만드는데 이것을 **이온 교환**(ion exchange)이라고 한다(그림 7.10).

단물화하고자 하는 센물을 나트륨 이온들과 플라스틱 구슬로 가득 채운 실린더(양이온교환수지라고 부름)에 통과시킨다. 칼슘 이온은 플라스틱 구슬에 있는 나트륨 이온을 치환한다. 그 이우는 칼슘의 더 큰 양전하는 나트륨의 +1의 양전하보다 수지의 음전하에 더 세게 끌리기 때문이다. 그 결과 용액에 있는 칼슘이 물 바깥으르 나오게 되고, 물에는 나트륨 이온으로 대체된다. 칼슘은 +2의 전하를 가지고 있고,

그림 7.10 이온 교환 정수기는 교환물질을 통하여 진한 염수를 통과시켜 재충전한다.

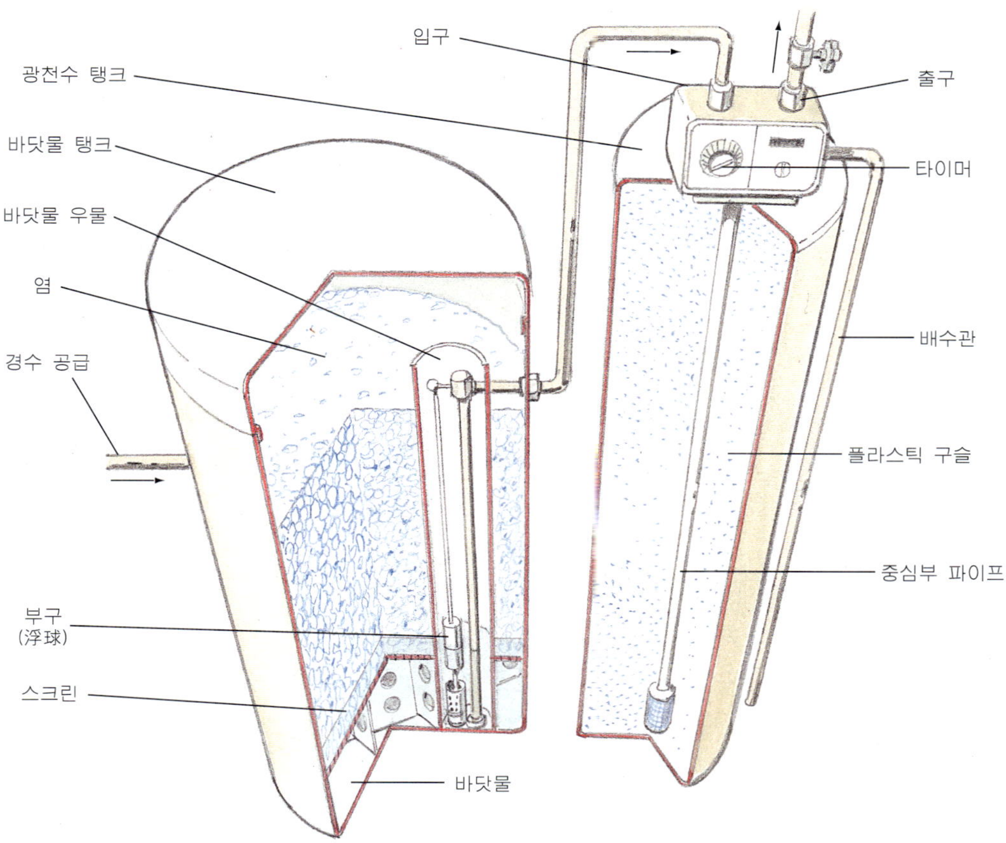

나트륨은 +1의 전하를 가지므로 제거되는 칼슘 이온 한 개당 2개의 나트륨 이온이 용액으로 가게 된다.

$$2Na\,(\text{수지}) + Ca^{2+} \longrightarrow Ca(\text{수지})_2 + 2Na^+ \quad (7.2)$$

이 결과로 생성된 물은 증류한 물이 순수하다는 관점에서 보면 순수하지 않으나, 문제를 일으키는 칼슘 이온은 제거된다. 수지 카트리지 속에 들어있는 많은 양의 나트륨이 칼슘으로 교환된 이후에 더 사용하려면 카트리지를 나트륨으로 재충전시켜야 한다. 과량의 염화나트륨을 수지에 가하면, 식 7.2의 역반응에 의해 수지로부터 칼슘 이온이 추방되어 칼슘 이온은 상당한 과량의 염화 나트륨과 함께 배수구로 끌려나간다.

이 단물은 세탁하기에는 좋지만 마시기에는 가장 좋은 것은 아니다. 사람들의 건강을 위해서는 칼슘과 나트륨 모두가 필요하나, 전형적인 일상식품에서 나트륨은 충분하지만 칼슘은 충분하지 않다. 따라서 식수로는 단물보다는 센물이 더 좋다.

센물은 세탁하는 데 비효율적인 것 이외에도, 또 다른 문제가 있다. 그 이유는 센물을 가열하면 센물에서 탄산칼슘이 침전하기 때문이다. [침전 (precipitate)이라는 단어는 명사와 동사로 모두 쓰인다. 명사는 용액으로부터 생성되어 바닥에 가라앉은 고체를 말한다. 동사는 용액으로부터 불용성 물질이 형성되는 것을 뜻한다.] 파이프, 차 주전자, 보일러 및 기타 장치들은 암석 형태의 침전물인 $CaCO_3$로 덮인다. 증기 보일러에 이 탄산칼슘이 침전하면 매우 위험해질 수 있다. 즉, 많은 양의 탄산칼슘이 침전하면 암석은 열을 잘 전달하지 못하기 때문에 보일러의 물에 열을 전달하기 위해 더 많은 열을 가하여야 한다.

강철 보일러는 매우 뜨겁게 된다. 만일 탄산칼슘 층에 갈라진 금이 생길 경우, 물이 갑자기 뜨거운 강철에 도달하게 된다. 이 물은 빨갛게 달은 철과 화학적으로 반응하여 산화철과 수소 기체를 형성하는데, 수소가 쌓이게 되면 격렬하게 폭발한다. 강에서 사용되던 낡은 기선은 가끔 고장이 났었는데 보일러의 폭발 때문이었다. 현대의 증기 보일러는 침전물의 형성을 막기 위하여 매우 순수한 물을 사용한다. 이렇게 함으로써 연료를 절약하고 폭발 기회를 제거한다. 물이 단물이건 센물이건 사람들은 마시는 데 위생적이기를 기대한다. 큰 도시에는 주민들이 마실 물을 공급하는 정수장이 있다. 다음 절에서는 우리가 사용하는 물을 정수장에서 어떻게 안전하게 처리하는지를 기술할 것이다.

도시의 화학적 물 처리

1993년 여름의 대홍수 때, 미국 아이오와 주의 디모인 시는 정수장이 쓸모 없게 되었고, 수돗물 공급체계 처리가 되지 않은 물로 인해 오염이 되었다(그림 7.11). 주변 도시들에서 몇 주 동안 트럭으로 물을 운반해 공급했었다. 우리는 수도꼭지만 열면 안전하고 깨끗한 물이 나올 것이라 기대한다. 폭풍이나 지진 또는 사고가 발생하더라도 시의 물 공급체계는 가능한 한 빨리 복구된다. "우물이 마를 때까지는 계속 물이 공급될 것이다."라는 늙은 개척자의 말은 아직까지 진실인 것처럼 들린다.

도시의 물 처리 계획은 자치단체마다 다양하며 처리될 물의 질에 따라 달라진다. 지하수를 지상으로 끌어올려 사용할 수 있고, 강, 호수나 바다로부터 물을 끌어올려 얻을 수도 있다. 이와 같이 다양한 물의 원천은 처리할 때 각기 다른 문제들을 던져준다. 물 처리에 있어서 가장 중요한 것은 병원성 미생물을 죽이는 것이다. 수백 년 동안 사람들은 규칙적으로 장티푸스와 같은 병원성 박테리아가 들어있는 물을 마시고 목숨을 잃었다. 이러한 유행성 전염병은 1908년, 미국 뉴저지주 저지 시에서 시의 정수 시스템에 미생물을 죽이기 위해 살균제로 염소를 첨가하기 시작하면서 극적으로 소멸되었다. 다른 시에서도 이 방법을 재빨리 따랐다. 수백만의 사람들이 염소 소독에 의해 목숨을 구했다. 염소 소독에 의해 박테리아뿐 아니라 조류, 바이러스도 죽었다.

염소를 사용할 때의 안전성에 관한 문제로, 염소는 물 속에 들어있는 다른 물질과도 반응하는데 이들 반응의 생성물이 문제가 된다. 클로로폼($CHCl_3$)과 클로로페놀(ClC_6H_4OH)과 같은 화합물들은 염소

그림 7.11 1993년 여름, 미시시피 계곡의 상류에 폭우가 내려 미시시피 강과 그 지류들이 범람했다. 아이오와 주 디모인 시에 있는 강물은 범람하여 배수처리 시설들을 물에 잠기게 했는데 전혀 손을 쓸 수 없었다. 2주 이상 동안 디모인 시의 주민들은 늙은 선원들과 비슷한 "사방이 물이지만 마실 물은 없는…" 상황으로 고통받았다.

소독 후에 물에서 발견된다. 염소는 물에서 자연적으로 발생하는 유기 화합물과 반응하여 이러한 해로운 물질들을 만들어 낸다.

물 처리에서 염소를 산화제로 사용할 때 해로운 화합물이 형성되는 것을 피하기 위하여 현대의 많은 정수장에서는 일차 산화제로 오존을 사용한다. 오존은 상당 시간 동안 저장할 수 없기 때문에 오존을 사용하는 장소에서 공기로부터 만든다. 공기나 순수한 산소가 전기방전을 통과하면 보통의 산소는 **동소체**(allotrope) 형태인 오존으로 변환된다(동소체를 이해하려면 왼쪽 메모 참조).

동소체는 같은 원소이기는 하나 다른 형태로 존재하는 것을 말한다. 예를 들면, 흑연과 다이아몬드는 모두 탄소의 동소체이나 물리, 화학적 성질이 아주 다르다.

$$3O_2 \longrightarrow 2O_3$$

오존은 매우 좋은 산화제이고, 염소화된 생성물을 만들지 않는다. 오존에 의해 산화되는 물질 중 중요한 것은 흔히 우물물에서 발견되는 철(II)와 망가니즈(II)이다. 공기와 오랫동안 격리되어 있던 우물물에서는 낮은 산화 상태의 금속이 발견된다. 산소가 존재하지 않을 때는 주로 낮은 산화 상태로 존재한다. 오존(또는 염소)은 이들 낮은 산화상태의 이온들을 더 높은 산화 상태로 산화한다.

$$6Fe^{2+} + O_3 + 6H_2O \longrightarrow 3Fe_2O_3 + 12H^+$$
$$3Mn^{2+} + O_3 + 3H_2O \longrightarrow 3MnO_2 + 6H^+$$

더 높은 산화 상태를 가지는 이온들의 산화물은 낮은 산화 상태의 이온들보다 용해도가 훨씬 더 작다. 그러므로, 금속 이온의 산화반응을 이용하여 불필요한 금속을 불용성 고체산화물을 형성시켜 제거할 수 있다. Fe_2O_3와 MnO_2는 각각 오렌지색과 검은 색의 고체이다. 그들은 옷에 얼룩을 남길 수 있으며, 옷 위에 침전을 형성할 수 있다. 그러므로 이들 이온은 물 보급 시스템에 들어가기 전에 제거하는 것이 좋다. 물에 들어있는 철은 해로운 것이 아니지만(유용한 광물의 근원이기도 하다.) 망가니즈는 건강에 이롭지 않다. 미생물들은 염소를 사용할 때와 비슷한 메커니즘으로 오존에 의하여 죽는다. 그러나 오존은 반응성이 훨씬 더 커서, 물 속에서 몇 시간 후에는 분해된다. 따라서 상수도 물은 먼저 오존으로 처리한 다음 처리시설을 떠나기 직전에 염소 소독을 하는데, 염소는 여러 날 동안 물 속에서 존재하므로 각 가정에서 사용하기까지 충분히 긴 시간 동안 물이 오염되지 않는다. 염소에 의한 산화반응은 암모니아가 첨가되면 더욱 확장된다.

$$NH_3 + Cl_2 \longrightarrow NH_2Cl + HCl$$

클로라민(chloramine, NH_2Cl)도 좋은 산화제이고, 물에 공급되면 염소보다 더 오랫동안 지속한다. 염소는 기체로 되어 물을 떠날 수 있지만 클로라민은 실온에서도 액체이므로 기체로 변환되어 달아나지는 않는다. 표백제를 가정용 암모니아와 혼합하면, 위험한 양의 클로라민이 생성된다.

대부분의 처리 시설에서 중요한 단계는 여과(filtration)이다. 여과는 불용성 물질들을 걸러내기 위하여 수피트의 모래와 자갈층을 통과시키는 단계를 말한다. 염소나, 오존 또는 분자 상태의 산소에 의한 산화단계는 우물물에서 발견되는 Mn(II)와 Fe(II)를 물에 녹지 않는 MnO_2와 Fe_2O_3의 화합물 형태로 산화시킨다. 이들 화합물들은 침전(settling), 응집 및 여과에 의하여 제거된다. 만일 이들 화합물이 제거되지 않으면 수돗물의 공급체계의 파이프를 막거나 세탁한 옷에 달라붙게 된다.

많은 정수장에서는, 특히 물의 원천이 강이나 호수에 의존하는 경우, 물을 맑게 하기 위하여 침강법(sedimentation)을 사용한다. 이 과정에서 황산알루미늄 [$Al_2(SO_4)_3$]과 수산화칼슘 ($Ca(OH)_2$, 소석회로 알려져 있음)을 불순한 물에 연속적으로 가해준다.

$$Al^{3+} + 3OH^- \longrightarrow Al(OH)_3$$

그들은 반응하여 젤라틴 침전인 수산화알루미늄을 생성한다. **응집**(coagulation)이라고 부르는 이 과정에서 수산화알루미늄 고체는 물에서 느리게 침전하는데 이 단계에서 부유 물질과 많은 양의 용해된 유기물질 및 많은 미생물을 물에서 제거한다.

증류나 이온교환수지를 이용해 단물로 만드는 것은 비용이 너무 많이 들기 때문에 도시에 공급하는 막대한 양의 물을 처리하는 데는 보통 이용하지 않는다. 만약 원수(정화하기 전의 물)가 매우 센물이라면, 경도의 일부는 보통 중앙 정수장에서 화학적 처리에 의해 제거된다. 놀랍게도, 이 경도의 제거는 더 많은 칼슘을 넣어줌으로써 이루어진다. 그러면 이것에 대해 알아보자.

대부분의 천연 경도는 가용성의 칼슘염보다는 중탄산칼슘 때문이다. 다음 반응식에서와 같이 중탄산 이온에서 수소를 제거하는 수산화 이온을 첨가하면 중탄산칼슘은 불용성인 탄산칼슘과 탄산 이온을 형성한다.

$$Ca(HCO_3)_2 + 2OH^- \longrightarrow CaCO_3 + CO_3^{2-} + 2H_2O$$

이런 이 목적으로 사용할 수산화 이온의 가장 값싸고 훌륭한 공급원은 수산화칼슘 [$Ca(OH)_2$]이다. 따라서 경도를 제거하는 전체 반응은 외부에서 한 개의 칼슘 이온을 가하여 두 경도의 알짜 감소가 일어나는 것이다.

$$Ca(HCO_3)_2 + Ca(OH)_2 \longrightarrow CaCO_3 + 2H_2O$$

이 절을 칼슘에 의한 경도로 시작해서 칼슘으로 마쳤다. 칼슘은 많은 면에서 다른 금속과는 달리 매우 특이한 화학적 행동을 하며, 필요에 따라 화학적으로 칼슘의 행동을 조절할 수 있음을 알았다. 물의 경도를 감소시키거나 합성 세제를 사용함으로써 욕조에 때가 끼지 않게 할 수 있다. 이러한 화학적인 성질은 칼슘 자체가 존재하기 때문에 생긴 것이다. 그러나 용액에 무엇이 들어있는가에 의존하지 않는 수용액의 성질들도 있다. 즉, 이러한 성질의 핵심은 용액 속에 얼마나 많이 들어 있는가 하는 것이다. 우리는 혹한기의 겨울이나 매우 더운 여름에 자동차의 엔진을 보호하기 위하여 이 성질을 이용한다. 또한 아이스크림을 만들 때나 깨끗한 물을 만드는 방법으로도 이 성질을 이용한다. 이와 같은 다른 형태의 과정들을 무엇이 통합해주는가? 그들은 모두 '총괄성'에 근거하고 있다.

7.4 총괄성

물에 용질이 녹아 있는 용액에 대하여 이야기할 때 보통 용질의 행동을 강조한다. 또한 용액의 성질은 용질의 성질보다는 용질 입자의 개수에 의해 영향을 받는다. 이들 성질을 **총괄성**(colligative properties)이라고 부른다. 용액의 총괄성을 나타내는 것으로 4가지, 즉 증기압 내림, 어는점 내림, 끓는점 오름, 삼투압력이 잘 알려져 있다.

증기압 내림 (Lowering Vapor Pressure)

물에 설탕이나 다른 용질을 가하면 증기압이 감소한다. 용액의 증기압은 용매의 몰수에 비해 가해준 설탕의 몰수에 비례하여 감소한다. 설탕 용액의 증기압은 같은 온도에서 순수한 물의 증기압보다 낮다. 즉, 증발 또는 끓으려는 경향이 감소한다(그림 7.3의 온도에 대한 물의 증기압력의 그래프를 생각하라). 용액의 증기압은 그래프 (그림 7.12)에서 더 낮게 나타나 있다. 표준 조건에서 끓는점은 용매의 증기압이 1기압 (atm)일 때의 온도이며, 용액의 끓는점은 물 속에 무엇인

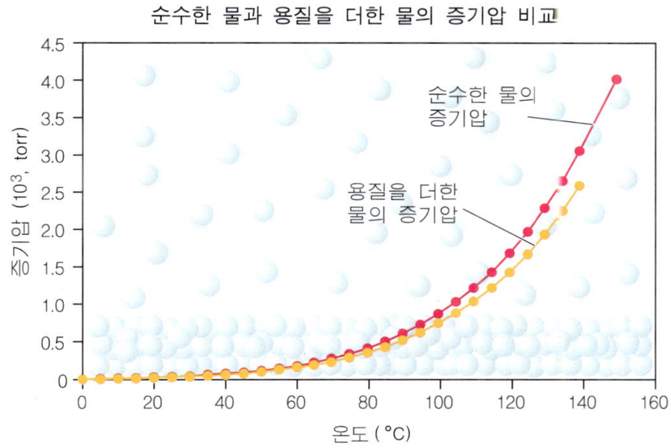

그림 7.12 물의 증기압은 온도가 증가할수록 크게 증가하지만 순수한 물일 때보다 물 속에 용질이 녹아있을 때가 항상 더 낮다. 물의 증기압이 외부압력과 같을 때 물은 끓게 되며, 이때가 물의 끓는점이다. 해수면에서 순수한 물의 끓는점은 100 ℃이다.

가가 녹아 있을 때 더 높아진다는 것을 알 수 있다.

끓는점 오름(Boiling Point Elevation)

산술적으로, 끓는점의 변화, ΔT는 용매의 kg당 용질의 몰수로 나타낸 용액의 농도에 비례한다. 이것은 **몰랄 농도** (molality, m)라고 부르는 농도의 척도이다. 비례상수 K_b는 끓는점 오름상수라고 부르며 용매의 종류에 따라 달라진다. 표 7.6에 몇 가지 흔한 용매에 대한 값을 나타내었다. 물에 대한 K_b값은 0.512 ℃/m이다. 실제로 농도에 따라 끓는점 오름의 변화를 나타내는 식에는 끓는점의 증가를 표시해야 한다. 이것은 온도의 변화를 나타내는 T의 앞에 다음 식에서와 같이 어떤 양의 변화를 나타내는 그리스 문자인 델타 (Δ)로 표시한다.

$$\Delta T = K_b \times m$$

물에 녹아 이온으로 해리하는 산이나 이온성 화합물은 단순히 몰랄 농도로부터 예측한 끓는점 오름 (다른 총괄성도 마찬가지)보다 더 큰

표 7.6 몇 가지 용매의 끓는점과 어는점

용 매*	끓는점(℃)	K_b(℃/m)	녹는점(℃)	K_f(℃/m)
물	100.0	0.512	0.0	1.86
에탄올	78.5	1.22	−117.3	1.99
벤젠	80.1	2.53	5.5	4.90
아세트산	117.9	3.07	16.6	3.90
클로로폼	61.7	3.63	−63.5	4.70

*1기압에서

예제 7.9

끓는점 오름

문 제 물 300 g에 2.5 mol의 설탕($C_{12}H_{22}O_{11}$)을 녹인 용액의 끓는점을 계산하라.

풀 이 $몰랄\ 농도 = \frac{2.5\ mol\ 설탕}{0.300\ kg\ 물} = 8.3\ m$

$끓는점\ 오름 = 0.512\,°C/m \times 8.3m = \mathbf{4.3\,°C}$

순수한 물의 끓는점은 100.0°C이고 용액의 끓는점은 4.3°C만큼 증가하므로 용액의 끓는점은 104.3°C이다. 여기에서 깊이 생각해야 할 것이 있다. 즉, 스파게티를 만들 때 그릇에 소량의 소금을 넣는다. 이것은 액체의 끓는점을 증가시키고, 따라서 스파게티를 더 빨리 익게 할 것이다. 그러면 위에서 설탕 용액의 끓는점이 상승하는 것에 비추어 스파게티가 더 빨리 익는다는 것이 합리적인 사실일까?

예제 7.10

더 큰 도전을 위해 이것을 풀어라

문 제 2.0 gal의 물에 10 lb의 에틸렌 글라이콜($C_2H_6O_2$)을 넣은 부동액의 끓는점을 계산하라.

풀 이 첫째, 에틸렌 글라이콜의 몰 수

$$10\ lb\ C_2H_6O_2 \times \frac{454\ g\ C_2H_6O_2}{1\ lb\ C_2H_6O_2} \times \frac{1\ mol\ C_2H_6O_2}{62\ g\ C_2H_6O_2} = \mathbf{73\ mol\ C_2H_6O_2}$$

둘째, 물의 kg

$$2.0\ gal \times \frac{4\ quarts}{1\ gal} \times \frac{946\ mL}{1\ qt} \times \frac{1.0\ g}{mL} \times \frac{1\ kg}{10^3\ g} = \mathbf{7.6\ kg\ H_2O}$$

셋째, 몰랄 농도 = $73\ mol\ C_2H_6O_2/7.6\ kg\ H_2O = \mathbf{9.6\ mol/kg}$

넷째, 끓는점 오름 = $0.512℃/m \times 9.6\ m = \mathbf{4.9℃}$

다섯째, 끓는점 = $100.0° + 4.9° = \mathbf{104.9℃}$

이것은 220.8 °F이다. 에틸렌 글라이콜은 부동액이지만 뜨거운 여름날 자동차가 주행할 때 엔진이 끓어 넘치는 것을 방지하는 데도 중요한 역할을 한다.

영향을 받는다. 총괄성에 대한 효과는 근사적으로 용질의 몰랄 농도에 각 화학식 단위가 해리하는 이온의 수를 곱한 것에 대략 비례한다.

$$\Delta T \approx K_b \times m \times i$$

여기에서 i는 화학식 한 개당 해리된 이온의 수이다. 예컨대, 염화코발트, $CoCl_2$는 $i = 3$이 된다. 실제로 $m = 0.005 \sim m = 2.00$일 때 $i = 2.80 \sim i = 4.58$ 사이의 값을 갖는 것으로 측정되었다.

어는점 내림(Freezing point depression)

겨울에 추운 지방에 살고 있는 사람들은 자동차의 냉각수가 어는

예제 7.11 부동액은 어떻게 어는 것을 방지하는가?

문 제 예제 7.10에서 에틸렌 글라이콜 용액의 어는점 내림을 계산하라. 그 용액은 정말로 어는점이 크게 변하는가? 아니면 스파게티를 요리할 때 소금을 넣었을 때와 같이 아주 작게 변하는가?

풀 이 어는점 내림을 나타내는 식은

$$\Delta T_f = K_f \times m$$

이다. 부동액에 관한 예에서

$$\Delta T_f = K_f \times m = 1.86℃/m \times 9.6\,m = 17.9℃$$

다시 말하면, 순수한 물은 0°C에서 얼기 때문에, 용액은 0−17.9 = −17.9°C(또는 −0.2°F)에서 언다. 이것은 어는점이 크게 변화한 것이다. 사람들은 흔히 부동액을 많이 넣으면 자동차 라디에이터의 어는 온도가 더 낮아질 것이라고 생각한다. 어느 정도까지는 이 생각은 사실이다. 그러나 물에 비하여 에틸렌 글라이콜의 양이 매우 커지면 물이 용질이 되고, 에틸렌 글라이콜은 용매가 된다. 이러한 농도에서 물은 용매인 에틸렌 글라이콜의 어는점을 내리는 역할을 한다. 물은 0°C에서 얼고, 에틸렌 글라이콜은 −17°C에서 언다.

반대의 화합물을 첨가하면 용액의 중간농도에 대한 이들 두 용액의 어는점이 둘 다 낮아지는데 두 어는점은 중간의 어느 한 점에서 만난다. 물과 에틸렌 글라이콜 혼합물의 가장 낮은 어는점은 약 −40°C(= −40°F)이다.

것을 방지하기 위하여 자동차에 부동액을 넣는다. 부동액으로 사용되는 화학물질은 보통 에틸렌 글라이콜($HO-CH_2-CH_2-OH$)이다. 용질은 물의 끓는점을 상승시키지만 또한 어는점도 낮추는데, 이것을 **어는점 내림**(freezing point depression)이라 한다(그림 7.13). 부동액은 아주 추운 겨울날 얼음이 얼 것으로 기대되는 온도 이하로 어는점을 낮추어 얼음이 어는 것을 방지한다.

어는점 내림은 세 번째 총괄성으로, 이것 역시 증기압과 관계가 있다. 어는점 내림에서 증기압과 관련되는 논의는 끓는점 오름보다 복잡하다.

용액이 어는점에 있으려면 고체의 증기압은 용액의 증기압과 같아야 한다. 용질의 존재는 용매의 증기압을 낮게 하므로, 고체의 증기압이 같을 수 있는 유일한 방법은 정상 어는점보다 낮은 온도일 때뿐이다. 용질을 첨가하면 용매를 더 낮은 온도에서 얼게 한다.

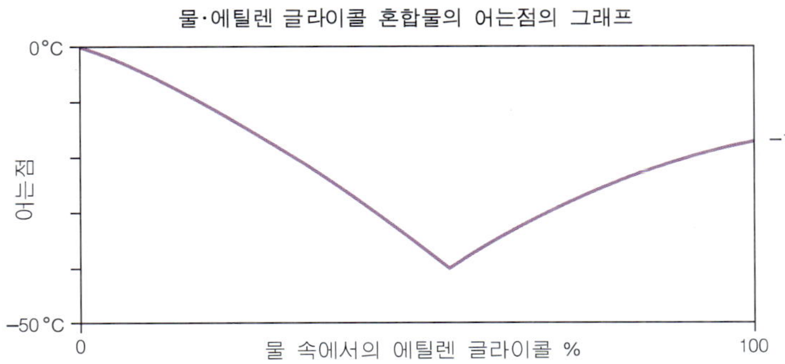

그림 7.13 물과 에틸렌 글라이콜의 혼합물은 두 화합물이 각각 순수하게 있을 때보다 더 낮은 온도에서 언다.

길거리에 염화나트륨이나 물에 녹는 다른 화합물을 뿌려서 얼음을 녹이는 것은 어는점 내림을 이용하는 다른 응용의 예이다. 염은 실제의 대기온도 이하로 얼음의 어는점을 낮출 수 있으므로 추운 겨울날 얼음을 녹인다.

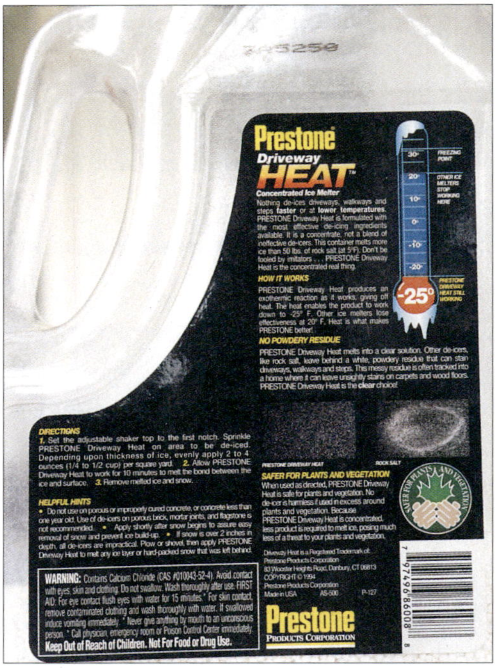

이것을 설명해주는 대수식은 끓는점 오름의 대수식과 매우 비슷하다.

$$\Delta T_f = K_f \times m$$

물에 대한 어는점 내림 상수는 $K_f = 1.86\,°C/m$이다. 요즘은 환경에 더 온화한 프로필렌 글라이콜[$CH_3-CH(OH)CH_2(OH)$]로 만든 부동액을 사용할 것을 권장하고 있다. 프로필렌 글라이콜은 에틸렌 글라이콜보다 독성이 약하다. 그러나 같은 어는 온도와 같은 몰랄 농도에 도달하는 데는 에틸렌 글리콜보다 프로필렌 글라이콜의 질량이 더 많이 필요하다.

실제로 화씨 0도는 같은 무게의 얼음과 소금을 혼합하였을 때 도달된 온도로 정의되었다.

어는점 내림에 대한 좋은 경험으로는 아이스크림 만들기가 있다. 우유, 크림, 설탕 및 향료의 혼합물을 물의 어는점 이하로 잘 냉각시키면 아이스크림이 된다. 소금과 얼음을 섞어서 재료 혼합물이 들어있는 통 둘레에 놓으면 냉각이 된다. 얼음의 표면에 있는 약간의 액체 물은 충분한 염을 녹여 매우 낮은 어는점을 갖는 포화 염 용액을 만든다. 이렇게 얻어진 슬러시의 온도는 약 $-17°C$ (약 $0°F$)이다. 염이 얼음의 일부를 녹여서 물과 얼음 알갱이의 혼합물이 만들어지기는 하나 온도는 내려간다.

삼투압

당뇨병, 물의 정제, 얇게 썬 감자튀김 먹기 등의 공통점은 무엇일까? 이 세 가지가 가지고 있는 중요한 공통점은 **삼투압**(osmotic pressure)이라는 총괄성으로 설명되는데, 삼투압은 우리가 알고 있는 바와 같이 생명 유지에 절대적으로 필요한 용액의 한 성질이다.

삼투(osmosis)는 반투막을 통하여 용매가 통과하는 것을 말한다. 물은 반투막이나 생물학적인 막 또는 얇은 플라스틱 필름 판을 통하여 확산할 수 있으나 용질입자는 이들 막을 통과하지 못한다. 이것을 이해하는 데 유용한 예가 철망으로 된 닭장이다. 모기는 곧바로 닭장의 철망을 통과할 수 있지만 닭은 너무 크므로 철망을 통과하지 못한다. 양파 껍질과 셀로판은 반투막으로 행동한다. 즉, 이 물질들은 물과 같이 작은 분자들은 통과시키지만 설탕과 같은 큰 분자나 이온은 통과시키지 못한다.

물은 막의 양쪽 방향으로 모두 이동할 수 있지만 항상 순수한 용매에서 용액으로 더 많이 흐른다. 이것은 용액을 묽게 하여 용액의 부피를 증가시키고, 오른쪽 관의 용액 높이를 밀어 올린다(그림 7.14). 용액의 최종 관 높이는 삼투작용을 멈추는 데 필요한 압력의 척도이다. 이것을 삼투압력이라 부른다. 용액 속에 들어있는 용질의 농도가 클수록 삼투압력의 차가 커진다. 그러므로 관의 높이가 증가한다. 이러한 성질의 중요성은 여러 곳에서 나타난다. 식물과 동물의 세포막은 반투막으로 행동한다. 만약 살아있는 유기체에 용액을 주입하면 그 용액은 세포 내부의 삼투압력과 같은 용질의 농도를 가져야 한다. 만약 주입한 용액이 너무 묽다면, 물은 주입한 세포 사이에 있는 영역에서 세포 내부의 더 진한 용액으로 흐르며 결국에는 세포 내부가 물로 채워져서 막이 파열된다. 반면에 만약 너무 진한 용액을 주입하면 세포 내부의 물이 바깥으로 흘러나오고 세포는 오그라들어 손상되거나 죽는다. 혈청 속의 용질의 농도를 증가시키는 것은 적혈구를 감소시키는 것과 같은 효과를 가진다. 당뇨병에 걸린 환자는 혈구로부터 글루코오스(당)를 정상적으로 여과하지 못한다. 따라서 당의 농도가 증가하고, 과량의 당은 콩팥이 당을 흡수하는 능력을 넘어나게 된다. 글루코오스 농도가 증가하면 인체는 과량의 당을 제거하려고 오줌의 양을 증가시킨다. 과량의 글루코오스는 실제로 인체 시스템 밖으로 많은 양의 물을 삼투 이뇨에 의해 배출시키는데 이것은 과중한 글루코오스를 처리하기 위한 작용이다. 따라서 사람의 혈당 농도가 증가하면 탈수가 일어나서, 적혈구는 물을 잃게 된다(그림 7.15). 따라서 체

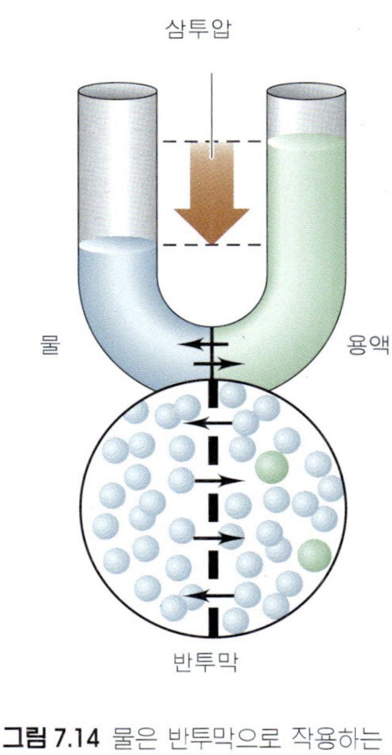

그림 7.14 물은 반투막으로 작용하는 얇은 플라스틱 판을 통과할 수 있으나 더 큰 입자는 통과할 수 없다. 물은 순수한 물에서 용액으로 이동하여 용액을 묽게 한다. 평형이 이루어지면 두 관의 액면 높이의 차가 삼투압력이다.

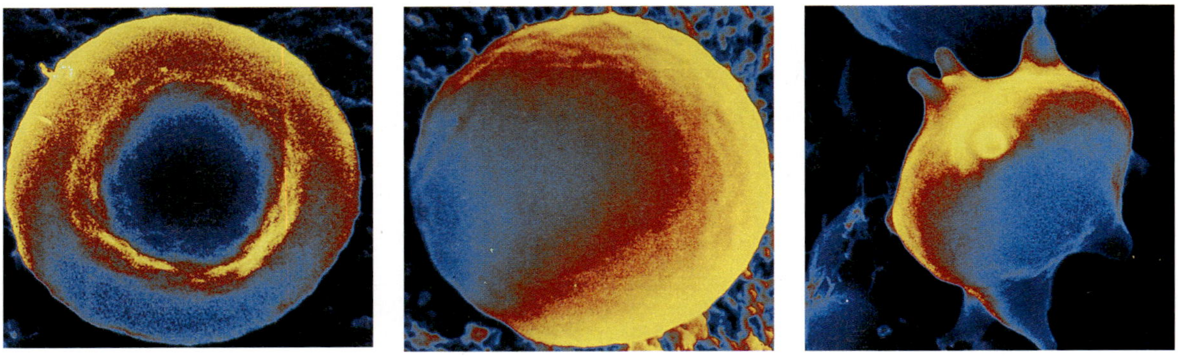

A B C

그림 7.15 등장성 염 용액에 들어있는 적혈구는 완전혈액에 있는 것과 같은, 불룩하고 움푹 들어간 디스크이다(그림 A). 염 용액이 너무 묽으면(저장성) 물은 세포 속으로 흘러들어가 세포는 불룩해져서 터진다. 염 용액이 너무 진하면(고장성) 세포는 물을 잃고 오그라진다(그림 C). 고장성 또는 저장성 염 용액을 주사하는 것은 위험하다. 그러나 만일 염 용액이 등장성이라면 생명을 구할 수 있다.

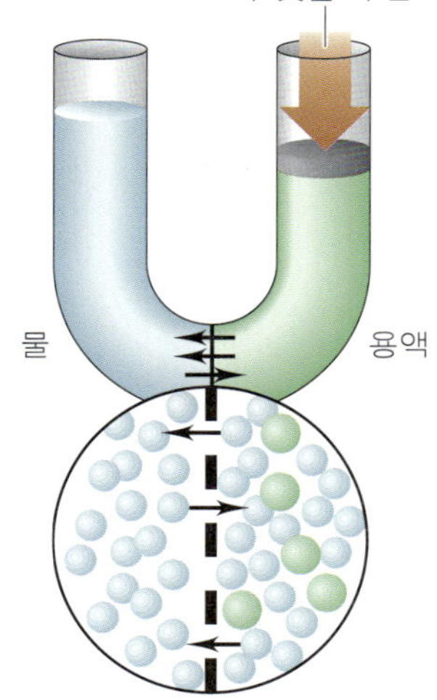

그림 7.16 자연적인 삼투압보다 더 큰 압력을 가해주면 삼투현상이 반대로 일어난다. 그림의 오른편에 압력을 가하면 물은 용액 쪽에서 순수한 물 쪽으로 이동한다. 그 결과 순수한 물의 양은 증가하고, 오른쪽의 용액의 농도는 시작할 때보다 더 진해진다.

계적으로 이용할 물이 부족하게 되고, 혈액의 점도가 커져서, 심장이 작은 혈관으로 걸쭉한 혈액을 펌프하기가 어렵게 된다.

역삼투

삼투압력을 전혀 다른 방법으로 응용하면 물을 순수하게 만드는 매우 실제적인 수단으로 사용할 수 있다. 수용액으로부터 순수한 물을 분리할 수 있는 막을 가지고 있는 시스템을 생각하자(그림 7.16 참조). 용액 쪽에 삼투압력보다 더 큰 압력을 가하면 물은 용액 쪽에서 순수한 물 쪽으로 밀려가서 용액의 농도는 더 진해진다. 이 방법은 열을 가하지 않고도 용액을 농축시키는 유용한 방법이다. **역삼투**(reverse osmosis)라는 이 과정의 중요한 용도는 물을 순수하게 만드는 것이다. 역삼투에 의해 용액은 점점 더 진해지고 순수한 물의 양은 증가한다. 현재, 많은 가정에서 이 장치를 설치하여 물을 순수하게 정제하고 있다. 보통 음용수로 사용하고자 할 때는 물의 정제가 필요하나 의복 등을 세탁하는 데는 그렇게 물을 정제할 필요가 없다.

전 세계의 여러 지방자치단체들은 계속 증가하는 지역주민들을 위하여 매일 수천만 갤런의 신선한 물을 제공할 수 있는 대규모의 역삼투시설을 건설하고 있다.

연습문제

1. H_2O를 극성으로, CO_2를 비극성으로 만드는 물리적 성질은 무엇인가?

2. 얼음이 왜 물에 뜨는지를 설명하라.

3. 물은 얼 때 왜 팽창하는가?

4. 얼음 덩어리를 만드는 과정은 흡열반응인가, 발열반응인가? 설명하라.

5. 주전자의 물이 120 °C에서 끓는다면 대기압은 얼마인가? 표 7.2를 이용하라.

6. 물 0.100 kg을 40.0 °C에서 90 °C로 데우는 데 필요한 에너지를 계산하라.

7. 300 g의 무게가 나가는 알루미늄 주전자와 구리로 만든 주전자가 있다. 물을 끓이려면 어떤 주전자가 더 유리한가? 그 이유는?

8. 53.0 °C의 물 355 g이 있다. 이 물의 온도를 18.0 °C로 낮출 때 제거해야 하는 열의 양을 계산하라.

9. 달리기 선수가 1시간당 2.00 L의 땀을 흘린다. 피부로부터 땀이 증발하는 데 필요한 에너지를 계산하라.

10. 1-데칸올과 메테인올 중에서 물에 더 잘 녹는 것은? 그 이유는 무엇인가?

11. 5 g의 *n*-헵틸 알코올은 5 L의 물에 완전히 녹겠는가?

12. AgCl의 용해도는 $1.3\times10^{-5}\,M$이다. 물 1.0 L에 AgCl 몇 g이 녹겠는가? AgCl이 NaCl보다 물에 잘 녹지 않는 이유는 무엇이라고 생각하는가?

13. −5.0°C에서 어는 설탕 수용액이 있다. 이 용액의 끓는 온도는 얼마인가?

14. 물에 대한 1-헵탄올($C_7H_{15}OH$)의 용해도는 0.9 g/L이다. 헵탄올을 물에 포화시킨 용액의 몰농도는 얼마인가?

15. 설탕($C_{12}H_2O_{11}$) 500 g을 물 500 g에 가하여 만든 용액의 몰농도와 몰랄 농도를 계산하라. 설탕 용액의 밀도는 1.2296 g/cm^{3}이다.

16. 다음 화합물 중에서 물과 수소결합을 형성하는 것은 어느 것인가?

a. 메테인
b. 에틸렌 글라이콜
c. 사염화탄소
d. 암모니아

17. 경수를 가열하면, 물에 잘 녹는 중탄산칼슘[$Ca(HCO_3)_2$]이 매우 불용성인 탄산칼슘이 된다. 이 과정에 대한 화학방정식을 써라.

18. 글리세린 수용액의 여러 용액의 어는점과 밀도는 다음과 같다.

글리세린의 질량 백분율(%)	밀도(g/cm^3)	어는점(℃)
10	1.024	−1.6
20	1.049	−4.8
30	1.075	−9.5
40	1.101	−15.4
50	1.128	−23.0
60	1.156	−34.7
70	1.183	−38.9
80	1.211	−20.3
90	1.238	−1.6
100	1.264	+17.0

글리세린의 각 농도에 대한 이들 어는점을 도시하라. 이 그래프를 어는점 내림 계산에 근거한 예측된 선과 비교하라. 그 차이를 설명하라.

19. 연습문제 18의 자료를 이용하여, 절반의 분자는 물이고 나머지 절반은 글리세린($C_3H_8O_3$)으로 되어 있는 용액의 어는점을 계산하라.

20. 설탕 수용액에는 물 1.00 L와 설탕($C_{12}H_{22}O_{11}$) 50 g이 들어 있다. 이 용액의 끓는점을 계산하라. 또 이 용액에서 90%의 물이 증발할 때까지 증류하였다면 증류한 용액의 끓는점은 얼마인가?

21. NaCl의 용해도는 물 100 mL당 35.7 g이다. 포화 NaCl 용액의 몰랄 농도는 얼마인가?

22. 0.4785 g의 은 합금을 질산에 녹였다. 용액 속에 들어있는 모든 은 이온을 AgCl로 침전시키는 데 0.02548 *M* NaCl 31.74 mL가 들어갔다. 원래의 합금 속에 들어있는 은의 퍼센트 농도를 구하라.

23. 응집으로 물을 정제할 때 1 kg의 황산알루미늄을 모두

수산화알루미늄으로 침전시키려면 몇 g의 수산화칼슘을 가해주어야 하겠는가? 이 용액의 끓는점을 계산하라. 또 이 용액에서 90%의 물이 증발할 때까지 증류하였다면 증류한 용액의 끓는점은 얼마인가?

24. NaCl의 용해도는 물 100 mL당 35.7 g이다. 포화 NaCl 용액의 몰랄 농도는 얼마인가?

25. 0.4785 g의 은 합금을 질산에 녹였다. 용액 속에 들어 있는 모든 은 이온을 AgCl로 침전시키는 데 0.02548 *M* NaCl 31.74 mL가 들어갔다. 원래의 합금 속에 들어 있는 은의 퍼센트 농도를 구하라.

CHAPTER

산과 염기

8

"퐁당퐁당, 쉬익, 쉬익, 아휴, 이제 나았다."

- 1970년대에 유명한 알카샐처(Alka-Seltzer) 광고 중에서 -

우리들 대부분은 "소화불량 (acid indigestion)"이라고 하는 일종의 위통을 여러 번 경험한다. 공부할 시간이 얼마 남지 않은 화학시험 때문에 위통이 생길 수 있고, 학기말 보고서의 마감시간이 다가올 때 또는 첫 데이트 직전에 일어날 수도 있다. 다른 많은 종류의 통증과는 달리 이런 위통은 종종 알카샐처 (미국에서 나오는 진통 제산발포정의 상표명) 같은 약을 복용하여 순식간에 완화시킬 수 있다. 이 통증은 산 (acid)이라는 일종의 화학물질 때문에 오는 것이다. 또한 산과 상호 작용하여 산을 "중화시키는" 염기 (base)라는 화학물질에 의해 순식간에 사라진다. 산과 염기는 화학물질 중 가장 중요한 두 가지 물질이다. 또한 우리 몸이 활동하는 데, 환경화학에서, 공장에서의 제조 과정 및 일상생활의 많은 활동에서 필수적인 것들이다. 쉬운 예로, 산이 작용하는 장소를 알아보기 위하여 소화과정을 살펴보자.

소화 (digestion)란 음식물 분자들이 혈액에 흡수될 수 있는 물질로 쪼개져서 영양소로 흡수되는 과정이다. 앞에서, 소화되는 음식 안에 들어 있는 가장 중요한 물질 중 두 가지인 지방과 탄수화물에 대해서 논의하였다. 체내에서 소화되는 음식에 들어 있는 또 하나의 주된 부류는 **단백질** (protein)이다. 단백질은 효소로 작용하는 등 생체 내에서 가장 중요한 일을 하는 복합체이다. 근육 조직(육류와 생선살)은 대부분이 단백질이다.

음식물의 소화는 입 안에서 일어나기 시작하는데, 침

속에 들어 있는 효소인 α-아밀라아제는 녹말을 더 작은 물질인 탄수화물과 포도당으로 분해한다. 음식물을 씹는 것은 침이 작용하는 표면적을 더 크게 하여 이 과정을 도와준다. 녹말의 소화는 식도에서도 계속되며 (그림 8.1 참조) 위에서 멈추었다가 소장에서 다시 시작된다. 소장에서는 다른 효소가 작용하여 녹말을 혈류에 흡수될 수 있는 포도당으로 전환시킴으로써 종결시킨다. 단백질의 소화는 위에서 시작되는데, 여기에서 단백질은 더 작은 조각으로 쪼개지고 소장에 있는 효소에 의해 더욱더 분해된다. 지방은 소장에 도달할 때까지는 소화되지 않는다.

그러면, 녹말은 위에 도달하면 소화가 멈추고, 단백질은 위에 도달해야만 소화되기 시작하며, 지방은 위에서 전혀 소화가 되지 않는 이유는 무엇일까? 답은 위 안에 있는 화학물질에 있다. 위 안에 있는 소화액 (위액)의 주된 성분은 **염산** (HCl)으로 위에 있는 분비선에서 매일 약 2 L 정도씩 분비된다. 염산은 우리의 오묘한 소화계에 필수적인 부분으로, 그림 8.2에서 보는 것처럼 아연 조각을 녹일 수 있다. 위에서 산이 너무 많이 나오면 위산에 의한 소화불량이 된다.

위에 염산이 있으면 효소인 α-아밀라아제가 비활성화되어, 음식물이 위를 통과하여 소장에 갈 때까지 녹말의 소화를 멈추게 한다. 또한 위 안의 염산은 단백질 분자를 쪼갤 수 있는 효소들을 활성화시킨다.

염산은 지구상에서 일어나는 가장 중요한 화학반응의 대부분에 관련되는 "산"이라고 하는 중요한 화합물 중 하나에 불과하다. 우리 체내에서 인간이 살아가고 건강을 유지하는 데 몇 가지 산들이 관여한

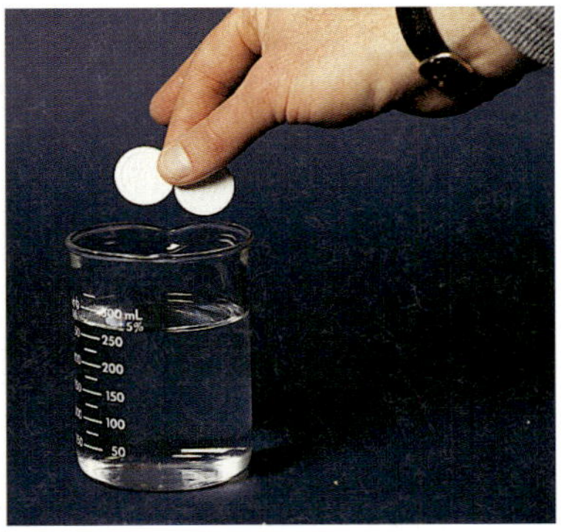

우리들 대부분은 한 번 이상 제산제를 사용한 경험이 있다. 제산제는 모두 위경련을 진정시키기 위해 산-염기 균형이라는 화학적 개념을 사용한다. 이들 약품의 화학적 조성은 이번 장에 언급된 화학적 원리에 기초를 둔다. 다음 번에 약국에 들르면 이들 약품의 성분표를 확인하여 기초 과학에서 배운 것이 타당한지 조사해 보라.

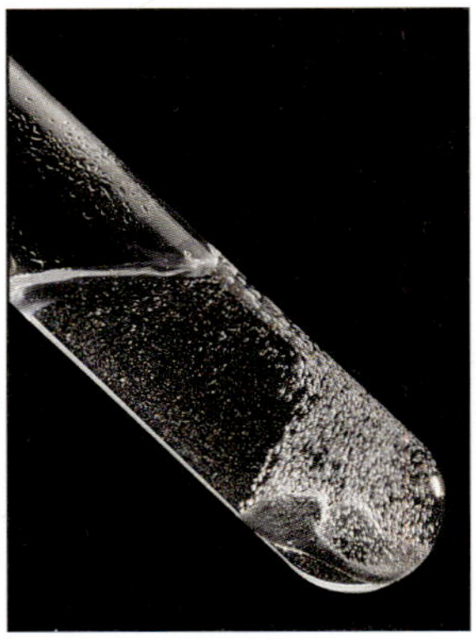

$$Zn(s) + 2HCl(aq) \longrightarrow ZnCl_2(aq) + H_2(g)$$

그림 8.2 염산은 위 안에 있는 위액의 필수 요소로, 금속 아연 조각을 용해시킬 만큼 반응성이 크다.

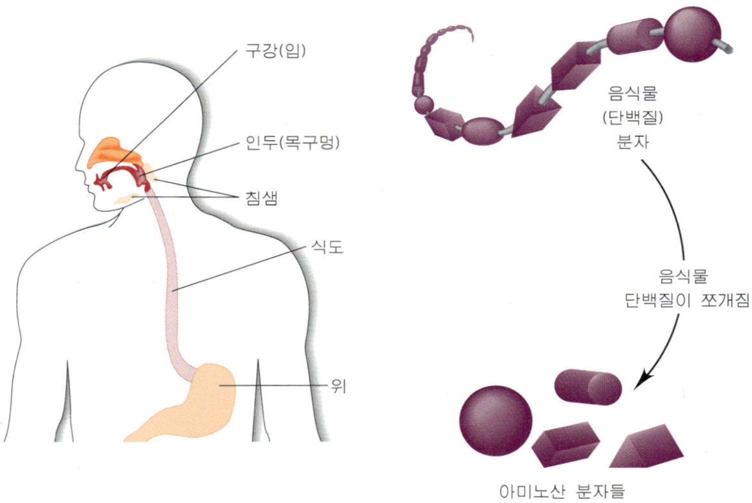

그림 8.1 인간의 소화체계. 전체 소화체계에서 효소들은 단백질, 탄수화물 및 지방을 쪼개는 데 필수적인 역할을 한다.

레몬과 라임의 신맛은 산성 때문이다.

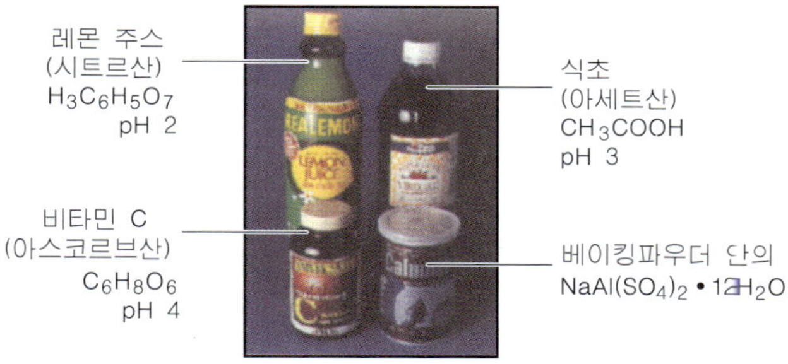

보통의 산들

다. 산 중에 몇 가지는 우리가 섭취하는 음식물과 음료수에 들어있다. 많은 산들은 공장에서 다양한 종류의 제조품이나 재료를 생산하는 화학반응에 사용된다. 또한 몇몇은 오염의 한 형태인 "산성비"라는 중대한 위협이 되고 있다.

8.1 산이란 무엇인가?

"산"이란 말을 들었을 때 무엇이 연상되는가? 레몬, 오렌지, 자몽 주스와 같은 주스들은 산이다. 이들은 입 안을 오므라들게 한다. 산을 포함한 다른 액체들과 마찬가지로 주스도 신맛을 낸다. 황산 (H_2SO_4, 자동차 배터리에서 찾을 수 있다)과 같은 산은 인체에 위험하나 이 또한 신맛을 낸다. 우리가 주로 사용하는 산과 화학적으로 반대인 염기의 특성에 대해 표 8.1에 나타내었다.

많은 생활용품에 산이 포함되어 있다. 표 8.2에 몇 가지 예를 나타내었다. 표에 실린 물질들은 배터리액과 같은 매우 위험한 것에서부터 치즈처럼 온화한 것까지 다양하다. 표에서 보는 것처럼, 산은 우리 생활과 깊이 관련되어 있다. 여러분은 "정말 그렇군." 하며 그런데 "산이란 실제로 무엇일까? 강산과 약산은 어떻게 다를까? 산의 강도는 어떻게 측정하지? 어떤 물질이 산인지 어떻게 알 수 있지? 산은 어떻게 반응할까? 산성비란 무엇일까? 그것과 관련된 것들에는 어떤 것이 있을까?"라고 물을 수도 있다. 우리 위 속에 있는 산인 염산으로 되돌아가서 이러한 질문들에 대하여 답해보기로 하자.

산의 성질

염산과 물을 혼합하면 어떻게 될까? 결합극성도(6장과 7장)에 대해 배운 것으로부터 알아낼 수 있다. HCl 분자는 매우 극성이 큰 물질이므로 H 원자와 Cl 원자 사이의 공유결합을 끊기에 충분한 강도로, 부분적으로 양전하를 띤 HCl 분자의 수소 원자는 부분적으로 음전하를 띠는 물 분자의 산소 원자와 정전기적으로 끌리게 된다. 그림 8.3에서 보는 것처럼 그 결과로 나온 수소 이온(H^+)은 물 분자와 결합하여 **하이드로늄 이온**(hydronium ion, H_3O^+)을 형성한다. H—Cl 결

표 8.1 산과 염기의 특성

산	염 기
신맛	쓴맛
지시약의 색 변화(푸른 리트머스 시험지를 붉은색으로)	지시약의 색 변화(붉은 리트머스 시험지를 푸른색으로)
산-염기 반응에서 양성자 주개	산-염기 반응에서 양성자 받개
몇 가지 금속과 반응하여 수소 기체 방출	많은 금속 이온과 반응하여 불용성 수산화염(hydroxide) 형성

표 8.2 흔히 쓰이는 산

물질	포함하는 산
배터리액	황산
산성비	황산, 질산
위액	염산
레몬주스	시트르산, 아스코르브산
포도주	타타르산
식초	아세트산
오렌지	시트르산, 아스코르브산
겨드랑이 액취	3-메틸-2-헥센산(3-methyl-2-hexenoic acid)
치즈	젖산

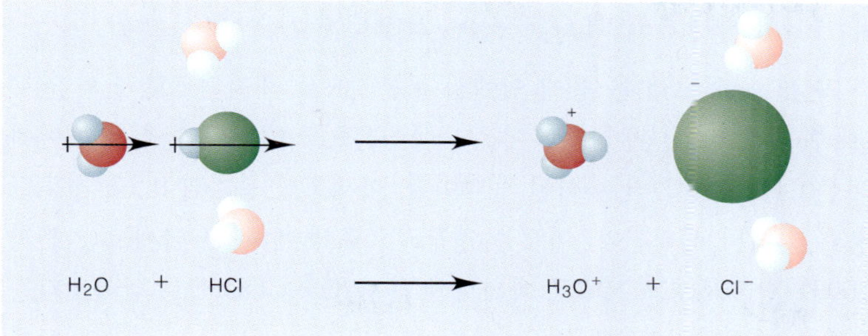

그림 8.3 염산(HCl)은 물과 반응하여 하이드로늄 이온과 염화 이온을 형성한다.

합이 끊어질 때, 결합을 형성하던 전자쌍은 염소 원자에 남게 되어 염화 이온(chloride ion)이 된다. 이 염화 이온은 그림 8.4에서 보는 바와 같이 다른 물 분자의 부분적으로 양전하를 띤 수소 원자들과 상호작용할 수 있다. 물을 첨가했을 때 HCl의 수소 원자와 염소 원자에서 일어나는 현상은 다음 반응식으로 표시된다.

$$\underset{\text{염산}}{H_2O(l) + HCl(aq)} \longrightarrow \underset{\text{하이드로늄 이온}}{H_3O^+(aq)} + Cl^-(aq)$$

염산이 물과 반응할 때 일어나는 현상을 살펴봄으로써 산의 보편적이고 일반적인 화학적 특성을 알 수 있다. 즉, 산은 수용액(물이 용매인 용액)에서 하이드로늄 이온(H_3O^+)의 농도를 증가시키는 물질이다. 산 분자는 물 분자에 수소 이온을 주어 하이드로늄 이온을 형성하므로 산의 또 다른 정의는 다음과 같다. 산이란 수소 이온 주개(hydrogen ion donor)이다. 수소 이온은 단순히 양성자이므로, 산은 양성자 주개(proton donor)로도 표현된다.

산은 다음과 같이 정의할 수 있다.
- 수소 이온(H^+) 주개
- 양성자 주개
- 수용액 중 하이드로늄 이온(H_3O^+)의 농도를 증가시키는 물질

강산과 약산

염산은 **강산**(strong acid)의 한 예이다. 강산은 물과 접촉하면 항상 이온으로 완전히 해리된다. 수용액 중에 있는 HCl 분자는 모두 H^+와 Cl^- 이온으로 즉시 이온화된다. 염화 이온은 물 분자로 둘러싸이고 산의 화학에 관여하지 않는다. 그러므로 염화 이온에 대하여 더 이상 고려하지 않기로 한다. 수소 이온들은 전부 물 분자와 결합하여 하이드로늄 이온(H_3O^+)을 형성한다. 그러나 화학자들은 흔히 H^+로 간단하게 표시한다. 물에 용해된 수소 이온을 나타내기 위해 사용되는 H^+는 실제로는 H_3O^+를 의미한다. 많은 산들은 산 분자 하나당 두 개 이상의 수소 이온을 방출할 수 있다. 황산(H_2SO_4)은 한 분자당 수소 이온 두 개를 내는데, 첫 번째 H^+는 100%를, 두 번째 H^+는 훨씬 덜 낸다.

실제로 여러 물 분자들은 단 하나로 존재하는 것이 아니라 수소 이온과 상호 작용한다. 그러므로 산 용액에 존재하는 물질은 $H^+(H_2O)_4$, 즉 $H_9O_4^+$일 수 있다. 보통 교과서에서는 이와 같은 이온에 대하여 언급하지 않는다. 여기서는 H_3O^+ 또는 H^+로 쓰기로 한다.

$$H_2SO_4\,(l) + 2H_2O\,(l) \longrightarrow 2H_3O^+\,(aq) + SO_4^{2-}\,(aq)$$

약산(weak acid)은 용액 안에서 부분적으로 해리되므로 산의 일부(아주 작은 비율)만이 수소 이온과 음이온으로 해리된다. 식초는 아세트산(CH_3COOH)의 희석된 형태이다. 아세트산 분자의 0.5% 정도만 용액 안에서 해리된다. 이것은 평균적으로 물에 가한 아세트산 분자 1000개당 995개는 그대로 아세트산 분자(CH_3COOH)로 남아있다는 것을 의미한다. 1000개 중 5개만이 해리되어 하이드로늄 이온과 아세트산 이온을 생성한다(그림 8.4 참조).

이러한 부분적인 해리는 아래와 같이 반응식에서 이중 화살표를 사용하여 나타낸다.

$$\underset{\text{아세트산}}{CH_3COOH\,(l)} + H_2O\,(l) \rightleftharpoons \underset{\text{아세트산 이온}}{CH_3COO^-\,(aq)} + \underset{\text{하이드로늄 이온}}{H_3O^+\,(aq)}$$

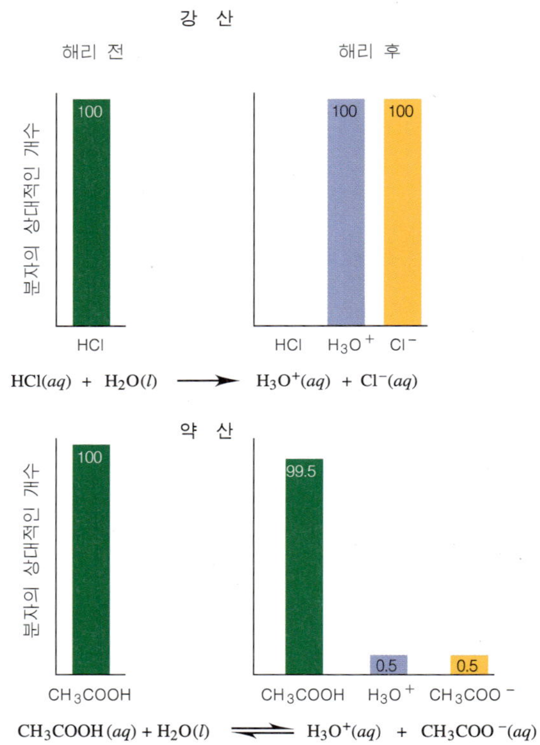

그림 8.4 아세트산은 약산이다. 이것은 초기 농도에 따라 아주 소량 해리되는데 대략 1000개 분자당 1~5개의 분자가 해리한다.

그림 8.5 각 아세트산 분자들은 수소 이온을 잃고 얻고를 반복한다.

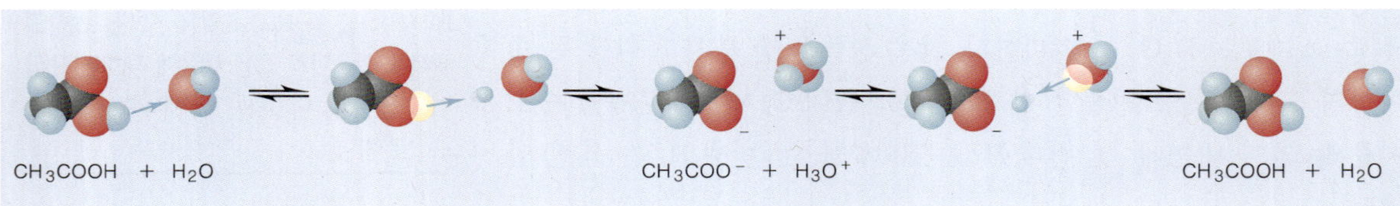

이 화살표는 **화학평형**(chemical equilibrium)을 나타낸다. 나타낸 반응은 실제로 동시에 양쪽 방향으로 같은 비율로 진행한다(그림 8.5 참조). 다시 말하면, 아세트산 분자는 자유이온이 결합하여 다시 아세트산 분자를 형성하는 것과 같은 속도로 끊임없이 해리한다. 예를 들면, 식초병 안에서 어느 특정 순간에 아세트산 분자의 0.5%가 해리되고 또 다른 순간에 다른 0.5%가 해리된다.

이온화(해리)되는 아세트산 분자의 실제 비율은 아세트산 용액의 농도(몰농도)에 좌우된다. 농도가 높으면 이온화되는 백분율이 낮다. 표 8.3은 몇 가지 약산과 그 용도에 대한 예를 나타낸 것이다.

용액 안에 있는 각 성분의 양을 계산하는 것은 많은 생성물을 만드는 데 있어 결정적인 단계다. 우리가 신뢰하는 모든 의약품, 세척제와 화합물들을 살펴보자.

8.2 몰농도와 산의 농도

"강"과 "약"은 산의 해리 정도를 나타내는 용어이다. 이것은 물질의 **몰농도**(용액의 상대적 농도)를 나타내는 "진한"과 "묽은"과는 아주 다른 개념이다. **몰농도**(molarity)는 화학교과서에서 가장 중요하게 다루는 농도 표시법의 하나로, 산뿐만 아니라 어떤 용액의 농도를 나타내는 데 사용된다. 몰농도는 용액 단위 리터당 용질의 몰수로 정의된다.

$$\text{몰농도}\ (M) = \frac{\text{용질의 몰수}}{\text{용액의 리터 수}} = \text{mol/L}$$

표 8.3 몇 가지 산

	산 이름	분자식	용도
강산	황산	H_2SO_4	비료 제조
	질산	HNO_3	비료 제조
	염산	HCl	염소를 포함하는 물질 제조
약산	아세트산	CH_3COOH	식초
	라우르산	$CH_3(CH_2)_{10}COOH$	치약성분 중 황산라우릴 나트륨으로 전환될 때 전형적인 지방산 세정제
	타타르산	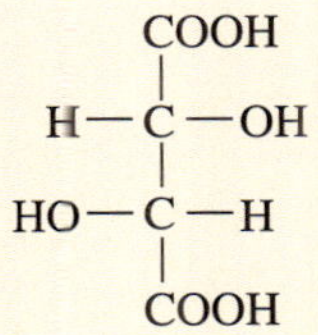	탄산음료, 베이킹파우더
	인산	H_3PO_4	세정제, 비료 제조, 플라스틱 제조, 식품 첨가제

$2 \times 10^{-6} M$ HCl 용액은 용액 1 L당 HCl 2×10^{-6} mol을 지닌다. 이 용액 3 L에는 6×10^{-6} mol의 HCl이 들어 있다.

$$\frac{2 \times 10^{-6}\ \text{mol HCl}}{\text{HCl 용액 1 L}} \times 3\ \text{L HCl 용액} = 6 \times 10^{-6}\ \text{mol HCl}$$

예제 8.1과 8.2에서 산의 몰농도를 다른 방법으로 계산하는 방법을 제시하였다.

몰농도와 산의 세기에 대한 이해를 바탕으로 $1 \times 10^{-6} M$ HCl 용액은 강산의 묽은 용액이라고 말할 수 있다. $2 M$ 아세트산 용액은 약산의 상대적으로 진한 용액이다. 그러므로 우리는 산의 강도를 언급할 때, 예를 들어 '진한' 산 용액을 의미할 때 '강' 산 용액을 말하는 것이 아니라는 것을 기억하며 용어를 조심스럽게 사용해야 한다.

수용액의 화학에서 물은 항상 존재하므로 산 해리 반응식에서 물을 생략하는 것이 일반적인 관례이다. 반응식을 쓰는 데 물을 나타내는

예제 8.1 산의 농도

문 제 30.0 g의 아세트산(CH_3COOH, 몰질량 = 60.0 g)에 물을 가하여 충분히 용해시켜 만든 아세트산 용액 250 mL의 몰농도는 얼마인가?

풀 이 용질(아세트산)의 몰수를 알아야 하고, 1 L당 몰수를 구하기 위하여 용질의 몰수를 용액의 부피(0.250 L)로 나누어야 한다.

$$30.0\ \text{g}\ CH_3COOH \times \frac{1\ \text{mol}\ CH_3COOH}{60.0\ \text{g}\ CH_3COOH} = 0.500\ \text{mol}\ CH_3COOH$$

$$M = \frac{0.500\ \text{mol}\ CH_3COOH}{0.250\ \text{L}\ CH_3COOH} = 2.00\ M\ CH_3COOH$$

생각의 양식 : 위의 용액은 $2 \times 10^{-6} M$ HCl 용액보다 진한 용액인가, 묽은 용액인가?

예제 8.2 용액의 몰수

문 제 0.1723 M HCl 용액 35.65 mL 중에 들어있는 HCl의 몰수를 계산하시오.

풀 이 HCl 몰수는 몰농도 값에 L 단위의 부피를 곱하면 된다.

$$\text{HCl 몰수} = \frac{\text{HCl 몰수}}{\text{HCl 용액의 리터 수}} \times \text{HCl 용액의 부피}$$

$$= \frac{0.1723\ \text{mol HCl}}{1\ \text{L HCl 용액}} \times 0.03565\ \text{L HCl 용액}$$

$$= 6.142 \times 10^{-3}\ \text{mol HCl}$$

것은 복잡한 반응식을 더 복잡하게 만들기 때문에 물을 생략하기로 한다. 염산(강산)과 아세트산(약산)의 해리는 간단한 형태로 다음과 같이 쓸 수 있다.

$$HCl(aq) \longrightarrow H^+(aq) + Cl^-(aq)$$
$$CH_3COOH(aq) \rightleftharpoons CH_3COO^-(aq) + H^+(aq)$$

이제는 산이 무엇인지를 알게 되었다. 산의 독특한 성질 중 몇 가지를 알고 있다. 산의 몇 가지 예도 알고 있다. 어느 것이 강산이고 어느 것이 약산인지를 알고 이들 용어가 물에서 산이 해리되는 정도에 관한 것을 의미한다는 것도 알게 되었다. 이제는 어느 것은 왜 강산이고 어느 것은 왜 약산인지 그 이유에 대하여 공부하기로 하자.

강산과 약산을 판단하는 기준은?

화학에서 반복되는 주제이며 5장에서 우리가 광범위하게 다룬 주제는 자발적으로 화학반응이 일어나는 것에 대한 것이다. 왜냐하면 일반적인 조건에서 생성물이 반응물보다 좀더 안정하므로 이 주제는 산과의 반응에서도 적용된다.

염화 이온(Cl^-)과 수소 이온(H^+)은 HCl보다 물에서 더욱 안정하므로 염산에 물을 첨가하면 염산은 완전히 해리된다. 한편 아세트산(CH_3COOH)은 물 안에서 음이온 형태(CH_3COO^-)보다 더 안정하므로 아세트산은 소량만 해리된다. 따라서 이것은 약산이다. 물 안에 있는 다른 화학종들의 상대적인 안정도는 그들의 구조로 결정된다. 이 방법은 여기서 논의하기에는 너무 복잡하다.

산의 적용을 위한 도입단계

적당히 약한 아세트산이 함유된 식초를 컵에 붓고, 그 안에 껍질이 있는 날달걀을 하룻밤 담가두어 보라. 다음 날, 달걀을 살펴보면 껍질은 사라지고 그림 8.6에서와 같이 달걀 흰자의 바깥 부분이 하얗게 된 것을 볼 수 있을 것이다. 달걀 껍질은 주로 탄산칼슘($CaCO_3$)으로 이루어져 있으며, 약간의 단백질은 껍질과 서로 결합하도록 도와준다. 아세트산은 탄산칼슘과 반응하여 이산화탄소 기체를 발생시킨다. 그 증거를 컵 안에서 볼 수 있는가?

$$CaCO_3(s) + 2CH_3COOH(aq) \longrightarrow Ca^{2+}(aq) + CO_2(g) + H_2O(l) + 2CH_3COO^-(aq)$$

9장에서는 달걀 껍질 대신 빌딩이나 조각품의 골격인 대리석이나 석회석이 용해되는 매우 비슷한 반응에 대하여 논의할 것이다. 산은

예제 8.3 산의 해리

문제 다음 해리 과정의 생성물을 쓰시오. 물을 생략한 간략한 형태로 써도 된다.

a. 강산인 질산(HNO_3)
b. 수박과 사과 같은 과일에 들어 있는 약산인 말산(malic acid, $C_4H_5O_3COOH$)
c. 약산인 아스코르브산 (비타민 C, $C_6H_7O_6H$)
d. 유리를 에칭하는 약산인 플루오린화수소산(HF)
e. 양성자를 내놓으며 산으로도 작용하고 양성자를 받아들이며 염기로도 작용할 수 있는 양쪽성 물질인 중탄산 이온(HCO_3^-), 여기서는 약산으로 작용한다고 가정하라.

풀이 a. $HNO_3(aq) \longrightarrow H^+(aq) + NO_3^-(aq)$

b. $C_4H_5O_3COOH(aq) \rightleftharpoons C_4H_5O_3COO^-(aq) + H^+(aq)$

c. $C_6H_7O_6H(aq) \rightleftharpoons C_6H_7O_6^-(aq) + H^+(aq)$

d. $HF(aq) \rightleftharpoons H^+(aq) + F^-(aq)$

e. $HCO_3^-(aq) \rightleftharpoons H^+(aq) + CO_3^{2-}(aq)$

여기에 있는 모든 산은 수소 이온을 내놓아 용액의 총 수소 이온 농도를 증가시킨다. 산은 강산이 될 수도 약산이 될 수도 있다. a에 있는 산(HNO_3)은 강산이다. 이것은 완전히 해리된다. 플루오린화수소산(HF)은 약산이고 많이 해리되지 않는다.

그림 8.6 식초(아세트산 용액)와 달걀 껍질(탄산칼슘)과의 반응은 달걀 껍질을 용해되는 생성물로 전환시킨다.

모든 종류의 물건에 의도한 효과와 의도하지 않은 효과를 나타낼 수 있다.

8.3 염기 – 이야기의 다른 반쪽

지금까지 논의한 각각의 과정들은 수소 이온(H^+)과 몇몇 종류의 음이온을 포함한다. 염산(HCl)은 H^+와 Cl^- 이온을 방출한다. 이것은 짝지은 세트(matched set)이다. HCl은 산이다. 이것은 Cl^-는 떼어내고 수소 이온을 내어놓는다. Cl^- 이온은 염산의 **짝염기**(conjugate base)라고 한다. **염기**(base)는 수소 이온을 받아들일 수 있는 물질이다. HCl과 Cl^-는 산과 산이 수소 이온을 잃어버릴 때 생성된 관련 염기로 구성된 **짝산-짝염기 쌍**(conjugate acid-base pair)으로 알려져 있다. 무수히 다양한 염기가 자연에 존재하며 공장에서 개발된다. 가장 많이 사용되는 세 가지 공업용 화학물질을 표 8.4에 나타내었다.

산과 염기는 상호교환할 수 있다. 앞에서 공부한 것처럼 염화 이온이 수소 이온을 받아들이면 산인 HCl이 될 것이다. HCl이 수소 이온을 잃어버리면 염기인 Cl^-로 바뀐다. 산과 염기는 한 쌍이다. 그 짝 없이 다른 짝을 갖지 못한다.

산이 상대적으로 강하면, 그것의 짝염기는 약하다. 산이 약할 때 그것의 짝염기는 상대적으로 강하다. 예를 들면, HCl은 강산이다. 용액 안에서 HCl은 쉽게 해리되어 좀더 에너지적으로 안정한 H^+와 Cl^-이온을 형성하는 경향이 있다. Cl^- 이온은 H^+ 이온과 저절로 재결합하여 덜 안정한 HCl을 다시 형성하지는 않는다. 강염기의 특징은 수소 이온과 강하게 결합하는 경향이 있으므로 Cl^-는 매우 약한 염기이다.

아세트산(CH_3COOH)의 짝염기는 아세트산 이온(CH_3COO^-)이다. 앞에서 배운 것처럼, 아세트산 이온은 수소 이온과 재결합하여 아세트산 분자를 형성하기 때문에 아세트산 이온은 더 강한 염기이다.

잿물(lye)은 염기인 수산화나트륨의 농축액의 일반명(common name)이다. 여러 용도가 있지만 막힌 배수구를 뚫는 데 사용된다. 이것은 부식성이 매우 큰 물질이다. 물을 첨가하면 NaOH는 전부 나트륨 이온과 수산화 이온으로 해리된다.

$$NaOH(s) \longrightarrow \underset{\text{나트륨 이온}}{Na^+(aq)} + \underset{\text{수산화 이온}}{OH^-(aq)}$$

수산화 이온은 수용액 내에서 가장 강한 염기이다.

HCl과 Cl^-가 짝산-짝염기 쌍을 형성하는 것처럼, 물과 수산화 이온은 또 다른 짝산-짝염기 쌍을 형성한다. 수산화 이온이 매우 강한 강염기이므로 물은 매우 약한 산이다.

물은 또한 수소 이온을 받아 H_3O^+를 형성함으로써 H_3O^+/H_2O 짝

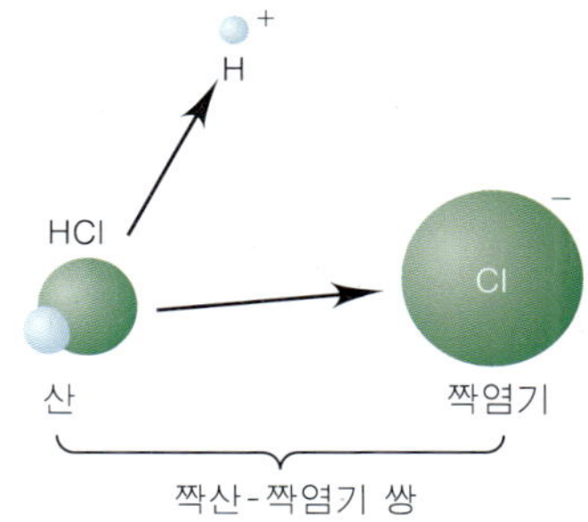

그림 8.7 HCl 분자와 Cl^- 이온(산이 해리되기 "전과 후")은 짝산-짝염기의 쌍이다. 산이 강할수록 짝염기는 더 약하다.

염기는 다음과 같이 정의할 수 있다.
- 수소 이온(H^+) 받개
- 양성자 받개
- 수용액 중 수산화 이온(OH^-)의 농도를 증가시키는 물질

표 8.4 공업용으로 중요한 염기들

염기(구조)	상업적 용도	생산량 10^9 kg(1999)
산화칼슘(CaO)	시멘트, 종이	22.60
암모니아(NH_3)	비료, 플라스틱	18.96
수산화나트륨(NaOH)	공업용 합성	11.39

산-짝염기 쌍에서 염기로서 작용할 수 있다. 그러므로 물 분자는 수소 이온을 받아들일 수도 있고 (H_3O^+를 형성), 수소 이온을 내어줄 수도 (OH^-) 있다. 이런 방법으로 산이나 염기로서 모두 작용할 수 있는 물질을 **양쪽성** (amphiprotic)이라고 부른다.(중탄산 이온의 예에 대하여 예제 8.5 참조)

물에 용해된 금속 수산화물은 알칼리로 알려져 있다. 알칼리는 첨가된 용액 중 수산화 이온의 농도를 증가시킨다.

대부분의 잘 알려진 강염기는 수산화나트륨 (NaOH)과 수산화칼륨 (KOH) 같은 1A족 금속의 수산화물이다. 수산화 이온은 수소 이온과 결합하는 화학종이므로 이들 화합물의 수산화 이온이 염기이다. 그러나 대개는 화합물 역시 염기로 알려져 있다. 염기는 수소 이온과 결합하는 물질로 정의한다. 많은 염기들은 수산화 이온 (OH^-)을 만들어 내거나 방출함으로써 수소 이온과 결합한다. 수산화 이온을 방출하고 물에 녹는 금속 수산화물을 **알칼리** (alkali)라고 한다.

수산화나트륨은 앞에서 말한 바와 같이, 나트륨 이온과 수산화 이온으로 물에서 완전하게 해리되는 가장 대표적인 강산이다. 암모니아 (NH_3)는 간접적으로 수산화 이온을 형성하는 가장 대표적인 약염기이다. 암모니아 분자는 수산화 이온을 포함하지 않으므로 단순한 해리로 용액 안에서 수산화 이온을 방출할 수 없다. 하지만 물 분자와 반응하여 다음과 같이 수산화 이온을 형성할 수 있다.

$$\underset{\text{암모니아}}{NH_3(aq)} + H_2O(l) \rightleftharpoons \underset{\text{암모늄 이온}}{NH_4^+(aq)} + OH^-(aq)$$

약산에서와 마찬가지로, 양쪽 방향의 화살표는 반응물과 생성물이 동시에 존재하며 같은 속도로 상호 전환되는 평형상태에 있음을 말해준다. 이러한 특별한 평형계에서 약간의 암모니아는 실제로 암모늄 이온으로 전환된다. 이것으로 암모니아가 약염기인 이유가 설명된다. 암모니아 분자는 용액 내에서 양성자를 받아들이고 수산화 이온을 생성하므로 암모니아 분자가 염기의 정의를 만족시킨다. 몇 가지 약염기의 예를 표 8.5에 나타내었다.

표 8.5 약염기들

염기의 이름	구 조	용 도
암모니아	NH_3	비료, 세정용액
헥사메틸렌다이아민	$H_2N-(CH_2)_6-NH_2$	나일론 합성
피리딘	C_5H_5N	공업용 용매

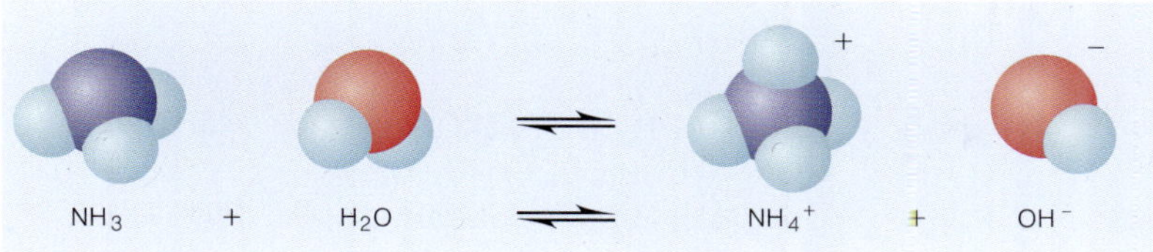

그림 8.8 암모니아는 물과 결합하여 암모늄 이온과 수산화 이온을 형성한다. 암모니아는 약염기이므로 이 반응의 평형은 왼쪽에 놓인다.

우리는 산의 예로 들 수 있는 식품들에 매우 친숙하지만 흔히 볼 수 있는 물질의 대부분은 염기이다.

8.4 산과 염기로서의 산화물

산은 그 물질에 물을 가할 때 수소 이온을 형성하는 요인이 되는 것이고, 염기는 물을 가할 때 수산화 이온을 형성하는 요인이 되는 것이라고 정의한다.

염기로서의 금속 산화물

산화칼슘(CaO, 표 8.4 참조)은 물과 반응하여 수산화칼슘[$Ca(OH)_2$]을 형성한다.

$$CaO(s) + H_2O(l) \longrightarrow Ca(OH)_2(aq)$$

그 후 수산화칼슘은 이온화되어 칼슘 이온과 수산화 이온을 형성한다.

$$Ca(OH)_2(aq) \longrightarrow Ca^{2+}(aq) + 2OH^-(aq)$$

CaO는 OH^-를 내놓았으므로 염기로 취급할 수 있다. 1A족과 2A족 금속의 산화물들은 모두 강염기이다. 한편, 일반적으로 비금속 산화물들은 물 속에서 산성 용액을 형성한다. 예를 들면, 삼산화황(SO_3)은 물과 반응하여 황산이 된다. 9장에서 언급하겠지만, 이것은 산성비의 주요인이 되는 반응이다.

예제 8.4 **물 속의 산화물**

문 제 다음 산화물이 물에 용해되면 각각 어떤 화합물이 형성되는가?

a. CO_2 b. K_2O c. P_4O_{10} d. BaO

풀 이

a. $CO_2(g) + H_2O(l) \rightarrow H_2CO_3(aq)$ 산

b. $K_2O(s) + H_2O(l) \rightarrow 2KOH(aq)$ 강염기

c. $P_4O_{10}(s) + H_2O(l) \rightarrow 4H_3PO_4(aq)$ 산

d. $BaO(s) + H_2O(l) \rightarrow Ba(OH)_2(aq)$ 강염기

예제 8.5 **염기와 물과의 반응**

문 제 다음 물질에 물을 가하면 어떻게 되는지 그 반응식을 쓰시오..

a. 수산화칼륨 (KOH)
b. 수산화칼슘 [$Ca(OH)_2$]
c. 플루오린화 이온 (F^-)
d. 아세트산 이온 (CH_3COO^-)
e. 중탄산 이온 (HCO_3^-), 양쪽성 물질이며 이 반응에서는 약염기로 작용한다.

풀 이 a. $KOH(s) \longrightarrow K^+(aq) + OH^-(aq)$

b. $Ca(OH)_2(s) \longrightarrow Ca^{2+}(aq) + 2OH^-(aq)$

c. $F^-(aq) + H_2O(l) \rightleftharpoons HF(aq) + OH^-(aq)$

d. $CH_3COO^-(aq) + H_2O(l) \rightleftharpoons CH_3COOH(aq) + OH^-(aq)$

e. $HCO_3^-(aq) + H_2O(l) \rightleftharpoons H_2CO_3(aq) + OH^-(aq)$

이 반응에서 각 물질들은 짝산-짝염기 쌍의 일부라는 것을 주목하라. 심화연습으로 이들 쌍 중에서 어느 물질이 강하고 어느 것이 약한 것인지를 생각해 보기 바란다.

$$SO_3(g) + H_2O(l) \longrightarrow H_2SO_4(aq)$$

비금속 산화물들 (산을 형성)과 1A족과 2A족 금속 산화물들 (염기를 형성)은 수소 이온이나 수산화 이온을 갖는 산이나 염기를 만드는데 필요한 물이 없으므로, 각각 **산 무수물** (acid anhydride)과 **염기 무수물** (base anhydride)이라고 한다.

8.5 pH 척도

산과 염기는 둘 다 물과 반응하여 이온을 방출하거나 생성하며, 강산이나 강염기는 물 속에서 이온화되는 반면 약산과 약염기는 완전히 이온화되지 않는다는 것을 알았다. 이제 용액의 pH라고 알려진 용액의 "산도"나 "염기도"의 매우 특별한 척도에 대해 배우기로 한다. pH라는 용어가 매우 친숙할 수도 있다. 왜냐하면 샴푸나 화장품에 종종

"pH 균형을 맞춘" 또는 "pH를 조절한"이라고 표현된 것들이 있기 때문이다. 만일 여러분이 농사나 정원 가꾸는 일에 관심을 갖고 있다면, 토양의 pH의 중요성에 대하여 들었을 것이다. 만일 집에 어항이 있다면 가끔씩 어항 속의 pH를 조절해 주어야 물고기들이 죽지 않을 것이다. 대규모로 호수나 시냇가의 pH를 조절하는 것은 어항과 마찬가지로 생명체들이 그 곳에서 생존하는 데 필수적이다. 이제 pH라는 용어의 의미에 대하여 공부하기로 하자.

pH에서 **p**자는 power(지수멱)라는 단어의 첫 글자로, 음의 대수, 즉 **−log**의 수학적 약자이다. "p"자는 여러 수학적 관계에서 이런 방식으로 사용되는데 문장의 처음에 나오더라도 소문자로 쓴다. pH에서 **H**는 **수소이온농도**(mol/L 단위)를 나타낸다. 화합물의 농도를 나타내는 데 사용되는 또 다른 약자는 대괄호 안에 화합물의 기호를 써 넣는 것이다. 예를 들면 $[H^+]$는 "수소이온농도(mol/L)"를 의미한다. 그러므로 다음과 같이 pH의 의미를 요약할 수 있다.

$$\mathbf{pH = -log[H^+]}$$

즉, **pH = 수소이온농도의 음의 대수**(mol/L). (그림 8.9 참조)

pH가 의미하는 것을 명확히 하기 위해 예를 들어 설명해 보자. 식초는 수소이온농도가 일반적으로 0.0010 M (1.0×10^{-3} M)인 아세트산(CH_3COOH)수용액이다. 이 용액의 pH는 얼마인가? 1.0×10^{-3}의 로그값은 −3.00이다. 수소이온농도의 H는 음의 대수이다. 그러므로 −3.00의 음의 값은 다음과 같다.

$$-(-3.00) = +3.00 = \text{pH } 3.00$$

수소이온농도를 안다면, 계산기의 "log" 버튼을 사용하여 pH를 쉽게 계산할 수 있다. $[H^+] = 4.64 \times 10^{-5}$ M인 용액의 pH를 계산한다고 가정하자. 계산기를 이용하여 다음과 같이 하면 된다.

1. 계산기에 4.64×10^{-5}를 입력한다.
2. "log" 버튼을 누르면, −4.3335라는 숫자가 나타난다.

$pH = -log[H^+]$이므로, $[H^+]$는 음의 값을 지니며 pH는 양의 값인 4.333이다. 왜 4.3335가 아닌가? pH에서 유효숫자의 자릿수는 위의

그림 8.9 pH에서 p는 "음의 대수"를 의미한다. 수소이온농도를 묘사하는 이 방법은 >1로부터 <0.00000000000001 mol/L까지의 매우 넓은 범위를 다룰 수 있게 한다.

예에서 $[H^+]$의 유효숫자가 3자리였으므로, $[H^+]$ 유효숫자의 자릿수에 따라 결정되어 pH수치의 소숫점 뒷자리 3자리까지 표시한다.

$[H^+]$값에서 pH값을 구할 수 있는 것처럼 pH값에서 $[H^+]$값을 구할 수 있다. $pH = -\log[H^+]$에서, 양변을 10의 지수로 나타내면,

$$10^{pH} = 10^{-\log[H^+]} \quad 즉, \quad 10^{-pH} = [H^+]$$

pH 6.00인 용액에서 이 용액의 $[H^+]$값을 구하면 $10^{-pH} = 10^{-6.00} = 1 \times 10^{-6}$ M이다.

계산기를 이용하여 pH값을 $[H^+]$로 바꿀 수도 있다. pH 3.37인 용액의 $[H^+]$값을 구해보자.

1. 계산기에 3.37을 입력한다.
2. "+/−"버튼을 누르면 −3.37을 얻는다.
3. "2nd function"버튼을 누르고 나서 "log"버튼을 누른다. 이것은 "10^x"을 누르는 것과 같다. 그러면 0.000426이라는 값이 나타난다.

예제 8.6 pH 연습

문제 수소이온농도가 주어져 있는 다음 각 용액의 pH를 계산하라.

a. $1.0 \times 10^{-14}\ M$
b. $1.0 \times 10^{-1}\ M$
c. $1.0 \times 10^{-13}\ M$
d. $7.53 \times 10^{-4}\ M$
e. $6.24 \times 10^{-9}\ M$
f. $0.200\ M$
g. $2.45\ M$

풀이 a. $pH = -\log(1.0 \times 10^{-14}\ M) = -(-14) = 14.00$

b. $pH = -\log(1.0 \times 10^{-1}\ M) = -(-1) = 1.00$
c. $pH = -\log(1.0 \times 10^{-13}\ M) = -(-13) = 13.00$
d. 3.123
e. 8.205
f. 0.699
g. −0.389

이 대답은 논리적으로 타당한가? 수소이온농도가 낮으면 낮을수록, pH는 더 높아진다는 것을 주목하라. pH값은 수소이온농도의 지수와 관련되어 있다. $1.0 \times 10^{-9} M$의 수소이온농도를 지닌 용액의 pH를 계산해 보면, pH는 9이다.

예제 8.7 결론 이끌어 내기

문 제 a. 예제 8.6에 의하면, 수소이온농도가 증가함에 따라 pH는 어떻게 변화하는가?

b. pH가 1단위씩 바뀔 때마다 수소이온농도는 얼마씩 변화하는가?

c. 어떤 호수의 pH가 5.0이라면, 수소이온농도는 얼마인가?

풀 이

a. $[H^+]$가 증가함에 따라 pH는 감소한다. 예를 들어, 호수가 점점 산성화될수록 호수의 pH는 점점 더 낮아질 것이다.

b. pH가 1씩 변화함에 따라 $[H^+]$농도는 10단위씩 변화한다. 호수의 예를 들면, pH의 작은 변화는 호수의 산성도 면에서 많은 변화가 있음을 의미한다.

c. 앞의 예로 다시 돌아가서, pH의 음의 값을 취하여 10의 제곱으로 바꾸어 보자. 다음과 같다.

$$[H^+] = 1.0 \times 10^{-pH}\ M = 1.0 \times 10^{-5}\ M$$

예제 8.8 pH로부터 수소이온농도 구하기

문 제 이 책에서 배운 방법을 이용하여 각 용액의 주어진 pH에서 수소이온농도를 계산하라.

a. 12.00 b. 4.00 c. −1.00 d. 10.00 e. 6.95 f. 6.35

풀 이 일반적으로 $[H^+] = 1.0 \times 10^{-pH}$이다.

a. pH=12.00일 때, $[H^+] = 10^{-12.00} = 1.0 \times 10^{-12}\ M$

b. pH=4.00일 때, $[H^+] = 10^{-4.00} = 1.0 \times 10^{-4}\ M$

c. pH=−1.00일 때, $[H^+] = 10^{-(-1.00)} = 1.0 \times 10^{1}\ M$

d. pH=10.00 일 때, $[H^+] = 10^{-10.00} = 1.0 \times 10^{-10}\ M$

e. $1.12 \times 10^{-7}\ M$

f. $4.47 \times 10^{-7}\ M$

예제 8.9 수소이온농도와 상대적인 산도

문 제 pH1.5인 용액은 pH1.0인 용액보다 더 산성일까, 덜 산성일까?

풀 이 pH가 1.0이면 $[H^+] = 0.10$ mol/L이다.
($[H^+] = 10^{-pH} = 10^{-1.0} = 0.10\ M$)

pH가 2.0이면 $[H^+] = 0.010$ mol/L이다.

pH 1.5는 pH 1과 pH 2 사이에 있다. $[H^+]$는 0.10보다 작고, pH 1.5는 pH 1.0보다 덜 산성이다. 수소이온농도가 낮을수록 pH는 높아진다는 사실을 기억하라!

예제 8.10 산도와 pH 변화

문 제 pH가 1씩 변하면 수소이온농도는 10배씩 변한다. pH가 두 단위 변하면, $[H^+]$는 몇 배 변할까?

풀 이 예제 8.8에서, a에서 d까지 두 단위의 pH 변화가 있었다(pH 12.00에서 10.00). $[H^+]$는 100(10×10) 만큼 변했다. 만일 pH가 4단위 변화한다면, 산성도는 10×10×10×10=10,000(즉, 10^4) 만큼 변할 것이다. 이제 실제로 pH 변화가 얼마나 중요한가를 알게 될 것이다.

8.6 물과 pH

순수한 물은 물 분자로만 이루어져 있지 않다. 다음 평형 반응식에 나타나 있는 것처럼 순수한 물에서 극히 적은 비율의 분자가 해리되어 수소 이온과 수산화 이온을 형성한다.

$$H_2O\,(l) \rightleftharpoons H^+\,(aq) + OH^-\,(aq)$$

순수한 물은 25°C에서 "중성 pH"로 알려진 pH 값 7이다. 중성 pH에서 수소이온농도는 수산화 이온의 농도와 같다. 25°C 순수한 물에서 $[H^+] = [OH^-] = 1 \times 10^{-7}\,M$이다.

평균적으로, 물의 극히 일부가 이온화되어 수소이온농도는 25°C에서 약 $1 \times 10^{-7}\,M$이다. 이것은 순수한 물의 pH가 7.00임을 의미한다. 이것은 보통 **중성** pH(neutral pH)라고 한다.

다음을 생각해 보자. 물이 해리되어 H^+ 이온 하나가 형성될 때마다 OH^- 이온 또한 하나씩 형성된다. 이것은 순수한 물에서 OH^- 이온의 농도 역시 수소이온농도와 같은 값인 $1 \times 10^{-7}\,M$임을 의미한다.

$[H^+]$를 $0.10\,M$로 만들기 위해 강산인 질산을 충분히 가하면 pH 값에 어떤 변화가 일어날까? 더 많은 H^+ 이온을 순수한 물의 평형계에 첨가하면, 그 중 일부는 OH^- 이온과 결합하여 물을 형성할 것이다.

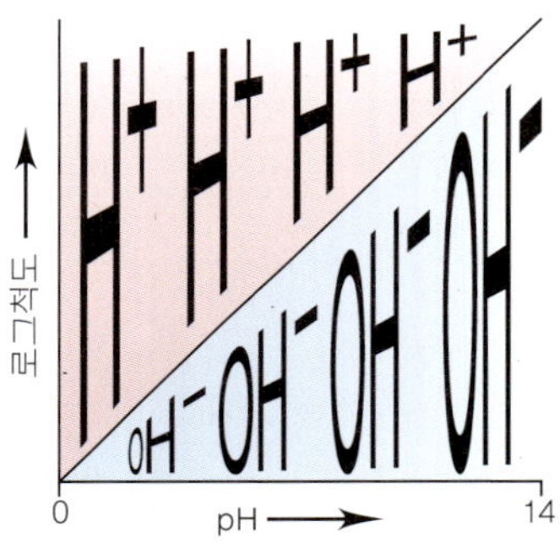

그림 8.10 pH 값은 용액 내 수소이온 농도의 척도이다. $[H^+]$가 감소할수록 $[OH^-]$는 증가되고 pH도 증가한다.

$$H^+ + OH^- \longrightarrow H_2O$$

그러므로 H^+농도가 증가할 때, OH^-농도는 자연적으로 감소한다. 이러한 변화가 일어나는 정확한 비율은 24°C의 수용액의 pH와 **pOH** 값 사이의 다음과 같은 아주 간단하고 유용하며 정해진 관계에 의해 표현된다.

$$[H^+] \times [OH^-] = 1.0 \times 10^{-14}$$

pH 값을 안다면 이 식을 이용하여 용액의 $[OH^-]$ 값을 구할 수 있고 그 반대의 경우도 계산할 수 있다. $pH + pOH = 14.00$

순수한 물에 충분한 양의 질산을 첨가하여 $[H^+] = 0.1\,M$인 용액을 만들 때, 그것의 pH는 1이 된다($0.1\,M = 1 \times 10^{-1}\,M$이므로). $[H^+]$와 $[OH^-]$ 사이의 관계로부터, $[OH^-] = 1 \times 10^{-13}\,M$이다.

$[H^+]$와 $[OH^-]$가 상보적이라는 것을 항상 기억하라. 하나가 증가하면 다른 하나는 감소한다. 어떤 물질이 좀더 산성화된다는 것은 염기성이 약해진다는 뜻이기도 하다. 반대로 더 염기성이 된다면 산성이 덜 될 것임에 틀림없다. 이것을 그림 8.10에 나타내었다.

수용액의 pH값은 일반적으로 0～14 범위에 있다. 하지만 이 범위 바깥쪽의 수치도 있을 수 있다. 전체적으로 산성도 염기성도 아닌 물질을 **중성**(neutral)이라고 부르며 이것은 25°C에서 pH = 7.00의 상태이다. pH 척도의 극단으로 갈수록, 산성 또는 염기성 성질이 증가

표 8.6 몇 가지 물질의 H

물 질	함유된 산이나 염기	pH
배터리 산	황산	1.3
위액	염산	1.5-3.0
레몬 주스	시트르산, 아스코르브산	2.3
식초	아세트산	2.5
포도주	타타르산	2.8-3.8
사과	말레산(maleic acid)	2.9-3.3
개미에 물린 상처	폼산	3.0
식품방부제	벤조산	3.1
치즈	젖산	4.8-6.4
베이킹 소다	중탄산 이온	8.3
붕사	붕산 이온	9.2
세제	탄산, 인산 이온	10-11
마그네시아유	수산화마그네슘	10.5
하수구 세정제	수산화 이온	13+

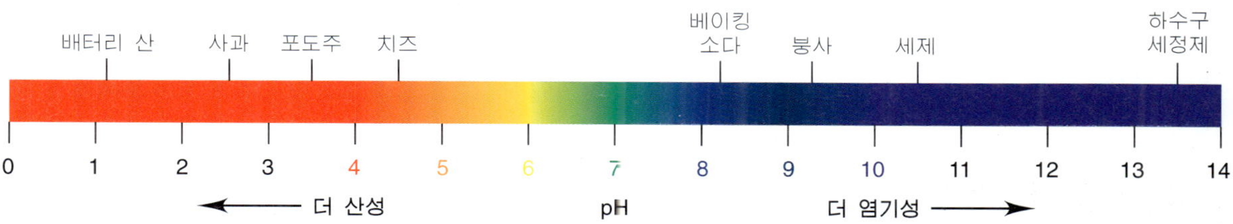

그림 8.11 표 8.6에 나와있는 물질 중 몇 가지를 pH 그래프에 나타내었다. pH 그래프에 있는 색깔은 "보편적인 지표"를 나타내는 것으로 수용성 pH 범위에서 색변화를 많이 하는 물질들의 혼합체이다.

한다. pH 2.5인 식초는 pH 6.8인 우유보다 더 산성이다. 마찬가지로 pH 12인 암모니아는 pH 8.4인 베이킹 소다보다 더 염기성이다. 표 8.6에 이러한 예와 몇 가지 대표적인 물질의 pH를 나타내었다.

여기서 우리는 몇 가지 어려운 개념을 파악하였다. 산과 염기의 농도를 수치적으로 측정하는 것은 가능하며 pH와 pOH의 작은 변화는 산과 염기의 농도 면에서 큰 변화를 수반한다는 것을 이제 알고 있다. 또한 많은 물질들이 산과 염기라는 생각을 재강조하였다. 우리는 정량적(수학적인) 문제 또한 고려하였는데, 그럼 정량적인 측면은 무엇일까? 우리가 산이나 염기 농도를 볼 수 있는 방법은 있을까?

예 제 8.11 pH와 농도

문 제 빈칸을 채우시오.

pH	$[H^+]$	$[OH^-]$
5.00	1.0×10^{-5}	
12.00		
	1.0×10^{-3}	
		1.0×10^{-4}

pH	$[H^+]$	$[OH^-]$
5.00	1.0×10^{-5}	$\mathbf{1.0 \times 10^{-9}}$
12.00	$\mathbf{1.0 \times 10^{-12}}$	$\mathbf{1.0 \times 10^{-2}}$
3.00	1.0×10^{-3}	$\mathbf{1.0 \times 10^{-11}}$
10.00	$\mathbf{1.0 \times 10^{-10}}$	1.0×10^{-4}

풀 이 $[H^+] \times [OH^-] = 1 \times 10^{-14}$이다. 그러므로 $[H^+] = 1 \times 10^{-5}$ M일 때 우리가 생각해야 하는 것은 "1×10^{-5} M과 무엇을 곱하면 1×10^{-14} M이 될까?"이다. 그 답은 $[OH^-] = 1 \times 10^{-9}$ M이다.

이러한 연습은 pH가 낮아질수록 pOH값은 높아진다는 점을 다시 강조한다(그 반대 경우도 마찬가지!).

8.7 산 · 염기 농도의 시각화

우리 몸은 다양한 종류의 액체를 지니고 있으며 이들 각각은 자연적으로 아주 특별한 건강에 맞는 pH를 지닌다. 예를 들면, 혈액은 정상적으로 pH 7.3~7.5의 범위에 있다. 우리가 이 장 첫부분에서 언급했던 위액의 pH는 1.5~2.5이다. 위암과 빈혈이 있을 때 위 속에 있는 내용물의 pH가 증가할 수 있다. 신체가 정상적으로 움직이기 위해서는 체액의 정상적인 pH값이 유지되어야 한다. 계란을 보호하는 껍질은 식초처럼 pH가 낮은 용액에서 분해된다. 계란 흰자 안의 단백질의 구조도 식초에 영향을 받는다. 실험해보면, pH 변화의 결과로 하얗게 바뀐다. 더 넓은 환경적 관점에서 호수와 시내의 건강은 이들 물의 pH와 밀접하게 연결되어 있다. 산과 염기는 공장에서 널리 사용된다. 질산은 비료 제조에, 수산화나트륨은 고분자 물질의 합성에 많이 사용된다. 이러한 예들은 pH값을 적절하게 조절하여 유지하는 것이 건강 유지나 음식물 준비, 제조, 환경 조절과 같은 넓은 범위의 활동에 필수적이라는 점을 보여준다. pH값을 적절히 조절하기 위하여, 일반적으로 용액과 물질의 pH를 측정하는 효율적이고 신뢰할 만한 방법이 필요하다. pH 미터(그림 8.12 참조)를 사용할 수도 있고, "산-염기 지시약"이라고 알려진 화학물질들을 사용할 수도 있다.

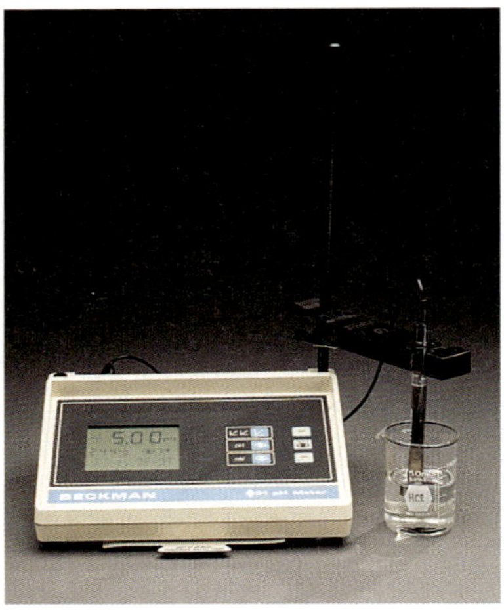

그림 8.12 위의 pH 미터의 숫자판은 이 HCl 시료의 pH가 5.0임을 알려준다.

지시약

화학에서 **지시약**(indicator)이란 중요한 화학변화가 일어났음을 알려주는 물질이나 과정을 말한다. 지시약으로 변화가 일어났음을 나타내는 방법들에는 색깔변화, 전류의 급증 또는 액체에서 고체로 상태상의 변화들이 있다. **산 - 염기 지시약**은 그 변화를 통해 접한 환경이 산성인지 염기성인지를 알려주는 물질로, **pH 지시약**이라고도 알려져 있다. 흔히 사용되는 산 - 염기 지시약들은 pH가 변할 때 색깔이 변한다. 지시약들은 그 자체가 짝산 - 짝염기 쌍으로, 산성 형태 또는 염기성 형태로 변함에 따라 명확한 색의 변화가 바로 일어나는 물질들이다. 산 또는 염기로 상호교환할 때, 수소 이온을 첨가하거나 제거한다는 것을 기억하라. 이것은 영향받은 물질의 구조를 변화시킨다. 예를 들어, 아세트산이 해리되어 아세트산 이온(약염기)을 형성할 때, 다음과 같이 구조가 변한다.

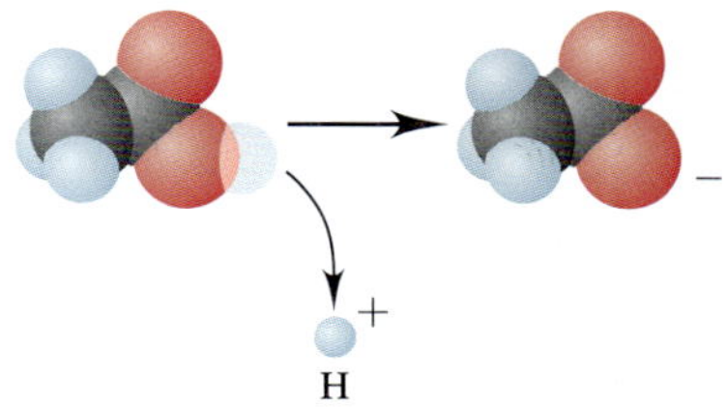

그림 8.13 아세트산은 식초 안에 있는 산(3~5%)으로 약산이다. 아세트산은 여기서 해리되어 아세트산 이온을 형성한다.

$$CH_3COOH \rightleftharpoons CH_3COO^- + H^+$$

이러한 화학구조의 변화는 색깔변화를 수반하지 않으나 커다란 유기분자를 포함하는 많은 유사한 물질들은 색깔변화를 수반한다. 화학구조상의 변화는 종종 색깔의 변화를 일으키기도 한다. 왜냐하면 전자들이 빛과 상호작용하는 방법은 원자, 이온, 또는 분자에서 전자들

그림 8.14 페놀프탈레인은 대표적인 산 - 염기 지시약이다. 나타나는 색깔변화는 화학구조상 상응하는 변화 덕분이다.

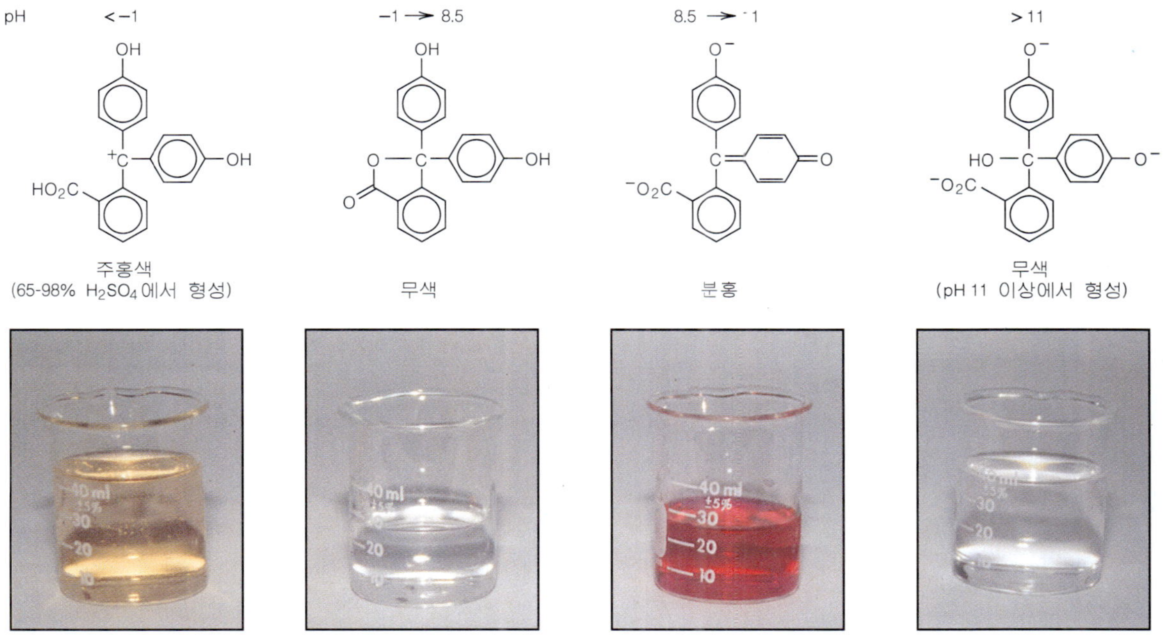

표 8.7 지시약과 지시약의 pH 범위

지시약	pH 범위	산의 색	염기의 색
티몰블루	1.2 ~ 2.8	빨강	노랑
메틸오렌지	3.1 ~ 4.4	빨강	노랑
브로모크레졸그린	4.0 ~ 5.6	노랑	파랑
메틸레드	4.4 ~ 6.2	빨강	노랑
브로모크레졸퍼플	5.2 ~ 6.8	노랑	보라
페놀레드	6.4 ~ 8.0	노랑	빨강
티몰블루	8.0 ~ 9.6	노랑	파랑
페놀프탈레인	8.0 ~ 10.0	무색	빨강
티몰프탈레인	9.4 ~ 10.6	무색	파랑

플라스크의 윗줄은 (왼쪽에서 오른쪽으로) 산성 용액 안에 메틸레드, 브롬티몰블루, 페놀프탈레인을 넣은 것이다. 아랫줄 플라스크들은 염기성 용액 안에 같은 지시약을 넣은 것이다.

이 어떻게 배열하는지에 달려있다. 매우 유명한 지시약인 페놀프탈레인은 pH−1 이하에서 주황색, pH−1~8사이에서는 무색, pH 8~12에서 분홍색, pH 12 이상에서는 다시 무색이다(그림 8.14 참조). 페놀프탈레인과 같은 지시약을 용액에 소량 첨가하여 용액의 pH값을 알 수 있다. 이것은 정확한 pH값은 아니지만 유용한 정보를 제공한다. 속한 pH 범위에 관한 정보를 주며, 두 색깔 범위 사이의 경계지점을 가로질러 정확한 점을 지적할 수 있는 정보를 제공한다.

표 8.7에는 몇 가지 대표적인 산-염기 지시약과 그들이 형태와 색깔을 바꾸는 pH 범위를 나타내었다. 많은 산-염기 지시약들은 합성한 화학물질들이다. 그러나 일부는 천연물로, 예쁜 꽃들과 과일의 대부분이 산-염기 지시약 덕에 아름다운 색을 갖는다(그림 8.15 참조).

산-염기 수수께끼 중 한 가지 더욱 중요한 점이 남아있다. 산과 염기는 무엇을 하는가? 그들은 다양한 상황에서 어떻게 "화학적으로 행동"하는가? 예를 들면, 제산제가 산 소화불량으로 고통받는 위를 치료하는 이유는 무엇인가? 그 대답은 산-염기의 화학반응과 관련되어 있다는 것이다. 산과 염기가 여러 가지 종류의 화학반응에 참여하지만, 반응 중 가장 중요한 대표적인 부류는 산이 염기와 반응하는 것이다. 산과 염기는 효과적으로 서로 산도 또는 염기도에 반작용, 즉 서로를 중화시키므로 이러한 것을 **중화반응**(neutralization reaction)이라고 한다.

그림 8.15 많은 꽃과 열매는 pH 변화에 따라 색깔이 변하는 산-염기 지시약을 포함하고 있다.

예제 8.12 **스스로 판단하기**

문 제 다음 각 물질을 산성, 염기성, 중성으로 분류하시오.

a. 진저에일
b. 설탕
c. 희석한 레몬 주스
d. 제산제
e. 가정용 암모니아(주의 : 이것을 다룰 때는 보호안경을 착용하라. 암모니아는 냄새가 매우 강하고 자극적이다. 증기를 흡입하지 말라. 흡입 시 해롭거나 치명적일 수 있다.)

풀 이

a. 진저에일 = 산, 약 pH 3
b. 설탕 = 중성, 약 pH 7
c. 희석한 레몬 주스 = 산, 약 pH 3
d. 제산제 = 염기, 약 pH 8
e. 가정용 암모니아 = 염기, 약 pH 11

8.8 중화

산이 염기와 결합하는 것은 양성자 주개와 양성자 받개의 각각의 능력을 중화하는 것이다. 가장 간단한 산-염기 중화는 산의 수소 이온이 염기의 수산화 이온과 반응하여 pH 7의 중성인 물을 형성하는 것이다.

$$H_3O^+ + OH^- \longrightarrow 2H_2O$$

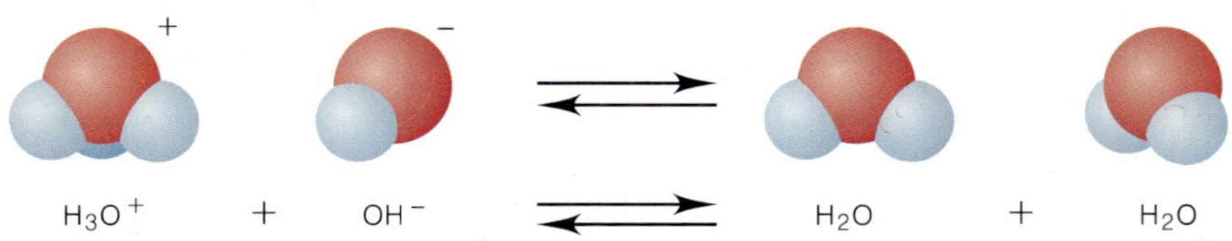

그림 8.16 하이드로늄 이온과 수산화 이온은 결합하여 물이 생성된다.

산과 염기의 전체 구조(이온화 이전에)를 반응식에 포함한다면, 다음 예와 같이 물과 수용성 염이 형성되는 것을 더 볼 수도 있다.

$$\text{산} + \text{염기} \longrightarrow \text{염} + \text{물}$$

$$\underset{\text{염산}}{HCl\,(aq)} + \underset{\text{수산화나트륨}}{NaOH\,(aq)} \longrightarrow \underset{\text{염화나트륨}}{NaCl\,(aq)} + \underset{\text{물}}{H_2O\,(l)}$$

$$\underset{\text{황산}}{H_2SO_4\,(aq)} + \underset{\text{수산화칼륨}}{2KOH\,(aq)} \longrightarrow \underset{\text{황산칼륨}}{K_2SO_4\,(aq)} + \underset{\text{물}}{2H_2O\,(l)}$$

중화가 일어난 것을 어떻게 알까? 이러한 반응 중 대부분은 발열반응이지만 색, 물리적 상태 등에서 명백한 변화를 보이지 않는다. 대부분 종종 중화가 일어났음을 알 수 있도록 어떤 종류의 지시약을 사용한다. 반응 그 자체가 무엇이 일어났는지를 가르쳐주는 중요한 예외가 하나 있다. **탄산염**(carbonate)은 산과 반응하여 이산화탄소 기체를 발생시켜 중화되는 일종의 염기이다. 사실상 반응은 기체의 발생으로 인한 거품 때문에 그 자체가 지시약이다.

이 장의 초반부에 있는 다음 반응을 기억하라.

$$CaCO_3\,(s) + 2CH_3COOH\,(aq) \longrightarrow Ca^{2+}\,(aq) + CO_2(aq) + H_2O\,(l) + 2CH_3COO^-\,(aq)$$

탄산염

탄산은 이산화탄소(탄산음료 거품에 있는 기체)가 물에 용해될 때 형성된다.

A

B

그림 8.17 탄산염은 산과 반응하여 이산화탄소 기체가 형성된다. 약한 위경련을 완화시키는 많은 상품은 탄산염을 포함한다. **A.** 이 무기시료는 탄산염의 존재를 실험하기 위하여 산과 반응시킨 것이다. **B.** 알카셀처는 물에 넣었을 때 휙하고 거품이 생기는 것으로 탄산염의 존재를 나타낸다.

$$CO_2(g) + H_2O(l) \longrightarrow \underset{\text{탄산}}{H_2CO_3(aq)}$$

비금속의 산화물인 이산화탄소는 그 구조 안에 수소 원자를 지니지 않지만 산으로 불린다. 왜냐하면 물에 용해될 때 산을 형성하기 때문이다. 대부분의 비금속의 산화물은 물 속에서 산을 형성한다. 대부분이 기체인 이러한 산화물들(이산화탄소가 좋은 예이다)은 물이 없는 데서 산이기 때문에 "산 무수물(acid anhydride, an = 그리스어로 '~없는', hydro = '물')"이라고 한다. 공기 중의 이산화탄소가 용해되어 있는 증류하지 않은 물은 pH 5~6인 산성이다.

우리는 붉은 양배추 추출물을 사용하여 이산화탄소의 산도를 나타낼 수 있다. 그 즙에 빨대를 넣고 1분 정도 숨을 불어넣는다. 우리가 내쉬는 숨에는 약 4%의 CO_2가 들어있다. 신선한 즙과 실험결과로 얻은 액체의 색을 비교해 보라. 추출액과 이산화탄소의 pH는 얼마인가? 9장에서 산성비를 공부할 때 이것을 기억하라.

탄산이 물에 용해됨에 따라 수소 이온 중 일부를 잃고 중탄산수소 이온(HCO_3^-)을 남길 수도 있고, 수소 이온 두 개를 잃어버리고 탄산 이온(CO_3^{2-})를 남길 수도 있다. 탄산 이온은 다음 두 반응의 역반응으로 수소 이온을 1~2개를 받아들여 탄산수소 이온이나 탄산을 형성할 수도 있으므로 탄산 이온은 염기이다.

$$H_2CO_3(aq) + H_2O(l) \rightleftharpoons H_3O^+(aq) + \underset{\text{중탄산 이온}}{HCO_3^-(aq)}$$

$$HCO_3^-(aq) + H_2O(l) \rightleftharpoons H_3O^+(aq) + \underset{\text{탄산 이온}}{CO_3^{2-}(aq)}$$

그림 8.18 이산화탄소는 물과 반응하여 탄산을 형성한다. 그 산은 양배추즙의 색을 붉게 바꾸므로 약산이다.

탄산수소 이온은 H^+를 주거나 또는 받을 수 있다. 그러므로 산이나 염기로 작용할 수 있다. 산으로도 염기로도 작용하는 물질을 **양쪽**

성(amphiproric)이라고 부른다고 이미 배웠다. 이제 무엇이 산이고 무엇이 염기이며, 우리의 하루하루 생활에 관련된 것들에 어떤 것들이 있는지도 알게 되었다. 산-염기 양상의 가장 중요한 측면 중 하나는 9장의 주제인 "산성비"의 문제이다.

연습문제

1. 산과 염기의 네 가지 차이점을 서술하라.

2. 수소 이온의 화학구조와 하이드로늄 이온의 화학구조는 무엇인가?

3. 약산과 묽은 산의 차이, 강산과 진한 산의 차이에 대해 서술하고 각각의 예를 하나씩 써라.

4. 다음의 각 물질과 물이 반응하는 반응식을 써라(만일 반응이 일어난다면).

a. 수산화나트륨(NaOH)

b. 염화 이온(Cl^-)

c. 시안화 이온(CN^-)

d. 메틸아민[$(CH_3)NH_2$]

5. 산은 양성자 ____이며 염기는 양성자 ____이다.

6. 수산화 이온 농도가 8.1×10^{-1} M인 용액이 있다. 이 용액인 주로 강한 산성인가, 염기성인가?

7. 다음의 주어진 pH값에 해당하는 수소이온농도를 계산하라.

a. 2.00

b. 9.00

c. 14.00

d. −3.00(이것은 타당한 질문인가?)

8. 0.50 M KOH 용액 2.0 L를 준비하려고 할 때 몇 mol의 수산화칼륨(KOH)이 필요한가?

9. pH 3.0인 용액 1.50 L를 만들려면 HCl 몇 g을 첨가해야 할까?

10. 충분한 양의 물에 NaOH 40.0 g을 용해하여 용액 1.00 L를 준비했다. 그 후 이 용액 2.50 mL를 250 mL로 희석했다. 최종적으로 희석된 용액의 pH는 얼마인가?

11. 물과 반응하는 다음 반응의 생성물을 예측하라.

a. $NO_2^-(aq) + H_2O(l) \longrightarrow$

b. $H_2PO_4^-(aq) + H_2O(l) \longrightarrow$

c. $MgO(s) + H_2O(l) \longrightarrow$

d. $HCN(aq) + H_2O(l) \longrightarrow$

12. 가공한 치즈는 원하지 않는 미생물의 성장을 방지하기 위해 pH 5.5～5.9로 유지해야만 한다. 당신이 제조 공장에서 치즈 출하를 결정하는 품질관리 책임자이고, [OH^-]농도가 1.0×10^{-8} M이라는 시료에 대한 보고서를 받았다면 상점에 치즈를 보낼 것인가?

13. 안토시아닌(anthocyanin)은 어떻게 산-염기 지시약으로 작용하는가?

14. 다음 각 화합물이 물과 반응한다면 생성물은 산일까 염기일까?

a. 이산화질소(NO_2)

b. 산화칼륨(K_2O)

c. 산화마그네슘(MgO)

d. 삼산화황(SO_3)

15. 진한 수산화나트륨 용액을 준비하라고 요청받았다. 몇 M로 준비할 것인가? 그 후, 묽은 염산 용액을 준비하라고 요청받았다. 몇 M로 준비할 것인가? 일반적으로, 진한 용액과 묽은 용액이란 대략적으로 몇 M을 말하는 것일까?

CHAPTER

산성비

9

오, 쉐난도, 나는 당신 소식을 기다립니다,
멀리, 강을 따라 흘러가는 당신,
오, 쉐난도, 나는 당신 소식을 기다립니다,
멀리, 미주리 건너 떨어져 있는 우리

- 미국의 전통 민요 -

"그들은 차를 멈추고 쉐난도의 거친 지형을 표시하는 안내판을 훑어보았다. 구릉, 가파른 오르막 길, 낡은 조각, 대모, 파노라마…. 언덕을 덮은 두꺼운 여름 안개 속에 차들과 이동 주택차들이 뒤엉켜 있었다."

이것은 환경 기술가인 벅스(Ned Burks)가 미국에서 아름다운 자연 경관을 자랑하는 버지니아 주에 있는 쉐난도 국립공원의 여름 풍경을 묘사한 것으로 산업과 자동차 여행에서 요구하는 것들이 땅이 요구하는 것들과 충돌했을 때 일어날 수 있는 문제들을 기술한 것이다.

이 국립공원에는 매우 산업화된 지역인 오하이오 벌리로부터 바람이 불어온다. 이 중 90%는 200～300만 명의 공원 방문객들이 내뿜는 차량의 매연과 결합하여 황산화물과 질소 산화물의 덮개를 형성한다. 그 결과 1948년 이래 여름철의 시계(視界)가 80%로 감소했다. 몇몇 보고에 의하면, 쉐난도에 있는 냇물의 pH 수치가 낮아져 민물 송어와 무지개 송어 같은 물고기들이 위험에 처했다고 한다.

이 장의 제목은 "산성비"이고, 우리는 방금 대기 오염과 냇물의 산성도에 대하여 언급하였다. 산성비는 공기 중에 있는 수증기, 즉 물과 질소 산화물 및 황 산화물의

쉐난도 국립공원에 있는 블루리지 파크웨이에서 바라본 광경은 장관이다. 1997년 7월 말 안개 때문에 시계가 크게 감소하였다.

상호작용에 관한 것이다.

산성비는 산이나 산 무수물이 대기에서 지구 표면으로 떨어지는 과정이다. 이 과정을 전문적으로는 **산 침전**(acid deposi tion)이라고 하는데, 이는 비, 진눈깨비, 눈에서뿐만 아니라 심지어는 표면으로 떨어지는 작은 고체 입자에서까지 발견되기 때문이다. 산성비는 환경의 질이나 인간의 건강에 심각한 타격을 입힐까? 이러한 질문에 대한 답으로 다음의 것들뿐 아니라 여러 세분된 문제점이 있다.

- 산성비를 포함한 안개로 인해 발생하는 호흡기 질병
- 많은 호수와 개울, 특히 산업 지역에서 불어오는 바람을 맞는 지역이거나 그 인접 지역에 있는 호수의 산성화
- 전례 없는 규모로 발생하는 숲의 나무 훼손
- 건물과 기념물의 가속화된 풍화작용

지구상의 대기와 지구 표면에 있는 화합물들의 상호작용은 매우 복잡해서 부분적으로만 이해할 수 있을 뿐이다. 이것은 과학자들이 어떤 한 인자의 특정한 환경적 공헌을 평가하는 것을 어렵게 한다. 그래서 산성비의 화학을 생각할 때에는 실질적인 영향에 관한 논쟁과 답변되지 않은 질문들이 많이 있다는 것을 항상 염두에 두어야 한다. 불일치와 복잡성에도 불구하고, 수긍이 가는 많은 경우가 특별한 문제에 대한 특정한 원인 때문에 발생된 산성비와 관련이 있음을 강조하였다. 예를 들면 미국 북동부에 있는 공장에서 나온 연기는 캐나다에 산성비를 오게 하며, 중국의 공장에서 나온 배출물로 인해 우리나라에 산성비가 내리게 된다.

9.1 산성비의 특성

비가 많이 온 후에는 대기가 매우 상쾌하게 느껴진다. 공기가 깨끗이 씻겨진 것처럼 생각되는데, 정말로 비는 공기 중에 있는 불순물들을 씻어 내린다. 이러한 과정은 수백만 년 동안 계속되어 왔다. 비는 대기 중에 있는 먼지, 재, 꽃가루 같은 것들을 제거하는 메커니즘을 공급한다. 바람이나 불 그리고 화산활동으로 인해 먼지와 재가 자연스럽게 대기 중으로 유입되고, 공기는 많은 식물 포자(꽃가루)와 씨들을 옮기는 자연스런 매체가 된다.

공기 안에 원래 공기로 여겨지는 기체들 이외에 다른 물질들이 포함되는 것은 자연스러운 일이다. 그러나 현대의 산업화된 생활방식은 많은 오염 물질들을 대기로 내뿜어, 동식물이 건강한 생활을 할 수 있도록 깨끗한 공기를 공급하는 자연의 능력을 심각하게 시험하고 있다. 전기를 일으키고 난방을 하며 자동차와 다른 기계들을 작동시키기 위해 화석 연료(석탄, 석유, 천연가스)를 태우는 것이 대기 오염의 새로운 주요인이 되고 있다. 여러 가지 대규모 공정 역시 가끔 화학 약품들을 한 무더기씩 하늘로 뿜어내고 있다. 이러한 방법으로 뿜어진 몇 가지 화학 약품들은 빗방울 속의 물과 결합하여 빗물을 산성화시킨다.

산성비를 만드는 세 가지 주원인은 (1) 산업 제조 공정, (2) 전력 발생, (3) 자동차 사용에 따른 화석 연료의 연소 과정에서 뿜어져 나오는 기체들이다. 석탄의 연소에서 발생하는 염산(HCl)과 여러 가지 원인으로 생기는 휘발성의 유기 물질들도 산성비의 형성에 작은 역할을 한다. 그러나 대부분의 주요한 산을 형성하는 기체들은 다음의 두 가지 영역으로 나뉜다.

그림 9.1 산업공정이 한 무더기의 화학 약품을 하늘로 뿜어내고 있다.

· 황 산화물 : SO_2와 SO_3 (총괄하여 **SO_x**라고 함)
· 질소 산화물 : NO와 NO_2 (총괄하여 **NO_x**라고 함)

황 산화물 (SO_X)

이산화황 (SO_2)은 공장이나 석탄을 태우는 발전소, 그리고 광석 제련소 보일러에서 발생하는 연소의 산물이다. 제련소는 **황화물 광석** (sulfide ores)과 같은 화합물로부터 금속을 정제하도록 설계되어 있다. 황화물 광석은 철이나 구리 같은 다른 원소들과 결합되어 있는 황을 포함하고 있는데, 이러한 황화물로부터 순수한 금속을 빼내는 첫 번째 단계는 굽는 것이다. 이는 단순히 금속의 황화물을 산소 존재하에서 광석을 가열하여 산화물로 바꾸는 것이다.

구리는 자연에서 주로 **황동광** (chalcopyrite, $CuFeS_2$)과 **휘동광** (chalcocite, Cu_2S)의 형태로 발견된다. 이러한 광석들로부터 순수한 구리를 정제하는 공정이 매우 복잡하지만, 전반적인 화학은 간단하다. 휘동광의 경우, 광석을 구우면 이들 중 약간은 산화구리 (I)과 이산화황으로 바뀐다. 그 다음 산화구리 (I)은 남아있는 황화구리 (I)과 반응하여 금속 구리와 이산화황을 생산한다.

$$2Cu_2S\,(s) + 3O_2\,(g) \longrightarrow 2Cu_2O\,(s) + 2SO_2\,(g)$$
$$2Cu_2O\,(s) + Cu_2S\,(s) \longrightarrow 6Cu\,(s) + SO_2\,(g)$$

이산화황 기체는 대기 중으로 방출되거나, 방출을 방지하기 위해 고안된 정화공정에 의해 방출이 차단되기도 한다. 이러한 주제는 13장에서 다룰 것이다.

그림 9.2 황철광 (FeS_2)은 "바보의 금"으로 알려져 있는데 반짝이는 외관은 19세기의 예언자들로 하여금 금 (Au)을 발견한 것으로 생각하게 했다. 황철광과 같은 황화물 광석은 미국 동부에서 발견된다.

석탄이 탈 때 방출되는 이산화황은 석탄 중에 있는 **황철광** (pyrite, FeS_2)과 같은 황화물로부터 나온다 (그림 9.2). 황철광은 색과 광택 때문에 "바보의 금 (fool's gold)"으로 알려져 있는데, 19세기 중반 예언자들에 의해 금으로 오인되기도 하였다. 이것은 미국 동부에 있는 석탄에 특히 많다. 석탄이 타면 황 원자는 즉시 산소와 결합하여 SO_2를 발생한다.

SO_2가 어떻게 산성비에 기여하는가?

8장에서 황은 비금속 원소이며, 비금속 산화물은 물과 반응하여 산을 형성한다는 것을 배웠다. 이산화황은 물과 결합하여 **아황산** (sulfurous acid, H_2SO_3)이 된다.

$$SO_2\,(g) + H_2O\,(l) \longrightarrow \underset{\text{아황산}}{H_2SO_3\,(aq)}$$

공기 중의 먼지는 이산화황과 산소 분자 (O_2)가 반응하여 삼산화황 (SO_3)을 만드는 데 촉매역할을 한다. 그 다음 삼산화황은 물과 반응하여 황산을 만든다.

$$2SO_2(g) + O_2(g) \longrightarrow 2SO_3(g)$$
$$SO_3(g) + H_2O(l) \longrightarrow H_2SO_4(aq)$$

이것은 황산의 상업적인 제조에서 개발한 것과 동일한 화학공정이다. 이 공정을 그림 9.3에 요약하였다.

산성비로 야기되는 파괴의 메커니즘은 아직 잘 이해되지는 않지만, 산에서 물질의 용해도가 중요한 역할을 할 것으로 생각된다. 예를 들면 알루미늄 염은 산에서 잘 녹기 때문에 토양을 산화된 물에 용해시키는 경향이 있다. 알루미늄의 농도가 높으면 식물이나 나무들이 땅으로부터 영양분을 흡수하는 능력을 방해받는다. 또한 산성비는 설탕과 식물의 뿌리 계통의 성장에 필요한 아미노산을 용해한다. 극단의 온도, 곤충의 공격, 산성비 그리고 대기 오염의 다른 형태들은 그들이 결합하여 각각의 요소들이 일으키는 재해의 합보다 훨씬 큰 파괴를 야기함으로써 삼림 파괴에 **상승 효과** (synergistic effect)를 나타낸다.

최근 폐기 기체로부터 이산화황을 제거하기 위하여 황을 함유하는 연료를 태우는 많은 시설들을 다시 설계하였음에도 불구하고, 매년 미국에서는 2000만 t 이상의 SO_2가 내뿜어지고 있다.

이산화황이 산성비로 인한 문제들을 일으키는 것이 분명하지만, 재미있고 긍정적인 하나의 부수적인 효과를 얻을 수 있다. 기체 중 일부는 햇빛을 다시 공중으로 반사시키는 공기 중의 입자를 형성한다. 이

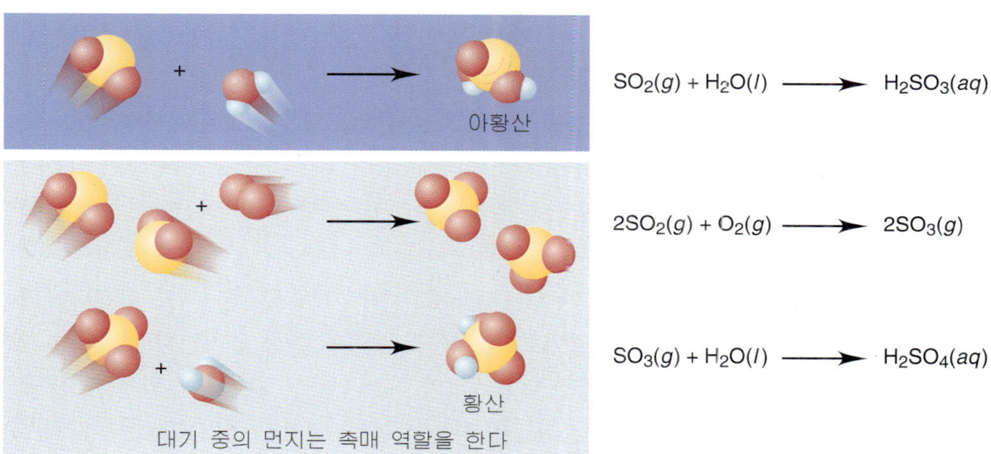

그림 9.3 이산화황은 물과 반응하여 황산을 형성한다.

예제 9.1 **황산**

문제 황을 1.0% 함유한 석탄이 있다. 한 열차분(차량 100량)의 석탄을 연소하면 얼마나 많은 황산이 발생하겠는가? 한 차량은 석탄 100t을 싣는다.

풀이 이 문제는 다른 화학양론 문제와 같이 생각하라. 전의 반응식에서 본 바와 같이, 전반적인 화학 공정은 황 1mol이 과량의 산소와 수증기와 반응하여 황산 1mol이 된다. 1% 황의 가장 간단한 의미는 석탄 100단위당 황 1단위를 포함한다는 뜻이다. 이것은 풀이에서 변환인자로서 사용될 수 있다.

H_2SO_4의 질량=
(차량 100량의 석탄)(100 t 석탄/차)(907 kg 석탄/t 석탄)
(1.0 kg S/100 kg 석탄)(98.0 kg H_2SO_4/32.0 kg S)
$=2.8\times10^5$ kg H_2SO_4

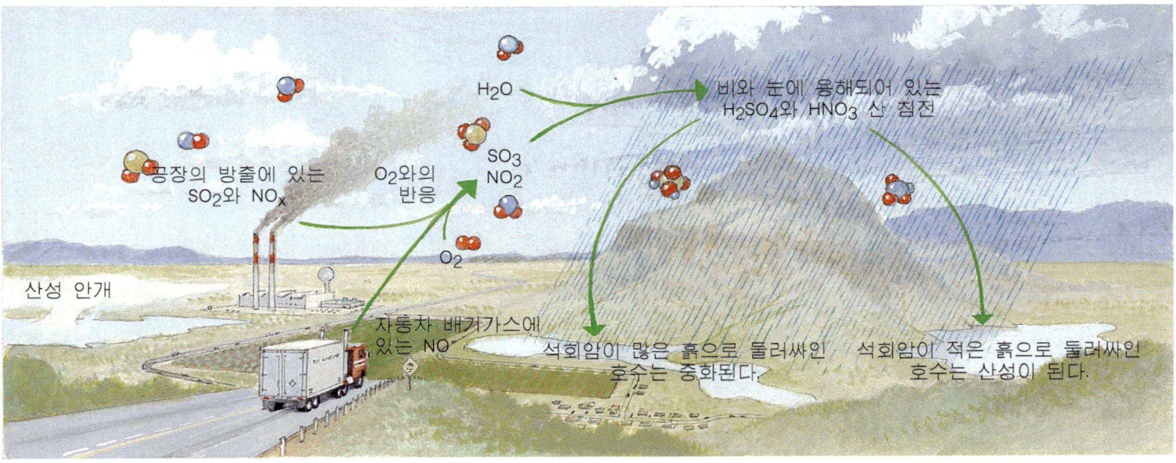

산업적인 방출과 대기화학 간의 상호반응의 복잡한 회로는 산성비를 낳는데, 이는 환경에 치명적이다.

것은 몇몇 연구자들이 믿고 있는 지구 온난화가 “온실 효과”에 의해서 일어난다는 사실과 반대로 작용하는 것일 수도 있다(12장에서 논의).

질소 산화물 (NO_X)

현대 생활은 자동차에 크게 의존하고 있다. 그러나 불행히도 꾸준히 차에 대한 의존도가 증가하고 있고, 대기 중으로 배출되어 산을 형성하는 질소 산화물의 양도 늘어가고 있다. 차의 엔진에서 이러한 화학 반응이 일어나는데, 휘발유 증기가 과량의 공기와 결합하여 매우 빨리 연소한다. 이러한 반응에 의해서 방출된 에너지는 실린더에 있는 피스톤을 움직이고, 피스톤의 운동은 차를 움직인다(그림 9.4 참조). 실린더 내에서 일으키고자 하는 반응은 휘발유에 있는 탄화수소와 공기 중의 산소를 결합하는 것이다. 하지만 공기 중의 4/5가 질소

많은 도시에서 발생하는 저녁 시간대의 교통 정체는 여러 톤의 오염 물질을 주변 환경으로 내보낸다. 자동차 배기가스에는 특별히 이산화질소가 많다.

이므로, 엔진 실린더 내부의 매우 높은 온도에서 질소는 산소와 결합하여 일산화질소를 만들 수 있다(그림 9.5).

$$N_2(g) + O_2(g) \longrightarrow 2NO(g)$$

일산화질소가 엔진으로부터 방출되면 대기 중의 산소와 천천히 반응하여 이산화질소를 형성한다.

$$2NO(g) + O_2(g) \longrightarrow 2NO_2(g)$$

이산화질소는 물과 반응하여 아질산(HNO_2)과 질산(HNO_3)을 만든다.

$$2NO_2(g) + H_2O(l) \longrightarrow \underset{\text{아질산}}{HNO_2(aq)} + \underset{\text{질산}}{HNO_3(aq)}$$

지금까지 우리는 산성비를 만드는 가장 중요한 화학공정을 살펴보고, 주원인이 되는 기체와 산성화로 이끄는 화학반응에 대하여 논의하였다. 또한 산성비에 책임이 있는 우리의 생활양식 몇 가지도 살펴보았다. 그러나 우리가 다루지 않은 몇 가지 중요한 문제가 있다.

- 산성비로 인해 어떤 재해가 발생하는가?
- 산성비는 누구의 책임인가?
- 산성비 문제의 해답은 무엇이며, 그것의 경제적, 과학적, 생태적, 개인적 대가는 무엇인가?

역사를 잠시 살펴본 후 이 장의 나머지 부분을 통해 이 주제를 다루기로 한다.

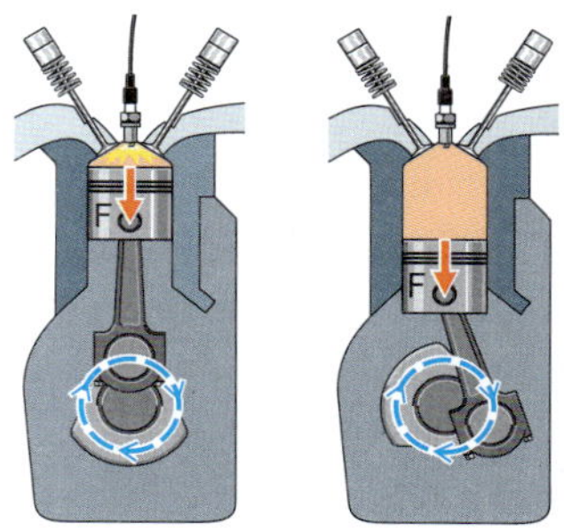

그림 9.4 자동차 엔진의 피스톤은 가솔린 증기의 연소에 따른 팽창에 의해 움직인다. 피스톤의 움직임은 차를 움직이게 한다. 이 과정의 부산물은 일산화질소이며 산소와 반응하여 이산화질소를 형성한다.

그림 9.5 자동차 연료가 연소될 때 생기는 높은 온도에서는 질소와 산소가 결합하여 일산화질소를 만들고, 이것은 공기 중의 산소와 반응하여 이산화질소를 생성한다. 그 다음 이산화질소는 대기 중의 물과 반응하여 아질산과 질산을 생성한다.

9.2 역사적 전망

우리는 산성비 문제가 비교적 최근에 제기되었다고 생각하지만, 미국 노스캐롤라이나 주립대학의 식물 병리학자이며 생화학자인 카울링(Ellis B. Cowling) 박사에 따르면, 과학자들은 300년 이상 이 문제를 알고 있었다. 카울링 박사는 《환경과학과 기술(Environmental Science and Technology)》 1982년 2월호에서 산 침전의 역사적인 전망을 얘기했는데, 여기에서 그는 다음과 같이 기술하였다.

> 1661년 영국의 이블린(J. Evelyn)과 그런트(J. Graunt)는 영국과 프랑스 사이의 오염물질의 교환을 발표하였다. 그들은 더 높은 굴뚝을 사용하는 것뿐만 아니라 도시의 외곽으로 공장을 옮기는 문제를 다룰 것을 제안하였다.
> 1727년 헤일즈(Hales)라는 영국인은 "이슬과 비는 염, 황 등을 포함하고 있다. 공기가 산과 황의 입자로 꽉 차 있기 때문에…"
> 1734년 스웨덴의 생물학자 린(Carolous Linnaeus)은 우리는 산성비가 "지구를 점차 부패시켜서 더 이상 어떤 식물도 그 주변에서는 자랄 수 없게 만들 것"이라는 것을 알고 있다고 기술하였다.

산성비에 대한 이해는 18세기와 19세기에 걸친 화학적 지식의 전반적인 성장을 도왔다. 가장 유명한 19세기 화학자인 스미스(Robert Angus Smith)는 단순히 나쁜 공기의 등장이나 가능한 효과를 언급하는 것 대신에, 수년 동안 많은 현상들을 연구하였다. 1852년과 1872년에 출간한 책에서 그는 석탄의 연소는 산성비의 존재에 영향을 주고, "공기 중의 황산비"는 금속의 부식과 직물의 탈색을 포함하여 식물과 물질들을 손상시킬 수 있다는 문제를 제기하였다. 스미스는 1872년에 출간된 《공기와 비》라는 저서에서 "산성비 (acid rain)"라는 말을 처음으로 사용하였다.

19세기 말 미국은 산 침전에 대해서 잘 알고 있었다. 구리 분지(Copper Basin)로 알려진 조지아 주, 노스캐롤라이나 그리고 테네시의 합류점에 있는 수평방 마일의 초목이 구리 제련소로부터 발생한 산성비에 의해 파괴되었다(그림 9.6 참조). 한 광산기술자는 1896년에 "어떤 문명 사회도 지표 근처의 일부 대기가 매일 내뿜는 여러 톤의 아황산 기체로 인해 고통을 받아서는 안 된다."고 기술하였다. 이 기술자는 광석 굽기는 밀폐된 작은 방에서 행해야 하며 기체는 높은 굴뚝을 통해 지표 멀리 떨어진 대기 중으로 방출해야 한다고 주장하였다. 하지만 이것은 근처 지역의 문제는 해결할 수 있지만 문제를 멀리 확산시킬 것이라는 것에 주의하여야 한다. 그림 9.7은 오늘날 이처럼 퍼져있는 세계적 규모의 문제를 보여준다.

A. 1973

B. 1996

그림 9.6 **A.** 1973년에 찍은 사진으로 최악의 산업 오염을 보여준다. 덕타운(Ducktown)에 있는 이 지역은 구리 지역의 일부분으로 알려진 테네시로 100년 넘게 구리광산과 제련소가 있던 지역이었다. 다량의 이산화황은 대기 중으로 방출되고, 토양 속에 침전된다. 이렇게 오염된 지역에서는 어떠한 초목도 자랄 수가 없다. **B.** 1973년에 시작된 개간 노력이 매우 성공적이었기 때문에 오늘날 사진 A와 같은 곳이라고는 생각하기 어렵다.

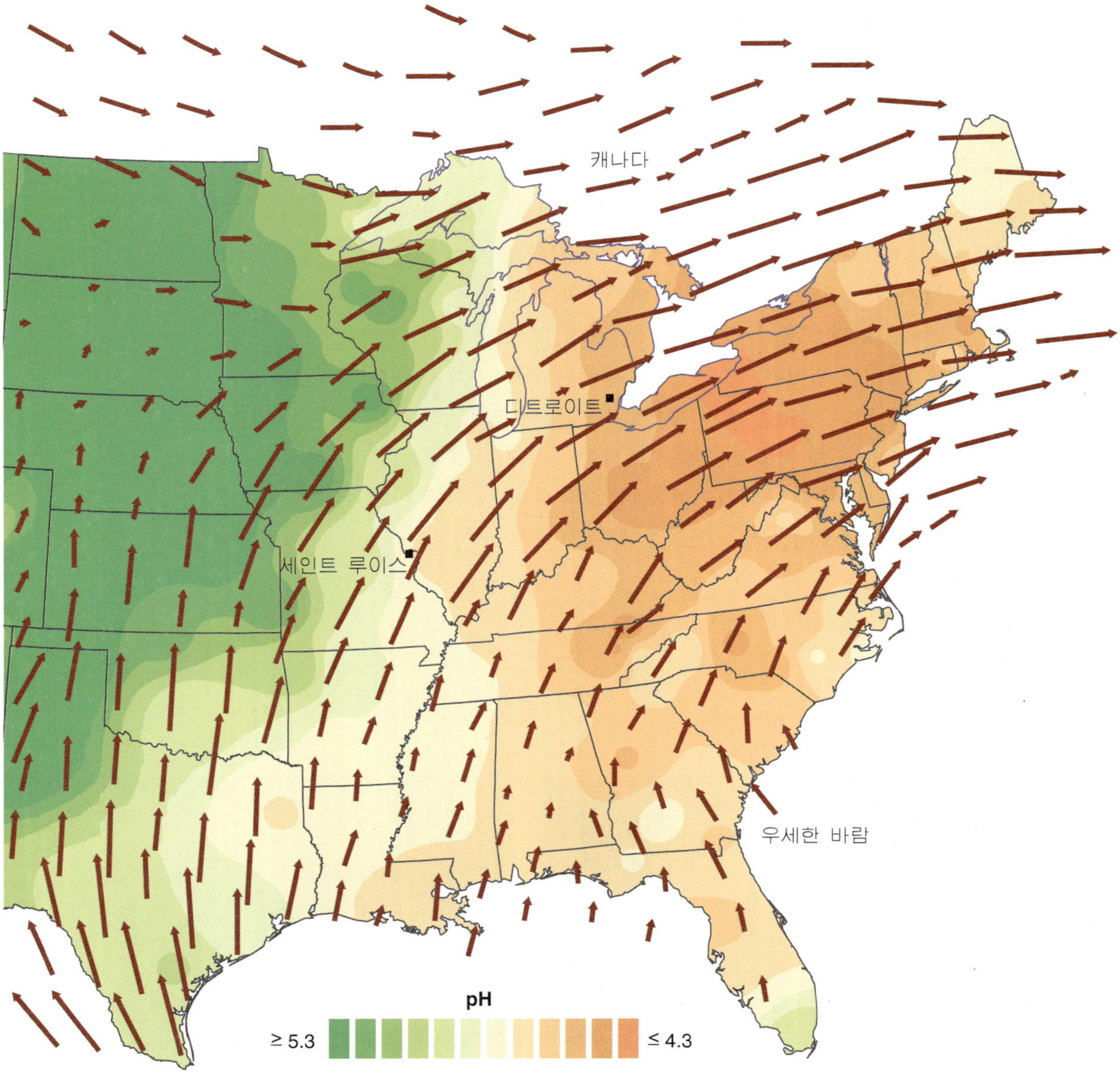

그림 9.7 A.기후 조건에 따라 이산화질소와 이산화황이 국경선을 넘어서 퍼져나갈 때 산성비는 여러 나라에 영향을 준다. 지도는 바람의 형태가 어떻게 국경을 넘어서 산업 지역으로부터 비산업 지역으로 산성비를 퍼뜨리는지를 보여주고 있다.

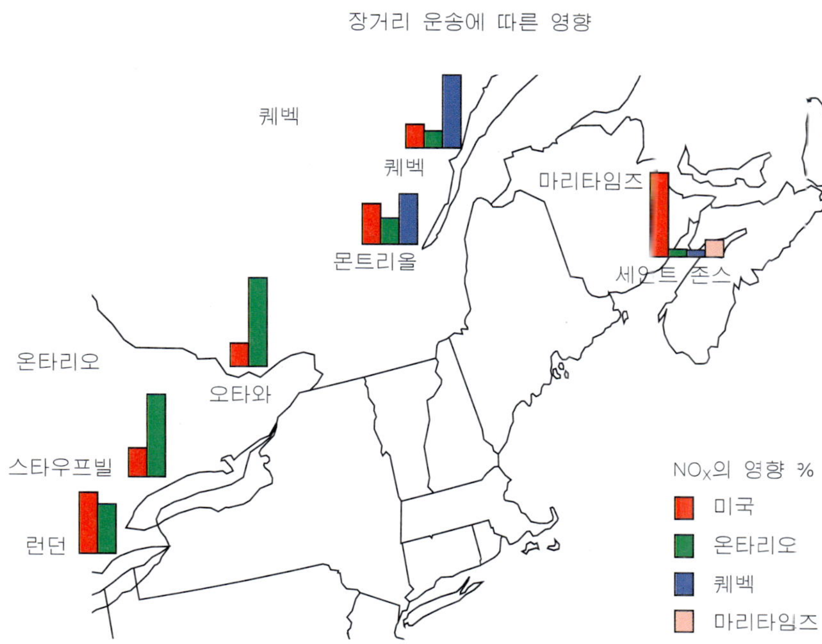

그림 9.7 B.이 자료는 우세한 바람이 국가간의 경계를 넘어 오염물(이 경우는 이산화질소)을 퍼뜨린다는 생각을 뒷받침해 주고 있다.

9.3 산성비의 화학적, 생태학적, 사회적 결과

21세기에 들어서도 공장, 집, 수송용 화석 연료의 소비는 줄어들지 않았다. 1999년에는 미국의 2억 1600만 대를 포함해서 전 세계에 7억 대의 자동차가 등록되었다. 그 해에 우리는 차를 이용하여 2조 5000억 km 이상을 여행하였다. 자동차는 우리의 경제와 삶의 방식을 움직이는 산업 엔진의 일부분일 뿐이다. 현대 생활양식은 호수와 시내, 숲과 다른 식물의 삶, 도시의 건축물 그리고 궁극적으로 개인의 건강에 어떤 영향을 줄까? 산성비가 이런 각각의 영역에 어떤 영향을 주는지 자세히 살펴보자.

호수와 시내

오염되지 않은 빗물의 자연적인 pH는 5.5 ~ 6.0이다. 이산화탄소가 물에 약간 녹아있고, 비금속 산화물은 산성이기 때문에, 빗물은 자연적으로 약간 산성이다. pH가 5.5 이하인 비를 "산성비"라 하는데, 보통 예상되는 것보다 더욱 산성이기 때문이다. pH 1단위의 변화는 수소 이온 농도의 10배의 변화를 반영한다. 따라서 pH 3.6인 호수의 물은 pH 5.6의 물보다 100배나 더 산성이다. "100배나 더 산성"이라는 것은 H^+ 이온의 농도가 100배 더 크다는 뜻이다.

pH의 작은 변화는 상당한 산성의 변화를 반영하는 것이기 때문에, pH의 아주 작은 변화조차도 물 속의 생활에서는 눈에 띌 만한 충격을 줄 수 있다. 호수나 강의 pH가 6.0 밑으로 떨어지면 물 속 환경의 동식물의 개체 수에 주목할 만한 변화가 나타나기 시작한다.

수역 아래나 주위에 있는 육지는 부분적으로 탄산염과 중탄산염을 포함하는 바위와 토양으로 구성되어 있다. 이들은 각각 탄산 (CO_3^{2-})과 중탄산 (HCO_3^-) 이온을 포함하는 화합물이다. 이러한 이온들은 수소 이온과 결합하여 산성비의 산성을 중화시킬 수 있으므로, 이러한 바위들이 파묻힌 호수와 시내는 적어도 어느 정도는 산성비가 야기할 수 있는 pH의 강하를 견딜 수 있다.

호수와 대양에 있는 과량의 수소 이온과 중탄산 이온의 완충반응은 위산으로 인한 소화불량을 완화하기 위하여 중탄산 이온을 포함하는 제산제를 복용했을 때 우리의 위에서 일어나는 반응과 똑같다.

$$H^+ (aq) + HCO_3^- (aq) \longrightarrow H_2CO_3 (aq) \longrightarrow H_2O (l) + CO_2 (g)$$

호수에 있는 탄산염을 포함하는 바위와의 완충 반응은 다음과 같다.

미국 북동부는 산성비로 인한 pH의 강하로 고통받고 있다. 이 지역은 심하게 산업화되어 있고 인구가 밀집되어 있으며, 수로는 산-중화 능력이 낮다. 1999년도의 이 자료는 12개의 정부기관, 제조회사 그리고 대학들이 참여한 전국적인 감시망인 국립 대기 침전 프로그램에서 제공한 것이다.

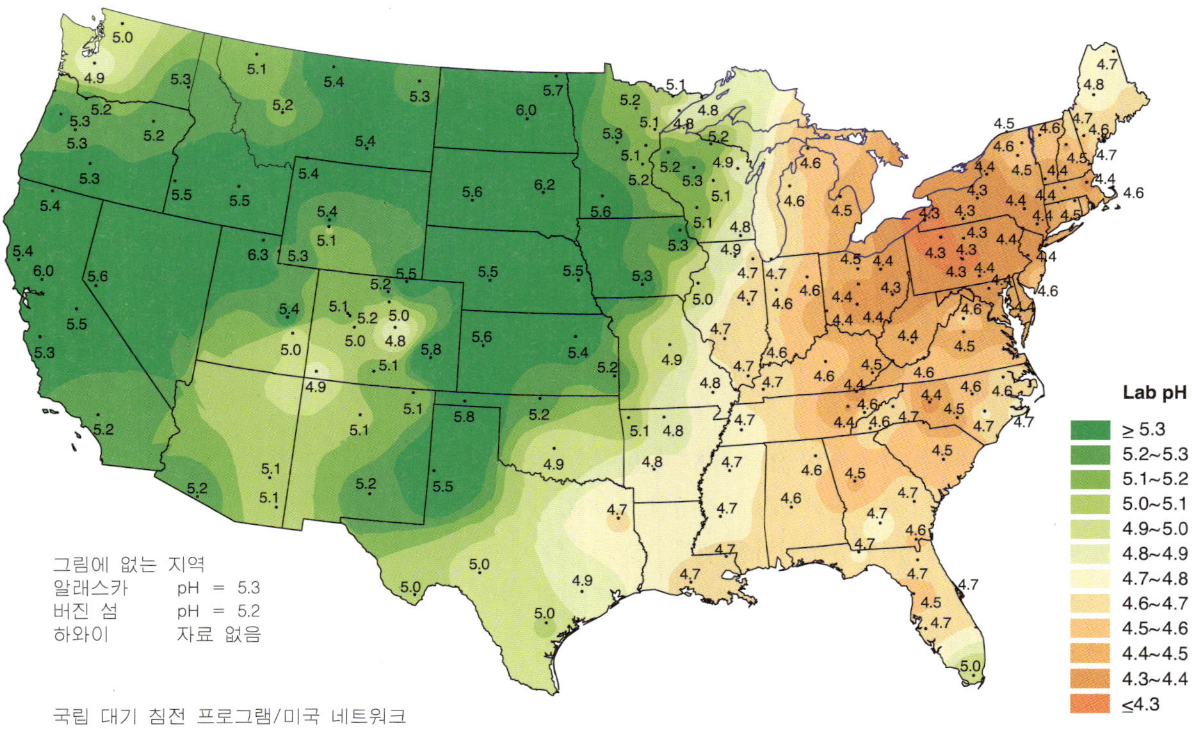

국립 대기 침전 프로그램/미국 네트워크
http://nadp.sws.uiuc.edu

$$CaCO_3(s) + 2H^+(aq) \longrightarrow Ca^{2+}(aq) + H_2O(l) + CO_2(g)$$

두 완충 과정의 결과는 완충제의 중화하는 효과가 없는 경우보다 물에서 수소 이온의 농도가 더 낮다.

각각의 수역은 **산-중화 능력**(acid-neutralizing capacity, ANC)이라는 것으로 평가되는데, 이는 유입되는 산성을 중화하는 능력을 측정한다. ANC 값이 낮은 호수와 시내는 그 바닥이, 깨진 화강암이나 산을 중화시킬 능력이 없는 다른 바위의 입자들로 만들어진 침전물인 경우가 많다. 대부분의 ANC는 석회암의 용해와 관계되어 있다. 뉴잉글랜드의 일부 지역과 캐나다의 넓은 지역은 화강암이 깔은 표면으로 되어 있어 ANC 결과가 낮다.

미국 내에 있는 많은 수역이 심각하게 산성화되었다. 어떤 보고서는 약 6000개의 호수와 냇물이 산성화되었다고 쓰고 있다. 이들 대다수가 산성비에 의해서 산성화되는 반면, 중부 대서양의 탄광촌에 있는 몇몇은 채광 과정에 의해 개울로 유입되는 물질에 영향을 받고 있다.

동식물의 생활환경에 영향을 주는 것 외에, 호수와 시내의 산성화는 정상적으로 토양과 바위에 결합하여 있는 약간의 금속 이온이 산성화된 물 속에 용해되게 할 수도 있는데 이 과정을 **침출**(leaching)이라 한다. 포함된 금속 이온은 **미량 금속 이온**(trace metal ion)으로 알려져 있는데, 그들 중 극소량만이 보통 호수와 개울로 흘러들기 때문이다. 알루미늄, 수은, 카드뮴, 납 이온은 이러한 방법으로 수로에 유입되는 일반적인 미량 금속 이온이다. 많은 미량 금속 이온들은 해초, 곤충, 물고기, 양서류, 물새 등 여러 종류의 물 속 유기체들에 해를 줄 수 있다. 특히 용해된 알루미늄의 농도가 증가하면, 메커니즘은 잘 이해되지 않지만, 물고기에게 독성이 생긴다. 단세포 해초와 같은 '먹이사슬'의 밑바닥 단계가 오염되면, 오염은 먹이사슬의 다른 높은 단계로 진행되며 때로는 각 단계에서 오염이 심화되기도 한다. 이와 같이 원래 해초에 있던 미량 금속 이온은 결국 인간의 소비를 위해 잡힌 물고기에서 나타날 수 있다.

숲

건강한 동식물의 생활을 유지시키는 숲의 기능이 지난 20년간 쇠퇴했다는 것은 여러 보고서가 잘 보여주고 있으며, 이는 점점 더 심화되는 것 같다. 최근 한 보고서에 따르면, 독일에 있는 전나무, 가문비나무, 소나무, 낙엽송 등 적어도 11개종의 나무가 감소하는 징후를 보이고 있다. 1984년에 흰 전나무 87%와 스코트 소나무 59%가 손상을

이 숲은 산성비에 의해 심각하게 손상되었다. 죽거나 죽어 가는 나무들이 거의 대부분이며, 회복하는 데 수십 년이 걸릴 것이다.

입었다. 1987년에는 15개의 유럽 국가에서 1700만 에이커 이상의 숲이 심각한 정도의 손상을 보였는데, 이는 오늘날까지 계속되고 있다. 유럽 위원회와 유럽국가연합 경제위원회는 2000년 10월 보고서에서 유럽에 있는 나무의 36.3%만이 '건강'한 것으로 평가되었다는 내용을 발표하였다. 나머지 다른 나무들은 '경고 단계'이거나 더 심각하게 손상되었다. 좋은 소식으로는 27개의 유럽 국가들이 2000년 "대기오염물의 국가 방출 한도에 대한 지시"에 서명하였고, 그것이 NO_x와 SO_x의 방출을 감소하도록 요구하였다는 점이다.

미국의 숲도 손상이 심각하다. 메인으로부터 북부 캐롤라이나에 이르는 숲들은 유럽의 "환경 파괴"(숲의 죽음)처럼 보이는 죽은 나무들로 뒤덮여 있다. 미국 서부에서는 로스앤젤레스 근처의 샌버나디노 산에서, 남부 애리조나에서, 그리고 워싱턴 주에 있는 퓨젯 사운드 근처의 레이니어 산 주위에서 중대한 손상이 일어났다.

손상은 명백하지만 그 원인은 복잡한 것 같다. 산성비도 포함되지만 숲 파괴와 관련된 여러 원인 중 하나일 뿐이다. 제안된 다른 요인들은 다음과 같다.

- 바닥 상태 오존(O_3) 농도의 증가 : 오존은 기체이기 때문에 잎에 있는 (기공으로 알려진) 구멍으로 액체보다 훨씬 빨리 침투한다. 오존은 잎의 기공을 열리게 하여 잎이 부서지기 쉽게 만든다. 오존은 광합성의 진로를 방해한다.
- 오존으로 인해 열린 기공과 산성비의 결합된 효과는 산성비를 더욱 빨리 침투시킨다.
- 과량의 질소 비료의 존재 : 농작물에 뿌려진 질소를 함유하는 비료의 약 10%가 공기 중으로 증발한다. 이것은 널리 퍼져서 결국 비에 의해서 숲에 침전된다. 질산염과 암모니아와 같은 화합물

속에 있는 질소는 식물의 성장에 필수적이지만, 너무 많은 질소를 섭취하게 될 경우 나무는 정상적인 양보다 훨씬 많은 다른 영양분을 필요로 하는 것 같다.

- 산성비의 효과에 의해서 지표로부터 방출된 독성 금속에 의한 손상
- 자연적 발생 : 숲에는 삶과 죽음의 순환이 있다. 분명하게 죽어가는 어떤 숲을 보았을 때, 이것은 단순히 산성비나 다른 오염물질들과 연관되지 않은 자연적인 순환에 기인하는 것이다.
- 위의 모든 사항 : 넓은 관점에서 보면 숲의 파괴에는 많은 원인들이 있을 수도 있다. 위에 언급된 각각의 위험은 상승적으로 행동하는데, 이는 그들 중 어떤 것들이 조합될 때의 전반적인 효과는 그들 각각이 줄 수 있는 효과의 합보다 크다는 것을 의미한다. 즉 다른 것들이 서로 손상을 일으킬 수 있는 잠재력을 강화하는 것이다.

숲 파괴의 특정한 원인에 관한 연구는 수고스럽고 시간이 많이 드는 일이지만, 산성비의 영향력을 완전히 이해하기 위해서 신속히 행해져야 한다.

도시의 건축물

여러분이 대도시에 살고 있거나 그곳을 방문한 적이 있다면, 돌로 만든 빌딩과 동상이 파괴된 모습을 볼 수 있을 것이다. 산성비는 풍화, 즉 비, 바람, 서리의 맹습으로 이러한 건축물들을 더욱 빠르게 닳아 없어지게 한다. 이것은 얼마 전까지만 해도 분명히 볼 수 있던 건축물들의 세부적인 윤곽들을 흐리게 할 수 있다. 예를 들면, 그림 9.8의 사진을 비교해 보라.

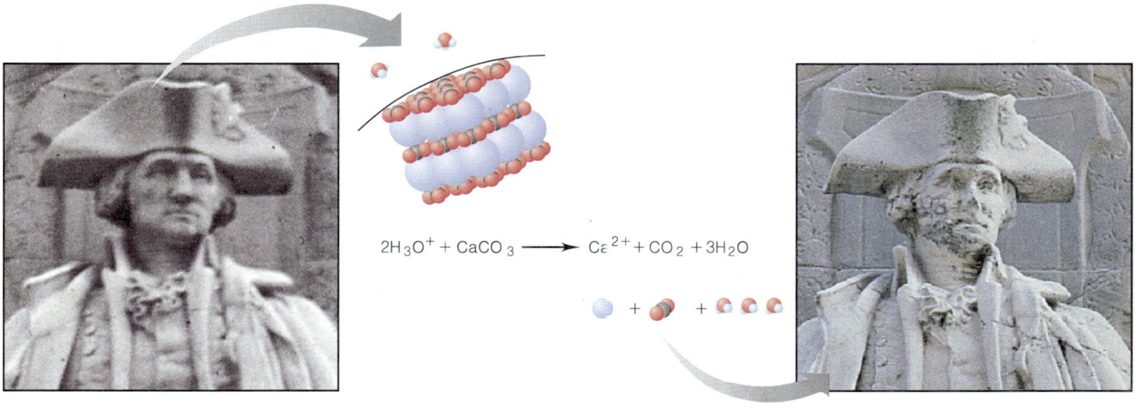

그림 9.8 1944년에 설립된 조지 워싱턴의 동상. 산성비가 석상을 용해하여 세부적인 것들이 부서져 버렸다. 1994년에는 전체적인 동상에 심각한 손상을 입었다.

회반죽, **대리석** (marble), 석회암은 모두 주요 또는 단일 성분으로 탄산칼슘 ($CaCO_3$)을 포함한다. 앞에서 논의한 바와 같이, 모든 탄산염은 산의 수소 이온과 반응하여 이산화탄소와 물을 형성한다.

$$2H_3O^+(aq) + CaCO_3(s) \longrightarrow Ca^{2+}(aq) + CO_2(g) + 3H_2O(l)$$

이러한 반응은 많은 빌딩에서 일어나는, 산성비에 의한 느리지만 끊임없는 부식에 숨어 있는 화학반응을 요약한 것이다. 만약 포함된 산이 황산 (SO_2의 방출에 의한)이라면, 황산 이온이 원래의 탄산 이온을 대신한다. 형성된 황산칼슘은 물에 약간 녹는다.

$$H_2SO_4(aq) + CaCO_3(s) \longrightarrow CaSO_4(aq) + CO_2(g) + H_2O(l)$$

따라서 물에 불용성인 탄산칼슘은 빌딩의 구조물들을 빗방울에 의해 완전히 씻겨 나가게 하는 약간 용해성이 있는 황산칼슘으로 대체된다.

18세기 말부터 20세기 초에 지어진 많은 빌딩들이 세밀하면서도 아름답고 화려하게 장식되어 있다. 산성비는 이러한 세밀하고 아름다운 것들을 위협한다.

산성비와 인간의 건강

산업화된 사회에는 흡연, 매연, 거리 수준의 오존, 산성비, 스트레스 등, 건강을 위협하는 환경적 요인들이 많이 있다. 이들 중 하나 이상이 호흡기 문제 같은 질환을 유발할 수 있다. 연구자들은 어떻게 건강에 관한 산성비의 특별한 영향과 전조를 평가할까? 너무 많은 변수가 있기 때문에 절대적인 확신을 가지고 산성비 혼자 어떤 특정한 증상을 일으킨다고 말할 수는 없지만 암시적인 증거를 찾을 수는 있다.

대기 중의 이산화황 농도가 10억 분의 100 (100 ppb)을 초과하면 천식과 다른 호흡기 문제로 고생하는 사람들은 가슴 답답증과 호흡곤란을 느낀다. 폐가 덜 발달된 어린아이들은 호흡기 문제를 일으킬 가능성이 더 많고, 오염된 공기에 더욱 민감하다. 가끔 대도시에서는 이산화황의 농도가 100 ppb를 넘기도 한다. 제련소 근처에 있는 많은 소도시의 공기는 그 농도의 평균 4 ~ 10배에 해당된다. 그림 9.9는 1980년부터 1999년까지 전기설비공장에서 배출한 SO_2의 방출량을 보여주고 있다. 1995년 미 정부의 엄격한 통제가 효과를 발휘하여 SO_2 방출의 급격한 감소를 가져왔다 (그림 9.10). 전기설비공장은 SO_2의 총 방출량의 약 67%를 차지한다. 그림 9.11은 미국에서의 NO_x 방출 원인들을 표로 만든 것이다. 방출량은 연간 약 2300만 t으로 일정하게

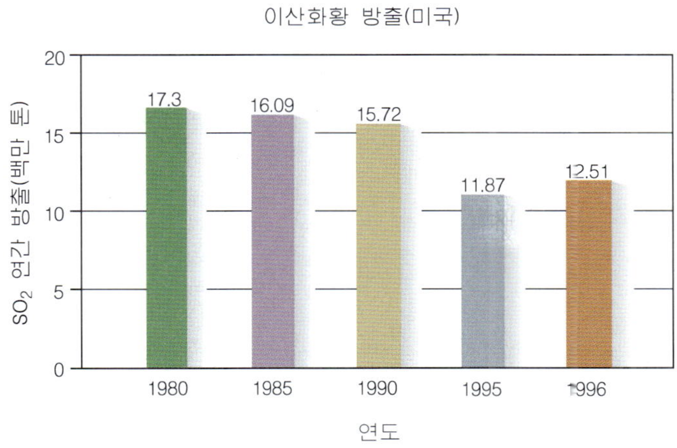

그림 9.9 1990년 미국 대기오염방지법 수정안의 4번 항목으로 인해 전기설비공장의 이산화황 (SO_2) 방출을 줄이기 위한 산성비 프로그램이 수립되었다. 경제적인 장려와 미 정부의 벌점을 물리지 않는 정책이 이 프로그램의 동기가 되었다. 목표는 1980년의 방출 수준을 2010년까지 1000만 t으로 줄이는 것이다.

유지되고 있는데 이것은 NO_x 방출량의 30%만이 전기설비공장에 의한 것이고, 나머지는 증가하고 있는 자동차 사용이 원인이기 때문이다.

결정적이지는 않지만, 산성비로 인해 뉴욕 주 북부의 아디론댁 산맥 주위에 있는 주거지의 샘물 시료에 침출되어 있는 납의 농도가 어느 정도 원인이 된다. 그 반응은 다음과 같다.

그림 9.10 주별 전기설비공장에서 방출되는 SO_2의 양. SO_2 방출량의 급격한 감소를 보여주는 지역을 주목하라. 이러한 변화의 영향은 무엇일까?

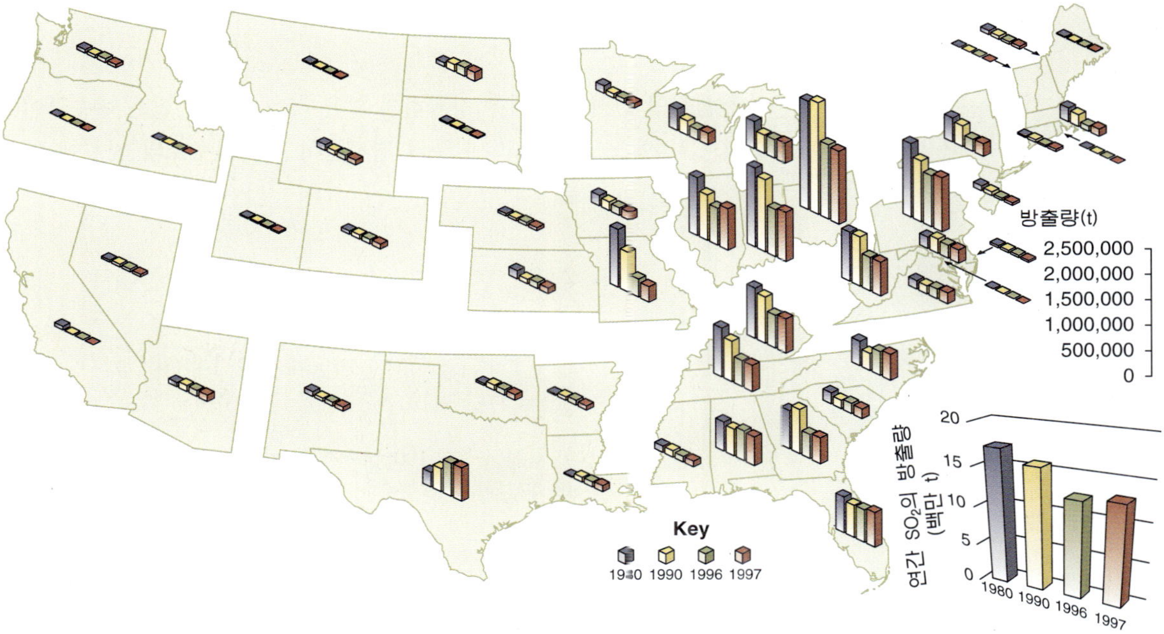

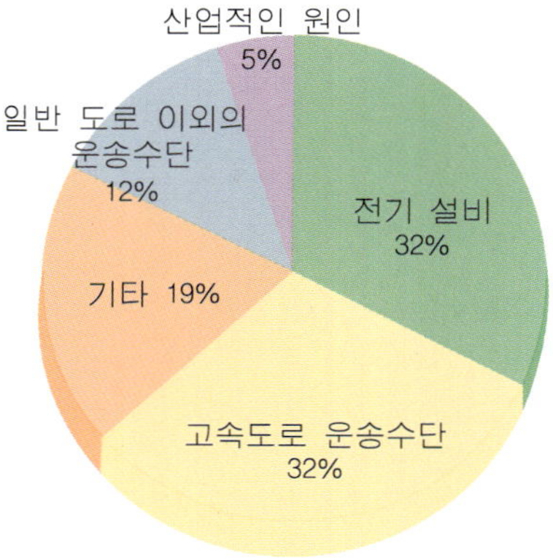

그림 9.11 1999년 미국의 NO_x 방출량 (2300만 t)

$$PbCO_3(s) + 2H^+(aq) \longrightarrow Pb^{2+}(aq) + CO_2(g) + H_2O(l)$$

납은 어린이들의 뇌 손상을 유발하는 물질로 오랫동안 의심되어 왔다. 그러나 음료수에 들어있는 납과 뇌 손상을 연결하는 직접적인 증거는 완전히 확실한 것은 아니다.

경제적 고려

산성비는 그것의 재정적인 영향 평가를 시작하는 것조차 어려울 만큼 널리 퍼져있는 문제이다. 산성비를 오게 하는 SO_x와 NO_x의 방출을 줄이는 것이 우리의 경제적인 관심사일까? 건강에 관한 관심사에서 경제적인 것과 사회적인 것의 균형은 어떻게 맞출까? 이러한 말을 하면, 경제적인 것이 가장 주요한 관점이라는 그것의 위치를 철회하는 것처럼 보인다. 그러나 '현실 세계'에서 돈은 산업적이며 정치적인 판단에 있어서 결정적인 요소이다. 정책 결정 과정의 또 다른 복잡한 점은 오염 기술로부터 경제적 이익을 얻는 사람들이 항상 결과적으로 따르는 환경문제로 고통받는 사람이 아니라는 것이다.

여기에서 중요한 경제적인 주제는 다음과 같다.

- 위반하는 물질의 수준을 낮추어야만 한다고 가정하면, 어떻게 기술적으로 낮출 수 있는가?
- 비용은 얼마가 들 것인가?
- 우리가 휴식을 위해 지불해야 할 현재 그리고 미래의 의료비는 얼마인가?

전체적인 견적에는 매우 정확하지 않은 것을 포함한 많은 변수들이 있다. 그럼에도 불구하고, 미국의 경제분석 무역사무소의 자료에 따

예제 9.2 **방출속도**

문 제 1999년에 미국은 1200만 t 정도의 SO_2를 방출하였다. 지구 대기의 총질량은 5.2×10^{21} g이다. 만약 대기 중에 SO_2가 없다면 이러한 속도로 방출할 때 SO_2의 농도가 100 ppb가 되기까지 몇 년이나 걸리겠는가?

풀 이 SO_2의 질량/년

$$= \frac{1.2 \times 10^7\ \text{t}\ SO_2}{1\text{년}} \times \frac{2000\ \text{lb}}{1\ \text{t}} \times \frac{453.6\text{g}}{1\ \text{lb}}$$

$$= 1.1 \times 10^{13}\ \text{g}\ SO_2/\text{년}$$

$$5.2 \times 10^{21}\ \text{g 대기} \times \frac{100\ \text{g}\ SO_2}{10^9\ \text{g 대기}} \times \frac{1\text{년}}{1.1 \times 10^{13}\ \text{g}\ SO_2}$$

$$= 47\text{년}$$

독성 수준인 100 ppb까지 되는 데 미국의 방출량으로는 47년이 걸릴 것이다.

르면 1994년에 1220억 달러를 소비한 것을 포함하여 미국에서만 1980년부터 1991년까지 오염물질을 줄이는 데 8000억 달러 이상을 소비하였다. 유럽에서는 황 산화물과 질소 산화물의 방출 수준을 향한 엄청난 노력을 행하였다.

1990년 대기오염방지법 수정안의 4번 항목은 1980년 수준에서 연간 1000만 톤의 SO_2 방출 감소와 연간 200만 톤의 NO_x의 방출을 줄이도록 요구하였고, 2000년에 둘 다 시행되고 있다. 미국 에너지부처의 에너지 정보국은 미국에서만 SO_2 방출량의 감소를 위해 4번 항목을 따르는 데 드는 연간 비용을 8억 3,600만 달러로 평가하였다.

오염 통제를 위해 그렇게 많은 돈을 소비하고도 어떤 경제적 이익이 발생할까? 손익분기점으로부터 돈과 돈을 비교하는 것이 타당하다는 것을 서두에 기술하였다. 한 보고서는 1978년부터 60% 줄어든 이산화황의 방출 감소가 적어도 의료비용으로 매년 지출되는 400억 달러를 절약하였다고 밝혔다.(쓴 돈보다 절약한 돈을 계산하는 것이 훨씬 더 어렵다!) 환경적인 조건(호수, 시내, 농작물, 숲)에서 지속적인 산성비의 경제적 비용은 본질적으로 계산할 수 없을 만큼 크다. 산성비를 통제하는 데에는 많은 돈이 들지만, 그것은 또한 많은 돈을 절약해주기도 한다. 우리는 역시 오염을 통제하는 데 관련된 비용은 오염 통제 장치를 제조하는 회사에 유익이 될 수도 있다는 것을 기억해야 한다. 오염 통제는 '성장 산업'이고, 이러한 산업에 의해 발생하는 일과 수입은 오염이 덜한 습관을 선택할 때의 원가와 이익을 고려할 때, 전반적이고 경제적인 형평에 꼭 맞게 되어야 한다.

9.4 우리는 여기서 어디로 가는가?

산성비는 계속되는 산업의 발전과 개인 운송수단으로서의 자동차에 대한 의존성의 부산물로서 끊임없이 증가하고 있다. 개발도상국들이 점차로 산업화되어감에 따라, 그들 역시 전 세계적인 산성비 문제의 주요한 공헌자가 될 것이다. 지난 몇 년 동안 미국의 공공 정책은 산성비를 야기하는 방출을 통제해야 하는 필요를 반영하기 시작했다.

NO_x와 SO_x의 방출을 90%까지 줄일 수 있는 화학적인 처치 방법은 이미 존재한다. 경제적인 정부와 개개의 선택이 완전히 개발될 필요가 있기는 하지만, 이러한 방법은 아직까지 쓰인다. 산성비 문제를 줄이는 데 쓰일 수 있는 몇 가지 방법의 배후에 있는 화학을 살펴보자.

일소의 화학

이미 SO_x의 방출을 줄이는 데 사용되는 몇 가지 방법이 있다. 중요한 한 가지는 **도관기체 제황법**(flue-gas desulfurization, FGD)이라는 것으로 미국, 일본, 독일에서 성공리에 사용되었다. FGD에서는 석탄의 연소로 인해 발생하는 뜨거운 기체에다 젖은 석회석($CaCO_3$)을 분무한다. 이것이 다음과 같은 두 단계의 과정을 일으킨다.

$$1단계 : CaCO_3(s) \longrightarrow CaO(s) + CO_2(g)$$
$$2단계 : CaO(s) + SO_2(g) + 1/2O_2(g) \longrightarrow CaSO_4(s)$$

첫 단계에서, 석회석은 도관기체의 열에 노출되면 분해되어 산화칼슘과 이산화탄소를 생성한다. 방출된 이산화탄소는 또 다른 문제인 '온실 효과'를 야기할지도 모른다. 이것에 대해서는 12장에서 더 많이 다룰 것이다. 산화칼슘 고체는 실제로 이산화황과 반응하여 마지막 생성물인 황산칼슘을 만든다. 고체 황산칼슘의 미세한 덩어리는 화합물 내에 갇힌 황이 SO_2 기체로 방출되는 것을 막으면서, 가두어 모을 수 있다. 이것은 대리석이 산성비에 의해서 닳아 없어질 때 일어나는 것과 동일한 전반적인 과정(탄산칼슘이 황산칼슘으로 바뀌는)이다. 그러나 이러한 상황에서 산성비를 막기 위해서 이 방법을 사용한다.

FGD가 SO_2의 방출을 줄이는 데는 매우 효과적이라고 할지라도, 동력 장치의 효능은 감소시키고, NO_x 방출의 감소에는 아무런 효과를 주지 못한다. 생성물(황산칼슘) 역시 공정에서 원료로 쓰기 위해 땅에서 파낸 $CaCO_3$보다 더 많은 공간을 차지한다.

대기의 유체층 연소라는 또 다른 기술은 공기 중에 떠다니는 분쇄된 석탄과 석회석을 태우는 격렬한 층을 이용하는 것이다. 이러한 방법으로 석탄과 공기를 완전히 섞으면, 이 혼합물은 낮은 온도에서 연소하게 되고 따라서 더 적은 산화질소(정상적으로는 높은 온도에서 공기 중에 있는 산소와 질소의 반응으로 형성된다.)를 생성하게 된다. 석회석의 존재는 FGD 과정에 있는 것과 같은 화학에 의해서 SO_x 기체를 제거한다.

이것과 또 다른 방법들은 공기 중으로 방출되는 산업적인 오염물질의 양을 줄이기 위해서 더욱 개선되어야 한다. 그러나 지금 이 순간에도 태우고 있는 석탄에는 비교적 높은 양의 황이 포함되어 있는데도 불구하고 미국 동부에 있는 석탄을 태우는 발전소의 거의 반정도가 아무런 오염 통제 장치를 갖고 있지 않다. 현존하는 발전소에 오염 통

예제 9.3

산성비

문제 비가 황산으로 인하여 산성이고, 빗물의 pH는 3.0이라고 가정하라. 만약 묘비의 글자가 원래 0.5 cm 깊이로 파여 있다면, 비명을 읽을 수 없게 되는 데까지 석회석 묘비 위로 몇 인치의 비가 떨어졌을까? 석회석은 거의 순수한 $CaCO_3$이고, 밀도는 $2.7\,g/cm^3$이다. 산성도의 반은 이 반응을 하는 데 소모된다고 가정하라.

풀이 이 비의 수소 이온 농도는 1×10^{-3} mol/L이다. 이것의 반이 반응을 한다면, 비 1 L당 5×10^{-4} mol의 수소 이온이 반응하는 것을 의미한다.

$$2H^+ + CaCO_3 \longrightarrow CO_2 + H_2O + Ca^{2+}$$

묘비는 충분히 녹아 들어가서 적어도 제일 꼭대기의 0.5 cm는 녹아서 사라졌을 것이다. 간단하게 사방 10 cm의 사각형을 생각해 보자. 1 L는 모서리가 10 cm인 정육면체이고, 따라서 이 비석에 내리는 1 L의 비는 10 cm 깊이일 것이다.

$10\times10\times0.5\,cm = 50\,cm^3$의 석회석 돌 조각에 있는 $CaCO_3$의 몰수를 계산하라.

돌의 몰수($CaCO_3$)

$=(50\,cm^3$ 돌$)(2.7\,g/cm^3)(1\,mol\,CaCO_3/100\,g\,CaCO_3)$

$=1.35$ mol 돌

이것은 1.35 mol 돌$(2\,mol\,H^+/mol\,CaCO_3)$

$=2.7\,mol\,H^+$를 필요로 한다.

필요한 비의 부피

$=(2.7\,mol\,H^+)(1\,L$ 비$/5\times10^{-4}\,mol\,H^+)=5400\,L$ 이다.

1 L는 돌 조각에 내리는 10 cm의 비를 의미하므로 필요한 비의 양은 5.4×10^4 cm이다. 이 비석이 매년 50인치의 비를 맞는다면, 이것은 비에 425년 견딜 것이다.

제 장치를 부착하는 것을 "retrofitting" 또는 "repowering"이라 한다. 이를 설치하는 데에는 공장마다 수백만 달러가 들 것이고, 그 비용은 아마도 거의 값비싼 전기세 고지서의 형태로 소비자에게 부담될 것이다. 앞에서 본 바와 같이 이 문제를 다루지 않는 것이 때로는 문제를 푸는 것만큼 비용이 많이 든다.

정부와 산업체는 가끔 오염 통제의 문제를 다루는 데 있어서 다른 입장에 처해 있다. 아직도 공익을 위해서 다리가 건설되어야만 한다. 예를 들면 1990년 한 해에 자동차 산업은 차에 대한 공해 분쟁과 방지 기술에 110억 달러를 소모했다. 촉매 전환장치와 같은 장치들은 아주 중요한 부분이다. 기술자들은 그들이 할 수 있는 한 빨리, 그리

예제 9.4

진퇴양난의 발전소

문제 일반적인 발전소는 매년 석탄 100만 t을 태운다 ($1\,t=1000\,kg=1\,Mg$). 석탄은 2.0%(질량 %)의 황을 포함한다. 만약 모든 황이 FGD 공정에 의해서 움직인다면, 발전소는 매년 얼마나 많은 $CaSO_4$를 발생시키겠는가?

풀이 $g\,CaSO_4$

$$=10^6\,Mg\text{ 석탄}\times\frac{10^6\,g}{1\,Mg}\times\frac{2.0\,g\,S}{100\,g\text{석탄}}\times\frac{1\,mol\,S}{32\,g\,S}$$

$$\times\frac{1\,mol\,SO_2}{1\,mol\,S}\times\frac{1\,mol\,CaSO_4}{1\,mol\,SO_2}\times\frac{136\,g\,CaSO_4}{1\,mol\,CaSO_4}$$

$$=\mathbf{8.5\times10^{10}\,g!!}$$

전기 자동차는 자동차와 관련된 오염물질을 제거할 수 있을까? 반면 이러한 차에 필요한 동력 일체를 만들고 제거하는 데 또 다른 오염 문제가 제기되는 것은 아닐까? 모든 행동에는 찬반이 있다는 것을 기억하라.

고 멀리 가버렸는가? 전기 자동차는 자동차 오염을 제거할까? 15장에서 이것을 더 논의하기로 하자.

복잡한 문제

우리는 많은 원인으로부터 발생하는 여러 종류의 오염이 환경을 손상시킨다는 문제와 직면해있다는 것을 이제 알고 있다. 대기 오염은 국경을 무시한다는 것 역시 깨달아야만 한다. 한 나라에서 발생한 오염은 다른 나라들에 영향을 끼칠 수 있다(아마도 거의 모든 나라에까지). 그러므로 오염과 반 오염의 법의 집행을 제기하는 국제법을 개발하는 것이 현명하다 할 수 있다. 미국은 1970년 대기오염방지법을 통해 미국 국경 내에서 대기의 질을 개선하려는 시도를 시작하였다. 방지법의 취지는 1980년 환경보호기관(Environmental Protection Agency, EPA)을 재검토하고자 했으며, 대기 오염물 농도의 한계선을 수정하기로 돼 있었다.

공해와 관련된 규정의 제정과 관련하여 미 정부 산하 기관들 사이에 밀고 당기기가 계속되고 있다. 그 문제들은 정치적이고(주 정부의 권리 대 연방 정부의 통제), 경제적이며(누가 지불하고, 누가 이익을 받는가?), 사회적이고(누가 영향을 받는가?), 화학적이다(어떤 전략이 유용한가?).

산성비 문제에 대한 정부의 적절한 대응에 대한 논쟁은 그것의 원인과 그것의 효과에 대한 중요성에 관해 논의하면서 계속될 것이다. 모든 사람들은 생활 양식의 변화에 대해서 그들이 준비가 되어 있는지 또는 안 되어 있는지 자신에게 물어보아야만 한다. 예를 들면, 대기에 대한 해를 줄이는 개인적인 공헌으로서, 더 작은 차를, 보다 덜, 보다 천천히 몰 준비가 되어 있는가? 자가용보다는 대중 교통을 이용하여 대중 교통을 지지할 준비가 되어 있는가? 차를 전혀 이용하지 않고 살아가는 당신의 생활을 상상할 수 있는가? 또는 그것이 개인적인 행동에 의해서 영향받을 수 있다기보다는 정부가 입법을 통하여 결정해야할 문제라고 느끼는가? 선택은 당신 몫이지만 SO_x와 NO_x의 방출이 쉬지 않고 증가한다면 지금부터 50년 후에 세계가 어떻게 되어 있을지 자신에게 물어 보라. 그리고 상쾌한 공기를 들이마시러 밖으로 나가라.

연습문제

1. 산성비의 세 가지 주원인을 적어라. NO_2와 SO_2는 어떻게 반응하여 산성비를 만드는가?

2. 호수나 계곡의 물은 봄에 왜 pH가 더 낮아지는가?

3. 자신만의 표현으로 산성비를 정의하고 그것의 환경적 영향에 대해 논하라.

4. 대기 중에서 산을 만드는 가장 중요한 두 가지 기체는 무엇인가? 그들은 어떻게 물과 반응하여 산성의 용액을 만드는가?

5. 이산화황과 이산화탄소의 산성의 성질에 대해 비교하라.

6. 버몬트 주 그린 산맥의 카멜 험프 꼭대기에 있는 상록수의 수는 매우 감소하였다. 이러한 파괴를 일으키는 원인에는 어떤 것들이 있는가?

7. 산성비의 pH 범위는 무엇인가? 산성비는 왜 "pH가 7보다 작은 비"로 정의하지 않는가?

8. 호수가 산성비로 오염될 때 호수에서 어떤 일이 일어나는지 설명하라.

9. 대리석이나 석회석으로 된 건물은 왜 산성비에 의해 쉽게 부식되는가? 관계되는 화학반응식을 사용하여 설명하라.

10. 많은 동상과 건물을 황산이 어떻게 부식시키는지 설명하라.

11. 과량의 산소와 물 그리고 5.0 mol의 NO와 반응하여 생성되는 산을 중화시키기 위해 수산화나트륨이 얼마나 필요한가?

12. 도관기체 제황법의 단점과 장점을 비교하라

CHAPTER

수질 오염

10

"바다 밖에서 사람들은 물이 맑다고 말한다.
그러나 나는 바로 여기 비컨에 살고 있다.
산과 바다 사이에서,
이리저리로 항해할 때, 이러한 생각이 떠오른다.
나의 더러운 강을 항해하면서
여전히 나는 강을 사랑하며, 또한 나는 꿈꾼다.
그 어느 날, 비록 올해는 아닐지라도
나의 허드슨 강과 나의 나라는 깨끗해질 것이라고"

- 피트 시걸의 "나의 더러운 강을 항해하면서(1961)"에서 -

위 노래에서, 포크 가수인 피트 시걸은 1960년대 초반 미국 뉴욕 비컨에 있는 그의 집 근처의 허드슨 강을 항해하는 것을 묘사했다. 후일담으로 그는 "화장실에서 나온 오염물 더미가 내 곁을 지나 떠내려 갔다"고 회상했다. 세계 많은 나라에서, 수로는 여전히 많은 화학 약품 성분의 산업 쓰레기 처리장으로 사용되고 있다. 허드슨 강과 같이 많은 경우에서 우리는 오염물 더미가 흘러가는 것을 두 눈으로 확인할 수 있고, 이것으로 볼 때 오염이 더 심해지고 있다는 것은 분명하다. 피해가 겉으로 드러나지 않는 경우도 있다. 물 색깔이 약간 변하거나, 일 년 전에 살던 물고기나 수초가 사라졌다든가 하는 모든 것은 문제점을 지적해 준다. 수질 오염을 이해하기 위해서 오염의 발생 원인, 그로 인한 영향들, 위해도 등에 대하여 알아야 한다.

수질 오염을 이해하는 것은 또한 이 책의 주제 중 하나를 강조하는 것으로, 지구라는 물질적으로 닫혀진 계는 물의 순환, 질소의 순환, 탄소의 순환 등 화학 물질의 순환으로 구성된다는 것이다. 수질 오염의 심각성은 오염물

그림 10.1 수질 오염은 때로는 이 사진에 나와 있는 미국 뉴욕 주 허드슨 강의 쓰레기 더미처럼 명확히 알 수도 있다. 다른 경우, 오염이 매우 위해한 수준일지라도 검출하기가 더 어려울 수 있다.

들이 단순히 한 곳에 머무르는 것이 아니라 지구의 거대한 순환 과정에서 혼합된다는 것이다.

이 장에서는 수질 오염과 관련된 화학을 배우게 될 것이며, 수질 오염의 여러 다른 형태와 오염물을 제거하는 과정의 적합성 및 그러한 화학에 대하여 논의하게 될 것이다. 이것은 전혀 새로운 문제가 아니며, 일부 국가에만 국한된 문제도 아니다. 우리는 시계를 19세기 영국의 런던으로 되돌려 이러한 논의를 시작해야 할 것이다.

19세기 중반 유럽에서 수질 오염이 확산된 첫 번째 원인은 도시화와 산업화의 진행임이 분명하다. 1850년대 런던은 도시의 사람과 말의 배설물로 인해 크게 오염되었다. 옥내 배관이 없었으므로 사람들은 대소변 단지가 가득 차게 되면 창문 밖 거리로 쏟아버렸다. 모든 교통 수단이 말에 의존하였으므로, 말의 숫자는 사람의 수만큼이나 많았으며, 특히 런던은 세계에서 인구가 가장 많은 도시였다(1850년 당시 2,685,000명). 거리 대부분이 포장되지 않았으며, 하수구도 거의 없었으므로, 거대한 양의 오염물들을 템스 강으로 씻어 내리는 역할을 한 것은 비뿐이었다.

같은 시각에 프랑스 파리에서는 루이 파스퇴르가 질병을 야기하는 미생물들의 중요성에 대해 연구하고 있었다. 콜레라, 티푸스 등 많은 질병을 일으키는 미생물들은 물에 의해 전염되었다. 집안 일에 사용하는 물은 관을 통하여 공급되는 것이 아니라, 이웃 우물에서 한 번에 한 동이씩 길어다가 사용하였다. 우물 부근에는 내던진 쓰레기 더미가 묻혀 있었으므로 우물은 때로 심각하게 오염되었다.

1800년대 중반에 서구 도시들이 지금과 얼마나 다른 생활을 했는지 비교하였다. 그러나 물과 관련된 문제는 다를지라도 19세기 중반에 존재하던 문제점은 여전히 남아 있다. 지금도 수질 오염은 도시 밖의 농촌 지역이나 바닷가, 사람들이 물과 접촉하는 지역 어느 곳에서나 일어나고 있다.

10.1 수질 오염이란 무엇인가?

1972년 미국연방 맑은 물 법령(Federal Clean Water Act : CWA)에서는 수질 오염을 "인간이 만든, 또는 인간에 의해 야기된 물의 화학적, 물리적, 생물학적, 방사능적인 변화"라고 정의하였다. 이러한 정의에는 몇 가지 문제점이 있다. 첫째, 물은 공식적인 정의에 따라 "오염"될 수 있지만 어떤 용도로는 여전히 안전하며, 둘째, 이러한 정

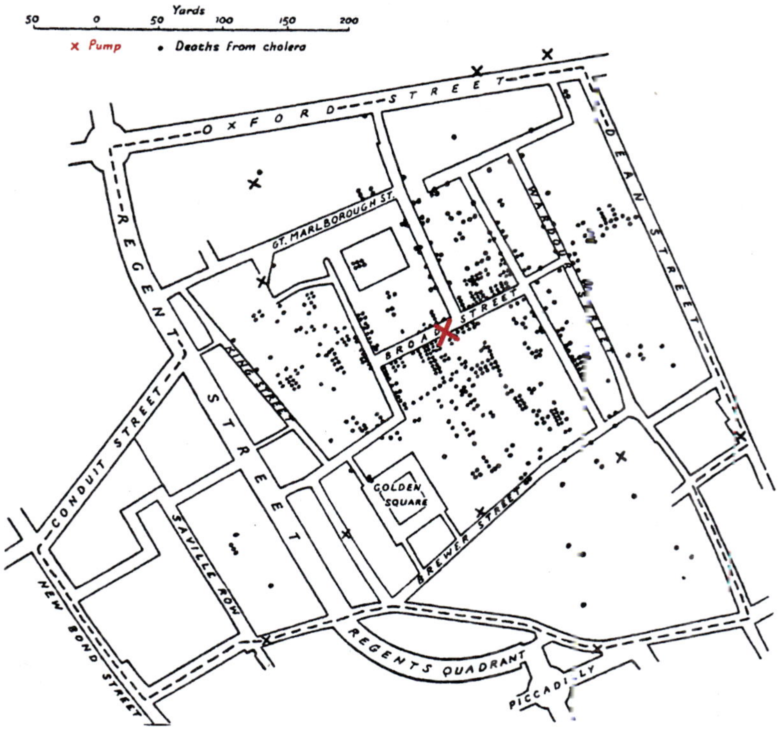

존 스노우 박사는 1854년 9월 영국 런던에서의 콜레라에 의한 사망을 도표로 나타내었다. 스노우 박사는 죽은 사람들 대부분이 브로드 거리에 있는 펌프로부터 얻은 물을 마셨다는 것을 알아내었다(지도에서 X). 펌프를 폐쇄했을 때 500명 이상의 생존자들에게 전염병은 더 이상 번지지 않았다.

의는 인간의 활동에 의한 영향에만 국한되어 있다는 점이다. 동물의 활동에 의해서도 수로가 오염될 수 있으나, 인간의 활동이 훨씬 더 많이, 그리고 더 심각한 오염을 발생시키므로 우리는 주로 인간에 의한 수질 오염에 대해서만 논의할 것이다. 또한 주로 단순한 화학적 **오염물질**(pollutant)에 대해서만 강조할 것이다. 그러나 더 복잡한 "생물학적" 오염물질은 많은 각 화학 물질의 혼합물이라는 점을 기억하는 것이 중요하다.

수질 오염의 원인은 무엇인가?

물의 질을 떨어뜨리는 물질들은 언제든 물 속에 흘러 들어갈 수 있으며, 그에 따라 물은 점차 오염된다. 수질이 낮다는 말은 매우 광범위한 의미를 가지고 있는데, 이는 구체적으로 물의 맑은 정도, 맛, 냄새, 심지어 외양까지도 포함하고 있다. 오염원 중에는 다음과 같은 것들이 있다.

- **점 오염원**(Point Sources) : 이것은 오염원이 어떤 특별한 장소(지점)에 모이는 것을 의미한다. 아마도 배수관에서 호수나 강으

A B C

그림 10.2 수질 오염은 A. 쓰레기 더미를 바로 물에 버리는 점 오염원 B. 사용 지점들로부터 오염 물질들이 물 속으로 들어가는 확산 오염원 C. 간접 경로 등으로 인해 발생한다.

로 쓰레기를 토해내는 장면을 많이 보았을 것이다. 이와 같은 직접적인 투입을 점 오염원이라고 부른다.

- **확산 오염원**(Diffuse Sources) : 비가 세차게 내리는 동안, 물은 농지에서 강으로 흘러 들어간다. 이러한 물은 농약이나 제초제, 화학 비료의 유해한 성분 등을 포함할 수 있다. 오염의 흐름은 배수구와 같이 한 점으로부터 유래한 것이 아니므로 이러한 근원은 확산되었다(지점이 없다)고 말한다.
- **간접 경로**(Indirect Pathways) : 지난 세기 동안 석탄재 잔류물로부터 아세톤과 같은 유기 용매에 이르기까지 매우 다양한 쓰레기들을 금속 드럼통 안에 저장해 왔다. 이런 용기들이 녹슬기 시작했는데 매장된 지 20년 이내의 것이 특히 심하다. 드럼통 안에 있

는 슬러지들은 새어나와 땅과 지하수를 통해 흘러가다가 호수나 개울, 강 등으로 침투되어 들어간다. 그 결과는 토양, 지하수, 슬러지가 흘러 들어간 수로의 오염을 초래한다. 이것은 심각한 문제이다. 예를 들면 미국 일리노이 주에만 드럼통이 2~3백만 개 매장되어 있다(그림 10.2C).

- **대기 오염원**(Atmospheric Sources) : 9장에서 논의한 산성비는 수질 오염의 중요한 원인이다. 이 경우에 오염은 수로에 살고 있는 다양한 생물 종들에게 위험하다. 위험성은 산에 의한 직접적인 영향과 산성비가 토양의 금속 이온들을 침출함으로써 기인하는 간접적인 영향이 있다. 바람은 또한 살포된 살충제나 공장 굴뚝으로부터의 입자 물질들을 운반하여, 이들을 수로에 유입시킬 수 있다.

수질 오염은 얼마나 위해한가?

지금까지는 오염을 일반적인 용어로 취급하였다. 오염을 일으키는 너무나 많은 물질들이 있으므로 몇 가지 특별한 오염물질에만 논의를 제한하지 않았다. "오염 물질"이란 용어는 나쁜 냄새가 나는 물질로부터 생명을 위협하는 질병을 일으키는 물질에 이르기까지 매우 넓은 의미를 포함하고 있다. 표 10.1은 몇 가지 일반적인 오염 물질 및 이러한 오염 물질이 인체에 주는 해를 보여주고 있다. 이 표에서 볼 수 있듯이 오염 물질은 독성을 나타내게 하기 위하여 특별히 물에 첨가된 것이 아니라는 것을 명심해야 한다. 오염 물질은 농업이나 산업 과정과 관련된 물질이나 그 전구체들이다.

수은(II)나 납(II) 이온은 너무나 위해하고 수계에서 비교적 많은

표 10.1 일반적인 환경 오염 물질

오염 물질	화학식 혹은 기호	근원한 물질	과다 노출 시 위해도
카드뮴	Cd	땜납, 전지 잔디용 화학 물질	고혈압, 신장 손상 적혈구 파괴
클로단	$C_9H_6Cl_8$	농약	발암 물질
납	Pb	배관, 석탄, 휘발유	빈혈증, 신장 질환 시력 상실, 정신 지체
수은	Hg	산업 폐수, 농약	중추 신경계 손상 정신 지체
염화 비닐	C_2H_3Cl	고분자 제조	간암

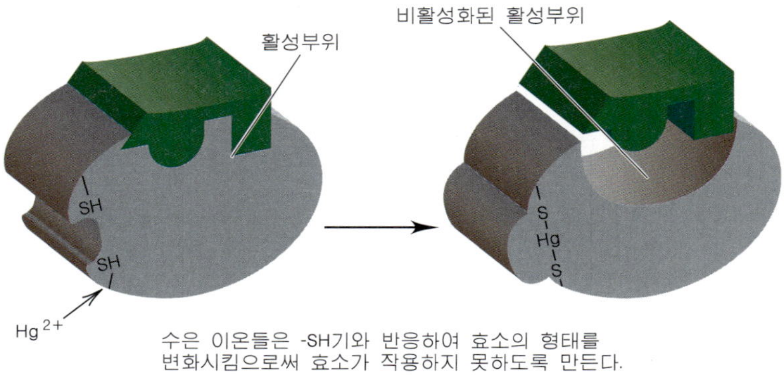

그림 10.3 수은과 납 중독은 금속이 단백질이나 효소의 카복실기나 설프하이드릴기(−SH)에 결합할 때 발생한다. 이러한 금속-단백질 착물은 물에 녹지 않고 생물학적으로 비활성인 화합물을 형성한다.

양이 발견되므로 특별한 주의를 요한다. 이러한 이온들은 은 같은 "중금속"들과 마찬가지로 카복실산기($-COO^-$)나 아미노산의 설프하이드릴기(−SH)와 함께 강한 결합을 형성한다(그림 10.3). 아미노산은 우리 몸에 있는 단백질의 필수 성분이다. 이러한 금속-아미노산 결합은 두 가지 작용을 한다. 첫째, 단백질이 적합한 역할을 하는 데 필수적인 다른 결합들을 깨뜨린다. 둘째로, 금속-단백질 착물은 불용성의 금속-단백질 염을 만들어 침전시킨다. 우유나 계란 흰자와 같은 단백질을 포함하는 물질들은 중금속과 결합함으로써 우리 몸의 단백질이 중금속과 결합되는 것을 방해하는 작용을 하므로 중금속 중독을 해독하는 데 사용될 수 있다.

그림 10.4 오대호의 주요 오염 지역은 수질에 치명적인 영향을 주는 공업 중심지이다.

미국 내에서 수질 오염에 대한 몇 가지 잘 알려진 사례들이 있다. 러브 운하 사례는 우리가 연구할 만한 것 중 하나이다. 아마도 가장 파괴적이고 장기적인 수질 오염 문제는 오대호 주변(그림 10.4)일 것이다. 이 거대한 수로에는 거의 생명을 멸망시킬 만한 요소들이 복합적으로 존재한다.

오늘날 존재하는 인간에 의한 수질 오염에 다음 세 가지 주요 활동들이 영향을 미쳤다.

- **농업** : 농업에 수반되는 농약과 화학 비료의 사용
- **공업** : 많은 제조 공정들
- **석유 운반** : 세계에서 가장 유명한 몇 건의 오염 사건을 초래

이러한 활동에 대한 화학은 다음에 나올 세 단원의 주제이기도 하다. 이 장의 10.2, 10.3, 10.4, 10.5절에서는 이러한 오염물들을 제거하는 방법들에 대하여 다룰 것이다.

10.2 농업으로 인한 수질 오염

곡물이 자라기 위해서는 물이 필요하므로, 자연 강수에 의한 것이든 관개 시설에 의한 것이든 곡물은 항상 물 공급이 수월한 지역에서 재배된다. 따라서 곡물이나 그 주변 땅에 살포된 화학 약품들이 비에 의해 강이나 호수로 유입된다. 우리가 마시는 물은 대부분 강이나 호수, 우물로부터 얻어지므로 농사에 사용된 화학 물질이 우리가 마시는 물 속에서 발견될 가능성은 충분하다(표 10.2).

농사에 사용되는 화학 물질들의 두 가지 주요한 범주인 농약과 비료는 수질 오염의 잠재적 원인이 된다. **농약**(pesticide pest-killer라는 뜻)은 농부가 원하지 않는 곤충, 벌레, 유충, 메뚜기, 잡초, 곰팡이 등을 제거하는 데 사용되는 화학물질들이다. 특별히 곤충을 죽이는 데 사용되는 농약을 **살충제**(insecticide : insect-killer)라고 한다. 원하지 않는 식물(잡초)을 제거하는 데 사용하는 농약을 **제초제**(herbicide : plant-killer)라고 한다. **비료**(fertilizer)는 식물의 성장을 촉진시키는 데 필요한 영양분을 포함하는 화학물질이다. 살충제, 제초제, 비료가 모두 인간이 만들어낸 물질은 아니다. 이러한 범주에 속하는 천연

그림 10.5 현대 농업에서 농약 공중 살포는 기본적인 농사법이나, 이러한 살포법은 농사지 전 지역에 걸쳐 화학 물질을 구석구석까지 침투시키고 있다.

표 10.2 지하수의 농약 농도

농 약	몇 개 주 내의 지하수의 농도(ppb)	최대 오염 수준*(ppb)
알디카브	9.0	3.0
아트라진	0.50	3.0
클로데인	1.70	2.0
트리플루랄린	0.40	5.0

*상수도 사용자들에게 공급되는 물에 존재하는 오염물의 최대 허용 수준

물질도 존재하며 이러한 것들도 수질 오염의 원인이 될 수 있다. 먼저 농약과 관련된 수질 오염의 예를 고찰하기로 하자.

살충제는 어떻게 해충을 죽이는가?

이것은 대답하기 쉬운 질문이 아니다. 왜냐하면 생명을 유지하는 데 관련한 너무도 복잡한 과정들이 존재하기 때문이다. 로테논(rotenone)과 같은 살충제는 호흡에 필요한 물질을 파괴한다. 플루오로아세트산나트륨(sodium fluoroacetate)은 몸 속에서 설탕과 같은 탄수화물의 대사를 방해한다. 살충제 중 많은 종류가 신경계에 독소로 작용한다. 유기인계와 카바메이트(carbamate) 화합물들은 신경을 과도하게 자극하여 경련을 일으키다 죽게 만든다. DDT나 피레드로이드(pyrethroid)와 같은 물질들은 신경 신호의 전달을 차단하는 작용을 한다. 어떤 살충제는 자체로는 희생물들을 단순히 기절시키지만 또 다른 화합물들이 첨가됨으로써 죽음에 이르게 만든다. 이러한 첨가제들을 **상승작용제**(synergist)라 한다.

살충제의 화학적 성분

일반적으로 천연 살충제와 합성 살충제의 두 가지 형태가 있다. 천연 살충제는 천연에서 발견되는 형태로 사용하는 것이다. 합성 살충제는 공업적으로 생산된 것이다. 천연 살충제나 합성 살충제는 화학적 구조나 성질 면에서 거의 흡사하다. 어떤 물질이 "천연적"인 것이라는 것을 알면 그것의 사용에 대한 사회적인 염려가 줄어드는 경향이 있다. 이것은 화학 물질의 안전성에 대한 판단을 하는 데 있어서 매우 부정확한 방법이다.

식물로부터 추출해 낸 가장 널리 사용되는 천연 살충제들은 다음과 같다.

- **니코틴**(Nicotine) : 담배로부터 얻는다. 이 물질은 프랑스에서 배벌레를 죽이기 위해 1690년부터 사용되었다. 1773년까지 담배 연기는 다양한 곤충을 죽이는 데 사용되었다. 황산니코틴(nicotine sulfate)은 여전히 작은 정원에서 살충제로 사용되고 있다.

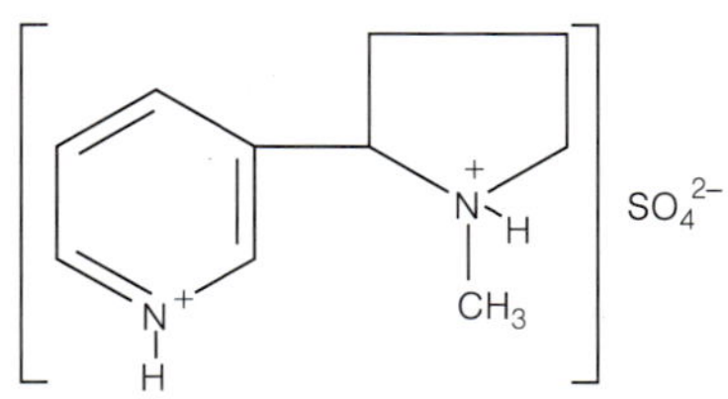

황산니코틴

예제 10.1 백만분율과 십억분율

문 제 과학자들은 종종 백만분율(ppm)과 십억분율(ppb)로 오염물질의 농도를 나타낸다.

· 1 ppm = 물 1 L 중에 들어있는 용질의 mg 수

$$= \frac{1 \times 10^{-3}\,\text{g 용질}}{1 \times 10^{3}\,\text{g H}_2\text{O}} = \frac{1\,\text{g 용질}}{10^{6}\,\text{g H}_2\text{O}}$$

· 1 ppb = 물 1 L 중에 들어 있는 용질의 μg 수

$$= \frac{1 \times 10^{-6}\,\text{g 용질}}{1 \times 10^{3}\,\text{g H}_2\text{O}} = \frac{1\,\text{g 용질}}{10^{9}\,\text{g H}_2\text{O}}$$

용질의 퍼센트는 백분율, 즉 물 100 g 중에 들어 있는 용질의 g 수로써 구할 수 있다. 식품착색제 1방울의 무게가 대략 0.05 g이다. 만약 양동이에 8.0 L의 물을 넣고, 식품착색제 1방울을 가했을 때, 식품착색제의 ppm과 ppb농도를 구하라. ppm은 단지 양동이에 담긴 한 방울의 물에 불과하다.

풀 이

$$\text{식품 착색제 ppm(fc)} = \frac{\text{mg 식품착색제}}{\text{L H}_2\text{O}}$$

$$= \frac{50\,\text{mg 식품착색제}}{8.0\,\text{L H}_2\text{O}}$$

$$= 6.3\,\text{ppm}$$

$$\text{ppb} = \frac{\mu\text{g 식품착색제}}{\text{L H}_2\text{O}}$$

$$= \frac{50{,}000\,\mu\text{g 식품착색제}}{8.0\,\text{L H}_2\text{O}}$$

$$= 6300\,\text{ppb}$$

$$\%\ \text{식품착색제} = \frac{0.05\,\text{g 식품착색제}}{8{,}000\,\text{g H}_2\text{O}} \times 100$$

$$= 0.00063\%$$

ppm과 ppb는 종종 환경오염 물질의 극미량 농도를 나타낼 때 많이 사용된다. 1ppm은 양동이에 담긴 한 방울의 물보다 더 적다. 그것은 마치 거대한 수족관에 담긴 한 방울의 물과 같고, 1ppb는 수영장에 담긴 한 방울의 물과 같다.

- **제충국**(Pyrethrum) : 여러 종류의 국화로부터 추출한다. 이러한 살충제들은 1800년경 이란(당시 페르시아)에서 처음 사용되었는데, 이것은 다음과 같은 일반적 형태를 갖는 네 가지 서로 다른 화합물들의 혼합물이다.

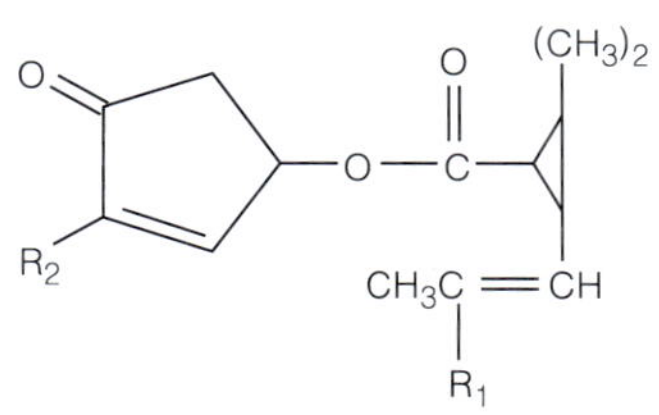

R_1과 R_2에는 다양하고 매우 복잡한 화학 작용기들이 치환될 수 있다. 파이레트럼과 관련된 화합물들은 곤충에게 빠르게 해독

을 끼치지만 햇빛에 빠르게 분해되므로 매우 유용하다. 빠르게 분해된다는 것은 인간에게 장기적인 해를 입히지 않는다는 뜻이다.

- **로테논**(Rotenone) : 68가지 콩과 식물에서 발견된다. 이 화합물을 사용한 첫 번째 보고는 1649년 남아메리카에서 물고기의 독으로 사용한 것이며, 오늘날에도 여전히 물고기 독으로 사용되고 있다. 이것은 또한 몇 가지 종류의 곤충만 죽일 수 있고 저장 중 화학적으로 분해되기는 하지만 1848년 이후로 살충제로도 사용되고 있다.

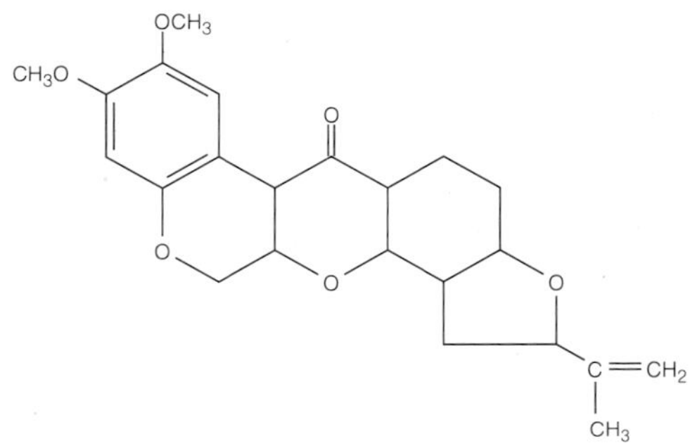

앞에서의 세 가지 예와 같이 대부분의 농약들은 유기 화합물이다. 그러나 B.C. 1000년경 그리스의 집들을 훈증 소독하는 데 황을 사용한 이래 무기 화합물들도 수천 년 동안 농약으로 사용되었다. 비산수소납($PbHAsO_4$)은 과수원에서 사용되는데, 인간이나 다른 생명체에 끼치는 독성이 너무나 크다. 플루오린화나트륨(NaF)은 바퀴벌레와 메뚜기를 죽이는 데 사용되었다. 크리올라이트(cryolite, Na_3AlF_6)는 다른 화학 물질에는 특별히 민감한 식물에 현재도 사용되고 있다. 몇몇 광물성 기름은 효과적인 살충제로 증명되었는데, 이것은 곤충에게는 해롭지만 동물에는 비교적 해가 없다. 그러나 대부분의 천연 농약은 식물로부터 나온다.

미국 버클리 캘리포니아 대학교의 브루스 암스(Bruce Ames)와 루이스 스웝스키 골드(Lois Swirsky Gold)는 우리가 사용하는 적은 양의 합성 농약과 관련된 건강 위해도가 너무 과장되었다고 주장한다. 왜냐하면 우리는 훨씬 더 많은 천연 생산물을 섭취하기 때문이다. 그들은 또한 양배추에는 49가지 천연 농약이 포함되어 있고, 리마 콩에는 23가지가 들어있다고 지적했다. 또, 암스와 골드에 따르면 27가지 **발암 물질**(carcinogen)이 사과로부터 백리향에 이르기까지 10ppm 이상 천연적으로 존재한다고 한다. 이들 중에서 추출해낸 것이 위에서 언급한 니코틴, 로테논, 피레드린과 페로몬들이다. 우리는 매일 천연 농약 1.5g을 섭취하며, 이것은 우리가 섭취한 합성 농약의 10,000배 정도 된다.

천연 농약들은 수 세기 동안 인간에 의해 사용되어 왔다. 지구상의 생명체들은 이러한 역경을 이겨내고 살아남았다. 그러나 이러한 평화적인 공존이 합성 농약과는 쉬운 일이 아니다.

1930년대 후반 DDT라는 유기 화합물이 스위스에서 대량 생산됨으로써 합성 농약이 사용되기 시작하였다.

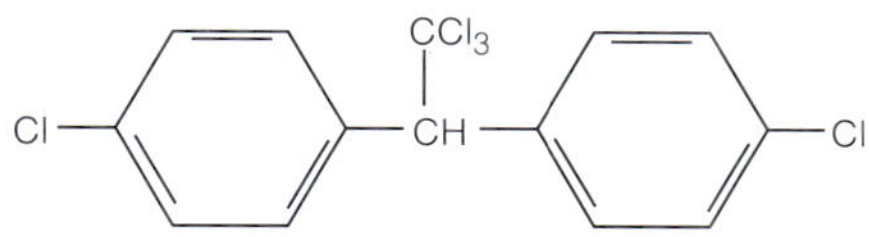

DDT

이 물질은 원래 1870년대에 합성되었는데, 농약으로서의 효과가 매우 우수하다. DDT를 처음 중요하게 사용한 것은 1944년 이탈리아 나폴리에서 발진티푸스가 발병했을 때 사람들 몸에 있는 이(lice)를 죽이는 데 사용한 것이었다. 발진티푸스는 이에 의해서 전파되었는데, DDT는 신경에 독성으로 작용하여 이를 죽이는 데 효과적으로 사용되었다. 세르비아나 러시아에서는 발진티푸스를 통제하지 못하여 제1차 세계대전(1914~1918) 동안 수백만의 사람들이 목숨을 잃었다. 1944년 DDT의 사용으로 이탈리아 사람들은 그와 같은 재난을 피할 수 있었다.

DDT는 1977년까지 미국에서 광범위하게 사용되었다. 그 때까지 농약은 검사를 받은 거의 모든 사람의 피와 지방 조직에서 발견되었으며, 또한 물수리, 독수리, 가마우지와 같은 수계 환경에서 사는 육식 동물을 포함한 많은 다른 생명체들에서 발견되었다.

수계에서 DDT의 생물학적 농축에 의해 가장 큰 피해를 입은 것은 아마도 조류일 것이다. 매나 독수리(그림 10.6)와 같은 육식 조류는 물고기를 먹이로 하는데, 물고기들은 특히 오염이 심하다. DDT나 그 분해 산물인 DDE는 새의 알에서도 발견이 되는데, 이들 화합물들은 새알의 껍질을 얇게 하여 새가 깨어나기도 전에 알이 깨져버리게 만든다. 20ppm의 DDE는 매가 알 껍질을 만들기 위해 필요한 칼슘의 생성 능력을 떨어뜨림으로써 새끼의 생명을 앗아갈 뿐 아니라, 이러한 매들은 다시 둥지를 틀지 않으므로 멸종을 초래할 수 있다.

그림 10.6 DDT나 그 분해 산물인 DDE의 구조는 매나 독수리같이 물고기를 먹이로 하는 새들에게 축적될 수 있다. 20ppm의 DDE는 매의 알껍질이 형성되지 못하게 만든다.

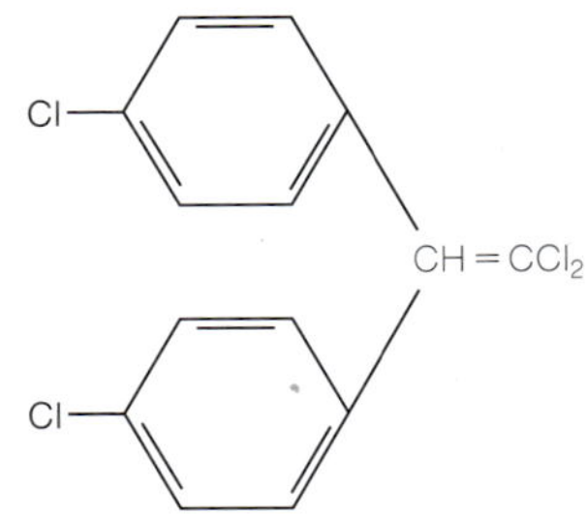

DDE

DDT의 사용 금지로 대머리 독수리(1994)와 송골매(1999)는 그 개체 수가 증가하여 미국 어류 및 야생멸종위기종 목록에서 이름이 삭제되었다.

DDT가 환경 유해물질이기는 하지만, 지난 반세기 동안 이러한 농약들은 곡물에 대한 해충의 피해를 줄이고 해충으로 인해 발발하는 질병을 퇴치하는 데 도움을 주었다. 반면 1945년 이래로 농약의 사용은 이와 같은 목적을 위해 크게 증가하였다. 덧붙여서, 440종의 곤충과 70종의 균류 그리고 500종의 잡초들이 농약에 내성을 갖게 되었다. 이러한 현상은 농약의 사용에도 불구하고 해충에 의한 곡물 생산량의 지속적인 감소를 초래하고 있다.

예제 10.2 DDT는 왜 금지되었는가?

문 제 DDT는 인간의 건강에 끼치는 위험성 때문에 현재 사용이 금지되어 있다. DDT의 구조를 현재 살충제로 사용하고 있는 말라티온의 구조와 비교해 보라.

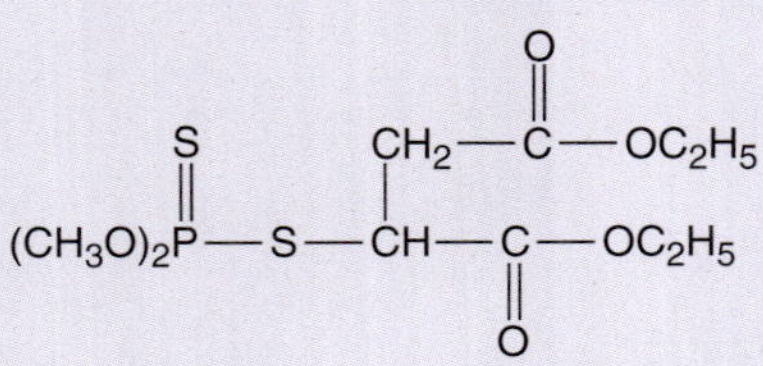

a. 어느 살충제가 물에 더 쉽게 녹을 것 같은가?
b. a에 대한 답에 근거해서, DDT가 왜 사용이 금지되었겠는지 설명하여라.

풀 이 a. 극성 분자들이 비극성 분자들보다 물에 더 쉽게 녹을 것이라고 하는 것은 이미 6장에서 살펴보았다. 말라티온은 산소, 질소, 황과 같은 전기음성도 요소를 포함하며 이들은 DDT보다 물에 훨씬 더 잘 녹는다.

b. DDT는 지방 가용성 물질이다. 그러므로 인간과 다른 동물에도 지방 조직에 축적될 수 있다고 예상할 수 있다. DDT는 소변에서 물질대사로 변화되어 배설되지는 않을 것이다(이 신진대사 과정은 유기화학에 관해서 6장에서 예제 6.3과 어떻게 유사한지 주목해 보기 바란다. 예제 6.3은 유기화학에서 비타민 A와 C의 가용성과 비교되었다).

DDT는 생선을 먹는 사람들의 지방에서 더 많이 응축되기 때문에 먹이사슬의 각 단계에서 더 응축될 수 있다. 말라티온처럼 물에 녹는 분자들은 신체에서 오줌으로 훨씬 더 쉽게 배설된다. 말라티온과 DDT 간의 또 다른 중요한 차이점은 DDT가 화학적으로 말라티온보다 분해되기가 더 어렵다는 것이다. 이 의미는 말라티온이 DDT보다 훨씬 더 재빠르게 화학적으로 분해된 생산물로 퇴화된다는 것이다.

합성 농약의 종류

합성 농약은 염소로 치환된 탄화수소(chlorinated hydrocarbons), 유기 인계(organophosphates), 카바메이트(carbamates), 피레드로이드(pyrethroids)의 네 가지로 구조적 분류를 할 수 있다. 이러한 네 가지 종류들은 구조, 사용량, 위해도의 관점에서 서로 다르다.

- **염소로 치환된 탄화수소** : DDT와 같은 염소로 치환된 탄화수소는 가장 오래된 합성 농약이다. 이들은 분해가 잘 안 되는 경향이 있어서 그 사용량이 줄어들고 있는 추세이다. 이름에서도 알 수 있듯이, 이들은 탄화수소 분자에서 몇 개의 수소가 염소로 치환된 구조를 가진다. 이러한 농약의 예로 클로데인(chlodane)과 헵타클로르(heptachlor)의 구조를 아래에 나타내었다.

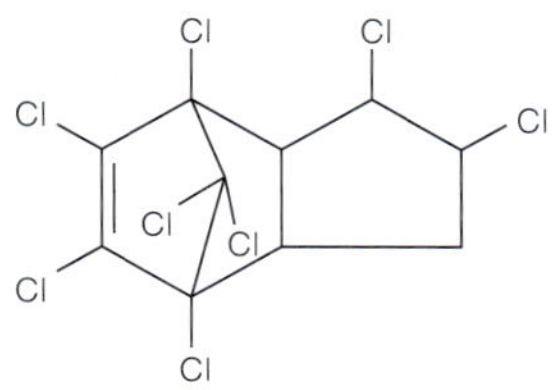

클로데인

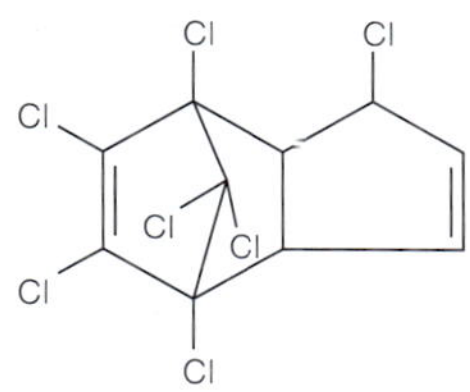

헵타클로트르

- **유기 인계** : 유기 인계 농약은 제2차 세계대전 중 독일에서, 전쟁 중에 사용하기 위한 치명적인 신경 가스를 만드는 도중 부산물로 개발되었다. 이러한 인을 포함한 화합물들은 수 시간 내지 수 일 내에 화학적으로 분해되는 경향이 있어서, 생물학적 농축 현상이 나타나지 않는다. 두 가지 널리 알려진 유기 인계 농약 터부포스(terbufos)와 포노포스(fonofos)의 구조를 다음에 나타내었다.

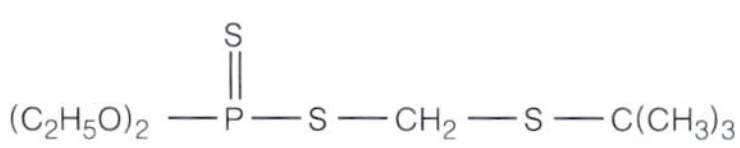

터부포스

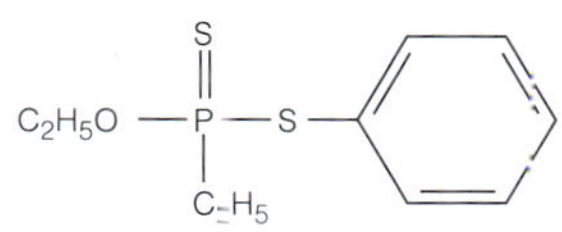

포노포스

- **카바메이트** : 1956년 이래 대량으로 사용되고 있다. 이들은 카밤산(carbamic acid)으로부터 형성되었기 때문에 카바메이트(carbamate)라 부른다.

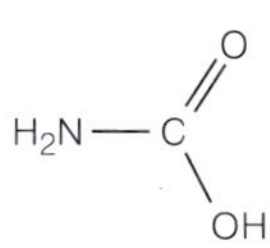

카밤산

카바메이트는 유기 인계와 같이 빠르게 분해된다. 카바메이트의 독성은, 정원에서 사용하는 거의 무독성인 세빈(상품명)으로부터 옥수수 뿌리 벌레 및 땅 속 해충을 제거하는 매우 유독한 후라단(상품명)에 이르기까지 매우 다양하다.

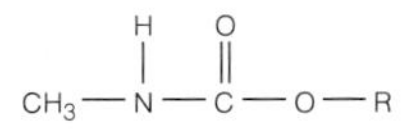

카바메이트의 일반적 구조

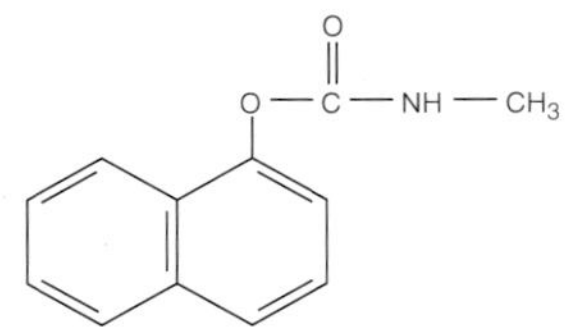

카바릴(세빈)

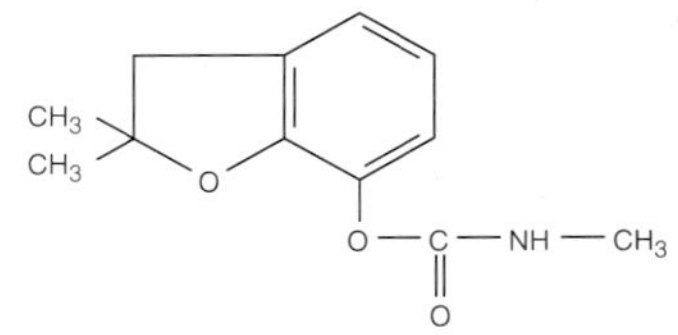

카보퓨란(후라단)

- **피레드로이드** : 곤충을 제거하는 데 매우 널리 사용되고 있다. 그 이름이 보여주듯이, 이들은 제충국(pyrethrum)과 구조적으로 비슷하다. 매우 소량으로도 가능하고 일주일 내에 화학적으로 분해되기 때문에 매우 유용하게 사용된다. 두 가지 종류의 피레드로이드인 알레드린(allethrin)과 퍼메드린(permethrin)의 구조를 다음에 나타내었다.

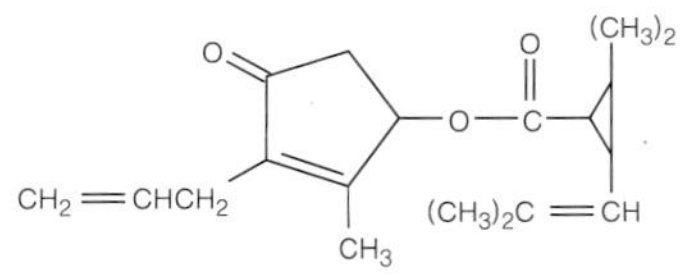

알레드린(피나민)

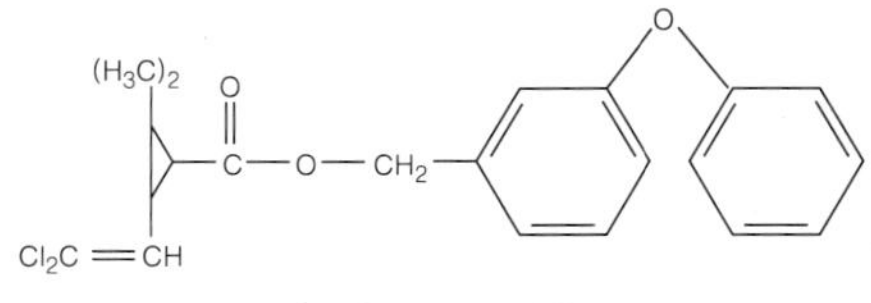

퍼메드린(암부쉬, 파운스)

농약 연구의 궁극적 목표는, 농약으로서 효과가 좋으면서 값도 싸고, 사용 후 빠르게 분해되는 이상적인 생성물을 만드는 것이다.

제초제

식물들은 건조한 땅에서부터 물 속에 이르기까지 매우 광범위한 서식지에서 성장하므로, 특정한 환경에 있는 특정한 잡초를 공격하기에 적합한 많은 종류의 제초제가 개발되고 있다. 어떤 제초제는 살포된 지역에 있는 모든 종류의 식물을 죽이므로 **비선택적**(nonselective)이라고 한다. 보도나 차도에 있는 잡초를 없애고자 할 때는 손질된 땅에 어떤 식물도 자라기를 원하지 않기 때문에 비선택적인 제초제를 선택할 것이다. 하지만 어떤 특정한 종류나 좁은 범위의 잡초만을 제거하려 한다면 **선택적**(selective)인 제초제를 사용해야 할 것이다. 선택적 제초제는, 농부들이 자신들의 곡물에는 피해를 주지 않으면서 잡초만을 없애려 하기 때문에 농업에서 널리 사용되고 있다. 많은 제초제의 기작은 알려져 있지 않다. 그러나 제초제가 식물 속을 돌아다닐 수 있는 능력과 특정 목표 식물의 대사 단계 모양 등이 제초제의 효과에 영향을 준다.

선택적이든 비선택적이든 제초제는 세 가지 종류로 나눌 수 있다.

- **일반적인 접촉**(general contact)
- **전위성**(translocated)
- **잔류성**(residual)

제초제의 종류에 대하여 논의할 때 그 구조들의 유사성과 상이성에 특별한 주의를 기울여야 한다. 또한 제초제의 구조를 살충제와 비교하여 보라. 그들은 같은 구조를 갖고 있는가? 왜 이것이 중요할까?

그 이름이 의미하듯, 일반적인 접촉성 제초제는 식물과 접촉하는 어느 부분에서나 효과를 나타낸다. 예를 들면 시녹스(상품경, 2-methyl-4,6-dinitrophenol)는 곡물, 완두, 아마 사이에 있는 잡초를 제거하는 데 사용되는 선택적 일반적 접촉성 제초제이다.

털부처꽃(lythrum salicaria)은 아름답기는 하지만 다른 모든 식물을 말라죽게 만드는 공격적인 잡초이다. 식물 다양성의 상실은 야생 동물이 먹이를 잃어 달아나게 만들고 자연의 균형을 파괴한다. 털부처꽃을 제거하면서도 다른 식물들은 자랄 수 있도록 하는 선택적인 제초제가 필요하다.

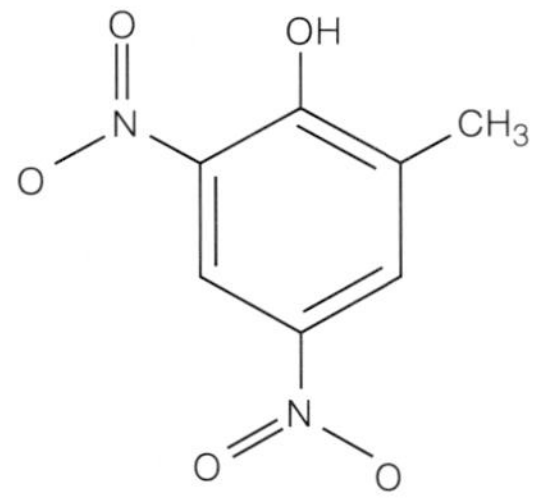

이 제초제는 곡물들 위에 살포한다. 이것은 잡초의 조직 내에 있는 막을 파괴하여 수액이 새어나와 말라죽게 만든다.

전위성 제초제는 식물 내에서 물과 양분을 운반하는 미세관인 인피부 혹은 목질부를 통하여 이동한다. 이 미세관을 통하여 제초제가 식물의 모든 부분으로 이동(전위)하며, 따라서 전체 식물을 죽게 만든다. 전위성 제초제는 살포한 후에 나타난 새싹도 죽일 수 있다. 흔히 사용되는 전위성 제초제로 2,4-D (2,4-dichlorophenoxy acetic acid)가 있다.

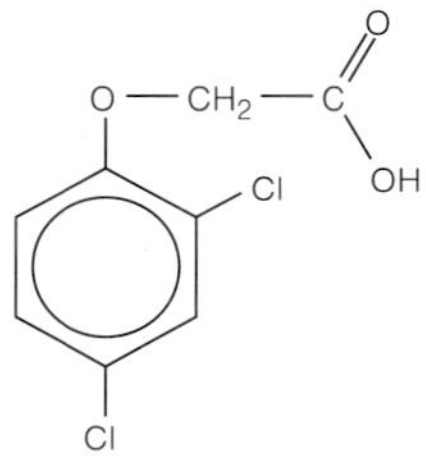

2,4-D

이것은 곡물, 사탕수수, 잔디, 목초지 그리고 비경작지 등에 있는 잎 넓은 잡초를 제거하는 데 사용된다. 식물의 잎사귀나 뿌리를 통해 흡수되어 호흡과 세포 분열에 영향을 주어 비정상적인 성장을 초래한다.

다른 전위성 제초제들은 기름과 결합하거나 기름을 포함하고 있어서 살아있는 막의 반투과성을 파괴한다.

잔류성 제초제는 땅 속에서 제초제 살포 후에 싹이 틀 잡초 씨들을 제거하는 데 효과적이다. 흔히 사용되는 예로 야생 귀리를 죽이기 위해 땅에 살포하는 트리알레이트(상품명)가 있다.

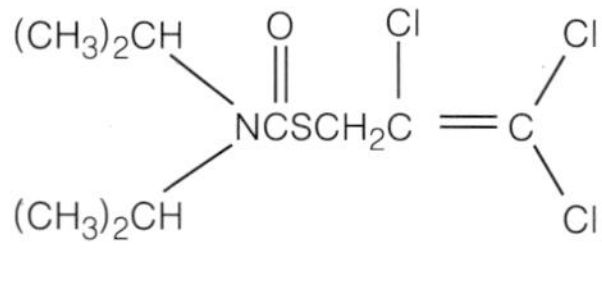

트리알레이트(상품명)는 발아 초기 단계에서 묘종에 의해 흡수되며 발아가 되기 전에 식물을 죽여 버린다.

오염물질로서의 비료

곡물이 잘 자라기 위해서는 상당히 많은 양의 질소, 인, 칼륨이 필요하다. 질소는 식물에서 아미노산, 핵산, 단백질, 엽록소를 포함한 많은 생명에 필수적인 화합물의 구성 요소이다. 인은 식물이 에너지를 사용할 수 있게 만드는 중요한 원소이며 또한 핵산, 지질, 그리고 많은 단백질에 붙어 있는 주요한 화합물들에서 발견된다. 탄소와 산소만이 식물에서 칼륨보다 고농도로 존재하는데, 칼륨은 광합성에서 물을 내보내고 이산화탄소를 받아들이는 비율을 조절한다 칼륨은 또한 적어도 60가지 효소의 작용에 영향을 준다. 표 10.3은 식물에 필요한 원소와 식물이 어떻게 그와 같은 원소를 얻는가를 보여주고 있다. 비료는 이러한 원소들을 증대시키는 데 사용되며, 따라서 생산을 증대시킨다. 농약은 식물을 죽이기 위해 사용되는 반면 비료는 식물이 자라는 것을 돕기 위한 것이라는 점에서 이들은 서로 다르다. 그러나 둘 다 수질 오염을 일으킬 수 있다.

표 10.3 식물이 필요로 하는 원소

필수적인 화학 원소	곡물에 사용되는 형태	공급원
탄소	CO_2	공기
산소	CO_2	공기
수소	H_2O	흙 속의 물, 강우, 관개 시설
질소	NO_3^-, NH_4^+, N_2	흙 속 유기 물질, 동물 배설물 비료, 공기(콩과 식물)
인	$H_2PO_4^-$, HPO_4^{2-}	흙 속 유기 물질, 흙 속 광물 비료, 동물 배설물
칼륨	K^+	흙 속 광물, 동물 배설물 식물 잔류물, 비료
칼슘	Ca^{2+}	동물 배설물, 석회석, 비료
마그네슘	Mg^{2+}	동물 배설물, 석회석, 비료
황	SO_4^{2-}, SO_2	흙 속 유기 물질, 동물 배설물 공기 중 SO_2, 비료
붕소	H_3BO_3	흙 속 광물, 비료
염소	Cl^-	강우, 흙, 비료, 동물 배설물
구리	Cu^{2+}	흙 속 광물, 동물 배설물, 비료
철	Fe^{2+}	흙 속 광물, 비료
망가니즈	Mn^{2+}	흙 속 광물, 비료
몰리브덴	MoO_4^{2-}	흙 속 광물, 비료
아연	Zn^{2+}	흙 속 광물, 동물 배설물, 비료

출처 : Hileman, B. *Chem & Eng. News*, March 5, 1990, p.35.

가축으로부터 나오는 거름은 천연 비료이다. 이것은 곡식에 있어 많은 영양분의 원천이 되며, 이것을 경작지에 파묻으면 땅이 흡수하는 것을 돕고 빗물을 보유할 수 있도록 돕는 역할을 한다. 천연 비료나 합성 비료 모두 식물이 그것을 흡수할 수 있는 비율에 가까운 어떤 비율로 질산 이온(NO_3^-를 포함한 화합물)을 방출한다. 그러나 질산 이온은 물에 매우 잘 녹으며, 비나 눈에 녹아 지하수로 흘러들어 간다. 질산 이온이 지하수에 축적되면 중요한 지하수 오염 문제를 야기시킨다.

과잉의 인(P)은 인산 이온(PO_4^{3-})으로 존재하며, 물 속에 있는 수초의 성장에 대한 영양분으로 작용하여 물고기에 심각한 영향을 줄 수 있다. 수초가 죽으면 그들은 물 속에서 산소를 소모하면서 분해된다. 이러한 활동은 다음 화학식으로 설명된다.

$$\text{생물 자원} + O_2 \longrightarrow CO_2 + H_2O$$

더 많은 수초가 존재하면 물고기가 이용할 수 있는 산소의 양은 줄어들 것이며, 수많은 죽은 물고기로 인하여 악취를 풍기는 물이 될 것이다.

질산염과 인산염의 오염은 널리 퍼져 있는가?

그림 10.7은 미국의 지하수에 5ppm 이상의 질산 이온 농도가 광범위하게 퍼져 있다는 것을 보여 준다. 지하수가 10ppm 이상으로 심각하게 오염된 지역은 그리 흔치 않으나, 가끔은 100ppm 정도로 오염된 곳도 있다. 그와 같은 지역에서는 아기나 임산부에겐 생수를 사먹도록 권장한다.

인산염 오염의 가장 큰 원인은 세탁용 계면 활성제의 사용이다. 지금은 계면활성제 내의 인산염을 철저히 통제하므로 농업 용수가 가장 심각한 인산염 오염의 원인이 된다.

4장에서 닫힌 계에 대하여 논의하였다. 우리는 자연이 우리에게 공급한 것을 재사용하고 변형시킴으로써 존재한다.

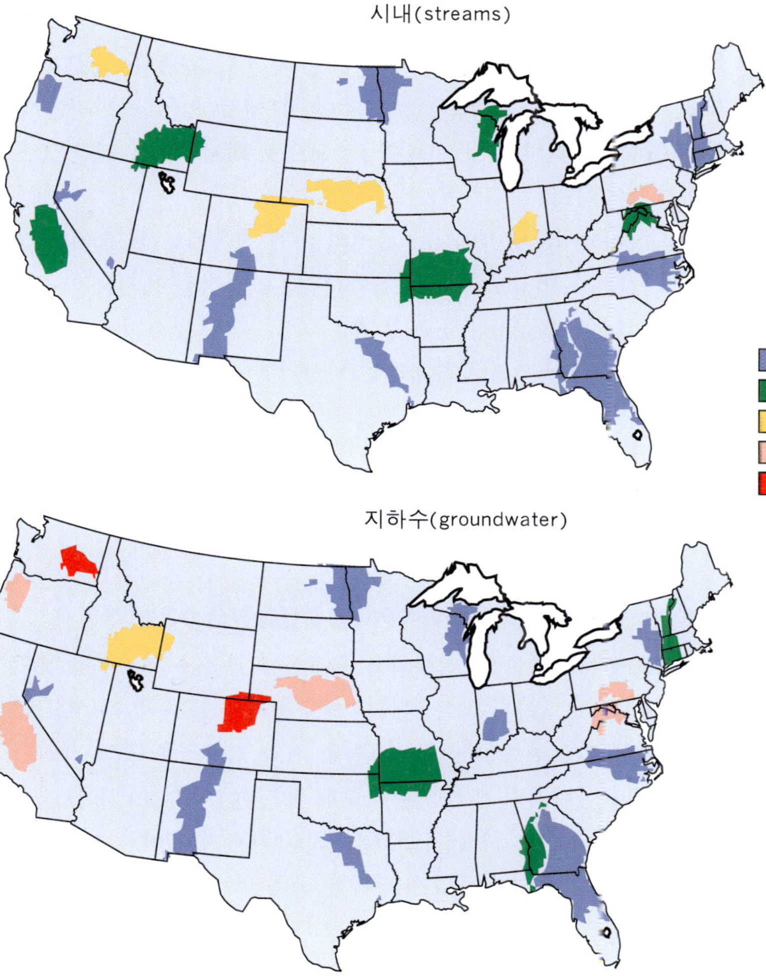

그림 10.7 지하수에서 높은 질산 이온 농도를 나타내는 곳은 대단위 농업 지역이다.

농사법은 변화하고 있다. 비료를 덜 사용하고, 식물의 뿌리 주변에만 남아 있도록 최소한의 양만 살포한다. 높은 농도의 질산염을 포함한 지하수는 곡식에 비료로 사용함으로써 물로부터 질산염을 제거할 수 있다. 개선된 농사법은 지하수의 질산염 문제를 최소화하도록 해야 한다.

물 속의 질산 이온은 6개월 이하의 신생아에게 심각한 건강 문제를 일으킬 수 있다. 질산염이 많은 물을 신생아 음식에 섞어서 먹이면, 소화되고 남은 여분의 질산염이 아기의 피에서 산소를 운반하는 단백질인 헤모글로빈의 작용을 방해하여 아기를 질식시킬 수 있다. 이러한 증세에 대한 의학적 용어가 메씨머글로비니미아(methemoglobinemia)이다. 아기의 허파가 많은 공기를 받아들여도, 충분한 산소를 공급받을 수 없다. 태아 헤모글로빈이라고 하는 신생아의 헤모글로빈은 자궁 안에서 공급되는 산소를 운반하는 데 적합하게 되어 있다. 이것은 호흡을 통해 산소를 얻는 방법과는 매우 다르다. 6개월까지는 아기의 태아 헤모글로빈이 성인 헤모글로빈으로 대체되므로 질산염 오염의 위험성은 사라진다.

신생아의 메씨머글로비니미아 증세의 어떤 경우에도 물 속에 질산염 형태의 질소가 30 ppm 이하인 경우는 없다. 안전을 유지하기 위해 10 ppm의 안전 한계를 사용하고 있다.

인산 음이온(PO_4^{3-})으로 존재하는 과량의 인은 물 속 조류의 성장을 촉진하는 영양분으로 작용하므로, 물고기에 심각한 영향을 줄 수 있다. 조류가 죽으면 그들은 물 속의 산소를 사용하면서 분해된다. 더 많은 조류가 있으면 물고기들은 더 적은 양의 산소만을 사용할 수 있으며, 수많은 죽은 물고기로 악취가 풍기는 물로 변할 것이다.

농업에 의한 지하수 오염에 대하여 어떠한 결론을 얻을 수 있는가?

광범위한 종류의 농약과 질산염을 포함한 비료들은 지하수로 흘러들어간다. 낮은 농도의 농약이 얼마나 해로운지는 알 수 없다. 미국에서는 1988년 1947 연방 살충제, 살균제, 쥐약 법령으로 농약 생산업자들에게 1997년까지의 생산품들에 대해 완전한 위험성에 대한 자료를 제출하도록 하였다. 문제는 25,000~50,000가지에 이르는 생산품들이 해당된다는 것이다. 우리가 명확한 답을 얻기 위해서는 오랜 시간이 필요하다.

10.3 수질 오염의 산업적 원인

논의한 바와 같이 현대적인 생활 방식은 어느 정도 환경의 질을 떨어뜨리는 데 대한 보상으로만 유지될 수 있다. 우리가 순간순간 접하는 생산물의 거의 모두가 오염을 일으키는 과정을 거쳐서 만들어진 것이다. 오대호에서의 경우와 같이 산업화를 위해 막대한 대가를 지불하고 있다. 그러나 우리는 또한 오염 정도를 그리 크지 않게 하는 새로운 기술을 배우기 시작하였다.

문제의 범위

미국 환경보호국(Environmental Protection Administration : EPA)은 독극물 방출 목록(TRI)에서 미국 전역의 산업공해 수준을 조사하였다. 많은 형태의 산업체, 총 23,500개 회사에 대하여 공기, 물, 땅으로의 위해한 물질의 방출에 대한 보고를 요구했다. 1998년까지도 환경보호국은 "새로운 산업체"라고 부르는, 즉 금속 그리고 석탄채광, 전기사업에 대해서는 위해한 물질의 방출에 대한 보고를 요구하지 않았다. 그러므로 방출된 독성물질의 60% 이상이 보고되지 않은 것이다. 비록 이러한 산업체의 자료가 없을지라도, 독성물질의 방출이 감소했음은 명백하다. 1987년과 1997년 사이에 미국에서 보고된 산업체의 독성물질 방출량은 33억 kg에서 11억 kg 정도로 줄어들었다. 새로운 산업체를 포함하면, 1998년에는 33억 2천만 kg 정도이다. 비록 전반적으로 향상되고 있으나 환경보호국은 배수구에 버려지는 독성물질의 배출량이 1995년 8천 2백만 kg에서 1998년 1억 2백만 kg으로 24% 증가하고 있음을 예의 주시하고 있다. 그림 10.8은 산업체 분포를 독극물 방출 목록(TRI)에 나타낸 것이다.

표 10.4A는 중요한 산업 과정에서 방출되는 오염물의 종류에 대한 이해를 도와준다. 표 10.4B에는 수질 오염에 대한 오염원과 각 오염물질에 의한 건강에 대한 위해도를 정리하였다.

그림 10.8 독극물 방출 목록(TRI)은 미국 공장에서 배출되는 유해물질의 양이다.

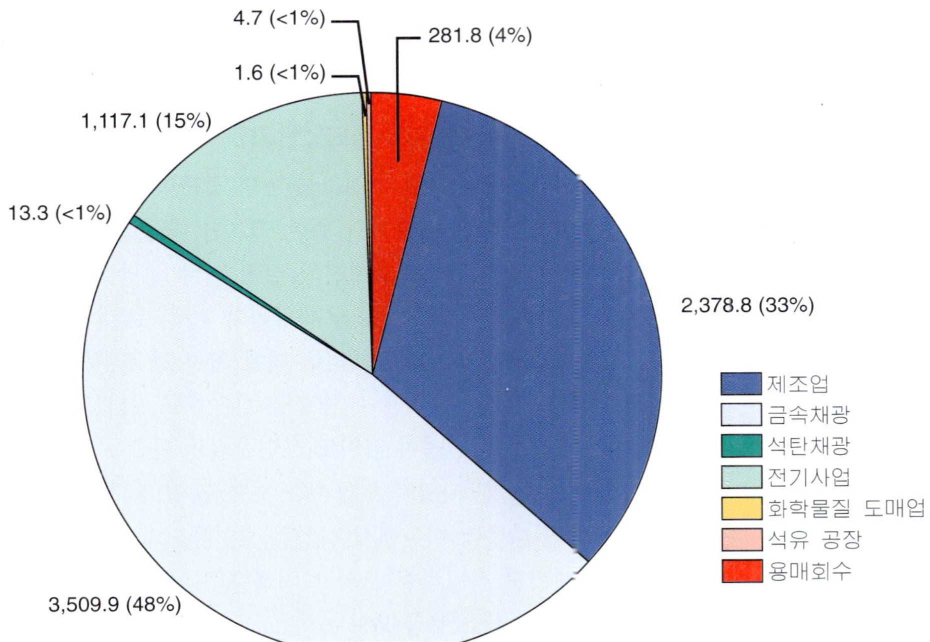

http://www.epa.gov/tri/tri98/data/new_rlm98at2_pie.pdf

표 10.4A 산업 쓰레기 및 오염 물질

산 업	배출 과정	영 향
농 업	비료 주기, 관개 설비	질산염 및 인산염 유입
양 조	주조, 발효	유기 물질 과다
낙 농	우유 공정, 버터/치즈	산, 유기 물질 과다 (거름에 오염된 불량품)
제 철	산처리, 도금, 공정	산 폐기물, 녹은 철
직 조	나무 정련, 염색, 표백 목화 처리, 제조	유기 물질 과다, 표백제, 산

출처 : Fine, L. and Beall, H. "Chemistry for Engineers and Scientists", Saunders College Publishing. Orlando, Fl. p. 325.

표 10.4B 미국 내 물 공급에서 산업에 의한 오염

물 질	근 원	위해도
염소로 치환된 용매	화학적 탈지, 기계 유지를 위해 사용되는 산업 오염물 제조나 화학 물질의 중간체로 사용되는 산업 오염물	암
트리할로메테인	염소로 소독된 물에서 화학적 반응에 의해 만들어짐	간 및 신장 손상 암의 가능성
PCBs	많은 오래된 제조 과정에서의 폐기물	간 손상 암의 가능성

오염 방지를 위해 어떤 일이 수행되었는가?

산업 공정에 의한 수질 오염의 정도는 이미 충분히 설명하였다. 많은 대형 공장에서는 오염을 줄이기 위한 중요한 과정들을 수행하고 있다. 그럼에도 불구하고 오대호에서와 같이 미국 연방 정부에서는 오염 통제를 강제하기 위한 발걸음을 내딛었다. 가장 널리 영향을 주는 법령은 물 정화 및 위해 물질 처리에 대한 최저 전국적 표준을 만들었다. 표 10.5에서 더 자세하게 이 법령을 기술하고 있다.

산업계에서는 정부의 간섭이 없이도 오염물질의 방출을 통제할까? 몇몇 기업에서는 적절한 자발적 오염 대책을 갖고 있다. 적어도 한 환경 단체는 1986년 다우 케미칼에서 시행한 오염물질의 근원지로부터 오염물을 감소시키고 성공적인 오염 방지책을 제안한 종업원들에게 보상을 하는 쓰레기 감소 보상(Waste Reduction Always Pays) 프로그램에 대하여 찬사를 보냈다.

1990년 2월 EPA는 산업계와 절충할 수 있는 오염물의 양을 제시하

표 10.5 미국 연방 수질 오염 방지 법령

법 령	약 자	목 적
안전한 식수 법령 (1974)	SDWA	공중 상수에서 식수를 위한 기준 마련
자원 보존 및 회복 법령(1976)	RCRA	물질의 취급, 저장, 수송, 처리 등을 규제
맑은 물 법령(1977)	CWA	연방에서 건물 자치 하수 처리 설비 지원을 지속하고, 산업계의 이행 준수 시한을 연기
포괄적인 환경 반응, 보상 및 책임 법령 ("대기금")(1980)	CERCLA	정부의 반응과 과거의 위해 폐기물 장소의 정화를 규제함
대기금 개정 및 재검정 법령(1986)	SARA	CERCLA를 검정하고 정화 기금을 급격히 증가시킴
유류 오염 조절 법령(1990)	OPA	유류 유출에 대한 방지 강화 및 EPA의 대응

표 10.6 특별한 주의가 필요한 몇 가지 오염 물질들

화합물	기호 혹은 화학식
납	Pb
니켈	Ni
다이클로로메테인	CH_2Cl_2
메틸 아이소부틸 케톤	$(CH_3)_2CHCH_2COCH_3$
메틸 에틸 케톤	$H_3CCOC_2H_5$
벤젠	C_6H_6
사염화탄소	CCl_4
수은	Hg
시안기	CN^-
자일렌	C_8H_{10}
카드뮴	Cd
크로뮴	Cr
클로로폼	$CHCl_3$
테트라클로로에틸렌	C_2Cl_4
톨루엔	C_7H_8
트라이클로로에테인	$C_2H_3Cl_3$
트라이클로로에틸렌	C_2HCl_3

였다. 산업 독극물 계획(Industrial Toxics Project)에 의하여서 회사들은 17가지의 특히 유독한 화학 물질(표 10.6)에 의해 야기된 대기 및 수질 오염을 자발적으로 줄일 것을 요구받았는데, 1988년 독성 폐기물의 양은 거의 700,000kg에 달하였다. 목표는 1995년까지 독성 폐기

물의 양을 1988년 수준의 반으로 줄이는 것이었다. 이 계획을 정부와 산업계가 함께 추진하고 그 효과를 추정하는 데에는 약간의 시간이 필요할 것이다. 그럼에도 불구하고, 많은 화학 산업의 거대 회사들이 협력할 것에 동의하였다. 환경 단체들은 이 계획이 충분하지 못한 것에 대해 염려하고 있다. 그들은 17가지의 독성 물질보다 더 많은 독극물에 대하여 좀더 엄격하고 강제적으로 제한하기를 바라고 있다.

산업적인 수질 오염에서의 화학 용액

산업체의 거장 루슨트테크놀러지(Bell Labs)에 종사하는 과학자들은 오염을 통제할 수 있는 두 가지 요소를 생각해 내었다. 해로운 물질을 덜 해로운 물질로 바꾸는 것과, 꼭 필요한 독성 물질을 가능한 한 최소한의 양만 사용한다는 것이다. 산업계의 선도자 AT&T (American Telephone and Telegraph)에서는 오염 통제의 초점이, 더 해로운 물질을 덜 위해한 물질로 바꾸고, 꼭 필요한 독성 물질을 가능한 한 최소한의 양만 사용한다는 것으로 인식하였다. **요구량 생산법**(on-demand generation)이라는 두 번째 접근 방법을 전기적 장치의 생산에 필수적인 유독한 화학 물질인 아르신(arsine, AsH_3)을 통해 실험하였다. 전통적으로 아르신은 사용되기 전까지는 멀리 떨어진 저장 지역의 저장 용기에 보관된다.

아르신의 요구량 생산법은 금속 비소로부터 아르신으로의 환원과 관련이 있다.

$$As + 3H_2O + 3e^- \longrightarrow AsH_3 + 3OH^-$$

아르신은 이러한 방법으로 꼭 필요한 만큼만 생산되며, 따라서 잔류하는 위해한 물질은 거의 없다. 현재 AT&T에서 계획 중인 또 다른 요구량 생산법이 적용될 물질은, 컴퓨터나 컴퓨터 관련 기기를 위한 반도체의 생산에 광범위하게 사용되고 있는 포스핀(phosphine, PH_3)과 실레인(silane, SiH_4)이다.

산업 오염은 현재 진행 중인 세계적인 문제이며 더 많은 나라들이 농업적 기반으로부터 산업적 기반의 경제를 갖게 됨에 따라 더욱 증대할 것이다. 많은 거대 기업들이 오염 통제에 몇 백만 달러를 투자하고 있는 반면, 투자 여유가 없는 회사들도 수천 개 있다. 오염 제거에 대한 정부 규제는 산업 오염 감소에 중요한 단계임이 증명되고 있다. 요구량 생산법과 쓰레기 처리에 대한 진보가 다음 단계에서 필수 불가결하다.

10.4 석유 유출

1989년 3월 23일 오후 9시 30분 엑손 발데즈(Exxon Valdez)라는 이름의 단일 선체의 유조선이 126만 배럴(2억 L)의 원유를 싣고 발데즈의 알래스카 항을 떠났다. 바로 자정 전에 유조선은 거대한 빙산 조각을 피하기 위해 항로를 바꿀 것을 요청하였다. 그 다음 몇 분간 어떤 일이 일어났는지는 자세하지 않다. 그러나 3월 24일 오전 12시 4분 블리 리프(Bligh Reef) 부근을 항해하고 있었고, 24분 후 승무원은 해안 경비대에 석유 탱크에서 석유가 유출되고 있다고 알려 왔다.

분당 750,000L가 넘는 원유가 분출되어 나온 석유 탱크는 싣고 있던 4,000만 L가 넘는 원유를 바다에 쏟았다. 그것은 나쁜 소식이었다. 다행스런 점은 1억 6,000만 L는 새지 않고 구조선에 주입되었다는 것이다. 엑손 발데즈는 그날 밤 실제로 무슨 일이 일어났는지에 대한 수많은 의문으로 인하여, 미국 환경 역사상 특별한 사건이 되었다. 엑손사는 이중 선체 유조선을 사용함으로써 유출을 막을 수 있었을까? 왜 사건 발생 후 10시간이나 지나서야 유출된 원유를 제거하기 시작하였을까? 그러나 발데즈는 최근에 일어난 유출 사건 중 유일한 것도 아니고, 가장 큰 사건도 아니었다.

매년 수백 건의 석유 유출 사건이 일어난다. 1974~1992년에 532

그림 10.9 엑손 발데즈로부터 석유의 유출은 물 표면 위로 퍼진다. 휘발성인 강한 성분은 증발되고 휘발성이 적은 성분은 물 안으로 퍼져서 거품 크림을 형성한다.

표 10.7 석유 분류

분 류	조 성	끓는점, ℃	주요 사용처
가스	C_1-C_4	20 이하	난방 연료
석유 에테르	C_5-C_6	20~70	용매, 추운 날 가솔린 첨가제
휘발유(직류)	C_6-C_{10}	70~200	자동차 연료, 용매
등유	$C_{10}-C_{18}$	175~320	제트기와 디젤 연료
중유	$C_{12}-C_{18}$	275 이상	디젤 연료, 난방 연료 석유의 열분해 농축액
윤활유	C_{18} 이상	진공하에서 증류	기계의 윤활유
아스팔트	C_{18} 이상	비휘발성 액체	지붕이나 도로 포장

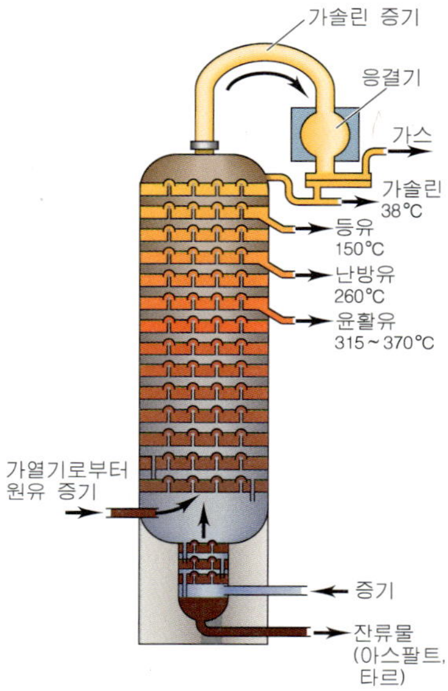

그림 10.10 분별 증류는 원유를 탄소 수를 기본으로 한 화합물들의 여러 그룹으로 분리한다. 각 분류된 성분들은 플라스틱으로부터 제트기 연료에 이르기까지 모든 방면에 사용되도록 더 정제될 수 있다.

건의 주요 유조선 유출 사건이 있었고, 평균 한 사건당 130,000 배럴이 유출되었다(1배럴은 기름 42갤런). 1993년과 1999년 사이에는 "단지" 총 43건의 5000 배럴이 넘는 석유 유출 사건이 일어났다. 국립해양 대기권국(NOAA)은 1998년 미국 영해에 5000 배럴이 넘는 석유 유출 사건이 단지 2번 일어났다고 보고하였다. 1백만 톤의 석유가 실릴 때마다, 1톤의 석유가 바다에 새어나가는 것이다. 이러한 유출의 전체적인 영향은 거대한 환경 악화를 초래하므로, "이렇게 많은 석유가 매년 유출된다면, 다른 에너지원으로 바꿀 수 없는가?"라는 의문이 합리적인 것으로 보인다. 부분적으로, 그 대답은 "그렇다"이며, 14장과 15장에서 논의하게 될 것이다. 그러나 석유의 이용은 에너지 생산 이상으로 광범위하다.

원유는 주로 탄화수소인 유기 화합물들의 복잡한 혼합물인데 고대 식물과 동물의 화학적인 분해로부터 형성되었다. 이것은 끓는점의 차이를 이용해서 각 구성 성분으로 분리, 즉 분류된다(표 10.7). 이러한 분류 과정을 **분별 증류**(fractional distillation)라고 하는데, 원유를 가열하여 커다란 "분류관"의 각 부분으로부터 서로 다른 분리된 부분을 모으는 과정을 포함하고 있다(그림 10.10). 끓는점이 가장 낮은 부분은 그 속에 포함된 탄소 원자의 수에 의해 알 수 있듯이 가장 작은 분자들로 되어 있다. 원유로부터 분류된 각 물질들은 여러 분야로 활용되는데, 그 대부분이 에너지원으로 석유를 태우는 데 사용되는 것이 아니다.

유출된 원유로 인하여 무슨 일이 발생하는가?

엑손 발데츠가 석유를 유출한 장소는 원유가 물과 섞일 때 어떤 일이 일어나는가에 대한 것을 연구하는 데 있어 과학자들에게 훌륭한 실험실로 사용되고 있다. 물은 극성이므로 대부분 비극성인 광물성 기름과 섞이지 않는다. 그러나 원유는 산소, 질소, 황 등의 원소가 포함되어 있으므로, 극성 상호작용을 할 수 있으며, 수소 결합을 할 수 있다. 따라서 우리는 약간의 원유가 바닷물과 섞일 수 있다는 것을 예상해야 한다. 원유의 다른 성분들은 비극성인 탄화수소들이므로 물과 섞일 수 없다.

엑손 발데츠에서 유출된 석유는 바닷물 표면에 퍼져나가기 시작하였다. 대부분의 휘발성 성분들(끓는점이 가장 낮은 성분)은 물에서 대기로 증발이 된다. 이러한 성분들은 대부분 1~4개의 탄소를 포함한 유기 화합물이다. 휘발성이 작은 물질들은 물 속으로 분산되기 시작하며 물에 녹을 수 있는 성분들은 물에 녹기 시작한다. 벤젠, 톨루엔, 자일렌 등을 포함한 다른 성분들은 에멀션을 형성한다.

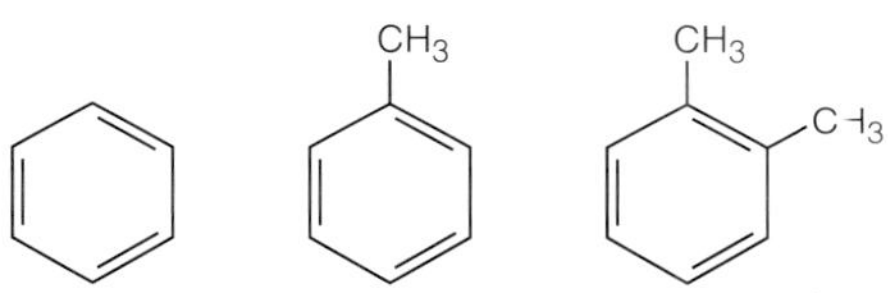

벤젠 톨루엔 자일렌

콜로이드는 녹지 않고 다른 물질 안에 매우 잘게 분산되어 있는 물질의 혼합물이다. 어떤 성분(이 경우에는 원유 성분들)의 미세한 방울들을 포함한 에멀션(emulsion)은 다른 물질을 통하여 확산된다. 에멀션화된 원유는 걸쭉한 거품 형태의 "무스(mousse)"를 형성할 수 있다. 프린스 윌리엄 사운드 지역에는 이러한 무스의 두께가 4 피트나 되었다.

수도모나스(pseudomonas) 박테리아와 같은 미생물들은 석유의 일부를 분해하기 시작한다. 무스의 나머지는 조류에 의해 자일렌이나 더 큰 분자량을 갖는 다른 화합물들을 포함한 채 작은 조각으로 나누어진다. 이들이 공 모양의 타르로 해안까지 밀려온다.

엑손사는 해안까지 밀려들어온 석유를 제거하는 데 10억 달러를 넘게 지불하였다. 경제 후퇴 시기에 미 대륙으로부터 이민 온 일꾼들의 급료는 바위를 닦고 문지르는 데 시간당 16.69달러였다. 이 사건에서 반복하여 논의되는 주제 중의 하나는 발데즈로부터 석유가 쏟아져 나오기 시작한 3월 24일 아침에 제거 대원들이 도착하였는지 여부이다. 그랬다면 해안의 타르를 제거하는 데 소요된 많은 노력을 줄일 수 있었을 것이다.

그림 10.11 1997년 7월 2일 일본 도쿄만에서 초대형 유조선 다이아몬드 그레이스 호의 선체가 암초에 부딪혀 400만 갤런의 원유가 물 속으로 쏟아졌다. 이 사진에서는 떠다니는 원유를 가두기 위해 예인선이 밧줄을 치고 있다. 헬리콥터들은 3½ 마일 넓이로 퍼져있는 석유 표면에 용해제를 분사하고, 인부들은 흡착 매트를 펼쳐서 물 표면으로부터 기름을 일일이 걷어낸다. 이 유출 사건은 엑손 발데츠가 유출한 양의 1/30에 불과했지만 일본 역사상 가장 최악의 사건이었다.

유출된 석유를 어떻게 제거하는가?

석유 유출은 모든 형태, 크기, 그리고 다양한 날씨 조건에서 발생한다. 유출된 석유를 제거하는 방법은 유출 장소, 유출된 양, 그리고 당시의 날씨에 의존한다.

확산 견제(Containment)

유출된 석유를 제거하는 데 선호되는 방법은 떠다니는 밧줄을 쳐서 물리적으로 가두는 것이다 (그림 10.11). 일단 고립되면, 석유는 표면으로부터 걷어낼 수 있다. 이러한 작업은 잔잔한 물에서, 유출이 너무 멀리 확산되기 전에 효과적이다.

연소(Combustion)

석유 유출이 지속적이면, 레이저나 폭탄, 로켓으로 발화시켜 태워버릴 수 있다. 연소는 비용이 적게 들고 대규모 유출일 경우 효과적이다. 반면, 공기 중으로 오염물질을 날려보내는 단점이 있다. 이것은 연소가 지속되기 어려운 찬물이나, 센바람이 있는 장소에서는 효과적이지 않다.

분산 (Dispersal)

물결이 센 장소에서는 화학 분산제를 가할 수 있다. 분산제는 바닷물에 희석이 되고 점차적으로 분해될 수 있도록 석유를 매우 작은 방울로 깨뜨린다. 센바람은 분산제가 석유와 지속적으로 접촉할 수 있도록 도와준다. 분산제는 많은 양이 유출되었을 때 효과적이지만 그 환경학적인 영향은 아직 제대로 파악되지 않고 있다.

박테리아에 의한 분해 (Bacterial Degradation)

석유의 많은 성분은 박테리아(하나의 세포로 이루어진 생물체로 식물이나 동물 세포보다 훨씬 단순함)에 의하여 자연적으로 분해될 수 있다. 박테리아는 에너지원으로 탄소를 포함한 화합물을 이용한다. 그 결과 수면에 뜬 석유는 박테리아에게는 훌륭한 먹이가 된다. 문제는 박테리아가 메뉴 선택이 상당히 선택적이라서 각 박테리아는 석유의 각기 다른 부분들을 먹이로 취한다. 특별히 유용한 박테리아 종류는 수도모나스(pseudomonas)인데, 유출된 석유를 광범위하게 먹어치울 수 있다. 탄소를 포함한 화합물의 대표적인 박테리아 분해는 말단 $-CH_3$기를 $-COOH$로 산화하는 것으로 시작된다.

$$\begin{aligned} &-CH_2-CH_2-CH_2-CH_2-CH_3 \\ \longrightarrow\ &-CH_2-CH_2-CH_2-CH_2-COOH \end{aligned}$$

긴 분자의 부분들이 갈라지고, 연속되는 다음 반응에 의해서 이산화탄소로 산화된다.

$$\begin{aligned} &-CH_2-CH_2-CH_2-CH_2-COOH + 3O_2 \\ \longrightarrow\ &-CH_2-CH_2-COOH + 2CO_2 + 2H_2O \end{aligned}$$

벤젠 계열의 독성 물질 또한 박테리아에 의해 산화되고 분해될 수 있다. 유전 공학을 사용하여, 선택된 독성 물질을 산화시킬 수 있는 새로운 종류를 만들어 내는 개량된 박테리아에 대한 집중적인 연구가 진행되고 있다.

석유 유출의 영향은 무엇인가?

석유 유출의 영향은 제거 방법만큼이나 다양하다. 소량이든 다량이든 회사는 유출에 대한 책임에 대한 경제적 영향이 있다. 또한 깨끗한 물에 의존하는 지방 회사들은 수질 오염에 의한 영향을 받는다.

환경의 피해 정도는 많은 요소들에 좌우되지만 환경적 영향 또한 있을 것이다. 유조선 아모코 카디츠(Amoco Cadiz)는 1978년 프랑스 연안을 떠나 항해하고 있었다. 2.4억 L가 넘는 석유가 유출되었는데 이는 엑손 발데즈가 유출한 양의 6배에 해당하는 양이다. 그러나 프랑스 연안의 강한 바람과 따뜻한 바다 덕분에 유출된 석유가 빠르게 흩어져 환경에 미치는 영향은 그리 크지 않았다.

일반적으로, 새와 물고기는 첫 번째로 석유 유출에 의해 피해를 받는다. 엑손 발데즈 사건을 조사한 연구자들은 오염된 조개와 홍합을 발견하였다. 석유에 젖은 바다새 사체는 흰머리 독수리에 의해 처리되었으며, 그 결과 독수리 새끼와 알들을 오염시키는 결과를 가져 왔다. 오랜 시간이 지난 후에야 이 독수리의 숫자가 거의 회복되었다.

엑손 발데즈의 좌초가 주는 희망이 있다면, 그것은 석유 유출로 인한 화학적, 환경학적, 사회적 영향에 대하여 더 많이 알아내기 위한 전례가 없는 노력이 수행되었다는 것이다.

10.5 폐수 처리

1850년대 런던에서 대규모 수질 오염에 대한 국가적 관심이 나타나기 시작하였다. 그 당시는 폐수를 정화하는 효과적인 방법이 없었기 때문에, 수백만 명의 건강이 위협받고 있었다. 한 세기 반이 지나서 폐수를 안전하게 다시 사용할 수 있는 처리법이 개발국들의 거의 모든 도시에서 시행되고 있다. 깨끗한 물의 공급이 제한되어 있기 때문에, 미국에서는 셀 수 없을 만큼 물을 여러 번 재사용한다. 실제로 미네소타에서 미시시피 강으로 흘러 들어가는 물은 최종적으로 멕시코만에 도달하기까지 약 17번 사용된다.

자체적인 폐수 처리는 쓰레기를 제거할 뿐 아니라 녹아있는 금속, 부유물, 인산과 같은 이온 등도 제거한다. 보통 처리된 물에 화학 물질을 첨가하는 마지막 단계만 없다면 매우 저렴하게 수행될 수 있다.

표준 처리법은 1차, 2차, 3차의 세 단계로 세분된다 (그림 10.12).

1차 처리 (Primary Treatment)

이 단계는 떠다니는 고체 물질을 단순 제거하는 것을 말한다. 주로 쓰레기나 화장실 오염물, 나뭇잎이나 돌 등과 같은 하수구로 들어오는 모든 물질들이 대상이 된다. 떠다니는 수많은 화장지 섬유와 수지 등도 이 단계에서 제거된다. 떠다니는 물질들은 위에서 걷어내고 나머지 물은 부유하는 고체 물질을 제거하기 위한 가는 체에 통과시킨다. 어떤 경우에는 물 속에 철이나 알루미늄 이온을 가한다. 이들은 다른 고체 물질이 빨리 가라앉도록 하는 솜털로 뒤덮힌 형태의 수산

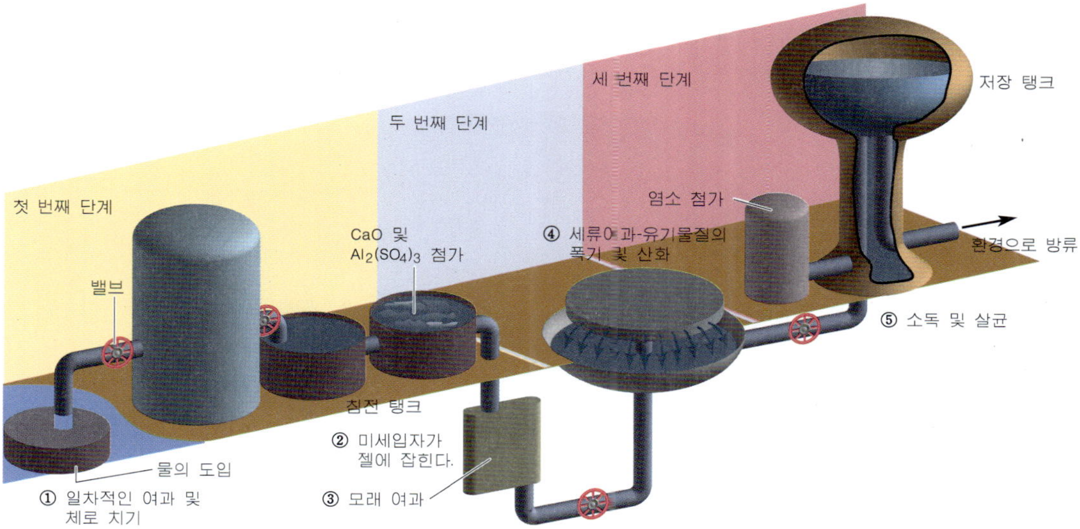

그림 10.12 표준 폐수 처리는 세 단계로 나뉜다. 각 단계마다 성공적으로 물의 오염물을 제거한다. 화학적 물리적 단계를 모두 포함한 이 과정의 끝에 물은 마실 수 있는 안전한 물이 된다.

화물로서 침전이 된다. 다른 금속 이온들은 수산화철이나 수산화알루미늄과 함께 침전되는 경향이 있다.

$$Fe^{3+} + 3OH^- \longrightarrow Fe(OH)_3$$

물이 하수구에 있었다면, 여러 가지 종류의 음식물이나 다른 쓰레기들이 부패할 것이다. 그 결과 달걀 썩는 냄새가 나는 황화수소(H_2S) 기체가 발생한다. 이 때 염소(Cl_2) 기체를 가하면 황화수소가 냄새가 없는 황산 이온으로 바뀐다.

$$H_2S + 4Cl_2 + 4H_2O \longrightarrow 8Cl^- + SO_4^{2-} + 10H^+$$

2차 처리 (Secondary Treatment)

1차 처리를 거쳐 나온 물은 처음의 물에 비해서는 훨씬 더 깨끗해 보인다. 이 단계에서 모든 오염 물질 중 약 30%가 제거되었다. 나머지 물에는 대부분 유기 화합물로 녹아 있는 물질들이 남아 있다. 이것들은 화학적으로 제거하기 매우 어렵지만, 그러한 목적을 갖고 첨가된 미생물에 의하여 대부분 빠르게 분해된다. 미생물(주로 박테리아)은 여러 가지 방법으로 물과 접촉하도록 첨가되지만 가장 멋진 방법은 "세류 여과"(그림 10.13) 방법이다. 세류 여과 장치는 야구공 크기의 돌덩이가 가득 찬 거대한 원형 탱크를 사용하는데, 이 돌덩이들에는 엄청난 수의 미생물들이 도포되어 있다.

폐수는 거대한 잔디 물뿌리개와 같이 생긴 장치로 바위 위에 살포

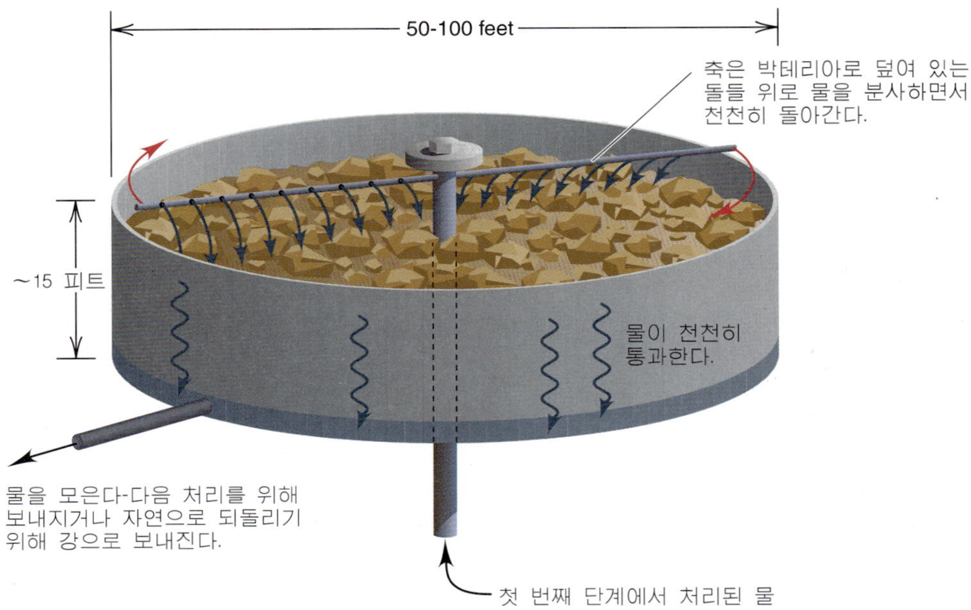

그림 10.13 "세류 여과"에서는 미생물로 덮인 야구공 크기의 돌을 채운 커다란 둥근 수조를 사용한다. 폐수는 이러한 돌들 위로 뿌려져서 도포된 박테리아가 녹아 있는 유기 화합물들을 탄소로 변환시킨다.

된다. 물이 돌덩이를 따라 흘러내려 감에 따라 박테리아들은 녹아 있는 유기 화합물의 70%를 이산화탄소와 살아 있는 박테리아로 변환시킨다. 요소[$(NH_2)_2CO$]는 미생물에 의해 이용되지 않는 소변의 주성분이다. 이것은 물과 천천히 반응하여 이산화탄소와 암모니아로 된다.

$$(NH_2)_2CO(aq) + H_2O(l) \longrightarrow CO_2(g) + 2NH_3(aq)$$

이 반응에서 형성된 암모니아는 산소와 함께 미생물에 의해 아질산 이온으로 변환되며 이 아질산 이온은 더 많은 산소와 반응해서 질산 이온으로 변화된다.

$$2NH_3(l) + 3O_2(g) \longrightarrow 2NO_2^-(aq) + 2H_2O(l) + 2H^+(aq)$$

$$2NO_2^-(aq) + O_2(g) \longrightarrow 2NO_3^-(aq)$$

이 단계에서 모든 오염 물질 중 85~95%가 제거된다.

3차 처리 (Tertiary Treatment)

나머지 고형체들을 가라앉혀 제거한 물은 깨끗해 보이고 자연계로 방출해도 될 듯 보인다. 그러나 많은 현대적인 처리 공장에서는 한 단계 더, 즉 3차 처리로 넘어가게 된다. 3차 처리에서는 질산 및 인산 이온 그리고 박테리아에 의한 2차 처리 단계에서 제거되지 않은, 녹아 있는 물질들을 제거한다. 이러한 잔류된 유기 물질은 녹아 있는 유기

물질을 흡착할 수 있는 입자로 된 탄소의 층에 물을 통과시킴으로써 제거된다. 인산을 제거하려면, 물을 보통 수산화칼슘[$Ca(OH)_2$]의 칼슘 이온으로 처리하여 녹지 않는 하이드록시아파타이트[hydroxyapatite, $Ca_5(PO_4)_3(OH)$]를 형성시킴으로써 가라앉힐 수 있다. 수산화칼슘을 첨가하면 pH가 높아져 모든 암모늄 이온을 암모니아로 변화시킨다. 그 다음 물을 공기 중으로 뿌려 녹아 있는 암모니아를 기체로 날아가도록 하는데, 이것은 수질 오염이 대기 오염으로 변환되는 것이다. 폐수로부터 질소 기체는 특별한 박테리아를 사용하여 질산 이온을 공기 중으로 날려보내기 쉬운 형태인 질소 기체로 변환시킴으로써 제거할 수 있다. 남아 있는 미생물들은 적정한 농도의 염소를 첨가하여 죽여버린다.

물에서 제거된 모든 형태의 찌꺼기들은 어떻게 되었을까? 어떤 경우 땅의 보호 덮개로 농경지에 살포하기도 하지만 산업화된 도시에서는 찌꺼기가 높은 농도의 중금속들을 포함하고 있기 대문에 그렇게 하지 않는다. 많은 자치 단체에서는 이 찌꺼기를 새로운 형태의 박테리아에 먹여 유기 물질들을 메테인 기체로 만든다. 이 메테인 기체들은 태워 처리 설비에 사용되는 전기나 열을 얻는 데 사용한다.

결론

수로는 사람들이 버린 쓰레기, 농업하수, 산업 폐기물질, 그리고 사고로 흘러 들어간 원유 등의 쓰레기 처리장으로 사용되고 있다. 우리는 자연이 우리에게 주는 것을 이용해서 많은 것을 창조해왔지만 이러한 성공은 또한 우리의 귀중한 물 공급을 보호해야 하는 목표를 우리에게 가져다주었다. 이것은 인간의 재능에 대한 증명이다. 화학은 우리의 수자원을 보호하는 것을 도와주는 데 중대한 역할을 하였다. 우리가 물을 오염시키느냐, 아니냐는 우리의 선택이지만 우리는 그 오염을 제거해야 할 것이다. 언제나처럼 화학은 선택의 세계이다.

연 습 문 제

1. 수질 오염의 4가지 일반적인 원인에 대하여 기술하고 각 원인이 실제로 일으켰던 수질 오염(지방, 국가, 세계에서)에 대한 예를 제시하라. 최근 신문이나 잡지를 참고하라.

2. 당신이 호수보호위원회 위원이라 하자. 지방 산업체에서는 호수 정화 사업에 기금을 기부하려고 하지만 행정부의 몇몇 위원들은 수질에 문제가 있다는 것을 확신하지 않는다. 호수가 사실상 오염되었다는 몇몇 증거를 제시할 수 있겠는가? 의심 많은 행정부원들에게 제시할 오염원을 다룰 믿을 만한 행동 계획을 고안하라.

3. 천연 농약과 합성 농약의 차이점은 무엇인가? 어느 것이 더 나은 농약인가? 그 이유는?

4. 제초제의 3가지 종류는 무엇이며, 각각 어떻게 작용하는가?

5. 원유로 만들 수 있는 5가지의 생산물을 기술하라.

6. 수처리의 3단계는 무엇인가? 각 단계의 목적은 무엇인가?

7. 오염물질 Hg(II)과 Pb(II)은 왜 인체에 특별히 유해한지 설명하라.

8. 5대호 안에서의 오염 문제에 관한 역사를 기술하라.

9. 만일, 0.3 M 황산 니코틴 용액 0.5 L를 정원에 있는 꽃에 뿌린다면 몇 mg의 황산 니코틴이 방출되는가? 만약, 답이 파운드로 표시되었다면 이 답이 덜 위험해보이겠는가?

10. DDT는 왜 농약으로 더 이상 이용되지 않는가?

11. 합성 농약의 중요성과 각각의 구조상 특징은 무엇인가?

12. 선택과 비선택 제초제 사이의 차이점은 무엇인가?

13. 질산염 비료와 인산염 비료는 어떻게 지하수를 오염시키는가?

14. 질산으로 오염된 물은 왜 특별히 유아에게 유해한지 그 이유를 써라.

15. 이 장에서 논의했듯이 주문발생은 위험한 쓰레기를 줄이는 데 효과적인 수단으로 보이는가? 그렇다면 이 과정이 왜 모든 산업에 사용되지 않는지 그 이유를 설명하라.

16. 표 10.5의 내용을 참조하여 연방 수질 오염 방지 법령에 대하여 정보를 더 알아내보도록 하여라. 당신의 정보가 참조사항이 될 것이다.

17. 원유로 특별히 생산할 수 있는 제품 5가지를 적어라.

18. 기름 유출이 많은 곳을 청소하기 위한 4가지 방법을 쓰고 각 방법마다 어떻게 하는 것인지 설명하라.

19. 원유는 왜 다른 물질로 분류할 수 있는가? 분류를 위해 어떤 물리적인 특성을 이용하는가?

20. 에멀션이란 무엇인가? 물을 포함한 에멀션에서 원유의 성분은 무엇인지 써라.

CHAPTER

기체의 반응

11

"기구에서 바라본 세상이 이렇게 멋있을 수가!
다양한 형상의 아름다움이야!
별과 별을 이어보는거야!
드디어 우리도 날아다닐 수 있으니까!
더 높이, 더 멀리
나의 아름다운 기구야!"

- "더 높이 더 멀리", 5차원(The Fifth Demension)에 의해 녹음 -

1986년 1월 28일은 역사적인 날로 기록된다. 그 날 미국 동부 표준시간 오전 11시 38분, 우주 왕복선 챌린저 호가 미국 플로리다(Florida)에 있는 케네디 우주센터로부터 이륙하였다. 그러나 이륙 후 단 73초 만에 폭발하여 우주 왕복선이 갈기갈기 찢겨졌다. 그 이유는 수소연료와 산소가 결합하여 기체상의 물을 형성하였기 때문이다. 이 기체는 빠르게 냉각된 후 흰색의 두꺼운 물방울 연기로 응축되어 거미의 다리처럼 모든 각도로 분사되었다(그림 11.1). 이 사고로 7명의 우주비행사가 목숨을 잃었다. 오-링(O-ring : 우주 왕복선의 고체 로켓 보조 추진장치가 새지 않도록 막아주는 밀폐용 부품)과 같은 새로운 단어가 우리에게 깊이 각인되었다. 우리는 기체를 생성하는 화학반응의 엄청난 위력에 대해 배웠다.

수소와 산소 기체는 결합하여 다음 식과 같이 에너지를 방출하게 된다.

$$2H_2(g) + O_2(g) \longrightarrow 2H_2O(g) \quad \Delta H = -285.8\,kJ/mol\ H_2$$

수소는 우주 왕복선의 연료로 사용되는데 그 이유는 수소와 산소의 연소반응을 조심스럽게 제어할 경우 수소와 산소와의 반응을 통해 얻어지는 막대한 에너지가 우주 왕

그림 11.1 통제할 수 없는 산소와 수소의 반응이 챌린저 우주선에 탔던 7명의 미국 우주 비행사를 죽음으로 몰고 갔다. 이런 재앙에도 불구하고 수소와 산소는 가볍고 쉽게 얻을 수 있으며, 로켓을 발사하는 동안 혼합비를 쉽게 바꿀 수 있다는 유용성 때문에 여전히 널리 사용되고 있다.

그림 11.2 뜨거운 공기가 들어있는 기구는 데워진 공기가 주위의 차가운 공기보다 밀도가 낮기 때문에 비행한다.

표 11.1 건조 공기의 밀도[a]

°C	밀도
10	0.00125
15	0.00123
20	0.00120
25	0.00118
30	0.00117
40	0.00113

[a] 1 atm에서 g/mL

복선을 궤도로 진입시키는 데 도움을 주기 때문이다.

챌린저 호의 폭발로부터 약 50년 전인 20세기 전반기에 가장 유명한 항공사고가 있었다. 1937년 5월 6일 독일의 거대한 여행용 비행선인 힌덴베르크(Hindenberg)가 뉴저지(New Jersey) 공항에 착륙하기 위해 순항하고 있었다. 그런데 갑자기 비행선에서 발생한 불꽃으로 인해 수소 기체가 점화되어 비행선이 폭발하였고 이로 인해 35명의 승객이 사망했다. 비극적인 사건이었지만, 기적적으로 62명의 승객이 살아남았다. 힌덴베르크 사고에 대한 내용에서 논의되는 것처럼 지난 60년 동안 화재의 원인에 대한 잘못된 설명이 받아들여졌음을 역사는 주목해야 할 것이다.

11.1 기구와 기체의 성질

우주 왕복선은 궤도로 상승하기 위해 수소연료를 이용한다. 그러나 힌덴베르크 호는 그럴 필요가 없었다. 그렇다면 왜 그 비행선은 공기보다 밀도가 낮고 비연소성인 헬륨보다 수소를 싣고 있어야 했을까?

이 장의 후반에서 우리는 기체의 밀도가 몰질량과 직접적으로 어떻게 연관되는지를 볼 것이다. 이것을 알게 되면 비연소성이고 공기보다 밀도가 낮은 헬륨이 힌덴베르크 호와 같은 비행선을 채우는 기체로서 좋은 선택이라는 것을 알게 될 것이다. 제2차 세계대전이 발발하기 전 헬륨은 텍사스 천연가스 처리 산업의 부산물로서만 얻을 수 있었으며 미국은 이를 다른 나라에 판매하는 것을 금지하였다. 이런 문제 때문에 다른 나라, 특히 독일에서는 공업적으로 규소와 수산화나트륨 수용액의 반응에서 생성되는 수소를 사용해야만 했다.

$$Si(s) + 4NaOH(aq) \longrightarrow 2H_2(g) + Na_4SiO_4(s)$$

밀도의 특성을 생각하면 커다란 기구가 그것이 아무리 클지라도 하늘로 뜨게 되는 이유를 이해할 수 있다.

그림 11.2에서는 "뜨거운 공기"로 채워진 기구가 하늘을 날고 있는 것을 볼 수 있다. 표 11.1의 자료를 참조하여 헬륨이나 수소 대신 공기로 채워진 기구가 하늘에 뜰 수 있는 이유를 설명할 수 있지 않을까?

우리가 지금 알아야 할 것은 기체의 밀도와 온도는 연관된 물성이며 이것이 의미하는 것은, 이들 물성 중 하나의 변화는 다른 변화 하나를 유발한다는 것이다.

또한 우리는 분자 크기에서 볼 때 기체 분자는 다른 분자와의 상호

예제 11.1 밀도의 계산

문 제 20°C에서 공기 500 mL의 질량이 0.600 g이라면 밀도는 몇 g/L인가?

풀 이 먼저, 500mL를 L로 바꾼다.

$$500\,\text{mL} \times \frac{1\,\text{L}}{1000\,\text{mL}} = 0.500\,\text{L}$$

그 다음, 밀도를 구하기 위해 질량을 부피로 나눈다.

$$\text{밀도} = \frac{\text{질량}}{\text{부피}} = \frac{0.600\,\text{g}}{0.500\,\text{L}} = 1.20\,\text{g/L}$$

이것이 의미하는 것은 공기 1 L의 질량은 1.2 g이고 공기 2 L의 질량은 2.4 g이라는 것이다. 일반적으로 기체는 액체나 고체에 비해 밀도가 훨씬 작다. 물의 밀도는 1.00 g/mL, 즉 1000 g/L이다.

작용이 약하다는 것에 주목해야 한다. 기체는 이러한 점에서 고체나 액체와 다르다.

폭발에 대해 자세히 알아보기 – 압력의 정의

우리는 이 절을 우주 왕복선 챌린저 호의 폭발을 서술하는 것으로 시작했다. 좀더 간단한 계의 폭발과정, 즉 가능한 가장 큰 부피의 수소와 산소 기체로 가득 찬 기구를 살펴보자. 반응이 진행될 수 있는

그림 11.3 수소 기체로 채워진 풍선. 풍선을 통해 화염이 발생할 때 공기 중의 산소는 수소와 급격히 반응한다.

충분한 초기 에너지를 제공하여 수증기를 형성하고 에너지를 방출할 수 있게 한다 (그림 11.3). 이 반응은 빠르고 상당한 발열반응이며 기구가 파열되면서 방출되는 수소와 공기의 혼합이 일어날 때 반응이 일어난다. 기체의 온도는 급격히 상승하며 원래 있던 수소의 압력이 대기압으로 갑자기 떨어짐에 따라 화염은 매우 큰 부피로 확장된다. 단위면적당 기체에 의해 가해진 힘을 기체의 **압력**(pressure)으로 정의한다.

$$\text{압력} = \frac{\text{힘}}{\text{면적}}$$

기체 압력의 급격한 감소와, 수소와 산소의 반응으로부터 기체 온도의 급격한 증가는 원래의 기구보다 훨씬 더 큰 화염을 발생시킨다.

11.2 압력에 대해 자세히 알아보기

압력이 의미하는 것을 잘 이해하기 위해서 압력(pressure)을 정의할 때 사용하는 **힘**(force)과 **면적**(area)이란 말을 생각하고 압력의 적용사례를 살펴본다.

압력이란 주어진 면적에 가해진 힘의 양을 말한다.

압력 = 단위 면적당 가해진 힘

압력 = 힘/면적

힘 = 질량×가속도이다. 우리 몸이 질량을 가지고, 중력에 의해 일

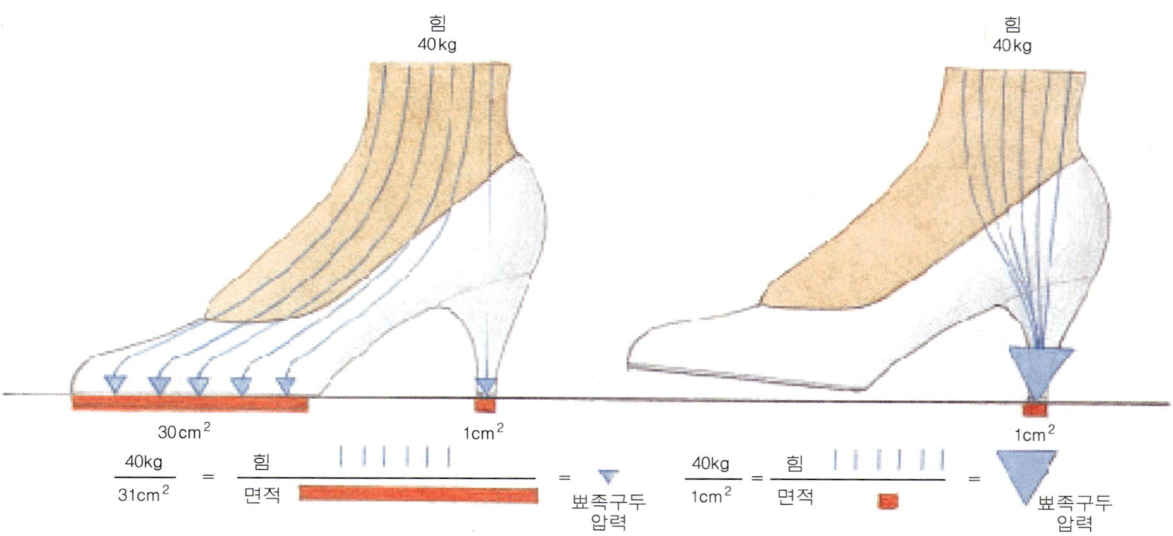

그림 11.4 뾰족구두의 뒤축에만 걸리는 압력이 뾰족구두 전체 바닥에 걸리는 압력보다 크다.

정한 가속도가 제공되기 때문에 체중도 힘을 나타내는 단위이다. 만일 우리가 두 발 대신에 한쪽 발로만 서 있다면 그 발에는 훨씬 많은 압력이 가해질 것이다. 만약 뾰족구두를 신고 땅바닥에 구두바닥을 전부 대고 서 있을 때와 뾰족한 부분만을 대고 서 있을 때를 비교하면 후자의 경우에 더 많은 압력이 발에 가해질 것이다. 왜냐하면 이 경우 훨씬 작은 면적에 같은 힘(같은 몸무게)이 가해지기 때문이다(그림 11.4). 만일 맨발이나 뾰족구두를 신고 리놀늄 바닥에 서 있을 경우, 어느 쪽이 바닥에 더 많은 압력을 가하게 될까? 어떤 사실을 통하여 그것을 확인할 수 있을까?

압력을 나타내는 단위로는 여러 가지가 있지만, 가장 일반적으로 사용되는 것이 **기압**(atmosphere, atm)이다. 1 atm은 대략 전형적인 날씨에 해수면 높이에 작용하는 지구 대기의 압력과 같다. 대기압이 여러 기후 조건에 따라 조금씩 달라지기 때문에 1 atm을 좀더 구체적으로 정의할 필요가 있다. **표준 대기압**(정확히 1.000 atm)은 압력 측정 기기인 기압계로 수은 기둥이 760 mm를 유지할 수 있는 압력으로 정의된다. 그림 11.5에 이러한 측정을 나타내었다. 1643년 토리첼리(Evangelista Torricelli)는 최초로 대기압을 측정하는 기기를 만들어 대기압이 고도와 날씨에 따라 변한다는 사실을 발견했다. 그의 업적을 기리기 위해서 1 기압을 760 **토르**(torr, torricelli)로 나타낸다. 1 torr란 수은 기둥이 1 mm 높이를 유지하는 데 필요한 압력과 같다. 미국에서는 압력을 **psi**(pound per square inch, 제곱 인치당 파운드)로 표현하기도 한다. 1 atm은 1.013×10^5 Pa이며, 1 bar는 1×10^5 Pa이다. 따라서 1 bar는 1.013 atm이다.

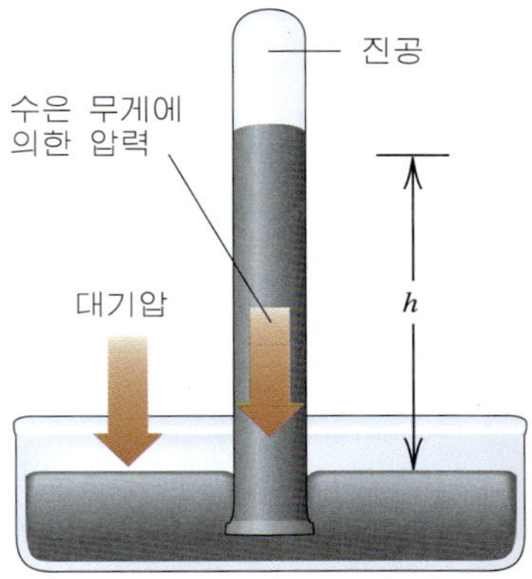

그림 11.5 해수면 높이에서 지구 대기는 수은 기둥의 높이를 760mm 올릴 수 있을 만큼의 압력을 갖는다. 이것이 표준 대기압이다.

운동경기에 사용되는 공이나 자동차 타이어에도 압력을 나타내는 단위가 사용된다. 농구공에는 "10 psi까지 부풀릴 수 있음"이라고 쓰여있다. 대기압이 14.7 psi인데 어떻게 10 psi의 압력으로 공을 늘려 그처럼 딱딱하게 만들 수 있을까? 공에 쓰여 있는 글은 공에 바람을 넣어 대기압보다 10 psi 이상의 압력을 유지하라는 뜻이다. 타이어의 압력을 잴 때 사용하는 압력계들은 항상 1 atm을 기준으로 그 이상의 압력을 측정한다. 이 때는 주로 **psig**(pound per square inch guage)라고 쓰이는데 "제곱 인치 게이지당 파운드"를 뜻한다. 타이어나 공의 내부압력이 외부 압력, 즉 1 atm이 같을 때 타이어 압력계는 0 psi를 가리킨다. 따라서 적절히 부풀려진 농구공의 실제 내부압력은 약 25 psi(14.7+10), 즉 25/14.7=1.7 atm이라고 할 수 있다.

요약하자면 압력은 단위 면적당 가해진 힘을 의미한다. 과학적인 의미에서는 관용적으로 기압(atm) 또는 mmHg라는 단위를 사용하여 압력을 나타낸다. 일상적으로 psi도 많이 사용된다. 그러나 어떤 단위를 사용하여 측정하든 기체가 접촉하고 있는 표면에 가해진 힘을 측정하는 것이다.

11.3 돌턴의 부분압력 법칙

압력에 대한 공부를 지표면과는 멀리 떨어진 곳, 즉 비행기를 이용할 때 우리가 존재하게 되는 위쪽 대기로 이동해보자. 비행기에 탑승했을 때 승객들은 객실의 압력이 떨어졌을 경우에 산소 마스크를 착용하는 것을 포함한 여러 안내방송을 듣는다. 그렇다면 산소 마스크는 왜 필요할까? 얼마만큼의 압력 손실이 있을 때 생명을 유지하기 위한 산소 마스크가 필요할까? 얼마나 높이 올라가야만 산소 마스크가 필요할까? 이들 질문은 공기의 본질, 인체, 주어진 높이에서 산소에 의해 영향을 받는 **부분압력**(partial pressure)이라고 하는 전체 압력에 대한 비율과 관련이 있다.

우리가 숨을 쉴 때 공기는 폐로 흡입되며, 산소의 일부는 단백질인 헤모글로빈에 의해 몸의 각 조직으로 이동된다. 건조한 공기는 부피비로 약 78%의 질소, 21%의 산소, 미량의 다른 기체들(표 12.2 참조)로 구성되어 있다. 만일 산소가 질소 기체 없이 단독으로 존재한다면 단위 면적당 작용하는 힘, 즉 압력은 더 적은 양의 기체에 의해 작용하게 되어 그 값은 21%만이 될 것이다. 만일 산소 없이 질소 기체만 존재할 경우 압력은 원래의 전체값의 78%에 해당할 것이다. 이것이 의미하는 것은 전체 압력은 각 성분 기체의 부분압력의 합이라는 것이다. 이는 **돌턴의 법칙**(Dalton's law)이라고 알려진 2세기 전 돌턴(John Dalton)의 실험 결과와 잘 부합된다. 돌턴의 법칙은 이러한 돌턴의 업적을 기리기 위해 붙여진 이름이다. 돌턴의 법칙을 좀더 간결한 수학적 형태로 정리하면 다음과 같이 쓸 수 있다.

$$P_{\text{total}} = P_1 + P_2 + \cdots + P_n$$

여기서

P_{total} = 혼합물 기체에 의해 가해지는 전체 압력
P_1 = 기체 1에 의해 가해지는 부분압력
P_2 = 기체 2에 의해 가해지는 부분압력
P_n = 기체 n에 의해 가해지는 부분압력

이다.

만일 비행기 객실에서의 압력이 1 atm이라고 한다면 질소와 산소에 의한 부분압력은 각각 0.78 atm과 0.21 atm이 된다.

$$P_{\text{total}} = P_{N_2} + P_{O_2} + P_{\text{소량 성분}}$$
$$= 0.78 + 0.21 + 0.01 = 1.00\ \text{atm}$$

휴식 중에 있는 인체는 생명을 유지하기 위해 적어도 0.040 atm의 산소 부분압력이 필요하며 해수면의 압력은 살아가기에 충분한 산소의 압력(0.21 atm)을 제공한다. 그렇다면 전체 공기압력이 0.286 atm인 해발 8,900 m의 에베레스트(Everest) 산 꼭대기에서도 위의 서술이 맞을까? 다음의 방식으로 돌턴의 법칙을 적용하여 다시 계산해 볼 수 있다.

$$P_{O_2} = P_{\text{total}} \times (O_2\text{의 분율})$$

이 높이에서 산소의 부분압력을 다음과 같이 계산할 수 있다.

$$P_{O_2} = 0.376\ \text{atm} \times 0.21 = 0.079\ \text{atm}$$

0.079 atm의 P_{O_2} 값은 생명을 유지하기 위한 최소 산소압력인 0.040 atm보다 여전히 어느 정도 높다. 그러면 왜 에베레스트 산을 등반하는 많은 사람들이 보조호흡장비를 가지고 다닐까? 0.040 atm이란 값은 추가적인 산소 요구가 없다는 것을 가정한 것이다. 즉, 등반자가 정지 상태인 경우이다. 더 높은 곳으로 이동할 때는 추가적인 산소가 필요하다. 일부 등반가나 가이드들은 보조호흡장비 없이도 등반이 가능하다. 해발 12,000 m에서는 산소의 부분압력이 0.040 atm 이하로 떨어진다. 따라서 제트기에 있는 승객들이 그 고도 이하에서 산소 마스크를 착용하도록 안전수칙에서 밝히고 있음에도 12,000 m 높이에서는 거의 생존할 수 없다.

건조한 공기는 질소 78%와 산소 21%로 이루어져 있다. 공기는 종종 상당량의 수증기를 포함한다. 이러한 현상은 날씨가 "습할" 경우에 발생한다. 이런 날에는 공기 중 수증기의 부분압력을 측정할 수 있다. 표 7.2에서 물의 증기압(−40 °C에서 374 °C까지의 부분압력)을 볼 수 있다. 따뜻한 날 온도를 30 °C라고 할 때 물의 증기압력은 31.82 torr이다. 이는 31.82/760 = 0.0419 atm에 해당한다. 따라서 이 온도에서 가장 가능성 있는 물의 부분압력은 0.0419 atm이며 비가 내리거나 내리려고 할 때와 같은 안개 낀 날씨에 발생한다 30 °C인 날에 수증기의 양이 12.0 torr, 즉 12.0/760 = 0.0158 atm이라고 가정하자. 그러므로 **상대습도**(relative humidity)는 (0.0158/0.0419) × 100 =

37.7%가 된다. 보통 이들 숫자는 단지 가장 가까운 백분율로 보고되기 때문에 기상예보관은 그러한 날의 상대습도를 38%라고 한다. 상대습도는 실온에서 가능한 최대의 부분압력에 대한 대기에서의 수증기의 실제 부분압력의 비율이며, 백분율로 표현된다.

$$\text{상대습도}(\%) = \frac{\text{실제 } P_{H_2O}}{\text{최대 가능한 } P_{H_2O}} \times 100\%$$

이제까지 수소 분자, 공기, 그리고 수소로 채워져 있는 우주왕복선, 기구 그리고 폐와 같은 다양한 계를 논의함으로써 기체는 밀도, 온도, 압력을 가진다는 것을 알았으며 이들 물성은 기체의 반응에 영향을 준다는 것도 알았다. 기체의 보편적인 반응에 대한 모형으로 최근 패션 경향 중 하나를 살펴봄으로써 기체에 대한 탐구를 계속하기로 하자.

예제 11.2 돌턴의 부분압력 법칙

문 제 12,000 m에서 산소의 부분압력이 0.040 atm이라면 전체 공기의 압력은 얼마인가?

풀 이 산소 기체는 대기의 21%를 구성하고 있다. 전체 압력과 산소의 부분압력과의 관계는 다음과 같다.

$$P_{O_2} = P_{total} \times (O_2\text{의 분율})$$

위 식을 변형하여 P_{total}에 관하여 푼다.

$$P_{total} = \frac{P_{O_2}}{O_2\text{의 분율}} = \frac{0.040\text{ atm}}{0.21}$$

$$= 0.190\text{ atm}$$

지표면으로부터 위로 올라가면 올라갈수록 공기는 엷어진다. 사람들은 높은 고도(그리고 낮은 부분압력)에 적응하는 데 며칠씩 걸린다.

예제 11.3 부분압력과 상대습도

문 제 20°C에서 상대습도가 38%일 때 물의 부분압력은 얼마인가?

풀 이 20°C에서 증기압력은 7.54 torr(0.0231 atm)이므로 실제 증기압력은 0.38 × 17.54 = 6.7 torr, 즉 0.0088 atm이다.

예제 11.4 상대습도와 온도

문제 추운 겨울날(0°C) 상대습도 100%인 공기가 물의 함량을 똑같이 유지하면서 25°C의 따뜻한 집 안으로 들어갈 경우 상대습도는 어떻게 되는가?

풀 이 0°C에서 100%의 상대습도는 4.58 torr(0.00602 atm)에 해당한다. 25°C에서 이것은 100 × (4.58/23.8) = 19.2%이다. 그와 같은 공기는 대부분의 사람들이 건조하다고 느끼므로 추운 날씨에 집 안 공기에 습기를 주기 위해서 종종 가습기를 사용하게 된다.

11.4 펌프 : 유행한 상품과 기체의 반응

1950년대 미국에서는, 젊은 남자들은 머리를 단정히 뒤로 넘기고 여자들은 머리를 묶고 다니는 것이 유행이었다. 1960년대와 70년대에는 앞에 단추가 있는, 허리춤이 낮은 나팔 진이 유행했었다. 1980년대에는 흰 와이셔츠와 짧은 머리의 비즈니스 정장이 크게 유행하였다. 최근에는 머리에서 발 끝까지 모든 종류의 패션을 볼 수 있다. 그러나 농구장에서만큼은 예외적이다. 수십만 원짜리 신발이 나와 만 원대 신발을 대치했다. 농구화가 수십만 원이나 되는 이유는 무엇일까? 가죽 값이 차지하는 비중은 아주 작으며 제작비, 광고비, 판매비 등이 가격의 많은 부분을 차지한다. 여기에 "펌프 (the pump)"가 포함된다. 이 신발은 1992년 미국 NBA의 슬램덩크대회 기간 동안 유명해졌다. 보스턴 셀틱스의 가드인 브라운(Dee Brown)은 슬램 덩크를 하기 전 신발을 자기 발에 꼭 맞게 조정하기 위해 운동화 앞 가죽에 여러 번 압력을 주었다. 그는 경기에서 이겼고 신발 앞 가죽의 펌프 메커니즘은 국가적으로 유명한 현상이 되었다.

그림 11.6 "펌프"디자인은 농구를 즐기는 사람들에게 매우 인기가 있다. 공기가 들어가 신발 밑창의 공기주머니가 부풀면 신발이 편안하게 발에 잘 맞게 된다. 1995년 리복 사에서는 신발에 이산화탄소 카트리지를 넣어서 손으로 직접 펌프질을 하지 않아도 되게 만들었다. (유용한 발명인가? 여러분의 판단에 맡기기로 한다.)

게임의 준비 : 펌프에 펌프질하기

펌프의 목적은 신발을 편안하게 신을 수 있도록 신발에 공기를 넣어주는 데 있다. 펌프의 효과는 펌프질하는 신발의 디자인에 달려있다. 1989년 리복 (Reebok)이라는 신발회사는 신발의 각기 다른 부분을 꼭 맞게 조정할 수 있는 6가지의 디자인을 내놓았다. 그 중 하나를 그림 11.6에 나타내었다. 풍선에 공기를 불어 풍선을 부풀게 하듯이 펌프질하면 공기가 신발 밑창의 공기주머니 속으로 들어가 팽창시킨다. 공기가 신발에 들어가 발이 편안해질 때까지 펌프질을 계속한다. 펌프는 현재도 리복에서 여전히 구입할 수 있다.

좀더 구체적으로 표현한다면, 신발에 펌프질을 할 때 일정한 온도와 압력에서 신발 밑창의 공기주머니 안으로 더 많은 공기가 들어가 공기의 몰수 (n)가 증가하고 밑창의 부피 (V)도 증가한다. 이는 수십만 원짜리 농구화뿐만 아니라 풍선이나 자동차 타이어에도 그대로 적용된다. 그림 11.7에서 보듯이 일정한 온도와 압력에서 기체의 부피는 기체의 몰수에 정비례한다. 이것을 수학적으로 표현하면 다음과 같다.

$$V = kn \ (k = \text{상수})$$

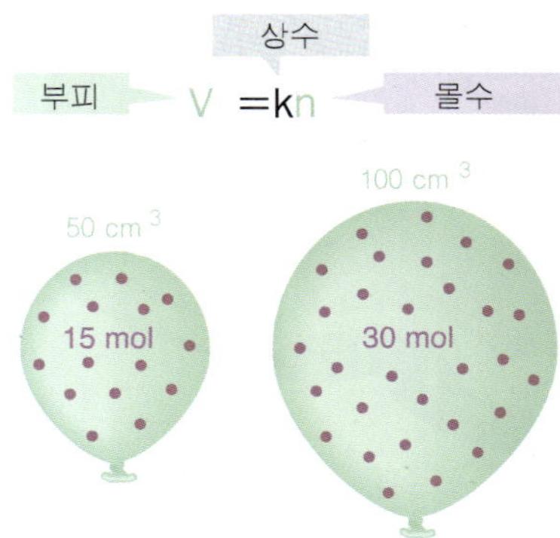

그림 11.7 일정한 온도와 압력에서 기체의 몰수는 기체가 차지하는 부피와 정비례 관계에 있다 (V = kn).

온도와 압력을 변화시키지 않으면서 풍선에 있는 기체의 몰수를 2배로 증가시키면 부피는 2배로 증가한다. 또한 기체의 몰수가 3배이

그림 11.8 주머니 안의 기체의 부피는 기체에 가해지는 압력에 반비례한다. 그림 A에서 기체의 압력은 그림 B에 비해 더 크고, 주머니의 부피는 그림 B보다 더 작다.

면 부피도 3배가 된다.

게임하기

우리는 영양이 포식동물을 피해 달아날 때 뛰어오르는 것처럼 농구장 위아래로 뛰어다닌다. 이것은 텔레비전 광고 소재로도 사용되었다. 공기로 가득 찬 신발을 신고 점프할 때 어떤 일이 일어나겠는가?

농구 코트에 들어가기 전에 펌프질을 멈추면 기체의 몰수는 변하지 않는다 (n이 일정). 기체의 온도도 변하지 않는다고 가정하자 (T가 일정). 신발을 신고 발을 옮길 때마다 신발 밑창의 공기주머니 속의 공기는 압축된다. 공기주머니는 발에 더 센 압력을 가한다. 허공에 떠 있을 때 공기주머니는 다시 느슨해져서 발에 압력을 가하지 않게 된다(그림 11.8A와 B).

신발 안을 자세히 보고 (그림 11.9), 점프할 때 기체 분자에 어떤 일이 일어나는지 생각해 보자. 신발을 신고 달릴 때 기체 분자는 매우 빨리 움직이며 공기주머니 안쪽 벽과 계속 충돌한다. 앞에서 기체가 접하고 있는 단위 면적당 가해지는 힘을 기체의 압력이라고 정의했다. 농구화의 공기주머니 안쪽에서 좌충우돌 튀고 있는 기체 분자를 고려하면, 압력이란 주어진 시간 동안 공기주머니 벽에 기체 분자가 충돌하는 횟수와 연관지어 생각할 수 있다.

그림 11.9 "압력"은 기체가 그것이 들어 있는 용기의 벽과 단위 시간당 충돌하는 횟수로 생각할 수 있다. 이 경우에는 고무바닥의 공기주머니의 벽이 용기 벽에 해당된다.

점프하려는 순간 신발에 가해진 힘 때문에 공기주머니는 압축되고 부피가 줄어들면서 안쪽의 기체 분자는 더욱 자주 벽과 충돌하게 된다. 이것은 압력이 더 커짐을 의미한다. 부피가 줄어들면 압력은 커진다. 부피가 커지면 압력은 작아진다. 부피와 압력은 일정한 온도에서 서로 반비례한다. 이것은 부피가 2배로 되면 압력은 1/2로 줄어든다는 것을 의미한다. 부피가 처음보다 1/3로 줄어들면 압력은 3배가 된다. 일정한 온도에서 이것을 수학적으로 나타내면 다음과 같다.

$$P \times V = k \quad (k = \text{상수값}) \text{ 또는 } P = \frac{k}{V}$$

이를 온도와 압력 사이의 관계를 최초로 결정한 17세기 과학자의 이름을 따서 보일의 법칙(Boyle's Law)이라고 한다.

집으로의 여행 : 축제

신나는 운동을 끝내고 지친 몸을 이끌고 라커로 갔다고 하자. 그곳에 가 보니 친구가 놓고 간 폴리에스테르 필름으로 만든 풍선이 있었다.

5장에서 우리는 온도가 입자들의 평균 운동에너지를 나타낸 것임을 공부하였다. 풍선 안의 기체의 온도가 낮아지면 다음의 일들이 일어난다.

- 풍선 안에 있는 기체의 운동에너지가 줄어든다.
- 온도가 낮아지면서 풍선 안에 있는 기체 입자들이 천천히 움직이게 된다.
- 풍선 안의 압력 (단위 시간당 충돌수)이 낮아진다.
- 풍선 안쪽의 압력이 풍선 밖의 압력과 같아질 때까지 풍선이 줄어든다.

결국 풍선이 쭈그러진 후 풍선 안의 기체의 압력은 풍선을 불기 전의 압력과 같게 된다. 온도가 낮아짐에 따라 기체의 부피가 감소한 것이다. 이것은 압력이 일정할 때 기체의 부피는 켈빈온도 (**절대온도**)에

A B

그림 11.10 그림에서의 폴리에스테르 풍선은 내부의 기체가 냉각될 때 약간 수축된다. 이는 기체의 부피와 온도가 반비례 관계임을 보여준다 (일정압력에서).

비례한다는 사실에 따른 것이다.

$$V = kT \quad (k\text{는 상수})$$

이 식은 프랑스 물리학자 쟈끄 샤를(Jacques Charles: 1746-1823)의 이름을 따서 **샤를의 법칙**(Charles' law)이라고 한다(그는 또한 최초로 수소 기체를 채운 비행기구를 만들었다고 알려진 사람이다).

P, V, T를 하나의 식으로 관계짓기 위해 보일의 법칙과 샤를의 법칙을 결합할 수 있다. 유도는 다음과 같이 한다.

보일의 법칙이 말하는 것은 다음과 같다.

$$P_{\text{초기}}V_{\text{초기}} = P_{\text{최종}}V_{\text{최종}}$$

같은 방식으로 샤를의 법칙이 말하는 것은 다음과 같다.

$$\frac{V_{\text{초기}}}{T_{\text{초기}}} = \frac{V_{\text{최종}}}{T_{\text{최종}}}$$

보일의 법칙과 샤를의 법칙을 결합하여 다음의 식을 얻을 수 있다.

$$\frac{P_{\text{초기}}V_{\text{초기}}}{T_{\text{초기}}} = \frac{P_{\text{최종}}V_{\text{최종}}}{T_{\text{최종}}}$$

종종 이 식을 **결합된 기체 법칙**(combined gas law)이라고 하며 초기와 최종에서 P, V, T 중 2개가 바뀌었을 때 P, V, T를 살펴보는 데 유용하다.

예제 11.5 **중요한 쟁점**

문 제 새로운 전위 무용단이 "펌프" 신발을 신고 발레를 하고 있다. 무용단의 리더는 콩쥐와 팥쥐이다. 두 사람의 무용신발에 있는 펌프는 각각 처음 부피가 50.0 mL, 압력은 1.0 atm으로 공연 전에 준비되어 있다. 콩쥐는 신발의 공기주머니를 압축하여 내부의 기체압력이 1.2 atm이 되게 하였으며, 팥쥐 신발의 공기주머니의 압력은 1.8 atm이 되었다. 다시 말해, 그들이 춤을 추기 위해 스텝을 밟을 때 신발의 공기주머니가 작아진다는 것이다. 주머니 안쪽의 기체분자는 더 높은 압력을 나타내게 된다. 각 경우에 공기주머니의 부피는 얼마로 변했겠는가?

풀 이 문제풀이 첫째 단계 중 하나는 초기와 최종의 상태를 명확히 아는 것이다. 처음 부피를 $V_{\text{초기}}$, 초기의 압력을 $P_{\text{초기}}$라고 하자. 최종 부피는 $V_{\text{최종}}$, 최종 압력은 $P_{\text{최종}}$이라고 하자. 만약,

$$P_{\text{초기}} \times V_{\text{초기}} = \text{상수이고}$$
$$P_{\text{최종}} \times V_{\text{최종}} = \text{같은 상수이면}$$
$$P_{\text{초기}} \times V_{\text{초기}} = P_{\text{최종}} \times V_{\text{최종}}\text{이다.}$$

콩쥐의 경우

$$P_{\text{초기}} = 1.0\ \text{atm} \quad V_{\text{초기}} = 50.0\ \text{mL}$$
$$P_{\text{최종}} = 1.2\ \text{atm} \quad V_{\text{최종}} = ???$$

보일의 법칙 $P_{\text{초기}} \times V_{\text{초기}} = P_{\text{최종}} \times V_{\text{최종}}$을 사용하여 이를 다시 정리하면

$$V_{\text{최종}} = \frac{P_{\text{초기}}V_{\text{초기}}}{P_{\text{최종}}} = \frac{1.0\ \text{atm}\ (50.0\ \text{mL})}{1.2\ \text{atm}} = 42\ \text{mL}\text{이다.}$$

예제 11.5 계속

팔쥐의 경우

$$P_{초기} = 1.0\,atm \quad V_{초기} = 50.0\,mL$$
$$P_{최종} = 1.8\,atm \quad V_{최종} = ???$$

보일의 법칙을 다시 쓰면

$$V_{최종} = \frac{P_{초기}V_{초기}}{P_{최종}} = \frac{1.0\,atm\,(50.0\,mL)}{1.8\,atm} = 28\,mL\text{이다.}$$

답의 의미 각 경우에 공기주머니가 납작해지므로 최종 부피가 초기 부피보다 작아질 것이라고 예상할 수 있다. 여기까지는 좋다. 팔쥐가 더 압력을 가하므로 팔쥐의 공기주머니는 콩쥐의 것보다 더 많이 압축되리라 예상된다.

예제 11.6 풍선이 얼마나 수축할까?

문 제 휴게실의 온도가 70°F이다. 부피가 3.0L인 풍선을 −25°F인 바깥으로 가지고 나가면 풍선의 부피는 어떻게 되겠는가?

풀 이 압력-부피 문제를 풀 때 새로운 부피를 구하기 위한 방정식을 유도할 수 있다. 초기와 최종의 부피와 온도를 $V_{초기}$, $V_{최종}$, $T_{초기}$, $T_{최종}$이라고 하면,

$$\frac{V_{초기}}{T_{초기}} = \text{상수이며}$$

$$\frac{V_{최종}}{T_{최종}} = \text{같은 상수이므로}$$

$$\frac{V_{초기}}{T_{초기}} = \frac{V_{최종}}{T_{최종}}\text{ 이다.}$$

온도는 켈빈으로 바꾸어야 한다. 그 이유를 설명할 수 있겠는가? 그리고 음의 값을 가지는 부피는 가능한가?

$$V_{초기} = 3.0L,\ T_{초기} = 70°F = 21°C = 294\ K$$
$$V_{최종} = ???,\ T_{최종} = -25°F = -32°C = 241\,K$$

$$V_{최종} = \frac{V_{초기}T_{최종}}{T_{초기}} = \frac{3.0\,L(241K)}{294K} = 2.5L$$

차가운 풍선의 부피는 2.5 L가 될 것이다 (P가 여전히 일정하다면).

답의 의미 풍선 안에 있는 공기가 같은 압력을 가하기 위해서는 차가운 풍선의 부피가 더운 풍선의 부피보다 작아져야 한다. 이 경우 부피는 처음의 83%(2.5/3.0×100%)로 줄어들었다. 온도는 켈빈을 사용했다는 것을 주목하라. 섭씨 또는 화씨 온도 값을 사용하여 계산할 경우 음의 부피가 나오게 된다.

예제 11.7 풍선의 부피 변화와의 결합

문 제 압력 1.97 atm, 부피 2.3 L, 온도 21°C(294 K)인 풍선이 있다. 만일 이 풍선을 하늘 높이 올려보냈다고 하자. 온도가 −53°C(220 K)가 되고 부피가 1.9 L로 줄어들었을 경우 압력은 어떻게 되는가?

풀 이 결합된 기체 법칙은 이와 같은 문제를 풀기에 적합하다. 다음과 같은 방법으로 주어진 자료를 다시 써보자.

$$V_{초기} = 2.3L, \quad V_{최종} = 1.9L$$
$$P_{초기} = 1.97\,atm \quad P_{최종} = ???$$
$$T_{초기} = 294\,K \quad T_{최종} = 220\,K$$

이들 값을 결합된 기체 법칙에 대입한다.

$$\frac{P_{초기}V_{초기}}{T_{초기}} = \frac{P_{최종}V_{최종}}{T_{최종}} = \frac{1.97\,atm(2.3L)}{294K}$$

$$= \frac{P_{최종}(1.9L)}{220K}$$

$$P_{최종} = \frac{1.97\,atm(2.3L)(220L)}{294K(1.9L)} = 1.78\,atm$$

예제 11.7 **계속**

답의 의미 만일 온도가 일정하다면(보일의 법칙), 부피가 2.3 L에서 1.9 L로 줄어든 것은 2.3/1.9, 즉 약 20%의 압력 증가를 유발한다. 그러나 294 K에서 220 K로 온도가 감소한 것은 초기 압력의 220/294의 비율로 압력이 감소했음을 의미한다. 즉, 25%만큼의 압력 감소가 이루어진다. 20%의 압력 증가와 25%의 압력 감소의 실제적인 효과는 압력의 소폭 감소를 의미하고 이것은 우리가 관찰한 바와 같다.

모두 연관지어보자 : 펌프, 풍선, 기체의 법칙

지금까지 기체의 몰수, 압력, 부피, 온도를 연관시키기 위해 펌프 신발과 기구를 다루었다. 지금까지 배운 것을 정리하면 다음과 같다.

$$V/n = k, \text{ 즉 } V = kn \text{ (일정한 압력과 온도)}$$
$$PV = k, \text{ 즉 } V = k/P \text{ (일정한 몰수와 온도)}$$
$$V/T = k, \text{ 즉 } V = kT \text{ (일정한 몰수와 압력)}$$

또는 모든 상수를 하나로 묶어 새로운 상수를 만들 수 있으며 이를 기체 상수 $\boldsymbol{R}$이라고 부른다.

$$V = RnT/P$$

이 식을 좀더 친숙한 형태로 변형하면 다음과 같다.

$$PV = nRT$$

위 식을 **이상 기체 방정식**(ideal gas law)이라고 하며 이 식은 기체의 압력, 부피, 몰수, 온도 상호간의 관계를 나타낸다. "이상"이라고 쓰는 이유는 기체를 이루고 있는 각 입자들 간에 아무런 상호작용도 하지 않는다(이것은 기체가 이상적으로 행동한다는 것을 나타냄)는 가정에 기초했기 때문이다. 기체와 관련된 모든 계산에서는 이상 기체를 다룬다고 가정할 것이다. 실제 기체의 반응은 이상 기체를 가지고 예상하는 것에서 조금 벗어난다. 그러나 아주 낮은 온도나 아주 높은 압력 조건이 아니라면 실제 기체도 이상 기체와 거의 비슷한 반응을 보인다.

지금까지 $\boldsymbol{R}$만 제외하고는 이상 기체 방정식에 나타난 모든 항을 설명하였다. $\boldsymbol{R}$는 **이상 기체 상수**(ideal gas constant)라는 것으로 다음의 값과 단위를 갖는다.

$$R = 0.08206 \text{ L atm/K mol}$$

이 상수는 지금까지 다루었던 다른 상수들과 비교할 때 그 단위가 매우 복잡하다. 머리가 좀 아프겠지만, 실제로 기체상수는 많은 측정값들, 즉 부피, 압력, 온도, 물질의 양(몰수) 사이의 관계를 맺어주기 때문에 매우 유용하다. 이러한 관점에서 봤을 때 이상 기체 상수는 다소 귀찮기는 해도 우리가 문제를 풀 때 그 문제를 더 간단하게 만든다. 11.5절에서는 다양한 예를 살펴보자.

11.5 이상 기체 방정식의 적용

이제 기체의 "압력"이 무엇을 의미하는지 알게 되었으며, 이상 기체 방정식을 통해 기체의 압력, 부피, 온도, 몰수 간의 관계를 알아보았다. 풍선, 대기오염, 자동차 안전 등의 문제를 통해 이런 지식들이 어떻게 활용될 수 있는지에 대하여 알아보자. 변환인자법(conversion factor method)이 문제를 해결하는 데 도움이 될 것이다.

그림 11.11은 4개의 "변수(variables)" P, V, n, T를 포함한 $PV = nRT$, 즉 이상 기체 방정식을 보여주고 있다. R값은 변하지 않고 일정하다. 변수 V는 기체가 차지한 부피를 뜻한다. 어떤 특정한 상황에서 네 개의 변수 중 세 개를 알면 식을 재배열하여 나머지 모르는 변수 하나를 계산할 수 있다. 따라서 압력, 부피, 온도, 기체의 몰수 중 세 가지를 알고 하나를 모른다면 이상 기체 방정식을 이용하여 해당하는 미지의 변수를 계산할 수 있다. 문제를 풀 때는 우선, 주어져 있으므로 알고 있는 값과 구하고자 하는 값을 구별한 후 시작해야 한다. 그래야만 쓸모 있는 숫자에 초점을 맞출 수 있게 된다.

적용 1–밀도와 풍선 띄우기

이상의 앞부분에서 수소 기체는 공기보다 밀도가 적고, 이산화탄소는 공기보다 밀도가 크다는 것을 설명했다. 3개의 서로 다른 5.0 L짜리 풍선 안에 들어 있는 기체의 몰수와 질량을 비교해보자. 첫 번째 풍선에는 수소, 두 번째 풍선에는 공기, 세 번째 풍선에는 이산화탄소가 들어있다.

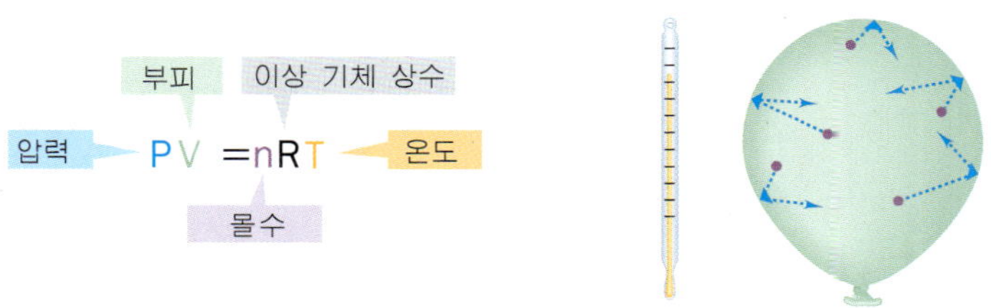

그림 11.11 이상 기체 방정식은 이상 기체의 압력, 온도, 몰수, 부피 간의 관계를 나타낸다. "이상"이란 기체의 입자들이 각각 서로 상호작용하지 않는다는 뜻이다. 이러한 가정은 압력이 매우 높거나 온도가 매우 낮은 상황에서 유효하다($PV = nRT$).

질문

27°C, 1 atm에서 부피 5.0 L인 풍선에 들어있는 수소 기체의 몰수와 질량을 계산하여라.

방법

어떤 질문에 정확하게 답하기 위해서는, 먼저 답을 구하기 위해 필요한 단계와 관련된 질문을 스스로에게 해야 한다. 첫 번째 질문은 "무엇을 얻으려고 하는가?"이다. 이 문제에서는 "수소 기체의 몰수와 질량"을 얻고자 한다. 다음 질문은 "어떤 자료가 주어졌는가?"이다. 이 경우에는 다음 값들이 주어져 있다.

$R = 0.08206$ L atm/K mol $\qquad V = 5.0$ L

$P = 1.0$ atm $\qquad T = 27$ °C $= 300$ K

우리는 몰수 n을 모른다. 이상 기체 방정식을 사용하여 수소의 몰수를 구하고, 수소의 몰질량을 이용하여 몰수를 질량으로 바꿀 수 있다.

수학적 풀이

이상 기체 방정식 $PV = nRT$는 구하려고 하는 몰수 n에 대해 다음과 같이 나타낼 수 있다.

$$n = \frac{PV}{RT}$$

이미 알고 있는 P, V, R, T 값을 위의 식에 대입한다.

$$n = \frac{(1.0\,\text{atm})(5.0\,\text{L})}{(0.08206\,\text{L atm/mol K})(300\,\text{K})}$$
$$= 0.203\,\text{mol H}_2$$

수소의 몰질량 2.01 g/mol에 수소의 몰수를 곱하면 수소의 질량을 구할 수 있다.

$$\text{수소의 질량} = 0.203\,\text{mol H}_2 \times 2.01\,\text{g H}_2/\text{mol H}_2$$
$$= 0.41\,\text{g H}_2$$

결국 5.0 L 풍선 속에는 0.41 g의 수소 분자가 들어있다.

변환인자법을 사용하여 수소의 질량을 구할 수 있는 한 개의 식을 만든 후 이 문제를 수학적으로 계산할 수 있다.

$$\text{수소의 질량} = \frac{2.01\,\text{g H}_2}{1\,\text{mol H}_2} \times \frac{1\,\text{K mol}}{0.08206\,\text{L atm}} \times \frac{1.0\,\text{atm}}{300\,\text{K}} \times 5.0\,\text{L}$$
$$= 0.41\,\text{g H}_2$$

수소의 질량을 이상 기체 방정식으로 풀든, 변환인자법으로 풀든

예제 11.8 풍선 속의 공기와 이산화탄소의 질량

문 제 5.0 L 풍선에 각각 담겨 있는 공기와 이산화탄소의 질량을 계산하여 비교해보자. 공기의 평균 분자질량은 29.0 g/mol이며 앞에서와 같이 온도는 27 °C, 압력은 1 atm이다. 이 문제의 답을 구한 후, 수소 풍선은 뜨고 이산화탄소 풍선은 가라앉는 이유에 대해 토의해보라.

풀 이 공기의 질량은 이상 기체 방정식을 이용해서 구하고 CO_2(몰질량 = 44.0 g/mol)의 질량은 변환인자법을 써서 구할 것이다(어떤 것을 이용해도 상관없다).

공기의 질량(이상 기체 방정식 이용)

$$n = \frac{PV}{RT}$$

숫자를 대입하면,

$$n = \frac{(1.0\,\text{atm})(5.0\,\text{L})}{(0.08206\,\text{L atm/K mol})(300\,\text{K})} = 0.203\,\text{mol 공기}$$

공기의 몰수에 몰질량 29.0 g/mol을 곱하면 질량을 구할 수 있다.

$$\text{공기의 질량} = 0.203\,\text{mol 공기} \times 29.0\,\text{g air/mol 공기} = 5.9\,\text{g 공기}$$

이산화탄소의 질량(변환인자법 이용)

$$\text{g } CO_2 = \frac{44\,\text{g } CO_2}{1\,\text{mol } CO_2} \times \frac{1\,\text{K mol}}{0.08206\,\text{L atm}} \times \frac{1\,\text{atm}}{300\,\text{K}} \times 5.0\,\text{L} = 8.9\,\text{g } CO_2$$

이제 이 문제에 근거하여 마지막 질문에 답할 수 있는 충분한 정보를 얻었다. 즉, 수소 기체가 채워진 풍선은 공기 중에서 떠오르고, 이산화탄소 풍선은 왜 가라앉는지를 알게 된 것이다. 5.0 L들이 수소 풍선은 0.41 g의 수소가 들어 있고, 같은 크기의 공기 풍선은 5.9 g의 공기가, 다른 풍선에는 이산화탄소 8.9 g이 채워져 있다. 또한 물체가 뜨고 가라앉는 것은 그들의 상대적인 밀도에 따른다는 것도 알게 되었다. 27 °C, 1 atm에서 다음과 같이 밀도를 계산할 수 있다.

$$\text{수소의 밀도} = \frac{0.41\,\text{g}}{5.0\,\text{L}} = 0.082\,\text{g/L}$$

$$\text{공기의 밀도} = \frac{5.9\,\text{g}}{5.0\,\text{L}} = 1.2\,\text{g/L}$$

$$\text{이산화탄소의 밀도} = \frac{8.9\,\text{g}}{5.0\,\text{L}} = 1.8\,\text{g/L}$$

기체의 밀도를 비교함으로써 1937년 힌덴베르크에서 사용되었던 기체가 이산화탄소가 아니라 수소라는 것을 정량적 방법으로 설명할 수 있다.

의미 있는 답을 구하기 위해서는 합리적인 질문을 해야 한다.

적용 II – 대기오염과 이상 기체 방정식

12장에서 논의하겠지만 아직까지도 대기 중의 이산화탄소 농도가 지속적으로 증가하는 문제에 대해서는 논란이 많다. 이산화탄소 증가의 주된 원인은 에너지원으로 사용되는 화석연료, 특히 석유와 석탄의 연소이다. 다음 예제를 통해서 연료가 연소할 때, 그 양이 적다 하더라도 대기 중으로 얼마나 많은 양의 이산화탄소를 배출하는지 알아보자.

적용 III – 자동차 에어백

현재 모든 자동차에는 안전장치가 갖추어져 있다. 이들 장치는 주

예제 11.9 **휘발유에서 발생되는 이산화탄소**

문 제 휘발유는 밀도가 0.704 g/mL이며 C_8H_{18}로 표현할 수 있다. 휘발유의 연소식은 다음과 같다.

$$2C_8H_{18} + 25O_2 \longrightarrow 16CO_2 + 18H_2O$$

0.96 atm, 25℃에서 5.0 L의 휘발유가 연소될 때 발생하는 이산화탄소의 부피는 얼마인가?

풀 이 먼저, 이상 기체 방정식을 변형하여 부피 항을 좌변으로 옮긴다.

$$V = nRT/P$$

이산화탄소의 몰수는 n으로 한다. C_8H_{18} 1 mol마다 8 mol의 이산화탄소가 생성된다. 휘발유의 부피, 밀도, 몰질량과 다음 식으로 표현된 몰과 몰의 관계를 통해서 몰수를 계산해야 한다.

$$n = 5.0\,\text{L}\,C_8H_{18} \times \frac{704\,\text{g}\,C_8H_{18}}{1\,\text{L}\,C_8H_{18}} \times \frac{1\,\text{mol}\,C_8H_{18}}{114\,\text{g}\,C_8H_{18}} \times \frac{16\,\text{mol}\,CO_2}{2\,\text{mol}\,C_8H_{18}}$$

$$= 247\,\text{mol}\,CO_2$$

다음 식을 이용하여 구한 이산화탄소의 몰수로부터 부피를 구한다.

$$V = nRT/P$$

$$V = \frac{(247\,\text{mol})(0.08206\,\text{L atm/mol K})(298\,\text{K})}{0.96\,\text{atm}}$$

$$= 6.3 \times 10^3\,\text{L}\,CO_2$$

휘발유 5.0 L가 연소하면 약 6,300 L의 이산화탄소가 대기 중으로 방출된다. 이 값을 천만 대의 자동차와 트럭의 수를 곱하고 공장에서 석탄과 석유를 태울 때 내뿜는 것과 합하면 인간의 활동에 의해 대기 중의 이산화탄소의 양이 증가되고 있다는 것을 알 수 있다.

로 안전벨트를 의미하지만, 요즘에는 많은 차에 에어백이 설치된다. 에어백은 딱딱한 표면(자동차 핸들이나 계기판)에 부딪히는 것을 막고 충돌사고가 났을 때 사람이 자동차 앞 유리로 튕겨 날아가는 것을 막아준다. 에어백(그림 11.12)은 차가 급제동할 때 몸에 가해지는 힘이 가능한 한 우리 몸에 넓게 분산될 수 있도록 고안되었다. 즉, 충돌로 생기는 압력을 최소화하기 위한 것이다. 예를 들어 시속 48 km로 달리는 동안 운전자의 차가 다른 차에 부딪쳤다고 가정하자. 운전자

그림 11.12 충돌 시 에어백 내부의 반응으로 인해 에어백이 부풀어 오른다.

의 안전장치 사용여부 및 종류에 따라 다음과 같은 결과가 나타날 수 있다.

1. **안전장치가 없을 때** : 운전자의 머리는 아마도 핸들에 부딪힐 것이다. 약 5,000 N의 힘이 핸들에서 운전자의 머리, 눈, 코로 전달된다. 충돌면적은 약 20 cm^2 정도 될 것이며 치명적인 상처를 입게 될 것이다.
2. **안전벨트** : 5,000 N의 힘이 운전자의 몸과 접해있는 의자와 어깨벨트 (약 2000 cm^2)로 분산된다. 아무런 안전장치도 하지 않았을 때에 비해 충돌 압력이 1/10로 줄어들어 상처도 많이 줄어든다.
3. **에어백** : 힘이 상당히 넓은 면적 (상반신과 머리, 약 2000 cm^2)으로 분산된다. 상처는 훨씬 줄어든다. 게다가 에어백이 상당히 부드럽기 때문에 안전벨트나 핸들과 직접 부딪칠 대 오는 충격을 완화시킬 수 있다.

힘과 면적, 압력 간의 관계를 알면 에어백이 왜 효과적인지 알 수 있다. 에어백의 원리를 이해하려면 에어백 안에서 일어나는 화학반응을 알아야 한다.

에어백이 장착된 차의 운전대에는 접혀져 있는 큰 부피의 고분자 백, 아지드화나트륨 (NaN_3) 캡슐, 약간의 산화철 (Fe_2O_3) 및 정면 충돌 시 작동하는 기폭장치가 내장되어 있다. 충돌 시 기폭장치에서 제공된 활성화 에너지는 다음과 같이 아지드화나트륨을 분해시킨다.

예제 11.10 고체 NaN_3가 얼마나 반응해야 에어백을 채울 수 있을까?

문 제 충돌사고가 났을 때 에어백을 채우기 위한 74 L의 질소 기체를 만들기 위해 아지드화나트륨이 몇 g 필요한가?(온도는 25 ℃, 압력은 1 atm)

풀 이 74 L의 부피에 해당하는 질소 기체의 몰수를 알기 위해 이상 기체 방정식을 쓴다.

$$n = \frac{PV}{RT}$$

$$n = \frac{(1.0\,\text{atm})(74\,\text{L})}{(0.08206\,\text{L atm/mol K})(298\,\text{K})}$$

$$= 3.0\,\text{mol N}_2$$

질소 기체 생성 화학반응식은 다음과 같다.

$$2NaN_3(s) \longrightarrow 2Na(s) + 3N_2(g)$$

위 식에서 2 mol의 아지드화나트륨(몰질량= 65.0)이 분해되면 3 mol의 질소가 생성됨을 알 수 있다.

그러므로, 아지드화나트륨의 질량은

$$\text{g NaN}_3 = 3.0\,\text{mol N}_2 \times \frac{2\,\text{mol NaN}_3}{3\,\text{mol N}_2} \times \frac{65.0\,\text{g NaN}_3}{\text{mol NaN}_3}$$

$$= \mathbf{130\,g\ NaN_3}$$

비교적 소량의 고체 아지드화나트륨(약 1/2컵)이 분해되어 질소가 발생한다. 이상 기체 방정식을 쓰면 에어백에 사용될 아지드화나트륨의 양을 계산할 수 있다. 에어백은 공기가 아닌 질소 기체로 채워진다.

그림 11.13 탄산음료 캔을 흔들어 따면 음료 속에 용해되어 있는 이산화탄소 기포가 순식간에 팽창한다. 이 힘으로 인해 음료가 밖으로 뿜어져 나온다.

$$2NaN_3(s) \longrightarrow 2Na(s) + 3N_2(g)$$

충돌 후 40 ms (0.04 초) 이내에 질소 기체가 순간적으로 증가하여 에어백을 완전히 팽창시킨다 (보통 부피는 약 74 L). 이 때 생성된 나트륨은 산화철 (III)과 혼합되면서 산화나트륨을 만드는데 이것이 금속 나트륨보다 훨씬 안전하다.

$$6Na(s) + Fe_2O_3(s) \longrightarrow 3Na_2O(s) + 2Fe(s)$$

순식간에 팽창된 에어백은 천천히 수축하게 되는데, 이것은 머리나 몸이 이것과 부딪힐 때의 충격을 완화시켜준다. 요즘에는 자동차의 운전자 옆문에도 에어백을 설치해 측면 충돌 시 발생할 수 있는 피해를 막을 수 있다.

11. 6 물에 대한 기체의 용해도

탄산음료 깡통을 무심코 딸 때 안에 들어 있던 내용물이 위로 치솟아 오르는 것을 경험했을 것이다. 이것은 깡통이나 병이 차갑게 보관되지 않았거나 따기 전에 바로 흔들었을 경우 종종 일어나는 현상이다(그림 11.13).

탄산음료 속에 포함된 주된 기체는 이산화탄소이다. 이산화탄소는 산소와 같은 기체에 비해 물에 용해되는 정도가 크고, 온도가 낮을수록 용해도는 증가한다. 표 11.2에서 보는 바와 같이 이산화탄소나 산소는 온도가 올라감에 따라 용해도는 낮아진다. 이것은 온도가 높을수록 기체의 증기압이 더 커지기 때문이다. 병을 흔든다고 액체에 대

표 11.2 온도에 따른 물에서의 기체 용해도의 관계 (L 기체 / L 물)

	CO_2	O_2
0℃	1.71	0.049
10℃	1.19	0.038
20℃	0.88	0.031
30℃	0.66	0.026
40℃	0.53	0.023
50℃	0.44	0.021

주 : 용해도는 기체가 용액 위에 1 atm의 조건으로 있을 때, 표준 온도와 압력(STP)에서 1 L의 물에 용해되는 기체의 부피를 의미한다. 공기(21%산소)가 물과 접촉하였을 때, 산소의 물에 대한 실제 용해도는 표 11.2에 제시된 값의 21%에 불과하다.

(인용원 : Lide, D. R. *Handbook of Chemistry & Physics*, any edition, Boca Raton, Fla.: CRC Press)

한 기체의 용해도가 변하는 것은 아니지만, 흔드는 과정에서 액체 전체에 생기는 작은 기포 속에 기체가 분배된다. 다음으로 깡통 뚜껑이 제거되면 깡통 내부의 이산화탄소의 압력이 병 밖의 대기압과 같아질 때까지 내부 압력은 급격히 줄어든다.

기체의 압력이 줄어들면 어떤 일이 일어날까?

이상 기체 방정식을 통해 압력이 감소할 때 기체의 부피가 증가한다는 것을 알 수 있다. 이러한 일은 기체가 병의 윗부분에 모두 모이거나 작은 방울을 통해 액체에 고르게 분배되어 있을 때 일어난다. 병을 흔들지 않고 뚜껑을 열 때는 병 속의 기체가 '쉭' 하는 소리와 함께 빠져나간다. 이 때 액체가 솟구치면서 흩어지지는 않는다. 그러나 병을 흔들게 되면 액체 속에 전체적으로 작은 기포가 발생하고 이것들은 액체 표면 아래쪽에 모여 부피가 커질 것이다. 액체의 기포와 기체는 결과적으로 병 밖으로 밀려나올 것이다. 대부분의 이산화탄소가 빠져나가면 탄산음료의 맛은 밍밍해질 것이다. 왜냐하면 탄산의 톡 쏘는 듯한 신맛이 사라졌기 때문이다(8장에서 이산화탄소는 물에 녹아 약간의 탄산을 생성하고 그 산은 독특한 신맛을 낸다는 사실을 다루었다).

한 걸음 더 – 열오염

강물은 전기 발전소와 같은 산업장치를 식히는 데에도 종종 사용된다. 발전과정에서 상당한 양의 에너지가 발생되고 이러한 에너지들이 상대적으로 작은 공간에 누적되기 때문에 발전소에서 냉각시설은 필수적이다. 예를 들어, 핵발전소의 중심부를 물로 식히지 않으면 중심부는 녹아 무너져 가라앉게 되고, 이것은 거대한 폭발과 방사선 노출로 이어진다. **열오염**(thermal pollution, 물의 온도가 올라감)으로 인해 일어날 수 있는 일 중의 하나는 기체의 용해도가 낮아진다는 것이다.

데워진 물은 다시 강으로 유입된다. 물이 따뜻해지면 용해된 산소의 양이 줄어들게 된다. 참고로 산소는 강의 수중생물의 생활에 필수적이다. 10 °C에서 30 °C로 물의 온도가 올라가면 용해된 산소의 31%가 물에서 공기 중으로 빠져나간다. 작은 온도 변화에 의해 수중 생태계가 심각하게 영향을 받는 것은 아니지만, 앞에서 설명한 일련의 변화는 많은 종류의 물고기나 다른 형태의 수중생물 생활에 큰 해를 끼칠 수 있다. 수중의 먹이사슬은 빠른 온도 변화에 대처할 수 없는 종들이 사라지게 됨에 따라 크게 영향을 받을 수 있다. 그러므로 전체

그림 11.14 발전소에서는 발전과정에서 발생하는 열을 식히기 위해 강물을 이용한다. 사용된 물을 다시 강으로 흘려 보내기 전에 냉각탑에서 식혀야 한다. 이것은 수온에 민감한 수중 생명체에 피해를 주지 않기 위해서다.

생태계는 영향을 받게 된다. 산란과 부화 또한 온도와 밀접한 과정이므로 열오염의 영향을 받는다.

열오염의 충격을 완화시키는 한 가지 방법은 데워진 물이 흘러나가기 전에 그것을 식혀주는 것이다. 그림 11.14와 같은 **냉각탑**을 이용하여 물을 식힌다.

기구, 농구화, 에어백, 에어컨, 열오염 등은 기체의 성질에 의해 영향을 받는 몇 가지 예에 불과하다. 호흡이나 날씨와 같은 주제를 다룰 수도 있다. 식품 화학을 다루는 17장에서는 기체와 요리에 대하여 논의할 것이다. 지금까지 다룬 기체의 성질을 잘 이해하고 있다면 사회적으로나 과학적으로 심각한 이슈 중의 하나인 대기오염의 원인과 의미 등에 대하여 확실하게 조사할 수 있을 것이다. 이 문제는 12장에서 다룰 것이다.

연습문제

1. 수소 기체와 산소 기체 간의 반응은 발열반응인가, 흡열반응인가? 이에 대해 설명하라.
2. 뜨거운 기구가 더운 날에 더 높이 날겠는가, 추운 날에 더 높이 날겠는가? 그 이유도 설명하라.
3. 700 mL, 0.725 g의 무게를 갖는 기체의 실온에서 밀도를 계산하라.
4. 만약 당신이 마루 위로 튀어나온 못을 맨발로 밟았다면 반창고가 필요할 것이고, 심하면 파상풍에 걸릴 수도 있다. 사람이 이렇게 상처를 입지 않고 못 침대 위를 걸어갈 수 있을까?
5. 대기압과 표준 대기압의 차이점은 무엇인가?
6. 자동차 타이어의 공기압력은 38 psi의 압력일 때 주행효율이 가장 좋다고 한다. 타이어 압력 게이지로 38 psi로 측정되었다면 실제 타이어 내부의 공기 압력은 얼마인가? 기압으로는 그 값이 얼마인가?
7. 압력계가 10.5 psig를 가리킬 때 축구공 내부의 실제 압력은?
8. 비누방울에 공기를 불어 넣으면 방울의 크기는 커지지만 비누방울의 내부 압력은 변하지 않는다. 그러나 배구공 안에 공기를 넣으면 크기는 변하지 않지만 압력은 증가한다. 어떤 물체에 공기를 넣을 때 부피와 압력이 함께 증가하는 일상적인 예를 찾고, 일어나는 모든 일에 대해 설명하라.
9. 헬륨 풍선을 방 천장에 떠 있게 해 놓았다. 그런데 다음 날 헬륨 풍선은 바닥으로 떨어져 있었다. 각각의 상황에 대해 설명하라.
10. 두 손에 기체가 가득 찬 풍선을 각각 하나씩 갖고 있다. 하나는 헬륨으로 가득 차 있고 다른 하나는 이산화탄소로 가득 차 있다. 두 개의 풍선을 어떻게 구분하겠는가?
11. 다음 기체 중 1기압, 실온 조건에서 가장 밀도가 큰 기체는 무엇인가? N_2, Ar, SO_3, H_2, O_3, NH_3
12. 수증기의 실제 부분압력이 12.0 torr일 경우 20°C에서의 상대습도는 얼마인가?
13. 대기에서 물의 실제 부분압력이 12.0 torr일 경우 상대습도가 100%가 되는 온도는 몇 도인가?
14. 팽창할 수 있는 부양 기구 내의 공기의 몰수가 1/3로 감소하였을 경우, 부양 기구의 부피에 미치는 영향은?
15. 61.2 L의 에어백이 3.0 mol의 분자 질소(N_2)를 포함한다. 80-L의 에어백의 경우 같은 온도, 같은 압력하에서 몇 mol의 분자 질소를 포함하겠는가?
16. 비행기 객실이 단지 부분적으로 압력이 새어나가서 승

객들이 육지에 있을 때보다 낮은 압력하에 있다고 하자. 승무원이 비행 전에 위장에 가스가 찰 수 있으므로 음식을 먹지 말라고 말했다. 이 예방책이 왜 필요한가? 비행기에서 제공되는 탄산음료는 그와 같은 문제를 유발하지 않는다. 왜 그런가?

17. 3.2 atm에서 부피가 45 L인 기체가 있다고 하자. 일정 온도에서 부피가 27 L로 줄어들었을 경우 압력은 어떻게 되는가?

18. 30 mL의 이산화탄소가 있는 음료수 깡통이 40 °C에 있다. 온도가 10 °C 낮아진다면 이산화 탄소의 부피는 어떻게 되는가?

19. 폐활량이란 우리가 숨을 내쉴 때 내부 폐압의 증가로 인해 폐로부터 빠져나갈 수 있는 최대 공기량을 말한다. 이 부피는 사람에 따라 3 L에서 7 L까지 다르게 나타난다. 만일 37 °C에서 폐로부터 주머니로 4.0 L의 공기를 내쉬는 사람이 있다고 할 때 외부 온도가 −10 °C로 변할 경우 이 사람은 주머니에 얼마만큼의 공기를 모을 수 있겠는가?

20. 에어로솔 깡통 대부분은 내부 압력이 3.0 atm 이상이 되면 터진다. 27 °C에 있는 에어로솔은 2.0 atm의 내부 압력을 가질 것이다. 그것이 터지기 전에 캔의 최대 온도를 계산하여라.(부피와 몰수는 일정하다고 가정하라.)

21. 당신은 오랜 여행 후에 즉시 차의 타이어에 바람을 넣을 수 없다고 말했던 적이 있을 것이다. 그 이유를 살펴보자. 당신의 차 타이어는 24 °C에서 32 psi를 포함한다. 부피가 일정하다고 할 때 타이어의 압력을 계산하라. 또 오랜 여행 후 바로 타이어에 바람을 넣는 것이 현명하지 않은 이유는 무엇인가?

22. 날씨 측정용 기구는 18 °C, 750 torr의 지면에서 295 L의 헬륨으로 차 있다. 알래스카에 있는 해발 20,320 피트의 맥킨리 산에서는 기구의 부피가 어떻게 되겠는가? 맥킨리 산에서의 압력은 340 torr이고 온도는 −28 °C이다.

23. 용기의 기체 부피는 5.0 L이다. 온도와 압력을 일정하게 유지하면서 기체의 몰수를 50% 증가시킬 경우 기체의 부피는 얼마인가?

24. 온도가 69 °F로 유지되는 방에서 생일파티를 위해 풍선을 날리고 있다. 만일 당신이 가지고 있는 풍선이 이미 바람이 채워져 묶여 있다면 풍선에 있는 기체의 부피는 얼마나 감소하겠는가?

25. 공기주머니가 있는 신발을 신고 거수도약 운동(jumping-jacks)을 하고 있다면 공기주머니 내의 압력이 최대가 될 때는 당신이 공중에 떠 있을 때이겠는가, 땅바닥을 칠 때이겠는가? 설명하라.

26. 일정 압력에서 부피와 온도 사이의 상관관계는 무엇인가?

27. 겨울철에 타이어를 적절히 유지하기 위해서는 타이어에 공기를 더 주입해야 하는가, 아니면 덜 주입해야 하는가?

28. 놀이용 공의 부피가 14 L이고 여름 온도가 35 °C일 때 압력이 10 psig라고 하자. 야외의 온도가 3.0 °C인 겨울에 이 압력과 부피를 유지하기 위해서는 몇 g의 공기를 더 넣어야 하는가?

29. 사람들이 스쿠버다이빙을 할 때 왜 조교들이 사람들로 하여금 숨을 참지 말라고 하는가?

30. 종종 헬륨 기구에는 실제로 질소와 헬륨 혼합물이 채워진다. 이는 질소가 헬륨에 비해 폭발성이 훨씬 낮기 때문이다. 헬륨과 질소가 같은 질량으로 혼합된 혼합물에 대해서, 1.00 atm, 25 °C에서 밀도는 얼마인가? 이를 공기의 밀도와 비교하여 이 기구가 뜰지 안 뜰지 여부를 결정하라.

31. 이산화탄소의 밀도는 1.976 g/L이다. 만일 이산화탄소가 음료수 깡통에서 24 mL의 부피를 차지하고 있을 때 mg의 무게로는 얼마인가?

32. 왜 큰 유람선에서는 보편적인 휴대용 프로판(C_3H_8) 대신에 메테인(CH_4)으로 가압된 탱크로 요리를 하는가?

33. 아지드화나트륨 80 g이 에어백 안에서 0.02초 이내에 반응할 때 발생하는 질소의 부피는 얼마나 되겠는가? 아래에 주어진 질소 분자 생성 화학식을 사용하라(25 °C, 1.0 atm이라 가정).

$$2NaN_3(s) \longrightarrow 2Na(s) + 3N_2(g)$$

34. 자동차 에어백에서 기폭 뚜껑(detonator cap)의 역할은 무엇인가?

35. 기체를 응축시키는 최선의 방법은 무엇인가? 그 이유를 분자 수준에서 설명하라.

36. 뜨거운 푸딩을 플라스틱 랩으로 싼 다음 뜨거운 상태로 냉장고에 넣으면 작은 물방울이 플라스틱 랩 내부에 생기게 된다. 그러나 랩으로 싸지 않고 넣으면 푸딩의 표면에는 얇은 막이 생길 것이다. 왜 이런 현상이 일어날까? 이 과정은 흡열인가, 발열인가?

37. 여객기의 산소공급기 통에는 염소산칼륨과 철가루가 채워져 있다. 철의 촉매 작용에 의해 염소산칼륨은 아래와 같이 분해된다.

$$2KClO_3 \longrightarrow 2KCl + 3O_2$$

25 °C, 0.9 atm에서, 50.0 g의 염소산칼륨이 들어있는 산소공급기를 통해서 발생될 수 있는 산소의 양은 얼마인가?

38. 15~30 km 고도의 대기상층부의 평균 오존 농도는 평균 0.001 atm과 −25 °C에서 30.0×10^{11} mol/cm^3이다. 만약 같은 오존 분자들이 1.0 atm, 20 °C의 조건에 있게 된다면 오존층 두께는 얼마로 되겠는가?

39. 공기의 밀도가 25 °C, 1.0 atm에서 0.00118 g/mL라면 (표 11.1) 공기의 겉보기(apparent)질량을 구하고 알려진 공기의 조성을 가지고 당신의 답을 합리화하라.

40. 이상 기체 방정식이란 무엇인가? 각 변수가 나타내는 것은 무엇인가?

41. 다음에 주어진 자료를 가지고 질소 기체 시료의 압력을 계산하라. 이 시료는 해수면에 있겠는가?

밀도 = 0.00100 g/mL
부피 = 50.0 mL
온도 = 20 °C

42. 1.00 atm, 5.00 °C에 있는 10 L 부피, 19.3 g의 질량을 갖는 기체의 몰질량을 구하라.

43. 음료수 깡통이 얼게 되면 터지는 이유는 무엇인가?

44. 예제 11.10을 보라. 에어백 제조자가 실제로 230 g의 아지드화나트륨을 사용한다면(계산된 130 g 대신에) 에어백이 열렸을 때 무슨 일이 벌어지겠는가? 당신의 생각을 수학적으로 증명하라.

45. 미지의 액체 2.539 g이 기화하여 100 °C에서 0.575 L의 부피에 1.47 atm을 갖는 기체를 형성하였다. 이 성분의 분자량은 얼마인가?

46. 미지의 액체 0.769 g이 기화하여 100 °C에서 0.375 L의 부피에 1.25 atm을 갖는 기체를 형성하였다. 이 성분의 분자량은 얼마인가?

47. 다음 중 어느 조건이 기체를 액체로 응축시키는 데 가장 적합한 조건인가?

a. 낮은 압력과 높은 온도
b. 낮은 압력과 낮은 온도
c. 높은 압력과 높은 온도
d. 높은 압력과 낮은 온도

48. 12장에서 대기오염에 대해 논하며 이야기하겠지만 과다한 이산화탄소는 대기에 열을 가둠으로써 지구 온난화를 유발한다. 온도가 10 °C에서 30 °C로 상승하였을 때 강에서 대기로 방출되는 이산화탄소의 분율을 구하라. 열오염은 단지 수중 생태계에만 영향을 주는가?

49. 해수면 높이에 있는 가게에서 큰 봉지에 들어있는 감자칩을 샀다. 감자칩을 가지고 콜로라도 주에 있는 에스테스 공원(Estes Park)으로 여행을 갔다. 이 공원은 7,800 피트에 있다. 해수면에 있을 때에 비해 감자칩 봉지는 커졌겠는가, 작아졌겠는가? 설명하라.

50. 일정 온도에 있는 호수가 해수면으로부터 1,000 피트에 있을 경우와 7,000 피트에 있을 경우에 대해서, 어느 경우가 더 많은 산소를 포함하겠는가? 해발 높이가 호수 중의 식물과 동물 생명에 미치는 영향은 무엇인가?

51. 열오염이 호수의 생태계에 위험한지를 설명하라.

52. 기체의 반응에 의해 영향을 받는 일상적인 물품(이장에서 논의한 것과는 다른 것)을 말해 보아라.

CHAPTER

대기 오염

12

"가장 우아한 대기와 황금, 네가 바라보는 하늘,
금빛 불로 장신된 위엄 있는 지붕이 내게는 더럽고
전염성 있는 증기의 집합체로밖에 보이지 않는다."

- 햄릿, 2막 2장, 윌리엄 셰익스피어(William Shakespeare) -

미국 캘리포니아 주의 로스앤젤레스를 생각해보자. 야자나무, 할리우드의 배우들, 빠르게 달리는 자동차, 유행을 따르는 사람들 등이 생각날 것이다. 로스앤젤레스에는 디즈니랜드가 있고, 그 거리에는 스케이트보드를 즐길 수 있는 곳이 많다. 그러나 이 도시의 공기는 한때 미국에서 가장 더러웠다. 그 이유를 알려면, 이 도시의 지리적 조건을 알아야 한다. 또한 사람들이 어디서 어떻게 생활하고 쇼핑하고 일하고 통근하는 것이 **대기 오염**(air pollution)에 영향을 미치는지에 대해 그 사람들이 내린 결정이 무엇인지 이해하여야 할 것이다(그림 12.1). 그들의 선택은 성공적이었고 그들의 삶의 방식이 우리에게 교훈이 된다.

로스앤젤레스는 캘리포니아의 남서쪽 구석에 위치한 인구 1,200만의 뉴욕 다음가는 도시이다. 이 도시는 겨울에도 춥지 않고 여름에는 매우 더워 남부 캘리포니아는 휴양이나 주거 지역으로 좋다. 하지만 동시에 이러한 조건 때문에 여름에 태양 빛이 자동차나 공장의 배기가스와 상호작용하여 '스모그(smog)'를 발생시켜 숨막히는 대기 오염을 일으킨다. 스모그는 휘발성 유기 화합물들이 산화질소들과 반응하여 형성하는 반응성이 큰 기체 화합물들의 혼합물이다. 여기에 대해서는 12.4절에서 다루게 될 것이다.

로스앤젤레스는 산으로 둘러싸여 있는데, 이 때문에

그림 12.1 A.로스앤젤레스의 도시권 인구는 1200만 명이다. 많은 사람들은 이 도시가 1년 내내 따뜻하고 건조한 것으로 생각한다. 수년 간 로스앤젤레스는 대기 오염이 미국의 어느 도시보다도 더 심한 곳이었다. 지평선의 갈색 아지랑이는 "스모그"라고 하며, 태양빛에 의하여 발생한 휘발성 유기 화합물, 산화질소 및 일산화탄소의 해로운 혼합물이다. B.로스앤젤레스는 도시오염 억제조처를 통하여 변화되었다.

오염된 공기가 얕은 분지 내에 갇힌 분지의 환경을 가지고 있다. 태평양으로부터 불어오는 찬 공기가 분지 내에 들어오면 상공의 따뜻한 공기에 의하여 분지에 갇힌다. 공기는 산맥에 의하여 가로막혀 수평이동이 불가능하고, 따라서 오염된 공기는 그 위에 따뜻한 공기 뚜껑을 가지고 있는 셈이 된다. 이 오염된 공기는 이 뚜껑을 빠져나갈 수 없는데, 이것은 찬 공기가 더운 공기보다 밀도가 크기 때문이다. 이러한 현상을 **열역전**(thermal inversion)이라고 하는데, 그 이유는 보통의 경우 고도가 높을수록 온도가 더 낮은 반면, 이 경우에는 정반대이기 때문이다. 로스앤젤레스의 지표 근처 공기는 상당 기간 동안 이동하지 않고 머무른다. 비슷한 열역전 현상이 다른 도시에서도 일어나는데, 이들 도시도 산에 둘러싸여 있기 때문에 차가운 오염된 공기가 지표에 머무르게 된다.

어떤 작가에 따르면 1950년대 로스앤젤레스의 스모그는 상당히 짙고 또 장시간 지속되어서 곡물에 피해를 주고 호흡을 곤란하게 하여 가정 주부들이 플래카드를 들고 마스크를 쓰고 시위를 하는 정도에 이르렀었다고 한다.

로스앤젤레스 대기 오염의 주원인은 자동차이다. 자동차 수가 600만에 이르는 로스앤젤레스는 운전자들의 천국으로 자동차 한 대당 운전자는 1.1명이다(그림 12.3). 고속도로망은 광범위하게 건설되었지만 평균 속도는 2000년 11월 당시 겨우 시속 17 마일로 차가 공회전하는 동안 휘발유 4L당 1L가 소모되었다.

자가용으로부터 발생하는 대기 오염은 그 피해가 심하여 호흡기 질환 때문에 발생하는 치료 비용만 해도 1년에 수십조 달러에 이른다. 자동차에서 발생하는 대기 오염물과 건강에 대한 영향을 표 12.1에 나타내었다.

이러한 경험은 로스앤젤레스에만 국한된 것이 아니다. 실제로 휴스턴과 텍사스는 미국에서 가장 더러운 공기를 가진 도시로 로스앤젤레스를 넘어섰다. 통제가 허술하여 휴스턴은 공기를 자유롭게 지배하는 사업을 허락하였다.

미국 주민 수백만 명이 오존(O_3)이 1970년 연방 맑은 공기 법령 기준을 규칙적으로 초과하는 지역에 살고 있다.

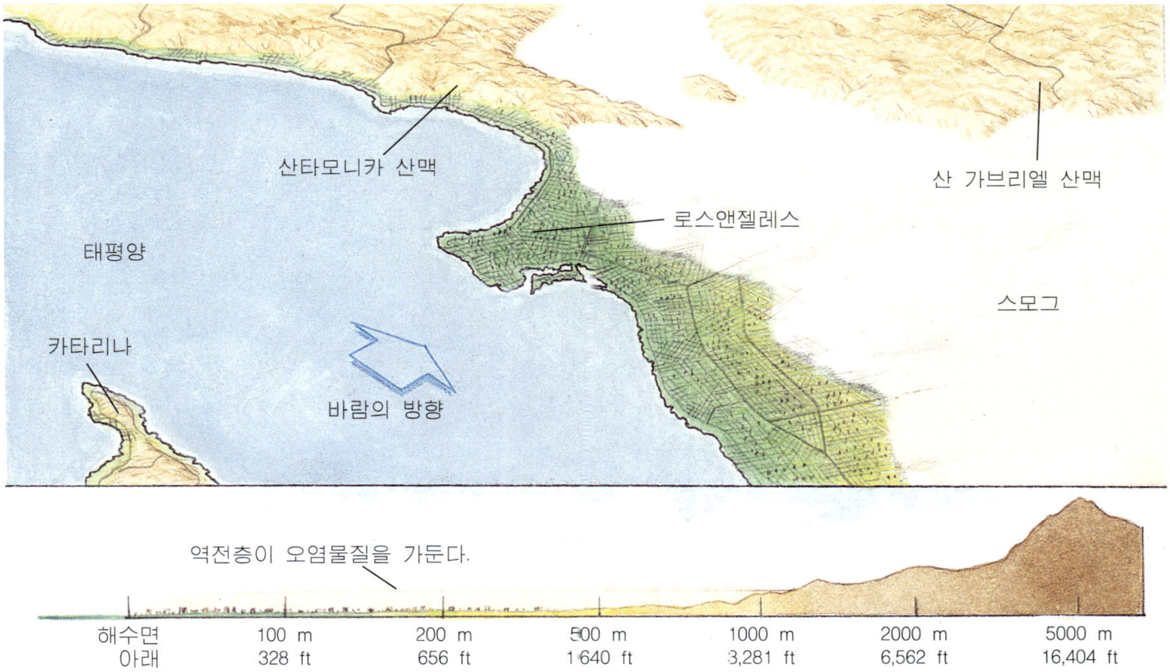

그림 12.2 로스앤젤레스에 유입된 오염물은 이 도시의 분지적 환경(도시의 한 쪽이 산으로 막혀 있고 다른 쪽에서는 찬 바닷바람이 불어 옴) 때문에 이동하지 못하고 갇히게 된다.

표 12.1 자동차 배기 가스와 관련된 화합물

물 질	화학식	과잉 노출 때의 효과
일산화탄소	CO	어지러움, 두통, 산소 운반 능력 상실로 인한 사망
이산화탄소	CO_2	온실 효과(장기적)
폼알데하이드	$HCHO$	눈, 코를 자극함
탄화수소	C_xH_y	스모그 형성
산화질소	NO_x	스모그 형성
납	Pb	뇌 손상, 고혈압, 성장 장애
1, 3-뷰타다이엔	C_4H_6	심장, 폐, 난소 및 다른 위치에 암 발생

그림 12.3 로스앤젤레스는 단독 운전자들의 도시이다. 6백만 대 이상의 차량들이 길거리를 메우고 있어서 2000년에는 주행 속도가 시간당 24 km였다.

대기 오염의 과학을 잘 이해하려면 다음과 같은 사항들을 잘 생각해야 한다.

- 깨끗한 공기는 무엇인가?
- 대기 오염원은 무엇인가?
- 어떤 종류의 대기 오염이 가장 심각한가?
- 대기 오염의 장 · 단기적 결과는 무엇인가?
- 대기 오염의 추세를 돌릴 수 있는가?

그렇다면 생활 방식의 변화 및 금전 면에서 소요되는 비용을 치르면서 대기 오염을 감소할 필요가 있겠는가? 이것은 개인 및 정부가 부담해야 할 손익계산이다.

12.1 대기

우리가 사는 지구는 매우 독특한 행성이다. 지구 이외에는 태양계 어디에도 생명을 유지할 수 있도록 대기가 보호막 구실을 하는 곳은 없다. 다른 행성들의 대기는 화성처럼 이산화탄소가 대부분인 경우도 있고, 천왕성처럼 메테인이나 암모니아가 대부분이거나 화성처럼 대기가 전혀 없는 경우도 있다(그림 12.4). 우리는 별로 자각하고 있지 못하지만 지구의 대기는 소중한 자원이다. 이 소중한 대기에 대해서 알고, 또 그것을 보호하는 것은 가치 있는 일이다.

지구의 대기는 어떻게 진화해 왔나 ?

그림 12.4 태양계 내의 다른 행성들의 대기는 행성의 크기, 즉 중력장에 따라 다르다. 금성, 지구, 화성의 대기는 28~44 g/mol 정도의 기체를 보유한 반면, 더 큰 행성들은 수소, 헬륨, 암모니아 같은 가벼운 기체를 가질 수 있다.

지금까지의 여러 증거에 따르면, 지구는 약 45억 년 전에 형성되었으며, 이 때에는 대기가 없었을 것으로 추정하고 있다. 화산들이 염화수소, 이산화황, 이산화탄소 등의 기체를 내뿜기 시작하였으므로, 만약 현재의 생물들이 이 당시에 있었다면 모두 전멸했을 것이다. 이 기체

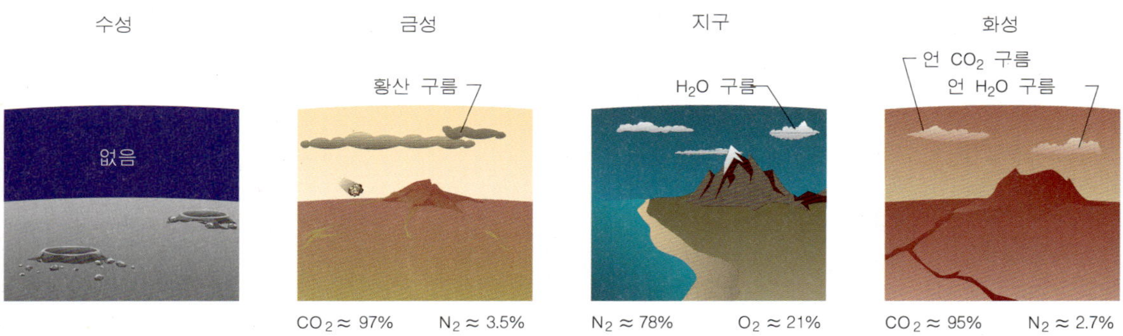

그림 12.5 지구가 냉각됨에 따라 화산에서 배출된 염화수소, 이산화황 및 수증기 등의 기체 혼합물이 원시의 대기를 형성하였을 것이다.

들은 곧 서로 반응하였는데, 지표상의 암석 및 금속들 및 암모니아와 같은 다른 기체들과 반응하여 질소(N_2), 메테인(CH_4), 수소(H_2), 물(H_2O)과 같은 기체들로 구성된 원시 대기를 남겼지만, 이 때까지도 산소는 형성되지 않았다.

이런 성분의 대기가 대략 20억 년 전까지 지속되었는데, 이 때 산소가 갑자기 대기 중에 나타났다. 산소가 형성되었다는 증거는 이 당시의 암석에서 찾아 볼 수 있다. 그 이후 생성된 철광의 붉은색은 당시에 생긴 산소가 철과 반응하여 산화철(Fe_2O_3)을 형성하였다는 증거일 것이다.

산소의 형성은 생물의 화학 작용에 의한 것으로 추정되므로, 산소는 생물들이 진화하면서 부산물로 배출한 것이다. 이것은 대략 35억 년 전에 시작되었는데, 원시 해양 생물들이 광합성을 하여 산소를 부산물로 배출한 것이다. 이 산소는 초기의 혐기성 생물들(산소를 필요로 하지 않으며, 산소 중에서는 살 수 없는 생물)에게는 독성 물질이었을 것이다. 산소가 독성이 아닌 생물들이 출현한 것은 약 18억 년 전쯤이었고, 산소를 필요로 한 생물들이 진화한 것은 그 후의 일이었다. 산소를 필요로 하는 최초의 (호기성) 생물들은 호흡을 위하여 산소를 소요했다. 이들의 에너지원은 탄소를 포함한 식품 분자들과 산소 간의 화학 반응이었다. 산소는 탄소, 수소, 산소를 포함하는 화합물들과 반응하여 이산화탄소와 물을 발생시키며, 이 때 에너지를 배출한다.

$$C_xH_yO_z + nO_2 \longrightarrow xCO_2 + y/2H_2O$$

산소를 소요로 하는 생물들과 광합성하는 생물들이 어울려서 생물을 통한 끊임없는 산소의 순환을 오늘날까지 이룬 것이다. 식물은 광합성할 때는 산소를 생산하지만, 호흡할 때는 산소를 이용하기 때문에 이 순환 과정에 참여한다. 동물들은 오직 산소를 소비만 하며 이산화

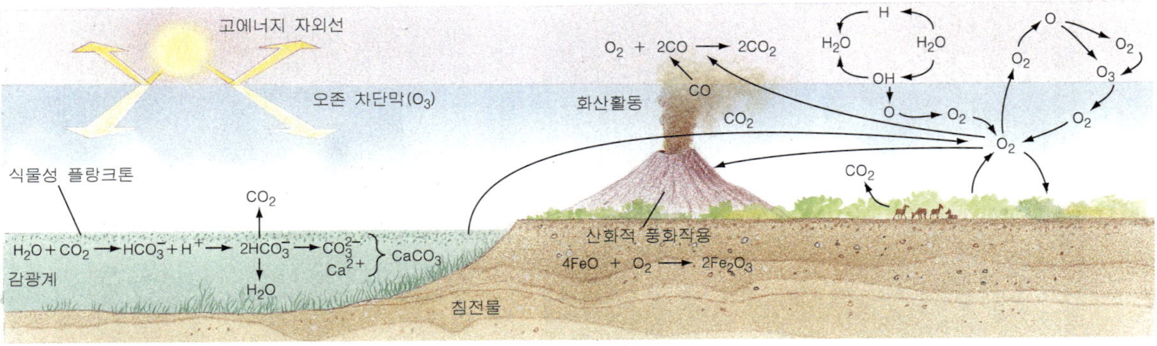

그림 12.6 산소의 순환. 식물은 광합성에서 산소를 배출하고 호흡 시에는 산소를 소비하므로 산소 순환에 중요한 역할을 한다. 동물은 호흡 시에 산소를 소비한다.

탄소와 물을 생산하여 이를 식물의 광합성 과정에 제공한다.

약 4억 년 전에 대기 중의 산소의 양이 충분히 증가하여서 태양 광선에 의하여 성층권의 산소 중 일부가 다음 반응에 의하여 **오존**(O_3)으로 전환되었다.

$$O_2 \xrightarrow{UV} 2O$$
$$O + O_2 \longrightarrow O_3$$

이 반응의 첫 단계는 매우 낮은 산소 농도에서도 일어날 수 있지만, 두 번째 단계는 산소의 농도가 충분히 커서 매우 반응성이 큰 산소 원자가 다른 산소 분자와 충돌하여야만 일어날 수 있다. 오존은 산소 분자보다 더 넓은 진동수 범위에서 자외선을 흡수하지만, 오존은 상당량의 산소(O_2)가 있을 때에만 생성될 수 있다.

이 엷은 **오존층**(ozone layer)은 오늘날까지 지속되는 중요한 역할을 하기 시작했다. 즉, 자외선을 흡수하여 지표에 내려오는 자외선의 양을 줄였다. 더 복잡한 다세포 생물들은 이 오존 보호막하에서 진화했으며, 만약 오존층이 제거된다면 상당한 피해를 입을 것이다. 오존층이 생긴 이후, 다양한 복잡한 생물들이 형성되어 진화했고 번성했다. 대기 중 산소의 양은 거의 오늘날 수준으로 증가하여 대기 총량의 약 20 %까지 차지하였다.

그러므로, 지구의 대기가 생물의 생존에 필요한 산소를 포함했던 것은 우연한 행운이 아닌 것이다. 대기 중의 산소는 생물의 화학적 활동에 의하여 생성되었다. 생명과 대기는 조화롭게 진화하여 서로 영향을 미쳐온 것이다.

오늘날의 대기

대기를 '공기의 모포(blanket of air)' 라고 불렀는데, 이것은 대기가 지구상의 모든 곳에서 균일한 조성을 가지고 있는 것을 의미하는 것이다. 서울이나 멕시코시티, 런던, 로스앤젤레스와 같은 대도시의 공기는 눈이나 코, 목 등에 좋지 않은 영향을 미치는 반면, 산 속이나 시골의 공기는 깨끗하고 신선한 것 같다. 도시의 공기와 벽지의 공기 성분 사이에는 중요한 차이가 있는 것일까?

공기 중에 존재하는 수증기의 양은 지역에 따라서 많이 다르지만, 대체로 공기 성분 중에서 99.94% 이상은 지구 어디에서나 동일하다. 공기의 주요 성분을 표 12.2에 나타내었다. 대기 중의 수증기의 양이 날씨에 따라서 매일 변하기 때문에 표 12.2에는 건조한 공기의 성분을 나타내었다. 질소와 산소는 지표면에 가까운 대기의 99% 이상을 차지한다. 미량의 다른 물질로 구성된 나머지 1% 이하의 성분이 공기의 형상과 냄새와 건강에 대한 영향을 결정한다. 즉 공기의 질은 건조한 공기 중 0.06%를 이루는 물질의 성분에 의하여 결정된다. 공기에 혼합될 때 공기의 질을 저하시키는 물질들을 대기 오염물이라고 한다. 대기 오염을 일으키는 물질들 중에는 이산화황(SO_2), 오존(O_3), 일산화탄소(CO), 이산화질소(NO_2)와 같은 미량의 기체들이 있다. 이 기체들의 농도는 지역에 따라 매일 변한다. 이 기체들은 대기 오염에 대한 논의에서 중점적으로 다룰 것이다.

표 12.2 건조한 공기의 조성*

성분	부피비율
N_2	0.7808
O_2	0.2095
Ar	0.00934
CO_2	0.00034
Ne	1.82×10^{-5}
He	5.24×10^{-6}
CH_4	2×10^{-6}
Kr	1.14×10^{-6}
H_2	5×10^{-7}
N_2O	5×10^{-7}
Xe	8.7×10^{-8}
SO_2	$<1 \times 10^{-6}$
O_3	$<1 \times 10^{-7}$
NO_2	$<2 \times 10^{-8}$
I_2	$<1 \times 10^{-8}$
NH_3	$<1 \times 10^{-8}$
CO	$<1 \times 10^{-8}$
NO	$<1 \times 10^{-8}$

* 대기 중 수증기 비율은 춥고 건조한 날에는 거의 0이고 무덥고 습한 날에는 0.05에까지 이른다. 또한 수증기 비율은 고도와 지질학적 조건에 따라 다르다.

질소와 산소 : 공기의 주성분

대기 오염물들은 공기의 약 0.06%에 지나지 않지만 대기의 질을 저하시킨다. 이산화황이나 오존과 같은 미량의 기체들의 농도가 조금만 상승하여도 대기는 오염된다. 그러나 우리가 호흡하는 공기의 거의 전부는 질소(N_2)와 산소(O_2)로 구성되어 있다.

질소

N_2 형태의 질소는 대기의 약 80%를 차지하는 주요 성분이다. 질소 분자는 여섯 개의 전자를 공유하는 삼중 결합으로 묶여 있다. 삼중 결합은 매우 강하여, 이를 끊기 위해서는 많은 에너지가 필요하다. 따라서, 질소 분자는 반응성이 매우 약하며, 아주 높은 온도에서나 강력한 촉매하에서만 반응을 일으킨다. 질소는 산소나 수증기가 반응물들과 폭발적으로 반응할 위험이 있는 제련이나 석유화학 또는 기타 공업 공정에 비활성 매체로 사용된다. 질소의 반응성이 낮다는 것은, 질소가 공기의 주성분이면서도 이를 무시할 수 있음을 의미한다.

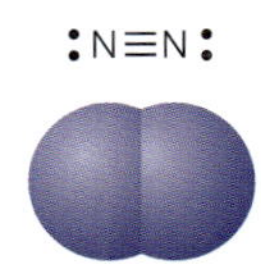

그림 12.7 질소 분자에는 두 개의 질소 원자가 삼중 결합으로 연결되어 있으므로 실온의 질소는 반응성이 약하다. 그 결과, 질소는 산소나 물이 반응물과 격렬히 반응하는 산업 공정의 비활성 매체로 사용된다.

화학적으로 비활성이지만, 질소는 대기 오염에 중요한 역할을 한다. 자동차 엔진 내에서 질소는 산소의 존재하에서 고온으로 가열되어 대

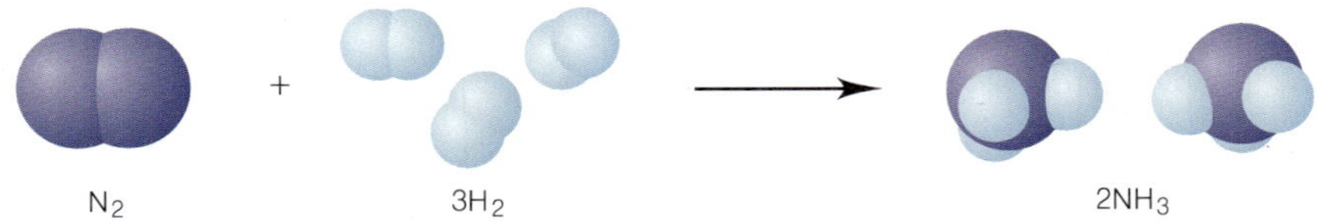

기 오염에 중대한 결과를 초래한다. 9장에서 본 것과 같이 질소는 산소와 반응하여 이산화질소(NO_2)와 질산(HNO_3)을 생성하는데, 이것은 산성비의 중요한 성분들이다. 이산화질소는 자동차 배기 가스로 오염되어 있는 공기의 노란색의 성분이며, 광화학 스모그를 생성하는 복잡한 과정에서 햇빛을 흡수하는 주요 화합물이다.

질소는 450℃, 200~600 atm의 압력과 촉매 존재하에서 수소와 반응하여 암모니아를 생산하는 데 주로 사용된다.

$$N_2(g) + 3H_2(g) \rightleftharpoons 2NH_3(g)$$

이 반응은 **하버 과정**(Haber process)이라고 한다. **르 샤틀리에의 원리**(8장 참조)에 의하면 압력이 상승하면 이 반응은 분자 수가 감소하는 정반응 쪽으로 일어나게 된다. 하버 과정에는 2 mol의 기체 생성물과 4개의 기체 반응물이 있으므로, 이 과정에 사용되는 고압하에서는 암모니아의 생성이 촉진된다.

이 반응은 발열 반응이므로 저온에서는 암모니아의 생성이 유리하다. 그러나 저온에서는 반응이 느리게 일어나므로, 하버 과정에서 사용되는 온도인 450℃는 속도(반응속도론)와 반응의 정도(열역학)를 절충한 것이다.

하버 과정에서 생산되는 암모니아는 질소나 수소에 비하여 끓는점이 훨씬 높다(−33℃). 반응 기체들을 냉각 챔버를 통과시키면 생성된 암모니아가 액화되고, 반응을 일으키지 않은 질소와 수소는 기체로 남아 있게 된다(그림 12.8).

막대한 양의 암모니아가 산업국에 의하여 생산된다. 1999년 미국의 생산량은 190억 kg으로, 이것은 무기 화합물 중에서는 황산에 이어 두

그림 12.8 하버 과정에서 질소와 수소로부터 합성된 암모니아. 질소는 반응성이 매우 낮으므로 고압, 고온에서만 반응한다.

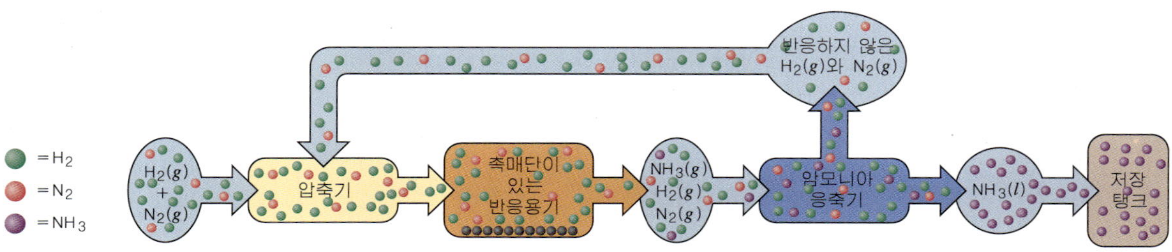

번째이다. 암모니아의 대부분은 질소비료 생산에 사용되어 농토나 정원에 뿌려진다.

산소

산소는 공기의 약 20%를 차지하며 대기에 존재하는 주요 기체 중에서 반응성이 가장 크다. 그 제조 과정과 성질에 대한 연구를 통하여 18세기 말 현대 화학이 생겨나게 된 것이다. 대기 중 산소는 거의 모두가 이원자 분자 형태(O_2)로 존재한다. 산소의 다른 형태인 오존은 양이 적은 삼원자 분자(O_3)이다. O_2와 O_3는 **동소체**(allotrope, 동일한 원소로 되어 있지만 서로 다른 형태의 분자들)의 좋은 예이다.

오존은 산소 원자가 산소 분자와 반응할 때 다음과 같이 생성된다.

$$O_2(g) + O(g) \longrightarrow O_3(g)$$

산소 원자는 대기 중에서 전기 스파크에 의하여 생성되는데, 전기 스파크나 아크가 일어날 때의 냄새는 오존 때문이다. 오존은 대기 상층부에서는 좋은 역할을 하지만 지표 근처에서는 해롭다. 대기 상층부의 오존은 해로운 자외선을 흡수하는 오존층을 형성하여, 자외선이 지표에까지 도달하는 것을 방지해 준다.

산소와 다른 물질과의 반응은 산화 반응의 한 예이다. 4장에서 본 바와 같이, 현대적 의미의 산화는 전자의 손실이 일어나는 모든 과정을 의미한다. 그러나, 산화의 원래 의미는 산소가 매우 반응성이 강해서 많은 종류의 물질들과 결합하여 산화물을 형성한다는 것을 의미하였다. 대부분의 금속들은 산소와 반응하여 산화 금속을 형성한다.

$$2Ca(s) + O_2(g) \longrightarrow 2CaO(s) \text{ 산화칼슘}$$
$$4Fe(s) + 3O_2(g) \longrightarrow 2Fe_2O_3(s) \text{ 산화철(III)}$$

산소는 또한 대부분의 비금속 원소들과 반응하여 산화물을 형성한다. 다음 두 가지 예를 보자.

$$S(s) + O_2(g) \longrightarrow SO_2(g) \quad \text{이산화황}$$
$$C(s) + O_2(g) \longrightarrow CO_2(g) \quad \text{이산화탄소}$$

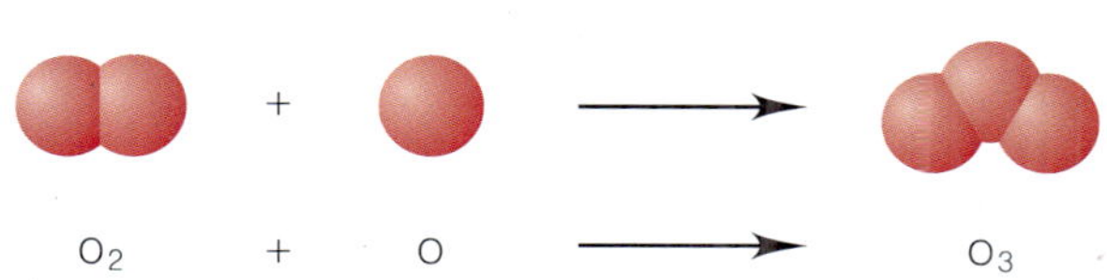

그림 12.9 오존은 산소 분자와 산소 원자의 반응에서 생성된다. 오존은 해로운 자외선을 흡수하는 성층권에서는 매우 중요하다. 그러나 지표에서는 해로워서, 0.12ppm의 농도에서도 건강에 해로울 수 있다.

산성비에 대한 논의에서, 물을 제외한 다른 비금속의 산화물들이 물과 반응하여 산을 형성하기 때문에 **산 무수물**(acid anhydride)이라고 했던 것을 기억하라.

산소는 많은 화합물들과 반응하여 원래 화합물 내의 각 원소들과 산화물을 형성한다. 특히 중요한 것은 탄소를 포함하는 유기 화합물이다. 거의 모든 유기 화합물이 이러한 방식으로 산소와 반응한다. 충분한 에너지(예를 들면 성냥)가 공급되면 탄화수소는 산소와 반응하여 이산화탄소(탄소의 산화물)와 물(수소의 산화물)을 형성한다. 이 반응이 신속히 일어날 때를 연소라고 하며, 이 때 많은 양의 에너지가 발생한다. 거의 비슷한 반응이 탄소, 수소, 산소를 포함하는 모든 화합물에서 일어난다.

다음 반응식은 휘발유의 성분인 톨루엔(C_7H_8)과 마실 수 있는 알코올인 에탄올(C_2H_5OH)의 연소를 나타낸 것이다.

$$C_7H_8(l) + 9O_2(g) \rightleftharpoons 7CO_2(g) + 4H_2O(g)$$

$$C_2H_5OH(l) + 3O_2(g) \rightleftharpoons 2CO_2(g) + 3H_2O(g)$$

이러한 반응에서 발생하는 이산화탄소는 '**온실 기체**(greenhouse gas)'로 지구의 온난화를 일으킨다.

대기 오염 : 그 의미와 원인

대기 오염에 관하여 간단하고 완전한 정의를 내리기는 어렵지만, 대기 오염이 공기에 어떤 물질들이 첨가되어서 발생한다는 것에는 대부분 동의할 것이다. 많은 사람들은 대기 오염이 인간에 의하여 만들어지고 인간이 대기에 가하는 물질에 의하여 발생한다고 생각하겠지만, 상당한 양의 대기 오염물은 인간과 관계없이 대기 중에서 발생한다. 화산이나 산불 및 식물의 활동이 대기 오염에 상당히 큰 요인이 된다.

표 12.3 자연적으로 발생하는 대기 오염물

오염원	오 염 물
화산	황 산화물, 미세 입자
산불	일산화탄소, 이산화탄소, 산화질소, 검댕
폭풍	먼지
살아있는 식물	탄화수소, 꽃가루
죽은 식물	메테인, 황화수소
토양	바이러스, 먼지
바다	염분 입자

이러한 대기 오염의 요인은 수십 년 동안 존재하여 왔으며, 인간을 포함한 생물들은 이것과 함께 진화해왔고, 따라서 지구의 자연적인 화학적 순환 과정의 일부인 것이다.

지난 200년간 인간의 활동은 두 가지 주요인에 의해 새로운 대기 오염물들을 무더기로 발생시켰으며, 기존의 오염물들을 추가로 생산하였다. 첫 번째 요인은 그림 12.10에 나타낸 것과 같은 인구의 급격한 증가이다. 많은 사람들의 에너지 소요 때문에 석탄이나 석유와 같은 오염 에너지원의 사용이 급격히 증가하였다. 둘째는 자동차 생산과 사용을 포함하는 산업화로 특히 도시의 대기를 상당히 오염시켰다.

인간 활동과 상관없는 대기 오염원은 어떻게 할 수 없는 자연의 화학적 순환 과정이지만, 인간 활동에 기인하는 오염은 정치적 의지나 개인의 의지가 있다면 상당히 감소시킬 수 있을 것이다.

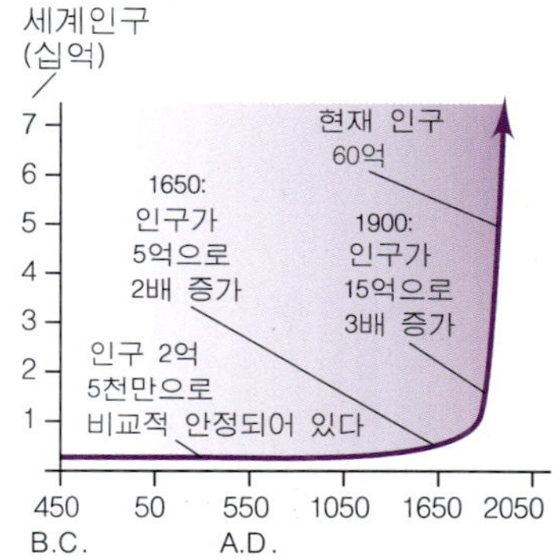

그림 12.10 지난 200년 동안 산업혁명과 세계 인구의 폭발적 증가에 의해 생겨난 에너지 수요는 지구의 환경에 막대한 부담을 주었다.

오염의 화학

이 장의 나머지 부분에서는 대기 오염을 일으키는 화학적 상호작용을 다룰 것이다. 여기에는 몇 가지의 접근방식이 있다. 예를 들면 각각의 특정한 오염물로 구분하든지 아니면 자동차 사용이나 공장의 배기가스 등, 각 오염원별로 다룰 수가 있을 것이다. 그 대신 여기서는 오존 파괴, 온실 효과 및 스모그와 먼지 등을 다루고자 한다.

12.2 오존 파괴

오존은 무엇인가? 오존은 자극성 냄새가 나는 연한 청색의 기체로, 인간이나 동물의 점막을 자극한다. 폐의 기관 세포를 손상시켜 호흡을 곤란하게 하고, 붓게 하거나 염증을 일으킨다. 오존은 세 개의 산소 원자로 구성된 산소의 동소체이다(그림 12.11).

오존은 이원자 분자인 산소보다 훨씬 더 반응성이 크며 더 강력한 산화제이어서 많은 물질들은 오존과 반응하면 산화(전자를 잃음)된다. 금속 및 아미노산을 포함하는 유기 화합물 등도 오존과 만나 산화된다. 오존은 강력한 산화제이므로 물 속 미생물들을 파괴할 수 있어서 물의 정화제로 사용되고 있으며, 냄새를 일으키는 분자와 반응하여 공기 정화제로도 사용된다. 그러나 강력한 산화력 때문에 오존은 해로운 효과를 일으키기도 한다. 건강에 해로울 뿐 아니라, 오존은 식물에 손상을 주고 고무를 갈라지게 하며 페인트 칠한 표면을 탈색시킨다.

그림 12.11 오존은 산소의 동소체이다. 오존은 높은 반응성 때문에 물의 정화에 유용하지만 또한 사람과 식물에 피해를 줄 수 있다.

그림 12.12 지구 표면에 가장 근접한 대기층

오존은 어디에서 발견되나?

공기를 '대기'라는 하나의 덩어리로 이야기하지만 네 개의 층으로 나누어 생각하는 것이 유용할 때도 있다. 이 네 층은 아래서부터 차례로, 대류권, 성층권, 중간권, 열권이다(그림 12.12). 각 층은 고유한 온도 분포와 성분을 가지고 있다(그림 12.13). 오존은 이 가운데 두 개의 층에 존재한다. 성층권에서는 다소 연속적인 넓은 층을 형성하지만 대류권에서는 특히 대도시 등의 특정한 지역에 존재한다. 대류권의 오존은 지구 표면 위에 존재하므로 '지표 오존'이라고 한다.

성층권 오존의 중요성

1장에서 본 바와 같이 태양은 거대한 화로이다. 수소 핵들이 융합하여 헬륨을 형성하고, 이 때 발생하는 에너지는 가시광선과 자외선을 포함한 전자파의 형태로 지구에 전달된다. 자외선은 많은 분자에 의해 흡수되어 분자를 파괴하거나 해로운 형태로 변화시키므로 생물에 유

그림 12.13 대기는 네 개의 층으로 이루어져 있다. 각 층은 고도와 온도 변화의 방향으로 구분한다. 대류권에서는 올라갈수록 온도가 떨어지고, 성층권에서는 올라갈수록 온도가 높아진다. 중간권에서는 다시 온도가 떨어진다.

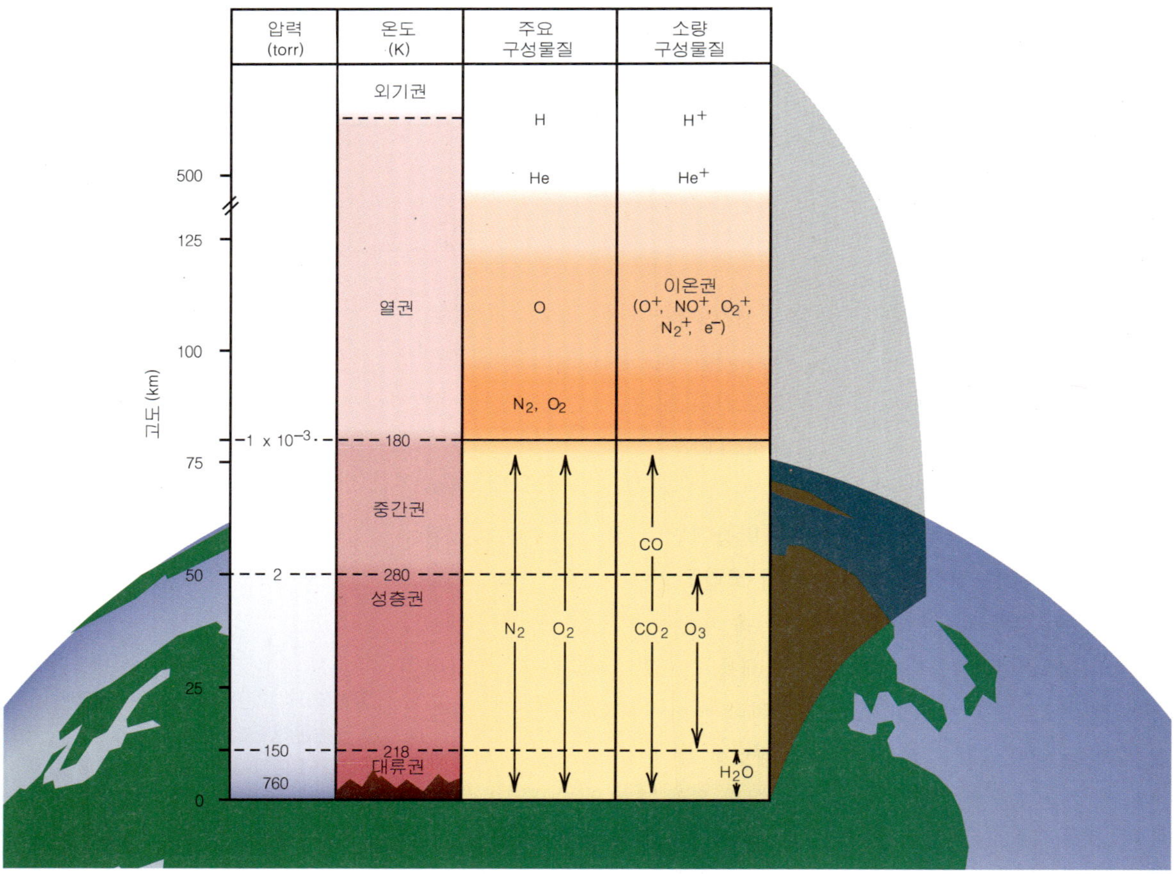

해하다. 건강한 피부는 햇빛에 노출될 때 자외선에 대한 보호 메커니즘으로 검게 변하는데, 이것은 검은 색의 **멜라닌**(melanin)이라는 분자가 피부에 축적되어 자외선을 흡수하여 열로 변환시키기 때문이다. 어떤 사람들에게는 피부를 태우는 것이 좋지만 자외선에 과다하게 노출되면 단기적으로는 심한 화상을 입을 수 있고 장기적으로는 피부암과 같은 심각한 문제를 초래할 수 있다. 암은 세포의 성장과 유지를 조절하는 DNA 분자에 손상이 생겨서 발생한다.

대부분의 자외선은 햇빛이 지표에 이르기 전에 오존층에 의하여 차단된다. 이 오존층의 차단 효과가 없으면 햇빛은 인간을 포함하는 동물들에 훨씬 더 유해할 것이며, 식물에도 상당한 피해를 줄 수 있다. 오존층을 구성하는 오존은 자외선의 상당량을 흡수함으로써 우리를 보호해준다. 오존은 이 에너지를 흡수하여 그 결합이 끊어지며 (광분해) 그 결과로 산소 분자와 산소 원자가 형성된다.

$$\text{오존의 분해 } O_3(g) \xrightarrow{\text{UV}} O_2(g) + O(g) \qquad (12.1)$$

이것이 과정의 끝이라면 대기 중의 오존은 모두 빠르게 소멸될 것이다. 그러나 지상의 생명체들을 위해 일련의 반응으로 계속 오존이 재생산된다. 먼저 산소 분자가 자외선을 흡수하여 그 이중결합이 끊어지고 자유 산소 원자들을 형성한다.

$$O_2(g) \xrightarrow{\text{UV}} 2O(g) \qquad (12.2)$$

자유 산소 원자들은 반응성이 매우 강한데, 이 때문에 지구 표면에서는 산소 원자들을 거의 볼 수 없으며 분자나 이온에 결합되어 있다. 대기 중에서 산소 원자는 산소 분자와 즉시 반응하여 오존을 형성하고 열을 발생한다.

$$O_2(g) + O(g) \xrightarrow{\text{UV}} O_3(g) \qquad (12.3)$$

반응식 (12.2)와 (12.3)을 더하면 다음과 같이 되어 오존이 형성된다.

$$\begin{array}{ll} O_2(g) \xrightarrow{\text{UV}} 2O(g) & (12.2) \\ \underline{O_2(g) + O(g) \longrightarrow O_3(g)} & (12.3)\ (\times 2) \\ 3O_2(g) \xrightarrow{\text{UV}} 2O_3(g) & (12.4) \end{array}$$

산소 원자는 이 과정에서 반응물도 생성물도 아니므로 반응식 (12.3)을 두 배로 해서 (12.2)에 더하면 반응식 (12.4)와 같이 산소 원자가 제거된 전체 반응식을 얻을 수 있다.

오존의 파괴와 재생은 모두 자외선의 흡수에 의해 일어난다. 외부에 의한 개입이 없다면 오존의 파괴와 재생 속도는 동일하여 그 농도가 거의 일정하므로 계속 해로운 자외선을 흡수할 것이다. 흔히 있는 일이지만, 인간의 개입으로 인하여 이 자연의 균형이 깨질 때에만 문제가 발생하는 것이다.

인간의 개입으로 인하여 자연의 균형이 어떻게 깨지는가

인간의 활동으로 인하여 오존층의 안정성을 해치는 몇 가지 화합물이 대기 중으로 방출된다. 가장 위험한 것은 염화플루오린화탄소(chlorofluorocarbon, CFC)라고 하는 유형의 화합물들이다. 염화플루오린화탄소들은 이름에서 알 수 있듯이 염소, 플루오린, 탄소 원자를 가지고 있다.

CFC는 1890년대에 안티몬이 그 생산에 촉매로 사용될 수 있음이 알려진 후 대량 생산되기 시작했다. CFC의 생산은 비교적 쉽다. 예를 들면 CFC-11 ($CFCl_3$)은 사염화탄소와 플루오린화수소산을 반응시켜 한 단계의 반응으로 얻을 수 있다.

$$CCl_4(l) + HF(l) \longrightarrow CFCl_3(l) + HCl(g)$$

CFC-11은 냉방, 냉동 및 기포제(기화하여 고분자에 기포를 만드는 물질)로 사용된다. 가장 많이 사용되는 것은 프레온-12 (CCl_2F_2)으로 제너럴 모터스(General Motors)사의 연구자들에 의해 1928년 합성되었다. 다른 CFC들과 그 용도는 표 12.4와 같다. 이 화합물들은 모두 연소되지 않고 화학적으로 불활성이며 비교적 독성이 없고 값이 싸다. 이와 관련된 화합물(할론 계열)들은 CF_3Br나 CF_2BrCl와 같이 브롬을 가진다. 할론 계열의 화합물에는 수소가 전혀 들어있지 않다는 것을 기억하라. 할론 화합물들은 소화제(fire extinguisher)로 가장 많이

표 12.4 CFC와 할론 화합물들 : 그 용도와 대기 중의 수명

화학식	상업명	대기 중 수명(년)	주요 용도
CCl_3F	CFC-11	75	고분자 발포제, 냉동, 냉방
CCl_2F_2	CFC-12	111	고분자 발포제, 냉동, 냉방, 에어로졸, 음식 냉동
CCl_2FCClF_2	CFC-113	90	용매
$CClF_2CClF_2$	CFC-114	185	고분자 발포제, 냉동, 냉방
$CClF_2CF_3$	CFC-115	380	냉동, 냉방
$CBrClF_2$	할론-1211	25	휴대용 소화기
$CBrF_3$	할론-1301	110	진화제(total flooding)
$C_2Br_2F_4$	할론-2404	보고된 바 없음	소화제(fire extinguisher)

사용된다. 이러한 유형의 소화제는 컴퓨터 하드웨어나 제트 비행기와 같이 정밀기기가 있는 장소에서 사용하기에 편리하다. 할론 화합물들은 산소를 차단함으로써 진화하며 해로운 찌꺼기를 남기지 않는다.

1974년에 어빈 캘리포니아 대학교(University of California at Irvine)의 롤랜드(Sherwood Rowland)와 몰리나(Mario Molina)는 CFC가 대기 중에 축적되어 특히 남극과 북극 지역의 오존층을 파괴할 가능성이 있다는 이론을 발표했다. 성층권에 대한 많은 측정 결과 오존 파괴의 실상이 명확해지고, 이들은 1995년에 노벨 화학상을 받았다.

CFC 화합물들이 오존층을 파괴하는 과정은 다음과 같이 요약될 수 있다. 에어로졸 깡통, 냉방기 및 냉장고 등에서 발생하는 CFC 화합물들이 대기 중으로 방출되어 지표의 공기와 혼합된다. CFC 화합물들은 다른 화합물들과 반응하지 않지만 천천히 확산되어 성층권의 오존층으로 상승한다. 성층권에서 오존과 직접 반응하지 않고, 자외선이 오존층에 의하여 차단되어 있지 않은 곳까지 상승한다. 여기서 자외선은 CFC 화합물들의 탄소-염소 결합을 파괴하여 염소 원자를 생성한다. 자유 염소 원자는 오존과 반응하여 산화염소(ClO)와 수소 분자를 형성한다. 반응식 (12.6)에서 ClO는 오존의 광분해 결과 생성된 산소 원자와 반응한다.

$$Cl(g) + O_3(g) \longrightarrow ClO(g) + O_2(g) \qquad (12.5)$$

$$ClO(g) + O(g) \longrightarrow Cl(g) + O_2(g) \qquad (12.6)$$

$$\text{전체 반응} \quad O_3(g) + O(g) \longrightarrow 2O_2(g) \qquad (12.7)$$

이 두 반응의 결과로 오존 분자 1개가 파괴되고 염소 원자 2개가 재생되어 동일한 과정을 반복한다. 이 과정은 자유 염소 원자 하나가 수많은 오존 분자들을 파괴할 수 있으므로 촉매반응이다.

염소 원자는 대기 중의 다른 많은 화합물들과 반응할 수 있다. 염소 원자의 대기 중 전체 반응은 실제로는 매우 복잡하지만 가장 간단한 결과는 오존의 파괴이다. 염소 원자가 제거되는 유일한 메커니즘은 대기 아래층으로 확산되어 HCl과 같은 다른 화합물이 되어 빗물에 녹아 지표로 돌아오는 것뿐이다.

탄소-염소 결합을 가진 다른 화합물들도 자외선에 노출되면 염소 원자를 배출하지만 CFC 화합물들보다는 훨씬 반응성이 강해서 대기의 낮은 층에서 반응하여 HCl과 같은 물질을 형성하므로, 성층권에서 오존을 파괴할 정도의 농도가 되기 전에 대기에서 제거된다.

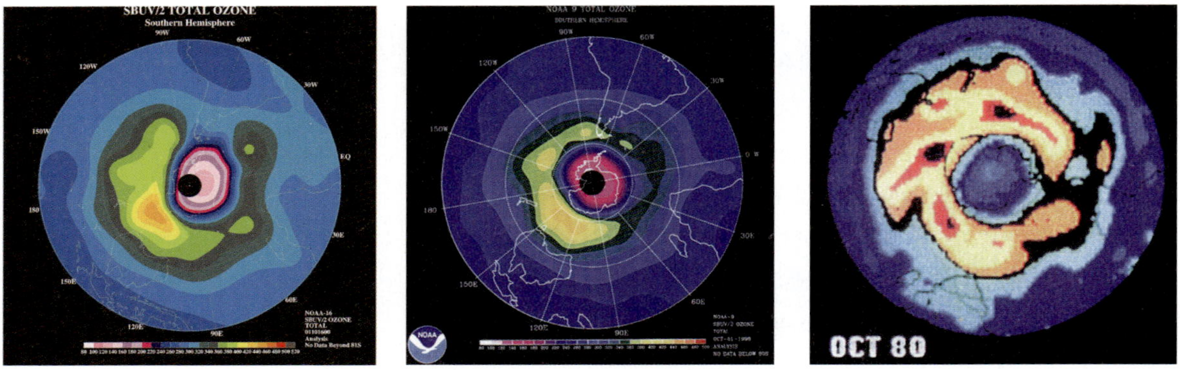

A B C

그림 12.14 미국 국립해양청의 SBUV/2 극궤도 위성이 제공한 사진. **A**는 2001년 10월 16일 촬영한 남반구 오존층이고 **B**는 1996년 10월, **C**는 1980년 10월에 촬영한 것이다. 여기서 오존의 감소가 가장 크게 나타난 지역(오존 구멍)은 자주색과 분홍색으로 나타나 있다.

오존 파괴의 문제는 남극에서 가장 심한데, 이 지역 여름철 오존은 거의 0까지 떨어지며 몇 달 후에나 재생된다. 그림 12.14를 보면 1980년과 2001년 사이 남반구에서 성층권의 오존 농도가 급격히 떨어졌음을 볼 수 있다. 분홍색은 오존 농도가 가장 큰 폭으로 감소한 지역을 나타낸다. 몇 달 동안 쉬지 않고 태양빛이 계속되고 대기 중에 차가운 구름이 지속되면 오존은 완전히 파괴될 수 있다. 비슷한 오존구멍이 가끔씩 북유럽과 같은 인구 밀집 지역에서 발견되었다. 이런 현상들의 환경에 대한 결과는 아직 충분히 알려지지 않고 있다. 인구 밀집 지역의 오존이 상당량 파괴될 경우에 피부암이 더 많이 발생할 것임은 확실하다. 오존 파괴로 인한 식물이나 동물들에 대한 영향은 아무도 자세히 알고 있지 못하지만, 어떤 과학자들은 오존 파괴로 인하여 중요한 곡물 생산량이 상당히 감소할 것으로 전망한다.

지표 오존

지표에 인접한 대류권에 축적된 오존은 또 다른 문제를 야기한다. 직접 접촉하면 오존은 인간의 세포막을 자극하고 식물이나 제품을 손상한다. 지표 오존의 상당 부분은 자동차에 의하여 발생한다. 공업 공정이나 발전소에서 배출되는 산화질소나 탄화수소도 또한 오존 발생에 기여한다. 촉매 전환 장치가 없는 자동차는 산화질소(NO)를 배출하는데, 이것은 공기 중의 산소와 반응하여 이산화질소(NO_2)를 생성한다.

$$N_2(g) + O_2(g) \longrightarrow 2NO(g)$$
$$2NO(g) + O_2(g) \longrightarrow 2NO_2(g)$$

NO_2는 가시광선에 노출되면 다음과 같이 NO와 산소 원자를 발생

시킨다.

$$NO_2(g) \xrightarrow{\text{빛}} NO(g) + O(g)$$

자동차의 촉매 전환 장치는 이 반응에 필요한 NO_2의 상당량을 감소시킨다.

산소 원자는 매우 반응성이 커서 산소 분자와 반응하여 오존을 형성한다.

$$O_2(g) + O(g) \longrightarrow O_3(g)$$

지표에는 오존이 너무 많고, 성층권에는 오존이 너무 적은 것이 큰 문제이다. 비행기나 로켓 등을 이용하여 오존을 지표로부터 성층권으로 옮길 수 없을까? 우선 지표보다는 성층권에 오존이 훨씬 많다는 것을 주의해야 한다. 로스앤젤레스에서 대기 오염이 가장 심했던 때의 오존 농도는 0.5 ppm 정도이었는데 (농촌에서의 농도는 0.02 ~ 0.03 ppm), 대도시 지표의 오존 농도는 오존의 밀도가 5×10^{12}분자/cm^3인 상층보다는 훨씬 낮다. 따라서 오염된 공기로부터 순수한 오존을 얻더라도, 이를 성층권으로 옮기는 것은 비현실적이고 비효율적일 것이다. 너무 많은 에너지가 필요할 것이다. 또한 오존은 폭발성이 크고 독성이 강해서 이것을 정제하고 다루는 것은 위험하다. 비행기에 오존 발생기를 장착하여 오존층을 수리하자는 심각한 제안이 있었지만, 아직 이러한 미래의 '대기공학적' 계획은 이루어지지 않고 있다.

많은 환경 문제가 그렇듯이, 안전한 오존 균형은 개인, 사회, 경제 및 과학적 대안들이 적절히 조화되어야만 이루어질 것이다.

예제 12.1 **단위 환산**

문 제 날씨 좋은 날 지표 오존 농도가 0.10 ppm이라면, 25 ℃의 공기 cm^3당 오존 분자 수는 얼마이겠는가? 25 ℃에서 공기 1 mol은 1기압에서 24.4 L이며, 밀도는 0.0012 g/cm^3이다. 0.10 ppm은 0.10 L의 오존이 10^6 L의 공기에 혼합되어 있거나, 오존 0.10 mol이 공기 10^6 mol에 혼합됨을 의미한다.

풀 이

$$\frac{\text{오존 분자 수}}{cm^3} = \frac{\text{오존 } 0.10\,mol}{\text{공기 } 10^6\,mol} \times \frac{\text{오존 분자 } 6.02 \times 10^{23}\text{개}}{\text{오존 } mol\text{수}} \times \frac{\text{공기 } 1\,mol}{\text{공기 } 24.4\,L} \times \frac{1\,L}{1000\,cm^3}$$

$$= 2.5 \times 10^{12} \frac{\text{오존 분자}}{cm^3}$$

오존의 농도는 두 가지 방식으로 표기되는 경우가 많으므로 대기 오염 관련의 기사를 읽을 때에 상호 환산하는 것이 유용하다. 1 기압하의 공기의 밀도는 1.2×10^{-3} g/mL이지만 이 값은 고도가 높아짐에 따라 감소한다.

12.3 온실 효과

정원사나 농부들이 추운 기후 조건에서 농작물을 재배하려면, 유리나 비닐로 만든 온실을 이용한다. 태양이 비치는 한, 바깥 공기가 차갑더라도 온실 내부는 따뜻하게 유지된다. 이것은 유리나 비닐이 태양의 빛 에너지는 통과시키지만 열이 밖으로 달아나는 것은 차단시켜 주기 때문이다. 온실로 들어온 빛의 일부는 식물, 흙, 공기 중에서 열에너지로 바뀌기 때문에 추운 날씨에도 햇빛만으로 온실을 데울 수 있다. 널리 알려진 지구 **온실 효과**(greenhouse effect)는 지구의 대기가 온실의 유리와 비슷한 역할을 하기 때문에 이름 붙여진 것이다. 이 비유가 아주 완벽한 것은 아니지만 널리 사용되어 요즘에도 쓰이고 있다.

온실 효과라는 개념이 새로운 것은 아니다. 1830년대 프랑스 수학자 푸리에(Fourier)는 대기 중의 특정 기체가 온실에서와 마찬가지로 지구의 열을 잡아들일 수 있을 것이라고 제안하였다. 1896년 스웨덴 화학자 아레니우스(Arrhenius)는 그 중심 기체가 이산화탄소라고 가정하였다. 앞으로 공부하면서 알게 되겠지만 아레니우스가 옳았다.

온실 효과의 원인

햇빛이 지구에 다다르면, 복사선의 일부는 다시 우주로 반사되고 일부는 대기 혹은 지표에 있는 화학 물질들에 의해 흡수된다. 반사되는 복사선은 지구에 아무런 영향도 끼치지 않고 우주로 되돌아간다. 그러나 가시광선의 상당 부분과 적외선 자외선의 대부분은 물, 흙, 바위, 식물, 공기에 의해서 흡수된다. 지구에 흡수되는 가시광선과 자외선의 대부분은 결국 적외선 형태로 다시 지구에서 방출된다(그림 12.15). 온실 효과의 핵심 단계는 우주로 다시 돌아가던 이 적외선의 일부가 대기 중의 온실 기체들에 흡수되어 차단되는 것이다. 이산화탄소(CO_2)는 주요한 온실 기체이지만 그 외에도 많은 온실 기체들이 있다. 온실 기체들이 이 에너지를 흡수하면 그 분자들은 더 빨리 움직이고 더 많이 진동하여 공기의 온도를 증가시킨다. 공기 중에 이산화탄소와 다른 온실 기체들의 농도가 높을수록, 이런 온실 효과 온도 상승은 커진다.

온실 효과는 앞에서 설명한 것처럼 지구의 에너지 재분배 과정의 일부이다. 온실 효과는 인류가 탄생하기 오래 전부터 수십억 년 동안 작용해 왔다. 그러나 인류의 활동, 특히 석탄, 석유, 휘발유, 천연 가스 등을 태워서 이산화탄소를 방출하는 일은 온실 효과를 현저하게 증가

그림 12.15 태양에서 방출되는 가시광선의 대부분은 지구의 대기층을 통과하여 지표에 다다른다. 지표는 데워지고 적외선을 방출하는데 이 적외선은 '온실 기체'로 알려져 있는 이산화탄소 같은 기체들에 의해서 흡수되어 우주로 다시 나아가지 못한다. 이 현상은 빛을 흡수하여 만들어진 열을 보존하는 온실에 빗대어 온실 효과라고 알려져 있다.

시키는 요인이 되고 있다. 그 결과 지구는 필요 이상으로 따뜻해지게 되었다. 이렇게 온실 효과에 인류가 영향을 끼쳐 더워지는 것을 **지구 온난화**(global warming)라고 한다.

이제 우리는 이산화탄소와 메테인이 온실 기체라는 것을 알았다. CFC도 지구 온난화 발생과 성층권 오존 감소에 원인이 되는 물질이다. 이제 온실 효과를 일으키는 이런 성분들에 대해 알아보자.

온실 기체에 대해 더 알아보기

이산화탄소

이산화탄소는 유기 화합물의 연소 생성물로서, 또한 인간을 비롯한 동물의 호흡과정의 배출 생성물로서 대기 중에 들어온다. 1995년에 화석 연료 연소와 산업 공정에서는 약 13억 톤의 이산화탄소가 대기 중으로 방출되었다. 대기 중의 이산화탄소는 녹색 식물과 광합성 미생물이 광합성을 하는 과정에서 사용된다. 이 과정은 이산화탄소가 공기 중에 방출되고 사라지는 유일한 과정은 아니다.

바다는 지구상의 이산화탄소 순환에서 중요한 요소라는 것이 최근에 알려졌다. 이산화탄소는 산소보다 물에 약 30배 정도 더 잘 녹는다. 더 중요한 것은 9장에서 본 것처럼 대기 중의 이산화탄소는 물과 결합하여 탄산수소 이온과 탄산 이온을 만든다는 사실이다.

$$CO_2 + H_2O \longrightarrow H_2CO_3$$
$$H_2CO_3 \longrightarrow HCO_3^- + H^+$$
$$HCO_3^- \longrightarrow CO_3^{2-} + H^+$$

또한 바다 표면이나 근처의 유기체에 의한 광합성에서 이산화탄소가 사용된다. 이런 유기물들이 죽어 심해에 가라앉으면 박테리아들이 이들 사체를 분해한다. 이런 복잡한 과정의 전체 반응식은 다음과 같다.

광합성 : $106CO_2 + 16HNO_3 + H_3PO_4 + 122H_2O \longrightarrow (CH_2O)_{42}(CH_2)_{64}(NH_3)_{16}(H_3PO_4) + 170O_2$

재광물질화 : $(CH_2O)_{42}(CH_2)_{64}(NH_3)_{16}(H_3PO_4) + 170O_2 \longrightarrow 106CO_2 + 16HNO_3 + H_3PO_4 + 122H_2O$

이산화탄소 방출이 늘어난 것은 우리가 문명화된 현대 생활에 필수적이라고 생각하는 것들 때문에 생긴 결과이다. 예를 들면 집이나 사무실 · 가게 등의 난방, 스위치만 켜면 얻을 수 있는 전기, 빠르고 편리한 교통수단, 엄청난 양의 소비상품을 만들어내는 산업 시스템 등이다.

반응식의 다른 쪽, 즉 숲의 파괴는 1초에 1에이커의 속도로 진행되고 있다(1에이커$=4047\ m^2$). 현재 대부분의 관심은 남미와 동남 아시아 지역의 열대림에만 국한되어 있지만 이 지역에서 이미 산업화가 진행되어 오래 전에 숲을 파괴시킨 국가들을 기억해야 한다. 산업혁명 초기에는 유럽 지역 대부분이 숲으로 덮여 있었다. 지속적인 숲의 파괴는 지구가 대기 중의 이산화탄소를 식물 형태로 변환시키는 능력을 감소시켜 왔다.

앞에서 말한 것처럼, 이산화탄소가 유일한 온실 기체는 아니다. 그러나 지구 온난화에 관련된 첫 번째 원인이다. 다른 다원자 분자들도 비슷한 영향을 끼치고 있다. 특정한 기체가 지구 온난화에 얼마나 영향을 주는가는 크게 두 가지 요소에 의존한다. 그 기체가 적외선을 흡

그림 12.16 지구의 숲, 특히 나무가 빽빽하게 들어차 있는 열대림이 1초에 1에이커씩 파괴되고 있다. 개발 도상국의 숲 제거에 대해서 종종 듣지만, 산업화된 국가에서도 이런 일은 개발 초기에 일어난 바 있다.

표 12.5 메테인의 발생*

원 인	백만 톤
자연습지	70~170
볏단	20~150
가축	50~82
연소(연료용 나무, 산불 등)	20~80
기체 드릴, 환기, 누출	33~68
흰개미	10~50
매립지	21~57
석탄 광산	22~34
바다	5~20
민물	1~25
동물 배설물의 분해	10~20

* 일년에 대기 중으로 들어오는 메테인의 양
출처 : EPA(www.epa.gov/ghginfo/, 2000년 4월 4일)

수할 수 있는 능력과 대기 중의 기체 농도이다. 이산화탄소는 효과적인 적외선 흡수 기체는 아니지만, 그 대기 중의 농도가 매우 높은 온실 기체이다.

메테인

또 다른 중요한 온실기체는 **천연가스**(natural gas)인 메테인이다. 메테인은 이산화탄소보다 적외선을 더 잘 흡수한다. EPA는 CH_4이 CO_2보다 21배나 더 열을 잘 가둘 수 있다고 추정하고 있다. 메테인은 산소가 없는 조건에서 식물이 분해될 때 발생한다. 따라서 늪지의 썩은 식물들이 메테인을 발생한다. 이래서 메테인을 **늪지 기체**(swamp gas)라고도 한다. 표 12.5에서 보이는 것처럼 소, 양, 염소 등의 소화과정과 흰개미의 활동에서도 많은 양의 메테인이 발생한다.

CFC

CFC는 적외선을 매우 잘 흡수한다. 대기 중의 농도가 증가된다고 보고되면서 온실 효과에 대한 CFC의 영향에 대해 많은 관심이 늘고 있다. CFC는 온실 효과 외에도 긴 시간을 두고 성층권의 오존을 없애는 데도 관여하기 때문에 가능한 빨리 CFC의 사용을 제한하는 것이 필요하다.

HFC, PFC, SF_6

화학자들은 CFC와 같이 오존을 파괴하는 물질을 대체할 물질을 찾아내었다. 중요한 세 가지 형태는 수소화플루오린화탄소(HFC)와

표 12.6 개발 중인 CFC*

수요	사용 중인 CFC	CFC 대체물질
냉매	CFC-12(CF_2Cl_2)	HFC-134a(CF_3CFH_2)
		HCFC-22(CHF_2Cl)
		혼합물 · 공비 혼합물
분출제	CFC-13($CFCl_3$)	HCFC-141b(CH_3CFCl_2)
		HCFC-123(CF_3CFCl_2)
		HCFC-22(CHF_2Cl)

출처 : *Chemical and Engineering News*, 1992년 4월 27일, pp. 7-19.

CF_4나 C_2F_6와 같은 과플루오린화탄소(perfluorocarbon) 및 육플루오린화황(SF_6)이 있다. 이 물질들은 반도체 칩 식각, 표면에 금속 피복, 냉매 등에 사용된다. 이들은 알루미늄 생산과 제련의 부산물이다. 전기 시스템에서 절연체로 사용되는 SF_6는 가장 강력하다고 알려진 온실 기체이다.

강력한 온실 기체이지만 이들은 대기 중에 상대적으로 낮은 농도만이 존재한다. 아직 CO_2가 온실 기체의 주범이다.

지구 온난화

온실 기체의 농도 증가가 우리들로 하여금 지구 온난화에 관해서 무엇을 얼마나 예측할 수 있게 해주는가? 이론적으로는 지구의 평균 온도가 증가할 것이다. 그러나 더 논의되어야 할 질문들은 이런 것이다.

- 온도가 얼마나 올라갈 것인가?
- 얼마나 빨리 이런 일이 일어날 것인가?
- 그 결과 극지방 얼음은 얼마나 녹을 것인가?
- 온난화 결과 바닷물의 양은 얼마나 늘어날 것인가?
- 해수면은 얼마나 올라갈 것인가?
- 기온이 증가하면 농업에는 어떤 영향을 미칠 것인가?
- 기후와 날씨에 끼치는 일반적인 영향은 무엇인가?

이런 질문들은 대단히 다양하면서 이해가 잘 되지 않는 요소들에 의해 그 해답이 달라지는 어려운 질문들이다. 과학자들은 관련된 사실들과 과학적 원리를 가능한 많이 사용하여 그 대답을 구하고 있다. 복잡한 물리적, 수학적 모델을 사용하고 현대 컴퓨터의 힘을 이용하여 온실 효과가 증가할 때의 결과를 예측한다. 아직 합의된 결과에 도달하지는 못했지만 많은 과학자들은 아주 비극적인 결과를 예측하고 있다. 일부는 극지방 얼음이 녹고 해수면이 상승하여 세계 많은 대도시

표 12.7 CO_2와 비교한 지구의 온난화 기체들의 잠재력

기체	지구 온난화 기체들의 잠재력
이산화탄소(CO_2)	1
메테인(CH_4)*	21
아산화질소(N_2O)	310
HFC-23	11,700
HFC-125	2,800
HFC-134a	1,300
CF_4	6,500
C_2F_6	9,200
SF_6	23,900

*대부분의 강력한 온실 기체의 농도는 CO_2와 비교해서 아직 매우 낮으므로 그 충격은 매우 미미하다.

출처 : http://www.epa.gov/globalwarming/emissions/national/gwp.html.

들이 큰 홍수를 겪게 될 것이라고 예측한다. 현재 건조한 육지를 바다가 침식하고, 날씨 변화로 인해 풍요로운 경작지가 사막으로 변할 것이며, 어쩌면 지금의 사막이 비옥한 경작지로 바뀔지도 모른다고 경고한다. 그러나 어떤 이들은 아주 미미한 변화만이 있을 것이라고 말하기도 한다. 자연계는 결국 기후 변화에 자동적으로 균형을 맞출 것이기 때문이다.

아무도 이산화탄소의 농도가 증가하고 있다는 사실을 의심하지는 않는다. 그러나 이러한 변화가 얼마나 큰 변화를 얼마나 빨리 일으킬지에 대해서는 의견일치가 이루어지지 않는다. 모두가 동의하는 한 가지는 일단 이런 변화가 관찰되기 시작하면 그것을 되돌리기 위해서는 아주 오랜 시간이 필요하게 될 것이라는 것이다.

예상되는 변화를 예측하는 데 어려움을 주는 다른 요소는 지구가 아직 우리가 이해하지 못하는 과정을 통하여 온도의 자연적 변화를 겪는 것처럼 보인다는 데 있다. 대기 중으로 방대한 양의 먼지와 기체를 방출하는 화산과 같이, 인간이 예측할 수 없는 자연 현상은 지구 대기 온도 변화를 계산하는 데 어려움으로 작용한다. 가장 극적인 자연 온도 변화는 주기적인 빙하기에서 볼 수 있었던 것 같은 온도 변화이다. 소수의 과학자들은 현대 문명에 의해서 발생한 온실 효과 때문에 빙하기의 도래가 지연되고 있다고 말하기도 한다. 따라서 문제처럼 보이는 지구 온난화를 막으려는 노력은 그 반대쪽 재난으로 세상을 몰아붙일 수도 있는 것이다. 이런 의문에도 불구하고, 대기 중의 온실 기체의 양을 줄이고 결국에는 지속적인 증가를 역전시키려는 노력이 행

그림 12.17 1952년 런던은 정오의 가시거리가 20m인 스모그 지역이었다. 이산화황과 수증기, 그을음이 섞여 약 4000명의 사망자를 내었다. C&EN의 허가를 받고 재수록한 사진. Jorge L. Sarmiento, *Ocean Carbon Cycle*, Copyright 1993 American Chemical Society.

해지고 있다. 이를 실천하는 방법은 매우 간단하게 이야기할 수 있다. 화석 연료의 사용을 줄이고, 나무를 베어내는 것을 줄이고, 더 많은 나무들을 심는 것이다. 이런 목표를 큰 범위로 이루기는 매우 힘들고 매우 강력한 국제적인 협약이 필요하다. 개인적인 노력만으로는 현재의 추세를 바꿀 수 없다.

12.4 스모그

스모그(smog)라는 단어는 1905년 런던에서 석탄 화로와 벽난로가 널리 사용되던 시기에 빈번하게 발생하던 연기(smoke)와 안개(fog)를 조합하여 만들어낸 단어이다. 스모그는 연료 속에 황 성분에 의해 다량의 이산화황이 런던 스모그와 섞이면서 더 문제가 되었던 적이 있다.

1952년 런던에서는 유명한 나흘 동안의 스모그를 겪었고 그 결과 약 4천 명의 사람들이 죽었다. 특정한 개인의 사망 원인을 스모그로 단정짓기는 매우 어렵기 때문에 4천 명 사람이라는 숫자는 과도 사망에 대한 통계적 처리를 통해 얻은 결과이다. 이 숫자는 스모그가 없을 때 해당되는 기간 동안 예상되는 사망자 숫자보다 늘어난 사망자 숫자를 말한다. 이 기간 동안은 정오에도 시계가 20m도 되지 않았고, 상대 습도는 100%이었으며 $1 m^3$의 공기 중에 그을음 알갱이가 약 $4000 \mu g$ 포함되어 있었다. 더한 것은 그 그을음 알갱이들이 진한 황산

예제 12.2 단위 환산

문 제 아래의 자료를 사용하여 얼마나 빠르게 작은 양의 매연이 누적될 수 있는지를 알기 위하여 1952년 런던 스모그가 확산 되었을 때 하루에 한 명이 흡인한 매연의 양을 계산하여라.

- 우리는 1분당 약 10번 흡입한다.
- 호흡 시 매번 흡입되는 공기의 양은 1 L이다.
- 공기의 입방 미터(체적)에 의하여 4000 μg(4×10^{-3} g)의 매연이 있다.
- 1m^3 안에 공기는 1000 L가 있다.

풀 이 우리는 문제를 푸는 데 있어서 단위 분석이 얼마나 중요한가를 알았다. 이 문제에서 기본적인 전략은 한 번 숨쉬는 g양을 하루로 환산하는 것과 m^{3}을 일로 환산하는 데 있다.

$$\text{매연의 g수} = \frac{4\times10^{-3}\text{g}}{\text{m}^3} \times \frac{1\text{m}^3}{10^3\text{L}} \times \frac{1\text{L}}{\text{호흡}} \times \frac{\text{호흡 10번}}{\text{분}} \times \frac{60\text{분}}{\text{시간}} \times \frac{24\text{시간}}{1\text{일}}$$

이것은 아주 적은 양이며 8000 mg을 무게 달았을 때 설탕 한 스푼 정도에 해당된다.

그림 12.18은 58 mg의 매연의 양을 보여준다. 1952년에 런던 사람들의 건강에 아주 심각한 피해를 준 것을 알 수 있는가?

막으로 덮여 있었다는 사실이다. 황산은 이산화황이 공기 중에서 산소와 반응하여 삼산화황을 만들어 내고 이것이 다시 물과 반응하여 만들어졌다.

$$2SO_2 + O_2 \longrightarrow 2SO_3$$
$$SO_3 + H_2O \longrightarrow H_2SO_4$$

화학적으로 1952년의 런던 스모그는 **환원성 스모그**(reducing smog)로 분리된다. 왜냐하면 그 성분에는 환원제인 이산화황과 일산화탄소가 포함되어 있기 때문이다. 예를 들면 공기 중에서 이산화황이 삼산화황으로 산화되면, 공기 중의 산소는 환원된다. 이런 종류의 스모그는 화로와 벽난로가 많이 사용되는 겨울과 밤 시간에 가장 강력하다.

현대 스모그

오늘날 대도시의 스모그는 오래된 런던 스모그와 매우 다르다. 그

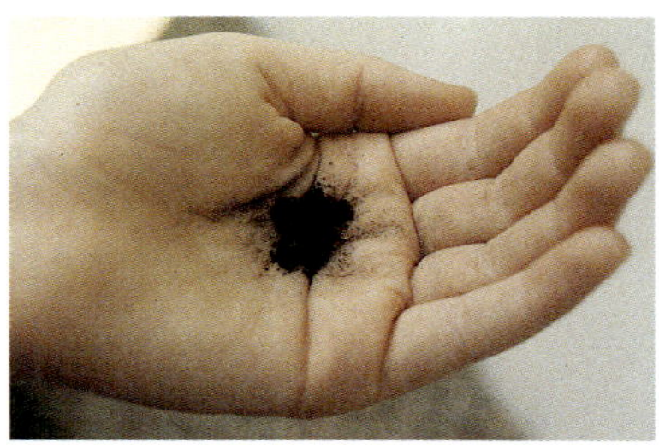

그림 12.18 58 mg의 그을음. C&EN의 허가를 받고 재수록한 사진. Jorge L. Sarmiento, *Ocean Carbon Cycle*, Copyright 1993 American Chemical Society.

표 12.8 환원성 스모그와 광화학적 스모그의 차이

	환원성 스모그	광화학적 스모그
주 오염물질	SO_2, 탄화수소, CO	O_3, NO_x, 탄화수소
분자량	높음	낮음
심한 시기	겨울(난방시기)	태양이 비치는 여름 러시아워 시간

것은 주로 자동차 배기가스와 태양 빛의 상호작용으로 만들어지는 성분들의 혼합물이다. 이 사실은 **광화학적 스모그**(photochemical smog)의 가장 중요한 현상이 태양 빛이 가장 강한 여름 러시아워 시간에 일어난다는 것을 뜻한다. 표 12.8에 환원 스모그와 광화학적 스모그의 중요한 차이점을 정리해 놓았다.

자동차의 역할

자동차 엔진은 대개 $C_7 \sim C_8$의 탄화수소들을 태우고 이산화탄소와 물로 이루어진 배기가스를 내놓는다. 그러나 사람들의 관심은 연소되지 않았거나 부분적으로 연소된 탄화수소와 일산화질소(NO)에 모여지고 있다. NO는 공기 중의 질소와 산소가 고온에서 반응하여 만들어진다. NO가 성층권에 도달하면 공기 중의 산소와 반응하여 이산화질소(NO_2)를 만든다. 이산화질소는 태양의 가시광선을 효과적으로 흡수한다. 이 흡수 때문에 스모그는 특징적인 갈색을 띠게 되고 그 결과 이산화질소를 NO와 자유 산소 원자로 만든다.

$$NO_2(g) \xrightarrow{\text{빛}} NO(g) + O(g)$$

자유 산소 원자는 산소 분자와 반응하여 오존을 생성한다.

$$O(g) + O_2(g) \longrightarrow O_3(g)$$

산소 원자와 오존은 메테인과 같은 탄화수소와 반응하여 수산기(OH) 라디칼을 만들어낸다. 수산기 라디칼은 음전하를 가지고 있는 수산화 이온(OH^-)과는 전혀 다르다. 수산기 라디칼은 전기적으로 중성인 분자이면서 짝을 이루지 않은 전자를 가지고 있기 때문에 반응성이 매우 높다. **라디칼**(radical)이란 단어는 짝을 이루지 않은 전자를 가지고 있는 많은 다른 화학종을 가리키는 말이다. 매우 복잡한 연속적인 반응을 통해서 타지 않은 탄화수소, 수산기 라디칼, 이산화질소 등은 광화학적 스모그의 특징적인 화합물들로 바뀐다. 이러한 화합물 중에서 가장 중요한 것이 질산 퍼옥시아세틸(peroxyacetyl nitrate, PAN)로 그 구조는 다음과 같다.

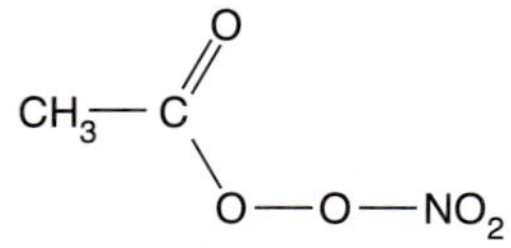

PAN

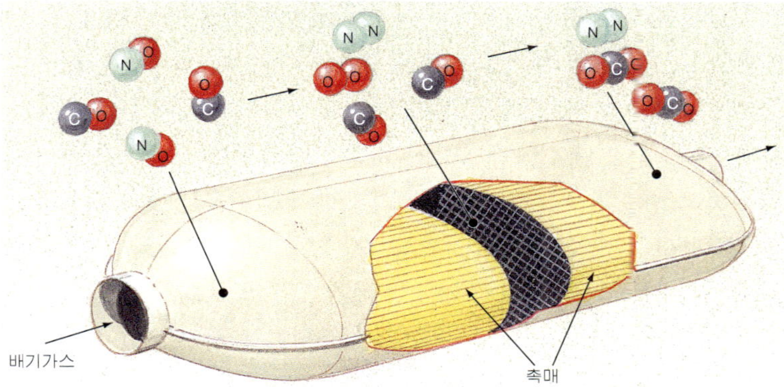

그림 12.19 촉매 변환기는 미국 내에서 판매되는 모든 자동차에 장치된다. 변환기는 일산화탄소를 이산화탄소로, 일산화질소를 질소와 산소로, 타지 않은 탄화수소를 이산화탄소와 물로 산화시킨다. 백금, 팔라듐, 로듐 촉매가 이런 복잡한 반응을 1초 이내에 일어나게 해준다.

촉매 변환기의 기능

촉매 변환기(catalytic converter)는 NO와 CO의 배출을 감소시키기 위해서 모든 새 자동차에 설치된다. 촉매 변환기(그림 12.19)는 배기가스가 그곳을 통과하는 짧은 시간 동안 많은 화학 변화를 일으키도록 만들어져 있다. 변환기 한쪽에서는 일산화탄소(CO)를 팔라듐이나 백금 촉매를 이용하여 이산화탄소(CO_2)로 산화시킨다.

$$2CO(g) + O_2(g) \longrightarrow 2CO_2(g)$$

변환기의 또 다른 부분에서는 산화질소(NO)가 로듐 촉매를 통과하면서 질소(N_2)와 산소(O_2)로 바뀐다.

$$2NO(g) \longrightarrow N_2(g) + O_2(g)$$

전체 반응은 다음과 같이 쓸 수 있다.

$$2NO(g) + 2CO(g) \longrightarrow N_2(g) + 2CC_2(g)$$

다 타지 못한 탄화수소들은 이산화탄소와 물로 산화된다. 1초 이내에 이 모든 반응이 다 일어나려면, 모든 반응은 반드시 촉매 표면에서 일어나야만 한다. 로듐, 백금, 팔라듐 촉매는 이런 반응들이 1초 이내에 일어나게 해준다.

스모그의 영향

스모그를 이루는 일부 화학 물질은 반응성이 매우 높기 때문에 사람, 식물, 재료에 피해를 준다. 사람에 대한 가장 현저한 영향은 오존과 PAN에 의해서 생기는 눈, 코, 호흡기의 자극이다. 산업 스모그가 심한 곳에서는 이산화황과 황산과 같은 독성 화학물질이 그을음에 축적될 수 있고, 그 결과 호흡기 깊숙이 침입할 수 있다. 호흡기에 문제가 있는 사람들은 이로 인해 심하게 아프거나 사망에 이를 수도 있다. 두 종류의 스모그에 모두 존재하는 오존과 다른 강한 산화제들은 식물의 DNA도 손상시킨다. 그래서 스모그 농도가 높아지면 식물의 광합성 속도가 저하되고 왜소한 농작물을 자라게 만들어 농부들에게 경제적으로 타격을 준다. 스모그는 고무 화합물에서 발견되는 고분자 물질도 공격하여 고무를 약하게 하고 갈라지게 만든다. 그런 피해를 막기 위해서 타이어를 만들 때에는 산화방지제가 고무 화합물에 첨가된다. 스모그의 유일한 긍정적 효과는 지표면에 도달하는 햇빛을 일부 차단하여 약간이나마 온실 효과를 줄여 준다는 것이다.

어떻게 스모그 농도를 낮출 것인가? 가장 분명한 대답은 우리가 자가용을 덜 타고 대중 교통 수단을 더 많이 이용하는 것이다. 50명을 나르기 위해서 50대의 엔진을 사용하는 것보다는 1대의 엔진을 사용하는 것이 대기 중의 공해물질을 현저하게 줄여줄 것이다. 미약하기는 하지만 스모그를 줄이는 또 다른 방법은 연비가 높은 효율적인 자동차 엔진을 만들고 촉매 변환기의 성능을 향상시키는 것이다. 스모그 문제는 이미 과학과 기술의 논의를 건너서 정치, 경제, 도시 계획의 중요한 고려사항이 되고 있다.

12.5 미립자 물질

여기까지 논의를 진행해 보면 여러분들은 우리 대기권이 오랜 기간 동안 비교적 일정한 성분을 유지해온 여러 다양한 기체들로 이루어져 있다는 사실과 인류의 기술 발전이 그 구성 비율을, 작지만 심각하게 바꾸어 놓고 있다는 것을 알 수 있을 것이다. 이러한 결론은 대기권 전체로 보면 타당한 것이다. 그러나 지표에 가까운 대기, 즉 우리가 숨쉬는 공기는 또 그 독자적인 모습을 가지고 있다. 대기권의 이 부분은 많은 고체와 액체 입자, 즉 **미립자**(particulate matter)를 포함하고 있다. 이 미립자는 특히 도시 지역에서 수백만 명의 건강에 중요한 영향을 끼친다. 도시와 전원에서 눈, 코, 목의 자극에서 심각한 호흡기 질병과 암에 이르기까지 다양한 문제를 일으키고 있는 것이 알려져 있기 때문이다.

미립자는 그것이 액체이건 고체이건 간에 0.1～100 μm 크기인 조각 혹은 방울 형태로 되어 있다. 만약 그 입자의 직경이 2 μm 보다 작으면 미세한 고체나 액체 입자들이 기체 중에 떠 있는 상태인 **에어로졸**(aerosol)을 형성한다. 안개, 연기, 하늘에 올라간 화산재 등은 모두 자연적인 에어로졸이다. 인간을 비롯한 동물들과 식물에 더한 미립자의 영향은 그 입자의 크기에 의존한다.

미립자에 의한 모든 대기 오염은 산성비, 자동차의 배기 기체, 혹은 온실 효과만큼 알려져 있지 않다. 이것은 미립자를 모으고 연구하는 것이 어렵기 때문일 것이다.

미립자의 형성과 성질

미립자는 세 가지 방법으로 대기 중에 들어온다.

- **자연적 방법** : 예를 들면, 해양에서 소금의 분산, 늪지에서의 배출, 화산에서의 분출, 건조한 대지에서의 먼지 바람 등
- **고온 연소** : 예를 들면, 석탄이나 다른 연료의 연소. 담배 연기도 미립자를 포함한다.
- **이미 공기 중에 있는 성분들의 반응을 통한 입자 형성** : 예를 들면, 삼산화황과 물이 반응하여 황산을 만드는 것.

$$SO_3(g) + H_2O(l) \longrightarrow H_2SO_4(aq)$$

이 황산은 암모니아 기체와 반응하여 황산암모늄 용액이 된다. 여기서 물이 증발하며 고체가 된다.

$$H_2SO_4(aq) + 2NH_3(g) \longrightarrow (NH_4)_2SO_4(aq)$$

일단 입자가 형성되면, 그 위에서 다양한 종류의 화학 반응이 일어날 수 있는 반응 표면으로 작용한다. 그림 12.20은 도시의 에어로졸 입자에서 일어날 수 있는 많은 반응 중에서 일부를 그린 것이다.

1960년대 후반 로스앤젤레스 근처에서 수집된 스모그 시료에서는 미립자가 크게 두 종류로 구별되었다. 0.1～1 μm인 입자가 대부분이었고, 1～100 μm가 나머지였다. 그 이후 연구에서 두 종류의 입자들은

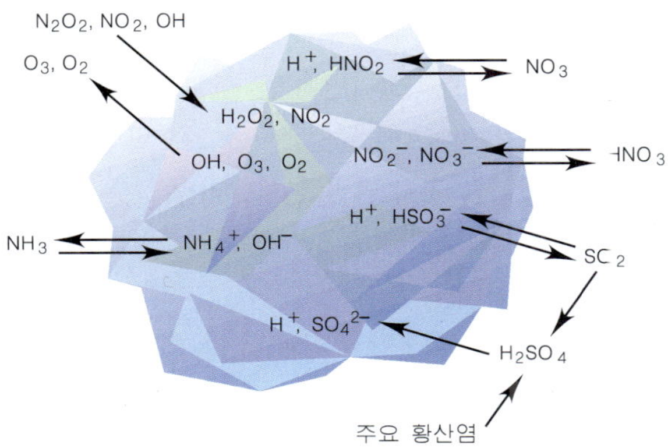

그림 12.20 도시형 에어로졸 표면은 다양하고 복잡한 화학 반응의 모체가 될 수 있는데 그 중의 일부를 여기에 표시하였다. *Science* p.749, February 10, 1989에서 허락 받고 옮김. Copyright 1989 AAAS.

매우 다른 화학적 성질을 가지고 있다는 것이 밝혀졌다. 미세입자라고 하는 작은 입자들은 산성이며, 반응성이 강하고 자동차 엔진에서 연소될 때나 공장 굴뚝에서 만들어졌다. 자동차와 굴뚝은 도시지역에 많기 때문에 이런 입자들은 도시형 에어로졸이라고 불린다.

크기가 크고 거친 입자들은 경작 과정에서 흙이 부서지는 자연적 과정을 거쳐 형성된다. 이것들은 전체 질량에서는 꽤 큰 부분을 차지하지만 숫자는 매우 적다. 일반적으로 이 입자들은 거의 무해하다고 간주된다.

도시형 에어로졸

도시형 에어로졸 질량의 반 정도는 자동차 배기에서 나온다. 다른 형태의 연소에서 배출되는 것이 나머지를 이룬다. 전형적인 도시형 에어로졸의 구성은 표 12.9에 나와 있다. 에어로졸은 다량의 탄소, 질소화합물, 황화물을 포함하고 있다. 자동차와 굴뚝 배출물이 이러한 물질들을 만들어낸다. 또한 다양한 종류의 금속들이 존재하는데, 이것은 금속과 콘크리트물의 노화 때문이다. 현대 도시 공기 중 납 농도는 휘발유에 납을 이용한 첨가제를 넣던 20년 전보다 현저하게 줄어들었다. 마지막으로 공기 중의 입자 전체 질량 농도를 비교해보자. 에어로졸은 미량 성분들이지만 우리 건강에 매우 큰 영향을 끼치는 성분들이다.

표 12.9 도시형 에어로졸의 조성*

성분	농도(ng/m^3)
(약 1.5×10^{12} ng/m^3의 조성을 가지는 공기와 비교)	
C	16,000
Na	800
Al	200
Si	600
P	200
S	4,000
K	200
Ca	200
Ti	58
Mn	12
Fe	400
Ni	8
Cu	14
Zn	116
Br	90
Sr	49
Pb	558
NH_4^+	4,500
NO_3^-	5,300
SO_4^{2-}	10,000
기타	16,000
전체 질량	60,000

* 각 값은 최소 50%의 상대적인 평균 편차를 가지고 있다.

미립자에 노출되었을 때의 건강 문제

미세한 털과 섬모라는 작은 털 모양의 돌기는 우리의 코와 폐에서 우리가 빨아들인 대기 중의 큰(일반적으로 $10\mu m$보다 큰) 미립자들을 걸러낸다. 큰 그을음 알갱이들은 일반적으로 허파 표면에 도착하지 못하기 때문에 해가 없다. 반면에 작은 그을음 입자들이나 석면 섬유같이 작은 입자들은 섬세한 허파 내부에 도달하게 되어 여러 형태의 호흡 장애를 일으킨다. 마찬가지로 도시형 에어로졸들은 작기 때문에 코를 통하여 목과 허파에 자극을 주고 염증을 일으키며 만약 기종이나 천식과 같은 기관지병을 앓고 있었다면 이를 악화시킨다. 최근 연구에 따르면 도시형 에어로졸은 DNA에 돌연변이를 일으킬 수 있고 그 결과 암을 발생시킬 수 있다는 것이 밝혀졌다. 그러나 그런 역할의 증거는 아직도 확실하지 않다. 분명한 것은 도시형 에어로졸의 농도가 증가하면 건강에 악영향을 미치는 정도가 비례하여 증가한다는 것이다.

다시 우리는 어려운 선택을 해야만 한다. 우리는 대기 중의 미립자 농도를 줄이기 위해서 어떤 행동을 취해야 하는가? 만약 그렇다면 우리가 준비해야 할 대책은 무엇인가? 차의 운행을 중지시킬 것인가? 공

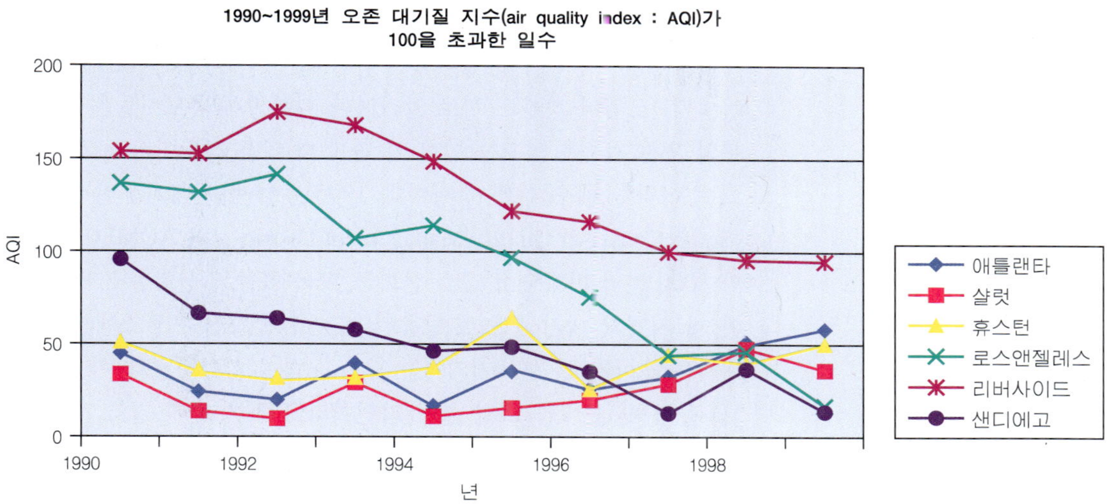

그림 12.21 이 데이터가 보여주는 것처럼 각 도시가 제정하는 공해 규제 법규는 해당 지역의 공기의 질을 눈에 띄게 변화시킬 수 있다. 출처 : EPA Office of Air and Radiation

장의 생산을 줄일 것인가? 미립자를 제어할 수 있는 더 좋은 장치가 만들어질 것인가? 만약 그렇다면 그런 기계를 사용하는 것에 어떤 경제적인 유인책이나 격려책이 있어야 할 것인가?

12.6 결론 : 화학, 선택의 세계

이 장의 처음에 상대적으로 심한 로스앤젤레스의 대기 오염 문제를 논의하였다. 그 문제는 특정한 도시나 그 문제가 발생하고 있는 특정 국가의 문제만이 아니라는 것을 알았다. 다른 것과 마찬가지로 대기 오염 문제는 이 세상이 좁다는 것을 말해준다. 대기권은 전 세계를 감싸고 있고, 9장의 산성비에서 알 수 있었던 것처럼 한 지역에 있는 몇몇 사람들의 활동이 다른 지역에 있는 사람들에게 문제가 될 수 있다.

우리는 또한 과학적 증거가 분명하면 인류가 그 문제를 고치려 한다는 것도 알고 있다. 우리는 이 장에서 논의된 것처럼 전 세계적인 발의에 맞추어 세계적으로 함께 움직이든가 혹은 지역적으로 무엇인가를 행할 수 있다. 1960년 로스앤젤레스의 오존 수치는 미국 연방 정부가 안전 기준으로 정한 0.12 ppm을 닷새 중에 나흘은 초과하였다. 1995년 매우 강력한 공해 규제가 시행되어 산업체 배출물에서 잔디깎기 엔진의 오염물질 배출까지 규제하자 안전 기준을 넘기는 날은 닷새 중에 이틀로 줄어들었다. 이것은 이 지역의 자동차 숫자가 세 배가 되고, 새로운 산업이 로스앤젤레스로 유입되었음에도 불구하고 이루어낸 것이다. 그러나 아직도 할 일은 많다. 미국 환경보호처(Environmental Protection Agency : EPA)에 따르면, 대기 오염이 심한 10개 도시 중 9개가 남부 캘리포니아에 있고 그 중 로스앤젤레스가 가장 대기 오염이 심한 도시로 알려졌다. 다른 9개의 도시들은 연방 정부의 오존 기준을 넘기는 날이 일 년에 약 나흘 정도이다. 로스앤젤레스는 아직도 매우 나쁜 상황이다. 1995년 남해안 대기품질관리협회(South Coast Air Quality Management Distric : SCAQMD)는 매일 약 8000 톤의 탄화수소, 질소 산화물, 황 산화물, 일산화탄소, 미립자들이 이 지역의 대기 중으로 방출된다고 했다. 그러나 로스앤젤레스의 대기는 좋아지고 있다. 거기에는 많은 노력이 있었다. 이러한 노력 중 하나는 1990년 7월 15일 블루 라인이라고 하는 전기 철도 시스템이 운영을 시작한 것이다. 35 km 연장의 전가 동력에 고무 바퀴 열차들은 캘리포니아 롱비치의 중심가에서 로스앤젤레스 중심가까지 22개의 정류장을 지난다.

남해안 대기품질관리협회 대표인 제임스 렌츠 씨는 이렇게 말하고 있다. "우리는 2010년부터 다시 깨끗한 공기를 마실 수 있게 될 것입니다."

연습문제

1. 산소가 지구 대기권에 35억 년 동안 존재해 있었다는 증거는 무엇인가?

2. 공기는 크게 두 종류의 기체로 이루어져 있다. 그것들은 무엇인가?

3. 대기 오염을 일으키는 인류의 활동을 나열하여라.

4. 인류는 대기권에서 발견되는 기체 공해물질과 입자들의 유일한 발생원인가?

5. 대기 중 가장 반응성이 높은 기체는 무엇인가?

6. 자연적인 대기 오염 원인 4가지를 들어라.

7. 대기 오염의 원인 5가지 중에서 4가지를 들어라. 이 중에 어느 것이 조절될 수 있는가?

8. 왜 CFC에 의해서 오존이 파괴되는 반응을 촉매반응이라고 할 수 있는가?

9. 온실 기체의 정의는 무엇인가? 본문 중에서 준온실 기체의 성질에 따라 온실 기체로 작용할 수 있는 분자 두 가지를 예로 들어 보아라.

10. 환원성 스모그와 광화학적 스모그의 차이점 두 가지를 말하라(표 12.8참조).

11. 에어로졸의 세 가지 주요 성분은 무엇인가?

12. 오존층은 어떻게 만들어지는가? 그것의 역할은 무엇인가?

13. 오존 합성을 위한 전체 방정식은 무엇인가? 왜 우리는 오존 없이는 못 사는가?

14. N_2는 왜 안정된 분자인가?

15. 질소와 산소는 왜 단원자보다 오히려 2원자 분자로 대기 중에 존재하는가?

16. N_2와 O_2의 결합이 어떻게 대기 오염이 되는가? 광화학 스모그란 무엇인가?

17. CO_2는 왜 온실가스인가?

18. 공기의 질을 나쁘게 하는 두 가지 요인에는 어떤 것이 있는가?

19. 지상 오존의 주요한 원인으로 무엇이 있는가?

20. 수증기로부터 형성되는 스모그와 안개의 차이점은 무엇인가?

21. 광화학 스모그는 왜 여름에 효과가 있는가?

22. NO_2의 루이스 구조를 그려라. 왜 이산화질소가 가시광선에 좋은 흡수인지 그 이유도 적어보아라.

CHAPTER

자원으로서의 지구

13

양들이 뛰노는 언덕에도 금은 있다.

- 미국 서부에 관한 영화 -

미국 몬태나 주 링컨은 엄청난 송어 무리가 다니는, 숲이 우거진 아름다운 산악지역에 위치하고 있다. 이 아름다운 지역을 구성하는 암반은 암석 1 톤당 1 온스의 비율에 해당하는 금을 함유하고 있다. 이 금을 추출하기 위해서는 울창한 나무들을 잘라내고 흙을 퍼내고 바위를 갈아서 분말로 만든 후 시안산 용액을 이용하여 금을 녹여내야 한다. 약 15년 후면 모든 금이 고갈될 것이다. 그러면 금광과 관련된 여러 가지 산업은 모두 폐쇄되고 말 것이다. 하지만 이 15년 동안은 많은 사람들이 금광산업으로 인하여 많은 경제적 이득을 얻을 수 있을 것이다. 이러한 산업의 이득과 손실은 무엇일까? 여러분들은 금광 소유주, 금광 노동자, 금광 근처 토지 소유주의 입장에서 득실을 생각해 볼 수 있을 것이다.

몬태나 주 링컨에서 이와 같은 주제와 관련된 논쟁을 하고 있는 가운데, 블랙풋 강 상류지역에서 금을 채광하기 위한 계획이 진행되고 있다. 이득이라면 최소한 짧은 기간에 거쳐서라도 얻게 될 경제적 소득일 것이다. 즉 많은 사람들이 좋은 임금 조건에서 금광 일을 할 것이며 또 다른 사람들은 금광 노동자들에게 서비스를 제공함으로써 높은 소득을 올릴 수 있을 것이다. 그러나 손실은 경제적인 것뿐만 아니라 환경 보호 측면에서도 발생하게 된다. 금광 산업이 한창일 때 필요한 학교, 주택, 도로들은

새로운 금광은 "빅 스카이(Big Sky)" 지역 중심부에 위치하고 있다. 이 지역의 주민들은 자연경관 보호와 금광개발로부터 얻을 수 있는 경제적인 이득 사이에서 고민하고 있다.

금광개발이 끝나 노동자들이 모두 떠나는 20년 후면 불필요한 시설들이 될 것이다.

링컨 주민들이 직면하고 있는 이러한 딜레마는 미국뿐 아니라 전 세계 여러 지역에서도 직면하고 있을 것이다. 가장 최근의 예라면 1840년대 캘리포니아와 1880년대 알래스카에서의 골드 러시(gold rushes)를 들 수 있다.

각국에서는 채광하는 자원이 그것을 얻는 데 따르는 손실보다 충분한 유익이 있는 명확한 선택을 한다.

우리 사회에서 사용되는 모든 물질들은 지각, 바다, 대기로부터 얻는다. 바다(7장)나 지구의 대기(12장)에 대해서는 이미 공부하였다. 여기서는 지각에 대해 공부하기로 한다(표 13.1 참조).

표 13.1 지각의 평균 조성

원 소	백분율(%)
산소	46.60
규소	27.72
알루미늄	8.13
철	5.00
칼슘	3.63
나트륨	2.83
칼륨	2.59
마그네슘	2.09
타이타늄	0.44
수소	0.14
인	0.12
망가니즈	0.10
기타	0.61
구리	0.0070
금	0.0000005

주: 여기에 나열된 원소들은 무게비로 했을 때 지각에 가장 많이 존재하는 원소들이다. 이 수치들은 바위나 흙의 경우에 해당되는 값이며 바다나 대기에는 적용되지 않는다.

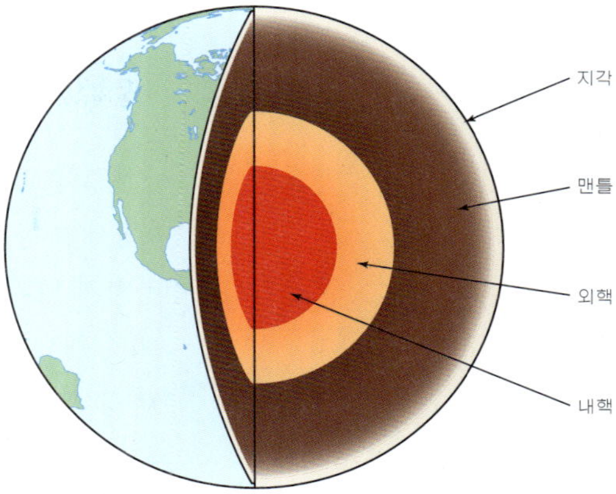

그림 13.1 지구는 매우 높은 온도의 용융철로 구성되는 핵심부와 암석들로 구성되는 지각 등 여러 층으로 이루어진다.

13.1 서론

1장에서 논의한 바와 같이 지구의 중심부는 대부분 철로 구성되어 있다. 이 철은 지구가 용융된 상태로 형성되는 과정 중에 중심부로 모였다. 가장 중심부는 고체상태의 철이 약 1,200km의 반경을 갖는 구를 형성하고 있으며 그 바깥 부분은 약 2,300km의 두께를 갖는 용융된 철 층으로 둘러싸여 있다. 이 철들이 지구 무게의 약 35%를 차지하지만 지각에서부터 철 층까지는 약 2,800km 두께의 암석으로 구성되기 때문에 인간이 접근하기는 불가능하다. 이 층이 지구의 맨틀

예제 13.1 금속의 유용성

문 제 일상생활에서 여러분들이 사용하는 물건들 중에서 금속을 포함하고 있는 물건 5가지를 말해보라.

풀 이

- 자전거(최고급은 타이타늄을 함유하고 있다)
- 자동차(크로뮴, 철, 팔라듐, 로듐)
- 시계, 음료수 캔, 펜, 컴퓨터 디스크, 전지

이것은 지극히 일부분을 나열한 것에 불과하다. 더 많은 물건들을 나열해 보고 지구로부터 금속을 얻을 수 있는 능력과 우리 삶의 질적 수준 사이의 상관관계를 논하라.

(mantle)이다. 빵 껍질과 같은 지각은 불과 40km 정도의 얇은 층으로 구성된다. 지각과 맨틀 사이는 반 액체 상태의 용융된 바위 위에 떠있는 뗏목과 같이 생각할 수 있다. 지각과 맨틀 사이의 판(plate)이라는 이 거대한 조각들이 매우 느리게 서로 이동하고 있다. 판과 판의 경계면에서 화산 폭발이나 지진이 발생하며 여러 가지 금속들이 맨틀로부터 빠져 나와 새로운 지각을 형성하기도 한다.

1장에서 언급한 바와 같이 지구는 물질적으로 닫힌계(closed system)라 할 수 있다. 즉, 지구가 형성된 이래로 우리가 지구로부터 얻을 수 있었던 모든 물질들은 지구에 있으며 지구가 존재하는 한 이 물질들은 지구에 존재할 것이다. 우리가 현명하게 지구의 자원을 활용한다면 우리의 후손들에게까지도 훌륭한 자원의 가치를 보존하여 전해줄 수 있을 것이다. **자원**(resource)이라는 단어는 매우 흥미 있는 단어다. 예를 들어 오늘날 지구에 존재하는 구리는 항상 지구에 존재하는데 이들이 유용한 구리 자원이 되기 위해서는 어떻게 되어야 할까? 함량이 아주 적더라도 구리를 함유한 광산은 일단 구리 자원이 될 수 있다. 그러나 광석으로부터 구리를 값싸게 추출할 수 있을 경우만 구리 광산이라 한다. 즉, 광산이란 경제적인 가치가 있어야 한다. 만일 그 금속의 가격이 오르거나 그 금속을 추출하는 기술이 발전하게 되면 예전에는 광산의 가치가 없던 곳도 갑자기 광산이 될 수 있는 것이다. 20세기 초에는 경제적으로 채광이 가능하려면 최소한 3% 이상의 구리를 함유해야만 했다. 그러나 지금은 구리의 가격이 크게 상승하고 구리를 추출할 수 있는 기술이 발달하여 0.2%의 구리를 함유하여도 광산으로서의 가치를 갖게 되었다. 4장에서 다룬 것처럼 재활용으로 인한 경제적 이득을 생각해 보자. 폐 전선은 거의 100% 구리이므로 재활용할 수 있는 훌륭한 자원이 될 수 있다.

금속 자원은 원상복귀가 불가능한 자원이다(나무 형태로 다시 회복시킬 수 있는 목재와 비교해 보라). 지질학적 과정은 인간이 사용한 것에 비해 비교할 수 없을 정도로 느리다. 따라서 현재 알려진 모든 금속 광산이 고갈된다면 우리는 새로운 광산을 찾아 새로운 자원으로부터 금속을 얻을 수 있는 방법을 알아내든가 아니면 대체 자원을 사용하고 재활용하는 방법을 찾아야 할 것이다.

미래에 인식될 수 있는 새로운 자원의 예로서 망간 단괴(manganese nodules, 그림 13.2)를 들 수 있다. 이것은 해저에 있으며 전형적으로 야구공 크기의 구형 덩어리 모양을 하고 있는데 망가니즈, 철, 구리, 니켈, 코발트 등 많은 금속을 함유하고 있다. 이들을 개발하기 위해서는

1 마일 이상 깊이의 바다 속을 채광해야 한다는 어려움이 있지만 좋은 자원이 될 수는 있다. 또한 이 단괴들은 바다 속에 널려 있기 때문에 영토 분쟁의 소지도 없다. 이들을 채광할 수 있는 기술만 개발된다면 국제적인 협약을 거쳐서 모든 국가의 사람들에게 유용한 자원으로 활용될 수 있을 것이다.

이 장에서는 인간의 현대화에 가장 큰 역할을 했던 4가지 금속인 금, 구리, 철, 알루미늄에 대하여 알아보고, 지구로부터 이들을 얻는 데 필요한 화학에 대하여 공부하기로 한다. 물론 지구로부터 얻을 수 있는 다른 중요한 자원들도 많다. 예를 들어 석유, 석탄, 흙 그 자체에 대해서도 간단하게 살펴볼 것이다. 지구로부터 금속을 얻는 작업은 곧 광석으로부터 금속을 정제하는 과정을 말한다.

그림 13.2 해저에 깔려 있는 망가니즈 단괴. 매우 가치 있는 자원이지만 바다 속 깊은 곳에 위치하므로 아직 채광할 수 있는 기술이 없다.

주기율표에 나열된 원소의 75%는 금속이다(그림 13.3). 금과 같은 몇 가지 금속들은 자연계에서 유리된 상태로 존재하지만 대부분은 물에 녹지 않는 이온성 화합물로 존재한다. 이들은 금속을 다량 함유한 광산에서 광석의 형태로 채광된다. 광석의 이름은 흔히 같은 화합물에 대한 화학명과 다르다. 가령 화학자들이 산화철(III)이라 부르는 Fe_2O_3를 지질학자들은 적철광(hematite)이라 부른다. 이 책에서는 가능한 한 화합물의 화학명을 사용하기로 한다.

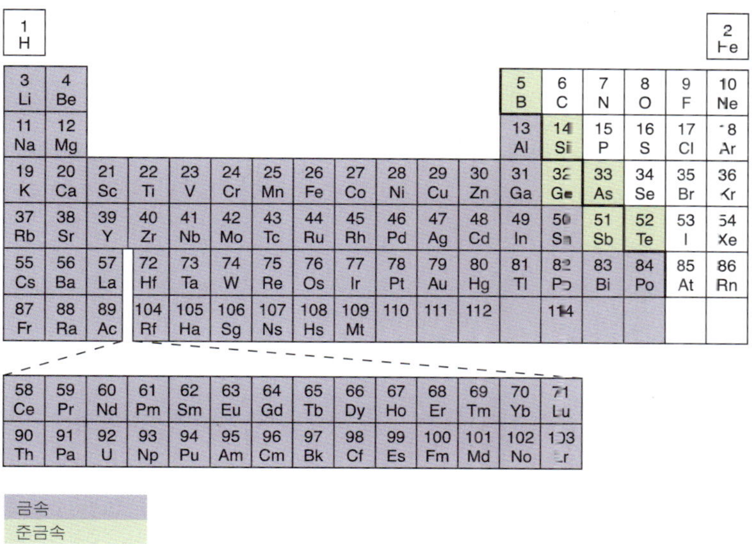

그림 13.3 주기율표. 색칠한 부분의 원소들은 금속에 해당한다.

13.2 금(Au)

그림 13.4 금 제품들은 여러 세기 동안 유럽, 아시아, 남미 문화의 주축을 이루어왔다.

금은 지구에서 채광한 첫 번째 금속 중 하나이다. 철기 시대와 청동기 시대 이전에 금은 유용성이 아닌 보석으로서 그 가치를 지녔다(그림 13.4). 문명화를 거치는 동안에도 금의 가치는 매우 높았기 때문에 백만장자가 되기 위한 기본으로서 역할을 하기도 하였다.

금은 이러한 매력을 주기에 충분한 화학적, 물리적 성질을 지니고 있다. 금은 화학적으로 매우 안정하고 고유의 특징적인 노란색(금색)을 지니고 있으며 예술가들이 원하는 어떠한 모양으로도 쉽게 변형될 수 있다. 화학적으로 지극히 안정한 성질 때문에 금은 흔히 자연계에서 다른 원소들과 결합하지 않은 상태로 존재한다. 즉 많은 금들이 거의 순수한 금 덩어리로 존재한다. 금은 산을 거쳐서 내려오는 강 줄기의 상류 근처에서 흔히 발견된다. 물은 인간 생활에 절대적으로 필요하기 때문에 사람들은 좋은 물의 근원을 찾기 위하여 많은 시간을 소비해왔다. 금 고유의 밝은 노란색은 물을 찾아다니던 사람들의 시선을 끌 만큼 매력적이었을 것이다. 일단 여러 번 채취된 금가루들을 모으면 큰 망치 등을 이용해서 쉽게 모양을 바꿀 수 있었을 것이다. 금으로 만든 장신구들은 이미 신석기 시대부터 발견된다. 금의 화학적 안정성으로 인하여 금 세공품들은 땅 속이나 바다 속에 묻혀도 변하지 않기 때문이다.

현대의 금 채광

19세기에 미국 캘리포니아와 콜로라도에 있는 많은 금이 채광업자들에 의하여 발견되었다. 금의 밀도(19.3g/cm^3)가 모래자갈의 밀도(약 2.5g/cm^3)보다 많이 크기 때문에 작은 냄비에서 금 모래를 물로 씻고 계속 헹구기만 하면 쉽게 금을 얻을 수 있었다. 1800년대 후반에 있었던 '골드러시'를 따라 수만 명의 채광업자들이 캘리포니아, 콜로라도 등 여러 서부지역으로 몰려들었으며 이들은 오랫동안 강 상류를 헤집고 다녔다.

강 모래에 있다고 하여 사금이라고 하는 이 금 덩어리는 산 위의 금광석이 부서질 때 물에 씻겨 내려온다. 따라서 금 채광업자들은 이 사금의 모체가 되는 금광석을 직접 캐기 위하여 금광을 파기 시작했다.

미국에 있는 대부분의 금 광산은 선조들에 의하여 이미 발견되었다. 그 시대에 채광된 대부분의 금은 금전, 금괴, 또는 금 세공품의 형태로 아직도 우리 생활 속에서 순환되고 있다. 그러나 금 채광은 몬태나 주의 링컨과 같은 도시에서 아직도 계속되고 있으며 전체 채광량은 골드러시 시대보다도 많다.

현대에 채광되는 금의 대부분은 암석, 석영, SiO_2에 알갱이 모양으로 섞여 있거나 $AuTe_2$의 화합물 형태로 존재하는 것이다. 대개 약 0.0025%의 금을 함유하는 암석을 갈아서 공기 중에서 NaCN 용액으로 금을 추출한다. 이 방법은 금이 일으킬 수 있는 몇 가지 안 되는 반응을 아래와 같이 이용한 것이다.

$$4Au(s) + O_2(g) + 8NaCN(aq) + 2H_2O(l) \longrightarrow 4Au(CN)_2^-(aq) + 4OH^-(aq) + 8Na^-(aq)$$

공기를 불어넣어 주면서 NaCN 용액에 금광석을 넣고 수일 동안 방치한다(그림 13.5). 충분한 시간이 지난 후 $Au(CN)_2^-$ 이온을 함유하는 용액을 나머지 암석 가루로부터 분리한다. 이 $Au(CN)_2^-$ 착물을 아연 금속으로 환원시키면 금을 얻을 수 있다.

$$2Au(CN)_2^-(aq) + Zn(s) \longrightarrow 2Au(s) + Zn^{2+}(aq) + 4CN^-(aq)$$

결과로 만들어지는 사이안화 이온은 회수가 불가능하고 매우 독성이 강하기 때문에 환경문제를 일으킨다. 이러한 맹독성은 금광석으로부터 금을 추출할 수 있는 능력과 관련이 있다. 사이안화 이온은 생체에 필요한 여러 가지 금속 이온들과 생체 내에서 쉽게 착물을 형성한다. 금광석을 채광하여 금을 추출할 것인가를 결정하는 일은 얻을 수 있는 이득이 얼마인가에 따르는데 결국 금의 가격에 따를 수밖에 없다. 링컨 지역을 예로 들면 4억1천4백만 톤의 금광석을 보유하고 있

그림 13.5 시안화 이온 용액으로 채워진 큰 못에 금광석을 녹여서 금을 얻는다.

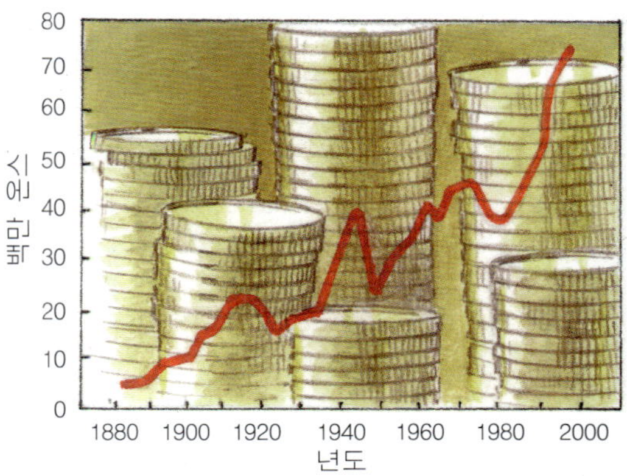

그림 13.6 전 세계적으로 금 생산량은 수년에 거쳐 크게 증가했다. 금 생산 경향으로부터 경제력 동향을 알 수 있다.

예 제 13.2

문 제 금의 가격은 매일 변하지만 1 온스(28.6 g) 당 375 달러짜리 금이라고 가정해 보자. 어떤 채석장의 암석이 0.0025%의 금을 함유하고 있다면 1 온스(oz)의 금을 얻기 위해 얼마나 많은 금광석을 채광하여야 하겠는가? (어렵기는 하지만 가공과정에서 금의 손실은 없다고 가정하라.)

풀 이 암석의 무게

$$= (\text{Au } 1\text{온스}) \times \frac{31.103\,\text{g}}{\text{온스}} \times \frac{100\,\text{g 암석}}{0.0025\,\text{g Au}} \times \frac{1\,\text{kg 암석}}{1000\,\text{g 암석}}$$

$= 1.2 \times 10^3$ kg 암석

현재 채광되고 있는 금광석은 대부분 금광석 1톤당 1 온스 이하의 금을 함유하고 있다. 몬태나 주 링컨 지역에서 채광되는 금광석은 1톤당 0.020 온스 정도의 금을 함유하고 있다.

금전은 수세기 동안 교역을 위해 가장 일반적으로 사용되었다. 현재 금전은 온스당 270 달러의 가격대에서 물가상승을 견제하고 새로운 투자를 위한 방편으로 비축된다. 오랜 역사를 통해 금의 가치는 영원히 지속된다고 믿고 있다. 어떤 환경이 되면 미래에 그러한 믿음에 변화가 생길까?

는데 이 중에서 가격이 온스당 375 달러인 금광석은 2억5백만 톤에 달한다. 따라서 가격이 온스당 600 달러 이상이 된다면 더 많은 금광석을 채광할 수 있다. 경제적 또는 정치적 문제로 인하여 금의 가격은 다른 금속에 비하여 훨씬 크게 변하고 있다 (그림 13.6).

금은 전성과 연성이 매우 크기 때문에 4 인치 정도의 높이에 수백만 장을 쌓을 수 있을 정도 두께의 금 박막으로 만들 수 있다. 금의 녹는점은 1,063℃로, 목탄 불로도 녹일 수 있기 때문에 오래 전부터 대장장이들이 여러 형태의 제품으로 주조하였다. 금은 모든 원소들 중에서 밀도가 큰 원소 중 하나 (19.3g/cm^3)인데 1910년에 발행된 1 달러짜리 동전은 현재 1 다임 동전과 비슷한 크기인 두께 1mm, 직경 1cm 정도에 불과했다. 이것은 사용하기에 너무 작았기 때문에 10 달러, 20 달러, 50 달러 단위로만 주조되었다.

13.3 구리(Cu)

구리도 금과 같이 수천 년 동안 이용되고 있다. 기원전 3500년경 이집트와 메소포타미아 (현재 이라크) 지역에서 구리를 사용하기 시작했다. 그 후로 크레타 (Crete)와 키프로스 (Cyprus)를 중심으로 한 지중해 연안의 문명화에 구리를 대표적으로 사용하였다. 재미있게도 연금술사들이 구리를 나타내기 위하여 사용했던 기호 (♀)는 현재 여성을 나타내는 기호가 되었다. 그 기원은 그리스 신화 중 사랑의 여신 아프로디테(Aphrodite, 후에 로마 신화에서는 '비너스' 라고 부름)가

광택이 나는 구리 손거울을 들고 키프로스(그리스어로 Kupros) 섬 근처의 바다 거품 속에서 나왔다는 데서 비롯된다.

구리는 청동(bronze)의 주성분인데, 청동은 구리와 주석의 합금이며 순수한 구리보다 강하다. 청동의 개발은 인간이 석기를 철기로 바꾸는 과정에서의 진정한 첫 번째 혁명이라 할 수 있다. 그 결과로 시작된 청동기 시대는 기원전 3000년경으로 그 기원을 잡고 있다. 유사한 합금으로서 황동(brass, 또는 놋쇠)을 들 수 있는데 주로 구리와 아연으로 구성된다. 그러나 현대에는 청동도 아연을 함유하며 황동도 주석을 함유하는 예가 많이 있다.

구리도 때로는 자연계에서 순수한 원소로 발견되기도 하지만 대부분의 경우 화합물 내에 존재한다. 구리를 함유하는 화합물은 공작석(malachite)이나 남동광(azurite)과 같이 대부분 밝은 파란색이나 녹색이므로 쉽게 눈에 띄며 구분이 가능하다. 구리 금속도 그 반응성이 매우 높지는 않기 때문에 구리 광석으로부터 쉽게 분리할 수 있다. 일반적으로 반응성이 낮은 금속일수록 그 광석으로부터 분리해내기가 용이하며 자연계에서 반응하지 않은 상태로 존재하기 쉽다. 반면에 나트륨이나 칼륨과 같이 반응성이 높은 금속들은 여러 가지 다른 물질들과 반응하기 때문에 자연계에서 순수한 원소 형태로 존재할 수 없어서 그 광석들로부터 금속 원소를 분리하기가 매우 어렵다. 따라서 역사를 보면 반응성이 낮은 금속들이 먼저 발견되어 채광되고 정제되기 시작했음을 알 수 있다. 이것은 문명화의 과정을 이해하기 위한 화학 반응성의 역할이라 할 수 있을 것이다. 마찬가지로 화학적 현상을 이해하기 위한 주기율표의 역할도 주지해야 할 것이다.

구리의 원석으로 채광된 첫 번째 구리 광석은 시나이(Sinai) 반도에서 발견되는 공작석($Cu_2(OH)_2CO_3$)이었을 것으로 추정된다(그림 13.7). 공작석을 목탄불로 가열하면 분해되어 구리 원소로 된다(목탄은 거의 순수한 탄소에 가깝다).

$$Cu_2(OH)_2CO_3 + C \longrightarrow 2Cu + H_2O + 2CO_2$$

또한 뜨거운 목탄불로 구리를 녹여 주형을 만들 수 있으며 필요하면 어느 정도 식힌 후에 망치로 두드려서 원하는 모양으로 만들 수도 있다.

구리 광석은 흔히 파란색이나 녹색을 띠는데, 코발트나 니켈 광석도 밝은 파란색이나 녹색이기 때문에 과거에는 혼동되기도 하였다. 이렇게 혼동된 광석에서 구리를 얻을 수 없었을 경우에는 악마의 탓

그림 13.7 공작석은 전형적으로 녹색을 보이는 구리 화합물이다.

수천 가지 제품들이 구리나 구리 합금으로 만들어진다.

으로 돌리기도 하였다. 그래서 이런 광석은 '악마의 구리(Devil's copper; 독일어로는 teufelcupfer)'로 알려졌다. 몇 년 후에 코발트와 니켈이 완전히 분리되었을 때 이 원소들은 반대로 '악마의 조력자(Devil's helpers)'인 Kobald와 Nick으로 불리게 되었다. 이와 같이 때로는 과학과 종교, 미신이 이상하게도 자연을 이해하기 위한 인간적인 우연한 만남을 통하여 서로 섞일 수도 있다.

구리의 성질

구리는 오렌지색을 띤 갈색(구리색)을 띠며, 산소나 물과 반응하지 않고 전기전도도가 뛰어나 현대 사회에서 중요한 금속으로 자리잡고 있다. 전기전도도는 전기 저항을 이용하여 측정하는데, 저항이 낮은 물질은 전기를 효과적으로 전달한다. 은이 유일하게 구리보다 작은 전기저항을 갖지만 은의 가격이 비싸기 때문에 전선으로 이용하기에는 적당하지 않다. 구리는 가는 선으로 가공될 수 있을 뿐만 아니라 강하고 유연하기 때문에 수천 km의 통신이나 전력 공급을 위하여 이용된다.

초전도체

1986년에 구리 화합물이 90K 이하에서 저항이 없는 전기전도도를 보임을 발견하였다. 낮은 전기저항의 전도체와는 달리 전기저항이 없는 이 물질을 초전도체(superconductor)라고 부른다. 이전에는 20K 이하에서만 초전도성을 관찰할 수 있었기 때문에 90K(−183℃)의 낮은 온도에도 불구하고 이러한 성질을 '고온 초전도 현상'이라고 부른다.

1987년에는 $YBa_2Cu_3O_8$과 같은 화합물과 유사한 화합물이 125K 정도에서도 초전도 현상을 보였기 때문에 학자들은 더 높은 온도에서도 초전도성을 보일 수 있을 것으로 기대하고 있다.

현재 고온 초전도체는 마치 항아리의 개념을 갖는 '세라믹 산화물'에서 주로 발견되고 있다. 유감스럽게도 이 화합물들을 전선으로 이용할 수 있는 방법은 아무도 개발하지 못하고 있다. 그러나 초전도체 막을 이용한 전기소자는 이미 개발된 바 있으며 이 분야의 연구는 미래의 생활을 크게 바꿀 수 있다는 점에서 주목받고 있다.

그림 13.8 자석은 초전도 물질을 밀친다. 액체 질소 온도까지 냉각된 $YBa_2Cu_3O_8$ 조각 위 허공에 자석이 떠있다.

구리 광석이 들어 있는 세제용액에 공기 방울을 주입해서 만든 거품에 황화구리가 붙어 있다. 남은 암석들은 바닥에 가라앉게 하여 제거한다.

현대의 구리 석출법

현재 채광된 대부분의 구리 광석이 함유하는 구리의 양은 공작석에 비해 크게 떨어진다. 전형적인 현재의 광석은 황동광(chalcopyrite, $CuFeS_2$)으로 구리와 철의 혼합 황화물이다. 이용할 만한 구리 광석도 약 1% 정도의 구리만을 함유하고 있기 때문에 공정과정에서 많은 다른 물질들을 제거해야 한다. 황동광 공정의 첫 번째 작업은 암석으로부터 구리를 포함하는 부분을 분리하는 것이다. 이 작업은 거품 부유법(froth flotation)을 이용한다. 구리 화합물을 세제 교질 입자(detergent micelles)로 만들어 부유시켜 넘치는 거품을 다른 용기로 받아낸다. 다른 암석들은 세제에 끌리지 않기 때문에 쉽게 분리하여 제거할 수 있다.

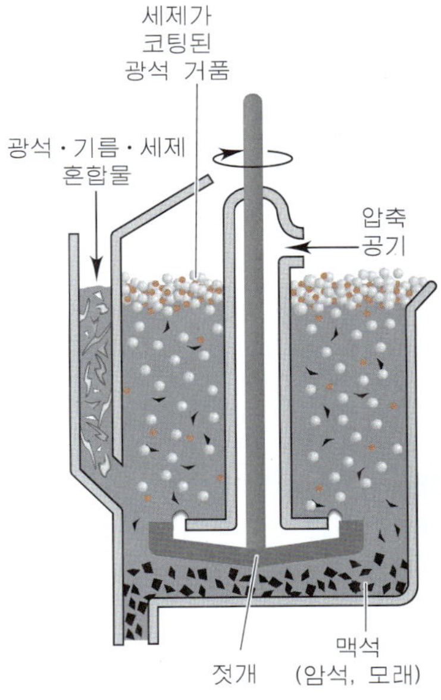

그림 13.9 세제가 코팅된 광석 거품

정제된 $CuFeS_2$를 공기 중에서 가열하여 구우면 일부는 황이나 이산화황으로 변하고 철과 구리는 각각 황화철(II)(FeS)와 황화구리(I)(Cu_2S)로 변한다. FeS와 Cu_2S를 SiO_2와 함께 더 가열하여 $FeSiO_3$, SO_2 및 구리 금속을 만든다. $FeSiO_3$와 구리 금속은 가열한 온도에서 액체상태로 존재하는데 $FeSiO_3$의 밀도가 구리에 비해 크게 낮기 때문에 윗부분으로 떠올라서 쉽게 제거할 수 있다. 대개 이 온도에서 구리를 식혀서 고체 상태로 만드는데 약 95%의 순도를 가지며 대부분 이산화황을 함유하는 기포로 채워진다. 이 정제 단계에서의 구리를

그림 13.10 기포 구리는 구리광석을 정제하는 첫 번째 과정에서 만들어진다.

'기포 구리(blister copper)' 라고 부른다. 이러한 과정을 화학식으로 나타내면 다음과 같다.

$$2CuFeS_2 + O_2 \longrightarrow Cu_2S + 2FeS + SO_2$$

$$2FeS + 3O_2 \longrightarrow 2FeO + 2SO_2$$

$$FeO + SiO_2 \longrightarrow FeSiO_3$$

$$Cu_2S + O_2 \longrightarrow 2Cu + SO_2$$

기포 구리를 녹여서 공기를 계속 주입하면 잔류 황이 이산화황으로 변하고 이산화황을 날려 보내면 약 99% 순도의 구리를 얻을 수 있는데 이 과정을 '불 정제(fire-refining)' 라고 한다.

마지막 정제는 전기분해법을 이용한다. 불 정제된 구리를 녹여서 전기적으로 연결된 두꺼운 판 속에 붓고 묽은 황산 용액에 담근다(그림 13.11). 전기를 흘려주면 불순한 구리는 녹아서(산화) 구리 이온이 된 후, 순수한 구리로 구성된 전극판에서 다시 환원된다. 불순물은 구리보다 쉽게 산화되는 것과 쉽게 산화되지 않는 것으로 나뉜다. 전자의 경우는 주로 철과 아연인데, 이들은 구리보다 환원도 어려우므로 용액 속에 남게 된다. 산화되기 어려운 금속들은 그대로 전기분해 용기 바닥으로 떨어져 찌꺼기로 남는다. 이 찌꺼기는 주로 금, 은, 백금 금속 등으로 구성된다. 찌꺼기를 정제하여 이러한 귀금속들을 회수하면 흔히 공정 비용을 충분히 충당할 수 있다.

만일 오래 전에 순수한 구리를 얻기 위하여 위와 같은 공정이 절대적으로 필요했다면 구리는 발견되지 않았고 따라서 청동기 시대는 도래할 수 없었을 것이다.

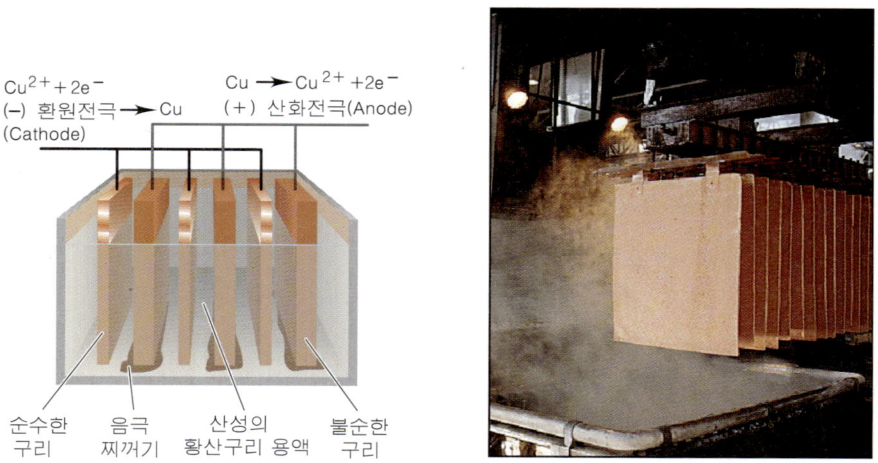

A　　B

그림 13.11 A는 구리 정제를 위해 적용되는 전기분해의 원리를 보여주고 있다. 구리 이온들은 고온에서 탄소가 있으면 구리 금속으로 환원된다. B는 전기분해 과정에서 사용하는 구리판을 보여주고 있다.

그림 13.12 철은 문명사회에서 수많은 방법으로 사용된다. 에펠탑은 가장 유명한 철탑 중 하나이다. 포스레일웨이 다리는 1880년에 건축된 퍼스오브포스와 에든버러를 잇는 1.5마일 너비의 다리이지만 여전히 사용되고 있다. 철도, 연장, 건자재 등이 철로부터 만들어진다.

13.4 철(Fe)

철은 구리나 청동보다 훨씬 늦게 사용되었다. 일단 철이 사용된 후로는 3000년 동안이나 가장 많이 사용되는 금속이 되었다(그림 13.12 참조). 원광석으로부터 철을 얻기가 힘들었기 때문에 구리나 청동보다 철의 이용이 늦게 개발되었다. 또한 철의 용융점은 1535℃로 구리의 용융점보다 452℃나 높고 이 온도는 목탄 불로는 쉽게 얻을 수 없는 온도이기 때문에 철을 다루기는 쉽지가 않다.

가장 흔히 얻는 철광인 산화철(Fe_2O_3)은 밝은 적황색이라서 대부분의 다른 암석과는 쉽게 구분된다. 철에 대한 연금술적인 표시(♂)는 본래 로마의 전쟁신인 마스(Mars, 화성)를 나타내며 지금은 국제적으로 남성을 의미한다. 이 표시의 연관된 의미로는 철이 칼과 창과 같은 전쟁 무기로 사용된다는 것과, 전쟁의 신과 연관되어 있다는 것, 남성 특유의 호전성을 의미한다는 것 3가지를 들 수 있다. 실제로 이 표시는 창과 방패를 의미한다.

철은 산화철을 공기 중에서 목탄과 섞어서 가열함으로써 처음으로 만들어졌다.

$$2Fe_2O_3 + 3C \xrightarrow{\text{공기}} 4Fe + 3CO_2$$

산화물이 공기가 존재하는 조건에서 쉽게 환원된다는 점이 이상할지 모르나, 실제 환원제는 탄소 그 자체가 아니라 산소와 반응하여 생성되는 일산화탄소이다.

$$2C + O_2 \longrightarrow 2CO$$

산화철은 일산화탄소와 다음과 같이 반응한다.

$$Fe_2O_3 + 3CO \longrightarrow 2Fe + 3CO_2$$

철광은 많은 경우 상당량의 불순물인 규산염을 함유한다. 이것은 철광을 가열할 때 석회석($CaCO_3$)을 첨가하여 제거한다. 탄산칼슘은 분해되어 산화칼슘과 이산화탄소가 된다. 산화칼슘은 염기성이므로 산성인 산화규소(SiO_2)와 반응하여 규산칼슘이 되고 폐기물 슬래그

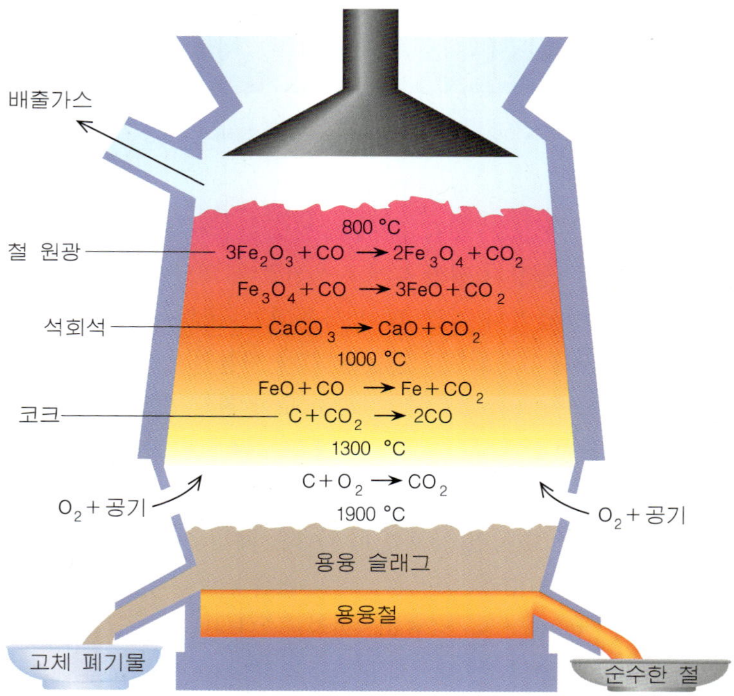

그림 13.13 철 광석은 용광로에서 금속 철로 환원된다. 그림은 용광로 속에서 어떤 반응이 각 높이에서 일어나는지 보여준다.

(slag) 형태로, 용융되어 있는 반응 혼합물 위에 떠 있게 된다.

$$CaCO_3 \longrightarrow CaO + CO_2$$
$$CaO + SiO_2 \longrightarrow CaSiO_3$$

현대적인 제련법에서 이러한 슬래그는 포틀랜드 시멘트의 제조에 자주 사용되기도 한다.

요즘은 대부분의 경우에 철을 즉시 **강철**(steel)로 변환하는데, 강철은 철과 약간의 탄소, 크로뮴, 니켈, 바나듐, 몰리브데넘, 코발트 등의 혼합물이다. 이러한 소량의 여러 가지 금속은 강철의 성질을 변화시켜 녹이 슬지 않으며, 아주 높은 경도와 강도를 나타내게 한다.

13.5 알루미늄(Al)

금에서 구리, 철로 주제를 이동한 것은 점차 얻기가 힘들어지는 순서대로 소개를 하기 위해서이다. 이것은 활동도 계열(표 13.2 참조)의 위쪽으로 옮겨가는 것이다. 알루미늄은 철보다 훨씬 반응성이 크기 때문에 철이 사용된 3000년 후에서야 비로소 사용되기 시작하였다. 지금은 알루미늄이 음료 캔으로 사용될 정도로 흔한 물질이 되었지만, 불과 120년 전만하더라도 실험실에서나 관심을 갖는 대상물에 불과하였다.

표 13.2 금속들의 반응성

원소	반응
칼륨	찬물과 반응하여 수소를 발생시킨다.
칼슘	찬물과 반응하여 수소를 발생시킨다.
나트륨	찬물과 반응하여 수소를 발생시킨다.
마그네슘	수증기와 반응하여 수소를 발생시킨다.
알루미늄	수증기와 반응하여 수소를 발생시킨다.
아연	수증기와 반응하여 수소를 발생시킨다.
철	수증기와 반응하여 수소를 발생시킨다.
납	산과 반응하여 수소를 발생시킨다.
수소	산소와 반응하여 산화물을 형성한다.
구리	산소와 반응하여 산화물을 형성한다.
은	간접적으로만 산화물을 형성한다.
금	간접적으로만 산화물을 형성한다.

주 : 위의 원소들은 반응성이 감소하는 순서로 나열되어 있다. 위쪽에 나열된 원소들은 매우 쉽게 산화된다. 반대로 말하면 이 원소들의 산화물은 환원시키기 매우 어렵기 때문에 그 산화물로부터 각 원소를 분리하기가 어렵다. 위쪽 원소들은 그 아래쪽 원소의 이온이나 산화물들을 환원시킬 수 있다.

알루미늄은 지각 중에 가장 풍부한 금속이지만 광물로부터 분리하기가 어려워서 1827년에서야 순수한 물질로 분리할 수 있었다. 알루미늄으로 환원(양이온으로 존재하는 알루미늄 이온을 알루미늄 원자로 바꾸는 것)하기가 매우 힘들어서 선조들이 주위에 흔한 흙 속에 이 귀중한 금속이 산재되어 있다는 것을 알았다 하더라도 알루미늄을 얻지 못했을 것이다. 알루미늄의 환원은 전기의 이용법을 알아야만 했다. 왜냐하면 처음 알루미늄의 제련은 용융된 칼륨과 산화알루미늄(Al_2O_3)을 반응하여 얻었는데, 칼륨은 수산화칼륨(KOH)에 전류를 통하여서만 얻을 수 있기 때문이다.

$$Al_2O_3 + 6K \longrightarrow 2Al + 3K_2O$$

이 방법은 사용하기 매우 불편한 공정이었으며, 1886년 미국의 찰스 홀(Charles Hall)과 프랑스의 폴 에루(Paul Heroult)가 각각 독립적으로 전류를 이용하여 산화알루미늄으로부터 알루미늄을 직접 얻을 수 있는 공정을 개발하기 전까지는 실용적으로 사용할 수 없는 아주 비싼 금속이었다(4장에서 논의된 내용 참조). 두 사람 모두 용융 Na_3AlF_6에 산화알루미늄을 녹였다. 이 화합물은 1000°C에서 녹는다. 일단 산화알루미늄이 녹으면, 탄소 전극 간에 전류를 흘리면 용융된 알루미늄이 만들어져서 바닥에 가라앉게 되고 이를 뽑아낼 수 있다.

기본적인 환원 반응은 다음과 같다.

$$Al^{3+} + 3e^- \longrightarrow Al$$

알루미늄을 생산하는 데 필요한 엄청난 전기량(원자당 3개의 전자)이 대부분의 비용을 차지한다. 알루미늄 깡통을 재사용하면 이런 비용을 없앨 수 있고, 따라서 재활용 알루미늄은 많은 비용을 절감할 수 있다. 약 151억 파운드의 알루미늄이 매년 전 세계적으로 생산되며 이 중 19억 파운드가 재생된다. 이러한 재사용으로 매년 740만 배럴에 해당하는 석유 에너지를 절약할 수 있다. 더 많은 재활용 노력은 적어도 2~3배 정도에 해당하는 에너지를 절약할 수 있을 것이다.

알루미늄의 성질

알루미늄이 반응성이 매우 큰 금속임에도 불구하고 유용성이 큰 것은 놀라운 일이다. 순수한 알루미늄은 수증기 및 산소와 반응한다. 이러한 사실 때문에 알루미늄이 요리용 팬으로 사용되기에 적합하지 않다고 생각되지만, 알루미늄 팬을 이용하여 매일 많은 요리를 준비한다. 이것은 알루미늄이 산소와 특별한 방법으로 반응하기 때문에 가능한 일이다. 순수한 알루미늄이 공기와 접촉하면 반응이 일어나 산화알루미늄(Al_2O_3)이 되지만 이것은 알루미늄 표면에 아주 단단히 붙어있어서 그 아래쪽에 있는 알루미늄이 공기와 접촉하는 것을 막아준다. 따라서 우리가 말하는 요리용 팬은 산화알루미늄 막으로 덮여있는 알루미늄 요리용 팬을 의미하는 것이다. 이것은 철이 산화되어 주홍색 녹이 형성되어 표면에서 쉽게 떨어지고 녹스는 현상이 더욱 가속화되는 것과 다르다.

음료수 캔의 알루미늄 역시 아주 얇은 화학적 코팅에 의해 보호되어 있다. 하지만 이것은 산화알루미늄 막이 아니라 플라스틱으로 된 니스 같은 막이다. 만약 이런 니스 막을 둘러가면서 제거하면 노출된 알루미늄은 쉽게 캔의 내용물과 반응할 수 있다. 염화구리 용액을 사용하여 다음 반응과 같이 반응하여 용해되는 노출된 알루미늄의 반응성을 볼 수 있다.

$$2Al(s) + 3Cu^{2+}(aq) + 8Cl^{-}(aq) \longrightarrow 2AlCl_4^{-}(aq) + 3Cu(s)$$

상처난 부위가 반응하여 외부의 페인트에 의해서만 붙어있기 때문에 알루미늄 캔은 쉽게 두 토막낼 수 있다.

이제까지 언급하였던 4가지 중요한 금속들은 서로 비슷한 금속의 성질을 지니고 있으며, 반응성과 같은 다른 성질도 지니고 있다. 원자 수준에서 금속 구조를 생각하면, 물리적, 화학적 성질의 유사성을 설명하는 데 이용될 수 있는 구조적 유사성을 발견할 수 있다.

알루미늄은 강하고 가볍고 질기기 때문에 여러 종류의 제품에 사용된다.

13.6 금속의 구조

금속은 한 종류의 원자만으로 이루어진 결정이다. 원자는 구형이며 구의 형태로 함께 포개진 육면체 면에 서로 잘 어울리면서 놓일 수 있다.

3장에서 논의한 바와 같이, 금속 안에 있는 외각전자들은 서로 잘 분배되어 있으나 공유 화합물의 분배 형태와는 다르다. 공유결합에서의 전자들은 특정한 원자들 간의 분배된 형태이지만 금속에 있는 외각 전자들은 결정 내의 모든 원자들에 분배되어 있다. 만약 공유 분자의 결합 전자들을 다른 곳으로 이동시킨다면 그 결합은 깨어지고 새로운 분자가 형성될 것이다. 하지만 금속 원소에 있는 원자들은 전자들을 넓게 분배하여 사용하기 때문에 서로의 위치를 유지해야 할 특정한 이웃 원자가 없다. 따라서 어떤 원자라도 서로에 대해 이웃할 수

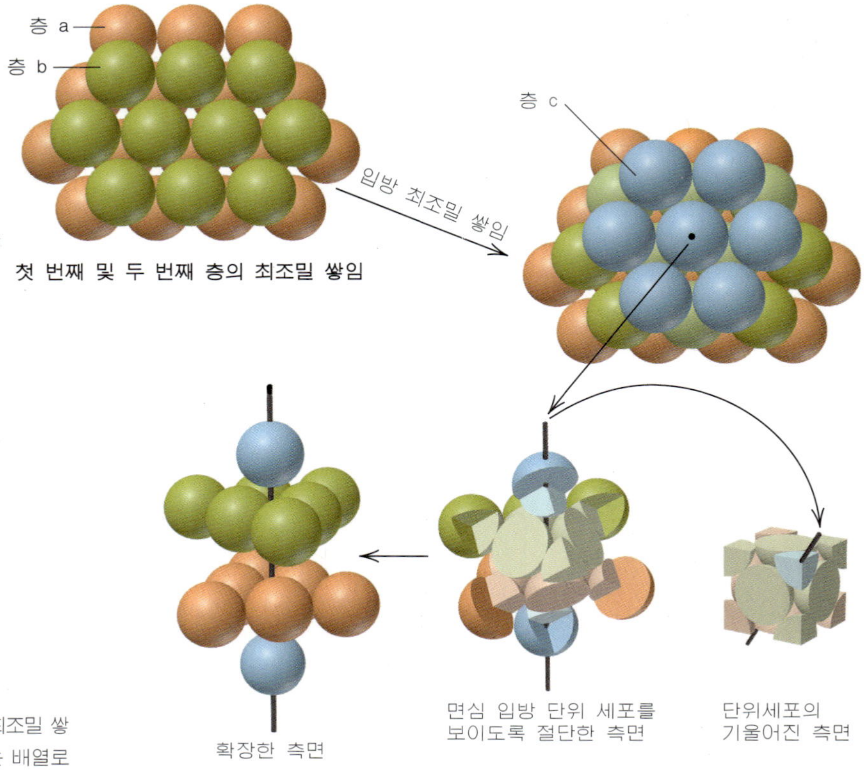

그림 13.14 금속 원자들은 입방 최조밀 쌓임(cubic closest packing)이라는 배열로 서로 잘 맞아들어간다.

있으며 금속이 아주 유연한 이유가 바로 이것이다. 금속 조각을 망치로 두드리면 형태가 바뀐다. 반면 비금속 원소, 이온결합 화합물, 공유 화합물은 산산조각이 난다. 같은 방법으로 전자는 금속 조각 내의 어디라도 이동할 수 있기 때문에, 금속은 전기를 잘 통하게 된다. 전류란 이동할 수 있는 전자의 흐름이다.

13.7 부식

너희를 위하여 보물을 땅에 쌓아두지 말라. 거기는 좀과 동록이 해하며 도적이 구멍을 뚫고 도적질하느니라.

(마태복음 6:19)

녹은 오랜 기간 동안 인류의 문젯거리였다. 철로 만든 물체는 종종 녹슬어 못 쓰게 되곤 한다. 이것은 철이 산소와 반응하여 황갈색의 산화철(III)(Fe_2O_3)과 수산화산화철(FeOOH)이 된 것이다. 미국에서 녹으로 인한 경제적 손실은 1년에 3,000억 달러나 된다.

이 장에서 강조한 네 가지 금속 가운데 철의 산화는 가장 심각하다. 금은 산소와 반응하지 않는다. 따라서 금으로 만든 물체는 광택이 수백만 년이나 유지된다. 구리는 표면이 빛나는 황갈색에서 산화구리와 탄산구리의 어두운 녹청색이 된다.

$$2Cu + O_2 \longrightarrow 2CuO$$
$$2CuO + CO_2 + H_2O \longrightarrow Cu_2(OH)_2CO_3$$

알루미늄은 산소와 빠르게 반응하지만 Al_2O_3 생성물이 알루미늄 물체의 표면에 강하게 달라붙어 금속을 더 이상 산화되지 않도록 보호하는 역할을 한다.

금속이 산소와 반응하는 정도는 표 13.2에 나타낸 금속의 활동도 서열에 달려있다. 표의 위쪽에 있는 금속들은 산소와 자발적으로 반응하나 아래쪽에 있는 것들은 그렇지 않다. 맨 위에 있는 금속들은 물과 반응하여 산화물이나 수산화물을 형성한다. 또한 위에 있는 금속은 더 아래쪽에 있는 금속의 산화 형태를 환원한다. 예를 들어 그림 4.20에서 보는 바와 같이 구리 이온은 아연 금속에 의해 환원될 수 있다. 이 정보를 이용하여 마그네슘이나 아연 조각을 연결하여 다리나 배와 같이 커다란 철로 된 구조물에 녹이 스는 것을 방지할 수 있다. 철 구조물 대신에 이보다 반응성이 더 큰 이들 금속이 산화되는데 이를 희생 양극(sacrificial anode)이라고 한다. 철에 아연을 도금하면 자유의 여신상처럼 철이 보호된다.

녹은 화학 반응에 의하여 철로 된 물체로부터 제거할 수 있다. 인산(H_3PO_4)으로 엷게 만들고 철의 산화물을 녹여 가용성 철 화합물과 인산염을 형성함으로써 철 물체로부터 녹을 제거한다. 이것은 철을 비활성 상태로 만들어 더 이상 산소와 반응하지 못하게 한다.

13.8 석유 및 화석 연료

네부차드네차르 (Nebuchadnezzar) 사람들은 지금 아스팔트라고 부르는 비투멘(bitumen)으로 고대 바빌론의 많은 것을 만들었다. 이곳은 요즘에도 여전히 석유의 주요 생산지이며 그 석유는 3000년 전 네부차드네차르 시대보다도 훨씬 중요한 위치를 차지하고 있다. 이는 어떻게 석유와 석탄을 자동차 기름, 윤활유, 플라스틱, 섬유, 염료 등 수천 종류의 유용한 화합물로 전환시키는지를 배워왔기 때문이다. 화학이 이러한 기술의 근간을 이룬다.

이 사진은 인산을 포함한 상품으로 녹슨 강철을 처리하기 전과 후를 각각 보여주고 있다.

석유와 석탄을 화석 연료(fossil fuel)라 하는데 이는 고대 생물의 분해로 만들어진 부산물이기 때문이다. 죽은 식물들이 수백만 년에 걸쳐 천천히 석유와 석탄으로 변형되었다. 우리가 석유에서 발견한 많은 종류의 분자들은 오늘날 식물에서 발견되는 분자들의 변형된 형태로 인식된다.

식물에서 발견되는 탄소의 여러 가지 산화상태는 석유에서 발견되는 종류보다 훨씬 많다. 다시 말하자면, 살아있는 식물 내의 유기 화합물은 석유에 비해 더 많은 산소를 함유하고 있고 수소는 덜 가지고 있다. 예를 들면, 식물에서 발견되는 가장 많은 유기 화합물인 셀룰로오스는 실험식이 CH_2O인 고분자이다. 전형적인 석유를 구성하는 분자는 옥테인(C_8H_{18})이다.

오클라호마, 텍사스, 사우디아라비아 및 다른 OPEC 국가의 거대한 유전에서 매일 6,800만 배럴의 원유가 생산된다. 원유는 탄소와 수소의 화합물(탄화수소)과 소량의 황과 산소 그리고 다른 몇 종류의 원소로 구성된 믿기 어려울 정도로 복잡한 화합물이다. 석탄이나 석유를 연료로 사용하거나 가공할 때 이들에 함유된 황이 문제를 일으킨다는 사실을 9장에서 언급한 것을 상기하라.

천연가스

식물은 분해될 때 메테인(CH_4)과 이산화탄소(CO_2)를 발생한다. 이것은 다음과 같이 화학식으로 요약할 수 있다.

$$2CH_2O \longrightarrow CH_4(g) + CO_2(g)$$

하지만 CH_2O는 전형적인 셀룰로오스의 엄청난 분자량 $(CH_2O)_{500}$을 지닌 식물의 화합물에서 발견되는 탄소, 수소, 산소의 가장 간단한 실험식임을 기억하여야 한다. 비슷한 과정이 아주 천천히 수백만 년 동안 일어남으로써 형성되고 저장된 천연가스를 오늘날 사용하고 있다. 천연가스 유전도 화학적으로 좀더 복잡한 원유의 대장된 곳과 같은 위치에서 발견된다는 점은 놀라운 사실이 아니며 이 역시 고대 식물로부터 만들어진 것이다.

탄화수소

6장에서 언급한 바와 같이, 탄화수소는 수소와 탄소만을 포함하는 유기 화합물이다. 가장 간단한 탄화수소는 메테인(CH_4)이다. 더 복잡한 화합물은 언제나 탄소 원자가 다른 탄소 원자와 사슬이나 고리 모양으로 연결되어 있으며 수소는 탄소에 의해 사용되지 않은 결합 장소를 채워서 만들어져 있다. 탄소가 1～4개로 된 비교적 간단한 분자는 상온에서 기체 상태로 되어 있다. 중간 크기인 탄소 수가 5～16개 정도인 분자는 상온에서 액체이며 이보다 많은 분자는 고체이다. 원유는 약 50～60개의 탄소를 함유하고 있다.

원유 안에 있는 복잡한 화합물은 사용하기 전에 적절한 방법에 의해 개별 화합물 또는 화합물군별로 처리하여야 한다. 이와 관련된 가장 간단한 과정은 증류에 의한 방법이다. 원유는 거대한 **분별 증류**(fractional distillation)탑에서 가열하는데, 이 증류탑은 재수거용 파이프와 탑의 다른 높이에서 원유와는 다른 조성 부분을 뽑아낼 수 있는 관으로 구성되어 있다(그림 13.15). 상대적으로 분자량이 낮은 화합물은 탑의 윗부분에서 수거되는데, 이는 탑의 아래에서 수거되는 높은 분자량의 화합물보다 쉽게 액화가 되지 않기 때문이다. 일부는 전혀 증류가 되지 않고 검정색의 아스팔트로 남아 있게 된다. 이것은 도로 건설에 사용되기도 하고 태워서 증류에 필요한 열을 얻기도 한다.

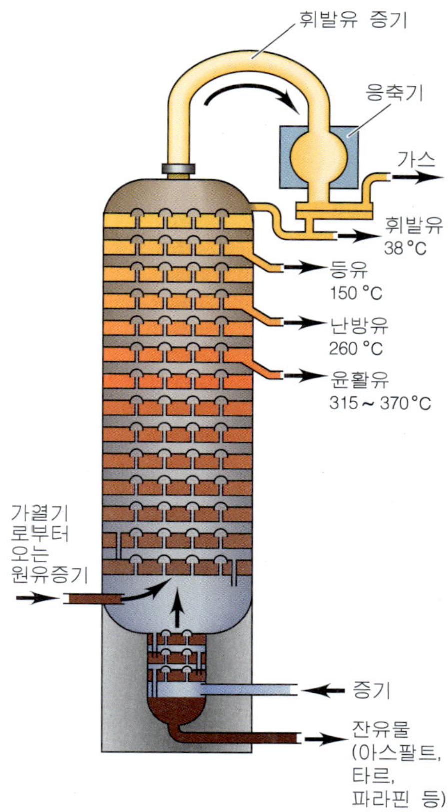

그림 13.15 원유를 여러 제품으로 만들기 위해서 분별 증류가 사용된다. 이 그림은 10m 정도에 해당하는 증류탑이 어떻게 여러 가지 끓는점이 다른 증류된 부분을 분별하는지를 보여준다.

표 13.3 분별증류에 의한 생산물과 그 용도

부 분	조성식	용 도	끓는점(°C)
천연가스	CH_4～C_4H_{10}	연료, 요리용 가스	<0
석유 에터	C_5H_{12}～C_6H_{14}	유기 용매	30～70
휘발유	C_6H_{14}～$C_{12}H_{26}$	연료, 용매	70～200
등유	$C_{12}H_{26}$～$C_{16}H_{34}$	로켓 및 제트 엔진유, 가정용 난방유	200～300
난방유	$C_{15}H_{32}$～$C_{18}H_{38}$	산업용 난방유, 화력 발전용	300～370
윤활유	$C_{16}H_{34}$～$C_{24}H_{50}$	자동차 및 절삭용 윤활유	>350
잔유물	$C_{20}H_{42}$ 이상	아스팔트, 파라핀	고체

표 13.3은 분별 증류에서 얻은 여러 종류의 조성과 이들의 주요 사용용도를 보여주고 있다. 초기 조성에는 끓는점이 비슷한 혼합물 형태로 되어 있으나 용도에 따라 더 정제될 수 있다.

원유에 포함되어 있는 화합물의 혼합물은 용도에 맞게 조성되어 있지 않다. 따라서 화학자는 원유로부터 수많은 방법에 의해 필요한 화합물을 얻는 방법을 연구하여 왔다. 그 간단한 예가 에테인(C_2H_6)을 우리가 일반적으로 에틸렌이라 부르는 에텐(C_2H_4)으로 바꾸고 이를 다시 폴리에틸렌(polyethylene)으로 전환하는 것이다.

$$H_3C-CH_3 \longrightarrow H_2C=CH_2+H_2$$

$$nH_2C=CH_2 \longrightarrow -CH_2-CH_2-CH_2-CH_2-CH_2-CH_2-CH_2-$$

석탄

석탄은 유럽과 북미에서 산업혁명을 일으켰다. 석탄은 고대 식물체가 수백만 년간 부패되어 만들어졌다. 석탄은 탄소로 되어있다고 종종 생각하지만 석탄의 조성은 복잡하여 수천 종의 여러 화합물을 포함하고 있다. 일차적으로 탄화수소가 있는데 고리형 방향족과 다른 불포화 화합물을 포함한다. 1999년 미국 에너지 정보국에 따르면 1726개의 광산에서 110억 톤의 석탄을 생산하였는데 이는 전 세계 생산량의 24%에 해당된다. 채광된 석탄의 75%이상이 발전용으로 사용된다. 미국에서만 4조 740억 튼의 석탄이 사용 가능한 것으로 여겨지는데, 이는 265년간 공급할 수 있는 양이다.

현대 유기화학은 19세기 후반부에 합성염료의 제조 방법이 처음 완성되었던 독일의 정부와 산업체로부터 처음으로 후원을 받아 발전되었다. 이 중 많은 부분이 공기가 차단된 상태에서 가열할 때 나오는 검정색 물질인 콜타르로부터 시작되었다. 이것은 거의 순수한 탄소에 해당되는 코크스 (coke)라 부르는 석탄 가스와 콜타르이다. 이에 대해서 균형 잡힌 화학식을 쓰기는 불가능한데 이러한 물질은 순수한 상태의 화합물이 아니기 때문이다. 석탄가스는 수소 (H_2), 메테인(CH_4), 일산화탄소(CO)로 대부분 구성되어 있으며 연료로 사용되었다. 천연가스인 메테인의 공급처가 발견되고 쉽게 얻을 수 있게 되어 이를 이용한 난방이나 요리용 가스로 사용되는 것이 거의 중단되었다. 코크스는 철 원광으로부터 철을 생산할 때 목탄 대신에 사용된 탄소의 공급원이다.

$$4C+3H_2O \longrightarrow H_2+3CO+CH_4$$

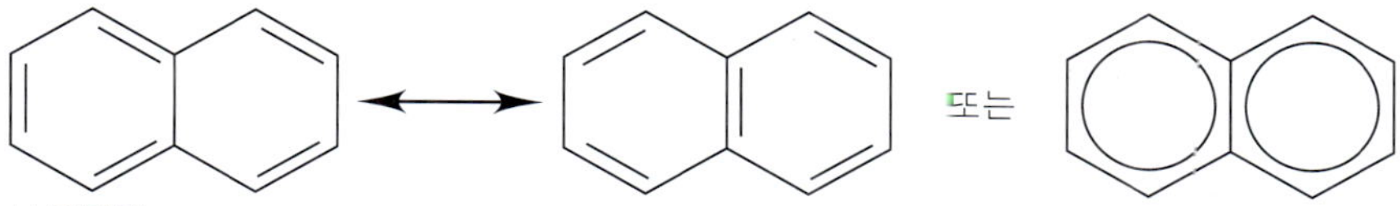

나프탈렌

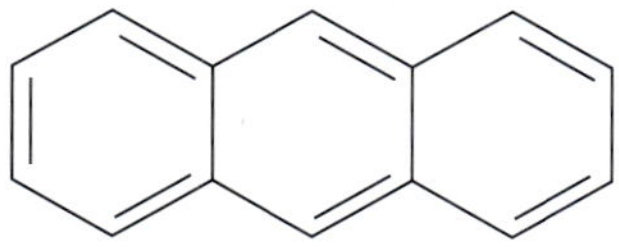

안트라센

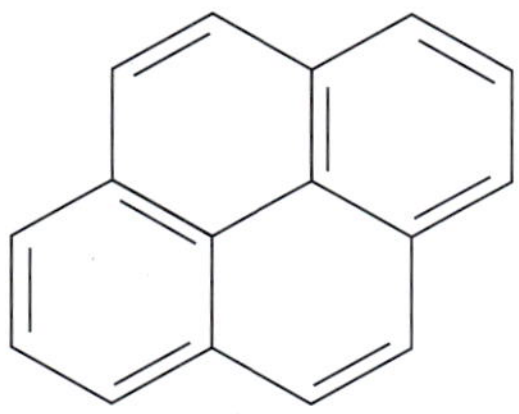

피렌

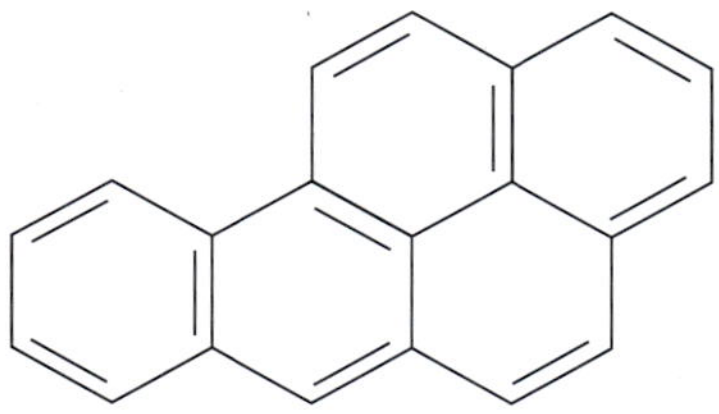

벤조[a]피렌

그림 13.16 나프탈렌, 안트라센, 피렌, 벤조[a]피렌은 석탄에 들어있는 간단한 형태의 다방향족 탄화수소 화합물이다. 이들은 향기가 나기 때문이 아니라 구조상 이중결합의 비편재화 때문에 방향족으로 명명되었다. 나프탈렌에는 이중결합이 하나씩 걸러가면서 있음을 알 수 있다. 실제 결합은 이보다 복잡하며 오른쪽의 그림은 비편재된 전자의 일부가 전체 분자구조에 퍼져 있는 것을 도식화한 그림이다. 결합들은 이중 결합과 단일 결합의 중간 정도이며 이를 도식화하여 점선으로 표시된 원으로 표현하였다.

위 화학식에서, 석탄은 탄소로 표시되었다. 그러나 실제로는 탄소로 된 복잡한 화합물이라 하는 것이 더 정확하다.

콜타르로부터 나프탈렌과 안트라센 등의 많은 유용한 화합물이 추출된다. 이 화합물은 석탄에 항상 함유되어 있었으나 이들이 들어있다는 것을 알지 못하였다. 새로운 관련 기술이 발전된 후에야 비로소 다른 많은 화합물들이 있다는 것이 명백하게 밝혀졌다.

이 장에서는 지구 표면과 관련된 화학 이야기에 대해 많은 이야기를 하였다. 지구를 자원의 주요 근원으로 생각할 때, 지구 표면을 덮고 있는 귀중한 토양에 대해서도 상기하여야 한다.

13.9 흙과 점토

우리가 먹고 있는 대부분의 음식은 흙에서 자라거나 가축의 경우처럼 흙에서 자란 식물을 먹고 자란다. 음식을 포함하여, 흙은 벽돌이나

A B

그림 13.17 A.푸에블로 인디언의 선조들이 그들의 집을 짓기 위해 사용하였던 미국 남서부 지역의 붉은 점토. B.중서부 지역에 풍성한 수확을 주는 양질의 흙.

자기 그릇을 만들 수 있는 점토도 제공한다. 식량의 공급처라든지 집과 같은 피난처를 만들 수 있는 흙에 대한 체계적인 관련 연구의 발전은 2장에서 언급한 바와 같이 문명의 발전과 궤를 같이한다.

지표의 대부분은 **흙**(soil)으로 구성되어 있다. 흙은 사실 죽은 식물이나 동물의 잔해, 그리고 암석의 작은 가루 등을 포함하는 복잡한 여러 가지 화합물을 일반적으로 부르는 말이다. 흙은 색상이나 외형이 다양하다. 흙의 색깔이나 모양은 어떤 화학 성분으로 되었느냐에 달려 있다. 붉은색이나 황금색은 대부분 점토에 의한 색이고 검정색은 부식토에 의한 색이다. 점토는 대부분 칼슘, 알루미늄, 규소, 산소로 구성되어 있다. 부식토는 보통 식물의 잔해이며 대부분 탄소, 수소, 질소, 산소를 함유한다. 흙의 세 번째 주성분은 모래(SiO_2)와 분말의 석회질($CaCO_3$)이다.

다양한 종류의 점토가 있으나 대부분 규산알루미늄(알루미늄, 규소, 산소의 화합물)이 대부분이며 보통 칼슘과 마그네슘을 포함하고 있다. 붉은색을 띠는 점토에는 알루미늄 대신에 철 성분이 더 많이 함유되어 있다.

건축용 벽돌이나 물을 담기 위한 토기는 수천 년간 만들어져 왔으며 간혹 고대 원시인의 생활양식을 이해할 수 있는 단서가 되기도 한다. 점토로 된 벽돌이나 그릇은 물과 가루 형태의 흙을 물과 반죽하여 원하는 형상으로 쉽게 만들 수 있다. 이것을 다시 말린 후 높은 온도에서 가열하여 견고하게 만든다.

13.10 우주선 지구

우리가 사용하거나 소비하는 모든 물질은 지구에서 나온 화학 재료로 만들어진다. 태양은 에너지의 공급원이지만 우리가 사용하는 화학 재료는 태초부터 지구에 있던 것이었다. 이런 화학 재료는 언젠가 어떤 방법으로라도 다시 지구로 돌려주어야 한다. 우리는 태양 에너지에 의해 자체적으로 움직이는 우주선으로, 우리의 우주선을 잘 보존하여야 하며 잘 작동되도록 해야 한다. 이런 목적을 달성하기 위해서는 한정된 자원이 고갈되지 않도록 노력해야 하고 현명하게 여러 방법으로 재사용하여야 한다.

우리는 귀중한 자원으로 금이 어떻게 취급되는지 살펴보는 하나의 모델로 이 장을 시작하였다. 수세기 동안 인류는 금을 아주 귀중한 것으로 취급하였기에 아주 효율적으로 재사용하여왔다. 지금까지 채취된 금은 어떤 형태로든 여전히 사용되거나 귀중히 보관되어 왔다. 불행히도 다른 금속들은 이렇게 취급되지 않았다. 쓰레기 하치장에 가보면 철이나 알루미늄 같은 금속을 한 번 사용한 후에 그냥 버린 것을 볼 수 있다. 화석 연료 또한 너무나 부주의하게 사용해 버린다. 만들어지기 위해 수백만 년이 걸렸던 이런 연료의 재원을 파헤쳐서 미래에 대한 깊은 인식 없이 사용해 버리고 있다.

우리의 건강과 미래의 자손을 위해, 금을 소중하게 다루는 것처럼 지구가 보유하고 있는 여러 종류의 화학 재료를 귀중하게 사용하고 재생, 보존하는 방법을 배울 필요가 있다.

연 습 문 제

1. 왜 지구는 닫힌계인가? 지구가 열린계이면 어떤 일이 일어날까?

2. 왜 무기 자원은 재사용이 불가능한가?

3. 표 13.2를 이용하여 다음 반응이 실제로 일어날 수 있는지 예측하라.

a. $6K + Al_2O_3 \rightarrow 3K_2O + 2Al$

b. $Zn^{2+} + Cu \rightarrow Zn + Cu^{2+}$

c. $6K + Al_2O_3 \rightarrow 3K_2O + 2Al$

4. 지각은 무게비로 산소 46.60%, 규소 27.72%, 알루미늄 8.13%로 되어 있다. 이 세 원소의 몰분율은 얼마인가?

5. 금 자원과 매장량은 어떻게 다른가?

6. 금, 구리, 철, 알루미늄의 화학기호는 무엇인가?

7. 금의 물리적, 화학적 성질을 써라.

8. 철의 물리적, 화학적 성질을 써라.

9. 알루미늄의 물리적, 화학적 성질을 써라.

10. 왜 금은 자연계에서 순수한 형태로 존재하는 몇 안 되는 금속인가?

11. 알루미늄 캔의 무게를 재고 Al_2O_3로부터 이만큼의 알루미늄을 환원하는 데 필요한 전자 수를 계산하라.

12. 금은 물에 뜨겠는가, 가라앉겠는가? 수은에는 어떠하겠는가?

13. 순금으로 된 보석은 변하지 않지만 모조품은 서서히 녹색으로 변한다. 왜 그런가?

14. 금의 가치가 온스당 400달러일 때 1달러 가치의 금화의 직경은 얼마나 될까? 주화의 두께는 1.00 mm로 가정한다.

15. 산화철(III)(Fe_2O_3) 3.0 kg으로부터 몇 그램의 철을 얻을 수 있는가?

16. Fe_2O_3로부터 철 1000 kg을 만들 때 필요한 탄소의 양을 계산하라.

17. 12인치×54인치의 직사각형 알루미늄 포일의 무게가 20 g이다. 이 포일의 두께는 얼마인가?

18. 금, 구리, 철 및 알루미늄의 산화물에 대한 산화수를 살펴보고 이들의 주기율표에서의 위치로부터 왜 이러한 산화수를 갖는지 근거를 설명하라.

19. 왜 지구에서 알루미늄보다 구리를 얻기가 더 쉬운가?

20. 전도체(conductor)와 초전도체(superconductor)는 어떻게 다른가?

21. 이 장에서 공부한 금속을 반응성의 순서로 나열하라.

22. 금속에서의 결합은 유기 화합물의 결합과 어떻게 다른가?

23. 왜 금속은 전성이 있고 전기를 잘 통하는지 설명하라.

24. "CRC Handbook of Chemistry and Physics"를 참조하여 전이금속 Sc로부터 Zn에 대한 각 산화물의 가장 높은 산화수를 조사하고 주기율표상에서 이들 중 어느 산화물의 산화수가 족수와 일치하는지 찾아라. 그렇지 못한 산화물에 대한 이유를 제안해 보라.

25. 석유는 본래 산소를 많이 함유하던 식물 중의 유기 화합물로부터 유래하였으나 산소를 거의 가지고 있지 않다. 원래 식물 안에 있던 산소 원자에 어떤 일이 일어났는가?

26. 다음 분자가 상온에서 고체, 액체, 기체 중 어느 상태인지 예측하라.

a. C_3H_8

b. $C_{17}H_{36}$

c. $C_{33}H_{68}$

27. 왜 원유를 증류하여 정제하여야 하는가?

28. 석유의 성분이 연료, 용매, 윤활제로만 쓰이는가? 이에 대해 설명하라.

29. 모래, 흙, 점토, 부식토의 차이는 무엇인가?

30. 40.0 g의 토양에 산을 첨가하여 발생하는 이산화탄소를 포집하여 무게를 측정하였더니 0.73 g이었다. 이 토양 중 몇 %가 석회석 성분인가?

CHAPTER

핵의 힘

14

"나는 죽게 되었다. 세상의 파괴자여!"

- 1945년 7월 최초의 원자폭탄 실험을 보고
로버트 오펜하이머(Robert Oppenheimer)가 인용한 말.
힌두 경전에 나오는 말. -

1995년 8월로 원자 시대가 열린 지 50주년을 맞았다. 1941년부터 제2차 세계대전에서 사용할 원자폭탄 제조를 위한 '맨하탄 과제"에 소규모의 과학자들이 일하고 있었다. 수백 명의 과학자들과 군 요원들이 한마음으로 협동한 결과, 물리, 화학, 공학을 이용하여 폭탄을 만들게 되었다. 이 폭탄과 함께 50년 넘게 살아오면서, 과연 두려운 무기를 개발하고 사용하는 것이 옳았는가에 대해 많은 사람이 의문을 제기하고 있다.

전쟁이 끝나고 얼마 지나지 않아 원자력으로부터 막대한 양의 전기 에너지를 생산할 것이라고 하였다. 이러한 에너지는 쉽게 얻을 수 있어서 전 세계 사람들의 수준이 향상될 것이라고 기대하였다. 원자력 에너지가 전원으로 개발되었지만 그 사용에 대한 논쟁은 아직도 계속되고 있다. 핵 발전소의 안전성, 핵 폐기물 처리 등 원자력 에너지에 대한 논쟁이 핵 전쟁 후 60년이 지나서도 세계적으로 뜨겁게 진행되고 있다. 하지만 핵으로부터의 에너지는 많은 의학적 용도, 우주 여행과 전 세계에 걸쳐 수백만 명을 위한 전원으로 사용되고 있다.

일본 히로시마에 투하된 핵폭탄에 의해 만들어진 버섯구름은 원자시대의 개막을 예고하였다. 폭풍에 의한 황폐는 오른쪽 사진에 약간 나타날 뿐이다.

14.1 원자핵의 방사성 붕괴

1984년 12월 어느 날, 미국 펜실베이니아 리메릭 원자력 발전소의 기사인 스탠리 와트라스가 아침 발전소에 들어갈 때에 경고 장치를 꼈다. 경고 장치는 그 지역에 너무 많은 양의 방사능이 있음을 나타내고 있었는데, 이 경우에는 와트라스가 "그 지역"에 해당되었다. 와트라스가 핵발전 산업에 종사하고 있었기 때문에 방사능에 오염되었을 것이라고 예상할 수도 있다. 하지만 사실은 경고 장치를 울리게 했던 방사능원은 와트라스의 집이 지어진 땅에 있었다. 1984년 12월에 자연적으로 발생하는 라돈 기체가 땅으로부터 스며 올라와 와트라스의 집으로 들어왔는데, 그것은 일반적으로 적용되는 안전 수준의 2000배에 달하는 것이었다. 와트라스가 이 라돈 기체를 흡입하였고, 그의 몸

표 14.1 사람에게 노출되어 있는 대표적인 방사능 물질

천연적인 것	라돈[a]	55%
	인체 내	11%
	바위와 흙	8%
	우주로부터의 우주선	8%
인공적인 것	의료용 X선	11%
	핵 치료제[b]	4%
	소비재[c]	3%
	작업장[d]	0.3%
	핵무기 시험 낙진	>0.3%
	핵 발전	0.1%
	기타[e]	0.1%

a : 가정에서 유효한 양의 라돈이 발견된다.
b : 암이나 다른 질병의 환자의 진단과 치료에 방서성 물질을 사용한다.
c : 건축물, 담배, 광산물, 농산물, 상수도 등.
d : 우라늄 광, 공업용, 의료용 등.
e : 에너지 설비, 제련소, 수송기관 등.

13 **Al** 26.98			
31 **Ga** 69.72	32 **Ge** 72.59		
49 **In** 114.8	50 **Sn** 118.7	51 **Sb** 121.8	
81 **Tl** 204.4	82 **Pb** 207.2	83 **Bi** 209.0	84 **Po** (209)

그림 14.1 원소가 양성자 수로 결정됨을 상기하라. 양성자 수와 중성자 수를 합하면 질량 수가 된다. 중성자 수가 다른 원자를 동위원소라 한다. 알루미늄은 Al 이고 원자 번호는 13 이고, 질량은 26.98 이다.

에서 라돈 기체는 다른 방사성 물질로 붕괴하였다. 이 라돈 기체는 자연적으로 발생하는 "방사선"의 원천으로, 우리가 집에서 흡입하는 공기에도 일부 존재한다. 방사선과 방사능은 자연적인 현상으로 표 14.1에 나타낸 것처럼 우리 모두는 여기에 매 순간 노출되어 있다. 그런데 그것은 무엇인가? 그것은 왜 위험한 것으로 알려져 있으며, 어떻게 그것을 연구할 수 있을까? 이러한 문제에 답하기 앞서, 원자핵에 대한 기억부터 새로이 하여야 할 것이다.

핵에 대한 고찰

앞에서 논의한 바와 같이, 원자는 중앙에 핵과 그 주위를 둘러싼 움직이는 전자들로 이루어져 있다. 원자의 핵은 각각 +1의 전하를 가진 하나 이상의 양성자와, 전하가 없는 하나 이상의 중성자로 되어 있다. 중성자가 없이 양성자 하나만 있는 수소의 가장 많은 동위원소가 유일한 예외이다. 핵은 원자의 중앙에 아주 작은 부피를 차지하는 반면, 전자는 핵보다 크기는 무척 작지만 전자 궤도라고 하는 매우 커다란 공간을 움직이고 있다.

또한 원소는 원자핵에 있는 양성자 수에 해당하는 원자번호(Z)로 구별된다고 설명하였다. 질량수(A)는 전체 양성자 수와 중성자 수의 합이다. 중성자의 수는 A-Z이다.

동위원소에 대해서도 간단히 언급하였는데, 이는 특정 원소에서 중성자 수가 다른, 즉 질량수가 다른 원소를 말한다. 우라늄-235(^{235}U)와 우라늄-238(^{238}U)은 우라늄의 두 동위원소의 예이다. 두 동위원소는 모두 우라늄을 정의하는 92개의 양성자가 있지만, 중성자는 ^{235}U 원자가 143(235-92)개, ^{238}U 원자가 146개 각각 존재한다. 앞으로도 언급하겠지만, 우라늄-235 동위원소는 원자핵 발전소나 핵무기에 사용된다. 이들 두 우라늄 동위원소는 원자질량의 차이를 이용하여 분리할 수 있다.

몇몇 핵의 불안정성

어떤 원소의 동위원소의 원자핵은 원래부터 불안정하므로 자발적으로 붕괴하여 에너지와 방사선이라는 입자를 방출한다. 원자의 안정성을 설명하는 힘은 완전히 알려져 있지 않다. 그러나 골자는 양성자와 중성자의 적절한 조합이 에너지적으로 안정한 핵을 형성한다는 것이다. 가벼운 원소는 양성자와 중성자의 가장 안정한 비율이 1:1이다. 따라서 탄소-12의 핵이 안정하고(양성자 6개 + 중성자 6개), 칼슘-40(양성자 20개 + 중성자 20개)의 핵도 안정하지만 탄소-14 동위원

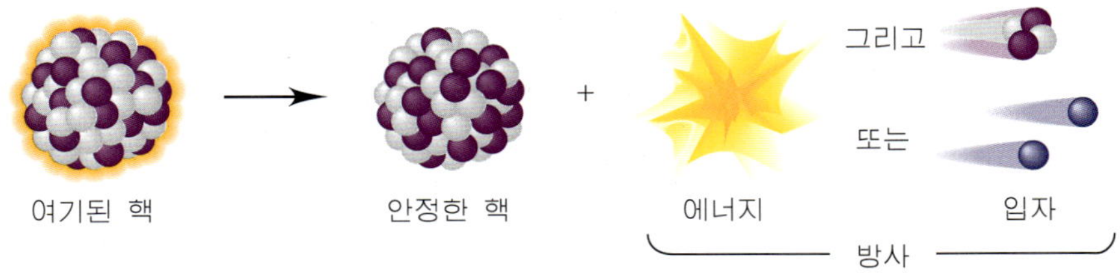

그림 14.2 어떤 동위원소의 핵은 에너지적으로 불안정하다. 더 안정해지기 위하여 방사라고 알려진 입자나 에너지를 내어놓는다. 방사는 산업, 의약, 전기 생산, 군사적 목적으로 이용된다.

소(양성자 6개 + 중성자 8개)는 불안정하다. 무거운 원소들은 핵이 안정하기 위하여 더 많은 중성자를 필요로 한다. 철-56은 양성자 26개와 중성자 30개를 가져 가장 안정한 핵을 이룬다.

핵의 안정을 이루는 방법

자연적으로 불안정한 핵은 물질 입자나 잉여 에너지를 방출함으로써 안정한 핵으로 자발적으로 변한다(그림 14.2). 즉, "붕괴한다". 방출된 입자나 고에너지 전자파 형태의 방출된 에너지를 통틀어 방사선 또는 **방사능**(radioactivity)이라 한다. 방사성 동위원소는 알파 입자, 베타 입자, 감마선을 내고 드물게는 **핵분열**(fission)되어 더욱 안정해진다. 핵분열은 큰 핵들이 에너지를 방출하며 더 작은 핵으로 쪼개질 때 일어난다. 이 장의 서두에서 핵분열할 수 있는 원소인 우라늄이 빠르게 분해될 때 많은 양의 에너지를 방출함을 설명하였다.

예제 14.1 중성자 수 계산

문 제 질량수 39인 칼륨 원자의 중성자 수는 얼마인가?

풀 이 칼륨의 원자번호(Z)는 19이다. 이것은 핵의 양성자 수와 같고 주기율표의 칼륨 칸 안에 있다.

질량수(A) = 39

칼륨의 원자번호(Z) = 19(그림 2.21 참조)

중성자 수 = A − Z = 39 − 19 = 20

중성자 수 20에 양성자 수 19를 더하면 질량수 39가 된다.

예제 14.2 원자의 양에 대한 복습

문 제 질량수, 원자번호, 중성자 수 중 둘이 알려져 있으면 나머지를 계산할 수 있다. 다음 표의 빈칸을 채우시오.

기호	양성자	중성자	전자	전하
$^{235}_{92}U$	____	____	____	____
$^{\_}_{\_}?^-$	17	20	18	____
$^{55}_{26}?^{3+}$	____	____	____	____

풀 이

기호	양성자	중성자	전자	전하
$^{235}_{92}U$	92	143	92	0
$^{37}_{17}Cl^-$	17	20	18	−1
$^{55}_{26}Fe^{3+}$	26	29	23	+3

알파 입자

알파 입자 (alpha particle)는 양성자 2개와 중성자 2개로 되어 있다(그림 14.3). 알파 입자는 헬륨의 원자핵과 같다. 따라서 때로 ^{4}He, 또는 2가의 전하를 가지므로 $^{4}He^{2+}$로 표기한다. 알파 입자가 방사성 동위원소로부터 나오지만, 그들의 운동은 다른 형태의 방사선보다 느리기 때문에 얇은 종이 같은 물질을 통과하지 못한다. 이러한 입자들은 호흡하였을 때 매우 위험하다. 비교적 느리게 움직이지만 부수적인 물질을 포함하고 있어 DNA와 같은 살아 있는 세포와 충돌할 경우 큰 해를 입힌다.

그림 14.3 알파 입자는 양성자 2개와 중성자 2개로 되어 있다. 그것은 헬륨 핵과 동일하다. 알파 입자는 상대적으로 느리게 움직임에도 불구하고, 알파 입자 원을 흡수하였을 경우 인체에 심각한 해를 미친다.

이 장의 서두에서 천연 라돈 기체의 위험한 예를 들었다. 위험성이 있는 특별한 라돈의 동위원소는 라돈-222로, 방사성 붕괴를 할 경우 알파 입자를 방출한다. 라돈은 기체이기 때문에 몸에 쉽게 흡수되므로 알파 입자가 몸에 해를 준다. 핵 반응식을 써서 이 과정을 자세히 살펴보자.

$$^{222}_{86}Rn \longrightarrow \ ^{4}_{2}He + \ ^{A}_{Z}X$$

이 방정식은 라돈-222의 핵이 쪼개져서 알파 입자와 또 다른 원자를 형성한다는 뜻이다. 새로운 핵의 질량수(A)와 원자번호(Z)를 계산함으로써 어떤 핵이 생성될지를 알 수 있다. 어떤 핵 반응에서도 반응식의 양변에서 질량수의 합과 원자번호의 합은 같다. 따라서 위 식의 A 값은 $222 - 4 = 218$이고, Z 값은 $86 - 2 = 84$이다.

$$^{222}_{86}Rn \longrightarrow \ ^{4}_{2}He + \ ^{218}_{84}X$$

따라서 라돈-222의 핵이 알파 입자를 방출할 경우, 양성자 84개와 질량수 218을 가진 핵이 남게 된다. 이 원소는 무엇일까? 주기율표를 보면 양성자 84개이므로 이는 폴로늄(Po) 원자임을 알 수 있다. 사실 폴로늄-218 핵은 이 자체가 불안정하여 다시 핵분열 과정을 밟을 수 있다. 이러한 분열은 최종적으로 안정한 핵이 될 때까지 연속적으로 일어난다.

베타 입자

베타 입자(beta particle)는 원자핵이 방사성 붕괴를 할 경우 방출되는 전자이다. 핵이 양성자와 중성자로 이루어져 있는데, 어떻게 원자의 핵에서 전자가 방출될까? 그 답은 특별한 환경에서 중성자가 양성자와 빠르게 움직이는 전자(베타 입자)로 변한다는 것이다(그림 14.4). 예를 들면 질량수 214인 불안정한 납 동위원소는 베타 입자를

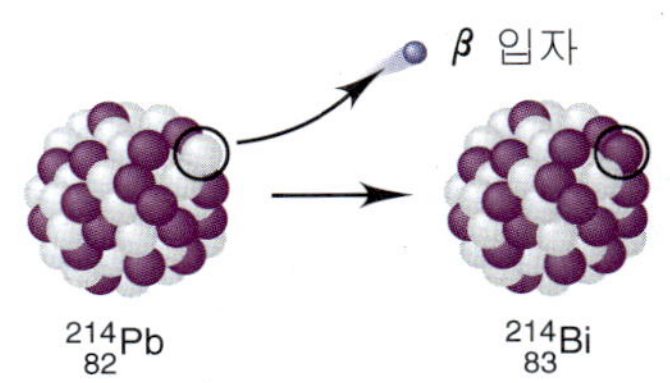

그림 14.4 베타 입자의 방출은 중성자를 양성자로 바꾸는 변화를 가져온다. 베타 방출의 결과 양성자 수가 1 만큼 증가하기 때문에 다른 원소가 된다. 이 그림에서 납-214는 베타 입자를 방출하고 비스무트-214로 변하였다.

예제 14.3 **알파 방출**

문 제 폴로늄-218이 알파 입자를 방출하였을 때 무엇이 산출되겠는가?

풀 이 라돈-222 붕괴 때와 같은 방법으로 답을 추측할 수 있다.

$$^{218}_{84}\text{Po} \longrightarrow {}^{4}_{2}\text{He} + {}^{A}_{Z}\text{X}$$

붕괴 산출물은 납-214($^{214}_{82}$Pb)이다.

예제 14.4 **베타 붕괴**

문 제 납-214의 베타 붕괴로 생긴 비스무트-214는 다시 베타 입자를 방출한다. 비스무트-214의 핵으로부터 베타 입자 방출로부터 생긴 핵은 무엇인가?

풀 이 $$^{214}_{83}\text{Bi} \longrightarrow {}^{0}_{-1}\text{e} + {}^{214}_{84}\text{Po}$$

베타 입자의 방출로 핵에 양성자 하나를 추가한 결과가 되어 폴로늄 핵이 된다.

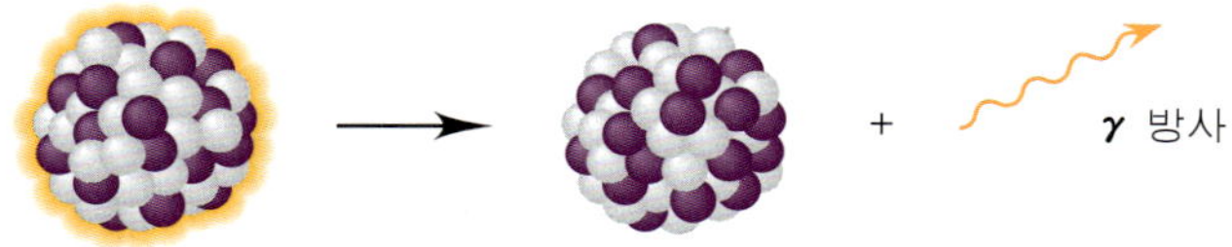

그림 14.5 감마선은 입자 방출에 따른 잉여 에너지를 내는 것을 뜻한다. 이러한 방사는 에너지가 매우 커서 방사능 물질에 의한 건강상 피해의 대부분과 관련된다.

방출한다.

$$^{214}_{82}\text{Pb} \longrightarrow {}^{0}_{-1}\text{e} + {}^{214}_{83}\text{Bi}$$

이 경우 원래의 중성자가 핵의 원자번호가 1만큼 증가되기 때문에 납 원자가 비스무트 원자로 바뀐다. 베타 입자는 거의 질량이 없고 −1의 전하를 가지며, 핵반응식으로는 $^{0}_{-1}$e 또는 β^-로 쓴다.

베타 입자는 원자 궤도함수에 있는 전자보다 훨씬 큰 에너지를 방출한다. 베타 입자는 수 밀리미터의 피부를 투과한다. 베타 입자는 섭취하거나 흡입된 물질로부터 방출될 때 특히 위험하다.

감마선

핵이 알파 입자와 베타 입자를 방출한 후에도 잉여 에너지를 가지고 있을 수 있다. 이 에너지는 빛과 유사하지만 에너지가 더 높은 전자가 광자 에너지로 구성된 **감마선**(gamma ray)의 형태로 방출된다. 감마선은 두꺼운 납이나 콘크리트 벽을 투과할 정도로 에너지가 높다. 감마 방사선은 공기 중에서 먼 거리를 이동하며 피부를 쉽게 투과한다. 방사능 물질과 관련된 대부분의 건강 침해는 감마 방사로부터 비롯된다.

다른 핵 변환

불안정한 핵은 알파 입자, 베타 입자, 감마선을 방출하는 것 이외에도 다른 변환을 함으로써 안정해질 수 있다. 다른 방출들은 그다지 중요하지 않으므로 간단히 소개하기로 한다.

- **양전자 방출**(positron emission)은 양성자가 중성자르 변할 때, 전자와 같으나 양전하를 갖는 **양전자**(positron)를 내놓는다. 나트륨-22는 다음 방법으로 네온-22로 변한다.

$$^{22}_{11}\mathrm{Na} \longrightarrow \ ^{22}_{10}\mathrm{Ne} + \ ^{0}_{+1}\mathrm{e}$$

- **전자포획**(electron capture)은 핵의 양성자에 의해 건자가 잡혀서 중성자로 되는 과정이다. 주석-108은 전자포획에 의하여 인듐-108로 된다.

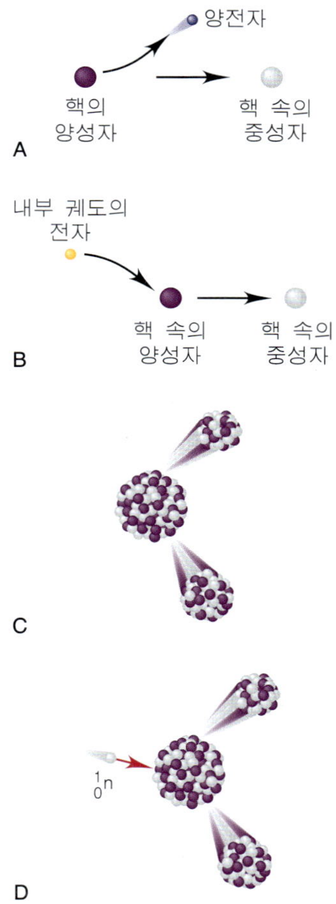

그림 14.6 다른 핵 변화과정 **A.** 양전자 방출, 양성자가 중성자로 된다.(원소는 어떻게 변하겠는가?) **B.** 전자포획, 내부 궤도의 전자가 핵에 의하여 포획됨(원소가 어떻게 변하겠는가?) **C.** 자발적 분열, 한 핵이 작은 두 핵으로 갈라짐 **D.** 유도 분열, 큰 핵이 중성자 같이 빠르게 움직이는 입자의 충돌에 의하여 둘 이상의 작은 핵으로 갈라짐. 핵 발전 산업에 이용된다.

표 14.2 핵 붕괴 과정

과 정	기 호	결 과
알파 방출	$\alpha(^{4}_{2}\mathrm{He})$	양성자와 중성자 수 2 감소
베타 방출	$\beta^{-}(^{0}_{-1}\mathrm{e})$	양성자 수 1 증가
감마선 방출	$\gamma(^{0}_{0}\gamma)$	에너지만 방출
양전자 방출	$\beta^{+}(^{0}_{1}\mathrm{e})$	양성자 수 1 감소
전자 포획	E.C. $(^{0}_{1}\mathrm{e})$	양성자 수 1 감소
자발적 분열	S.F.	핵이 가벼운 조각으로 갈라짐

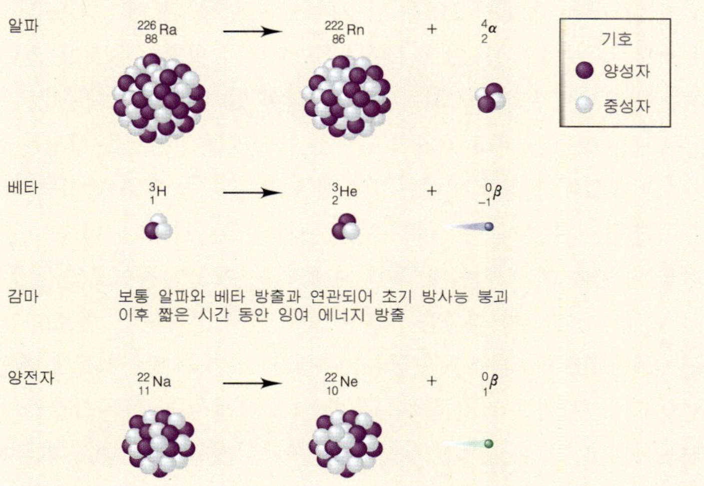

$$^{108}_{50}Sn \longrightarrow {}^{0}_{-1}e + {}^{108}_{49}In$$

- **자발적 붕괴**(spontaneous fission)는 핵이 쪼개져서 작은 핵들과 중성자로 된다. 가장 무거운 인공 핵의 붕괴과정에서 중요하다.
- **유도 붕괴**(induced fission)는 자발적 붕괴와 유사하나, 약한 핵이 중성자와 같이 빨리 움직이는 입자와 충돌하여 생기는 과정이다. 14.5절에서 핵발전소나 원자 폭탄에서 유도 붕괴 형태로 에너지를 얻는 것을 보게 될 것이다.

표 14.2에 중성 핵이 붕괴하는 중요한 과정과 그들의 효과를 요약하였다.

방사능 붕괴 계열

이 단원에서 토의된 핵 붕괴를 다시 한 번 살펴보자.

1. 라돈-222이 폴로늄-218로 붕괴 (알파 입자 방출)
2. 폴로늄-218이 납-214로 붕괴 (알파 입자 방출)
3. 납-214가 비스무트-214로 붕괴 (베타 입자 방출)
4. 비스무트-214가 폴로늄-214로 붕괴 (베타 입자 방출)

이것이 다단계 과정의 부분이라고 생각한다면 그 생각은 옳은 것이다. 이러한 붕괴 과정을 **붕괴 계열**(decay series)이라고 한다. 이러한 계열은 불안정한 핵이 안정성을 찾아가는 순서이다. 위에 열거한 네 개의 붕괴는 실제로 우라늄-238이 납-214로 되는 매우 큰 계열의 일부이다. 이 전 과정을 그림 14.7에 나타내었다. 한 경로가 다른 것에 비하여 우선적이기는 하지만, 핵붕괴는 둘 이상의 다른 경로를 갖는다. 예를 들면, 폴로늄-218은 납-214(알파 방출)와 아스타틴-218(베타 방출)로 붕괴할 수 있으나 99.98%가 알파 방출의 경로를 갖는다. 예로 Th-232로부터 시작되는 다른 계열이 있다. 이러한 모든 붕괴 계열은 매우 안정한 여러 동위원소를 갖는 납의 동위원소를 형성한다.

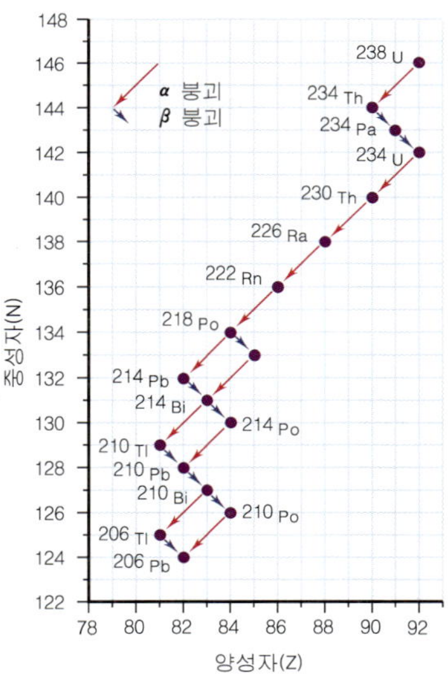

그림 14.7 우라늄-238이 납-206으로 변하는 방사능 붕괴 계열

붕괴 계열이 건강에 미치는 중요한 면은 방사능 원소(방사능 핵종)가 몸에 들어와 후에 일어나는 모든 붕괴 산물이나 입자 방출이 몸 속에 남아 해를 끼친다는 것이다. 폐에 라돈-222가 들어오면 폴로늄-218로 붕괴된다. 이 핵종은 고체이므로 폐에 침착된다. 폴로늄과 폴로늄-214 계열의 다른 붕괴 산물들은 알파 입자를 방출하므로 폐암의 위험을 증가시키는 건강문제를 유발한다. 그래서 꼭 라돈-222만의 문제가 아니고 긴 시간 동안 유해한 것은 붕괴계열 산물들로, 미국에서 연간 5,000~20,000명에 이르는 폐암 사망자들의 사망 원인이 되고

있다.

라돈-222 공해는 미국에서 국가적인 문제가 아니다. 그것은 비교적 우라늄-238이 많은 토양이 있는 지역에서만 문제될 만한 양이 발견된다. 이 우라늄은 최종적으로 라돈-222로 붕괴되고(U-238 붕괴 계열 참고), 그것은 기체이므로 토양으로부터 스며 나와, 집단의 지하실로 모여 와트라스 같은 사람의 폐에 들어간다.

라돈-222가 모두 붕괴하는 데 얼마나 걸릴까? 일단 폐에 들어가면 얼마나 오랫동안 방사능을 낼까? 이 문제나 핵폐기물 문제와 관련된 답은 불안정한 핵의 붕괴 속도와 관련이 있다. 5장에서 변화의 속도, 특별히 화학 반응의 속도를 연구하는 데 반응속도론(kinetics)이라는 말을 사용하였다. 이 반응속도라는 단어가 핵변환 과정에서도 사용된다. 방사성 핵에 노출된 위험이나 그들의 유용성을 적절히 평가하기 위하여 방사성 붕괴 과정의 반응속도론을 분석해야 한다.

그림 14.8 가장 잘 알려진 미국에서의 핵 사고는 1979년 3월 28일 펜실베이니아 삼 마일 섬의 핵발전소에서 일어났다. 반감기 5.2일인 제논-133이 상당량 유출되었다.

14.2 핵붕괴 속도론

우리는 언제 핵이 붕괴할지 예측하지 못하고, 특정한 핵종의 시료의 전체 붕괴 속도가 예측 가능한 형태를 따른다고 볼 수 있다. 각 방사능 핵종은 특정한 **반감기**(half-life)와 관련이 있다. 반감기란 시료 원자의 반이 붕괴되는 데 걸리는 시간이다. 이 장에서 토의되는 여러 핵들의 반감기를 표 14.3에 나타내었다.

표 14.3 여러 가지 핵종의 반감기

핵종	붕괴 방법	반감기
^{250}No	자발적 분열	250 μs
^{131}I	베타 방출	8.04 일
^{192}Ir	베타 방출	73.83 일
^{222}Rn	알파 방출	3.82 일
^{3}H	베타 방출	12.26 년
^{235}U	알파 방출	7.0×10^8 년
^{238}U	알파 방출	4.51×10^9 년
^{239}Pu	알파 방출	2.411×10^4 년
^{60}Co	베타 방출	5.272 년
^{14}C	베타 방출	5730 년
^{40}K	베타 방출	1.25×10^9 년

어떤 반감기는 매우 짧고, 어떤 것은 매우 길다. 지구의 나이를 5억 년이라고 할 때, 지구가 생성되었을 때 있던 우라늄은 아직도 존재한다. 오스뮴-186의 반감기는 2×10^{15}년이다. 지구상에 있는 어느 오스뮴-186 핵이 지금 순간에도 알파 방출을 하면서 붕괴되고 있으나 지구상에 있는 오스뮴의 반이 붕괴하는 데 2×10^{15}년이 걸린다. 반면에, 자발적으로 붕괴하는 노벨륨-250의 반감기는 250μs이다. 후에 살펴보겠지만, 넓은 영역을 갖는 핵 반감기는 유용한 점이 있다. 또한 그들이 위험한 이유도 된다.

짧은 반감기(짧다는 표현은 수 초에서 수년)를 갖는 동위원소는 짧은 생애에도 불구하고 위험을 줄 수 있는 높은 방사선을 낸다. 수천~수백 년의 반감기를 갖는 동위원소는 인류 역사보다 오랜 미래에도 우리와 함께 있을 것이며, 그들의 붕괴가 매우 느리기 때문에 방사선도 그리 높지 않다. 사람에게 위험한 대부분의 동위원소들의 반감기는 10~100년 정도이다. 이러한 반감기는 방사능 붕괴가 꽤 클 정도로 짧고, 방사능 붕괴가 식을 때까지 몇 차례 반감기를 지내는 동안 격리하기에는 충분히 긴 시간이다. 1979년 3월 28일, 미국 펜실베이니아 해리스버그 근처의 핵 발전소에서 핵 원자로 사고가 발생하였다. 작동자의 실수로 많은 양의 방사능 핵이 주위에 방출되었다. 가장 많이 방출된 것은 제논-133이었는데, 이것은 베타선을 내고 세슘-133으로 변하는 데 5.2일이 걸린다. 방출된 제논-133의 반이 줄어드는 데 5.2일이 걸리고 나머지 반이 5.2일 걸려서 모든 제논-133이 10.4일 만에 없어질까? 그 답은 다음 단원에서 다루기로 한다.

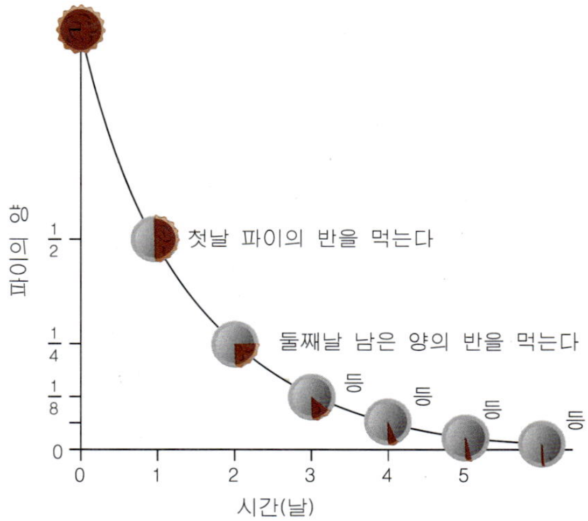

그림 14.9 "초콜릿 크림 파이 유추"는 반감기와 시간의 개념을 알리는 좋은 방법이다.

반감기와 초콜릿 크림 파이 유추

배가 고프고 달콤한 것이 먹고 싶을 때, 초콜릿 크림을 사서 습관적으로 다음을 위하여 반만 먹었다고 하자. 다음날 다시 반을 먹으면, 먹을 수 있는 남은 양은 처음 양의 1/4이다. 그 다음날도 반을 먹으면, 처음의 1/8이 남는다. 반만 먹는 습관의 문제는 첫날부터 매일 반씩 먹으면 파이를 다 먹어치우지 않고, 점점 매우 작은 양만 소모된다는 것이다 (그림 14.9 참조).

방사능 핵붕괴도 전적으로 초콜릿 크림 파이와 같은 방법을 따른다. 매 반감기는 처음 양에서 매우 조금씩 줄어드는 결과가 되지만, 그러나 약간씩 계속 남아 있다 (그림 14.10 참조).

잠깐 멈춰서, 핵붕괴 과정에서 공부한 것을 살펴보자. 이 시점에서 우리가 알고 있는 것은 다음과 같다.

- 많은 핵들이 에너지적으로 불안정하여 안정한 형태가 될 때까지 붕괴하려고 한다.
- 핵붕괴 과정에서 방출되는 중요한 알파 입자와 베타 입자가 있고, 또한 핵붕괴 과정에서 감마선이 나온다.
- 붕괴 과정은 흔히 단계적 계열을 밟는다.
- 핵붕괴 과정에서 방출되는 입자들은 에너지가 크다.
- 핵붕괴가 인간에게 부정적으로 미치는 중요한 점은 붕괴 과정어 노출되어 방사선을 받아 건강을 해친다는 것이다.
- 핵붕괴 속도는 매우 달라 마이크로초에서 우주의 나이까지 이트는 반감기를 갖는다.

이제 방사선 붕괴의 응용과 해로움에 대하여 심도 있게 공부할 충분한 기초 지식을 가지게 되었다.

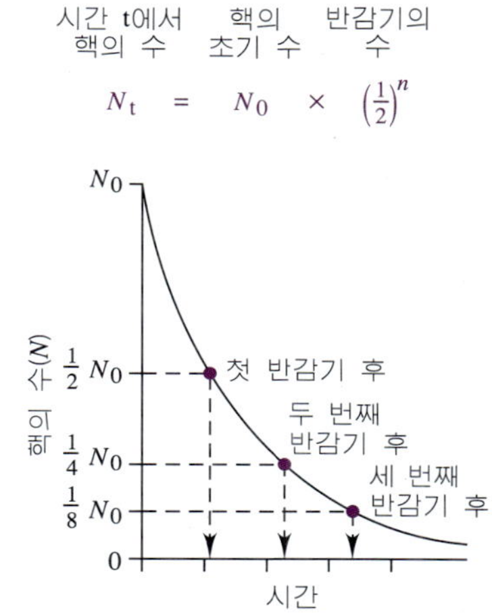

그림 14.10 초콜릿 크림 파이 유추에 따른 방사능 핵종의 붕괴

14.3 천연 방사능의 응용

수백 가지의 방사능 핵종이 상업적으로 시판되고 있으며, 많은 핵종이 상업적, 의료적 목적으로 개발되었다. 부수적인 문제는 소모되는 것을 어찌할 수 없다는 것이다. 몇 가지 예를 들어 방사능 핵종의 유용성에 대하여 알리고자 한다. 각각의 응용에 대하여 읽을 때마다, 왜 특별한 핵종이 사용되는가, 그것은 반감기나 방출되는 입자의 형태 또는 다른 이유가 있는가를 생각하기 바란다.

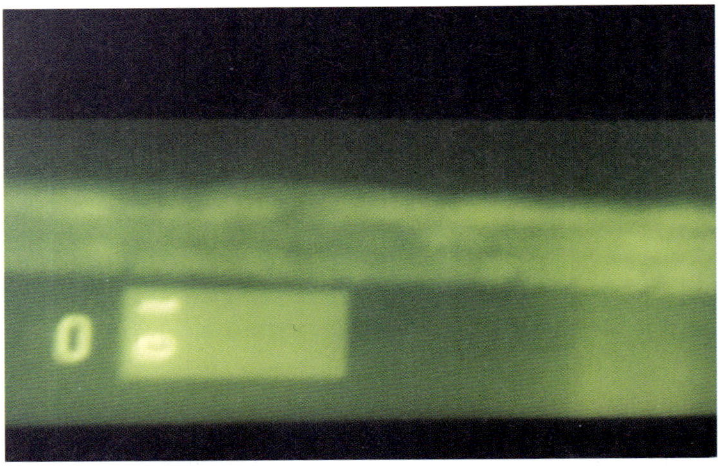

그림 14.11 이리듐-192는 용접 부위의 균열이나 결함을 검사하는 데 이용된다.

예제 14.5 반감기

문 제 제논-133(반감기: 5.2일)가 10.4일 후에도 붕괴되는 것을 이해하기 위하여 초콜릿 파이 개념을 토의하였다. 그러한가? 원래 20g 되는 시료의 얼마가 남는가?

풀 이 10.4일은 반감기의 두 배이다. 우리의 유추와 그림 14.10으로부터, 두 반감기 이후에 $1/2 \times 1/2 = 1/4$의 원래 시료가 남는다. 그러므로

$$1/4 \times 20\,\mathrm{g} = 5\,\mathrm{g}\,^{133}\mathrm{Xe} \text{ 이 남는다.}$$

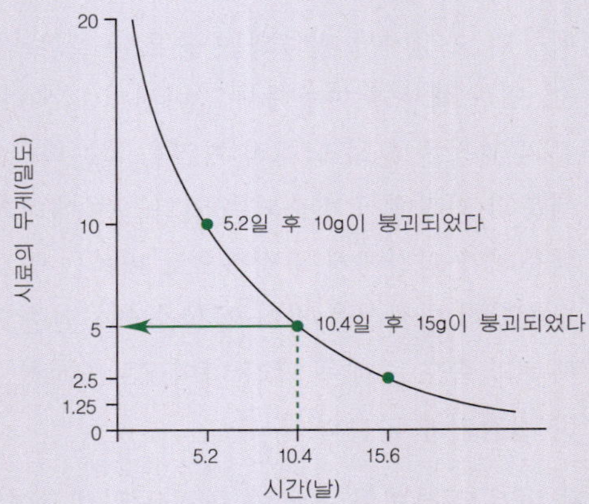

그림 1 이런 형태의 곡선은 방사능 핵종이 붕괴 후 얼마나 남았는가를 결정하는 데 이용된다.

예제 14.6 반감기에 대한 연습

문 제 아이오딘-131(반감기: 8.04일)은 일차적으로 우유나 공기 중에서 섭취된다. 그것은 갑상선에 축적되어 특히 어린이들에게 위험하다. 아이오딘-131을 포함한 공기를 모아 분석하기 위하여 32일간 방치하였다. 이것이 무슨 문제가 있겠는가? 원래 공기 시료에 아이오딘-131이 얼마나 있는지 수학적으로 보정할 수 있겠는가?

풀 이 분석이 지연된 것이 문제이다. 왜냐하면 아이오딘-131은 방치하였을 경우 베타 입자를 방출하여 제논-131로 된다. 32일 후에 반감기의 약 네 배가 경과하였으므로 $1/2 \times 1/2 \times 1/2 \times 1/2 = 1/16$의 원래 시료가 남는다. 원래 시료의 양을 얻기 위하여 32일 후에 결정된 양에 16배를 곱하여 보정하여야 한다. 분석 시에 발생하는 오차도 그만큼 커진다는 것을 염두에 두어야 한다. 그러므로 시료를 채취한 후 최대한 빨리 분석하는 것이 가장 좋다.

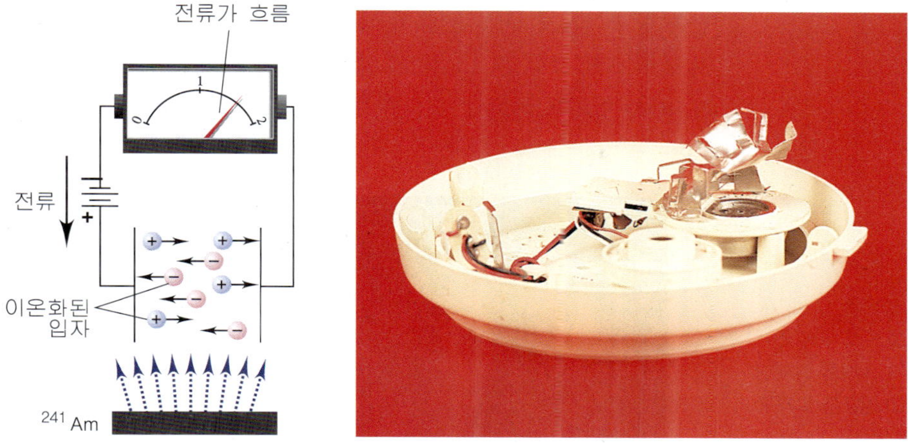

상업적 응용

결함 조사

금속 파이프가 지하에 묻혀 있다. 파이프 부분은 용접되어 있다. 용접 부위에 균열이나 틈새가 있는지 어떻게 알 수 있을까? **감마선 사진**(gammaray photography)이 답을 줄 수 있다. 그림 14.11에 나타낸 바와 같이, 이리듐-192(반감기 73.8일)를 파이프 속에 넣고 용접 부위에 사진 필름을 감싼다. 핵에서 방사되는 감마선은 용접의 결함을 투과하여 필름에 나타난다. 이런 형태의 조사는 파이프의 균열 검사에 이용된다.

그림 14.12 화재의 연기는 아메리슘-241로부터 나오는 알파 입자의 흐름을 방해한다. 이 알파 입자는 주위의 공기를 이온화하여 연기 감지기의 회로를 이루는데, 흐름이 방해 받았을 경우 전류가 줄어들어 경보기가 울리게 된다.

연기 감지

연기 감지기(그림 14.12 참조)에서 아메리슘-241(반감기 432.2년)이 알파 입자를 방출하여 주위의 공기를 이온화하여 회로에 전류가 흐르게 한다. 화재로부터의 연기가 알파 입자의 흐름을 막아(알파 입자는 투과성이 약하다), 전류의 흐름을 감소시켜, 일정한 수준에 이르면 경보를 울리게 한다.

종이의 두께 조절

종이 생산품은 두께가 여러 가지이다. 신문지는 매우 얇고, 포스터

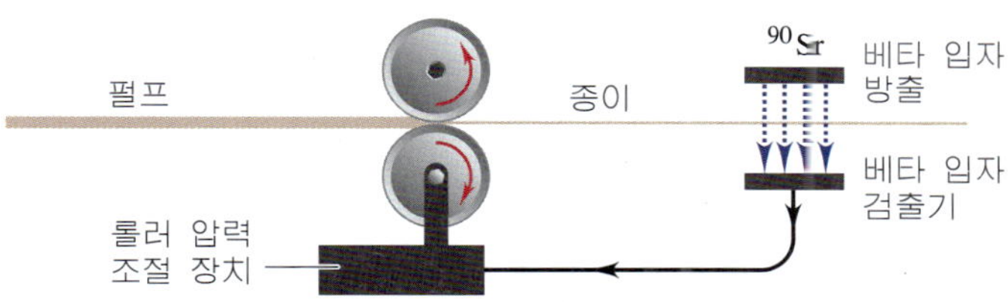

그림 14.13 종이를 만드는 공정에서, 펄프는 롤러 사이에 들어가 원하는 두께의 종이를 만든다. 베타 입자를 방출하는 스트론튬-90(반감기 28.1년)이 롤러 뒤에 놓여 있다. 종이가 두꺼울수록 베타 입자가 덜 투과한다. 이와 같은 방법으로, 종이의 두께는 검출되는 방사능의 양과 관계되고 조절신호를 보내어 롤러를 적절히 조절한다.

판은 상대적으로 두껍다. 종이 생산 공정에서, 펄프가 롤러 사이로 펼쳐 들어가고(그림 14.13 참조), 롤러는 종이를 원하는 두께로 압축한다. 베타 입자를 내는 스트론튬-90(반감기 28.1년)이 롤러 뒤에 놓여

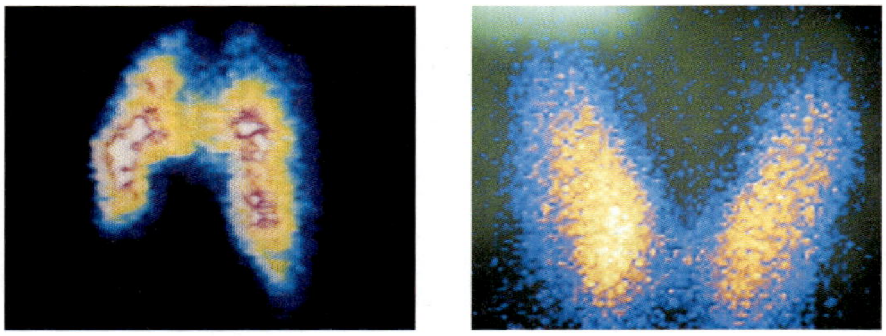

그림 14.14 아이오딘-131은 영양 결핍이나 암 성장 검사를 위한 갑상선 조사에 쓰이는 중요한 방사능 핵종이다. 이러한 조사는 흡수된 아이오딘-131의 베타 방출을 필름에 노출시켜 그림처럼 얻는다.

표 14.4 의료 진단에 사용되는 방사능 핵종

핵 종	반감기	감 소	응 용
^{198}Au	2.69 d	β	신장기능
^{131}Ba	11.8 d	E.C	뼈섬유 위치
^{11}C	20.3 m	β^+, E.C.	뇌, 췌장의 영상
^{51}Cr	27.7 d	E.C.	신장기능 평가
^{64}Cu	12.7 h	β, β^+, E.C.	간질병 진단
^{18}F	110 m	β^+, β^-, E.C.	뼈, 대뇌 당 대사
^{59}Fe	44.5 d	β^-	피의 철분 대사
^{67}Ga	78.3 d	E.C.	종양의 위치
^{197}Hg	64.1 d	E.C.	비장 기능, 뇌 조사
^{125}I	59.9 d	E.C.	혈액 호르몬 수치 결정
^{131}I	8.04 d	β^-	신장 종양, 혈전, 갑상선 암
^{79}Kr	35.0 h	β^+, E.C.	심장혈 관계 평가
^{13}N	10.0 m	β^+	폐기능, 뇌, 심장, 간의 영상
^{24}Na	15.0 h	β^-	혈전
^{15}O	122 s	β^+	폐기능
^{75}Se	119 d	E.C.	췌장의 모양과 크기
^{99m}Tc	6.0 h	I.T.	뇌, 폐, 신장의 영상
^{133}Xe	5.25 d	β^-	폐 용량 측정

E.C.＝전자 포획　　s＝초
β^-＝베타 방출　　m＝분
β^+＝양전자 방출　　d＝일
I.T.＝내부 변환　　y＝년

핵종 ^{94m}Tc의 “m”은 “불안정”, 즉 테크네튬 핵은 에너지가 높다는 뜻이다. 이것은 붕괴하여(γ-방출, $t_{1/2}$=6.0시간) ^{99}Tc가 된다.

있다. 종이가 두꺼울수록 베타 입자가 적게 통과한다. 이러한 방법으로, 감지되는 방사선의 양과 롤러의 두께를 적절히 조절하는 신호에 따라 종이의 두께를 조절할 수 있다.

방사능의 의료적 이용

방사능 핵종은 의약에 널리 이용된다. 그 일차적인 응용은 암 치료와 추적자 (tracer)로서의 이용이다. 추적자를 특정 영역에 충분히 적용할 수 있으면, 컴퓨터를 이용한 사진에 적용할 수 있어 뇌, 간, 갑상선 같은 부위의 사진을 촬영할 수 있다. 이것은 암을 발견하는 데 매우 중요하다 (그림 14.14 참조).

표 14.4에 의료 진단에 사용되는 방사능 핵종을 나열하였다. 이러한 핵종을 이용하는 데 몇 가지 이유가 있다.

- 이들은 대부분 감마선을 낸다. 이것은 방사선이 몸 밖에서 검출되어야 하므로 중요하다.
- 이들은 상대적으로 짧은 반감기를 갖는다. 방사선에 오래 노출되면 세포가 해를 입기 때문에 중요하다.
- 오줌이나 땀과 같이 몸 밖으로 방출되는 효과적인 경로가 있어야 한다.
- 몸에서 정상적으로 일어나는 과정을 방해하지 않는 화학적 성질을 갖고 있어야 한다.

몇 가지 핵종은 베타선이나 감마선을 내어 암세포를 죽이는 일을 한다. 암세포에 많은 양의 방사선을 조사하거나 암세포에 방사선 핵종을 직접 주입하기도 한다. 이러한 치료는 암세포들을 파괴하는 동안 건강한 세포에 영향을 주기도 한다. 따라서 이러한 치료의 주 관심거리는 건강한 세포에 해를 최소화하면서 암세포에 최대한 해를 주는 것이다. 암 치료에 이용되는 핵종들은 이리듐-192, 라듐-226, 코발트-60, 금-198, 인-32 등이 있다.

아직까지 아무런 위험이 없이 상업적으로나 의료적으로 사용되는 방사능 핵종은 없으며, 생명의 위험에서 벗어나 인간의 생활에 도움이 되는지는 논란의 대상이다. 방사능이 에너지를 생산하는 발전소나 핵무기로 쓰일 때에 이러한 논란은 가능하지만 쉽게 할 수는 없다. 핵의 힘을 전쟁에 쓰거나 에너지를 생산하는 데 이용하는 것은 가장 극적이며 가장 논쟁이 두 가지 핵 관련 이슈이다. 이 점에 대하여 토론해 보기로 하자.

14.4 핵폭탄의 제조

많은 국가들이 핵무기 제조 기술에 성공하였다. 다른 국가들도 열심히 시도하고 있으나 경제적, 기술적, 다른 나라의 군사적 조치 등으로 좌절되고 있을 뿐이다. 이 단원에서는 폭탄의 원자 성질에 대해서만 초점을 맞추기로 한다. 이를 위해 핵분열에 대한 이해가 필요하다.

핵분열의 성질

이미 언급했듯이, 핵분열은 무거우며 에너지가 크고 불안정한 핵이 가볍고 더 안정한 핵으로 쪼개지는 것이다. 히로시마 원자 폭탄에 사용된 동위원소인 우라늄-235의 원자핵은 중성자로 충돌시켰을 때 연쇄 분열을 일으킨다(그림 14.15 참조). 이것은 다양한 분열 산물들을 만드는데, 대부분은 질량수 85~160인 원자핵을 만든다. 한 가지 가능한 분열 반응의 예를 다음 핵 반응식으로 정리하였다.

$$^{235}_{92}U + ^{1}_{0}n \longrightarrow ^{87}_{35}Br + ^{146}_{57}La + 3\,^{1}_{0}n$$

여기서 중요한 것은 각각에 새로운 반응을 시작할 수 있는 여러 개의 중성자가 형성된다는 것이다. 형성된 세 개의 중성자는 다른 세 개의 반응을 시작할 수 있는데, 반응 생성물에 따라서 한 개, 두 개 또는 세 개의 중성자가 더 많은 분열을 시작할 수 있다. 이것은 그림 14.16에 나타낸 것처럼 핵 "연쇄 반응"을 가속시킨다. 각 분열 과정에서 화학 반응에서보다 훨씬 많은 양의 에너지를 내어놓는데, 이러한 핵변환 과정에서 상당한 양의 질량이 에너지로 전환되기 때문이다. 1장에서

그림 14.15 무거운 핵의 유도분열은 에너지적으로 더 안정한 두 개 이상의 가벼운 핵을 만든다. 이것이 히로시마 원자폭탄의 원리이며, 잘 조절되면 핵 반응로에서 쓰인다. 핵은 중성자를 포획하여 불안정해진다. 이것은 두 개의 작은 조각과 자유중성자로 갈라진다. 쪼개진 핵의 크기와 자유중성자 수는 매우 다르다.

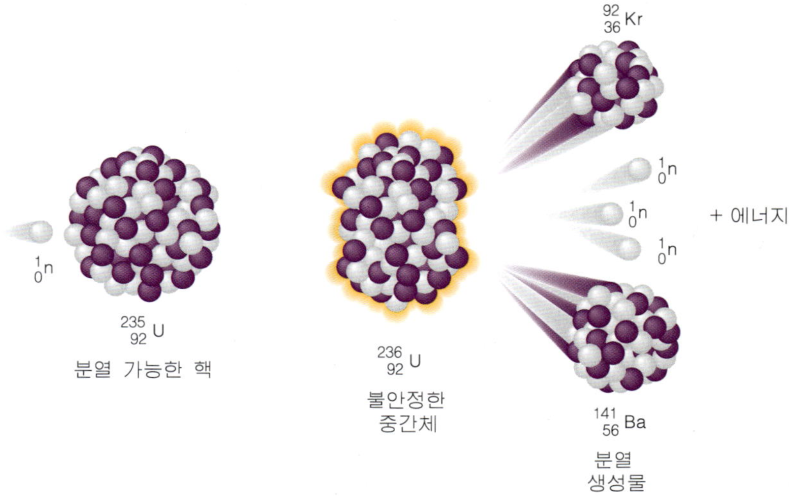

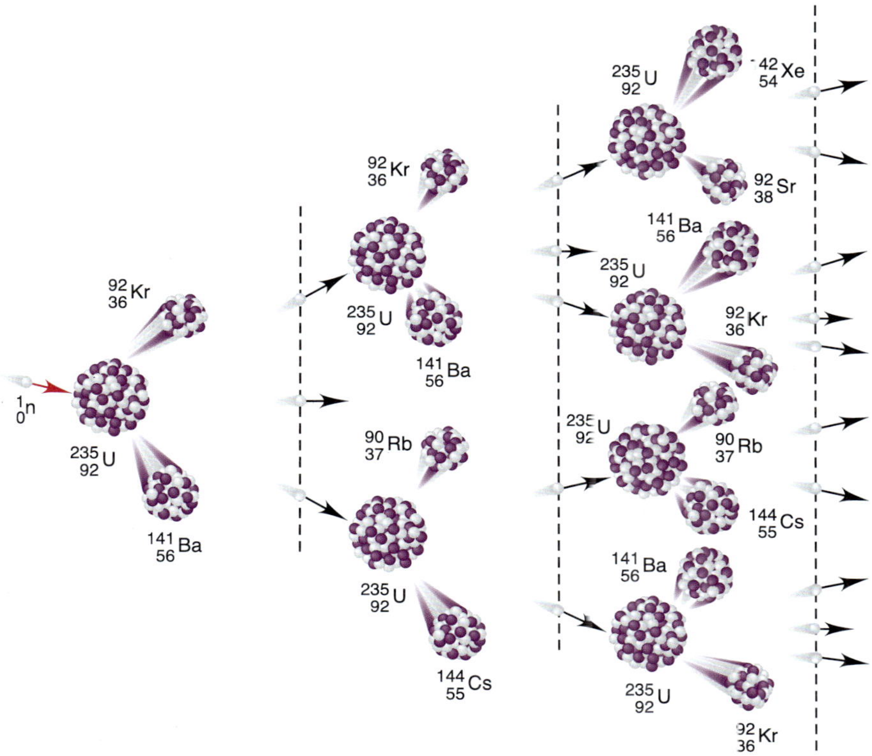

첫 단계 : 분열 1　　두 번째 단계 : 분열 2　　세 번째 단계 : 분열 4

그림 14.16 불안정한 핵으로부터 나오는 중성자는 조절되지 않은 연쇄 반응을 일으켜, 더욱더 많은 중성자를 내고 수 마이크로초 안에 폭발을 일으키게 된다.

배운 $E = mc^2$이라는 식을 기억하기 바란다. 이 식은 약간의 질량이 큰 에너지로 된다는 것이다. 히로시마 폭탄에서 우라늄-235 원자의 아주 빠른 연쇄 반응이 한 도시를 파괴할 만한 큰 에너지를 순간적으로 내어 놓았다. 핵발전소에서는, 유사한 연쇄 반응을 조심스럽게 조절하여 전기를 발전할 수 있는 열을 내도록 한다. 핵의 힘을 이용하고자 하는 모든 경우에 있어서 우리는 핵변환 과정에서 손실되는 작은 양의 질량으로부터 나오는 막강한 양의 에너지를 탐구하고 있다.

원자폭탄과 같이 핵분열 시 순간적으로 많은 양의 에너지를 내어놓도록 만드는 방법은 분열 시 나오는 중성자가 대기 중으로 빠져나가는 것보다 더 많은 분열을 일으키게 하는 것이다. 이러한 방법으로만 분열 속도를 감당할 수 없을 정도에 이르게 된다. 기술적인 말로, 분열 가능한 물질(우라늄-235)을 다음 세 가지 중 하나인 "초임계(super-critical)" 수준으로 할 수 있다.

- **부임계**(subcritical) 조건이란 분열을 계속 유지할 만한 자유 중성자가 충분하지 않을 때를 말한다. 이것은 "정상" 상태이다.

- **임계** (critical) 조건이란 조절 가능한 분열을 유지할 만한 자유 중성자가 있을 경우를 말한다. 이것은 핵발전소에서 일어나며, 분열과정에서 나오는 에너지가 분열 속도 조절을 잃지 않고 반응이 계속되는 경우이다.
- **초임계** (supercritical) 조건이란 분열과정을 조절할 수 없이 많은 중성자가 나오는 경우로서 핵폭발을 일으키는 상태이다(원자폭탄에서 사용).

분열 가능한 물질을 어떻게 초임계 상태로 만들 수 있는가? 핵심은 중성자가 단순히 빠져나오지 않고 다른 우라늄핵과 충돌하여 폭발적인 연쇄 반응을 할 수 있기에 충분하게 우라늄을 함께 뭉치는 것이다. 물론, 원하는 때와 장소에서 폭발하기 위하여 분열과정을 시작하는 것을 조심스럽게 조절해야 한다. 다음 단원에서 다루겠지만, 분열 가능한 물질을 임계 양으로 뭉치는 때와 장소를 조절함으로써 핵폭탄을 얻을 수 있다. 핵반응로에 대하여 토의할 때는 분열과정을 조절하는 다른 방법을 살펴보기로 한다.

원자폭탄의 구조

여러 종류의 우라늄 동위원소는 지각에서 1000 kg 중 2~4 g을 차지한다. 우라늄은 우라늄광(U_3O_8이나 $K_2(UO_2)_2(VO_4)_2 \cdot 8H_2O$)에서 나온다. 우라늄의 0.7%만이 ^{235}U이다. 더 농축된 시료는 금이나 구리 광산의 부산물로 얻을 수 있다. ^{235}U은 나머지 우라늄(^{238}U)과 기체상의 확산으로부터 얻는데, 이 기술은 기체인 육플루오린화우라늄(UF_6)을 연속적으로 다공성막을 통과시키는 방법이다. 보다 가벼운 $^{235}UF_6$가 $^{238}UF_6$보다 빠르게 확산하여 결국 고농축의 우라늄-235 시료를 얻을 수 있다.

나가사키 폭탄에 사용된 플루토늄-239는 지각에 더 많이 존재하는 우라늄-238로부터 제조되기 때문에 우라늄-235보다 더 쉽게 분리된다. 플루토늄의 제조는 우라늄-238에 중성자를 흡수시켜 다음과 같이 얻는다.

$$^{235}_{92}U + ^{1}_{0}n \longrightarrow ^{239}_{92}U$$

$$\downarrow$$

$$^{239}_{93}Np + ^{0}_{-1}e$$

$$\downarrow$$

$$^{239}_{94}Pu + ^{0}_{-1}e$$

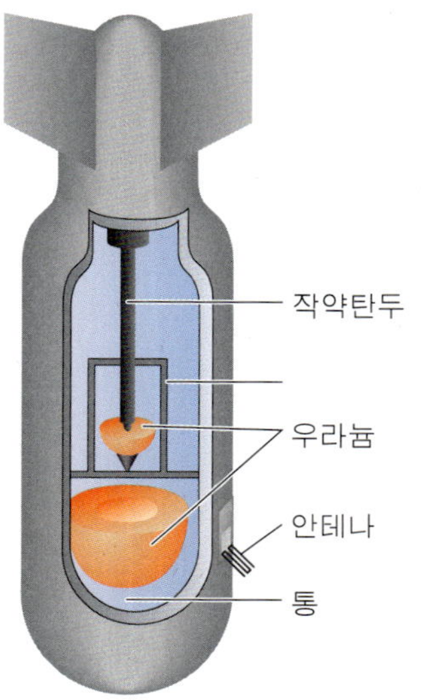

그림 14.17 핵분열 폭탄이 투하되면, 우라늄이나 플루토늄 주위의 폭약이 분리된 부임계 분열 물질을 뭉쳐 초임계 질량이 되게 한다. 작약이 질량이 가능한 오랜 시간 폭발되어 분리되는 것과 중성수의 감소되는 것을 막는다. 폭발은 수 마이크로 초 이내에 일어난다.

이 플루토늄은 반응하지 않은 우라늄으로부터 쉽게 분리될 수 있는데, 그들이 서로 다른 원소이므로 화학적 성질이 다르기 때문이다. 핵분열 원자폭탄을 간략하게 그림 14.17에 나타내었다. 장치가 폭발하였을 때, 우라늄이나 플루토늄을 둘러싸고 있는 보통의 화학 폭약이 부임계 상태에 있는 것을 초임계 질량에 이르게 한다. 텅스텐 장치가 가능한 오랫동안 그 질량이 분리되는 것을 막아, 초기의 폭발 에너지가 분열을 계속되게 한다. 폭발은 마이크로초 안에 일어난다. 에너지의 일부는 열로 변하여 기체의 팽창을 일으킨다. 나머지의 대부분은 매우 빠르게 움직이는 입자들과 에너지로 통틀어 방사능이라고 알려져 있다.

14.5 핵분열을 이용한 전기생산

다행스럽게도, 매우 적은 사람만이 핵폭탄의 위력을 경험하였다. 더 많은 사람들이 가정이나 공장에서 사용하는 전기 발전에 핵의 힘

그림 14.18 보통의 핵분열 반응로의 중요한 부품을 나타내었다. 우라늄과 같은 연료봉은 붕소나 카드뮴 같은 조절봉에 의하여 중성자가 흡수되어 분열을 일으킨다. 특히 물과 같은 감속제는 중성자의 속도를 줄여 연료봉의 우라늄에 중성자가 잘 포획되도록 한다. 반응로 주위의 물은 열을 흡수하여 수증기로 되고 터빈을 돌게 하여 전기를 생산한다.

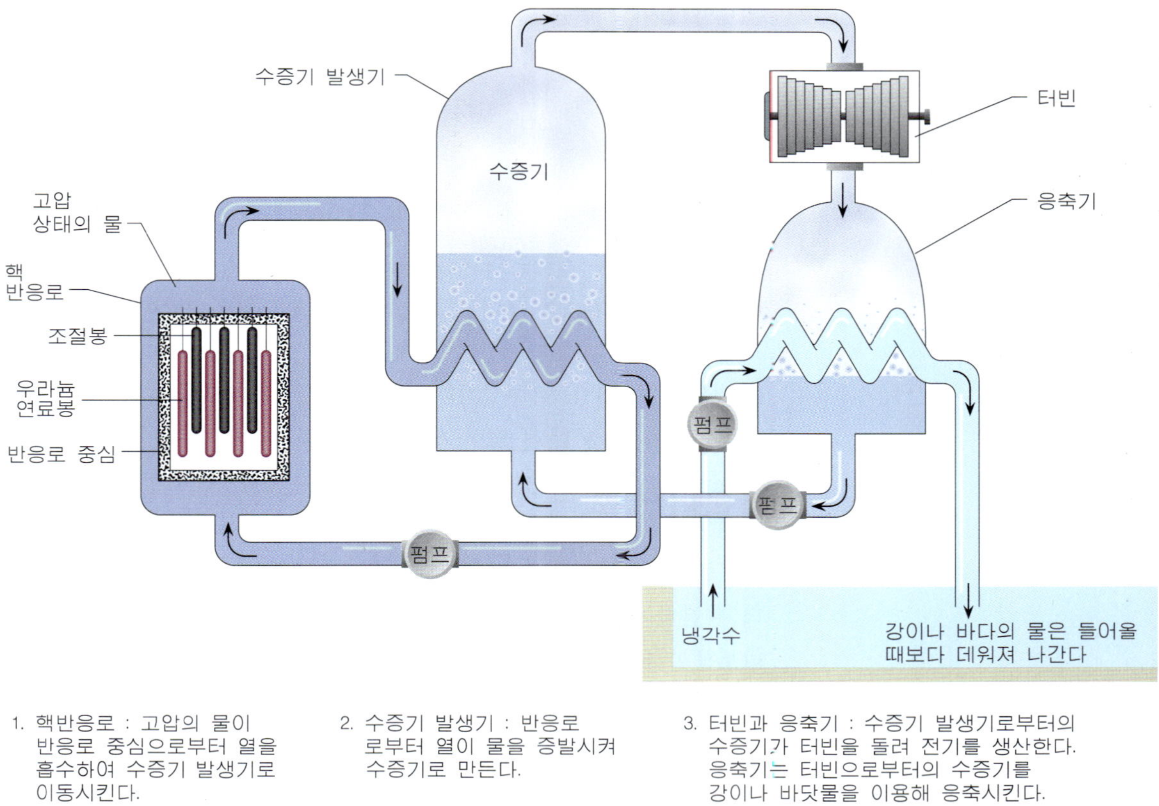

을 의존하고 있다. 이 전기는 원자로에서 나오는 열에너지의 일부를 이용하여 발전된다. 지구상에는 대략 340기의 원자력 발전소가 있다. 현재 미국에는 113기의 원자력 발전소가 있다.

통상 원자로

통상 원자로의 경우, ^{235}U을 연료로 하여 열에너지를 발생하는 조절된 분열(임계 상태로 가는)을 한다. 이 열에너지가 물을 수증기로 바꾸어 터빈을 돌려 전기를 생산한다. 연료 장치는 100 ~ 200개의 4 m 길이의 우라늄이 담긴 연료봉(fuel rod)으로 이루어져 있다. 연료봉은 물과 같은 감속제(moderator)로 둘러싸여 있어, 중성자의 운동에너지를 줄여 연료봉에 잡히게 한다. 연료봉 사이에 붕소나 카드뮴으로 된 조절봉이 있다. 이것들은 아래 식과 같이 중성자를 흡수하고, 위 아래로 움직일 수 있어 발전소 기사가 분열 반응이 연료봉 안에서 적당히 이루어지도록 조절한다.

$$^{10}_{5}B + ^{1}_{0}n \longrightarrow ^{7}_{3}Li + ^{4}_{2}He$$

핵분열 속도를 조절하는 장치는, 전형적인 발전소에 100,000 kg의 ^{235}U이 들어있기 때문에, 절대적으로 중요한 역할을 한다. 핵폭탄에 쓰이는 0.45 kg과 비교해 보라! 적절한 수의 조절봉이 놓여 있지 않다면, 연료는 초임계 상태에 갈 수 있고 이것은 재앙을 초래한다.

증식 원자로

원자폭탄 연료와 같이 ^{239}Pu은 원자로에서 사용하기 위하여 중성자 충돌로 ^{238}U로부터 만든다. 여기에서도 폭탄에서와 같은 원리이다. 우라늄-238 동위원소는 우라늄-235보다 더 많은 양이 자연에 존재한다. 그래서 양육 원자로에서는 ^{238}U에 ^{239}Pu이 둘러싸여 있다. 플루토늄이 분열되면, 238U에 중성자가 흡수되어 ^{239}Pu으로 변한다.

따라서 터빈을 돌린 열이 생성됨에 따라 분열 가능한 플루토늄의 **증식**(breeding)이 일어난다. 증식 원자로에는 조절봉이 없다. 통상 원자로보다 많은 열이 발생하여 물보다 더 효과적인 냉각제인 액체 나트륨을 이용하여 조절할 수 있다. 이 원자로는 일상적인 원자로보다 더 위험한 것으로 여겨지는데, 플루토늄의 위험성과 냉각 코일에서 나트륨이 유출되었을 경우 물과 나트륨의 반응성이 위험하기 때문이다. 바로 이와 같은 사고가 1995년 12월 8일 일본 도쿄 서부 300 km 지점의 몬주 원자로에서 있었는데, 당시 수 톤의 나트륨 냉각제가 새어 나왔다.

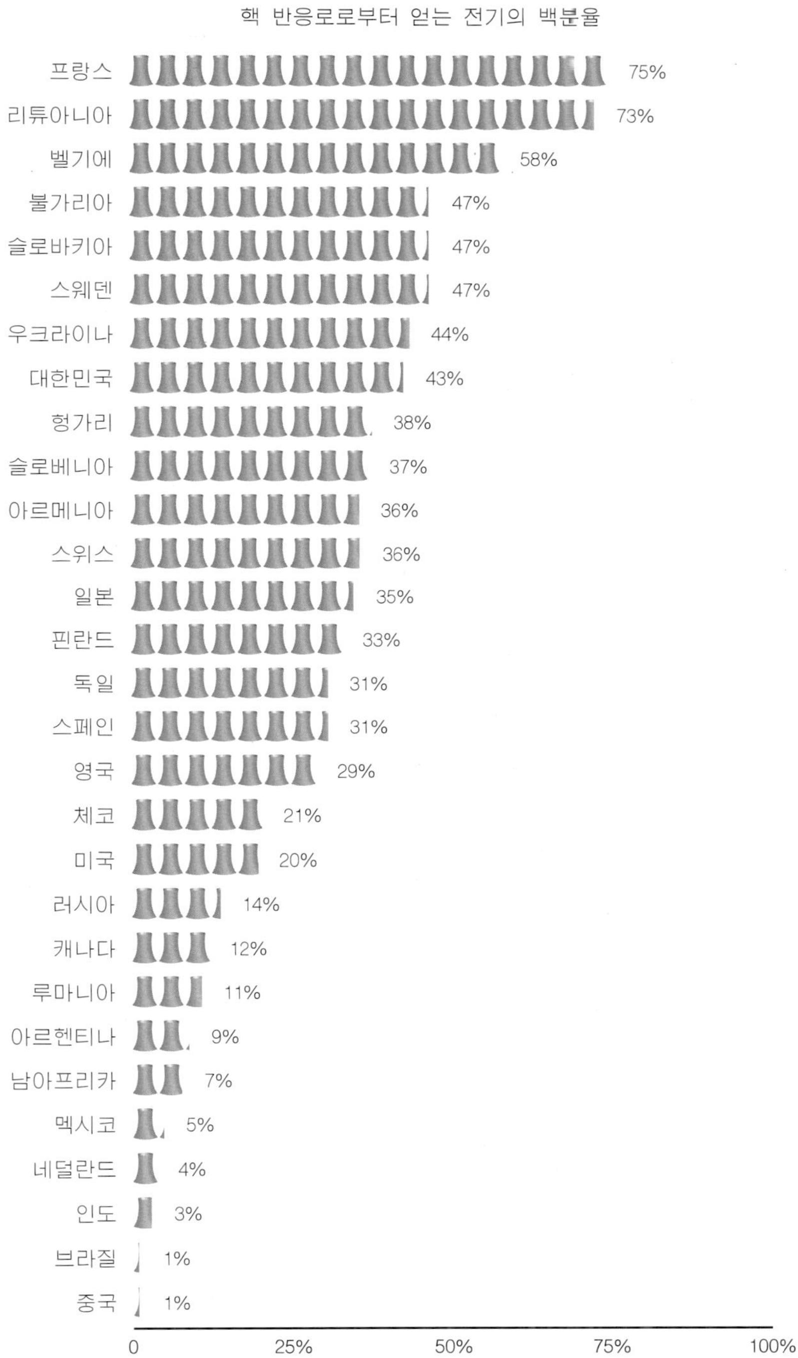

그림 14.19 많은 국가에서 원자로를 이용하여 발전한다. 여러분은 어떤 국가에서 왜 핵에너지를 이용하는지 말할 수 있는가? 그 이유에는 과학적인, 정치적인, 경제적인 아니면 다른 복합적인 까닭이 있는가?

산업화 사회에서 핵 반응로는 광범위하게 사용되고 있다. 1993년까지 미국은 113기의 통상 원자로에서 21.7%의 전력을 얻고 있었다. 반면에 프랑스는 55기의 원자로 중 일부가 증식로이고, 72.7%의 전력을 핵발전소에서 얻는다. 영국, 일본, 구 소련에서도 원자로에서 많은 양의 전기를 얻는다.

핵 원자로는 화석 연료를 대체할 수 있을 것으로 여겨진다. 원자로에서는 온실효과 기체가 방출되지 않고, 산성비의 원인이 되지 않으며, 중동의 오일 정책의 영향도 받지 않는다. 그런데 왜 유난히 핵 발전소에 대해서 대중의 반감이 있는 것일까?

핵 발전소의 반대 입장

미국에서는 1978년 이후에 새로운 핵 발전소가 계획되지 않았다. 핵 원자로에 대하여 반대하는 두 가지 이유는 조작하는 데 있어서의 안정성과 연료봉으로 쓰고 난 후의 핵폐기물의 처리 때문이다.

작동 중의 안정성

설계나 작업, 판단에 있어서의 작은 결함도 심각한 영향을 미칠 수 있다. 심각한 원자로 사고에 대한 간단한 예를 들어보자.

- 소련의 체르노빌 원자로 : 1986년 4월 초순, 4번 원자로 중앙부의 콘크리트 벽이 몇 번의 폭발로 날아갔다. 50 메가큐리의 방사능 핵종이 공기 중으로 방출된 것으로 추정된다. 직접적인 폭발에 의하여 31명이 죽고, 화재를 진압하던 소방관들이 방사능에 오염되었다. 이로 인해 암이 발생하여 죽게 된 사람이 75,000명으로 추산된다. 완전히 정리하는 데 9백만 달러가 소요되었다.
- 펜실베이니아 삼마일 섬 원자로 : 1979년 기술자의 실수와 장치 결함으로 냉각제가 유출되어 충전된 수소 기체가 화학적으로 폭발하여 대기 중에 방사능 핵종이 유출되었다. 한 원자로 기사는 다행히 행운이 겹쳐서 펜실베이니아 주 전체에 해당하는 면적의 재앙이 미국에 초래될 뻔한 것을 막았다고 말했다.
- 일리노이 주 드레스덴 원자로 : 이 원자로는 1970년 “작동불능”이 되어 2시간 동안 방사능 요오드를 방출하였다.
- 스위스 루센 원자로 : 1969년 원자로가 냉각제가 감소되는 사고를 일으켰다. 원자로가 있는 산골짜기를 방사능의 대량 유출을 막기 위해 봉쇄하였다.
- 아이다호 주 아이다호 폭포의 미국 정부 시험소 : 1961년 축소 시험 원자로가 핵을 방출시켰다. 조절봉을 잘못 제거하거나 지진

과 같은 다른 이유로 분열 속도가 갑자기 올라갔다. 그 결과 폭발로 3명의 인부가 죽었다.

- 영국 윈드스케일 원자로 : 1957년 흑연봉 물질에 불이 나 발전소로부터 수백 마일 떨어진 곳까지 방사능 요오드 구름이 날아갔다. 60여 일간 농사가 금지되고 200평방 마일 안의 소들이 모두 도축되었다.

14.6 핵융합에 대한 탐구

1장에서 논의한 것과 같이, 우주의 모든 원자들은 수소 원자로부터 핵융합에 의하여 형성되었다. **융합**(fusion)이란 두 개의 핵이 함께 하여 더 큰 핵을 만드는 것을 뜻한다. 태양과 같은 별 안에서, 수소 핵은 열과 빛의 엄청난 양의 에너지를 내뿜으면서 헬륨으로 융합된다. 융합 반응은 다음과 같다.

$$
\begin{array}{l}
2({}^{1}_{1}\mathrm{H}+{}^{1}_{1}\mathrm{H} \longrightarrow {}^{2}_{1}\mathrm{H}+{}^{0}_{1}\beta^{+}) \\
2({}^{1}_{1}\mathrm{H}+{}^{2}_{1}\mathrm{H} \longrightarrow {}^{3}_{2}\mathrm{He}) \\
{}^{3}_{2}\mathrm{He}+{}^{3}_{2}\mathrm{He} \longrightarrow {}^{4}_{2}\mathrm{He}+2\,{}^{1}_{1}\mathrm{H} \\
\hline
4\,{}^{1}_{1}\mathrm{H} \longrightarrow {}^{4}_{2}\mathrm{He}+2\,{}^{0}_{1}\beta^{+}
\end{array}
$$

태양에서 일어나는 융합 반응은 우리들에게 열과 빛을 주고 지구상에 생명이 유지될 수 있게 에너지를 공급하여 준다.

양전하를 가진 핵이 그들의 반발력을 극복하고 충돌하여 융합을 일으키려면, 10^8 K 정도의 엄청나게 높은 온도가 필요하다. 태양의 중심에 충분히 높은 온도가 유지되고 있으나 지구상에서는 그만한 온도가 충분히 오랫동안 지속된 적이 없다. 그러나 1951년 이후에 짧은 시간 동안 조절되지 않은 융합을 일으키기에 충분한 온도를 만들 수 있게 되었다. 조절되지 않은 융합이란 수소 폭탄을 일으키는 과정을 말한다. 핵융합은 핵분열보다 원자당 더 큰 에너지를 내므로, 융합에 의한 폭탄은 분열에 의한 폭탄보다도 100배의 에너지를 낸다.

수소 폭탄의 구조

수소 폭탄(열이 요구되기 때문에 열핵폭탄이라 한다)에서 융합을 일으키는 열쇠는 조절되지 않은 융합을 시작시키기 위한 온도를 조절되지 않은 핵분열이 만들 수 있다는 것이다. 이 원리는 1945년 일본에 핵폭탄이 투하되기 이전부터 알려져 있었다. 실제적으로는 1951년에 수학자 스테인슬로 울람과 물리학자 에드워드 텔러에 의해 만들어졌다. 울람은 핵분열 폭탄의 기계적인 충격으로 융합을 조장할 수 있는 수소 연료를 압축할 수 있다고 제안하였다. 텔러는 핵분열로부터 나오는 방사 압력이 압축을 얻을 수 있다는 중요한 생각을 더하였다. 텔러와 울람의 생각은 성공적이었다. 최초의 수소 폭탄이 1952년 11월 1일 투하되었다.

텔러는 핵분열이나 핵융합 폭탄이 천연자원 탐사를 쉽게 하기 위해 커다란 도랑을 파는 등 비군사적인 목적에 사용될 수 있을 것이라고 주장하였다. 비록 핵폭탄이 이러한 일에 사용된다 하더라도, 분열물질을 생산하는 과정이나, 탄두의 보관, 때로는 폭탄을 투하하는 일 등이 먼 미래에 대하여 중요한 문제점을 가지고 있다.

열핵폭발에 의하여 제기되는 문제의 핵종들

핵폭탄 투하로부터 나오는 여러 가지 방사능 핵종들이 있다. 어떤 핵종은 생성되어 바로 붕괴되는 것이 있는가 하면 오랫동안 지속되는 것도 있다. 아주 오랜 기간 동안 염려되는 핵종으로는 다음과 같은 것들이 있다.

스트론튬-90

이 분열 산물은 베타 방출을 하여 이트륨-90으로 변한다.

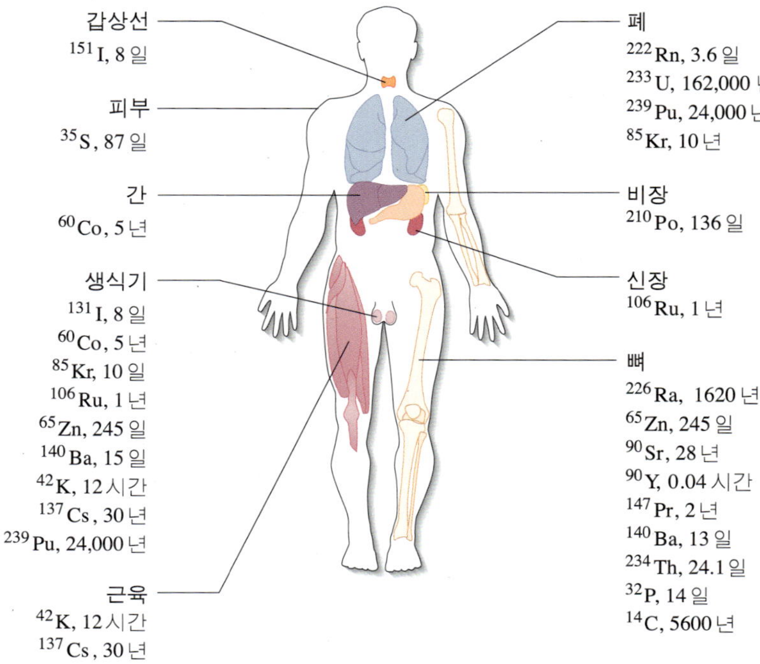

그림 14.20 스트론튬-90은 신체의 여러 곳에 축적되는 방사능 핵종 중의 하나이다.

$$^{90}_{38}\mathrm{Sr} \longrightarrow {}^{90}_{39}\mathrm{Y} + {}^{0}_{-1}\mathrm{e}\,(t_{1/2} = 28.6\ \mathrm{y})$$

($t_{1/2}$=반감기, y=년)

토양으로 스며드는 스트론튬-90은 식물로 들어가 그 식물을 먹고 자라는 소나 사람 몸에 들어간다. 사람은 우유를 마시므로 스트론튬-90을 받아들이게 된다. 스트론튬은 2족 금속(알칼리토금속)으로 II족에 속하는 다른 금속, 즉 뼈나 치아를 형성하는 칼슘과 같은 화학작용을 한다. 이것이 중요한 문제가 된다. 스트론튬-90과 같이 불안정한 핵이 이미 몸에 있는 화합물과 화학적으로 유사하기 때문에 몸에서 함께 활동한다. 그림 14.20에 보인 바와 같이 스트론튬-90은 뼈에 축적된다.

세슘-137

세슘은 칼륨과 같은 알칼리(I족) 금속이어서, Cs과 K은 비슷한 화학작용을 한다. 세슘 동위원소는 칼륨과 같이 몸 전체에서 발견되며, 특히 여성의 난소나 근육에 많다. 과일이나 채소, 유제품, 곡식에서 발견되는 세슘-137은 다음과 같이 베타 방출로 붕괴된다.

$$^{137}_{55}\mathrm{Cs} \longrightarrow {}^{137}_{56}\mathrm{Ba} + {}^{0}_{-1}\mathrm{e}$$

아이오딘-131

질량수 127~141에 해당하는 아이오딘 동위원소가 핵폭발로부터 분열 산물로 검출되었다. 이 동위원소 대부분의 반감기는 수 초 내지 수 분이므로 장기간 중요성은 없다. 한 가지 예외는 아이오딘-131인데 반감기가 8.04일로 베타 붕괴를 한다.

$$^{131}_{53}\mathrm{I} \longrightarrow {}^{131}_{54}\mathrm{Xe} + {}^{0}_{-1}\mathrm{e}$$

이것은 대기 중에서 핵실험을 한 후 여러 달 존재하는 핵종으로 관찰된다. 갑상선에서 아이오딘은 근육에서 산소 소모를 자극하는 티록신 효소를 내는 작용과 함께 한다. 그러므로 아이오딘은 방사능이 있든지 없든지 모두 갑상선에 축적된다. 아이오딘-131은 우유나 다른 식품으로부터 흡수되어 갑상선에 높은 베타나 감마선을 내는 결과를 일으킨다. 수많은 연구가 방사능 재와 특히 어린이의 갑상선 혹과의 관계 가능성이 높은 것으로 발표하였다.

핵융합의 가망

두 개의 핵이 뭉쳐서 큰 핵이 되는 융합은 조절되지 않은 융합을 이용한 열핵폭탄과 같은 맥락을 갖고 있다. 중수소와 삼중수소 핵이 결

그림 14.21 핵융합 원자로의 원형. 레이저와 자기장을 이용하여 용융된 가벼운 핵을 원형 구조에 가둔다.

합하여 여러 복잡한 반응 단계를 거쳐 헬륨 핵으로 변하면서, 앞서 배웠던 질량이 에너지로 변하면서 막대한 에너지를 내는 짧은 시간 동안 조절된 융합이 가능하였다. 그 반응을 요약하면 다음과 같다.

$$^{2}_{1}\mathrm{H} + ^{3}_{1}\mathrm{H} \longrightarrow ^{4}_{2}\mathrm{He} + ^{1}_{0}\mathrm{n}$$

조절된 융합의 열쇠는 핵의 반발력을 극복하는 힘이다. 이렇게 하기 위하여, 실험의 목표는 에너지가 높은 핵들을 작은 공간에 가두는 것이다. 예상 값은 cm^3당 10^{14}입자-초이다. 이 값은 cm^3당 10^{25}개의 입자가 10^{-10}초 동안, 즉 $10^{25} \times 10^{-10} = 10^{15}$ 입자-초를 뜻한다. 이 값은 10^{14} 한계치보다 커서 융합이 일어난다.

핵융합을 일으키는 장치를 고안할 때에, 연료를 가능한 한 긴 시간 동안 압축하는 것이다. 두 가지 중요한 전략은 레이저를 상용하는 것(열을 발생)과 자기장을 이용(반응을 유지)하는 것이다. 레이저를 이용하는 고안은 에너지 다발이 연료를 압축하는 일을 한다. 다른 고안에서는 자기장이 핵 물질을 자력선 내에 가두어 두는 것이다(그림 14.21 참조). 1994년 프린스턴 대학에서 자기장 장치를 이용하여, 비록 융합에 드는 에너지가 더 많았지만, 0.5초 동안 1천만 W(와트)를 생산하였다(일반 발전소는 3억 W 생산).

14.7 방사능 폐기물의 처리

전 세계를 통하여 정부와 시민들 사이에 대치되어 핵화학과 관련된 가장 압력을 받는 문제는 위험하고 오랫동안 지속되는 방사능 폐기물의 문제이다. 방사능 폐기물을 가장 많이 내게 하는 것은 핵무기와 원자로이다. 1991년 6월 START I과 1993년 1월 START II를 포함한 최근에 서명된 무기 조절 조약에 의하면, 미국과 구 소련에서의 2만 기의 탄두를 제거하는 것이다. 입안자들은 폭탄에 장착된 플루토늄-239의 처리에 고심하고 있다. 양육 원자로에 이용할 수도 있으나 미국은 이 형태의 원자로가 아니다. 다른 사람들은 원자르로부터 도난당하여 다시 폭탄에 사용되는 것을 염려하고 있다. 폐기물을 지하에 묻을 수 있다. 플루토늄을 묻을 경우 "유리 덩어리"인 실리카 붕소에 합병시킨다. 각각 3 m 길이의 통은 0.5 톤의 플루토늄 폐기물과 1.2 톤의 유리를 섞는다. 이것이 세기말에 40,000 톤의 방사능 폐기물을 처리해야 하는 규약이다.

다른 규약은 특별히 고안된 형태의 폐기물 통을 바다 바닥에 떨어뜨리는 일인데, 통은 바다 속으로 떨어지는 힘에 의하여 해저 수 미터 속에 묻히게 된다. 이 방법은 현재 과학적으로 타당한 대응책으로 여겨지고 있다. 그럼에도 불구하고 "누가 해저를 소유하는가?"라는 국제적인 정치 문제를 안고 있다. 다른 규약은 폐기물에 중성자 공격을 가하여 짧은 반감기를 갖는 핵종으로 변환시키거나 우주 공간으로 폐기물을 쏘아 버리는 방법, 바다의 넓은 표면에 흩뿌려 폐기물과의 충돌을 감소시키는 방법들이 포함되어 있다.

폐기물 처리 계획 중 가장 큰 문제는 어떻게 플루토늄-239(반감기 24,400년)를 10 반감기(25만년) 동안 폐기물이 상대적으로 안정한 상태로 되는 것을 보장할 수 있는가 하는 것이다. 이러한 염려의 결과 여러 곳에서 인근에 방사능 폐기물을 묻는 것에 반대하고 있다. 그들이 외치는 "내 뜰은 안됨"이라는 구절이 마음에 닿는다.

14.8 우리는 여기서 어디로 가고 있는가?

1945년 원자 시대에 인본주의가 들어왔다. 어떤 사람은 원자 에너지를 만들거나 사용해서는 안 되는 비인간적인 전쟁 무기로 간주하고 있다. 또 다른 사람은 원자 무기를 사용함으로써 전쟁을 빨리 종식시켰다고 한다. 우리는 모두 세계 여러 곳에서 풍부한 핵분열 에너지를 보고 있고, 21세기 언젠가 가능하게 될 더 풍부한 핵융합 에너지를 기대하고 있다. 어떤 사람은 공기, 물, 토양에서 방사능 오염을 맞고 있고, 다른 사람은 생명을 구하는 의료진단이나 방사선 동위원소 치료를 받고 있다.

방사선, 방사능, 원자 에너지에 대한 이런 모든 태도는 원자의 내부에 대한 우리의 탐험에 기초를 두거나 유산의 일부이다. 원자핵의 힘의 이용은 우리에게 도움이 되거나 해로울 수도 있지만, 이 영역의 정치적 개인적 선택은 방사능 원리의 이해에 비추어야 할 것이다.

연습문제

1. 방사능이 원자핵의 안정도와 어떤 관계가 있는지 설명하라.

2. 방사능 입자의 중요한 세 가지 형태는 무엇인가? 어느 것이 왜 인체에 가장 해로운가?

3. 양전자 방출, 전자 포획과 자발적 핵분열 사이의 차이는 무엇인가?

4. 일차 감마선을 내는 세슘-137은 방사성 폐기물 중에서 찾아 볼 수 있다. $^{137}_{58}Ce$은 양전자를 낸다. 붕괴 단계에 대한 반응식을 써라.

5. 라돈-222는 폐암과 관련된 것으로 알려져 왔다. 이것은 우라늄-238의 붕괴 계열에 속한다. 라돈-222가 두 번의 알파 입자 방출을 한 후 두 번의 베타 입자 방출이 이어지고, 또 다시 알파 방출, 마지막으로 베타 방출을 한다. 이러한 붕괴 이후에 생성되는 동위원소는 무엇인가?

6. 양전자 방출 단층사진(PET)은 뇌나 심장 등과 같은 조직의 2차원 사진에 이용된다. PET 사진 촬영에 사용되는 동위원소 중 하나는 플루오린-18(반감기 109.7분)이다. 이 플루오린 원소가 농축된 화합물을 뇌에 주사하였을 때 다섯 반감기 경과 후 얼마나 남아 있겠는가?

7. 탄소 연대 측정법에 의하여 고대 캠프파이어에 남은 나무 조각의 연대를 결정하려고 한다. 만약 탄소-14의 농도가 살아 있는 나무의 농도의 1/4이 된다고 할 때 이 캠프파이어는 얼마나 오래되었겠는가?(탄소-14의 반감기는 5730년이다.)

8. 한 포도주 병이 200년 되었다고 주장한다. 이 주장의 진실을 밝히기 위하여 방사능이 어떻게 이용되겠는가? 이것이 사실이라면 포도주 값은 매우 비싸게 되기 때문에 시험과정 중 손상되지 않아야 하며, 병은 열어볼 수 있다고 생각하여라.

9. 우리 사회의 에너지원으로 핵분열과 핵융합 중 어느 것이 바람직한가?

10. 증식 원자로는 어떻게 작동하는가? 반응을 조절하기 위하여 어떤 방법이 사용되는가?

11. 제논-133을 방에 두었을 때 얼마나 오랫동안 붕괴하게 되면 안전하다고 느낄 수 있을까?

CHAPTER

태양의 힘

15

“사랑스런 그대, 난 얼음이 서서히 녹는 것을 보고 있어.
사랑스런 그대, 그대가 여기 온 지 몇 년이 된 것 같아.
해가 뜬다. 해가 뜬다. 그리고 난 좋다고 말해.”

“해가 뜬다.” 비틀즈의 노래(1969)

미국 네브래스카의 2002년 1월은 전형적인 겨울의 모습이다. 한여름 푸르렀던 들판은 눈으로 덮여 있으며, 바깥 기온은 종종 영하 10℃를 맴돌고 있지만 성장기간 동안 축적된 태양 에너지를 방출하는 화학적 과정이 일어나면서 식물의 생장을 막고 있는 눈이 약간씩 녹고 있다. 바깥이 차가울 때 태양 에너지로부터의 열에너지에 대해 이야기하는 것은 모순인 것 같다. 그러나 위에서 논의되었던 것처럼 태양에서의 핵융합으로부터 얻어지는 에너지는 지구상에 풍부한 에너지원을 공급한다. 긴 여름 동안의 태양 에너지는 광합성(흡열 과정)을 통해, 벽난로에 사용될 나무가 성장할 수 있도록 한다. 나무의 셀룰로오스에 저장된 에너지가 타는 연소반응(발열 과정)을 통해 방출된다. 우리가 석탄이나 기름이라는 화석연료를 태워서 얻는 에너지는 수만 년 전 식물이나 동물들이 성장 등을 위해 사용하고 남은 태양 에너지이다. 과학자들은 경제적으로 태양 에너지를 사용하기 위하여 물 분자를 쪼개 수소를 만드는(흡열 과정) 연구를 하고 있다. 수소는 저장이 쉽고 먼 거리까지 이동시킬 수도 있으며, 자동차 연료로도 사용될 수 있다. 햇빛은 바람을 일으키기도 한다. 한 보고서에 따르면 미국에서 전기 소비의 80% 정도가 다코다(Dakoda)의 북부와 남부의 풍력 에너지에 의해 충족될 수 있다고 한다. 빛을 전기로 바꾸는 광전지가 작은 전기

네브래스카의 아주 추운 겨울 동안에도, 에너지 교환은 물리적, 화학적 과정들을 유발한다. 눈은 태양으로부터 에너지를 흡수해 녹고 식물의 생장은 둔화되며 동물은 먹이를 찾아 헤맨다.

기구에 동력을 전달하는 데 오랫동안 사용되어 왔다. 이것들은 곧 중소 도시에서 필요로 하는 에너지를 공급할 수 있게 될 것이다.

네브래스카의 겨울철 평원을 따라서건, 중동의 여름철 타는 듯한 열기 속에서건, 전 세계를 가득 비추는 태양 에너지는, 우리가 가지고 있는 가장 유용하며 이용 가능한 형태의 에너지이다. 많은 사람들은, 석유와 석탄 때문에 필연적으로 나타나는 고비용과 분규를 피하면서, 열과 전기를 직접 충분히 공급해 주는 에너지를 얻게 될 날이 오리라고 믿고 있다. 매년 태양으로부터 지구가 받는 에너지의 양은 우리가 알고 있는 핵연료, 석유, 천연가스, 석탄의 모든 에너지를 합한 것의 10배 정도 되는 에너지와 같다. 그러나 태양의 힘은 오랜 시간 동안 최선의 대체 에너지원이 되었으며, 어떻게 그것을 잘 사용하는가를 배우는 것은 화학의 많은 부분을 차지하게 된다. 다음과 같은 장점 때문에, 태양의 힘을 어떻게 효과적으로 사용할 것인가를 배우게 되는 것이다.

- 태양으로부터 지구에 도달하는 에너지는 곳에 따라서 양의 차이는 있지만, 지구상 어느 곳에서나 가능하며, 무료이다.
- 태양으로부터 계속적으로 공급되는 에너지는 적어도 다음 수십억 년까지는 지속된다.
- 오늘날 심각한 오염을 유발하는 에너지 기술에 비해 최소한의 오염을 발생시키면서 태양 에너지를 이용하는 방법을 개발할 수 있게 될 것이다.

태양 에너지는 논의하기에 매우 복잡한 주제이다. 이것의 가능성을 이해하기 위해 다음과 같은 매우 다양한 주제에 대해 알아야 한다.

· 태양으로부터 방출되는 에너지의 성질.
· 지구는 그러한 에너지를 어떻게 가공 저장할 것인가?
· 지금 당장 혹은 미래를 위해, 그러한 에너지를 어떻게 화학적으로 이용하고 저장하며, 운반할 것인가?

15.1 태양으로부터 얻는 에너지

태양의 중심부의 온도는 수백만 °C이지만, 태양 표면 온도는 6000°C이다. 온도는 계의 평균에너지를 측정한 것이므로, 태양은 다른 위치에서 각기 다른 다양한 평균 에너지를 갖는 거대한 물체이다. 모든 태양 에너지의 근본적인 기원은 수소가 헬륨으로 바뀌는 핵융합 과정이다. 그러한 에너지는 태양 내에서 전자기 복사, 입자가 움직이는 데 따른 운동 에너지, 입자의 위치에 따른 위치 에너지 등 다양한 형태로 발견된다.

경험으로 미루어 보아, 태양으로부터 나오는 에너지는 모두 같지 않다는 것을 알고 있다. 우리는 무엇인가를 "빛"으로 볼 수 있으며, "열"로 느낄 수 있다. 태양 에너지를 너무 많이 쬐게 되면 피부가 손상을 입을 수 있어, '선 스크린(sun screen)'이라는 피부 보호 제품을 사용한다. 녹색 식물은 에너지를 광합성에 사용한다. 왜 잎이 파래지는가? 그러한 색깔을 갖는 것은 특별한 성질 때문인가? 생명체의 가장 기본적인 과정은 태양으로부터 여러 다른 방식으로 에너지를 이용하는 것이다. 이것이 어떻게 일어나는가를 이해하기 위해, 이러한 에너지가 어떻게 우리에게 오고, 어떤 형태를 가졌으며, 이것이 도달했을 때 무엇이 일어나는지를 더 잘 알 필요가 있다.

전달하는 태양

태양으로부터 바깥쪽으로 복사되는 에너지, 즉 태양 복사는 공간을 통해 모든 방향으로 전달된다. 이 복사의 일부분이 지구 표면에 도달하고, 식물에 에너지 저장 반응을 할 수 있게 해 생명체의 근본을 이루게 된다. 움직이는 전자기 파동에 의해 생기는 전기장과 자기장의 변화 때문에 이것을 **전자기**(electromagnetic) 에너지라 부른다.

그림 15.1에는 이 파의 기본적인 특징을 요약하였다. 파동은 길이(**파장**, λ, lambda '람다' 라고 발음)와 높이(진폭)를 가지며, 이들은 **진동수**(ν, nu, '누' 라고 발음)에 영향을 준다. 파장은 두 연속적인 파동의 봉우리 사이의 거리이며, 진동수는 주어진 시간에 어떤 점을 지나

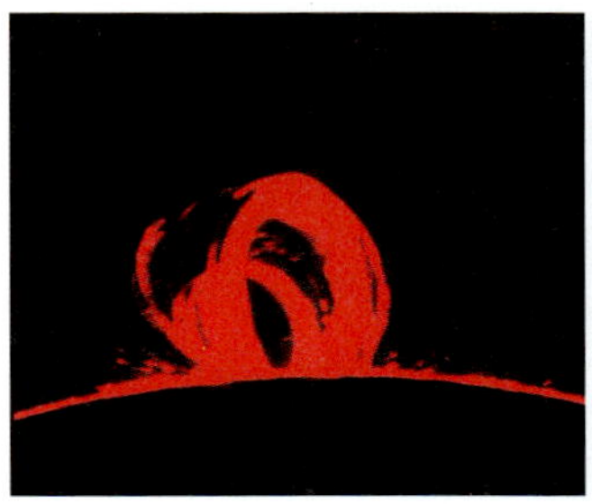

홍염이라는 태양의 환상적인 모습은 태양 대기에 있는 뜨거운 기체의 자기장 간섭이다. 이것이 지구의 기후를 변화시키기 때문에 과학자들은 특별히 이것의 행동에 관심을 가진다.

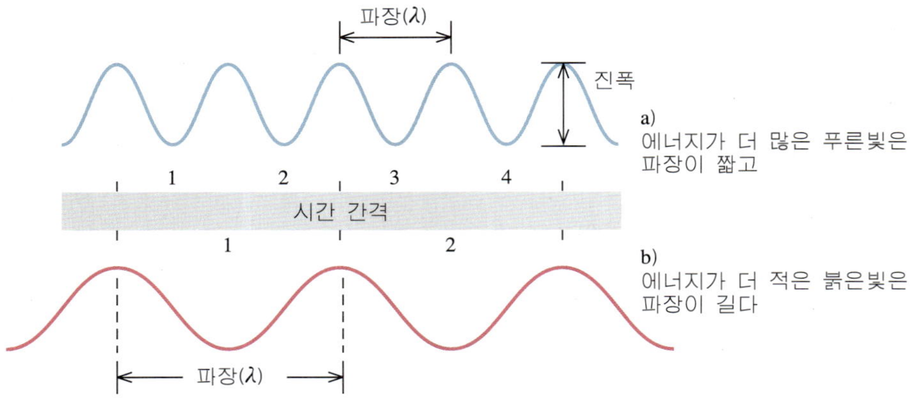

그림 15.1 파동은 파장과 진폭의 성질을 가진다. 여기에 있는 두 파동은 같은 속도를 가지기 때문에 같은 시간 동안에 푸른빛의 파동이 붉은빛의 파동보다 더 많이 도달한다. 에너지가 더 많은 푸른빛이 진동수가 더 크고 파장이 더 짧다.

는 파동의 수이다. 전자기 복사 파동은 빛의 속도와 같은 3.00×10^8 m/s로 공간을 움직인다. 모든 전자기 파동이 빈 공간을 통해 움직일 때는 같은 빛의 속도로 움직이며, 이것의 속도, 진동수, 파장 사이에 다음 관계가 성립한다.

$$c = \nu \times \lambda$$

빛 에너지는 진동수에 직접 비례하고, 식 $E = hc/\lambda = h\nu$에 따라 파장에 반비례한다. 여기서 h는 6.626×10^{-34} J · s로, 독일 과학자 막스 플랑크(Max Planck)의 이름을 따 플랑크 상수라 한다. 이 식을 이용하면 가장 작은 빛의 양인 **광자**(photon)라는 한 에너지 다발의 에너지를 계산할 수 있다.

이 수학적인 관계에 의미를 더 부여하기 위해, 태양에서 나오는 푸른 가시광선의 파동을 생각해 보자.

푸른 가시광선의 파장을 4.5×10^{-7} m, 즉 450 nm라고 가정하자. 이 빛 파동의 에너지 E는

$$E = \frac{hc}{\lambda} = \frac{6.626 \times 10^{-34}\text{Js}(3.00 \times 10^8\text{ms}^{-1})}{4.5 \times 10^{-7}\text{m}}$$

$$\mathbf{E = 4.4 \times 10^{-19}\,J\,(광자당)}$$

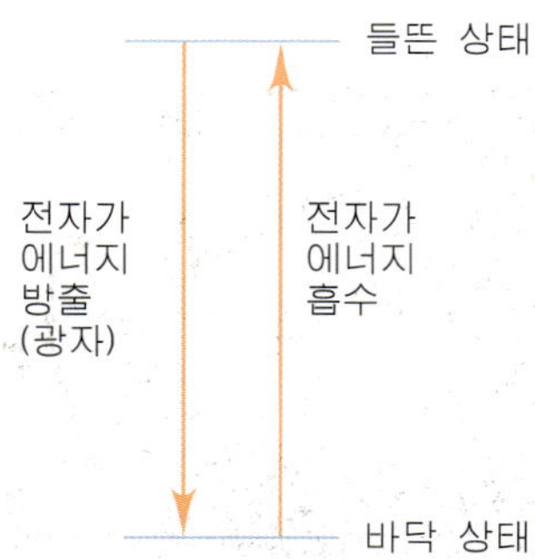

그림 15.2 전자가 에너지를 얻으면 들뜨게 된다. 이 여분의 에너지는 바로 방출될 수 있다. 이것이 일어났을 때, 전자는 특정한 파장의 광자를 방출한다. 예를 들어, 파장이 450 nm이라면, 푸른빛이 된다.

어떠한 과정이 광자에 일어나는가? 하나의 가능성은 원자 내에 있는 전자가 열이나 빛으로부터 에너지를 얻는 것이다. 이 때 전자는 **들떴다**(excited)고 한다(그림 15.2). 전자는 보통의 바닥 상태에서 들뜬 상태로 간다. 흡착된 과잉의 에너지는 지금까지 논의되었던 파장, 진동수, 에너지의 성질을 갖는 광자로 방출된다. 하나의 원자가 4.4×10^{-19} J의 에너지를 갖는 광자를 방출한다면, 이 때 원자 1 mol은 다음 에너지를 방출하게 된다.

예제 15.1 에너지와 파장 간 변환

문제 2.8×10^{-19}J의 에너지를 갖는 전자기 복사의 파장은 얼마인가? 이것은 450nm 광자의 파장보다 더 짧은가, 더 긴가? 진동수는 높은가 혹은 낮은가?

풀이 $\lambda = \frac{hc}{E} = \frac{6.626 \times 10^{-34} Js (3.00 \times 10^{8} ms^{-1})}{2.8 \times 10^{-19} J}$

$= \mathbf{7.1 \times 10^{-7} m}$

7.1×10^{-7}m, 즉 710nm의 파장은 450nm보다 길며, 따라서 진동수는 낮게 된다. 한 원자로부터 방출된 파동과 원자 1mol로부터 방출된 파동 간에는 커다란 에너지 차이가 있다.

$$E = \frac{4.4 \times 10^{-19} J}{광자} \times \frac{6.022 \times 10^{23} 광자}{mol}$$

$$E = 2.6 \times 10^{5} J/mol$$

이것은 5장에서 논의한 동결 '콘플레이크' 한 접시에 비해 큰 에너지이다. 다른 전자기 파동에 비해 매우 작은 에너지를 갖는 가시광선이라 하더라도 에너지 펀치를 완전히 채울 수는 있다.

태양은 넓은 범위의 파장을 방출한다. 이것은 별에서도 전형적으로 나타난다. 그림 15.3에는 우주에 알려진 모든 에너지에 대응되는 파장의 범위를 나타내는 완전한 전자기 스펙트럼이 제시되어 있다. 이것은 다른 파장들을 논의할 때 기준으로 사용되는 범위로 나눌 수 있다. 가시광선 영역은 전체 스펙트럼에서 볼 때 아주 작은 부분에 해당한다. 100W 백열 전구에 사용된 에너지의 7% 정도가 가시광선으로 재 방출되며, 나머지 대부분은 적외선(IR) 복사로 방출되는데, 이 중 약간은 유리에 흡수되어 전구를 뜨겁게 한다. 자외선(UV)은 가시광선보다 에너지가 많아 더 해로우며, X-선은 더 강력하므로 더 해롭다. 핵 과정(14장 참조)의 부산물인 감마선은 에너지가 가장 큰 것으로서 생명체에 가장 큰 해를 끼치게 된다. 스펙트럼의 가장 낮은 에너지의 끝에는 라디오파가 있는데 이것은 매우 긴 파장을 가지고 있어 라디오와 텔레비전 방송국에서 사용된 라디오 파동을 연속적으로 쬔다 하더라도 어떤 병도 생기지 않는다.

태양에서 전달되는 전자기 복사의 범위는 전 범위의 전자기 스펙트럼과 비슷하다. 그러나 태양에 있는 어떤 원자들은 복사가 표면으로 가기 전에 흡수해 그림 15.3B에 나타낸 것과 같이 수소 원자에서 나타나는 것과 같은 스펙트럼 모양을 나타낸다. 방출된 복사는 $2.5 \times 10^{-7} \sim 3 \times 10^{-6}$ m(250~3000 nm)에 있는 것들로서 UV, 가시광선,

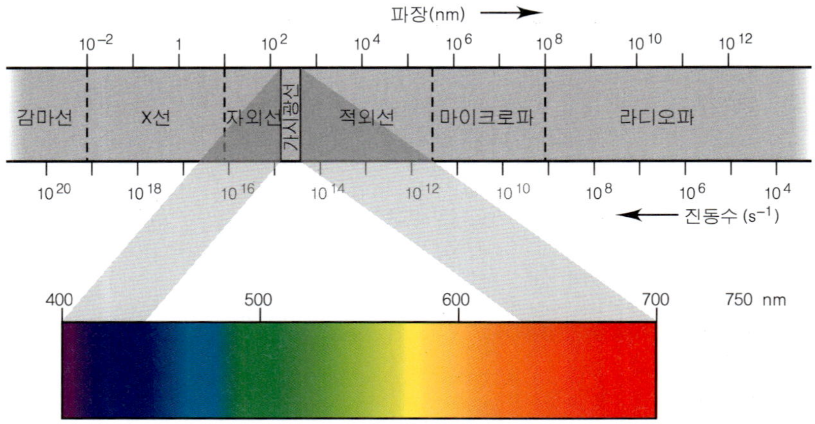

A

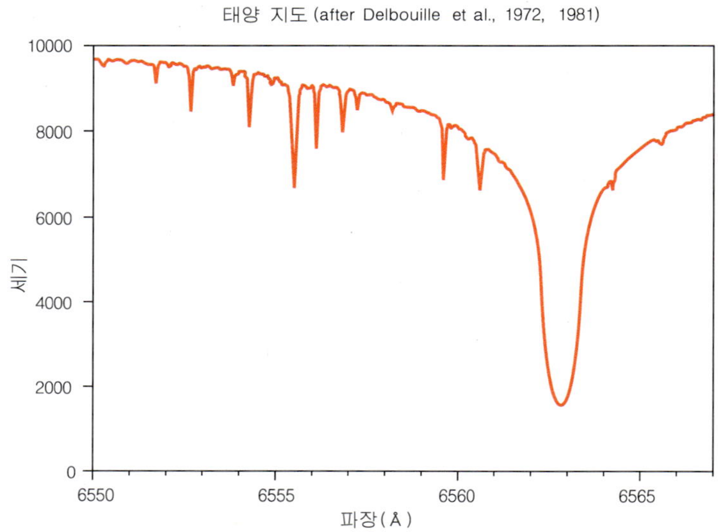

B

그림 15.3 **A.** 전자기 스펙트럼은 우주에 있는 모든 알려진 에너지에 대응하는 파장의 영역을 나타낸다. 상대적으로 좁은 가시영역을 확대하여 각 색을 나타내었다. **B.** 655~657 nm의 태양 스펙트럼의 일부분이다. 종종 옹스트롬(Å)이 사용되는데, 1 nm = 10 Å이다. 6563 Å(656.3 nm)에서 수소의 커다란 흡수 피크가 있음을 주목하라.

IR 영역이다. 태양 에너지의 많은 부분들은 인간 눈이 인식하는 파장에 속하는 가시영역에 있으며 이는 또한 식물에 흡수되어 광합성을 일으킨다. 따라서 전체 전자기 스펙트럼의 가시영역이 비교적 작다 하더라도, 이 특정 파장 집단의 장점을 알 필요가 있는 것이다.

지구가 얻는 에너지의 대부분은 태양에서 온 것이다. 이것은 태양 에너지의 일부분을 식물에 저장하는 광합성에 사용되며, 석탄이나 석유를 대체할 태양 에너지에 대한 연구가 또한 이루어져야 한다.

지구가 받는 태양에너지

지구 상층부에 있는 대기는 매일 약 1×10^{22} J의 태양 에너지를 받는다. 지구의 표면에 도달하는 태양 에너지의 실제 양은 이보다 훨씬

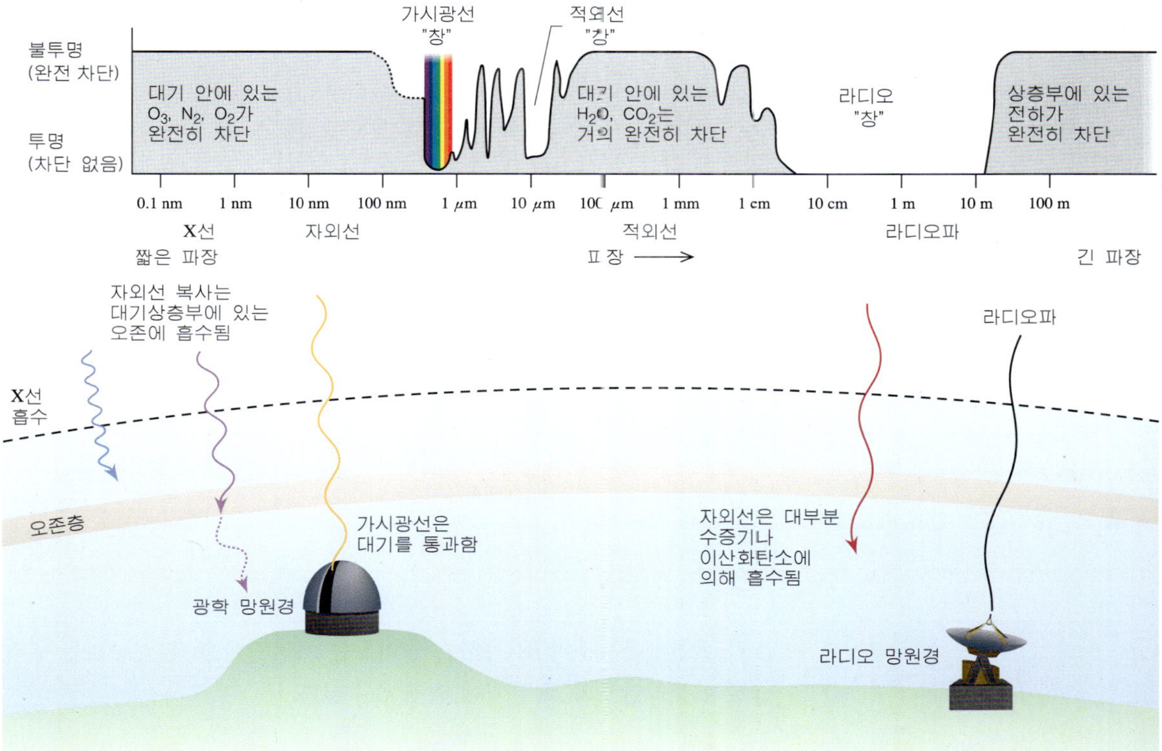

그림 15.4 필터로 작용하는 대기. 넓은 범위의 파장들을 흡수한다. 이들 중 중요한 것은 UV(O_3에 의해)와 IR(CO_2와 H_2O에 의해)이다.

적다. 에너지의 많은 양은 구름에 의해 반사되며, 어떤 것들은 대기에 있는 분자들에 흡수되고, 다른 것들은 수증기에 의해 산란된다.

그림 15.4에는 지구의 대기에 의해 흡수되는 파장의 범위와 이것들에 흡수되는 주된 화학종들이 표시되어 있다(어떻게 분자가 에너지를 흡수할 수 있는가를 알기 위해서는 12.3절에서 논의한 온실효과 참조). 특별히 12장에서 논의한 오존에 의한 UV 복사의 흡착을 주목하

미국 뉴멕시코 주 앨부쿼커(Albuquerque) 근처에 있는 실험적인 태양 에너지 기구의 태양 반사판들은 태양 광선을 최대로 받기 위해 거울의 각도를 움직이도록 설계된 헬리오스탯(heliostat)으로 구성된다.

예제 15.2 **태양 에너지와 음료수 캔**

문 제 물 1g을 1℃만큼 올리는 데 4.184J의 에너지가 필요하다는 것을 배웠다(물의 비열=4.184J/g℃).

a. 6천만 km^2 표면의 열대 바다가 태양 에너지에 의해 가열되어 1m 깊이에 있는 평균 온도를 1℃만큼 올렸다면(1m=0.001km, 전체적으로 가열된 부피는 $6.0 \times 10^4 km^3$), 얼마나 많은 에너지가 바닷물에 흡수되었겠는가? J로 답하라(물의 밀도는 $1.00 g/cm^3$으로 가정한다).

b. a에서의 답과 4장의 예제 4.10에 있는 알루미늄 음료수 깡통을 만드는 데 필요한 재료를 가공하는 데 **4.3×10^6 J/개**가 소모된다는 것을 근거로, 문제 a에서의 모든 에너지가 이용되었을 때 얼마나 많은 음료수 캔을 만들 수 있겠는가?

풀 이 a. 이것은 단위 비교 문제로 볼 수 있다. J를 원하는데, 주어진 것은 비열 J/g℃, 밀도 g/cm^3, 그리고 부피 km^3이다. 표준 인자 방법을 사용해 단위들을 정리한 후 삭제하면, 최종적으로 원하는 단위인 J를 얻게 된다.

$$J = 6.0 \times 10^4 km^3 \times \left(\frac{10^3 m}{1 km}\right)^3 \times \left(\frac{10^2 cm}{1m}\right)^3$$

$$\times \frac{1.00 g}{cm^3} \times \frac{4.184 J}{g\,°C} \times 1\,°C = 2.5 \times 10^{20} J$$

계산 결과 바다는 태양에 의해 이동된 에너지의 많은 부분을 흡수할 수 있다는 것을 알게 된다.

b. $\text{깡통 수} = 2.5 \times 10^{20} J \times \frac{1\ \text{깡통}}{4.3 \times 10^6 J} = 5.8 \times 10^{13}\ \text{개}$

라. 또한, 대부분의 IR 복사는 들어오는 에너지에 대해 진동하는 원리로 이산화탄소와 물 분자에 의해 흡수된다.

에너지가 지구의 표면을 때릴 때 무엇이 일어날 것인가?

태양 에너지는 여러 방법으로 지구 표면에 있는 물체들과 상호작용한다. 이것은 직접 혹은 간접적으로 열로 변환될 수도 있고, 다시 태양으로 반사될 수도 있으며, 어떤 생명체는 태양 에너지를 이용하여 대기 중에 있는 이산화탄소를 유기 분자로 바꾸기도 한다.

광합성이라는 이 마지막 과정을 통해 지구상에는 어떤 생명도 가능하게 된다. 대부분의 광합성은 태양 에너지가 식물 잎에 있는 엽록체에 잡혀 저장될 때 일어난다. 그러나 광합성은 바다에서도 일반적인데 여기서는 식물성 플랑크톤과 해초에 의한 광합성이 일어난다. 광합성의 화학을 조사함으로써, 어떻게 에너지를 저장하여 가정, 공업, 상업에 필요로 하는 목적에 맞게 적용할 것인가에 대한 실마리를 알 수 있다.

15.2 광합성 – 태양 에너지 모형

4장에서는 간단하게 광합성(photosynthesis)에 대해 논의하였다. 여기서는 태양빛 에너지에 의해 이산화탄소와 물을 글루코오스와 산소로 바꾸는 여러 단계 과정을 다루기로 한다.

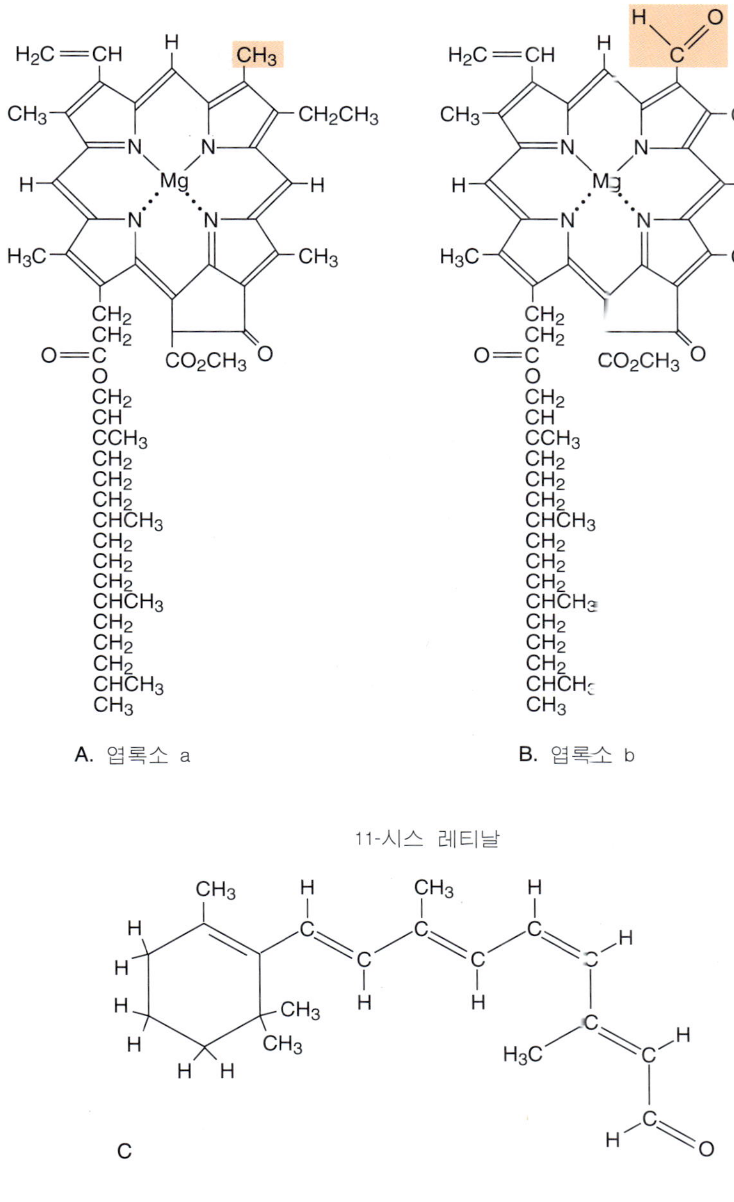

그림 15.5 가시광선을 흡수하는 색소 분자는 많은 단일결합과 이중결합이 반복되는 형태의 공통적인 구조를 갖는다. 엽록소 a(**A**), 엽록소 b(**B**)와 우리 눈에 존재하는 색소인 11-시스 레티날(**C**) 간에 구조의 유사성에 주목하라.

$$6CO_2 + 6H_2O \longrightarrow C_6H_{12}O_6 + 6O_2$$

자세하게 이 과정을 살펴보기 위해 배경을 알아보자. 실제로, 광합성은 반드시 물을 필요로 하지 않는다. 이 과정의 더 일반적인 식은 다음과 같이 쓸 수 있다.

$$CO_2 + 2H_2A \longrightarrow CH_2O + H_2O + 2A$$

여기서 "A"는 산소나 황 혹은 다른 것일 수 있으며, CH_2O는 탄수화물의 실험식이다. 예를 들어, 클로로븀(chlorobium)은 다음 반응과 같이 광합성이 황을 포함할 수 있는 녹색과 보라색 박테리아의 일종이다.

$$CO_2 + 2H_2S \longrightarrow CH_2O + H_2O + 2S$$

이 일반적인 도식을 사용해, 녹색 식물에서의 광합성을 나타내는 식은 다음과 같다.

$$6CO_2 + 12H_2O \longrightarrow (CH_2O)_6 + 6H_2O + 6O_2$$

광합성의 복잡한 과정은 두 단계로 일어난다. 첫 번째는 가시광선을 필요로 하는 "명반응"이고 두 번째는 빛이 존재하건 아니건 일어나는 "암반응"이다.

그림 15.5A에 나타낸 엽록소 a는 연속적으로 전자를 방출하면서 햇빛을 흡수하기 때문에 광합성에서 주된 역할을 한다. 과정은 여러 단계로 이루어져 매우 복잡하지만 중요한 것은 구조적인 면에서 많은 단일결합과 이중결합이 교대로 나타나는 색소 분자가 가시광선을 흡수하는 것이다. 그림 15.5A~C에 있는 인간의 시력 색소인 망막의 구조와 엽록소 a와 엽록소 b를 비교해 보자. 빛의 파장은 교대로 이루어져 있는 단일과 이중결합의 개수뿐만 아니라 결합에 붙어 있는 원자에도 의존한다.

분자로부터 태양 에너지를 받음으로써 전자를 방출하는 것은 광합성에서 기본적인 에너지 획득 과정이다. 이후 일어나는 모든 연속적인 일들은 각 탄수화물 분자에 저장된 에너지의 일부를 살아있는 세포에 저장될 수 있는 형태로 바꾸고 이것이 필요할 때 필요한 곳에서

그림 15.6 (좌) 엽록소 a의 흡수 스펙트럼. 엽록소 a는 잎에 있는 여러 염료의 하나로 붉은색과 파란색 파장의 빛을 강하게 흡수하고, 녹색이나 노란색 파장은 거의 흡수하지 않는다. 따라서 엽록소 a를 많이 함유하고 있는 잎은 녹색으로 보인다. 663 nm에서의 강한 흡수는 식물 추출물에서 이 물질의 양을 정하는 데 이용된다.

그림 15.7 (우) 엽록소 b와 카로티노이드는 엽록소 a의 흡수 범위에 걸쳐 있다.

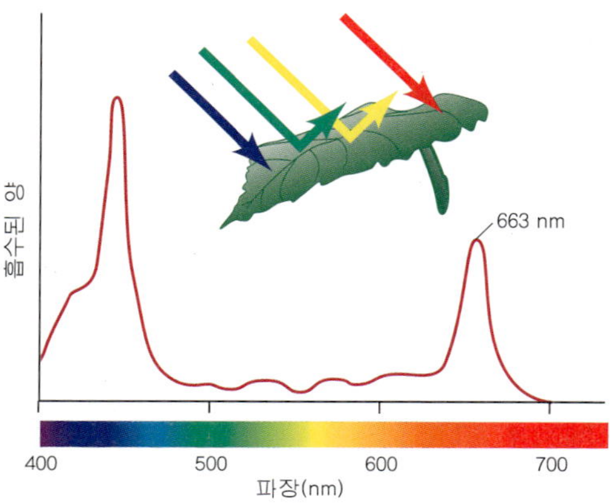

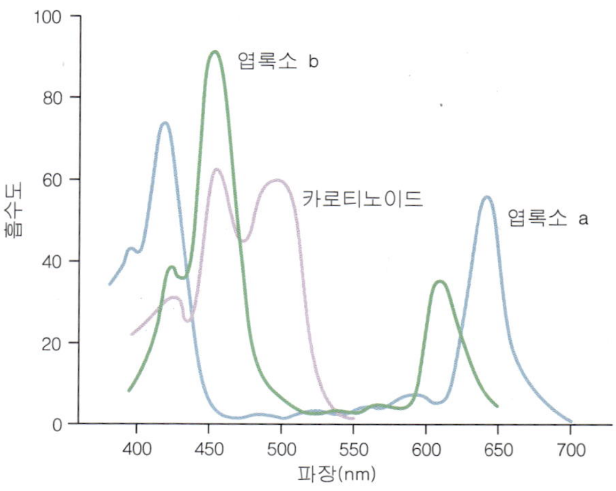

사용되게 하는 것이다. 그림 15.6에는 엽록소 a가 흡수하는 빛의 파장을 나타내었다. 흡수는 주로 푸른색과 붉은색 영역에서 일어난다. 분자는 다른 색에 비해 초록색 빛을 많이 흡수하지 않으므로 초록색을 많이 반사해 초록색으로 보이는 것이다. 엽록소 a의 흡수 범위는 비교적 제한되어 있어, 식물은 그림 15.7에서 볼 수 있는 바와 같이 다른 파장의 빛을 흡수하는 다양한 카로티노이드(carotenoic)와 엽록소 b 같은 빛을 흡수하는 분자나 색소를 함유하게 된다. 이같이 다른 부가적인 색소에 의해 얻어진 에너지는 곧 엽록소 a로 변환된다. 이같은 추가적인 색소에 의한 알짜 효과는 태양 에너지를 더 많이 사용할 수 있도록 엽록소 a의 흡수 범위를 확장하는 것이다.

광합성의 마지막 명반응 단계에서 물은 화학적으로 수소 이온, 산소 분자, 전자를 방출함으로써 분해된다.

$$H_2O \longrightarrow 2H^+ + {}^1\!/_2O_2 + 2e^-$$

광합성을 영속시키는 전자는 이미 빛 단계에서 방출되었기 때문에 암반응 단계는 빛을 필요로 하지 않는다. 이 두 번째 단계의 성과는 이산화탄소를 탄수화물로 바꾸는 것이다.

17장에서 논의하겠지만, 이들 탄수화물은 동물의 에너지원이다. 물질이 보존되는 지구상에서는 태양으로부터의 에너지 때문에 생명체의 순환이 계속되는 것이다.

광합성은 화합물이 태양 에너지를 얻어, 이것이 어떤 통제된 목적으로 변환되거나 향하게 하는 방식으로 되므로 아주 중요하다. 이것은 과학자들이 세계에서 에너지를 필요로 하는 곳에 태양 에너지를 이용 할 수 있는 개념적인 기초가 된다.

15.3 분광학

우리는 여러 물질과 빛과의 상호작용을 연구함으로써 물질의 성질에 대하여 많은 것을 알 수 있다. 5장에서 언급한 바와 같이 고온으로 가열된 전자는 각 원소에 따라 독특한 파장의 빛을 방출한다. 이것은 전자가 높은 에너지의 궤도함수로부터 낮은 궤도함수로 되돌아갈 때 에너지를 방출한 결과이다. 빛의 세기(밝기)로부터 시료 안에 특정 원소가 얼마나 존재하는지를 알 수 있다. 이러한 연구를 **방출 분광학**(emission spectroscopy)이라고 한다. 빛을 사용하는 상보적인 방법은 **흡수 분광학**(absorption spectroscopy)이라고 부른다 이러한 실험에서

그림 15.8 질산구리(II) 수용액이 들어있는 비커. 농도는 0.01, 0.05, 0.10, 0.5 *M*이다. 오른쪽에 있는 비커는 질산구리(II) 0.01 *M*에 암모니아를 가하여 농도가 0.20 *M*이 되도록 한 것이다.

는 광원을 시료에 쪼이고 빛이 흡수된 양을 측정한다. 방출 분광학과 흡수 분광학은 원소의 농도를 백만분율(ppm) 수준 이하까지 결정하는 데 사용할 수 있다.

그림 15.6과 15.7에 나타낸 스펙트럼은 어떤 물질이 여러 파장의 빛을 얼마나 흡수하였는가를 보여주고 있다. 빛이 흡수되면 빛의 광자의 에너지가 원자나 분자의 두 에너지 수준의 차이와 일치하여야 한다. 일련의 이중결합과 단일결합이 교대로 있는 분자는 주로 가시광선 영역의 빛을 흡수한다(그림 15.5). 엽록소와 다른 식물성 염료들은 태양빛을 흡수하여 식물이 빛 에너지로 일련의 흡열반응을 일으키도록 한다.

많은 전이금속들은 밝은 색을 띠는 용액을 형성한다. 구리 이온 용액의 푸른색은 붉은색과 주황색이 특별히 구리 이온에 의해 흡수되며 푸른빛이 용액을 통과한다는 뜻이다. 푸른색의 세기는 구리 농도의 척도가 된다. 그림 15.8에는 여러 다른 농도의 구리 용액을 나타내었다. 금속과 반응하는 화합물을 가하면 색의 세기가 종종 변한다. 암모니아에 구리 이온을 가하면 푸른색의 세기가 훨씬 강해진다. 알려진 농도의 용액과 색의 세기를 비교하면 미지 시료의 농도를 결정할 수 있다.

15.4 일을 양방향으로 교환하는 에너지

이 장에서의 주된 생각은 태양 에너지가 화학계에 저장될 수 있다는 것인데, 이것은 광합성에서 일어난다. 태양이 직접적인 에너지원이든 아니든 에너지 교환은 양방향으로 일어나며, 저장된 에너지 또한 방출될 수 있는 것이다. 5장에서 논의한 바와 같이, 에너지는 수많은 형태를 취할 수 있다. 에너지 방출이라는 한 형태는, 적당히 이용하면 전자의 흐름(**전류**, electric current)을 유발하는 전자의 교환을 수반한다. **전압**(voltage)이라고 하는 이 흐름의 힘이 충분히 크다면, 전구를 밝히거나 자동차 엔진을 움직이는 것과 같은 유용한 일을 할 수 있다.

그 좋은 예가 그림 15.9에 보인 다임러-벤츠사의 새토운 전기 자동차 "NeCar 5(New Electric Car)"이다. 1994년에 소개된 무공해 자동차 시리즈 중 5번째인 이 자동차는 수소(자동차의 재생기에서 액체 메탄올로부터 생성)와 산소와의 반응에 의해 추진되는 전기 모터를 가지고 있다. 생성물은 물이므로 공해가 없다. 자동차에 수소와 산소가 가능한 한 작동은 계속될 것이다. 이 자동차는 메탄올의 재충전 없이 시속 90 마일의 속도로 280 마일까지 달릴 수 있다. 그런데 이 자동차가 움직이도록 어떻게 충분한 에너지를 저장할 수 있을까? 어떻게 이 반응은 모터가 작동되게 전자의 흐름을 만들 수 있을까? 이 두 가지 의문이 이 절의 주된 관점이다.

분자 수소 기체인 H_2는 전기보다 비교적 쉽게 먼 거리로 운반할 수 있어 바람직한 에너지 저장 매체가 되며, 또 태우면 수증기가 생성되어 어떤 해로운 물질도 생성되지 않는다. 단점은 H_2 분자가 다른 가능한 에너지 저장 분자(메탄올 또는 휘발유)에 비해 비교적 많은 에너지를 간직할 수 없다는 것이다. 또한 전 세계적으로 알려진 수소의 대량 생산 방법이 수증기와 산소를 이용하여 메테인(CH_4)으로부터 얻어진다는 것이다.

$$CH_4 + {}^1\!/_2O_2 \xrightarrow{(H_2O)} CO + H_2$$

이것은 수소가 연료의 일부분으로 사용될 때 재생 불가능한 원료인 메테인이 실제로 존재해야 함을 의미한다. 그럼에도 불구하고, 수소 기체를 만들어 태양으로부터 얻는 에너지 저장에 대한 것은 계속 연구되고 있다.

연료원으로서 H_2를 사용하는 것의 역반응은 **광전기분해**(photo-electrolysis)라는 연구의 중요 영역이다. 태양 빛은 전류를 만들어 물을 수소 분자와 산소 분자로 나누는 에너지를 공급한다. 이때 이들 기체는 저장되어 에너지를 필요로 할 때는 언제나 재결합되어 물을 재형성한다.

$$2H_2O(g) \longrightarrow 2H_2(g) + O_2(g)$$

어떻게 물이 쪼개지는가에 많은 연구를 할당하고 있다. 이것은 살아

그림 15.9 다임러-벤츠의 NeCar(새로운 전기 자동차)는 수소와 산소 간의 "청정" 반응에 의해 추진된다. 수소는 자동차 윗부분의 탱크에 저장된다.

있는 식물체 내에서 진행되는 경이로운 화학과 어떻게 다른가? 이 경우 상온에서 물을 쪼개고 탄수화물 결합에 에너지를 저장하는 것은 쉬워 보인다. 인간 역시 물을 쪼갤 수는 있지만, 매우 높은 온도나 화학반응에서의 에너지를 사용해야 한다는 것이 밝혀졌다. 화학반응에서 전기 에너지를 만들어내는 이 능력은 다음 절의 주제가 될 것이다.

산화와 환원 – 전자의 운반

인간에게 있어서 물 분자를 쪼개는 데 높은 온도나 전기 에너지가 필요하지만, 어떻게 엽록소 a는 상온에서도 물 분자를 쪼갤 수 있을까? 물이 어떻게 전기분해할 수 있는가를 이해하기 위해, 다음 사실을 알 필요가 있다.

물의 극성과 이러한 극성이 다른 물질(예를 들어 기름 같은 것들)과의 물리적인 상호작용에 어떠한 영향을 미치는가는 이미 논의하였다. 산소는 수소보다 전기음성도가 훨씬 크므로(즉, 산소는 수소보다 공유결합 전자를 잘 끌어당긴다), O–H 결합의 전자는 수소 핵보다 산소 핵 쪽에 훨씬 더 가까이 있게 된다. 수소 원자로부터 끌어낸 전자는 많은 시간을 산소 원자 주위에서 보내게 되므로, 산소의 **산화수**(oxidation number)는 −2라고 말한다. 어느 것보다도 산화수는 전자의 자취를 추적하는 도구이다. 산소는 수소의 전자를 획득하기 때문에 −2 산화수를 갖는 반면, 수소의 전자는 많은 시간을 산소 원자 주위에서 보내기 때문에 각 수소 원자의 산화수는 +1이어야 한다. 산소의 산화수(−2)에 수소의 전체 산화수($2\times[+1]=+2$)를 더하면, 알짜 효과는 전기적으로 중성인 물 분자($[-2]+[+2]=0$)를 갖는 것이다.

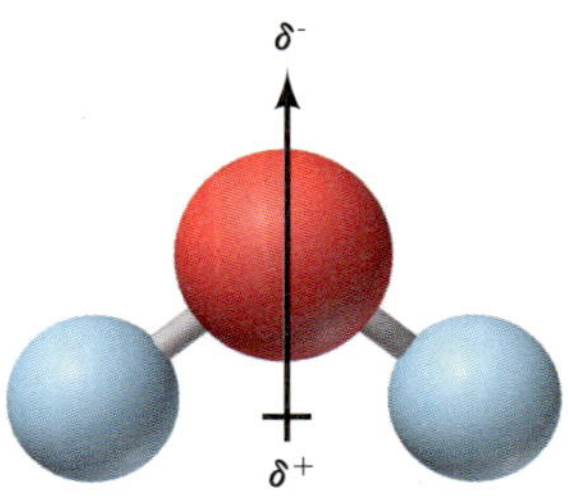

물의 극성은 이 그림의 구조와 같이 표시할 수 있다.

예제 15.3 **에너지와 그램 당 에너지의 비교**

문 제 앞에서 얘기한 것처럼, 수소는 다른 분자에 비해 많은 에너지를 저장하지 못한다. 산소 중에서 태울 때, 태워지는 수소 1 mol당 242 kJ의 에너지를 방출한다.

$$2H_2(g)+O_2(g) \longrightarrow 2H_2O(g) \quad \Delta H=-242\text{kJ/mol}H_2$$

메테인을 태우면 802 kJ/mol을 내놓는다

$$CH_4(g)+2O_2(g) \longrightarrow CO_2(g)+2H_2O(g)$$
$$\Delta H=-802\text{ kJ/mol}CH_4$$

이 결과를 보게 되면, 수소가 에너지원으로서 부족한 것 같이 보인다.
계산을 한 단계 더 진행시켜 보자. 수소와 메테인의 그램당 방출된 에너지의 양을 계산해 보아라.

풀 이 H_2의 그램당 방출된 열에너지

$$=\frac{242\text{ kJ}}{1\text{ mol }H_2}\times\frac{1\text{ mol }H_2}{2.02\text{ g }H_2}=\mathbf{120\text{ kJ/g }H_2}$$

CH_4의 그램당 방출된 열에너지

$$=\frac{802\text{ kJ}}{1\text{ mol }CH_4}\times\frac{1\text{ mol }CH_4}{16.0\text{ g }CH_4}=\mathbf{50.1\text{ kJ/g }CH_4}$$

수소를 태워서 나오는 전체 에너지는 비교적 작지만, 그램당 에너지는 꽤 크게 된다. 이것이 바로 수소를 바람직한 에너지원이라고 인식하는 이유다. 자동차의 연료로서 수소를 사용하는 데에 대한 어려움은 이것을 기체로 저장해야 된다는 것이다. 수소의 끓는점은 −253℃ (20 K)이다. 자동차로 액체 수소를 운반한다는 것은 비실용적이다. 같은 양의 에너지를 갖기 위해서 기체 수소는 100기압 압력에서조차 액체 휘발유 부피의 약 30배나 된다.

수소 분자에 있는 전자는 수소 원자가 같은 전기음성도를 갖기 때문에 두 원자에 같게 분포된다. 따라서 양 수소 원자의 산화수는 0이다. 이것은 산소 분자에도 그대로 적용된다.

요약해 보면, 물을 쪼개는 반응의 결과로 산소 원자의 산화수는 −2에서 0으로, 두 수소 원자의 산화수는 +1에서 0으로 각각 변한다. 요약하면 다음과 같다.

· 각 산소 원자는 실제로 두 전자를 **잃는다**.
· 두 수소 원자 각각은 실제로 전자 하나씩을 **얻는다**.

4장에서 논의했듯이 산소 원자가 **산화되었다**(oxidized)는 것은 전자를 잃었다는 뜻이다. 수소 원자가 **환원되었다**(reduced)는 것은 전자를 얻었다는 뜻이다. 따라서 물을 쪼개는 과정은 전자가 "산소에서 수소로" 이동했다는 의미이다. 이러한 전자 이동의 결과 H_2와 O_2가 얻어진다. 전지(또는 불꽃이나 태양)로부터 에너지를 받아 추진하는 힘이 없다면 이 반응에서 전자의 이동은 없다는 것을 명심해야 한다. 반면 물을 만들기 위한 수소와 산소의 결합 반응(위와 반대되는 반응)은 5.6절에서 논의한 것과 같이 활성화 에너지라는 약간의 에너지를 필요로 하지만 열역학적으로 우세한 반응이다.

예제 15.4에서 화학식 d와 e는 물의 산화 환원을 포함하고 있다. 환

예제 15.4

산화와 환원

문 제 전자의 이동을 보고 산화인가 환원인가를 말하라.

a. $Ag^+ + e^- \longrightarrow Ag$
b. $Cu^{2+} + 2e^- \longrightarrow Cu$
c. $Zn \longrightarrow Zn^{2+} + 2e^-$
($Zn - 2e^- \longrightarrow Zn^{2+}$과 동일)
d. $4H_2O + 4e^- \longrightarrow 4OH^- + 2H_2$
($2H_2O + 2e^- \longrightarrow 2OH^- + H_2$)
e. $2H_2O \longrightarrow 4H^+ + O_2 + 4e^-$
($2H_2O - 4e^- \longrightarrow 4H^+ + O_2$과 동일)
f. $MnO_4^- + 8H^+ + 5e^- \longrightarrow Mn^{2+} + 4H_2O$

풀 이

a. **환원**. 이온은 전자를 얻음으로써 환원되었다.
b. **환원**. 구리(Ⅱ) 이온이 구리 금속으로 환원되었다.
c. **산화**. 아연 금속은 두 개의 전자를 잃어 아연(Ⅱ) 이온으로 산화되었다.
d. **환원**. 이 경우는 물과 원소, 그리고 다른 두 생성물이 있기 때문에 앞의 경우보다 어려워 보인다. 그런데, 식을 보면 전자가 얻어졌으므로 환원이 일어난 것이다.
e. **산화**. 비슷하게, 전자는 반응물(물) 쪽에서는 잃고, 생성물 쪽에서는 얻었다.
f. **환원**. 전자는 반응물 쪽에서 얻어졌다. 망가니즈의 산화수는 +7에서 +2로 변했으므로, 5 전자를 얻은 것이다.

어떤 물질이 전자를 얻는 것(환원)과 다른 물질이 전자를 잃는 것(산화)은 질량보존의 법칙에 따라 함께 일어나야 한다. 전체 "산화−환원" 과정에서 알짜 에너지를 얻게 될 것인가 잃게 될 것인가는 포함된 물질에 의존하게 된다. 물을 쪼개는 데는 에너지가 필요하다. 쪼개는 추진력을 일으키는 에너지는 전지로부터 얻어진다.

원에서 얻은 전자 수와 산화에서 잃은 전자 수를 같게 하면서 전체 반응에 대한 것을 얻기 위해 각각의 반쪽 반응(전체 산화/환원 반응의 반)을 더해보자.

a. $4H_2O + 4e^- \longrightarrow 4OH^- + 2H_2$ (환원)
b. $2H_2O \longrightarrow 4H^+ + O_2 + 4e^-$ (산화)

전체 반응 : $\mathbf{6H_2O + 4e^- \longrightarrow 4OH^- + 4H^+ + 2H_2 + O_2 + 4e^-}$

양쪽에서 4개의 전자를 제거하면,

$$\mathbf{6H_2O \longrightarrow 4OH^- + 4H^+ + 2H_2 + O_2}$$

이 식은 물을 전기분해할 때 무엇이 일어나는지를 보여준다. 반쪽 반응 a에서는 pH가 증가하며, b에서는 감소한다. 우리는 산(H^+)과 염기(OH^-)가 있는 시험관 내에 기체가 존재하는 것을 본 적이 있다. 이러한 용액에 브로모티몰블루라는 산-염기 지시약을 가하면 필요로 하는 증거를 얻게 된다. 그림 15.10에서 보이는 바와 같이 H^+가 존재하면 지시약은 노란색으로 OH^-가 존재하면 푸른색으로 변한다. 시험관을 분리하지 않고 물 속에 선을 넣어 전기분해를 일으키면 H^+와 OH^-는 물로 재결합되고,

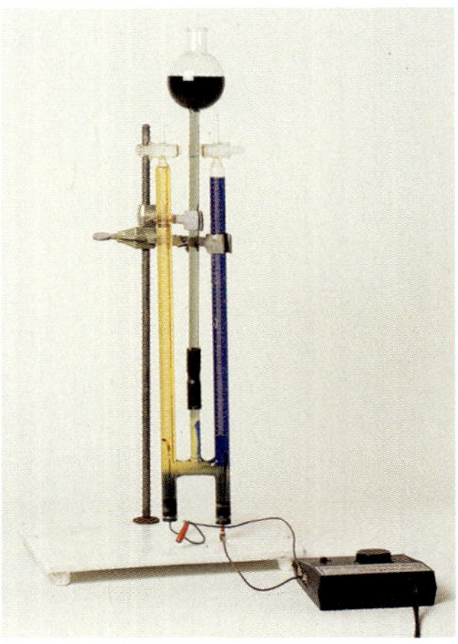

그림 15.10 산과 염기가 존재하는 것을 확인하기 위해 브로모티몰블루를 사용한다. 중성을 나타내는 녹색은 산의 존재 아래서는 노란색으로, 염기의 존재 아래서는 푸른색으로 변한다.

$$H^{+} + OH^{-} \longrightarrow H_2O$$

그리고 전기분해가 일어나면,

$$6H_2O \longrightarrow 4H_2O + 2H_2 + O_2$$
$$\mathbf{2H_2O \longrightarrow 2H_2 + O_2}$$

태양에 의해서든, 전지에 의해서든, 엽록소 a를 포함하든, 물을 쪼개는 것은 실제로 산화와 환원이며 더 일반적으로 말하면 물의 **산화-환원반응**(redox reaction)이다.

15.5절의 광전지 부분에서 논의했듯이 태양빛을 이용해 매일의 삶에 대해 유용한 많은 반응들을 일으키는 것이 가능하다. 우리가 그것을 전격적으로 사용하지 못하는 것은 관련 기술이 충분하게 개발되지 못했거나, 그 개발을 방해하는 경제적이거나 정책적인 요소들이 있기 때문이다. 따라서 현재는 일상생활에 필요한 많은 것들이 요구하는 전기 에너지를 공급하기 위해 다른 화학 공정을 사용하게 된다. 일단 이러한 문제가 해결되면 태양은 직접 개인과 사회의 에너지 요구에 맞춰 사용될 것이다.

어떤 물질이 에너지를 공급할 수 있는가?

물질들의 주어진 조합이 계산기나 손전등 혹은 자동차를 작동시키는 데 필요한 에너지를 공급해줄 수 있는가를 어떻게 알 수 있을까?

그림 15.11 아연과 구리(Ⅱ) 이온 간 자발적인 반응. 아연 금속 조각을 Cu^{2+} 용액에 담갔을 때, 산화-환원 반응이 시작되는데(왼쪽), 여기서 아연은 Zn^{2+}로 산화되고 Cu^{2+}는 구리 금속으로 환원된다. 반응이 진행됨에 따라(오른쪽), 구리는 아연 위에 석출되는데 덩어리 모양을 이룬다. 구리는 결국 아주 작게 나누어지기 때문에 검게 된다. 원자 수준으로 보면, 아연 원자는 전자 2개를 잃고, 이 전자는 Cu^{2+} 이온에 의해 흡수된다.

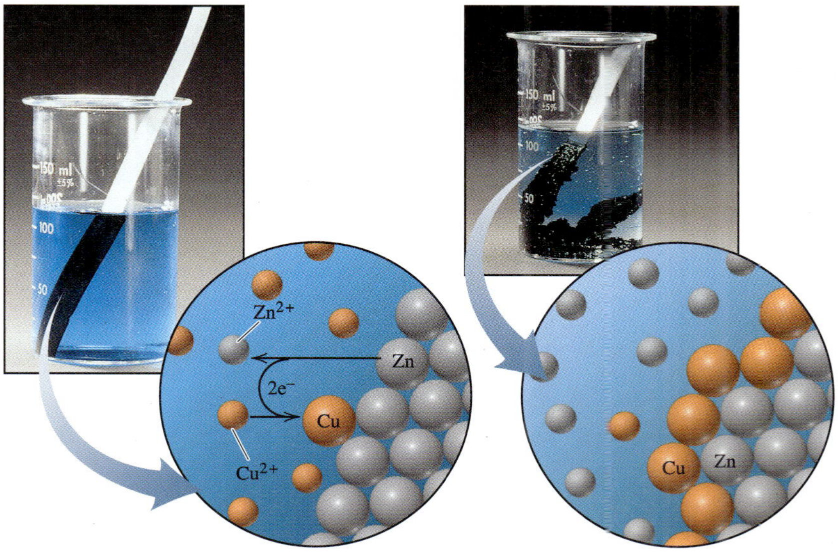

$$Zn(s) + Cu^{2+}(aq) \longrightarrow Zn^{2+}(aq) + Cu(s)$$

그림 15.11은 아연 조각을 구리(Ⅱ) 이온을 포함하는 용액에 담갔을 때 무엇이 일어나는지를 보여준다. 구리가 아연 위에 형성되는 것 같다. 반면, 구리 조각을 아연(Ⅱ) 이온을 포함하는 용액에 담그면 아무 일도 일어나지 않는다. 요약해 보면 다음과 같다.

Zn^{2+}에 Cu 첨가: $Cu(s) + Zn^{2+}(aq) \longrightarrow$ 무반응

Cu^{2+}에 Zn 첨가: $Cu^{2+}(aq) + Zn(s) \longrightarrow Cu(s) + Zn^{2+}(aq)$ (전체 반응)

$Cu^{2+}(aq) + 2e^- \longrightarrow Cu(s)$ (환원)

$Zn(s) \longrightarrow Zn^{2+}(aq) + 2e^-$ (산화)

그림 15.11에서 본 결과 구리는 아연으로부터 전자 2개를 얻으며 아연은 용액 속으로 녹아 들어간다. 24시간 정도 지나면 아연 금속은 Zn(Ⅱ)로 용액 내로 산화되어 더 이상 볼 수 없게 된다. 푸른 구리 이온은 모두 구리 금속으로 환원된다. 이것이 실제로 일어나는 현상이다.

그림 15.11에 나타낸 반응은 왜 자발적으로 진행하는가? 5장을 기억해보면 자발적 반응에 대한 기준은 생성물의 에너지가 반응물의 에너지보다 낮아야 한다는 것이다. 용액 내 아연 금속과 구리(Ⅱ) 이온은 구리 금속과 아연(Ⅱ) 이온보다 에너지적으로 덜 안정하다고 말할 수 있다. 산화-환원 반응이 일어나며 에너지가 산출된다. 무엇이 에너지에 일어나는가? 이것은 분자 운동을 하고 있는 용액에 작은 양의 열로 축적된다.

용액에서 전자는 아연 금속에서 구리(Ⅱ) 이온 쪽으로 진행된다. 이같이 전자를 움직이는 추진력을 **기전력**(electromotive force, emf)이라 한다. emf를 더 일반적인 이름으로 볼트의 단위를 갖는 **전압**(V)이라 한다. 구리-아연 반응은 초기 전압을 1.10 V까지 낸다. 전압(emf)의 양의 값이 크면 클수록, 전자를 움직이는 추진력은 커지게 된다. 또한 계의 힘은 **전류**(단위시간당 전자)에 전압을 곱한 것과 같다. 따라서 전류와 전압은 힘에 기여한다고 할 수 있다.

전지는 여러 형태와 크기로 생산된다. 가장 일반적인 형태 중 하나는 많은 조그마한 것들을 작동시키는 데 사용되는 알칼라인 전지이다.

조금만 변형시켜 다시 같은 반응을 그림 15.12와 같이 진행시켜 보자. 여기서는 두 비커를 사용한다. 첫 번째 비커는 아연 금속과 아연(Ⅱ) 이온을 포함하고 두 번째 비커는 구리 금속과 구리(Ⅱ) 이온을 포함한다. LED(발광 다이오드)를 두 금속 조각에 연결하며, 용액이 섞이는 것을 막아 중성이 유지되도록 염화나트륨이 채워져 있는 유리관인 **염다리**(salt bridge)를 삽입한다. 반쪽 반응과 전체 반응은 앞에서와 같다. 아연 금속은 원자당 2개의 전자를 잃어 아연(Ⅱ) 이온으로 용액 속으로 녹아 나오며, 구리(Ⅱ) 이온은 2개의 전자를 얻어 구리

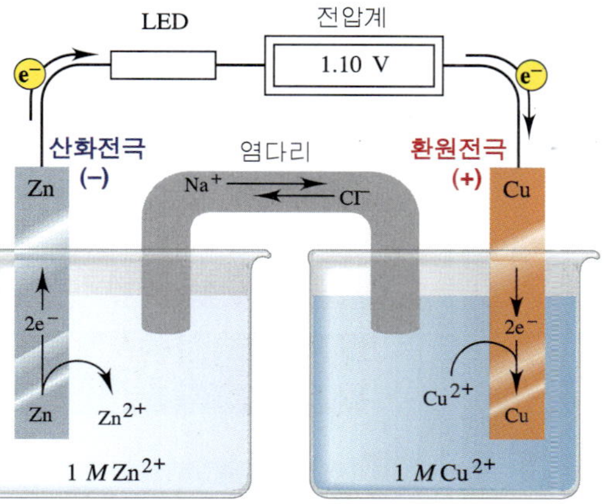

산화 반쪽 반응
$Zn(s) \longrightarrow Zn^{2+}(aq) + 2e^-$

환원 반쪽 반응
$Cu^{2+}(aq) + 2e^- \longrightarrow Cu(s)$

전체(전지) 반응
$Zn(s) + Cu^{2+}(aq) \longrightarrow Zn^{2+}(aq) + Cu(s)$

그림 15.12 이 산화-환원 반응에서, 환원과 산화 반쪽 반응들은 각기 분리된 전지에서 일어난다. 아연의 산화로 생성된 전자는 에너지를 가지고 아연 조각과 전선을 흘러 LED에 불을 밝히게 된다. 구리 조각을 통해 이동된 전자는 Cu^{2+} 이온을 환원시킨다. SO_4^{2-} 음이온은 염다리를 통해 이동해 완전한 회로를 구성하며, 전기적으로 중성을 유지시킨다.

조각 쪽으로 이동해 구리 금속 조각 위에 구리 금속으로 석출된다. 아연 전극은 산화가 일어난다고 해서 **산화전극**(anode)이라 부르고, 구리 전극은 환원이 일어난다고 해서 **환원전극**(cathode)이라 부른다.

이 장치에서 전자는 전선을 따라 양극(아연 조각)에서 음극(구리 조각) 쪽으로 움직이게 된다. 이 자발적 반응에서 방출된 에너지는 앞에서와 같이 열로 축적되기보다는 부분적으로 LED를 밝히는 데 사용된다. 특히 Na^+ 이온을 갖는 염다리는 아연을 포함하는 비커에서 구리를 포함하는 비커 쪽으로 충분한 양의 전하를 운반해 구리 비커 쪽에 과도하게 생기는 전자를 균형잡는 역할을 한다. 용액 자체는 섞이지 않는다. 이러한 방식으로 전기를 얻기 위해 자발적인 화학 반응을 사용한다.

전지는 충분한 에너지를 내놓을 수 있도록 하나의 자발적 반응들을 연결해 손전등, 자동차, 계산기 등을 작동시키는 것이다.

손전등 점등

손전등이나 아이들 장난감 같은 아주 조그만 기구들은 전구에 불이 들어오게 하거나 소리를 내도록 하기 위해 필요한 전압을 가진 전류를 많이 내놓는 작고 싼 전지를 필요로 한다. 이러한 것에 대한 매우 일반적인 도안은 그 자체가 환원되지 않으면서 전자를 운반할 수 있

그림 15.13 (좌) 알칼라인 전지는 손전등이나 장난감 같은 데 사용된다.

그림 15.14 (우) 자동차의 전지는 화학 과정과 전기적인 에너지 교환 간의 상호관계를 가장 잘 보여주는 것 중의 하나이다.

는 탄소 막대를 비활성 음극으로 사용하는 알칼라인 전지이다. 흑연은 NaOH와 KOH(이들 물질 때문에 이 전지를 "알칼라인"이라 한다) 그리고 MnO_2를 포함하는 전분으로 만든 풀로 싸여 있다(그림 15.13 참조). 풀은 앞의 Zn/Cu 전해전지에서의 염다리와 같이 전하를 운반하는 기능을 갖게 된다. 이와 같이 이온을 함유하는 물질을 **전해질**(electrolyte)이라 부른다. 이것은 양극인 아연으로 싸여 있으며 최종적으로 껍데기로 둘러싸여 있다. 반쪽 반응은 다음과 같다.

$$
\begin{array}{rl}
2MnO_2(s)+H_2O(l)+2e^- \longrightarrow Mn_2O_3(s)+2OH^-(aq) & (\text{환원}) \\
Zn(s)+2HO^-(aq) \longrightarrow Zn(OH)_2(s)+2e^- & (\text{산화}) \\
\hline
Zn(s)+2MnO_2(s)+H_2O(l) \longrightarrow Zn(OH)_2(s)+Mn_2O_3(s) & (\text{전체 반응})
\end{array}
$$

새 것일 때 약 1.5 V를 내놓는 보통 전지는 재충전되지 않는다. 반응을 가역적으로 할 수 있는 재충전 전지의 예는 그림 15.14에 있는 자동차용 납축전지이다. 여기서 Pb(산화전극)와 PbO_2(환원전극) 판은 H_2SO_4 용액(그림 15.15 참조) 속에 저장된다. 두 판은 폴리염화비닐(PVC)이나 폴리프로필렌(PP) 같은 고분자에 의해 분리된다. 전형적으로 하나당 2V를 내놓는 6~15개의 각 전해전지들을 연결하여 자동차용 전지를 구성한다. 각 전해전지의 반쪽 반응은 다음과 같다.

$$
\begin{array}{rl}
PbO_2(s)+4H^+(aq)+SO_4^{2-}(aq)+2e^- \longrightarrow PbSO_4(s)+2H_2O(l) & (\text{환원}) \\
Pb(s)+SO_4^{2-}(aq) \longrightarrow PbSO_4(s)+2e^- & (\text{산화}) \\
\hline
Pb(s)+PbO_2(s)+4H^+(aq)+2SO_4^{2-}(aq) \longrightarrow 2PbSO_4(s)+2H_2O(l) & (\text{전체 반응})
\end{array}
$$

이러한 전지는 자동차의 시동을 거는 데 사용되지만, 자동차를 움직이지는 못한다. 이들 전지들은 개념적으로는 결코 멈추지 않도록

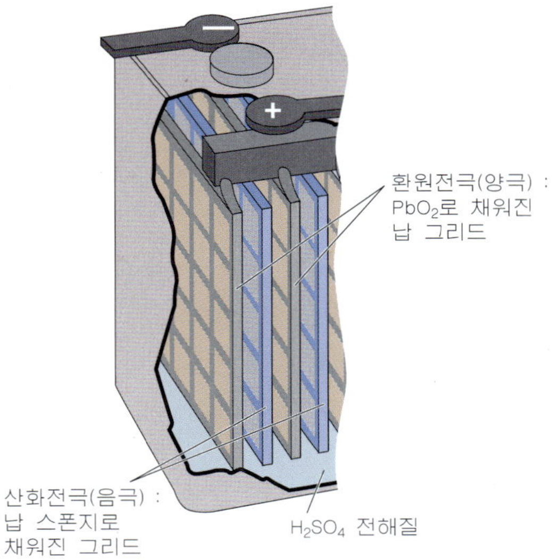

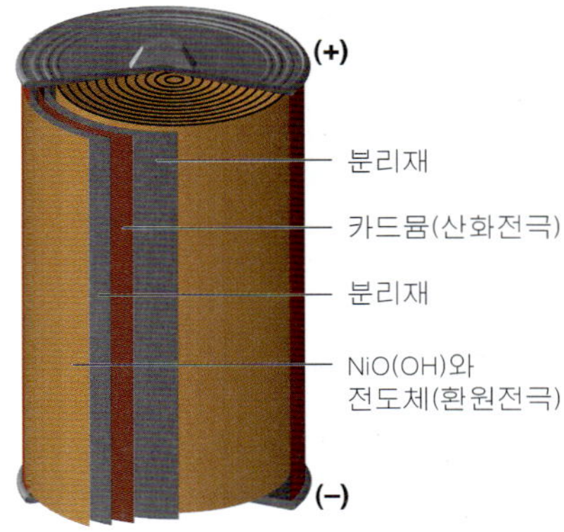

그림 15.15 (좌) 자동차 납축전지의 내부

그림 15.16 (우) 니켈-카드뮴(Ni-cad)전지는 모든 전기적 운송수단에 시도되고 있다.

연속적으로 재충전된다. 실제로 납 축전지는 부품이 낡아 전지를 교환할 때까지 1000번 이상 재충전할 수 있다.

전기 자동차의 미래

가솔린 엔진을 대체하면서 자동차에 유일한 에너지원으로서 적합한 재충전 전지는, 오랜 시간 작동되어야 되며, 또한 충전에서 다음 충전 때까지 많은 거리를 운행할 수 있어야 한다. 또한 자동차가 잘 움직이도록 충분한 에너지가 있는 차를 공급할 필요가 있다. 미국 캘리포니아 대학교의 데이비스라는 과학자가 실시한 조사에 따르면, 많은 미국 가정에서는 전기 자동차를 가까운 거리를 운행할 두 번째 차로 사기를 원하기 때문에 고속도로에서의 속도가 전기 자동차 개발에 대한 중요한 문제가 아니라는 것이다.

많은 산화 환원 결합들이 기존의 납축전지의 개선을 포함하는 전기 자동차를 위해 시도되었다. 그렇지만 모든 것들은 하나 이상의 영역에서 단점이 나타났다. 그림 15.16에 보인 니켈-카드뮴 전지는 여러 해 동안 텔스타 위성을 작동시키는 데 사용되었다. 닛산 자동차 회사는 최근에 대부분의 전지가 3시간 안에 충전되는 것에 비해, 15분 만에 충전될 수 있는 특별히 고안된 니켈-카드뮴 전지를 소개했다. 반응은 다음과 같다.

$$NiO_2(s) + 2H_2O(l) + 2e^- \longrightarrow Ni(OH)_2(s) + 2OH^-(aq) \quad \text{(환원)}$$

$$Cd(s) + 2OH^-(aq) \longrightarrow Cd(OH)_2(s) + 2e^- \quad \text{(산화)}$$

$$\underset{\text{충전}}{NiO_2(s) + Cd(s) + 2H_2O(l)} \longrightarrow \underset{\text{방전}}{Ni(OH)_2(s) + Cd(OH)_2(s)} \quad \text{(전체 반응)}$$

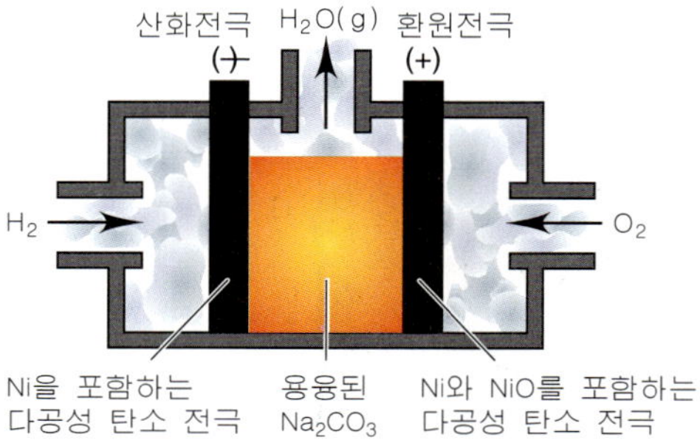

그림 15.17 H_2/O_2 전해전지. 수소와 공기 중의 산소가 반응기 내로 공급되어 반응에 의해 물을 생성한다.

또는 나트륨과 황, 리튬과 황화물, 니켈과 철, 니켈과 카드뮴, 심지어 아연과 공기 혹은 알루미늄과 공기를 짝으로 하여 산화-환원 반응을 이용하여 설계한다. 이 모든 전지들은 재충전하기 전에 150 마일 이상을 갈 수 없는 매우 제한적인 조건을 가지고 있다.

대부분의 자동차 공장에서는 "니켈-금속 수소화물 (Ni-MH)"을 사용한다. 이 전지는 수소($LaNi_5$와 같은 금속과 결합하여 금속 수소화물을 형성)를 빠르게 저장할 수 있고 대부분의 재생전지들보다 더 오래 재생 가능하다. 반응은 다음과 같다.

$$\mathrm{NiOOH}(s)+\mathrm{H_2O}(l)+\mathrm{e^-} \longrightarrow \mathrm{Ni(OH)_2}(s)+\mathrm{OH^-}(aq) \quad \text{(환원)}$$

$$\mathrm{MH}(s)+\mathrm{OH^-}(aq) \longrightarrow \mathrm{M}(s)+\mathrm{H_2O}(l)+\mathrm{e^-} \quad \text{(산화)}$$

$$\mathrm{MH}(s)+\mathrm{NiOOH}(s) \longrightarrow \mathrm{M}(s)+\mathrm{Ni(OH)_2}(s) \quad \text{(전체 반응)}$$

이 절에서 논의한 모든 에너지 저장 장치들은 연료가 계속적으로 공급되지 않는다면 결국은 실패할 수밖에 없는 것들이다. 다임러-벤츠의 NeCar자동차는 연료 전해전지(fuel cell)라는 장치를 가지고 있다. 연료 전해전지는 자발적 화학 반응이 전기를 만들어낸다는 면에서 일반 전지와 비슷하다. 차이점은 연료(이 경우 수소 분자)가 저장 탱크에 존재하는 한, 에너지가 공급하도록 H_2/O_2 전해전지에 계속적으로 공급된다는 것이다. 그림 15.17에 H_2/O_2 전해전지의 화학적 작용을 나타내었다.

전기 자동차는 공해를 줄일 수 있다는 면에서 밝은 미래를 가지고 있다. 자동차의 대중적인 선호도는 비용, 전지수명과 유용성에 따른다. 미국에서는 2000년 한 해 만에 전기 자동차 759대가 팔렸다. 표 15.1은 세계에서 사용되는 전기 자동차에 일어나는 공해의 감소에 대

표 15.1 공해를 줄이는 전기 자동차

(모든 자동차를 전동 자동차로 바꾸었을 때 방출되는 변화 백분율)	탄화수소	일산화탄소	질소산화물	황산화물	미립자
프랑스	−99	−99	−91	−58	−59
독일	−98	−99	−66	+96	−96
일본	−99	−99	−66	−40	+10
영국	−98	−99	−34	+407	+165
미국	−96	−99	−67	+203	+122
캘리포니아	−96	−97	−75	−24	+15

출처 : *Scientific American*, 1996년 11월

그림 15.18 다이아몬드는 화학적으로 매우 안정한 물질이다. 탄소는 안정한 구조로 공유결합되어 있어 전자를 이 안정한 궤도의 바깥으로 끄집어내려면, 많은 에너지가 필요하다. 따라서 다이아몬드는 전기 절연체이다.

한 백분율을 나타낸 것이다. 이산화황과 미립자의 방출량 증가를 설명할 수 있겠는가?

자동차건 작은 전지로 작동되는 전등이건 간에 에너지를 공급해 줄 수 있는 여러 종류의 화학계가 있다는 것을 보았다.

반응물을 계속 공급하지 않아도 되는, 즉 그 자신이 없어지지 않는 에너지원을 갖는 것은 가능할까? 태양 빛이 그러한 물질일 수 있으며, 여러 해 동안 전기를 공급할 수 있을 것이다. 비교적 작은 척도로 이것을 할 수 있는 기술이 1953년 이후 시도되었다. 거의 지난 반세기 동안, 햇빛을 전기로 바꾸는 광전지 분야는 그 자체가 세계적인 에너지 수요를 만족시키는 중요한 방법으로서 인식되어 왔다.

15.5 빛을 에너지로 바꾸는 광전지

사랑의 상징으로 인식되는 보석인 다이아몬드는 그림 15.18에서와 같이 탄소 원자가 3차원적으로 공유결합되어 있다. 다이아몬드를 본 적이 있다면 그 광채와 모양을 알 것이다. 이것은 또한 반응하여 탄소 산화물로 되지 않고 그대로 변하지 않으려 한다. 다이아몬드가 화학적으로 반응성이 없다는 것에 대한 3가지 증거가 있다. 다이아몬드에서, 각 탄소 원자에 있는 4개의 원자가전자들은 매우 안정한 결합 배열을 하고 있다. 전자들은 비교적 에너지가 낮아, 충분한 양의 에너지가 공급되지 않는 이상 그들의 안정한 궤도를 이탈해 움직이지 않는다. 따라서 다이아몬드는 전기를 전도하지 않는 전기 절연체이다. 그림 15.19는 다이아몬드에 있는 원자가전자의 에너지 층(원자가 띠)과 전자가 전도되기 위해 올라가야 할 에너지 층(전드 띠) 간에 "띠 간격"이라는 커다란 에너지 간격이 있음을 보여주고 있다.

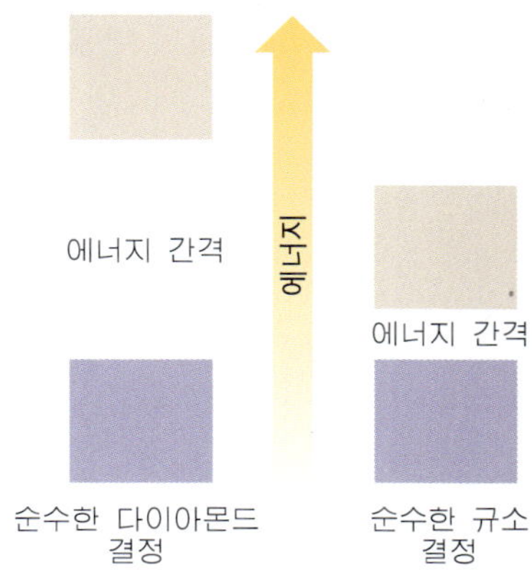

그림 15.19 규소의 원자가전자는 탄소의 원자가전자보다 높은 에너지 준위를 점유하고 있다. 높은 에너지 준위는 낮은 에너지 준위보다 에너지 준위들 간 간격이 작기 때문에, 원자가 띠와 전도 띠 간 에너지 간격은 탄소보다는 규소에서 더 작게 된다.

3A	4A	5A	6A	7A	8A	
						1
	C					2
	Si					3
Ga		As				4

그림 15.20 탄소, 규소, 갈륨, 비소의 위치가 이 부분적인 주기율표에 색깔로 표시되어 있다. 이들의 위치를 기초로, 각 원소의 성질을 반도체에서의 이들의 용도로(이유는 없이) 설명할 수 있어야 한다.

주기율표의 4A족에서 탄소 바로 아래 있는 규소는 탄소와 아주 같은 구조를 가져 결정을 형성하며 매우 안정하다(그림 15.20). 그러나, 3주기에 있는 규소의 원자가전자들은 2주기에 있는 다이아몬드의 탄소보다 더 높은 에너지 층을 가져, 그림 15.19에서 보인 바와 같이 원자가 띠와 전도 띠 간의 에너지 간격(혹은 "띠 간격")이 작다. 가열했을 때 약간의 전기를 전도하는 규소 결정을 **고유 반도체**(intrinsic semiconductor)라 부르는데, 이는 어떤 변경 없이(즉 본질적으로 원래부터) 어떤 조건 아래서 약하지만 전기를 전도함을 뜻한다.

결정에 있는 규소 원자 몇 개를 그림 15.21A와 같이 비소 원자 몇 개로 **치환**(dope)하면, 재미있는 현상이 일어난다. 비소는 5A족에 있는 준금속으로, 규소보다 원자당 전자 하나를 더 갖는다. 비소 원자로 치환된 결정의 일부분은 전자가 원래보다 많아져, 결과적으로 순수한 규소 결정보다 에너지적으로 덜 안정하다. 이것은 원자가 띠와 전도 띠 간 띠 간격을 전보다 작게 해, 전자를 전도 띠로 올려보내는 데 더 작은 에너지가 필요하게 한다. 즉, 전기 전도는 더 쉬워진다.

규소 결정 내 원자들을 비소로 치환하는 대신, 갈륨 원자로 치환하

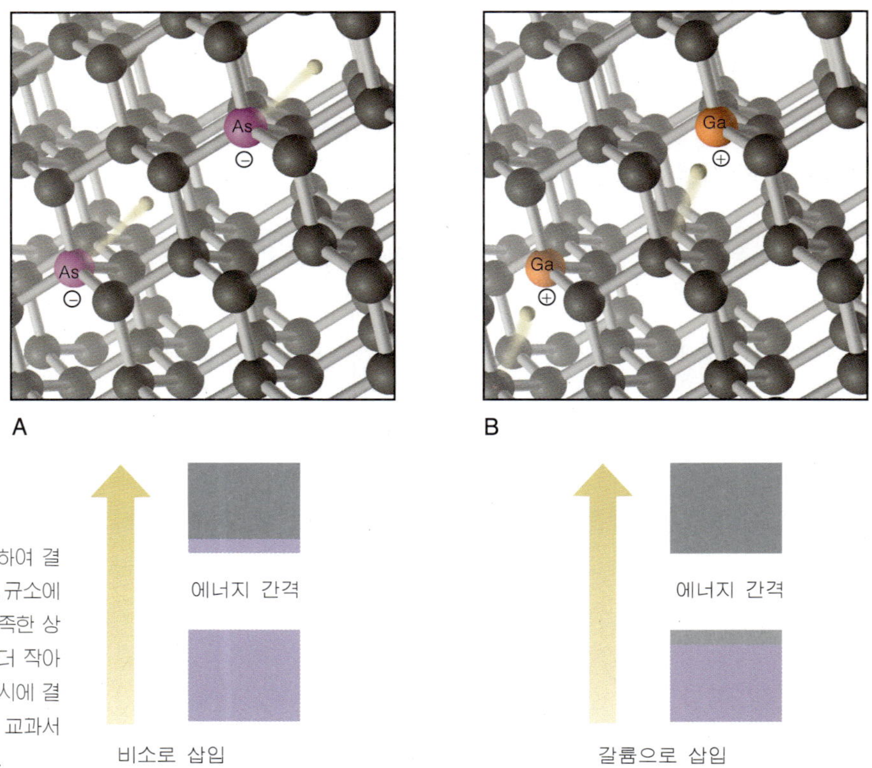

그림 15.21 A. 규소에 비소를 삽입하여 결정을 전자가 풍부하게 만든다. B. 규소에 갈륨을 삽입하면, 결정은 전자가 부족한 상태가 된다. 각각의 경우 띠 간격은 더 작아지게 된다. Ga과 As의 작은 양을 동시에 결정에 가하면, 띠 간격은 더 작아져 교과서에 묘사한 대로 전류를 흐르게 한다.

면 어떨까? 갈륨(3A족)은 규소보다 원자당 전자가 하나 적기 때문에 갈륨 원자 주위에는 전자가 부족하게 된다. 즉 양으로 하전된 "구멍"이 형성된다고 할 수 있다. 이같이 덜 안정한 경우는 그림 15.21B에서 보이는 바와 같이 띠 간격을 낮추게 된다.

규소의 다른 부분들에 비소와 갈륨을 동시에 소량 가한다면, 반도체는 동시에 전자가 풍부한 지역과 전자가 부족한 지역을 가지게 되어 띠 간격은 더 작아지게 된다. 반도체 물질을 때리는 가시광선과 적외선 범위의 햇빛(반도체의 화학적 조성에 의존하는 파장의 특정 범위)은 충분한 에너지를 공급해 전자를 전도 띠로 올려놓음으로써(띠 간격을 뛰어넘는다) 전자와 구멍을 동시에 움직이게 하여, 전자의 흐름이 에너지로 이용될 수 있다. 이것이 태양의 힘에 의한 **광전지 장치**(photovoltaic device, PV 장치)의 기본인데, 이것은 전류를 발생시키는 데 빛 에너지가 사용됨을 뜻한다.

많은 다른 물질들을 반도체를 만드는 데 이용할 수 있는데, 규소와 같은 전자 구조를 갖는 등전자성이 일반적이다. 예를 들어 소위 Ⅲ－Ⅴ 장치(이들의 족수를 따 이름을 붙임)라는 거의 순수한 비소화갈륨의 반도체는 Ⅱ－Ⅵ 반도체인 텔루륨화카드뮴과 마찬가지로 잘 작동한다.

이들은 어떻게 잘 작동하는가?

규소를 기초로 한 광전지 장치는 1954년 벨 실험실에서 처음으로 만들어졌다. 이 장치를 때리는 햇빛의 약 6%가 전기로 변환되었다(효율 6%). 매우 효율적이지 못한 것 같지만, 태양전지 계산기가 약 3%의 효율을 가진 규소 반도체를 사용한다는 것과 비교하여 보라. 왜 효율이 이렇게 낮을까?

효율은 여러 요인들에 의해 영향을 받는다. PV에 의해 흡착되지 않고 반사된 햇빛은 잃는 것과 같은 것으로서 낮은 효율을 뜻한다. 이것을 방지하기 위해 PV장치는 햇빛의 흡착을 최대화하도록 검은 표면을 입힌다. 또한 최선의 PV는 빛이 뒤쪽까지 투과되어 간 다음 반도체 물질 안으로 반사되도록 반사할 수 있는 내부 뒤쪽 표면을 갖는다. 낮은 효율의 가장 중요한 원인은, PV 전자가 띠 간격을 뛰어오를 만큼의 충분한 에너지를 모든 파장의 햇빛이 가지지 못한다는 것이다. 예를 들어 GaAs 반도체는 850 nm 범위의 햇빛을 사용할 수 있는데, 비정질(비결정) 규소(a-Si라 부름)는 약 360 nm 이하의 파장을 요구한다. 이것은 360 nm보다 더 큰 파장은 에너지가 충분하지 않아 원자

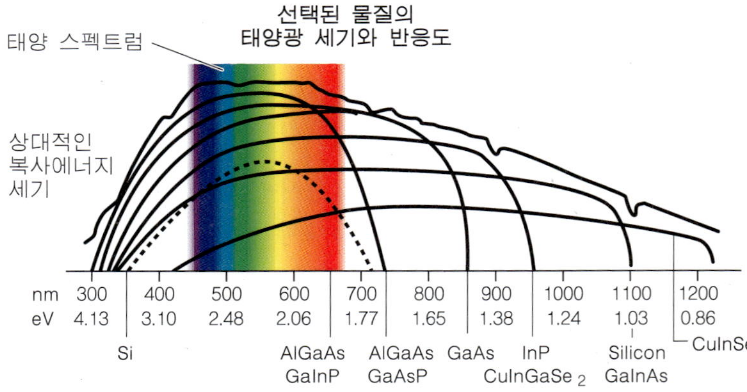

그림 15.22 전자가 띠 간격을 뛰어오르게 하는 파장 범위를 몇 가지 반도체와 태양 스펙트럼과 비교하여 나타내었다.

가전자가 띠 간격을 넘어설 수 없고 따라서 전기를 전도할 수 없음을 뜻한다. 그림 15.22는 몇 가지 반도체에 대해 태양의 스펙트럼과 비교한 파장 자료를 보여주고 있다.

특별히 고안된 비소화갈륨 광전지는 26% 이상의 효율을 나타낸다. 다중 GaAs/Si전지는 32% 이상의 효율을 갖는다. AlGaAs/InGaAs (In＝인듐) PV를 사용하면 35～40%의 효율을 갖는 장치를 고안하는 것이 예측되는데, 이는 높은 효율의 PV 자체가 워낙 비싸 비용과 효율문제 양쪽을 고려해야 하는 문제로, 특별한 실험을 제외하고는 실용화되기 힘들다.

대량 생산되는 규소로 만든 PV는 10～15%의 효율을 갖는데, 이것은 전류와 미래의 필요한 에너지를 공급한다. 표 15.2에 PV 장치의 몇 가지 가능한 사용처를 열거하였다. 반도체 산업의 전문가들조차 얼마나 좋은 반도체를 얻을 수 있는가에 대한 확신은 없다. 새로운 제조 시설을 만드는 비용과 PV 장치의 제조로부터 얻어지는 이윤 간에 어떤 것이 우선인지에 대한 갈등이 있다. 컴퓨터의 메가바이트 메모리 가격이 1971년에는 55만 달러에서 현재는 10달러로 떨어졌지만, 제조시설을 만드는 비용은 400만 달러에서 12억 달러로 상승했다. 게다가 극복해야 할 기술적인 한계가 있다. 이들 가운데 첫 번째는 트랜지스터(컴퓨터를 작동시키는 신호증폭 장치)를 반도체 칩 위에 더 가까이 붙이면서 연결하는 것이다. 1971년에는 약 5,000개의 트랜지스터가 칩에 식각되었지만, 1996에는 700만 개가 식각되었다. 이러한 증가 속도로 본다면 2000년에는 거의 2,000만 개의 트랜지스터가 들어갈 것이다. 이렇게 개발될 수 있는 능력은 부분적으로는 과학적이며, 기술적이며, 경제적인 면이 있다.

표 15.2 광전지 장치들의 중요한 사용처

가 정	운 송	사업 및 산업
잔디 깎는 기계	레이더 감지기	마이크로파 센서
마이크로파 해충 잡는 장치	위치 발신기	교통 신호등
경광등	컴퓨터	손으로 잡는 레이더
무선 초인종/스피커	응급 신호기	원격조정 카메라
눈에 보이지 않는 벽	경보기	팬 및 내장 송풍기
시계		가로등
계산기		랩톱 컴퓨터
녹음기		로봇
비디오 카메라 충전기		자동문 개폐기
AM-FM 라디오		위치 발신기
공구		자가발전 FAX 기계
회전등		타이밍 장치
자전거 전조등 및 자동차 속도계		

15.6 태양 에너지의 미래는 어떻게 될까?

미국에서는 석유 연료 위기로 촉발된 지난 10년 동안에야 비로소 대체 에너지원 개발에 대한 진정한 정부의 지원이 있었다. 카터 정부(1976~1980년) 동안 연방 정부와 뉴욕 주는 태양열 히터의 비용을 50% 줄이는 세금 정책을 내어놓았다. 이렇게 세금 감면이 가능한 기간 동안에만 롱아일랜드에서는 약 1만 개 정도의 태양열 이용 장치가 팔렸다. 이 프로그램은 정부의 예산 감축 결과, 1985년 12월 3일 폐지되었다. 실제로 유지비가 안 드는 태양열 히터의 판매는 그 후 아주 줄어들었다.

오레곤 에너지 관리국(Oregon Office of Energy)과 국제 재생에너지 연구소(National Renewable Energy Laboratory)에 따르면 태양 에너지를 모으고 사용하는 가격은 1970년 1 kWh(킬로와트시)당 5달러에서 2001년 약 20~25센트로 감소하였다. 아직까지 태양의 힘을 이용하는 에너지원에 대한 판매는 화석 연료를 이용하는 것에 대한 판매에 비해, 1995년에 10억 달러(태양)에 대해 8,000억 달러(화석 연료)로 위축되어 있다. 개발된 나라에 있는 사람들은 미개발 국가에 있는 사람들보다 1인당 10배나 많은 에너지를 사용하므로 세계적인 에너지 수요는 매우 빨리 계속적으로 증가하고 있다. 태양 에너지가 다른 형태의 에너지에 비해 비싸다 하더라도 태양 에너지를 계속 추구해 나가야 할까? 다른 좋은 대체는 없는 것일까? 태양 에너지를 지지하기 위한 정부의 역할은 무엇인가? 이러한 논쟁에서 당신은 어떤 역할을 할 것인가?

연 습 문 제

1. 대체 가능한 에너지원을 다섯 개 나열하고, 어떻게 에너지를 만들어 내는지 설명하라.

2. 에너지를 파장과 진동수와 관련시켜 보라.

3. 어떤 미지 원자에서 전자 한 개를 제거하는 데 6.72×10^{-18}J의 에너지가 필요하다. 이렇게 전자를 제거할 수 있는 빛의 최대 파장은?

4. 엽록소 a는 광합성에서 왜 필요한가? 엽록소 a의 스펙트럼에는 없지만, 식물에서 빛의 파장을 흡수하는 두 다른 색소의 이름은 무엇인가?

5. 다음 각 반쪽 반응들은 환원인가, 산화인가?

a. $Cd \longrightarrow Cd^{2+} + 2e^-$

b. $Ni \longrightarrow Ni^{2+} + 2e^-$

c. $AuBr_4^- + 3e^- \longrightarrow Au + 4Br^-$

d. $PtCl_4 + 4e^- \longrightarrow Pt + 4Cl^-$

6. 알루미늄 금속과 염화구리(II)($CuCl_2$) 간에 산화-환원 반응이 일어난다. 이같은 효과는 알루미늄 캔의 내부 보호막이 벗겨진 다음 염화구리(II) 용액을 캔에 부을 때 볼 수 있다. 전체 반응은 다음과 같이 표시된다.

$$Al(s) + Cu^{2+}(aq) \longrightarrow Al^{3+}(aq) + Cu(s)$$

이 반응식을 완결하고, 이 산화/환원 반응을 구성하는 두 개의 반쪽 반응식들을 써라. 그리고 각 반쪽 반응들이 산화인가, 환원인가를 표시하라.

7. 다음의 두 반쪽 반응으로 구성된 전지가 있다.

$$Ce^{4+} + e^- \longrightarrow Ce^{3+}$$
$$Sn \longrightarrow Sn^{2+} + 2e^-$$

어느 반응식이 양극 반응인가, 음극 반응인가를 표시하라.

8. 알칼라인 전지에서 NaOH나 KOH를 포함하는 풀같이 생긴 물질은 무엇인가? 전지에서 이것은 어떤 역할을 하는가?

9. 비중계는 용액의 밀도를 측정한다. 이 기구가 어떻게 납축전지의 조건을 정하는 데 사용되는가?

10. 광전지 장치는 무엇인가? 규소는 어떻게 광전지 장치에 사용될 수 있는가?

11. 완전한 에너지원은 어떻게 정의되는가?

CHAPTER

생명의 기초 16

하나님께서 말씀하시기를 땅은 생물을 그 종류대로 내되 육축과 기는 것과 땅의 짐승을 종류대로 내라 하시고(그대로 되니라)

- 창세기 1:24 -

당신이 거대한 아메리카 삼나무 밑의 부드러운 풀밭에 누워, 하늘을 향해 뻗어 있는 우람한 나무 줄기와 지붕처럼 하늘을 가리고 있는 가지들 그리고 초록빛 잎들을 쳐다보고 있다고 상상해 보라. 당신의 시선은 높은 가지에서 우아한 동작으로 이리저리 옮겨 다니는 다람쥐에 고정되어 있다. 다람쥐, 나무, 풀, 그리고 당신은 모두 서로 다른 생명체이다. 그것뿐만이 아니다. 각 생명체에는 눈으로 볼 수 없는 수많은 미생물들이 함께 존재하며 그들의 활동은 생명의 화학적 순환의 기초를 형성한다. 그러나 놀랍게도 박테리아, 풀, 나무, 다람쥐, 그리고 사람에 이르기까지 지구상의 모든 생명체는 단백질이라는 한 부류의 분자의 화학적인 작용에 의해 유지되고 있다.

생명체는 효소에 의해 각 부품이 서로 연결되고 유지되는 정교한 기계에 비유할 수 있다. 효소는 생명체에서 일어나는 화학반응에서 촉매역할을 하는 단백질이다. 또한 생명체의 구조를 유지하는 부분이나 독특한 기능을 담당하는 부위들 역시 단백질이 주성분으로 되어있다. 예를 들면 당신의 근육이나 머리카락, 다람쥐의 털, 세포 내부의 뼈대에 해당하는 "세포골격", 세포막에서 물질의 출입을 통제하는 통로, 이 모든 것의 주성분이 단백질이다. 우리가 생명을 가능하게 하는 화학반응들을 이해하기 위해서는, 단백질은 과연 무엇이며, 그들이 무엇을 할 수 있으며, 어떻게 만들어지며, 어떻게 세대에서 세대로 삶의 행진을 유지할 수 있도록 하는지 이해하는 것이 필요하다.

혹시 이중가닥의 DNA로 이루어진 유전물질이야말로 생명현상의 기초를 이루는 가장 중요한 화학물질이 아니냐고 반문하는 사람도 있을 것이다. 물론 유전물질이 매우 중요하고 그 유전물질 없이 생명을 유지할 수 있는 것은 아무것도 없는 것이 사실이다. 우리는 이 장의 뒷부분에서 이 유전물질들이 어떤 성질을 가지고 있으며 어떻게 작용하는지 자세히 살펴보게 될 것이다. 그러나 유전물질이 중요한 이유는 바로 그 유전물질이 한 생명체에 포함된 단백질을 결정하기 때문이다. 즉 유전물질이 한 생명체를 구성할 수 있는 모든 설계도를 담고 있는 청사진과 같은 것이기는 하지만, 이 청사진의 궁극적인 역할은 독특한 단백질 분자를 만드는 것이며 결국 이렇게 만들어진 단백질들이 생명체 유지를 위한 실제적인 일을 하게 된다. 따라서 여기에서는 단백질 합성을 지시하는 유전자에 대해 알아보기 전에 먼저 단백질이 무엇이며 무슨 일을 하는지 알아보도록 하자.

16.1 단백질

단백질 분자는 반복되는 골격을 따라 다양한 곁기를 가진 긴 사슬 같은 분자이다. 긴 단백질 사슬은 보통 접혀서 복잡하고 매우 특이한 형태를 가지고 있으며 생체 내에서 매우 특수한 기능을 수행할 수 있다. 단백질을 구성하는 단량체를 **아미노산**(amino acid)이라고 한다.

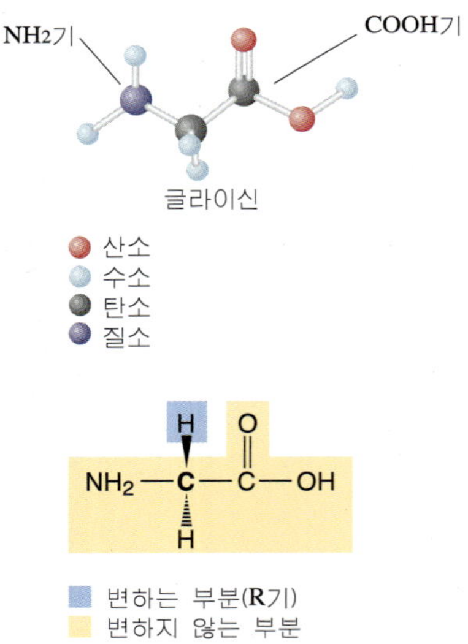

그림 16.1 글라이신의 구조

아미노산(amino acid)

가장 간단한 아미노산은 글라이신이며 구조는 그림 16.1에 나타나 있다. 글라이신은 중심탄소에 $-$COOH기, NH_2기와 두 개의 수소 원자가 결합되어 있다. 모든 아미노산은 중심탄소(실제로 분자의 중심에 있지 않을 수도 있으므로 α 탄소 원자라고 부르는 것이 더 적당하다)에 $-$COOH기와 $-NH_2$기 그리고 하나의 수소를 가지고 있다.(그림 16.1 프롤린은 예외) 아미노산 간의 차이점은 α 탄소 주위에 다양한 위치에서 결합될 수 있는 다양한 곁기(side groups)에 있다. 표 16.1에 단백질을 만드는 데 사용하는 모든 아미노산 구조가 있다. 20개의 다양한 아미노산이 단백질에서 발견되며 특이한 아미노산 서열은 엄청난 다양성으로 긴 단백질 사슬을 배열시킨다. 아미노산의 곁기, 즉 아미노산 간에 변하는 부분은 종종 R라 표시한다. 모든 종류의 곁기, 즉 R$-$기를 아미노산 표에 나타내었다(표 16.1).

표 16.1 아미노산

단백질에서 발견되는 20개 아미노산의 이름, 구조와 분자량

비극성 아미노산

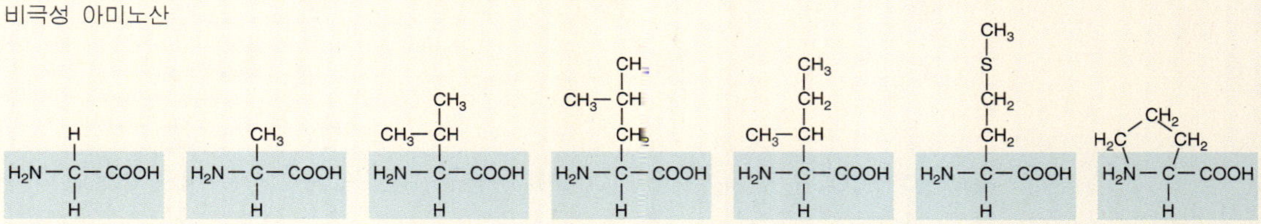

글라이신	알라닌	발린	루신	아이소루신	메싸이오닌	프롤린
75	89	107	131	131	137	115

극성 아미노산 / 방향족 아미노산

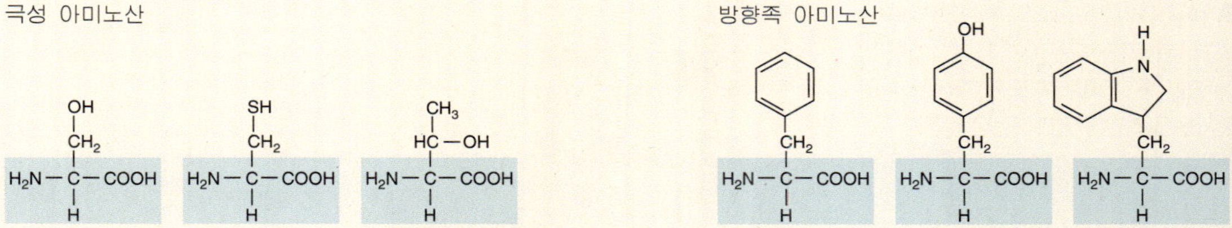

세린	시스테인	트레오닌	페닐알라닌	타이로신	트립토판
105	121	119	165	181	204

염기성 아미노산 / 산성 아미노산과 아마이드 유도체

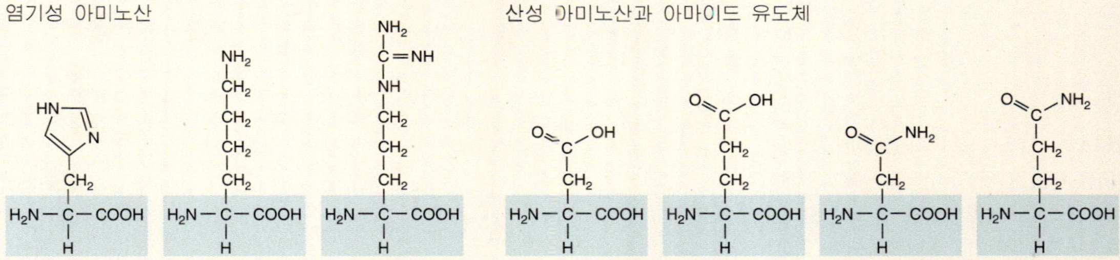

히스티딘	라이신	아르지닌	아스파트산	글루탐산	아스파라진	글루타민
155	146	174	133	147	132	146

수용액에서 아미노산의 아미노기는 전형적으로 NH_3^+의 형태로 존재하는 반면, 카복실기는 전형적으로 COO^-의 형태로 존재한다. 이것은 수소 이온이 산성인 카복실기에서 염기성인 아미노기로 옮겨갔기 때문인 것으로 고려된다. 그러므로 비록 아미노산이라고 부를지라도 이 분자들은 그 구조 안에 산성과 염기성의 작용기를 모두 가지고 있다.

펩타이드결합

단백질 내에 있는 아미노산들은 펩타이드 결합에 의해 연결돼 있다. 하나의 펩타이드 결합은 한 아미노산 분자의 카복실기와 다른 아미노산의 아미노기가 축합 반응하여 한 분자의 물이 떨어져 나감으로

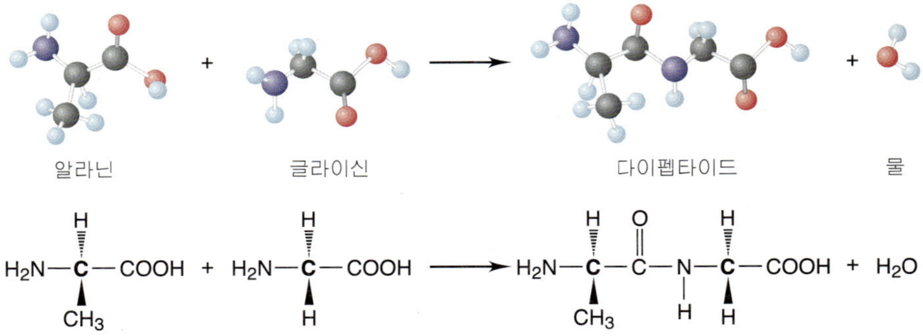

그림 16.2 다이펩타이드의 형성. 한 아미노산의 카복실기가 다른 아미노산의 아민기와 반응하여 다이펩타이드가 형성된다. 이 예에서는 알라닌과 글라이신이 반응함.

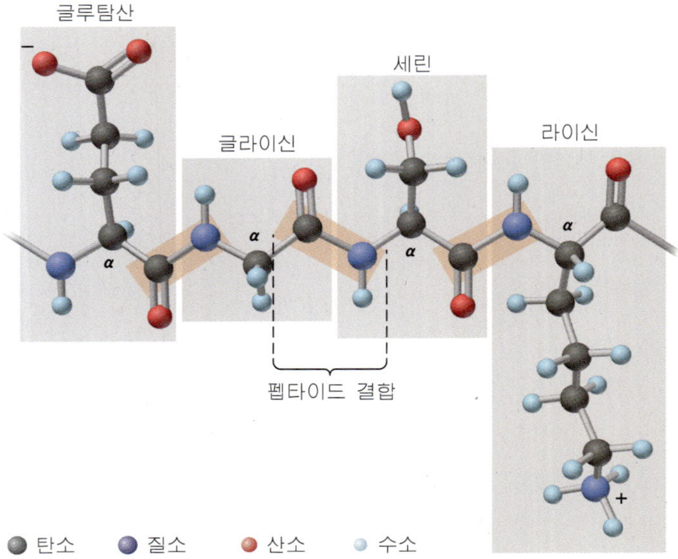

그림 16.3 거대 단백질 내의 펩타이드 결합에 의해 연결된 4개의 아미노산에서, 4개 아미노산의 4개 다른 곁기를 표 16.1에 나와 있는 것과 짝지어라. 알파(α)는 각 아미노산의 중심탄소를 표시한다.

써 형성된다(그림 16.2과 16.3 참조). 2개의 아미노산이 펩타이드 결합으로 연결되면 **다이펩타이드**(dipeptide)가 형성된다. 이것은 원래의 아미노산과 같이 아민기와 카복실기를 둘 다 가지고 있으므로 또 다른 펩타이드 결합을 양 말단에서 형성하여 트라이펩타이드, 테트라펩타이드 등을 형성한다. 그런 펩타이드(자연계에서는 한쪽 말단에서만 일어남)에 아미노산이 계속 결합되면 결과적으로 긴 폴리펩타이드 사슬(polypeptide chain)에 수십, 수백 또는 수천 개의 아미노산을 가진 단백질 분자가 된다.

단백질 구조(Protein Structure)

단백질의 아미노산 서열은 존재하는 아미노산의 종류와 그들이 결합된 순서를 알려주는데, 이를 단백질의 **1차 구조**(primary structure)

예제 16.1 폴리펩타이드 가능성의 계산

문 제 단백질 합성을 위한 재료로 제공되는 20개의 아미노산으로부터 수없이 많은 단백질 구조를 만들 수 있다. 가능한 다이펩타이드와 트라이펩타이드의 수를 계산하라. 100개의 아미노산을 포함하는 가능한 폴리펩타이드의 수는 무엇을 의미하는가?

풀 이 20개의 아미노산 각각은 첫 번째 아미노산일 수 있고, 역시 각각은 두 번째 아미노산일 수 있다. 이것은 "20개의 알파벳으로 두 글자 단어를 몇 개 만들 수 있나?"라는 문제와 같다. 답은 $20 \times 20 = 20^2 = 400$이다. 즉 단백질 합성에 사용된 아미노산으로부터 400개의 다른 다이펩타이드를 만들 수 있다. 가능한 트라이펩타이드의 수는 $20^3 = 8000$개이다.

실제 단백질에 대해 이 질문을 하면 문제는 걷잡을 수 없이 된다. 100개의 아미노산으로 이루어진 작은 단백질은 20^{100}개의 가능한 아미노산 서열 중 하나일 것이다. $20^{100} = 1.2 \times 10^{130}$이라는 수는 너무 커서 계산기로 계산할 수 없다. 여러분에게 이 숫자가 얼마나 큰가 보여주기 위해 한 상자에 각 서열을 가진 한 분자를 넣었다고 가정하자. 상자의 크기는 우주의 알려진 부피보다 더 클 것이다. 이 사실로부터 단백질 내에 아미노산의 특정한 서열은 실로 물질의 고유한 배열이라는 것을 확신할 수 있다.

라 한다. 어떤 특정한 단백질의 모든 분자들은 똑같은 아미노산 서열을 갖고 있으므로 같은 1차 구조이다. 또 다른 단백질은 다른 아미노산 서열을 가지고 있기 때문에 1차 구조도 서로 다르다.

단백질은 생성되자마자 다양한 특이 구조, 특히 나선(helix)이나 판(sheet)으로 접히기 시작한다(그림 16.4 참조). 이런 특이한 구조적 특성은 단백질의 **2차 구조**(secondary structure)로 알려져 있다. 2차 구조로 접히게 하는 주된 힘은 앞서 다룬 수소 결합이다. 펩타이드 결합의 질소에 결합된 수소 원자는 카보닐 산소 원자(C=**O**)와 수소 결합을 형성할 수 있다. 단백질은 바로 이웃한 것과는 뒤틀릴 수 없기 때문에 수소 결합을 할 수 없지만 사슬을 따라 세 번째 떨어져 있는 아미노산의 산소와 바로 수소 결합을 형성한다. 이것은 아미노산 사슬이 나선형(나선형 층계와 같이)으로 감긴다면 가능하다. 또한 단백질 사슬의 평행한 가닥 사이에 수소 결합을 하여 판을 형성할 수 있다. 수소 결합을 이룬 나선과 판은 두 가지 주된 단백질 2차 구조이다.

2차 구조의 다른 부분이 서로 접혀져 최종 단백질 구조를 형성하는 것은 단백질의 **3차 구조**(tertiary structure)로 알려져 있다(그림 16.4C 참조). 어떤 단백질에서는 이 3차 구조가 시스테인이라는 아미노산 분자의 곁 사슬에 있는 −SH기 사이에 형성되는 공유결합에 의해 강화된다. −SH기는 설프하이드릴(싸이올)기라 하며 두 설프하이드릴기가 반응하여 형성된 −S−S− 결합은 **이황화 결합**(disulfide linkage)이라 한다.

단백질이 어떤 일을 할 수 있는지는 바로 이 아미노산 서열에 의해

A.
1차 구조-아미노산 서열

B.
수소 결합(붉은색 점선)으로 접혀서 형성된 2차 구조

C.
폴리펩타이드 사슬 내의 상호 작용과 폴리펩타이드와 주변 환경 사이의 상호 작용에 의한 추가적인 접힘으로 이루어지는 3차 구조.

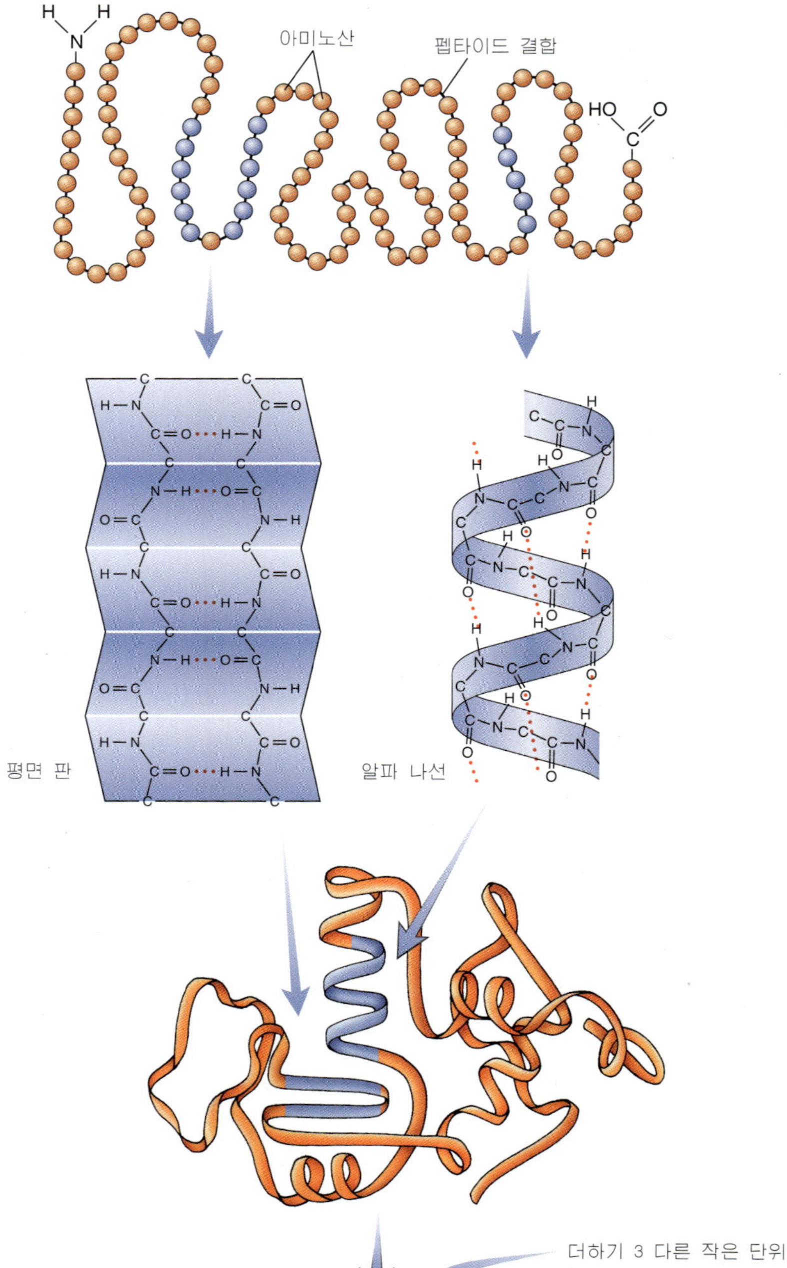

D.
각 단위체 간의 상호 관계에 따른 4차 구조.

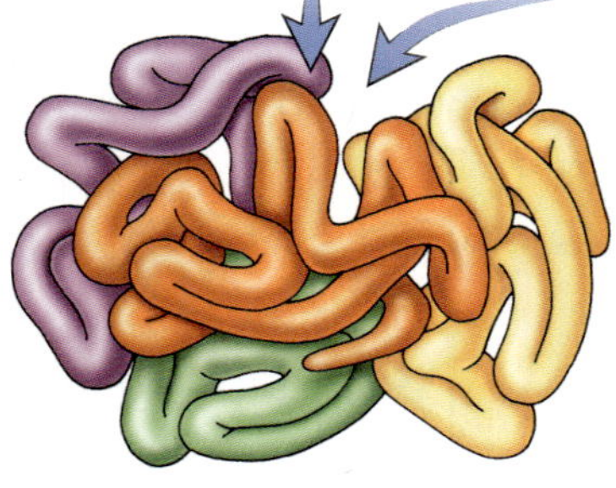

그림 16.4 A. 단백질의 아미노산 서열에 따른 1차 구조. B. 수소 결합의 형성에 의해 아미노산이 접히기 시작하는 2차 구조. C. 폴리펩타이드 사슬과 주변 환경의 상호 작용의 결과 추가적인 접힘에 의해 형성되는 3차 구조. D. 4차 구조는 각 소단위체 간의 상호 관계를 가리킨다.

결정된다. 아미노산 서열은 단백질 사슬이 독특한 삼차원 구조를 형성하도록 접혀지는 방식을 결정한다. 아미노산 서열은 특정한 3차원 구조를 형성하도록 단백질 사슬이 접혀지는 중요한 과정을 조절한다. 단백질 사슬이 접혀지는 방식은 단백질의 다양한 화학적 작용기들이 공간에서 배치되는 방식을 결정하여 결과적으로 단백질의 활성, 즉 단백질이 무슨 일을 할 수 있는지를 결정하게 된다. 이 접힘(folding) 과정은 단백질 사슬이 만들어지면 자동적으로 이루어지며 단백질의 아미노산과 주위의 물 분자 사이에 그리고 아미노산들 사이에 발생하는 인력과 척력에 의해 조절된다. 접힘 과정에서의 모든 움직임과 이황화 결합의 형성은 1차 구조에 의해 규정된 아미노산 사이의 화학적 상호 작용에 의하여 결정됨을 기억하라. 그리고 이 아미노산들이 주위에 있는 물 분자나 단백질이 형성되고 있는 그 환경에 있는 다른 화학 물질들과 상호 작용하는 그 방식들 역시 이와 동일한 화학적 상호 작용에 의해 결정된다.

어떤 단백질은 적절한 삼차원 구조로 접혀지면 즉시 효소로서 또는 구조물로서 그들의 독특한 기능을 수행할 수 있다. 그러나 활성을 가지기 위해서는 먼저 화학적으로 변형되어야 하는 단백질들도 많다. 이러한 화학적 변형의 예를 들면, 당 단백질(glycoprotein)을 만드는 당의 첨가, 인 단백질(phosphoprotein)을 만드는 인산기(PO_4^{3-})의 첨가, 금속 단백질(metalloprotein)을 만드는 금속 이온의 첨가, 지질 단백질(lipoprotein)을 만드는 지질의 첨가, 그리고 보결 분자단(prosthetic group)으로 알려진 저분자량의 다양한 화학적 작용기의 첨가 등이 있다.

여러 단백질 사슬이 비공유 결합성 상호 작용에 의해 느슨하게 연결된 상태에서 **4차 구조**의 단백질이 형성된다.(그림 16.4D) 이런 단백질을 다합체 단백질(Multi－subunit protein)이라고 한다. 헤모글로빈 단백질이 다합체 단백질의 한 예이다.

우리는 새로 만들어진 단백질이 살아 있는 세포 내에서 적절한 임무를 수행할 수 있기 위해 여러 가지 변형이 일어나는 것을 살펴보았다. 그리고 이러한 모든 변형들은 이미 존재하는 다른 단백질들의 도움을 얻어 이루어진다. 즉 어떤 단백질의 역할은 다른 단백질들의 화학적 변형을 촉진하는 것이다. 자 이제 단백질이 할 수 있는 중요한 일들을 개괄적으로 살펴보도록 하자. 그것은 아주 인상적인 목록이 될 것이다.

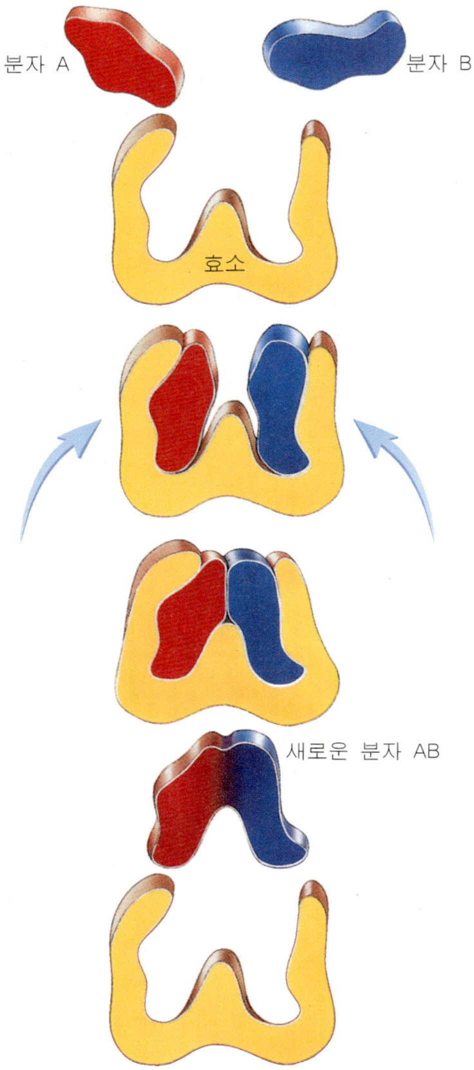

그림 16.5 효소들은 기질이라고 부르는 특별한 화합물에 결합하여 반응을 수행한다. 그리고 반응이 수행된 후에 생성물이 방출된다.

단백질의 기능

다음은 단백질들이 수행하는 중요한 기능들을 요약해 놓은 것이다.

- **효소** : 단백질은 특정한 물질에 결합하여 그 물질이 관련된 반응의 촉매 역할을 하는 효소로서 작용할 수 있다(그림 16.5). 예를 들어 침에 있는 효소는 음식에 있는 화학물질들 가운데 일부를 분해하는 반응의 촉매 역할을 하여 소화 과정을 시작한다.
- **구조물** : 단백질은 살아 있는 조직의 골격을 형성함으로써 구조적 물질로 작용할 수 있다. 예를 들어 우리의 피부 표면은 주로 케라틴이라는 단백질로 구성되어 있다.
- **수축 조직** : 단백질은 우리가 움직이거나 물건을 들어 올릴 수 있게 해주는 근육의 수축성 섬유와 같은 수축 조직을 만들 수 있다.
- **운반** : 단백질은 몸의 한 지점에서 어떤 물질에 결합하여 다른 지점으로 이동한 후에 그 물질을 방출함으로써 물질을 운반할 수 있다. 예를 들어 헤모글로빈이라는 단백질은 혈액을 따라 산소를 운반한다.
- **신호 전달** : 단백질은 신호 전달 물질로서 작용할 수 있다. 예를 들어 호르몬과 같은 물질은 신체의 한 부위에서 방출되어 혈액을 따라 다른 부위로 이동한 후 특정 세포에 결합하여 그 세포에서 특정 변화가 시작되도록 한다.
- **수용체** : 단백질은 호르몬과 같은 신호 전달 분자와 결합하여 세포에서 특별한 화학적인 변화가 일어나도록 하는 수용체의 역할을 한다.
- **통로와 펌프** : 단백질은 세포막과 같은 장벽을 통해 다른 화학 물질의 출입을 조절할 수 있는 통로와 펌프의 역할을 하기도 한다.
- **활성의 조절** : 단백질은 유전자의 DNA나 다른 단백질에 선택적으로 결합하여 그들의 활성을 촉진하거나 억제할 수 있다.
- **방어** : 단백질은 질병을 일으키는 미생물이나 병에 걸린 세포에 결합하여 그 미생물이나 세포를 파괴하거나 중화시키는 일련의

과정을 시작할 수 있는 방어 물질로 작용하기도 한다. 우리가 질병을 물리치도록 해주는 항체 역시 커다란 단백질이다.

16.2 DNA의 성질

생명의 화학물질들에 대해 "DNA는 지시를 하고, 단백질은 일을 한다."라고들 말한다. 이미 단백질의 구조를 보았고 그들이 할 수 있는 화학적 "일"의 종류를 알았으므로, DNA가 무엇이고 어떻게 특정 단백질을 만드는 데 필요한 "지시하는지"를 살펴보기로 하자.

DNA(데옥시리보핵산) 역시 크기가 작은 단량체 분자들이 여러 개 연결되어 만들어진 고분자이다. DNA를 만드는 데 사용되는 단량체는 네 종류에 불과한데 그림 16.6에서 그 구조를 볼 수 있다. 각 단량체들은 질소를 포함하는 염기와 **데옥시리보오스**(deoxyribose) 당, 그리고 삼인산기의 세 가지 화학적 작용기로 구성되어 있다. 단량체들이

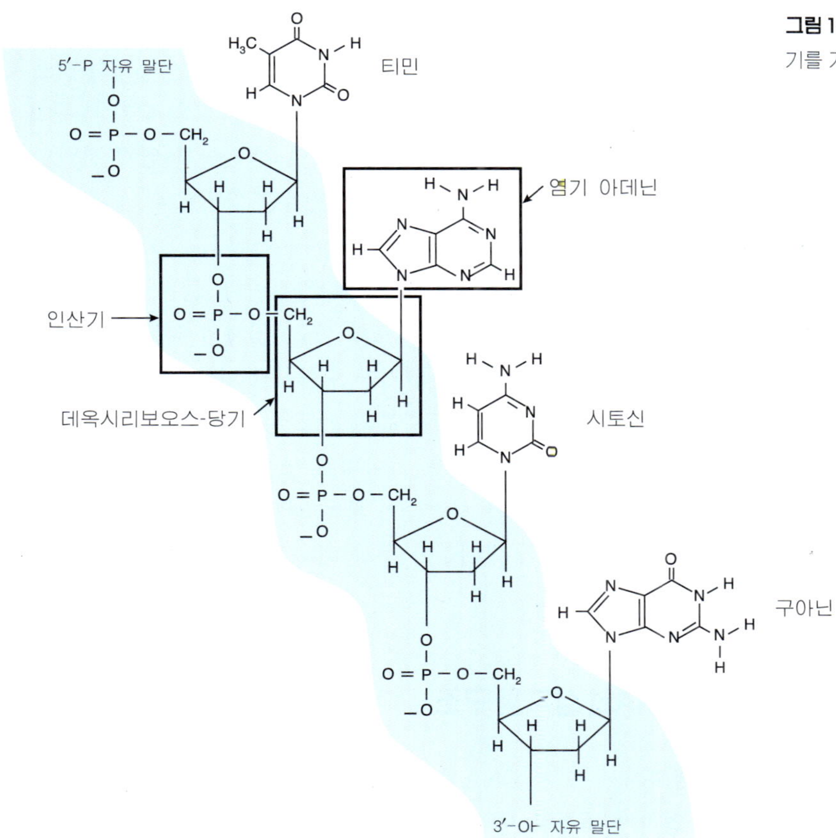

그림 16.6 DNA에서 네 종류의 서로 다른 염기를 가진 단일 가닥 부분

연결되어 DNA 사슬을 만들 때는 삼인산기 가운데 하나의 인산기만 사슬에 남게 된다. 인산기, 당 그리고 염기의 조합을 **뉴클레오타이드**(nucleotide)라고 한다. DNA 사슬은 당과 인산이 교차되어 반복되는 뼈대에 염기들이 붙어 있는 형태를 하고 있으며 DNA가 가지고 있는 정보는 바로 이 염기들이 배열된 '염기서열'에 의해 결정된다. 염기들이 배열되는 서열이 결정적인 것이다. 어떤 사람의 DNA가 독특하다는 것은 다른 사람들의 DNA와 염기서열이 다르다는 것을 의미한다.(뉴클레오타이드 서열이라고도 함) 살인자는 범죄 현장에 남겨진 염기서열이 드러남으로써 DNA 분석을 근거로 유죄 판결을 받는다.

다양성의 범위

DNA에 저장된, 즉 암호화된 정보는 단 네 종류의 염기들이 일정한 뼈대에 배열된 형태로 되어 있다. 당신은 혹시 그렇게 단순한 암호를 가지고는 남자, 여자, 물고기, 벌레, 식물 그리고 박테리아 등의 차이를 다 수용할 수 있을 정도의 다양성을 만들어 내는 것이 불가능하다고 생각할지도 모르겠다. 그러나 그 염기들이 만들 수 있는 가능성들을 조금만 생각해보면 그런 의문은 깨끗이 사라질 것이다. 주어진 네 종류의 염기로 2염기 길이의 분자를 만드는 경우에는 16개의 서로 다른 염기서열이 만들어질 수 있다. 여기에서 16은 4^2과 같기 때문에 일반적으로 n개의 염기로 구성된 DNA 분자의 가능한 염기 서열의 개수는 4^n과 같다. 17염기 길이의 DNA 분자만 되어도 4^{17} 종류의 염기 서열이 가능한데 이는 지구상의 모든 사람들에게 3개씩의 독특한 DNA 분자를 배당할 수 있을 정도의 다양성이다. 물론 실제 DNA 분자는 그보다 훨씬 길다. 사람 세포에 있는 46개의 염색체의 DNA를 모두 합하면 대략 30억 개의 염기를 포함하고 있는 것으로 알려져 있다. 이것은 사람의 경우 $4^{30억}$ 종류의 서로 다른 DNA 서열을 갖는 것이 가능하다는 것을 의미한다. 그야말로 상상할 수 없이 큰 숫자이다. 따라서 지구상의 수많은 사람들이 모두 서로 다른 것, 그리고 사람이 물고기나 벌레, 식물, 박테리아 등과 매우 다른 것은 전혀 놀라운 일이 아니다.

16.3 DNA의 삼차원 구조

지금까지 우리는 DNA를 일정한 당-인산 '뼈대'에 연결된 네 종류의 염기가 독특한 서열로 배열된 단일 가닥 고분자 사슬로 묘사하였다. 물론 이것이 사실이기는 하지만 자연에서 볼 수 있는 DNA는 조금 다른 형태를 가지고 있다. 앞으로 보게 되겠지만 DNA가 생명 현상의 기반을 이룰 수 있는 능력은 두 개의 단일 가닥 DNA 사이의 비공유 결합성 상호 작용에 의존하고 있다. 1953년 영국 캠브리지 대학에서 일하던 제임스 왓슨(James D. Watson)과 프란시스 크릭(Francis Crick)이 DNA의 정상적인 형태는 두 가닥이 나선 형태로 서로 꼬여 있는 구조라는 사실을 밝혀 낸 것은 과학의 역사에서 가장 중요한 사건 중 하나로 꼽힌다(그림 16.7). 이 구조에서 두 가닥은 염기들 사이의 수소 결합에 의해 서로 붙잡혀 있으며 염기들은 매우 엄격한 규칙에 따라 쌍을 이룬다. 그림 16.7에서 염기쌍 규칙을 확인할 수 있는가? A는 항상 T와 쌍을 이루고, G는 항상 C와 쌍을 이루는 것을 알 수 있을 것이다. 실제로 가능한 염기쌍은 A−T와 G−C 오직 둘뿐이다. 물론 이들은 반대 방향, 즉 T−A와 C−G로도 쌍을 이룰 수 있다. 아데닌(A)과 티민(T)을 서로 **상보적인 염기**(complementary base)라고 말하는데 그 의미는 규칙적인 DNA 구조 안에서 둘이 쌍을

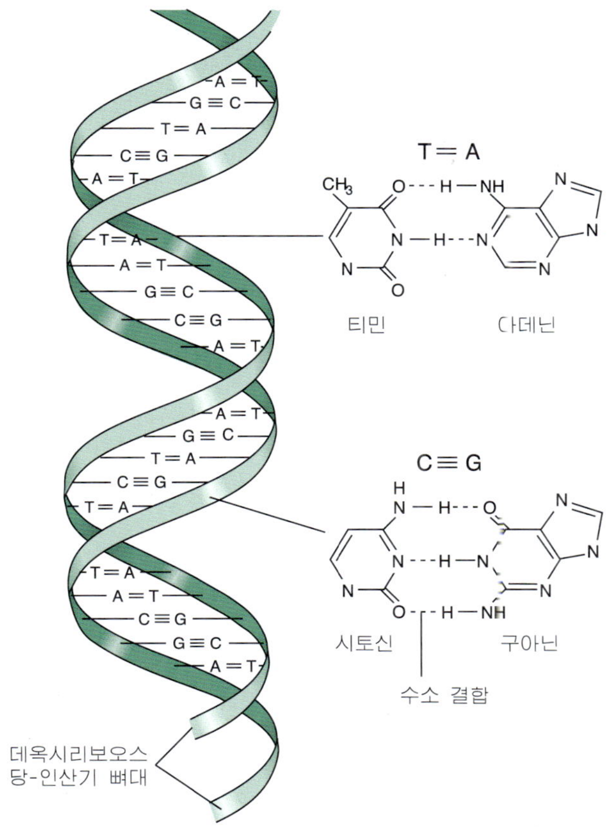

그림 16.7 이중 나선 DNA

1963년 프란시스 크릭, 제임스 왓슨, 모리스 윌킨스는 그들의 DNA 구조의 결과에 대해 의학과 생리학 분야에서 노벨상을 받았다. 로잘린 프랭클린의 연구도 그 성공에 기여했지만 그녀는 노벨상을 받기 전에 죽었다.

이룰 수 있다는 것을 의미한다. 구아닌 (G)과 시토신 (C) 역시 상보적인 염기로서 또 하나의 쌍을 이룰 수 있다. 이와 마찬가지로 두 가닥의 DNA의 염기 서열이 염기쌍 규칙에 의해 서로 쌍을 이룰 수 있을 때 두 가닥이 서로 상보적이라고 말하는데 이렇게 상보적인 두 가닥은 안정한 이중 나선 구조를 만들 수 있다.

그림 16.7에서 A—T 염기쌍은 두 개의 수소 결합이 붙잡고 있는 반면 G—C 염기쌍은 세 개의 수소 결합이 붙잡고 있는 것을 볼 수 있을 것이다. 이러한 차이점으로 인하여 A—T 결합보다 G—C 결합이 어느 정도 강하게 되는데 이는 A—T 쌍을 분리하는 것보다 G—C 쌍을 분리하는 데 더 많은 에너지가 필요함을 의미한다. 비록 수소 결합이 공유결합에 비해 약한 결합이기는 하지만 여러 개의 수소 결합이 함께 작용하기 때문에 상당히 안정한 이중 나선 구조를 유지할 수 있다. 그러나 특정한 효소와 다른 단백질들이 이중 나선 DNA에 결합하면 이중 나선이 분리될 수 있는데 이러한 이중 나선의 분리는 DNA의 기능에 매우 중요한 역할을 한다. 우리가 사용하는 용어에 대해 좀더 자세히 생각해 보도록 하자. 일반적으로 두 가닥의 DNA가 이중 나선을 형성한 것을 DNA 분자라고 부르고 있다. 그러나 엄격히 따지자면 DNA 이중 나선은 두 분자의 DNA가 수소 결합에 의해 서로 붙잡혀 있는 것이다. 또 한 가지 지적하자면 DNA는 당—인산 뼈대의 산소 원자에 음전하를 가지고 있기 때문에 분자가 아니라 이온이라고 해야 한다. 그러나 대개는 이렇게 엄격하게 구별하지 않고 필요에 따라 단일 가닥 DNA 분자 그리고 이중 가닥 DNA 분자라고 부른다.

사람의 각 세포의 이중 나선 DNA에는 대략 30억 개의 염기쌍이 있지만 그 가운데서 독특한 기능을 수행하는 영역은 극히 일부분이다. 우리의 관심사는 DNA의 기능, 즉 DNA가 하는 일이 과연 무엇인지를 이해하는 것이다. 그것을 위해서는 먼저 DNA가 어떻게 유전자라는 단위로 나누어지는지를 알아야 한다.

16.4 유전자 — 유전 현상은 어디서 시작하는가?

인간 세포의 DNA는 세포핵에 위치하고 있는 염색체라고 알려진 46개의 구별된 구조에 포함되어 있다(그림 16.8). 염색체는 벌거벗은 DNA가 아니고 DNA가 단백질 복합체를 감고 있는 **염색질**(chromatin)이라는 구조로 되어 있다. 그림 16.8에서 염색체에 있는 DNA 가닥은 마치 핫도그에서 밀가루가 소세지를 둘러싸고 있는 것처럼 단백질을

예제 16.2 염기 짝짓기

문 제 어떤 데옥시리보핵산의 염기서열의 일부가 다음과 같다고 할 때 상보적인 데옥시리보핵산의 염기서열은 무엇인가?

T T A G C C A A T G A T C

풀 이

원래의 데옥시리보핵산 : T T A G C C A A T G A T C

상보적인 데옥시리보핵산 : A A T C G G T T A C T A G

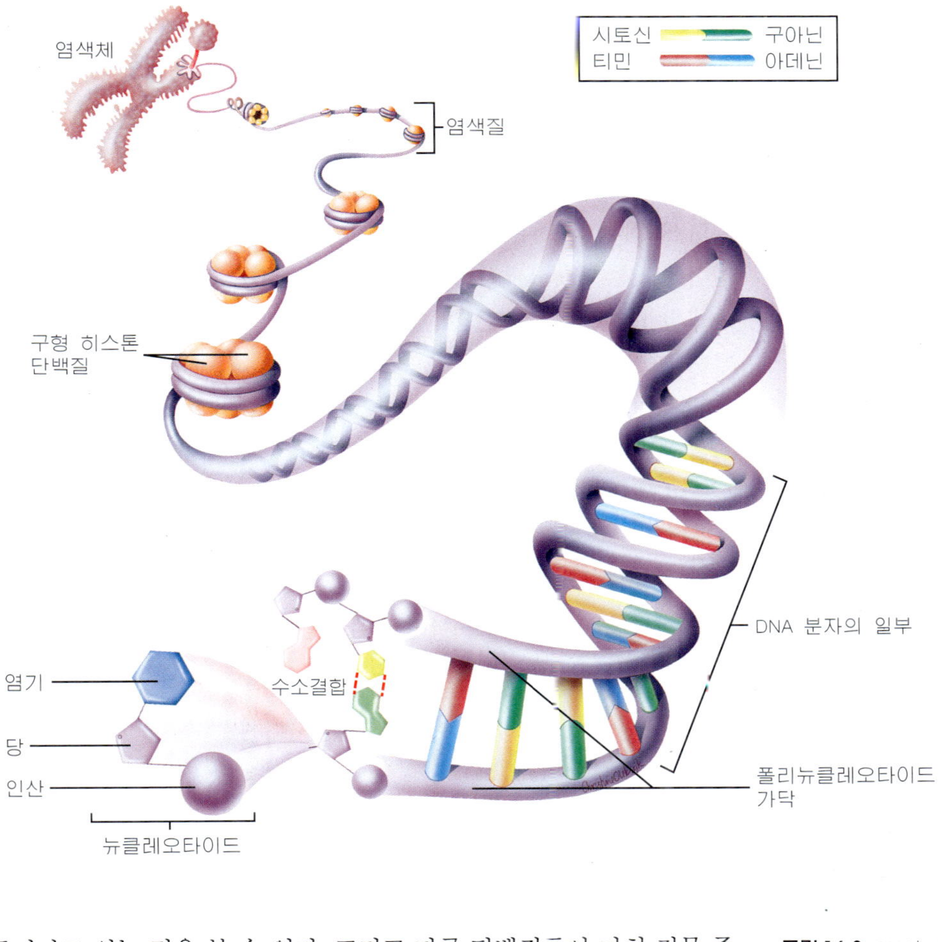

그림 16.8 DNA는 단백질 분자들과 함께 접혀서 염색체를 만들게 된다.

둘러싸고 있는 것을 볼 수 있다. 그리고 다른 단백질들이 마치 건물 주위의 뼈대처럼 그 구조를 둘러싸고 있다. 사람의 전체 염색체 내에는 **유전자**(gene)라고 부르는 구별된 영역이 십만 개 가량 포함되어 있을 것으로 추측하고 있다.

나중에 유전자에 대해 더 자세히 살펴보게 되겠지만 여기서는 유전자에 대한 간단한 정의를 내려보도록 하자. 간단히 말해서 유전자라는 것은, DNA 가닥에서 특정 단백질의 합성을 지시할 수 있는 암호를 가지고 있는 염기서열을 포함하는 구별된 영역이다.

유전자는 어떻게 단백질을 만드는가?

DNA의 염기쌍들은 서로 약한 수소 결합에 의해 붙잡고 있기 때문에 RNA 중합 효소(RNA polymerase)라는 효소가 유전자 시작 부분 근처의 이중 나선에 결합할 때 비교적 쉽게 떨어질 수 있다. 이 효소는 두 가닥의 DNA 가운데 한 가닥을 따라서 진행하면서 그 가닥과 상보적인 한 가닥의 **리보핵산**(RNA)을 합성한다. RNA는 그 이름만 보아도 알 수 있는 것처럼 DNA와 사실상 동일한 성격을 지니고 있는 물질이다. RNA가 DNA의 다른 점은 두 가지인데, 첫째는 데옥시리보오스(deoxyribose) 대신 **리보오스**(ribose)를 가지고 있다는 점이고, 또 하나는 DNA의 티민 염기 대신에 우라실 염기를 가지고 있다는 점이다. 따라서 DNA와 RNA가 이중 나선을 만들거나 RNA 끼리 이중 나선을 만들 때는 A－T 염기쌍이 A－U 염기쌍으로 바뀐다.

그림 16.9에서 RNA 중합 효소가 유전자를 원본으로 하여 단일 가닥 RNA를 복사하는 것을 볼 수 있을 것이다. 이미 존재하는 DNA 주형을 바탕으로 새로운 RNA 분자가 만들어지는 복사 과정 역시 염기쌍 규칙에 의해 가능하게 된다. 즉, RNA 중합 효소는 뉴클레오타이드들이 DNA 주형에 있는 염기들과 염기쌍을 이룰 때에만 그 뉴클레오타이드들을 RNA 가닥에 연결시키도록 되어 있다. 따라서 새로 합성된 RNA 가닥은 주형으로 사용되었던 DNA 가닥에 완전히 상보적인 염기서열을 갖게 된다. 어떤 유전자에 대해 RNA 복사물을 만드는 과정은 DNA에 저장된 염기서열이 거의 동일한 형태인 RNA의 염기서열로 복사되는 것이기 때문에 **전사**(transcription)라고 한다.

RNA 중합 효소에 의해 만들어진 RNA를 **전령 RNA**(messenger RNA : mRNA)라고 부른다. 왜냐하면 일단 이것이 만들어지면 세포핵을 떠나게 되고 유전자에 간직돼 있던 화학메세지를 새로운 단백질이 만들어지는 세포질로 전달하기 때문이다. mRNA로부터 단백질이 합성될 때는 **코돈**(codon)이라고 부르는 세 개의 연속되어 있는 염기가 하나의 특정한 아미노산을 지정하여 자라나는 단백질 사슬에 연결시키도록 지시한다(표 16.2 참조). 이 과정에서는 염기서열의 형태로 존재하던 mRNA 또는 유전자의 정보가 그 성격이 완전히 다른 단백

예 제 16.3 **리보핵산 가닥의 형성**

문 제 다음의 단일 가닥 데옥시리보핵산 가닥 밑에 상보적인 리보핵산 가닥의 염기서열을 적어라. 우리실, 아데닌,구아닌, 시토신 각각에 대해 U, A, G, C의 약자를 사용하라.

단일 가닥 데옥시리보 핵산 : T G A C A C T T A G C A A G G T

풀 이

데옥시리보핵산 주형 : T G A C A C T T A G C A A G G T

| | | | | | | | | | | | | | | |

상보적인 리보핵산 : A C U G U G A A U C G U U C C A

그림 16.9 전사와 번역

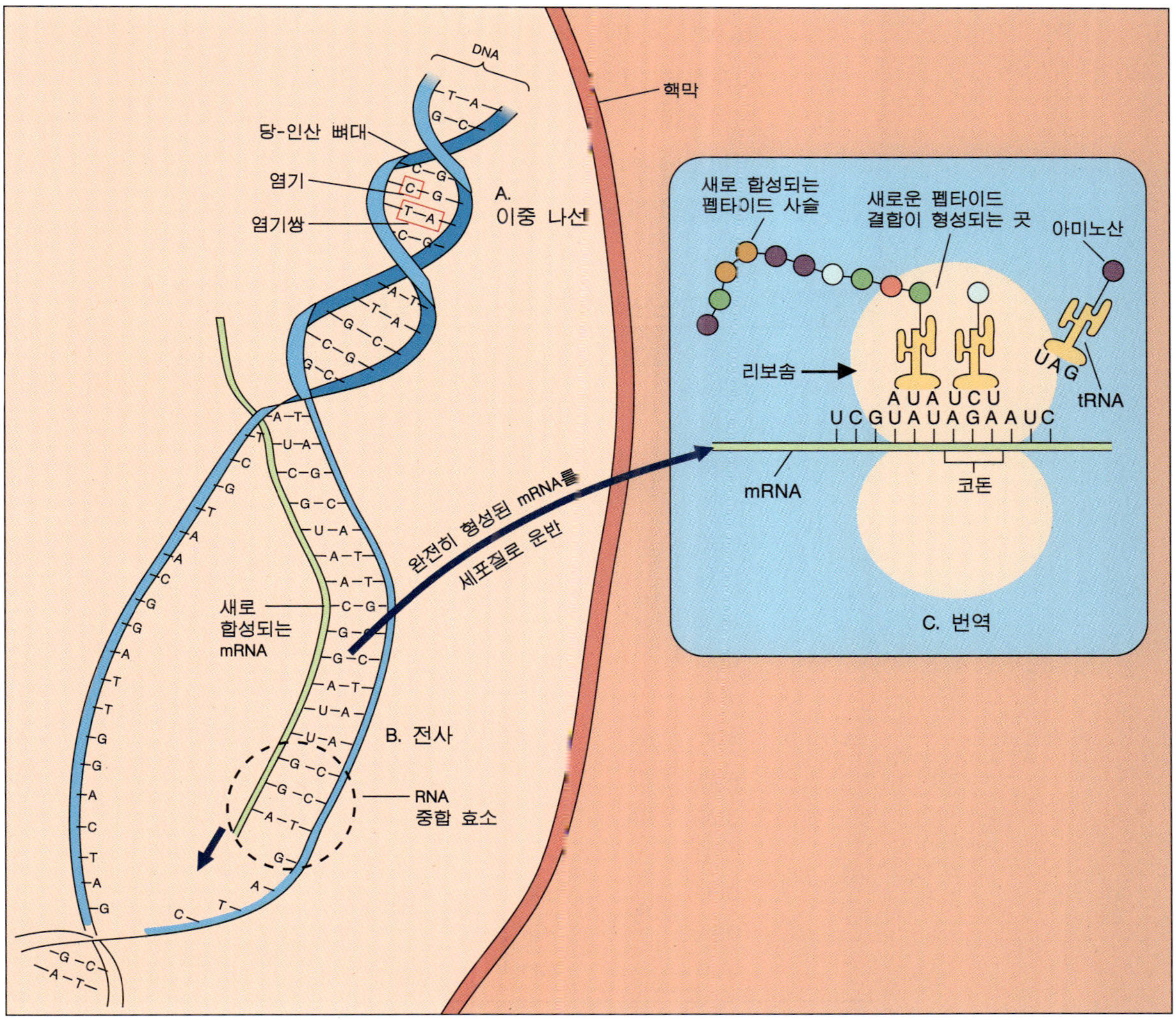

질의 아미노산 서열로 바뀌기 때문에 이 과정을 '번역'이라고 부른다.(그림 16.9C)

단백질 합성은 리보솜이라고 불리는 복잡한 구조물에서 이루어지는데 그 구조물은 **리보솜 리보핵산**(ribosomal RNA : rRNA)이라는 특별한 RNA 분자들과 몇 종류의 단백질 분자들로 구성되어 있다. 단백질 합성 과정이 일어나는 자리가 리보솜이기는 하지만 단백질 합성이 제대로 되기 위해서는 일시적으로 리보솜과 상호 작용을 하는 다른 많은 효소들의 도움이 반드시 필요하다.

리보솜은 mRNA 분자의 시작 부분에 결합하여 mRNA 사슬을 따라서 움직인다. mRNA의 각 코돈이 리보솜의 특별한 자리에 노출될 때마다 **전달 리보핵산**(transfer RNA: tRNA)이라고 불리는 다른 RNA 분자가 염기 짝짓기에 의해 그 코돈에 결합할 수 있다(그림 16.9C). 이것은 각 tRNA가 하나의 특정한 코돈과 염기쌍을 이룰 수 있도록 꼭 들어맞는 **역코돈**(anticodon)이라는 세 개의 염기를 가지고 있기 때문에 가능하다. 그리고 각 전달 리보핵산 분자에는 이미 특정 아미노산 분자가 결합되어 있어서 리보솜에 도착했을 때는 그 아미노산이 효소에 의해서 자라나는 단백질 사슬로 연결된다.

표 16.2 각 아미노산을 지정해주는 유전 암호인 코돈(codon)

	U		C		A		G		
U	UUU	Phe	UCU	Ser	UAU	Tyr	UGU	Cys	U
	UUC		UCC		UAC		UGC		C
	UUA	Leu	UCA		UAA	Stop	UGA	Stop	A
	UUG		UCG		UAG		UGG	Trp	G
C	CUU	Leu	CCU	Pro	CAU	His	CGU	Arg	U
	CUC		CCC		CAC		CGC		C
	CUA		CCA		CAA	Gln	CGA		A
	CUG		CCG		CAG		CGG		G
A	AUU	Ile	ACU	Thr	AAU	Asn	AGU	Ser	U
	AUC		ACC		AAC		AGC		C
	AUA		ACA		AAA	Lys	AGA	Arg	A
	AUG	Met	ACG		AAG		AGG		G
G	GUU	Val	GCU	Ala	GAU	Asp	GGU	Gly	U
	GUC		GCC		GAC		GGC		C
	GUA		GCA		GAA	Glu	GGA		A
	GUG		GCG		GAG		GGG		G

리보솜이 mRNA 분자를 따라서 이동함에 따라 mRNA의 염기서열에 나타난 코돈에 들어맞는 역코돈을 가진 tRNA 분자가 일시적으로 결합하게 되고 결과적으로 단백질 사슬에 아미노산이 연결되는 순서가 결정된다. 이상으로 유전자의 염기서열이 단백질의 아미노산 서열을 결정하는 과정을 간략하게 살펴보았다.

사람 몸에 있는 각 세포는 대략 5만 개의 유전자를 가지고 있는 것으로 평가되고 있는데 정확한 숫자는 아직 모른다. 이들 대부분은 특별한 단백질 분자에 대한 정보를 가지고 있다. 여기에서 대부분이라고 말하는 이유는 어떤 유전자들은 mRNA나 tRNA와 같은 기능성 RNA들에 대한 정보를 가지고 있기 때문이다. 또 한 가지 복잡한 것은 하나 이상의 유전자에 의해서 암호화된 단백질은 결합하여 특별한 기능을 수행할 수 있는 다합체 (multi-subunit) 단백질을 만들어야 한다. 사람의 세포는 적절한 때와 장소에 따라 최소한 3만 개의 서로 다른 단백질을 만들 수 있다. 각 유전자가 적절한 때와 적절한 장소에서만 활성화되는 것이 극히 중요하다. 유전자들은 다양한 방법으로 스위치를 켜고 끄는데, 일반적으로 특정 단백질이 유전자가 있는 DNA 근처에 결합함으로써 활성화되기도 하고 억제되기도 한다. 이것은 각각의 인간 세포는 동일한 유전자를 가지고 있지만 간 세포를 만드는데 필요한 유전자는 간세포에서 활성화되어 있고, 뇌 세포를 만드는데 필요한 유전자는 뇌 세포에서 활성화되어 있음을 의미한다. 또한 유전자들은 특정 세포가 생의 단계를 거침에 따라 활성화되기도 하고 억제되기도 함으로써 그들이 암호화하고 있는 단백질들이 필요한 시기에 필요한 양만큼 만들어지도록 한다.

예제 16.4 유전 암호의 사용

문 제 유전 암호표 (표 16.2)를 보고, mRNA 위에 아래와 같은 염기 순서로 암호화된 단백질 조각의 아미노산 서열이 무엇인지 풀어라.

GGUGGGUGGCCAAAUGCUGCCGGAGGCGUGGUUUCA

풀 이

gly-gly-trp-pro-asn-ala-ala-gly-gly-val-val-ser

이것은 과학자들이 어떤 유전자에 의해 만들어지는 단백질의 아미노산 서열을 알아낼 때마다 사용하는 기본적인 과정이다.

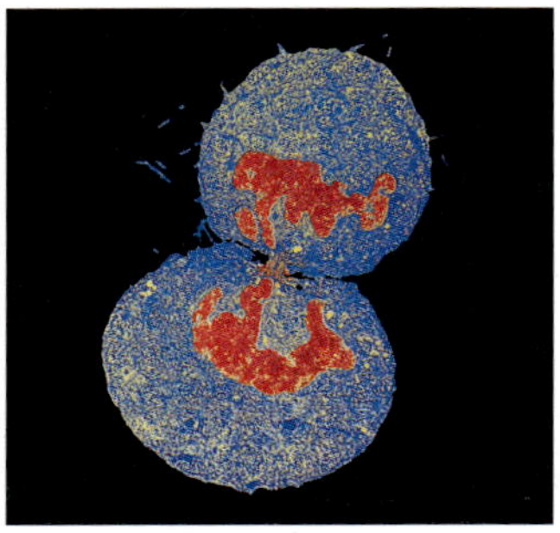

그림 16.10 세포 분열

16.5 DNA 복제—세대를 통해 유전자는 어떻게 전해지는가?

당신의 생명은 하나의 세포로부터 시작되었다. 그 세포가 두 개, 네 개, 여덟 개 등으로 계속 나누어져 당신이 오늘날 가지고 있는 수십억 개의 세포를 만들게 된 것이다. 심지어는 우리의 성장이 멈춘 후에도 우리 몸 안의 일부 세포는 세포 분열에 의해 계속 증식된다(그림 16.10). 예를 들어 피부 세포들은 끊임없이 성장하고 분열하여 피부 표면에서 죽어서 없어지는 오래된 세포들을 대신하게 된다. 위와 창자에서도 내벽에서 떨어져 나와 배설물로 없어지는 세포의 자리를 세포 분열에 의해 새로 만들어진 세포들이 채움으로써 항상 건강한 상태를 유지하도록 한다. 상처의 치료 역시 손상된 조직을 대체할 수 있는 새로운 세포를 만드는 세포 분열에 의해 가능해진다. 그뿐만이 아니다. 세포 분열은 우리의 유전자를 자녀에게 전달해주는 특별한 임무를 지닌 세포인 난자와 정자가 생성되도록 해준다. 세포가 둘로 나누어 질 때마다 두 세포가 각각 원본 유전자의 복사물 하나씩을 반드시 가져야 한다. 따라서 생명체의 성장, 유지, 재생산은 유전자 복제의 메커니즘에 의존하고 있다고 말할 수 있다.

모든 DNA는 복사된 것이기 때문에 이 기본적 화학적 복사 과정을 DNA 복제(DNA replication)라고 한다.

DNA의 복제

수십억 개의 염기쌍으로 구성되어 있는 우리의 유전자들이 그것도 수많은 단백질들과 복합체를 형성하고 있는 상태에서 우리의 일생 동안 세포들이 분열할 때마다 거의 완벽하게 복제되는 것이 어떻게 가능할까? 그 답은 DNA의 이중 나선 구조, 특히 염기쌍 규칙에서 얻을 수 있다. 우리는 이미 세포핵의 DNA는 서로 상보적인 두 개의 가닥이 수소결합에 의해 붙잡혀 있는 구조로 되어있다는 것을 살펴보았다(그림 16.7). 그림 16.11에서 볼 수 있는 것처럼 세포가 복제될 때는 DNA 이중 나선이 지퍼가 열리는 것처럼 열려 주형(template)이라고 하는 두 개의 가닥으로 나누어진다. 그리고 이 주형 가닥들은 새로운 가닥을 합성하는 형판으로 사용된다. 이는 전사 과정에서 단일 가닥 DNA를 주형으로 하여 상보적인 리보핵산을 합성하는 것과 유사하다. 그림 16.11에서 묘사된 것처럼 주형 가닥에 상보적인 뉴클레오타이드(nucleotide)들을 합성하는 데는 여러 가지 효소들이 필요하다. 이러한 복제 과정의 결과로 한 분자의 DNA 이중 나선은 동일한 두

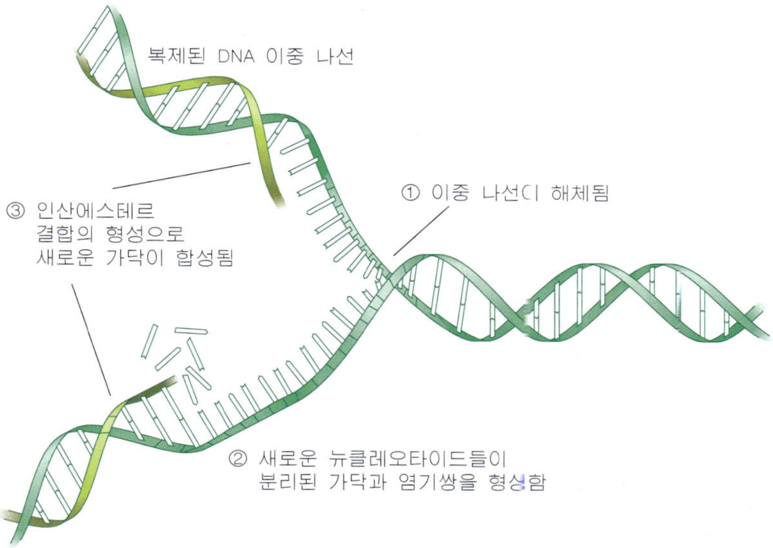

그림 16.11 DNA의 복제에서는 이중 가닥이 단일 가닥으로 분리되어 각 가닥이 새로운 가닥이 합성될 주형으로 작용하게 된다. 이러한 방식으로 하나의 이중 나선은 새로운 동일한 두 개의 이중 나선을 만들어 낸다.

개의 분자로 늘어나게 된다. 세포가 분열할 때는 항상 먼저 DNA의 복제 과정을 통해 두 벌의 염색체가 만들어지고 두 딸세포는 각각 한 벌의 염색체를 가지게 된다.

사람이 자녀를 가지고, 식물들이 새로운 식물을 탄생시킬 수 있는 씨를 만들어 내고, 모든 세포들이 분열하여 두 개의 세포가 되는 모든 생명의 신비들은 바로 이 DNA의 화학적 복제 과정에 의해 가능하게 된다. 이 단순한 복제 과정을 기초로 여러 가지 미묘하고 복잡한 현상들이 나타나게 된다. 예를 들어 사람은 유성 생식을 하기 때문에 새로운 사람이 태어나기 위해서는 남녀 두 사람이 필요하다. 이러한 유성 생식에서는 두 사람의 유전 물질들이 혼합되어 아이의 **유전체**(genome)를 창조해낸다. 이 책에서는 그와 같이 복잡한 현상을 다루지는 않을 것이다. 그러나 살아있는 세포들이 분열하여 다시 살아있는 세포들을 만드는 것, 즉 생물체들이 꾸준히 종을 보존하는 능력이 바로 DNA의 복제 과정에 기초하고 있다는 점을 다시 한 번 강조할 필요가 있다.

세포의 유전 물질은 막으로 둘러싸인 **핵**(nucleus)이라는 세포 기관 안에 들어있다. DNA에 들어있는 모든 중요한 유전자들은 세포 분열 과정에서 핵 자체가 깨질 때를 제외하고는 핵 밖으로 결코 나오지 않지만 단백질의 합성을 지시하는 일을 끊임없이 수행하고 있다. 실제 단백질 합성은 세포질에서 이루어지며, 조그만 구형 단백질과 리보핵산으로 구성된 리보솜에서 일어난다. 즉, 핵 내부에 있는 유전자의 화학적 정보가 세포질에 있는 리보솜에서 아미노산들이 어떤 순서로 연결되어 단백질을 만들 것인지를 지시하고 있는 것이다.

16.6 탄수화물

단백질과 핵산(DNA, RNA)이 가장 기본적인 생명체의 화학물질이지만, 많은 다른 분류의 화학물질 역시 중요한 역할을 한다. 지금부터 **탄수화물**(carbohydrate)이라는 방대한 범주의 물질을 살펴보기로 한다. 탄수화물은 살아 있는 세포를 움직이게 하는 에너지가 될 뿐 아니라 구조 세포, 사람의 기본적인 구성 물질로 이용된다. 우리에게 음식의 재료로 친숙한 설탕 그리고 녹말 등이 탄수화물이다.

탄수화물은 탄소(C), 수소(H), 산소(O)의 단 3가지 원소로 이루어져 있다. 탄수화물을 나타내는 일반식은 $C_6H_{12}O_6$이다. 탄수화물(탄소 + 수화물)은 이들 식을 $C_x(H_2O)_y$로 쓸 수 있기 때문에 이렇게 명명되었다. 바꾸어 말하면 탄수화물 내에 있는 산소 원자와 수소 원자의 비율은 물에서와 같이 언제나 2 : 1이다. 탄수화물의 구조는 탄소 원자(대개 5개)와 하나의 산소 원자를 포함하는 고리 모양이다. 고리를 이루는 각 탄소에는 O−H와 수소 원자가 결합되어 있다. 때로는 두 개 이상의 이런 고리들이 서로 연결되어 더 큰 분자들을 만든다. 이제 이런 구조들에 대해서 간략히 알아보고자 한다. 이들 O−H기 때문에 당과 녹말은 물에 잘 녹는다. 음식에 들어있는 탄수화물이 가장 잘 알려져 있는데, 이들의 가장 중요한 기능은 에너지를 공급해주는 것이다. 탄수화물의 소화를 통해 몸에 필요한 에너지가 얻어지는 것은 일련의 복잡한 화학반응의 결과인데, 이 과정은 산소에 의한 글루코오스($C_6H_{12}O_6$)의 완전 산화반응이라는 전체적인 효과를 갖는다.

$$C_6H_{12}O_6 + 6O_2 \longrightarrow 6CO_2 + 6H_2O$$

글루코오스는 직접 섭취되기도 하고, 또 음식물에 있는 다른 탄수화물로부터 만들어지기도 한다. 산소는 우리가 매번 숨을 쉴 때마다 흡입된다.

단당류

가장 간단한 탄수화물은 **단당류**(monosaccharide)이며, 이것은 간단한 당(single sugar)이란 의미다. 우리가 다루게 될 세 가지 단당류들인 글루코오스(glucose), 갈락토오스(galactose), 프룩토오스

(fructose)는 모두 같은 식 $C_6H_{12}O_6$을 가지나, 이름, 구조, 성질이 다르다. 6장에서 배웠듯이, 다른 구조를 가지나 같은 식을 갖는 화합물을 **이성질체** (isomer)라고 한다. 글루코오스, 갈락토오스, 프룩토오스는 세 가지 단당류의 이성질체이다(그림 16.12). 이들은 모두 흰색의 결정체로, 단맛을 내는 화합물이다. 셋 중에서 글루코오스가 우리 몸의 영양소로 가장 중요한데, 이 형태의 당이 우리 몸에서 에너지원으로 사용되고, 혈액에서 발견되기 때문이다. 그래서 글루코오스는 종종 혈당(blood sugar)이라고 부른다. 우리가 탄수화물을 섭취하면 우리의 몸은 그것들을 우리 몸의 세포들이 이용할 수 있도록 글루코오스로 바꾸어준다.

이당류

두 개의 단당류들은 서로 결합하여 더 큰 이당류(disaccharide) 분자와 하나의 물 분자를 생성할 수 있다.

$$2C_6H_{12}O_6 \longrightarrow C_{12}H_{22}O_{11} + H_2O$$

물이 방출되기 때문에 이 반응은 축합 반응이라고 알려져 있다(그림 16.12). 음식물 중에서 가장 중요한 이당류들은 글루코오스와 프룩토오스로 이루어진 수크로오(sucrose)와, 갈락토오스와 글루코오스로 이루어진 락토오스(lactose)이다(그림 16.13). 산소 원자를 통해서 두 개의 단당류가 서로 연결된 결합은 글라이코사이드 결합(glycosidic bond)이라 한다.

수크로오스는 당이라는 용어를 들었을 때 대부분의 사람들이 생각하는 바로 그 설탕이다. 락토오스는 소, 인간 또는 다른 포유동물의 우유에 들어있는 당이다. 프룩토오스는 꿀과 과일에 들어있는 당이다. 이당류들을 생성시키는 반응들은 간단해 보인다. 그러나 글루코오스와 프룩토오스를 단순히 섞어주기만 한다면 수크로오스가 생성되지 않는다. 하나의 당을 다른 것에 연결시켜서 더 복잡한 탄수화물을 만드는 것은 오직 효소(생체촉매)의 영향하에서만 일어난다.

복합 탄수화물

복합체로 부르는 탄수화물은 수많은 글루코오스들이 서로 연결되어 하나의 긴 분자를 이루고 있다. 연결 반응은 이당류를 형성하는 반응과 같은데 단지 이 반응이 여러 번 더 반

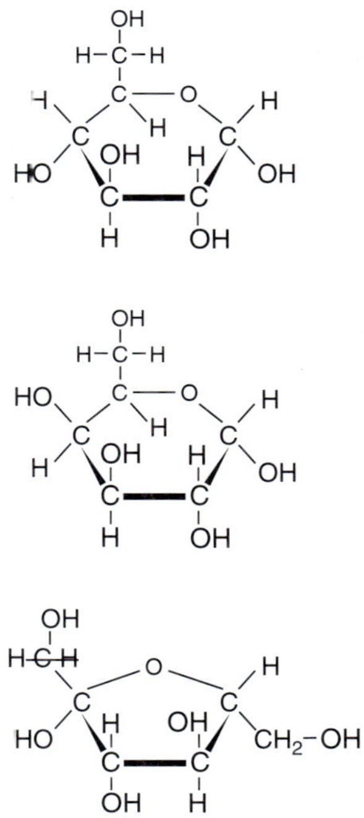

알파-글루코오스

갈락토오스

프룩토오스

그림 16.12 글루코오스, 갈락토오스, 프룩토오스. 세 화합물 모두는 $C_6H_{12}O_6$의 식을 갖는 단당류이다. 이들은 구조와 성질 면에서 서로 다르다.

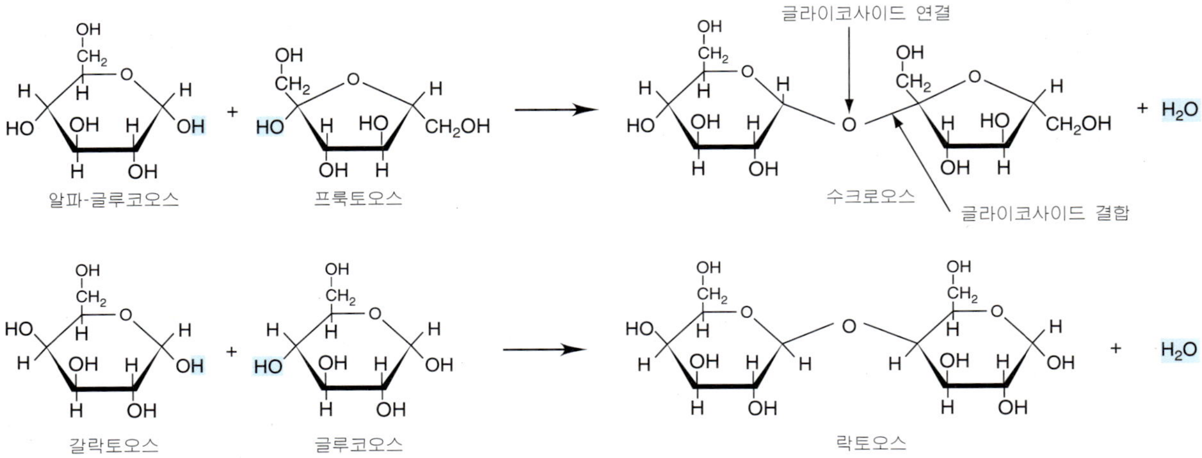

그림 16.13 글루코오스와 프룩토오스로부터 수크로오스가 생성되는 반응과, 글루코오스와 갈락토오스로부터 락토오스가 생성되는 반응. 산소를 통한 두 개의 고리 사이에 형성된 결합을 글라이코사이드 결합이라고 부른다. 두 단당류에서 특별히 표시된 원자들은 이 반응에서 물 분자로 된다.

복된다는 것뿐이다. 예를 들면, 많은 음식물에서 다량 발견되는 녹말이라고 알려진 복합 탄수화물은 수천 개의 글루코오스 분자들이 연결되어 만들어진다. 우리 몸은 음식 속의 녹말을, 에너지원으로 사용될 수 있는 글루코오스 분자로 소화시킬 수 있다. 섬유질(fiber)이라고 불리는 음식의 또 다른 성분은 소화시킬 수 없는 탄수화물로 만들어져 있다. 섬유질의 주요 성분은 셀룰로오스이다.

녹말과 셀룰로오스는 둘 다 많은 글루코오스가 연결되어 만들어져 있다. 그러나 왜 녹말은 에너지원으로 이용하면서 셀룰로오스는 그러지 못할까? 글루코오스는 H와 OH기가 3차원적 배향이 다른 α-글루코오스와 β-글루코오스의 두 가지 형태가 있다(그림 16.14). 녹말은 α-글루코오스 분자로 이루어져 있고 (그림 16.15) 반면 셀룰로오스는 β-글루코오스를 함유하고 있다(그림 16.16). 그런 미세한 구조적 차이 때문에 소화 효소가 녹말에 있는 글루코오스 사이의 α-결합 (α-linkage)에 붙을 수 있어 끊을 수 있지만, 셀룰로오스의 β-결합 (β-linkage)은 그러하지 못한다. 식물 내의 셀룰로오스는 식물 세포벽의 고정성에 주요한 구조적 화학물질이다. 반면, 녹말은 에너지 저장분자로서 커다란 역할을 한다. 이것은 씨나 괴경(감자와 같은 것) 같은 것에서 많이 발견되는데, 새로운 식물 성장을 위한 동력원으로서 에너지가 필요할 때 에너지를 발생시킬 수 있는 글루코오스 분자로 분해될 수 있다. 소와 같은 동물들은 에너지원으로 셀룰로오스를 이용할 수 있는데, 그들의 소화관에 있는 박테리아가 셀룰로오스를 소화

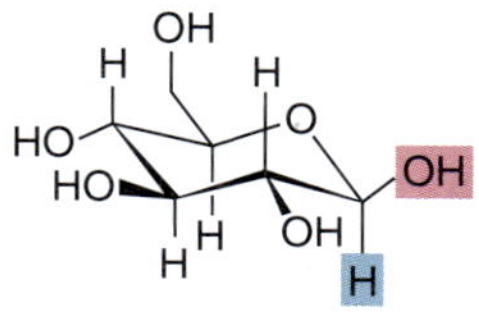

β-글루코오스

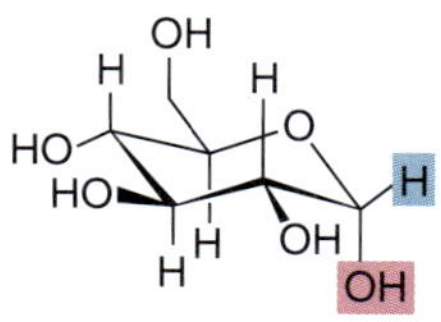

α-글루코오스

그림 16.14 α-글루코오스와 β-글루코오스의 구조의 차이점은 1번 탄소에 결합된 OH기의 위치에 있다.

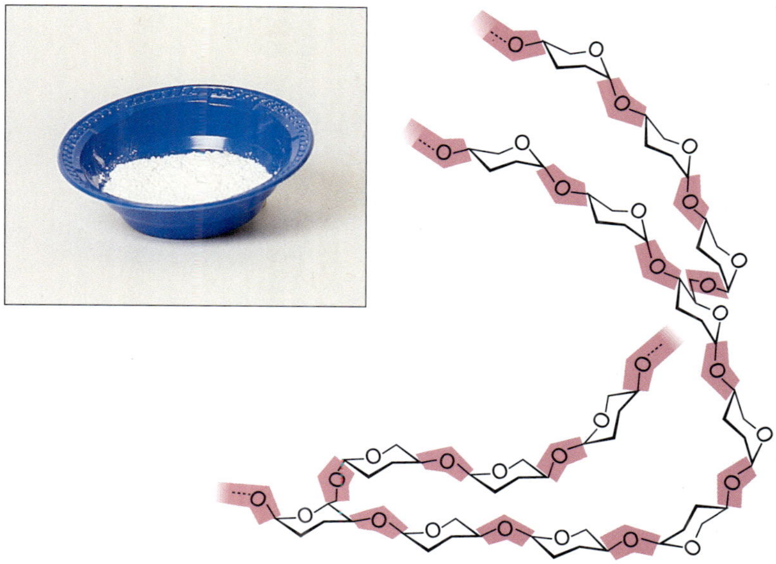

그림 16.15 녹말의 한 형태인 아밀로펙틴은 많은 글루코오스 분자의 α-결합에 의해 만들어진 것이다.

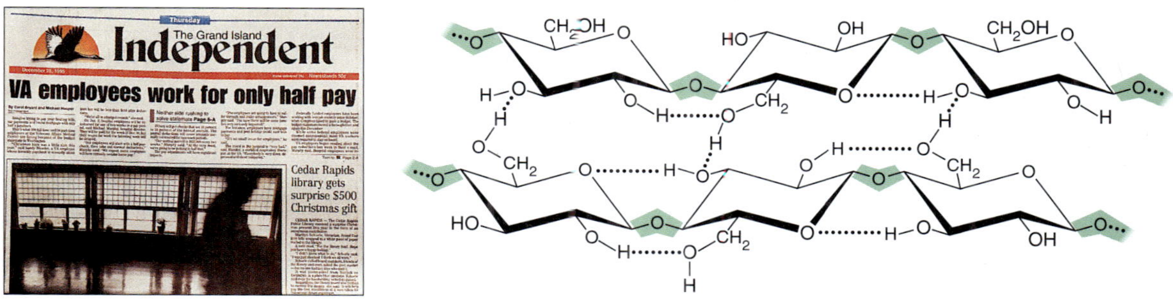

그림 16.16 글루코오스가 β-결합으로 서로 결합하여 셀룰로오스가 형성된다. 선형중합체는 면이나 나무와 같은 섬유를 만든다.

가능한 형태로 분해시킬 수 있는 효소를 함유하고 있기 때문이다. 소들은 풀을 먹으면서 살아갈 수 있지만, 우리는 그럴 수 없다.

우리가 당장 필요로 하는 양보다 더 많은 에너지를 제공해줄 수 있는 양의 음식을 섭취하게 될 때, 여분의 탄수화물은 간에서 글리코겐이라 불리는 복합 탄수화물, 또는 동물 녹말로 바뀌어진다. 글리코겐은 상당 부분이 녹말과 같다. 그러나, 이것은 그림 16.17에 보여진 것처럼, 직선형보다 가지가 많이 달린 형태를 보인다. 식사 사이 또는 격렬한 육체적 활동을 하는 동안 글리코겐은 매우 빨리 물과 반응해

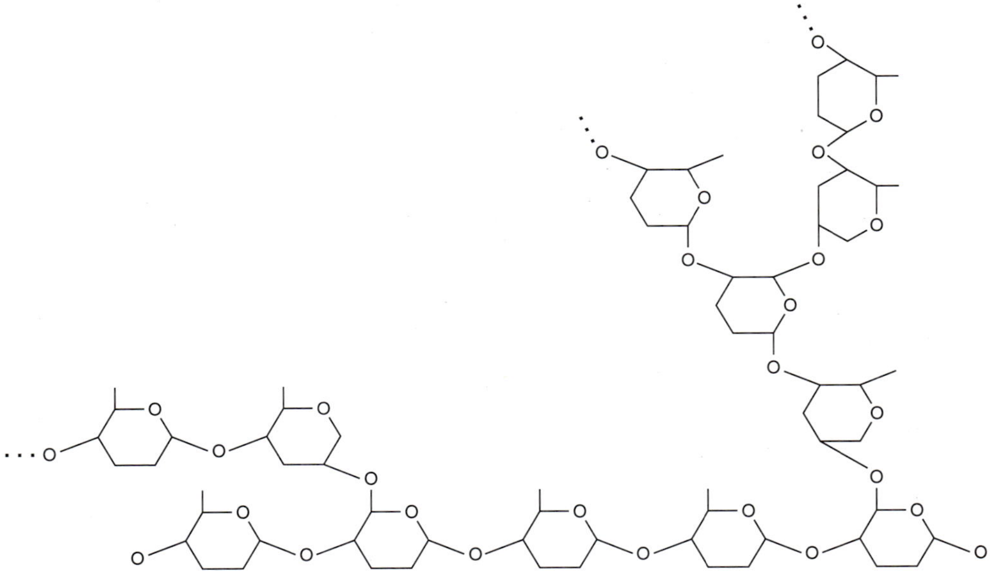

그림 16.17 글리코겐의 구조는 글루코오스 분자가 결합한 가지 사슬로 구성하고 있다.

서, 글루코오스로 분해된다. 이 글루코오스는 에너지원으로 즉시 사용될 수 있다

16.7 지질(지방과 기름 포함)

지질은 물에 녹지 않는 성질을 가진 매우 다양한 분야의 생명 화학물질이다. 그 중 지방과 기름은 음식의 구성 성분으로 우리에게 친숙하다. 지질의 가장 중요한 역할 중의 하나는 살아 있는 각각의 세포를 구별지을 수 있는 얇은 세포막을 형성하는 것이다(그림 16.18). 17장에서 논의되겠지만 지질은 역시 가장 중요한 에너지 저장분자의 역할도 한다.

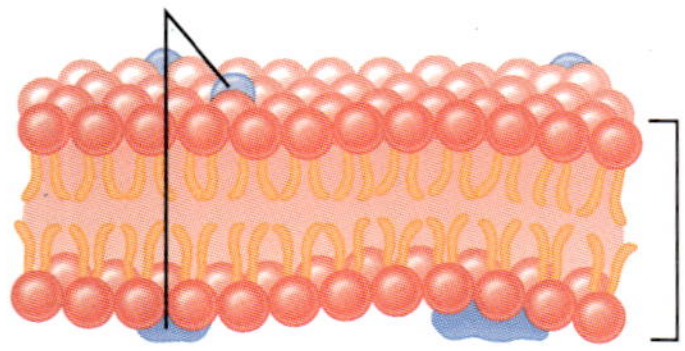

그림 16.18 지질 이중막의 구조

음식의 성분으로 친숙한 지방과 기름은 **삼중글리세라이드**(triglyceride)라 알려진 특별한 부류의 지질에 속한다. 기술적인 면에서 오일(기름)은 상온에서 액체인 삼중글리세라이드이고, 반면에 지방은 상온에서 고체인 삼중글리세라이드이다. 삼중글리세라이드는 네 개의 분자가 합쳐진 것이다. 셋은 소위 "지방산"이라고 하는 것이고 나머지 하나는 글리세롤(글리세린)이다. 전형적인 지방산 구조를 그림 16.19에 보였다. 지방산의 한쪽 끝에 있는 $-$COOH기를 주목하라. 그리고

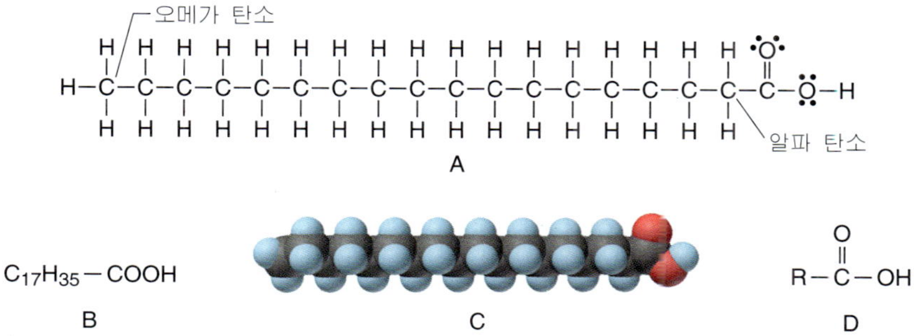

그림 16.19 지방산을 여러 가지 다른 방법으로 나타낼 수 있다.

이것이 6장에서 유기산의 특징이었음을 상기하라. 지방산 구조에서 R로 표현된 것(그림 16.19D)은 여러 가지 가능한 탄화수소 그룹을 의미하며, 전형적으로 11～17개의 탄소와 대략 그 두 배의 수소를 가지고 있다. 세 개 지방산 $-COOH$의 H와 글리세롤의 $-OH$가 결합하여 세 분자의 물이 떨어지며 한 분자의 삼중글리세라이드가 생성된다(그림 16.20). 카복실산과 알코올이 반응하여 만들어진 화합물을 에스터라 하기 때문에 지방과 기름을 종종 삼중에스터라 한다. 글리세롤의 $-OH$에 1～2개의 지방산이 붙으면 단일 혹은 이중글리세라이드, 단일 혹은 이중에스터라고 할 것임을 짐작할 수 있을 것이다. 지질이란 용어는 삼중글리세라이드뿐만 아니라 물에 녹지 않는 특성을 가진 다양한 화합물들을 포함하기 때문에 아주 일반적인 단어이다. 그 중 일부는 삼중글리세라이드로부터 간단히 만들어지는데, "인지질" 같은 것은 삼중글리세라이드에서 하나의 지방산 대신 인을 함유한 작은 원자의 그룹이 대치된 것이다. 인지질은 모든 세포를 싸고 있는 지질 이중층 막의 중요한 구성성분이다.(그림 16 18) 인지질은 물에 대한 친화력 때문에 물과 접촉했을 때 자연발생적으로 이중층을 형성한다. 그림 16.21에 인지질의 화학적 구조를 보였다. 물 속에서 존재할 때, 전하를 띠지 않는 탄화수소 사슬은 물로부터 떨어져 서로

그림 16.20 삼중글리세라이드는 글리세린 한 분자와 지방산 세 분자가 반응해서 만들어진다. 세 개의 지방산들은 언제나 모두 똑같지는 않다. 탄소의 수와 이중결합의 수에서 서로 다르다.

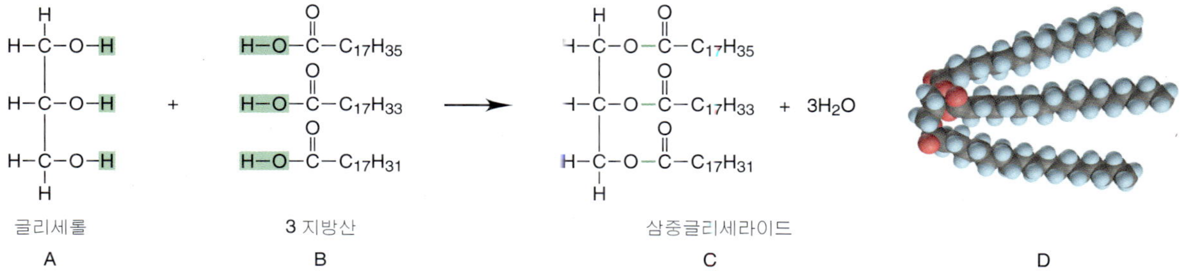

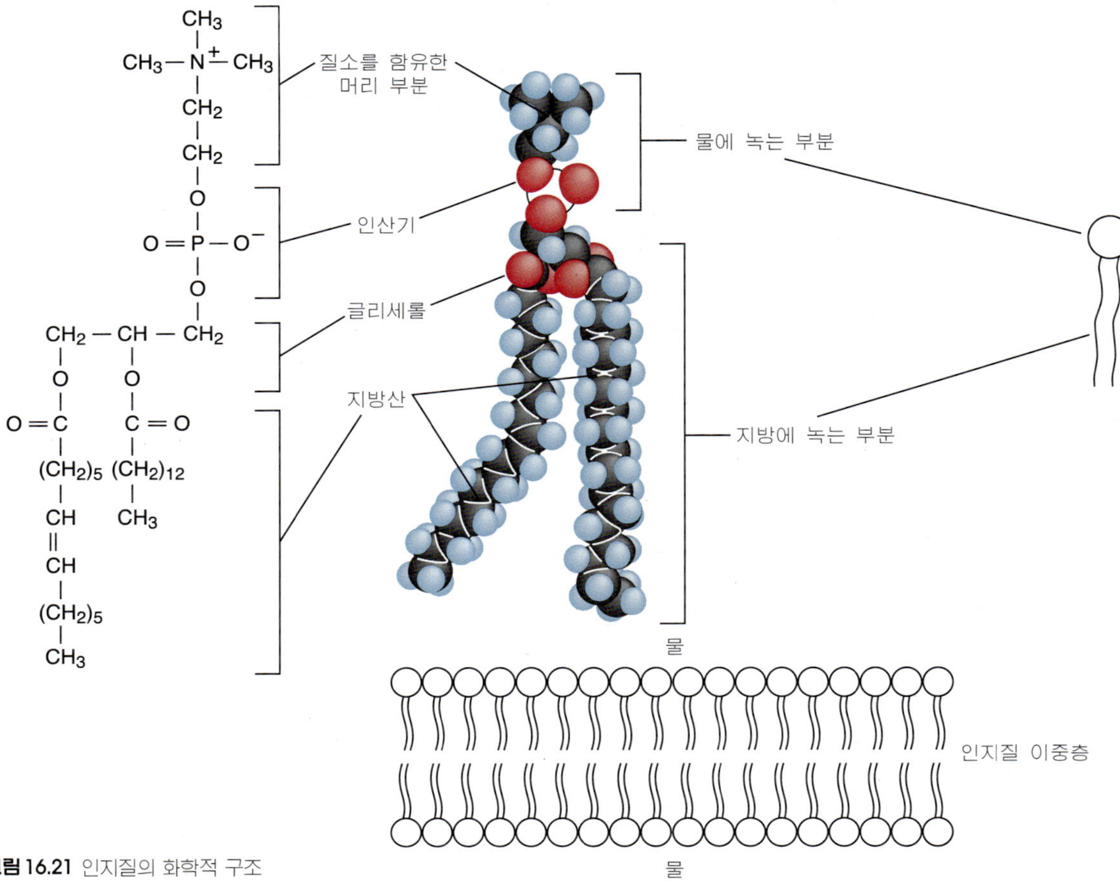

그림 16.21 인지질의 화학적 구조

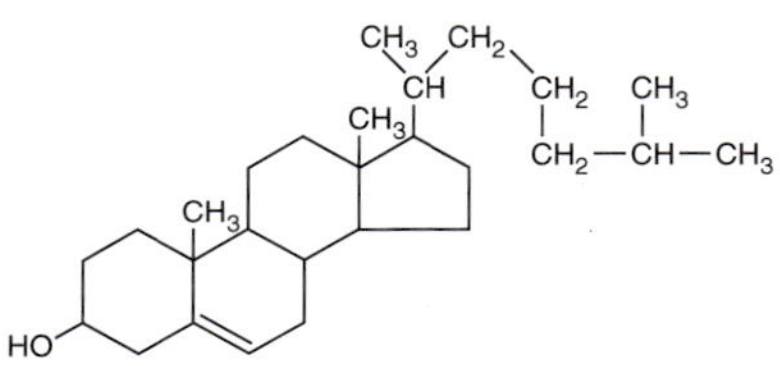

그림 16.22 콜레스테롤의 구조

뭉쳐 있고, 반면 전하를 띤 수용성 머리 그룹은 물과 접촉한다.

콜레스테롤과 같이 잘 알려진 다른 지질들은 17장에서 더 자세히 다룰 것이며 그들은 삼중글리세라이드와는 완전히 다른 구조를 가지고 있다(그림 16.22).

16.8 화학물질에서 사람까지

그림 16.23은 화학물질로부터 시작하여 인체를 구성하기까지 서로 다른 차원의 조직을 보여주고 있다. 우리 몸 안에 있는 어떤 것이라도 양성자, 중성자, 전자로 이루어진 원자나 이온으로 만들어지지 않은 것이 없다. 이 원자들이 서로 모여 아미노산, 당, 단백질, DNA 등의 분자들을 만든다. 그리고 이러한 생명의 분자들이 세포 내에서 유기적으로 작동하여 상호작용을 하고 (그림 16.24), 다시 유사한 한 무리

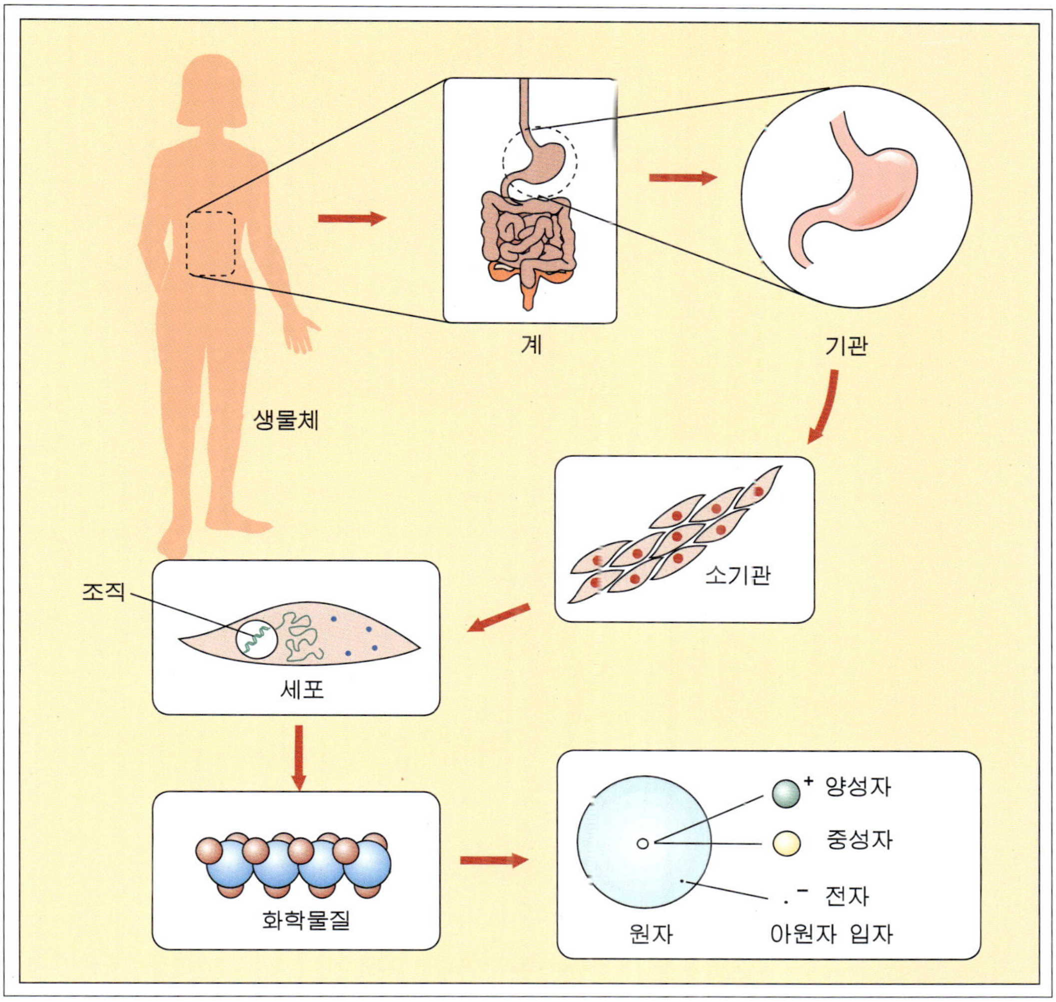

그림 16.23 우리의 몸을 체계적으로 분석해보면 우리 몸은 기관으로 구성되어 있고, 기관은 조직으로, 조직은 세포로, 세포는 화합물로, 화합물은 원자로, 원자는 양성자와 중성자와 전자로 구성되어 있다.

의 세포가 모여 근육이나 피부와 같은 조직을 구성한다. 더 나아가 뇌, 심장, 허파, 간, 콩팥 등의 장기는 서로 다른 기능을 하는 조직들로 구성된다. 여러 장기들이 조직화되어 소화기계, 순환계, 신경계 등의 계를 만들게 되고 마지막으로 이 계들이 조화롭게 작용함으로써 우리의 생명을 유지하도록 해준다. 그러나 이 모든 놀라운 일들은 우리 몸에 있는 화학물질들이 그들의 구조에 따라 적절한 상호작용을 함으로써 가능하게 되는 것이기 때문에 결국 인간의 생명 현상은 화학반응이라고 말할 수 있다. 우리 각자는 화학구조가 기능에 얼마나 중요한 역할을 하는지 보여 주는 훌륭한 모델이 되는 것이다.

생명의 화학을 이해하려면 DNA가 단백질을 어떻게 암호화하는지와, 단백질의 기능, 탄수화물과 지질의 구조 등을 단지 아는 것보다

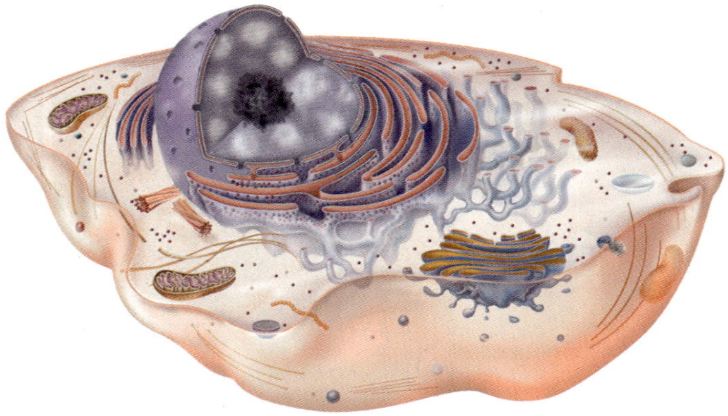

그림 16.24 일반 세포의 구조

더 많은 지식이 있어야 한다. 그 지식들은 단지 매순간마다 우리 몸 모든 곳에서 역할을 하고 있는 매우 복잡한 화학적 드라마에서 화학적 특성을 소개할 뿐이다.

생화학의 복잡성을 여기서 자세히 설명할 수 없으나, 대사(metabolism), 에너지 공급(energy supply), 돌연변이(mutation) 등 세 가지 중요한 이슈의 요약을 통해 생명의 화학을 재검토할 것이다.

대사(Metabolism)

우리의 몸은 우리가 먹는 음식으로부터 만들어지며, 이것은 우리가 세포를 만드는 데 사용하는 화학적 원료나 에너지를 공급한다. 17장에서 논의되는 것과 같이 식품은 단백질, 지질, 탄수화물, 무기물, 비타민 그리고 물로 구성되어 있다. 단백질, 지질, 탄수화물은 우리가 그것들을 원료로서 사용하기 전 글루코오스나 아미노산과 같은 가장 기본적인 단량체로 분해되어야 한다. 식품들이 산소와 결합하면 에너지를 내면서 이산화탄소, 물, 그리고 다른 간단한 폐기물로 분해된다. 화학물질들이 간단한 물질로 분해되는 이런 과정들은 종종 에너지 발생을 수반하는데 이것을 **이화작용**(catabolism)이라 한다. 이것은 많은 개별적인 화학 반응에 의해 이루어지며, 각각의 화학 반응은 적당한 효소에 의해 촉진된다.

원료들을 쌓아서 다시 단백질, 지질, 탄수화물 그리고 다른 필수 화학물질들로 바꾸어 만드는 과정을 **동화작용**(anabolism)이라고 하며, 역시 많은 개별적 효소의 반응과 각각의 촉매화된 작은 단계들에 의해 이루어진다.

생명을 지탱해주는 수많은 효소촉매 반응을 포함한 이화작용과 동화작용을 통틀어 **대사작용**(metabolism)이라 한다. 일반적으로 말해서, 이화 반응은 에너지를 내는 반면 동화 반응은 반응을 일으키기 위해 에너지 공급을 요구한다.

에너지 공급

이화작용에서 탄수화물이나 지질과 같은 화학물질이 분해될 때 발생하는 에너지의 일부는 반드시 동화작용 과정에서 요구되는 에너지로 공급할 수 있도록 화학적 형태로 저장되어야 한다. 에너지를 저장하는 주요한 방법은 **ADP** (adenosine diphosphate)와 인산 이온으로부터 **ATP** (adenosine triphosphate)를 만드는 방법이며, 주로 에너지 방출 반응과 같이 일어난다(그림 16.25).

ATP는 살아있는 세포 안에서 '에너지 화폐' 처럼 행동한다. 에너지가 요구되는 과정에서는 ATP가 ADP와 인산으로 가수 분해되면서 에

그림 16.25 ATP의 형성과 분해

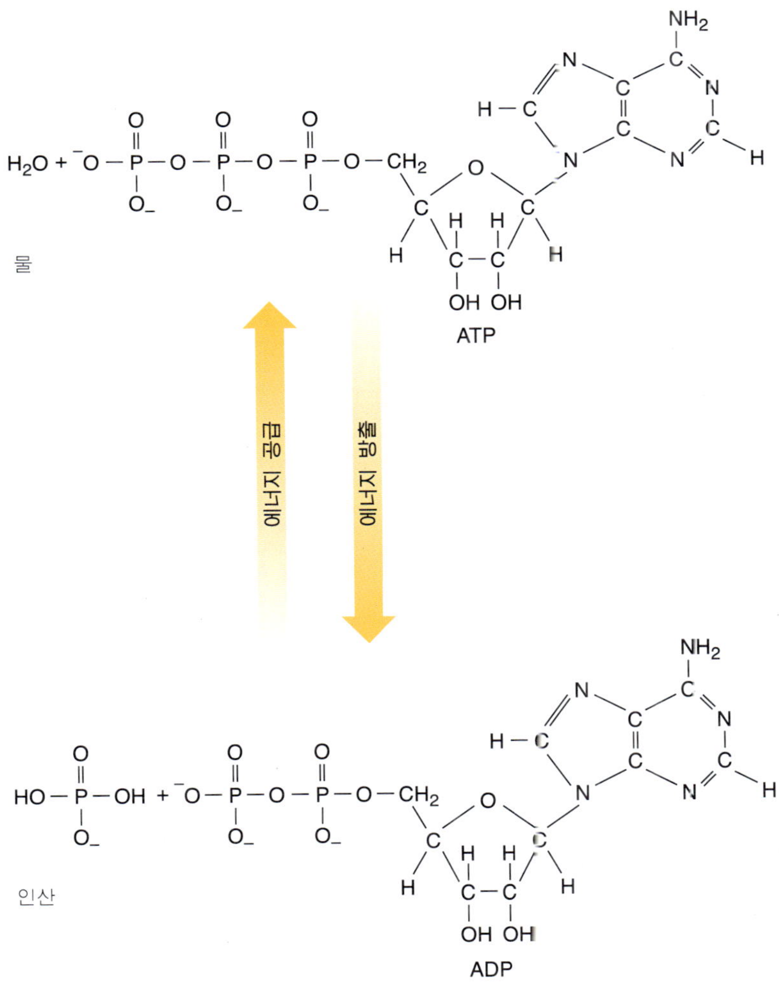

너지를 공급한다. ATP 가수 분해 반응에 의해 방출된 에너지는 요구된 반응을 하는 데 필요한 에너지보다 크다. ATP 가수 분해는 에너지를 요구하는 반응이 진행되도록 한다. 예를 들어 단백질을 만드는 반응, 유전자를 복제하는 것들은 ATP 가수 분해에 의해 에너지를 공급받아 한 방향, 또 다른 방향 등으로 나아가게 한다.

돌연변이

유전자의 DNA는 불변의 정보 창고가 아니다. 때때로 사고가 일어난다. 하나의 염기가 다른 것으로 치환되는 경우, 하나의 염기가 누락되거나, 새로운 염기가 첨가되거나, 혹은 유전자의 염기 배열이 엄청나게 재배열되는 것 등 이런 변화를 **돌연변이** (mutation)이라고 한다. 이런 것들은 자연 발생적으로 일어나거나 방사능 영향에 의해 시작될 수도 있으며 DNA와 돌연변이 유발 화학물질과의 반응에 의해서도 발생할 수 있다.

DNA의 이런 변화는 질병과 진화 모두를 초래할 수 있다. 영향받은 유전자에 의해 암호화된 단백질이 손상될 때 그것들은 병을 유발시킬 수 있다. 돌연변이로 인하여 새로운 가능성들이 열리거나, 영향받은 기관들이 발전하거나 새로운 방법으로 기능하게 될 때 그것들은 진화의 원동력이 된다.

우리들의 분자유전학 (우리 유전자에 대한 과학)에 대한 지식은 폭발적으로 발전하고 있다. 유전공학이라고 알려진 과정을 통해 우리는 우리 스스로를 위해 유전자 조작을 어떻게 하는가를 배웠고, 인간을 만드는 유전자의 모든 것에 대해 알아야 할 것을 공부하였다. 뿐만 아니라 다른 많은 생명체를 구성하는 유전자에 대해서도 공부하였다. 이런 유전학의 최첨단의 몇몇 중요한 발전을 살펴보면서 16장을 마무리할 것이다.

16.9 유전학의 최첨단–생명을 만들 수 있는 새로운 선택들

과학적 진보는 최근에 이전 세대에는 없었던 완전히 새로운 화학적, 의학적, 사회적 선택들을 활짝 열었다. 우리는 지금 유전자를 변형하거나, **유전공학** (genetic engineering)이라는 기술을 이용하여 다른 종의 유전자를 "섞어 맞출" 수 있다. 세포를 제공하는 동물의 유전학적으로 동일한 복사물, 즉 클론을 만들기 위해, 성장한 동물의 세포를 이용할 수 있다. 우리는 모든 살아있는 생물의 활동을 지배하는 화학

물질(DNA)을 지배하고, 변형시킬 수 있다.

이것은 유혹적이지만 위험한 영역이다. 한편으로는 많은 심각한 질병들에 대한 이해와 치료의 기회를 제공하고, 아마도 보다 능률적이고, 질병으로부터 더 안전하게 옥수수를 키울 수도 있게 한다. 하지만 다른 한편으로는 부모들의 잘못된 선호도로 맞추어 바뀐 '디자인된 아기' 나 선택된 사람들과 유전학적으로 동일한 복사물인 '인간 클론', 그리고 생명과 진화의 중심 화학을 함부로 변형시켜서 생긴 불쾌하고 예측할 수 없는 끔직한 일들이 일어날 것이다.

재조합 DNA 기술

유전공학의 기본 기술은 실제로 구현하기는 복잡할지라도 상당히 간단히 묘사된다. DNA를 변형하기 위해 우리는 DNA를 선택된 자리에서 자를 수 있고 DNA의 다른 부분을 함께 붙여 넣을 수 있는 도구가 필요하다. 필요한 도구들은 자연에 존재하는 효소들이며, 효소들은 정제되어 우리가 원하는 방향으로 변형시킬 DNA 시료에 첨가된다.

제한효소라고 하는 이 효소는 그림 16.26과 같이 DNA를 선택된 짧은 서열 조각으로 자를 것이다. 이런 효소 중 어떤 것들은 절단된 다른 DNA의 말단에 염기 짝이 서로 맞아 붙을 수 있는 접착성 말단을 가진 DNA 조각을 생산한다. 그러므로 한 종의 DNA로부터 잘라낸 DNA의 선택된 서열과 다른 종의 DNA로부터 잘라낸 선택된 서열을 서로 섞는다면, 접착성 말단은 서로 다른 DNA를 붙여줄 수 있다. 그 조합은 당–인산 뼈대에 적당한 공유결합을 형성하여 봉합시키는 "DNA 연결효소(DNA ligase)"라는 또 다른 효소를 사용하여 영구적으로 될 수 있다.

아주 간단하게 요약하자면, 이것은 화학이 어떻게 한 종의 유전자를 절단할 수 있고, 또 다른 종에서 절단한 부분을 어떻게 삽입할 수 있는가를 설명한다. 우리가 왜 이런 것을 원하는가? 거기에는 많은 이유가 있다. 예를 들어 인슐린 같은 의학적으로 유용한 단백질에 대한 유전 암호는 당뇨병을 치료하는 데 필요하다. 그것을 인간의 DNA에서 절단하여 박테리아의 DNA에 삽입한다. 이 유전공학적인 박테리아는 엄청난 양으로 자랄 수 있고, 필요한 만큼만 정제하여 인간의 인슐린 원료로 이용될 수 있다. 또 다른 예는 농업 분야로서, 특별한 해충이나 병에 저항력을 가진 유전자를 유전공학적으로 조작된 옥수수에 옮기는 것이다. 이런 기술들은 의학 연구가들에게 매우 많이 사용

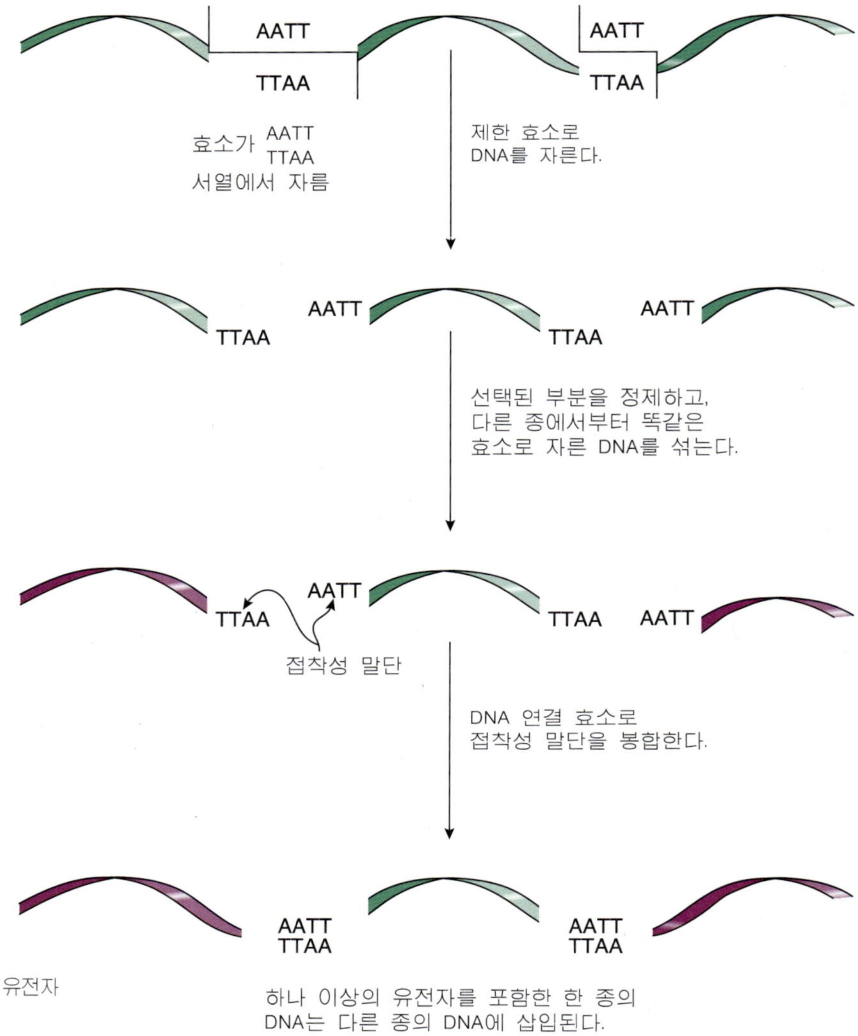

그림 16.26 효소를 이용한 종간의 유전자 이전

되는데 암과 같은 심각한 질병을 고칠 수 있는 특별한 유전자의 효과나 그들에 상응하는 단백질을 연구하고 분리한다.

중합효소 연쇄반응

DNA 분자의 연구와 조작을 위해 종종 DNA 특정 조각의 복사물을 많이 만드는 것이 필요하다. 이것은 그림 16.11에서 보여준 방법에서와 같이 DNA 가닥을 복제하는 자연 임무를 가진 DNA 중합 효소라는 또 다른 천연 효소를 이용해서 한다. 이 기술은 **중합효소 연쇄 반응**(polymerase chain reaction, PCR)이라고 알려져 있다. 아마도 미디어를 통해 한 번쯤은 들었을 것이다. 이것은 살인, 폭행, 강간 혹은 다른 범죄 현장에서 얻을 수 있는 적은 DNA시료에도, 법의학적 분석에 필요한 DNA의 충분한 복사물을 생산하기 위해 적용할 수 있다. 실제 과정은 상당히 복잡하다. 그래서 여기서 자세한 것은 설명하지 않지만, 이것은 모든 DNA를 복제하기 위해 효소의 능력과 염기 짝짓기의 규칙에도 의존한다. 과학자들이 DNA를 가지고 하는 연구의 대부분은 그들이 연구하고 조작하고 싶어하는 DNA 단편의 많은 복사물을 만들기 위해 중합 효소 연쇄 반응을 이용한다.

유전자 요법

과학자들이 유전자를 조작하거나, 다른 DNA 사이에 유전자를 옮길 수 있기를 바라는 주요한 이유 중 하나가 결점 있는 유전자에 의해 유발될 수 있는 심각한 병들을 희망적으로 치유하는 것이다. 세포의 DNA에 새로운 유전자를 삽입하여 유전병을 치유하려는 것을 유전자 요법 (gene therapy)이라 부른다. 비록 유전자 요법이 미래에는 더 성공적이고, 보다 더 보급될 것으로 예상되지만 현재까지는 유전자 요법 시도가 크게 성공하지는 못하였다.

클로닝

그림 16.27에 있는 스코틀랜드 양인 '돌리'는 영화배우나 대통령과 동등한 명성의 지위를 얻었다. 돌리는 성장한 양의 체세포 (body cell)로부터 처음 복제된 포유류이다. 돌리는 에든버러 (Edinburgh) 근처의 로즐린 연구소 (Roslin Institute)에서 창조되었다. 6살의 암양의 젖통에서 세포를 자르고, 유전 물질을 제거한 수정되지 않은 난자와 함께 융합시켰다. 정상적으로 발달된 29개의 난자들은 대리모 암양의 자궁에 이식되었다. 이 난자들 중 하나가 임신기간을 통해 발달했고, '돌리'라는 살아있는 어린 양을 탄생시켰다. 이 어린 양은 자신을 탄생시킨 세포를 준 암양과 유전학적으로 같다. 그래서 유성의 재생산, 즉 아버지의 존재와 관계없이 인공적으로 생산된 '클론'이다.

과학자들은 의학적으로 중요한 유전자를 첨가한 DNA를 가진 수많은 복제양을 생산하기 위해 클로닝 (cloning) 기술을 이용하기를 원한다. 그들의 희망은 이런 유전자에 의해 암호화된 단백질을 암양의 젖에서 생산할 수 있고, 인간이 약으로 사용할 수 있도록 쉽게 정제하는 것이다. 이러한 의도는 칭찬할 만하다. 그러나 많은 사람들은 공포 때문에 포유류의 복제를 반대한다. 왜냐하면 그것은 같은 방법으로 인간의 복제 가능성도 야기시키기 때문이다. 창조자에 의해 특별히

그림 16.27 복제양 '돌리'와 돌리의 창조자

선택된 유전자를 갖춘 유전적으로 동일한 인간의 '무리'들은 창조자들이 바라는 대로 실행하고 행동할 것이다. 이는 있음직한 과학소설의 가장 나쁜 추측 중 하나다.

인간 게놈 프로젝트

우리가 어떻게 DNA를 정제, 분리, 조작하는가를 배웠듯이, 인간의 DNA에 대해 모든 것을 알고 싶어하는 것은 당연한 일이다. 그것은 대단한 과제이다. 사람의 세포 안에 있는 DNA의 전체 상보물을 **게놈**(genome)이라고 한다. 인간의 게놈은 약 5만 개의 유전자로 구성되어 있으며, 총부피가 훨씬 더 큰 DNA 속에 저장되어 있다. 거기에는 우리의 유전자를 분리한 DNA를 거대하게 펼쳐 놓은 것들이 있으며, 어떤 부분은 중요한 조절 기능을 수행하고, 또 몇몇은 아마 아무 기능이 없을 것이다. 우리는 아직 확실하게 알지 못한다. 개인마다 조금씩 다른 게놈을 가지고 있다. 유전자는 다양한 형태이며 우리들 중 어떤 누구도 완전히 똑같은 유전자를 가진 사람은 없다. 인간 DNA의 모든 복잡성을 푸는 것은 전 세계, 그 중에서도 미국, 유럽, 일본에서 연구팀의 컨소시엄인 '인간 게놈 프로젝트'에 의해 수행되고 있다. 프로젝트의 목표는 제각각인 사람들의 유전자 중 최소한 하나의 염기서열을 결정하는 것이며, 그리고는 모든 변형을 연구하고, DNA와 유전자 간의 모든 단편들 속에 있는 기능들을 연구하는 것이다. 주요한 첫 기념비적인 사건은 인간 유전자에 관한 완전한 '대강의 설계도'가 얻어졌다고 발표가 된 2000년 1월로 거슬러 올라간다. 완전한 설계도를 얻으려면 앞으로도 몇 년은 더 걸릴 것이다. 그때는 유전자의 모든 다양성까지도 분석될 것이다. 그러나 이미 암과 같은 주요 질병에 관련된 유전자의 상세 정보들이 얻어지고 있으며 새로운 치료방법의 연구에 도움을 주고 있다.

화학적 도전으로 인간 게놈 프로젝트는 모든 우리 유전자의 정확한 염기서열을 풀어내고 있다. 약간 다른 방법들도 다양하게 이용되고 있다. 가장 일반적인 방법 중 하나는 한 가닥의 DNA 시료를 효소를 가지고 대략 500개의 염기의 길이로 자르는 것이다. 이런 DNA 분자를 앞에서 논의하였던 DNA 중합 효소와 섞고, 뉴클레오타이드를 공급한다. DNA 중합 효소는 원래 DNA 가닥에 상보적인 새로운 DNA 가닥을 뉴클레오타이드를 연결하여 만든다. 그러나 중요한 기술은 도중에 인공 뉴클레오타이드를 가함으로써 이 과정을 임의로 멈추게 하는 것이다. 그 후 적절히 분리해보면, 이 과정은 많은 DNA 조각들의

'주어진 집합'을 형성하는데 뒤의 것은 앞의 것보다 하나 더 많은 뉴클레오타이드를 가진 분자를 의미한다. 젤을 통하여 조각들을 끄는 전류를 이용하는 것에 의해 모든 조각들은 분리된다. 이 과정을 젤 전기영동(gel electrophoresis)라고 한다. 이전에 보았듯이, 이것은 DNA 분자가 그들의 인산기 때문에 음전하를 띤다는 사실에 의존하며, 그래서 분자들은 양전하 방향으로 끌려간다. 가장 작은 분자는 가장 멀리까지 갈 것이고, 그래서 주어진 집합은 크기에 의해 분리될 것이다. 4개의 다른 염료를 젤에 첨가하면, 각각은 분자들 끝에 노출된 4개의 염기와 반응한다. 하나는 아데닌(A)과 반응을 하고, 또 다른 염료들은 티민(T), 구아닌(G), 시토신(C)과 각각 반응한다. DNA의 염기서열은 첫 조각의 색깔부터 색깔의 순서를 읽음으로써 젤로부터 간단히 읽을 수 있다. 전체 과정은 자동화되어 있고, 그림 16.28과 같이 색으로 코드된 출력물이 얻어진다.

DNA 배열 기계로부터 얻은 결과는 실제 인간 게놈의 비밀을 지닌 끝없는 A, T, G, C의 암호가 적힌 '생명의 책'에 해당한다. 의심할 여지없이 21세기의 가장 큰 과학적, 의학적, 사회적 그리고 도덕적 문제들의 대부분은 인간 게놈에 대한 지식을 가지고 우리가 무엇을 선택하고, 무엇을 해서는 안 되는지에 집중될 것이다.

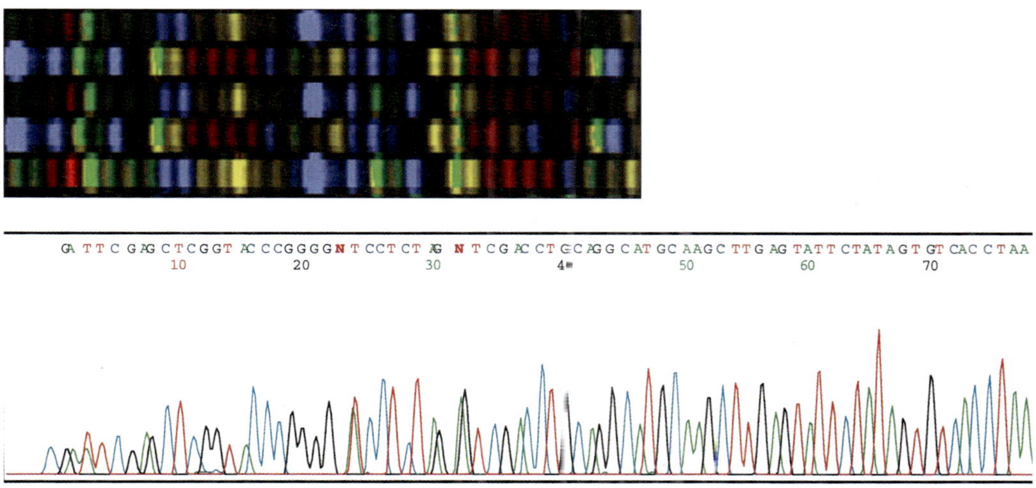

그림 16.28 자동화된 DNA 서열분석기의 결과물. 네 가지 색상은 네 가지 뉴클레오타이드를 나타낸다(위). 컴퓨터 분석으로 서열이 인쇄되어 나온다(아래).

연습문제

1. 단백질과 탄수화물 둘 다 구성하는 데 중요한 원소 세 개는 무엇인가? 단백질 구성에는 중요하지만, 탄수화물에는 그렇지 않는 구성 원소 두 개는 무엇인가?
2. 단백질을 만들 때, 두 아미노산 사이에 형성되는 결합은 무엇인가?
3. 작용기로 $-CH_3$를 가지고 있는 아미노산의 구조를 그려라.
4. C 끝쪽 아미노산이 작용기로서 $-CH_3$를 가지고 있고 N 끝쪽 아미노산은 작용기로 $-CH_2SH$를 가지고 있는 디펩타이드의 구조를 그려라.
5. 알라닌과 트로신의 산기와 반응하고, 페니알라닌의 아민기와 반응하는 트리펩타이드의 구조를 그려라
6. 단백질의 2차 구조를 형성하는 결합은 무엇인가? 또 단백질의 3차 구조를 형성하는 결합은 무엇인가?
7. 20종의 아미노산을 한 분자씩 이용해 단백질을 만든다면, 그 분자량은?
8. 연습문제 7에서 만든 단백질에서 질소는 몇 퍼센트인가?
9. DNA의 뼈대를 구성하는 것은 무엇인가?
10. DNA 이중 가닥에서 두 개의 DNA 가닥을 이중 가닥으로 유지시켜주는 결합은 무엇인가?
11. 염색체는 무엇으로 구성되어 있는가? 이러한 구성 성분들이 어떻게 해서 염색체의 형태를 만들게 되는가?
12. DNA 자가 복제 과정을 설명해보아라.
13. 다음 각 분자들의 일차적인 기능은 무엇인가?
    a. mRNA
    b. tRNA
    c. rRNA
14. RNA와 DNA의 구조적으로 유사한 점 세 가지와 다른 점 세 가지를 열거하라.
15. RNA와 DNA를 구성하는 다섯 가지 원소는 무엇인가?
16. DNA에는 RNA의 전사가 시작되는 위치를 알려주는 보존된 염기서열이 존재한다. 대장균 박테리아에서는 TTGACA가 그러한 목적으로 사용되는 염기서열 중 하나이다. 이 염기서열에 대해 상보적인 mRNA의 염기서열은 무엇인가?

CHAPTER

식품 화학

17

큰 가지 밑에 있는 한 권의 시집
한 잔의 포도주, 한 조각의 빵
그리고 광야에서 노래하고 있는 내 곁의 당신

- 1858년 Edward FizGerald에 의해서 영역된 11세기 페르시아 시인 Ghiyáthuddin Abulfath Omar bin Ibrá him al-Khayyámi가 지은 *The Rubáiyát of Omar Kháyyam*에서 발췌함. -

한 조각의 빵과 한 잔의 포도주가 있는 야유회는 오늘날의 기준에서 볼 때에는 매우 하잘 것 없는 것이다. 우리는 야유회 하면 튀긴 닭고기, 감자샐러드, 핫도그, 볶은 콩과 케이크 또는 코블러(과일파이의 일종) 같은 것들을 생각한다. 대형 식품점의 진열대에는 우리의 몸을 살찌우고, 우리의 입맛을 유혹하는 엄청나게 많은 식품들이 진열되어 있다. 다양한 향과 모양, 크기의 과일과 야채들이 높이 쌓여 있다. 수십 가지의 다른 형태의 고기와 생선들이 판매용으로 놓여 있다. 파스타, 쌀, 빵, 케이크도 근처에 진열되어 있다. 가공식품과 복합식품이 담겨 있는 깡통들이 줄을 이루고 있다. 포장된 완전식품(냉동, 냉장, 또는 건조된), 수백 가지 형태의 사탕과 맥주, 포도주와 독한 술을 포함한, 놀랄 만큼 다양한 음료수들도 있다. 서구사회에서 선진화된 식품회사들은 그 선택의 여지가 때때로 놀라울 정도로 다양하고 복합화한 식품과 음료수들을 제공하기 위해 꾸준히 노력하고 있다. 대형식품점의 한 지점이 약 20,000개 정도의 식품과 음료수들을 진열대에 보유하고 있다. 물론, 당신이 정말로 사고 싶어하는 것은 다양하고 상이한 화학물질들이다. 여러분이 식품점에 들어가서 진열품들을 살펴볼 때, 여러분 몸에 넣고자하는 화학물질이 무엇인지를 결정해야 한다. 따

라서 식품을 사는 것은 화학물질을 사는 것과 같고, 외관상으로는 무한한 다양성에도 불구하고, 구할 수 있는 모든 음식들은 신체 내에서 세 가지 주요 작용만을 하는 6가지 기본 범위들에 포함된다.

신체가 식품이나 음료수로 섭취할 필요를 느끼는 화학물질들은 **영양소**(nutrient)로 분류된다. 영양소는 다음과 같이 6가지로 분류된다.

- 물
- 탄수화물
- 지방(지질)
- 단백질
- 무기물
- 비타민

이같은 화학물질들이 수행하는 세 가지 중요한 역할은,

- 신체피부의 성장과 유지를 위한 기초물질로 쓰이고,
- 에너지원으로 쓰이고,
- 신체의 화학적, 생물학적 과정을 조절하고, 유용하게 도와주는 것이다.

인간의 몸은 음식물의 영양소로 존재해야만 하는 21가지의 화학원소들을 필요로 한다고 알려져 있다(그림 17.1 참조). 이 장에서 우리

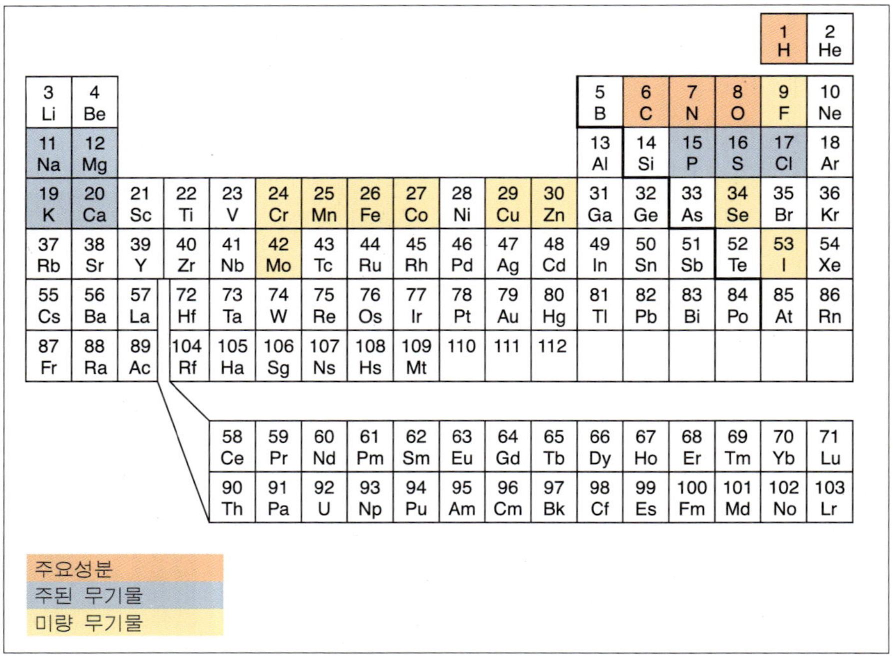

그림 17.1 인간 건강에 필요한 필수 원소들. 주황색으로 표시된 원소들이 신체 내에서 다량 존재하는 것들이고, 파란색으로 표시된 것들은 소량 존재하는 것들이고, 노란색으로 표시된 것들은 미량 존재하는 것들이다.

는 영양소 각각의 범주를 순서대로 살펴보는데, 이들 각각이 신체가 움직이고 건강하게 유지시켜주는 데 화학이 어떻게 기여하는지를 고찰해보고자 한다.

우리가 먹는 모든 식품들은 태양 에너지에 의해서 지탱되어온 생명체로부터 얻어진다. 우리가 동물을 먹는다면, 그 동물들은 식물을 먹거나, 또는 식물을 먹는 또 다른 동물을 먹음으로써 생경을 유지해 왔을 것이다. 그러므로 모든 우리의 식량공급은 태양 에너지로부터 동력이 공급된 식물의 성장에 의존하게 된다. 요약하자면, 태양 에너지는 지구상의 물, 이산화탄소 그리고 다른 화학물질이 식물과 식물을 먹고 사는 동물에 유입되게 한다. 우리가 음식물로 식물이나 동물을 먹을 때, 우리는 음식물 속의 화학물질을 기초물질과 에너지원으로서 사용할 수 있다.

우리가 먹는 화학물질들은 영원히 우리에게 남아있지 않고 고체, 액체, 기체 상태의 쓰레기로 배출되어 계속 재생된다. 그러므로 섭취와 배설의 과정은 지구상에서 일어나는 모든 것들의 중심에 놓여 있는 태양 에너지에 의해서 동력이 주어지는 많은 화학순환의 또 다른 예이기도 하다.

17.1. 영양소로서의 물

물 (친근한 H_2O)은 가장 기본적이고, 가장 간단한 영양소이다. 또한 인간이 생명을 유지하기 위해서 최소한의 양을 필요로 하는 물질이라는 점에서 가장 필수적인 것이기도 하다. 우리 중 다수는 몇 주 동안, 심지어는 몇 달 동안 탄수화물, 단백질, 지방, 비타민 또는 무기물을 섭취하지 않더라도 살 수 있다. 그러나 물을 섭취하지 못하면 며칠 내에 죽게 될 것이다. 우리 몸의 45~75 % 정도가 물로 이루어져 있다. 전형적인 성인 한 명이 함유하는 물의 양은 40 L 정도가 된다. 혈장에 3 L, 조직액에 12 L, 혈액과 조직세포에 25 L가 있다. 성인 한 명은 하루에 음료수로 1.30 L를, 식품에서 0.90 L의 물을 섭취하고, 다른 영양소의 산화작용을 통해서 0.30 L를 섭취한다. 배출되는 물의 양은 일반적으로 소변으로 1.50 L, 피부를 통한 발한작용으로 0.55 L, 숨을 내쉬는 대기 중으로 0.35 L, 그리고 대변으로 0.10 L이다 (그림 17.2 참조).

다행히도 물은 순순한 형태로 마시는 것 말고도 여러 가지의 즐거운 섭취 방법들이 있다. 청량음료, 과일 주스, 야채 주스, 그리고 알코

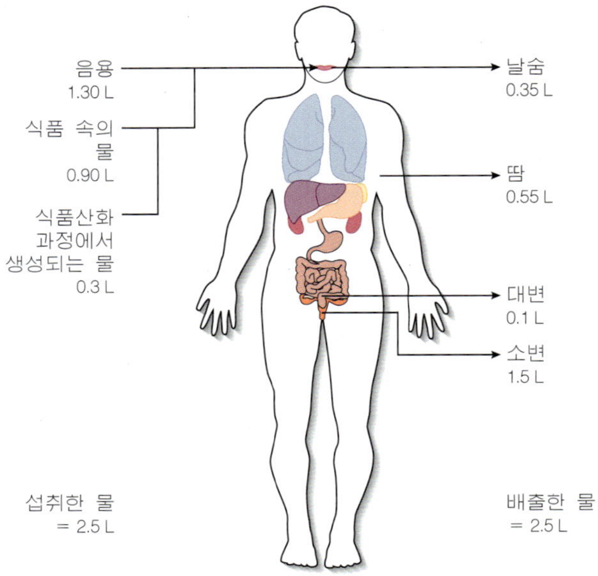

그림 17.2 건강하게 수분 균형을 이루려면 섭취한 수분은 배출하는 수분과 일치하여야 한다. 일반적인 수치를 나타내었다. 실제로는 차이가 있다.

표 17.1 몇몇 식품의 물 함유량

식품	%H_2O
멜론	94
맥주	90
양배추	88
우유	88
사과	84
젤리	84
감자	76
달걀	75
비프 스테이크	67
흰빵	39
체다 치즈	37
버터	15
흰 밀가루	13
콘플레이크	7
설탕	0

P. M. Gamon and K. B. Sherrington. 1990. *The Science of Food*. 3rd Edition, Oxford: Pergamon Press, p. 112에서.

올성 음료들이 우리에게 상당량의 물을 제공해주는 일반적인 음식원이다. 우리가 소비하는 상당량의 물은, 실제로 많은 양을 함유할 수 있는 겉보기에 고체인 음식에 담겨져 있다. 예를 들면, 감자는 거의 80%(무게)가 물이고, 육류는 약 60%가, 빵은 약 40%가 물로 이루어져 있다. 표 17.1은 다양한 일반 음식물들의 수분 함유량를 보여 주고 있다.

신체 내에서 물의 중요한 화학적인 역할은 생명의 용매로 작용하는 것이다. 바꾸어 말하면, 물은 생명체와 관련된 대부분의 다른 화학물질들을 용해시키고, 이것들을 여러 곳으로 운반하도록 해주고, 생명현상과 관련되는 대부분의 화학반응이 일어나는 곳에 존재하는 화학물질이다. 우리 몸은 개개의 세포로 만들어져 있고, 각 세포는 수용액으로 채워져 있으며, 이 세포 내에서 우리가 살아가도록 해주는 대부분의 화학반응이 일어난다. 혈액과 같이 물을 근간으로 하는 용액은 화학물질들을 요구되는 위치로 이동시켜주는 신체 내의 주요 운반체계를 구성하고 있다.

물은 작고, 극성이거나, 수소결합을 이루는 분자들에 대해서 좋은 용매이다. 6장에서 배운 것처럼, 수소결합을 하는 분자들은 구조에 O−H나 N−H기가 있다. 이 장과 16장에 나오는 분자들의 구조에서 이런 작용기들을 찾아보자. 탄수화물이 많은 O−H기를 가지고 있고, 단백질은 많은 N−H기(적은 O−H기)를 갖고 있음을 알 수 있을 것이다. 이런 종류의 화합물들은 물에 잘 용해된다. 이와는 달리, 지방은 O−H나 N−H기를 가지고 있지 않아서 물에 잘 녹지 않는다. 우리는 지방이 신체 내에서 이동하는 매우 특별한 방법에 대해 논의할 것이다.

이와 비슷하게, 어떤 비타민들은 물에 잘 녹지만(이들은 모두 물에 대한 용해도를 높여줄 O−H나 N−H기를 가지고 있음), 다른 것들은 물에는 잘 녹지 않고 지방에 잘 용해된다. 후자의 경우는 "지용성" 비타민이라고 한다. 이들의 구조에는 O−H나 N−H기가 없어서 상호간이나 또는 물과의 수소결합에 참여하지 못한다.

삼투현상

7장(물의 성질)에서, 물 분자들의 삼투압과 막을 이동하는 현상에 대해서 학습한 바 있다. 우리 몸의 세포막은 물 분자가 이동할 수 있는 작은 구멍이 있는 막으로 되어있고 삼투압은 용해된 용질의 농도가 낮은 곳에서 높은 곳으로 물 분자가 막을 거쳐서 이동할 수 있도록 압력을 가해준다. 바꾸어 말하면, 물이 희석용액(이것의 농도는 올라가게 된다)으로부터 빠져 나와서 진한 용액(이것의 농도는 낮아지게 된다)으로 들어가게 됨에 따라 막 반대쪽 용액의 농도는 같아지려는 경향을 보이게 된다. 이런 삼투현상이 체내 세포 간의 물 이동을 주관한다.

17.2. 탄수화물

그림 17.3과 같이 시리얼 상자 옆면에 있는 표는 시리얼 한 상자(30 g)에 24 g의 "탄수화물" (상품 라벨은 화학적으르 더 정확한 복수보다는 탄수화물, 단백질, 지방 같은 단수를 사용하는 경향이 있다)이 있음을 보여주고 있다. 또 이 라벨은 총 24 g의 탄수화물에는 설탕 4 g, 녹말 17 g("다른 탄수화물들")과 섬유소 3 g이 들어있음을 보여준다.

우리는 16장에서 이 세 가지 탄수화물의 구조를 살펴 보았다. 이 모두는 탄소, 수소, 산소로 구성되었으며, 같은 일반식 $C_x(H_2O)_y$로 표현되나 신체 내에서 각기 다른 효과를 나타낸다.

설탕과 녹말은 소화되어 신체 에너지의 공급원인 글루코오스($C_6H_{12}O_6$)가 된다. 탄수화물에 가해진 에너지는 글루코오스가 단계적으로 산화되며 나오게 된다. 이 산화반응(그림 17.4)은 다음 결과식으로 요약된다.

WHEAT FLAKES

영양소 실태
제공량 1컵 (30g)
봉지당 약 11번 제공

1회 제공량	밀 플레이크	1/2 컵 탈지유와 함께 제공
칼로리	110	150
지방의 칼로리	10	10
	일일 %	
수치**		
총지방 1g*	1%	2%
포화지방 0g	0%	0%
콜레스테롤 0mg	0%	0%
나트륨 210mg	9%	11%
칼륨 115mg	3%	9%
총		
탄수화물 24g	8%	10%
식이섬유 3g	13%	13%
당류 4g		
다른		
탄수화물 17g		
단백질 3g		
비타민 A	25%	30%
비타민 C	25%	25%
칼슘	6%	20%
철	45%	45%
비타민 D	10%	25%
티아민	25%	30%
리보플라빈	25%	35%
니아신	25%	25%
비타민 B_6	25%	25%
엽산	25%	25%
인	10%	20%
마그네슘	8%	10%
아연	4%	8%
구리	4%	4%

*시리얼에 함유된 양. 시리얼과 우유를 같이 섭취하면 지방 1g, <콜레스테롤 5mg, 나트륨 270mg, 칼륨 320mg, 탄수화물 30g(당류 10g), 단백질 7g을 제공한다.
**퍼센트 일일수치는 2,000칼로리 음식물을 기준한 값이다. 당신의 일일수치는 필요한 칼로리에 따라 더 많을 수도 있고 더 적을 수도 있다:

	Calories:	2,000	2,500
총 지방	< 65g	65g	80g
포화지방	< 20g	20g	25g
콜레스테롤	< 300mg	300mg	300mg
나트륨	< 2,400mg	2,400mg	2,400mg
칼륨		3,500mg	3,500mg
총 탄수화물		300g	375g

그림 17.3 영양가에 관한 사항과 성분들은 슈퍼마켓에서 파는 거의 모든 음식에 표시되어 있다.

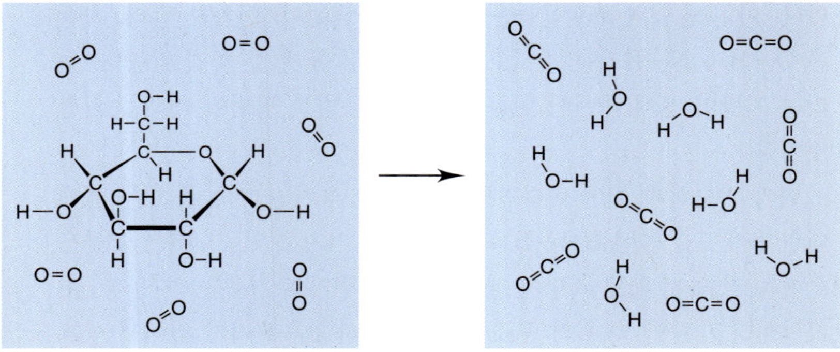

그림 17.4 글루코오스는 산소와 반응하여 이산화탄소와 물을 생성한다.

$$C_6H_{12}O_6 + 6O_2 \longrightarrow 6CO_2 + 6H_2O$$

이 반응은 매우 높은 발열반응으로서, 글루코오스 1 mol이 산화될 때 2816 kJ의 열을 발생시킨다. 에너지의 많은 양이 16장에서 논의했던 ATP의 형태로 변화하여 대사과정에서 에너지 필요원인 힘으로 사용된다. 글루코오스의 몰질량은 180 g이므로, 글루코오스 1 g당 15.6 kJ의 에너지를 발산시킨다는 것을 계산할 수 있다.

일반적으로, 음식물의 에너지량은 **킬로칼로리** (kilocalories) 단위로 측정되는데, 보통 **다이어트 칼로리** 또는 그냥 **칼로리** (Calories)라 한다. 그림 17.3에 있는 식품 라벨의 "110 Calories"는 110 kilocalories에 해당하며 110,000 calories이다. Calorie가 1000 calories를 의미한다는 것이 썩 좋지는 않지만 이미 그렇게 사용되고 있으므로 따를 수밖에 없다.

$$\text{음식 칼로리(1 Calorie)} = \text{1000 칼로리(1 kilocalorie)} \\ = \text{4.184 kJ(4184 Joules)}.$$

1 cal는 물 1 g을 1°C 올리는 데 필요한 열량이다. 음식 칼로리를 나타내기 위해서 kcal를 약자로 사용한다. 이것은 글루코오스 그램당 3.74 kcal로 산정될 수 있는데, 일반적으로 말하는 탄수화물 그램당 4 kcal와 매우 가깝다. 칼로리는 대부분의 음식물 섭취자들에게 잘 알려져 있다. 소화 가능한 탄수화물 1 g은 약 4 kcal를 우리 몸에 제공하며 대부분 열로 방출된다. 이 열이 모두 버려지는 것이 아니며 우리의 체온을 37°C로 유지하는 데 중요한 기능을 한다.

에너지원으로서만 아니라 탄수화물의 탄소, 수소, 산소는 우리 몸을 만드는 데도 사용된다.

예제 17.1

문 제 결합 에너지를 이용하여 1 mol의 글루코오스가 산화될 때 내는 에너지를 예측하여 계산하라.

풀 이

끊어진 결합

C−H	7 mol	7(415) = 2905	
C−C	5 mol	5(345) = 1725	
C−O	7 mol	7(360) = 2520	
O−H	5 mol	5(460) = 2300	
O=O	6 mol	6(493.6) = 2962	
합			12412 kJ

형성된 결합

C=O	12 mol	12(805) = 9660	
O−H	12 mol	12(460) = 5520	
합			15180 kJ

결합을 끊을 대 필요한 12412 kJ은 결합형성 시 내는 15180 kJ보다 훨씬 작다. 따라서 그 차이 15180 − 12412 = 2768 kJ이 결합에너지로 예상된다. 이는 1 mol의 글루코오스가 산화되어 물과 이산화탄소로 될 때 내는 에너지이다.

15장에서의 산화상태에 관한 논의를 기억하라.

섬유질

그림 17.3의 식품 라벨에 나타낸 "**식이섬유** (dietary fiber)는 소화되지 않는 대부분 셀룰로오스로 이루어진 탄수화물이다. 16장에서 살펴보았듯이 셀룰로오스는 비록 글루코오스로 만들어졌지만 소화효소에 의해 분해되지 않으므로 소화관을 통과하여 변의 양을 늘린다. 섬유질은 비록 에너지를 내거나 원료가 되지 못하지만 소화관이 건강하도록 하고 "정상적인" 변을 보게 하는 중요한 역할을 한다. 비록 최근 반론도 있긴 하지만 섬유질 부족이 대장암의 위험성과 연관되어 있다는 증거들이 있다.

17.3 지방

그림 17.3에 나타낸 아침식사용 시리얼의 표지를 보면, 시리얼 한 봉지에는 탄수화물이 총 24 g이나 들어있는 것에 비해서 지방은 단지 1 g만이 포함되어 있음을 알 수 있다.

그러나 슈퍼마켓에서 우리가 카트에 넣는 많은 다른 품목들, 특히 우리가 정말로 먹고 싶어하는 것들에는 지방이 많이 들어 있다. 햄버거, 아이스크림, 베이컨, 감자 칩과 다른 스낵에는 지방이 많이 들어 있다. 식품 라벨에 쓰여있고 영양학적으로 논의되는 지방이라는 단어는 실제로는 지질을 의미한다. 16장에서 보았듯이 좁은 의미의 지방은 고체 트리글리세라이드, 오일은 액체 트리글리세라이드 지질은 생체 내 지방, 오일 그리고 물에 불용성인 모든 "지방성" 물질을 포함한다. 그림 17.5에 트리글리세라이드의 구조를 나타내었다.

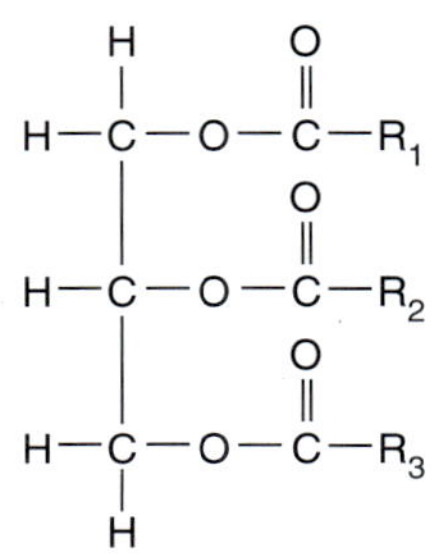

그림17.5 트리글리세라이드는 이런 일반 구조를 갖는다. R_1, R_2, R_3는 각 지방산 연쇄의 나머지 부분들이다.

이 장은 식품에 관한 화학을 다루기 때문에 우리는 사실상 지질을 의미하지만 지방이란 단어를 사용할 수밖에 없다.

동물(사람을 포함하여)에 지방이 쌓이는 것은 에너지를 저장함을 의미한다. 탄수화물과 마찬가지로 지방도 산화하여 탄수화물과 물을 내 놓는다. 지방 1 g은 산화하여 약 9 kcal를 내므로 같은 질량수를 먹는다면 탄수화물의 두 배 이상의 에너지를 공급한다.

지방은 많은 구형축적지방을 함유하는 세포들로 구성된 "지방조직"에 보관된다. 지질은 물에 녹지 않으므로 오랫동안 씻기지 않고 저장된다. 지방은 또한 인체 내에서 중요한 구조적인 작용을 한다. 예를 들면, 신체의 세포들 각각은 지방 분자들로 된 막에 둘러싸여 있다. 지방은 또한 추위를 막아 주는 좋은 차단제이기도 하다. 추운 기후에서 서식하는 바다표범과 북극곰 같은 동물들은 추위로부터 신체 내부 기관을 보호해줄 수 있는 매우 두꺼운 지방층을 가지고 있다.

대부분 식물성 지방은 식물의 씨와 관련되어 있다. 지방은 광합성이 시작되기 전 씨가 싹틀 때까지 에너지원으로 사용된다. 물론 광합성은 식물이 땅 위로 푸른 잎을 싹틔우기 전에는 시작할 수 없다. 그 전에 식물의 성장은 녹말이나 기름의 형태로 씨에 저장되어 있는 에너지원에 의해서 이루어진다.

지방은 인간의 음식물 중에서 필요한 한 부분이긴 하지만, 대표적인 미국인의 음식물은 너무 많은 지방을 포함하고 있다. 지방이 너무 많이 들어있는 음식들이 갖는 건강상의 문제 때문에 식품제조업자들은 건강 면에서 더 좋은 음식을 생산하고자 기존의 생산품들을 변형시키고 있다. 지방의 섭취량을 줄이려는 시도는 그러나 지방이 많은 음식물에 감미로운 감각을 첨가해주기 때문에 어렵다. 지방은 특히 따뜻하게 해주었을 때 부드럽고 문자 그대로 좋은 "입속 감촉"을 이끌어 준다. 또한 휘발성이 있고 향료에 첨가되거나 음식의 맛을 내는 많은 화합물들이 물에서보다 지방에 훨씬 더 잘 녹는다. 그러므로 지방은 음식의 맛과 향에 상당히 크게 기여하게 된다.

지방산 – 자세히 보기

식품 속의 지방이나 오일이 다른 것은 공통의 글리세롤에 붙은 지방산이 다르기 때문이다. 지방산은 긴 탄화수소 연쇄(chain)에 카복실기가 달린 화합물임을 기억하자(그림 17.6). 식품 속의 천연 지방은 탄소의 총 수가 언제나 짝수이며, 보통 8～22 사이의 값이다. 이 긴 연쇄 가운데 몇 개의 이중결합이 있을 수 있다. 식품에서 발견되는

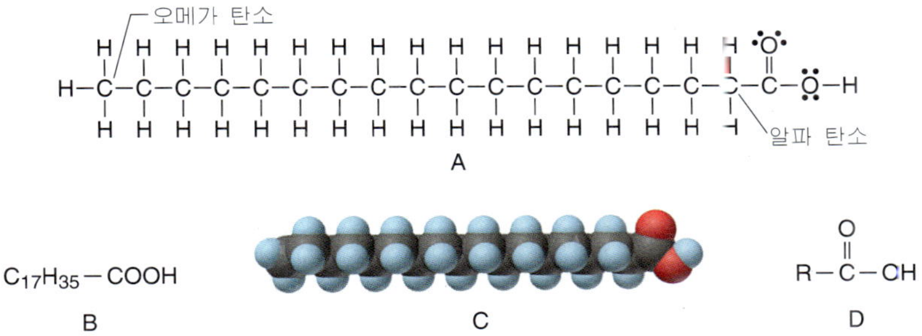

그림 17.6 지방산을 여러 가지 다른 방식으로 나타낼 수 있다.

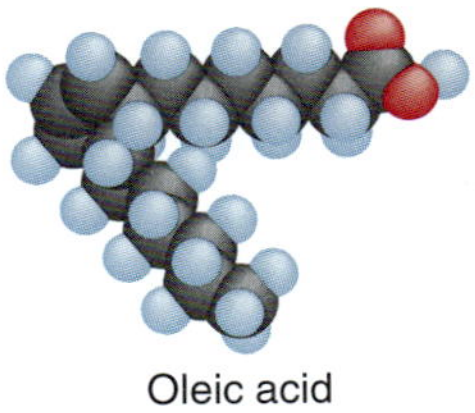

그림 17.7 올레산은 18개의 탄소를 함유하는데, 9번 탄소와 10번 탄소 사이에 하나의 이중결합이 있다.(카복실기의 탄소를 1번으로 센다). 이 이중결합이 분자의 영구적인 꺾임을 만든다.

몇 가지 지방산들의 이름과 구조를 표 17.2에 나타내었다.

전형적인 지방산은 스테아르산으로 $CH_3(CH_2)_{16}COOH$의 구조식을 가진다. 스테아르산은 **포화지방산** (saturated fatty acid)으로 이중결합이 없으며 따라서 최대한의 수소를 가진다 (수소가 포화되어 있다). 다른 지방산들은 1~2개의 이중결합을 갖는다. 이는 장차 수소와 더 결합할 수 있으므로 **불포화지방산** (unsaturated fatty acid)이라 한다. 이런 불포화지방산 중 하나 (올레산)를 그림 17.7에 나타내었다. 리놀레산처럼 두 개 이상의 이중결합을 갖는 지방산을 **다중불포화지방산** (polyunsaturated fatty acid)이라 한다. 한편 한 개만의 이중결합을 갖는 지방산을 **단일불포화지방산** (monounsaturated fatty acid)이라 한다.

"오메가-3 지방산" 혹은 "오메가-6 지방산"과 같이 지방산의 다른 명명법도 중요하다. 이는 지방산 연쇄의 마지막 탄소인 "오메가" 탄소로부터 가장 가까운 이중결합 위치에 근거한다 (그림 17.6). 오메가 탄소를 1 이라 했을 때 이중결합을 가진 탄소가 3번 위치에 있으면

표 17.2 몇 가지 지방산의 이름과 부분적인 구조

이름	구조
라우르산	C—C—C—C—C—C—C—C—C—C—C—COOH
미리스트산	C—C—C—C—C—C—C—C—C—C—C—C—COOH
팔미트산	C—C—C—C—C—C—C—C—C—C—C—C—C—C—COOH
스테아르산	C—C—C—C—C—C—C—C—C—C—C—C—C—C—C—C—COOH
아라키드산	C—C—C—C—C—C—C—C—C—C—C—C—C—C—C—C—C—C—COOH
팔미톨레산	C—C—C—C—C—C—C=C—C—C—C—C—C—C—C—COOH
올레산	C—C—C—C—C—C—C—C=C—C—C—C—C—C—C—C—COOH
리놀레산	C—C—C—C—C—C=C—C—C=C—C—C—C—C—C—C—C—COOH
리놀렌산	C—C—C=C—C—C=C—C—C=C—C—C—C—C—C—C—C—COOH
아라키돈산	C—C—C—C—C—C=C—C=C=C—C—C=C—C=C—C—C—C—C—COOH

탄소는 네 개의 결합을 가지지만 여기서는 혼동을 피하기 위해 탄소 원자와 카복실산만 나타내었다. 수소는 모두 적당한 위치에 채워진다.

표 17.3 몇 가지 지방산의 녹는점

이름	구조*	녹는점
스테아르산	C−C−C−C−C−C−C−C−C−C−C−C−C−C−C−C−C−COOH	69.6℃
올레산	C−C−C−C−C−C−C−C−C=C−C−C−C−C−C−C−C−COOH	13.4℃
리놀레산	C−C−C−C−C−C=C−C−C=C−C−C−C−C−C−C−C−COOH	−5℃
리놀렌산	C−C−C=C−C−C=C−C−C=C−C−C−C−C−C−C−C−COOH	−11℃

*여기에 나타낸 구조에는 혼동을 피하기 위해 탄소 원자와 카복실산만 나타내었다. 수는 모두 적당한 위치에 채워진다.

오메가-3 지방산이라 한다. 마찬가지로 탄소가 6번 위치에 있으면 오메가-6 지방산이라 한다.

트리글리세라이드 지방과 기름의 차이는 지방산의 길이와 불포화 정도에 기인한다. 지방산이 길면(전형적으로 18 탄소) 고체로 되려는 경향이 있으며 짧으면(전형적으로 12 탄소) 액체, 즉 기름이 된다. 더 중요한 것은 이중결합의 유무이다. 불포화지방산은 해당 포화지방산이 고체라도 액체가 되려는 경향이 있다. 이는 이중결합이 꺾어짐이나 튀어나온 구조를 야기시켜서(그림 17.7) 지방산이 정렬된 고체구조를 만들기 어렵게 하기 때문이다. 표 17.3은 네 가지의 탄소 18개를 갖는 지방산들의 녹는점을 비교하였다. 포화지방산은 상온보다 훨씬 높은 녹는점을 가지므로 고체가 되고, 불포화지방산은 상온보다 훨씬 낮은 녹는점을 가지므로 액체가 되는 것에 주목하라.

식물성 기름은 짧으며 거의 대부분 불포화지방산이다. 주된 예외는 코코넛유와 야자유인데 이들은 매우 적은 이중결합을 가지므로 상온에서 고체이다. 코코넛유와 야자유 야자씨오일 등은 "열대식물 오일"이라고도 하는데 그것은 그들이 열대지방에서 자생하기 때문이다. 이들 오일들은 포화지방산 함유량이 높기 때문에 뒤에서 언급하겠지만 건강상의 이유로 부정적인 평판을 받는다.

포화 지방 대 불포화 지방

지방은 지방산의 포화 여부에 따라 "포화 (saturated)" 혹은 "불포화 (unsaturated)" 혹은 "단일불포화 (monounsaturated)" 혹은 "다중불포화 (polyunsaturated)"로 표현된다. 음식물 섭취 지침서는 우리가 지방, 특히 포화 지방의 섭취량을 제한해야 함을 알려주고 있다. 이러한 음식물 성분들은 높은 심장마비의 발생빈도와 다른 건강상 문제와 관련되어 있다. 포화 지방들은 신체 내에서 불포화 지방들보다 더 쉽게 콜레스테롤로 바뀌게 된다. 열대오일(팜 오일과 코코넛 오일)과 동물

표 17.4 우유에서 발견되는 지방산의 전형적인 분포

지방산	탄소 수	이중결합 수	무게 백분율
부티르산	4	0	3.0
카프로산	6	0	1.4
카프릴산	8	0	1.5
카프르산	10	0	2.7
라우르산	12	0	3.7
미리스트산	14	0	12.1
팔미트산	16	0	25.3
스테아르산	18	0	9.2
아라키드산	20	0	1.3
라우롤레산	12	1	0.4
미리스톨레산	14	1	1.6
팔미토레산	16	1	4.0
올레산	18	1	29.6
리놀레산	18	2	3.6

성 지방들은 다른 식물성 기름보다 포화도에 있어서 더 높다. 표 17.4는 우유에서의 전형적인 지방산 분포를 나타내었다.

수소화 반응

불포화 지방은 역겨운 냄새가 나게 되는 경향이 있다. 이것은 지방의 이중결합과 반응해서, 냄새가 나고 불쾌한 맛을 내는 분자들을 생성하게 하는 공기 중의 산소 때문에 일어나게 된다. 역겨운 냄새가 나는 지방은 확실히 음식의 맛을 나쁘게 만든다. 역겨운 냄새가 나게 되는 문제점을 최소화시키기 위해서 식품가공업자들은 종종 이중결합에 수소를 첨가하여 지방에 있는 이중결합을 제거한다. 이것은 입자 상태인 니켈 촉매하에서 뜨겁고 액체 상태인 기름에 수소 기체를 거품이 일게 가해주는 것이다. 마가린은 식물성 기름에 있는 이중결합들을 수소화 반응시켜 만든다. 이것은 상온에서 식물성 기름을 고체가 되게 바꾸어 주는데, 이 고체는 몇 주 동안 보관해도 역겨운 냄새가 나지 않는다. 그러나 일반적으로 수소화 반응으로 이중결합을 완전히 제거하지는 못한다.

모노글리세라이드와 다이글리세라이드

글리세롤에 있는 —OH기 중 하나만 지방산에 결합되어 있을 때 그 분자를 모노글리세라이드(monoglycride)라고 한다 그러면 다이글리세라이드(diglyceride)가 무엇인지 추측할 수 있을 것이다.

예제 17.2 다이글리세라이드의 형성

문제 글리세롤과 지방산으로부터 다이글리세라이드의 생성 반응식을 적어라.

풀이 글리세롤 + 2 지방산 ⟶ 다이글리세라이드 + 2 물

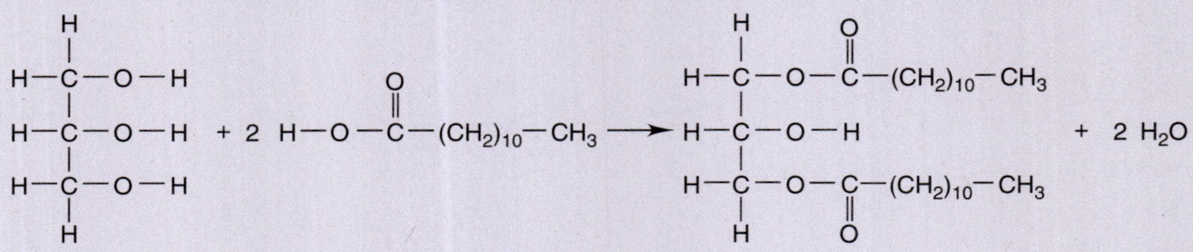

이 경우 두 지방산은 라우르산($C_{12}H_{24}O_2$)이다.

모노글리세라이드와 다이글리세라이드 모두 물과 수소결합을 할 수 있는 자유 —OH기를 가지고 있고 지방에 용해될 수 있는 긴 탄소 사슬을 가지고 있다. 따라서 이들 분자는 지방에도 일부 용해되고 물에도 일부 용해된다. 상업적으로 이들 화합물은 지방을 물과 섞이게 하는 화합물인 **유화제**(emulsifier)로 사용된다. 그들의 긴 꼬리를 지방에 용해시키고 —OH기는 물에 용해시킴으로써 그런 작용을 할 수 있다. 따라서 모노글리세라이드와 다이글리세라이드는 지방 분자와 물 분자를 실제로는 용해시키지 않고 섞이도록 도와준다. 따라서 새로운 다이어트 마가린은 유화제를 사용하여 무게비로 30~60% 존재하는 물로부터 기름이 분리되는 것을 방지한다. 물은 칼로리가 없어 전체 열량을 저하시키므로 중요하다. 이들 제품은 가열하면 유화작용(에멀션)이 파괴되어 물이 지방으로부터 분리되고 튀게 되므로 음식을 튀기는 데는 좋지 않다. 저열량 마가린과 다른 많은 식품의 성분을 보면 "모노글리세라이드와 다이글리세라이드"를 발견할 수 있다. 이들은 그곳에 있어 지방과 물이 혼합되도록 도와준다. 유화제 없이는 물과 지방이 서로 섞일 수 없기 때문이다.

콜레스테롤

육류, 우유, 계란과 다른 동물성 식품은 모두 악명 높은 지질인 **콜레스테롤**(cholesterol)을 함유하고 있다. 동물(사람 포함)은 섭취하지 않아도 그들 몸에 필요하기 때문에 콜레스테롤을 만들고 따라서 콜레스테롤이 존재한다. 16장에서 논의한 것처럼 콜레스테롤은 동물 생체

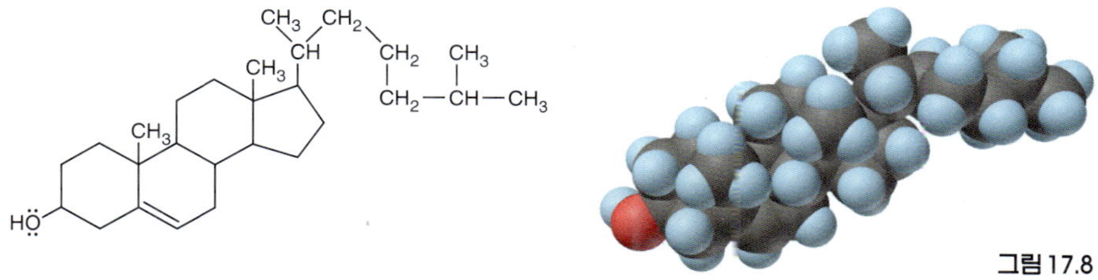

그림 17.8 콜레스테롤의 구조

막의 중요 성분이다. 그러나 식물성 제품은 얼마나 기름진가에 관계없이 콜레스테롤을 함유하고 있지 않다. 인체의 콜레스테롤은 직접 음식물에서 그리고 섭취한 음식물로부터 만들어져 생긴다.

지질은 물에 녹지 않지만 많은 유기용매에는 잘 녹는 화합물이라고 정의한 것을 상기하라.

콜레스테롤은 6.3절에서 논의한 바와 같이 스테로이드의 일종이다. 콜레스테롤의 분자식은 $C_{27}H_{46}O$이며 그 구조는 4개의 고리로 되어있다. 그림 17.8에 나타내었다. 콜레스테롤은 삼중글리세라이드는 아니지만 한 개의 $-OH$기로는 콜레스테롤이 물에 녹을 정도로 충분하지 않으나 지방과 같은 비극성화합물에는 잘 녹을 수 있드록 한다.

지방, 콜레스테롤과 심장질환

지방, 특히 포화지방이 많은 음식물은 심장질환이나 뇌졸중과 높은 상관관계가 있다. 두 병 모두 혈액의 순환이 원활하지 못한 것과 관련이 있다. 콜레스테롤을 포함하는 혈소판이 혈관벽에 축적되면 혈액의 순환이 장애를 받게 된다. 콜레스테롤이 어떻게 그 곳에 가게 될까?

콜레스테롤은 우리가 섭취한 콜레스테롤과 음식물에 있는 다른 화합물로부터 간에서 합성된 콜레스테롤의 두 가지 형태로 순환과정으로 들어간다. 콜레스테롤은 물에 녹지 않으므로 녹을 수 있는 어떤 물질과 결합하지 않는다면 혈류를 따라 이동할 수 없다. 이 "어떤 물질"은 일련의 "지질단백질"(lipoprotein의 구조, 그림 17.9 참조)이다. 지질단백질은 지질(지방과 콜레스테롤)과 단백질의 조합체이다. 단백질은 물에 잘 녹기 때문에 지질과 결합했을 때 지질을 용액 속으로 끌고 들어간다. 지질단백질에 지질이 많을수록 밀도는 낮아진다. 밀도가 매우 낮은 지질단백질(very low density lipoprotein, VLDL)은 약간의 콜레스테롤과 단백질을 함유할 뿐 대부분 삼중글리세라이드이다. VLDL은 간에서 만들어지지만 간에서 나오게 되면 많은 삼중글리세라이드를 잃고 밀도는 증가하며, 결과로 생성된 콜레스테롤이 많은 지질단백질을 저밀도 지질단백질(LDL)이라고 한다. 이 물질은 혈류를

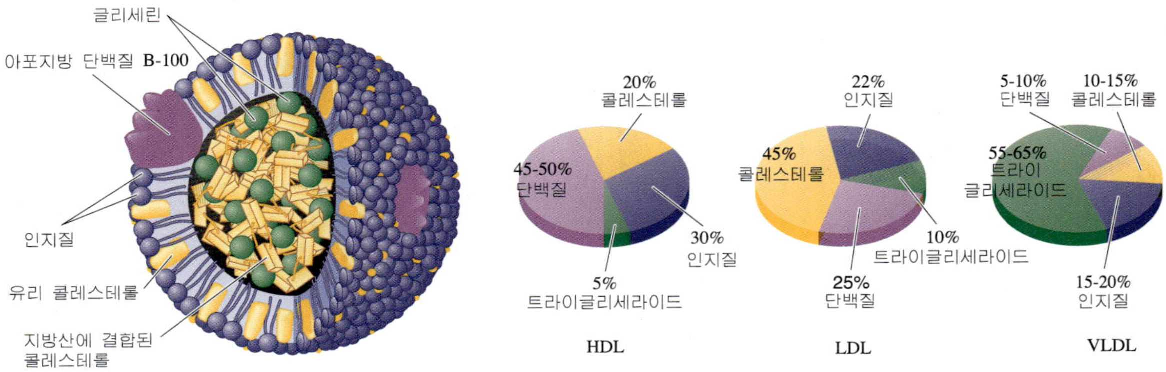

그림 17.9 지질단백질의 구조

따라 이동하며 많은 양의 콜레스테롤이 동맥의 벽에 쌓이게 된다. 혈관 벽의 내부에 이들이 축적되면 혈류의 흐름이 어렵게 되고 혈압이 상승하게 된다.

만약 심장 동맥에 축적되면 더 이상 적당량의 피가 심장에 도달하지 못하고 심장마비를 일으킨다. LDL은 소위 "나쁜 콜레스테롤"이라고 한다. "좋은 콜레스테롤"은 고밀도 지질단백질(high density lipoprotein, HDL)이다. HDL은 단백질이 많고 축적된 콜레스테롤을 제거하여 혈류를 따라 간으로 다시 보낸다. 한 예로 혈액의 성분 분석으로 콜레스테롤/HDL 값이 4.0보다 크면 여성의 경우 심장마비 위험이 크게 증가한다.

콜레스테롤의 이점

콜레스테롤이 우리에게 이로움을 준다는 사실을 알면 많은 사람들은 놀란다. 그러나 과량의 위험에도 불구하고 우리 몸이 우리 자신을 위하여 콜레스테롤을 합성한다는 사실은 콜레스테롤이 중요하다는 것을 의미한다. 콜레스테롤과 우리 몸에 꼭 필요한 화합물인 비타민 D, 몇 가지 호르몬과 담즙산의 구조를 비교하여 보라(그림 17.10 참조). 콜레스테롤은 이들 필수적인 화합물의 합성에 필요한 출발물질이다.

예 제 17.3 **콜레스테롤의 평가**

문 제 40세 한 여성의 콜레스테롤 수치가 256 mg/dL이고 HDL 레벨이 61 mg/dL이다. 이 수치로 보았을 때 이 여성이 심장마비 위험성이 크게 증가했다고 볼 수 있는가?

풀 이 콜레스테롤/HDL 값이 4.2로서 4.0보다 크므로 위험성 증가가 나타났다. 비록 어느 정도는 식생활 개선으로 해결할 수 있다 해도 심장마비 위험성이 크게 증가했다고 볼 수 있다.

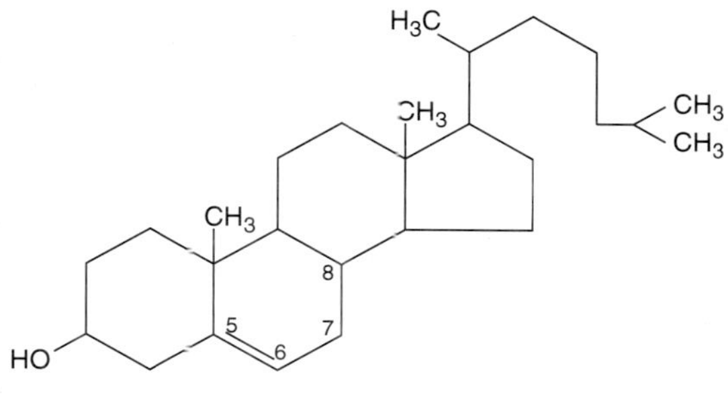

콜레스테롤

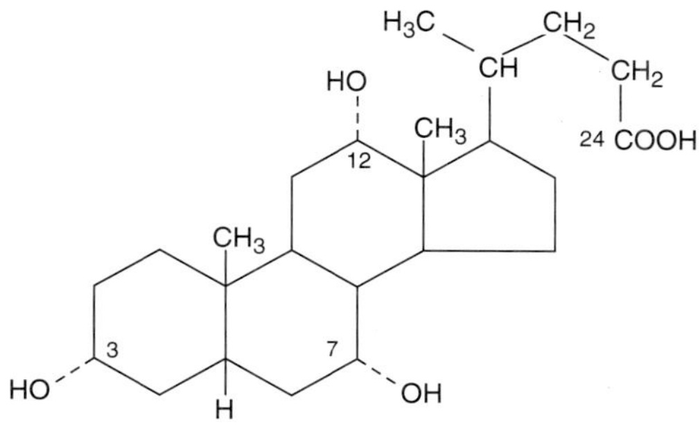

콜산(담즙)

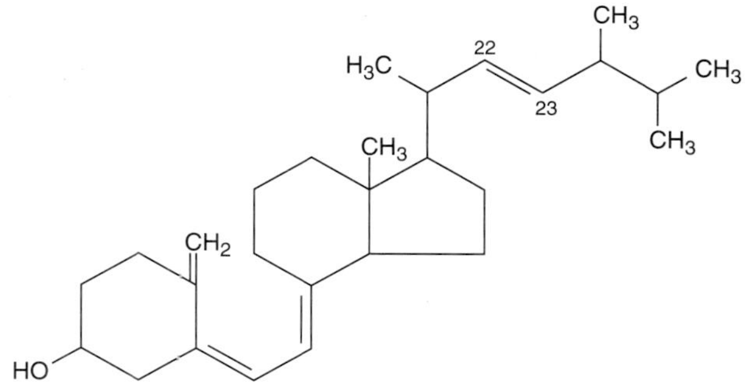

비타민 D_2

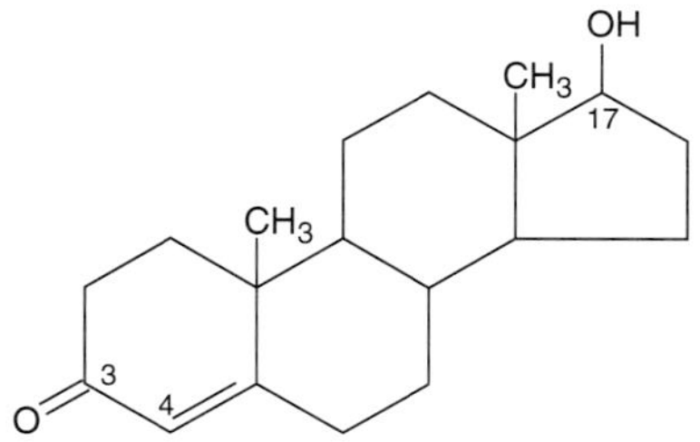

테스토스테론

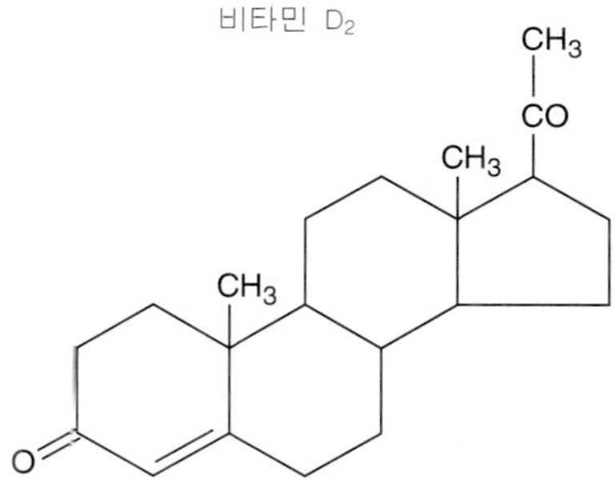

프로제스테론

그림 17.10 콜레스테롤에서 유도된 유용한 화합물. 콜산(cholic acid)은 대장에서 필요한 담즙의 중요한 부분이다. 비타민 D_2는 적절한 성장에 필요하다. 테스토스테론은 정통의 남성 호르몬이며 프로제스테론은 여성 호르몬이다. 다른 많은 스테로이드 화합물은 건강을 위해 필요하다. 생화학 책에서 그들의 구조를 찾아보라.

인체에 많은 양의 콜레스테롤이 축적되는 것은 콜레스테롤을 함유하는 음식물을 섭취하여 생긴다. 앞에서 언급했듯이 육류, 우유와 계란과 같은 동물성 제품만이 콜레스테롤을 함유하고 있다. 동물만이 콜레스테롤을 만들기 때문에 식물성 식품은 얼마나 많은 지방을 함유하고 있는지에 관계없이 콜레스테롤을 함유하고 있지 않다.

그러나 식물성 지방은 콜레스테롤을 만드는 좋은 원료이다. 우리 몸은 단기간의 에너지 사용에 필요하지 않은 잉여의 음식물로부터 콜레스테롤을 만든다. 흥미롭게도 다량의 대마 씨를 함유한 사료를 먹인 닭은 계란의 콜레스테롤 양을 저하시킨다는 사실이 최근에 알려졌다.

17.4 단백질

대부분 사람들은 고단백질 음식이라 하면 육류를 생각한다. 이것은 사실이지만 계란(흰자), 우유, 콩, 호두, 쌀과 다른 곡류 또한 훌륭한 단백질의 공급원이다. 그림 17.3에 나와 있는 시리얼 포장 라벨을 보면 30 g의 시리얼은 3 g의 단백질을 함유하고 있다는 것을 알 수 있다. 만약 시리얼에 보통 양의 우유를 가한다면 한 그릇 당 약 7 g의 단백질을 섭취하게 된다. 탄수화물이나 지방과 마찬가지로 단백질도 에너지원이며 산화하여 물과 이산화탄소로 된다. 이는 탄수화물과 거의 같은 그램당 4 kcal의 열량을 낸다. 그러나 이는 단백질의 가장 중요한 역할이 아니며 탄수화물과 지방이 보통 에너지원으로서 가장 중요하다. 단백질의 가장 중요한 역할은 체격을 만들고 유지하고 대사에 필요한 효소를 만드는 데 필요한 재료(아미노산)를 제공하는 것이다.

단백질 분자가 탄수화물, 지방과 화학적으로 분명히 다른 점은 많은 양의 탄소, 수소, 산소와 함께 단백질은 많은 양의 질소와 소량의 황을 포함하고 있다는 것이다.

단백질 변형 – 요리의 주요 과정

날계란의 흰자는 익힌 계란의 것과는 매우 다른 것같이 보인다. 날계란에서는 단백질인 오발부민(ovalbumin)이 물에 용해되어 각 단백질 분자(분자량이 약 45,000)가 이차 및 삼차 인력에 묶여서 부드러운 공모양의 형태를 가진다. 계란 흰자를 익히면 이차와 삼차 구조가 깨어져 긴 단백질 분자는 펴지게 되며 긴 열린 구조의 분자는 서로 부딪혀 약한 결합을 하며 엉키게 된다. 동시에 물 분자가 이웃한 분자들 사이에서 빠져 나오게 되고 따라서 익힌 계란은 날계란보다 수분이 없게 된다. 단백질이 더 이상 자연 형태가 아니므로 그런 변화를 "변형(denaturing)"이라 한다. 대부분 단백질은 요리할 때 변형되며 소화되기 전에 더욱 변형된다.

단백질의 소화

우리의 소화계는 장으로부터 혈액으로 흡수될 수 있도록 단백질을 구성 아미노산으로 깨어야만 한다. 아미노산은 일단 흡수되면 인체 단백질을 만들거나 생체에서 질소를 함유하는 다른 화합물을 만드는 데 사용된다. 또는 산화(질소를 제거한 후)되어 에너지원이 될 수 있다. 단백질이 깨져서 나온 질소는 오줌으로 배출되는데 이것이 요소 $[CO(NH_2)_2]$이다. 단백질의 소화는 위에서 시작되며 소화효소인 펩신이 존재하는 산 조건에서 몇 개의 펩타이드 결합을 깨어 단백질을 작은 조각으로 자른다. 이런 조각들은 소장으로 가서 다른 효소가 잔여 펩타이드 결합을 잘라 각 아미노산으로 되며 장벽을 통해 혈액으로 흡수된다. 우리 몸은 음식물에 함유된 아미노산의 종류에 관계없이 충분한 양의 질소만 공급한다면 단백질을 만드는 데 필요한 20개의 아미노산 중 11개를 만들 수 있다.

나머지 9개의 아미노산은 인체에서 만들 수 없어 음식물에 적당량 함유되어 있어야 하므로 음식물 필수 아미노산(dietary essential amino acid)이라고 한다. 필수 아미노산은 발린, 류신, 아이소류신, 트레오닌, 메티오닌, 페닐알라닌, 트립토판, 라이신, 히스티딘이다. (구조는 표 16.1참조)

음식물이 적절히 균형을 이루려면 9개의 각 필수 아미노산을 충분한 양 포함하여야 한다. 계란 흰자와 쇠고기는 인체가 필요한 거의 완벽한 비율로 아미노산을 가지고 있어 완전 단백질이라고 한다. 일반적으로 각 식물성 단백질은 불충분하지만 적절히 혼합하여 섭취하면 완전 단백질로서 같은 효과를 얻을 수 있다. 예를 들어 옥수수와 콩을 함께 섭취하면 완전 단백질을 얻을 수 있으나 어느 하나만으로는 불충분하다.

17.5 비타민

탄수화물, 지방, 단백질은 균형 잡힌 식사를 위해서는 상당량을 섭취해야 하므로 **거대영양소**(macronutrient)로 알려져 있다. 반면 **비타민**(vitamin)은 소량만 섭취해도 되는 물질 중 하나로 **미소영양소**(micronutrient)라고 한다. 하루 섭취량을 나타낸 표 17.5를 보면 실제로 얼마나 작은 양인지 실감할 수 있다. 비타민의 기술적 정의는 우리 몸에서 만들어지지 않거나 만들어지더라도 불충분한 미소영양소이다. 이는 비타민이 식사에서 공급되어야 한다는 것이다. 비타민은 깨지거나 재조합되지 않고 흡수된 그대로의 형태로 사용된다. 비타민은 원래 제한된 종류의 식사만을 하던 사람들이 종종 질병에 걸리는 것을 보고 발견되었다.

비타민을 발견하게 된 가장 잘 알려진 예가 비타민 C이다. 긴 항해를 하는 선원들은 종종 **괴혈병**(scurvy)이라는 질병으로 아프게 되는데 후에 비타민 C가 결핍되어 일어난다는 사실을 알게 되었다. 괴혈병은 육지로부터 먼 장거리 항해가 보편화된 1492년 이후 선원들에

표 17.5 비타민의 "하루 필요량"

비타민 A	5000 IU
비타민 C	60 mg
비타민 D	400 IU
비타민 E	30 IU
비타민 K	80 μg
싸이아민	1.5 mg
리보플라빈	1.7 mg
나이아신	20 mg
비타민 B_6	2.0 mg
엽산	400 μg
비타민 B_{12}	6.0 μg
바이오틴	300 μg
판토텐산	10 mg

게 문제가 되기 시작했다. 신선한 과일(특히 감귤류의 과일)과 야채는 가장 좋은 비타민 C의 공급원이다. 1750년경에 오렌지, 레몬, 라임은 괴혈병을 예방하고 치료할 수 있다는 것이 증명되었다. 1800년까지 영국 해군은 선원들이 지독한 비타민 결핍증으로 병에 걸리지 않게 라임을 선원들의 식품 일부로 지정하였다. [따라서 "영국 수병(limey)"이라는 별명을 얻게 됨]

비타민 C의 화학구조 및 화학명(아스코르브산, ascorbic acid)은 그 중요성이 알려진 지 거의 200년이 지난 1932년에야 알려졌다. 가장 최근의 연구를 보면 하루에 약 200 mg의 비타민 C를 섭취해야 한다고 보고되었다. 이 양은 1996년 5월 하루 추천 섭취 허용량(RDA, recommended dietary allowance)인 60 mg을 훨씬 넘어 증가된 양이다.

비타민은 수용성과 지용성 비타민으로 나뉜다. 지방을 많이 먹으면 비만을 일으키지만 꼭 먹어줘야 하는 이유는 그 속에 필수 지용성 비타민이 있기 때문이다.

수용성 비타민

비타민 C

비타민 C

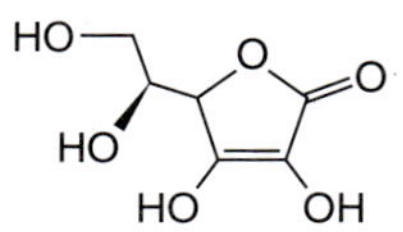

비타민 C는 다양한 식품에 존재하지만 주로 감귤류나 채소 감자와 다른 과일들에서 발견된다. 이것은 프롤린이나 라이신 같은 하이드록실(−OH)기가 있는 아미노산의 도움을 필요로 한다. 이는 근육, 연골, 뼈와 같은 연결조직의 핵심 단백질인 콜라젠의 생성에 필수적이다. 이는 또한 신경세포와 정보를 주고받는 '신경전달물질' 합성에도 관여한다. 다른 역할과 더불어 산화를 방지하는 항산화제이다. 앞서 언급한 대로 비타민 C 결핍은 광범위한 출혈을 일으키는 괴혈병을 일으킨다. 이는 정상적으로는 콜라젠을 많이 함유해야 하는 모세혈관의 파괴 때문이다.

싸이아민

싸이아민

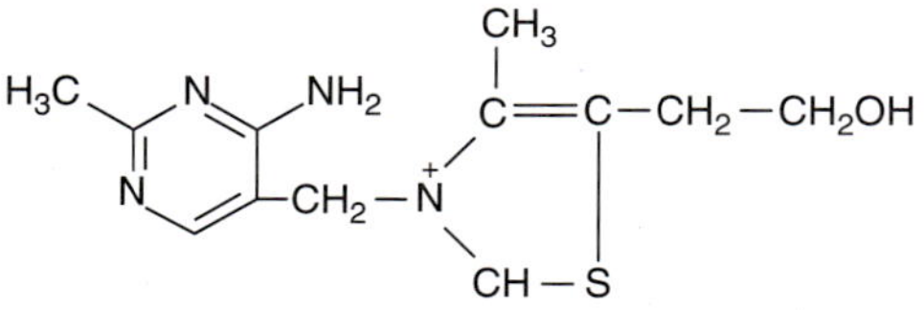

싸이아민(Thiamine Vitamine B_1)은 탄수화물 대사에 필수적인데 여러 효소에 결합하여 촉매작용을 도우는 조효소이기 때문이다. 이는 많은 식품에 함유되어 있으나 특히 돼지고기, 간, 정백하지 않은 곡류에 많다. 싸이아민 결핍은 각기병을 일으키며 초기 증세는 긴장, 히스테리, 메스꺼움, 우울, 식욕부진으로 나타난다. 정백하지 않은 쌀의 싸이아민은 백미로 도정하는 가운데 깎여 나간다.

리보플라빈

리보플라빈

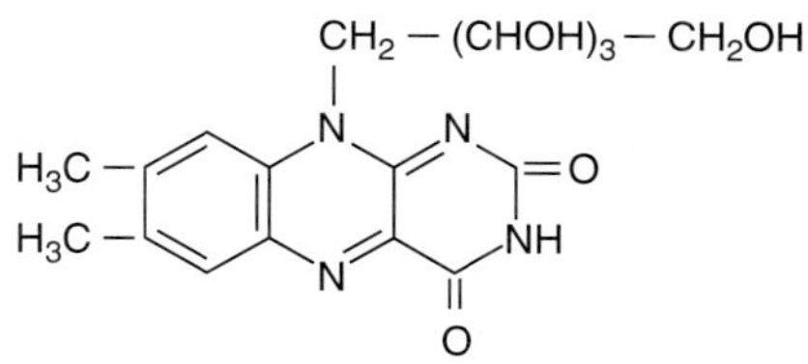

리보플라빈(Riboflavin)은 우유, 달걀, 간 그리고 녹색엽류채소에서 쉽게 얻어진다. 이는 피부, 눈, 간, 신경 등이 정상적으로 성장하고 작동하도록 한다. 이것은 조효소로서 효소가 역할을 수행하도록 도운다. 리보플라빈이 결핍되면 피부가 갈라지거나 혀나 입술가가 찢어지고 코, 눈, 귀 주위가 갈라진다.

비타민 B_6

비타민 B_6

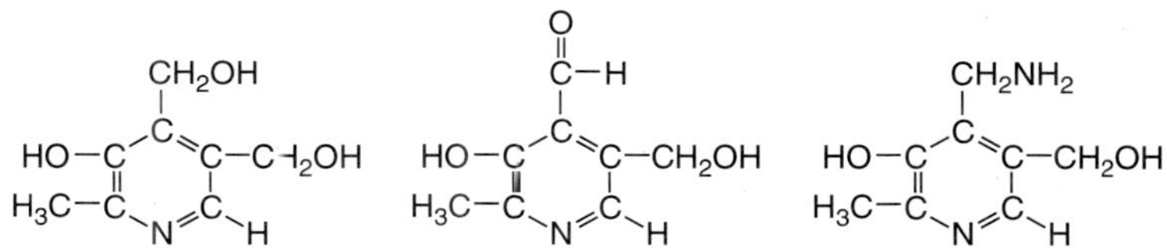

피리독신(피리독솔) 피리독살 피리독사민

비타민 B_6는 피리독신(피리독솔), 피리독살, 피리독사민의 세 가지 형태로 발견된다. 좋은 공급원은 생선, 닭, 육류, 달걀, 정백하지 않은 곡류, 콩, 견과 등이다. 다양한 B_6들은 몸 속에서 아미노산, 핵산, 지질의 대사에 관여하는 조효소로 변환된다. 비타민 B_6 결핍은 면역기능 약화, 우울, 경련, 피부염 그리고 빈혈로 나타난다.

나이아신

나이아신

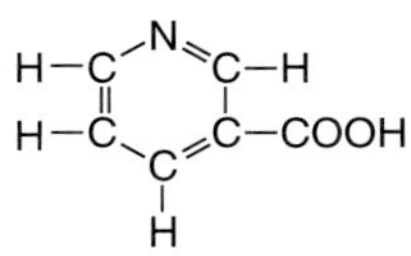

나이아신(Niacin, 니코틴산)은 여러 중요한 조효소에 또 다른 비타민이다. 나이아신은 생명을 유지하기 위한 에너지 방출 과정에 기여한다. 따라서 나이아신은 모든 세포에 필요하다. 이것은 많은 식품에서 발견되며 특히 이스트, 맥아, 육류에 많다.

나이아신 결핍은 나이아신결핍증후군으로 알려져 있으며 피부염, 설사, 우울증세로 나타난다. 다른 비타민 결핍과 마찬가지로 나이아신 결핍은 죽음에 이를 수 있다.

엽산

엽산

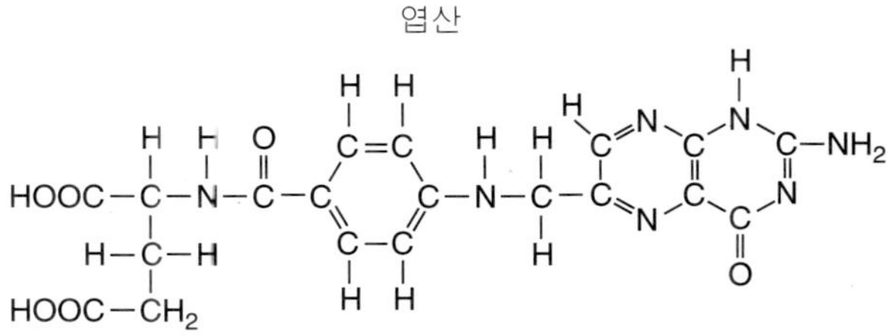

엽산(Folic acid)과 연관 화합물들은 아미노산이나 핵산 합성과정에서 탄소 하나를 가진 조각분자를 전달하는 조효소 역할을 한다. 엽산 결핍은 세포분화감퇴와 세포성장에 영향을 주는 단백질 합성에 문제를 불러 일으킨다. 빈혈은 엽산 결핍 초기증상이다. 이는 간, 이스트, 엽류채소, 완두콩, 콩 그리고 몇몇 과일에서 쉽게 얻어진다. 임산부에게 엽산이 부족하면 태아가 거꾸로 서는 발생결함이 생긴다. 이런 이유로 임산부에게는 엽산과 다른 비타민 등이 부족하지 않도록 종합 비타민을 복용할 것을 권한다.

비타민 B_{12}

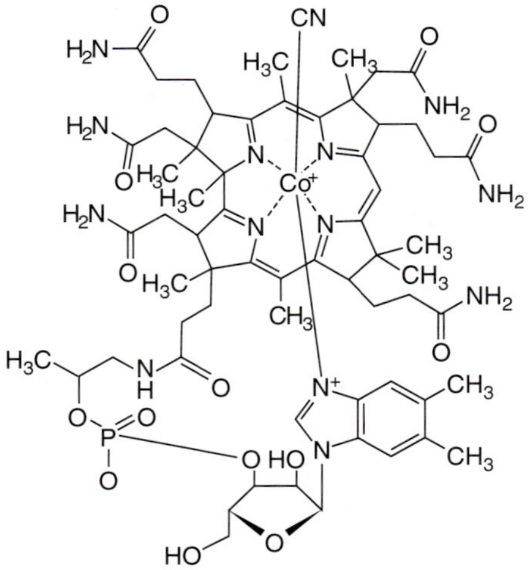

비타민 B_{12}

비타민 B_{12}(코발라민)란 용어는 다양한 복합 코발트 화합물을 일컬으며, 다양한 대사에 관여하는 핵심 조효소로 변환되는 물질이다. 소와 같은 몇몇 동물들은 소화관의 박테리아가 비타민 B_{12}를 공급하지만 다른 동물들은 비타민 B_{12}를 생산할 수 없다. 이스트 추출물에서도 발견되지만 주요 비타민 B_{12} 공급원은 육류, 달걀, 낙농제품들이다. 채식가들은 비타민 B_{12} 섭취에 특별히 신경써야 한다. 비타민 B_{12} 결핍은 악성빈혈을 가져 온다.

바이오틴

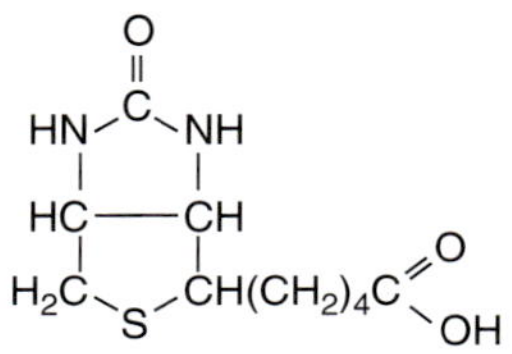

바이오틴

바이오틴(Biotin)은 황을 함유한 비타민으로서 분자 간 이산화탄소 교환을 포함한 다양한 반응의 조효소이다. 바이오틴의 도움을 받는 효소들은 탄소화물, 지방, 단백질 대사에 관여하는 것들이다. 좋은 공급원으로서는 간, 신장, 땅콩 버터, 달걀 노른자, 이스트 등이 있다.

바이오틴 결핍은 식욕감퇴, 메스꺼움, 구토, 우울, 각질이 떨어지는 피부염을 동반한 탈모, 혈중 콜레스테롤과 담즙색소 증가 등을 유발한다. 바이오틴 결핍은 영아 때를 제외하면 매우 희귀하다.

판토텐산

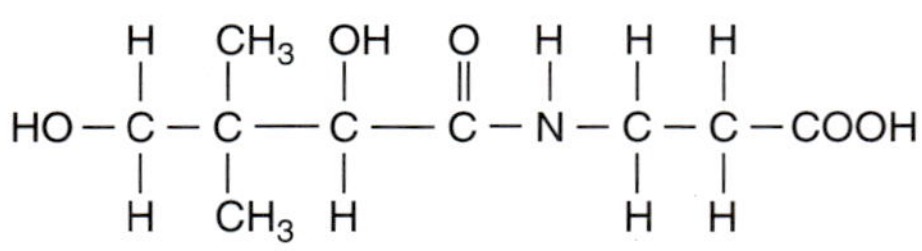

판토텐산

보통 칼슘염으로 발견되는 판토텐산(Pantothenic Acid)은 탄수화물로부터 에너지를 얻는 과정과 지방대사 그리고 스테로이드 호르몬 합성에 관여하는 조효소이다. 좋은 공급원으로서 간, 신장, 녹색채소, 달걀노른자 등이 있다. 판토텐산 결핍은 잘 일어나지 않으나 실험적으로는 두통, 피로, 유기작용 감퇴, 근육경련, 위장 장애 등을 일으킨다.

지용성 비타민

비타민 A

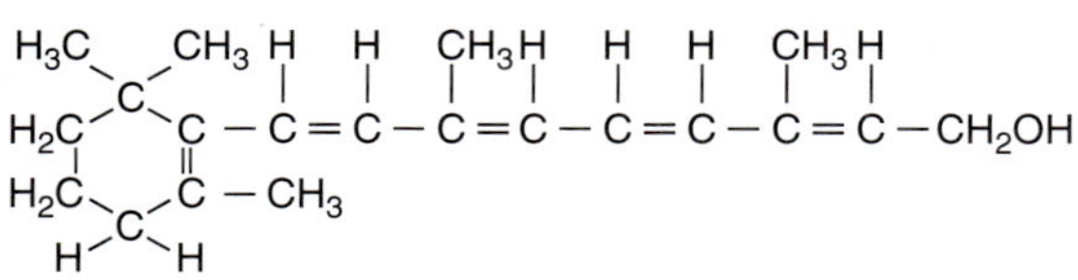

비타민 A

레티놀이라 알려진 비타민 A는 시각작용과 세포의 성장과 다양한 조직의 세포 특성을 나타내게 하는 "분화"에 필수적이다. 최초 비타민 A 결핍증상은 레티놀의 결정적인 시각작용 때문에 어두운 불빛에서의 시력감퇴이다. 비타민 A는 간, 달걀 노른자, 생선, 전지우유, 버터, 치즈에 많이 들어있다. 우리는 식물로 부터도 장차 비타민 A로 전환되는 카로티노이드(carotenoid)를 섭취할 수 있다. 이 카로티노이드는 "프로비타민"의 한 예로서 당근, 황색야채, 짙은 녹색엽류채소에 풍부하다. 레티놀과 카로티노이드는 보관이나 조리 과정에서 쉽게 산화되어 파괴된다.

비타민 D

칼시페롤이라고도 알려진 비타민 D는 정상적인 뼈의 형성과 유지에 관여한다. 이는 또한 소장에서의 칼슘 흡수를 증진시킨다. 이것은 체내에서 7-다이히드록시콜레스테롤이 피부에서 자외선을 받을 때 합성된다. 이는 햇빛을 충분히 받지 못하는 사람들에게는 음식으로 섭취해야 할 필수 성분이다. 비타민 D 결핍은 뼈를 약화시키며 아이들에게 뼈가 굽어지는 "곱추병"을 일으킨다. 비타민 D가 풍부한 식품은 달걀, 우유, 버터, 생선 등이다.

비타민 D

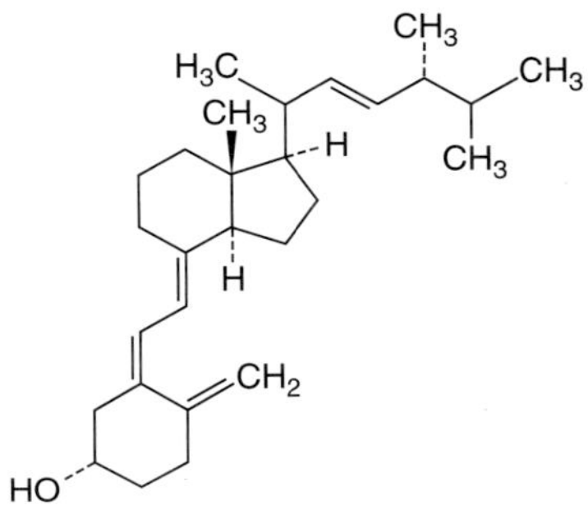

과거에는 특히 겨울철에 아이들이 충분한 비타민 D를 섭취하도록 하기 위해 강제로 대구기름 한 스푼씩을 먹이기도 하였다. 미국을 비롯한 선진국에서는 요즘 우유에 비타민 D를 첨가한다.

비타민 E

비타민 E

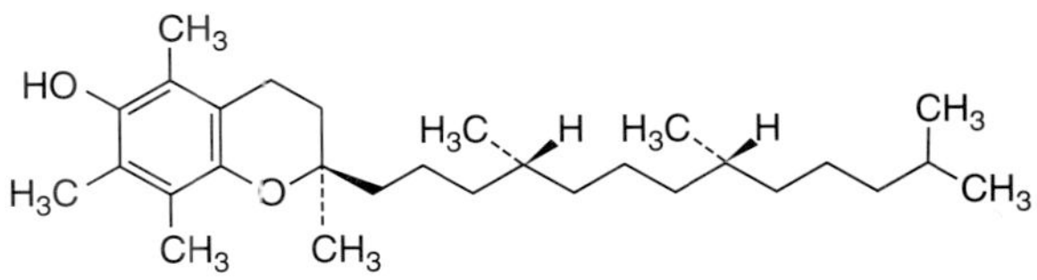

자연계에는 최소한 8가지의 비타민 E가 존재한다고 알려져 있다. 그 모두는 여기 보인 대로 "토코페롤"이란 이름의 α-토코페롤의 가장 보편적이며 활성인 형태이다. 비타민 E 결핍의 대표적인 초기 증상은 유기작용과 평형감의 상실이다. 비타민 E는 **항산화제** (antioxidant)로서 산소로부터 생성되는 짧은 반감기의 반응성이 큰 화합물이 신체에 해를 주는 것을 방지한다. 비타민 E는 이 자연발생의 위험물질과 반응하여 독성을 없애준다. 비타민 E의 좋은 공급원은 견과류, 씨앗, 정백하지 않은 곡류, 엽류채소, 달걀, 우유이다.

비타민 K

자연에는 박테리아가 만드는 메나퀴논 (K_1)과 식물이 만드는 필로퀴논 (K_2) 두 가지가 있다. 이는 녹색엽류채소에서 얻어지는데 혈액 응고를 조절하는 단백질 생성에 필수적이다. 당연히 비타민 K 결핍 시에는 상처가 났을 때 혈액 응고에 문제가 생긴다.

비타민 K

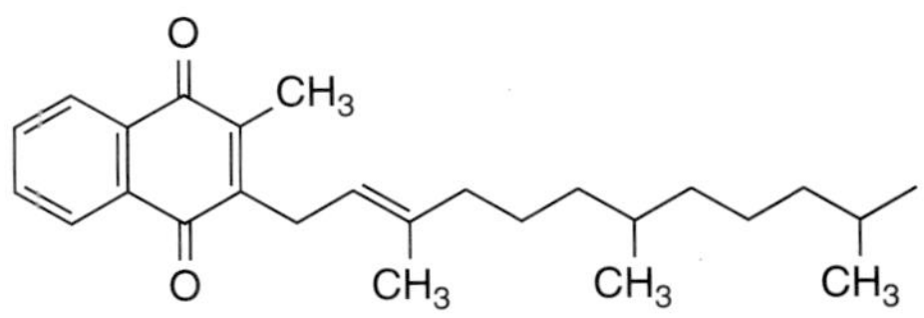

17.6 무기질

표 17.6 무기질의 "하루 필요량"

칼륨	3500 mg
염소	3400 mg
나트륨	2400 mg
칼슘	1000 mg
인	1000 mg
마그네슘	400 mg
철	18 mg
아연	15 mg
구리	2.0 mg
망가니즈	2.0 mg
아이오딘	150 μg
크로뮴	120 μg
몰리브데넘	75 μg
셀레늄	70 μg

무기질 (mineral)은 보통 무기물과 관련된 원소들이다. 많은 무기질은 건강을 유지하는 데 필요한 금속이다. 음식물에서 가장 잘 알려진 필요한 금속 원소는 철(헤모글로빈에 사용됨), 칼슘(뼈와 치아)과 나트륨(혈청)이다. 건강에 필요한 무기질 원소를 알기 위해서는 그림 17.1의 주기율표를 보라. 무기질은 섭취된 후 흩어져 몸 전체에 돌아다니며 효소에 의해 작용하여 섭취된 형태와는 매우 다른 형태로 사용된다. 중요한 무기질의 하루 필요량을 표 17.6에 나타내었다. 이 영양소 군에 관한 예로서 세 가지 무기질 원소인 철, 칼슘, 인에 대해 알아보도록 하자.

철

철은 무수히 많은 방법으로 사용되지만 두 가지 가장 잘 알려진 것은 헤모글로빈과 마이오글로빈에 의한 산소 전달이다. 둘 다 철(II) 이온에 매우 강하게 결합하는 네 개의 질소 원자를 가지고 있는 고리에 결합된 단백질 분자이다. 철에 있는 다섯 번째 결합 위치에는 단백질로부터 이미다졸 아미노산의 일부분인 질소가 결합된다. 이렇게 하여 여섯 번째 결합 자리에는 산소 분자가 결합할 수 있다. 헤모글로빈에는 네 개의 철 이온이 있으며 마이오글로빈에는 한 개가 있다(그림 17.11 참조). 헤모글로빈을 함유한 붉은 적혈구가 모세혈관이 배열된

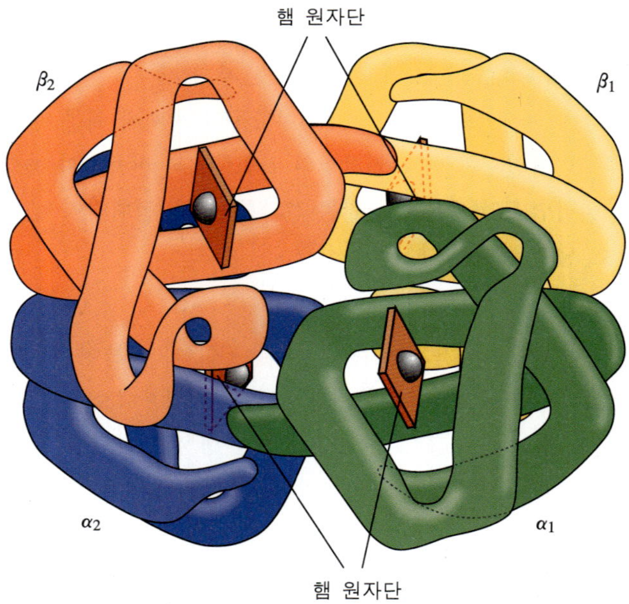

그림 17.11 헤모글로빈은 네 개의 단백질 사슬로 이루어진 거대 분자이며, 각각은 한 개의 철 원자를 가지고 있어 산소 분자와 결합하여 몸 전체로 운반한다.

허파를 지나면서 각 헤모글로빈 분자는 철 하나당 하나씩 네 개의 산소를 차지한다. 그 후 산소는 포도당, 지방, 단백질 산화가 필요한 세포로 운반되어 분리된다. 산소가 풍부할 때는 일부가 헤모글로빈의 작은 단위와 유사한 마이오글로빈으로 전달되어 산소 요구가 매우 높을 때까지 저장된다. 예를 들어 우리가 매우 빨리 뛰기 시작하면 평상시 헤모글로빈을 보충하여 마이오글로빈에서 산소가 공급된다.

인체는 철을 효율적으로 이용하지 못한다. 섭취한 철의 약 10%만이 실제로 흡수되며 나머지는 고체 폐기물로 배설된다. 식품에서 철의 화학적 형태는 이용 효율을 변화시킬 수 있다. 육류에 있는 철이 가장 효율적으로 이용되며 식품에 첨가된 분말형태의 철은 가장 효율이 떨어진다.

칼슘

칼슘은 혈액 응고, 신경자극전달, 지방과 단백질의 소화와 같은 많은 생명 과정에 필요하다. 인체에 있는 거의 3파운드 가까운 칼슘의 99%는 뼈와 치아의 무기질이다.

뼈와 치아 구조에 있는 주된 무기질은 지질학자들이 인회석이라고 부르며 $Ca_5(PO_4)_3OH$의 화학식을 가지고 있다. 우리가 섭취하는 음식물이 충분한 양의 칼슘을 함유하지 않으면 꼭 필요한 다른 기능을 하기 위해 인체는 뼈에 있는 많은 양의 칼슘 중 일부를 사용한다.

추측할 수 있는 바와 같이 이 경우 뼈가 약해진다. 노인들, 특히 여성은 "골다공증(osteoporosis)"에 걸리기 쉽다. 이 말을 해석하면 "다공성 뼈"이며 다년간 칼슘이 적은 음식을 섭취한 결과로 생긴다. 나이를 먹음에 따라 다른 더 절박한 칼슘의 사용에 의해 우리의 뼈 무게가

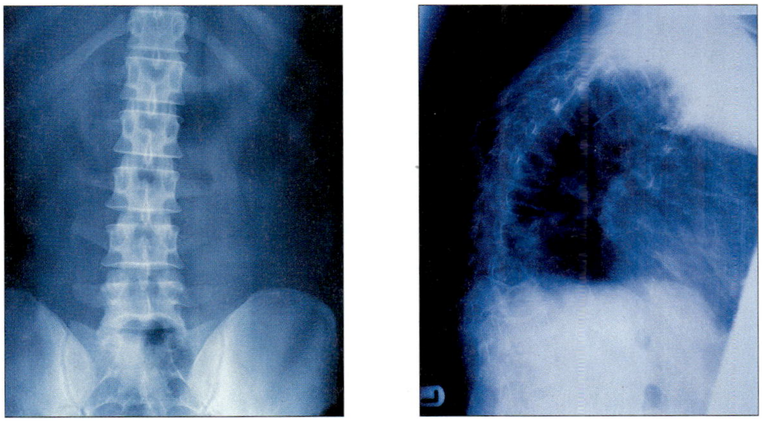

A B

그림 17.12 A. 충분한 칼슘을 함유한 음식물을 섭취하여 단단하고 밀도가 높은 뼈를 가진 건강한 사람의 정상 척추. B. 불충분한 칼슘 섭취로 인해 골다공증에 걸린 사람의 척추 X-선 사진. 뼈는 단백질 간질 조직(matrix tissue)을 잃어 약해지고 골절되기 쉽다. 색으로 표시된 부분은 특히 뼈의 병든 부분을 강조하고 있다.

감소하기 때문에 노년이 되기 전에 강하고 칼슘이 풍부한 뼈를 지니는 것이 중요하다 (그림 17.12 참조). 낙농제품은 섭취하기 가장 좋은 칼슘원이므로 "우유를 마시자!" (지방은 적게 섭취해야 하므로 탈지우유 혹은 반탈지우유가 당신의 심장에 좋을 것이다.)

인

인은 칼슘과 마찬가지로 주로 뼈와 치아 무기질에 존재하지만 또 다른 매력적인 용도를 가지고 있다. 데옥시리보핵산(DNA)과 리보핵산(RNA)은 뉴클레오타이드 염기당 한 개의 인산기를 가지고 있어 유명한 DNA 이중 나선 골격의 일부를 제공한다. 또한 다른 유명한 분자인 ATP(아데노신 삼인산, adenosine triphosphate)는 세 개의 인산기를 가지고 있다. 이 화합물은 실제로 음식물의 대사로부터 얻은 에너지를 전달하여 유용한 화학 반응을 일으키도록 한다. ATP는 ADP(아데노신 이인산, adenosine diphosphate)와 인산 이온으로부터 생성된다. 결과적으로 생성되는 결합을 "고 에너지 결합"이라 한다. ATP는 몸에서 흡열반응이 일어나는 장소로 움직인다. 즉, 흡열반응을 일으키는 데 필요한 에너지는 ATP에 있는 고 에너지 결합을 잘라 ADP와 인산 이온을 재생성함으로써 나온다.

$$\text{ADP} + \text{H}_3\text{PO}_4 \longrightarrow \text{ATP} + \text{H}_2\text{O}$$

ATP는 달러 지폐와 같이 한 번의 거래에서 얻고, 필요할 때까지 가지고 다니다가 나중에 필요한 것과 교환할 수 있기 때문에 종종 "에너지 화폐"라고 부른다.

17.7 식품 첨가제

식품 라벨을 보면 식품이 아닌 화학물질이 첨가되어 있는 경우를 종종 본다. 식품이 화학물질로 되어 있다는 사실을 상기해도 여전히 부틸하이드록시톨루엔(BHT)은 식물에 있는 것이 아닌데 왜 들어있는지 의아해 한다. 이것은 천연식품 성분이 아니라 실험실에서 만들고 정제된 것을 첨가한 것이다. **식품 첨가제** (food additive)의 정의는 "식품의 주요 영양소나 성분이 아닌 식품에 첨가된 물질"이다. 전형적으로 식품 첨가제는 무게로 따져 식품에 비해 매우 적은 양이지만 매우 많은 식품에 첨가된다. 많은 이유로 매우 다양한 식품 첨가제가 사용된다. 몇 가지 이유는 다음과 같다.

식품 첨가제를 사용하는 몇 가지 이유

- 무기질 보강
- 비타민 보강
- 부패 방지
- 질감과 입에서의 느낌 향상
- 외양과 색깔의 변화

미국식약청(FDA)은 미국 내에서 팔리는 식품을 검증해야 한다. 이 과정을 단순화시키기 위해 1958년 FDA는 일반적으로 무해하다고 인정되는(Generally Recognized As Safe) 목록을 만들었다. 소위 GRAS 물질로 불리는 이 물질들은 신물질에 비해 별 서류절차 없이 사용된다. GRAS 전체 목록 가운데는 소금이나 젤라틴 같은 물질부터 잘 알려지지 않은 물질까지 열거돼 있다. 이 리스트는 이 책의 웹사이트에서 인터넷으로 얻을 수 있다.

식품의 색소

대부분의 식품색소는 'FD&C Red #2'와 같은 이름을 갖는다. 이것은 이름이 매우 길 뿐 더러 대부분 소비자들에게는 별 의미가 없기 때문이다. FD&C는 FDA로부터 식품, 약, 화장에 사용허가를 받았다는 의미이다. 다른 비식품의 색소 이름 'D&C Blue #1'은 약이나 화장품에는 적합하나 식품에는 아니라는 뜻이다. 이들의 구조는 매우 복잡하나(그림 17.13) 그들 모두 긴 교대 단일결합과 이중결합의 연속이다.

향신료

향신료는 식품에 보다 나은 향과 냄새를 주기 위해 사용한다. 실질적으로 영양적인 이익은 없다. 향신료는 대부분 열대지방 식물에서 얻어진다. 지금은 인도네시아 령인 '향료섬(Spice Islands)'이 일찍이 대륙 간 항해와 교역의 중요한 거점이었다.

MSG(monosodium glutamate) 같은 것은 향신토이면서 식품향을 증강하기 위해 사용된다.

표 17.7에 몇몇 중요한 향신료와 그들의 가장 중요한 성분을 나타내었다. 각 향신료에 대해 주화합물만 나타내었다. 실제로 각각은 관련된 구조를 가지는 여러 화합물로 이루어져 있다.

무기물과 비타민 보강

철, 아연 그리고 몇몇 무기물은 식품의 영양치를 높이기 위해 가해

FD&C 주황 No. 1	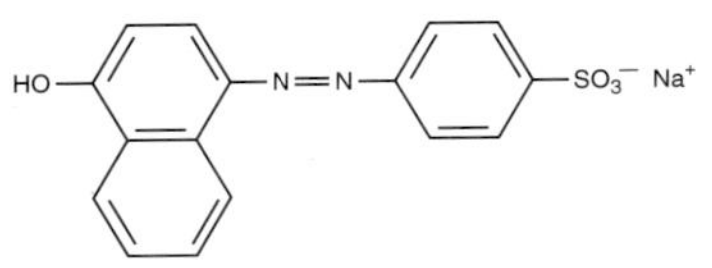
FD&C 노랑 No. 5	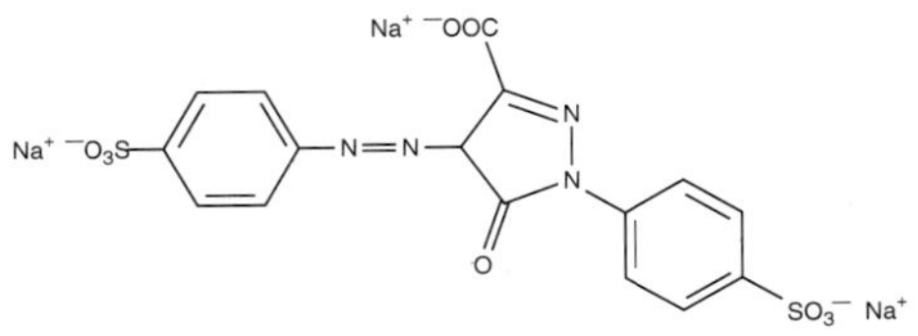
FD&C 빨강 No. 40	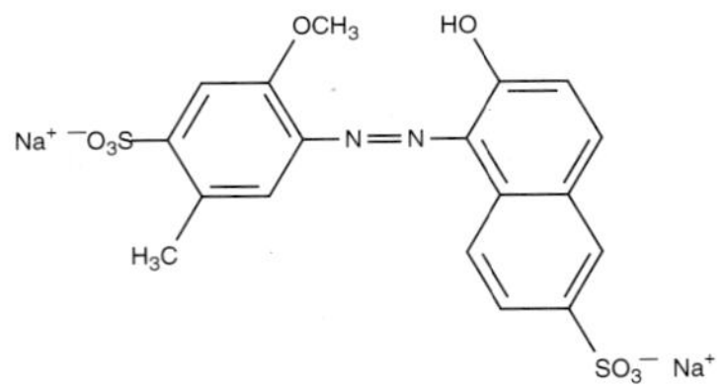
FD&C 파랑 No. 1	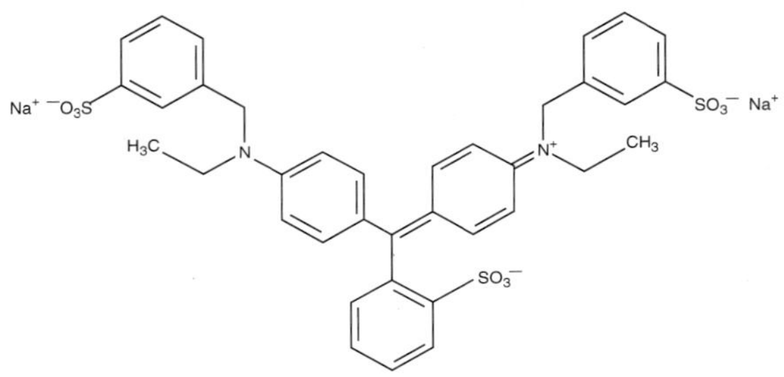
FD&C 초록 No. 2	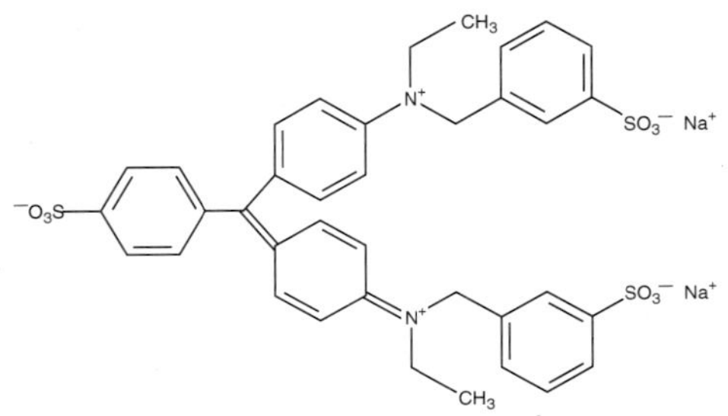

그림 17.13 몇 가지 식품색소와 그들의 주요 화합물

진다. 비타민 역시 같은 이유로 가해진다. 앞서 논의한 바와 같이 식품은 비타민을 함유하나 좀더 균형 잡힌 비타민군을 공급하기 위해 다른 것들이 첨가된다. 또한 어떤 비타민과 무기물은 식품가공 단계에서 파괴되기 때문에 가공 전 자연상태 값을 환원시키기 위해 가해지기도 한다. 이 과정을 소위 '강화'라고 하는데, 밀가루에 철, 나이아

표 17.7 몇 가지 향신료들과 그들의 주요성분

향	화합물 이름	구조
계피	신남알데하이드 (Cinnamaldehyde)	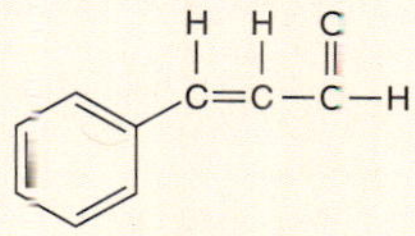
정향	유지놀(Eugenol)	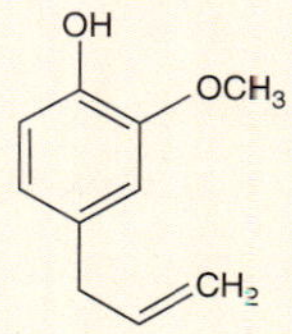
육두구	캄펜(Camphne)	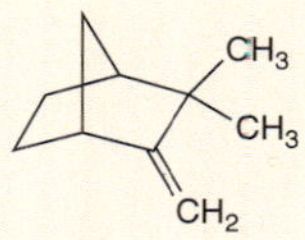
캐러웨이 스피어민트	*d*－카본(Carvone) *l*－카본(Carvone)	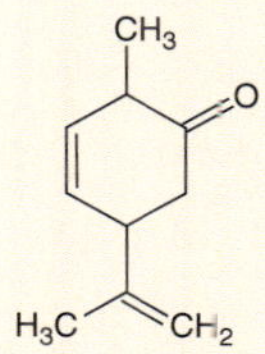
후추	펠라드렌 (Phellandrene)	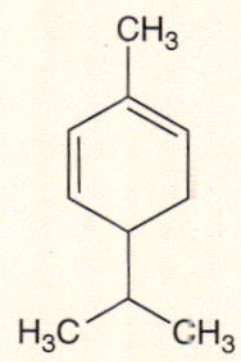
코리안더	코리안드롤 (Coriandrol)	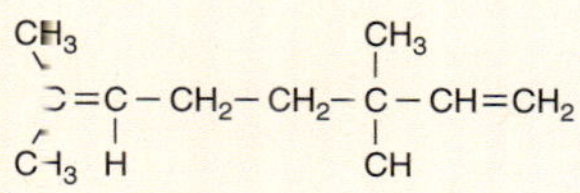
바닐라	바닐린(Vanillin)	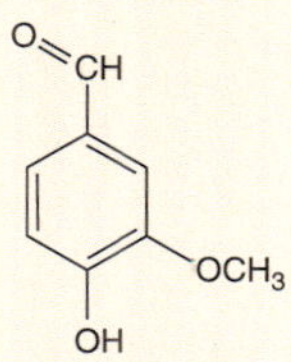
생강	진지베론(Zingibenne)	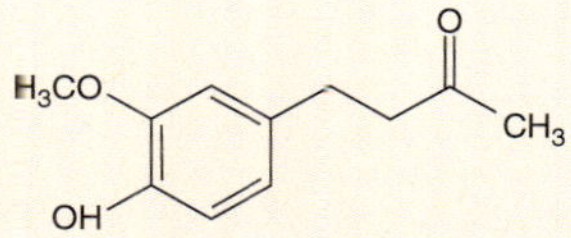

신, 리보플라빈, 싸이아민을 가하여 가공 전 단계인 자연치에 가깝게 환원시키는 것이 대표적인 예이다. 대부분의 우유는 비타민 A, D를 가하여 아이들에게 이들의 결핍을 최소화시킨다. 인 공급원으로서 인산염과 인산은 미생물 번식을 억제하기 위한 pH 안정제로 사용된다.

부패방지

식품이 못 쓰게 되는 중요한 두 요인은 산화와 미생물의 성장이다. 산화는 불포화 지방을 함유한 식품에 가장 치명적이다. 산화는 역겨운 냄새와 원치 않는 지방식품의 부분산화에 쓰이는 용어인 '썩는 냄새'의 원인이다. 자외선은 이 '썩는 냄새'를 가속화시키며 철 등은 '썩는 냄새'의 촉매작용을 한다. 취약한 식품들은 불투명 용기에 보관하여 빛을 차단시킨다. 첨가물 EDTA는 금속이온들을 잡아둠으로써 '썩는 냄새'에 기여하지 못하도록 한다. 원치 않는 산화를 방지하기 위해 항산화제인 BHT, 비타민 C, E 등을 가한다.

비타민 E는 지용성이고 비타민 C는 수용성이기 때문에 중요한 식품에는 비타민 E가 보다 효과적이다. 항산화제는 다름 아닌 환원제일 뿐이다(그림 17.14).

그림 17.14 식품 부패를 막는 화합물들

미생물의 성장을 억제하기 위해서는 몇 가지 전략이 쓰인다. 박테

비타민 C (아스코브산)	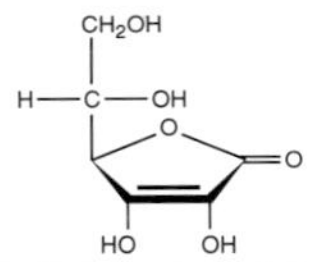
비타민 E (알파토코페롤)	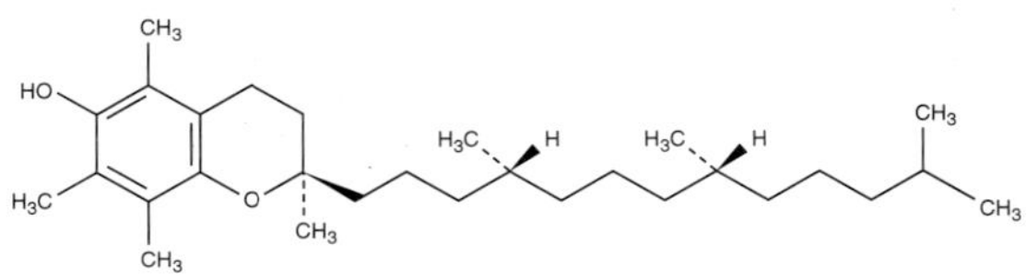
BHT (Butyrated hydroxytoluene)	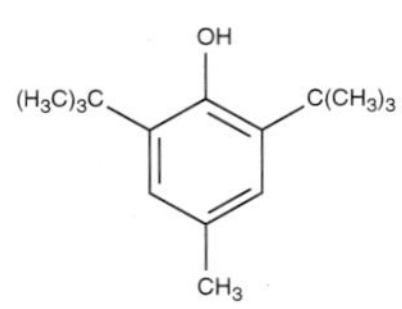
BHA (Butyrated hydroxyanisole) BHA는 두 이성체의 혼합물이다.	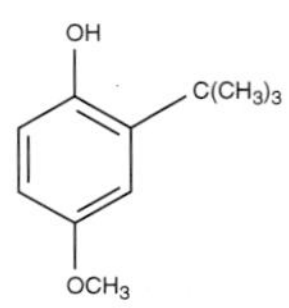 and 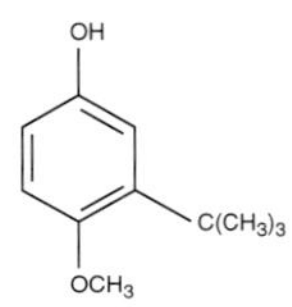

리아는 pH 4.3 이하에서는 살 수 없다. 따라서 식초 같은 산이 이 값 이하로 가해진다. 박테리아는 또한 불충분한 물 환경에서는 살 수 없으므로 설탕이나 소금을 가해 수화를 통해 물을 묶어둠으로써 박테리아 증식을 막는다.

젤리나 햄은 물이 존재하지만 묶인 상태에서 박테리아가 이용할 수 없게 한, 잘 알려진 예이다. 젤리 속의 설탕은 일반적으로 첨가제라기보다는 영양소나 향신료로 생각되지만 부패방지를 위한 목적으로 이용된다.

입에서의 느낌 향상과 질감

식품을 즐길 때 입에서 어떤 느낌을 주는가 하는 것은 중요하다. 녹말이나 해초에서 추출된 다당류 카리지난은 부드러운 느낌을 주기 위해 사용되는 교질제(thickener)이다. 아이스크림은 교질제를 사용하는 대표적 식품이다.

항응고제 (Anticaking Agents)

규산칼슘, 시트르산암모늄, 스테아르산마그네슘, 이산화규소 등은 가루로 된 소금이나 설탕 등 식품이 응고되지 않도록 하기 위해 사용되는 화합물이다. 그들은 수분을 흡수함으로써 설탕 등이 녹아 엉기지 않도록 한다.

17.8 균형식의 선택

균형 잡힌 건강한 식사는 우리에게 물, 건강체중을 유지하기 위한 충분한 에너지, 신체 화학작용을 유지할 수 있는 원료(아미노산, 무기물 등), 생명력이 유지될 수 있게 하는 비타민을 공급해야 한다. 균형 잡힌 식사는 다양한 것들을 너무 많이 포함해서는 안 되며 적절하여야 한다. 너무 많이 먹으면 과체중이 된다. 포화지방과 콜레스테롤의 과다섭취는 심장병이나 다른 질병의 위험을 높인다. 소금의 과다섭취는 고혈압과 신장에 해를 준다.

설탕과 산성음료 과다섭취는 치아를 파괴시킨다. 그러나 한편 식품의 어떤 성분은 우리에게 특별히 좋을 수도 있다. 특별한 오메가지방산이 많은 생선기름은 심장질환에 도움이 되고, 항산화제가 많은 채소는 암을 예방해준다.

고려해야 할 것이 너무나 많다. 너무 많은 선택이 있다! 그래도 균

그림 17.15 USDA의 식품지침 피라미드. 음식지침 피라미드는 식품군들과 각 군의 소비량을 보였다.

형 잡힌 건강한 식사의 기본은 쉽게 파악된다. 미국에서는 건강한 식사에 대한 간단하면서도 친숙한 지침을 음식지침 피라미드 내에 구체화시켰다 이를 그림 17.15에 나타내었다. 이는 음식을 6가지 군으로 나누고 상대인 양은 대략 그림에 나타난 용량대로 섭취하게 한다.

'빵, 시리얼, 밥, 파스타' 군은 식사의 기초를 이루어야 한다. 이런 탄수화물이 풍부한 식사는 건강증진에 있어 필수조건인 에너지 공급과 적은 지방섭취 그러면서도 필요한 보조영양의 공급이라는 우리의 필요에 부합된다. 풍부한 비타민과 무기물, 그러면서도 적은 칼로리와 지방을 공급하는 '과일'과 '채소' 군이 다음에 있다. '육류, 가금류, 생선, 건과류, 계란과 견과류' 군은 우리에게 꼭 필요한 단백질을 많이 포함한다. 그러나 이 그룹은 지방과 콜레스테롤을 상당히 포함하므로 주의해서 섭취해야 한다. '우유, 요구르트와 치즈' 군에도 같은 논리가 적용된다. 이들은 필요한 단백질, 칼슘, 그 외 영양소를 공급하지만 지방함유량이 높다.

지방함유라는 결점을 탈지우유나 저지방 낙농제품이 해결할 수 있다. 이 피라미드 꼭대기에 있는 '지방, 기름과 설탕' 군은 아주 조금씩만 섭취해야 한다. 앞에서 보았듯이 탄수화물과 단백질은 그램당 4 kcal의 열량을 내지만 지방과 기름은 9 kcal이다. 따라서 과체중의 위험이 크다. 불행하게도 우리 대부분은 지방과 기름, 설탕 제품에 가장 끌린다.

왜 그럴까? 그 이유 중 일부는 우리가 비정상적인 생활을 하기 때문이다. 우리는 풍부한 식품 공급을 받고 있지만 대부분 사람들은 식품이 매우 귀할 때를 살아본 적이 있다. 식품이 그렇게 귀하다면 에너지가 높은 지방과 기름을 탐닉할 만하다. 그러나 한가한 때에도 냉장고에 맛있고 에너지 높은 음식이 가득 차있고 운동은 거의 하지 않는 생활을 하지 않는가. 무엇을 먹느냐는 우리의 선택이다. 그러나 음식지침 피라미드는 건강을 가장 잘 유지시켜줄 선택을 하도록 도와준다.

채식주의자들은 그 이름에도 불구하고 일반적으로 과일과 채소를 포함하여 낙농제품과 달걀을 먹는데, 음식지침 피라미드를 따르는 데는 별 어려움이 없다. 모든 낙농제품과 고기를 포함한 동물성 식품을 배척하는 극단적인 채식주의자들은 충분한 단백질과 비타민 B_{12}(예를 들어 시리얼과 효모추출물에 함유됨)를 섭취해야 한다. 채식주의자와 극단적인 채식주의자들은 일반적인 잡식가 ('아무거나 먹는' 사람들, 때로는 불행히도 문자 그대로인) 보다 음식에 대해 신경 써야 한다. 비록 그들의 제한된 식사 때문에 아이를 키울 때는 특별히 신경 써야 하겠지만 그렇기 때문에 오히려 채식주의자와 극단적인 채식주의자들은 일반적으로 건강한 식사를 유지한다. 많은 화학적인 논쟁에서와 같이 '이상적인 식사'의 개념을 둘러싸고 논쟁이 벌어진다. 우리는 이 논쟁에 휘말리기를 바라지 않는다. 그러나 일반적인 건강한 식사의 근간은 명백하며 대부분의 영양학자가 수긍하는 바이다.

우리의 영양수요를 조망하는 다른 방법은 우리가 원하는 각각에 대해 그리고 그것을 얻기 위한 좋은 식품원의 대강을 생각하는 것이다. 균형 잡힌 식사의 근간을 마련하기 위한 이런 방식은 사실 더 복잡하다. 그리고 어떻게 하든 결국에는 음식지침 피라미드에 담긴 조언을 따르게 될 것이다.

17.9 에너지 수요

비만해지지 않으면서 건강을 유지하기 위해서는 어느 정도의 음식 산화 에너지가 필요할까?

답은 나이, 성, 그리고 하루 동안 활동량에 따라 다르다. 표 17.8에는 어린아이들과 10세 이상 남성 그리고 10세 이상 여성의 평균치를 나타내었다. "비활동 에너지 소모"는 우리가 24시간 쉬기만 할 때의 에너지 수요이다. "평균 활동 지수"는 쉬는 에너지 지출에 하루 일과 중 힘을 내야 할 때(걷기, 운동, 일하기 등) 필요한 추가 에너지 수요를 곱해 주는 것이다. 예상되는 총 에너지 지출을 하루당 kcal, 체중

표 17.8 평균 신장과 체중 그리고 예상 에너지 허용량

	체중		신장		비활동 에너지 소모	평균 활동 지수	예상 에너지 허용량		
	kg	lb	cm	in	(kcal/day)		kcal/day	kcal/kg	MJ/day
어린아이(나이)									
1−1.9	11	24	82	32	600	2.0	1200(900∼1600)	105	4.8
2−3.9	14	31	96	38	700	2.0	1400(1100∼1900)	100	5.9
4−5.9	18	40	109	43	830	2.0	1700(1300∼2300)	92	7.1
6−7.9	22	49	121	48	930	2.0	1800(1400∼2400)	83	7.5
8−9.9	28	62	132	52	1050	1.8	1900(1400∼2500)	69	7.9
남성(나이)									
10−11.9	36	79	143	56	1200	1.8	2200(1700∼2900)	61	9.2
12−16.9	57	126	169	67	1580	1.7	2700(2000∼3600)	47	11.3
17−24.9	70	155	177	70	1750	1.6	2800(2400∼3200)	40	11.7
25−49.9	69	152	176	69	1620	1.6	2600(2200∼3100)	38	10.9
50−69.9	68	149	173	68	1440	1.6	2300(1900∼2700)	34	9.6
>70	66	146	171	67	1310	1.5	2000(1600∼2400)	30	8.4
여성(나이)									
10−13.9	42	96	155	62	1300	1.7	2200(1700∼2900)	50	9.2
14−16.9	56	123	162	64	1410	1.6	2200(1700∼3000)	41	9.6
17−24.9	58	128	163	64	1420	1.6	2300(1900∼2700)	39	9.6
25−49.9	59	130	163	64	1350	1.6	2200(1800∼2600)	37	9.2
50−69.9	59	130	160	63	1220	1.6	2000(1600∼2400)	34	8.4
<70	59	130	158	62	1140	1.5	1700(1300∼2100)	30	7.1

From FAO/WHO/UNU:Energy and Protein Requirements. Technical Rep Series 724, Geneva, Switzerland, 1985, World Health Organization.

1 kg당 kcal, 하루당 MJ(megajoule)로 나타내었다. 하루당 kcal 값은 매우 넓은 범위 값을 보이는데 이는 각자 활동하는 정도가 다양하기 때문이다.

표 17.10을 보면 활동이 에너지 수요에 얼마나 크게 영향을 미치는지 볼 수 있다. 침대에 누워 쉬는 것은 1분에 대략 1 kcal를 사용한다. 산책할 때는 3.5 kcal로 증가하며 빠르게 뛰는 것은 1분에 7 kcal를 소모한다. 이런 숫자들은 운동량을 늘리는 것이 얼마나 체중조절 수단으로 좋은지 명백히 보여 준다. 우리가 이런 추가활동을 음식을 잔뜩 먹어 보상시키지만 않는다면 운동은 체지방에 저장된 에너지를 매우 효과적으로 "태울" 수 있다.

이런 에너지들은 과연 어디서 오는 것일까? 각 영양소에 의한 에너지 공급 비율은 식사에 포함된 비율과 우리 몸에 저장된 지방에 따라 다르다. 그림 17.16은 전형적인 북아메리카 사람 식사에 대한 평균 비율이다. 이는 많은 사람들의 식사에 다른 하나의 중요한 에너지원이 있음을 보여 주는데, 소위 알코올이다. 알코올 음료에 들어 있는 에탄올은 추천할 만한 영양소는 아니며 우리는 그것 없이도 얼마든지 살 수 있다! 그러나 알코올을 마신다면 상당한 에너지를 얻게 된다. 탄소화물과 지방 단백질처럼 에탄올도 산화하여 이산화탄소와 물이 된다. 에탄올이 산화되면 7 kcal/g으로 지방에 이어 두 번째로 높은 열량을 낸다 (표 17.9).

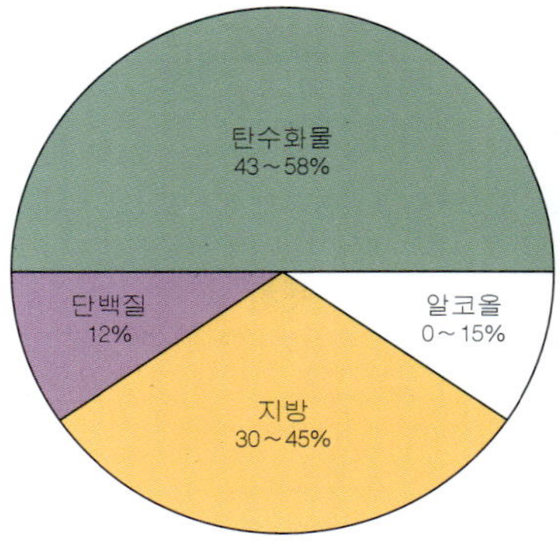

그림 17.16

그림 17.16은 앞서 단백질은 덜 중요한 역할이며 탄소화물과 지방이 신체에 주된 에너지 공급원이라 언급했던 사실과 일치한다. 식사 지침은 전체 칼로리 중 대략 30%만을 지방으로 섭취하라고 한다. 그러면 이 "전형적인" 미국인의 30～45% 범위의 최하 위치 사람들만이 지방을 과잉 섭취하려는 경향에 대해 떳떳할 뿐이다.

체내 과잉지방의 소모, 즉 체중조절은 많은 사람들의 관심을 불러일으키는 논쟁거리이다.

우리가 너무 먹는다면 비만해질 것이다. 체중 1 파운드는 3,500 kcal의 에너지를 저장하고 있다. 따라서 1 파운드의 과잉 지방 3,500 kcal의 에너지를 소모하려면 활동을 해야 할 것이다. 표 17.10으로부터 계산하면 빨리 걸어서 1,000분을 걷는 것에 해당한다. 대략 17 시간을 걸어 1 파운드의 과잉 지방을 뺀다? 먼저 과체중이 되지 않을 식사법을 선택 하라!

표 17.9 네 가지 주요 에너지 공급 영양소의 열량

영양소	에너지 공급
지방	9 kcal/g
알코올	7 kcal/g
탄수화물	4 kcal/g
단백질	4 kcal/g

17.10 유전자 변형 식품

16장에서 탐구한 유전공학의 가장 큰 상업적 적용은 아마도 곡류식품의 유전자 변형일 것이다 (GM food). 이런 곡류는 예를 들어 유전자 변형 콩, 옥수수, 토마토 제품으로 이미 우리 식탁에 등장하였다. 유전공학의 다른 측면과 마찬가지로 이는 찬반의 뜨거운 논쟁에 싸여 있다.

우선 왜 곡류식품의 유전자를 변형시키려 하였는가? 중요한 몇몇 이유는 아래와 같다.

유전자 변형 식품을 개발하는 핵심 이유들

- 특정 해충이나 질병에 견디는 식물을 만들기 위하여. 그리고 추가적으로 그들을 없애는 살충제와 제초제의 피해를 줄이기 위하여.

표 17.10 열거한 활동에서의 에너지 지출

	kcal/min	kJ/min
남자(65 kg, 143 파운드)		
침대에서 자거나 쉼	1.1	4.52
조용히 앉아 있음	1.4	5.82
조용히 서 있음	1.7	4.52
4.9 km/시간 속도로 걸음	3.7	7.32
10 kg 부하를 가지고 4.9 km/시간 속도로 걸음	4.0	15.5
사무실 일(앉아서)	1.8	16.7
집안일		
조리	2.1	8.8
가벼운 청소	3.1	13.0
중간단계 청소(걸레질이나 창문 닦기)	4.3	18.0
산업		
차고일(정비)	4.1	17.2
목수일	4.0	16.7
전기와 기계 산업	3.6	15.1
실험실 일	2.3	9.6
건설	6.0	25.1
벽돌쌓기	3.8	15.9
트랙터 운전	2.4	10.0
동물사육	4.1	17.2
나무심기	4.7	19.7
톱질	8.6	36.0
전기 톱질	4.8	20.1
삽질하기	6.5	27.2
오락		
앉아 있기	2.5	10.5
가벼운 오락(물장난, 볼링, 골프, 배타기)	2.5~5.0	10.5~21.0
중간 오락(춤, 승마, 수영, 테니스)	5.0~7.5	21.0~31.5
힘든 오락(육상, 축구, 노젓기)	7.5+	31.5
여자(55 kg, 121 파운드)		
침대에서 자거나 쉼	0.9	3.7
조용히 앉아 있음	1.2	4.8
조용히 서 있음	1.4	5.7
4.9 km/시간 속도로 걸음	3.0	12.6
10 kg 부하를 가지고 4.9 km/시간 속도로 걸음	3.4	14.2
사무실 일(앉아서)	1.6	6.7
집안일		
조리	1.7	7.1
가벼운 청소	2.5	10.5
중간단계 청소(걸레질이나 창문 닦기)	3.5	14.6
오락		
앉아 있기	2.0	8.3
가벼운 오락(물장난, 볼링, 골프, 배타기)	2.0~4.0	8.3~16.7
중간 오락(춤, 승마, 수영, 테니스)	4.0~6.0	16.7~25.1
힘든 오락(육상, 축구, 노젓기)	6.0+	25+

*From Durnim JVGA, Passmore R: Energy, Work, and Leisure, London. 1967, as reported in FAO/WHO: Energy and Protein Requirements. Technical Rep No 522, Geneva, Switzerland, 1973, World Health Organization.

예제 17.4 체중지표(BMI)의 이용

문 제 1999년 미국 국립 건강통계센터는 미국인의 27%가 비만이며 추가로 34%는 지나친 비만이라고 판정하였다. 계산은 체중지표(BMI)를 사용하였다.

$$\text{BMI} = 703 \times \text{파운드 체중}/(\text{인치 키})^2$$

BMI 값이 25이면 지나친 비만과 관련된 건강상 문제가 일어나는 최저치에 해당한다. 그리고 30 이상이면 심각한 상태다. 이 BMI 값은 일반사람에게 그리고 주로 앉아서 생활하는 사람에게는 더 큰 의미가 있겠지만, 장거리 주행습관을 가진 사람에게는 의미가 덜하다.

이 책의 저자 중 한 사람(PBK)은 체중 192 파운드 키 5 피트 11.5인치의 장거리 주자이자. 그의 BMI는 얼마이며, 그것이 우려할 만한 수준인가?

풀 이

$$\text{BMI} = 703 \times 192/(71.5)^2 = 26.4$$

비록 이 값은 최저치 위에 있어 비만에 해당하지만, PBK의 장거리 주행습관 때문에 심한 운동을 하지 않는 사람에 비해 이 값의 의미는 많이 줄어든다. 이런 주장은 추가적인 콜레스테롤치나 HDL치(17.3장) 검사로서 확인된다.

- 특정 제초제에 내성을 가진 식물을 만들기 위하여. 그래서 제초제를 뿌릴 때 곡식은 그대로인 채 나머지 모든 잡초를 제거할 수 있도록.
- 보관성과 가공성을 향상시켜 식품의 질을 높이기 위하여.
- 유전자 변형을 통해 보통보다 크게 자라 더 나은 수확을 보장받기 위하여.
- 천연독성(감자의 글라이코알칼로이드)이나 알러르기 유발물질(견과류의 알레르기 유발 단백질)이 없거나 적은 작물을 위하여.
- 특정 비타민을 더 많이 함유한 영양의 질이 향상된 작물을 위하여.
- 매우 덥거나 춥거나 혹은 습하거나 건조한 데서도 자랄 수 있는 작물을 위하여.

그러나 안전성과 유전공학을 우리가 먹는 곡류식품에 적용하는 것에 대한 우려가 제기되었다. 다음은 제기되어온 주된 우려들이다.

- 우리가 완전히 알지 못하는 상태에서 자연을 가지고 노는 것이 해를 끼칠 것이라는, 그러나 현재로선 예측 불가능한 건강과 환경에 미치는 영향에 대한 일반적인 두려움. 이것은 기본적으로 과학과 기술이 옛날에 던진 "비열한 놀래킴(nasty surprises)"의 공포이다.
- 유전자전이 기술에 사용되고 있는 항생제내성 유전자나 바이러스 유전자가 종의 장벽을 넘어 항생제내성 박테리아나 맹독성인

새로운 바이러스가 될 수 있는 가능성.
- 유전적으로 변형된 식물이나 동물로부터 새로운 독성이나 알레르기 유발물질이 만들어지는 위험성.
- 유전적으로 변형된 식물이 수퍼잡초가 되어 다른 자연산 경쟁자들을 쓸어 없애고 손쓸 수 없이 퍼질 위험성.
- 유전적으로 변형된 식물과 그들의 자연산 친척들과의 교잡 위험.
- 새로운 식물이나 동물 질병, 그리고 훨씬 더 심각한 예측 불가능했던 유전자 전이로 인한 종의 장벽을 넘어선 인간질병원의 출현.
- 유전적으로 변형된 곡류식품이 "자연의 균형"을 지탱하는 데 결정적 역할을 하는 곤충에 축적되어 예측 불가능한 생태학적 결과를 낳을 위험.

우리가 책을 쓰고 있을 때 계속되던 논쟁은 여러분이 이 글을 읽을 때까지 계속될 것이다. 이 분야가 어떻게 돌아가는지 좀더 알려면 신문이나 잡지, 대중적인 과학잡지를 보라.

17.11 먹는다는 것 – 결정적인 선택

"당신은 당신이 먹는 것이다"란 속담이 있다. 그리고 상당 부분 이 말은 사실이지만 정확히 말하면 사실이 아니다. 왜냐하면 당신은 당신이 먹는 것으로부터 당신 몸이 만든 것이기 때문이다. 몸은 음식물로부터 놀랄 만큼 자신이 원치 않는 것은 버리고 원하는 것은 선택하는 능력이 있다. 그리고 먹은 음식 화합물을 화학적으로 당신의 몸을 구성하는 화합물로 바꾼다. 사실 선택과 화학적 변환이 완전한 것은 아니다. 그래서 독성물질은 엄청난 해를 끼친다. 우리가 필요하다고 알고 있는 화합물조차 너무 많이 혹은 부적절한 비율로 섭취했을 때는 해를 끼친다. 따라서 무엇을 먹어야 하는지의 선택은 피할 수 없는 대단히 중요한 선택이다. 먹는다는 것은 해도 되고 안 해도 되는 일이 아니다. 서점의 높고도 긴 선반에는 우리가 무엇을 먹어야 할지에 대한 지침을 담은 온갖 종류의 책들이 있다. 그러나 간단히 말해 사리에 맞고 쉬운 지침은 식품지침 피라미드에 맞추어 살려고 노력하는 것이며(그림 17.15) 신선한 과일을 많이 먹고 과체중이 될 수 있는 음식을 너무 먹지 않도록 절제하는 것이다. 말은 쉽지만 사실 실천하기는 쉽지 않다. 그러나 최소한 이것은 당신의 선택이다.

연습문제

1. 수크로오스 10.0 g과 같은 단맛을 내기 위해 프룩토오스 몇 g이 필요한가? 같은 단맛을 내는 데는 사카린 몇 g이 필요한가?
2. 스테아르산, 팔미트산, 리놀레산으로 구성된 지방 분자의 몰질량은 얼마인가?
3. 알라닌이 타이로신의 산기와 반응하고 차례로 타이로신이 페닐알라닌과 반응하여 생성된 작은 단백질의 구조를 그려라.
4. 200 칼로리를 제공하는 수크로오스와 같은 단맛을 내기 위한 프룩토오스의 양은 몇 칼로리를 제공하는가?
5. 전형적으로 단백질은 약 16.0 %의 질소를 함유하고 있다. 8.0 g의 식품 시료를 화학적으로 처리하여 모든 질소를 암모니아로 변환시킨 후 HCl과 반응시켰다고 가정하자. 모든 암모니아와 반응하는 데 0.12 M HCl이 35 mL 소모되었다면 식품에 존재하는 단백질은 몇 퍼센트인가?
6. 다음 물음에 맞는 단어, 수나 기호로 답하라.
   a. 탄소, 철, 나트륨 원소의 화학 기호는 무엇인가?
   b. 탄소와 산소 각 원소에 의해 만들어지는 공유결합의 수는 얼마인가?
   c. 질소 원자의 핵에는 몇 개의 양성자가 있는가?
   d. 지방과 탄수화물에서 발견되는 세 개의 원소는 무엇인가?
   e. 단백질에서는 발견되나 지방에는 없는 두 개의 원소는 무엇인가?
7. 화합물 $C_{18}H_{32}O_{16}$은 지방, 지방산, 아미노산, 단백질, 탄수화물 중 어느 것인가? 답을 가능한 구체적으로 설명하라.
8. 갈락토오스가 락트산으로 변하는 반응의 에너지 변화를 산화수를 사용하여 예측하라.
9. 5.0 g의 감자튀김을 과량의 산소로 연소시켜 물 300 mL의 온도를 올리는 데 사용하였다. 물의 처음 온도가 20.04 ℃이고 마지막 온도는 65.04 ℃이었다. 150 g의 감자튀김은 몇 칼로리의 열량을 주는가?
10. 수크로오스 분자의 결합과 구조를 기술하라. 수크로오스를 요리하여 섭취하고 소화시키면 수크로오스 분자는 어떻게 변하는가?
11. 20종의 아미노산 분자를 각각 한 개씩 이용하여 단백질을 만들었을 때 분자량은 얼마인가?
12. 각 아미노산의 구조를 조사하고 필수아미노산과 비필수아미노산을 비교하라. 우리 몸에서 필수아미노산으로부터 비필수아미노산이 어떻게 만들어질 수 있는지 추측할 수 있는가?
13. 다음 물음에 맞는 단어, 수 또는 기호로 답하라.
    a. 단백질과 탄수화물 모두에서 중요한 세 가지 원소는 무엇인가?
    b. 탄수화물 분자가 21개의 산소 원자를 가지고 있다면 수소 원자의 수는 얼마인가?
    c. 단백질을 만드는 데 두 아미노산 사이에 형성하는 결합의 이름은 무엇인가?
    d. 단백질의 2차 구조를 이루는 데 중요한 결합은 무엇인가?
    e. 삼당류가 글루코오스 분자로 되기 위해서는 몇 분자의 물이 필요한가?
14. 수크로오스를 분해시키면 다음 중 무엇이 얻어지는가?
    a. 글루코오스와 락토오스
    b. 글루코오스와 말토오스
    c. 글루코오스와 글루코오스
    d. 글루코오스와 프룩토오스
15. 글루코오스 1 mol을 연소시키면 673kcal를 얻는다. 글루코오스 9.0 g을 연소시키면 얼마의 열량을 얻는가?
16. 다음 반응식을 완결하라.

    $$\_\_\_C_2H_4O_2 + \_\_\_O \longrightarrow \_\_\_CO_2 + \_\_\_H_2O$$
17. 올레산 1 mol을 수소화 반응시켰을 때 발생하는 에너지를 결합에너지를 이용하여 계산하라.

SI 단위 접두어, 전환관계

SI 단위 접두어

p	n	μ	m	c	d	k	M	G
pico-	nano-	micro-	milli-	centi-	deci-	kilo-	mega-	giga-
피코	나노	마이크로	밀리	센티	데시	킬로	메가	기가
10^{-12}	10^{-9}	10^{-6}	10^{-3}	10^{-2}	10^{-1}	10^{3}	10^{6}	10^{9}

전환 관계

길 이

SI 단위 : 미터, m

1 km	= 1000 m
	= 0.62 mile (mi)
1 inch (in)	= 2.54 cm
1 m	= 1.094 yards (yd)
1 pm	$= 10^{-12}$ m $= 0.01\ \AA$

부 피

SI 단위 : 세제곱미터, m^3

1 dm^3	$= 10^{-3}m^3$
	= 1 liter (L)
	= 1.057 quarts (qt)
1 cm^3	= 1 mL
1 m^3	= 35.3 ft^3

질 량

SI 단위 : 킬로그램, kg

1 kg	$= 10^3$ g
	= 2.205 lb
1 metric ton (T)	$= 10^3$ kg
1 gram	$= 6.022 \times 10^{23}$ amu

압 력

SI 단위 : 파스칼, Pa

1 Pa	$= 1\ N/m^2$
	$= 1\ kg/m \cdot s^2$
1 atm	$= 1.01325 \times 10^5$ pa
	= 760 torr

에너지

SI 단위 : 줄, J

1 J	$= 1 kg \cdot M^2/S^2$
	= 1 coulomb·volt (1 C·V)
1 cal	= 4.184 J
1 eV	$= 1.602 \times 10^{-19}$ J

온 도

SI 단위 : 캘빈, K

0 K	= −273.15℃
물의 어는점	= 0℃ (273.15 K)
물의 끓는점	= 100℃ (373.15 K)
K	= ℃ + 273.15
℃	= (℉ − 32) 5/9
℉	= 9/5℃ + 32

수학 관계식

π	= 3.1416
구의 부피	$= 4/3\pi r^3$
원기둥의 부피	$= \pi r^2 h$

원소명

원 소	기 호	원자번호	원자 질량
가돌리늄	Gd	64	157.3
갈륨	Ga	31	69.72
구리	Cu	29	63.55
규소	Si	14	28.09
금	Au	79	197.0
나이오븀	Nb	41	92.91
납	Pb	82	207.2
네오디뮴	Nd	60	144.2
네온	Ne	10	20.18
넵투늄	Np	93	(237)
노벨륨	No	102	(259)
니켈	Ni	28	58.69
더브늄	Db	105	(262)
디스프로슘	Dy	66	162.5
라돈	Rn	86	(222)
라듐	Ra	88	(226)
란타넘	La	57	138.9
러더포듐	Rf	104	(261)
레늄	Re	75	186.2
로듐	Rh	45	102.9
로렌슘	Lr	103	(262)
루비듐	Rb	37	85.47
루테늄	Ru	44	101.1
루테튬	Lu	71	175.0
리튬	Li	3	6.941
마그네슘	Mg	12	24.31
마이트너륨	Mt	109	(268)
망가니즈	Mn	25	54.94
멘델레븀	Md	101	(258)
몰리브데넘	Mo	42	95.94
바나듐	V	23	50.94
바륨	Ba	56	137.3
백금	Pt	78	195.1
버클륨	Bk	97	(247)
베릴륨	Be	4	9.012
보륨	Bh	107	(267)
붕소	B	5	10.81
브로민	Br	35	79.90
비소	As	33	74.92
비스무트	Bi	83	209.0
사마륨	Sm	62	150.4
산소	O	8	16.00
세륨	Cc	58	140.1
세슘	Cs	55	132.9
셀레늄	Se	34	78.96
소듐(나트륨)	Na	11	22.99
수소	H	1	1.008
수은	Hg	80	200.6
스칸듐	Sc	21	44.96
스트론튬	Sr	38	87.62
시보귬	Sg	106	(263)
아르곤	Ar	18	39.95
아메리슘	Am	95	(243)
아스타틴	At	85	(210)
아연	Zn	30	65.39
아이오딘	I	53	126.9
아인슈타이늄	Es	99	(252)
악티늄	Ac	89	(227)
안티모니	Sb	51	121.8
알루미늄	Al	13	26.98
어븀	Er	68	167.3
염소	Cl	17	35.45
오스뮴	Os	76	190.2
우라늄	U	92	238.0
유로퓸	Eu	63	152.0
은	Ag	47	107.9
이리듐	Ir	77	192.2
이터븀	Yb	70	173.0
이트륨	Y	39	88.91
인	P	15	30.97
인듐	In	49	114.8
저마늄	Ge	32	72.61
제논	Xe	54	131.3
주석	Sn	50	118.7
지르코늄	Zr	40	91.22
질소	N	7	14.01
철	Fe	26	55.85
카드뮴	Cd	48	112.4
칼리포늄	Cf	98	(251)
칼슘	Ca	20	40.08
코발트	Co	27	58.93
퀴륨	Cm	96	(247)
크로뮴	Cr	24	52.00
크립톤	Kr	36	83.80
타이타늄	Ti	22	47.88
탄소	C	6	12.01
탄탈럼	Ta	73	180.9
탈륨	Tl	81	204.4
터븀	Tb	65	158.9
텅스텐	W	74	183.9
테크네튬	Tc	43	(98)
텔루륨	Te	52	127.6
토륨	Th	90	232.0
툴륨	Tm	69	168.9
팔라듐	Pd	46	106.4
페르뮴	Fm	100	(257)
포타슘(칼륨)	K	19	39.10
폴로늄	Po	84	(209)
프라세오디뮴	Pr	59	140.9
프랑슘	Fr	87	(223)
프로메튬	Pm	61	(145)
프로탁티늄	Pa	91	(231)
플루오린	F	9	19.00
플루토늄	Pu	94	(242)
하슘	Hs	108	(269)
하프늄	Hf	72	178.5
헬륨	He	2	4.003
홀뮴	Ho	67	164.9
황	S	16	32.07
		110	(269)
		111	(272)
		112	(285)
		114	(289)

†모든 원자 질량은 유효 숫자 네 개로 나타내었다. 괄호 안에 있는 값은 가장 안정한 방사성 동위원소의 질량수이다.

원소주기율표

■ 금속(주족)
■ 금속(전이 원소)
■ 금속(내부 전이 원소)
■ 준금속
■ 비금속

주기 번호	1A (1)	2A (2)	3B (3)	4B (4)	5B (5)	6B (6)	7B (7)	8B (8)	8B (9)	8B (10)	1B (11)	2B (12)	3A (13)	4A (14)	5A (15)	6A (16)	7A (17)	8A (18)
1	1 **H** 1.008																	2 **He** 4.003
2	3 **Li** 6.941	4 **Be** 9.012											5 **B** 10.81	6 **C** 12.01	7 **N** 14.01	8 **O** 16.00	9 **F** 19.00	10 **Ne** 20.18
3	11 **Na** 22.99	12 **Mg** 24.31											13 **Al** 26.98	14 **Si** 28.09	15 **P** 30.97	16 **S** 32.07	17 **Cl** 35.45	18 **Ar** 39.95
4	19 **K** 39.10	20 **Ca** 40.08	21 **Sc** 44.96	22 **Ti** 47.88	23 **V** 50.94	24 **Cr** 52.00	25 **Mn** 54.94	26 **Fe** 55.85	27 **Co** 58.93	28 **Ni** 58.69	29 **Cu** 63.55	30 **Zn** 65.39	31 **Ga** 69.72	32 **Ge** 72.61	33 **As** 74.92	34 **Se** 78.96	35 **Br** 79.90	36 **Kr** 83.80
5	37 **Rb** 85.47	38 **Sr** 87.62	39 **Y** 88.91	40 **Zr** 91.22	41 **Nb** 92.91	42 **Mo** 95.94	43 **Tc** (98)	44 **Ru** 101.1	45 **Rh** 102.9	40 **Pd** 106.4	47 **Ag** 107.9	48 **Cd** 112.4	49 **In** 114.8	50 **Sn** 118.7	51 **Sb** 121.8	52 **Te** 127.6	53 **I** 126.9	54 **Xe** 131.3
6	55 **Cs** 132.9	56 **Ba** 137.3	57 **La** 138.9	72 **Hf** 178.5	73 **Ta** 180.9	74 **W** 183.9	75 **Re** 186.2	76 **Os** 190.2	77 **Ir** 192.2	78 **Pt** 195.1	79 **Au** 197.0	80 **Hg** 200.6	81 **Tl** 204.4	82 **Pb** 207.2	83 **Bi** 209.0	84 **Po** (209)	85 **At** (210)	86 **Rn** (222)
7	87 **Fr** (223)	88 **Ra** (226)	89 **Ac** (227)	104 **Rf** (261)	105 **Db** (262)	106 **Sg** (263)	107 **Bh** (267)	108 **Hs** (269)	109 **Mt** (268)	110 (269)	111 (272)	112 (285)		114 (289)				

주족 원소 (1A–2A, 3A–8A) · 전이 원소 (3B–2B)

내부 전이 원소

주기	계열														
6	란타넘 계열	58 **Ce** 140.1	59 **Pr** 140.9	60 **Nd** 144.2	61 **Pm** (145)	62 **Sm** 150.4	63 **Eu** 152.0	64 **Gd** 157.3	65 **Tb** 158.9	66 **Dy** 162.5	67 **Ho** 164.9	68 **Er** 167.3	69 **Tm** 168.9	70 **Yb** 173.0	71 **Lu** 175.0
7	악티늄 계열	90 **Th** 232.0	91 **Pa** (231)	92 **U** 238.0	93 **Np** (237)	94 **Pu** (242)	95 **Am** (243)	96 **Cm** (247)	97 **Bk** (247)	98 **Cf** (251)	99 **Es** (252)	100 **Fm** (257)	101 **Md** (258)	102 **No** (259)	103 **Lr** (262)

찾아보기

기타

역 자 명 단 (가나다순)

강창희 · 공승대 · 권효식 · 김노수 · 김덕수 · 김명철
김원형 · 김재웅 · 노상균 · 도성탁 · 문숙희 · 박경원
박영주 · 박외숙 · 변부형 · 변종철 · 손민일 · 손정인
신기석 · 신영국 · 심원보 · 양정성 · 양희태 · 오세영
오혁근 · 유은순 · 윤신숙 · 이남수 · 이남호 · 이상배
이선주 · 이재복 · 이현철 · 임우택 · 전상일 · 정덕상
정영진 · 정용석 · 제갈영순 · 최봉종 · 한상문 · 한성빈
한정태 · 홍연기 · 황성규 · 황승구

대 학 기 초 화 학

2013년 3월 5일 인쇄
2013년 3월 10일 발행

저 자 ◎ 화학교재편찬위원회 역
발행자 ◎ 조 승 식
발행처 ◎ (주) 도서출판 북 스 힐
서울시 강북구 한천로 153길 17
등 록 ◎ 제 22-457 호

TEL (02) 994-0071(代)
FAX (02) 994-0073
E-MAIL bookswin@unitel.co.kr
www.bookshill.com

값 26,000원

ISBN 978-89-5526-299-5